MANUAL DE
BIOSSEGURANÇA

MANUAL DE
BIOSSEGURANÇA

EDITORES
Mario Hiroyuki Hirata
Jorge Mancini Filho
Rosario Dominguez Crespo Hirata
Thiago Dominguez Crespo Hirata

Capa: Ricardo Yoshiaki Nitta Rodrigues
Imagem da capa: istockphoto.com
Projeto gráfico: Departamento Editorial da Editora Manole
Produção editorial: Juliana Waku
Editoração eletrônica: R G Passo
Ilustrações: Joaquim Procópio de Araújo Neto, Rafael Zemantauskas, Sirio Braz Cançado, R G Passo, Freepik

CIP-BRASIL. CATALOGAÇÃO NA PUBLICAÇÃO
SINDICATO NACIONAL DOS EDITORES DE LIVROS, RJ

M251
4. ed.

Manual de biossegurança / editor Mario Hiroyuki Hirata ... [et al.]. - 4. ed., atual. e ampl. - Barueri [SP] : Manole, 2025.
il. ; 28 cm.

Inclui bibliografia e índice
ISBN 978-85-204-5077-2

1. Biossegurança - Medidas de segurança - Manuais, guias, etc. 2. Acidentes - Prevenção. I. Hirata, Mário Hiroyuki, 1955-.

24-94642 CDD: 614
CDU: 614.8.084

Gabriela Faray Ferreira Lopes - Bibliotecária - CRB-7/6643

1ª edição – 2002
2ª edição – 2012; reimpressão revisada e atualizada – 2014
3ª edição – 2017 atualizada e ampliada
4ª edição – 2025 atualizada e ampliada.

Editora Manole Ltda.
Alameda Rio Negro, 967, conj. 717
Alphaville Industrial – Barueri – SP - Brasil
CEP: 06454-000
Fone: (11) 4196-6000
www.manole.com.br | https://atendimento.manole.com.br/

Impresso no Brasil | *Printed in Brazil*

Dedicatória

A Deus...

À minha mãe Ashao Hirata (*in memoriam*) e meu pai Taneo Hirata (*in memoriam*).

À minha inspiração, companheira e amor da minha vida Rosario pela companhia inseparável por mais de 4 décadas.

Aos meus irmãos, Pedro e Miguel (*in memoriam*), que foram um exemplo de companheirismo e dedicação à família, e também aos irmãos Paulo, João, José e Antonio, e irmãs Teresa e Rosa, que nos mantêm no convívio e apoiam com paz e amor incomparável.

A verdadeira ciência é sempre inspirada pela biossegurança.

Hirata, MH

Editores da 4ª edição

Mario Hiroyuki Hirata

Graduação em Farmácia e Bioquímica pela Escola de Farmácia e Odontologia de Alfenas, hoje UNIFAL. Mestre em Farmácia (Análises Clínicas). Doutor em Ciências dos Alimentos pela Faculdade de Ciências Farmacêuticas da Universidade de São Paulo (FCF-USP). Professor Livre-docente no DACT-FCF-USP. Pós-doutorado no Center for Biological Evaluation and Research, Food and Drug Administration (FDA), Bethesda, USA. Professor visitante na Kyoto University; na USUHS, Bethesda, USA; na Universidade de Santiago de Compostela; na University of Illinois, Chicago, USA. Professor Titular DACT-FCF da Universidade de São Paulo. Foi Membro da CTNBio. Atua na área de Farmácia, Bioquímica Clínica, Fisiopatologia de doenças metabólicas e cardiovasculares, farmacogenômica, biologia molecular e celular, biossegurança, linha de pesquisa em genoma, epigenoma, transcriptoma, e proteômica, metabolômica em doenças cardiovasculares e câncer. Virulência e resistência de micobactérias. Uma nova área de atuação em desenvolvimento de novos compostos para inibidores de PCSK9, HMGCoa redutase, inibidores de proliferação celular (anticâncer) RNA polimerase como bloqueio de replicação viral e outras infecções bacterianas. Principais ferramentas de domínio relacionadas com ultrassequenciamento de nova geração (DNA, RNA), mutação sítio-dirigida por CRISP/CAS9, PCR, rtPCR, microarranjo de DNA e RNA e miRNA. Ultimamente iniciou pesquisa com EPS e toxigenética de inibidores de HMGCoA redutase, avaliação de novos antígenos e adjuvantes como potenciais usos no desenvolvimento de vacinas. Uso de EPS em modelos de pesquisa pré-clínica.

Jorge Mancini Filho

Professor Titular sênior da Faculdade de Ciências Farmacêuticas da Universidade de São Paulo (FCF-USP). Ex-Diretor (gestão 2009-2012) da Faculdade de Ciências Farmacêuticas da Universidade de São Paulo (FCF-USP).

Rosario Dominguez Crespo Hirata

Professora Titular aposentada pela Universidade de São Paulo (USP). Farmacêutica Mestre e Doutora pela Faculdade de Ciências Farmacêuticas da USP. Pós-doutorado na Food and Drug Administration (FDA) Estados Unidos.

Thiago Dominguez Crespo Hirata

Farmacêutico-Bioquímico da Universidade de São Paulo (USP). Doutor em Ciências do Departamento de Análises Clínicas e Toxicológicas, da FCF/USP. Pós-Doutor em Bioinformática no Computational Systems Biology Laboratory (CSBL) do INOVA-USP. Responsável por gestão de projetos e suporte em pós-graduação de programas de Bioinformática e Farmácia da USP, e do Instituto Israelita de Ensino e Pesquisa. Tem experiência em Farmácia clínica, cultura celular, biologia molecular, farmacogenômica, *machine learning*, análise de *big data* (omics) e mais especificamente transcriptômica (qPCR, *microarray*, RNAseq, scRNAseq, espacial) e genômica (exoma). O foco das pesquisas são as bases moleculares de doenças humanas por meio de biologia de sistemas e desenvolvimento de ferramentas de bioinformática.

Autores

Alcindo A. Dos Santos

Professor Livre-docente do Instituto de Química da Universidade de São Paulo (IQ-USP). Bacharelado em Química pela Universidade Federal do Paraná. Doutorado pela Universidade Federal do Paraná, com estágio sanduíche pela Universidade de Hamburg (Alemanha). Pós-doutorado no IQ-USP. Foi professor no Departamento de Química da Universidade Federal de São Carlos (UFSCar). Professor no Departamento de Química Fundamental do IQ-USP. Recebeu o título de Livre-docente. Suas áreas de investigação estão relacionadas à preparação de compostos orgânicos, compostos funcionais de selênio e telúrio, com atenção especial à preparação de agentes fluorescentes para diagnóstico e compostos bioativos contendo selênio e telúrio. Orientou 13 alunos de mestrado, 12 alunos de doutorado e publicou 80 artigos em revistas indexadas e 3 capítulos de livro.

Alda Graciele Claudio dos Santos Almeida

Doutoranda e Mestre em Ciências pela Escola de Enfermagem da Universidade de São Paulo (EE-USP). Enfermeira pela Universidade Federal de Alagoas (UFAL).

Alfredo Tenuta Filho

Professor Associado (aposentado) do Departamento de Alimentos e Nutrição Experimental da Faculdade de Ciências Farmacêuticas da Universidade de São Paulo (FCF-USP). Mestre e Doutor em Ciência dos Alimentos pela FCF-USP. Farmacêutico-Bioquímico pela Universidade Estadual Paulista Julio de Mesquita Filho (UNESP).

Amanda Beatriz Cezario

Consultora Especialista de Privacidade e Proteção de Dados Pessoais no Hospital BP – A Beneficência Portuguesa de São Paulo. Advogada devidamente registrada na Ordem dos Advogados do Brasil (OAB), sob o número 448.369. Especializada em Direito Empresarial pela Pontifícia Universidade Católica de Minas Gerais (PUC-MG). Especialista executiva em Compliance e Privacidade e Proteção de Dados pela Fundação Getúlio Vargas - FGV e pela Legal, Ethics & Compliance (LEC).

Amaro de Castro Lira Neto

Pesquisador do Instituto Agronômico de Pernambuco (IPA). Biólogo, Mestre em Genética e Doutor em Ciências Biológicas pela Universidade Federal de Pernambuco (UFPE).

Ana Carolina Pavanelli

Pesquisadora do Centro de Investigação Translacional em Oncologia; Instituto do Câncer do Estado de São Paulo, Faculdade de Medicina da Universidade de São Paulo, Comprehensive Center for Precision Oncology, Universidade de São Paulo.

Ana Paula dos Santos Cardoso

Bacharel em Química com Atribuições Tecnológicas pelo Instituto de Química da Universidade de São Paulo.

Beatriz S. Cugnasca

Bacharelado em Química com ênfase em Biotecnologia pelo Instituto de Química da Universidade de São Paulo (IQ-USP). Realizou iniciação científica na área de físico-química orgânica no Laboratório de Quimiluminescência Orgânica sob orientação do Prof. Dr. Josef Wilhelm Baader (IQ-USP). Recebeu o prêmio Lavoisier – Diploma de Honra ao Mérito de Melhor Aluno do Curso (CRQ-IV) em 2019. Doutoranda no Programa de Pós-graduação em Química do Instituto de Química da USP, na área de síntese orgânica, no Laboratório de Química de Enxofre, Selênio e Telúrio (LabSSeTe), sob a orientação do Prof. Dr. Alcindo A. Dos Santos, com período sanduíche em Portugal no Bioscope Research Group, NOVA School of Science and Technology (Universidade NOVA de Lisboa – Caparica, Portugal). Suas áreas de investigação estão relacionadas com a síntese de novos compostos orgânicos e com sensores químicos, em particular corantes contendo calcogênios para utilização como sensores colorimétricos e fluorimétricos em sistemas biológicos e em aplicações bioquímicas.

Bianca Milena Verboski

Analista de Pesquisa Clínica no Hospital BP – A Beneficência Portuguesa de São Paulo. Especialista em Gestão de Projetos pela Escola Superior de Agricultura Luiz de Queiroz da Universidade de São Paulo (ESALQ-USP). Especialista em Cardiologia pelo Programa de Residência Multiprofissional da Fundação Universitária de Cardiologia/Instituto de Cardiologia do Rio Grande do Sul (IC/FUC). Bacharel em Enfermagem pela Pontifícia Universidade Católica do Paraná (PUC-PR).

Carlos Henrique de Mesquita (*in memoriam*)

Professor Doutor. Instituto de Pesquisas Energéticas e Nucleares (IPEN). Pesquisador (aposentado) da Comissão Nacional de Energia Nuclear (CNEN).

Caroline Lopes Ciofi-Silva

Doutora pela Escola de Enfermagem da Universidade de São Paulo (EE-USP). Enfermeira e Mestre em Enfermagem pela Escola de Enfermagem de Ribeirão Preto da USP (EERP-USP).

Célia Colli

Professora Doutora do Departamento de Alimentos e Nutrição Experimental da Faculdade de Ciências Farmacêuticas da Universidade de São Paulo (FCF-USP).

Cesar Augusto Roque-Borda

Doutorando co-tutela em Farmácia pela Universidade de Lisboa (Portugal) e em Ciências orientadas à Biotecnologia pela UNESP/Araraquara (Brasil). Foi estudante visitante de doutorado na Universidade de Copenhague (Dinamarca). Mestre em Zootecnia pela UNESP/Jaboticabal, Brasil e bacharel em Engenharia Biotecnológica pela Universidad Catolica de Santa María (Peru).

Cristina Moreno Fajardo

Graduação em Química pela Faculdade de São Bernardo do Campo (FASB). Mestre em Farmácia pela Faculdade de Ciências Farmacêuticas da Universidade de São Paulo (FCF-USP).

Daniela Dal Molim Ghisleni

Farmacêutica graduada pela Universidade Federal do Rio Grande do Sul (UFRGS), com ênfase em Indústria. Mestrado em Ciências Farmacêuticas pela UFRGS e Doutorado em Fármaco e Medicamentos pela Universidade de São Paulo (USP). Exerce função de Especialista, nível Procontes, no Laboratório de Biologia Molecular Aplicado ao Diagnóstico e Farmacogenômica (LBMAD) na USP.

Dirce Akamine

Farmacêutica-Bioquímica e Mestrado pela Universidade de São Paulo. Especialista em Terapia Nutricional pela Sociedade Brasileira de Nutrição Parenteral e Enteral (SBNPE). Ex-presidente da Sociedade Brasileira de Controle de Contaminação (SBCC). Ex-Presidente do Comité de Farmácia da Federación Latino Americana de Terapia Nutricional Nutrición Clínica y Metabolismo (FELANPE). Membro da Academia Brasileira de Farmácia, da American Society for Parenteral and Enteral Nutrition (ASPEN), European Society for Parenteral and Enteral Nutrition (ESPEN), American Society of Health-System Pharmacists (ASHP), The Parenteral Drug Association (PDA), Sociedade Brasileira de Farmácia Hospitalar e Serviços de Saúde (SBRAFH), SBNPE, SBCC e FELANPE.

Ederson Akio Kido

Professor Titular do Departamento de Genética da Universidade Federal de Pernambuco (UFPE). Engenheiro Agrônomo, Mestre em Genética e Melhoramento de Plantas e Doutor em Energia Nuclear na Agricultura pela Escola Superior de Agricultura Luiz de Queiroz da Universidade de São Paulo (ESALQ-USP).

Eduardo Pinheiro Amaral

Pós-doutorado pelo National Institutes of Health, USA. Mestre e Doutor em Ciências Biomédicas (Imunologia) pelo Instituto de Ciências Biomédicas da Universidade de São Paulo (FCF-USP). Biólogo pela Universidade Estadual do Norte Fluminense (UENF).

Eduardo Willian de Alencar Pereira

Possui graduação em Biologia (Licenciatura) pelo Instituto Federal de Educação, Ciência e Tecnologia do Maranhão (IFMA) com especialização em Microbiologia Clínica (Universidade Ceuma). Mestrado em Biologia Microbiana – Universidade Ceuma. Doutorado em andamento em Ciências Farmacêuticas pela FCF-USP. Tem experiência em pesquisas relacionadas à Microbiologia Aplicada, laboratório de nível de biossegurança 3, experimentação animal, biologia molecular, abordagens *in silico* aplicadas à biologia estrutural utilizando linguagem de programação Python além de outras ferramentas.

Elaine Midori Ishiko

Universidade de São Paulo (USP), Técnica Acadêmica do Programa de Pós-graduação em Farmácia (Fisiopatologia e Toxicologia) da Faculdade de Ciências Farmacêuticas, São Paulo.

Elsa Masae Mamizuka

Professora Doutora do Departamento de Análises Clínicas e Toxicológicas (aposentada) da Faculdade de Ciências Farmacêuticas da Universidade de São Paulo (FCF-USP). Farmacêutica-Bioquímica e Mestre pela FCF-USP. Doutora pela Universidade Federal de São Paulo (UNIFESP). Pós-doutorado na Osaka City University (OCU) e na Utendo University (UNDJUN), Japão.

Fabiana Nogueira Momberg

Doutoranda pela Universidade Federal de São Paulo (UNIFESP). Enfermeira e Mestre em Ciências da Saúde pela UNIFESP. Especialista em UTI e Gerontologia pela UNIFESP.

Felipe Wodtke

Graduação em Licenciatura em Química e Mestrado em Química Aplicada pela Universidade do Estado de Santa Catarina. Doutorando em Ciências com Ênfase em Síntese Orgânica, sob a orientação do Prof. Alcindo A. Dos Santos, pelo Instituto de Química da Universidade de São Paulo. Possui mais de 10 anos de experiência em laboratórios de síntese orgânica. Suas áreas de pesquisa estão relacionadas à preparação de compostos orgânicos de modo geral, com foco principal em substâncias orgânicas calcogenadas e sondas fluorescentes calcogenadas.

Fernando Rogério Pavan

Professor Associado e Livre-docente em Microbiologia pela Faculdade de Ciências Farmacêuticas da Universidade Estadual Paulista (UNESP). Mestre e Doutor em Microbiologia. Graduado em Biomedicina.

Fernando Salvador Moreno

Médico. Doutor em Medicina Interna pela Universitat Düsseldorf, Alemanha. Professor Titular Sênior da Faculdade de Ciências Farmacêuticas da Universidade de São Paulo.

Flávia Cortez Colósimo

Analista de Pesquisa Sênior na BP – A Beneficência Portuguesa de São Paulo. Mestre e Doutora em Ciências da Saúde pela Escola de Enfermagem da Universidade de São Paulo (EEUSP). Enfermeira pela Universidade Federal de Alfenas, MG.

Flavia de Moura Prates Ong

Mestre em Patologia Experimental e Comparada da Faculdade de Medicina Veterinária e Zootecnia da Universidade de São Paulo (FMVZ/USP.) Especialista em Ciências de Animais de Laboratório. Certification of the Federation of European Laboratory Animal Science Associations (FELASA) – Category C. Biologista e Chefe da Seção Técnica de Experimentação do Centro de Investigação em Biomodelos da Faculdade de Ciências Farmacêuticas e Instituto de Química da USP.

Flavia Regina Rotea Mangone

Pesquisadora do Centro de Investigação Translacional em Oncologia; Instituto do Câncer do Estado de São Paulo, Faculdade de Medicina da Universidade de São Paulo, Comprehensive Center for Precision Oncology, Universidade de São Paulo.

Flavio Finardi Filho

Professor Associado do Departamento de Alimentos e Nutrição Experimental da Faculdade de Ciências Farmacêuticas da Universidade de São Paulo (FCF-USP). Foi membro da CTNBio por 10 anos nos períodos 2008-2014 e 2018-2022, sendo Presidente e Presidente Substituto.

Francisco Gorgonio da Nóbrega

Professor Titular aposentado do Instituto de Ciências Biomédicas da Universidade de São Paulo (ICB-USP). Pós-doutor em Genética Molecular pela Columbia University, New York, Estados Unidos. Doutor em Bioquímica pelo Instituto de Química da Universidade de São Paulo (IQ-USP). Médico pela Faculdade de Medicina da Universidade de São Paulo (FMUSP).

Gabriel Lima Barros de Araujo

Graduado em Farmácia-Bioquímica. Doutor em Fármacos e Medicamentos pela Faculdade de Ciências Farmacêuticas da Universidade de São Paulo. Professor Associado na mesma instituição. Com mais de uma década de experiência em P&D farmacêutico, liderou projetos desde a bancada até a escala industrial em grandes empresas do setor. Realizou Pós-doutorado no Department of Industrial and Physical Pharmacy da Purdue University (EUA) com bolsa FAPESP (2016-2017). Sua pesquisa foca em Tecnologia Farmacêutica e estado sólido, investigando polimorfismo, dispersões amorfas e nanocristais para aprimorar a solubilidade e modular a liberação de fármacos. Entre suas principais distinções estão o Prêmio de Nova Liderança em Pesquisa (USP, 2019) e o prêmio "João Florentino Meira de Vasconcellos" da Academia Brasileira de Ciências Farmacêuticas.

Gilmara Silveira da Silva

Analista de Pesquisa Sênior na BP – A Beneficência Portuguesa de São Paulo. Mestre em Ciências da Saúde pela Escola de Enfermagem da Universidade de São Paulo (EEUSP). Gestão da Qualidade e Processos pela Fundação Getulio Vargas (FGV). MBA em Administração Hospitalar e Serviços de Saúde pela Universidade de Santo Amaro (UNISA). Enfermeira pelo Centro Universitário Adventista de São Paulo (UNASP/*campus* 1).

Gisele Medeiros Bastos

Possui graduação em Farmácia pela Universidade Federal do Ceará. Mestrado em Ciências Farmacêuticas pela Universidade Federal do Ceará. Doutorado em Farmácia (Análises Clínicas) pela Universidade de São Paulo. Realizou estágio de Pós-doutorado no exterior na Universidade de Santiago de Compostela na Espanha, período em que trabalhou com análise bioinformática de dados de ultrassequenciamento de DNA. Pós-doutorado pela Universidade de São Paulo. MBA em Gestão da Inovação em Saúde pelo Instituto Butantan. Coordenadora de Pesquisa, Coordenadora do Laboratório de Pesquisa Celular e Molecular e Presidente da Comissão Interna de Biossegurança do Hospital BP - A Beneficência Portuguesa de São Paulo.

Glaucio Monteiro Ferreira

Farmacêutico-bioquímico formado pela Universidade Federal do Espírito Santo, com Doutorado pela Universidade de São Paulo (USP) e três Pós-Doutorados: pelo Instituto Dante Pazzanese de Cardiologia, pela Universidade de Tübingen, na Alemanha, e pela Faculdade de Ciências Farmacêuticas (FCF-USP). Atua na área de quimioinformática, com foco em *docking* e dinâmica molecular para a descoberta de novos compostos com potencial terapêutico.

Gustavo Cabral

Imunologista PhD pela Universidade de São Paulo (USP), possui Pós-doutorados em Oxford, Inglaterra, e um pós-doutorado sênior em Berna, Suíça. Coordenador de Pesquisa no Departamento de Infectologia e Medicina Tropical da Faculdade de Medicina da USP (FMUSP). Sua pesquisa se concentra na inovação tecnológica voltada para o desenvolvimento de vacinas e anticorpos monoclonais contra doenças virais, com especial ênfase nas arboviroses de interesse nacional, como Chikungunya, Zika, Dengue, Oropouche e Mayaro, além de esforços significativos no combate à Covid-19.

Helena Strelow Thurow

Analista de Pesquisa e Laboratório do Hospital BP – A Beneficência Portuguesa de São Paulo. Pós-doutorado pela Universidade de São Paulo (USP) e Universidade Federal de Pelotas (UFPel). Doutora em Ciências (Biotecnologia) pela Universidade Federal de Pelotas (UFPel), Mestre em Ciências (Biologia Celular e Molecular) pela Pontifícia Universidade Católica do Rio Grande do Sul (PUCRS) e Bióloga pela Universidade Católica de Pelotas (UCPel).

Hemerson Bertassoni Alves

Farmacêutico-Bioquímico pela Universidade Federal do Paraná (UFPR). Especialista em Imunologia Clínica pela UFPR. Mestre em Biologia Molecular pela Universidade de São Paulo (USP). Doutor em Genética Forense pela Pontifícia Universidade Católica do Paraná (PUC-PR). Perito Criminal da Polícia Científica do Paraná. Autor do livro *Hematologia laboratorial fundamentos e técnicas* (Artmed, 2018). Professor Adjunto do Centro Universitário Santa Cruz nas áreas de saúde e criminologia. Professor Convidado do Programa de Mestrado em Criminologia da Universidade da Maia em Lisboa-Portugal.

Iracema Ioco Kikuchi Umeda

Doutora em Ciências pela Faculdade de Saúde Pública da Universidade de São Paulo (FSP-USP). Mestre em Saúde Pública pela FSP-USP. Graduação em Fisioterapia pela Pontifícia Universidade Católica de Campinas. Chefe do Serviço de Fisioterapia do Instituto Dante Pazzanese de Cardiologia no período de 1988 a 2017.

Jaqueline Dinis

Biomédica com ampla experiência laboratorial, destacando-se por sua atuação na área de HIV. Doutoranda no Programa de Pós-graduação em Farmácia (Fisiopatologia e Toxicologia) da Faculdade de Ciências Farmacêuticas da Universidade de São Paulo. Seu foco de pesquisa concentra-se na produção e caracterização de anticorpos monoclonais murinos e humanizados destinados ao combate de doenças virais, com especial interesse em Chikungunya e Zika.

Jéssica Bassani Borges

Analista de Pesquisa e Laboratório do Hospital BP – A Beneficência Portuguesa de São Paulo. Doutora em Ciências (Programa de Farmácia – Fisiopatologia e Toxicologia; Área de concentração: Análises Clínicas) pela Faculdade de Ciência Farmacêuticas da Universidade de São Paulo (FCF-USP). MBA em Gestão de Projetos e Metodologias Ágeis pelo Descomplica. Graduada em Farmácia pela Faculdade Oswaldo Cruz (FOC).

Joás Lucas da Silva

Pesquisador no The Hormel Institute – University of Minnesota, Medical Research Center. Pós-doutorado na Faculdade de Ciências Farmacêuticas da Universidade de São Paulo (FCF-USP). Doutor em Farmácia (Análises Clínicas) pela Faculdade de Ciências Farmacêuticas da Universidade de São Paulo (FCF-USP). Biomédico e Mestre em Biotecnologia de Produtos Bioativos – Universidade Federal de Pernambuco (UFPE).

José Galeote Molero Leme de Oliveira

Biólogo bacharel plenamente licenciado, especialista em Biologia Molecular e com formação tecnológica em Química, no Centro de Investigação em Biomodelos da Faculdade de Ciências Farmacêuticas e Instituto de Química da Universidade de São Paulo.

Juliana de Freitas Germano

Cientista de Projetos no Cedras-Sinai Medical Center em Los Angeles. Doutora pela Faculdade de Ciências Farmacêuticas da Universidade de São Paulo (FCF-USP). Farmacêutica-Bioquímica e Especialista em Análises Clínicas pela Universidade Estadual de Londrina (UEL).

Kazuko Uchikawa Graziano

Professora Titular Sênior do Departamento de Enfermagem Médico-Cirúrgica da Escola de Enfermagem da Universidade de São Paulo (EE-USP). Enfermeira, Mestre e Doutora em Enfermagem pela EE-USP. Representante da EE-USP nas Câmaras Técnicas da Agência Nacional de Vigilância Sanitária (ANVISA) do Ministério da Saúde.

Leila dos Santos Macedo

Presidente da Associação Nacional de Biossegurança (ANBio). Pesquisadora Titular da Fundação Oswaldo Cruz (FIOCRUZ). Química e Doutora em Microbiologia e Imunologia pela Universidade Federal do Rio de Janeiro (UFRJ). Pós-doutorado em Análise de Risco de OGMs no Centro de Engenharia Genética e Biotecnologia, Trieste, Itália.

Luciene Fagundes Lauer Macedo

Técnica de Laboratório do Departamento de Alimentos e Nutrição Experimental da Faculdade de Ciências Farmacêuticas da Universidade de São Paulo (FCF-USP). Farmacêutica-Bioquímica e Mestre em Ciência dos Alimentos pela FCF-USP.

Luiz Fernando de Oliveira Moderno

Professor e supervisor de estágio do curso de graduação em Fisioterapia da Universidade Cruzeiro do Sul. Professor dos cursos de pós-graduação em Fisioterapia do Centro Universitário São Camilo. Mestre em Bioética pelo Centro Universitário São Camilo. Especialista em Fisioterapia em UTI adulto pela ASSOBRAFIR-COFFITO. Graduação em Fisioterapia pela Universidade Federal de São Carlos (UFSCar).

Lygia da Veiga Pereira

Bacharel em Física pela Pontifícia Universidade Católica do Rio de Janeiro (PUC-Rio). Ph.D. em Genética Humana pelo Mount Sinai School of Medicine, City University of New York, NY, EUA. Professora Titular e Chefe do Laboratório Nacional de Células-Tronco Embrionárias do Departamento de Genética e Biologia Evolutiva, Instituto de Biociências, USP. Criadora e líder do projeto DNA do Brasi do Ministério da Saúde. Fundadora da *startup* gen-t. Membro do Conselho Diretor da International Society for Stem Cell Research desde 2020.

Marcia Almeida de Melo

Professora Adjunta da Universidade de Campina Grande (UFCG). Médica Veterinária pela Universidade Federal Rural de Pernambuco (UFRPE). Mestre em Medicina Veterinária Preventiva pela Universidade Federal de Minas Gerais (UFMG). Doutora em Biologia Parasitária pela Fundação Oswaldo Cruz (FIOCRUZ).

Mari Cleide Sogayar

Bacharelado, Instituto de Biociências da Universidade de São Paulo (USP). Master's Degree, Biology Department, University of California San Diego, USA. Doutorado em Bioquímica, Instituto de Química, Universidade de São Paulo, Brasil. Foi Professora Assistente Doutora do Departamento de Bioquímica, Instituto de Química da USP (IQ-USP) e Visiting Assistant Professor – Harvard Medical School, Dana Farber Cancer Institute. Livre-docente e Professora Associada do Departamento de Bioquímica do IQ-USP. Professora Titular do Departamento de Bioquímica do IQ-USP. Coordenadora do Grupo NUCEL de Terapia Celular e Molecular. Orientou cerca de 50 doutores e 15 mestres e supervisionou cerca de 30 pós-docs. Publicou mais de 200 artigos científicos, dois livros e diversos capítulos de livros. Depositou sete patentes no Brasil (INPI) e no exterior (USPTO).

Maria Aparecida Nagai

Professora Associada Sênior da Disciplina de Oncologia do Departamento de Radiologia e Oncologia da Faculdade de Medicina da Universidade de São Paulo (FMUSP). Pesquisadora colaboradora do Centro de Investigação Translacional em Oncologia do Instituto do Câncer do Estado de São Paulo da FMUSP. Comprehensive Center for Precision Oncology, Universidade de São Paulo.

Mario Hiroyuki Hirata

Graduação em Farmácia e Bioquímica pela Escola de Farmácia e Odontologia de Alfenas, hoje UNIFAL. Mestre em Farmácia (Análises Clínicas). Doutor em Ciências dos Alimentos pela Faculdade de Ciências Farmacêuticas da Universidade de São Paulo (FCF-USP). Professor Livre-docente no DACT-FCF-USP. Pós-doutorado no Center for Biological Evaluation and Research, Food and Drug Administration (FDA), Bethesda, USA. Professor visitante na Kyoto University; na USUHS, Bethesda, USA; na Universidade de Santiago de Compostela; na University of Illinois, Chicago, USA. Professor Titular DACT-FCF da Universidade de São Paulo. Foi Membro da CTNBio. Atua na área de Farmácia, Bioquímica Clínica, Fisiopatologia de doenças metabólicas e cardiovasculares, farmacogenômica, biologia molecular e celular, biossegurança, linha de pesquisa em genoma, epigenoma, transcriptoma, e proteômica, metabolômica em doenças cardiovasculares e câncer. Virulência e resistência de micobactérias. Uma nova área de atuação em desenvolvimento de novos compostos para inibidores de PCSK9, HMGCoa redutase, inibidores de proliferação celular (anticâncer) RNA polimerase como bloqueio de replicação viral e outras infecções bacterianas. Principais ferramentas de domínio relacionadas com ultrassequenciamento de nova geração (DNA, RNA), mutação sítio-dirigida por CRISP/CAS9, PCR, rtPCR, microarranjo de DNA e RNA e miRNA. Ultimamente iniciou pesquisa com EPS e toxigenética de inibidores de HMGCoA redutase, avaliação de novos antígenos e adjuvantes como potenciais usos no desenvolvimento de vacinas. Uso de EPS em modelos de pesquisa pré-clínica.

Marlene Teixeira De-Souza

Professora Associada do Departamento de Biologia Celular do Instituto de Ciências Biológicas da Universidade de Brasília (UnB). Farmacêutica pela Universidade de Juiz de Fora (UFJF). Mestre em Biotecnologia pelo Imperial College da University of London, Reino Unido. Doutora em Biologia Molecular pela UnB.

Marluce da Cunha Mantovani

Graduação em Ciências Biológicas Modalidade Médica/ Biomedicina pela Universidade de Mogi das Cruzes (UMC). Mestrado em Ciências Biológicas (Bioquímica) pelo Instituto de Química da Universidade de São Paulo (IQ-USP). MBA em Gestão em Saúde e Controle de Infecção pela Faculdade Instituto Nacional de Ensino Superior e Pesquisa (INESP). Capacitação em Pesquisa Clínica pela Invitare. Doutorado em Ciências Médicas pela Faculdade de Medicina da Universidade de São Paulo (FMUSP). Pós-doutorado pelo Grupo NUCEL – USP e Capacitação no Exterior pela Universidade de Groningen (RUG), Holanda.

Mônica Nunes da Silva

Universidade de São Paulo (USP), Secretária do Programa de Pós-graduação em Farmacologia do Instituto de Ciências Biomédicas, São Paulo, Brasil.

Nádia Araci Bou-Chacra

Professora Associada do Departamento de Farmácia da Faculdade de Ciências Farmacêuticas da Universidade de São Paulo (FCF-USP). Membro do Núcleo de Apoio a Pesquisa em Nanotecnologia e Nanociências (NAP-NN). Membro do sistema SisNANO do Ministério da Ciência, Tecnologia e Inovação, Brasil. Farmacêutica-Bioquímica, Mestre e Doutora pela FCF-USP.

Naomí Crispim Tropéia

Farmacêutica pela Faculdade de Ciências Farmacêuticas da Universidade de São Paulo (USP), onde realizou iniciação científica extraindo óleo volátil via destilação e preparando extratos alcoólicos para avaliar a atividade bioativa de uma espécie de Mentha no tratamento de doenças infecciosas negligenciadas. Realiza Doutorado direto no Laboratório de Biologia Molecular Aplicada ao Diagnóstico (LBMAD) da USP, desenvolvendo o projeto "Biomarcadores genômicos, epigenômicos e proteômicos da cardiotoxicidade induzida por quimioterápicos e imunoterápicos" (CNPq: 2023).

Nicole Ramirez Rojas

Mestre em Ciência dos Alimentos da Faculdade de Ciências Farmacêuticas da Universidade de São Paulo (FCF-USP). Bioquímica pela Universidad Autonoma Gabriel René Moreno (UAGRM), Bolívia.

Patricia Busko Di Vitta

Graduada em Química com Atribuições Tecnológicas, licenciada em Química e Doutora em Ciências, área de concentração Química Orgânica pelo Instituto de Química da Universidade de São Paulo. Trabalha na gestão de resíduos químicos gerados em laboratórios. Chefiou o Setor Técnico de Tratamento de Resíduos Químicos do Instituto de Química da Universidade de São Paulo. Chefia o Serviço de Gestão Ambiental e Resíduos da mesma instituição. Foi professora de Química Orgânica nas Faculdades Oswaldo Cruz. Atua nas áreas de Segurança Química e de Gestão de Produtos e Resíduos Químicos.

Paula Comune Pennacchi

Senior Research Scientist em Vivia Biotech. Madri, Espanha. Pós-doutora em Oncologia Molecular por el CNIO, Espanha. Doutora em Farmácia (Análises Clínicas) pela Faculdade de Ciências Farmacêuticas da Universidade de São Paulo (FCF-USP). Bióloga e Mestre pela Universidade Federal de Alfenas (UNIFAL).

Paula Paccielli Freire

Formada em Ciências Biológicas, modalidades Bacharelado e Licenciatura, pela Universidade Estadual Paulista (UNESP). Mestrado em Biologia Geral e Aplicada pela UNESP-Botucatu. Possui doutorado em Ciências Biológicas - Genética pelo Instituto de Biociências de Botucatu com período de Doutorado Sanduíche na Harvard Medical School, Pós-Doutorado no Departamento de Imunologia e na Faculdade de Ciências Farmacêuticas da Universidade de São Paulo. Tem experiência em Genética Molecular, Análises de Bioinformática (Exoma, Transcriptoma, microRNoma).

Paulo Paes de Andrade

Professor Associado do Departamento de Genética da Universidade Federal de Pernambuco (UFPE). Físico, Mestre e Doutor em Biofísica pela Universidade Federal do Rio de Janeiro (UFRJ). Pós-Doutor em Imunologia e Biologia Molecular pela Universidade de Erlangen-Nurenberg, Alemanha.

Priscila Robertina dos Santos Donado

Doutora em Ciência dos Alimentos da Faculdade de Ciências Farmacêuticas da Universidade de São Paulo (FCF-USP). Engenheira Agrônoma e Mestre em Ciência e Tecnologia de Alimentos pela Escola Superior de Agronomia Luiz de Queiroz da Universidade de São Paulo (ESALQ-USP), onde realizou seu Pós-doutorado no Laboratório de Qualidade de Carnes. No momento é pesquisadora de Pós-doutorado no Laboratório de Glicoproteômica do Instituto de Ciências Biomédicas-USP.

Raíssa de Fátima Pimentel Melo Finamor e Silva

Analista de Pesquisa e Laboratório do Hospital BP – A Beneficência Portuguesa de São Paulo. Doutorado em Ciências (Biologia da Relação Patógeno-Hospedeiro) pelo Departamento de Parasitologia do Instituto de Ciências Biomédicas da Universidade de São Paulo (ICB-USP). Graduação em Biomedicina pela Universidade Federal de Alfenas (UNIFAL), com habilitação em Análises Clínicas.

Renata Spalutto Fontes

Mestre em Ciências pelo Programa de Patologia Experimental e Comparada pela FMVZ-USP e MBA em Ciência de Animais de Laboratório pela FMVZ-USP. Certificação FELASA (Federation of European Laboratory Animal Science Associations). Especialista em Biotério com designação de chefe técnica da Seção de Manutenção de Modelos Animais SPF no Centro de Investigação em Biomodelos da Faculdade de Ciências Farmacêuticas e Instituto de Química da USP.

Renata Vicente Soares

Mestre em Ciências em Saúde pela Universidade Estadual de Campinas. Enfermeira Especialista em Cardiologia pela Universidade Federal de São Paulo.

Renato Heidor

Farmacêutico. Mestre e Doutor em Ciência dos Alimentos pela Universidade de São Paulo (USP). Professor Doutor da Faculdade de Ciências Farmacêuticas da USP.

Ricardo Pinheiro de Souza Oliveira

Doutor em Ciências pela Faculdade de Ciências Farmacêuticas (FCF/USP) e Doutor em Engenharia Química pela Università degli Studi di Genova (UNIGE).

Rosario Dominguez Crespo Hirata

Professora Titular aposentada pela Universidade de São Paulo (USP). Farmacêutica Mestre e Doutora pela Faculdade de Ciências Farmacêuticas da USP. Pós-doutorado na Food and Drug Administration (FDA) Estados Unidos.

Silvânia M. P. Neves

Gestora do Centro de Investigação em Biomodelos da Faculdade de Ciências Farmacêuticas e Instituto de Química da Universidade de São Paulo.

Silvia Cardoso Tratnik

Farmacêutica-Bioquímica pela Faculdade de Ciências Farmacêuticas da Universidade de São Paulo (FCF-USP). Tradutora especializada na área farmacêutica.

Silvya Stuchi Maria-Engler

Professora Titular da Faculdade de Ciências Farmacêuticas da Universidade de São Paulo (FCF-USP).

Suellen Rodrigues da Silva

Mestre em Farmácia pela Faculdade de Ciências Farmacêuticas da Universidade de São Paulo (FCF-USP). Graduação em Ciências Biológicas pela Universidade Cidade de São Paulo. Iniciação Científica (Biologia Molecular), Faculdade de Ciências Farmacêuticas da Universidade de São Paulo; Laboratório de Investigação Molecular em Cardiologia, Instituto Dante Pazzanese de Cardiologia. Bolsista de desenvolvimento tecnológico com experiência em laboratório de nível de biossegurança 3.

Telma Mary Kaneko

Professora Doutora aposentada do Departamento de Farmácia da Faculdade de Ciências Farmacêuticas da Universidade de São Paulo (FCF-USP). Mestre e Doutora em Produção e Controle Farmacêutico pela FCF-USP. Pós-Doutorado na Niigata University of Pharmacy and Medical and Life Sciences and Josai University, Japão.

Terezinha de Jesus Andreoli Pinto

Professora Titular do Departamento de Farmácia, Faculdade de Ciências Farmacêuticas da Universidade de São Paulo, instituição que dirigiu em dois períodos (2004-2008 e 2012-2016). Experiência de mais de 40 anos no ensino e pesquisa relacionada a qualidade de medicamentos e segurança de pacientes. Extensa publicação, com mais de 200 artigos, mais de 20 livros e capítulos de livros, assim com orientação de 55 pós-graduandos. Membro da Academia de Ciências Farmacêuticas do Brasil, do Comitê Técnico Temático de Produtos Biológicos e Biotecnológicos, de colegiados e sociedades científicas em nível nacional e internacional. Vice-chefe do Departamento de Farmácia da Faculdade de Ciências Farmacêuticas.

Thiago Dominguez Crespo Hirata

Farmacêutico-Bioquímico da Universidade de São Paulo (USP). Doutor em Ciências do Departamento de Análises Clínicas e Toxicológicas da FCF/USP. Pós-Doutor em Bioinformática no Computational Systems Biology Laboratory

(CSBL) do INOVA-USP. Responsável por gestão de projetos e suporte em pós-graduação de programas de Bioinformática e Farmácia da USP, e do Instituto Israelita de Ensino e Pesquisa. Tem experiência em farmácia clínica, cultura celular, biologia molecular, farmacogenômica, *machine learning*, análise de *big data* (omics) e mais especificamente transcriptômica (qPCR, *microarray*, RNAseq, scRNAseq, espacial) e genômica (exoma). O foco das pesquisas são as bases moleculares de doenças humanas por meio de biologia de sistemas e desenvolvimento de ferramentas de bioinformática.

Thomas Prates Ong

Farmacêutico. Doutor em Ciência dos Alimentos pela Universidade de São Paulo (USP). Professor Associado da Faculdade de Ciências Farmacêuticas da USP.

Vanessa Barbosa Malaquias

Doutoranda pelo Programa de Pós-graduação em Farmácia: Fisiopatologia e Toxicologia, subárea de Análises Clínicas, Faculdade de Ciências Farmacêuticas da Universidade de São Paulo (USP). Pós-graduação em Gestão de Saúde e Bacharelado em Biomedicina pela Universidade Paulista. Realizou Iniciação Científica na Faculdade de Ciências Farmacêuticas da USP e possui formação técnica em Análises Clínicas, além de Treinamento Técnico na Faculdade de Medicina da USP. Atuou como Técnica de Laboratório no setor de Biologia Molecular (NAT). Tem ampla experiência em laboratórios de biodiagnóstico, pesquisa básica e aplicada, biossegurança nível III, trabalhando em temas como dislipidemias, Covid-19, nanotecnologia, hepatites, HIV e injúria renal aguda.

Virginia Picanço e Castro

Pesquisadora Científica e Tecnológica II do Hemocentro de Ribeirão Preto. Possui graduação em Ciências Biológicas pela Universidade de São Paulo USP (USP). Doutorado em Ciências Médicas pela Faculdade de Medicina de Ribeirão Preto (FMRP) da USP. Pós-doutorado em Ciências Biomédicas pelo Departamento de Clínica Médica da FMRP. Foi pesquisadora Sênior na Empresa de Biotecnologia Vertias localizada na incubadora Supera *Campus* USP. Atuou como pesquisadora visitante no Laboratório de Drug Discovery de Purdue University, EUA e no Basic Medical Sciences de Purdue University, EUA. MBA na área de Gestão da Inovação e Capacidade Tecnológica pela Fundação Getulio Vargas. Pesquisadora do Hemocentro de Ribeirão Preto. Desenvolve projetos de pesquisa nas áreas de terapia celular (células T e NK geneticamente modificadas), produção de vetores virais e não virais e produção de fatores recombinantes. Com mais de 10 anos de experiência em terapia celular, sua carreira progrediu da pesquisa básica até sua função atual como diretora de Produção de Vetores para Terapia Gênica. Nessa posição, ela supervisiona o desenvolvimento, a translação e a implementação da produção de vetores virais e não virais em um ambiente compatível com GMP. Seus interesses de pesquisa estão focados em células NK modificadas com CAR para uso em imunoterapia.

Vladi Olga Consigliere de Matta

Graduada em Farmácia e Bioquímica pela Faculdade de Ciências Farmacêutica da USP (FCF-USP). Mestre e Doutora em Fármaco e Medicamentos, Área de Produção e Controle Farmacêuticos, pela mesma instituição. Trabalhou no Controle de Qualidade de medicamentos, cosméticos e afins e em desenvolvimento farmacotécnico. Foi professora de Controle de Qualidade na PUCCamp e de Farmacotécnica e Desenvolvimento Farmacotécnico na FFC-USP, onde também lecionou no Programa de Pós-graduação em Fármaco e Medicamentos. Simultaneamente, desenvolveu projetos de pesquisa e publicou trabalhos nas áreas de Desenvolvimento Farmacotécnico, Biodisponibilidade e Bioequivalência de Medicamentos, Desenvolvimento de Nanopartículas, Permeabilidade de Fármacos, entre outras, nas quais orientou alunos nos níveis de Iniciação científica, Mestrado e Doutorado. Foi membro do Conselho da Farmacopeia Brasileira, onde coordenou o Comitê Técnico Temático Produtos Magistrais e Oficinais. Autora do livro *Helou, Cimino e Daffre: Farmacotécnica* - 2a. ed. (Atheneu, 2021).

Walter dos Reis Pedreira Filho

Doutor em Ciências pelo Instituto de Pesquisas energéticas e Nucleares da Universidade de São Paulo.

Yara Maria Lima Mardegan

Assistente Técnica de Direção da Faculdade de Ciências Farmacêuticas da Universidade de São Paulo (FCFUSP). Exerce função executiva junto à Diretoria da Faculdade nos assuntos Administrativos. Graduação em Pedagogia, com Especialização em Administração Escolar, História da Educação e Metodologia de Ensino pelas Faculdades Campos Salles. Pós-graduação *lato sensu* em Educação Ambiental pela Faculdade de Saúde Pública da USP. MBA em Tecnologia e Gestão da Qualidade pela Escola Politécnica da USP. Especialização em Formação Executiva para Assistentes da USP pela Faculdade de Economia e Administração da USP. Membro titular da Comissão Interna de Biossegurança (CIBio) – FCF USP e Comissão de Segurança Química e Biológica da FCFUSP. Obteve da Vice-Reitoria da USP o título de Consultor da Qualidade da USP. Responsável pelo desenvolvimento de projetos administrativos e ambientais na FCFUSP. Faz parte do corpo de Editores do livro *Sistema de Gestão Ambiental*, Série "Ciências Farmacêuticas", Guanabara Koogan, e autora dos capítulos "Faculdade de Ciências Farmacêuticas da Universidade de São Paulo: Pioneira na implantação da ISO-1400" e "Implementação do Sistema de Gestão Ambiental: Fatores Críticos de Sucesso".

Sumário

Apresentação

A Comissão Interna de Biossegurança da Faculdade de Ciências Farmacêuticas da Universidade de São Paulo (CIBio-FCFUSP) foi instaurada em 17 de janeiro de 1997, pela Portaria GS 0096/97 durante a Gestão da Diretoria pelos Professores Seizi Oga e Jorge Mancini Filho.

Em 1998, a CIBio-FCFUSP recebeu do Comitê Técnico Nacional de Biossegurança (CTNBio) o certificado de qualidade em Biossegurança sob o número 0090/98 (CQB-0090/98).

Os membros indicados para atuar na CIBio-FCFUSP foram: Prof. Mario Hiroyuki Hirata, Profa. Elsa Masae Mamizuka, Prof. Fernando S. Moreno, Profa. Maria Tereza Destro e a bioterista Silvania M. P. Neves. Estes profissionais elaboraram um pequeno manual para divulgar e promover ações de biossegurança aos profissionais e alunos da instituição. Esse guia de biossegurança foi utilizado para orientação e treinamento de alunos, técnicos e professores de laboratórios de pesquisa que requeriam credenciamento para manuseio de organismos geneticamente modificados (OGM). Inicialmente foram credenciados três laboratórios, dois do Departamento de Alimentos e um do Departamento de Análises Clínicas e Toxicológicas.

Para o cumprimento da legislação vigente e pela grande procura por diversos profissionais, a CIBio organizou um evento técnico-científico para divulgar o tema e possibilitar uma discussão mais ampla. Assim, em 2000, foi promovido o I Encontro de Biossegurança em Instituições de Ensino e Pesquisa. Neste evento, foram distribuídas graciosamente algumas centenas de exemplares do guia de biossegurança da CIBio-FCFUSP que se esgotou em seguida.

A partir desse acontecimento e pelo estímulo constante da Diretoria da FCFUSP foi proposta a publicação do livro *Manual de Biossegurança*, cujos capítulos foram elaborados por vários professores da instituição e outros pesquisadores convidados. Com esforço, determinação e perseverança desses colegas, no ano de 2002, foi lançado o primeiro *Manual de Biossegurança* pela Editora Manole. A obra foi constituída de 16 capítulos com temas sobre biossegurança em laboratórios; equipamentos de proteção; manuseio e descarte de agentes químicos, biológicos, físicos, medicamentos e OGM; riscos ocupacionais e câncer; biossegurança em biotérios, biotecnologia e centros de tecnologia celular; e aspectos regulatórios e de gestão da qualidade.

Os avanços das pesquisas e atividades que envolvem OGM foram acompanhados de mudanças na legislação vigente. No contexto amplo da Biossegurança, novas portarias e normas foram promulgadas pelo Ministério da Ciência e Tecnologia e Inovação e pelo Ministério da Saúde. Isso levou os pesquisadores e profissionais a ajustar os procedimentos técnicos e operacionais para o cumprimento das normativas federais, estaduais e municipais.

O cumprimento da nova Lei de Biossegurança n. 11.105, de 24 de março de 2005, gerou a necessidade de seguir referências fidedignas para contextualizar os relatórios das CIBios solicitados pelo CTNBio. Dessa forma, houve grande procura pela nossa obra (primeira edição), que se tornou uma referência nacional em biossegurança.

Em 2012, foi publicada a 2a edição do *Manual de Biossegurança*, que foi ampliada em seis capítulos e contou com vários colaboradores externos a FCFUSP. Tornou-se uma obra mais abrangente com temas de biossegurança em laboratórios de biologia molecular e de virologia, nanotecnologia, plantas geneticamente modificadas, meio ambiente e bioproteção.

Os eventos de biossegurança da FCFUSP são promovidos regularmente, na última semana de novembro de cada ano, e contam com mais de 400 participantes. Nos últimos 2 anos, o evento incluiu na programação o curso Biossegurança organizado pela CIBio-FCFUSP e pelo Centro de Informação em Biossegurança (CIB).

A dinâmica nos processos tecnológicos gerou a necessidade de atualização da segunda edição do livro, que nos levou à 3ª edição do *Manual de Biossegurança*, lançado durante o XVI Encontro de Biossegurança em Instituições de Ensino e Pesquisa da FCFUSP.

Esta obra contém 37 capítulos elaborados por 60 colaboradores de diversas áreas do conhecimento. É produto de muito estudo, pesquisa, dedicação e perseverança, e traduz a experiência proveniente da execução diária de procedimentos experimentais, laboratoriais e de atividades produtivas. Sem dúvida, toda esta dedicação necessitou de empreendedorismo, autoestima, proatividade, raciocínio e muita discussão. É fruto também da preocupação com a excelência do ensino, da pesquisa e da atividade de extensão, visando à difusão e ao compartilhamento do conhecimento científico e prático para atingir o maior número possível de pesquisadores, professores, alunos e profissionais.

A premissa da obra é difundir conceitos de biossegurança no sentido amplo (humana, animal e vegetal), estimular a conscientização e a responsabilidade sobre a segurança, em diferentes ambientes de trabalho, assim como promover a uniformização de procedimentos de segurança para garantir a qualidade dos resultados de pesquisas e atividades, assim como a saúde dos operadores.

Nesta edição do *Manual de Biossegurança*, foram incluídos capítulos que abordam biossegurança e manipulação de medicamentos oncológicos, biorrepositório e biobanco, proteção contra viroses, genética forense, laboratório de síntese orgânica, procedimentos de primeiros socorros, segurança de pacientes em ambiente ambulatorial e hospitalar, privacidade e proteção de dados pessoais em pesquisas clínicas, biossegurança em *home office* e gestão de biossegurança durante a pandemia de covid-19.

Esta obra visa contribuir para a atualização do conhecimento e estímulo à educação continuada, na área de biossegurança, pela difusão de práticas seguras em atividades de pesquisa e ensino, no ambiente de trabalho e na atuação profissional.

Os Editores

Prefácio à 4ª edição

Desde a última edição do *Manual de Biossegurança* lançada em 2017 vivenciamos acontecimentos que desafiaram o ser humano de uma forma tão intensa e global que provocou um senso de urgência e uma vontade imperativa de superação. O conhecimento gerado em um tempo tão curto, se considerarmos a história do desenvolvimento da ciência em marcos importantes, mostrou que sim, é possível integrar os saberes, compartilhar novas ideias, buscar soluções de forma conjunta e realçar um propósito de solidariedade quase universal. O contexto técnico e científico instalado permitiu o desenvolvimento de tratamentos efetivos em um curto espaço de tempo.

Nesse período tivemos muitos avanços no desenvolvimento de novos tratamentos, como terapias celulares, a ampliação do mapeamento genômico, gerando informação relevante e qualificada, possibilitando a discussão da escolha do tratamento certo, para a pessoa certa e no momento certo, no contexto da medicina de precisão.

O *Manual de Biossegurança*, há mais de duas décadas, desde sua primeira edição, mantém o conceito contemporâneo de instrumentalizar profissionais das mais diferentes áreas em temas relevantes neste cenário. Nesta edição, além dos temas já consagrados e revisados das edições anteriores, os leitores também encontrarão outras temáticas, como a biossegurança nos laboratórios forenses e de síntese orgânica, o cuidado sendo abordado de forma prática nos capítulos de procedimentos de primeiros socorros e a segurança do paciente ambulatorial e hospitalar.

Com todas as mudanças em um cenário de incerteza, a nova configuração do ambiente de trabalho, de forma híbrida ou remota, no capítulo de biossegurança em *homeoffice* também está contemplada no *Manual*. Todo desenvolvimento em pesquisa é conduzido dentro de normas bioéticas bem consagradas, entretanto, outros conceitos foram somados a isso, sendo abordados nos capítulos de gestão de biorrepositórios e biobancos, gestão de recursos humanos, financeiros e administrativos e na aplicação da Lei Geral de Proteção de Dados.

A preparação minuciosa de cada capítulo, a participação de autores reconhecidos em suas áreas de atuação e o primoroso trabalho feito pelos editores torna esta obra uma leitura obrigatória.

Convido você leitor a desfrutar dessa oportunidade de caminhar por esse tema tão desafiador, muito bem acompanhado e sugiro que essa jornada seja compartilhada, pois o conhecimento estimula e enriquece nossos pensamentos, mas a transformação só acontece com nossas ações.

Uma ótima leitura!

Profa. Dra. Rozana Mesquita Ciconelli, MD, PhD
Gerente Executiva de Pesquisa e Membro da CIBIO da Real Benemérita Associação Portuguesa de Beneficência de São Paulo.
Gerente Executiva de Pesquisa e Membro da CIBIO da BP – A Beneficência Portuguesa de São Paulo.

Prefácio da 3ª edição

Antes de abordar especificamente questões sobre biossegurança, vale fazer uma reflexão geral sobre a relevância da inovação nos dias atuais. A capacidade de inovar assume papel central na definição do sucesso ou insucesso de empresas, instituições ou nações. Inovar é gerar, produzir e explorar de modo sustentável e seguro novas ideias e conceitos. A inovação é demandada em todas as áreas do conhecimento e ramos de atividade, para garantir diferencial estratégico à indústria, à construção civil, aos transportes, à segurança, à agricultura, à saúde e à educação, por exemplo.

A sustentabilidade vem se tornando o principal objetivo da inovação em praticamente todos os ramos de atividade. Produzir conhecimentos e inovações que contribuam para a sustentabilidade de nossas atividades é o maior desafio contemporâneo em escalas nacional e global. A sustentabilidade não deve ser apenas o objetivo do trabalho, mas deve impregnar o dia a dia das instituições, sobretudo daquelas que integram ensino, pesquisa e extensão.

Também vivemos um momento sem precedentes em termos de capacidade de produzir informações e conhecimento. Os avanços ligados à manipulação da matéria em escala atômica ou molecular (nanotecnologia), aos genes (genética e biotecnologia), aos *bits* (tecnologias de informação) e aos neurônios (ciências cognitivas), chamadas tecnologias convergentes ou NBIC, tornam-se progressivamente mais rápidos e capazes de contribuir para o nosso conhecimento e influenciar nossas atividades.

A produção de novas tecnologias é mais rápida a cada dia e a avaliação de sua utilidade e segurança se torna mais complexa, onerosa e extensa no tempo. Para decidir sobre a utilidade e segurança de novas tecnologias, as informações não podem mais ser tratadas individualmente, sendo necessário construir redes de informações multidisciplinares, abrangentes, redundantes, interligadas e, sobretudo, confiáveis do ponto de vista técnico e científico. As redes de informações de alta qualidade nascem nas redes de laboratórios, que precisam ter procedimentos padronizados e seguros, para que não haja riscos à saúde e ao ambiente.

Por outro lado, não há inovação sem formação de recursos humanos e não há formação de recursos humanos sem o amparo em textos de referência, fundamentais nos dias atuais em que há uma profusão de informações sobre praticamente tudo. As obras de referência, produzidas por autores e editores experientes devem ter como missão ir além da informação e trazer ao leitor o conhecimento disponível no tema. A construção do conhecimento envolve a seleção e o descarte de informações. Por isso deve ser conduzido por pessoas e instituições qualificadas e imparciais que tenham por objetivo único contribuir para o desenvolvimento econômico e social sustentável.

Neste cenário, o *Manual de Biossegurança*, composto por trinta capítulos desenvolvidos por profissionais de distinta qualificação e reconhecimento, constitui obra de referência para estudantes, professores e pesquisadores em suas atividades laboratoriais.

Os capítulos abrangem desde aspectos gerais como equipamentos de proteção, gerenciamento de riscos, descarte de produtos a temas bastante específicos como biossegurança em nanotecnologia, em biotérios, na indústria, em plantas, em biologia molecular, na pesquisa com animais, na pesquisa com organismos geneticamente modificados, na enfermagem e na fisioterapia. O manual também traz capítulos que tratam de laboratórios com níveis 1, 2 e 3 de biossegurança.

A obra é fundamental para os que iniciam carreira fundamentada em atividades laboratoriais e, também, para os que querem aprimorar seu conhecimento e atuar com um nível maior de biossegurança, minimizando riscos para a saúde e para o ambiente.

Prof. Dr. Edivaldo Domingues Velini
Professor Titular, Faculdade de Ciências Agronômicas, Universidade Estadual Paulista (UNESP) – Botucatu.
Presidente da Comissão Técnica Nacional de Biossegurança (CTNBio)
Ministério da Ciência, Tecnologia e Inovação (MCTI).

Prefácios da 2ª edição

O Brasil vivencia neste século um desenvolvimento econômico e social sem precedentes: a elevada produção agroindustrial, o aumento das exportações, o investimento no setor produtivo, a redução do risco Brasil etc. Todos estes índices econômicos foram alcançados ao mesmo tempo em que alcançamos importantes melhorias nos índices sociais, como a redução da pobreza, o aumento da escolaridade média, o reforço ao ensino superior e o aumento da esperança de vida. Esse desenvolvimento veio acompanhado da adoção de novas tecnologias, entre elas a biotecnologia. Trouxe consigo, também, uma grande ampliação dos serviços médico-hospitalares e uma preocupação crescente com o meio ambiente. Por fim, setores tradicionais que envolvem riscos biológicos diversos ganharam renovado impulso, ampliando significativamente as preocupações com a biossegurança, dentro e fora do ambiente de trabalho. Concomitantemente, a pesquisa básica e de desenvolvimento foi muito fortalecida nas universidades e centros de pesquisa no país, com ênfase no crescimento das áreas de ciências biológicas, agrárias, ambientais e de saúde, o que ampliou o leque de riscos biológicos possíveis e contribuiu para o aumento na preocupação global sobre biossegurança no país.

Dessa forma, tanto o setor privado quanto o de geração de conhecimentos terão, nesta nova edição do *Manual de biossegurança*, uma rica fonte de informações para consulta frequente. A nova edição traz novos capítulos, que ampliam a visão e os procedimentos de biossegurança para além dos temas anteriormente abordados, incluindo agora os temas, tanto modernos quanto polêmicos, da terapia celular, do impacto dos organismos geneticamente modificados (OGM) no ambiente, da nanotecnologia e das terapias baseadas em células-tronco. Mais uma vez, os editores acertaram no alvo e brindaram os brasileiros com uma importante obra em biossegurança.

Edilson Paiva
Presidente da Comissão Técnica
Nacional de Biossegurança (CTNBio)
entre 2010 e 2012

Com o aumento da complexidade de procedimentos em atividades técnicas que exigem cuidados especiais a fim de evitar danos a operadores e circunstantes, bem como ao ambiente e às populações em geral, a Biossegurança torna-se uma disciplina cada vez mais presente e necessária.

Embora a palavra *biossegurança* seja usada pelo leigo quase como sinônimo das atividades ligadas a organismos geneticamente modificados, tendo, inclusive, a comissão que analisa esses organismos o nome de Comissão Técnica de Biossegurança, o termo é aplicável a todas as atividades humanas, laboratoriais ou industriais que envolvam risco, seja na segurança alimentar ou na manipulação de microrganismos, células em cultivo, substâncias químicas, substâncias tóxicas, explosivos, entre outras.

O risco é função da probabilidade de ocorrência de efeito adverso, bem como da severidade desse efeito. Não há atividade alguma em que o risco seja zero. Por isso, a adoção de medidas preventivas que minimizem a incerteza faz-se necessária a fim de identificar, medir e mitigar os riscos. Disso decorre a extrema importância desta obra que amplia e renova a edição anterior, contendo abordagens mais abrangentes e tratadas em maior profundidade.

O leitor, ao compulsá-la, verá que seus autores não desprezaram setor algum das atividades humanas que possam, em maior ou menor grau, envolver riscos. Os capítulos se sucedem informando o leitor sobre a simbologia de aviso dos diversos tipos de risco, os equipamentos de proteção individual e coletiva, a classificação de risco de microrganismos e níveis de biossegurança correspondentes e a importância dos aerossóis na disseminação de microrganismos. Discutem-se ainda a melhor forma de manusear produtos químicos e radiativos, as formas de descarte e as leis que regulamentam esses assuntos. Há capítulos sobre segurança alimentar de organismos geneticamente modificados e uma exaustiva discussão dos riscos associados à preparação de medicamentos, correlatos e cosméticos e a toxicologia e a farmacologia envolvidas, bem como a legislação pertinente. Ainda, há dois capítulos, um com reflexões sobre as razões das objeções contra as plantas geneticamente modificadas e o outro de memórias sobre a evolução dos conceitos de biossegurança e biosseguridade desde a conferência de Asilomar até os dias de hoje.

Com o Brasil mais presente no mundo das atividades modernas, um Manual de Biossegurança com a qualidade deste será fundamental para indústrias químicas e farmacêuticas, como guia para o emprego de boas práticas de fabricação e adoção de programas de qualidade total, bem como para a sistematização de riscos ocupacionais mormente aqueles referentes à toxicologia ocupacional. Empresas, universidades e institutos que lidam com animais de laboratório e biotérios aqui encontram um balizamento sobre o assunto. O manual não esqueceu de introduzir um capítulo sobre a biossegurança e o meio ambiente em face da aplicação da Lei n. 11.105/2005 e de toda a legislação hierarquicamente inferior dela decorrente. Finalmente, este verdadeiro tratado de biossegurança discute áreas específicas como os cuidados com a tecnologia de manipulação de células, inclusive células-tronco, a terapia celular, os fatores de indução de câncer, a manipulação de vírus, a nanotecnologia e a biologia molecular.

Enfim, esta é uma obra completa que deve ser compulsada por laboratórios de universidades, institutos e empresas, laboratórios clínicos, laboratórios de pesquisa, indústrias químicas e farmacêuticas, biotérios e por todos aqueles, enfim, que militam na vasta área da Biotecnologia e das disciplinas que a constituem, como a Química, a Biologia e a Microbiologia.

Walter Colli
Presidente da Comissão Técnica
Nacional de Biossegurança (CTNBio)
entre 2006 e 2009

Prefácio da 1ª edição

É natural que a reflexão sobre segurança em laboratório surja na Faculdade de Ciências Farmacêuticas da Universidade de São Paulo, FCF-USP. A vocação histórica desta Faculdade sintetiza a preocupação criativa sobre a manipulação de produtos com o objetivo de manter a saúde, prevenir e colaborar com a cura das doenças. Mais do que um manual de procedimentos, este livro inclui detalhada análise sobre prevenção, análise de risco, comportamento e procedimentos em situações de emergência, bem como manuseio e descarte de produtos químicos e biológicos, incluindo os geneticamente modificados. A separação em capítulos que tratam de problemas específicos favorece e simplifica o seu uso em situações laboratoriais muito diferentes e mostra a interdisciplinaridade que caracteriza a FCF-USP.

O trabalho de coordenação deste volume se relaciona diretamente com uma atividade acadêmica onde a ética não constitui somente um discurso, mas se constrói no cotidiano do fazer científico. Ao criar e transmitir uma preocupação com a segurança e o respeito pelo ambiente, os alunos da FCF-USP também se formam como cidadãos. Este livro estende esta atitude e os procedimentos que a sustentam para toda a comunidade. Esta reflexão coletiva de docentes e funcionários da FCF-USP é um importante objeto cultural que exemplifica, na prática, uma concepção de Universidade Pública que, a partir de operações sobre o conhecimento, contribui para a construção de uma sociedade mais consciente e, por decorrência, mais justa. A USP mostra, mais uma vez, que a sua inserção na sociedade brasileira se faz a partir da fronteira do conhecimento. As propostas de procedimentos e políticas descritas neste volume, se adotadas, devem certamente contribuir para o bem-estar de todos.

Hernan Chaimovich
Pró-Reitor de Pesquisa da USP
entre 1997 e 2001

Agradecimentos

À Universidade de São Paulo (USP), pela oportunidade de fazer parte desta conceituada Instituição de ensino, em nome dos Gestores da Reitoria, Vice-Reitoria e as Pró-Reitorias de Graduação , Pós-Graduação, Pesquisa e Extensão.

À Faculdade de Ciências Farmacêuticas da Universidade de São Paulo (FCF-USP), pela acolhida e pelo apoio constante na carreira como docente, pesquisador e dando oportunidade de prestar serviços à comunidade paulista.

À Fundação FIPFARMA que tem nos apoiado e à CIBio da FCF-USP de forma constante, em nome do Conselho Superior Curador.

Aos imortais e saudosos Mestres Alexandre La Rocca Rossi (*in memoriam*), Bruno Strufaldi (*in memoriam*), Gunter Roxter (*in memoriam*), Durval Mazzei Nogueira (*in memoriam*) e Paulo Suyoshi Minami (*in memoriam*).

À UNIFAL, acolhida na graduação em Farmácia e Bioquímica, em especial ao Professor Titular Afranio Caiafra de Mesquita (*in memoriam*), grande exemplo de amor humano.

Ao Instituto Dante Pazzanese de Cardiologia, pela acolhida generosa para propiciar a pesquisa em seres humanos, em nome de toda a Diretoria, especialmente aos ex-diretores Prof. Dr. José Eduardo Moraes Rego Sousa, Prof. Dr. Leopoldo Piegas, Profa. Dra. Amanda Guerra de Moraes Rego Sousa.

À Fundação Adib Jatene, pelo apoio constante nas nossas atividades de pesquisa e prestação de assistência à saúde da comunidade que necessita de diagnóstico molecular.

Agradecer ao Diretor Médico da Real Benemérita Associação Portuguesa de Beneficência de São Paulo Dr. Renato José Vieira pela oportunidade de estar contribuindo como consultor no Laboratório de Pesquisa Celular e Molecular da Beneficência Portuguesa de São Paulo.

Agradecer todos os funcionários colaboradores da equipe do Laboratório de Pesquisa Celular e Molecular da Beneficência Portuguesa de São Paulo, em nome das Dras. Rozana Mesquita Ciconelli e Gisele Medeiros Bastos.

À minha fiel, digna e incansável companheira Rosario, que em todos os momentos tem apoiado minha jornada tecnicocientífica e familiar.

Aos meu filhos Thiago e Felipe, fruto de muito amor entre dois seres.

Aos colegas de trabalho do Departamento de Análises Clínicas e Toxicológicas e da FCF-USP, pelo apoio constante e companheirismo de quase quatro décadas.

Aos querido alunos que são motivos de incentivo constante para seguirmos a difícil caminhada de ensinar, orientar e direcionar profissionalmente.

À minha incansável Cristina Fajardo, ex-companheira e gestora excepcional do LBMAD, pela dedicação, amor ao trabalho e fidelidade.

Aos meus incansáveis ex-colegas de trabalho do Instituto Dante Pazzanese de Cardiologia, Gisele M. Bastos, Hui-Tzu Lin Wang, Adriana Garofalo, Jessica B. Borges, Ana Cristina.

Aos ex-colegas médicos cujo companheirismo nos mantém com ânimo de usar a ciência em benefício dos pacientes: Profa. Dra. Amanda Guerra de Moraes Rego Sousa, Prof. Dr. José Eduardo Moraes Rego Sousa (*in memoriam*), Dr. Marcelo F. Sampaio, Dra. Lara Reinel de Castro, Dra. Neire N. F. Araujo, Dr. Ibraim Masciarelli, Dr. Pedro Farsky, Dr. Marcelo Bertolami, Dr. Andre Faluti, Dr. Alexandre Abzaid, Dr. Dalmo A. Moreira e Dr. Ribamar Costa.

Aos ex-colegas das CIBios da FCF-USP e do Instituto Dante Pazzanese de Cardiologia.

Aos funcionários da FCF-USP pelo apoio constante nas ações de biossegurança, especialmente na área acadêmica, administrativa e financeira.

Aos órgãos de Fomento pelo Apoio constante, Fundação de Amparo à Pesquisa do Estado de São Paulo (FAPESP), Conselho Nacional de Desenvolvimento Científico e Tecnológico (CNPq), Coordenação de Aperfeiçoamento de Pessoal de Nível Superior (CAPES) e outros orgãos, inclusive internacionais.

À editora Juliana Waku, que tem coordenado toda a edição desta obra nos últimos anos.

À Amarylis Manole pela constância na publicação de obras literárias.

Prof. Mario Hiroyuki Hirata

1

O laboratório de ensino e pesquisa e seus riscos

Mario Hiroyuki Hirata

INTRODUÇÃO

A missão da universidade cada vez mais se torna primordial na formação de recursos humanos especializados, com base no tripé ensino, pesquisa e extensão. Esse direcionamento sempre deve estar relacionado a boa conduta científica, ética, entre vários outros princípios; o que mais importa é bem-estar ao próximo. Observando esses princípios, o ambiente de trabalho deve ser um local de harmonia, segurança e retidão. Portanto, a missão da universidade se traduz em garantir que os conhecimentos se direcionem para o bem-estar de todos, que o trabalho seja caracterizado como benefício à saúde e que o caráter inovador da ciência seja aplicado com a finalidade de educar os trabalhadores e traduzir em benefício a saúde pública[1]. A Organização Internacional do Trabalho (OIT) e a Organização Mundial da Saúde (OMS) definem saúde como "um estado de completo bem-estar físico, mental e social e não somente ausência de afecções e enfermidades", garantindo-a aos cidadãos sem distinção de raça, de religião e de ideologia política ou condição socioeconômica[15]. Essa definição foi também publicada no ano de 2000 pela Organização das Nações Unidas (ONU), incluindo as quatro condições mínimas para que o Estado deva assegurar o direito à saúde ao seu povo: financeira, acessibilidade, aceitabilidade e qualidade do serviço de saúde pública. No contexto brasileiro, a Constituição de 1988 considera a saúde direito de todos e dever do Estado.

Sobre o ponto de vista do trabalhador, a Organização Mundial da Saúde (OMS) entende como lesões e doenças em ambiente de trabalho aquelas que são formalmente registradas. Nos dados publicados na maior parte dos boletins epidemiológicos observam-se falhas nas estatísticas mundiais, principalmente porque o número de pessoas que trabalham de maneira informal não é computado, e sabe-se que deve haver muitas ocorrências entre eles.

Recomenda-se que as instituições que tenham funcionários devam ter no seu organograma um plano de ação global, seguindo cinco objetivos principais:

- Elaborar e implementar instrumentos de políticas e normas para a saúde dos trabalhadores.
- Proteger e promover a saúde no ambiente de trabalho.
- Promover o desempenho e o acesso aos serviços de saúde ocupacional.
- Fornecer e divulgar evidências, objetivando a ação e a prática.
- Incorporar a saúde dos trabalhadores em outras políticas[1].

Para cumprir estes objetivos, as instituições contam com as atividades e ações da Comissão Interna de Prevenção de Acidentes (CIPA) e Serviços Especializados em Segurança e Medicina do Trabalho (SESMT) que são estatutárias. Nas instituições de ensino, pesquisa e inovação somam-se a estas comissões a comissão de biossegurança e a comissão de descartes químicos e biológicos infectantes que atuam como assessoria à diretoria. Dessa forma, essas comissões têm papel fundamental na definição da política e no controle da prática efetiva para melhora da saúde ocupacional em cada local de trabalho.

As exigências atuais determinadas pelos órgãos de controle como o Ministério da Justiça, Ministério do Trabalho, Ministério da Saúde e Ministério do Meio Ambiente têm contribuído no meio acadêmico de forma efetiva na formação de recursos humanos qualificados e conscientes da valorização da biossegurança no sentido mais abrangente. As legislações federal, estadual e municipal têm contribuído para que a prática habitual na maioria das universidades públicas invista na segurança do trabalhador, inserindo as boas práticas de trabalho, com forte ênfase no bem-estar de estudantes, professores e todo a equipe de colaboradores. As comissões legalmente constituídas não devem ser consideradas um ônus e sim um incentivo a seus membros para que mantenham o estímulo a todos os colegas, proporcionando o sucesso esperado pelos gestores. Além disso, os investimentos e os recursos financeiros são limitados nos órgãos públicos, em decorrência da falta de previsão orçamentária dos administradores, que podem ter falta de conhecimento na área, o que dificulta ainda mais o trabalho dessas comissões nestas instituições, incluindo a falta de controle e de fiscalização. O que se observa no meio público é a falta de estímulo por causa de más condições de trabalho, baixo investimento em segurança do trabalho e gestão inadequada dos recursos, não seguindo os preceitos de garantia da saúde do trabalhador. Por outro lado, por exigência legal, as instituições privadas, incluindo as de ensino, têm investido mais e com atuação mais efetiva na gestão da biossegurança.

Sabe-se que as empresas que promovem e seguem os preceitos de biossegurança de forma adequada têm sido mais bem-sucedidas e competitivas, apresentando maiores taxas de manutenção dos funcionários. Atualmente, o investimento em segurança de trabalho é menor que os custos gerados pelos acidentes, assim como pode na maioria das vezes resultar em consequências com perdas irreparáveis, ou mesmo levando o trabalhador a óbito. Consequentemente, pode ocorrer a perda de recursos humanos valiosos, que são importante patrimônio das empresas.

No ensino superior, recentes transformações no sistema didático e pedagógico têm investido fortemente na segurança, tanto do professor como do aluno, em consequência das pandemias de SARS-CoV-2, gripe, dengue, zika entre outros e, sem dúvida, mostraram a importância do investimento em pesquisa e educação da população em geral para as mínimas ações de higiene, que já eram comuns em países com maior índice educacional. No trabalho, houve a adaptação de novo cenário de atividade, como o trabalho em sua própria residência, o ensino EAD, o sistema de compras via eletrônica, aumentando o sedentarismo, a ansiedade e o baixo nível de relacionamento pessoal com repercussões graves na interação pessoal, levando ao isolamento e a grandes malefícios no aspecto psicológico e mental. Toda essa adaptação revolucionou o estilo de vida da população em geral, tornando-os mais isolados, apesar das ferramentas de comunicação social que foram criadas. A universidade mostrou-se solícita para resolver as emergências e cumpriu seu papel de forma importante no aspecto técnico e científico, no entanto, na prática, foi apenas um paliativo, que deixou um vão no conhecimento teórico, com a execução de várias tarefas práticas, levando aos jovens uma formação sem estímulo e de certa forma descompromissada com a realidade do dia a dia. Com a rapidez e o acesso aos meios de comunicação pelo uso irrestrito do telefone móvel que dão acesso em tempo real às informações globais, observou-se que a estrutura organizacional não estava adequadamente preparada e os próprios educadores não previam essa mudança brusca. Foi observada de forma bastante acentuada em relação à biossegurança, que teve que ser adaptada às necessidades de prevenção de novos riscos que antes eram poucos considerados. Outro aspecto da comunicação global foi o resultado do acesso a muitos dados e em grande escala, que gerou problemas bastante preocupantes, como a pressão psicológica em estar em tempo real atualizado e tendo que responder aos anseios criados pelas informações que muitas vezes tinham origens duvidosas, gerando mais ansiedades nos indivíduos, principalmente nos com menor grau de conhecimento, tornando-os alvo de informações inadequadas, reduzindo o grau de relaxamento mental, gerando insônias, angústias, entre outros problemas de saúde mental. Portanto, a pesquisa e o ensino devem se adaptar a esse novo estilo de vida da população em geral e observar procedimentos para o gerenciamento dos recursos humanos, com ferramentas que vem colaborar com essa velocidade de informações geradas, que denominamos inteligência artificial (IA), o aumento de automação em sistemas e o uso de ferramentas pelo ser humano, e não ser humano tornando servos das máquinas[17,18]. Em consequência, a exposição a riscos ergométricos e o impacto de fatores psicológicos têm aumentado, como a angústia pelo trabalho não terminado pela maior demanda de tempo e o uso de horário de trabalho irregular para o cumprimento das tarefas, com mudança de hábito alimentar e de repouso, tanto no sentido temporal com no ciclo dia/noite, o que torna o controle complexo e de difícil gerenciamento.

Considerando as várias mudanças na exposição a produtos biológicos, também se observam mudanças significativas no perfil dos agentes infecciosos, que cada vez mais se tornam resistentes ao tratamento quimioterápico, e a necessidade de reclassificação de risco. A dinâmica desse processo deve ser realizada de forma organizada e proporcional à evolução das diversas espécies em relação ao risco e com procedimento baseado nos dados técnico-científicos. Portanto, o ensino e a pesquisa têm a responsabilidade de estar à frente dessas demandas e sem dúvida colaborar com o estabelecimento de novas diretrizes da biossegurança. Por essa razão, os profissionais dessas áreas são sempre as equipes que exercem funções fronteiriças, seja como professor, seja como pesquisador ou técnico, entre outros profissionais de apoio, que necessitam ter senso de trabalho em equipe, criatividade, flexibilidade, mente aberta e alto poder de improvisação e cuidado, além da ética profissional. Na prática, eles criam, estabelecem metas, gerenciam, executam, concluem e, finalmente, modificam as condutas para melhores condições de saúde da população em geral, principalmente aos estudantes e novos pesquisadores da área que levam adiante a evolução na qualificação profissional. Observa-se a verdadeira arte de induzir novos raciocínios, estabelecer mudanças em paradigmas e abrir a mente para algo maior e melhor para a saúde da humanidade.

Considerando um profissional que exerce suas atividades em um laboratório de aula prática, por exemplo, é bem fácil deduzir que a organização deve ser muito bem estabelecida, planejada e descrita de forma clara, com detalhes para um principiante nesses procedimentos. Os materiais a serem utilizados devem ser muito bem identificados e ter organização cronológica bem estabelecida, para o claro entendimento, com informações específicas, proporcionando sucesso à meta da aula. Desse modo, as características dos laboratórios de ensino e pesquisa se diferenciam de outros, em razão, principalmente, da variabilidade de seus frequentadores, além da diversidade de procedimentos que devem ser executados por esse contingente de pensadores, seja formado por iniciantes, seja por juniores ou seniores, como manuseio de produtos químicos (solventes orgânicos, tóxicos, abrasivos, irritantes, inflamáveis, voláteis, cáusticos, entre outros), microrganismos, células de eucariotos, células transfectadas com plasmídeos virais, fagos e seus derivados, metazoários, artrópodes, com risco de infectividade e morbidade, animais de pequeno e médio porte e plantas que levam à exposição e ao risco de contaminação e acidentes. Incluem também as amostras biológicas de origem desconhecida. Atualmente, em virtude dos laboratórios de pesquisa estarem envolvidos significativamente com organismos geneticamente modificados (OGM) como modelos experimentais, também se tornam complexos em relação à contenção, ao manuseio e ao descarte. Portanto, os cuidados a serem tomados pelos usuários e o gerenciamento pelos administradores devem ser muito rigorosos.

Sem dúvida, a biossegurança não pode, nesse caso, restringir-se aos cuidados com os OGM, que merecem atenção ainda maior, mas deve apresentar uma abordagem mais ampla da segurança geral, tanto para os alunos como para os professores e os funcionários técnicos ou administrativos, por estarem todos envolvidos no trabalho universitário de ensino e pesquisa, além da prestação de serviços. Assim, o termo *biossegurança* deve ser adotado como a ciência voltada para o controle e a minimização de riscos advindos da prática de diferentes tecnologias, seja em laboratórios, seja em biotérios ou no meio ambiente.

O fundamento básico da biossegurança é assegurar o avanço dos processos tecnológicos e proteger a saúde humana, animal e o meio ambiente (Ministério do Meio Ambiente). Em função desta atividade dinâmica, um fator importante causa preocupação: o pouco investimento dos pesquisadores na educação continuada e nas pesquisas e as poucas publicações em biossegurança, assim como a ausência de discussão de temas relevantes em fóruns nas universidades, como a contaminação ambiental e o estresse do trabalho na sociedade contemporânea.

As universidades públicas brasileiras foram estabelecidas com infraestrutura física de décadas atrás, ou seja, sem uma preocupação significativa com a segurança ao trabalhador, se comparada ao exigido atualmente. Isso pode facilmente ser observado em relação à segurança em caso de incêndio, acesso à pessoa com limitação física, saídas de emergência, entre outras infraestruturas físicas básicas exigidas atualmente na construção civil. Algumas universidades buscaram correções, estabelecendo setores que orientam as melhorias a serem realizadas por reformas demandadas pela instalação de novos equipamentos e para melhorar as condições de trabalho.

A Universidade de São Paulo (USP), por exemplo, estabeleceu uma Superintendência do Espaço Físico (SEF), que tem como responsabilidade a organização e a sistematização de todas as atividades relacionadas ao espaço físico dos *campi* da universidade (Resolução GR 4.946, de 13/08/2002). A SEF tem como atribuição garantir uso e expansão física harmônicos da universidade, preservando o patrimônio existente e proporcionando melhor suporte para suas atividades-fim. Suas competências estão relacionadas ao planejamento de intervenções físicas em edifícios e territórios dos *campi* de novas edificações, suas ampliações ou reformas de vulto, assim como estudos e propostas de redes de infraestrutura dos sistemas: viário, elétrico, hidráulicos, de informação, ambiental e outros, de acordo com os diferentes órgãos da USP. A SEF conta com as seguintes áreas: Divisão de Planejamento, Divisão de Projetos, Divisão de Fiscalização de Obras, Divisão Administrativo-Financeira e Escritórios Regionais. Portanto, são atividades da SEF:

- Elaborar planos executivos anuais e quadrienais de obras.
- Elaborar planos diretores e estudos de viabilidade física de empreendimentos.
- Elaborar anteprojetos, projetos executivos e material técnico para licitação de obras.

- Elaborar pareceres e laudos técnicos sobre terrenos e edificações.
- Elaborar licitações e contratos.
- Fiscalizar as obras e a gestão dos contratos.
- Cadastrar plantas, áreas, índices de ocupação.
- Avaliar e aprovar projetos externos.
- Emitir e acompanhar os termos de compromisso.

Dessa forma, para qualquer construção para fins didáticos e de pesquisa de cada área específica, é necessário obter informações e especificações adequadas antes de serem iniciadas. Para isso, recomenda-se consultar um especialista e averiguar as exigências legais e atuais, seguindo as normas de segurança estrutural (construção civil), de hidráulica (sistema centralizado de manutenção), elétrica (distribuição adequada da cabine da eletricidade, aterramento adequado, para-raios, e previsão de consumo energético, isolamento para evitar corrosão por produtos químicos estabelecendo sistema externo de distribuição elétrica (*shaft*) e destacadamente o de biossegurança (iluminação, circulação, rota de fuga, incêndio, distribuição física de equipamentos, lava-olhos e chuveiros, hidrantes, extintores, detector de fumaça, cabine de segurança química e biológica, sistema de armazenamento de produtos perigosos (externo ao local de permanência dos trabalhadores, como almoxarifados centrais, em armários corta fogo), sistemas de iluminação e ventilação, sinalização adequada, mapa de risco adequado e acesso aos deficientes físicos, entre outros.

Uma das dificuldades comuns encontradas relaciona-se ao deslocamento de equipamentos de grandes dimensões, pela ausência de rampas de descarga e de elevadores de maior dimensão, além de portas corta-fogo com abertura facilitada, salas de aula sem isolamento acústico, laboratório sem área de contenção em caso de acidente. Cabe aos gestores das empresas o planejamento adequado, desde a concepção do projeto até o estabelecimento de todas as etapas, propondo a educação continuada e preocupando-se com a saúde como um único universo. Acredita-se que a integração do setor administrativo com as áreas técnicas específicas traga benefícios a todos os envolvidos, pois o alvo de todo o trabalho de prevenção está dirigido tanto para a segurança de núcleos menores quanto maiores, como laboratórios, departamentos, unidades, universidades, municípios, estados e federações.

A infraestrutura física bem planejada e construída condiciona trabalho mais organizado e de forma adequada e previne a exposição indevida a agentes considerados de risco à saúde, certamente reduzindo intercorrências e acidentes ocupacionais. Esses procedimentos no campo da pesquisa experimental são denominados boas práticas de laboratório (BPL).

As práticas de biossegurança baseiam-se na necessidade de proteção do operador, de seus auxiliares e da comunidade local, bem como do local de trabalho, dos instrumentos e equipamentos e do meio ambiente, contra riscos que possam prejudicar a saúde[2]. O manuseio com biossegurança de produtos químicos, que prejudicam a saúde, e dos organismos considerados contaminantes é regido por leis federais, estaduais e municipais. Como exemplo, cita-se a Comissão Nacional de Energia Nuclear (CNEN), que regula o manuseio de radioisótopos, a Comissão Técnica Nacional de Biossegurança (CTNBio), que normatiza o manuseio de OGM, e a Agência Nacional de Vigilância Sanitária (ANVISA), que normatiza o manuseio de agentes infecciosos de alta periculosidade, como os vírus da hepatite B (HBV), da hepatite C (HCV), da imunodeficiência humana (HIV) e ebola, assim como as bactérias resistentes ao tratamento quimioterápico por falta de uso racional de antibióticos, entre outros. O Ministério da Agricultura controla o uso adequado de agrotóxicos e produtos agrícolas, entre outros. O Ministério do Exército controla a potencial produção de explosivos, e os próprios produtos explosivos associados ao terrorismo, exigindo um controle rigoroso da aquisição, do uso e da manutenção adequada em locais bem controlados, inclusive com a responsabilidade centralizada no executivo da instituição. Os órgãos internacionais também se preocupam com o risco de exposição a esses agentes, por isso se empenham em estabelecer normativas e diretrizes sobre manuseio de agentes de risco e mecanismos de proteção à saúde humana, animal e ambiental, além de oferecer treinamentos de forma contínua. Os agentes químicos associados com terrorismo e drogas que causam dependência ou que podem afetar a segurança nacional também são controlados pelos órgãos federais (Polícia Federal)e requerem licenças especiais para seu manuseio, armazenamento e transporte.

A identificação correta é uma forma importante de prevenir o manuseio inadequado de agentes infecciosos, substâncias químicas perigosas e OGM. Existem normas bem estabelecidas de rótulo, transporte e armazenamento para todas as substâncias químicas, medicamentos, agentes infecciosos e materiais biológicos, assim como para as fontes potenciais de contaminação[3]. A necessidade e o hábito de ler o rótulo de todo material de trabalho, assim como a constante utilização de equipamento de proteção individual e coletiva, adequado para cada procedimento, são as principais formas de prevenir acidentes e se proteger, e sem dúvida o treinamento sistemático é primordial e muito importante.

O correto armazenamento de solventes, reagentes e vidrarias, utilizando locais bem definidos e adequadamente identificados com simbologia preconizada, minimiza os riscos de acidentes de trabalho[4,5].

Sem dúvida, o controle de descarte de produtos considerados agressores ao meio ambiente deve ser cuidadosamente monitorado, para preservar o meio ambiente em que se vive[6], assim como evitar o descarte inadequado de materiais passíveis de reciclagem, adotando a coleta seletiva, o que possibilita economia e proteção ambiental para o bem-estar da população.

O laboratório de ensino, pesquisa ou biotecnologia é um local de constante evolução, aprendizado, transferência ao próximo, exercida pelo professor e pelos estudantes. Estar em harmonia com o ambiente de trabalho é imprescindível. O objetivo deste capítulo é abordar as principais necessidades de forma resumida para uma boa interação entre o trabalho e as ferramentas de ensino, de forma harmoniosa, agradável e sem intercorrências, promovendo resultados necessários para poder contribuir com a formação acadêmico-científica e profissional.

Serão tratados, de forma bem concisa, os principais riscos, que serão mais bem discutidos em capítulos subsequentes. Para fins didáticos, serão abordados os riscos nos laboratórios de ensino, de pesquisa e de biotecnologia das classes de risco físico, biológico, químico, ergonômico, psicológico e de acidentes, como identificá-los para poder usar ferramentas e equipamentos de proteção individual e coletiva para minimizar ou até eliminar os riscos.

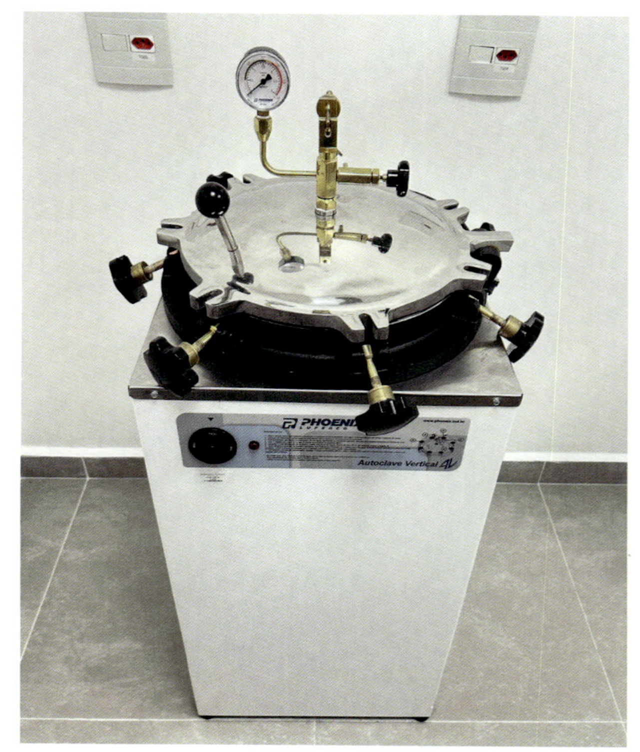

FIGURA 1 Autoclave instalada em sala exclusiva com espaço e ventilação adequados.

RISCOS FÍSICOS

Referem-se a riscos provocados por algum tipo de energia. Os riscos físicos podem ser enumerados dependendo dos equipamentos de manuseio do operador ou do ambiente em que se encontra no laboratório. Podem ser citados: calor, frio, ruídos, vibrações, radiações não ionizantes e ionizantes e pressões anormais.

Equipamentos que geram calor ou chamas

Estufas, muflas, banhos de água, bico de gás, lâmpada infravermelha, manta aquecedora, agitadores magnéticos com aquecimento, termociclador, incubadora elétrica, forno de micro-ondas, esterilizador de alça ou agulha de platina e autoclaves são os principais equipamentos geradores de calor (Figura 1). Sua instalação deve ser feita em local ventilado e longe de material inflamável, volátil e de equipamentos termossensíveis. Os geradores de calor muito elevado, como a mufla, têm de ser cuidadosamente instalados em suportes termorresistentes ou em balcões com resistência térmica (jamais em balcão de madeira). As incubadoras não devem ser instaladas em local próximo a refrigeradores.

Ao manipular equipamentos geradores de calor, o operador deve se proteger com luvas adequadas e avental. Nesse caso, recomenda-se o uso de luvas térmicas ou pelo menos luvas de pano resistentes ou revestidas com material isolante ao calor. O manuseio de destiladores com substâncias voláteis (destiladores de solventes) ou perigosas deve ser feito dentro de cabine de segurança química e, para substâncias voláteis, é preciso utilizar máscaras com filtros adequados. Cumpre lembrar que as cabines precisam estar adequadamente instaladas com filtros de retenção para não poluir o ar atmosférico local. Esses equipamentos podem, quando inadequadamente operados, causar acidentes de proporções consideráveis, como queimaduras graves, explosões e até incêndios.

Um equipamento bastante comum no laboratório é o agitador magnético com manta de aquecimento. Por ser portátil, os acidentes de queimadura nas mãos são frequentes. Após a utilização, o operador desloca o equipamento para outro local com as mãos sem proteção, muitas vezes provocando queimaduras graves, que poderiam ser evitadas com o hábito de usar luvas de pano resistentes ao calor ou revestidas com material isolante.

FIGURA 2 Sala de congeladores, isolados, vem ventilador: uso de luvas isolantes ao frio.

Equipamentos de baixa temperatura

Determinados experimentos devem ser realizados dentro de câmaras frias. Quando o operador necessitar executar tais tarefas por um período prolongado, recomenda-se a utilização de proteção adequada ao frio. Aconselha-se o uso de um agasalho térmico com capuz.

Ao operar congeladores de temperatura ultrabaixa (–70 a –80°C), o operador deve usar aventais térmicos e máscaras, além de proteger as mãos com luvas térmicas (Figura 2). Às pessoas de cabelos longos, recomenda-se prendê-los, pois podem aderir em locais ultrafrios. No Brasil, em virtude do calor constante, aconselha-se evitar a abertura constante e prolongada de congeladores, uma vez que ocorrerá queda acentuada da temperatura, havendo, para sua estabilização, gasto demasiado de energia elétrica. No caso do congelador com proteção para queda de energia por meio de refrigeração com CO_2 líquido, cuja temperatura aproximada é de –160°C, deve-se tomar muito cuidado na reposição do conteúdo desses frascos (torpedos com sistema de pesca do líquido) e no manuseio de botijões térmicos a vácuo que armazenam outro gás congelante, o nitrogênio líquido. Frascos que contêm nitrogênio líquido e gelo seco, quando inadequadamente manipulados ou transportados, também provocam acidentes bastante graves, como queimaduras. O operador, no primeiro caso, deve se proteger com avental, óculos e luvas térmicas, além de sapatos de borracha de cano alto com isolamento térmico. O transporte desse material tem de ser realizado em frascos adequados com fechamento por válvula de escape de gases. No caso do gelo seco, deve-se trabalhar com luvas de couro forradas – iguais às de proteção térmica para o calor. Ao manusear gelo seco com acetona ou etanol, observar previamente a resistência do material no qual se encontra acondicionado, para evitar acidentes. O isopor, por exemplo, é muito solúvel em acetona e clorofórmio; portanto, ao pretender congelar uma amostra utilizando gelo seco, nunca se deve acondicioná-la em isopor para colocar acetona ou clorofórmio.

Radiações ionizantes

Trata-se de um dos mais periculosos agentes, pois têm grande potencial de causar alterações significativas no meio celular, principalmente danos no DNA. São radiações advindas de material de origem natural ou produzidos com fins terapêuticos, utilizados em equipamentos de diagnóstico, como radiografia, cintilografia, entre outros, além do uso muito frequente em oncologia.

Este tema será discorrido detalhadamente no Capítulo “Biossegurança no uso de radioisótopos”..

Laboratórios que manipulam elementos radioativos devem ser construídos conforme recomendações da CNEN. O material radioativo tem de ser manipulado segundo as fontes de radiação. Nos laboratórios de pesquisa, é mais frequente a utilização de fontes não seladas, ao passo que, nos locais de tratamento radioterápico, as fontes são seladas.

As fontes não seladas mais comuns são emissores de radiações beta e gama. Os emissores de radiação beta mais utilizados no laboratório de pesquisa e ensino são ^{32}P, ^{33}P, ^{35}S, ^{3}H, ^{14}C e ^{51}Cr, e os emissores beta e gama são ^{131}I e ^{125}I.

Ao manipular material radioativo, o principal cuidado a ser tomado deve ser, inicialmente, procurar o responsável (ou solicitar ao seu superior hierárquico, na sua unidade de proteção radiológica). Para adquirir material radioativo, o fornecedor solicitará um número de licença. O operador de radioisótopos deve realizar cursos de treinamento em proteção radiológica. É preciso verificar se o laboratório ou a unidade têm um programa de controle de exposição radiológica e solicitar sua inclusão nele. Deve-se procurar conhecer as normas da CNEN (CNEN-NE-3.01); Diretrizes Básicas de Radioproteção, de julho de 1988, Resolução CNEN n. 12/88.

Em caso de acidentes com contaminação radiológica, comunicar à CIPA e procurar um médico do trabalho para orientação adequada. Apesar de a maioria dos trabalhos de pesquisa utilizar quantidades bem baixas de material radioativo, deve ser considerado o efeito cumulativo da exposição em longo prazo.

Os equipamentos de raios X comumente utilizados em radiografias são bastante usados em hospitais, clínicas e centros de diagnóstico. As precauções devem ser rigorosas em relação ao operador e ao tempo de exposição. Em razão da alta periculosidade que o trabalho apresenta, o tempo de exposição desses profissionais tem de ser o mais limitado possível. O técnico em raios X precisa sempre controlar sua exposição por meio de medidores (dosímetros), que devem ser adquiridos em órgãos competentes. Além disso, o exame hematológico periódico deve ser um procedimento rotineiro para o controle da exposição ocupacional e o bem-estar de tais profissionais.

Os cuidados detalhados estão abordados no Capítulo “Biossegurança no uso de radioisótopos”.

Pressões anormais

É fundamental a utilização de equipamento de proteção contra as pressurizações ou despressurizações. A falta das devidas precauções pode causar invalidez permanente, como surdez, ou levar à morte por embolia. Em laboratórios regulares, esse tipo de ambiente é bem raro, cabendo mais especificamente para laboratórios de oceanografia, biologia marinha, entre outros. Portanto, esse tema não será abordado neste capítulo. Contudo, se houver necessidade, recomenda-se a consulta das normas regulamentadoras do Ministério do Trabalho (http://www.mtb.gov.br), algumas das quais estão indicadas no Capítulo “Legislação aplicada à gestão de biossegurança em laboratórios de ensino e pesquisa”.

Umidade

Em caso de locais de trabalho muito úmidos, deve-se utilizar proteção contínua, em razão do grande risco que trazem à saúde. Nesse caso, é preciso utilizar roupa impermeável, com proteção contra umidade. O risco é a contaminação com bactérias e fungos, que podem ter facilidade de sobreviver nesses ambientes. O tempo de trabalho em tais condições deve ser bastante limitado, e devem ser utilizadas máscaras do tipo bico de pato no manuseio de microrganismos transmissíveis por via aérea, como os fungos. Na dúvida, para as devidas precauções, consultar as normas com o representante da CIPA.

Ruídos e vibrações

Em local onde são instalados muitos equipamentos com emissão de ruídos, os operadores, ou as pessoas que trabalham no mesmo ambiente, devem fazer uso de protetores auriculares. Os equipamentos que podem emitir ruídos de forma anormal são trituradores, centrífugas, ultracentrífugas, ultrassom, autoclave, congelador ultrafrio, bombas de autovácuo, determinados condicionadores de ar, capela de fluxo laminar ou capela química, entre outros. Legislações específicas regulamentam e determinam os limites permissíveis em unidade de decibéis. A norma NBR n. 10.152 da ABNT estabelece um limite de 60 decibéis para uma condição adequada de trabalho. Também estão estabelecidos os limites de ruído e o tempo diário de tolerância na Norma Regulamentadora n. 15, Anexos 1 e 2 da Portaria n. 3.214, de 08 de julho de 1978.

Radiação não ionizante

Refere-se às radiações a que os profissionais são submetidos nos vários ambientes de trabalho, como luz natural, infravermelho, ultravioleta (UV), entre outras. Essa abordagem inclui, além dos riscos, as condições mínimas de trabalho. O ambiente de trabalho deve estar com intensidade de luz apropriada para manter o conforto visual. A adequação da iluminação deve ser realizada por profissionais especializados. Quanto a esse aspecto, consideram-se ainda as radiações que podem causar algum tipo de dano à saúde, como queimaduras, lesões oculares distintas, entre outras.

Radiação ultravioleta

Este tipo de radiação é extremamente danoso para a retina dos olhos. O manuseio de transiluminadores com radiação UV deve ser prevenido por meio da utilização obrigatória de barreiras faciais e óculos de proteção que retêm essa radiação. É muito comum o uso apenas dos óculos de proteção, sem a máscara, na operação de transiluminadores de UV; no entanto, deve-se tomar cuidado, pois a exposição a esse tipo de radiação por tempo prolongado e de forma cumulativa pode causar queimadura ou câncer de pele.

Os biologistas moleculares, ao manipularem material genético para clonagem, removem da agarose os fragmentos de ácidos nucleicos separados por eletroforese, e neste procedimento há exposição à luz UV. Nesse caso, recomenda-se a utilização de protetor da face, em vez de apenas óculos de proteção para os olhos. A exposição diária e frequente por tempo mais prolongado sob radiação UV provoca queimadura de pele e, se for constante, poderá causar câncer.

Os dentistas têm utilizado radiação UV para reduzir o tempo de polimerização de alguns tipos de resinas utilizadas em restaurações odontológicas. O uso de óculos de proteção tanto para o operador como para o paciente é fundamental, entretanto, não é comum.

Radiação infravermelha

Apesar de ser utilizada como meio terapêutico, a exposição excessiva à radiação infravermelha provoca desidratação e queimadura. Os operadores de solventes que secam seus preparados com esse tipo radiação devem se proteger com máscara facial.

Raios *laser*

Este tipo de raio está sendo cada vez mais utilizado na área médica para procedimentos cirúrgicos e terapêuticos e em pesquisas para equipamentos de medições mais complexas. O uso de proteção é fundamental; apesar de os feixes de raios *laser* serem bem direcionados, acidentes podem ocorrer e causar danos irreparáveis, se não forem prevenidos adequadamente. Existem equipamentos de proteção individual (EPI) recomendados aos operadores principalmente para proteção dos olhos.

Ondas de rádio

Profissionais que operam equipamentos que geram ondas de rádio devem estar atentos aos danos auditivos e oculares. Exames periódicos devem ser feitos, como prevenção de uma eventual suscetibilidade individual e, consequentemente, uma lesão mais grave.

Campos elétricos

Profissionais que operam com frequência em locais de altos campos magnéticos estão submetidos constantemente a riscos muito elevados tanto de queimaduras como de outros danos ainda desconhecidos. Não há estudos bem definidos quanto aos danos causados pelos campos magnéticos de alta tensão que passam pelas residências, mas um acompanhamento periódico seria recomendado a essas pessoas. Indivíduos com marca-passos podem ter sérios problemas de interferência, os quais podem causar problemas de gravidade irreparável.

RISCOS BIOLÓGICOS NO AMBIENTE DE TRABALHO LABORATORIAL

Os materiais biológicos abrangem os seres vivos como plantas, animais, bactérias, leveduras, fungos, parasitas (protozoários e metazoários) e incluem vírus DNA e RNA, assim como fluidos biológicos, tecidos provenientes de animais e de seres humanos (sangue, urina, escarro, secreções, derrames cavitários, peças cirúrgicas, biópsias, entre outras). Incluem-se também os organismos geneticamente modificados (OGM), animais geneticamente modificados (AGM), nos quais os cuidados são mais relevantes por estarem albergando genes com características diferenciadas, que serão abordados no Capítulo "Avaliação de biossegurança de alimentos derivados de organismos geneticamente modificados".

Riscos e biossegurança na utilização de tecnologia de DNA recombinante

As pesquisas mais contemporâneas definitivamente apresentam rapidez, maior produtividade, multidisciplinaridade, autossustentabilidade, menor risco aos pesquisadores e preocupação com a proteção ao meio ambiente. O fundamento da aplicação das recombinações de DNA contempla a maioria das exigências seguidas pelas pesquisas atuais.

A combinação do material genético de diferentes fontes, que cria OGM, que, eventualmente, nunca existiram até então, tem sido tema de preocupação, sobretudo pela possibilidade de serem disseminados no meio ambiente e, consequentemente, gerarem riscos eventuais à natureza. Os biologistas moleculares preocupados com os riscos se reuniram para discutir esse tema em 1975[7]. Passadas mais de seis décadas de pesquisas e discussões constantes, pode-se observar que a tecnologia de DNA recombinante ou engenharia genética pode ser conduzida de forma segura, desde que os operadores sejam apropriadamente treinados e as condições de instalações físicas estejam adequadamente preparadas e controladas[8]. O uso de equipamento de proteção coletiva e individual é de extrema importância, assegurando a proteção do operador (Figura 3).

A primeira utilização dessa técnica foi com a finalidade de produzir uma proteína recombinante (a insulina) em abundância, utilizando uma bactéria que recebeu um gene estranho ao seu genoma, com a finalidade de avaliar sua atividade biológica. Com a evolução metodológica, teve aplicabilidade ampliada nos diversos segmentos da ciência, incluindo, no sequenciamento dos genomas, eucariotos e procariotos. O avanço foi vertical em toda a área da ciência, em virtude dessa tecnologia, e sem dúvida foram criados processos biosseguros para manipulação gênica, dando segurança e tranquilidade aos pesquisadores que executam os estudos e, consequentemente, à sociedade, pela geração de mais conhecimentos. Os impactos no conhecimento da biologia, da medicina e das ciências farmacêuticas foram tão significativos, que transcenderam os possíveis efeitos indesejáveis, observados pelos benefícios gerados para a própria saúde humana e a economia do país. Cumpre ressaltar que, em nenhum momento, houve dissociação entre a segurança do pesquisador e da população com a preservação ambiental, o que pode ser comprovado de forma bem definida por meio da criação dos Ministérios de Ciência e Tecnologia, Saúde, Meio Ambiente e de legislação específica. Os benefícios podem ser observados em toda a ciência biológica e na saúde, além das melhorias nas ciências exatas e tecnológicas. ma grande abertura na produção de medicamentos recombinantes, terapia gênica, terapia por anticorpos monoclonais (imunoterapia) e celular (CART-T), que revolucionaram o tratamento oncológico e têm gerado dimensões incalculáveis em termos de benefícios humanos e também na alta sustentabilidade. Modelos de animais geneticamente modificados, como os transgênicos (expressam um gene heterólogo) e os *knockout* (com genes deletados), possibilitaram mimetizar a fisiopatologia de várias doenças que até então não eram conhecidas. Outros potenciais em uso hoje são as plantas transgênicas, que resistem às pragas, possibilitando cultivos de alimentos e outros insumos para melhoria da saúde populacional, somados à alternativa

FIGURA 3 Infraestrutura física, equipamentos de proteção coletiva (EPC) e equipamentos de proteção individual (EPI) adequados para manuseio de organismos geneticamente modificados (OGM). Laboratório com isolamento para evitar escape de OGM, sala com parede lavável, piso impermeável com cantos arredondados. EPC: cabine de segurança biológica de classe 2. EPI: máscara cirúrgica, gorro, propé de pano, dois pares de luvas cirúrgicas de látex e avental devidamente identificado.

socioeconômica de um país de extensão continental e seu potencial recurso de um celeiro mundial no fornecimento de alimentos. Tornou o Brasil um país mais desenvolvido em agronegócios e um dos principais produtores de alimento do mundo, tendo na época da crise mundial da covid-19 mantido a produção totalmente automatizada, não afetando o resultado.

O desenvolvimento de procedimentos de segurança ocorreu paralelamente. Novos sistemas de gerenciamento, cursos de treinamentos específicos, literatura especializada e, sobretudo, o desenvolvimento de equipamentos de segurança, tanto individual como coletiva, tiveram salto qualitativo e quantitativo na qualidade e aplicabilidade. Na área de recursos humanos, criou-se legislação específica para gerenciamento e educação continuada dos cientistas. Portanto, qualquer temor pode ser minimizado pelos resultados de melhoria da qualidade de trabalho, maior conforto aos operadores, maior segurança ao meio ambiente, equipamentos mais eficazes na minimização de contaminação ambiental e maior controle de qualidade nos insumos. A disponibilização das tecnologias derivadas desses processos proporcionou um crescimento autossustentável.

Biossegurança na manipulação de OGM

Sistemas de expressão biológica

Os sistemas mais comuns de expressão biológica incluem os vetores plasmidiais e virais e as células hospedeiras procariotas e eucariotas.

Os sistemas mais comuns e de baixa complexidade em termos de segurança biológica sempre combinam um vetor plasmidial muito bem estabelecido, cuja célula hospedeira é uma bactéria muito bem caracterizada, como *Escherichia coli*, K12 e DH5, entre outras comercialmente disponíveis. Esses sistemas podem ser facilmente conduzidos em laboratórios de segurança biológica nível 1, ou seja, um local sem muitos equipamentos onerosos, com uso de proteção individual bem comum nos laboratórios de ensino e pesquisa (ver o Capítulo "Elementos fundamentais na escolha de equipamentos de proteção individual e coletiva").

Os sistemas com vetores virais comumente utilizados na transferência de genes para outras células nos sistemas eucariotos, como hospedeiras, podem exigir laboratórios mais restritivos, dependendo do tipo de vetor utilizado, mesmo que potencialmente não infectante[8]. Esses vetores virais, como o adenovírus, podem ser utilizados para transfectar células mamíferas. São deficientes de certos genes replicativos e geralmente expandidos em linhagens celulares que complementam suas deficiências. A contenção e a manipulação desse material no laboratório requerem controle rigoroso, pois ele pode estar contaminado com vírus competentes replicativos, gerados por eventos de recombinação espontânea raros nas linhagens de células de expansão ou derivar de uma purificação insuficiente. Esse material deve ser manipulado em laboratório de segurança biológica, assim como o adenovírus do qual foi derivado[9].

Os critérios de escolha devem ser bem discutidos e estabelecidos antes da definição do sistema. Para tal, recomendam-se as seguintes considerações de segurança aos operadores e ao ambiente onde serão executados tais estudos:

- Verificar se o sistema de expressão deriva de organismos patogênicos, pela possibilidade de aumentar a virulência do OGM.
- A sequência do DNA a ser inserido não deve ser muito bem caracterizada, por exemplo, construção de biblioteca de um microrganismo patogênico.
- Produtos gênicos recombinantes com potencial atividade farmacológica, produtos gênicos que codificam toxinas, citocinas, hormônios, reguladores de expressão gênica, fatores de virulência e amplificadores, sequências de oncogenes e de resistência a antibióticos e alérgenos.

Animais transgênicos (carreando genes estranhos ao seu genoma) e *knockout* (genes deletados ou bloqueados)

A contenção, a manipulação e o descarte de animais geneticamente modificados devem seguir o rigor correspondente aos cuidados exigidos dos genes inseridos (para os transgênicos). Por outro lado, animais *knockout* geralmente não apresentam risco biológico em sua manipulação, exceto se a mistura que pode ocorrer contaminar os animais selvagens em caso de possível fuga de sua área de contenção, que deve ser rigorosamente controlada.

Os animais transgênicos, que incluem os que expressam receptores para viroses, normalmente não infectam aquelas espécies. Se tais animais escapam do laboratório de contenção e transmitem a transgene para os animais selvagens, um animal reservatório para aquele vírus em particular teoricamente pode ser gerado. Essa possibilidade tem sido discutida, e todo o cuidado tem sido recomendado para não causar reaparecimento de viroses supostamente erradicadas.

Plantas transgênicas

Plantas transgênicas que expressam genes que conferem tolerância a herbicidas ou resistência a insetos são consideradas tema de controvérsia em muitos países. Na verdade, tem se discutido a respeito da segurança alimentar com relação a essas plantas e às consequências de seu cultivo em longo prazo.

Plantas transgênicas que expressam genes de origem de microrganismos, animais ou humanos, são utilizadas para desenvolver produtos medicinais e nutrientes. O risco de acesso deve ser determinado pelo nível de segurança para produção dessas plantas e será abordado nos Capítulos "Biossegurança e meio ambiente" e "Objeção às plantas geneticamente modificadas".

É importante considerar que o processo de biossegurança com OGM é dinâmico, pois muda com o desenvolvimento tecnológico e o progresso científico. Não se pode deixar de ter os benefícios oferecidos pela tecnologia de DNA recombinante e retroceder no avanço da humanidade em razão de conceitos puramente ideológicos e que não permitem discussão científica[10].

FIGURA 4 Manuseio de solventes voláteis (etanol e isopropanol), ou caotrópico como isotiocianato de guanidina, hidróxido de sódio, em cabine de segurança química, para extração de ácidos nucleicos. Salienta-se o uso de avental de algodão, luvas de isopreno e cabine de segurança em material resistente aos solventes de uso corrente.

RISCOS QUÍMICOS

A classificação de substâncias químicas, gases, líquidos ou sólidos também deve ser conhecida pelos operadores. Os solventes podem ser classificados em: combustíveis, explosivos, irritantes, voláteis, cáusticos, corrosivos e tóxicos[5]. Eles devem ser manuseados de forma adequada em locais que permitam ao operador a segurança pessoal e do meio ambiente (Figura 4). Cuidados devem ser tomados para o descarte adequado dessas substâncias. Este grupo de risco é muito importante, pois os acidentes de laboratório com substâncias químicas são os mais comuns e bastante perigosos. No momento do manuseio e da preparação das soluções, devem ser tomados os cuidados apropriados para evitar riscos. A obediência às normas de segurança é fundamental para evitar acidentes de trabalho.

Os riscos químicos podem ser classificados por grau de periculosidade, como: contaminantes do ar, substâncias tóxicas, explosivas, irritantes e nocivas, oxidantes, corrosivas, líquidos voláteis, inflamáveis e sólidos. O uso de cabine de segurança química, armazenamento em armários ventilados, fora do ambiente de trabalho, e antiexplosão (Figura 5) são alguns cuidados básicos a serem tomados. O descarte deve ser feito periodicamente com rótulos adequados seguindo as normas legais, em recipientes separados e bem vedados, e visivelmente rotulados.

Contaminantes do ar

Devem-se considerar contaminantes do ar: poeiras; fumaça de diferentes origens, incluindo as de cigarro; aerossóis; neblinas; gases asfixiantes e irritantes e vapores, além de poeiras de partículas sólidas leves.

Como atividades geradoras de aerossóis, podem ser citados os manuseios de centrífugas, ultracentrífugas, incubadoras orbitais, liofilizadores, evaporadores, homogeneizadores, misturadores, moedores de substâncias sólidas, líquidos e gases comprimidos e perigosos. Esses equipamentos, quando utilizados com substâncias contaminantes, devem ser hermeticamente fechados, assim como a pesagem de composto em forma de partículas bem pequenas sólidas (por exemplo a acrilamida). A centrífuga utilizada para amostra contendo bactérias deve ter tampas no rotor e os tubos utilizados devem ter tampas rosqueadas (Figura 6).

Substâncias tóxicas e altamente tóxicas

Deve-se evitar o contato com substâncias tóxicas que podem causar graves danos à saúde, principalmente aquelas que podem trazer consequências fatais. Deve-se tomar especial cuidado com as substâncias que possuem atividade teratogênica e cancerígena e levam ao risco de alterações na sequência do genoma que podem tornar-se irreversíveis quando em exposição prolongada. O brometo de etídio é um exemplo de substância mutagênica muito utilizada nos laboratórios de pesquisa com ácidos

FIGURA 5 Armário para armazenamento de produtos químicos perigosos. São instalados em salas ventiladas e de acesso restrito, com os produtos devidamente identificados.

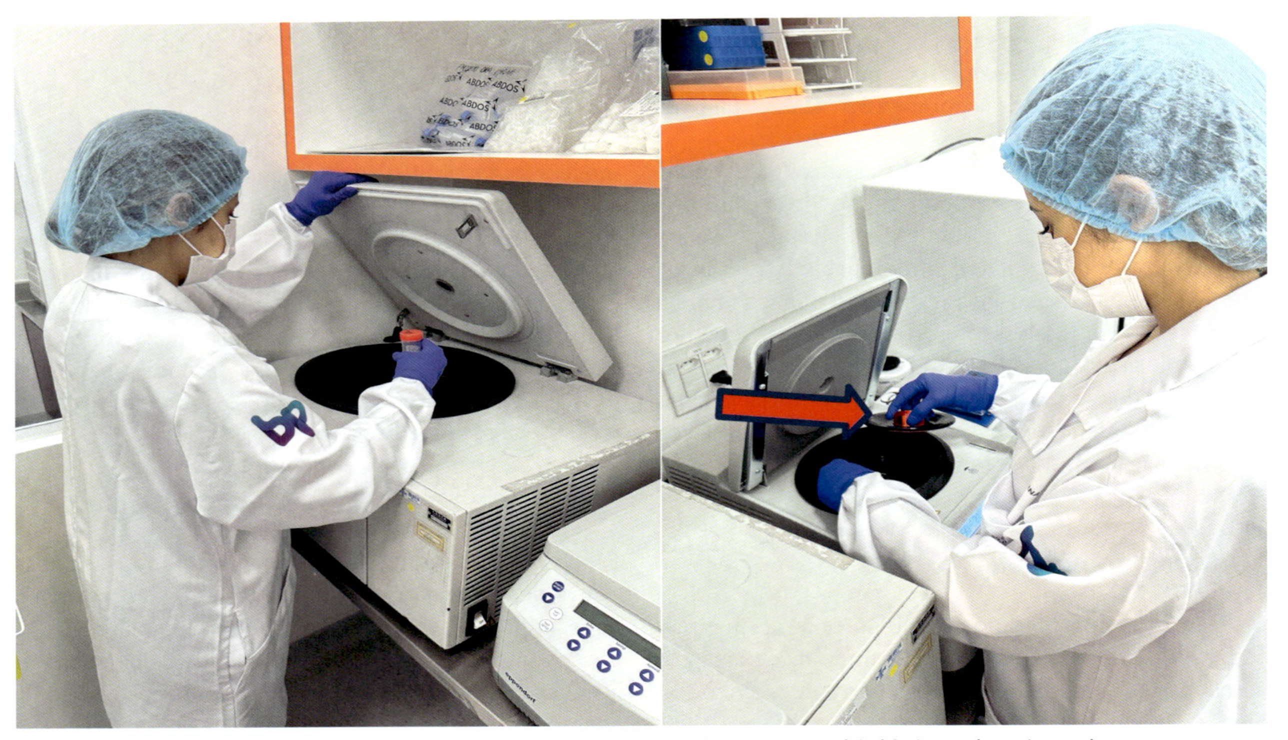

FIGURA 6 Centrífuga refrigerada utilizada para manuseio de amostras biológicas de origem humana e rotor com tampa de rosca (seta vermelha) para evitar emissão de aerossóis na câmara de centrifugação.

nucleicos. Seu manuseio deve ser feito com luvas, e seu descarte deve ser realizado apenas após inativação. Atualmente, substitui-se o brometo de etídio por outros intercalantes de ácidos nucleicos, como o produto Sybrgreen® ou Gel RED®.

Substâncias explosivas

Em ambientes com essas substâncias, é preciso evitar choques, produção de faíscas, fogo e ação de calor. Muitos produtos químicos são explosivos, como as nitroglicerinas. Outro cuidado é o conhecimento de amostras que produzem substâncias explosivas. Esses compostos geralmente são controlados pelo Ministério do Exército e requerem autorização especial para sua obtenção, como o ácido perclórico e o ácido nítrico. O controle de utilização deve ser realizado mantendo uma planilha de controle de estoque cuidadoso. O Ministério do Exército pode a qualquer momento realizar auditorias, com pena de multa e outras providências baseadas nas normas vigentes.

Substâncias irritantes e nocivas

Deve-se evitar o contato de substâncias químicas irritantes, como hidróxido de amônia, ácido nítrico, acrilamida, ácido clorídico fumegante, entre outros, com o corpo humano, além de evitar a inalação de seus vapores. Tais agentes químicos são possíveis causadores de danos à saúde em caso de exposição a uma concentração acima da tolerada quando do manuseio inadequado, por falta de EPI ou equipamentos de proteção coletiva (EPC).

Existem certas substâncias, como a acrilamida, das quais não é possível descartar totalmente sua ação cancerígena e a alteração genética ou teratogênica. O manuseio dessas substâncias requer utilização de proteção do sistema respiratório, contato com as mãos e a pele por meio da utilização de luvas e manuseio em uma cabine de segurança química.

Substâncias oxidantes

Deve-se evitar qualquer contato com substâncias combustíveis, por perigo de inflamação. Os incêndios podem ser favorecidos, e sua extinção pode ser dificultada (p. ex., peróxidos e outros). Um exemplo clássico é o manuseio inadequado de H_2O_2, que pode causar queimaduras graves. É recomendado o uso de luvas de nitrila, avental de algodão e máscara facial, além de propipetador e manipulação em cabine de segurança química.

Substâncias corrosivas

Evitar contato com os olhos, a pele e a roupa com medidas protetoras especiais. Não inalar vapores. Utilizar luvas de proteção com avental de manga comprida, de material impermeável e resistente a esses compostos (p. ex., ácido nítrico, ácido sulfúrico, ácido fosfórico, entre outros). É importante observar que esses produtos devem ser manipulados com equipamentos específicos para transferência de um frasco para outro; nunca verter utilizando o próprio frasco, que pode danificar o rótulo da embalagem, tornando difícil a identificação em virtude da ação corrosiva. A paramentação deve ser feita com avental e luva de nitrila, calçado de borracha fechado, máscara química e óculos de proteção.

Líquidos voláteis

Manipular os líquidos voláteis, como os solventes orgânicos (p. ex., o clorofórmio, que é muito prejudicial à saúde), éter etílico, etanol, metanol, acetonitrila, entre outros, e alguns ácidos (nítrico, clorídrico e sulfúrico) ou bases fortes (amônio) requer muito cuidado, evitando-se sua inalação. Deve-se manipular tais produtos sempre em cabine de segurança química de ar forçado ou exaustão (Figura 4) e com proteção adequada, usando máscara de proteção do sistema respiratório e luvas de isopreno.

Substâncias inflamáveis

É necessário manipular as substâncias inflamáveis longe de chamas ou emissores de calor e centelhas. Quando os produtos forem voláteis, operar com proteção adequada e em cabine de segurança química de ar forçado ou exaustão com lâmpada antiexplosão e que não contenha tomada ou interruptores, que podem provocar faíscas ao ligar ou desligar. Essas substâncias devem ser adequadamente identificadas. Em geral, os fabricantes apresentam, nos rótulos, uma instrução sobre manuseio correto, com identificação pertinente. O éter é um bom exemplo, não devendo ser acondicionado em geladeira comum, pois pode provocar uma explosão, em virtude da presença da lâmpada e do interruptor, que podem gerar centelha nos momentos de fechamento ou abertura.

Metanol, clorofórmio e acetona, entre outros, são substâncias inflamáveis e extremamente voláteis, o que torna necessário manuseá-las em cabines de segurança química com ventilação e lâmpadas antexplosão lacradas com interruptor externo. O acondicionamento deve ser feito em frascos herméticos e em locais ventilados em uma estrutura que reduza acúmulo, e devem ser geralmente acondicionados em armários corta fogo, fora do local de trabalho diário, um almoxarifado com sistema de exaustão eficiente (laboratório).

A prevenção deve ocorrer nos seguintes aspectos:

- Na fricção: fósforo branco, vermelho e amarelo, persulfato de fósforo.
- Na exposição ao ar: boro, carvão vegetal, ferro pirofosfórico, fósforo branco, vermelho e amarelo, hidratos, sódio e potássio metálico, nitrito de cálcio, pó de zinco.
- Na absorção de umidade: cálcio, carbonato de alumínio, hidratos, magnésio finamente dividido, óxido de cálcio, peróxido de bário, pó de alumínio, pó de zinco, potássio, selênio, sódio, sulfeto de ferro.
- Na absorção de pequena quantidade de calor: carvão vegetal, dinitrobenzol, nitrato de celulose, piroxilina, pó de zircônio.

Sólidos

Substâncias corrosivas

É importante evitar o contato desses compostos com o corpo humano, uma vez que podem causar efeitos teratogênico e cancerígeno. Ao manusear esses compostos, é preciso se proteger com luvas resistentes (de isopreno ou borracha), máscaras químicas com filtros específicos para cada composto químico e óculos fechados. A escolha desses materiais de proteção individual é fundamental, pois eles podem sofrer fácil deterioração durante o uso ou manuseio, perdendo sua função protetora. O hidróxido de sódio e potássio é um exemplo de sólido corrosivo. Deve-se utilizar espátula de polipropileno ou plástico para manipulá-lo, e a solução preparada a partir desses compostos também deve ser acondicionada em plástico ou polipropileno, com rótulo bem visível de sua concentração.

Substâncias sólidas cancerígenas

Devem ser tomados os mesmos cuidados citados para os líquidos cancerígenos.

Utilizar proteção adequada para seu manuseio (ver o Capítulo "Biossegurança e câncer").

RISCOS ERGONÔMICOS

Os riscos ergonômicos estão bem estabelecidos pela NR17, de 1978, Portaria MTb n. 3.214/1978, MTPS n. 3751 de 23/11/990 e atualizada em 2024. Atualmente, a ergonomia é a ciência que estuda a relação das pessoas com as máquinas e os equipamentos para melhoria das condições de trabalho (NR 17, 1978). Portanto, deve ser estabelecida na concepção da construção civil ao se projetar as instalações de laboratórios de ensino, pesquisa e biotecnologia, observando a distribuição de máquinas e equipamentos para o trabalho confortável e visando a saúde ocupacional. Os projetos de distribuição física para locais que podem ser passíveis de riscos ergonômicos, como escritórios de processamento de dados (Figura 7), devem ser orientados por profissionais qualificados para que a área e todos os detalhes de postura, iluminação, temperatura, humidade e conforto psicológico estejam contemplados.

Em geral, devem se preocupar com distâncias em relação à altura dos balcões, a cadeiras com apoio do braço, prateleiras, gaveteiros, cabines de segurança biológica e química, circulação e obstrução de áreas de trabalho, distribuição de sistema de refrigeração ambiental com conforto em relação a ruídos, iluminação e possibilidade de facilidade de limpeza. Para os usuários de computadores, hoje bem comum com a introdução da ciência da computação em todos os níveis de ensino, pesquisa e inovação e a vasta área de análises integrativas pela bioinformática, quimioinformática e análises estatísticas, utilizando banco de dados de grande porte, que atuam na maioria do tempo sentados, é importante se preocupar com a altura dos teclados e *mouses* desses equipamentos, com a posição de monitores e vídeos, apoio de braços e altura para evitar distensões de músculos e lesões em tendões, principalmente das mãos. É bastante comum trabalhos de movimentos repetitivos em alguns setores, como a secretaria, em que se utili-

FIGURA 7 Setor de processamento de dados de laboratório de pesquisa, com computadores em rede e acesso a bancos de dados para análise de bioinformática e de estatística. Observa-se ausência do uso de avental ou outro tipo de EPI de laboratório, além de iluminação e ventilação adequados e mesas com altura recomendada para escritórios.

zam teclados para digitação, ou pipetas automáticas em laboratórios. Tais operadores são candidatos a sofrer tendinites, que muitas vezes necessitam ser corrigidas por intervenção cirúrgica. Esses movimentos devem ser evitados, utilizando-se estudos ergonômicos por especialistas, a fim de impedir lesões decorrentes, e o trabalho deve ser diversificado, evitando um prolongado trabalho repetitivo. Essa responsabilidade cabe à engenharia de trabalho e aos gerentes.

O termo criado para esse tipo de doença ergonômica era lesões causadas por esforços repetitivos (LER) (Resoluções da Secretaria Estadual de Saúde de São Paulo ns. 180 e 197, de 1992); atualmente, denomina-se doenças osteomusculares relacionadas com o trabalho (DORT)[11]. Este termo inclui as manifestações ergonômicas e psicossociais.

As manifestações comuns das lesões podem ser facilmente identificadas por calor localizado, choques, dores, dormências, formigamentos, fisgadas, inchaços, pele avermelhada e perda de força muscular. As bursites e a síndrome de canal cubital podem ser provocadas por apoio do cotovelo em balcões e mesas; a síndrome do desfiladeiro torácico pode ser causada por trabalhos manuais curvados, como no ato de consertar carros, lavar vidrarias em pias baixas, apoiar o telefone sobre o ombro e o ouvido, pintar paredes e rodapés, trabalhar em laboratório sentado em bancos altos com balcões baixos, entre outros. A síndrome do túnel do carpo e a tenossinovite de extensores dos dedos podem ser ocasionadas pelo trabalho contínuo de digitar, fazer montagens em indústrias, empacotar, operar *mouse* de computador, entre outras atividades. A tendinite da porção longa do bíceps e a tendinite do supraespinhal podem ser manifestações comuns em carregadores de peso (pesos sobre os ombros) e em jogadores de voleibol.

Mais informações sobre esses casos podem ser obtidas junto à CIPA, no Serviço Especializado em Engenharia de Segurança e em Medicina do Trabalho (SESMT) da sua instituição ou na literatura[12]. Atualmente, recomenda-se a aplicação do procedimento 5S criado em 1948 pelos CO da indústria.

RISCOS DE ACIDENTES

Equipamentos de vidro

Quando se manipula equipamentos de vidro, é preciso observar a resistência mecânica (espessura do vidro), a resistência química e o calor. Deve-se evitar o armazenamento de álcali em vidros, pois provocam erosão. Utilizar apenas vidros de borossilicato, resistentes ao calor, para aquecimentos ou reações que liberam calor. Nunca levar um frasco de vidro à chama direta, recomendando-se manta elétrica ou tela de amianto quando for utilizar bico de Bunsen. Ao aquecer, nunca fechar hermeticamente o frasco de vidro. Vidros que contêm substâncias inflamáveis têm de ser aquecidos em banho de água, jamais em mantas ou em chama. Utilizar sempre luvas com isolamento térmico adequado.

Ao empregar material de vidro em sistema de autovácuo, não usar vidraria de parede fina; aconselha-se o frasco de Kitazato. Tomar precauções ao usar manômetro para controle do vácuo e proteger o frasco em tela de arame ou caixa fechada para evitar estilhaços em caso de implosão, principalmente na utilização de frascos de grande dimensão.

A utilização de rolhas em frascos de vidro deve seguir as seguintes recomendações:

- Avaliar com cuidado o tamanho da rolha com o orifício de vidro a ser tampado.
- Utilizar lubrificante, como silicone, vaselina, ou mesmo água, caso não seja permitido o uso de tais lubrificantes.
- Proteger as mãos com luvas de malha de aço inox, que protegem de perfurocortantes.
- Proteger os olhos com óculos de proteção.
- Nunca utilizar partes do corpo como apoio para a introdução da rolha.
- Jamais utilizar frasco de vidro com fratura e trincas nas bordas em que a rolha será introduzida.
- Avaliar a fragilidade do material com relação ao uso repetido, que torna o vidro mais frágil.

A lavagem de vidraria é uma tarefa que ocasiona acidentes, em virtude da utilização de detergente. Portanto, sempre se deve usar material amortecedor nos locais de lavagem e colocar, na superfície da pia, material de borracha/espuma, assim como protetores de torneira com silicone. As luvas devem ser de material antiderrapante. Evitar o uso de solução sulfocrômica, por ser altamente perigosa e causar contaminação no meio ambiente (em total desuso na atualidade); no comércio, estão disponíveis detergentes adequados, como o Extran® (ácido, neutro ou alcalino), para remoção de resíduos químicos ou biológicos. Recomenda-se lavadoras automatizadas para lavagem de vidro, ou substituir por frascos de polipropileno, quando possível.

O descarte de material de vidro deve ser realizado de forma adequada; quando quebrar, descartar como material perfurocortante em caixas de papelão/plástico resistentes (Figura 8).

Os dessecadores, as pipetas de vidro e os frascos de grande volume são os causadores de acidentes mais comuns. Os cuidados devem ser maiores nesses casos, pois são instrumentos bastante utilizados na prática

FIGURA 8 Recipiente rígido para descarte de perfurocortantes, devidamente identificado com o símbolo de risco biológico.

laboratorial. Recomenda-se substituição quando possível de vidro por polipropileno.

Equipamentos e instrumentos perfurocortantes

É preciso proteger as mãos com luvas adequadas e tomar os devidos cuidados no manuseio de equipamentos e instrumentos perfurocortantes, nunca voltando o instrumento contra o próprio corpo. Deve-se apoiá-los adequadamente em superfície firme antes de utilizá-los ou prendê-los em equipamentos adequados para cada tipo de uso. Esses equipamentos incluem furadores de rolha, lancetas, agulhas, tesouras, entre outros.

Profissionais que atuam em coleta e obtenção de amostras de sangue e líquidos biológicos em laboratórios clínicos, hospitais, postos de saúde e prontos-socorros que utilizam seringas e agulhas por sistemas de coletas a vácuo devem descartar o material perfurocortante em coletores rígidos de papelão (Figura 8), de acordo com diretrizes do Centers for Disease Control and Prevention (CDC) dos Estados Unidos e da Associação Brasileira de Normas Técnicas (ABNT) e seguir as normas vigentes da ANVISA.

Coleta e manuseio de amostras de sangue e órgão, ou tecido entre outros fluidos biológicos de origem humana ou de animais de experimentação

A biossegurança é um importante aspecto a ser considerado ao entrar em contato com o paciente ou sua amostra biológica. Os cuidados universais, segundo o CDC dos Estados Unidos, devem ser mandatórios para a segurança ocupacional e a administração da saúde[3]. O propósito é proteger a saúde dos trabalhadores desse segmento, evitando que eles contraiam doenças de pacientes, no local de trabalho ou pelos materiais biológicos provenientes deles. Recomenda-se seguir as normas que regem os níveis de biossegurança (níveis 1, 2, 3, 4), seguindo as recomendações de barreiras físicas, com uso de infraestrutura compatível com a segurança biológica. As principais recomendações apresentadas de forma bem resumida são:

- Usar gorro, avental, luvas, proteção para os olhos, máscara facial e outros acessórios ao manipular fluidos biológicos.
- Quando o trabalhador da área de saúde estiver com lesão de pele, utilizar luvas de látex duplas e aventais impermeáveis que protejam o sítio lesado, além de curativo aplicado no local quando houver necessidade do manuseio direto dos pacientes.
- Os equipamentos de proteção para ressuscitação via boca a boca, em casos de emergência, devem estar localizados em locais estratégicos e de fácil acesso. O dispositivo da boca tem de ser individualizado para cada pessoa, sendo preferidos os frascos de ressuscitação. A saliva é considerada material contagioso.
- Descartar os materiais pontiagudos e perfurocortantes em frascos rígidos adequados (Figura 8).
- Não remover, dobrar ou reencapar agulhas colocadas no suporte ou seringas.
- Remover imediatamente luvas ou qualquer dispositivo de segurança que esteja inadequado (furado, rasgado, quebrado ou trincado).
- Todo material de descarte proveniente de pacientes deve ser colocado em lixo rotulado como perigoso.
- Todas as amostras biológicas têm de ser transportadas em embalagens à prova de vazamento.
- Comer, beber, usar cosméticos e manipular lentes de contato são terminantemente proibidos em área de cuidados ou contato com pacientes.
- É preciso considerar que todos os pacientes são portadores de HBV, HCV e HIV.
- Se o trabalhador da área de saúde sofrer um acidente com amostras de sangue de paciente ou qualquer fluido biológico proveniente de pacientes, como furar o dedo com agulha com sangue, é obrigatório realizar testes de HIV, HCV e HBV no paciente e no acidentado e, na recomendação atual, tomar o coquetel para tratamento farmacoterapêutico contra HIV.

Maiores detalhes são abordados no Capítulo "Biossegurança no manuseio de produtos biológicos".

Equipamentos que utilizam gases comprimidos

Espectrofotômetros de absorção atômica e fotometria de emissão, cromatógrafos líquidos e a gás, espectrômetros de massa, ressonância magnética (RM), aparelhos de perfusão e de secagem, entre outros equipamentos que utilizam gases comprimidos, devem ser adequada e cuidadosamente manipulados. O manuseio e a instalação têm de seguir as normas e os cuidados, de acordo com as recomendações vigentes, para evitar acidentes. Os cilindros que contêm os gases devem ter instruções específicas de manuseio, como explicado a seguir.

Cuidados com cilindros de gases comprimidos inertes e combustível

O manuseio e a instalação de cada tipo de gás comprimido devem seguir as instruções recomendadas de forma específica.

- De maneira geral, os cilindros de gases devem ser acondicionados fora do laboratório, em locais especialmente projetados, protegidos do calor e da umidade, firmemente presos, longe de condicionadores de ar, com ventilação adequada para evitar seu acúmulo, em caso de vazamento. Se necessário, instalar ventilação forçada, com acionamento isento de faísca ou aquecimento. É obrigatório o uso de identificação e de reguladores de pressão externa e interna. Esses reguladores são específicos para cada tipo de gás comprimido. Os revendedores desses gases orientam as especificações de forma adequada.
- Por ocasião do recebimento dos cilindros de gases comprimidos, os seguintes cuidados devem ser tomados: teste de vazamento, teste de identificação dos cilindros – estes devem estar identificados adequadamente (ver Quadro 1) –, local de armazenamento, identificação com data de recebimento, presença de proteção do registro (capacete do cilindro) e lacre.

QUADRO 1 Cores de identificação de cilindros de alguns gases

Cilindros de gases	Cor
Oxigênio	Preta ou verde
Nitrogênio	Cinza
Acetileno	Bordô
Acetileno para absorção atômica	Bordô com faixa amarela
Ar comprimido	Amarela
Gás carbônico	Alumínio

Nunca se deve remover lacres, identificação ou qualquer etiqueta anexa no cilindro.
- O transporte e a movimentação do cilindro têm de ser realizados por pessoal treinado, pois a queda de um cilindro pode acarretar danos incalculáveis; devem-se evitar choques mecânicos de cilindros e entre estes.
- Ao utilizar o cilindro, é necessário solicitar orientação de uso e regulagem das válvulas para a pressão adequada. Deve-se verificar bem as identificações e se o gás que está sendo instalado é o desejado. Após a instalação, é importante certificar-se de que não exista vazamento. Não se pode permitir que se fume em locais onde se acondiciona o cilindro. É preciso utilizar sinalização bem visível nesses locais.
- Nunca usar lubrificantes ou qualquer agente químico na válvula dos cilindros; jamais transferir gases entre cilindros, nem os movimentar sem a adequada proteção pessoal, como o capacete colocado nos cilindros, luvas e carrinho de transporte. Nunca apertar demais as válvulas ou conexões; em caso de pequeno vazamento, desatarraxar e vedar utilizando Teflon®, após limpeza adequada. É importante sempre fechar a válvula do cilindro quando não estiver em uso. Utilizar as ferramentas adequadas para manuseio de válvulas e conexões.
- O vazamento deve ser verificado por meio de espuma de sabão neutro ou com produtos fornecidos pelas empresas.

Os gases inflamáveis e tóxicos precisam ser cuidadosamente identificados por cores, como indicado no Quadro 1.

Grupo de risco dos gases

- Grupo I – não inflamáveis, não corrosivos e de baixa toxicidade: ar comprimido, argônio, dióxido de carbono, hélio, neônio, nitrogênio e oxigênio.
- Grupo II – inflamáveis, não corrosivos e de baixa toxicidade: acetileno, butano, cloreto de metila, hidrogênio, metano, propano, gás natural e etano.
- Grupo III – inflamáveis corrosivos e tóxicos: sulfeto de hidrogênio, monóxido de carbono, brometo de metila, dimetilamina, óxido de etileno e cloreto de metila.
- Grupo IV – tóxicos e/ou corrosivos e não inflamáveis: amônia, cloro, flúor, tetracloreto de boro, brometo de hidrogênio, cloreto de hidrogênio, dióxido de enxofre e fluoreto de hidrogênio.
- Grupo V – espontaneamente inflamável: silano.
- Grupo VI – muito venenosos: arsina, cloreto de nitrosila, fosfina, óxido nítrico, cianogênio, dióxido de nitrogênio, fosfogênio e seleneto de hidrogênio.

Os riscos físicos também podem estar relacionados com o manuseio de emissores de radiação em ambientes úmidos, com ruído e com pressões diferenciadas.

EQUIPAMENTOS COM ENGRENAGEM E DE SISTEMA DE TRITURAÇÃO

Os equipamentos com engrenagem e sistema de trituração requerem cuidados especiais. O operador nunca deve estar com aventais desabotoados e de mangas compridas soltas. Se os cabelos forem longos, têm de estar sempre presos. Utilizar equipamento de proteção individual de forma adequada e certificar-se dos cuidados no manuseio desses equipamentos, seguindo com rigor os manuais de instrução para cada tipo de equipamento[13]. O manuseio inadequado é descrito frequentemente em acidentes graves, causando mutilações com invalidez parcial ou total. Esses equipamentos também emitem ruídos que devem ser monitorados. O operador não deve estar em trabalho contínuo (8 horas/dia) no ambiente com ruído acima de 60 decibéis.

EQUIPAMENTOS DE EMISSÃO DE ULTRASSOM

A utilização de ultrassom para limpar vidraria ou desgaseificar solventes utilizados em cromatografia líquida é uma prática bastante comum nos laboratórios de ensino e pesquisa. A proteção auditiva é fundamental no manuseio desses equipamentos, que devem ser instalados com abafador de ruído. Em geral, este é constituído de uma caixa com dupla parede, devidamente forrada com isolante, como lã de vidro, isopor ou espuma, com uma porta de vidro à prova de som, que precisa ser vedada. Ao manipular esses equipamentos, deve-se evitar abrir o compartimento emissor de ultrassom, se ligado. Nunca introduzir as mãos no compartimento em que o ultrassom é emitido, pois provoca danos graves. É preciso ler atentamente as instruções de uso do equipamento antes de manipulá-lo.

Os equipamentos de micro-ondas são bastante utilizados em laboratórios para esterilizar meios de cultura ou para fundir gel de ágar ou de agarose para confeccionar suporte de eletroforese. Deve-se tomar muito cuidado, pois, nesses casos, o operador, a fim de evitar evaporação, fecha hermeticamente o frasco que contém o tampão e o ágar. Nesse caso, recomenda-se ligar o equipamento com tempo de funcionamento curto e repetido em vez de um tempo maior e constante, evitando a fervura da água em único tempo, o que causará explosão por aumento brusco da pressão interna do frasco. Para evitar a explosão, deve-se ligar o equipamento de micro-ondas em tempos de 20 a 30 segundos por várias vezes, até obter o resultado esperado, mas de forma segura.

As vantagens desse procedimento é que, além de poder homogeneizar o gel nos intervalos da repetição de ligar, não perderá por evaporação a água ou o tampão colocado na mistura.

No caso de preparar o gel de agarose para a separação de fragmentos de DNA em eletroforese submersa, evitar a colocação de brometo de etídio no suporte de agarose por este ser extremamente mutagênico, evitando, assim, contaminar o tampão de corrida com essa substância cancerígena. O ideal é corar o gel após a corrida eletroforética. O gel corado, após análise, deve seguir o procedimento de descarte após ser neutralizado de forma adequada, como descrito no Capítulo "Biosseguranca e gestão de produtos químicos em laboratórios de pesquisa e produção".

ESTRESSE OCUPACIONAL

Esforço de trabalho

Atualmente, é considerado o ambiente psicossocial de trabalho, diretamente relacionado com a cultura organizacional, atitudes, crenças, valores e práticas cotidianas da instituição, que afetam o bem-estar mental e físico dos trabalhadores. As causas que podem levar ao estresse são denominadas, por alguns autores, como estressores do ambiente de trabalho.

No trabalho cotidiano, há alguns fatores estressores comuns que, às vezes, são imperceptíveis no dia a dia. São eles: falta de organização observada por problemas com demandas de trabalho, obrigatoriedade do cumprimento de prazos, com deficiência na percepção do volume de trabalho, na flexibilidade das decisões, sem reconhecimento e recompensa adequados pela produtividade, falta de efetividade no apoio a supervisores, falta de clareza e deficiências na comunicação. A cultura organizacional observada por falta de políticas, normas e procedimento relacionados a dignidade e respeito, assédio e intimidação geral (deficiência cognitiva, doença infectocontagiosa), discriminação étnica, religiosa, de gênero e até de idade e condições socioeconômicas[14].Outro aspecto importante é o estilo de gestão com estabelecimento de metas e controle de produção, sem considerar interação, comunicação recíproca, retorno construtivo e respeitoso. Também se observa a falta de apoio entre a vida profissional e a vida familiar; o medo da perda de emprego gerado por fusões, aquisições, reorganizações ou em razão de mudanças no mercado de trabalho e na variação econômica.

Vários estudos demostraram que os fatores estressores causam fadiga de vários níveis, que levam a alterações do controle neural que ativam o eixo hipotálamo-hipófise-adrenal, que consequentemente levam a hipertensão arterial, doenças cardiovasculares, entre outras alterações funcionais, causando efeitos ainda pouco estudados[16].

Risco por falta de treinamento sistemático e contínuo

Finalmente, para uma universidade que se fundamenta na pesquisa, no ensino e na extensão, sem dúvida a inovação, o avanço tecnológico e a atualização na área de biossegurança devem ser garantidos de forma soberana, fronteiriça e inquestionável. Nesse quesito, é preciso manter-se sempre alerta e ter representatividade exemplar. As discussões constantes para o aprimoramento de ideias ocorrem em fóruns de discussão sobre avanços científicos e estratégias regulatórias, como observado na Figura 9, pois os centros de pesquisa devem estar em constante atualização em relação a normas, diretrizes e práticas seguras para atuação nos laboratórios de investigação, a fim de seguir garantindo a saúde humana, animal e ambiental.

CONSIDERAÇÕES FINAIS

O grande desafio da ciência da biossegurança sob o ponto de vista técnico-científico e educacional é o compromisso com a educação continuada, assim como o treinamento em campo no dia a dia dos trabalhadores, que sempre lidam com riscos em sua atuação profissional. As universidades têm responsabilidade fundamental nessa missão educadora e na preparação de profissionais competentes e conscientes que transmitem seu conhecimento para a população em geral, contribuindo para a melhoria das condições de vida de todos.

FIGURA 9 XIV Simpósio de Biossegurança e Descarte de Produtos Químicos Perigosos em Instituições de Ensino e Pesquisa. I Simpósio de Segurança Química e Biológica realizado pela FCF/USP, em 2015. Participação de numerosos professores e pesquisadores de várias instituições do Brasil, demonstrando a importância da atualização constante em biossegurança. Este evento tem sido importante, cobrindo mais de 2 décadas de acontecimentos.

REFERÊNCIAS BIBLIOGRÁFICAS

1. Organização Mundial da Saúde (OMS). Ambientes de trabalho saudáveis: um modelo para ação para empregadores, trabalhadores, formuladores de política e profissionais. OMS; tradução do Serviço Social da Indústria. – Brasília: Sesi/DN, 2010. Disponível em: <http://www.who.int/occupational_health/ambientes_de_trabalho.pdf>. Acesso em: 09 abr. 2016.
2. Kimman TG, Smit E, Klein MR. Evidence-based biosafety: a review of the principles and effectiveness of microbiological containment measures. Clin Microbiol Reviews. 2008;21(3):403-25.
3. Fleming D, Richaardson JH, Tullis JJ, Vesley D. Laboratory safety: principles and practices. 2. ed. Washington: ASM Press; 1995.
4. Teixeira P, Valle S. Biossegurança. Uma abordagem multidisciplinar. Rio de Janeiro: Fiocruz; 1998.
5. Carvalho PR. Boas práticas químicas em biossegurança. Rio de Janeiro: Interciência; 1999.
6. Torreira RP. Manual de segurança industrial. Fortaleza: Margus Publicações; 1999.
7. Berg P, Baltimore D, Brenner S, Roblin III RO, Singer MF. Asilomar conference on recombinant DNA molecules. Science. 1975;188:991-4.
8. European Council. Council Directive 98/81/EC of 26 October 1998 amending Directive 90/219/EEC on the contained use of genetically modified microorganisms. Official Journal. 1998;L330:13-31.
9. O'Malley BW Jr, Li D, Buckner A, Duan L, Woo SL, Pardoll DM. Limitations of adenovirus-mediated interleukin-2 gene therapy for oral cancer. Laryngoscope. 1999;109:389-95.
10. World Health Organization (WHO). Maintenance and distribution of transgenic mice susceptible to human viruses: memorandum from a WHO meeting. Bull World Health Org. 1993;71:497-502.
11. Cardela B. Segurança no trabalho e prevenção de acidentes – uma abordagem holística. São Paulo: Atlas; 1999.
12. Campos A. Cipa – Comissão Interna de Prevenção a Acidentes: uma nova abordagem. 2. ed. São Paulo: Senac; 2000.
13. Hambleton P, Melling J, Salusbury TT. Biosafety in industrial biotechnology. Glasgow: Blackie Academic & Professional; 1994.
14. Mastrangelo G, Perticaroli S, Camipo G, Priolo G, Leva A, de Merich D, et al. Working and health conditions and preventive measures in a random sample of 5000 workers in the Veneto Region examined by telephone interview. Med Lav. 2008;99 Suppl 1:9-30.
15. Organização Pan-Americana de Saúde, Organização Mundial de saúde- Plano de Ação sobre a saúde dos trabalhadores 2015-2025, 54º Conselho Diretor, 67ª Sessao do comitê Regional da OMS para as Americas CD/10 REV1, 28 setembro a 2 outubro de 2015.
16. World mental health report: transforming mental health for all. Geneva: World Health Organization; 2022. Licence: CC BY-NC-SA 3.0 IGO.
17. Nature. Tools such as ChatGPT threaten transparent science; here are our ground rules for their use. Nature. 2023;613(612). Disponível em: https://www.nature.com/articles/d41586-023-00191-1.
18. Peres F. A literacia em saúde no ChatGPT: explorando o potencial de uso de inteligência artificial para a elaboração de textos acadêmicos. Ciência & Saúde Coletiva. 2024;29(1):e02412023. Disponível em: https://www.scielo.br/j/csc/a/mgdv7bWZ6pnjVYNfrG6HTgh/.

2

Biossegurança em laboratórios

Rosario Dominguez Crespo Hirata

INTRODUÇÃO

A segurança ocupacional e ambiental é um aspecto essencial das boas práticas de laboratório destinado às atividades farmacêuticas, sejam elas de pesquisa, ensino, e análises de medicamentos, insumos, alimentos, clínico-laboratoriais e toxicológicas. O risco ocupacional por exposição a diversos agentes no ambiente laboratorial pode ser prevenido ou reduzido por meio de práticas seguras e outras medidas que visem a preservação da saúde e do meio ambiente.

Este capítulo aborda aspectos relevantes da biossegurança em laboratórios, como organização das atividades, práticas laboratoriais seguras e medidas de controle, organização estrutural e operacional, avaliação de riscos ambientais, entre outros.

ORGANIZAÇÃO DAS ATIVIDADES NO LABORATÓRIO

A organização das atividades no laboratório é um aspecto fundamental para a segurança do pesquisador ou analista e para garantir a qualidade de resultados analíticos. A falta de organização pode gerar situações de risco ocupacional e causar danos às instalações prediais. Situações de risco predispõem à ocorrência de acidentes que podem resultar no afastamento temporário ou definitivo do analista ou pesquisador. Portanto, é essencial que as atividades laboratoriais sejam previamente planejadas e executadas em ambiente seguro[1].

No ambiente laboratorial, é necessário considerar as condições de trabalho e os fatores que oferecem ris- co ao analista, como instalações, espaços de circulação, locais de manuseio e armazenamento de substâncias perigosas, condições de operação dos equipamentos, bancadas, equipamentos de proteção, entre outros[1-3].

Um experimento ou outra atividade laboratorial requer planejamento prévio, um roteiro para execução adequada e segura, e orientação para o descarte dos resíduos gerados. Planejamento e organização são essenciais para detectar dificuldades que possam prejudicar a execução das atividades ou expor o analista a riscos ocupacionais. No Quadro 1, estão descritas algumas orientações que auxiliam na organização e no planejamento das atividades laboratoriais.

PRÁTICAS SEGURAS DE LABORATÓRIO

Práticas seguras de laboratório são um conjunto de procedimentos que visam reduzir a exposição dos analistas a riscos ocupacionais. Essas práticas incluem a separação e limpeza das áreas de trabalho, a ordem e limpeza dos materiais, o manuseio de equipamentos e instrumentos, o manuseio e descarte de substâncias químicas, materiais biológicos e radioativos, o uso adequado de equipamentos de proteção e segurança, entre outras[2-4].

As superfícies do laboratório (bancadas, pisos, equipamentos, instrumentos, entre outras) devem ser limpas regularmente e imediatamente após o término de cada atividade. Esta tarefa visa reduzir o risco de contaminação acidental.

A desinfecção do ambiente é empregada antes e após a atividade laboratorial para prevenir a contaminação com materiais ou produtos biológicos que ofereçam risco. Em algumas situações, é necessário o tratamento físico do ambiente, como o uso da radiação ultravioleta, tomando-se o cuidado de evitar a exposição a este tipo de risco.

QUADRO 1 Orientações para planejamento e organização das atividades laboratoriais

Atividades	Orientações
Manuseio de equipamentos e instrumentos	Verificar a disponibilidade e o funcionamento do equipamento; agendar a data e o horário de uso para os equipamentos de multiusuários; ter disponível o protocolo de uso e limpeza do equipamento; ter disponível o manual do equipamento e o nome do responsável para solucionar dúvidas de operação ou para as situações de emergência.
Manuseio de vidraria e outros materiais	Verificar o estado de limpeza, a presença de trincas e rachaduras, a resistência térmica, a resistência química e a compatibilidade com solventes e outros reagentes. Observar a necessidade de tratamento prévio (esterilização, descontaminação química ou biológica).
Preparo de reagentes e soluções	Preparar antecipadamente os volumes necessários, observando as condições de armazenamento, a estabilidade e o prazo de validade. Observar se o reagente/solução deve ser preparado apenas no momento do uso. Seguir os procedimentos adequados de manuseio e armazenamento dos produtos químicos, observando a compatibilidade entre os mesmos.
Condições de segurança	Observar a necessidade do uso de equipamentos de proteção individual (óculos de segurança, máscaras, aventais, luvas e outros) e equipamentos de proteção coletiva (capela de segurança química, cabine de segurança biológica e outros).
Sinalização das áreas de trabalho	Observar os símbolos de risco ocupacional (químico, biológico, físico ou outro). As atividades de alto risco devem ser realizadas, em área restrita e bem sinalizada. Os analistas e os visitantes autorizados devem ser informados sobre os riscos a que possam estar expostos. A sinalização dos equipamentos de combate a incêndio (extintores e hidrantes), das saídas de emergência e das rotas de fuga para situações de emergência também deve ser indicada nos ambientes laboratoriais e nos corredores de acesso.
Tempo de execução	Estimar o tempo necessário para a execução da atividade laboratorial, pois experimentos realizados demorados e sem planejamento predispõem a acidentes.
Procedimentos operacionais	Elaborar e/ou ter disponíveis procedimentos escritos para realizar as atividades laboratoriais. Protocolos escritos e fluxogramas auxiliam a otimização do trabalho e reduzem o tempo de execução e o risco de acidentes.
Práticas seguras	As recomendações de práticas seguras de laboratório devem ser conhecidas e cumpridas para evitar acidentes e reduzir a exposição aos riscos.
Registro das atividades	Os reagentes, materiais, equipamentos e resultados devem ser registrados para assegurar a rastreabilidade dos procedimentos e dados obtidos em cada fase do processo.

A descontaminação e a limpeza de vidrarias, materiais, equipamentos e superfícies devem ser realizadas regularmente e de forma imediata após o derramamento de produtos químicos, radioativos ou biológicos.

O manuseio e o transporte de vidrarias e de outros materiais devem ser realizados de forma segura. As vidrarias maiores devem ser colocadas na parte posterior e à direita na bancada. Para o transporte das vidrarias e frascos, deve-se utilizar um suporte firme, evitando quedas e derramamentos. As vidrarias mal posicionadas ou transportadas podem causar acidentes e, se contiverem produtos tóxicos, os derramamentos podem gerar situações de emergência com consequências desastrosas. Outros materiais (como tubos de ensaio, estantes, placas, tubos de microcentrífuga e outros) devem ser posicionados à frente da bancada, à esquerda do equipamento a ser utilizado, para oferecer mais conforto ao analista. Os fatores ergonômicos (posição do analista, instrumento e materiais) devem ser considerados no planejamento e na execução das atividades laboratoriais.

Os equipamentos têm de ser posicionados na parte direita anterior das bancadas, evitando-se que os cabos elétricos atravessem a área de trabalho. Os fios dos cabos elétricos devem estar bem protegidos e com voltagem identificada (110 V/220 V) para evitar curtos ou outras situações de risco. Não devem ser utilizadas extensões elétricas para ligar equipamentos, pois elas podem afetar a estabilidade da energia ou gerar sobrecarga elétrica criando uma situação de emergência. Os cabos e fios soltos podem causar acidentes graves, principalmente nas áreas de circulação de pessoas. A Norma Regulamentadora (NR) n. 12 do Ministério do Trabalho e Emprego, que trata da segurança no trabalho em máquinas e equipamentos, dispõe que as áreas de circulação e os espaços ao redor dos equipamentos devem ser dimensionados de modo que os analistas possam movimentar-se com segurança[5].

Os produtos químicos devem ser manuseados e armazenados adequadamente para evitar riscos como queimaduras, explosões, incêndio e gases tóxicos. O conhecimento das propriedades das substâncias químicas e os procedimentos adequados de manuseio reduzem situações de risco ocupacional. Os frascos de produtos químicos devem ser manuseados e transportados com cuidado e, para o transporte de um recipiente pesado ou de vários recipientes, deve ser utilizado um carrinho3. Frascos de vidro com produtos químicos têm de ser transportados em recipientes de plástico ou borracha que os protejam de vazamento e, quando quebrados, contenham o derramamento. Os materiais para contenção de derramamento de produtos químicos devem estar disponíveis em locais estratégicos. O manu- seio de produtos químicos voláteis (solventes), metais, ácidos e bases fortes tem de ser realizado em capela de segurança química. As substâncias inflamáveis devem ser manuseadas com extremo cuidado, evitando proximidade de equipamentos e fontes geradoras de calor. No manuseio de produtos químicos, é obrigatório o uso de equipamento de proteção individual (EPI), como óculos de proteção, máscara facial, luvas, aventais e outros.

Os produtos químicos e frascos com soluções e reagentes devem ser adequadamente identificados, indicando os produtos, classes, condições de armazenamento, prazo de validade e toxicidade.

Na Figura 1, podem ser observados alguns símbolos utilizados para indicação da classe de produto químico.

O laboratório deve ter disponível a Ficha de Informações de Segurança de Produtos Químicos (FISPQ), que contem informações sobre os riscos e cuidados no manuseio dos produtos químicos, e as condutas adequadas em situações de emergência[3,6]. As FISPQ devem ser acessíveis como parte de um manual de segurança ou operações (Ver detalhes no Capítulo "Biossegurança e gestão de produtos químicos"). No laboratório, pequenas quantidades de produtos químicos devem ser mantidas para reduzir o risco de acidentes. Produtos químicos em grandes quantidades devem ser armazenados de forma bem organizada, de acordo com a compatibilidade química, e em locais específicos, com acesso restrito e gerenciados por pessoal qualificado[3,4].

Os resíduos de produtos químicos devem ser acondicionados em recipientes adequados, em condições seguras, e encaminhados ao serviço de descarte de resíduos da instituição para o destino final. É preciso tomar cuidado no manuseio e no transporte de resíduos de produtos químicos de modo a preservar a saúde e o meio ambiente[3,6]. Com a finalidade de reduzir a exposição do pessoal e o impacto ambiental, devem ser adotados procedimentos para minimizar a geração de resíduos químicos e outros resíduos de laboratório[7].

Os materiais biológicos têm de ser manuseados de forma segura e em cabine de segurança biológica, de acordo com o nível do risco ambiental. Cuidados especiais devem ser tomados para prevenir o risco de exposição a culturas de microrganismos, tecidos e amostras biológicas contaminados, provocados por acidentes ou instrumentos perfurocortantes[4,6,8]. Os materiais biológicos devem ser embalados adequadamente para o transporte a fim de evitar derramamento acidental e as embalagens devem ser identificadas com o símbolo de resíduo infectante (Figura 2). Os resíduos de materiais biológicos devem ser descontaminados antes de serem descartados como resíduos da classe A[6]. (Ver detalhes no Capítulo "Biossegurança no manuseio de produtos biológicos").

Procedimentos e precauções específicos devem ser seguidos ao manusear materiais ou equipamentos que emitem radiação ionizante ou não ionizante. Os locais de armazenamento e as áreas de trabalho com materiais radioativos (radiação ionizante) devem ser identificados

FIGURA 1 Símbolos de identificação de classes de produtos químicos e riscos.

FIGURA 2 Símbolo de identificação de material biológico infectante.

com o símbolo específico, apresentado na Figura 3. O pessoal do laboratório deve estar capacitado a manusear os materiais que contenham radioisótopos, seguindo os procedimentos de aquisição, manuseio, descontaminação e descarte de radioisótopos[4,6]. (Ver detalhes no Capítulo "Biossegurança no uso de radioisótopos".)

O uso de EPI e EPC é essencial para a prática das atividades laboratoriais, a fim de garantir a saúde do pessoal e minimizar a possibilidade de acidentes. Tais equipamentos devem estar disponíveis no laboratório para a execução de procedimentos específicos que exigem sua utilização. (Ver detalhes no Capítulo "Equipamentos de proteção individual e coletiva".)

FIGURA 3 Símbolo de identificação de material radioativo.

Uniformes, aventais e outras vestimentas precisam ser compatíveis com o tipo de atividade a ser executada. As atividades laboratoriais exigem o uso de calça comprida, calçado baixo, fechado e confortável, e avental de mangas compridas. O uso de lentes de contato, maquiagem e adornos deve ser evitado.

Dispositivos de pipetagem automática devem ser utilizados para transferir líquidos para evitar a exposição acidental a líquidos corrosivos e tóxicos que podem causar queimaduras graves e provocar a morte. A ingestão de alimentos e bebidas e o uso de cosméticos, adornos, cabelos e barba soltos são proibidos para evitar contaminação com produtos de laboratório e risco de acidentes durante a operação de equipamentos. Os ouvidos devem estar desobstruídos de qualquer tipo de equipamento sonoro, pois os analistas precisam estar atentos a qualquer ruído estranho, principalmente os emitidos pelos equipamentos em operação.

A higienização das mãos deve ser feita com frequência, antes de entrar ou sair do laboratório, antes e após o manuseio e descarte de produtos químicos, radioativos ou biológicos, e após a retirada das luvas.

As atividades administrativas, assim como cálculos e análises de resultados, devem ser realizadas em local separado da área de trabalho, para evitar contaminação e derramamento em manuais e cadernos de anotações, e reduzir a exposição de analistas e outros trabalhadores a riscos desnecessários.

O pessoal de apoio responsável pela limpeza geral e lavagem de vidraria e materiais de laboratório deve ser instruído sobre os cuidados ao executar suas tarefas. O pessoal de apoio deve ser informado sobre os riscos aos quais pode estar exposto e deve ser instruído sobre o descarte adequado de resíduos biológicos, vidros quebrados e outros resíduos de laboratório. O pessoal de apoio não deve manusear frascos vazios que contenham substâncias químicas, pois estes devem ser limpos pelo pessoal do laboratório e colocados em locais próprios e protegidos para que não sejam utilizados para outras finalidades.

MEDIDAS DE CONTROLE E PROTEÇÃO

Outro aspecto a ser considerado na segurança das atividades laboratoriais é o conjunto de medidas de controle e proteção contra os riscos ambientais, como proteção coletiva e individual, organização do trabalho e higiene e conforto.

Medidas de proteção coletiva visam garantir a proteção ocupacional e ambiental do laboratório, como indicado no Quadro 2.

As medidas de proteção individual, por meio do uso de EPI, são possíveis controles da exposição a agentes

QUADRO 2 Principais medidas de proteção no laboratório[10-12]

Proteção coletiva	Proteção individual	Medidas organizacionais
Substituição de matérias-primas e insumos por produtos menos prejudiciais à saúde.	Sempre que as medidas de proteção coletivas forem inviáveis ou não oferecerem completa proteção contra os riscos de acidentes de trabalho e/ ou doenças ocupacionais.	Mudança do método de trabalho, tornando o procedimento mais flexível e ajustado à capacidade do pessoal de laboratório.
Alteração no processo laboratorial empregando tecnologias que minimizem as situações de risco e o impacto ambiental.	Enquanto as medidas de proteção coletiva estiverem sendo providenciadas e implementadas.	Reestruturação organizacional, adequando o ritmo de trabalho à capacidade do pessoal de laboratório.
Isolamento da fonte de risco, como o isolamento acústico de equipamentos geradores de ruído.	Em situações de emergência.	Participação do pessoal de laboratório na organização do trabalho para favorecer a integração e melhorar a cooperação.
Instalação de sistemas de ventilação, de exaustão ou insuflamento que evitem a dispersão de contaminantes no ambiente, diluam a concentração de poluentes e ofereçam conforto térmico.	Em procedimentos de curta duracão.	Redução do tempo de exposição do pessoal de laboratório aos riscos, por meio de rodízio ou redução da jornada de trabalho.

de risco ambiental que, se utilizados corretamente, protegem a saúde e a integridade física do pessoal de laboratório. A NR-611 determina o cumprimento das exigências legais para uso de EPI. Cabe ressaltar que o uso de EPI apenas reduz a probabilidade de risco à saúde e ao meio ambiente, uma vez que o agente perigoso ainda está presente. Portanto, medidas de proteção individual devem ser indicadas para situações em que haja manuseio direto de agentes químicos, biológicos, radioativos ou outros, e em situações específicas como descrito no Quadro 2.

As medidas organizacionais têm a finalidade de propiciar ambientes mais cooperativos e motivadores, evitando sacrifícios desnecessários do pessoal de laboratório. Algumas medidas de organização de processos e atividades laboratoriais são indicadas no Quadro 2.

As medidas de higiene e conforto também são indispensáveis na execução de atividades laboratoriais, principalmente no manuseio de produtos perigosos. As condições sanitárias e de conforto nos locais de trabalho estão definidas na NR-2412. Essas medidas estabelecem a higiene pessoal que previne doenças ocupacionais e evita a transmissão de doenças contagiosas, e a disponibilidade de banheiros, lavatórios, vestiários, armários, bebedouros, refeitório e áreas de lazer.

ORGANIZAÇÃO ESTRUTURAL E OPERACIONAL DO LABORATÓRIO

O ambiente de laboratório deve ser adequadamente projetado e dimensionado de modo a oferecer condições confortáveis e seguras de trabalho. As áreas de trabalho de maior risco (manuseio de produtos químicos, biológicos e radioativos) devem ser separadas das de menor risco (área administrativa). O ambiente de laboratório deve oferecer boa iluminação, ventilação, temperatura, umidade, circulação e outras condições que permitam a realização do trabalho de forma confortável e produtiva[12-14].

A organização estrutural e funcional do laboratório deve ainda prever o mobiliário, as comunicações, o tratamento acústico, as linhas de serviços (gás, água, vácuo, ar comprimido, vapor, eletricidade, esgotamento sanitário), as barreiras de controle e de contenção, os equipamentos de combate a incêndio, entre outras instalações. Na elaboração do projeto físico é preciso cumprir as exigências legais vigentes quanto às especificações da arquitetura e dos padrões de segurança para laboratório, como espaço físico, construção resistente ao fogo com isolamento de algumas áreas, número e local das saídas de emergência, largura dos corredores, alarme de proteção automático contra incêndio, iluminação de segurança, abastecimento e drenagem de água[12-14].

O projeto de construção (edificação) e das instalações do laboratório deve-se basear na abrangência de atividades a serem realizadas, nos materiais e nos produtos empregados, no espaço físico e no dimensionamento necessário para a execução das atividades e nas condições de segurança do pessoal de laboratório e do meio ambiente. No planejamento, é preciso considerar a necessidade de redimensionamento futuro, decorrente de aperfeiçoamento ou substituição dos métodos empregados e de ampliação ou separação das áreas de trabalho[3,14].

Quanto à distribuição e ao espaço físico das áreas de trabalho no laboratório, devem ser examinados os aspectos operacionais de cada tipo de atividade, as vias de acesso, o fluxo das atividades, a circulação e o número de laboratoristas nas áreas a serem definidas. O estudo das vias de acesso tem de considerar o transporte de materiais, reagentes, equipamentos ou amostras e o deslocamento do pessoal entre as diversas áreas do laboratório. Deve levar em conta também o fluxograma das atividades, permitindo o acesso a áreas de maior risco apenas a pessoas autorizadas, conforme estabelecido no organograma funcional do laboratório. Quanto mais bem distribuído for o espaço destinado a atividades específicas, mais fácil será o acondicionamento do ambiente e das barreiras de controle e contenção[2,13].

No projeto arquitetônico, devem ser considerados: a) localização da edificação; b) dimensionamento, com projeções para automação e serviços em expansão; e c) organização espacial e funcional, que deve contemplar o fluxograma das atividades e o programa de necessidades[8].

O fluxograma é preparado com base nas rotas de transporte de materiais, amostras, animais e resíduos, na circulação do pessoal de laboratório e de apoio e no isolamento de áreas específicas. O programa de necessidades é elaborado para cada unidade de espaço, de acordo com as atividades desenvolvidas, os equipamentos, as áreas úteis correspondentes, o grau de flexibilidade desejado, as relações funcionais e as condições ambientais.

No projeto de construção, é preciso considerar várias características estruturais específicas, como espaço e circulação, sobrecargas, paredes, teto e pisos, portas, janelas, mobiliário, barreiras de controle, comunicações, tratamento acústico, ventilação e exaustão, barreiras de controle, linhas de serviços, higiene pessoal e equipamentos de segurança e a prevenção de incêndio. As NR-8, NR-10 e NR-23 dispõem sobre diretrizes para Edificações, Instalações e Serviços em Eletricidade e Proteção contra Incêndios, respectivamente[15-17]. Devem também ser examinados os níveis de contenção física, para garantir a segurança biológica e a sinalização adequada do ambiente de laboratório. No Quadro 3, são listadas algumas características da planta física e das instalações a serem previstas no planejamento do projeto de construção do laboratório.

A sinalização e identificação de segurança devem ser adotadas nos locais de trabalho, conforme previsto na NR-26[18]. No laboratório, a sinalização das áreas por cores (Figura 4) visa delimitar as áreas e identificar equipamentos de segurança e condutos de líquidos e gases. A sinalização facilita a orientação do pessoal de laboratório, indica os riscos existentes e restringe o acesso de pessoas não autorizadas.

Os riscos ocupacionais devem ser conhecidos e identificados por símbolos específicos, como representados nas

QUADRO 3 Características da planta física e das instalações do laboratório

Característica	Detalhamento
Espaço e circulação	O espaço deve ser adequado para a execução das atividades, a limpeza e a manutenção. Os corredores devem ser largos para permitir a circulação. O espaço e as instalações devem ser adequados e seguros para o manuseio de solventes, material radioativo e gases comprimidos (NR-8).
Iluminação	A iluminação deve ser adequada com distribuição das lâmpadas de acordo com a disposição de janelas, bancadas, equipamentos e cores do ambiente (teto, paredes e piso). A iluminação inadequada reduz a capacidade visual, causa lesão do aparelho visual, fadiga e diminuição da produtividade do pessoal de laboratório e risco de acidentes. Para áreas que requerem maior nível de iluminação utilizar dispositivos auxiliares diretamente sobre a superfície de trabalho.
Paredes, teto e pisos	As paredes devem ser lisas, fáceis de limpar, impermeáveis aos líquidos e resistentes aos produtos químicos e aos desinfetantes. O piso deve ser antiderrapante. O piso e o teto devem ter vedação contínua para evitar a infiltração de contaminantes em áreas de difícil acesso.
Portas	As portas devem ter largura suficiente para permitir a passagem de equipamentos; de preferência, adotar portas duplas. As portas devem abrir para fora do laboratório e ter visores.
Janelas	As janelas devem ser altas para evitar a incidência direta da luz natural e possibilitar a instalação de bancadas.
Mobiliário e revestimento	O mobiliário e o revestimento devem ser impermeáveis à água e resistentes a desinfetantes, produtos químicos e calor moderado. O mobiliário deve ser projetado de modo a permitir a postura adequada (ergonomia) do pessoal do laboratório e de acordo com a flexibilidade desejada para as atividades.

(continua)

QUADRO 3 Características da planta física e das instalações do laboratório *(continuação)*

Característica	Detalhamento
Linhas de serviços	As linhas de serviço devem ser projetadas para o suprimento de energia, água (comum e desionizada), gases (carbônico, oxigênio, hidrogênio, nitrogênio e outros), ar comprimido e esgotamento sanitário. É conveniente utilizar sistema de cores para identificar as tubulações e facilitar a manutenção (NR-26). A rede de energia elétrica deve ser dimensionada com capacidade 25 a 30% maior, prevendo ampliações e futuras expansões dos circuitos (NR-10). As tomadas devem seguir o padrão internacional (110 V/220 V) e sua localização deve evitar que o derramamento acidental de um líquido possa provocar curto-circuito. Os equipamentos devem ser instalados com base no estudo prévio da distribuição de carga elétrica, para evitar sobrecargas. Fontes de energia elétrica de emergência (geradores) para equipamentos específicos e sistemas de iluminação de emergência devem também ser contemplados no projeto elétrico (NR-10). O sistema de esgotamento sanitário deve prever a instalação de uma estação de tratamento de efluentes.
Ventilação e exaustão	Sistemas de renovação constante do ar e eliminação de gases e vapores perigosos devem garantir a qualidade do ar ambiente. Avaliar a taxa de renovação, pressão e filtração do ar e o controle da temperatura interna e umidade relativa. No dimensionamento, considerar a área a ser ventilada, a vazão das capelas, das coifas e de outros sistemas de exaustão, os equipamentos geradores de calor (estufas, chapas aquecidas, mantas aquecedoras), o isolamento entre o sistema de ventilação e de exaustão. Os condutos de exaustão devem ser vedados para evitar vazamentos de substâncias explosivas, tóxicas, ou corrosivas ou mesmo microrganismos patogênicos. Nos laboratórios de biossegurança níveis 3 e 4 (NB3 e NB4), é obrigatório um sistema de pressão negativa, para impedir o vazamento de ar contaminado. (Ver níveis de contenção física no Quadro 5.)
Sobrecargas	A sobrecarga de peso deve ser avaliada de acordo com o peso dos equipamentos a serem instalados.
Sistemas de comunicação	Os serviços de telefonia, áudio e vídeo são restritos às áreas administrativas e escritórios e devem ser planejados para não interferirem nas atividades laboratoriais. Adotar um sistema de intercomunicação nas áreas confinadas (câmara fria, cultura de células, laboratório NB3 ou NB4 e outras). Os sistemas de comunicação podem ser necessários para avaliação e monitoramento das condições de abastecimento de energia dos sistemas de ventilação, refrigeração, detecção e alarme de incêndio, entre outras.
Tratamento acústico	Os equipamentos utilizados em laboratórios geralmente não produzem alto nível de ruído, mas requerem monitoramento. O nível de ruído pode ser diminuído pela instalação de barreiras acústicas e da redução das áreas das superfícies com vibração. Os materiais acústicos empregados nas áreas do laboratório devem ser revestidos para fácil limpeza.
Barreiras de controle	As barreiras são usadas para controlar as condições ambientais das áreas fechadas e restritas e reduzir o risco de contaminação (vestiário com sistemas de dupla porta, câmaras pressurizadas e outros). Aplicam-se para o isolamento de áreas limpas em laboratórios de pesquisa biológica, hospitais, indústrias farmacêuticas, de alimentos e produtos diagnósticos.
Higiene pessoal e equipamentos de segurança	Devem ser instalados equipamentos de segurança como lavatórios para higienização das mãos e chuveiros de emergência e lava-olhos, e pias para lavagem e descontaminação de materiais. Devem ser previstos instalações sanitárias e vestiários externos ao ambiente de laboratório.
Prevenção de incêndio	Devem ser projetados corredores largos e indicação das saídas de emergência para evacuação rápida, portas à prova de fogo, instalações fixas (hidrantes) de extinção de incêndio, sistemas de alarme e sinalização de segurança de unidades móveis (extintores) de combate a incêndio. Aparelhos de proteção respiratória devem estar disponíveis. Os extintores devem atender os padrões estabelecidos pela NR-23.
Área de armazenamento	Devem ser previstas áreas externas ao laboratório para o armazenamento de produtos químicos, cilindros de gases e outros materiais e produtos perigosos. Os locais de armazenamento de solventes devem ser equipados com *plugues* e lâmpadas antiexplosão, além de portas contra fogo (NR-10). Os produtos químicos devem ser armazenados de acordo com as suas compatibilidades químicas.

FIGURA 4 Descrição de cores adotadas para delimitar áreas do laboratório.

Figuras 1 a 3. No Quadro 4, estão descritas as principais classes de riscos ocupacionais, aos quais o pessoal de laboratório pode estar exposto (físicos, químicos e biológicos)[4,19]. Também são indicados os riscos ergonômicos (postura inadequada, ritmo intenso e períodos prolongados de trabalho, situação de estresse e outros) que podem causar desgaste físico e mental, instabilidade emocional e depressão. A NR-17 dispõe os requisitos e condições que visam proporcionar conforto, segurança, saúde e desempenho eficiente no trabalho[20]. Os riscos de acidentes também devem ser avaliados, pois podem gerar lesões temporárias, definitivas e até morte. Os riscos ocupacionais podem ser indicados por cores que facilitam a sua identificação no laboratório.

O ambiente de laboratório onde se manipulam agentes biológicos deve ser adequadamente construído e organizado, e devem ter mecanismos de contenção física de acordo com a classe de risco biológico (Quadro 5)[9,21,22]. A NR-32 estabelece as diretrizes básicas para a implantação de medidas de proteção à segurança e à saúde dos trabalhadores dos serviços de saúde, bem como daqueles que exercem atividades de promoção e assistência à saúde em geral[23].

Programa de segurança

O laboratório deve ter um projeto e um programa de segurança, ambos descritos no Manual de Segurança. O projeto de segurança do laboratório deve contemplar diversos requisitos estruturais, dimensionados de modo a reduzir os riscos ocupacionais e ambientais[2,13,18]. O programa de segurança deve possibilitar a avaliação dos riscos ambientais, a adequação das condições de trabalho e a adoção de práticas seguras de laboratório e o treinamento para ações adequadas em situações de emergência, em cumprimento das normas de segurança vigentes[2]. Os requisitos básicos do programa de segurança estão indicados no Quadro 6.

O programa de segurança do laboratório deve estabelecer os Planos de Segurança Química e Biológica que são de responsabilidade do Coordenador de Segurança. Esse

QUADRO 4 Classificação dos principais riscos ocupacionais

Riscos físicos	Ruído	Vibrações	Radiações ionizantes e não ionizantes	Temperaturas extremas	Umidade
Riscos químicos	Poeiras, fumos, neblinas, névoas	Gases e vapores	Explosivos, inflamáveis	Corrosivos, irritantes	Tóxicos, cancerígenos
Riscos biológicos	Vírus, bactérias	Protozoários	Parasitas	Insetos	Oragnismos geneticamente modificados (OGM)
Riscos ergonômicos	Esforço físico ou carga de peso excessivos	Produtividade ou ritmo de trabalho excessivos	Postura inadequada	Jornada de trabalho prolongada	Monotonia, repetitividade
Riscos de acidentes	Arranjo físico e iluminação inadequados	Equipamentos inadequados, defeituosos ou sem proteção	Sobrecarga na eletricidade	Risco de incêndio ou explosão	Armazenamento de materiais inadequado

QUADRO 5 Níveis de contenção física para risco biológico

Nível	Aplicações
NB1	Agentes biológicos do grupo de risco 1. É exigido bom planejamento espacial e funcional com adoção de práticas seguras de laboratório.
NB2	Agentes biológicos do grupo de risco 2. É necessária maior proteção da equipe de laboratório devido à exposição ocasional e inesperada de microrganismos pertencentes a grupos de riscos mais elevados.
NB3	Agentes biológicos do grupo de risco 3. O laboratório requer desenho e construção especializados, com controle restrito nas fases de construção, inspeção, operação e manutenção. A equipe de laboratório deve receber um treinamento específico quanto aos procedimentos de segurança na manipulação desses agentes. O acesso a essa área tem de ser restrito a pessoal autorizado.
NB4	Agentes biológicos do grupo de risco 4. É o mais alto nível de contenção. O laboratório deve ser instalado em área isolada e funcionalmente inde- pendente de outras áreas. Esse tipo de laboratório requer barreiras de contenção e equipamentos especiais de segurança biológica, área de suporte laboratorial e um sistema de ventilação específico.

QUADRO 6 Projeto, Programa e Manual de Segurança do Laboratório

Requisitos do Projeto	Requisitos do Programa	Itens do Manual de Segurança
Previsão de corredores largos para passagem de pessoal e transporte de materiais ou equipamentos	Planejamento e execução do Programa de Gerenciamento de Riscos	Medidas gerais de segurança Medidas de controle e proteção
Disponibilidade de extintores e outros dispositivos de combate a incêndio	Planos de contenção quando ocorrem situações de emergência (derramamentos, vazamentos, contaminações, explosões e outros)	Medidas para uso, manutenção e controle ambiental de EPC e equipamentos de segurança
Previsão de rotas de fuga que permitam fácil evacuação da área em caso de incêndio	Planos de emergência para enfrentar situações críticas, como falta de energia elétrica, água, incêndio e inundações	Procedimentos para armazenamento, identificação, manuseio e transporte de produtos químicos, biológicos e radioativos
Sinalização adequada das áreas de risco e das rotas de fuga	Sistema de registro dos testes de segurança e desempenho dos equipamentos	Procedimentos para descarte e controle ambiental de produtos químicos, biológicos e radioativos
Disponibilidade de sistema de geração elétrica de emergência	Manutenção preventiva de equipamentos e instrumentos	Procedimentos para uso, manutenção e descarte de EPI
	Disponibilidade e uso adequado de equipamentos de proteção	Procedimentos para situações de emergência
	Organização e realização de programas de treinamento	Instruções para acompanhamento médico e vacinação
	Treinamento de combate a incêndio e em situações de emergência	Programas de treinamento e educação continuada em segurança
		Sistema de avaliação do programa de segurança, que pode ser informal (administrativo) ou formal (inspeções e auditorias)

profissional prepara e atualiza os manuais que contêm as políticas de procedimentos de segurança, mantém os registros de treinamento e educação continuada, e os registros de exposição a agentes perigosos. Também é responsável por garantir a disponibilidade e o uso adequado e regular dos equipamentos de proteção e um ambiente laboratorial seguro[3].

O programa de segurança deve enfatizar o uso de práticas operacionais seguras, equipamentos de proteção e sistemas de contenção adequados, infraestrutura física bem delineada, políticas e procedimentos de controle para redução do risco ocupacional não intencional e adoção de medidas para evitar a contaminação ambiental externa. Também deve tratar do Plano de Bioproteção (Ver detalhes no Capítulo "Memórias de biossegurança e bioproteção: de Asilomar à biologia sintética"). Várias diretrizes e recomendações sobre bioproteção foram propostas para evitar o uso de produtos perigosos como agentes de bioterrorismo e possam causar lesão intencional ao pessoal de laboratório[24-26]. No Quadro 7, estão descritos alguns aspectos do plano de bioproteção do laboratório.

AVALIAÇÃO E REPRESENTAÇÃO DE RISCOS AMBIENTAIS

A avaliação dos riscos ambientais é utilizada para reduzir o risco de manuseio de materiais e fornecer proteção ao pessoal de laboratório e ao meio ambiente. Essa análise deve basear-se na informação válida sobre a periculosidade ou a patogenicidade dos agentes de riscos específicos. A avaliação de riscos ambientais é útil para estabelecer o nível de biossegurança do laboratório, as práticas e os procedimentos seguros e as medidas de contenção física e biológicas, como apresentado na Figura 5.

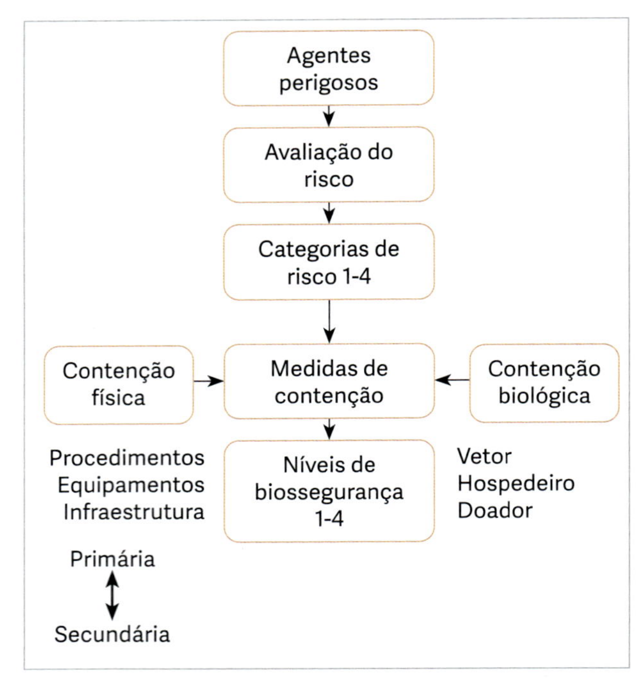

FIGURA 5 Contribuição da avaliação de riscos ambientais nas medidas de biossegurança do laboratório.

A avaliação e a representação de riscos ambientais podem ser realizadas pelo mapeamento de riscos, um método utilizado para avaliar as exposições ocupacionais aos agentes físicos, químicos e biológicos identificados pelo Programa de Gerenciamento de Riscos (PGR), previsto na NR-9[27]. O mapeamento de riscos permite fazer um diagnóstico da situação de segurança e saúde ocupacional nos laboratórios, com a finalidade de estabelecer medidas preventivas.

O mapeamento de riscos é atribuição da Comissão Interna de Prevenção de Acidentes (CIPA), como previsto na NR-5[28]. O objetivo principal do mapeamento de riscos é conscientizar e minimizar os riscos aos quais o pessoal de laboratório está exposto. Os objetivos específicos são: (1) Reunir as informações necessárias para estabelecer o diagnóstico da situação de segurança e

QUADRO 7 Plano de bioproteção do laboratório

Item	Descrição
Bioproteção física	Instalações, mecanismos de contenção, controle de acesso, sistemas de monitoramento interno e externo (câmeras, alarmes e outros).
Bioproteção do pessoal	Credenciais, verificação da identidade, entrevistas, treinamentos, avaliação de saúde física e mental e outras medidas.
Bioproteção de produtos perigosos	Controle de recebimento, uso e armazenamento de produtos perigosos por meio de um sistema de registros, relatórios e auditorias
Bioproteção no transporte de produtos perigosos	O laboratório NB4 deve ser instalado em área isolada e funcionalmente independente de outras áreas. O NB4 requer barreiras de contenção e equipamentos especiais de segurança biológica, área de suporte laboratorial e um sistema de ventilação específico
Bioproteção da informação	Acesso ao sistema computacional
Planos de emergência	Planos de ação e condutas em situações de emergência
Registros	Incidentes, lesões não intencionais e violações das normas internas

saúde no ambiente laboratorial; (2) Possibilitar, durante sua elaboração, a troca e a divulgação de informações entre o pessoal de laboratório; (3) Estimular sua participação nas atividades de prevenção[29].

O Mapa de Riscos é construído tendo como base a planta baixa ou croqui do(s) laboratório(s). Os riscos são caracterizados graficamente por cores e círculos padronizados, que informam o tipo e a gravidade do risco em um ambiente definido[2,29]. Os círculos são desenhados na planta baixa ou croqui do ambiente mapeado e têm de ser colocados nos locais em que se encontram os riscos (Figura 6). Durante sua elaboração, deve-se contar com a participação dos laboratoristas e outros trabalhadores da instituição, e com a assessoria dos Serviços Especializados em Segurança e em Medicina do Trabalho (SESMT) disposto na NR-4[30]. As principais etapas do mapeamento de riscos e itens do relatório de análise de riscos são apresentados nos Quadros 8 e 9, respectivamente.

O mapa de riscos deve ser apreciado e aprovado pela CIPA, e afixado na entrada do laboratório, de forma claramente visível e de fácil acesso.

PROCEDIMENTOS DE EMERGÊNCIA

O laboratório deve estabelecer medidas de segurança de acordo com o nível de risco dos agentes manuseados. O laboratório deve ter um plano de medidas de contenção para os acidentes, que devem ser notificados ao Departamento de Pessoal e à CIPA/SESMT[28,30]. No Quadro 10, são apresentadas algumas recomendações sobre os procedimentos de segurança a serem adotados nas situações de emergência.

TREINAMENTO EM SEGURANÇA DE LABORATÓRIO

A segurança em ambientes de laboratório deve ser objeto de ensino e treinamento profissional permanente, a fim de que a equipe do laboratório e de apoio esteja sempre consciente dos riscos aos quais estão expostos e da importância das medidas de segurança.

A capacitação profissional em segurança é um aspecto importante da prevenção de riscos nas atividades de pesquisa e ensino, pois muitos acidentes são causados pela inexperiência e pela falta de treinamento específico. Portanto, é necessário planejar e implementar cursos de capacitação para preparar profissionais na área de segurança laboratorial. No Brasil, a preocupação com a segurança ocupacional e patrimonial tem levado diversas instituições de ensino e pesquisa a investir em treinamento de pessoal técnico, elaboração de manuais e implementação de normas, visando propiciar ambientes de trabalho mais seguros[31-36].

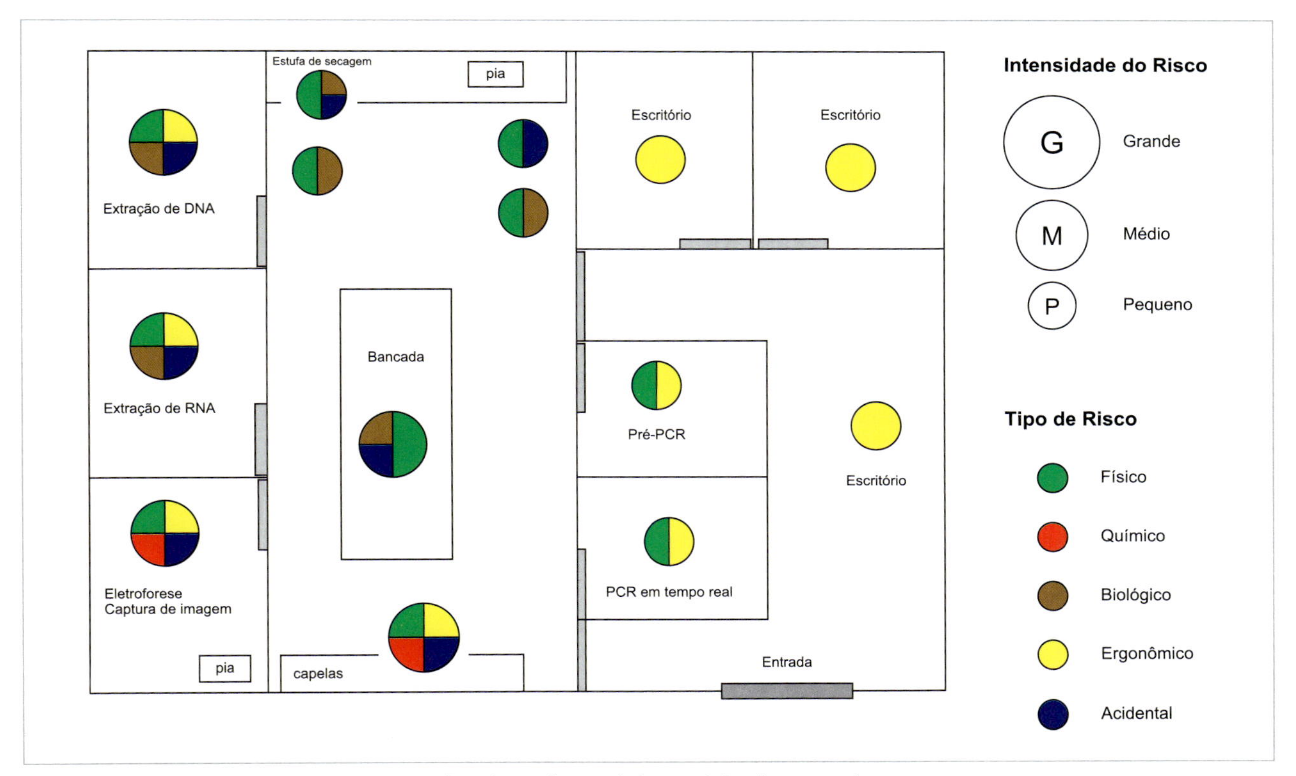

FIGURA 6 Representação de Mapa de Risco de um laboratório de pesquisa.

QUADRO 8 Etapas do mapeamento de riscos

Etapa	Descrição	Ações
1	Conhecer o processo e os procedimentos do laboratório	Examinar os quatro elementos: humano (o pessoal de laboratório), processo (as atividades desenvolvidas), material (os instrumentos e materiais utilizados) e ambiente (o laboratório)
2	Identificar os riscos ambientais	Identificar os riscos existentes, utilizando um roteiro de abordagem e a classificação de riscos (Quadro 4). Para cada elemento dos grupos de agentes de riscos ocupacionais, avaliar os efeitos e danos à saúde do trabalhador
3	Estabelecer e avaliar a eficácia das medidas de controle	Estabelecer as medidas preventivas de proteção coletiva, organização das atividades de laboratório, proteção individual e higiene e conforto
4	Identificar os indicadores de saúde	Identificar os indicadores de saúde, representados por queixas mais frequentes, acidentes de trabalho, doenças ocupacionais diagnosticadas e faltas/ausências ao trabalho
5	Avaliar o levantamento de riscos ambientais	O levantamento de riscos ambientais consiste na medição e no registro dos riscos ambientais. Na sua avaliação, é preciso observar os agentes que foram monitorados, os métodos empregados para detectar cada agente, os equipamentos utilizados para quantificar os agentes, as tabelas com os resultados das medições feitas, os setores e os pontos em que foram ultrapassados os limites de tolerância e a observância ou não das medidas de controle propostas[12]
6	Elaborar o relatório de riscos e o Mapa de Riscos	Fazer um relatório de análise dos riscos encontrados e elaborar o Mapa de Riscos sobre a planta baixa ou croqui do laboratório, indicando os tipos de risco por meio de círculos

QUADRO 9 Relatório de análise de riscos de um laboratório de pesquisa

Grupo de risco	Fontes	Sintomas	Doenças ocupacionais / Acidentes
1. Físico			
Ruído	Equipamentos	Irritação e mal-estar	Perda da audição
Calor	Equipamentos		
Luz UV	Lâmpadas UV	Queimaduras	Câncer de pele
2. Riscos químicos			
Sólidos	Sais, meios de cultura	Irritação nos olhos e nas vias aéreas	Doenças inflamatórias, degenerativas e câncer
Líquidos	Solventes e soluções		
Vapores	Reagentes corrosivos	Queimaduras	Perda da visão
3. Riscos biológicos			
Amostras biológicas	Sala de extração Geladeiras	Febre, cefaleia, dor muscular	Infecções (vírus, bactérias)
4. Riscos ergonômicos			
Posturas de trabalho	Bancadas, banquetas	Dores musculares	Problemas na coluna
5. Riscos de acidentes			
Chama	Bico de Bunsen	Queimaduras	Incêndio
Iluminação	Laboratório	Esforço visual	Fadiga visual
Espaços inadequados	Laboratório e bancadas	Cansaço físico	Quebra de frascos com produtos tóxicos
Eletricidade	Campo elétrico	Choque	Morte

QUADRO 10 Procedimentos de segurança em situações de emergência

Situação de emergência	Procedimentos de segurança
Derramamento de material biológico	No caso de acidente ou derramamento de produto biológico com a formação de aerossol, deve-se evacuar o local. Após 30 minutos, o produto derramado deve ser contido com material absorvente; aplicar um desinfetante no local do derramamento por tempo previamente definido e limpar adequadamente o local. Usar EPI adequados.
Quebra de frascos contendo material biológico	O recipiente quebrado deve ser coberto com um pano embebido em desinfetante. Após 10 minutos, recolher os pedaços do recipiente e o pano e colocar em um conteiner para resíduo "contaminado" (risco biológico). Limpar o piso com desinfetante e esterilizar os pedaços do recipiente por autoclavação. Os cultivos derramados devem ser cobertos com um pano embebido em desinfetante por 10 minutos, recolher com outros panos e colocar no conteiner de resíduo "contaminado". Os formulários de pedidos de análise ou outros documentos contaminados devem ser copiados em outro formulário e os originais devem ser descartados como resíduo "contaminado". Usar EPI adequados.
Inoculação acidental, cortes e lesões	Retirar os EPI, lavar as mãos e a parte lesada, aplicar um desinfetante cutâneo e dirigir-se ao serviço de saúde, onde informará ao médico do trabalho (SESMT) sobre a causa da lesão e o agente envolvido e registrar o acidente.
Derramamento de produtos químicos	A área do acidente deve ser imediatamente isolada e o responsável pela segurança deve ser comunicado. Usar EPIs adequados (máscaras respiratórias, luvas, óculos de proteção e outros) e desligar o suprimento de energia elétrica, combater o fogo (se houver) e permitir a ventilação e/ou exaustão do ambiente. A contenção do produto químico deve ser realizada o mais rápido possível, empregando material absorvente ou areia seca. Materiais incompatíveis com o produto químico derramado não devem ser utilizados (p. ex., pano e papel para conter o derramamento de ácidos. Recolher e descartar o produto adsorvido e limpar o local do derramamento, mantendo o ambiente bem ventilado.
Ingestão acidental de material perigoso	Retirar os EPI da pessoa acidentada e transferi-la para o serviço de saúde. Comunicar imediatamente ao médico sobre o agente ingerido e registrar o acidente ao SESMT[36].
Emissão de aerossol potencialmente perigoso	Todos devem evacuar a área afetada. Informar imediatamente o responsável pelo laboratório e o técnico de segurança. Ninguém deve entrar na área por uma hora, até que se depositem as partículas mais pesadas. Indicar que a entrada na área é proibida. Descontaminar a área. As pessoas afetadas devem consultar um médico.
Quebra de tubos durante a centrifugação	Interromper a operação e manter a centrífuga fechada por, pelo menos, 30 minutos. Remover e descartar os fragmentos de vidro em condições seguras. Descontaminar a centrífuga, rotor e caçapas com desinfetante adequado.
Contato elétrico acidental	Causa perda da consciência e parada respiratória. Deve ser interrompido o contato elétrico e iniciar a manobra de ressuscitação cardiorrespiratória (RCR).
Equipamento de emergência	Maleta de primeiros socorros, EPI completo, sistema de respiração autônoma (para ambiente com pouco oxigênio), máscara facial e de proteção respiratória com filtros adequados para reter partículas e produtos químicos, material para desinfecção e desinfetantes, material para conter derramamento, material para sinalizar e delimitar a área.
Serviço de emergência	Os números de telefone de emergência (bombeiros, polícia e serviço de saúde) devem ser colocados em local bem visível, próximo aos telefones.

A falta da implementação efetiva de um programa de segurança no trabalho expõe os profissionais de laboratório a um ambiente desconfortável, atmosfera contaminada, sem equipamento de proteção e sem o apoio dos supervisores, no caso de estudantes, estagiários e funcionários. A falta de gestão em segurança do trabalho, de instalações adequadas e treinamento do pessoal gera um ambiente de alto risco para o analista e para as instalações prediais, colocando em perigo outros profissionais que não têm relação direta com o trabalho desenvolvido.

Para que as normas de segurança em laboratórios sejam seguidas, é necessário organizar um programa de treinamento inicial e de educação continuada em segurança. Tal programa deve ser assessorado pela equipe do SESMT e abranger os diversos aspectos de segurança do pessoal e do meio ambiente, de acordo com os itens comentados no Quadro 11.

CONSIDERAÇÕES FINAIS

A atividade laboratorial tem um importante componente de risco à saúde dos usuários e ao meio ambiente. A redução da exposição ao risco depende de planejamento e organização das atividades, conhecimento de agentes

QUADRO 11 Programa de treinamento sobre segurança

1	Segurança geral	Fontes de infecção, riscos ambientais (agentes químicos, biológicos, físicos e outros), direitos e deveres dos analistas em relação às medidas de segurança
2	Procedimentos preparatórios	Acesso aos laboratórios, higiene pessoal, roupas e equipamentos de proteção
3	Procedimentos experimentais	Uso de dispositivos de pipetagem automática, redução da formação de aerossóis, uso adequado de cabines de segurança biológica e capelas de segurança química, uso adequado de autoclaves e materiais de esterilização
4	Procedimentos de emergência	Primeiros socorros, quebras e derramamentos, descontaminação do local, acidentes, combate a incêndio e evacuação do ambiente
5	Manutenção geral do laboratório	Transporte e armazenamento de produtos perigosos (biológicos, químicos, gases, radioativos e outros), manuseio adequado de animais de laboratório, eliminação de artrópodes, roedores e outras pragas
6	Métodos de proteção	Uso de EPI e EPC, eliminação de resíduos de laboratório (esterilização, neutralização, recuperação e incineração), métodos de descontaminação, higiene pessoal

e situações de risco, medidas de controle e proteção, práticas e procedimentos seguros, e capacitação dos usuários.

Esta deve ser uma preocupação constante de responsáveis e usuários de laboratórios de ensino, pesquisa e serviços.

REFERÊNCIAS BIBLIOGRÁFICAS

1. Hirata MH, Mancini Filho J, Hirata RDC. Manual de biossegurança. 3.ed. Barueri: Manole; 2017, 474 pgs.
2. Teixeira P, Valle S. Biossegurança: uma abordagem multidisciplinar. 2. ed. Rio de Janeiro: Fiocruz; 2012, 442 pgs.
3. Carvalho PR. Boas práticas químicas em biossegurança. 2. ed. Rio de Janeiro: Interciência. 2013.
4. Word Health Organization (WHO). Laboratory biosafety manual. 4. ed. Genebra: WHO Library; 2020. Disponível em: https://www.who.int/publications/i/item/9789240011311. Acesso em: 10/06/2024.
5. Norma Regulamentadora n. 12 (NR-12). Segurança no Trabalho em Máquinas e Equipamentos. Ministério do Trabalho e Emprego. Disponível em: https://www.gov.br/trabalho-e-emprego/pt-br/acesso-a-informacao/participacao-social/conselhos-e-orgaos-colegiados/comissao-tripartite-partitaria-permanente/normas-regulamentadora/normas-regulamentadoras-vigentes/norma-regulamentadora-no-12-nr-12. Acesso em: 10/06/2024.
6. Agência Nacional de Vigilância Sanitária (Anvisa). Boas Práticas de Gerenciamento dos Resíduos de Serviços de Saúde. RDC n. 222, de 28/03/2018. Disponível em: https://bvsms.saude.gov.br/bvs/saudelegis/anvisa/2018/rdc0222_28_03_2018.pdf. Acesso em: 10/06/2024.
7. Al-Shahi Salman R, Beller E, Kagan J, Hemminki E, Phillips RS, Savulescu J, Macleod M, Wisely J, Chalmers I. Increasing value and reducing waste in biomedical research regulation and management. Lancet. 2014;383(9912):176-85.
8. Centers for Disease Control and Prevention and Na- tional Institutes of Health (CDC/NIH). Chosewood LC, Wilson DE, editors. Biosafety in microbiological and biomedical laboratories. 6th ed. Washington, DC: U.S. Government Printing Office; 2020. Disponível em: https://www.cdc.gov/labs/pdf/SF__19_308133-A_BMBL6_00-BOOK-WEB-final-3.pdf. Acesso em: 10/06/2024.
9. Brasil. Ministério da Saúde. Diretrizes gerais para o tra- balho em contenção com material biológico. Brasília/ DF: Ministério da Saúde; 2004. Disponível em: https://bvsms.saude.gov.br/bvs/publicacoes/diretrizes_trabalho_material_biologico.pdf. Acesso em: 10/06/2024.
10. Peng H, Bilal M, Iqbal HMN. Improved biosafety and biosecurity measures and/or strategies to tackle laboratory-acquired infections and related risks. Int J Environ Res Public Health. 2018;15(12):2697.
11. Norma Regulamentadora n. 6 (NR-6). Equipamento de proteção individual – EPI. Ministério do Trabalho e Emprego. Disponível em: https://www.gov.br/trabalho-e-emprego/pt-br/acesso-a-informacao/participacao-social/conselhos-e-orgaos-colegiados/comissao-tripartite-partitaria-permanente/normas-regulamentadora/normas-regulamentadoras-vigentes/norma-regulamentadora-no-6-nr-6. Acesso em: 10/06/2024.
12. Norma Regulamentadora n. 24 (NR-24). Condições sa- nitárias e de conforto nos locais de trabalho. Ministério do Trabalho e Emprego. Disponível em: https://www.gov.br/trabalho-e-emprego/pt-br/acesso-a-informacao/participacao-social/conselhos-e-orgaos-colegiados/comissao-tripartite-partitaria-permanente/normas-regulamentadora/normas-regulamentadoras-vigentes/norma-regulamentadora-no-24-nr-24. Acesso em: 10/06/2024.
13. Fundação Nacional de Saúde (Funasa). Projetos físicos de laboratórios de saúde pública. Brasília: Fundação Nacional de Saúde; 2007 (1a. reimpressão). Disponível em: http://www.funasa.gov.br/biblioteca-eletronica/publicacoes/engenharia-de-saude-publica/-/asset_publisher/ZM23z1KP6s6q/content/projetos-fisicos-de-laboratorios-de-saude-publica/. Acesso em: 10/06/2024.
14. Hardy DJ. Practical aspects and considerations when planning a new clinical microbiology laboratory. Clin Lab Med. 2020;40(4):421-31.
15. Norma Regulamentadora n. 8 (NR-8). Edificações. Mi- nistério do Trabalho e Emprego. Disponível em: https://www.

gov.br/trabalho-e-emprego/pt-br/acesso-a-informacao/participacao-social/conselhos-e-orgaos-colegiados/comissao-tripartite-partitaria-permanente/normas-regulamentadora/normas-regulamentadoras-vigentes/norma-regulamentadora-no-8-nr-8. Acesso em: 10/06/2024.
16. Norma Regulamentadora n. 10 (NR-10). Instalações e Serviços em Eletricidade. Ministério do Trabalho e Emprego. Disponível em: https://www.gov.br/trabalho-e-emprego/pt-br/acesso-a-informacao/participacao-social/conselhos-e-orgaos-colegiados/comissao-tripartite-partitaria-permanente/normas-regulamentadora/normas-regulamentadoras-vigentes/norma-regulamentadora-no-10-nr-10. Acesso em: 10/06/2024.
17. Norma Regulamentadora n. 23 (NR-23). Proteção contra Incêndios. Ministério do Trabalho e Emprego. Disponível em: https://www.gov.br/trabalho-e-emprego/pt-br/acesso-a-informacao/participacao-social/conselhos-e-orgaos-colegiados/comissao-tripartite-partitaria-permanente/normas-regulamentadora/normas-regulamentadoras-vigentes/norma-regulamentadora-no-23-nr-23. Acesso em: 10/06/2024.
18. Norma Regulamentadora n. 26 (NR-26). Sinalização de Segurança. Ministério do Trabalho e Emprego. Disponível em: https://www.gov.br/trabalho-e-emprego/pt-br/acesso-a-informacao/participacao-social/conselhos-e-orgaos-colegiados/comissao-tripartite-partitaria-permanente/normas-regulamentadora/normas-regulamentadoras-vigentes/norma-regulamentadora-no-26-nr-26. Acesso em: 10/06/2024.
19. Marendaz JL, Suard JC, Meyer T. A systematic tool for assessment and classification of hazards in laboratories (ACHil). Safety Sci. 2013;53:168-76.
20. Norma Regulamentadora n. 17 (NR-17). Ergonomia. Ministério do Trabalho e Emprego. Disponível em: https://www.gov.br/trabalho-e-emprego/pt-br/acesso-a-informacao/participacao-social/conselhos-e-orgaos-colegiados/comissao-tripartite-partitaria-permanente/normas-regulamentadora/normas-regulamentadoras-vigentes/norma-regulamentadora-no-17-nr-17. Acesso em: 10/06/2024.
21. Brasil. Ministério da Saúde. Classificação de risco dos agentes biológicos. Brasília/DF: Ministério da Saúde; 2022. Disponível em: https://bvsms.saude.gov.br/bvs/publicacoes/classificacao_risco_agentes_biologicos_1ed.pdf. Acesso em: 10/06/2024.
22. Brasil. Ministério da Saúde. Biocontenção: o gerenciamento do risco em ambientes de alta contenção biológica NB3 e NBA3. Brasília/DF: Ministério da Saúde; 2015. Disponível em: https://bvsms.saude.gov.br/bvs/ publicacoes/biocontencao_gerenciamento_risco_ambientes_alta_contencao.pdf. Acesso em: 10/06/2024.
23. Norma Regulamentadora n. 32 (NR-32). Segurança e Saúde no Trabalho em Serviços de Saúde. Ministério do Trabalho e Emprego. Disponível em: https://www.gov.br/trabalho-e-emprego/pt-br/acesso-a-informacao/participacao-social/conselhos-e-orgaos-colegiados/comissao-tripartite-partitaria-permanente/normas-regulamentadora/normas-regulamentadoras-vigentes/norma-regulamentadora-no-32-nr-32. Acesso em: 10/06/2024.
24. Word Health Organization (WHO). Biorisk management: Laboratory biosecurity guidance, Genebra: WHO Library; 2006. Disponível em: https://iris.who.int/handle/10665/69390. Acesso em: 10/06/2024.
25. Dickmann P, Sheeley H, Lightfoot N. Biosafety and bio- security: a relative risk-based framework for safer, more secure, and sustainable laboratory capacity building. Front Public Health. 2015;3:241.
26. Mendonça AO, Zuelke KA, Kahl-Mcdonagh MM, Mafra C. Comparison of Brazilian high- and maximum-containment laboratories biosafety and biosecurity regulations to legal frameworks in the United States and other countries: Gaps and opportunities. Appl Biosaf. 2024;29(1):45-56.
27. Norma Regulamentadora n. 9 (NR-9). Programa de Pre- venção de Riscos Ambientais. Ministério do Trabalho e Emprego. Disponível em: https://www.gov.br/trabalho-e-emprego/pt-br/acesso-a-informacao/participacao-social/conselhos-e-orgaos-colegiados/comissao-tripartite-partitaria-permanente/normas-regulamentadora/normas-regulamentadoras-vigentes/norma-regulamentadora-no-9-nr-9. Acesso em: 10/06/2024.
28. Norma Regulamentadora n. 5 (NR-5). Comissão Interna de Prevenção de Acidentes (CIPA). Ministério do Trabalho e Emprego. Disponível em: https://www.gov.br/trabalho-e-emprego/pt-br/acesso-a-informacao/participacao-social/conselhos-e-orgaos-colegiados/comissao-tripartite-partitaria-permanente/normas-regulamentadora/normas-regulamentadoras-vigentes/norma-regulamentadora-no-5-nr-5. Acesso em: 10/06/2024.
29. Campos AAM. Cipa – Comissão Interna de Prevenção de Acidentes: uma nova abordagem. 24. ed. São Paulo: Senac; 2016, 408 pgs.
30. Norma Regulamentadora n. 4 (NR- 4). Serviços Especia- lizados em Segurança e em Medicina do Trabalho (SESMT). Ministério do Trabalho e Emprego. Disponível em: https://www.gov.br/trabalho-e-emprego/pt-br/acesso-a-informacao/participacao-social/conselhos-e-orgaos-colegiados/comissao-tripartite-partitaria-permanente/normas-regulamentadora/normas-regulamentadoras-vigentes/norma-regulamentadora-no-4-nr-4. Acesso em: 10/06/2024.
31. Araujo EM, Vasconcelos SD. Biossegurança em laboratórios universitários: um estudo de caso na Universidade Federal de Pernambuco. Rev Bras Saúde Ocup. [online]. 2004;29(110):33-40.
32. Antunes HM, Cardoso LO, Antunes RPG, Gonçalves SP, Oliveira H. Biossegurança e ensino de medicina na ni- versidade Federal de Juiz de Fora, (MG). Rev Bras Educ Méd. 2010;34(3):335-45.
33. Sanguioni LA, Pereira DSB, Voguel FSF, Botton SA. Princípios de biossegurança aplicados aos laboratórios de ensino universitário de microbiologia e parasitologia. Cienc Rural [online]. 2013;43(1):91-9.
34. Fortuna DBS, Silva LR, Santana JS, Almeida ÉA, Borel E F, Fortuna JL. Biossegurança em quadrinhos: uso do jaleco em ambiente laboratorial / Biosafety in comics: use of the lab coat in the laboratory environment. Braz J Develop. 2020;6(5): 31967-84.
35. Freire Junior JA., Carneiro ZSM, Carvalho Junior GF, Novaes ACGS, Mendonça ED. Proposals for improvements in the biosafety of laboratories in health courses at the Federal University. Res Soc Develop. 2023;12(2):e11412240026.
36. Silva TS, Mariano DC, Teixeira AA, Grieser DO, Jedlicka LDL, Carvalho AC, Siani SR, Quevedo PS. Mapas de risco em laboratórios de instituições de ensino superior. Observatório de La Economía Latinoamericana. 2024;22(3): e3919.

3

Elementos fundamentais na escolha de equipamentos de proteção individual e coletiva

Vanessa Barbosa Malaquias
Suellen Rodrigues da Silva
Eduardo Willian de Alencar Pereira

INTRODUÇÃO

Este capítulo tem como objetivo fornecer orientações para auxiliar o leitor na escolha adequada dos equipamentos de proteção individual (EPI) e coletiva (EPC) para uso em ambientes laboratoriais, visando proteger não apenas os colaboradores, mas também o meio ambiente e a comunidade da exposição aos agentes nocivos presentes nesses locais[1].

Os laboratórios são essenciais para diversas áreas, incluindo o ensino, ajuda no diagnóstico clínico, pesquisa científica, no desenvolvimento de projetos com a indústria e propor novas tecnologias, controle de qualidade físico-química e biológica, monitoramento ambiental, entre outras diversas atividades. No entanto, todos eles enfrentam o desafio comum de como lidar com materiais que representam potenciais riscos para a saúde e o meio ambiente. Esses riscos incluem a exposição a agentes biológicos, produtos químicos, manuseio inadequado de resíduo, falhas de equipamento de biossegurança, procedimentos inadequados de descontaminação e treinamento insuficiente dos colaboradores nas atividades de manejo de EPI e EPC. Negligências nesses aspectos podem resultar em acidentes graves, como intoxicações, envenenamentos, queimaduras térmicas e químicas, contaminação por agentes biológicos, incêndios e explosões. Esses incidentes, no entanto, podem ser prevenidos ou minimizados através da utilização adequada de EPI e EPC. É fundamental realizar uma avaliação detalhada dos riscos para identificar todos os perigos específicos do laboratório, permitindo assim a seleção apropriada de EPI e EPC, garantindo a segurança dos trabalhadores e do meio ambiente[1,2].

O funcionamento dos EPC deve ser verificado periodicamente. Todos os sistemas de ventilação, cabines de segurança química e biológica, autoclaves, chuveiros de emergência, lava-olhos, extintor de incêndio e sinalizações de segurança precisam passar por inspeções regulares para garantir seu funcionamento adequado. A falta de manutenção desses equipamentos pode comprometer seriamente o ambiente do laboratório, expondo os laboratoristas a riscos de saúde[2,3].

Os EPI e EPC devem estar em conformidade com as normas e regulamentações específicas para laboratórios. No Brasil, isso inclui as Normas Regulamentadoras (NR) do Ministério do Trabalho, como a NR-32 (Segurança e Saúde no Trabalho em Serviços de Saúde) e a NR-6 (Equipamento de Proteção Individual – EPI), além das normas da ANVISA e outras regulamentações pertinentes. É essencial selecionar EPI de alta qualidade que possuam Certificados de Aprovação (CA) emitidos pelo Ministério do Trabalho e Emprego (MTE). A NR-6, em seu item 6.2, especifica que o equipamento de proteção individual, de fabricação nacional ou importada, só pode ser comercializado ou utilizado se possuir o CA, expedido pelo órgão nacional competente em matéria de segurança e saúde no trabalho do MTE. Todos os EPI e EPC devem ser projetados para oferecer segurança, serem mantidos em condições limpas e confiáveis, e proporcionar um ajuste confortável que incentive seu uso. A adequação do EPI é crucial, podendo ser a diferença entre segurança garantida e exposição a perigos[1-6].

Segundo a Lei n. 6.514, de 22 de dezembro 1977, toda empresa é obrigada a fornecer gratuitamente aos seus funcionários EPI que estejam em perfeito estado de conservação, de acordo com as necessidades de trabalho e o risco inerente. De acordo com a NR-6 do MTE, os empregados são obrigados a usar os EPI e responsabilizar-se pela guarda e conservação desses equipamentos[5,6]. Em âmbito internacional, a Occupational Safety and Health

Administration (OSHA), uma entidade dos Estados Unidos, define que os EPI devem proteger diversas partes do corpo, incluindo olhos, cabeça e extremidades, bem como roupas de proteção e dispositivos de respiração[7]. A American Society of Testing Materials (ASTM) define os testes necessários para garantir a eficácia desses equipamentos[8]. Já o American National Standards Institute (ANSI) estabelece normas para o projeto, desempenho e utilização dos EPI, garantindo que eles atendam aos padrões de segurança[9]. Os EPI são categorizados com base na parte do corpo que protegem, sendo cabeça, olhos e face, tronco, membros superiores e membros inferiores. A seguir detalharemos cada um.

EPI PROTETORES PARA A CABEÇA

Os equipamentos de proteção para a cabeça são essenciais para proteger os trabalhadores contra diversos riscos, incluindo impactos, perfurações, radiação e substâncias químicas. Os principais EPI destinados a essa proteção são: capacetes de segurança, toucas, capuzes (Figura 1), protetores faciais (*face shield*), protetores respiratórios (semifaciais e completos) e protetores auriculares[7,10].

Capacetes de segurança

Segundo a NR-6, os capacetes de segurança devem proteger o crânio contra impactos, choques elétricos e agentes térmicos. Além disso, a existência de capuz ou balaclava auxilia na proteção do crânio, face e pescoço contra agentes biológicos e substâncias químicas ou que representem algum risco para integridade da pele[5,7,10].

Protetores de olhos e face

Os óculos de proteção (Figura 2A) são essenciais em ambientes onde há risco de exposição a produtos químicos e materiais particulados. Eles visam proteger contra partículas sólidas, respingos de líquidos quentes ou frios, luminosidade intensa e radiações infravermelhas ou ultravioleta. Projetados para formar uma barreira física que impede a entrada de substâncias nocivas nos olhos, reduzindo significativamente o risco de lesão oculares[5,7].

Os protetores faciais (Figura 2B), por sua vez, são dispositivos mais abrangentes que devem garantir proteção contra uma variedade de riscos, incluindo agentes químicos, abrasivos, penetração de corpos estranhos, microrganismos e outros agentes biológicos. Eles oferecem uma camada adicional de segurança, especialmente em situações em que há risco de exposição a respingos químicos ou partículas projetadas com alta velocidade, sendo frequentemente utilizados em combinação com outros EPI, como respiradores[5,7,10].

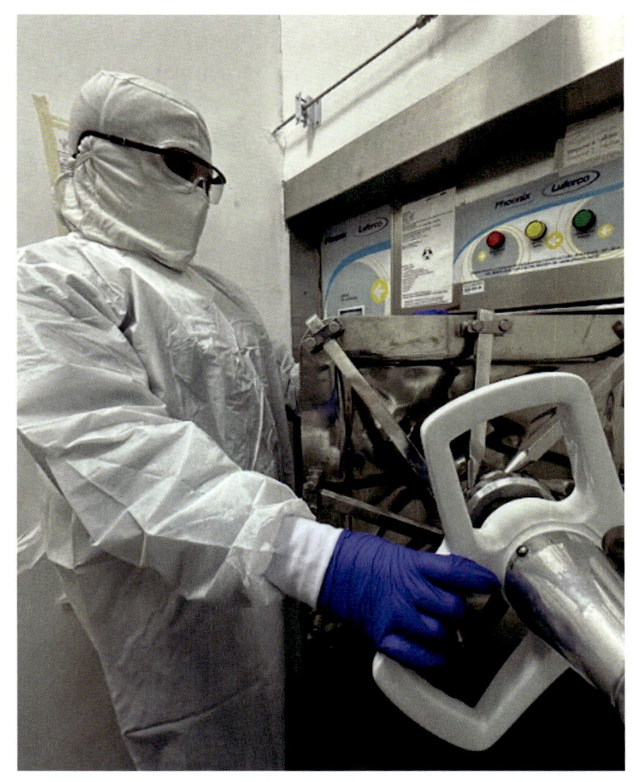

FIGURA 1 Exemplo de uso de capuz em laboratório de nível 3 (NB-3).

Protetores respiratórios

Os equipamentos de proteção respiratória, como máscaras e protetores, são essenciais para proteger o sistema respiratório contra diferentes tipos de contaminantes presentes no ar. Em cenários onde substâncias químicas perigosas estão presentes, dois tipos de máscaras respiratórias são empregados, cada uma adequada para diferentes níveis de concentração. As máscaras semifaciais são a escolha correta quando a concentração de vapores tóxicos é até dez vezes o limite de exposição. No entanto, é necessário o uso conjunto de óculos

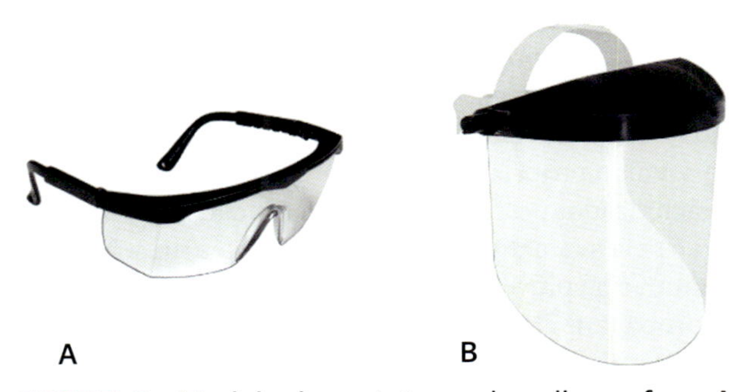

FIGURA 2 Modelo de protetores dos olhos e face. A: Óculos de proteção facial. B: Protetor facial.

de proteção. Por outro lado, as máscaras de proteção total da face são recomendadas para ambientes onde a concentração pode ser até cinquenta vezes o limite de exposição. Em emergências, essas máscaras são utilizadas em conjunto com um sistema de ar autônomo[11,12]. Esses dispositivos contêm filtros que podem ser divididos em três categorias principais:

- Filtros mecânicos: protegem contra partículas suspensas no ar, como poeiras, névoas e fumos. Utilizados em ambientes com presença de partículas sólidas ou líquidas não voláteis, como serragens, poeira de carvão e outros poluentes particulados.
- Filtros químicos: protegem contra gases e vapores químicos. Utilizados em situações em que há exposição a gases irritantes como cloreto de hidrogênio, dióxido de enxofre, amônia e formaldeído. Esses gases, ao entrar em contato com os tecidos, podem causar inflamações significativas. Além disso, esses filtros são eficazes contra gases anestésicos, como éter, e a maioria dos solventes orgânicos.
- Filtros combinados: oferecem proteção simultânea contra partículas e vapores químicos. Ideais para ambientes onde há uma combinação de riscos particulados e gasosos, garantindo uma proteção abrangente.

A seleção correta dos filtros para respiradores é crucial para garantir a eficácia dos protetores respiratórios. A seleção deve ser baseada no tipo de contaminante presente no ambiente de trabalho e na concentração desses contaminantes; no caso dos gases e vapores é medida sempre em ppm (partes por milhão – volume da substância dentro de 1 m^3 de ar), já as partículas são medidas sempre em mg/m^3 (peso da substância dentro de 1 m^3 de ar). Concentrações mais elevadas são geralmente indicadas em % por volume, 10.000 ppm = 1 vol.%[11]. Os filtros são codificados por cores, facilitando a identificação do tipo de proteção que oferecem, conforme descrito no Quadro 1. Além disso, é fundamental garantir que os filtros sejam substituídos regularmente, conforme as recomendações do fabricante, para manter a eficiência da proteção[11,12,14].

Dentro da categoria de filtros particulados, encontramos as peças faciais filtrantes (PFF). Estes dispositivos, nos quais a própria peça facial atua como um filtro, são caracterizados pela ausência de necessidade de manutenção e pela sua natureza descartável. Sua aplicação mais comum é na prevenção da transmissão de infecções que se propagam através do trato respiratório[12,13]. As PFF são classificadas em diversos tipos, cada um adequado para uma situação específica, conforme delineado no Quadro 2.

Proteção auricular

A proteção auditiva, regulamentada pelas normas NR-6 e NR-15, estabelece a proteção contra ruídos prejudiciais à audição. Existem diversos tipos de protetores auditivos, incluindo os modelos circum-auriculares, de inserção e semiauriculares, conforme ilustrado na Figura 3. Jornadas de trabalho em que a exposição a ruídos atinge ou ultrapassa 85 dB (decibéis – unidade logarítmica para expressar a intensidade do som), de forma contínua ou intermitente, devem obedecer aos limites de tolerância estabelecidos. A utilização de protetores auditivos torna-se obrigatória em locais onde a exposição a ruídos excede 115 dB[5,14]. A Associação Brasileira de Normas Técnicas (ABNT) estabelece limite de 60 dB para uma condição de conforto durante a jornada de trabalho. Um exemplo de situação problemática seria o uso de capelas mal projetadas, nas quais o sistema de exaustão gera um nível de ruído acima do normal, muitas vezes devido a problemas com as dimensões dos dutos que resultam em uma velocidade de ar excessiva. No contexto internacional, a OSHA permite um nível de ruído de 85 dB por um período de oito horas. É importante ressaltar que a proteção adequada contra ruídos é essencial para a saúde auditiva dos trabalhadores[7,14].

PROTETORES PARA O TRONCO

Os protetores para o tronco são essenciais em ambientes laboratoriais e industriais, especialmente quando há riscos de projeção de partículas sólidas, calor radiante, chamas, respingos de fluidos biológicos, de produtos químicos e outros tipos de risco, como abrasão, cortes e perfurações. O EPI mais comumente utilizado em laboratórios para a proteção do tronco é o avental (Figura 4). Este deve garantir a proteção contra agentes térmicos, mecânicos, químicos e umidade operacional ou pluvial. Para garantir uma proteção eficaz, os protetores de tronco devem ser confeccionados com materiais adequados e atender a várias especificações, como, por exemplo, tecidos confeccionados com materiais como o algodão puro, devido a sua menor inflamabilidade e reatividade a produtos químicos. Eles devem ser projetados para cobrir completamente as vestimentas, sem bolsos e com mangas compridas, proporcionando uma barreira eficaz contra diversos riscos laboratoriais[2,5,7]. A seleção apropriada do avental, conforme as normativas vigentes, é essencial para garantir a proteção dos profissionais de laboratório.

No Quadro 3 são apresentados os tipos de aventais utilizados em diferentes condições de trabalho, detalhando suas especificidades e aplicações, conforme os riscos presentes no ambiente laboratorial.

QUADRO 1 Filtros para proteção respiratória

Tipos de filtro	Cor	Indicação	Eficiência
P P1 P2 P3	Branco	Proteção contra partículas sólidas e líquidas. P1: Eficiência mínima contra aerossóis sólidos e líquidos não voláteis. P2: Eficiência média para aerossóis sólidos e líquidos não voláteis. P3: Alta eficiência para aerossóis sólidos e líquidos, incluindo agentes biológicos.	P1 filtra > 80% P2 filtra > 94% P3 filtra > 99,95%
B	Cinza	Proteção contra gases e vapores inorgânicos, como cloro, sulfeto de hidrogênio e cianeto de hidrogênio.	Classe 1: 1.000 ppm Classe 2: 5.000 ppm Classe 3: 1.0000 ppm Com sistema de ventilação: Classe 1: 500 ppm Classe 2: 1.000 ppm
E	Amarelo	Proteção contra gases ácidos, como dióxido de enxofre e ácido clorídrico.	
K	Verde	Amônia e aminas.	
A	Marrom	Proteção contra gases e vapores orgânicos, como solventes e tintas.	Ponto de ebulição > 65ºC
AX	Marrom claro	Proteção contra gases e vapores orgânicos, como acetona e metanol.	Ponto de ebulição ≤ 65ºC
Hg-P3	Vermelho	Vapor de mercúrio.	Utilização única
NO	Azul	Gases nitrosos.	Usar no máximo por 20 minutos
AB		Proteção contra gases e vapores orgânicos e inorgânicos.	Conforme classe
ABEK		Proteção abrangente contra gases e vapores orgânicos, inorgânicos, gases ácidos e amônia.	Conforme classe
P2/P3 e K		Vapores de ácido clorídrico	Filtra de 94-99,95%
P2/P3 e E		Combinação de partículas (P2 ou P3) e gases ácidos.	Filtra de 94-99,95%

QUADRO 2 Classificação de máscaras respiratórias

Classe	Eficiência	Contaminantes	Indicação	Contraindicação
Máscara cirúrgica	–	Gotículas respiratórias contendo partículas > 5 µm expelidas por uma pessoa doente	Exposição ocupacional contra gotículas expelidas a uma distância inferior a 1 metro por uma pessoa doente	Não utilizar: para proteção contra aerossóis e partículas < 5 µm
PFF1	80%	Poeiras, névoas não oleosas e partículas não tóxicas	Exposição ocupacional a aerossóis contendo agentes biológicos potencialmente patogênicos/não patogênicos	Não utilizar: para proteção contra amianto (asbesto), sílica e fumos
PFF2/N95	94%	Aerossóis à base de água	Na prevenção de transmissão de infecções dissemináveis por partículas < 5 µm por uma pessoa doente Ambientes de risco de projeções de sangue e/ou outros fluidos corporais potencialmente contagiosos	Não utilizar: para proteção contra amianto
PFF3/N99	99%	Poeira, névoas, fumos e radionuclídeos, amianto e certos agentes biológicos na forma de aerossóis	Usada em ambientes com alta exposição a partículas nocivas	Não utilizar: em caso em que o contaminante é um agente patológico, não devem possuir válvula de exalação

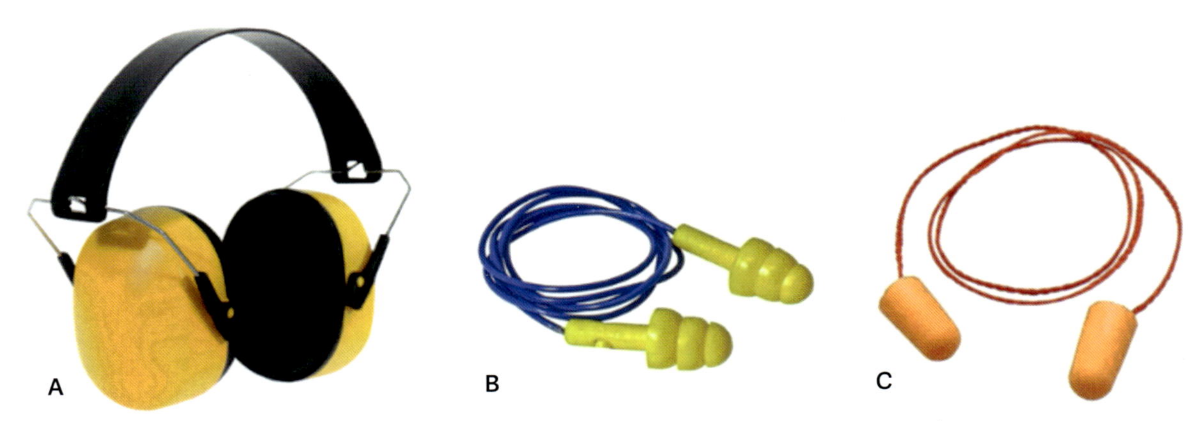

FIGURA 3 Protetores auriculares. A: circum-auricular; B: de inserção; C: semiauricular.

FIGURA 4 Exemplo de uso de avental em laboratório de pesquisa nível 1 (NB-1).

QUADRO 3 Tipos de aventais usados em laboratório

Tipos de aventais	Finalidade de uso
Cloreto de polivinila (PVC)	Quando há riscos de respingos de produtos químicos ou substâncias corrosivas. Utilizado em ambientes em que há manipulação de ácidos e bases fortes.
Para-aramida (Kevlar)	Utilizados em locais em que o calor é excessivo e que exijam resistência à abrasão e ao corte.
Borracha	Protege o corpo durante o manuseio de grandes volumes de soluções ou quando o trabalho a ser executado é reconhecidamente perigoso.
Butil/neoprene	Altamente resistente a solventes e produtos químicos corrosivos.
Algodão	Proteção contra respingos químicos leves e risco térmico moderado.
Polipropileno	Descartáveis, oferecem resistência a respingos de produtos químicos, fluidos biológicos e partículas sólidas.
Polietileno (Tyvek)	Impermeável, fornece excelente proteção com substâncias químicas líquidas e biológicas que podem respingar.
Chumbo	Proteção durante exposição à radiação ionizante.

PROTEÇÃO DOS MEMBROS SUPERIORES

Os EPI utilizados para a proteção dos membros superiores (mãos e braços) protegem contra riscos biológicos, agentes abrasivos e/ou escoriantes, queimaduras químicas, calor ou frio excessivo, mordidas, cortes, perfurações, vibrações, choques elétricos e outros riscos físicos. Nesses casos, devem ser utilizadas luvas, mangas e cremes protetores, que oferecem defesa contra uma ampla gama de perigos, como riscos biológicos, abrasivos, escoriantes, queimaduras químicas, temperaturas extremas, mordidas, cortes, perfurações, vibrações e choques elétricos[1,4,6].

Luvas

Como barreira primária, a luva é um EPI que protege o laboratorista de contaminação, assim como as soluções e agentes que estão sendo manuseados. As luvas também fornecem elevado grau de proteção contra dermatites, pois a exposição repetida a pequenas concentrações de inúmeros compostos químicos eventualmente cria reações adversas na pele dos operadores[1]. É essencial que as luvas sejam inspecionadas antes de cada uso para identificar possíveis furos ou rasgos. Em caso de qualquer dano ou contaminação, as luvas devem ser prontamente substituídas e descartadas de forma adequada como lixo infectante. Nunca devem ser lavadas ou reutilizadas. Além disso, é fundamental evitar o contato das luvas com superfícies limpas, como telefones, interruptores e maçanetas, para prevenir a contaminação cruzada. As luvas devem cobrir completamente as mangas do avental para impedir a exposição direta da pele[2,5,7]. A seleção das luvas deve considerar o material manipulado e os riscos envolvidos, oferecendo proteção contra químicos, biológicos e físicos, como mostrado no Quadro 4.

PROTEÇÃO DOS MEMBROS INFERIORES

A proteção dos membros inferiores é essencial durante as atividades em laboratórios ou em outras situações que oferecem risco aos trabalhadores. Utilizar calçados inadequados, como sandálias ou sapatos de pano, pode resultar em sérios problemas de segurança[5-8]. O calçado deve ser compatível com o tipo de atividade desenvolvida, conforme descrito no Quadro 5.

QUADRO 4 Tipos de luvas e finalidades de uso

Tipo	Finalidade de uso	Contraindicação
Látex	Borracha natural com boa elasticidade. Sempre que houver chance de contato com sangue, fluidos do corpo, dejetos, trabalho com microrganismos e animais de laboratório.	Substâncias químicas agressivas, umidade prolongada. Pode causar alergia em algumas pessoas.
Nitrilo	Material sintético de alta resistência à abrasão e boa resistência aos agentes químicos. É empregada em laboratórios químicos e clínicos.	Solventes orgânicos e temperaturas extremas.
PVC	Material sintético resistente a álcool e ácidos. É recomendada para trabalhos com líquidos ou produtos químicos que exijam melhor aderência no manuseio, na lavagem de material, no manuseio de ácidos, óleos etc. É utilizada no processamento de alimentos e na manufatura de produtos farmacêuticos.	Solventes orgânicos.
Neoprene	Material sintético com boa resistência a óleos minerais, ácidos, álcalis, álcoois e solventes orgânicos. Como exemplo, podemos citar o manuseio de ácidos em laboratórios físico-químicos.	Hidrocarbonetos halogenados e aromáticos.
Borracha butílica	Excelente resistência química e flexibilidade. Manuseio de cetonas, ésteres e substâncias altamente corrosivas.	Menos resistente a cortes e perfurações.
Silver Shield/ Norfoil	Material filme laminado em PE e EVOH. Resistência substâncias químicas, incluindo álcoois alifáticos, aromáticos, cloro, cetonas e ésteres – Fornece proteção de alto desempenho nas aplicações mais exigentes no uso de produtos químicos mais perigosos. Postos de trabalhos pesados em que os riscos de danos mecânicos às luvas são elevados.	Ajuste ruim Obs.: A destreza pode ser parcialmente recuperada usando uma luva de nitrilo mais pesada sobre a luva *Silver Shield*.
Luvas revestidas com álcool polivinílico	Material com revestimento em PVA. Resistência avançada a solventes aromáticos e clorados. Utilizada em manutenção de equipamento de laboratório, derrames inesperados e transferências de líquidos e sólidos entre reservatórios.	Soluções a base de água.
Criogênica	Confeccionada em tecido de Nylon Cordura 100% à prova de água. Ideal para dispensar/transferir líquidos criogênicos, remover amostras de líquidos criogênicos, quaisquer recipientes criogênicos abertos com possibilidade de exposição a líquidos ou respingos.	Manuseio de objetos quentes, produtos, químicos e eletricidade.
Luvas para autoclave	Tecido felpudo 100% algodão, macio e flexível; são ótimas para manipular objetos quentes fora da autoclave ou do forno. Resistência térmica até 232ºC.	Manipulação de gelo seco. Não é a prova d'água.

QUADRO 5

Tipo	Finalidade de uso
Botas de segurança	Com reforço de aço na ponta (biqueira de aço), sola resistente e proteção contra impactos, perfurações, substâncias químicas, calor, frio e choques elétricos. Utilizadas em ambientes industriais, laboratórios químicos e construção civil.
Botas de borracha	Material resistente a produtos químicos e água. Ideais para proteção contra umidade, produtos químicos e biológicos. Utilizadas em áreas de limpeza, lavagem de materiais laboratoriais e ambientes úmidos.
Com isolamento térmico	Calçados especialmente projetados com materiais que resistem a temperaturas extremas. Utilizados em processos industriais de alta temperatura e em ambientes criogênicos, como câmaras frias.
Antiderrapante	Com solado projetado para proporcionar alta aderência. Reduzem o risco de escorregões e quedas em superfícies escorregadias. Utilizados em áreas em que há presença de óleos, graxas ou outros líquidos que possam causar escorregões.
Propés	Protetores de calçados descartáveis feitos de materiais como polipropileno. Previnem a introdução de sujeira e microrganismos em áreas esterilizadas. Utilizados em ambientes que requerem alta higiene, como laboratórios de níveis 2, 3 e 4, hospitais, indústrias alimentícias e farmacêuticas.

EQUIPAMENTOS DE PROTEÇÃO COLETIVA

Os equipamentos de proteção coletiva (EPC) são dispositivos utilizados em ambientes de trabalho para proteger um grupo de pessoas contra riscos à segurança e à saúde. Diferentemente dos equipamentos de proteção individual (EPI), que são destinados à proteção de um único trabalhador, os EPC têm o objetivo de reduzir ou eliminar riscos no ambiente de trabalho como um todo. No ambiente laboratorial, os EPC são essenciais, pois, quando adequadamente selecionados para suas funções específicas, garantem condições de trabalho seguras tanto para os operadores quanto para outras pessoas presentes[1-3]. Os EPC são categorizados de acordo com a natureza dos riscos que eles visam mitigar e as formas de proteção que oferecem, como proteção contra riscos químicos, biológicos, físicos, elétricos e incêndios.

Proteção contra riscos químicos

Capelas de exaustão química

As capelas de exaustão química (CEQ) removem vapores, gases e partículas químicas perigosas do ambiente laboratorial. A seleção do modelo adequado deve ser baseada em uma análise de riscos detalhada, considerando os tipos e a quantidade de reagentes manuseados. É crucial que os reagentes utilizados não se acumulem dentro da capela, sendo devidamente armazenados após o uso para evitar contaminações e riscos de exposição prolongada[5,7-9,15]. A velocidade da exaustão deve ser verificada periodicamente com um anemômetro para assegurar a proteção efetiva. A velocidade interna recomendada é de 0,5 m/s com a cabine da janela totalmente aberta[15]. A capela deve ser posicionada em um local seguro, que permita o fluxo operacional seguro, minimizando o esforço físico dos usuários. Os materiais devem ser resistentes aos reagentes utilizados, prevenindo a corrosão e aumentando a durabilidade do equipamento. Deve-se garantir que a exaustão seja eficiente para gases leves e pesados. Aspectos como ruídos e iluminação também devem ser observados de forma a garantir o conforto dos operadores, os níveis de ruído devem ser mantidos em torno de 70 dB, enquanto a iluminação deve ser adequada, com cerca de 300 luxes. Em casos em que há manipulação de reagentes inflamáveis ou explosivos, as instalações elétricas devem ser à prova de explosão. A vazão da capela deve ser de 40 m^3/min para garantir a segurança máxima[2,7-9].

Cabine de segurança química tipo *walk in*

Com as mesmas especificações técnicas que as CEQs, as cabines do tipo *walk-in* diferem por sua instalação especial sem bancada tradicional, essencial para laboratórios que lidam com grandes volumes de substâncias químicas ou equipamentos de grande porte. Estas cabines são projetadas para permitir que os operadores entrem no espaço de trabalho, proporcionando uma área de manipulação segura e bem ventilada. Possuem um sistema de ventilação que garante um fluxo de ar laminar, equipadas com filtros HEPA (*high-efficiency particulate air*) e, quando necessário, filtros de carvão ativado para remover partículas e vapores tóxicos[5,7-9,15].

Capela de exaustão química com sistema de lavagem de gases

A CEQ com sistema de lavagem de gases proporciona um ambiente seguro para o manuseio de substâncias químicas voláteis, reduzindo o risco de exposição a vapores nocivos. Sendo fundamental para processos que envolvem ácido nítrico e ácido perclórico, substâncias

FIGURA 5 Exemplo de sistema de exaustão de gases em laboratório.

que podem ser altamente reativas e perigosas. Esse tipo de cabine deve ser revestido internamente com aço inoxidável para resistir à corrosão e garantir durabilidade. O sistema de lavagem de gases garante a retenção dos produtos químicos voláteis, permitindo que os vapores sejam adequadamente tratados e descartados, mantendo a segurança do ambiente de trabalho. Procedimentos de verificação e limpeza regulares são essenciais para manter a eficácia e a segurança da cabine[15].

Sistemas de contenção de derramamento

Os sistemas de contenção de derramamento são essenciais em ambientes laboratoriais e outros locais onde são manipuladas substâncias perigosas. Esses sistemas têm como objetivo prevenir a propagação de derramamentos, minimizar os riscos de acidentes e proteger a saúde dos trabalhadores e o meio ambiente[16]. Para isso é necessário identificar as áreas de risco através de uma análise detalhada dos tipos de substâncias manipuladas, volumes e potenciais pontos de derramamento, e assim, determinar as necessidades específicas de contenção. Os principais componentes do sistema de contenção estão dispostos no Quadro 6. A combinação de planejamento, treinamento, manutenção e resposta rápida garante a eficácia desses sistemas em minimizar os impactos de derramamentos de substâncias perigosas.

QUADRO 6 Componentes do sistema de contenção

Tipo	Finalidade de uso
Bacias de contenção	Normalmente feitas de polietileno ou aço inoxidável, resistentes a substâncias químicas corrosivas. Contêm líquidos derramados, evitando que se espalhem pelo chão e entrem em contato com outras áreas.
Barreiras e barragens	Barreiras portáteis, almofadas de absorção e boias para líquidos flutuantes. Impedem a propagação de líquidos derramados.
Kits de emergência para derramamento	Absorventes específicos para diferentes tipos de líquidos (óleo, produtos químicos, ácidos etc.), luvas, sacos para descarte e outros equipamentos de proteção individual (EPI). Devem estar facilmente acessíveis em áreas de risco, com sinalização adequada para fácil identificação.
Estações de lavagem de olhos e chuveiros de emergência	Proporcionam descontaminação imediata para trabalhadores expostos a substâncias perigosas. Devem estar localizados próximos a áreas onde produtos químicos são manuseados.
Sistemas de drenagem controlada	Canaletas, válvulas de retenção e reservatórios de emergência. Direcionam e contêm líquidos derramados em áreas seguras, evitando a contaminação do solo e da água.

Proteção contra riscos biológicos

A escolha da cabine de segurança adequada é fundamental para garantir a proteção da amostra, do usuário e do ambiente. A Figura 6 ilustra as principais opções de cabines de segurança biológica e capelas de fluxo laminar, destacando as características de cada tipo e o nível de proteção oferecido; e o Quadro 7 compara as diferenças entre elas.

Capelas de fluxo laminar (CFL)

As CFLs são projetadas para proteger apenas a amostra de contaminações externas, não oferecendo proteção ao usuário nem ao ambiente. São ideais para procedimentos que requerem um ambiente estéril para a amostra, como cultura de células e manipulação de materiais estéreis[17]. Existem dois tipos principais:

- Fluxo laminar horizontal: 100% ar renovado, entrando pela parte traseira da capela, passa pelo filtro HEPA e é expelido horizontalmente em direção ao usuário. Manipulação de materiais estéreis que não envolvem agentes biológicos perigosos.

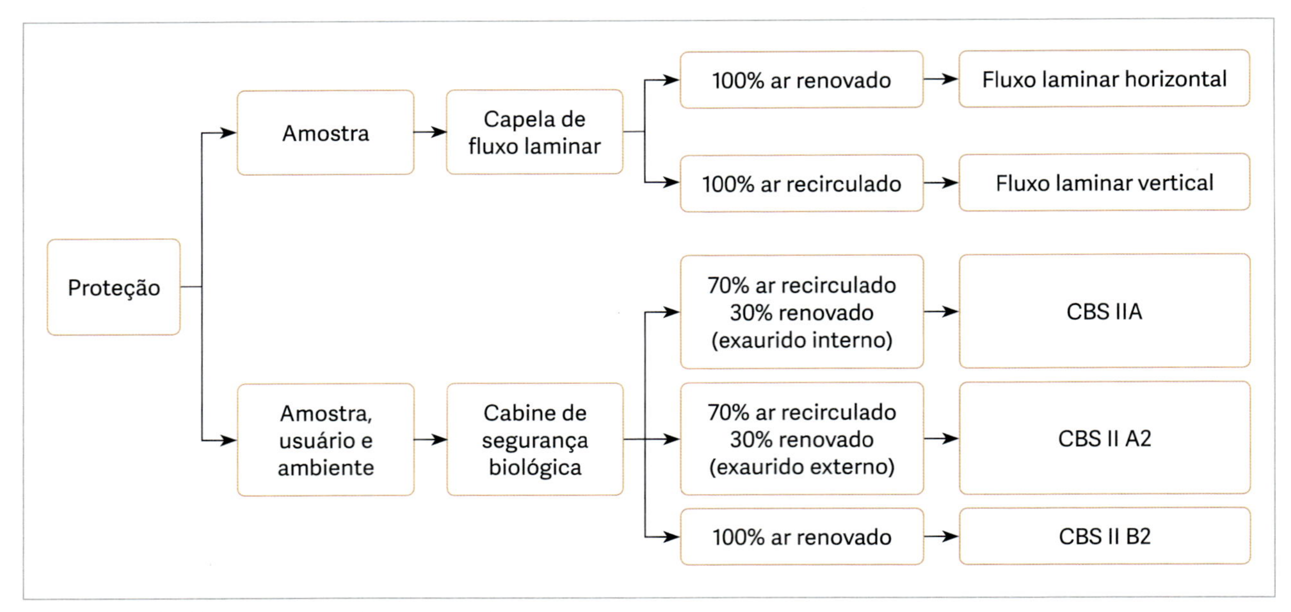

FIGURA 6 Critérios de escolha para cabines de segurança.

QUADRO 7 Comparação e diferenças entre as cabines de segurança biológica classe I e capelas de fluxo laminar

Classe	Proteção da amostra	Proteção do operador e ambiente	Aplicações
CBS Classe I	Não	Proporcionam proteção ao operador e ao ambiente ao conter aerossóis e evitar a dispersão de contaminantes.	Adequadas para trabalhos com agentes biológicos de baixo a moderado risco e onde a proteção do operador é necessária devido à produção de aerossóis.
Capelas de fluxo laminar	Sim	Não fornecem proteção ao operador nem ao ambiente.	Adequadas para trabalhos em que a pureza da amostra é crítica e não há risco significativo para o operador.

- Fluxo laminar vertical: 100% ar recirculado, o ar é puxado pela parte superior da capela, passa pelo filtro HEPA e é direcionado verticalmente para baixo, sendo recirculado internamente. Trabalhos em que a proteção da amostra contra contaminações é crítica, mas o risco biológico para o operador é baixo.

Cabines de segurança biológica (CSB)

As CSB são os principais EPC utilizados para proteger laboratoristas e ambientes contra aerossóis que contêm agentes infecciosos, além de proteger os experimentos de contaminação aérea[2]. Projetadas para condições estéreis e ausência de partículas, as CSB são sistemas eletromecânicos que utilizam filtros de ar particulado de alta eficiência, conhecidos pela sigla HEPA (*high efficiency particulate air*). O ar dentro da cabine flui em sentido unidirecional, a baixas velocidades, criando uma pressão negativa que impede a entrada de contaminações externas. Com fluxo de ar horizontal ou vertical, as CSB removem até 99,9% das partículas, incluindo aerossóis e bactérias. Essas características tornam as CSB ferramentas essenciais para laboratórios que lidam com materiais biológicos, garantindo a segurança do ambiente e a integridade dos experimentos realizados[1-5]. São classificadas em três tipos principais, de acordo com os padrões estabelecidos pela Norma Internacional ISO 14644-1[17] (Quadro 8).

Na Figura 7, são apresentadas duas cabines de segurança biológica (CBS) classe II, utilizadas em laboratórios de diferentes níveis de biossegurança (NB). Essas cabines são essenciais para a proteção do operador, do ambiente e do material manipulado contra contaminações cruzadas e exposição a agentes biológicos perigosos[1-5,17]. A imagem à esquerda (7a) mostra uma cabine de segurança biológica classe II A2, instalada em um laboratório de NB-2. Essa classe de cabine é comumente utilizada para a manipulação de organismos geneticamente modificados (OGMs)[18]. Aplicável para trabalhos que envolvem

QUADRO 8 Classes de cabine de segurança biológica

Classe	Velocidade frontal	Fluxo do ar	Substâncias químicas	Classes de risco biológico	Proteção do manipulado
Classe I	0,38 a 0,5 m/s	O ar é aspirado pela abertura frontal, proporcionando proteção ao operador contra partículas e aerossóis. O ar é filtrado por um filtro HEPA antes de ser exaurido para o meio ambiente.	Não	1 e 2	Não
Classe II Tipo A	0,38 m/s	70% de ar recirculado através do filtro HEPA e 30% de ar exaurido para o ambiente interno através do filtro HEPA.	Não	1 e 2	Sim
Classe II Tipo A2	0,5 m/s	Idêntica às cabines II A, porém o sistema de ventilação sob pressão negativa para a sala e o ar é liberado através de tubulação rígida.	Sim	2 e 3	Sim
Classe II Tipo B1	0,5 m/s	30% de ar recirculado através do filtro HEPA e 70% de ar exaurido através do filtro HEPA e tubulação rígida	Sim (baixas concentrações) (volatilidade)	2 e 3	Sim
Classe II Tipo B2	0,5 m/s	Nenhuma recirculação de ar: 100% de ar exaurido via filtros HEPA e tubulação rígida	Sim	2 e 3	Sim
Classe III	0,4 m/s	Entradas e saídas de ar através do filtro HEPA. São hermeticamente fechadas e operadas por meio de luvas embutidas, necessitam de um ambiente controlado para serem operadas.	Sim	3 e 4	Sim

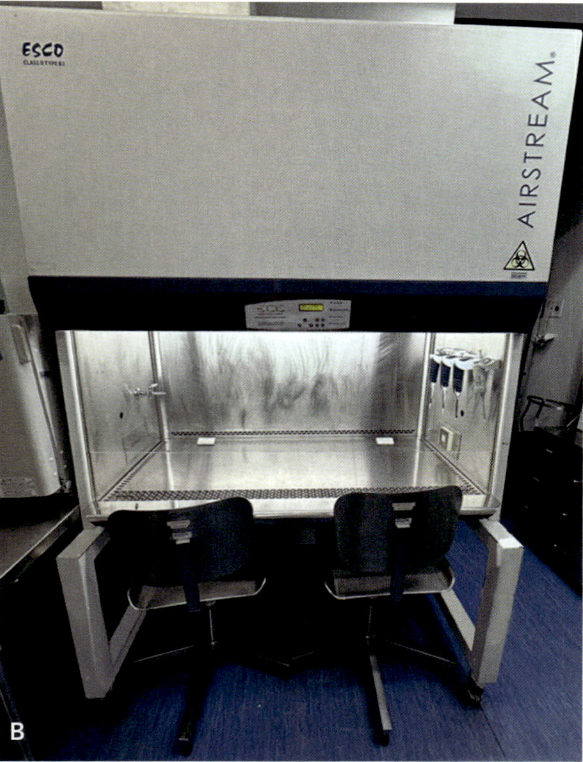

FIGURA 7 Exemplos de cabines de segurança biológica Classe II. A) CBS classe II A2 em laboratório NB-2 para manipulação de OGM; B) CBS classe II B2 em laboratório NB-3 para manipulação de SARS-CoV-2.

agentes biológicos que representam um risco moderado para o operador e o meio ambiente[4,19]. A imagem à direita (7b) apresenta uma cabine de segurança biológica classe II B2, localizada em um laboratório de NB-3, utilizada para a manipulação do vírus SARS-CoV-2 e da bactéria *Mycobacterium tuberculosis*. As principais características dessas cabines incluem maior segurança para a manipulação de agentes biológicos altamente perigosos, proteção do operador, do ambiente e do produto, com um fluxo de ar laminar mais rigoroso e controle de contaminação cruzada. Essencial para trabalhos que envolvem patógenos que podem causar doenças graves e que são transmitidos por via respiratória[1-5,17-19]. Ambas as cabines ilustram a importância de utilizar equipamentos adequados para o nível de biossegurança exigido pelo tipo de agente biológico em manipulação[4,17-19].

A Figura 8 ilustra uma CSB classe III, e o sistema de fluxo de ar filtrado por HEPA (seta branca); o ar entra (seta azul) pela parte superior da cabine e sai (seta laranja) também através de filtros HEPA, mantendo a pressão negativa interna, garantindo que o ar que sai esteja livre de contaminantes. A área de trabalho é equipada com luvas de manipulação fixas, feitas de material resistente e flexível, proporcionando segurança e conforto para o operador[9,17].

Para garantir o uso e a manutenção adequadas das cabines de segurança, é essencial seguir as boas práticas de manipulação, que incluem:

- Testar e certificar as cabines *in situ* no laboratório no momento da instalação, após qualquer remoção e anualmente, para garantir sua operação correta e segura; os testes incluem integridade do filtro, velocidade do fluxo de ar e contaminação microbiológica.
- Operadores devem ser treinados para usar corretamente as cabines, incluindo técnicas de assepsia, posicionamento de materiais e procedimentos de limpeza.

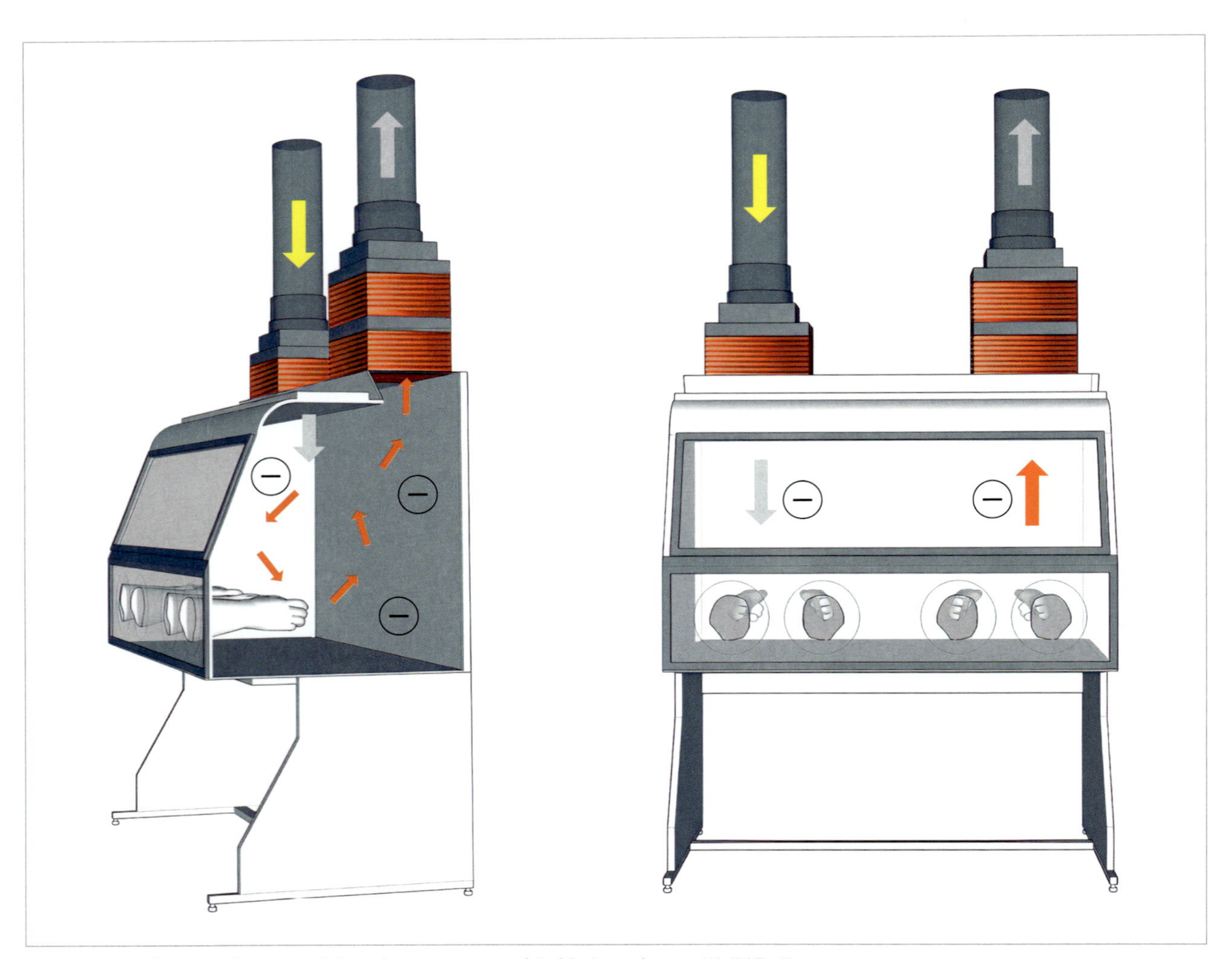

FIGURA 8 Ilustração de cabine de segurança biológica classe III (NB-4).
Fonte: Hernandes, 2023[23].

- Posicionar as cabines longe de áreas de passagem e manter portas e janelas fechadas para evitar a interferência no fluxo de ar da cabine, bem como restrição da circulação de pessoas ao mínimo necessário para evitar a introdução de contaminantes no ambiente.
- Manter o sistema de filtração e a luz UV em funcionamento por 15 a 20 minutos antes e após o uso para garantir a eficácia da esterilização.
- Utilizar EPI adequados às atividades realizadas dentro da cabine.
- Minimizar movimentos dentro da cabine para evitar a ruptura do fluxo laminar de ar, mantendo assim a segurança do ambiente de trabalho.
- Organizar os materiais de modo a manter itens limpos separados dos contaminados, reduzindo o risco de contaminação cruzada.
- Não armazenar objetos dentro da cabine para manter a área de trabalho desobstruída e minimizar o risco de contaminação.

Autoclaves

As autoclaves são equipamentos de esterilização através de calor úmido sob pressão para eliminar microrganismos patogênicos, esporos bacterianos, vírus e outros agentes contaminantes. Amplamente utilizadas em laboratórios, hospitais, indústrias farmacêuticas e outros setores em que a esterilização de materiais é essencial. Os principais componentes de uma autoclave incluem uma câmara de esterilização, que é onde os materiais são colocados para serem esterilizados, um sistema de geração de vapor, que produz vapor saturado sob pressão, um sistema de vácuo, que ajuda a remover o ar da câmara para garantir uma esterilização eficaz, e controles de temperatura e pressão para garantir que as condições ideais sejam mantidas durante todo o ciclo de esterilização. O processo de esterilização em uma autoclave envolve aquecer os materiais a uma temperatura elevada, geralmente entre 121°C e 134°C, por um período específico, que pode variar dependendo do tipo de material e do protocolo de esterilização. A pressão dentro da câmara é aumentada para garantir que a temperatura da água atinja o ponto de ebulição, criando assim vapor saturado que é capaz de penetrar nos materiais e eliminar os microrganismos. No Brasil, a Associação Brasileira de Normas Técnicas (ABNT) adota as normas ISO 11134, 14937 e 17665 com algumas adaptações para as condições locais[20,21].

Existem diversos tipos de autoclaves utilizados em laboratórios, cada um adequado para diferentes aplicações e requisitos. Os principais tipos de autoclaves estão descritos no Quadro 9.

QUADRO 9 Tipos de autoclave

Tipo	Finalidade de uso
Autoclave de gravidade	Utiliza gravidade para remover o ar da câmara de esterilização. Ideal para esterilizar líquidos, vidrarias e instrumentos simples.
Autoclave de pré-vácuo	Remove o ar da câmara antes da entrada do vapor, criando um vácuo. Mais eficiente na penetração de vapor em materiais porosos e cargas densas.
Autoclave de vácuo pulsado	Combina ciclos de vácuo e injeção de vapor para uma penetração uniforme. Usada para esterilização de cargas mistas, incluindo materiais porosos e instrumentos embalados.
Autoclave vertical	Carregamento e descarregamento pela parte superior. Comum em laboratórios com espaço limitado, ideal para esterilização de líquidos e pequenos equipamentos.
Autoclave horizontal	Porta de carregamento frontal. Adequada para laboratórios com grande volume de esterilização, permitindo o manuseio de grandes quantidades de materiais.
Autoclave de passagem	Instalada entre duas salas, permitindo a transferência segura de materiais entre áreas contaminadas e não contaminadas. Crucial para laboratórios de alta contenção, como os NB-3.

Na Figura 9A, observa-se uma autoclave de passagem em laboratório NB-3, equipada com controles automáticos que permitem a programação de ciclos de esterilização com precisão. O aparelho utiliza vapor de alta pressão e temperatura, geralmente a 121°C e 15 psi, durante um tempo específico para matar microrganismos patogênicos, incluindo esporos bacterianos resistentes. A Figura 9B ilustra um técnico devidamente paramentado operando a autoclave. O uso de EPI, como luvas, máscaras, óculos de proteção e roupas especiais é obrigatório para minimizar o risco de exposição a agentes biológicos perigosos. O técnico está carregando materiais na autoclave, assegurando que todos os itens contaminados sejam adequadamente esterilizados antes de serem descartados ou reutilizados[1-5,20,21].

Proteção contra riscos físicos

Os riscos físicos incluem ruído, vibração, radiação, temperaturas extremas, entre outros. No Quadro 10 estão descritos os principais EPC utilizados para proteção contra esses riscos[4,7].

FIGURA 9 Exemplo de uso de autoclave de passagem em laboratório de NB-3.

QUADRO 10 Equipamentos de proteção coletiva empregados para riscos físicos

Tipo	Finalidade de uso	Material/componentes
Barreiras acústicas	Reduzem a propagação do ruído no ambiente de trabalho, como máquinas barulhentas ou operações industriais ruidosas.	Painéis de isolamento acústico, portas e janelas acústicas.
Sistemas de ventilação e exaustão	Controlam a temperatura, removem contaminantes do ar e melhoram a qualidade do ambiente de trabalho onde há exposição a gases, vapores, poeiras ou calor excessivo.	Exaustores, filtros, ventiladores e sistemas de ar-condicionado.
Isolamento térmico	Protege contra temperaturas extremas, tanto de calor quanto de frio, como em fornos industriais, câmaras frigoríficas e áreas expostas a temperaturas extremas.	Barreiras térmicas, isolamento de paredes, tetos e pisos com materiais refratários ou isolantes térmicos.
Blindagem contra radiação	Protege os trabalhadores contra exposição à radiação ionizante e não ionizante, em laboratórios, instalações médicas e industriais em que há uso de equipamentos de raio-X, materiais radioativos ou lasers de alta potência.	Placas de chumbo, cortinas de chumbo, cabines de proteção e janelas de vidro plumbífero.
Tapetes antiderrapantes e amortecedores de vibração	Reduzem o risco de escorregões e quedas e minimizam a transmissão de vibrações em áreas molhadas, oleosas ou com alto tráfego de pessoas, e locais com máquinas vibratórias.	Tapetes de borracha, placas de amortecimento e bases para máquinas.
Sinalização e iluminação adequada	Orientar e alertar os trabalhadores sobre os perigos e assegurar a visibilidade adequada em áreas de risco, corredores, saídas de emergência e locais de operação de máquinas.	Placas de sinalização, luzes de emergência, iluminação de tarefa e sistemas de alerta visual e sonoro.

Chuveiros de emergência e lavadores de olhos

Os chuveiros de emergência e os lavadores de olhos são equipamentos de segurança essenciais em qualquer laboratório, projetados para fornecer uma resposta rápida e eficaz em caso de acidentes envolvendo substâncias químicas perigosas (Figura 10). De acordo com a norma ANSI Z358.1-2009, estes dispositivos devem ser instalados em locais estratégicos que permitam fácil e rápido acesso de qualquer ponto do laboratório[9].

Chuveiros de emergência

Os chuveiros de emergência são projetados com um formato especial que proporciona uma ducha de água com um grande ângulo de abertura, garantindo que toda a superfície corporal da pessoa acidentada seja atingida. Este recurso é crucial para a descontaminação rápida em casos de exposição a líquidos corrosivos ou inflamáveis. As alças de acionamento devem estar posicionadas de modo a serem facilmente alcançadas por operadores de estatura baixa, garantindo acessibilidade para todos os usuários. Testes de funcionamento devem ser realizados semanalmente para assegurar que estejam operacionais a qualquer momento[7,9,14-16].

Lavadores de olhos

Os lavadores de olhos são vitais para o tratamento imediato de contaminações oculares. Devem possuir dispositivos de fácil acionamento e ser suficientemente grandes para uso por indivíduos com visão comprometida devido ao acidente. O jato de água deve ser filtrado para evitar a emissão de partículas sólidas que possam causar mais danos aos olhos. A pressão da água normalmente utilizada é de 30 psi, com um redutor necessário se a pressão exceder 80 psi para evitar danos ao tecido ocular sensível[7,9,14-16].

FIGURA 10 Exemplo de chuveiro de emergência e lava-olhos.

PROTEÇÃO CONTRA INCÊNDIOS

O fogo é uma reação química de oxidação que gera luz e calor, conhecida como combustão. Quando esta reação ocorre de maneira descontrolada e tem potencial para causar destruição, é denominada incêndio. O triângulo do fogo destaca três elementos essenciais para a combustão: combustível, comburente e calor. Sendo os combustíveis os materiais que podem queimar, como madeira, tecidos e produtos químicos inflamáveis (p. ex., solventes); o comburente geralmente é o oxigênio presente na atmosfera; e o calor é a fonte de ignição que eleva a temperatura do combustível ao ponto de combustão. A propagação do calor pode ocorrer por condução, transferência de calor através de materiais sólidos, convecção, movimentação do calor através de líquidos e gases e irradiação, que é a emissão de calor em forma de ondas eletromagnéticas[7,9,15,16,22].

Todo laboratório deve possuir um plano de emergência para combate a incêndios, incluindo instruções detalhadas para a evacuação do prédio. Este plano deve ser documentado e acessível a todos os funcionários. É vital que todos os trabalhadores conheçam as rotas de fuga e procedimentos de emergência. Incêndios de pequena escala em bancadas são emergências comuns e, frequentemente, podem ser controlados pelos próprios trabalhadores do laboratório. Entretanto, em qualquer situação de incêndio, é imperativo solicitar imediatamente o auxílio do grupo responsável pelo combate ao fogo, ao mesmo tempo que se tenta extingui-lo. A prevenção é a chave para evitar incêndios. Medidas preventivas incluem o armazenamento adequado de materiais inflamáveis, a manutenção de equipamentos elétricos e a implementação de boas práticas de segurança. Lembrar que os incêndios ocorrem onde há falhas na prevenção reforça a necessidade de um trabalho contínuo e eficaz para minimizar os riscos[22]. Os equipamentos de segurança necessitam de verificações regulares para garantir que estejam posicionados corretamente e funcionando adequadamente. As inspeções devem ser realizadas conforme as normas e regulamentos de segurança [7,9,15,16,22].

Classificação dos incêndios

A classificação dos incêndios é determinada pelas características dos materiais combustíveis envolvidos. Compreender a natureza desses materiais é essencial para identificar o método de extinção mais eficaz e seguro[22]. O Quadro 11 resume as classificações.

Principais tipos de extintores de incêndio

Os extintores de incêndio são dispositivos essenciais para a segurança em diversos ambientes, sendo projetados para combater diferentes tipos de incêndios. A escolha do extintor adequado depende da natureza dos materiais presentes e do tipo de incêndio esperado. No Quadro 12, são descritos os principais tipos de extintores de incêndio e no Quadro 13, suas orientações de uso [7,9,15,16,22]

Fontes causadoras de incêndios em laboratórios

Diversas causas podem provocar incêndios em laboratórios. As principais são:

- Equipamentos elétricos:
  - Equipamentos mal conservados, mal operados ou conectados incorretamente na rede elétrica.
  - Sobrecarga da rede elétrica ao conectar vários aparelhos em uma única tomada ou ao usar aparelhos de alto consumo de energia em locais com fiação inadequada para a amperagem.
- Líquidos inflamáveis:
  - Operação inadequada com líquidos inflamáveis.
  - Estocagem de líquidos inflamáveis e voláteis em refrigeradores domésticos, cujo sistema elétrico pode produzir faíscas.
- Gases inflamáveis:
  - Vazamentos de gases inflamáveis de cilindros de gás ou tubulações.

Medidas preventivas para evitar incêndios em laboratórios

Para prevenir a ocorrência de incêndios em laboratórios, é essencial adotar medidas de segurança rigorosas. A seguir, são apresentadas as principais recomendações:

- Manuseio de líquidos inflamáveis.
  - Não aquecer líquidos inflamáveis utilizando bico de Bunsen.
  - Verificar a ausência de vazamentos de gás antes de acender o bico de Bunsen e manter recipientes com líquidos inflamáveis a pelo menos 3 m de distância.
  - Aquecer líquidos inflamáveis em banho de água ou em balões com mantas aquecedoras em perfeito estado de conservação.
- Equipamentos elétricos:
  - Evitar conectar vários aparelhos na mesma tomada.
  - Garantir que a fiação elétrica seja adequada para suportar a demanda elétrica de equipamentos como fornos, muflas, estufas, chapas aquecedoras e outros instrumentos.

QUADRO 11 Classificação de incêndio

Tipos de incêndios	Agente extintor	Métodos de extinção
Classe A (materiais sólidos)	Água (H_2O), Pó químico (A/B/C) e Espuma mecânica	Resfriamento/abafamento
Classe B (líquidos ou gases)	Gás carbônico (CO_2), Pó químico (A/B/C), pó químico (B/C) e espuma mecânica	Abafamento
Classe C (energia elétrica)	Gás carbônico (CO_2), Pó químicos (A/B/C), Pó químico (B/C)	Abafamento
Classe D (metais combustíveis)	À base de sais especiais	Isolamento
Classe K (óleo e gorduras)	Gás carbônico (CO_2), Base alcalina	Abafamento

QUADRO 12 Tipos de extintores de incêndio

Tipos de extintor	Aplicação	Modo de uso
Extintor de água pressurizada	Usado principalmente em incêndios de classe A, que envolvem materiais combustíveis sólidos como papel, madeira, tecidos e plásticos. A água resfria o material em combustão, reduzindo a temperatura abaixo do ponto de ignição. Não indicados para incêndios envolvendo líquidos e gases inflamáveis, metais ou equipamentos elétricos energizados.	Levar sempre o extintor ao local do fogo. Manter o extintor a uma distância segura do local do fogo. Retirar a trava de segurança, apertar a alavanca e empunhar a mangueira. Dirigir o jato para a base das chamas. Soltar a alavanca para estancar o jato.
Extintor de espuma química	Eficazes em incêndios de classe A e B (líquidos inflamáveis como gasolina, óleos e solventes). Sua carga é composta de bicarbonato de sódio (agente estabilizador) misturado com água, no cilindro externo, e sulfato de alumínio dissolvido em água, no cilindro interno. A espuma cria uma camada sobre o combustível, isolando-o do oxigênio e evitando a liberação de vapores inflamáveis. Não indicados para incêndios em equipamentos elétricos energizados.	Levar o extintor até o local do fogo, sem invertê-lo. Inverter o extintor somente quando chegar ao local do fogo, e direcionar a válvula para a base das chamas
Extintor de espuma mecânica	Formada pela mistura de um concentrado de espuma com água e ar, através de um processo de aspiração. O concentrado de espuma é misturado com água sob pressão, e esta mistura é aerada ao passar por um bico ou outro dispositivo de aspiração que incorpora ar. Este extintor pode ser de pressão injetada ou pressurização interna. Menos corrosiva e geralmente menos danosa para os materiais ao redor comparada com a espuma química.	Levar o extintor ao local do fogo. Se o extintor for do tipo pressurizado internamente, soltar a trava e apertar a alavanca da válvula superior para controlar a saída do jato. Se for do tipo pressão injetada, abrir primeiramente o cilindro lateral que contém a pressão a ser injetada, segurando a mangueira para evitar um possível acidente. Apertar o gatilho e dirigir a espuma, procurando cobrir o fogo.
Extintor de pó químico seco	Versátil, pode ser usado em incêndios de classe A, B e C. É carregado com bicarbonato de sódio e monofosfato de amônia. Por ser tóxico, tem de ser evitado em locais fechados. Esse extintor pode ser de pressão injetada ou pressurização interna. O pó químico seco interrompe a reação química em cadeia do fogo, além de criar uma barreira física entre o combustível e o oxigênio.	Levar o extintor ao local do fogo. Se o extintor for do tipo pressurizado, retirar o pino de segurança. Se for do tipo pressão injetada, abrir primeiramente o cilindro lateral que contém a pressão a ser injetada, segurando a mangueira com a válvula acionada, para evitar seu entupimento e um possível acidente. Apertar o gatilho e dirigir o pó, procurando cobrir o fogo.
Extintor de dióxido de carbono (CO_2)	Usados em incêndios de classe B e C. O CO_2 sufoca o fogo ao deslocar o oxigênio ao redor do material em combustão e resfria o combustível. Tem a vantagem de nunca estragar o material que atinge, podendo ser empregado em aparelhos delicados (computadores), sem danificá-los.	Tirar o pino de segurança, quebrando o arame do selo do lacre. Retirar o difusor do seu suporte, embrulhando-o com uma das mãos na manopla. Com o extintor posicionado, acionar a válvula com uma mão e, com a outra, dirigir o jato para a base do fogo, movimentando o difusor.
Hidrante	Dispositivo existente em redes hidráulicas, que facilita o combate ao fogo. É composto por um reservatório (elevado ou subterrâneo) e um conjunto de canalização, mangueira e abrigo.	
Sprinklers	São também conhecidos como chuveiros ***sprinklers***. Esse sistema consiste na distribuição de encanamentos ligados a um encanamento central, do qual saem ramificações de tubos cujos diâmetros diminuem à medida que se afastam da linha principal. Nessas ramificações, são instalados bicos, que são peças dotadas de dispositivo sensível à elevação de temperatura e destinadas a aspergir água sobre a área incendiada, quando acionada pelo aumento da temperatura ambiente.	Sistema automático de combate a incêndios que libera água ao detectar calor acima de um certo limite.

QUADRO 13 Orientação para uso adequado dos extintores de incêndio

Tipo de extintor	Classes de fogo		
	A Materiais sólidos	B Líquidos, gases inflamáveis	C Equipamentos elétricos
Espuma	Adequado	Adequado	Inadequado
Água pressurizada	Adequado	Inadequado	Inadequado
Pó químico "BC"	Inadequado	Adequado	Adequado
Pó químico "ABC"	Adequado	Adequado	Adequado
CO_2 (dióxido de carbono)	Inadequado	Adequado	Adequado

  - Realizar trabalhos com líquidos inflamáveis voláteis em cabines de segurança química com sistema elétrico à prova de explosão.
- Armazenamento de substâncias perigosas:
  - Armazenar líquidos inflamáveis somente em refrigeradores à prova de explosão; refrigeradores comuns são inadequados e oferecem risco de explosão.
  - Evitar o uso de sistemas de gás em salas de recuperação de solventes muito voláteis; todos os equipamentos e tomadas elétricas devem ser à prova de explosão.

Adotar essas precauções é essencial para garantir um ambiente de trabalho seguro, minimizando os riscos de incêndio e protegendo tanto os profissionais quanto os equipamentos e materiais presentes no laboratório[1-7,9,15,16,22].

CONSIDERAÇÕES FINAIS

Neste capítulo, abordamos a importância da biossegurança em ambientes laboratoriais, destacando a relevância dos EPI e dos EPC. A implementação rigorosa de medidas de biossegurança é essencial para proteger a saúde e a segurança de todos os indivíduos, bem como para prevenir a contaminação e a propagação de agentes biológicos.

Foram apresentados os EPI, que são a primeira linha de defesa para os colaboradores, proporcionando proteção contra riscos biológicos, químicos e físicos. A utilização correta dos EPI é fundamental para a eficácia na prevenção de acidentes e exposições a agentes perigosos.

Os EPC são projetados para proteger múltiplos trabalhadores simultaneamente, reduzindo a exposição a riscos e aumentando a segurança geral do ambiente. A integração eficaz de EPC é vital para criar um espaço de trabalho seguro e eficiente.

Destacamos também que a eficácia dos EPI e EPC depende não apenas da disponibilidade desses equipamentos, mas também de sua correta utilização e manutenção regular. Treinamentos periódicos devem ser realizados para garantir que todos os profissionais estejam familiarizados com os procedimentos de segurança e o uso adequado dos equipamentos. Além disso, inspeções e manutenções regulares dos equipamentos são indispensáveis para assegurar seu funcionamento correto e contínuo.

A segurança em laboratórios não é apenas uma questão de possuir os equipamentos adequados, mas também de promover uma cultura de segurança através da educação, treinamento e vigilância constante. Implementar e manter práticas de biossegurança robustas é fundamental para garantir um ambiente de trabalho seguro e saudável para todos os envolvidos.

REFERÊNCIAS BIBLIOGRÁFICAS

1. World Health Organization. Laboratory biosafety manual and associated monographs. 4th ed. Geneva: World Health Organization; 2020. p.5-45.
2. Almeida LB. Equipamentos de proteção individual e coletiva. In: Hirata M, Hitrata RDC, Mancini Filho J (Orgs.). Manual de biossegurança, 3. ed. Barueri: Manole, 2017.
3. Teixeira P, Valle S. Biossegurança: uma abordagem multidisciplinar. 2. ed. Rio de Janeiro: Fiocruz; 2012.
4. Brasil. Ministério do Trabalho e Emprego. Norma Regulamentadora n. 32 – Segurança e Saúde no Trabalho em Estabelecimentos de Saúde. Brasília, 2005.
5. Brasil. Ministério do Trabalho e Emprego. Norma Regulamentadora n. 6 – Equipamento de proteção individual. Brasília/DF, 2011.
6. Brasil. Lei n. 6.514, de 22 de dezembro de 1977. Seção IV, art. 166. Diário Oficial da União, Brasília, 23 dez.1977.
7. Occupational Safety and Health Administration (OSHA). "3151-02R 2023 Personal Protective Equipment." Disponível em: https://www.osha.gov/sites/default/files/publications/osha3151.pdf. Acesso em 20/05/2024.
8. American Society of Testing Materials (ASTM). Disponível em: http://www.astm.org/. Acesso em: 20 maio 2024.
9. American National Standards Institute (ANSI). Disponível em: https://www.ansi.org/. Acesso em: 20 maio 2024.

10. International Safety Equipment Association (ISEA). "Head Protection." Disponível em: https://safetyequipment.org/worker_protections/head-protection/. Acesso em: 20 maio 2024.
11. Dräger. "Filter Selection Guide." Disponível em: https://www.draeger.com/Content/Documents/Content/filter-selection-guide-br-9046529-en.pdf. Acesso em: 21 maio 2024.
12. Associação Brasileira de Normas Técnicas (ABNT). "NBR 12543:2017 – Respiradores purificadores de ar – Classificação e requisitos." Rio de Janeiro: ABNT.
13. Carvalho AAG, et al. Recomendações de uso de equipamentos de proteção individual (EPIs) em procedimentos cirúrgicos durante a pandemia de SARS-Cov. J Vasc Bras. 2021, v.20:e20200044.
14. Brasil. Ministério do Trabalho e Emprego. Norma Regulamentadora n. 15 – Atividades Operacionais Insalubres (MTb n. 3214). Brasília, DF, 2022.
15. Manual de Segurança em Laboratórios Químicos. Conselho Federal de Química, 2021.
16. National Institute for Occupational Safety and Health (NIOSH). Guidelines for Chemical Safety in the Workplace. DHHS (NIOSH) Publication No. 2012-139, 2012.
17. International Organization for Standardization (ISO). Cleanrooms and associated controlled environments – Part 1: Classification of air cleanliness by particle concentration. ISO 14644-1. 2019.
18. Comissão técnica nacional de biossegurança (CTNBio). Resolução Normativa n. 18 – Classificação de riscos de Organismos Geneticamente Modificados (OGM) e os níveis de biossegurança a serem aplicados nas atividades e projetos com OGM e seus derivados em contenção. Brasília, 2018.
19. Brasil. Ministério da Saúde. Classificação de Risco dos Agentes Biológicos. 3. ed. Brasília, 2017.
20. Associação Brasileira de Normas Técnicas. ABNT ISO/TS17665-2: Esterilização de produtos para saúde – Vapor – Parte 2: Guia de aplicação da ABNT NBRISO17665-1. 2013.
21. Associação Brasileira de Normas Técnicas. ABNT NBRISO 14937: Esterilização de produtos de atenção à saúde – Requisitos gerais para caracterização de um agente esterilizante e desenvolvimento, validação e controle de rotina de um processo de esterilização de produtos para saúde. 2014.
22. National Fire Protection Association (NFPA). Disponível em: https://www.nfpa.org/. Acesso em: 23 maio 2024.
23. Hernandes F. Cabines de segurança biológica (CSB); 2023. Disponível em: https://franciscohernandes.com.br/cabines-de-seguranca-biologica-csb/.

4

Gerenciamento de risco e descarte de produtos biológicos

Elsa Masae Mamizuka
Mario Hiroyuki Hirata

INTRODUÇÃO

O gerenciamento de risco e o descarte de produtos biológicos são a base da pirâmide de ações de biossegurança, ou seja, o estabelecimento metodológico de segurança para que as ações de conhecimento adequado do perigo e como minimizar ou evitar a exposição, com a finalidade de adotar medidas para prevenir, controlar, reduzir ou eliminar riscos inerentes às atividades que possam comprometer a saúde humana, animal, vegetal e do meio ambiente. A avaliação de risco é extremamente importante pois incorpora ações que objetivam o reconhecimento ou a identificação dos agentes biológicos e a probabilidade do dano proveniente deles, no caso, também os resíduos biológicos contaminados com microrganismos que, por suas características de maior virulência ou concentração, podem apresentar diferentes riscos de infecção e suas consequências.

Na Portaria n. 178, de 4 de fevereiro de 2009, instituiu-se, no âmbito da Comissão de Biossegurança em Saúde do Ministério da Saúde (CBS/MS), um grupo de trabalho (GT) para avaliação de agentes biológicos e sua classificação, editando uma lista que foi aprovada pela Portaria n. 1.608, de 5 de julho de 2007[1]. A coordenação do GT foi realizada pela Secretaria de Ciência, Tecnologia e Insumos Estratégicos (SCTIE), com representantes da Secretaria de Vigilância em Saúde (SVS), da Agência Nacional de Vigilância Sanitária (ANVISA), da Fundação Oswaldo Cruz (FIOCRUZ) e por especialistas das áreas de bacteriologia, virologia, micologia e parasitologia. Essas informações são constantemente atualizadas e disponíveis nos sítios *online* dos ministérios da saúde, e suas agências regulatórias (ANVISA, FIOCRUZ, SVS entre outros).

Há necessidade de se fazer uma avaliação cuidadosa dos agentes infecciosos para classificá-los e manuseá-los de forma segura, utilizando equipamentos de proteção individual (EPI) e coletiva (EPC). Portanto, os locais de trabalho devem ser classificados de acordo com o nível de segurança, com os respectivos instrumentos e ambientes de trabalho apropriados em termos de segurança biológica. O descarte desse material biológico também deve ser realizado de forma adequada, evitando-se contaminação local e do meio ambiente. As normas de segurança devem ser rigorosamente seguidas para propiciar melhor saúde a todos os envolvidos (Norma Regulamentadora (NR) n. 32. A orientação correta poderá ser obtida em manuais de biossegurança ou com a comissão de biossegurança[2-3].

Segundo Pike[4], cerca de 18% dos trabalhadores podem sofrer algum tipo de contaminação no ambiente de trabalho por agentes infecciosos. Entre eles, 25% ocorrem por inoculação percutânea, 27% por aerossóis e derramamento, 16% por acidentes com vidrarias e objetos cortantes, 13% por aspiração por instrumentos e 13,5% por acidentes com animais, lesões e contato com ectoparasitos. Em laboratórios que manipulam animais e trabalham com amostras clínicas, é necessário considerá-los fontes de contaminação muito importante. As principais fontes de contaminação no local de trabalho podem estar relacionadas à inalação de aerossóis, uma vez que todos os procedimentos microbiológicos são potenciais formadores de partículas em suspensão. Atividades laboratoriais rotineiras, como pipetagem, uso de agitadores de tubos, centrífugas e sonicadores, abertura de frasco com microrganismos liofilizados e quebra de frasco contendo cultura microbiana ativa, são as principais fontes de aerossóis[5]. Portanto, este capítulo tratará sobre temas relativos à classificação de nível de biossegurança e dos respectivos riscos biológicos, nível de contenção e gerenciamento de descarte de resíduos biológicos.

CLASSIFICAÇÃO DE NÍVEL DE BIOSSEGURANÇA

Para o manuseio dos microrganismos pertencentes a cada uma das quatro classes de risco, devem ser atendidos alguns requisitos de segurança, conforme o nível de contenção necessário. Estes níveis de contenção são denominados níveis de biossegurança.

Os níveis são designados em ordem crescente, pelo grau de proteção proporcionado ao pessoal do laboratório, ao meio ambiente e à comunidade. Estas designações baseiam-se em um conjunto de características de concepção, estruturas de confinamento, equipamento, práticas e normas operacionais necessárias para trabalhar com agentes de diversos grupos de risco.

O nível de biossegurança 1 (NB-1) é de contenção laboratorial, que se aplica aos laboratórios de ensino básico, onde são manipulados os microrganismos pertencentes à classe de risco 1 (laboratório de base). Não é requerida nenhuma característica especial, além de um planejamento espacial adequado, que seja funcional, e com a adoção de boas práticas laboratoriais. Exemplos: bactérias ou fungos empregados como complementos alimentares ou bebidas.

O nível de biossegurança 2 (NB-2) diz respeito ao laboratório em contenção no qual são manuseados microrganismos da classe de risco 2 (de confinamento). Aplica-se aos laboratórios clínicos ou hospitalares de níveis primários de diagnóstico, sendo necessário, além da adoção das boas práticas, o uso de barreiras físicas primárias (cabine de segurança biológica e EPI) e secundárias (desenho e organização do laboratório). Exemplos: microrganismos provenientes da microbiota humana ou de animais.

O nível de biossegurança 3 (NB-3) é destinado ao trabalho com microrganismos de fácil transmissão da classe de risco 3 ou para manuseio de grandes volumes e altas quantidades de microrganismos da classe de risco 2 (de alto confinamento). Para este nível de contenção, são requeridos, além dos itens mencionados no nível 2, desenho e construção laboratoriais especiais. Deve ser mantido controle rigoroso de operação, inspeção e manutenção das instalações e equipamentos, e o pessoal técnico deve receber treinamento específico sobre procedimentos de segurança para o manuseio adequado e seguro desta classe de microrganismos. Exemplo: bacilo da tuberculose.

O nível de biossegurança 4 (NB-4), ou laboratório de contenção máxima, destina-se ao manuseio de microrganismos da classe de risco 4 (de confinamento máximo), no qual há o mais alto nível de contenção, que necessitam de uma unidade geográfica e funcionalmente independente de outras áreas. Esses laboratórios requerem, além dos requisitos físicos e operacionais dos níveis de contenção 1, 2 e 3 de barreiras de contenção (instalações, desenho equipamentos de proteção) e procedimentos especiais de segurança. Exemplo: vírus ebola.

RISCOS BIOLÓGICOS

Os riscos biológicos são decorrentes da exposição aos agentes dos reinos animal, vegetal, microrganismos ou de seus subprodutos e vírus. Entre os agentes de risco biológico, é possível citar como mais importantes: bactérias, fungos, leveduras, rickétsias, vírus, protozoários, metazoários e príons. Tais agentes podem estar presentes sob diversas formas que oferecem risco biológico, como aerossóis, poeira, alimentos, instrumentos de laboratório, água, culturas celulares, amostras biológicas (sangue, urina, escarro, secreções), entre outros[1].

Classificação de microrganismos infecciosos por grupo de risco

- Grupo de risco 1 (nenhum ou baixo risco individual e coletivo): microrganismo com muito baixa probabilidade de causar doença no homem ou em animais.
- Grupo de risco 2 (risco individual moderado, risco coletivo baixo): agente patogênico que pode causar uma doença no homem ou em animais, mas que é improvável que constitua um perigo grave ao pessoal dos laboratórios, à comunidade, aos animais ou ao ambiente. A exposição a agentes infecciosos no laboratório pode causar uma infecção grave, mas existe um tratamento eficaz, além de medidas de prevenção, e o risco de propagação de infecção é limitado.
- Grupo de risco 3 (alto risco individual, baixo risco coletivo): agente patogênico que geralmente causa uma doença grave no homem ou no animal, mas que não se propaga habitualmente de uma pessoa a outra. Existe um tratamento eficaz, bem como medidas de prevenção.
- Grupo de risco 4 (alto risco individual e coletivo): agente patogênico que geralmente causa uma doença grave no homem ou no animal e que pode ser transmitido facilmente de uma pessoa para outra, direta ou indiretamente. Nem sempre estão disponíveis tratamento eficaz ou medidas de prevenção.

TRANSMISSÃO DE AGENTES INFECCIOSOS ATRAVÉS DO AMBIENTE

As infecções associadas ao ambiente de laboratório podem ser transmitidas direta ou indiretamente ao pessoal do laboratório, por meio de fontes ambientais (p.

ex., o ar, os materiais contaminados, os instrumentos de laboratório e os aerossóis formados durante o processamento de amostras biológicas). Felizmente, as infecções associadas ao ambiente laboratorial são raras, porque há uma série de requisitos necessários para impedir que essa transmissão ocorra. Este evento é denominado cadeia de infecção, em geral determinado por: presença de patógeno de virulência suficiente, dose infectante elevada do patógeno e um mecanismo de transmissão do patógeno a partir do ambiente para o hospedeiro, ou seja, a existência de uma porta de entrada correta para um hospedeiro suscetível.

Para que a transmissão de uma fonte ambiental seja bem-sucedida, todos os requisitos da cadeia de infecção devem estar presentes. A ausência de qualquer elemento impede a transmissão. Além disso, os agentes patogênicos em questão devem superar estresses ambientais para manter sua viabilidade, virulência e capacidade de iniciar a infecção no hospedeiro. Os agentes patogênicos muitas vezes estão em níveis elevados no ambiente laboratorial, porém o processo de limpeza convencional muitas vezes é suficiente para evitar que ocorra a transmissão mediada pelo ambiente. No entanto, é prática geral em laboratórios utilizar métodos de esterilização para a remoção da transmissão em potencial de agentes infecciosos.

A exposição dos indivíduos e do meio ambiente a substâncias prejudiciais geradas por atividades de ensino, pesquisa e biotecnológicas tem sido uma grande preocupação. Diversos estudos têm mostrado que a maior discussão gerada está em torno da exposição a aerossóis, pois sua inalação é a via mais comum para atingir o organismo e o meio ambiente, por se disseminar com maior facilidade. É importante salientar que não só os trabalhadores diretamente envolvidos estão expostos, mas também todo o entorno. Estudos realizados por Harper[5] mostram que 27% das centrífugas seladas não apresentam barreira eficiente para conter aerossóis gerados por experimentos de acidentes propositais utilizando esporos de Bacillus subtilis como marcador. Outros estudos foram realizados em ambientes com a presença de equipamentos como fermentadores, mostrando falhas de muitos sistemas de segurança adotados com a utilização de espumas, filtros e outros materiais.

Uma análise bem conduzida sempre deve ser implementada para avaliar todos os aspectos, considerando-se o tamanho, a forma, a concentração e a densidade das partículas, para efetiva atuação e para prevenir a exposição desnecessária. A importância do controle de exposição está em conhecer o risco gerado em cada ambiente. Portanto, um bom procedimento de coleta é fundamental para implementar estratégia adequada de controle e prevenção de riscos[6].

Obtenção de amostras de aerossóis bacterianos

A amostra deve ser representativa em relação ao local de coleta. Para isso, deve-se priorizar a minimização de perdas pelo sistema de coleta para uma medida de exposição eficiente. Vários fatores devem ser considerados na obtenção de amostras. Um deles é a movimentação do ar no local a ser avaliado, considerando a exaustão por sistemas centrais ou calor gerado pelos equipamentos ou sistemas envolvidos nos processos biotecnológicos. Em locais com ventilação acentuada, o prejuízo é considerável. Para minimizar os erros, são necessárias múltiplas coletas, com direcionamento do sistema de coleta em vários sentidos onde circula o ar[7,8].

As amostras sempre devem ser obtidas em condições semelhantes ao ambiente, ou seja, em condições isocinéticas e isoaxiais. Se a velocidade de sucção for maior que a dinâmica de movimento do ar local, provocará um resultado com eficiência maior que 100%, que não reflete a realidade. Na Figura 1, são apresentados esquemas de obtenção de amostras ambientais e podem-se observar as condições de coleta em várias situações.

Métodos de amostragem de ar ambiente

Os coletores mostram ser adequados para a obtenção de partículas de poeira. No entanto, para aerossóis bacterianos, os sistemas devem ser devidamente adaptados para tal finalidade. Forças estáticas, forças deformantes e o efeito dessecante têm sido a principal causa de interferências na obtenção de amostras[9]. Observou-se também, em coletas realizadas em sistemas líquidos, que os microrganismos viáveis recuperados dependem de vários fatores, como condições de umidade dos aerossóis e a constituição do fluido coletor. As condições de reidratação podem danificar a membrana celular, impedindo a entrada de nutrientes[10].

As coletas também podem ser realizadas em sistemas com meios sólidos, que possibilitam leituras diretas após a incubação, observando as colônias na superfície do meio. Em todos os sistemas, é importante a seleção dos nutrientes a serem colocados, que podem influenciar significativamente na recuperação das bactérias. Não é preciso salientar a necessidade de colocar todos os componentes essenciais para a recuperação das células, permitindo sua multiplicação para a formação das colônias. Em alguns casos, é possível colher amostras em meios seletivos. Ou seja, utilizam-se meios que pré-selecionam a bactéria que se quer isolar. Um exemplo comum é a presença de coliforme, que pode ser selecionado utilizando-se meios com sais biliares. No entanto, ao comparar com uma coleta realizada com ágar enriquecido, a recuperação foi maior, mostrando modificação na sensibilidade do meio utilizado para coliformes em relação ao meio seletivo com os sais biliares, quando coletados por meio de partícula de aerossóis. Portanto, a escolha dos sistemas e dos meios de amostragem do ar é de extrema importância. Recomenda-se que se façam em vários meios de cultura e em coletas múltiplas, além do controle de qualidade, que pode ser realizado com bactérias radioativamente marcadas.

Instrumentos de amostragem de ar

Uma grande variedade de instrumentos pode ser encontrada para amostragem do ar para análise de microrganismos, que estão entre os seguintes sistemas: coletores inerciais, filtros e precipitantes (eletrostático e térmico)[11]. Precipitantes são instrumentos complexos e volumosos e pouco utilizados. Os coletores inerciais que obtêm amostras de partículas que se movem pela gravidade ou sobre influência de uma bomba são os mais utilizados, portanto, são rapidamente discutidos neste capítulo. A seguir, são descritos vários tipos de coletores inerciais conhecidos.

- Placas coletoras por sedimentação: tipo de coletor que visa à exposição de placas de meio de cultivo ao ar ambiente por período determinado, após o qual é avaliado o crescimento de microrganismos, de forma a detectar mudanças na qualidade do ar (Figura 1). Este método é recomendado para áreas limpas, como a de produção nas indústrias farmacêuticas.
- Coletor de May: sistema eficiente para coleta de partículas do ar, desenvolvido por Harper e May[5,12]. Trata-se de um sistema mais eficiente que possibilita estudar o tamanho das partículas com mais detalhes. O coletor de May tem três compartimentos: o primeiro recolhe as partículas maiores, o segundo, as partículas intermediárias, e o terceiro, as menores (Figura 2). É aspergida uma suspensão aquosa de partículas que contêm esporos de *Bacillus* spp.
- Coletor de Andersen: coletor de impacto com peneiras de multiestágio[13] (Figura 3), semelhante ao coletor de May. Apresenta a desvantagem quando existe grande densidade de bactérias, o que não acontece com o coletor de May, cuja colheita é feita em meio líquido e permite diluir a suspensão de bactérias de acordo a densidade necessária.
- Coletor por impacto em cascata: coletor de ar com um sistema com concepção simples, mas versátil e robusto, para obtenção e determinação de tamanho de aerossóis microbianos (Figura 4). A amostra é colhida em lâmina de microscópio, que pode ser utilizada para coloração específica ou transportada para semear em meios de cultura e identificação[9].
- Coletor de fenda por impacto: o coletor de fenda[1] é largamente utilizado para quantificar o conteúdo de microrganismos no ar de salas limpas na área de produção de indústrias farmacêuticas. O dispositivo também é utilizado para testar a integridade dos filtros de ar de alta eficiência (HEPA), de cabines de segurança biológica (CSB) e salas de contenção.

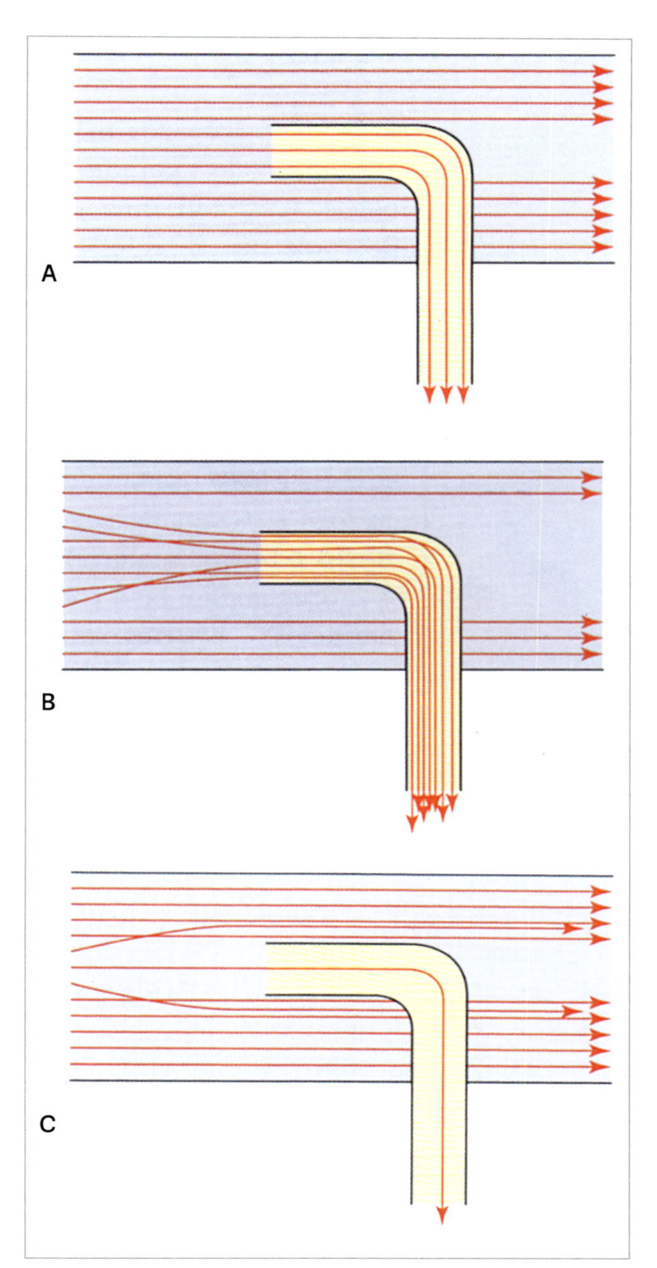

FIGURA 1 Esquema ilustrativo de obtenção de amostras ambientais em condições isocinéticas (A) e com maior (B) e menor (C) velocidade de sucção.

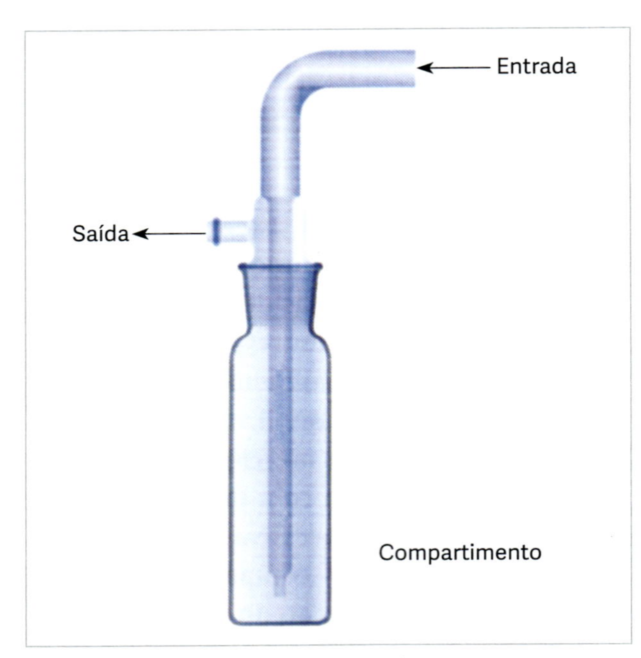

FIGURA 2 Esquema do coletor de May.

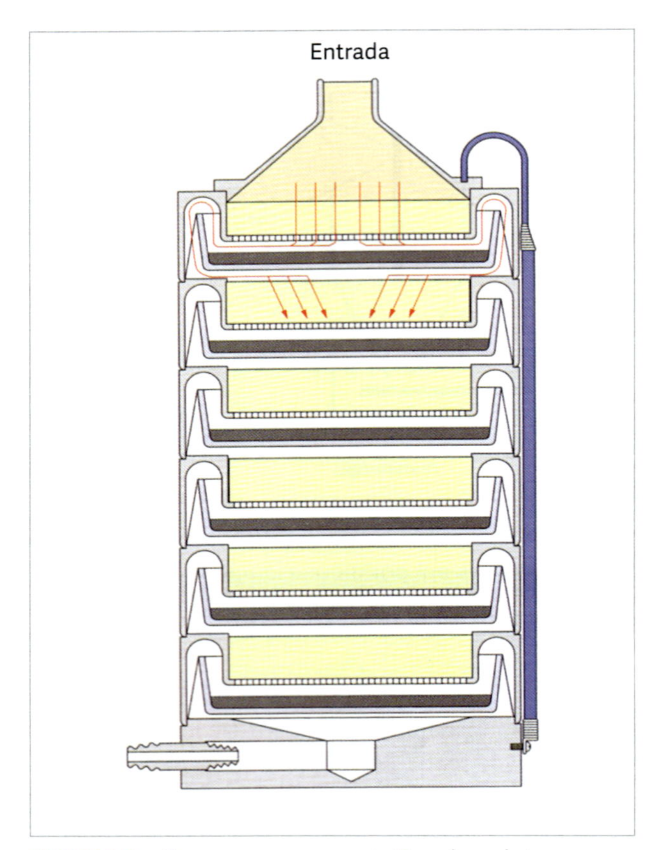

FIGURA 3 Esquema representativo do coletor proposto por Andersen.

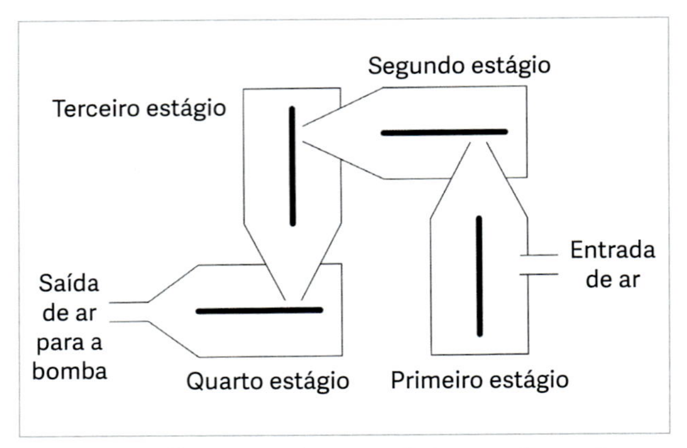

FIGURA 4 Esquema de um coletor por impacto em cascata.

- Coletor centrífugo: este dispositivo, desenvolvido por Errington e Powell[8], pode coletar de 75 a 350 L de ar por minuto. O sistema também é portátil e permite coletar amostras de diversos ambientes com variedade de bactérias, que possibilita identificação mediante a escolha dos meios de cultivo.
- Coletor por filtração: é o sistema mais simples para obter microrganismos do ar. A amostra é filtrada em membranas filtrantes, medindo-se a densidade de microrganismos em relação ao tempo de coleta. Os filtros podem ser de gelatina, celulose ou náilon, que contém poros cilíndricos uniformes. A amostra filtrada pode ser cultivada em muitos tipos de meio, podendo identificar qualquer tipo de microrganismo. Os sistemas portáteis são hoje os mais recomendados, por serem de fácil manuseio e permitirem fácil deslocamento, além de poderem ser utilizados para o controle de qualidade de CSB.

PRINCIPAIS AGENTES INFECCIOSOS: FORMA DE TRANSMISSÃO E PREVENÇÃO

Os principais agentes que podem causar infecção aos trabalhadores de laboratório de ensino e pesquisa, assim como em indústrias que manipulam organismos vivos para a produção de medicamentos ou insumos, são apresentados a seguir, de forma sucinta.

Risco de infecção por agentes bacterianos

O manuseio de agentes infecciosos no laboratório sempre é um fator de risco para o operador, principalmente os que trabalham com cultivo em grande escala para produção de vacinas ou antígenos para uso em diagnóstico[14]. É importante observar as precauções referentes a cada agente e o risco em seu manuseio para que o trabalho seja executado dentro das normas de segurança requeridas. É possível classificar as fontes de infecção no laboratório em dois tipos: 1) manuseio de um agente conhecido para o qual se sabem as medidas de precaução; e 2) manuseio de agentes desconhecidos, particularmente quando se introduzem no laboratório agentes novos inesperados cujas medidas de proteção adequada não estão bem estabelecidas.

É necessário estabelecer, para qualquer tipo de fonte de risco, as precauções a serem tomadas, independentemente da classificação de risco, ao trabalhar com amostras que tenham potencial risco biológico. Um dos grandes problemas encontrados no manuseio de agentes infecciosos é a displicência com que se manipula a amostra biológica, em virtude do excesso de confiança em uma rotina de conhecimento sedimentado. Uma forma de evitar o risco é a utilização de EPC de forma rotineira e uma política de educação continuada preestabelecida para ser seguida rigorosamente. No laboratório de ensino e pesquisa, é comum a rotatividade de alunos, estagiários e técnicos. Portanto, coletâneas de técnicas e procedimentos de segurança devem estar disponíveis aos usuários, além de serem periodicamente atualizadas e relembradas por meio de treinamentos contínuos oferecidos[15].

O propósito deste capítulo não é descrever o procedimento de segurança para cada agente etiológico, mas fornecer informações sobre algumas doenças causadas por agentes infecciosos, apontar situações de risco e dar orientações para o seu manuseio seguro, que, sem dúvida, beneficiarão os profissionais que trabalham com agentes infecciosos e ajudarão a prevenir seus principais meios de transmissão.

Bacillus anthracis

As formas clínicas mais comuns de infecção por Bacillus anthracis são: cutânea, pulmonar e gastrintestinal. Portanto, as precauções estão relacionadas com a utilização de EPI, como luvas e aventais de manga comprida e máscara facial com barreira adequada para aerossóis bacterianos e EPC, como uma CSB. Além disso, os resíduos biológicos devem ser dispostos em sacos que permitam esterilização por autoclave, dentro do próprio laboratório, para prevenir a contaminação.

A possibilidade de ocorrência de acidentes está associada ao manuseio de perfurocortantes e à utilização inadequada de equipamentos geradores de aerossóis, como centrífuga com rotor sem tampa protetora, agitadores, incubadoras orbitais, e no descarte de materiais utilizados, como placas, tubos e frascos de cultivo, entre outros.

Na ocorrência de acidente com *B. anthracis*, deve-se aguardar um período de incubação de 2 a 7 dias. A lesão inicia-se com pápula, que evolui para vesícula central, que pode se romper, dando início a uma úlcera, que a seguir formará uma escara. O tecido circunvizinho é edematoso e pode desenvolver vesículas secundárias. Ocorre uma alta frequência de septicemia (5 a 20%) em indivíduos que não tratam a lesão. O tratamento é efetivo com antibioticoterapia.

Outra forma possível de acidente é a inalação de partículas com o *B. anthracis* gerado durante a centrifugação. As partículas que carreiam o agente atingem os pulmões e o linfonodo mediastinal com septicemia secundária. Clinicamente, manifesta-se por febre moderada, como em uma gripe comum. Após 2 a 4 dias, o segundo estágio ocorre com toxicidade causando dispneia, cianose e sudorese profunda. Mesmo com terapia, a morte pode ocorrer 24 horas após os sintomas terem aparecido.

A forma gastrintestinal de antraz é rara e manifesta-se com forte alteração abdominal, febre e septicemia. Ocorre em geral por ingestão de carne crua ou malpassada de animais infectados. Pode acometer o pessoal de laboratório, em geral por acidente, principalmente ao lidar com carcaças de animais portadores dessa doença.

A ocorrência da infecção por antraz no laboratório é rara, sobretudo com o advento da vacina. Alguns casos são citados sobre pessoas envolvidas em necropsias, mas não relacionadas aos procedimentos laboratoriais propriamente ditos.

O tratamento efetivo é obtido nos casos de antraz cutâneo. Porém, nos casos de inalação, apenas a prevenção com vacina associada à antibioticoterapia tem tido sucesso. Penicilinas, tetraciclinas, eritromicina, ciprofloxacina ou antibiótico de largo espectro têm sido utilizados em afecções de pele.

Recomenda-se o manuseio de cultura de *B. anthracis* em laboratório com NB-3 e EPC do tipo CSB classe B2, EPI para proteção das vias aéreas, olhos e boca, além do uso de luvas resistentes (azul) e avental totalmente fechado. Recomenda-se também o uso de centrifugas com rotores com compartimentos fechados por sistema de tampas rosqueadas com proteção hermética.

Borrelia spp.

O agente infeccioso é a *Borrelia recurrentis*, causadora de febre recorrente epidêmica e que é transmitida de animais para o homem pelo piolho. A infecção é causada por *Borrelia hermsii*, transmitida por carrapatos *Orithodorso hermsii*. Nos Estados Unidos, ocorre somente a forma endêmica. *Borrelia* spp. são espiroquetas que podem sobreviver em sangue refrigerado por muitos meses. A proteção imunológica não é efetiva graças à sua capacidade de mudança de produção de variantes de antígenos. O sistema imune pode reagir com eficácia por 3 a 10 episódios de recorrências, tornando-se insensível a esses anticorpos. Em casos fatais, foram encontrados *Borrelia* spp. em baço, fígado e outros órgãos, assim como no liquor nos casos de evolução para meningites. A manifestação clínica se apresenta como friagem, febre, mialgia, artralgia e dor de cabeça.

A doença de Lyme é transmitida por animais que foram infectados por picadas de ixodes, um tipo de carrapato. É causada por *Borrelia burgdorferi*. A manifestação clínica se dá por lesões de pele acompanhadas de febre semelhante à gripe, que varia de leve a grave. A seguir, ocorrem artralgia e artrite. A espiroqueta está presente no sangue, no liquor e na lesão da pele. Esta se inicia em três dias a quatro semanas após a picada. Apresenta aspecto eritematoso, plano. A evolução clínica é a disseminação da bacteremia para todo o organismo, sendo o estágio seguinte representado por manifestações neurológicas, artrite e meningite com febre, além de lesão cardíaca. O tratamento, feito à base de tetraciclina, doxiciclina, amoxicilina ou penicilina G quando ocorre o aparecimento da lesão da pele, pode ser eficaz; no entanto, 50% dos casos podem ter manifestações de artrite. O tratamento efetivo nas síndromes com artrite teria duração de 30 dias, com penicilina e probenicida.

Recomenda-se o manuseio de culturas de *Borrelia* spp. em laboratórios com NB-2 e uso de EPC e EPI recomendados pela legislação atual.

Leptospira interrogans

A ingestão de água ou alimento contaminado com *Leptospira interrogans* causa inúmeros sintomas clínicos, que variam de meningite asséptica com dor de cabeça, febre e icterícia (em 5 a 10%) até lesões hemorrágicas. A *L. interrogans*, representada por 250 sorotipos, é a causa de zoonoses bacterianas transmitidas por suínos, carneiros, ratos, camundongos e cachorros, assim como por águas contaminadas por fezes e urina desses animais. O período de incubação varia de 1 a 2 semanas ou mais. É cosmopolita e causa febres recorrentes, meningites, nefrites e hepatites.

É uma infecção bastante comum no laboratório de pesquisa, em virtude do manuseio de animais que transmitem essa doença. Os trabalhos experimentais que utilizam ratos, camundongos, cobaias e coelhos podem causar acidentes por arranhões e mordidas, assim como por acidentes com agulhas, outros perfurocortantes e utensílios de laboratório contaminados com seus materiais biológicos. O tratamento preventivo por vacinas ainda não está disponível, mas a antibioticoterapia por penicilina e tetraciclinas reduz significativamente o quadro clínico.

Recomenda-se o manuseio de culturas de *L. interrogans* em laboratório com NB-2 e uso de EPC e EPI recomendados pela legislação atual.

Staphylococcus spp.

Os estafilococos são bactérias piogênicas altamente adaptáveis, que apresentam várias espécies, principalmente o *Staphylococcus aureus*, que é o mais patogênico, com via de entrada pela pele lesada ou mucosas, sobretudo de pessoal do laboratório e profissionais que atuam na área de assistência à saúde. Os estafilococos podem causar síndrome de choque tóxico, a qual envolve septicemia e pneumonia em um terço das vítimas.

O estafilococo piogênico está presente na pele normal ou em tecidos lesados. O *S. saprophyticus*, ao contrário, encontra-se mais relacionado à infecção do trato urinário. O *S. aureus* pode causar lesões bastante sérias, como a osteomielite e a endocardite em casos de bacteremias. Além disso, produz toxinas e enzimas, incluindo as coagulases associadas à sua patogenia.

Os estafilococos sobrevivem às condições ambientais de forma resistente, podendo causar intoxicações alimentares. As bactérias podem ser carreadas por contato manual, secreções de pessoas contaminadas ou portadores nasais.

A enterotoxina estafilocócica (SE)[16] é um grupo de toxinas intimamente relacionadas à proteína extracelular, de 23 a 29 kD de peso molecular, produzidas por conjuntos distintos de genes encontrados em uma ampla variedade de linhagens de *S. aureus*. A SE pertence a uma grande família de exotoxinas pirogênicas homólogas de estafilococos, estreptococos e micoplasmas, capazes de causar uma série de doenças no homem, por meio de amplificação patológica do receptor de células T normais em resposta a citocinas, em razão da liberação de linfocinas, na presença de imunossupressão e choque séptico.

A SE é altamente tóxica por via intravenosa e por exposição inalatória. Estima-se que a inalação de menos de 1 ng/kg de SE pode incapacitar mais de 50% das pessoas expostas e que a dose letal mediana (DL50) da inalação nos seres humanos pode ser tão baixa quanto 20 ng/kg de SE. Há relatos de que a exposição de membrana mucosa à SE causou sintomas gastrintestinais incapacitantes, conjuntivite e inflamação cutânea localizada[16].

Embora a febre seja rara após a ingestão de SE, sua inalação provoca febre e dificuldade respiratória acentuada. Além disso, a inalação de SE causa uma doença grave e incapacitante de início rápido (3 a 4 horas), com duração de 3 a 4 dias, caracterizada por febre alta, dor de cabeça e tosse seca. A deglutição de pequena quantidade de SE durante uma exposição desse tipo também pode resultar em sintomas gástricos. Já ingestão acidental, inoculação parenteral e gotículas de aerossóis, ou ainda a exposição da mucosa, são considerados riscos primários de SE para animais de laboratório e pessoal do biotério. As toxinas da SE são proteínas monoméricas, relativamente estáveis, facilmente solúveis em água e resistentes à degradação proteolítica e a flutuações de temperatura. A estabilidade físico-química da SE sugere que devem ser tomados cuidados adicionais pelos funcionários do laboratório, para evitar exposição às toxinas residuais, que podem persistir no meio ambiente.

As toxinas SE ativas podem estar presentes em amostras clínicas, fluidos de lesão, secreções respiratórias ou tecidos de animais de experimentação infectados. Devem ser tomados cuidados adicionais durante a necropsia desses animais ou no manejo de amostras clínicas como fezes, porque essas toxinas podem manter atividade tóxica ao longo do trato digestivo. A intoxicação por SE poderá ocorrer como resultado de autoexposição acidental, tanto das mucosas, como pelo contato das mãos contaminadas no rosto e nos olhos.

As mãos devem ser lavadas com frequência, com cuidado para descontaminação rigorosa do laboratório, quando se trabalha com SE. Dependendo da avaliação de risco da operação laboratorial, o uso de máscara descartável pode ser necessário para evitar ingestão acidental.

São indicados uso de instalações com NB-3 e práticas com equipamentos de contenção, para atividades com elevado potencial para produção de aerossol ou gotículas de água, que envolvem o uso de grandes quantidades de SE. Recomenda-se o manuseio de enterotoxina e de S. aureus em NB-2. Quando se manipulam cepas desconhecidas ou resistentes a antibióticos, é aconselhável o manejo em laboratório com NB-3.

Streptococcus spp.

Estreptococos são bactérias que podem ser facilmente carreadas pelas mãos e pela boca e transmitidas por aerossóis e por alimentos contaminados. Cerca de 20% das crianças em idade escolar carreiam essa bactéria em suas faringes sem ter nenhuma manifestação clínica. Os estreptococos do grupo A se ligam à pele e podem causar infecções ao epitélio por uma adesina denominada ácido lipoteicoico.

O *Streptococcus pneumoniae* produz infecções localizadas ou sistêmicas, principalmente em crianças, caracterizadas por uma resposta inflamatória aguda. Os pneumococos são responsáveis por cerca de 1,5 milhão de casos de pneumonia por ano nos Estados Unidos, sobretudo entre os que estão acima dos 40 e abaixo de 5 anos de idade. Estão descritos 84 sorotipos. O ser humano é o reservatório do *S. pneumoniae*. A colonização ocorre na nasofaringe de indivíduos que o carreiam como portadores sadios. O microrganismo se dissemina de pessoa a pessoa, sendo os pacientes com anemia falciforme, tumores linfáticos, alcoolistas, esplenectomizados ou infectados pelo vírus da imunodeficiência humana (HIV) os mais suscetíveis a infecções mais graves.

Recomenda-se o manuseio de *S. pneumoniae* em laboratório com NB-2. Na presença de cepas desconhecidas ou que apresentem resistência a antibiótico, aconselha-se o manejo em laboratório com NB-3.

Bactérias entéricas que causam diarreia

Diarreia é uma das doenças mais comuns em crianças de países subdesenvolvidos ou em desenvolvimento, como o Brasil. Cerca de 5 milhões de crianças morrem a cada ano por infecção intestinal e desidratação associadas à malnutrição. As bactérias entéricas ou presentes em amostras de fezes podem contaminar facilmente quando manipuladas de forma inadequada.

As principais bactérias que causam diarreia são as das famílias *Enterobacteriaceae* e *Vibrionaceae* e membros do gênero *Campylobacter*.

Na família *Vibrionaceae*, estão incluídos os gêneros *Vibrio* (Vibrio patogênico, como as espécies *cholerae*, *vulnificus*, *alginolyticus*, *mimicus*, *parahemolyticus* etc.). Uma diarreia grave pode ser causada pelo *Vibrio cholerae*, provocando a morte por levar a rápida desidratação e desequilíbrio eletrolítico grave.

A família Enterobacteriaceae contém os gêneros *Escherichia* (EPEC, EIEC, EHEC, ETEC, ECAAg), *Shiguella*, *Salmonella* e *Yersinia*. As salmoneloses (*S. typhi*) e as shigueloses, assim como infecção por *E. coli* enteropatogênicas, foram citadas apenas em acidentes com manuseio desses agentes infecciosos nos laboratórios, ou em indivíduos que se alimentam nos laboratórios, fumam, pipetam com a boca (práticas totalmente proibidas hoje) ou trabalham com altas densidades bacterianas sem os devidos cuidados. Recomenda-se o manuseio em laboratório com NB-2 e o uso de EPI e EPC recomendados pela legislação atual.

Mycobacterium tuberculosis

A *Mycobacterium tuberculosis* é transmitida de forma mais comum de pessoa a pessoa por aerossóis ou mais casualmente por ingestão e via percutânea. É uma bactéria intracelular que se multiplica nos macrófagos. A tuberculose pode ser primária ou secundária. A primária é mais limitada, sendo a secundária recrudescente de uma tuberculose primária.

Profissionais que atuam nos serviços de coleta de material clínico (escarro) ou no atendimento direto aos pacientes em serviços de saúde (ambulatórios, hospitais, clínicas, farmácias, consultórios e outros) estão expostos à contaminação por *M. tuberculosis*[17,18], se não tomarem os devidos cuidados e não se protegerem com EPI adequados[19].

Recomenda-se o manuseio de culturas de *M. tuberculosis* em laboratórios com NB-3, independentemente de serem isolados clínicos multirresistentes aos quimioterápicos ou não, e uso de máscaras de proteção filtrante, assim como uma fonte de ar filtrado 22 µm, em um sistema autônomo 10, avental hermeticamente fechado e impermeável. A área de serviço deve ser descontaminada com agentes químicos, como formaldeído ou glutaraldeído, após manuseio na CSB ou no local de trabalho. Amostras, culturas e resíduos contendo *M. tuberculosis* devem ser autoclavados em um tempo maior (mínimo 60 minutos) em relação às outras bactérias de parede celular menos resistente. Atualmente, substitui-se o sistema de desinfecção, descontaminação e esterilização dessa natureza pelo uso de peróxido de hidrogênio e plasma de peróxido de hidrogênio, respectivamente, que é inerte ao meio ambiente e não tóxico após decomposição em água e oxigênio[9].

Micobactérias não tuberculosas

No passado, os isolados de micobactérias identificadas como não sendo *M. tuberculosis* eram denominados micobactérias atípicas. Atualmente, elas são denominadas micobactérias não tuberculosas (MNT), consideradas patógenos oportunistas em seres humanos, mas nenhuma é considerada transmissível. Conhecem-se mais de 100 espécies de MNT, as quais são amplamente distribuídas no meio ambiente e nos animais. São comuns em fontes de água potável, provavelmente como resultado da formação de biofilmes.

Aproximadamente 25 espécies de MNT são associadas a infecções em seres humanos. Outras espécies estão associadas a infecções em pessoas imunocomprometidas, especialmente nas infectadas pelo HIV.

As MNT são classificadas tanto como de crescimento lento quanto de crescimento rápido. Estas são frequentemente isoladas de amostras clínicas, mas nem sempre podem ser associadas com a doença. Ainda não foi demonstrada a transmissão de pessoa a pessoa. As infecções pulmonares são presumivelmente o resultado da inalação de bacilos em aerossol, provavelmente a partir da superfície da água contaminada. A fonte de infecções por *M. avium* em pessoas imunocomprometidas ainda não foi estabelecida. Recomenda-se o manuseio de culturas de MNT em laboratório com NB-2 e uso de EPC e EPI recomendados pela legislação atual.

Rickétsias

Os profissionais que manuseiam culturas com alta densidade microbiana ou animais infectados podem estar expostos a infecção por rickétsias. Recomenda-se trabalhar em laboratório com NB-2 e uso de EPC e EPI recomendados pela legislação atual.

Risco de infecção por fungos

As infecções fúngicas têm assumido grande importância pelo aumento da incidência em pessoas com comprometimento imunológico e em pacientes neutropênicos, como os portadores de câncer e os transplantados. Cerca de mil das 100 mil espécies de fungos descritas têm sido associadas com doenças em humanos, e cerca de cem são capazes de causar infecção em pessoas saudáveis. As infecções micóticas podem ser classificadas em três grandes grupos: superficial, subcutânea e sistêmica.

As micoses superficiais incluem um número de doenças comuns, mas limitadas à pele, às unhas e ao couro cabeludo. A infecção mais comum é a dermatofitose. Estas são das poucas que contaminam por contato direto ou indireto com humanos e animais.

A infecção subcutânea é um grupo de doença crônica que afeta a derme, o tecido subcutâneo e os ossos. Tais infecções, que incluem a cromoblastomicose e a esporotricose, são provocadas por traumas com inoculação de organismos sapróftas do meio ambiente.

As infecções fúngicas sistêmicas são um grupo de doenças que, apesar de acometerem os pulmões, podem se disseminar por diversos outros órgãos. Os organismos que causam infecções sistêmicas podem ser divididos em dois grupos: patógenos e oportunistas. Entre os fungos patogênicos, encontram-se *Blastomyces dematitidis*, *Coccidioides immitis* e *Histoplasma capsulatum*. No grupo de fungos oportunistas, o *Aspergillus fumigatus* pode causar infecção em indivíduos muito debilitados ou imunocomprometidos.

Recomenda-se trabalhar com esses fungos em laboratório com NB-2. Em caso de manuseio de culturas de fungos que podem causar infecções graves e letais e incorrer em acidentes com grande número de células, aconselha-se operar em laboratório com NB-3 e uso de EPC e EPI recomendados pela legislação atual.

Risco de contaminação por protozoários e helmintos

A contaminação por protozoários e helmintos depende de muitos fatores, como o tipo de parasita, o estágio de seu ciclo de vida, a espécie de material biológico (clínico, culturas, animais infectados ou vetores infectados) que os contém e também a natureza do manuseio dos indivíduos, além das condições de saúde do manipulador. Alguns tipos de parasita podem ser adquiridos por diferentes meios de contágio, como os que infectam tecidos, sangue e intestino.

Protozoários teciduais e sanguíneos

Leishmania spp.

A *Leishmania* pode ser infectante na fase amastigota e promastigota em casos de acidente por agulha contaminada e tem contato com locais de ferimentos expostos em qualquer área do corpo, além de manipuladores de vetores infectados. Para evitar esse tipo de acidente, deve-se proteger todo o corpo, vestindo aventais longos, com mangas compridas e punhos fechados, com fechamento traseiro, semelhante aos utilizados por médicos-cirurgiões, além de óculos de proteção e luvas de procedimento resistentes e de boa procedência.

Os acidentes com agulhas podem ser evitados por manuseio cuidadoso, descarte sem reencapar e em recipiente adequado ou utilizar agulhas com sistema de proteção antiacidente colocando em um sistema rígido para descarte (Descarpax®). Ao se acidentar, deve-se procurar médico especialista para o devido acompanhamento. O diagnóstico é simples se realizado por profissionais da área. No caso de leishmaniose cutânea, procede-se à análise de material biológico, obtido por escarificação da lesão ou biópsia – por microscopia ótica, após coloração específica. Pode-se, ainda, fazer cultura ou inoculação em animais de laboratório. Tanto em caso de leishmaniose visceral quanto na leishmaniose mucocutânea, recomendam-se sorologia, biópsia e cultura. Nos casos de biópsias, o exame histológico com o parasita confirma a infecção.

Recomenda-se o manuseio de amostras e culturas de *Leishmania* spp. em laboratório com NB-2 e uso de EPC e EPI recomendados pela legislação atual.

Plasmodium spp.

A malária é uma doença caracterizada pela infecção por Plasmodium, que pode ser adquirido da mesma maneira que a leishmaniose – a saber, por acidente com agulhas contaminadas e exposição de ferimento a material contaminado e ao vetor. A fase infectante é a intraeritrocitária, sob a forma de esporozoíta. Os sintomas clínicos são febre, fadiga, anemia e calafrios. O diagnóstico pode ser feito pela pesquisa em extensão de sangue periférico em pico febril, cultura e inoculação em animais de laboratório.

A prevenção do contágio é a mesma citada para os acidentes com material que contém o parasita vivo. Recomenda-se o manuseio de amostras e culturas de *Plasmodium* spp. em laboratório com NB-2 e uso de EPC e EPI recomendados pela legislação atual.

Toxoplasma spp.

A toxoplasmose pode ser adquirida no laboratório de forma semelhante à leishmaniose e à malária, assomando-se a infecção pelas mucosas. *Toxoplasma gondii* possui três formas infectantes em seu ciclo de vida: oocisto, bradizoítos contidos em cistos e taquizoítos. Os meios de se prevenir contra o contágio seriam os mesmos dos parasitas já descritos, ou seja, usar luvas, aventais fechados e máscaras, além de manipular adequadamente as agulhas contaminadas. O diagnóstico é feito por sorologia, com presença de IgM, inoculação em animais de laboratório e cultura de tecidos. Os sintomas podem passar despercebidos em muitos pacientes, mas podem se manifestar sob a forma de febre, adenopatia e, às vezes, erupções.

Recomenda-se o manuseio de amostras e culturas de *T. gondii* em laboratório com NB-2 e uso de EPC e EPI recomendados pela legislação atual.

Trypanosoma cruzi

A doença de Chagas é adquirida no laboratório por acidentes com agulhas, ferimentos expostos, acidentes com vetores contaminados com *Trypanosoma cruzi* e pela mucosa. As precauções são semelhantes às já mencionadas. Os sintomas mais comuns são rubor no local da inoculação, erupção e necrose, febre, fadiga, adenopatia e mudança no eletrocardiograma. O diagnóstico sorológico também é efetivo, com presença de IgM nos casos de infecção recente.

Recomenda-se o manuseio de amostras e culturas de *T. cruzi* em laboratório com NB-2 e uso de EPC e EPI recomendados pela legislação atual.

Protozoários intestinais

Criptosporidium spp.

A criptosporidiose é causada pelo *Criptosporidium* spp. É adquirida por via oral ou transmucosa, e a fase evolutiva infectante é oocítica e esporozoíta. O uso de luva, máscara e protetor ocular e a proteção das mucosas podem prevenir a contaminação por esse parasita. A higienização adequada das mãos também é uma maneira de evitar a contaminação. Os sintomas mais comuns são diarreia e dor abdominal. O diagnóstico é realizado com pesquisa do parasita pela concentração das fezes por técnicas específicas e coloração específica. O imunodiagnóstico para pesquisa de antígeno nas fezes também tem sido utilizado, mas ainda é de difícil identificação laboratorial. Recomenda-se o manuseio de amostras e culturas de *Crisptosporidium* spp. em laboratório com NB-2 e uso de EPC e EPI recomendados pela legislação atual.

Giardia lamblia

A giardíase e a amebíase também podem ser adquiridas por cistos presentes nas amostras, e a via de entrada é a oral. Os cuidados de higiene, como lavar as mãos e usar luvas e máscaras, são a melhor maneira de evitar contágio. Os sintomas são dores abdominais, diarreia e fezes sanguinolentas. No caso da giardíase, acrescentam-se náuseas e flatulência. O diagnóstico laboratorial é realizado pelo protoparasitológico de fezes, utilizando as técnicas de concentração de cistos. A pesquisa positiva indica contaminação. Recomenda-se o manuseio de amostras e culturas de *Giardia lamblia* em laboratório com NB-2 e uso de EPC e EPI recomendados pela legislação atual.

Helmintos intestinais

A contaminação profissional por Ascaris lumbricoides, *Enterobius vermiculares*, *Trichinella*, *Trichuris*, *Taenia solium*, *Hyminolepis nana* e *Strongyloides stercolaris* deve-se à ingestão oral de ovos ou larvas ou ao contato com a pele, no caso das larvas de alguns parasitas. Portanto, o uso de máscara facial e da luva, assim como a higienização adequada das mãos após o manuseio, praticamente isentarão o manipulador de contaminação por esses parasitas. O diagnóstico da maioria dessas parasitoses é realizado com pesquisa de ovos e/ou larvas nas fezes, com exceção da pesquisa de *Trichinella*, que seria por biópsia de músculo e sorologia, e também da cisticercose, que seria por tomografia computadorizada do cérebro e sorologia. No caso do *Enterobius*, recomenda-se, além do exame das fezes, colher amostra de raspado anal, utilizando uma fita adesiva.

Os sintomas clínicos variam para cada parasita. No caso de *Trichinella*, dor abdominal e muscular; a contaminação por Trichuris se apresenta por meio dor abdominal, assim como no caso da *Hymenolepis nana*, em que também ocorre diarreia. A esquistossomose causa dermatite, febre, hepatoesplenomegalia e adenopatia. A enterobiose tem como sintoma característico prurido anal. A ascaridíase manifesta-se por tosse, febre, pneumonia, diarreia ou constipação, dependendo do indivíduo. Sintomas semelhantes são encontrados na infecção por *Strongyloides stercolaris*. Na presença de qualquer sintoma descrito após contato com esses patógenos, é preciso procurar um médico imediatamente para o início do tratamento.

Recomenda-se o manuseio de amostras em laboratório com NB-2 e uso de EPC e EPI recomendados pela legislação atual.

Risco de infecção por vírus

As infecções mais frequentes estão relacionadas à contaminação com vírus transmitidos por via aérea. O trabalho em locais com altas densidades de vírus pode ser uma fonte importante de contaminação.

Na área de saúde, é possível a contaminação por acidente com agulhas e material perfurocortante com vírus das hepatites B (HBV) e C (HCV) e, em alguns casos, com HIV, embora a contaminação por acidentes na maioria dos casos seja pouco frequente, sobretudo com o advento da utilização de materiais totalmente descartáveis e tubos de coletas e seringas de polipropileno ou plástico de alta resistência.

Historicamente, a hepatite viral tem sido relatada como uma das infecções mais comuns adquiridas nos laboratórios da área de saúde pública[1]. Entre as hepatites virais, cinco são as mais comumente adquiridas no laboratório, a saber: hepatites A, B, C, D e E.

As hepatites B, C e D são transmitidas por contaminação por material biológico, principalmente sangue; as hepatites A e E são adquiridas por via oral. A maior precaução deve ser tomada em relação às hepatites B, C e E, pois levam à doença crônica, muitas vezes à cirrose e até ao câncer.

Recentemente a pandemia por SARS-COV-2 demonstrou a vulnerabilidade e a transmissibilidade de um vírus que levou à morte milhões de pessoas, portanto, cada tipo de vírus deve ser cuidadosamente avaliado quando se manipula a amostra biológica.

Os cuidados básicos ao trabalhar com amostras de sangue, fezes, secreções, urina e outros fluidos biológicos de pacientes com suspeita de hepatite e outras doenças altamente perigosas são os comentados anteriormente, como: uso de avental com manga comprida e elástico no punho, 2 luvas resistentes (latex), máscaras buconasais (cirúrgica os N95), gorro, óculos de proteção. Tomar cuidado ao manusear materiais perfurocortantes e descartá-los em recipiente adequado (Descarpax®). Não reencapar agulhas, bisturis e outros materiais perfurocortantes. Utilizar centrífugas com proteção contra a formação de aerossóis e usar cabine de segurança biológica classe 2 B2, ao manusear amostras suspeitas. Trocar qualquer EPI em caso de contato direto com material suspeito. Descartar os resíduos com os devidos cuidados de segurança em sacos para esterilização para autoclave, devidamente identificados. Imediatamente, submeter à esterilização. Trabalhar em laboratório nível NB-2 e 3 de contenção e uso de EPC e EPI recomendados pela legislação atual.

EQUIPAMENTOS DE CONTENÇÃO DE PRODUTOS BIOLÓGICOS INFECTANTES

Cabines de segurança biológica

As CSB foram concebidas para proteger o operador, o ambiente laboratorial e o material de trabalho da exposição a aerossóis e salpicos resultantes do manuseamento de materiais que contêm agentes infecciosos, como culturas primárias, processos para armazenamento de cepas e amostras para diagnóstico[5]. Qualquer atividade que liberar energia em um material líquido ou pastoso, como agitar, verter, misturar ou deitar líquido em uma superfície ou em outro líquido, produz partículas de aerossol. Outras atividades laboratoriais, como semear em estrias em uma placa de ágar ou inocular culturas de células em frascos com pipetas, utilizar uma pipeta com vários canais para inocular suspensões líquidas de agentes infecciosos em placas de microculturas, homogeneizar e turbilhonar, centrifugar líquidos com agente infeccioso, ou trabalhar com animais, podem gerar aerossóis infecciosos. Partículas de aerossóis inferiores a 5 μm de diâmetro e gotículas entre 5 e 100 μm de diâmetro não são visíveis a olho nu. O pessoal de laboratório nem sempre percebe que essas partículas são geradas e podem ser inaladas ou contaminar materiais na superfície de trabalho.

As CSB, quando devidamente utilizadas, têm-se revelado altamente eficazes na redução de infecções adquiridas em laboratório e contaminações cruzadas de culturas, em decorrência da exposição a aerossóis. As CSB também protegem o ambiente. Entretanto, a concepção básica das CSB sofreu diversas alterações. A principal foi a adição de um filtro de ar tipo HEPA ao sistema de exaustão. O filtro HEPA retém 99,97% das partículas de 0,3 μm de diâmetro e 99.99% das partículas maiores ou menores pequenas. Isto permite que o filtro HEPA retenha efetivamente todos os agentes infecciosos conhecidos e que só ar isento de micróbios seja expelido da CSB. A segunda alteração foi dirigir o ar do filtro para a superfície de trabalho, protegendo de contaminação os materiais que aí se encontram. Esta característica é frequentemente designada proteção do produto. Estes conceitos básicos levaram à criação de três tipos de CSB, descritos a seguir. É importante ressaltar que as cabines de fluxo de ar horizontal ou vertical (equipamentos de ar limpo) não são CSB e não devem ser utilizadas como tal.

Cabine de segurança biológica classe I

O ar da sala é aspirado através da abertura frontal na CSB, a uma velocidade mínima de 0,38 m/s, passa por cima da superfície de trabalho e é expelido pelo canal de escape. O fluxo de ar varre as partículas de aerossol que podem ser geradas na superfície de trabalho para longe do operador e as envia para o canal de escape. A abertura frontal permite igualmente que os braços do operador cheguem à superfície de trabalho dentro da CSB, enquanto ele observa o processo através de um painel de vidro. Este pode ser completamente levantado, permitindo o acesso à superfície de trabalho para a limpeza ou outros fins.

O ar da CSB é expelido através de um filtro HEPA para o laboratório e depois para o exterior do edifício através de seu exaustor. O filtro HEPA pode estar colocado no conduto do exaustor do CSB ou no exaustor do edifício. Algumas CSB da classe I estão equipadas com um exaustor de ventoinha, enquanto outras dependem da ventoinha do exaustor do edifício. Têm a vantagem de fornecer proteção pessoal e ambiental. Contudo, dado que o ar aspirado da sala e que varre a superfície de trabalho não é esterilizado, não se assegura proteção total do produto contra contaminação.

Cabine de segurança biológica classe II

A CSB da classe II foi concebida para fornecer proteção pessoal, mas também para proteger os materiais na superfície de trabalho do ar contaminado da sala. As CSB da classe II têm quatro tipos (A1, A2, B1 e B2) e distinguem-se das CSB da classe I pelo fato de só permitirem o fluxo de ar esterilizado (filtro HEPA) sobre a superfície de trabalho. A CSB da classe II pode ser utilizada para trabalhar com agentes infecciosos dos grupos de risco 2 e 3.

Na CSB classe II tipo A1, uma ventoinha interna aspira o ar do laboratório (abastecimento de ar) pela abertura frontal e o envia para CSB através da grelha de entrada. A velocidade de entrada deste ar deve ser, no mínimo, de 0,38 m/s na abertura da frente. O ar passa então por um filtro HEPA de abastecimento, antes de ser insuflado para a superfície de trabalho. À medida que o fluxo de ar desce, a cerca de 6 a 18 cm da superfície de trabalho, divide-se em duas correntes secundárias: metade do fluxo de ar passa através da grelha frontal do exaustor e a outra metade através da grelha posterior. As partículas de aerossol geradas na superfície de trabalho são imediatamente capturadas neste fluxo de ar descendente e enviadas para as grelhas (posterior ou anterior) do exaustor, assegurando, assim, alto nível de proteção do produto. O ar é então expelido por meio de um ducto traseiro no espaço entre os filtros de abastecimento e do exaustor, localizados na parte superior da CSB. Em virtude do tamanho desses filtros, cerca de 70% do ar é reenviado através do filtro HEPA de abastecimento para a zona de trabalho; os 30% restantes passam pelo filtro do exaustor para a sala ou para o exterior. O ar do exaustor da CSB – classe IIA1 pode ser reenviado para o laboratório ou expelido para o exterior do edifício através de uma conexão a um ducto próprio do equipamento ou através do exaustor do edifício.

A CSB classe II tipo A2 tem caraterísticas muito semelhantes à do tipo A1. A velocidade de entrada é um pouco maior que no tipo A1, calibrada em 0,50 m/s, e pode ter exaustão externa utilizando um adaptador; com exaustão externa, pode ser utilizada em operações que envolvam pequenas quantidades de produtos químicos voláteis.

As CSB classes IIB1 e IIB2 são variantes da classe II tipo A1. Cada variante permite utilizar as CSB para fins específicos em razão de diversas características: velocidade de entrada do ar pela abertura frontal; volume de ar recirculado pela superfície de trabalho e expelido da CSB; sistema de ventilação, que determina se o ar da CSB é expelido para a sala, para o exterior através de um sistema próprio, ou para o sistema de ventilação do edifício.

Cabine de segurança biológica classe III

A CSB classe III fornece o nível mais elevado de proteção pessoal e é utilizada para os agentes do grupo de risco 4. Não pode apresentar nenhum vazamento, pois é selada (testada à prova de gás). O ar fornecido é filtrado por HEPA, e o ar expelido passa por dois filtros HEPA. O fluxo de ar é mantido por um sistema de ventilação próprio, fora da CSB, que mantém seu interior sob pressão negativa com acesso à superfície de trabalho e tem luvas de borracha de grande resistência colocadas na parte frontal da CSB. A CSB classe III deve possuir uma caixa de passagem anexa que possa ser esterilizada e equipada com um exaustor de filtro HEPA. A CSB pode ser conectada a uma autoclave de duas portas, apropriada para descontaminar todos os materiais manuseados na CSB a serem descartados. Deve-se restringir ao máximo a utilização do espaço interno com material a ser usado no trabalho, como estantes com muitos tubos, caixas de luvas e demais materiais, para ampliar a superfície de trabalho. As CSB de classe III são apropriadas para trabalhar em laboratórios com NB-3 e NB-4.

Escolha da cabine de segurança biológica

A escolha da CSB depende, em primeiro lugar, do tipo de proteção necessária: proteção do produto; proteção pessoal contra microrganismos dos grupos de risco 1 a 4; proteção pessoal contra exposição a produtos químicos tóxicos voláteis ou uma combinação destes tipos de proteção. Produtos químicos tóxicos voláteis não devem ser utilizados em CSB que reenviam o ar usado para o laboratório (como a CSB classe I), que não estão conectadas ao exaustor do edifício, ou das classes IIA1 e IIA2. As CSB classe IIB1 são aceitáveis para trabalhos com quantidades diminutas de produtos químicos voláteis. Quando estiver previsto trabalhar com quantidades maiores de químicos voláteis, é necessário utilizar uma CSB classe IIB2, também conhecida como CSB de exaustão máxima.

Utilização de cabines de segurança biológica em laboratório

A velocidade do fluxo de ar através da abertura frontal para dentro da CSB é de aproximadamente 0,45 m/s. A esta velocidade, a integridade do fluxo é frágil e pode ser facilmente desintegrada por correntes de ar causadas por pessoas que passam perto da CSB, janelas abertas, registros do fornecimento de ar e pelo abrir e fechar de portas.

A solução ideal seria instalar a CSB em um local afastado da circulação das pessoas e de correntes de ar que a perturbem. Sempre que possível, deve prever-se um espaço livre de cerca de 30 cm nas traseiras e em cada lado da CSB, permitindo acesso fácil para a manutenção do aparelho. Pode ser igualmente necessário um espaço livre, de cerca de 30 a 35 cm acima da CSB, para a medição exata da velocidade do ar através do filtro exaustor e para a mudança do filtro.

Operadores de cabines de segurança biológica

Se as CSB não forem utilizadas de forma apropriada, a proteção que fornecem pode ficar muito reduzida. Os operadores das CSB têm de ser muito cuidadosos ao introduzir e retirar os braços da cabine, a fim de manter a integridade do fluxo de ar proveniente da abertura frontal. É preciso introduzir e retirar os braços lentamente, de modo perpendicular à abertura frontal.

O manuseio dos materiais dentro da CSB só deve começar 1 minuto depois de introduzir as mãos e os braços, para que o ambiente no interior se estabilize e o fluxo de ar passe pela superfície das mãos e dos braços do operador. É igualmente necessário minimizar os movimentos de entrada e saída da CSB, introduzindo previamente todos os materiais necessários, antes de iniciar o manuseio.

Colocação do material na cabine de segurança biológica

A grelha frontal, na entrada das CSB classe II, não pode estar bloqueada com papel, equipamento ou outros materiais. A superfície do material a ser colocado dentro da CSB deve ser descontaminada com álcool a 70%. O trabalho pode ser efetuado sobre toalhas absorventes embebidas em desinfetante, a fim de capturar borrifos e salpicos.

Todo o material deve ser colocado no fundo da CSB, sem bloquear a grelha traseira. O equipamento gerador de aerossóis (agitadores de tubos, centrífugas) deve ser colocado no fundo da CSB. Artigos volumosos, como sacos de descarte biológico, bandejas de pipetas descartáveis e frascos de sucção, devem ser colocados em uma das partes laterais do interior da CSB.

O trabalho em si deve fluir ao longo da superfície de trabalho, da área limpa para a área contaminada. O saco de descarte de material contaminado e a bandeja de pipetas a serem esterilizados em autoclave não devem ser colocados no exterior da CSB. A frequência dos movimentos "para dentro e para fora" que implica a utilização desses recipientes perturba a integridade da barreira de ar na CSB e compromete tanto a proteção pessoal como a do produto manipulado.

Descontaminação da cabine de segurança biológica

Todos os artigos na CSB, incluindo os equipamentos, devem ser descontaminados e retirados da CSB no final das operações, dado que os meios de cultura residuais podem permitir a proliferação de microrganismos. As superfícies internas das CSB devem ser descontaminadas antes e depois de cada utilização. As superfícies de trabalho e as paredes interiores devem ser esfregadas com um desinfetante que mate qualquer microrganismo que se encontre na CSB.

Ao final do dia de trabalho, a descontaminação da superfície deve incluir a fricção geral da superfície de trabalho, das partes laterais e do fundo e do interior do vidro. Deve se utilizar uma solução de hipoclorito de sódio ou álcool a 70%, se eficaz para os organismos visados. É necessário esfregar uma segunda vez com água esterilizada, quando for empregado um desinfetante corrosivo, como o hipoclorito de cálcio.

É aconselhável que a CSB continue a funcionar durante a descontaminação. Caso tenha sido desligada, deve voltar a ser ligada e funcionar durante 5 minutos para purgar o ar interior.

A CSB precisa ser descontaminada antes da mudança de filtros ou quando o equipamento mudar de localização. O método de descontaminação mais comum é a fumigação com gás de formaldeído, feita por um profissional qualificado ou peróxido de hidrogênio.

EPI para uso na cabine de segurança biológica

Devem ser utilizados EPI sempre que se utilizar uma CSB. Aventais de laboratório são aceitáveis para os trabalhos em condições de NB-1 e NB-2. Aventais com fechamento posterior e frente sólida fornecem melhor proteção e devem ser utilizados nos NB-3 e NB-4 (exceto nos laboratórios onde a pressurização é obrigatória). As luvas devem cobrir os punhos do avental e não ficar debaixo das mangas, preferencialmente fechados de forma bem hermética (por exemplo com fita adesiva). Podem ser utilizadas mangas elásticas para proteger os pulsos do operador. Para certos procedimentos, podem ser necessárias máscaras e óculos de proteção.

Funcionamento e manutenção da cabine de segurança biológica

A maior parte das CSB é concebida para trabalhar 24 horas por dia, e os investigadores acham que o funcionamento contínuo ajuda a controlar os níveis de pó e partículas no laboratório. As CSB classes IIA1 e IIA2 com exaustor para a sala ou conectadas a exaustores próprios, por ligações de dedal, podem ser desligadas quando não utilizadas. Por outro lado, as CSB classes IIB1 e B2, que possuem instalações de condutos rígidos, precisam manter um fluxo de ar ininterrupto, para ajudar a manter o equilíbrio do ar do laboratório. As CSB devem ser ligadas pelo menos 5 minutos antes do início das atividades e permanecer ligadas 5 minutos após seu término, a fim de exaurir completamente o volume total de ar, isto é, dar tempo para que o ar contaminado seja expelido do interior da CSB. Todas as reparações em uma CSB devem ser efetuadas por um técnico qualificado. Qualquer defeito no funcionamento deve ser assinalado e reparado antes de voltar a utilizar a cabine.

Lâmpadas ultravioleta

As lâmpadas UV devem ser limpas todas as semanas, para retirar o pó e a sujidade que podem bloquear a eficácia germicida dos raios. A intensidade da radiação UV deve ser verificada quando a certificação da CSB for validada, a fim de assegurar a emissão de luz apropriada. É necessário desligar as lâmpadas UV quando a CSB estiver sendo utilizada, para proteger os olhos e a pele de exposição. A certificação das cabines de segurança biológica deve ser realizada pelo menos uma vez ao ano e, quando de uso mais frequente com amostras biológicas ou manipulação de agentes infecciosos, em maior frequência, por exemplo a cada 6 meses.

Chamas vivas

Deve-se evitar o uso de chamas vivas no ambiente quase isento de micróbios criado dentro da CSB. As chamas perturbam os padrões do fluxo de ar e podem ser perigosas quando se utilizam substâncias inflamáveis voláteis. Para esterilizar alças bacteriológicas, existem minifornos elétricos, preferíveis à chama viva.

Derramamentos

Uma cópia dos procedimentos necessários em caso de derramamento de material biológico de risco deve estar afixada no laboratório, e todo o pessoal deve ler e compreender os procedimentos.

Se ocorrer um derramamento de material perigoso dentro de uma CSB, a limpeza deve ser iniciada imediatamente, com a cabine em funcionamento. Deve-se utilizar um desinfetante eficaz e aplicá-lo de forma a minimizar a produção de aerossóis. Todo o material que entrar em contato com o produto derramado deve ser desinfetado e/ou esterilizado em autoclave.

Certificação da cabine de segurança biológica

O funcionamento e a integridade operacional das CSB devem ser certificados conforme as normas nacionais e internacionais, quando da instalação, e depois periodicamente, por técnicos qualificados, de acordo com as instruções do fabricante. A avaliação da eficácia do confinamento das CSB deve incluir testes sobre a integridade da CSB, fugas nos filtros HEPA, perfil de velocidade do fluxo de descida, velocidade aparente, pressão negativa/taxa de ventilação, modelo de fumaça para verificar o fluxo de ar no interior da cabine, alarmes e interconexões. Também podem ser feitos testes opcionais para fugas de eletricidade, intensidade de iluminação, intensidade da radiação UV, nível de ruído e vibração. Para efetuar estes testes, são necessários formação, aptidão e equipamento especiais, sendo, por isso, imprescindível que sejam feitos por um profissional qualificado. Hoje existem empresas que realizam estes serviços especializados certificando os equipamentos. Isso faz parte da boa qualidade de serviços e são exigidos em laboratórios de referência, seja de um serviço à comunidade pelo sistema público ou privado. As certificações fazem parte das normas de boas práticas de laboratório.

Alarmes da cabine de segurança biológica

As CSB podem ser equipadas com um ou dois tipos de alarme. Alarmes no painel de observação só existem nas CSB com painel de correr. O alarme é acionado quando o operador não coloca o painel na posição apropriada, situação esta que pode ser corrigida ao colocá-lo na posição correta. Alarmes no fluxo de ar indicam que há uma deficiência no fluxo normal de ar da CSB; isto significa que há um perigo imediato para o operador ou para o produto. Quando o alarme se ativar, o trabalho deve ser imediatamente interrompido e o supervisor do laboratório deve ser informado. O manual de instruções do fabricante deve fornecer mais informações. A capacitação na utilização das CSB deve abranger esse aspecto.

LIMPEZA, ESTERILIZAÇÃO, DESINFECÇÃO E DESCONTAMINAÇÃO

Para a implementação de um programa de biossegurança laboratorial, é importante compreender os princípios de descontaminação, limpeza, esterilização e desinfecção. Um local de trabalho adequadamente limpo e organizado reduz os riscos biológicos aos manipuladores. A utilização correta dos produtos de limpeza para cada finalidade é um bom início para evitar os riscos biológicos. A seguir, são descritas as definições de limpeza, esterilização, desinfecção, assepsia, desinfecção e higienização[20,21].

Limpeza

A limpeza é um passo crucial para tornar os instrumentos inócuos e descontaminados. A limpeza manual enérgica com água corrente e sabão líquido ou detergente elimina material biológico como sangue, secreções orgânicas e resíduos teciduais. Os instrumentos devem ser limpos, o quanto antes, depois do uso. Quando se deixa material biológico, este pode atuar como um meio propício para a proliferação de microrganismos residuais, protegendo-os dos efeitos da desinfecção e esterilização.

A limpeza manual minuciosa dos instrumentos com água e detergente para eliminar todo o material orgânico, depois da descontaminação na solução de cloro a 0,5% durante 10 minutos, é crítica antes da esterilização ou desinfecção com alto nível. Deve-se usar uma escova para esfregar os instrumentos e remover a matéria orgânica. Os instrumentos devem ser limpos, o quanto antes, depois do uso, para que o material orgânico não seque e fique aderido aos instrumentos, criando um meio propício para a proliferação de microrganismos. Para lavar os instrumentos, devem ser utilizados EPI adequados, como luvas, óculos de proteção, avental e outros. Deve-se prestar atenção especial aos instrumentos com dentes (p. ex., saca-bocados de biópsia), articulações e parafusos (p. ex., espéculos vaginais), que podem ter material biológico aderido. Depois da limpeza, os instrumentos devem ser enxaguados para eliminação dos resíduos detergentes.

Esterilização

A esterilização é definida como o processo de destruição de todos os microrganismos em um instrumento mediante a exposição a agentes físicos ou químicos. O processo elimina todas as formas de vida microbiana, inclusive os esporos bacterianos. Na prática, considera-se que a esterilidade foi obtida se a probabilidade de um microrganismo sobreviver é menor que 1 em 1 milhão. O processo de esterilização é fundamental para a reutilização inócua dos instrumentos usados na atenção clínica. Quando não existe equipamento de esterilização disponível ou o instrumento não pode ser esterilizado, usa-se a esterilização química (desinfecção de alto nível). A regulamentação de descarte de resíduos biológicos de laboratório é frequentemente realizada por um procedimento de esterilização em que o material a ser esterilizado é exposto, durante 20 minutos, a temperaturas de 121°C a uma pressão de 106 kPa (15 lb/pol^2).

As instruções do fabricante devem ser seguidas, visto que as pressões adequadas podem variar ligeiramente dependendo da marca da autoclave. Os pacotes pequenos com instrumentos embrulhados devem ser expostos durante 30 minutos. O material usado como envoltório deve ser poroso o suficiente para permitir que o vapor atravesse. Os instrumentos estéreis envoltos têm um período máximo de armazenamento de até 7 dias, caso sejam conservados secos e intactos. Uma vez abertos, os instrumentos devem ser colocados em um recipiente estéril. Atualmente, esse tipo de trabalho é realizado por empresas contratadas, portanto, deve ser questionado se o funcionário foi treinado para tal trabalho; caso contrário, a exigência deve ser feita para proteção do trabalhador nessa atividade.

Qualquer item, dispositivo ou solução é considerado estéril quando estiver completamente livre de todos os microrganismos, incluindo os vírus. A definição é categórica e absoluta (ou seja, um item é estéril ou não é). Um procedimento de esterilização é aquele que mata todos os microrganismos, incluindo um elevado número de endósporos bacterianos. A esterilização pode ser realizada por calor, gás óxido de etileno, gás, água oxigenada, plasma, ozônio e radiação (na indústria ou em produtos químicos). Do ponto de vista operacional, um procedimento de esterilização não pode ser categoricamente definido. Em contraste, o procedimento é definido como um processo após o qual a probabilidade de um microrganismo sobreviver em um artigo submetido ao tratamento é menor que 1 em 1 milhão (10^{-6}). Isso é conhecido como nível de garantia de "esterilidade".

A esterilização química poderá ser feita pela imersão em glutaraldeído a 2-4% por 8 a 10 horas ou em formaldeído a 8% por 24 horas, podendo ser uma opção à esterilização a vapor. Ela requer o manuseio especial com luvas e, assim, os instrumentos esterilizados devem ser enxaguados com água estéril antes do uso, já que esses produtos químicos deixam resíduos nos instrumentos.

Desinfecção

A desinfecção é geralmente um processo menos letal que a esterilização. Ela elimina quase todos os microrganismos patogênicos reconhecidos, mas não necessariamente todas as formas microbianas (p. ex., esporos de bactérias ou fungos) em objetos inanimados. A desinfecção não garante um exagero e, portanto, não tem a margem de segurança obtida por meio de processos de esterilização.

A eficácia de um procedimento de desinfecção é controlada de forma significativa por uma série de fatores, e cada um dos quais pode ter um efeito pronunciado sobre o resultado final. Entre elas estão: a natureza e o número de microrganismos contaminantes (especialmente na presença de esporos bacterianos e fúngicos); a quantidade de matéria orgânica presente (p. ex., solo, fezes e sangue); do tipo e do estado dos instrumentos, dispositivos e materiais para serem desinfetados e a temperatura empregada.

A desinfecção é um procedimento que reduz o nível de contaminação microbiana, mas há amplo leque de atividades que se estende desde a esterilidade em um extremo a uma redução mínima do número de contaminantes microbianos em outro. Por definição, a desinfecção química, particularmente a de alto nível, difere de esterilização química pela falta de seu poder esporicida. Esta é uma simplificação da situação real, pois germicidas químicos são pouco usados como desinfetantes; de fato, para matar um grande número de esporos, podem ser necessárias altas concentrações e várias horas de exposição[22]. Desinfetantes não esporicidas podem diferir em sua capacidade de realizar desinfecção ou descontaminação. Alguns germicidas podem matar rapidamente apenas as formas vegetativas de bactérias comuns, como estafilococos e estreptococos, algumas formas de fungos e lipídios que contêm vírus, enquanto outros são eficazes contra os microrganismos relativamente resistentes, como *Mycobacterium tuberculosis* var. *bovis*, vírus não lipídicos e a maioria dos fungos.

Classificação de Spaulding para germicidas químicos

Em 1972, o Dr. Earle Spaulding[23] propôs um sistema de classificação de germicidas químicos líquidos em superfícies inanimadas que foi utilizado posteriormente pelo Centers for Disease Control and Prevention (CDC), pelo Food and Drug Administration (FDA) e por líderes de opinião nos Estados Unidos[14]. Tal sistema, que se aplica às superfícies inanimadas, é dividido em três categorias gerais com base no risco teórico de infecção em superfícies contaminadas no momento de sua aplicação. Do ponto de vista laboratorial, essas categorias são:

- Críticas: instrumentos ou aparelhos normalmente expostos a áreas estéreis do corpo que requerem esterilização.
- Semicríticas: instrumentos ou aparelhos que tocam as membranas mucosas e podem ser esterilizados ou desinfetados.
- Não críticas: instrumentos ou aparelhos que tocam ou venham a tocar a pele sensível, cujo contato é apenas indireto em pessoas. O material poderá ser limpo ou desinfetado, higienizado com um desinfetante de baixo nível ou simplesmente limpo com água e sabão.

Em 1991, microbiologistas no CDC[14] propuseram uma categoria adicional, para superfícies do ambiente (p. ex., pisos, paredes e outras superfícies internas), que não possuem contato direto com a pele da pessoa, na qual os germicidas químicos também são classificados por nível de atividade. Entre os compostos químicos utilizados na desinfecção, podem-se citar alcoóis, compostos liberadores de cloro, formaldeído, glutaraldeído, iodóforos, fenóis sintéticos e compostos quaternários de amônio, entre outros.

Desinfecção de nível alto

Este procedimento mata microrganismos vegetativos e inativa vírus, mas não necessariamente um elevado número de esporos bacterianos. Tais desinfetantes são capazes de esterilização, quando o tempo de contato é relativamente longo (p. ex., de 6 a 10 horas). Como desinfetantes de alto nível, eles são usados por períodos relativamente curtos (p. ex., 10 a 30 minutos). Trata-se de germicidas químicos esporicidas potentes e, nos Estados Unidos, são classificados pelo FDA como esterilizantes/desinfetantes. São formulados para uso em dispositivos médicos, mas não em superfícies ambientais, como bancadas ou pisos de laboratórios[14].

Desinfecção de nível intermediário

Este procedimento mata microrganismos vegetativos, incluindo o *M. tuberculosis* e fungos, e inativa a maioria dos vírus. Germicidas químicos utilizados neste processo muitas vezes são aprovados pela Environmental Protection Agency (EPA) para uso como desinfetantes hospitalares, que são também tuberculocidas. Comumente, são usados para a desinfecção de bancadas de laboratório e como parte da composição de germicidas e detergentes utilizados para fins de limpeza.

Desinfecção de nível baixo

Este procedimento mata preferencialmente as bactérias vegetativas, exceto *M. tuberculosis*, e inativa alguns fungos e vírus. A EPA aprova germicidas químicos utilizados nesse processo, nos Estados Unidos, como desinfetantes hospitalares ou higienizadores.

DESCONTAMINAÇÃO EM LABORATÓRIOS DE MICROBIOLOGIA

A descontaminação consiste em uma série de passos para tornar inócuo o manuseio de um instrumento ou dispositivo médico ou laboratorial ao reduzir sua contaminação com microrganismos ou outras substâncias nocivas. Em geral, esses procedimentos são realizados pelo pessoal de enfermagem, técnico ou de limpeza, e a descontaminação os protege de uma infecção inadvertida. Se esses procedimentos forem realizados de modo adequado, a descontaminação dos instrumentos fica assegurada antes do manuseio para a limpeza. Este passo inativa a maioria dos microrganismos, como o vírus da hepatite B e o HIV. O processamento é necessário para assegurar que o objeto esteja limpo antes de ser esterilizado.

No Quadro 1, é mostrada uma lista de microrganismos em ordem crescente de resistência aos produtos químicos germicidas. As bactérias em forma vegetativa, como Pseudomonas aeruginosa, *Staphylococcus aureus* e *Enterococcus* spp., encontradas na forma planctônica, são sensíveis aos desinfetantes de alto nível, mas, se crescerem em forma de biofilmes, em meio aquático ou em superfícies inertes, podem apresentar a mesma resistência ao desinfetante mostrada por esporos bacterianos. O mesmo é verdadeiro para a resistência ao glutaraldeído por algumas MNT, alguns ascósporos de fungos ou as metilobactérias rosa pigmentadas. Os príons também são resistentes à maioria dos germicidas químicos líquidos.

QUADRO 1 Ordem decrescente de resistência aos produtos químicos germicidas

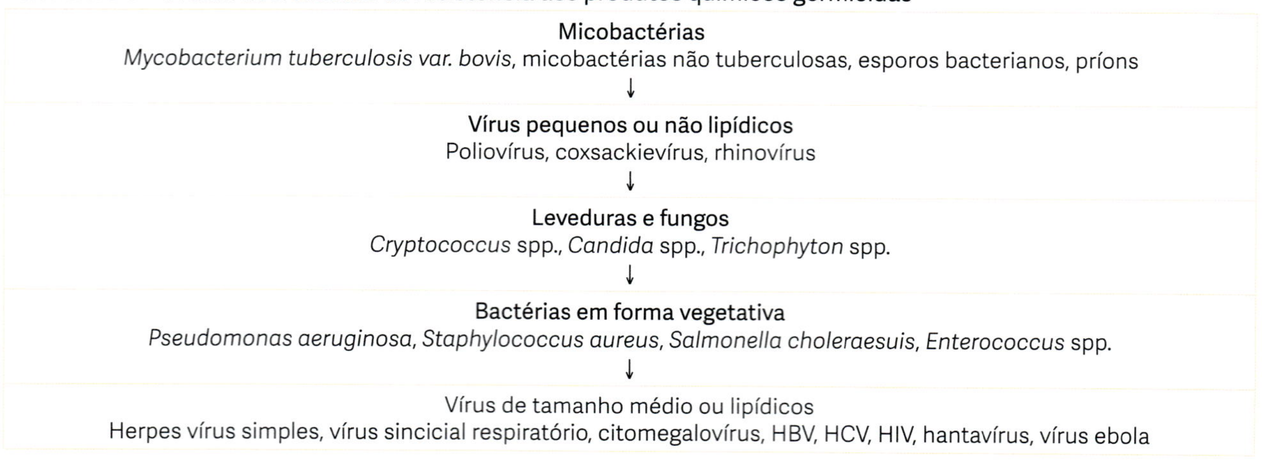

Micobactérias *Mycobacterium tuberculosis var. bovis*, micobactérias não tuberculosas, esporos bacterianos, príons ↓
Vírus pequenos ou não lipídicos Poliovírus, coxsackievírus, rhinovírus ↓
Leveduras e fungos *Cryptococcus* spp., *Candida* spp., *Trichophyton* spp. ↓
Bactérias em forma vegetativa *Pseudomonas aeruginosa*, *Staphylococcus aureus*, *Salmonella choleraesuis*, *Enterococcus* spp. ↓
Vírus de tamanho médio ou lipídicos Herpes vírus simples, vírus sincicial respiratório, citomegalovírus, HBV, HCV, HIV, hantavírus, vírus ebola

Substâncias químicas empregadas na descontaminação

Formaldeído

Apresenta atividade para bactérias Gram-positivas e Gram-negativas na forma vegetativa, incluindo as micobactérias, os fungos, os vírus lipofílicos e hidrofílicos e os esporos bacterianos. A atividade esporocida é lenta, exigindo um tempo de contato em torno de 18 horas para a maioria das formulações. O formaldeído destrói os microrganismos por meio da alquilação dos grupamentos sulfidrilas de proteínas e dos anéis de nitrogênio das bases das purinas[24].

O formaldeído é pouco ativo em temperaturas inferiores a 20°C, e sua atividade aumenta em temperaturas acima de 40°C. Apresenta atividade mesmo na presença de material orgânico, não sendo inativado por materiais naturais ou sintéticos e detergentes. Se utilizado na forma gasosa, requer umidade relativa acima de 50% ou acima de 70% para alguns autores.

Para a descontaminação de ambientes fechados, como CSB, salas diversas, salas de envase, salas específicas em biotérios ou hospitais, utiliza-se a técnica da fumigação.

Em virtude de sua toxicidade, por se tratar de uma substância irritante, não se recomenda seu uso para desinfecção rotineira de superfície, equipamentos e vidraria, podendo ser utilizado em situações especiais, de acordo com o microrganismo envolvido. A concentração utilizada com formalina é de 18 mL e 35 mL de água/m^3 por 24 horas. Para o paraformaldeído, 4 a 10,5 g/m^3 por 24 horas. Para desinfecção 4% (v/v), por 30 minutos. Para esterilizações, aplicam-se soluções alcoólicas a 8% e soluções aquosas a 10% ou produtos comerciais por cerca de 18 horas.

Por ser altamente tóxico e conter vapores irritantes para o sistema respiratório e para os olhos, não se aconselha sua utilização sem as devidas precauções, sobretudo em virtude das reações de sensibilização e por ser um carcinógeno em potencial. A quantidade máxima recomendada na atmosfera é de 1 ppm[24].

Concentrações usualmente recomendadas/tempo de contato

- Para fumigação em ambientes fechados, como formalina: 18 mL de formalina e 35 mL de água por 24 horas. Como paraformaldeído: as indicações variam de 4 g/mL a 10,5 g/mL por 24 horas.
- Para desinfecção: 4% (v/v) por 30 minutos.
- Para desinfecção de capilares de sistemas dialisadores: 4% (v/v) por 4 horas.
- Para esterilização: soluções alcoólicas a 8% e soluções aquosas a 10% por aproximadamente 18 horas de imersão.

Formaldeído em estado gasoso (paraformaldeído)

Formaldeído em estado gasoso em uma concentração de 0,3 g/m^3 em período de exposição de 4 horas é frequentemente utilizado para descontaminação. O formaldeído gasoso pode ser gerado pelo aquecimento de flocos de paraformaldeído (0,3 g/L) em um recipiente resistente e, assim, convertê-lo para gás formaldeído. A umidade deve ser controlada, e o sistema funciona otimamente a 80% de umidade relativa. Informações complementares sobre aspectos de segurança humana, animal e ambiental do formaldeído estão disponíveis no site da EPA (www.epa.gov/pesticides)[25].

Vapor de peróxido de hidrogênio

O peróxido de hidrogênio pode ser vaporizado e utilizado para a descontaminação de caixa de anaerobiose estrita (glovebox), bem como salas de pequena área[21]. O peróxido de hidrogênio em forma de vapor tem se mostrado um esporocida eficaz em concentrações que variam de 0,5 a 10 mg/L. A melhor concentração desse agente é de cerca de 2,4 mg/L, com um tempo de contato de pelo menos 1 hora. Esse sistema pode ser usado para descontaminar glovebox, que é um recipiente selado, desenvolvido para o manuseio de materiais sensíveis ao ar, que tenham a necessidade de uma atmosfera controlada. Tem duas válvulas em posições opostas para que seja retirado o ar do lado esquerdo e insuflado o gás carbônico (CO_2) pela válvula do lado direito. Uma vantagem desse sistema é que o produto final da reação é água, portanto, sem preocupação com toxicidade[21].

Etanol e isopropanol

O etanol atua na inibição microbiana por desnaturação da proteína, razão pela qual o etanol absoluto é menos efetivo. Provavelmente, ele inibe a divisão celular por interferir na produção de metabólicos essenciais. A concentração ideal é de 70%. Age rapidamente sobre bactérias vegetativas (inclusive micobactérias), vírus e fungos, mas não é esporicida. Por isso não é recomendado para esterilização, apenas para desinfecção de superfícies e antissepsia de pele.

O etanol é o desinfetante e descontaminante mais empregado no Brasil, utilizado nas superfícies de bancada, de CSB, equipamentos de grande e médio porte, e para antissepsia das mãos e de muitos equipamentos de uso médico.

Por ser volátil e inflamável, deve ser cuidadosamente utilizado, pois é irritante aos olhos e considerado tóxico. A aplicação frequente produz irritação e dessecação da pele.

O mais efetivo para a desinfecção das mãos é o n-propanol, seguido pelo isopropanol e pelo etanol na concentração de 70%. O isopropanol (álcool isopropílico) é um líquido transparente e incolor, solúvel em água, volátil e altamente inflamável. É levemente tóxico se ingerido ou absorvido pela pele, podendo causar lesões na córnea. Seus vapores têm efeito anestésico, podendo causar tontura. Também é utilizado em produtos de limpeza de superfícies de vidro[26].

Glutaraldeído

O glutaraldeído possui amplo espectro de atividade com ação rápida, atuando sobre as bactérias na forma vegetativa, incluindo micobactérias, fungos, vírus lipofílicos e hidrofílicos e esporos bacterianos. Tem atividade esporocida mais eficiente que outros aldeídos.

Sua ação nas micobactérias é mais lenta. Tem maior atividade em pH alcalino (7,5 a 8,5). Pode-se ativar o glutaraldeído com bicarbonato de sódio 0,3%, sendo recomendado o uso em uma concentração de 2%. Após sua ativação, deve ser utilizado antes da polimerização, quando se torna inativo. A ação é inibitória pela alquilação de proteínas que contêm grupos sulfidrilas, hidroxila e amino presentes nos microrganismos, alterando os ácidos nucleicos e a síntese de proteínas. Sua aplicação é mais efetiva, porém seu alto custo traz restrições. É usado como esterilizante de materiais cirúrgicos, como endoscópios, equipamentos de aspiração e artigos que não podem ser submetidos a métodos físicos. Nos laboratórios, a utilização é limitada, em razão do alto custo[27].

A concentração recomendada é a de 2% em soluções ácidas, ativadas por agentes alcalinizantes. Após sua ativação, aconselha-se utilizá-lo em 14 dias. O tempo de contato para desinfecção é em torno de 30 minutos e de 10 horas para esterilização. O glutaraldeído é tóxico, irritante para pele, mucosas e olhos, mas em menor grau que o formaldeído. Pode provocar dermatite e sensibilização na pele. O limite máximo recomendado é de 0,2 ppm[27].

Gás de dióxido de cloro

O gás de dióxido de cloro (ClO_2) é esterilizante e pode ser usado para a descontaminação das salas de laboratório, equipamentos e incubadoras comuns. A concentração de gás no local da descontaminação deve ser de aproximadamente 10 mg/L, com tempo de contato de 2 horas. O dióxido de cloro possui as propriedades bactericida, virucida e esporicida do cloro, mas, ao contrário deste, não leva à formação de trialometanos, tampouco combina com amônia para formar produtos orgânicos clorados (cloraminas)[20].

O gás não pode ser comprimido e armazenado em cilindros de alta pressão, mas é gerado sob demanda, usando um sistema de geração baseado em uma coluna de fase sólida. O gás é diluído na concentração de uso, geralmente entre 10 e 30 mg/L. A umidade relativa do ar não precisa ser controlada, mas umidade alta é ótima. Embora na maioria das vezes seja usado em esterilizadores fechados, o local de destino para o gás dióxido de cloro não precisa necessariamente de uma CSB fechada. O gás sai do gerador a uma pressão positiva com modesta taxa de fluxo. A caixa também não precisa estar sob vácuo, podendo ser utilizada como um recinto para realizar testes de esterilidade. Esse gás poderá ser aplicado em glovebox ou em CSB selada, ou até mesmo em pequena sala selada, para evitar o escape do gás dióxido de cloro, o qual é rapidamente degradado pela luz, portanto, deve-se tomar cuidado para eliminar as fontes de luz na área a ser descontaminada[17].

A ação do cloro é relativamente baixa na inativação de protozoários. Dióxido de cloro e ozônio são desinfetantes aplicáveis, capazes de destruir e remover biofilmes em tanques e tubulações de água potável. O dióxido de cloro tem sido utilizado na pré-oxidação e desinfecção da água para consumo humano, como alternativa ao cloro (Cl_2); em geral, é de baixa toxicidade em humanos nas concentrações usadas para a descontaminação.

Compostos liberadores de cloro ativo

Vários são os produtos liberadores de cloro ativo utilizados na desinfecção em diversas áreas. Os mais comuns são os inorgânicos (hipoclorito de sódio, cálcio e lítio) e os orgânicos (ácido dicloroisocianúrico e seus sais sódicos e potássicos e o ácido tricloroisocianúrico)[24].

Os compostos liberadores de cloro reagem rapidamente com a matéria orgânica, incluindo sangue, fezes e tecidos. Sua atividade se reduz significativamente, de forma proporcional à presença de matéria orgânica. Dessa forma, a quantidade de cloro disponível deve ser elevada nos processos de desinfecção para poder suprir a demanda necessária para destruir os microrganismos.

Os hipocloritos são instáveis e incompatíveis com detergentes catiônicos. Sua estabilidade depende de fatores como concentração, temperatura, pH, luz e metais. As soluções concentradas (100.000 ppm convertidos em unidade de concentração de cloro ativo) são mais instáveis que as diluídas. Se 1 ppm equivale a 1,0 mg por litro, 10.000 ppm equivalem a 1,0% de cloro ativo disponível (não complexado com matéria orgânica).

Concentrações usualmente recomendadas/tempo de contato

- Desinfecção/descontaminação de superfícies – 10.000 ppm por 10 minutos de contato.
- Desinfecção em lactários de superfícies – 200 ppm por 60 minutos de contato.
- Desinfecção de inaloterapia e oxigenoterapia não metálicos – 200 ppm por 60 minutos.
- Desinfecção de artigos semicríticos – 10.000 ppm por 30 minutos.
- Recipientes de descarte de materiais – 10.000 ppm durante 60 minutos.

A estabilidade dos compostos de cloro durante a estocagem, mantendo a atividade microbicida quando em uso, é assegurada por adição de hidróxido de sódio, que mantém o pH alto durante o armazenamento. Porém, a solução concentrada de hipoclorito deve apresentar capacidade de tamponamento quando diluída, favorecendo o decaimento gradativo do valor de pH e tornando o produto ativo na forma de ácido hipocloroso.

Altas temperaturas reduzem a estabilidade, enquanto o pH baixo favorece a ação microbicida desses compostos, porém os torna mais instáveis. O armazenamento deve ser realizado de forma tamponada em pH alto maior que 7, de forma que ao diluir o pH abaixe, tornando-o mais ativo. A decomposição fotoquímica ocorre na presença de íons, metais pesados, cobalto, manganês, níquel e ferro, produzindo cloreto e oxigênio.

Os hipocloritos são corrosivos para metais, principalmente quando aplicados em objetos de prata ou alumínio, e ainda atacam, quando em altas concentrações, as superfícies de aço inox.

O emprego desses compostos liberadores de cloro ativo é amplo em desinfecção, em geral de objetos e superfícies inanimadas, inclusive as contaminadas com sangue e outros materiais orgânicos, e também para recipientes de descarte de materiais. Utiliza-se na desinfecção de materiais supercríticos não metálicos e artigos de lactários, sendo ainda recomendado na desinfecção de água para consumo humano e para processos industriais, incluindo água de piscinas e alimentos.

A solução de hipoclorito de sódio disponível apresenta-se na concentração de aproximadamente 5%, como reagente químico, e de 2% como água sanitária. Os hipocloritos de cálcio e lítio são compostos sólidos e os isocianúricos são comercializados na forma de pó, com detergente.

O primeiro passo é estabelecer a correlação entre uma medida em porcentagem com uma em ppm. Um por cento significa uma parte em cem, logo dez em mil, portanto, dez mil em um milhão. Assim sendo, um por cento equivale a dez mil partes por milhão. Concluindo, para transformar um valor de porcentagem para ppm é só multiplicarmos por 10.000, e para transformarmos ppm em porcentagem, é só dividirmos o valor por 10.000. Exemplificando: hipoclorito a 2% é o mesmo que a 20.000 ppm.

Os compostos liberadores de cloro são tóxicos, causando irritação na pele e nos olhos. Nas mucosas, provocam irritação e corrosão. A inalação do ácido hipocloroso gera tosse e choque, podendo causar irritação grave no trato respiratório.

Fenóis sintéticos

Os fenóis sintéticos são compostos fenólicos sem atividade biocida para esporos bacterianos e vírus hidrofílicos. Eles inativam sistemas enzimáticos essenciais e provocam o extravasamento de metabólitos através da parede celular[28]. Sua atuação é maior em pH neutro ou ligeiramente ácido. A influência do pH é crítica, pois a alcalinidade reduz sua eficácia. Uma das vantagens dessa substância é quase não ser afetada pela presença de matéria orgânica. Os óleos e as gorduras reduzem sua ação, sendo incompatíveis com detergentes catiônicos e inativados por detergentes não iônicos.

Os fenóis são utilizados para desinfecção de objetos e superfícies inanimadas (bancadas, pisos etc.) em laboratórios, hospitais e biotérios, em situações nas quais haja necessidade de desinfecção na presença de matéria orgânica. Não se recomenda, para artigos que entram em contato com trato respiratório, alimentos, objetos de látex, acrílico e borracha.

Os fenóis apresentam atividade desinfetante de nível médio ou intermediário – concentração de 2 a 5% por um período de exposição de 20 a 30 minutos.

Por serem tóxicos, deve-se evitar contato com pele, mucosas etc. Além disso, deve-se sempre utilizar proteção adequada para sua aplicação. Recomenda se a utilização de EPI.

Compostos de amônio quaternário

Os compostos de amônio quaternário são agentes em que o átomo de nitrogênio do grupo amônio possui uma valência de 5, sendo quatro dos substituintes radicais alquila ou arila e o quinto um haleto (cloreto), sulfato ou similar. Cada composto possui características antimicrobianas próprias que dependem da distribuição e do tamanho das cadeias dos radicais. Alguns compostos frequentemente utilizados são cloretos de alquildimetilbenzil amônio e cloretos de dialquildimetil amônio.

A atividade antimicrobiana é muito efetiva nas bactérias Gram-positivas e em menor grau nas Gram-negativas, sendo as *Pseudomonas* sp. especialmente mais resistentes. São ativos para alguns fungos e para vírus não lipídicos. Não apresentam ação letal para esporos bacterianos, tampouco para vírus hidrofílicos e micobactérias.

A ação é atribuída à inativação de enzimas responsáveis pelos processos de produção de energia, à desnaturação de proteínas celulares essenciais e à ruptura da membrana celular. Esses agentes bactericidas são fortemente inativados por proteínas pelo processo de adsorção por vários materiais naturais e sintéticos e por detergentes não iônicos e sabões. São influenciados negativamente pela presença dos íons cálcio e magnésio presentes na água dura. Podem danificar borrachas sintéticas, cimento e alumínio. O pH ideal é o alcalino (9-10); valores abaixo de 7 são desfavoráveis. Possuem efeito residual e são usados como antissépticos (0,1 a 0,5%).

Esses produtos são recomendáveis para desinfecção ordinária de superfícies não críticas, como pisos, mobiliários e paredes[29]. Além disso, são apropriados para desinfecção de superfícies e equipamentos em todas as áreas relacionadas com alimentos. As formulações são apresentadas na forma concentrada, com mais de um princípio ativo, devendo, portanto, ser diluídas de forma adequada. Os compostos quaternários são de baixa toxicidade, porém podem causar irritação e sensibilização da pele.

Iodóforos

Os iodóforos constituem uma combinação entre o iodo e um agente solubilizante ou carreador[30]. O complexo resultante fornece um reservatório de iodo que é liberado em pequenas quantidades na solução aquosa. O composto mais conhecido é a polivinilpirrolidona-iodo (PVP-I).

Têm atividade contra bactérias na forma vegetativa, incluindo micobactérias, fungos, vírus lipofílicos e hidrofílicos e esporos bacterianos. A atividade esporocida pode requerer tempo de contato prolongado.

O mecanismo de ação do iodo se deve à atividade de ruptura de estruturas de proteínas e de ácidos nucleicos e à interferência na síntese proteica. Os iodóforos são rapidamente inativados por proteínas e por substâncias plásticas e detergentes não iônicos.

Utiliza-se esse antisséptico como alternativa em situações em que há necessidade de ação rápida e de amplo espectro, a saber: na desinfecção de ampolas, vidros, termômetros, estetoscópios, superfícies externas e metálicas de equipamentos. Emprega-se também em superfície de equipamentos relacionados a alimentos. Não se deve usar em metais não resistentes à oxidação (cromo, ferro, alumínio e outros) e em materiais que absorvem o iodo e mancham, como os plásticos.

A formulação antisséptica contém 1% de iodo livre em base alcoólica ou aquosa. O produto para escovação cirúrgica possui 0,75%. Soluções diluídas possuem atividade mais rápida que as concentradas. A razão para tal ainda não é conhecida; supõe-se que a ligação do polímero carreador ao iodo esteja mais fraca, disponibilizando o iodo livre. Portanto, as diluições têm de ser feitas de forma adequada para uso correto.

Dada a baixa toxicidade, há uso indiscriminado, devendo, portanto, prevenir-se contra a atividade irritante, em especial para os olhos, e menos para a pele.

Fatores que afetam a descontaminação química

Em geral, quanto mais concentrado o produto químico, maior a eficácia e menor o tempo necessário para a destruição dos microrganismos, portanto, a potência do desinfetante depende da concentração e do tempo de exposição. Os compostos fenólicos são altamente potentes como desinfetantes. Na maioria dos casos, o tempo requerido varia de 10 a 30 minutos para desinfecção de superfície, de 30 minutos para desinfecção de artigos e de 10 a 18 horas para esterilização de artigos.

Outros fatores que podem influenciar na eficácia do agente químico

O pH, a temperatura, a água e a umidade relativa da matéria orgânica podem influenciar na eficácia do agente químico. De modo geral, o aquecimento aumenta a eficácia dos desinfetantes. No entanto, é necessário tomar cuidado, pois o aquecimento provoca evaporação de compostos, reduzindo a concentração efetiva da mistura desinfetante. O pH de alguns desinfetantes influencia drasticamente, como os compostos quaternários que agem por carga, como cátions. O pH alcalino favorece a ação. Os compostos fenólicos atuam mais efetivamente em pH ácidos, apesar de agir em pH neutro ou ligeiramente básico.

No caso da utilização de compostos gasosos como o óxido de etileno e o formaldeído, a umidade pode interferir de forma significativa. A matéria orgânica pode servir de barreira física, pois interage com os compostos ativos, como o cloro, inibindo a ação direta. Ela pode se apresentar sob várias formas, como sangue, pus, material fecal e resíduos de alimentos. Pode também agir formando complexos menos ativos e deixando menor quantidade do agente químico disponível para atuar sobre os microrganismos.

Descontaminação química de instrumentos e acessórios

Tratamento com compostos liberadores de cloro

Imediatamente depois do uso, os instrumentos e demais acessórios são colocados em um grande balde de plástico limpo com solução de hipoclorito a 0,5% durante 10 minutos. Este procedimento serve somente para os materiais e instrumentos resistentes à ação corrosiva do cloro. Os instrumentos metálicos sensíveis ao cloro não devem ser deixados nessa solução diluída de cloro por mais de 10 minutos e devem ser enxaguados imediatamente depois da descontaminação, para evitar descoloração e corrosão do metal.

Tratamento com etanol

A eficácia do álcool 70% como germicida de nível intermediário é limitada em razão de sua rápida evaporação e do curto tempo de contato com o objeto, o que resulta em sua baixa capacidade de penetração em material orgânico residual. Os itens a serem desinfetados com álcool devem receber cuidadosa pré-limpeza, sendo, em seguida, totalmente submersos por um tempo de exposição adequado (p. ex., 10 minutos)[26,30].

Tratamento com iodóforos

Devem ser usados apenas os iodóforos registrados na EPA como desinfetantes de superfície dura, seguindo rigorosamente as instruções do fabricante quanto à diluição adequada e à estabilidade do produto. Iodóforos antissépticos não são adequados para desinfetar equipamentos, superfícies ambientais ou instrumentos médicos[30].

Descontaminação química de grandes áreas

Os germicidas químicos líquidos, formulados como desinfetantes, podem ser utilizados para a descontaminação de grandes áreas[30]. Por exemplo, a maioria dos desinfetantes de nível alto de atividade existente no mercado é formulada para uso em instrumentos e dispositivos médicos, não para as superfícies ambientais. Os desinfetantes de nível baixo ou intermediário são formulados para uso em fômites e superfícies de ambientes, mas falta discriminação da potência do desinfetante de nível alto. A maioria dos desinfetantes de níveis intermediário e baixo pode ser usada com segurança de acordo com as instruções do fabricante.

Os desinfetantes geralmente utilizados para a descontaminação de grandes áreas incluem: soluções de hipoclorito de sódio na concentração de 1% de cloro ativo em contato com a superfície durante 10 minutos ou outros desinfetantes oxidantes, como peróxido de hidrogênio, ácido paracético, fenóis e iodóforos.

As concentrações e o tempo de exposição variam de acordo com a formulação e as instruções do fabricante. No Quadro 2, é apresentada uma lista de germicidas químicos e seus níveis de atividade.

Um plano de controle de derramamento, que deve estar disponível no laboratório, precisa incluir a justificativa para a seleção do agente desinfetante, a abordagem empregada para sua aplicação, o tempo de contato e outros parâmetros.

Agentes infecciosos que exigem níveis de contenção NB-3 e NB-4 apresentam elevado risco para os trabalhadores e possivelmente ao ambiente e devem ser gerenciados por pessoas bem informadas, como uma equipe de profissionais treinados e equipados para trabalhar com material químico concentrado.

Descontaminação de laboratórios com NB-3

A descontaminação do laboratório com nível de biossegurança NB-3 é uma atividade que deve ser realizada por especialistas, com formação adequada e com equipamentos de proteção coletiva e individual rigorosamente controlados. Os requisitos de descontaminação de área de laboratórios NB-3 têm impacto sobre a concepção dessas instalações. As superfícies interiores dos laboratórios com NB-3 devem ser resistentes à água. A fim de serem facilmente limpas e descontaminadas, recomenda-se que balcões e armários devem ser construídos em aço inox de boa qualidade. Penetrações nessas superfícies devem ser seladas ou vedadas para efeitos de descontaminação. Assim, no laboratório NB-3, a descontaminação de superfície, que não seja por fumigação, é o principal meio de descontaminação da área. Deve-se tomar cuidado para que as penetrações de paredes, pisos e tetos sejam mantidas a um mínimo possível, de preferência que o ambiente esteja "totalmente selado".

A verificação dos selos geralmente não é necessária para a maioria dos laboratórios com NB-3[18].

Procedimentos para descontaminação de grandes espaços, como incubadoras ou salas, são variados e significativamente influenciados pelo tipo de agente etiológico envolvido, pelas características da estrutura que contém o espaço e pelos materiais presentes no local.

ORIENTAÇÕES PARA DESCARTE DE PRODUTOS BIOLÓGICOS

Orientações gerais

A Resolução Conama n. 358, de 29 de abril de 2005, recomenda autoclavação ou incineração para tratamento de produtos infecciosos antes do descarte[31].

Classificação dos resíduos de serviços de saúde

A Norma NBR n. 12.808, de 1997, da Associação Brasileira de Normas Técnicas (ABNT), dispõe sobre a classificação dos resíduos de serviços de saúde:

QUADRO 2 Níveis de atividade germicida de substâncias químicas

Procedimentos/substâncias	Concentração aquosa	Níveis de atividade
Esterilização		
Glutaraldeído	Variável	
Peróxido de hidrogênio	6-30%	
Formaldeído	6-8%	
Dióxido de cloro	Variável	
Ácido peracético	Variável	
Desinfecção		
Glutaraldeído	Variável	Alto a intermediário
Ortoftalaldeído	0,5%	Alto
Peróxido de hidrogênio	3-6%	Alto a intermediário
Formaldeído	1-8%	Alto a baixo
Dióxido de cloro	Variável	Alto
Ácido peracético	Variável	Alto
Compostos clorados	500-5.000 mL/L cloro livre disponível	Intermediário
Álcoois (etílico, isopropílico)	70%	Intermediário
Compostos fenólicos	0,5- 3,0%	Intermediário a baixo
Compostos de iodo	30-50 mg/L iodo livre até 10.000 mg/L de iodo disponível 0,1-0,2%	Intermediário a baixo
Compostos de amônio quaternário	Baixo	

- Tipo A – resíduo biológico.
- Tipo B – resíduo químico.
- Tipo C – resíduo radioativo.
- Tipo D – lixo comum.

Para os resíduos do grupo A, a identificação deve ser feita em rótulos de fundo branco, com desenho e contornos pretos, com o símbolo e a inscrição de resíduo biológico.

Os recipientes para os materiais perfurocortantes devem receber a respectiva inscrição e a indicação de acordo com sua contaminação: resíduo biológico, se a contaminação for biológica; resíduo tóxico, se a contaminação for química; e rejeito radioativo, se a contaminação for com elemento radioativo, devendo, neste último caso, conter também o nome do elemento radioativo, a indicação da meia-vida e a data de sua geração.

Gerenciamento dos resíduos de serviços de saúde

Conforme a Resolução da Diretoria Colegiada da Agência Nacional de Vigilância Sanitária/Anvisa – RDC n. 306, de 07 de dezembro de 2004, os resíduos do grupo A podem conter agentes biológicos que, por suas características, possivelmente apresentam risco de infecção[32].

O gerenciamento dos resíduos de serviços de saúde (RSS) constitui-se em um conjunto de procedimentos de gestão, planejados e implementados com base em dados científicos e técnicos, normativos e legais, com o objetivo de minimizar a produção de resíduos e proporcionar aos resíduos gerados um encaminhamento seguro, de forma eficiente, visando à proteção dos trabalhadores e à preservação da saúde pública, dos recursos naturais e do meio ambiente.

O gerenciamento deve abranger todas as etapas de planejamento dos recursos físicos e materiais e da capacitação dos recursos humanos envolvidos no manejo dos RSS[33]. Todo gerador deve elaborar um plano de gerenciamento de resíduos de serviços de saúde (PGRSS), baseado nas características e na classificação dos resíduos gerados, estabelecendo as diretrizes de manejo dos RSS. O PGRSS a ser elaborado deve ser compatível com as normas locais relativas à coleta, ao transporte e à disposição final dos RSS, de acordo com a legislação vigente.

Manejo dos RSS

O manejo dos RSS é entendido como a ação de gerenciar os resíduos em seus aspectos intra e extraestabelecimento, desde a geração até a disposição final, incluindo as seguintes etapas:

1. Segregação: consiste na separação dos resíduos no momento e no local de sua geração, de acordo com as características físicas, químicas, biológicas, seu estado físico e os riscos envolvidos.
2. Acondicionamento: consiste no ato de embalar os resíduos segregados em sacos ou recipientes que evitem vazamentos e resistam às ações de punctura e ruptura. A capacidade de acondicionamento dos recipientes deve ser compatível com a geração diária de cada tipo de resíduo.
   2.1. Os resíduos sólidos devem ser acondicionados em saco constituído de material resistente a ruptura e vazamento, impermeável, baseado na NBR 9.191/2000 da ABNT, respeitados os limites de peso de cada saco, sendo proibidos seu esvaziamento e seu reaproveitamento.
   2.2. Os sacos devem estar contidos em recipientes de material lavável, resistente a punctura, ruptura e vazamento, com tampa provida de sistema de abertura sem contato manual, com cantos arredondados, e ser resistente ao tombamento.
   2.3. Os recipientes de acondicionamento existentes nas salas de cirurgia e nas salas de parto não necessitam de tampa para vedação (legislação de 13/11/2009).
   2.4. Os resíduos líquidos devem ser acondicionados em recipientes constituídos de material compatível com o líquido armazenado, resistentes, rígidos e estanques, com tampa rosqueada e vedante.
3. Identificação: consiste no conjunto de medidas que permite o reconhecimento dos resíduos contidos nos sacos e recipientes, fornecendo informações para o correto manejo dos RSS.
   3.1. A identificação deve estar visível nos sacos de acondicionamento, nos recipientes de coleta interna e externa, nos recipientes de transporte interno e externo e nos locais de armazenamento, em local de fácil visualização, de forma indelével, utilizando-se símbolos, cores e frases, atendendo aos parâmetros referenciados na norma NBR 7.500 da ABNT, além de outras exigências relacionadas à identificação de conteúdo e ao risco específico de cada grupo de resíduos.
   3.2. A identificação dos sacos de armazenamento e dos recipientes de transporte poderá ser feita por adesivos, desde que seja garantida sua resistência aos processos normais de manuseio dos sacos e dos recipientes.
   3.3. O grupo A é identificado pelo símbolo de substância infectante constante na NBR 7.500 da ABNT, com rótulos de fundo branco, desenho e contornos pretos.

Segregação dos resíduos biológicos potencialmente infecciosos

São considerados resíduos biológicos potencialmente infecciosos:

- Qualquer material que contenha ou esteja contaminado com patógenos humanos[32].
- Qualquer material que contenha ou esteja contaminado com agentes patogênicos de origem animal.
- Qualquer material que contenha ou esteja contaminado com patógenos de plantas.
- Qualquer material que contenha ou esteja contaminado com DNA recombinante ou organismos recombinantes.

Resíduos laboratoriais e clínicos contendo produtos derivados do sangue, de tecidos, culturas de células e outro material potencialmente infeccioso humana ou sangue primata, incluindo todas as culturas contendo resíduos infecciosos de laboratório potencialmente infecciosos, deverão ser inativados antes de saírem da instalação.

O método recomendado é a esterilização a vapor (autoclave), apesar de a incineração ser usada para peças anatômicas e animais infectados ou inativação química (p. ex., tratamento como lixo doméstico), podendo ser apropriada em alguns casos.

O armazenamento interno de resíduos infectantes não inativados deverá estar restrito ao laboratório gerador.

Os resíduos infecciosos ou patogênicos devem ser armazenados em um recipiente fechado ou coberto como biorresíduos e não podem ser armazenados por mais de 24 horas antes da inativação.

O recipiente contendo resíduo biológico e os sacos para material infeccioso ou potencialmente infeccioso para seres humanos devem ser rotulados com o símbolo de risco biológico.

Recipientes contendo resíduo biológico e caixas cheias ou parcialmente cheias não devem ser mantidos por mais de 30 dias.

Acondicionamento de resíduos biológicos do grupo A

Os sacos para acondicionamento dos resíduos do grupo A devem estar contidos em recipientes de material lavável, resistente a punctura, ruptura e vazamento, impermeável, com tampa provida de sistema de abertura sem contato manual, com cantos arredondados. Devem ser resistentes a tombamento e devem ser respeitados os limites de peso de cada invólucro. Os sacos devem estar identificados com o símbolo de material infectante. É proibido o esvaziamento dos sacos ou seu reaproveitamento.

Os resíduos do grupo A, que necessitam de tratamento, devem ser inicialmente acondicionados de maneira compatível com o processo de tratamento a ser utilizado. Os resíduos dos grupos A1, A2 e A5 devem ser acondicionados, após o tratamento, da seguinte forma:

- Com descaracterização física das estruturas: podem ser acondicionados como resíduos do grupo D.
- Sem descaracterização física das estruturas: devem ser acondicionados em saco branco leitoso.

Identificação de resíduos biológicos do grupo A

Os resíduos biológicos do grupo A são classificados em cinco categorias, indicadas a seguir.

Resíduos do grupo A1

Culturas e estoques de microrganismos; resíduos de fabricação de produtos biológicos, exceto os hemoderivados; descarte de vacinas de microrganismos vivos ou atenuados; meios de cultura e instrumentais utilizados para transferência, inoculação ou mistura de culturas; resíduos de laboratórios de manipulação genética. Estes resíduos não podem deixar a unidade geradora sem tratamento prévio.

Devem ser inicialmente acondicionados de maneira compatível com o processo de tratamento a ser utilizado. Devem ser tratados por processo físico ou outros processos que vierem a ser validados para a obtenção de redução ou eliminação da carga microbiana, em equipamento compatível com nível III de inativação de bactérias vegetativas, fungos, vírus lipofílicos e hidrofílicos, parasitas e micobactérias com redução igual ou maior que 6Log10, e inativação de esporos do *Bacillus stearothermophilus* ou de esporos do *Bacillus subtilis* com redução igual ou maior que 4Log10.

Após o tratamento, devem ser acondicionados em sacos plásticos brancos leitosos identificados com o símbolo de risco biológico. Os sacos devem ser substituídos quando atingirem dois terços de sua capacidade ou pelo menos 1 vez a cada 24 horas e identificados conforme a RDC n. 306, de 2004.

Os tubos, as pipetas e outros materiais não descartáveis têm de ser colocados em recipientes plásticos com hipoclorito de sódio a 1%, sendo recolhidos periodicamente por funcionário treinado. Os recipientes com hipoclorito devem permanecer tampados no setor. Após o prazo mínimo de 18 horas de imersão completa dos materiais sólidos (não descartáveis) contaminados, estes devem ser lavados, enxaguados e secos para posteriores esterilização e reuso. Os resíduos líquidos podem ser eliminados na pia após a autoclavação.

Todas as lixeiras do laboratório, com exceção da área administrativa, precisam conter sacos plásticos brancos leitosos, com espessura que respeite as exigências legais (ABNT, NBR 9.091) e com o símbolo de produto infectante.

O recolhimento do material infectante deve ser realizado por funcionário treinado do serviço de limpeza, em carrinhos fechados e laváveis, sempre que necessário.

Resíduos do grupo A2

Carcaças, peças anatômicas, vísceras e outros resíduos provenientes de animais submetidos a processos de experimentação com inoculação de microrganismos, bem como suas forrações e os cadáveres de animais suspeitos de serem portadores de microrganismos de relevância epidemiológica e com risco de disseminação, submetidos ou não a estudo anatomopatológico ou confirmação diagnóstica.

Resíduos de animais contendo microrganismos com alto risco de transmissibilidade e alto potencial de letalidade (classe de risco 4) devem ser submetidos, no local de geração, a processo físico de autoclavação ou outros processos que vierem a ser validados para a obtenção de redução ou eliminação da carga microbiana, em equipamento compatível com nível III de inativação microbiana e posteriormente encaminhados para tratamento térmico por incineração.

Todos os sacos para contenção de resíduos com risco biológico devem atender aos requisitos de resistência ao impacto (165 g), resistência ao rasgo (480 g) e concentração de metais pesados (< 100 ppm totais de chumbo, mercúrio, cromo e cádmio). Devem estar disponibilizados com a documentação do fabricante em relação a esses requisitos. Não colocar líquidos nesses sacos. Rotular o saco de risco biológico com a data de uso, geradores (supervisor de área) nome, localização do laboratório (número da sala) e número de telefone. Os sacos de risco biológico de cor vermelha são colocados dentro de uma caixa de resíduos biológicos, forrado internamente para serem eliminados. O gerador desse tipo de resíduo deverá pedir suprimento de sacos de risco biológico (p. ex., Fisher Scientific 01-828E, sacos vermelhos autoclaváveis para contentores de resíduos de 30 galões).

Os resíduos da classe A2 devem ser tratados utilizando-se processo físico como a autoclavação ou outros processos que vierem a ser validados para a redução ou eliminação da carga microbiana, em equipamento compatível com nível III de inativação microbiana. O tratamento pode ser realizado fora do local de geração, mas os resíduos não podem ser tratados em local externo ao serviço. Após o tratamento, os resíduos devem ser acondicionados em saco branco leitoso e resistente, identificado com símbolo de risco biológico e a inscrição "Peças anatômicas de animais". O saco deve ser substituído quando atingir dois terços de sua capacidade ou pelo menos 1 vez a cada 24 horas. Deve ser observado o porte do animal para definição do processo de tratamento. Quando houver necessidade de fracionamento, este deve ser autorizado previamente pelo órgão de saúde competente[33].

Os resíduos do grupo A2 são posteriormente transportados para um abrigo externo, a fim de serem retirados e transportados para um aterro sanitário licenciado ou local devidamente licenciado para disposição final de RSS, ou sepultamento em cemitério de animais.

Resíduos do grupo A3

Peças anatômicas (membros) do ser humano; produto de fecundação sem sinais vitais, com peso menor que 500 gramas ou estatura menor que 25 centímetros ou idade gestacional inferior a 20 semanas, que não tenham valor científico ou legal e que não tenha sido requisitado pelo paciente ou familiares. Esses resíduos devem ser acondicionados em saco vermelho identificado com símbolo de risco biológico e a inscrição "peças anatômicas". Os sacos devem ser substituídos quando atingirem dois terços de sua capacidade ou pelo menos 1 vez a cada 24 horas.

Os resíduos do grupo A3, quando não houver requisição pelo paciente ou familiares e/ou não tenham mais valor científico ou legal, devem ser encaminhados para:

- Sepultamento em cemitério, desde que haja autorização do órgão competente do município, do estado ou do Distrito Federal.
- Tratamento térmico por incineração ou cremação, em equipamento devidamente licenciado para este fim.

Na impossibilidade de atendimento dos itens citados, o órgão ambiental competente nos estados, municípios e Distrito Federal pode aprovar outros processos alternativos de destinação[33].

Resíduos do grupo A4

Kits de linhas arteriais, intravenosas e dialisadores, quando descartados. Filtros de ar e gases aspirados de área contaminada; membrana filtrante de equipamento médico-hospitalar e de pesquisa, entre outros similares. Sobras de amostras de laboratório e seus recipientes contendo fezes, urina e secreções, provenientes de pacientes que não contenham nem sejam suspeitos de conter agentes classe de risco 4, nem apresentem relevância epidemiológica e risco de disseminação, ou microrganismo causador de doença emergente que se torne epidemiologicamente importante ou cujo mecanismo de transmissão seja desconhecido ou com suspeita de contaminação com príons. Recipientes e materiais resultantes do processo de assistência à saúde, que não contenham sangue ou líquidos corpóreos na forma livre. Peças anatômicas (órgãos e tecidos) e outros resíduos provenientes de procedimentos cirúrgicos ou de estudos anatomopatológicos ou de confirmação diagnóstica. Carcaças, peças anatômicas, vísceras e outros resíduos provenientes de animais não submetidos a processos de experimentação com inoculação de microrganismos, bem como suas forrações; cadáveres de animais provenientes de serviços de assistência. Bolsas para transfusão de sangue vazias ou com volume residual pós-transfusão.

Os resíduos do grupo 4 devem ser acondicionados em saco branco leitoso identificado com símbolo de risco biológico. Os sacos brancos devem ser substituídos quando atingirem dois terços de sua capacidade ou pelo menos 1 vez a cada 24 horas.

Esses resíduos podem ser encaminhados sem tratamento prévio para local devidamente licenciado para a disposição final de RSS. Fica a critério dos órgãos ambientais estaduais e municipais a exigência do tratamento prévio, considerando os critérios, as especificidades e as condições ambientais locais.

Resíduos do grupo A5

Órgãos, tecidos, fluidos orgânicos, materiais perfurocortantes ou escarificantes e demais materiais resultantes da atenção à saúde de indivíduos ou animais, com suspeita ou certeza de contaminação por príons.

Os resíduos do grupo A5 devem ser acondicionados em saco vermelho identificado com símbolo de risco biológico. Devem ser substituídos após cada procedimento. Devem ser utilizados dois sacos como barreira de proteção, com preenchimento até somente dois terços de sua capacidade, sendo proibido seu esvaziamento ou reaproveitamento.

Ilustrações de descarte de material biológico infectante

Resíduos infectantes ou infecciosos gerados em laboratórios são os que contêm patógenos em quantidade e virulência tais que a exposição a eles, de hospedeiro suscetível, pode resultar em uma doença infecciosa.

Para descarte de produtos biológicos infectantes em geral, adota-se algum sistema ou critério de identificação e separação, incluindo-se as respectivas embalagens. Os recipientes devem ter tampa e ser identificados no local de sua geração. É expressamente proibido o esvaziamento desses recipientes para seu reaproveitamento. Todo material ou resíduo infectante deve ser autoclavado antes de se tentar qualquer limpeza ou reparo.

Nas Figuras 5 e 6, são apresentados recipientes para resíduo infectante de laboratório e recipientes para resíduos anatômicos (peças e tecidos humanos e de animais).

Os materiais perfurocortantes contaminados com resíduos da classe A devem ser descartados logo após o uso em recipiente rígido (tubos capilares, seringas, agulhas, pipetas de vidro, bisturis etc.), conforme mostra a Figura 7.

O conteúdo dos tubos de amostras biológicas (p. ex., coágulo, sangue, soro e outras) deve ser desprezado em recipiente ou suporte com saco de plástico resistente, que deve permanecer fechado até sua retirada para esterilização em autoclave (Figura 8) e posterior descarte.

Todas as culturas e materiais contaminados devem ser autoclavados em embalagens à prova de vazamento, ou seja, em sacos plásticos resistentes à autoclavação (Figura 9).

Após a autoclavação, o resíduo biológico deve ser colocado em saco branco com símbolo de infectante, colocado em lixeiras também identificadas, e posteriormente transportados em carrinho específico e identificado como RSS (Figura 10) até o local de armazenamento externo.

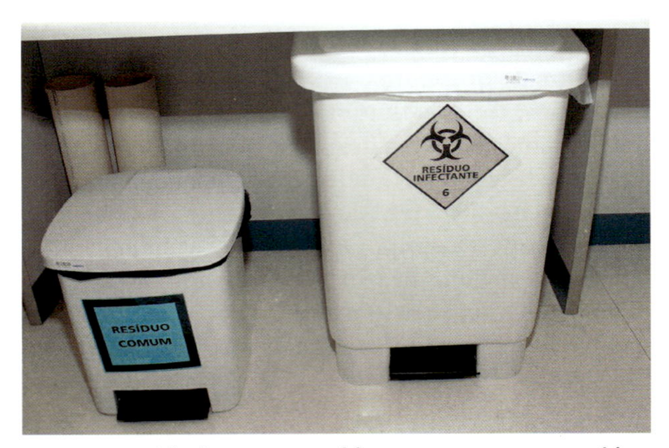

FIGURA 5 Lixeiras para resíduo comum e para resíduo infectante.

FIGURA 6 Lixeiras para resíduos anatômicos (tecidos humanos ou de animais).

Incineração é o método de escolha para o tratamento definitivo de resíduo infectante, principalmente para carcaças de animais de laboratório, de preferência após autoclavação. Para o tratamento definitivo e a disposição final dos resíduos infectantes, deve ser seguida a legislação vigente.

Resíduos biológicos não infecciosos

Os resíduos biológicos não infecciosos são: material de laboratórios de pesquisa e ensino (placas e/ou frascos de cultura de tecidos, placas de Petri, tubos de centrífuga, tubos de ensaio, pipetas, frascos etc.) que não estejam contaminados com nenhum dos resíduos biológicos indicados na categoria de infecciosos. São recolhidos em recipientes resistentes identificados como resíduo comum (Figura 5).

Resíduos biológicos misturados com produtos químicos perigosos

O componente infeccioso (ou potencialmente infeccioso) de resíduos misturados com produtos químicos perigosos deve ser inativado, se possível, antes de ser encaminhado ao gestor de saúde para eliminação de resíduos químicos e materiais perigosos.

Devem ser tomadas as precauções para evitar geração e liberação de produtos químicos tóxicos durante o processo de inativação. Em geral, a autoclavagem não é recomendada. Consultar gestores de materiais químicos perigosos para orientação sobre produtos químicos

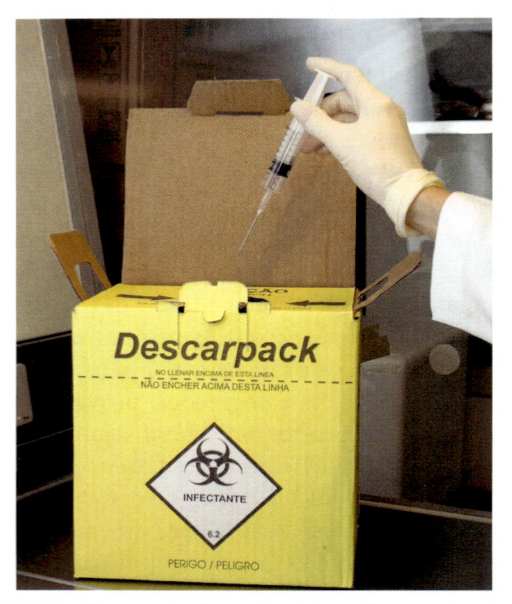

FIGURA 7 Descarte de material perfurocortante.

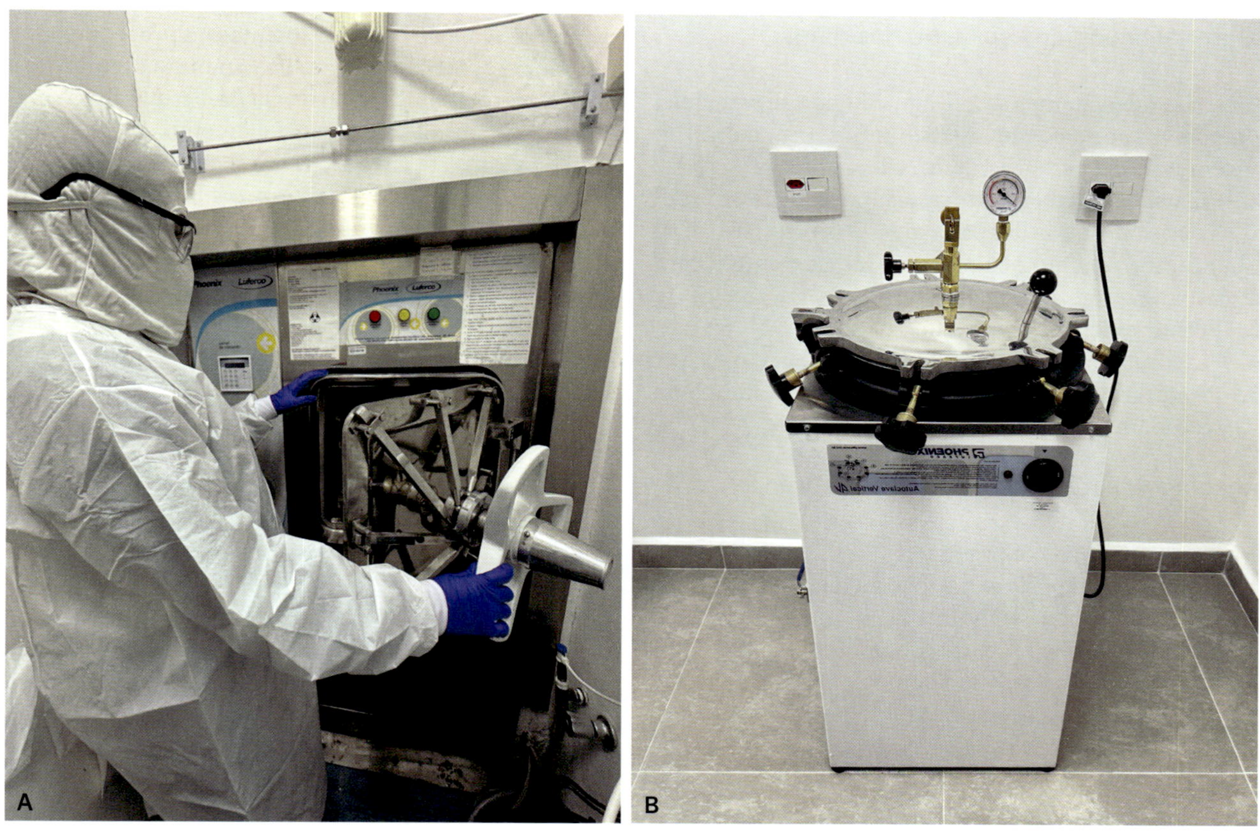

FIGURA 8 Autoclaves horizontal instalado em Laboratório NB3 (A) e autoclave vertical comum (B).

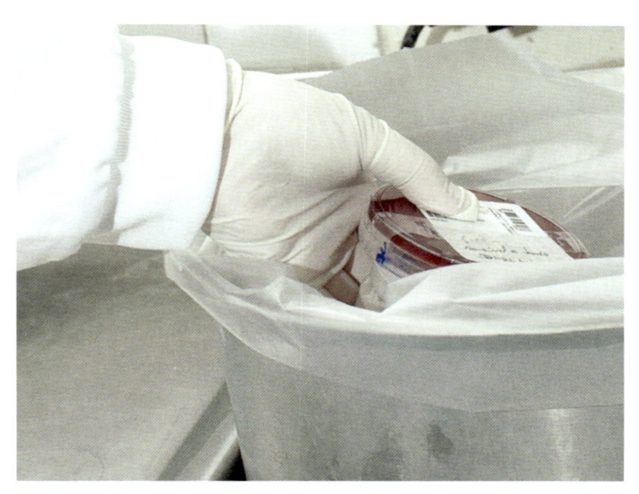

FIGURA 9 Recipiente para autoclavação de resíduo infectante.

específicos. Resíduos químicos devem ser segregados, armazenados, rotulados e manuseados de acordo com as exigências descritas no "Guia de gerenciamento de resíduos químicos".

FIGURA 10 Transporte de resíduo infectante.

Acidentes com produtos ou resíduos biológicos

Em situações de acidentes envolvendo resíduos biológicos, devem ser tomadas medidas imediatas para reduzir o dano causado ao profissional e ao ambiente. A seguir, são indicados alguns procedimentos que podem auxiliar no atendimento do profissional em situação de acidente.

Material biológico espirrado nos olhos

1. Lavar imediatamente com água fluindo suavemente, potável, por pelo menos 15 minutos. Usar colírio de emergência para fazer isso, se disponível.
2. Manter o olho aberto para assegurar-se que a lavagem foi eficaz por trás das pálpebras. O funcionário deve fazer movimento ocular lado a lado e de cima para baixo durante a lavagem.
3. Retirar as lentes de contato.
4. Fazer relatório de incidente para o supervisor.
5. Procurar atendimento médico para o respingo de materiais perigosos para os olhos.

Respingo de resíduo biológico no corpo

1. Retirar a roupa contaminada.
2. Lavar a área exposta com sabão e água por 5 minutos.
3. Colocar a roupa contaminada em um saco de risco biológico vermelho para a descontaminação.
4. Preparar relatório de incidente para a supervisor e para o agente de segurança biológica.
5. Consultar o médico, se necessário.

Capacitação e treinamentos

Todos os funcionários que lidam com resíduos biológicos devem ser treinados em relação a segregação apropriada, manuseio, embalagem, rotulagem, armazenamento e tratamento de resíduos biológicos. Devem existir cursos de reciclagem anual, que é altamente recomendada. O treinamento pode ser realizado por meio do programa de formação especializada, informalmente no ambiente de laboratório, ou por meio de programas formais criados pelos departamentos ou divisões. Os registros do setor de treinamento devem ser mantidos para cada empregado, juntamente com um esboço do programa de treinamento. Os registros de treinamento devem ser conservados durante um período de 3 anos ou o próprio departamento que fornecer o treinamento deverá manter o(s) registro(s) de formação.

CONSIDERAÇÕES FINAIS

A orientação geral deste capítulo baseia-se não só no consenso de normas, resoluções e legislações nacionais vigentes, mas também na literatura nacional e internacional publicada por especialistas da área. Informações mais específicas estão nos demais capítulos desta obra.

O autocontrole, a atenção e o bom-senso são indispensáveis durante os procedimentos, ao lado de vigilância e supervisão apropriadas. Sem a aplicação de práticas seguras, baseadas na informação e em sua compreensão, não há equipamentos ou procedimentos que, por si só, sejam capazes de garantir a segurança.

De acordo com a advertência do pesquisador Dr. J. E. M. Whitehead, "o principal elemento de segurança biológica consiste em absorver e sedimentar os procedimentos microbiológicos corretos por todos os que trabalham na área de saúde".

REFERÊNCIAS BIBLIOGRÁFICAS

1. Brasil. Ministério da Saúde. Classificação de risco dos agentes biológicos. 2. ed. Brasília: Ministério da Saúde; 2011. Disponível em: <http://www2.fcfar.unesp.br/Home/CIBio/ClassificRiscoBiologico.pdf>. Acesso em: 28 abr. 16.
2. Grist NR. Manual de biossegurança. São Paulo: Santos; 1995.
3. Hirata MH, Hirata RDC, Mancini Filho J. Manual de biossegurança. 2. ed. Barueri: Manole; 2012.
4. Pike RM. Laboratory-associated infections: incidence, fatalities, causes and prevention. Annu Rev Microbiol. 1979;33:41-66.
5. Harper GJ. Contamination of the environmental by special purpose centrifuges used in clinical laboratories. J Clin Pathol. 1981;34:1114-23.
6. Brasil. Ministério do Trabalho. Riscos biológicos. Guia técnico. Os riscos biológicos no âmbito da Norma Regulamentadora n. 32. Brasília: Ministério do Trabalho; 2008.
7. Cox CS. The aerobiological pathway of micro-organism. Chester, Nova York, Brisbane, Toronto: J Wiley & Sons; 1987.
8. Errinton FP, Powell EO. A cyclone separator for aerosol sampling in the field. J Hyg Camb. 1969;67:387-99.
9. Krause J, McDonnell G, Riedesel H. Biodecontamination of animal rooms and heat-sensitive equipment with vaporized hydrogen peroxide. Contemp Top Lab Anim Sci. 2001;40:18-21.
10. Benbough JE, Hambleton P. Structural, organizational and functional changes associated with envelopment of bacterial sampled from aerossols. In: Hers JF, Winkler KC, editors. Fourth International Symposium on Aerobiology. Oosthoeck: Ultrecht, The Znetherlands; 1973. p.135-7.
11. Zimmerman NJ, Reist PC, Turner AG. Comparison of two biological aerosol sampling methods. Appl Environ Microbiol. 1987;53(1):99-104.
12. May KR, Harper GJ. The efficiency pf various liquid impingers in bacterial aerosols. Br J Ind Med. 1957;14:187-97.
13. Andersen A. New sampler for the collection, sizing and enumeration of viable airbone particles. J Bact. 1958;76:471-84.4.
14. Centers for Disease Control and Prevention (CDC). Atlanta: The Centers for Disease Control and Prevention; [updated 2009]. Disponível em: <http://www.cdc.gov/hicpac/pubs.html>. Acesso em: 28 abr. 2016.
15. Wedum AG, Barkley WE, Hellman A. Handling of infectious agents. J Am Vet Med Assoc. 1972;161(11):1557-67.
16. Rusnak JM, Kortepeter M, Ulrich R, Poli M, Boudreau E. Laboratory exposures to Staphylococcal enterotoxin B. Emerg Infect Dis. 2004;10:1544-9.
17. Reid DD. Incidence of tuberculosis among workers in medical laboratories. Br Med J. 1957;(5035):10-4.
18. Richmond JY, Knudsen RC, Good RC. Biosafety in the clinical mycobacteriology laboratory. Clin Lab Med. 1996;16:527-50.

19. Ferreira JA. Resíduos de laboratório. In: Biossegurança: uma abordagem multidisciplinar. Rio de Janeiro: Fiocruz; 1998. p.191-208.
20. Knapp JE, Battisti DL. Chlorine dioxide. In: Block S, editor. Disinfection, sterilization, and preservation. 5. ed. Philadelphia: Lippincott Williams & Wilkins; 2001. p.215-27.
21. Vesley D, Lauer J, Hawley R. Decontamination, sterilization, disinfection, and antisepsis. In: Fleming DO, Hunt DL, editors. Laboratory safety: principles and practices. 3. ed. Washington, DC: ASM Press; 2001. p.383-402.
22. Favero M, Bond W. Chemical disinfection of medical surgical material. In: Block S, editor. Disinfection, sterilization, and preservation. 5. ed. Philadelphia: Lippincott Williams & Wilkins; 2001. p.881-917.
23. Spaulding EH. Chemical disinfection and antisepsis in the hospital. J Hosp Res. 1972;9:5-31.
24. Brasil. Agência Nacional de Vigilância Sanitária (Anvisa). Segurança do paciente em serviços de saúde: limpeza e desinfecção de superfícies. Brasília: Anvisa; 2010. 116p. Disponível em: <http://www.paulinia.sp.gov.br/downloads/Manual+Limpeza+e+Desinfeccao+WEB_ANVISA>. Acesso em: 28 abr. 2016.
25. Fink R, Liberman DF, Murphy K, Lupo D, Israeli E. Biological safety cabinets, decontamination or sterilization with paraformaldehyde. Am Ind Hyg Assoc J. 1988;49:277-9.
26. Rotter ML. Arguments for alcoholic hand desinfection. J Hosp Infect. 2001;48(Suppl A):S4-S8.
27. São Paulo. Secretaria de Estado da Saúde. Centro de Vigilância Epidemiológica. Divisão de Infecção Hospitalar. Uso do glutaraldeído em unidades de saúde. Junho 2004.
28. Graziano KU. Processos de limpeza e desinfecção de artigos odonto-médico-hospitalares e cuidados com o ambiente cirúrgico. In: Lacerda RA. Controle de infecção em centro cirúrgico: fatos, mitos e controvérsias. São Paulo: Atheneu; 2003.
29. Miyagi F, Timenetsky J, Alterthum F. Avaliação da contaminação bacteriana em desinfetantes de uso domiciliar Rev Saúde Pública. 2000;34(5):444-8.
30. Brasil. Ministério da Saúde. Agência Nacional de Vigilância Sanitária (Anvisa). Curso básico de controle de infecção hospitalar caderno C – métodos de proteção anti-infecciosa. Brasília: Anvisa; 2007. Disponível em: <http://www.ccih.med.br/Caderno%20C.pdf>. Acesso em: 28 abr. 2016.
31. Brasil. Conselho Nacional de Meio Ambiente (Conama). Resolução n. 358, de 29 de abril de 2005. Gestão de resíduos e produtos perigosos. Disponível em: <http//:www.mma.gov.br/port/conama/.../CONAMA_RES_CONS_2005_358.pdf>. Acesso em: 28 abr. 2016.
32. Brasil. Ministério da Saúde. Agência Nacional de Vigilância Sanitária (Anvisa). Regulamento técnico sobre diretrizes gerais para procedimento e manejo de resíduos de serviços de saúde. RDC n. 306, de 07 de dezembro de 2004. Disponível em: <http://e-legis.anvisa.gov.br/leisref/public/showAct.php>. Acesso em: 28 abr. 2016.
33. Brasil. Ministério da Saúde. Agência Nacional de Vigilância Sanitária (Anvisa). Manual de gerenciamento de resíduos de serviços de saúde. Brasília: Ministério da Saúde; 2010. Disponível em: <http://www.anvisa.gov.br/servicosaude/manuais/manual_gerenciamento_residuos.pdf>. Acesso em: 28 abr. 2016.

5

Biossegurança e gestão de produtos químicos em laboratórios de pesquisa e produção

Patricia Busko Di Vitta
Ricardo Pinheiro de Souza Oliveira
Vladi Olga Consigliere de Matta

INTRODUÇÃO

O manejo adequado de produtos químicos em laboratórios, bem como de seus resíduos, é uma premissa para a segurança pessoal, patrimonial e para a preservação do meio ambiente. Os profissionais envolvidos na manipulação de produtos químicos devem ser treinados com frequência, tanto para iniciá-los em novas tarefas quanto para reciclar seus conhecimentos.

Nas edições anteriores, este capítulo, então intitulado "Biossegurança e gestão de produtos químicos", tratava de diversos aspectos relacionados à rotina de trabalho com produtos químicos. Nesta revisão, buscou-se não só organizar, atualizar e ampliar tais aspectos, mas também aproximar questões relativas aos riscos na exposição a esses produtos, de modo que o Capítulo "Riscos ocupacionais por exposição aos agentes químicos" da edição anterior foi aqui incluído. Foram mantidos os temas relacionados à classificação de perigos conforme o Sistema Globalmente Harmonizado de classificação e rotulagem de produtos químicos (GHS) e a fontes de informação sobre produtos químicos. Quesitos básicos de segurança relativos à identificação (rotulagem e ficha de dados de segurança), à aquisição, ao acondicionamento, ao armazenamento e à gestão de resíduos desses produtos também foram abordados. Aspectos de segurança referentes a fontes usuais de perigos quando da mistura de produtos químicos e a operações usuais de laboratórios, bem como a ações em caso de acidentes envolvendo reagentes e solventes, também foram apresentados. Por fim, foi incluído um tópico sobre produtos controlados. Ressalta-se que este capítulo mantém as premissas de saúde, segurança e meio ambiente dadas pelos autores que o escreveram anteriormente, os professores Orlando Zancanaro Junior e Mauri Sergio Alves Palma.

SEGURANÇA NO MANUSEIO DE PRODUTOS QUÍMICOS

Trabalhos experimentais que façam uso de produtos químicos envolvem riscos e perigos que podem ser geridos via as etapas indicadas pelo American Chemical Society Institute, conhecidas pelo acrônimo RAMP[1], quais sejam: i) reconhecer os perigos das substâncias e das atividades a serem realizadas (R); ii) avaliar os riscos envolvidos, durante a fase do planejamento experimental (A); iii) minimizar os riscos (M); e iv) estar preparado para lidar com emergências (P). Assim, para trabalhar com produtos químicos em condições seguras, faz-se necessário conhecer suas propriedades e os perigos envolvidos em sua manipulação. Antes de iniciar um procedimento experimental, deve-se, portanto, buscar tais informações, para que se possam adotar todas as medidas de controle necessárias para evitar acidentes e impactos ambientais. Cabe ressaltar que essas informações devem incluir os métodos de tratamento dos resíduos e de disposição final dos rejeitos gerados durante o procedimento experimental a ser realizado.

CLASSIFICAÇÃO GHS DE PERIGOS DE PRODUTOS QUÍMICOS

Os passos iniciais para o uso seguro de produtos químicos incluem a leitura e a compreensão do rótulo e da ficha com dados de segurança (FDS) destes produtos, que devem ser feitos conforme o estabelecido pela Norma Regulamentadora n. 26 do Ministério do Trabalho e Emprego (NR 26)[2], que adota a classificação e os elementos de comunicação de perigo do GHS.

GHS é o acrônimo para *Globally Harmonized System of Classification and Labelling of Chemicals*[2]. Este sistema, projetado para promover o uso seguro de produtos químicos ao longo de todo o seu ciclo de vida, estabelece categorias de perigo com base em critérios previamente definidos, considerando apenas as propriedades intrinsecamente perigosas das substâncias[3].

O GHS classifica os perigos das substâncias químicas em físicos, à saúde e ao meio ambiente. No Quadro 1, estão listadas as diferentes classes de perigos segundo o GHS. Cabe lembrar que estas classes podem ainda ser subdivididas em categorias de maior ou menor gravidade.

Deve-se mencionar que, para o GHS, gás é uma substância ou mistura que, a 50°C, tem uma pressão de vapor maior que 300 kPa ou é completamente gasosa a 20°C sob uma pressão-padrão de 101,3 kPa. Já um líquido é uma substância ou mistura que a 50°C possui uma pressão de vapor de no máximo 300 kPa (3 bar), que não é completamente gasosa a 20°C sob uma pressão de referência de 101,3 kPa, e que possui ponto de fusão ou ponto de fusão inicial igual ou inferior a 20°C sob uma pressão de referência de 101,3 kPa. Por fim, um sólido é uma substância ou mistura que não se enquadra nas definições de líquido ou de gás.

EXPOSIÇÃO AOS AGENTES QUÍMICOS E RISCOS À SAÚDE

Os efeitos da intoxicação por agentes químicos vêm sendo vastamente estudados a partir da Revolução Industrial, quando começaram a surgir muitos relatos de trabalhadores com doenças decorrentes da exposição a diferentes tipos de riscos: a) físicos: frio ou calor excessivos, vibração, ruídos, pressões anormais, radiação; b) biológicos: bactérias e vírus; c) químicos: gases, vapores, fumos metálicos, solventes, entre outros[4].

A área de conhecimento que estuda os efeitos dos agentes químicos sobre a saúde é a toxicologia. O processo de intoxicação é caracterizado pela interação deletéria do organismo com substâncias exógenas ou xenobióticas que causa alterações bioquímicas e desequilíbrio fisiológico. A intoxicação pode ser evidenciada por exames laboratoriais ou clínicos, e a falta de sintomas clínicos ou doença não significa ausência de intoxicação. Por outro lado, a presença de agentes químicos no ambiente não acarreta, necessariamente, o desenvolvimento de intoxicação nos indivíduos expostos, mas indica a existência de risco que deve ser avaliado[4-6].

Nas últimas décadas, o termo saúde ocupacional foi substituído por higiene ocupacional, que constitui a área de conhecimento relacionada à saúde de trabalhador no ambiente de trabalho que antecipa, reconhece, avalia e controla os perigos do local de trabalho que possam prejudicar a saúde e o bem-estar dos trabalhadores, considerando também o impacto no meio ambiente e nas comunidades vizinhas[4,7].

A estimativa do risco decorrente do manuseio de substâncias químicas considera as propriedades tóxicas das substâncias e dos compostos químicos e as condições de exposição do trabalhador. Esse processo inclui: a) a

QUADRO 1 Classes de perigos de acordo com o GHS

Classes de perigos		
Físicos	**À saúde humana**	**Ao meio ambiente**
Explosivos	Toxicidade aguda	Perigoso ao ambiente aquático
Gases, líquidos e sólidos inflamáveis	Corrosão/irritação à pele	Perigoso à camada de ozônio
Aerossóis		
Gases oxidantes e gases sob pressão	Lesões oculares graves/irritação ocular	
Substâncias e misturas autorreativas	Sensibilização respiratória ou da pele	
Substâncias e misturas sujeitas a autoaquecimento	Mutagenicidade em células germinativas	
Líquidos e sólidos pirofóricos	Carcinogenicidade	
Substâncias e misturas que, em contato com a água, emitem gases inflamáveis	Toxicidade à reprodução	
Líquidos e sólidos oxidantes	Toxicidade para órgãos-alvo específicos – Exposição única	
Peróxidos orgânicos	Toxicidade para órgãos-alvo específicos Exposição repetida	
Corrosivo aos metais	Perigoso por aspiração	
Substâncias explosivas dessensibilizadas		

GHS: *Globally Harmonized System of Classification and Labelling of Chemicals.*

identificação da periculosidade da substância química, isto é, se esta é capaz de interagir com o organismo e causar efeito danoso; b) a avaliação da relação dose-resposta que estabelece a correlação entre a extensão da exposição e a probabilidade de ocorrência dos efeitos tóxicos; c) a avaliação do tipo de exposição, considerando as vias de exposição, o tempo e a dose aos quais o trabalhador está exposto; d) a caracterização do risco[8]. Na Figura 1 esses aspectos estão ilustrados.

Identificação da periculosidade das substâncias químicas

Para avaliar o risco decorrente da presença de substâncias químicas no ambiente de trabalho, é necessário verificar em que forma esses agentes se apresentam e qual é a possibilidade de serem absorvidos pelo organismo. Por exemplo, o chumbo inorgânico pode ser facilmente absorvido se houver exposição à poeira de cloreto de chumbo (muito solúvel). Se esta substância estiver na forma de solução não há perigo no seu manuseio, desde que não seja ingerido ou injetado. Poeira de sulfeto de chumbo também não oferece risco, pois é insolúvel e não absorvível[5].

Após comprovação de que a substância oferece risco na forma em que se encontra, terão de ser observados: a dose ou concentração e o tempo em que os indivíduos se mantêm em contato com o produto. Inicialmente, todos os esforços devem ser reunidos para evitar que o agente químico permaneça no ambiente (p. ex., uso de capelas e exaustores). Entretanto, se tais medidas não forem suficientes, têm de ser empregados os equipamentos de proteção individual (EPI). Eventualmente, em acidentes de ruptura de tubulação, quebra de frascos, entre outros, devem ser implementadas medidas preventivas, como manutenção periódica das instalações, treinamentos para casos de acidentes e medidas de proteção que impeçam a exposição, para evitar ou diminuir os casos de intoxicação aguda[6].

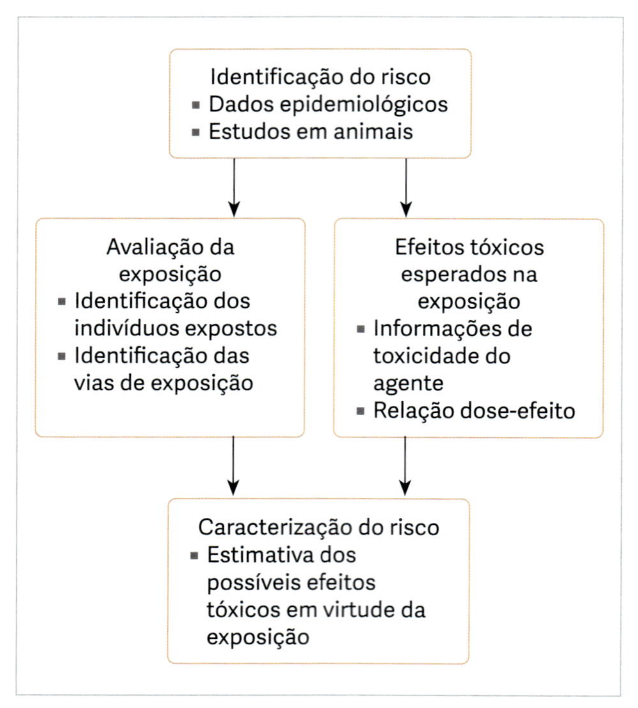

FIGURA 1 Elementos para avaliação do risco químico.
Fonte: adaptada de Derelanko, 1995[8]; Zakrzewski, 1997[9].

Relação dose-efeito

Uma vez que o efeito tóxico é proporcional à dose, a intoxicação resulta da quantidade de substância ou agente químico em contato e do tempo de exposição do trabalhador. Em alguns casos, o tempo de exposição e as quantidades de agente químico são proporcionais à probabilidade de adquirir uma doença. No caso do cigarro, por exemplo, quanto maior o tempo e o número de cigarros consumidos por dia, maior a probabilidade de desenvolver o câncer de pulmão, ou, ainda, a elevação do risco em contrair câncer conforme aumentam o tempo de exposição ao benzeno e sua concentração no ambiente[4-5,9-10].

Interação com o organismo

É importante conhecer como as substâncias químicas interagem com o organismo e onde ocorre essa interação, pois disso depende a escolha das medidas preventivas. A interação pode ser superficial, como no caso de substâncias irritantes, ou sistêmica profunda, em que o agente químico penetra no organismo, entra na corrente sanguínea e causa efeito sistêmico. Há ainda substâncias, como os gases inertes, que, embora não interajam com o organismo, podem causar a morte por asfixia, dependendo de sua concentração no ambiente e do tempo de exposição. As possibilidades de interação entre as substâncias químicas e o organismo estão resumidas no Quadro 2.

As principais vias de absorção das substâncias químicas no organismo são a pulmonar, a cutânea, a oral e a oftálmica, cujas características estão apresentadas no Quadro 3.

A possibilidade de um composto ser absorvido depende de vários fatores, sendo os mais significativos as características físico-químicas do agente químico, como solubilidade, volatilidade, peso molecular e via de contato com o organismo[6,8].

A interação sistêmica ocorre com a absorção do agente químico que, após alcançar a corrente sanguínea,

QUADRO 2 Interações possíveis entre os agentes químicos e o organismo e os efeitos tóxicos resultantes[5-6]

Tipo de interação	Via de interação	Efeitos tóxicos resultantes
Superficial (sem absorção)	Pele e mucosas	Efeitos locais como queimaduras, irritação, alergia
Sistêmica (contato seguido de absorção para a circulação sanguínea)	Pele, mucosas, pulmões (inalação) ou trato gastrintestinal (ingestão)	Distribuição da substância química para os tecidos, causando efeitos sistêmicos específicos
Sem interação propriamente dita	Pulmões (inalação)	Deslocamento do oxigênio disponível resultando em asfixia

QUADRO 3 Vias de absorção de substâncias químicas e principais fatores que influenciam na absorção

Via de absorção	Características da via de absorção	Fatores que favorecem a entrada das substâncias químicas
Pulmonar	É a principal e mais perigosa via, pois o agente químico penetra rapidamente na circulação sem sofrer metabolismo hepático. Há absorção quase completa e os efeitos tóxicos são imediatos.	Concentração do agente químico no ambiente, volatilidade, esforço físico do trabalhador, tempo de exposição, características de lipo e hidrossolubilidade da substância.
Tópica (pele e mucosas)	A substância química penetra através das células da epiderme ou pelos anexos (glândulas sebáceas, folículos pilosos), atravessando o estrato córneo, principal barreira da pele. Após a permeação, pode atingir os capilares e entrar na circulação. É menos importante que a pulmonar; entretanto, não deve ser negligenciada, pois há substâncias que são grandemente absorvidas por essa via.	Lipo e hidrossolubilidade, peso molecular, área e tempo de contato com as substâncias, umidade da pele (suor), local da exposição (o estrato córneo é mais espesso nas palmas das mãos), integridade da pele. Nas mucosas, a facilidade de permeação é maior.
Oral	Decorrente de ingestões acidentais no ambiente de trabalho. A absorção ocorre após submissão dos agentes químicos aos fluidos gastrintestinais, que ganham a circulação depois da passagem pelo fígado pelo sistema porta, onde são parcialmente biotransformados.	A absorção depende das propriedades físico-químicas, como solubilidade, grau de ionização, peso molecular, conteúdo gástrico, solvente ou meio que veicula o agente químico, dose ingerida e concentração.
Oftálmica	Ocorre pela projeção acidental durante o manuseio do agente químico ou pela exposição ambiental.	São válidas as observações da via tópica.

Fonte: adaptado de Greim, 1995[11].

é distribuído para os diferentes tecidos do organismo, podendo ligar-se a sítios específicos, geralmente enzimas, proteínas ou ácidos nucleicos, causando alterações bioquímicas que, por sua vez, acarretam efeitos biológicos. Muitas substâncias sofrem biotransformação no fígado, dando origem a derivados (metabólitos ou produtos de biotransformação) que são distribuídos pelo sangue aos tecidos, podendo também produzir efeitos tóxicos.

A biotransformação dos xenoquímicos ocorre em três fases. Na fase I, conhecida como oxidativa, as substâncias exógenas sofrem reações de oxidação, redução e hidrólise e podem resultar em derivados mais tóxicos do que as moléculas precursoras. Na fase II, conjugativa, os compostos oxidados, reduzidos ou hidrolisados são submetidos à conjugação, o que geralmente atenua sua toxicidade. A fase III, mais recentemente elucidada e investigada, relaciona-se ao transporte dos metabólitos, mais especificamente aos mecanismos envolvidos e aos transportadores de membrana a esses relacionados. As principais vias de eliminação são a hepática e a renal, podendo ser eliminada a substância originalmente absorvida ou os produtos de sua biotransformação[5,8,12].

Dependendo da dose absorvida, pode haver efeitos adversos, inicialmente em nível bioquímico, ainda sem repercussão clínica (sintomas ou sinais) que, em geral, são reversíveis, não causando maiores danos. Esse tipo de alteração caracteriza a fase pré-clínica e só pode ser detectado por exames laboratoriais. Entretanto, se as doses e/ou o tempo de exposição forem maiores, pode haver repercussão no funcionamento do organismo, levando à manifestação de sintomas (fase clínica). Tanto na fase pré-clínica como na clínica, o indivíduo está intoxicado. Portanto, o trabalhador não pode esperar a manifestação de sintomas (alcançar a fase clínica) para ser tratado, visto que esta fase é o final de um longo processo. Apesar dos muitos avanços na área de toxicologia, sobretudo na revelação dos mecanismos de biotransformação, estes ainda não estão totalmente elucidados, bem como as funções dos receptores específicos (xenorreceptores) nas respostas biológicas alteradas desencadeadas por xenoquímicos. Assim, a melhor alternativa é a adoção de medidas preventivas para impedir a instalação da intoxicação em qualquer fase[5,12].

Medidas preventivas e de controle da exposição a agentes químicos

A providência ideal no ambiente de trabalho é não permitir que substâncias químicas capazes de interagir com o organismo causando intoxicação venham a ter contato com o trabalhador. Em primeiro lugar, deve-se verificar a real necessidade de trabalho com essas substâncias químicas e se não podem ser substituídas por outras de menor perigo. Como exemplos, podemos citar a substituição, em numerosas operações, do benzeno por xileno ou tolueno, que são menos perigosos. As compras devem ser otimizadas, evitando sobras e estoques desnecessários, o ambiente bem ventilado e iluminado, presença de capela de exaustão para manuseio de gases e vapores, sistema de gerenciamento de resíduos, entre outras providências[6,12].

Nos casos em que, mesmo adotando as medidas anteriores, o ambiente de trabalho ainda possa expor o trabalhador a algum risco de contato, têm de ser fornecidos os equipamentos de proteção individual. Em outras palavras, havendo riscos ao trabalhador, é preciso um grande investimento para seu controle, empregando técnicas de engenharia do trabalho, particularmente na área de ventilação e exaustão. O uso de EPI, como respiradores, precisa ser considerado um recurso provisório ou complementar[5,14].

As situações de exposição ocupacional podem ser monitoradas por meio de controles ambientais e biológicos. O monitoramento ambiental permite saber se o agente químico se encontra dentro de parâmetros seguros de exposição, chamados de limites de tolerância ambiental. Esses limites são definidos pela Norma Regulamentadora n. 15, do Ministério do Trabalho, que trata das atividades e das operações insalubres[15].

Pela NR 15, que abrange agentes físicos, químicos e biológicos, são consideradas insalubres as atividades ou ocupações desenvolvidas acima dos limites de tolerância previstos pela norma e constantes de seus anexos (Quadro 4), comprovados por laudos de inspeção do local de trabalho, estes últimos também estabelecidos nos anexos 7 a 10 da mesma norma[15].

QUADRO 4 Anexos da NR 15 que estabelecem limites de tolerância de exposição do trabalhador a agentes físicos, químicos e biológicos

Anexo	Tipo de agente para o qual foi estabelecido o limite de tolerância de exposição do trabalhador no ambiente de trabalho
1	Ruído contínuo e intermitente
2	Ruídos de impacto
3	Exposição ao calor
4	Revogado pela Portaria MTPS n. 3.751, de 23/11/1990 (DOU 26/11/1990)
5	Radiações ionizantes
6	Trabalho sob condições hiperbáricas
7	Radiações não ionizantes (micro-ondas, ultravioleta e *laser*)
8	Vibrações
9	Exposição ao frio (câmaras frigoríficas ou outras)
10	Umidade (trabalho em locais alagados ou encharcados)
11	Agentes químicos cuja insalubridade é caracterizada por limite de tolerância e inspeção no local de trabalho
12	Limites de tolerância para poeiras minerais
13	Agentes químicos. Relaciona atividades e operações envolvendo agentes químicos consideradas insalubres por inspeções, excluídas aquelas com os agentes químicos dos anexos 11 e 12
13A	Regulamenta ações, atribuições e procedimentos de prevenção da exposição ocupacional do benzeno
14	Agentes biológicos. Relação de atividades cuja insalubridade é caracterizada por avaliação qualitativa

Fonte: adaptado de Brasil NR 15a, 2024[15].

Os indicadores internacionais mais usados são os *Threshold Limit Values* (TLV), da American Conference of Governmental Industrial Hygienists (ACGIH)*[16]. Os

* A American Conference of Governmental Industrial Hygienists (ACGIH) é uma organização fundada em 1938, na cidade de Washington, e constituída por membros de estados, cidades, universidades norte-americanas e o organismo de vigilância sanitária norte-americano. Surgiu com os objetivos de captar e transmitir informações sobre os riscos ocupacionais nas indústrias norte-americanas, formas de diminuí-los, treinamentos de trabalhadores, cobranças de condições mais seguras aos empregadores, entre outras atividades, todas visando melhorar as condições de trabalho. Atualmente é uma fundação e considerada referência internacional. Mantém nove comitês de especialistas

TLV são valores que relacionam a saúde do trabalhador com o tempo e a concentração de exposição aos agentes químicos, estabelecidos por um comitê voluntário, o *Threshold Limit Values Committee* (TLVC), constituído por indivíduos independentes e de conhecimento específico que representam a opinião da comunidade científica. O comitê ancora suas recomendações em conhecimentos publicados na literatura que são sistematicamente revisados em várias disciplinas, como higiene industrial, toxicologia, medicina ocupacional e epidemiologia. Os TLV não são padrões, mas sim orientações sobre níveis seguros de exposição para substâncias químicas no ambiente de trabalho[15-17].

Esses indicadores apresentam-se em tabelas que relacionam o agente químico a limites de sua quantidade/concentração em ppm (partes de vapor ou gás por milhão de partes de ar contaminado) ou mg/m^3 (miligramas de vapor ou gás por metro cúbico de ar) no ambiente de trabalho, indicam o grau de insalubridade e estabelecem o tempo máximo, em horas semanais, de exposição à concentração-limite. Mesmo respeitando os limites máximos permitidos, é preciso verificar se há efeitos bioquímicos resultantes da exposição, o que é realizado com o monitoramento biológico.

O monitoramento biológico é realizado pela medida periódica de um indicador biológico, conhecido como biomarcador de exposição, que se constitui de um xenobiótico (ou produto de sua metabolização) quantificado no sangue – ou em um outro compartimento do organismo – e que pode ser relacionado com a concentração e o tempo de exposição do indivíduo. Um dos principais objetivos do monitoramento biológico é determinar quanto do xenobiótico foi absorvido, biotransformado em outros compostos ativos ou acumulado em tecidos específicos em função da exposição ao agente químico, com a finalidade de detectar possíveis riscos à saúde. O monitoramento biológico também é utilizado para avaliação e redefinição dos limites de exposição ambiental, tanto no local de trabalho como no meio ambiente em geral[18-19].

A escolha de um bom biomarcador inclui a facilidade de coleta do organismo por meio de fluidos biológicos acessíveis, como sangue, plasma, urina, saliva, cabelo, dentina, entre outros. Outra característica importante é que cada biomarcador pode ser correlacionado com apenas um xenobiótico. Uma vez determinada a concentração do biomarcador nos fluidos ou tecidos biológicos, são estabelecidos valores de referência que estabelecem limites seguros, a partir dos quais o efeito tóxico tem elevado risco de ocorrência. Esses valores de referência, ou limites, são ancorados em dados epidemiológicos da população exposta comparativamente à não exposta ao agente químico. Os limites estão sempre sendo revistos e estudados a partir da literatura da área toxicológica e de dados epidemiológicos publicados por órgãos especializados, governamentais ou não[144]. Na Tabela 1, podem ser observados exemplos de biomarcadores e seus limites máximos (IBMP –índice biológico máximo permitido).

Assim, o monitoramento biológico constitui importante ferramenta de avaliação da interação dos agentes químicos, ou de seus produtos de biotransformação, no organismo, por meio da avaliação e/ou quantificação de bioindicadores presentes nos tecidos (sangue, p. ex.), secreções (saliva), excreções (urina) ou ar exalado, para estimar a exposição ou risco à saúde quando comparado com referência adequada[15].

Grupos de agentes químicos

Os agentes químicos presentes no ambiente de trabalho podem ser divididos segundo o tipo de efeito tóxico potencial. No Quadro 5, as substâncias químicas são apresentadas conforme o risco e o modo de ação. A seguir, são apresentados os principais grupos de agentes químicos, as correspondentes características e os efeitos gerais no organismo[5,6,10,20].

Gases e vapores

Os gases e vapores podem apresentar dois tipos de efeito: irritante e/ou asfixiante. Os irritantes provocam lesão direta dos tecidos, sobretudo mucosas, desencadeando processo inflamatório. Essa categoria pode ainda ser subdividida em irritantes fortes e fracos. Estes últimos, em geral, não têm efeito bem marcado, mas quando presentes em elevadas concentrações geram irritação, independentemente dos efeitos sistêmicos que podem causar. Exemplos são a maioria dos solventes orgânicos que, além dos efeitos sistêmicos específicos, são irritantes. Os solventes orgânicos serão abordados mais adiante.

Os irritantes fortes, representados pelos ácidos, álcalis e oxidantes fortes, causam inflamação mesmo em pequenas concentrações. A maioria não causa efeitos sistêmicos, apenas interações superficiais com pele e mucosas. Ácido clorídrico (vapor), ácido fluorídrico, cloro gasoso, óxidos de enxofre e de nitrogênio, amônia e ozônio são exemplos. Seus efeitos principais

---

nas mais diversas áreas de saúde do trabalho, dentre os quais podem ser citados os comitês que tratam da saúde e segurança na agricultura, dos instrumentos de amostragem do ar, de bioaerossóis, da ventilação industrial e dos índices de exposição biológica, como os valores máximos para exposição a substâncias químicas (TLV-CS) e os valores máximos para exposição a agentes físicos (TLV-PA).

TABELA 1 Agentes químicos, biomarcadores e índices biológicos máximos permitidos (IBMP)

Agente químico	Biomarcador	IBMP	Tecido/fluido para coleta
Acetona	Acetona urinária (Acet-U)	50 mg/L	Urina
Diclorometano	Carboxiemoglobina sanguínea (CoHb) (não fumantes)	3,5%	Sangue
Estireno	Ácido mandélico urinário (Mandel)	0,8 g/g de creatinina*	Urina
	Ácido fenilglioxílico (Gliox)	240 mg/g de creatinina*	
Álcool etílico	Etanol (EtOH-S)	0,2 g/L**	Sangue
Metanol	Metanol (MetOH-U)	15 mg/L	Urina
Chumbo inorgânico	Chumbo sanguíneo (Plumbemia/PB-S)	60 mg/dL	Sangue
	Ácido deltamino-levulínico (Ala-U)	10 mg/g de creatinina*	Urina
	Protoporfirina livre eritrocitária (Proto/PPE)	300 mg/dL	Sangue
Manganês	Manganês urinário (MN-U)	20 mg/dL	Urina
Monóxido de carbono	Carboxiemoglobina sanguínea (CoHb) (não fumantes)	3,5%	Sangue

*A medida é feita comparativamente à creatinina, uma vez que há variações intra e interindividuais relativas à excreção urinária.
**O limite de 0,2 g/L de etanol no sangue foi estabelecido para a condução de veículos automotores e está relacionado ao limite de detecção dos métodos analíticos. Para essa finalidade não há limite seguro reconhecido pelas regulamentações de trânsito.
Fonte: adaptada de Brasil-NR 7, 2022[19].

QUADRO 5 Agentes químicos segundo o tipo de risco e o modo de ação

Agente químico	Modo de ação
Substâncias que oferecem risco físico	
Asfixiantes	Os vapores no ambiente causam sufocação
Combustíveis	Queimam quando submetidos a temperaturas entre 70 e 93,3°C
Corrosivos	Queimam quimicamente os tecidos biológicos com os quais têm contato
Explosivos	Explodem repentinamente sob choque, pressão, gás ou calor
Inflamáveis	Queimam quando submetidos a temperaturas acima de 70°C
Irritantes	Substâncias não corrosivas que causam prurido, irritação ou inflamação quando em contato com a pele, olhos ou mucosas
Pirofóricos	Queimam espontaneamente no ar a temperaturas abaixo de 100°C
Peróxidos orgânicos	Explodem espontaneamente em virtude da formação de peróxidos instáveis
Oxidantes	Promovem ou iniciam a queima de substâncias combustíveis ou inflamáveis
Reativos com água	Reagem com a água, formando gás tóxico ou inflamável
Instável ou reativo	Podem explodir mediante pressão, choque ou aquecimento
Substâncias que oferecem risco para a saúde	
Carcinogênicos	Causam câncer
Mutagênicos	Causam alterações na informação genética hereditária
Venenos	Causam perigo à vida por danificarem tecidos ou órgãos internos em pequenas quantidades
Sensibilizantes	São responsáveis por reações alérgicas após repetidas exposições, com reações adversas severas e risco de morte
Teratogênicos	Provocam malformações fetais
Tóxicos	Causam perigo à vida e à saúde, danificando tecidos ou órgãos internos; entretanto, diferem dos venenos, por atuarem em quantidades maiores

Fonte: adaptado de Erickson, 1996[14] e Brasil-NR 20, 2022[21].

em pequenas concentrações são desconforto e ardor ocular, rinite, rinorreia, traqueíte e bronquite com tosse, dispneia, desconforto respiratório e sensação de opressão torácica. Em altas concentrações podem levar rapidamente à morte por edema agudo de pulmão. Em geral, o efeito é instantâneo; entretanto, pode ser tardio, manifestando-se após horas da exposição. Por exemplo, o fosgênio ($COCl_2$), gás clorado incolor e inodoro, pode causar grave edema agudo de pulmão 12 horas após a exposição, pois entra no organismo pelo trato respiratório e, no pulmão, transforma-se em ácido clorídrico, responsável pela ação irritante.

Os asfixiantes podem ser subdivididos em asfixiantes simples e químicos. Os asfixiantes simples não têm interação alguma com o organismo, são gases inertes e atuam pelo simples fato de deslocar ou substituir o oxigênio do ar, em locais confinados, levando à sua falta, cujos efeitos são tanto mais intensos quanto maior sua concentração no ambiente, podendo ocasionar a morte. De acordo com o item 3, do Anexo 11, da NR 15[15], a simples presença desses gases no ambiente de trabalho obriga ao monitoramento da porcentagem de oxigênio no ar, que não deve ser inferior a 18% em volume. Situações em que a porcentagem de oxigênio se encontra abaixo desse limite são consideradas de risco grave e iminente. São exemplos de asfixiantes simples: metano, nitrogênio, hélio, dióxido de carbono, hidrogênio e argônio.

Os asfixiantes químicos interagem com o organismo em baixas concentrações, com a hemoglobina ou o ferro, retirando oxigênio ou bloqueando sua utilização em nível tecidual (sangue). A essa categoria pertencem o monóxido de carbono – que se liga à hemoglobina e desloca o oxigênio, impedindo seu transporte aos tecidos –, e o gás cianídrico (ou cianeto de hidrogênio), que pode ser gerado pela reação de sais solúveis como cianeto de potássio ou de sódio em meio ácido. O íon cianeto liga-se com o ferro^{3+} do citocromo, bloqueando o uso do oxigênio nos tecidos e a formação de ATP (trifosfato de adenosina) nas células.

Solventes orgânicos

São substâncias líquidas, orgânicas, voláteis, pertencentes a diversos grupos químicos. Possuem funções orgânicas como cetonas, ésteres, álcoois, éteres, hidrocarbonetos alifáticos e aromáticos, derivados halogenados, nitrosaminas, glicóis, entre outras. São fatores importantes a se considerar nessa categoria de substâncias:

- As características físico-químicas: quanto maior a pressão de vapor e menor a temperatura de ebulição, mais volátil será o solvente.
- A superfície de evaporação: quanto maior a superfície exposta ao ar, maior a quantidade evaporada para o ambiente.
- Coeficiente de partição óleo/água: solventes praticamente insolúveis em água (carbonetos alifáticos, p. ex.) são menos absorvidos que aqueles com maior hidrofilia (álcoois, cetonas e ésteres).
- Carga física do trabalhador: quanto maior a ventilação pulmonar, maior a quantidade que atingirá o aparelho respiratório.

A principal via de absorção é a respiratória; entretanto, os solventes orgânicos também podem ser absorvidos pela pele. Pela via pulmonar, os solventes orgânicos atingem o alvéolo, atravessam a barreira alveolocapilar por difusão simples e atingem o sangue, onde são transportados a todos os tecidos. Conforme o coeficiente de partição do solvente haverá maior ou menor afinidade por determinados tecidos. Em geral, quanto mais hidrofóbico o solvente, maior a tendência em se depositar no tecido adiposo e sistema nervoso central. São biotransformados principalmente no fígado, mas também há ação bioquímica pulmonar e renal, além de outros tecidos. Podem ser eliminados sem modificação ou biotransformados pelos rins ou pela via respiratória.

Os efeitos dos solventes podem ser divididos em agudos ou inespecíficos e crônicos ou específicos.

Os efeitos agudos são iguais para praticamente todos os solventes, aparecendo durante a exposição e desaparecendo devagar após a exposição. São característicos da exposição a doses relativamente altas e em geral não têm tratamento específico, bastando retirar o indivíduo da área contaminada ou da exposição, para que os efeitos sejam revertidos. O principal efeito é a depressão do sistema nervoso central (SNC) que, dependendo da dose, pode acarretar desde uma leve diminuição dos reflexos e vigília até coma e parada cardiorrespiratória, no caso de ambientes confinados, com elevadas concentrações. As manifestações nos trabalhadores incluem cefaleia, sonolência e fadiga. Concentrações maiores levam à ocorrência de tonturas, náuseas e perda do autocontrole, confusão mental, desorientação, diminuição da coordenação motora e parestesia (sensações anormais como formigamento, picada ou queimadura), em doses maiores.

Os efeitos crônicos, ao contrário dos agudos, são causados pela exposição a pequenas doses ou concentrações, entretanto em longo prazo. O tipo de efeito varia conforme o solvente; portanto, é importante caracterizar bem o agente químico ao qual o trabalhador está exposto para buscar em literatura apropriada as consequências de cada um, em particular. A seguir, são apontados alguns exemplos de efeitos crônicos de solventes mais comuns.

N-hexano (ou benzina)

Via de absorção principal: pulmões.

Efeitos: após três meses de exposição regular, a exposição a altas doses causa neuropatia sensitivomotora (parestesia e diminuição de força nas extremidades dos membros inferiores, até anestesia e paralisia com o pé caído), que pode ser reversível com fisioterapia e afastamento do trabalho por 18 a 24 meses.

Prevenção: monitoramento ambiental: máximo 50 ppm para 8 horas de trabalho e monitoramento biológico.

Solventes clorados (clorofórmio, tricloroetileno, tetracloroetileno, tetracloroetano e diclorometano)

Via de absorção principal: pulmões.

Efeitos: lesão renal e hepática, uma vez que no processo de biotransformação são oxidados conduzindo à formação de fosgênio que, por sua vez, após hidrólise, gera ácido clorídrico nos tecidos (principalmente do fígado e dos rins), levando à hepatotoxicidade que pode evoluir para esteatose, fibrose hepática e hepatite tóxica.

Prevenção: monitoramento ambiental e biológico.

Benzeno

A utilização do benzeno está proibida desde 1º de janeiro de 1997, após publicação do Anexo 13-A da NR 15[22] (Brasil – NBR 15b, 2022), que permite o emprego desse solvente somente nas indústrias e nos laboratórios que:

- Produzem benzeno.
- Utilizam benzeno em processos de síntese química.
- Empregam o solvente em combustíveis derivados de petróleo.
- Empregam o solvente em trabalhos de análise ou investigação realizados em laboratórios, quando não for possível sua substituição.
- Utilizam benzeno na obtenção de álcool anidro, até que sua substituição para esse fim seja feita.

Além disso, as empresas que comercializam ou transportam benzeno diluído ou em misturas com concentrações acima de 1% devem ser cadastradas no Departamento de Saúde e Segurança no Trabalho do Ministério do Trabalho e Emprego[22].

Via de absorção principal: pele íntegra e pulmões.

Efeitos: mielotóxico potente, podendo causar hipoplasia ou displasia de medula que podem levar a alterações de hemograma. É cancerígeno, causando leucemias e linfomas em concentrações abaixo de 1 ppm. Qualquer desses efeitos pode aparecer mesmo depois de cessada a exposição.

Prevenção: este solvente foi banido da indústria de colas, tintas, vernizes, tíneres etc., em quase todo o mundo. Evitar a exposição do trabalhador.

Tolueno e xileno

Via de absorção principal: pele íntegra (muito pouco) e pulmões.

Efeitos: hepatotóxicos e nefrotóxicos em menor grau que os solventes clorados e neurotóxicos – apenas o tolueno (pode afetar o feixe nervoso do ouvido causando alterações de audição).

Prevenção: monitoramento ambiental e biológico.

Metais pesados

Os metais pesados podem se apresentar na forma metálica – Hg^0, Mn^0, Cd^0, Cr^0, Zn^0, Pb^0; oxidados, constituindo sais e óxidos metálicos (ligados por ligações iônicas) – PbO, $PbCl_2$; ou participar de ligações covalentes com compostos orgânicos formando compostos organometálicos (R-metal), como o chumbo tetraetila $[Pb–(CH_3\text{-}CH_2)_4]$.

Os metais na forma metálica podem interagir com o organismo por meio da inalação de fumos metálicos quando aquecidos a altas temperaturas – o aquecimento leva à formação de uma mistura complexa de substâncias com predominância de óxidos de metais formados pela reação com o oxigênio do ar – ou de poeira e partículas metálicas quando lixados.

As formas iônicas dos metais (sais e óxidos), quando manuseadas industrialmente, geram grande quantidade de poeira no ambiente, que pode ser absorvida pelos tratos digestivo e respiratório. A ingestão em geral se dá de forma indireta, pela contaminação de alimentos ou cigarros consumidos ou armazenados no ambiente de trabalho, pela falta de higiene com as mãos ou pelo uso de indumentária de trabalho contaminada pela poeira nas refeições. A absorção por via respiratória é mais significativa do ponto de vista ocupacional e tanto mais intensa quanto maior a solubilidade em água do composto iônico. Pela pele não há absorção dessa forma metálica; contudo, podem ocorrer alergias devido à hipersensibilidade a metais, como no caso do cromo e do níquel, que causam dermatite alérgica.

Como as formas orgânicas dos metais são geralmente voláteis e lipossolúveis, elas podem ser absorvidas pelas vias cutânea, respiratória e digestiva. Esse grupo de compostos, entre os quais está o metilmercúrio, não tem grande importância do ponto de vista da saúde ocupacional, mas sim em tecnologia ambiental, podendo ocasionar grandes desastres ambientais.

Efeitos gerais dos metais pesados

Os metais pesados são lentamente absorvidos; todavia, acumulam-se no organismo, acarretando aumento gradativo da concentração do metal nos tecidos. Em geral, ligam-se a moléculas dos tecidos como os grupos sulfidrilas (S-H) das proteínas. Alguns têm afinidade específica por algum tecido, como o chumbo inorgânico pelo tecido ósseo e o cádmio pelo córtex renal. O acúmulo no organismo é derivado da lenta eliminação dos metais pesados que, portanto, possuem alta meia-vida biológica: o chumbo no osso tem meia-vida de 20 anos, enquanto a do cádmio no rim é de 15 anos. A via de eliminação principal é a renal, podendo também ser eliminados nas fezes, no suor, pela descamação cutânea ou, ainda, com o crescimento de fâneros.

Os efeitos específicos dependem do metal e da forma como se apresentam, bem como do tipo de exposição. Trabalhadores de minas e fundição de metais estão mais expostos a poeiras e fumos. Outros ramos de atividades envolvidas no manuseio de metais e os principais efeitos estão descritos a seguir.

Chumbo inorgânico

É utilizado em indústrias químicas de tintas, vernizes, componentes eletrônicos, revestimentos de pisos, cerâmicas e azulejos, funilaria de automóveis, indústria gráfica, soldas, fabricação de vidros e cristais. As manifestações clínicas da intoxicação por esse metal são observadas em uma série de órgãos e sistemas. Alterações neurológicas, gastrintestinais, renais e hematológicas são as principais. O quadro clínico é chamado de saturnismo e divide-se em dois tipos: subagudo e crônico. No caso mais extremo e comum, os principais sintomas são irritabilidade, fraqueza, cólica, constipação, impotência sexual, palidez cutânea e anemia. Aparece uma linha azul-escura entre a gengiva e os dentes (sinal de Burton), constituída de sulfeto de chumbo – reação entre o chumbo proveniente dos capilares e do sulfeto oriundo do metabolismo dos microrganismos da boca – e alterações da função renal (vasoconstrição arteriolar), levando a insuficiência renal e paralisia motora (punho caído).

Manganês

É empregado na fabricação de ferro-ligas, na produção de pilhas e pesticidas e como matéria-prima na indústria química. O manganês inorgânico é absorvido principalmente por via respiratória e, por mecanismo ainda não bem esclarecido, causa danos irreversíveis nos neurônios dopaminérgicos (base do cérebro). Os sintomas começam com alterações de humor (crises de choro alternadas com crises de riso), perda de equilíbrio (com quedas sem tonturas), alterações de marcha (passo de bailarina), impotência sexual, pesadelos, atos compulsivos e alucinações. Mesmo com o afastamento do trabalhador à exposição, o quadro continua se agravando, chegando ao estado de paralisia espástica total (nesse estágio recebe o nome de manganismo e é muito semelhante à doença de Parkinson).

Mercúrio metálico

Foi muito utilizado na fabricação de instrumentos de precisão (termômetros, barômetros), na produção de lâmpadas fluorescentes e de vapor de mercúrio, como matéria-prima na indústria química, na fabricação de compostos mercuriais e de soda cáustica. A absorção se dá pela pele e via respiratória (é um líquido muito volátil). Causa danos ao SNC, pois atravessa a barreira hematoencefálica (é lipossolúvel), onde se acumula. Em baixas concentrações o único sinal é o gosto metálico na boca e, eventualmente, parestesias difusas. Doses maiores causam perda de memória recente, da capacidade de concentração, da habilidade mecânica, da coordenação motora e alterações de comportamento. Nessa fase o quadro de intoxicação é chamado de micromercurialismo. Se houver continuidade da exposição, agravam-se essas alterações, aparecendo tremores semelhantes aos parkinsonianos, chegando a quadros psiquiátricos, com depressão e paranoia, em geral irreversíveis.

Cádmio

É empregado na fabricação de baterias recarregáveis, ligas especiais e pigmento em tintas. A intoxicação com esse metal ganhou importância com sua aplicação recente em telefonia celular. É tóxico aos rins (lesão tubular e glomerular), pois se acumula no córtex renal, aos pulmões (enfisema, fibrose e doença pulmonar obstrutiva crônica) e é cancerígeno (câncer de pulmão e próstata).

Cromo

É usado em tratamentos de superfície (cromagem), em ligas metálicas (aço inoxidável) e entra na composição de pigmentos. O cromo VI é cancerígeno (brônquios) e causa lesões na pele e mucosas (perfuração de septo nasal em trabalhadores de galvanoplastias).

Zinco

É utilizado na fabricação de ligas metálicas (latão), na zincagem de superfícies metálicas para proteção, pigmentos, revestimentos de pilhas e em peças elétricas e eletrônicas, revestimentos de telhados e calhas. A exposição ao fumo de zinco leva a um quadro de febre acompanhado de leucocitose. É um quadro benigno e limitado a algumas horas, em virtude da liberação de pirogênio endógeno.

Periculosidade dos íons mais comuns

Certos íons oferecem maiores riscos de acidentes porque, além de sua periculosidade, são mais frequentes nas atividades laboratoriais e industriais. Por isso, a divulgação constante de suas características nocivas e dos métodos de tratamento para neutralização desses efeitos torna-se essencial para diminuir os riscos à saúde e ao meio ambiente.

Nos Quadros 6 e 7, são mostrados alguns ânions e cátions e, respectivamente, suas características de periculosidade e os agentes de precipitação para os que são passíveis de serem inertizados dessa forma[23].

FONTES DE INFORMAÇÃO SOBRE PRODUTOS QUÍMICOS

Informações a respeito de produtos químicos podem ser encontradas em diversas fontes, por exemplo, em catálogos, em manuais como o *Handbook of chemistry & physics*[24], o *Merck Index*[25] ou o "Manual de produtos químicos da Companhia Ambiental do Estado de São Paulo" (Cetesb)[26], que pode ser consultado pelo número estabelecido pela Organização das Nações Unidas (n. ONU), nome ou sinônimo do produto, na ficha com dados de segurança de produto químico (FDS) ou no próprio rótulo do produto.

Ficha com Dados de Segurança dos Produtos Químicos (FDS)

A FDS é um documento obrigatório que deve ser elaborado e disponibilizado pelo fabricante ou, no caso de importação, pelo fornecedor no mercado nacional para todo produto químico classificado como perigoso[2]. Esta ficha deve ser confeccionada conforme a Norma da Associação Brasileira de Normas Técnicas (ABNT) NBR 14725:2023, Produtos químicos – Informações sobre segurança, saúde e meio ambiente – Aspectos gerais do Sistema Globalmente Harmonizado (GHS), classificação, FDS e rotulagem de produtos químicos[3], que define numeração e sequência de suas seções, quais sejam:

- Identificação.
- Identificação de perigos.
- Composição e informações sobre os ingredientes.
- Medidas de primeiros-socorros.
- Medidas de combate a incêndio.
- Medidas de controle para derramamento ou vazamento.
- Manuseio e armazenamento.
- Controle de exposição e proteção individual.
- Propriedades físicas e químicas.
- Estabilidade e reatividade.

QUADRO 6 Grau de periculosidade dos ânions mais comuns

Íon	Característica	Precipitar com	Íon	Característica	Precipitar com
Amida ou amideto	Inflamável, corrosivo		Hidrogenossulfeto	Tóxico, inflamável, corrosivo	
Arsenato	Tóxico, carcinogênico	Cobre, ferro	Hipoclorito	Oxidante, corrosivo	
Arsenito	Tóxico, carcinogênico	Chumbo	Iodato	Oxidante	
Azida	Explosivo, tóxico		Nitrato	Oxidante	
Boroidreto	Inflamável		Nitrito	Tóxico, oxidante	
Bromato	Oxidante		Perclorato	Oxidante, explosivo	
Clorato	Oxidante, explosivo		Permanganato	Tóxico, explosivo	
Cromato	Tóxico, carcinogênico, oxidante		Peróxido	Oxidante, explosivo	
Cianeto	Tóxico, corrosivo		Persulfato	Oxidante	
Ferricianeto	Irritante	Ferro (II)	Selenato	Tóxico	Chumbo
Fluoreto	Tóxico, corrosivo	Cálcio	Seleneto	Tóxico	Cobre
Hidreto	Inflamável, corrosivo		Sulfeto	Tóxico, inflamável, corrosivo	
Hidroperóxido	Oxidante, explosivo				

QUADRO 7 Grau de periculosidade dos cátions mais comuns

Muito tóxico	Precipitar com	Pouco tóxico	Precipitar com
Antimônio	OH^-, S^{-2}	Alumínio	OH^-
Arsênio	S^{-2}	Bismuto	OH^-, S^{-2}
Bário	OH^-, S^{v2}	Cálcio	OH^-, S^{-2}
Berilo	OH^-	Cério	OH^-
Cádmio	OH^-, S^{-2}	Césio	
Crômio (III)	OH^-	Cobre	OH^-
Chumbo	OH^-, S^{-2}	Estrôncio	
Cobalto (II)	OH^-	Estanho	OH^-, S^{-2}
Gálio	OH=	Ferro	OH^-, S^{-2}
Germânio	OH^-, S^{-2}	Ítrio	OH^-
Háfnio	OH^-	Lantanídeos	OH^-
Índio	OH^-, S^{-2}	Lítio	
Irídio	OH^-, S^{-2}	Magnésio	OH^-
Manganês	OH^-, S^{-2}	Molibdênio (IV)	
Mercúrio	OH^-, S^{-2}	Nióbio	OH^-
Níquel	OH^-, S^{-2}	Ouro	OH^-, S^{-2}
Ósmio (IV)*	OH=, S^{-2}	Paládio	OH^-, S^{-2}
Platina (II)	OH^-, S^{-2}	Potássio	
Prata	Cl^-, OH^-, S^{-2}	Rubídio	
Rênio (VII)	S^{-2}	Sódio	
Ródio (III)	OH^-, S^{-2}	Tântalo	OH^-
Rutênio (III)	OH^-, S^{-2}	Titânio	OH^-
Selênio	OH^-	Zinco	OH^-, S^{-2}
Tálio	OH^-, S^{-2}	Zircônio	OH^-
Telúrio	OH^-	Escândio	OH^-
Tungstênio		Vanádio	OH^-, S^{-2}

* Óxido de ósmio forma compostos extremamente tóxicos e voláteis.

- Informações toxicológicas.
- Informações ecológicas.
- Considerações sobre destinação final.
- Informações sobre transporte.
- Informações sobre regulamentações.
- Outras informações.

Todos aqueles que manipulam produtos químicos perigosos devem receber treinamento para compreender uma FDS e, ainda, ter acesso às referidas fichas.

Observa-se que as Fichas com Dados de Segurança nem sempre estão atualizadas ou completas. Por esta razão, recomenda-se que sites especializados também sejam consultados quando da obtenção de informações sobre produtos químicos.

Sites especializados em informações sobre produtos químicos

A Agência Europeia dos Produtos Químicos (ECHA, *European Chemical Agency*), que pertence à União Europeia, mantém um *website* com informações atualizadas a respeito dos perigos das substâncias químicas em prol da utilização segura dos mesmos[27]. Da mesma forma, o Instituto de Segurança Ocupacional e Saúde da Seguradora Legal de Acidentes da Alemanha (IFA) administra um banco de dados sobre substâncias perigosas (*Gestis Substance Database*[28]), que abrange, além das informações sobre os perigos das substâncias, aspectos relativos à identificação, característica, fórmula, propriedades físicas, químicas, ecológicas e toxicológicas, e também medidas a serem tomadas em casos de acidentes, que podem envolver primeiros socorros, derramamentos ou incêndios, entre outras. Sites como o *PubChem*[29], mantido pela National Library of Medicine, e o da NIOSH (The National Institute for Occupational Safety and Health)[30], também são boas referências sobre produtos químicos. As buscas podem ser feitas pelo nome ou pelo Número de Registro no Chemical Abstracts Service (*CAS Number*) da substância química. Para saber o CAS number de uma substância pode-se consultar tanto a Seção 3 da FDS quanto a própria página do Chemical Abstracts Service[31].

Rótulos de produtos químicos

Rótulos de Produtos Químicos Perigosos devem conter os elementos de comunicação de perigos preconizados pela NR 26[2] e pela Norma ABNT 14725:2023[3], em conformidade ao GHS. São elementos de comunicação de perigo:

- Identificação e composição do produto químico.
- Pictograma(s) de perigo.
- Palavra de advertência.
- Frase(s) de perigo.
- Frase(s) de precaução.
- Informações suplementares.

Os nove pictogramas previstos pelo GHS[32] consistem em um símbolo preto sobre fundo branco, com uma borda vermelha, e devem estar na forma de um quadrado colocado em um ângulo de 45° (losango) O Quadro 8 traz os referidos pictogramas associados às Classes de Perigo que representam.

Existem duas palavras de advertência que podem ser utilizadas na comunicação de perigos de um produto químico: "Perigo" ou "Atenção". A primeira é utilizada para as categorias mais graves de perigo e, a segunda, para as categorias menos graves[3].

As frases de perigo utilizadas no GHS são textos padronizados e significam uma advertência atribuída a uma classe e categoria de perigo que descreve a natureza dos perigos de um produto perigoso, incluindo, se couber, a gravidade de perigo. Essas frases estão listadas no Anexo D da Norma ABNT NBR 14725:2023[3]. São exemplos de frases de perigo: "Perigo de incêndio ou projeções"; "Líquidos e vapores inflamáveis"; "Fatal se ingerido"; "Pode prejudicar o feto" e "Tóxico para os organismos aquático".

Já as frases de precaução descrevem medidas que devem ser tomadas para minimizar ou prevenir efeitos adversos resultantes da exposição, do armazenamento inadequado ou do manuseio de um produto perigoso. Estas frases, listadas no Anexo E da Norma ABNT NBR 14725:2023[3], podem ter cunho geral, de prevenção, de resposta à emergência, de armazenamento e ainda de destinação final, como, por exemplo, respectivamente: "Mantenha fora do alcance das crianças."; "Obtenha instruções específicas antes da utilização."; "Em caso de incêndio: contenha o vazamento, se puder ser feito com segurança."; " Armazene em local fechado à chave." e "Solicite informações ao fabricante/fornecedor sobre a recuperação/ reciclagem".

Além dos elementos de comunicação supracitados, outros pictogramas e frases podem estar presentes em rótulos[2]. Entre eles, os pictogramas de precaução descritos da Diretiva 92/58/EEC da Comunidade Europeia[33] (Figura 2), que indicam Equipamentos de Proteção Individual que devem ser utilizados quando da manipulação dos produtos perigosos[34], e os Rótulos de Risco adotados no transporte terrestre de produtos perigosos[35] (Figura 3). O símbolo de risco adotado pelo *Hazardous Material Information System* (HMIS) da National Fire Protection Association (NFPA) dos Estados Unidos, conhecido como diamante de Hommel ou diamante do perigo, também pode ser encontrado (Figura 4)[36]. Entretanto, deve-se ressaltar que estes dois últimos pictogramas têm como objetivo facilitar o atendimento a uma emergência mostrando perigos relacionados à exposição não contínua às substâncias, e não deve ser o único elemento de comunicação de perigo em um rótulo de produto químico. No Quadro 9, são apresentados os significados das cores e os números da etiqueta do diamante de Hommel.

OUTRAS FONTES DE PERIGO EM ATIVIDADES EXPERIMENTAIS

Incompatibilidade de produtos químicos

Além de conhecer as propriedades e os perigos intrínsecos das substâncias químicas, é importante lembrar que muitas são incompatíveis. Incompatibilidade química pode ser definida como uma característica inerente às substâncias que, quando em contato com outras, reagem entre si, de maneira indesejada e descontrolada, resultando, por exemplo, em explosão, desprendimento de chamas ou calor, ou produção de gases, vapores ou misturas altamente tóxicos ou inflamáveis. A incompatibilidade química pode ser direta, isto é, quando duas substâncias reagem entre si imediatamente após a mistura, ou retardada, quando as duas substâncias reagem de forma lenta. Desse modo, substâncias incompatíveis devem ser separadas, mesmo que isso possa representar alto custo em decorrência da necessidade de aquisição de armários ou embalagens para que se faça essa separação.

QUADRO 8 Pictogramas de perigo utilizados no GHS e as Classes de Perigo a que se referem

Perigos	Classe de Perigo	Pictograma de perigo
Físicos	Explosivos; Substâncias e misturas autorreativas que explodem sob calor; Peróxidos orgânicos que podem explodir sob ação do calor	
Físicos	Inflamáveis (gases, líquidos e sólidos); aerossóis; Substâncias e misturas autorreativas que incendeiam sob o calor; pirofóricos (líquidos e sólidos); Substâncias e misturas sujeitas a autoaquecimento; Substâncias e misturas que, em contato com a água, emitem gases inflamáveis; Peróxidos orgânicos que podem incendiar sob ação do calor; explosivos dessensibilizados	
Físicos	Oxidante (gases, líquidos e sólidos)	
Físicos	Gases sob pressão	
Físicos e à saúde humana	Corrosivo para os metais; corrosão à pele; lesões oculares graves	
À saúde humana	Toxicidade aguda/fatal e tóxico	
À saúde humana e ao meio ambiente	Sensibilização da pele; toxicidade aguda/nocivo; irritação à pele; irritação ocular grave; toxicidade para órgãos-alvo específicos/irritação ou sonolência (exposição única); perigoso à camada de ozônio	
À saúde humana	Carcinogenicidade; sensibilização respiratória; toxicidade à reprodução; toxicidade para órgãos-alvo específicos/danos (exposição única e exposição repetida); mutagenicidade em células germinativas; perigoso por aspiração	
Ao meio ambiente	Perigoso ao ambiente aquático – agudo e crônico	

FIGURA 2 Pictogramas de precaução descritos da Diretiva 92/58/EEC da Comunidade Europeia.

FIGURA 3 Rótulos de risco adotados no transporte terrestre de produtos perigosos.

Fonte: Cartilha Informativa sobre o Transporte Terrestre de Produtos Perigosos da Agência Nacional de Transporte Terrestre (ANTT)[35].

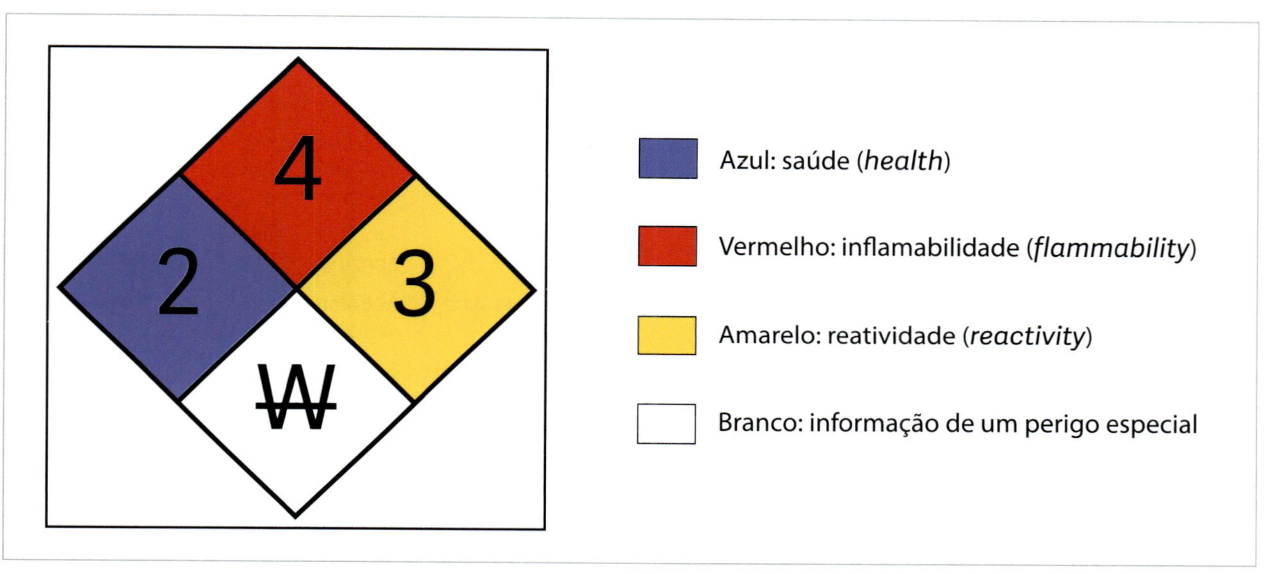

FIGURA 4 Símbolo de risco adotado pelo *Hazardous Material Information System* (HMIS) da National Fire Protection Association (NFPA).

QUADRO 9 Significado da cor e dos números da etiqueta

	AZUL – saúde	VERMELHO – Flamabilidade	AMARELO – reatividade	BRANCO – risco especial
4	Mortal – morte por exposição breve	Ponto de fulgor < 22,7°C e ponto de ebulição < 37,7°C – gases ou vapores que se inflamam facilmente	Pode detonar – pode explodir em condições normais de pressão e temperatura	▪ Agente oxidante – OXY ▪ Ácido – ACID ▪ Álcalis – ALK ▪ Corrosivo – COR ▪ Reação com água – W ▪ Radioativo – símbolo de radiação
3	Extremamente perigoso – sérios ferimentos por exposição curta	Ponto de fulgor < 37,7°C – líquidos ou sólidos que se inflamam sob condições de temperatura ambiente	Explosiva – pode explodir quando aquecida ou em contato com água	
2	Perigoso – ferimento ou incapacitação temporária por exposição intensa ou continuada	Ponto de fulgor < 93,3°C – precisa de aquecimento para se inflamar	Instável – reage violentamente com alta temperatura, pressão ou água	
1	Pequeno risco – irritação ou pequenos ferimentos por exposição	Ponto de fulgor > 93,3°C – precisa de muito aquecimento para se inflamar	Normalmente estável – instável sob alta temperatura e/ou pressão	
0	Ausência de perigo – não oferece riscos à saúde, mesmo combustível	Não é inflamável	Estável – não provoca reações violentas	

Os Quadros 10 e 11 apresentam exemplos clássicos de incompatibilidade de substâncias químicas e fornecem subsídios fundamentais para esse trabalho de separação[37].

A Agência Nacional de Vigilância Sanitária (Anvisa), em sua Resolução de Diretoria Colegiada de número 222 (RDC 222), publicada em 28 de março de 2018, que regulamenta as Boas Práticas de Gerenciamento dos Resíduos de Serviços de Saúde, além de dar outras providências, traz, em seu Anexo IV, uma lista contendo dados de incompatibilidade química entre as principais substâncias utilizadas pelos geradores de resíduos de serviços de saúde[38]. Dados de incompatibilidade química também podem ser encontrados em sites como o da Fundação Oswaldo Cruz (Fiocruz)[39] ou da *Cole-Parmer*[40],

QUADRO 10 Incompatibilidade de algumas substâncias

Substância	Incompatível com
Acetileno	Cloro, bromo, flúor, cobre, prata, mercúrio e compostos
Acetona	Misturas de ácidos sulfúrico e nítrico concentrados e peróxido de hidrogênio
Ácido acético	Ácido crômico, ácido perclórico, peróxidos, permanganatos, ácido nítrico e etilenoglicol
Ácido crômico	Ácido acético, naftaleno, cânfora, glicerol, terebentina, álcool e outros líquidos inflamáveis
Ácido hidrociânico	Ácido nítrico e álcalis
Ácido fluorídrico anidro, fluoreto de hidrogênio	Amônia (aquosa ou anidra)
Ácido nítrico concentrado	Ácido cianídrico, anilinas, óxidos de cromo VI, sulfeto de hidrogênio, líquidos e gases inflamáveis, ácido acético e ácido crômico
Ácido oxálico	Prata e mercúrio
Ácido perclórico	Anidrido acético, álcoois, bismuto e suas ligas, papel e madeira
Ácido sulfúrico	Cloratos, percloratos, permanganatos e água
Alquil alumínio	Água
Amônia anidra	Mercúrio, cloro, hipoclorito de cálcio, iodo, bromo e ácido fluorídrico
Anidrido acético	Compostos que contêm hidroxil, como etilenoglicol e ácido perclórico
Anilina	Ácido nítrico e peróxido de hidrogênio
Azida sódica	Chumbo, cobre e outros metais
Bromo e cloro	Benzeno, hidróxido de amônio, benzina de petróleo, hidrogênio, acetileno, etano, propano, butadienos e pós-metálicos
Carvão ativado	Dicromatos, permanganatos, ácido nítrico, ácido sulfúrico e hipoclorito de cálcio
Cloro	Amônia, acetileno, butadieno, butano, outros gases de petróleo, hidrogênio, carbeto de sódio, terebentina, benzeno e metais finamente divididos
Cianetos	Ácidos e álcalis
Clorato de potássio	Ácidos (ver também cloratos)

(continua)

QUADRO 10 Incompatibilidade de algumas substâncias (*continuação*)

Substância	Incompatível com
Cloratos e percloratos	Sais de amônio, ácidos, metais em pó, matérias orgânicas particuladas e combustíveis
Cloro	Amoníaco, acetileno, hidrogênio, benzina e outras frações de petróleo
Cobre metálico	Acetileno, peróxido de hidrogênio e azidas
Dióxido de cloro	Amônia, metano, fósforo, sulfeto de hidrogênio
Flúor	Isolado de tudo
Fósforo	Enxofre, compostos oxigenados, cloratos, percloratos, nitratos e permanganatos
Fósforo (branco)	Ar e oxigênio
Halogênios	Amoníaco, acetileno e hidrocarbonetos
Hidrazina	Peróxido de hidrogênio, ácido nítrico e outros oxidantes
Hidrocarbonetos (butano, propano e outros)	Ácido crômico, flúor, cloro, bromo e peróxidos
Iodo	Acetileno, hidróxido de amônio e hidrogênio
Líquidos inflamáveis (álcoois, cetonas e éteres)	Ácido nítrico, nitrato de amônio, óxido de cromo VI, peróxidos, flúor, cloro, bromo e hidrogênio
Mercúrio	Acetileno, ácido fulmínico e amônia
Metais alcalinos e alcalinos terrosos, tais como sódio, potássio, lítio, magnésio, cálcio e alumínio em pó	Dióxido de carbono, tetracloreto de carbono e outros hidrocarbonetos clorados (também é proibido o uso de água, espuma e extintores químicos secos sobre fogo envolvendo esses metais)
Nitrato de amônio	Ácidos, pós-metálicos, líquidos inflamáveis, cloretos, enxofre e compostos orgânicos em pó
Nitrato de sódio	Nitrato de amônio e outros sais de amônio
Nitroparafinas	Bases inorgânicas e aminas
Óxido de cálcio	Água
Óxido de cromo VI	Ácido acético, glicerina, benzina de petróleo, líquidos inflamáveis e naftaleno
Oxigênio	Óleos, graxas, hidrogênio, líquidos, sólidos e gases inflamáveis

(continua)

QUADRO 10 Incompatibilidade de algumas substâncias (*continuação*)

Substância	Incompatível com
Pentóxido de fósforo	Água, álcool e bases fortes
Perclorato de potássio	Ácidos (ver também ácido perclórico)
Permanganato de potássio	Glicerina, etilenoglicol, ácido sulfúrico e benzaldeído
Peróxido de hidrogênio	Álcoois, anilina, cobre, cromo, ferro, líquidos inflamáveis, sais metálicos, compostos orgânicos em pó, nitrometano e metais em pó
Peróxido de sódio	Ácido acético, anidrido acético, benzaldeído, etanol, metanol, etilenoglicol, acetatos de metila e etila e furfural
Prata metálica e sais de prata	Acetileno, ácido tartárico, ácido oxálico e compostos de amônio
Sódio	Ver metais alcalinos
Sulfeto de hidrogênio	Ácido nítrico fumegante e gases oxidantes
Acetileno	Cloro, bromo, flúor, cobre, prata, mercúrio e compostos
Acetona	Misturas de ácidos sulfúrico e nítrico concentrados e peróxido de hidrogênio
Ácido acético	Ácido crômico, ácido perclórico, peróxidos, permanganatos, ácido nítrico e etilenoglicol
Ácido crômico	Ácido acético, naftaleno, cânfora, glicerol, terebentina, álcool e outros líquidos inflamáveis
Ácido hidrociânico	Ácido nítrico e álcalis
Ácido fluorídrico anidro, fluoreto de hidrogênio	Amônia (aquosa ou anidra)
Ácido nítrico concentrado	Ácido cianídrico, anilinas, óxidos de cromo VI, sulfeto de hidrogênio, líquidos e gases inflamáveis, ácido acético e ácido crômico
Ácido oxálico	Prata e mercúrio
Ácido perclórico	Anidrido acético, álcoois, bismuto e suas ligas, papel e madeira
Ácido sulfúrico	Cloratos, percloratos, permanganatos e água
Alquil alumínio	Água
Amônia anidra	Mercúrio, cloro, hipoclorito de cálcio, iodo, bromo e ácido fluorídrico

(continua)

QUADRO 10 Incompatibilidade de algumas substâncias (*continuação*)

Substância	Incompatível com
Anidrido acético	Compostos que contêm hidroxil, como etilenoglicol e ácido perclórico
Anilina	Ácido nítrico e peróxido de hidrogênio
Azida sódica	Chumbo, cobre e outros metais
Bromo e cloro	Benzeno, hidróxido de amônio, benzina de petróleo, hidrogênio, acetileno, etano, propano, butadienos e pós-metálicos
Carvão ativado	Dicromatos, permanganatos, ácido nítrico, ácido sulfúrico e hipoclorito de cálcio
Cloro	Amônia, acetileno, butadieno, butano, outros gases de petróleo, hidrogênio, carbeto de sódio, terebentina, benzeno e metais finamente divididos
Cianetos	Ácidos e álcalis
Clorato de potássio	Ácidos (ver também cloratos)
Cloratos e percloratos	Sais de amônio, ácidos, metais em pó, matérias orgânicas particuladas e combustíveis
Cloro	Amoníaco, acetileno, hidrogênio, benzina e outras frações de petróleo
Cobre metálico	Acetileno, peróxido de hidrogênio e azidas
Dióxido de cloro	Amônia, metano, fósforo, sulfeto de hidrogênio
Flúor	Isolado de tudo
Fósforo	Enxofre, compostos oxigenados, cloratos, percloratos, nitratos e permanganatos
Fósforo (branco)	Ar e oxigênio
Halogênios	Amoníaco, acetileno e hidrocarbonetos
Hidrazina	Peróxido de hidrogênio, ácido nítrico e outros oxidantes
Hidrocarbonetos (butano, propano e outros)	Ácido crômico, flúor, cloro, bromo e peróxidos
Iodo	Acetileno, hidróxido de amônio e hidrogênio
Líquidos inflamáveis (álcoois, cetonas e éteres)	Ácido nítrico, nitrato de amônio, óxido de cromo VI, peróxidos, flúor, cloro, bromo e hidrogênio
Mercúrio	Acetileno, ácido fulmínico e amônia

(continua)

QUADRO 10 Incompatibilidade de algumas substâncias (*continuação*)

Substância	Incompatível com
Metais alcalinos e alcalinos terrosos, tais como sódio, potássio, lítio, magnésio, cálcio e alumínio em pó	Dióxido de carbono, tetracloreto de carbono e outros hidrocarbonetos clorados (também é proibido o uso de água, espuma e extintores químicos secos sobre fogo envolvendo esses metais)
Nitrato de amônio	Ácidos, pós-metálicos, líquidos inflamáveis, cloretos, enxofre e compostos orgânicos em pó
Nitrato de sódio	Nitrato de amônio e outros sais de amônio
Nitroparafinas	Bases inorgânicas e aminas
Óxido de cálcio	Água
Óxido de cromo VI	Ácido acético, glicerina, benzina de petróleo, líquidos inflamáveis e naftaleno
Oxigênio	Óleos, graxas, hidrogênio, líquidos, sólidos e gases inflamáveis

(*continua*)

QUADRO 10 Incompatibilidade de algumas substâncias (*continuação*)

Substância	Incompatível com
Pentóxido de fósforo	Água, álcool e bases fortes
Perclorato de potássio	Ácidos (ver também ácido perclórico)
Permanganato de potássio	Glicerina, etilenoglicol, ácido sulfúrico e benzaldeído
Peróxido de hidrogênio	Álcoois, anilina, cobre, cromo, ferro, líquidos inflamáveis, sais metálicos, compostos orgânicos em pó, nitrometano e metais em pó
Peróxido de sódio	Ácido acético, anidrido acético, benzaldeído, etanol, metanol, etilenoglicol, acetatos de metila e etila e furfural
Prata metálica e sais de prata	Acetileno, ácido tartárico, ácido oxálico e compostos de amônio
Sódio	Ver metais alcalinos
Sulfeto de hidrogênio	Ácido nítrico fumegante e gases oxidantes

QUADRO 11 Inter-relação entre substâncias incompatíveis

Número	Grupo químico	Incompatível com os grupos químicos representados pelos números listados na primeira coluna
1	Ácidos inorgânicos	2-8, 10, 11, 13, 14, 16-19, 21-23
2	Ácidos orgânicos	1, 3, 4, 7, 14, 16-19, 22
3	Cáusticos	1, 2, 5, 7, 8, 13-18, 20, 22, 23
4	Aminas e aminas alifáticas	1, 2, 5, 7, 8, 13-18, 23
5	Compostos halogenados	1, 3, 4, 11, 14, 17
6	Álcoois, glicóis e éteres glicólicos	1, 7, 14, 16, 20, 23
7	Aldeídos	1-4, 6, 8, 15-17, 19, 20, 23
8	Cetonas	1, 3, 4, 7, 19, 20
9	Hidrocarbonetos saturados	20
10	Hidrocarbonetos aromáticos	1, 20
11	Olefinas	1, 5, 20
12	Óleos derivados do petróleo	20
13	Ésteres	1, 3, 4, 19, 20
14	Monômeros e ésteres polimerizáveis	1-6, 15, 16, 19-21, 23
15	Fenóis	3, 4, 7, 14, 16, 19, 20
16	Alquil óxidos	1-4, 6, 7, 14, 15 ,17-19, 23
17	Cianidrinas	1-5, 7, 16, 19, 23
18	Nitrilas	1-4, 16, 23
19	Amônia	1-2, 7, 8, 13-17, 20, 23
20	Halogênios	3, 6-15, 19, 21, 22
21	Éteres	1, 14, 20
22	Fósforo elementar	1-3, 20
23	Anidridos ácidos	1, 3, 4, 6, 7, 14, 16-19

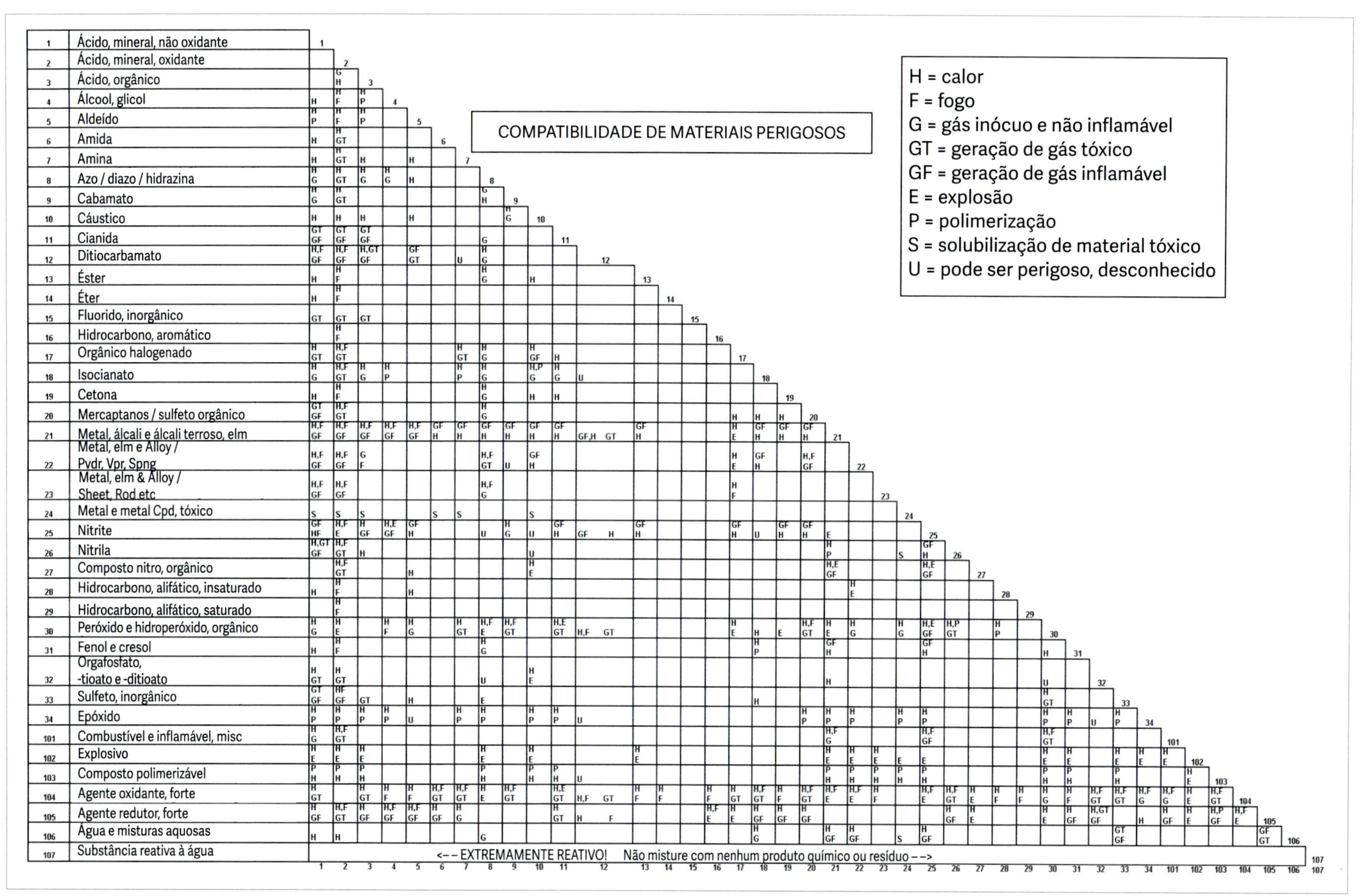

FIGURA 5 Matriz de Compatibilidade Química do EPA.

Fonte: Universidade de Wisconsin[42].

no campo "Hazardous chemical reactions" do banco de dados do *Gestis*[28], e na Seção 10 da FDS, intitulado "Estabilidade e reatividade".

Matrizes de incompatibilidade química também podem ser consultadas ou construídas. Na Figura 5, são mostradas as consequências que podem ser esperadas quando ocorre mistura de determinadas classes de substâncias incompatíveis, indicadas por letras maiúsculas presentes nas intersecções de linhas e colunas. Espaços em branco indicam classes compatíveis entre si. Esta matriz, construída pela Agência de Proteção Ambiental Americana (EPA), faz parte da publicação intitulada "*A Method for Determining the Compatibility of Hazardous Wastes*"[41]. Para saber a classe de um produto, pode-se consultar o banco de dados do *Gestis*[28] (ver *Characterization* e *Substance Group Code*).

Tabelas de incompatibilidade também podem ser construídas fazendo-se a inserção dos nomes, classe química ou CAS das substâncias de interesse em sites especializados, como o da *Cameo Chemicals*[43]. Esta ferramenta, disponível em aplicativo e como página da *web*, traz, ainda, informações diversas sobre substâncias químicas, como perigos, propriedades físicas e recomendações de respostas para casos de emergências.

Fontes de perigos em operações usuais de laboratório

Em relação aos riscos no uso de produtos químicos no laboratório, há de se considerar, ainda, os perigos advindos das condições de trabalho, como as que envolvem temperatura ou pressão diferentes das usuais. Queimaduras podem ser causadas tanto por superfícies quentes, como as de chapas e mantas aquecedoras, estufas, muflas ou banhos termostáticos, quanto por contato com temperaturas frias, como as de banhos refrigerantes e seus componentes (gelo seco, nitrogênio líquido e hélio líquido misturados ou não com solventes orgânicos, gelo misturado com cloreto de amônio, cloreto de cálcio ou com cloreto de sódio etc.) e freezers. Outros acidentes e ferimentos podem acontecer quando da realização de atividades experimentais realizadas sob vácuo ou pressão, como aquelas compreendendo destilação e filtração a vácuo, rotoevaporação, cromatografia em coluna "*flash*", utilização de funis de separação, de dessecadores e de equipamentos de alta ou baixa pressão. Outros pontos importantes abrangem o uso de centrífugas, autoclaves e operações com tubos de vidro quando moldados ou passados por rolhas de cortiça ou borracha, que podem resultar em cortes e outras lesões.

PREVENÇÃO E PROTEÇÃO NO MANUSEIO DE PRODUTOS QUÍMICOS

Uma vez conhecidas as fontes de perigo das atividades experimentais, é necessário controlar a exposição daqueles que realizam suas atividades no laboratório. Para tanto, deve-se seguir a hierarquia de controles baseada em cinco níveis de ação[44], quais sejam: 1) eliminação (remover fisicamente o perigo): ii) substituição (substituir o agente causador do perigo, seja ele produto ou processo); iii) adoção de controles de engenharia (isolar as pessoas do perigo): iv) adoção de controles administrativos (mudar o modo como as pessoas trabalham, via capacitação, implantação de procedimentos operacionais padrão, conhecidos como POP[45], adoção de *checklists* e redução das quantidades de produtos utilizadas ou do tempo e intensidade da exposição)[46]; e v) utilização de equipamentos de proteção individual. Também é importante conhecer os mapas de risco do local de trabalho, ter treinamento em práticas de trabalho seguras e outras medidas de prevenção e proteção.

Controles de engenharia

Sempre que necessário e possível, controles de engenharia que diminuam a exposição tais como segregação (adoção de barreiras como escudos), sistemas de ventilação local exaustora (SVLE: capelas de exaustão e coifas com ou sem braços articulados) e enclausuramento (*glove box*, entre outros) que atuam na fonte e na propagação do agente químico devem ser adotados. A implantação desses controles deve ser acompanhada de um programa de manutenção preventiva e corretiva e de certificações documentadas. Os usuários devem ser capacitados no uso dos referidos controles[46].

Equipamentos de proteção individual

Caso os quatro primeiros níveis de ação não sejam suficientes, torna-se necessário fazer uso de equipamentos de proteção individual adequados, conforme o indicado na Seção 8 da FDS – "Controle de exposição e proteção individual". No site do *Gestis*[28] também é possível encontrar informações a respeito dos EPIs indicados para um determinado produto químico (Ver *Safe Handling* e, em seguida, *Personal Protection*). Mais informações sobre tais equipamentos podem ser encontradas no Capítulo "Elementos fundamentais na escolha de equipamentos de proteção individual e coletiva".

Mapa de risco

Mapa de risco é uma representação gráfica que relaciona os riscos presentes em um determinado local. Para a confecção desses mapas, são considerados cinco tipos de risco, quais sejam: (1) físico; (2) químico; (3) biológico; (4) ergonômico; e (5) de acidentes. Cada risco é representado por uma cor, respectivamente, verde, vermelho, marrom, amarelo e azul. O nível de risco, que pode ser pequeno, médio ou grande, é indicado por círculos de três tamanhos[47]. Mais informações sobre este tema podem ser encontradas no Capítulo "Biossegurança em laboratórios". A leitura do mapa de risco do local de trabalho auxilia na prevenção de acidentes.

Treinamento em práticas seguras

Todos os que trabalham no laboratório e o utilizam devem ser treinados quanto à responsabilidade diante da preservação do meio ambiente e da saúde pública[48]. Recomenda-se que:

- Os usuários do laboratório monitorem todas as atividades realizadas neste ambiente, registrando todo o material que é utilizado e gerado em cada atividade desenvolvida.
- Os usuários do laboratório estejam conscientes de que o descarte e a prevenção da poluição devem fazer parte da prática experimental.
- Seja oferecido treinamento para os usuários do laboratório quanto a métodos seguros de manuseio, armazenamento e descarte de materiais, a fim de prevenir o desperdício e acidentes como vazamentos, derramamentos e quebra de frascos e evitar a formação de mais resíduos a serem descartados.
- Exista uma equipe de segurança treinada para situações de emergência, como derramamentos, explosões, fogo e acidentes pessoais.

Regras de segurança em laboratórios

Existe uma série de princípios de segurança e de comportamento que devem ser obedecidos na realização de atividades experimentais. Todo experimento deve ser detalhadamente planejado. Além disso, o laboratório deve ser limpo e organizado. Procedimentos operacionais padrão devem ser conhecidos e mantidos atualizados. Regras relativas à organização, ao planejamento, à realização, ao monitoramento, ao registro e relatos devem ser respeitadas. Tais regras são conhecidas como boas práticas de laboratório (BPL). A seguir, serão descritas algumas recomendações gerais que devem ser adotadas em laboratórios:

- Ler o rótulo e a FDS antes de abrir uma embalagem ou um frasco.
- Ter conhecimento sobre o produto e as medidas de segurança específicas.
- Seguir rigorosamente as instruções dos rótulos e da FDS de cada produto químico.
- Usar sempre controles de engenharia e equipamento de proteção, por mais simples que a operação possa parecer.
- Tomar cuidado durante a manipulação e o uso de substâncias químicas perigosas, utilizando métodos que reduzam o risco de inalação, ingestão e contato com pele, olhos e roupas.
- Considerar o perigo de reações entre substâncias.
- Verificar se a substância é realmente a desejada. Algumas substâncias químicas se degradam com o tempo, formando elementos de maior periculosidade. Outras podem perder título ou absorver umidade e não ser mais reativas.
- Sempre manipular substâncias de alta periculosidade na presença de um profissional qualificado e capacitado.
- Fechar muito bem as embalagens após o uso.
- Lavar regularmente as mãos e as áreas expostas.
- Trabalhar com os cabelos presos.
- Saber utilizar e a localização de extintores de incêndio, lava-olhos e chuveiros de emergência.
- Conhecer as saídas de emergência e as rotas de fuga do local de trabalho.
- Procurar atendimento médico imediatamente no caso de ser afetado por substâncias perigosas.
- Respeitar todas as placas e faixas de sinalização.
- Fechar gavetas, armários e portas sempre que abri-los.
- Não utilizar a boca para sopros, desentupimento de recipientes ou pipetagem.
- Não misturar materiais de laboratório com itens pessoais.
- Não levar a mão aos olhos, nariz e boca enquanto manusear produtos químicos.
- Não modificar dosagens e não substituir reagentes por conta própria.
- Não comer, beber, fumar, conversar ou se distrair de nenhuma forma durante a manipulação de materiais perigosos.
- Não manter alimentos, bebidas, medicamentos e itens de uso pessoal em locais onde haja produtos químicos.
- Não utilizar vidraria de laboratório como utensílio doméstico ou pessoal.
- Não utilizar a roupa usada na área de risco em outros ambientes. Lavá-la com frequência ou descartá-la como resíduo químico em caso de contaminação com este tipo de produto.

- Não utilizar fones de ouvido durante a permanência no laboratório.
- Não utilizar aparelhos e instrumentos contaminados.
- Não colocar sobras de reagente de volta no frasco original.

Comportamento em situações de acidente

Ainda que todas as medidas de precaução tenham sido tomadas, é possível a ocorrência de acidentes durante a manipulação de produtos químicos. Por esta razão, é importante estar preparado para lidar com emergências, conhecendo e seguindo os procedimentos corretos para um atendimento[49]. Medidas de primeiros socorros, de combate a incêndios e de controle para derramamentos ou vazamentos acidentais podem ser encontradas na FDS, respectivamente nas Seções 4 – "Medidas de primeiros-socorros", 5 – "Medidas de combate a incêndio." e 6 – "Medidas de controle para derramamento ou vazamento". Essas informações podem ainda ser encontradas no banco de dados do Gestis[28] (ver "*Occupational health and first aid*" ou "*Safe handling: fire fighting measures*" ou "*Accidental release measures*").

Medidas gerais de apoio incluem isolamento da área, aviso às pessoas próximas ao local do acidente, remoção de vítimas, curiosos e daqueles que não forem atuar no atendimento, remoção de fontes de ignição e ventilação do local, sempre e quando a ventilação não implicar no espalhamento do produto derramado para outros laboratórios/instalações ou na geração de contaminação ambiental ou fogo. Incêndios e derramamentos maiores podem exigir evacuação, isolamento e interrupção do fornecimento de energia no local do sinistro. Como medida de precaução, podem-se manter no laboratório *kits* de emergência para o atendimento a acidentes, compostos de sacos e baldes plásticos, caixas, absorvedores químicos e EPIs específicos, além de outros itens que se façam necessários. Em qualquer caso de derramamento, é importante lembrar que os materiais utilizados na descontaminação e o produto derramado são considerados resíduos e, portanto, devem ser acondicionados adequadamente para posterior tratamento ou disposição.

Primeiros socorros

Caso ocorra derramamento de produtos perigosos sobre o corpo de um indivíduo, deve-se remover a roupa sob o chuveiro de emergência. Pode ser necessário cortar parte da roupa para que esta saia mais facilmente, sem contaminar outras partes do corpo. Na maioria dos casos, as áreas atingidas devem ser lavadas abundantemente com água corrente por, pelo menos, 15 minutos. Para tal, faz-se uso de lava-olhos ou chuveiros de emergência, que devem ser periodicamente testados de modo que exista sempre um fluxo adequado de água limpa. Não se deve esfregar a área, fazer neutralizações ou aplicar creme ou outros produtos. Algumas substâncias químicas podem ser tratadas com antídotos, mas seu uso deve ser indicado e supervisionado por um médico (informações sobre antídotos podem ser encontrados na Seção 4 da FDS – "Medidas de primeiros-socorros" ou no campo "*First Aid*" do *Gestis*[28]. Deve-se procurar atendimento médico imediatamente, levando a FDS das substâncias envolvidas no acidente. No Brasil, existem diversos centros de informação e assistência toxicológica e de controle de intoxicações[50-51], conhecidos como Ceatox, CIATox ou CCI, que fornecem informações sobre ações em casos de exposição a substâncias tóxicas. Devem estar disponíveis no laboratório os telefones e os endereços do centros mais próximos. A gravidade de qualquer acidente, inclusive cortes e queimaduras, deve ser sempre avaliada por um médico.

Derramamento de produtos químicos

Vazamentos e derramamentos de produtos químicos representam situações que podem levar a consequências drásticas e, portanto, devem ser prontamente atendidos, sem que se coloque as pessoas que estiverem atendendo à ocorrência em risco. Assim, é primeiro necessário avaliar a situação e identificar o produto derramado para que então se possa escolher os equipamentos de proteção e os métodos de contenção que serão adotados. Informações específicas sobre como atender a um derramamento, que incluem o absorvedor de produto químico a ser utilizado, podem ser encontradas na Seção 6 da FDS – "Medidas de controle para derramamento ou vazamento" e no banco de dados do *Gestis*[28] (ver "*Accidental release measures*"). Um guia de absorvedores contendo usos e incompatibilidades está disponível no site da *Cameo Chemicals*[52].

É importante controlar o espalhamento das substâncias líquidas com materiais absorventes, preferencialmente que não reajam com a substância derramada. O absorvente deve ser colocado ao redor do derramamento, de modo a contê-lo. Em seguida, todo o derramamento deverá ser coberto. Após a absorção do líquido, o absorvedor será recolhido, varrendo-se o material de fora para dentro. Sólidos usualmente não precisam de contenção, e podem ser varridos da mesma maneira. Todo o material deve ser recolhido, embalado e rotulado para ser encaminhado como resíduo químico. A área contaminada deve ser limpa e só pode ser liberada após a certificação de sua descontaminação[53]. A Fiocruz lista algumas substâncias que podem ser utilizadas neste processo. Evite usar materiais para limpeza que possam atuar como combustíveis (papel-toalha, pano de chão, serragem) nem use carvão ativo na absorção de oxidantes[54].

Derramamento de mercúrio metálico exige cuidados especiais, para que se possa ter certeza de que todo o mercúrio foi recolhido. Enxofre, cobre metálico, zinco metálico, misturas de EDTA com tiossulfato de sódio e outras substâncias podem ser utilizados[55-56]. Caso seja possível recolher mercúrio metálico vivo, este deve ser acondicionado, sob selo d'água, em recipiente tampado e apropriado para posterior tratamento e disposição. É imprescindível lembrar que, no Brasil, desde 2017, é proibido fabricar, importar, comercializar e usar em serviços de saúde termômetros e esfigmomanômetros com coluna de mercúrio[57]. O mesmo se emprega a mercúrio e ao pó para liga de amálgama não encapsulado indicado para uso em odontologia[58]. Estas proibições não se aplicam a produtos para pesquisa e para calibração de instrumentos ou para uso como padrão de referência e aos produtos constituídos por liga de amálgama na forma encapsulada[57-58]. No estado de São Paulo, a proibição do uso, armazenamento e reparo de instrumentos de medição como esfigmomanômetros e termômetros contendo mercúrio data de 2014[59].

Princípio de incêndio

Em caso de incêndio, é importante manter a calma. Se possível, deve-se retirar quaisquer materiais inflamáveis do local e desligar a chave geral de energia elétrica. Focos de fogo localizados em recipientes podem ser facilmente controlados se forem tampados, de forma a impedir a entrada de ar. Para combatê-los é necessário ter extintores compatíveis com os produtos químicos existentes no local. Focos envolvendo materiais pirofóricos, como sódio ou potássio metálico, não podem ser extintos com água, mas sim com pó químico especial (Classe D). Quando não for possível controlar o fogo, deve-se evacuar o local, acionar o alarme de incêndio e chamar a Brigada de Incêndio ou o Corpo de Bombeiros (para acionar o Corpo de Bombeiros, ligar para 193). Informações específicas sobre como combater um incêndio podem ser encontradas na Seção 5 da FDS – "Medidas de combate a incêndio." e no banco de dados do *Gestis*[28] (ver "*fire fighting measures*").

Vidraria quebrada

Manipule vidraria quebrada com pinças, usando luvas resistentes, nunca diretamente com as mãos. Recolha o vidro quebrado contaminado com produtos químicos, sem lavá-lo, em frascos rígidos e resistentes. Posteriormente, encaminhe este resíduo para o mesmo tratamento ou disposição a ser dado para o produto químico presente neste incidente[49].

Aquisição de produtos químicos

A reposição de materiais no laboratório deve ser feita obedecendo-se a alguns critérios[37]. Assim, é importante:

- Planejar aquisições.
- Centralizar compras, que devem ser acompanhadas pelo gestor de todos os produtos químicos da instituição.
- Comprar o produto químico em falta somente após verificar que ele não está disponível em nenhum outro laboratório.
- Comprar apenas o necessário para a utilização em atividades a serem desenvolvidas em um período determinado de modo a não permitir o vencimento do produto.
- Conhecer a especificação necessária para o procedimento a ser realizado.
- Manter um cadastro dos principais fornecedores.
- Manter o controle de estoque detalhado e atualizado.
- Verificar a possibilidade de manter uma rede de informações, de modo que possa ocorrer um intercâmbio de produtos químicos entre os diversos laboratórios da instituição.
- Aceitar doações apenas em quantidade absolutamente necessária, conhecidas e de materiais em condições de uso e dentro do prazo de validade.
- Disponibilizar as sobras de reagentes para evitar vencimento do prazo de validade.
- Ter as licenças necessárias para fazer as aquisições.
- Fornecer ao setor competente dados para relatórios referentes a produtos controlados pela Polícia Civil e Federal e pelo Ministério do Exército.

Produtos controlados

Uma série de produtos químicos, sejam eles perigosos ou não, são controlados por diversos órgãos, por poderem ser utilizados como precursores de substâncias ilícitas, armas químicas, explosivos ou que sejam, em função de sua periculosidade, em caso de extrapolação dos limites da empresa, danosos para a sociedade e para o meio ambiente.

Por intermédio da Divisão de Controle de Produtos Químicos (DCPQ), a Polícia Federal controla e fiscaliza a fabricação, produção, armazenamento, transformação, embalagem, compra, venda, comercialização, aquisição, posse, doação, empréstimo, permuta, remessa, transporte, distribuição, importação, exportação, reexportação, cessão, reaproveitamento, reciclagem, transferência e utilização de produtos químicos que possam ser utilizados como insumo na elaboração de drogas ilícitas e substâncias entorpecentes e psicotrópicas que causem dependência[60], conforme o disposto na Lei 10.357, de 27 de dezembro de 2001 e regulamentações, que estabelece normas de controle e fiscalização sobre produtos químicos que direta ou indiretamente possam ser destinados à elaboração ilícita de substâncias entorpecentes, psicotrópicas ou que determinem dependência física ou psíquica[61]. Aqueles que necessitem realizar atividades com produtos químicos controlados pela Polícia Federal[62] precisam solicitar a emissão do Certificado de Registro Cadastral (CRC) e Certificado de Licença de Funcionamento (CLF)[63]. O CLF tem validade de um ano e deve-se solicitar sua renovação sessenta dias antes da data de vencimento[64]. Além disso, Mapas Mensais de Controle de Produtos Químicos devem ser enviados pelos detentores de CRC e CLF válidos até o décimo quinto dia de cada mês, informando todas as atividades realizadas no mês anterior com produtos químicos controlados[65], via o sistema Siproquim 2, disponibilizado no site da Polícia Federal, no ícone "Mapas de Controle"[66]. O Anexo 1 da Portaria do Ministério da Justiça e Segurança Pública N. 204 de 21 de outubro de 2022[62] traz listas com os Produtos Controlados pela Polícia Federal, que dividem tais produtos em Precursores (Lista I), Solventes (Lista II), Fármacos (Lista III), Ácidos (Lista IV), Bases (Lista V), Reagentes (Lista VI) e Exportação (Lista VII). Enquanto os produtos das listas I, II, III, VI e VII são controlados a partir de 1 g ou 1 mL, em concentração $\geq 1\%$, os produtos das listas IV e V são controlados a partir de 1 g ou 1 mL, em concentração $\geq 10\%$.

A Diretoria de Fiscalização de Produtos Controlados do Exército (DFPCE) Brasileiro fiscaliza os chamados Produtos Controlados pelo Exército (PCE), que abrangem produtos que apresentam poder destrutivo, propriedade que possa causar danos às pessoas ou ao patrimônio, indicação de necessidade de restrição de uso por motivo de incolumidade pública ou ainda aqueles que sejam de interesse militar[67-68], incluindo precursores de substâncias tóxicas que possam ser utilizadas como armas químicas[69]. Ressalta-se o artigo 88 do Decreto n. 10.030, de 30 de setembro de 2019, que aprova o Regulamento de Produtos Controlados; produtos químicos incluídos na lista de PCE devem ser destruídos quando apresentarem perda de estabilidade química, indícios de decomposição ou términos de validade, e a responsabilidade por tal destruição é do proprietário do PCE[67]. Este mesmo decreto prevê que quem exercer atividade com PCE com prazo de validade expirado, sem estabilidade química ou que apresente sinal de decomposição, de maneira a colocar em risco a integridade de pessoas ou de patrimônio está cometendo uma infração administrativa. Outros pontos importantes dizem respeito a procedimentos administrativos que devem ser adotados quando do exercício de atividades com alguns PCE, como a exigência de registro no Exército, de estabelecimento de um Plano de Segurança para quem realiza atividades laboratoriais com nitrato de amônio, ácido fluorídrico, cianeto de sódio ou cianeto de potássio[70] e a exigência de disponibilidade controles de engenharia, de equipamentos de proteção individual e de antídoto específico para fabricação, importação, depósito e manuseio de ácido fluorídrico (HF)[71]. O controle dos PCE é feito de forma descentralizada, sendo que o Comando da Região Militar tem um chefe de Serviço de Fiscalização de Produtos Controlados (SFPC), a quem é solicitado o apostilamento dos PCE para obtenção do Certificado de Registro, que é o documento que outorga a prestação de serviço com PCE. Relatórios trimestrais de movimentação de PCE devem ser entregues a este órgão controlador, o que pode ser feito pessoalmente ou por e-mail, a depender do país.

Ainda na esfera federal, a Anvisa exerce controle especial sobre medicamentos e substâncias entorpecentes, psicotrópicas e destas precursoras, entre outras[72-73]. Uma Autorização Especial (AE), que autoriza o exercício de atividades que envolvem insumos farmacêuticos, medicamentos e substâncias sujeitas a controle especial é exigida de empresas e estabelecimentos que realizam as atividades de armazenamento, distribuição, embalagem, expedição, exportação, extração, fabricação, fracionamento, importação, produção, purificação, reembalagem, síntese, transformação e transporte ou qualquer outra com substâncias sujeitas a controle especial ou com os medicamentos que as contenham, segundo o disposto na Portaria SVS/MS n. 344, de 1998 e na Portaria SVS/MS n. 6, de 29 de janeiro de 1999[74]. Uma AE[75] pode ser solicitada no site gov.br[76]. A Associação Brasileira de Transportadores Internacionais (ABTI) indica um passo a passo para essa solicitação[77]. Relatórios periódicos também devem ser entregues a este órgão. A periodicidade depende do produto controlado.

Nos estados brasileiros, a Polícia Civil também exerce papel fiscalizador. No Estado de São Paulo, desde 1935 existe fiscalização da fabricação, importação, exportação e do comércio, emprego ou uso de matérias explosivas, inflamáveis, armas, munições e produtos químicos agressivos ou corrosivos[78]. Atualmente, a Divisão de Produtos Controlados e Registros Diversos (DPCRD)[79] é a responsável pela emissão do Certificado de Vistoria, que tem validade de três anos (validade até o dia 31 de dezembro do último ano do triênio vigente), pela emissão de Licenças ou Alvarás, que devem ser renovados anualmente (validade até o dia 31 de dezembro do ano vigente)[80], pela fiscalização e também por outras providências necessárias para regularizar e manter regular uma atividade que envolva produtos por ela controlados[81-82]. Relatórios trimestrais com a movimentação de produtos controlados pela Polícia Civil devem ser enviados a este Órgão Controlador.

Acondicionamento de produtos químicos

Produtos químicos devem ser armazenados em frascos apropriados, compatíveis e devidamente rotulados, de modo permanente. É importante substituir ou providenciar a substituição imediata de rótulos ilegíveis ou danificados. Existem listas[83] e sites que podem ser utilizados como fonte de consulta sobre compatibilidade entre materiais e produtos químicos[40].

Armazenamento de produtos químicos

No Brasil, desde o século XX existem normas relacionadas ao armazenamento de líquidos e gases combustíveis e inflamáveis, a agrotóxicos, a desinfestantes, ao armazenamento no transporte[84] e a resíduos sólidos perigosos[85]. Apenas em outubro de 2024 foi publicada uma norma abrangente, aplicável ao armazenamento seguro de produtos químicos perigosos embalados (fracionados), bem como às atividades de armazenamento e de movimentação dentro dos armazéns, incluindo-se o armazenamento temporário[86]. Esta norma tem como objetivo direcionar a estocagem de produtos químicos considerando aspectos como adoção de recipientes e rotulagem adequados, luminosidade, temperatura, umidade e ventilação e ainda segregação dos produtos em função de sua classe de perigo, conforme a ABNT NBR 14725:2023[3] (ver "Rótulos de produtos químicos" neste capítulo) ou sua classe de risco segundo a Resolução ANTT[87] e compatibilidade química (ver "Outras fontes de perigo em atividades experimentais – Incompatibilidade de produtos químicos" neste capítulo), de acordo com 25 classes de armazenagem, ilustradas no Quadro 12. As frases H listadas na classificação são as frases de perigo utilizadas como elemento de comunicação de perigo[3] e os números UN ou ONU são números de quatro dígitos usados para diferenciar e indicar os produtos químicos perigosos. Uma vez determinada a classe de armazenamento de um produto químico, deve-se consultar o fluxograma, uma matriz de incompatibilidade química, presente, que direciona quais substâncias têm permissão, restrição ou proibição para serem armazenadas conjuntamente.

Requisitos estruturais e técnicos envolvendo a localização da edificação, os tipos de iluminação, ventilação, materiais de paredes, prateleiras e estantes, pavimentação, drenagem, contenção e medidas de proteção contra incêndios do local de estocagem também devem ser considerados. Depósitos devem estar afastados de áreas administrativas, de armazenamento ou de consumo de alimentos, bebidas e medicamentos, de locais com potencial de inundação ou erosão ou ainda de áreas protegidas. Por outro lado, estes espaços devem estar posicionados de modo a permitir o acesso de equipes e veículos de emergência. O armazém deve ter sinalização que informe sobre os seus perigos e o acesso a ele deve ser controlado.

O fracionamento de produtos dentro de áreas de armazenamento deve ser evitado, mas, se isso for estritamente necessário, deve-se executá-lo em ambiente ventilado, de modo que os frascos receptores não fiquem completamente cheios e utilizando equipamentos adequados para o procedimento (bandejas, sifões, espátulas, suportes, EPI e outros). Embalagens vazias resultantes desta operação deverão ser prontamente eliminadas como resíduo.

Quando materiais precisarem ser retirados do local de armazenamento, o transporte deve ser efetuado com cuidado, fazendo-se uso de equipamentos adequados (carros, caixas, materiais amortecedores de choques, embalagens secundárias de proteção e outros).

Condições especiais de armazenamento de um produto químico, como necessidade de refrigeração, de atmosfera inerte ou de proteção de exposição à luz, podem ser encontradas na Seção 7 da FDS – "Manuseio e Armazenamento" e no tópico Storage, do *Gestis Substance Database*[28].

É necessário manter um inventário dos produtos químicos em estoque, que indiquem pelo menos a movimentação, os perigos, a procedência, a localização, a documentação fiscal, o fornecedor, o prazo de validade e que permitam rastrear frascos. Este inventário deve ser constantemente atualizado.

O armazenamento de explosivos e de inflamáveis implica adequações específicas, que podem ser regulamentadas pelo Ministério do Trabalho e Emprego[88-89], Ministério da Defesa[90], Corpo de Bombeiros (Instruções técnicas do Corpo de Bombeiros sobre Segurança Contra Incêndio Para Líquidos Combustíveis e Inflamáveis (variam de acordo com o âmbito estadual; podem incluir indicações de distâncias entre inflamáveis, combustíveis e oxidantes, informações sobre gabinetes do tipo corta-fogo, quantidades máximas de armazenamento etc.), entre outros[91].

QUADRO 12 Classes de armazenamento

Descrição	Classe de armazenagem	Classificação[3,87]
Substâncias explosivas	1	Subclasses 1.1, 1.2, 1.3, 1.4 ou Frases H200, H201, H202, H203, H204, H205 ou Rótulo de Classe 1
Gases (exceto aerossol ou aplicadores de aerossol e isqueiros)	2A	Nmeros UN1051, UN1052 ou Frases H222, H223
Aerossol ou aplicadores de aerossol e isqueiros	2B	Números UN1057, UN1950 ou Frases H220, H221, H270, H280, H281
Líquidos Inflamáveis	3	Frases H224, H225, H226
Outros produtos químicos perigosos potencialmente explosivos	4.1 A	Explosivos dos GE I e II ou Frases H240, H241
Sólidos inflamáveis	4.1 B	Frase H228
Substâncias pirofóricas ou sujeitas a autoaquecimento	4.2	Frases H250, H251, H252
Substâncias que emitem gases inflamáveis em contato com a água	4.3	Frases H260, H261
Substâncias altamente oxidantes	5.1 A	Frase H271
Substâncias oxidantes	5.1 B	Frase H272
Nitrato de amônio ou misturas contendo nitrato de amônio	5.1 C	Números UN1942, UN2067, UN2071, UN3375
Peróxidos orgânicos ou substâncias autorreagentes	5.2	Frase H242
Substâncias com toxicidade aguda dos GE I e II, combustíveis	6.1 A	Frases H300, H310, H330 e Ponto de fulgor: > 60°C e ≤ 93°C
Substâncias com toxicidade aguda dos GE I e II, não combustíveis	6.1 B	Frases H300, H310, H330 e Ponto de fulgor: > 93°C
Substâncias com toxicidade aguda do GE III, substâncias perigosas que são tóxicas ou produzem efeitos crônicos, combustíveis	6.1 C	Frases H301, H311, H331, H340, H350, H360, H370, H372 e Ponto de fulgor: > 60°C e ≤ 93°C
Substâncias com toxicidade aguda do GE III, substâncias perigosas que são tóxicas ou produzem efeitos crônicos, não combustíveis	6.1 D	Frases H301, H311, H331, H340, H350, H360, H370, H372 e Ponto de fulgor: > 93°C
Substâncias infectantes	6.2	Subclasse 6.2
Material radioativo	7	Classe 7
Substâncias corrosivas, combustíveis	8 A	Frases H290, H314 e Ponto de fulgor: > 60°C e ≤ 93°C
Substâncias corrosivas, não combustíveis	8 B	Frases H290, H314 e Ponto de fulgor: > 93°C
Materiais não perigosos, nem para transporte, nem pelo GHS	9	–
Líquidos não enquadrados em nenhuma outra classe de armazenagem, combustíveis	10	Demais classes de perigo e Frases H não citadas em outras classes de armazenagem e Ponto de fulgor > 60°C e <= 93°C
Sólidos não enquadrados em nenhuma outra classe de armazenagem, combustíveis	11	Demais classes de perigo e Frases H não citadas em outras classes de armazenagem e Ponto de fulgor > 60°C e <= 93°C
Líquidos não enquadrados em nenhuma outra classe de armazenagem, não combustíveis	12	Demais classes de perigo e Frases H não citadas em outras classes de armazenagem
Sólidos não enquadrados em nenhuma outra classe de armazenagem, não combustíveis	13	Demais classes de perigo e Frases H não citadas em outras classes de armazenagem

GE: Grupo de embalagem. Refere-se à maneira que uma embalagem é confeccionada e certificada em função do risco de um produto perigoso. GE I: Grupo de Embalagem para substâncias que apresentam alto risco; GE II: Grupo de Embalagem para substâncias que apresentam médio risco.
Ponto de fulgor: temperatura mais baixa na qual um líquido sob determinadas condições libera gás ou vapor inflamável em tal quantidade que uma chama aparece ao entrar em contato com uma fonte de ignição.

São boas práticas de armazenamento de produtos químicos:

- Manter estoque mínimo, considerando a frequência de uso do produto.
- Respeitar a segregação adequada.
- Respeitar as condições de armazenamento recomendadas pelo fabricante ou fornecedor.
- Armazenar produtos químicos em recipientes adequados, fechados, com as tampas para cima e devidamente rotulados.
- Deixar os rótulos dos produtos à vista.
- Deixar espaço livre entre as embalagens de modo que se possa manuseá-las sem risco.
- Isolar ou confinar certos produtos, como os classificados como inflamável, explosivo, tóxico fatal, tóxico agudo mutagênico e carcinogênico, além daqueles com odor agressivo; usar armários específicos e sinalizados. Para os compostos com forte odor, usar armário equipado com sistema de exaustor e filtro; cancerígenos, mutagênicos e tóxicos letais devem ser mantidos em frascos com dupla proteção.
- Armazenar em áreas sob pressão negativa os produtos que tiverem odores desagradáveis, lacrimejantes, que apresentem alta pressão de vapor ou que apresentarem vapores reativos.
- Armazenar em locais frescos e bem ventilados, protegidos de temperaturas extremas, água, energia elétrica, luz, radiações e vibrações, equipados com instalações elétricas à prova de explosão, extintores adequados e *kits* para conter possíveis derramamentos.
- Armazenar sem obstruir portas, circulação, iluminação, elevadores, saídas de emergências, extintores e outros.
- Realizar inspeções regulares nos locais de armazenamento, observando as condições das instalações, estantes, armários, prateleiras, equipamentos de refrigeração, frascos e rótulos, procedendo a adequação necessária caso encontre alguma anormalidade.
- Realizar inspeções periódicas de produtos que se degradam com o tempo ou que tenham tempo de prateleira curto.
- Manter a área de estocagem isenta de bebidas, alimentos, medicamentos.
- Usar contentores secundários de material compatível sob os frascos de produtos químicos.
- Colocar produtos sólidos em posições superiores aos líquidos.
- Colocar produtos mais perigosos e mais pesados em posições mais próximas do chão.
- Sinalizar o local de armazenamento informando os perigos dos produtos, as saídas de emergência e a localização de extintores de incêndio.
- Manter produtos termicamente instáveis em aparelhos de refrigeração específicos para produtos químicos ou em local com controle de temperatura.
- Usar armários projetados especialmente para inflamáveis e corrosivos.
- Usar estantes, armários ou prateleiras fixados em estrutura permanente, de material compatível com os reagentes e suficientemente fortes para aguentar o peso dos frascos que neles serão colocados.
- Usar anteparos nas prateleiras ou manter pelo menos 10 cm de sua frente livre.
- Considerar a compatibilidade dos reagentes com os materiais das embalagens de outros reagentes.
- Manter um banco com todas as Fichas de Dados de Segurança dos produtos armazenados.
- Instalar cilindros de gás distante de outros materiais perigosos, em local externo, seguro, fora das áreas de circulação, coberto, sinalizado e bem ventilado. Cilindros devem estar na vertical, presos por corrente, com capacete se não estiverem sendo utilizados, segregados em função de compatibilidade e de estarem cheios ou vazios.
- Não armazenar produtos que não são utilizados, vencidos, sem identificação, sem data de validade ou deteriorados.
- Não armazenar conjuntamente produtos incompatíveis.
- Não utilizar apenas critérios como classe química, tamanho de frasco e ordem alfabética no armazenamento.
- Não armazenar diretamente sobre o piso, próximo ao teto ou luminárias.
- Não armazenar reagentes na bancada ou em capelas.
- Não armazenar reativos com água próximos a pias, chuveiros, *sprinklers*, outros dispositivos para extinção de incêndio que façam uso de água ou qualquer outra fonte de água.
- Não armazenar em refrigeradores de uso doméstico.
- Não fumar, beber, comer ou fazer uso de medicamentos nos locais de estocagem.
- Não armazenar em prateleiras de altura superior à dos olhos.
- Não empilhar frascos.
- Não armazenar outros materiais em armários de produtos químicos.
- Não abrir ou deixar frascos abertos na área de armazenamento.
- Não forrar prateleiras com papel.

- Não usar prateleiras de metal para produtos corrosivos, a menos que sejam pintadas com tinta especial (tinta epóxi).
- Não armazenar produtos oxidantes em prateleiras de madeira, a menos que sejam pintadas com tinta especial (tinta epóxi), nem próximos a unidades, dutos ou tubulações aquecidas.
- Não usar estantes/salas de cimento ou concreto para o armazenamento de ácidos.
- Não armazenar produtos químicos acondicionados em embalagens de alimentos, bebidas, medicamentos ou produtos de limpeza.

Exemplos adicionais e simplificados sobre armazenamento de pequenas quantidades de produtos químicos em laboratórios, em especial em escolas, e que também levam em consideração a classe de perigo, a categoria química e a incompatibilidade do produto químico, podem ser obtidos no site da *NIOSH*[92] e da Universidade de Toronto[93], entre outros[94-96]. A categoria química pode ser encontrada no *Gestis*[28] (ver *Characterization* e *Substance Group Code*) e no site da *Flinn Scientific* (procurar pelo produto e ver *Product Details*)[97].

Gestão de resíduos químicos

Desde a década de 1990, houve uma evolução da consciência e da atuação em busca de melhor utilização de materiais e da gestão adequada de resíduos perigosos nos setores industrial e acadêmico, como consequência da maior atuação dos órgãos ambientais estaduais. Neste tópico, serão abordados aspectos legais e as principais etapas relativas ao gerenciamento de resíduos químicos.

Legislação e normatização

A Política Nacional de Resíduos Sólidos (PNRS)[98], estabelecida pela Lei n. 12.305, de 2 de agosto de 2010, define resíduos sólidos como

> "material, substância, objeto ou bem descartado resultante de atividades humanas em sociedade, a cuja destinação final se procede, se propõe proceder ou se está obrigado a proceder, nos estados sólido ou semissólido, bem como gases contidos em recipientes e líquidos cujas particularidades tornem inviável o seu lançamento na rede pública de esgotos ou em corpos d'água, ou exijam para isso soluções técnica ou economicamente inviáveis em face da melhor tecnologia disponível."

Esta mesma lei também adota o termo rejeitos, que são: "resíduos sólidos que, depois de esgotadas todas as possibilidades de tratamento e recuperação por processos tecnológicos disponíveis e economicamente viáveis, não apresentem outra possibilidade que não a disposição final ambientalmente adequada". Para a PNRS, os resíduos podem ser classificados de acordo com sua origem ou por sua periculosidade.

Em relação à origem, os resíduos podem ser domiciliares, de limpeza urbana, sólidos urbanos, de estabelecimentos comerciais e prestadores de serviços, dos serviços públicos de saneamento, industriais, da construção civil, agrossilvopastoris, de transportes, de mineração e de serviços de saúde.

Os serviços de saúde (dentro dos quais alguns setores do ensino e da pesquisa se enquadram) são regulamentados em relação aos seus resíduos pela classificação adotada na Resolução n. 358, de abril de 2005, do Conselho Nacional do Meio Ambiente (CONAMA)[99] e pela Resolução RDC n. 222, de março de 2018, da Agência Nacional de Vigilância Sanitária (Anvisa)[38]. Essas resoluções dividem os resíduos em grupos, quais sejam:

- Grupo A – resíduos biológicos ou contaminados por agentes biológicos.
- Grupos B – resíduos químicos ou contaminados por químicos perigosos.
- Grupo C – rejeitos radioativos.
- Grupo D – resíduos comuns.
- Grupo E – materiais perfurocortantes.

Competem ao Setor de Vigilância Sanitária das Secretarias de Saúde estaduais ou municipais (Vigilância Sanitária) e aos órgãos de meio ambiente e limpeza pública o cumprimento, a divulgação e a orientação desta Resolução. Na prática, o órgão de limpeza pública recusa-se a executar os serviços de coleta diante de uma irregularidade e comunica à Vigilância Sanitária para autuação do infrator. Observa-se então que, para enquadramento e aplicação da lei, deve-se utilizar sempre a normatização mais restritiva, que é, portanto, a municipal, seguida da estadual e, por fim, a federal.

Para decidir se um resíduo é ou não perigoso, adota-se a Norma NBR 10004, publicada em 2004 pela ABNT e atualmente em revisão[100a]. Esta norma define e classifica os resíduos sólidos quanto aos seus riscos potenciais ao meio ambiente e à saúde pública, para que possam ser adequadamente gerenciados. A NBR 10.004 estabelece, ainda, os critérios de classificação e os códigos para a identificação dos resíduos de acordo com suas características. A classificação dos resíduos envolve a identificação do processo ou atividade que lhes deu origem e de seus constituintes e características, além da comparação destes constituintes com listagens de resíduos e substâncias cujo impacto à saúde e ao meio ambiente é conhecido. Segundo a NBR 10.004:2004, os resíduos classificam-se em:

- Classe I – perigosos.
- Classe II – não perigosos.
- Classe II A – não inertes.
- Classe II B – inertes.

Características de perigo das substâncias que compõem o resíduo, encontradas na Seção 2 da FDS, considerando sua concentração, conforme o estabelecido na Norma Brasileira ABNT NBR 14725:2023, podem auxiliar nesta classificação. Também é possível contratar um terceiro que faça análises e emita laudo atestando a periculosidade do resíduo.

A norma ABNT NBR 10004 está sendo revisada[100b]. A nova edição não havia sido publicada até o fechamento deste capítulo, mas sabe-se que ela será dividida em duas partes, quais sejam: "Parte 1: Requisitos de classificação" e "Parte 2: Sistema geral de classificação de resíduos (SGCR)", além de 5 anexos (A-E). A primeira parte abrange os requisitos de classificação, que incluem as características de inflamabilidade, corrosividade, reatividade, patogenicidade e toxicidade. Já a segunda parte apresenta o Sistema Geral de Classificação de Resíduos (SGCR), um ambiente sistematizado desenvolvido pela ABNT em forma de listas e banco de dados periodicamente atualizados. Assim, a classificação do resíduo em Classe I – Perigoso ou Classe 2 – Não Perigoso é feita de acordo com os seguintes passos:

- Enquadramento do Resíduo, conforme a Lista Geral de Resíduos (LGR), existente no Anexo A.
- Avaliação da presença de Poluentes Orgânicos Persistentes no resíduo, consultando o Anexo C.
- Avaliação de propriedades físico-químicas: Consideração de inflamabilidade, reatividade, corrosividade e propriedades infectocontagiosas do resíduo, utilizando metodologias listadas no Anexo D.
- Avaliação de Toxicidade: Utilização da Lista de Substâncias Conhecidamente Tóxicas e Regras para avaliação da toxicidade de substâncias e resíduos (listados ou não na LSCT), via comparação com o Anexo B.

Ressalta-se que a Norma ABNT 10004:2004 deverá estar em vigor até o lançamento da nova edição.

No caso das instituições de ensino e pesquisa, é necessário o conhecimento das duas classificações (Norma NBR 10004 da ABNT e Resoluções n. 358 do CONAMA e n. 222, da Anvisa supracitadas), já que são utilizados reagentes e produtos classificados como perigosos que geram resíduos também perigosos, perfeitamente enquadrados na classe I, e já que também há a geração de resíduos de saúde característicos da atividade hospitalar, nesse caso regulamentada pelo CONAMA e pela Anvisa.

Os resíduos e os rejeitos de aulas experimentais também devem ser tratados adequadamente[101]. Os critérios e as concentrações máximas de poluentes permitidas em efluentes líquidos industriais (nas quais se incluem as atividades desenvolvidas em laboratórios de ensino e de pesquisa) para lançamento no sistema coletor público de esgoto sanitário estão descritos pela norma NBR 9.800, de abril de 1987[102], pelas Resoluções CONAMA n. 357, de 17 de março de 2005[103] e n. 430, de 13 de maio de 2011[104] e, em São Paulo, pelo Decreto do Estado (DE) n. 8.468, de 8 de setembro de 1976[105].

A título de ilustração, no caso da cidade de São Paulo, onde o trabalho de coleta dos resíduos de serviços de saúde (RSS) funciona adequadamente, o gerenciamento fica a cargo da Agência Reguladora de Serviços Públicos do Município de São Paulo/SP Regula[106]. Este órgão executa o trabalho de modo rotineiro e disciplinado por normas pré-estabelecidas (baseadas na Resolução n. 358 do CONAMA[99]). Os geradores de resíduos sólidos de serviços de saúde devem realizar e manter um cadastro atualizado para que tenham os seus resíduos coletados[107]. A coleta é feita por empresas concessionárias, e o órgão se reserva o direito de não coletar os resíduos de estabelecimentos que não cumprirem as determinações e normas em vigor e se propõe a comunicar o órgão ambiental competente, o Centro de Vigilância Sanitária e o Ministério Público, para efeito do cumprimento da lei específica e aplicação das sanções cabíveis.

De particular interesse para o setor farmacêutico são os medicamentos vencidos, adulterados ou inapropriados para consumo. Neste caso, eles são considerados resíduos químicos do grupo B, segundo a Resolução CONAMA n. 358, de 29 de abril de 2005[99] e a Resolução Conjunta SS/SMA/SJDC n. 1, de 29 de junho de 1998[108], e devem ser tratados de forma adequada antes de serem descartados[38,109]. No Estado de São Paulo, deve-se ainda obedecer às determinações da norma técnica sobre gerenciamento de resíduos perigosos de medicamentos em serviços de saúde, Portaria CVS n. 21, de 10 de setembro de 2008[109]. Aspectos práticos, técnicos e legais do gerenciamento de resíduos químicos farmacêuticos em indústrias e laboratórios foram discutidos e podem ser de interesse para geradores deste tipo de resíduos, inclusive de medicamentos sujeitos a controle especial[73,111-113].

Consumidores devem fazer o descarte de seus medicamentos domiciliares vencidos ou em desuso de uso humano, sejam eles industrializados ou manipulados, encaminhando estes resíduos para pontos de coleta, que podem ser drogarias, farmácias ou Unidades Básicas de Saúde (UBS), a depender do município onde se encontrem[109,114].

Diante do assombroso número de milhões de substâncias químicas conhecidas, das quais cerca de 130 mil oferecem algum tipo de periculosidade e pouco mais de 200 apresentam método do descarte adequado, outras entidades, conselhos e sindicatos também atuam para colaborar com a diminuição de riscos por meio da melhoria na segurança química, sempre com base nas normas da ABNT.

Deve-se mencionar que a insalubridade das atividades e operações em ambientes industriais, de ensino e de pesquisa é definida pela Norma Regulamentadora n. 15 (NR 15), publicada pelo Ministério do Trabalho e Emprego, em 6 de julho de 1978, e constantemente atualizada[15]. Da mesma forma, ressalta-se a importância da Norma Regulamentadora n. 25 (NR 25) – Resíduos Industriais, que estabelece requisitos de segurança e saúde no trabalho para o gerenciamento de resíduos industriais e que os trabalhadores envolvidos em atividades de coleta, manipulação, acondicionamento, armazenamento, transporte, tratamento e disposição de resíduos industriais devem ser capacitados pela empresa, de forma continuada, sobre os riscos ocupacionais envolvidos e as medidas de prevenção adequadas[115].

Existem inúmeras normas técnicas, normas regulamentadoras e leis que contemplam o exposto, publicadas nas esferas federal, estadual e municipal. O Capítulo "Legislação aplicada à gestão de biossegurança em laboratórios de ensino e pesquisa" faz um arrazoado dessas regulamentações, e ressalta-se que é obrigação do gerador de resíduos acompanhar novas publicações e atualizações da legislação.

Em relação a produtos químicos, salienta-se a importância da Lei de Crimes Ambientais, Lei n. 9.605, de 12 de fevereiro de 1998, que dispõe sobre as sanções penais e administrativas derivadas de condutas e atividades lesivas ao meio ambiente, e dá outras providências[116]. Em seu artigo de número 56 esta lei estabelece como pena reclusão, de um a quatro anos, e multa, para quem produzir, processar, embalar, importar, exportar, comercializar, fornecer, transportar, armazenar, guardar, tiver em depósito ou usar produto ou substância tóxica, perigosa ou nociva à saúde humana ou ao meio ambiente, em desacordo com as exigências estabelecidas em leis ou nos seus regulamentos. Nestas mesmas penas incorre aquele que abandonar os produtos ou substâncias referidos no caput ou utilizá-los em desacordo com as normas ambientais ou de segurança ou ainda quem manipular, acondicionar, armazenar, coletar, transportar, reutilizar, reciclar ou dar destinação final a resíduos perigosos de forma diversa da estabelecida em lei ou regulamento. Merecem ainda ser citadas a Política Nacional do Meio Ambiente, Lei n. 6.938 de 31 de agosto de 1981, que dispõe sobre a Política Nacional do Meio Ambiente, seus fins e mecanismos de formulação e aplicação, e dá outras providências[117], a Política Estadual de Resíduos Sólidos, Lei n. 12.300 de 16 de março de 2006, que institui a Política Estadual de Resíduos Sólidos e define princípios e diretrizes para o Estado de São Paulo[118] e o Decreto n. 10.936, de 12 de janeiro de 2022, que regulamenta a Política Nacional de Resíduos Sólidos[119]. Também é importante conhecer a Política Ambiental da Instituição na qual se trabalha, que deve estar de acordo com as leis já mencionadas.

Resíduos, produtos controlados e produtos vencidos

O Código De Proteção e Defesa Do Consumidor, em seu Artigo 18, parágrafo 6º, afirma que são impróprios ao uso e consumo os produtos cujos prazos de validade estejam vencidos[120]. Da mesma forma, a ABNT NBR 10004:2004 afirma que produtos tóxicos são considerados resíduos se estiverem fora do prazo de validade[100], e a Norma Técnica Cetesb P4.262/2007[121] considera como resíduo aqueles que estiverem impróprios para uso por serem vencidos.

Os órgãos responsáveis pelo controle dos Produtos Controlados fazem referência à necessidade de destruição de produtos com prazo de validade expirado[67], destruição essa que deve ser feita sem causar danos ao meio ambiente e à saúde pública, mediante o emprego de métodos adequados e em conformidade com as normas técnicas estabelecidas ou com os órgãos ambientais e de saúde[65]. Em alguns casos, faz-se necessário comunicar ao órgão controlador o local onde será feita a destinação do resíduo, podendo este órgão condicionar o processo à presença de um representante da respectiva unidade de fiscalização. A Polícia Federal publicou um roteiro referente à destruição de produtos químicos controlados[122]. Acrescenta-se que, em 2022, considerando questões ambientais, em especial a necessidade de minimização da geração de resíduos, a CETESB aprovou um guia técnico para extensão do uso de produtos químicos com prazo de validade vencido[123-124]. Entretanto, o próprio órgão ambiental paulista declara que as orientações presentes neste guia devem ser usadas apenas como diretrizes gerais, não devendo ser interpretadas de forma estrita.

Gerenciamento de resíduos químicos

Conforme a Norma ABNT NBR 16725:2023[125], pode-se definir resíduo químico perigoso como uma substância, mistura ou material remanescente de atividades de origem industrial, serviços de saúde, instituições de ensino ou pesquisa, laboratórios de análises, agrícola e comercial classificado como perigoso pela

ABNT NBR 10004100 ou pela legislação de transporte terrestre vigente[126] ou pela ABNT NBR 14725:2023[3], a ser destinado conforme legislação ambiental vigente, como utilização em outro processo, reprocessamento ou recuperação, reciclagem, coprocessamento, destruição térmica e aterro.

O gerenciamento de materiais classificados como perigosos depende de um programa bem definido, que seja claro em seus objetivos e de entendimento e funcionamento simples.

A divulgação dos objetivos, dos trabalhos realizados e dos progressos alcançados deve ser precisa, frequente e ter linguagem acessível. O cronograma das atividades também tem de ser planejado e prático, sobretudo em relação aos dias de coleta e ao cumprimento das etapas estabelecidas.

É importante não deixar pendências, principalmente resposta a um problema específico ou disposição adequada de um material perigoso disponibilizado para descarte ou reciclagem.

O gerenciamento de resíduos é um trabalho que se torna cada vez mais importante. Por isso, o trabalho de esclarecimento e sensibilização, somado à praticidade e à objetividade, é fundamental para a implantação e o bom funcionamento dessa tarefa para o meio ambiente e para a saúde pública.

Várias ações permanentes devem ser adotadas, como[127]:

- Implementar a responsabilidade objetiva, que preconiza que o gerador do resíduo é responsável por todas as etapas de seu gerenciamento, incluindo o transporte externo e a disposição final ambientalmente adequada.
- Evitar e minimizar a geração de resíduos e rejeitos.
- Economizar reagentes, água e energia elétrica.
- Implementar a obrigatoriedade da identificação conforme previsto em lei de todos produtos químicos, suas misturas, diluições e soluções em uso no laboratório, bem como dos resíduos gerados.
- Segregar os resíduos em correntes e inventariar cada uma delas.
- Criar condições para o recolhimento e a estocagem temporária dos resíduos.
- Detectar áreas (ou experimentos ou laboratórios) críticas quanto à geração (natureza e volume) dos resíduos.
- Treinar todos os envolvidos na manipulação de produtos e resíduos químicos.
- Não descartar em rede de esgoto nenhum resíduo perigoso ou fora de parâmetros estabelecidos em legislação específica.
- Não diluir resíduos para atingir parâmetros estabelecidos em legislação específica.
- Avaliar novos procedimentos para o tratamento dos resíduos.

Etapas de gerenciamento de resíduos

Levantamento ou inventário de resíduos químicos

Consiste na quantificação, na caracterização e na classificação dos resíduos gerados. Deve-se realizar um levantamento dos resíduos que serão gerados em todos os processos, realizados rotineiramente ou não, em cada laboratório, e que envolvam produtos químicos. Para um levantamento completo, é necessário conhecer todos os reagentes que serão utilizados, as soluções que serão preparadas, as possíveis sobras destas operações e os componentes presentes nestas sobras, sem esquecer das reações que ocorreram durante as atividades experimentais. Além disso, também é importante realizar um levantamento de todos os produtos químicos existentes no laboratório e em almoxarifados, isto é, fazer um inventário para saber quais produtos químicos estão disponíveis na instituição e em que quantidade. Sobras de amostras recebidas, assim como peças de equipamentos que contenham produtos químicos (termômetro, bomba de vácuo), insumos que podem estar contaminados com produtos químicos (embalagens, papéis de filtro, luvas, algodão, vidraria quebrada, utensílios plásticos descartáveis etc.) também devem ser considerados resíduos químicos, dos mesmos produtos que os contaminam. É a partir do inventário que se decide como um resíduo deve ser segregado, acondicionado, rotulado, armazenado, destinado e transportado[127].

Algumas recomendações devem ser seguidas quando da realização do inventário:

- O produto/resíduo deve ser catalogado por seu nome completo e número CAS. Misturas devem ser catalogadas com informações sobre seus componentes, concentrações e data de preparo.
- Antes de remover um frasco, observar o rótulo do produto e verificar as propriedades físicas e as recomendações de segurança para a manipulação do material.
- Frascos de produtos químicos com rótulos em boas condições e dentro do prazo de validade devem ser cadastrados com o maior número possível de informações.
- Frascos sem rótulo, com identificação precária ou com propriedades físicas diferentes das descritos na literatura devem ser manuseados com cuidado, pois

podem conter peróxidos ou materiais explosivos. Além disso, precisam ser armazenados para posterior identificação e descarte e não devem ser abertos, a não ser por pessoal especializado.

- Frascos com substâncias explosivas, como picratos, azidas, 1-hidroxibenzotriazol seco ou ácido pícrico seco, entre outras, ou que podem ser explosivas após a finalização do seu prazo de validade, como estireno, acetato de vinila ou butadieno, entre outras, devem ser manipulados com cuidado e por uma pessoa devidamente treinada e protegida[128].
- Frascos com substâncias que possuem riscos elevados de formação de peróxidos nos processos de concentração por exposição ao ar durante estocagem, como butadieno, dioxano, éter isopropílico, éter vinílico, potássio metálico, sodamida e tetra-hidrofurano, entre outras, devem ser manipulados com cuidado e por uma pessoa devidamente treinada e protegida.
- As quantidades devem ser estimadas em unidades de volume ou peso e não por frascos.
- Os prazos de validade devem ser anotados e respeitados. Assim, frascos de produtos químicos com prazos de validade vencidos precisam ser armazenados para posterior descarte, e frascos de produtos com vencimento próximo devem ser selecionados para utilização imediata.
- O inventário deve ser atualizado sempre que um produto for comprado, utilizado ou enviado para tratamento ou disposição.
- Recipientes com vazamentos devem ser substituídos ou reembalados.

Minimização de geração de resíduos químicos

Minimizar resíduos significa adotar qualquer ação para reduzir a quantidade ou a periculosidade de um resíduo antes de seu tratamento ou disposição final.

A minimização pode ser efetuada na origem, quando um determinado resíduo deixa de ser gerado, por exemplo, pela adoção de controles de estoques, de aquisições e de práticas corretas de manipulação, por alterações de processos, pela diminuição da escala de trabalho ou ainda pela substituição de reagentes. A minimização também pode ser alcançada pelo reaproveitamento de resíduos, via reúso ou reciclagem. A adoção de medidas de minimização é uma exigência legal que deve constar de Planos de Gerenciamento de Resíduos, sejam de saúde, sejam sólidos, conforme resoluções da Anvisa, do CONAMA e da PNRS[38,98-99].

Programa de intercâmbio de produtos químicos perigosos

Nas instituições, deve ser organizado um programa para estabelecer intercâmbio entre usuários que façam uso de materiais químicos perigosos. Assim, evita-se que resíduos químicos sejam gerados pela deterioração ou pelo vencimento de reagentes. A manutenção de um inventário de reagentes químicos, preferencialmente informatizado, seja em planilha ou em softwares específicos[129], compartilhado com todos, facilita este processo.

Segregação de resíduos químicos

A segregação de resíduos tem como finalidade garantir a reutilização e a reciclagem, o que implica economia de recursos e também a segurança no manuseio. Os resíduos devem ser segregados na origem, de acordo com alguns critérios, relacionados às suas características físicas e químicas[120]. O primeiro deles leva em consideração a periculosidade, definida conforme a norma ABNT NBR 10004:2004[100]. Assim, resíduos perigosos devem ser segregados dos não perigosos. É fundamental lembrar que a caracterização de um resíduo como não perigoso não implica seu descarte sem tratamento prévio, uma vez que existem parâmetros que devem ser obedecidos para tal, como aqueles estabelecidos nas resoluções CONAMA números 357:2005[103], 397; 2008[130], 430:2011[104], na Norma Brasileira ABNT NBR 9800:1987[102], ou ainda em legislação estadual e municipal que verse sobre estes parâmetros. Um exemplo envolve uma solução aquosa de ácido clorídrico 0,001M, classificado como resíduo não perigoso por apresentar pH=3, que está entre os valores utilizados para a classificação de perigo (pH menor ou igual a 2 e pH maior ou igual a 12,5), mas não pode ser vertido num corpo receptor por estar fora da faixa permitida (pH menor ou igual a 5 e pH maior ou igual a 9).

Um segundo critério a ser considerado é o estado físico. De acordo com este critério, resíduos sólidos, líquidos e gasosos devem ser separados. Além disso, deve-se respeitar a compatibilidade entre os resíduos, de tal modo que resíduos incompatíveis devem ser obrigatoriamente segregados. Por fim, deve-se levar em conta a destinação final ambientalmente correta do resíduo, isto é, sua reutilização, reciclagem, recuperação, seu aproveitamento energético ou ainda a disposição final[121].

Resíduos químicos podem ser coletados no mesmo recipiente, desde que tenham a mesma periculosidade, o mesmo estado físico e que sejam compatíveis entre si. É muito útil e segura a orientação[131] que propõe a divisão dos resíduos em dois grupos de materiais incompatíveis, A e B, e estabelece as possíveis consequências da mistura dos resíduos químicos do subgrupo A com os do subgrupo B (Quadro 13).

Para a segregação e a contenção de resíduos químicos, pode ser adotada uma classificação[132] que se divide em nove tipos de recipientes rotulados com caracterização detalhada conforme suas características, subdivididas de

QUADRO 13 Incompatibilidade de resíduos subdivididos nos grupos A e B, incompatíveis[131]

GRUPO 1	
Grupo 1-A	**Grupo 1-B**
Acetileno Águas residuárias alcalinas Bases já utilizadas Líquidos alcalinos Produtos de limpeza alcalinos Soluções alcalinas de baterias	Ácidos já utilizados Líquidos de decapagem Lodo ácido Produtos de limpeza Soluções ácidas Soluções ácidas de baterias
GRUPO 2	
Grupo 2-A	**Grupo 2-B**
Alumínio Berílio Cálcio Hidretos metálicos Lítio Magnésio Metais reativos Potássio Sódio Zinco em pó	Qualquer resíduo classificado no grupo 1-A ou grupo 1-B
GRUPO 3	
Grupo 3-A	**Grupo 3-B**
Água Álcoois	Hidretos metálicos Cálcio, lítio, potássio $SO2Cl_2$, $SOCl_2$, PCl_3, $SiCl_3$ Resíduos dos grupos 1-A e 1-B
GRUPO 4	
Grupo 4-A	**Grupo 4-B**
Álcoois Aldeídos Compostos orgânicos halogenados Compostos orgânicos nitrogenados Hidrocarbonetos insaturados Solventes orgânicos	Resíduos classificados nos grupos 1-A, 1-B e 2-A
GRUPO 5	
Grupo 5-A	**Grupo 5-B**
Cianetos Sulfetos	Resíduos classificados no grupo 1-B
GRUPO 6	
Grupo 6-A	**Grupo 6-B**
Ácido crômico Ácido nítrico fumegante Ácidos minerais concentrados Cloratos Cloro Hipoclorito Nitratos Oxidantes enérgicos Percloratos Permanganatos Peróxidos	Ácido acético e outros ácidos orgânicos Cloritos Resíduos classificados nos grupos 2-A e 4-A Resíduos inflamáveis e combustíveis
Resíduos dos grupos 1-A e 1-B, quando misturados, podem gerar calor e reações violentas. Resíduos dos grupos 2-A e 2-B, quando misturados, podem gerar fogo, explosão e gás inflamável (hidrogênio). Resíduos dos Grupos 3-A e 3-B, quando misturados, podem gerar calor, fogo, explosão, geração de gases inflamáveis e/ou tóxicos. Resíduos dos Grupos 4-A e 4-B, quando misturados, podem gerar reações violentas, fogo e explosão. Resíduos dos Grupos 5-A e 5-B, quando misturados, geram gases tóxicos como cianeto de hidrogênio e sulfeto de hidrogênio. Resíduos dos Grupos 6-A e 6-B, quando misturados, podem gerar reações violentas, fogo e explosão.	

A a I, de acordo com o Quadro 14. As referências citadas no tópico "Incompatibilidade de Produtos Químicos" também se aplicam na segregação de resíduos químicos.

QUADRO 14 Classificação para recipientes coletores de resíduos químicos[132]

Classificação	Resíduo
A	Solventes orgânicos livres de halogênios e substâncias orgânicas em solução
B	Solventes orgânicos que contêm halogênio e substâncias orgânicas em solução (atenção: não usar recipientes de alumínio)
C	Resíduos sólidos de produtos químicos orgânicos do laboratório
D	Sais em solução (os conteúdos de tais recipientes devem ser ajustados para pH 6 a 8)
E	Resíduos inorgânicos tóxicos e sais de metais pesados e soluções
F	Compostos inflamáveis tóxicos
G	Mercúrio e resíduos de sais de mercúrio inorgânicos
H	Resíduos de sal metálico (cada metal deve ser coletado separadamente)
I	Sólidos inorgânicos

Identificação e rotulagem de resíduos químicos

Ficha com dados de segurança de resíduos (FDSR)

A Norma ABNT NBR 16725[125] Resíduo químico perigoso – Informações sobre segurança, saúde e meio ambiente – Ficha com dados de segurança de resíduos (FDSR) e rotulagem apresenta informações para a elaboração da ficha com dados de segurança de resíduos (FDSR) classificados como ou contaminados com resíduos perigosos de acordo com a ABNT NBR 10004[100] e/ou pelo Decreto Federal n. 96.044, de 18 de maio de 1988, que aprova o Regulamento para o Transporte Rodoviário de Produtos Perigosos[126] e/ou pela ABNT NBR 14725[3]. Assim, o gerador deste tipo de resíduo deve tornar disponível ao receptor e ao usuário uma FDSR completa, com as informações pertinentes quanto à segurança, à saúde e ao meio ambiente. O gerador deve manter a FDSR atualizada e torná-la disponível ao receptor e ao usuário. A FDSR deve apresentar 16 seções claramente separadas, com títulos e subtítulos apresentados em destaque. Os subtítulos não são obrigatórios. Para os resíduos químicos classificados como não perigosos, a FDSR não é obrigatória. As 16 seções da FDSR são:

- Identificação: nome do resíduo químico, processo de geração, nome da empresa geradora, endereço, telefone para contato e telefone de emergência. O código interno de identificação do resíduo pode ser informado, quando existente.
- Identificação de perigos: classificação de perigo do resíduo químico e sistema de classificação utilizado, perigos do resíduo químico, com os efeitos adversos à saúde, ambientais, físicos e químicos.
- Composição e informações sobre os ingredientes: Informar se o resíduo químico é uma substância, mistura ou material contaminado com produto químico perigoso; informar a composição básica qualitativa do resíduo químico, devendo incluir o(s) ingrediente(s) conhecido(s) que contribui(em) para o perigo; podem ser informados a identidade química, o número de registro CAS e a concentração ou faixa de concentração de todos os ingredientes perigosos para a saúde ou para o meio ambiente presentes neste resíduo.
- Medidas de primeiros socorros: medidas de primeiros socorros, ações que devem ser evitadas e recomendações para proteção do socorrista e/ou notas ao médico.
- Medidas de combate a incêndio: meios de extinção, perigos específicos provenientes do resíduo, medidas de proteção especiais para a equipe de combate a incêndio.
- Medidas de controle para derramamento ou vazamento: precauções pessoais e ao meio ambiente, métodos de limpeza e procedimentos em caso de emergência.
- Manuseio e armazenamento: métodos de manuseio, precauções e orientações para manuseio seguro, medidas técnicas apropriadas, inapropriadas e recomendações específicas para o armazenamento.
- Controle de exposição e proteção individual: medidas de controle de engenharia, equipamentos de proteção individual apropriado para olhos, face, pele, corpo e respiratória, incluindo aqueles necessários para o atendimento de emergência.
- Propriedades físicas e químicas: aspecto, pH, ponto de fulgor, solubilidade, limite de explosividade e outras informações.
- Estabilidade e reatividade: reatividade, estabilidade, incompatibilidade química e outras informações.
- Informações toxicológicas: efeitos toxicológicos, toxicidade aguda, crônica e efeitos específicos.
- Informações ecológicas: dados ecológicos.
- Considerações sobre destinação final: métodos recomendados para tratamento e disposição seguros e ambientalmente aprovados.
- Informações sobre transporte: regulamentações nacionais para o transporte terrestre, quando apro-

priado – Número ONU, nome apropriado para embarque, classe e subclasse de risco principal e subsidiário, número de risco, grupo de embalagem; regulamentações adicionais e medidas e condições específicas de precaução para o transporte.
- Informações sobre regulamentações: regulamentações específicas para o resíduo químico.
- Outras informações: outras informações, referências bibliográficas, legendas e abreviaturas.

Rotulagem de resíduos

Resíduos químicos devem ser apropriadamente rotulados, conforme o estabelecido na NBR 16.725[125]. Por esta norma, um rótulo de um resíduo químico classificado como perigoso de acordo com a ABNT NBR 10004[100] e/ou pelo Decreto Federal n. 96.044, de 18 de maio de 1988, que aprova o Regulamento para o Transporte Rodoviário de Produtos Perigosos[126] e/ou pela ABNT NBR 14725[3] deve conter o seguinte conteúdo:

- Nome do resíduo: o rótulo deve conter o nome do resíduo químico perigoso conforme utilizado na Ficha com Dados de Segurança do Resíduo Químico (FDSR).
- Nome e telefone(s) de emergência do gerador: O(s) telefone(s) de emergência deve(m) oferecer suporte para situações de emergência, fornecendo informações sobre o resíduo químico perigoso. O código interno de identificação do resíduo pode ser informado (quando existente).
- Composição química: o rótulo deve conter a composição básica qualitativa do resíduo. Quando não for possível informar, de maneira precisa, os ingredientes que contribuem para o perigo, deve-se complementar com informações mais detalhadas sobre o processo gerador.
- Informação do perigo: o rótulo deve conter a(s) descrição(ões) de perigo(s) estabelecido(s) na classificação conforme a ABNT NBR 10004[100] ou pela legislação de transporte terrestre vigente[126] ou pela ABNT NBR 14725[3], de acordo com a classificação estabelecida na Seção 2 da FDSR. O sistema de classificação utilizado deve ser referenciado. No caso de resíduos de materiais contaminados com produto(s) químico(s) perigoso(s), a classificação de perigo deste resíduo deve ser baseada, quando possível, nas características físico-químicas do próprio resíduo final, ou pode ser classificado baseado nos perigos do(s) contaminante(s) deste material.
- Frases de precaução: as frases de precaução aplicáveis devem ser incluídas no rótulo do resíduo químico perigoso e compreendem informações sobre: perigo físico; como evitar potencial uso indevido e exposição à saúde; medidas em casos de acidentes e para proteção ambiental; medidas apropriadas de destinação.
- Outras informações: o rótulo do resíduo químico perigoso pode conter uma das seguintes frases: "A Ficha com dados de segurança do resíduo químico (FDSR) perigoso pode ser obtida por meio ..." ou "A FDSR pode ser obtida por meio de...". A frase utilizada deve ser completada com informações como telefone de emergência, site etc." Outras informações de segurança relevantes sobre o resíduo químico perigoso podem ser fornecidas, desde que não impeçam a identificação clara das informações previstas nesta norma. O gerador do resíduo químico perigoso pode incluir no rótulo de identificação do resíduo químico o QR code com as informações da FDSR do referido resíduo, garantindo que, no endereço de internet (URL), estejam disponíveis as informações da versão mais atualizada do documento.

É importante acrescentar que o conteúdo supracitado não isenta a inserção de outras informações a serem colocadas nos rótulos, como, por exemplo, aquelas exigidas na regulamentação de transporte terrestre de produtos perigosos. Considera-se uma boa prática de trabalho adotar, ainda, os elementos de comunicação de perigo do GHS.

Para os resíduos químicos classificados como não perigosos, o rótulo pode conter o seguinte: o nome do resíduo químico; o nome e o telefone de emergência do gerador; e uma das seguintes frases: "Este resíduo químico é classificado como não perigoso, conforme a ABNT NBR 10004 e as Regulamentações de Transporte de Produtos Perigosos e suas instruções complementares" ou "Este resíduo químico é classificado como não perigoso." O sistema de classificação utilizado está referenciado na Seção 2 da FDSR deste resíduo.

No Estado de São Paulo, a Norma Cetesb P4.262, de dezembro de 2007[121], estabelece, para os estabelecimentos de saúde, a adoção de etiquetas que permitam o controle da movimentação do resíduo químico (Figura 6). Deve-se ressaltar que as informações solicitadas nestas etiquetas podem ser somadas às indicadas na ABNT NBR 16725:2023[125].

Acondicionamento de resíduos

Para coleta e armazenamento de resíduos químicos, é necessário dispor de recipientes confeccionados em material estável, resistente e compatível com as características físico-químicas do resíduo e com o método de tratamento ou disposição a ser empregado. Respeitadas estas características, deve-se selecionar embalagens mais leves, de modo a diminuir custos e facilitar as operações de transporte e tratamento do resíduo. Dentro de um

RESÍDUO QUÍMICO PERIGOSO	Nº controle da embalagem
Descrição (composição)	
Nome do estabelecimento	
Setor (origem do resíduo)	
Tipo	Periculosidade
Líquido orgânico Líquido inorgânico Resíduo seco Lodo	Corrosivo Inflamável Reativo Tóxico
Data de início do amazenamento __/__/__	Quantidade final ________

FIGURA 6 Modelo de rótulo de resíduo químico[121].

laboratório, a capacidade do recipiente deve ser adequada não só à geração diária do resíduo, mas também ao seu transporte, nunca excedendo 20 L. Além disso, os recipientes coletores devem estar perfeitamente vedados, apresentando rótulos com caracterização detalhada de seu conteúdo, conforme explicado anteriormente. Os recipientes também devem ser armazenados sobre bandejas de contenção ou paletes, de material compatível com o resíduo, para evitar o espalhamento de seu conteúdo em caso de acidente. Resíduos sólidos podem ser armazenados em sacos. Por outro lado, resíduos líquidos devem ser acondicionados em recipientes rígidos.

Há recipientes feitos de diversos materiais, como os de vidro transparente, resistentes ao tempo, ao calor, aos ácidos (exceto HF), às bases e aos solventes. São baratos, não se deformam e resistem bem a pressões internas. Entretanto, não protegem o conteúdo da luz. Já os de vidro colorido protegem o conteúdo da luz, mas são caros, pesados e frágeis. Recipientes de metal não resistem aos ácidos, e o alumínio não resiste ao mercúrio metálico. Porém, têm como vantagem o fato de serem impermeáveis e resistirem a altas temperaturas, sendo adequados para o armazenamento de combustíveis. Recipientes de plástico podem ser permeáveis e são pouco resistentes à temperatura, à luz, a choques e a uma série de produtos químicos. Deve-se ressaltar que existem diversos tipos de plástico e que, portanto, deve-se conhecer a compatibilidade do resíduo com o polímero que constitui o plástico. Por exemplo, o polietileno de alta densidade (PEAD) e o de baixa densidade (PEBD) resistem à maioria dos solventes e das soluções pouco ácidas ou pouco básicas, mas podem ser degradados se mantidos sob temperaturas mais elevadas. Já o polipropileno (PP) tem maior resistência ao calor, e o poliestireno (PS) é atacado por solventes orgânicos, pelo calor e se degrada com o passar do tempo, ainda que resista bem a soluções pouco ácidas ou pouco básicas.

Informações sobre compatibilidade de materiais e produtos químicos devem ser pesquisadas antes da escolha de um recipiente. Tabelas[133] e banco de dados[40] estão disponíveis na Internet. No Quadro 15, são apresentadas as principais substâncias utilizadas em serviços de saúde que são incompatíveis com PEAD[38].

Independentemente do material, alguns cuidados devem ser tomados no reaproveitamento de embalagens. Em primeiro lugar, deve-se ressaltar que tal prática é vedada pelo Ministério do Trabalho para trabalhadores da área da saúde, conforme o item 32.3.3 da Norma Regulamentadora n. 32 (NR 32) – Segurança e Saúde no Trabalho em Serviços de Saúde, Portaria MTE n. 485, de 11 de novembro de 2005[134], ainda que a Resolução RDC n. 222, de março de 2018, da Agência Nacional de Vigilância Sanitária (Anvisa)[38] o permita. Outros trabalhadores podem adotar a prática de reaproveitamento de embalagens, desde que esta seja descaracterizada, isto é, desde que seu rótulo seja completamente removido. Além da remoção do rótulo, deve-se lavar a embalagem, já totalmente exaurida do produto que ela continha, com o solvente mais adequado para a solubilização do produto. Esses solventes devem ser a água ou o etanol. O volume de solvente deve ser de cerca de um quinto do volume total do recipiente. A lavagem deve ser feita por três vezes, e os líquidos resultantes da lavagem são resíduos químicos e devem ser tratados como tal. Embalagens de alimentos, bebidas, medicamentos e produtos de limpeza, entre outras, não podem ser reutilizadas, já que não é possível descaracterizá-las. Um cuidado adicional deve ser tomado quando da aquisição de embalagens comerciais para o armazenamento de resíduos perigosos que seguem a Resolução CONAMA n. 275, de 25 de abril de 2001, que estabelece o código de cores para os diferentes tipos de resíduos, a ser adotado na identificação de coletores e transportadores, bem como nas campanhas informativas para a coleta seletiva, recomendando a cor laranja para os resíduos perigosos[135]. Para resíduos químicos, tais embalagens usualmente vêm marcadas com o rótulo de risco[136] para produtos perigosos classificados como Classe 6, Subclasse 6.1: Substâncias tóxicas[137], que pode não corresponder à classe do resíduo a ser acondicionado. Para o transporte terrestre de resíduos químicos perigosos é necessário adotar embalagens específicas. Este assunto será tratado no item "Transporte de resíduos químicos".

Ainda em relação a embalagens, recomenda-se que seja adotado um método de rastreamento delas para que, em caso de qualquer eventualidade, seja possível identificar as substâncias presentes no resíduo e o local gerador.

Armazenamento de resíduos

Armazenamento de resíduos em laboratório

Os resíduos gerados nas atividades diárias não devem ser acumulados por longo período ou em grande quantidade dentro do laboratório. Assim, recomenda-se que uma área delimitada e sinalizada no laboratório seja reservada para o recebimento temporário de resíduos. Neste ambiente, isento de fontes de calor, luz intensa ou água, deve existir apenas um frasco coletor para cada tipo de resíduo, íntegro, devidamente tampado e rotulado, disposto sobre coletor secundário e separado por classe de perigo e compatibilidade. Os recipientes não devem estar armazenados no chão, em pias ou capelas. A prática de se deixar um funil sobre o frasco aberto acaba por liberar vapores de solventes em valores acima dos limites de Tolerância preconizados pela NR 15[15]. Funis específicos, que impeçam a evaporação, reduzindo a exposição a emissões perigosas devem ser adotados, inclusive para evitar incêndios (Figura 7)[138]. FDSR e material para atender a um possível derramamento devem ser mantidos junto à área de armazenamento. Frascos cheios devem ser imediatamente enviados para tratamento ou para o local de armazenamento externo.

Armazenamento externo de resíduos

É importante lembrar que existem critérios legais para a construção e a operação de abrigos de resíduos. No Estado de São Paulo, a norma Cetesb P4.262 estabelece que um abrigo de resíduos deve[121]:

- Ser construído em alvenaria, fechado, dotado apenas de aberturas dispondo de telas metálicas que possibilitem uma área de ventilação adequada.
- Ser revestido internamente (piso e parede) com acabamento liso, resistente, lavável, impermeável e de cor clara.
- Ter porta com abertura para fora, dotada de proteção inferior, dificultando o acesso de insetos e animais.
- Ter piso cônico com declividade preferencialmente para o centro e sistema de contenção que permita o acúmulo de no mínimo 10% do volume total de líquidos armazenados.
- Ter localização que permita facilidade de acesso e operação das coletas interna e externa.
- Possuir placa de identificação, indicando: abrigo de resíduos perigosos, produtos químicos, em local de fácil visualização e sinalização de segurança que identifique a instalação quanto aos riscos de acesso ao local.
- Prever a blindagem dos pontos internos de energia elétrica, quando houver.
- Ter um dispositivo para evitar a incidência direta de luz solar.
- Ter sistema de combate a princípio de incêndio por meio de extintores de CO^2 e PQS (pó químico seco).
- Ter *kit* de emergência para os casos de derramamento ou vazamento, incluindo produtos absorventes.

QUADRO 15 Principais substâncias utilizadas em serviços de saúde que reagem com embalagens de PEAD[38]

Ácido butírico	Cloreto de tionila	*o*-diclorobenzeno
Ácido nítrico	Bromobenzeno	Óleo de canela
Ácidos concentrados	Cloreto de amila	Óleo de cedro
Bromo	Cloreto de vinilideno	*p*-diclorobenzeno
Bromofórmio	Cresol	Percloroetileno
Álcool benzílico	Dietilbenzeno	Solventes bromados e fluorados
Anilina	Dissulfeto de carbono	Solventes clorados
Butadieno	Éter	Tolueno
Ciclo-hexano	Fenol/clorofórmio	Tricloroeteno
Cloreto de etila, forma líquida	Nitrobenzeno	Xileno

FIGURA 7 Sistema frasco/coletor/contentor secundário, que previne a emissão de resíduos voláteis para a atmosfera do laboratório.

Além disso, é necessário:

- Armazenar os resíduos constituídos de produtos perigosos corrosivos e inflamáveis próximos ao piso.
- Observar as medidas de segurança recomendadas para produtos químicos que podem formar peróxidos.
- Não receber nem armazenar resíduos sem identificação.
- Organizar o armazenamento de acordo com critérios de compatibilidade, conforme indicado na Tabela n. 1 da Norma NBR ABNT 12235[85], armazenamento de resíduos sólidos perigosos, procedimento, segregando os frascos de resíduos em bandejas.
- Respeitar o disposto na Norma NBR ABNT 17505 – Armazenamento de líquidos inflamáveis e combustíveis, em especial as Partes 1 e 4[139-140].
- Respeitar o disposto nas Normas Regulamentadoras n. 8 – Edificações[141] e n. 26 do Ministério do Trabalho e Emprego (NR 8, NR 26[2]).
- Manter registro dos resíduos recebidos.
- Manter o local trancado, impedindo o acesso de pessoas não autorizadas.
- A movimentação dos resíduos químicos perigosos deve ser controlada. Por exemplo, no Estado de São Paulo, o órgão ambiental recomenda a adoção de fichas de recebimento (Figura 8) e destinação (Figura 9) de resíduos, que devem ser mantidas em arquivo por um período de 5 anos[121].

Para resíduos não perigosos, deve-se levar em conta o disposto na Norma NBR ABNT 11174-1:1990[142]:

CETESB/P4.262

Nome do estabelecimento	Ficha de acompanhamento de recebimento

Data do recebimento do resíduo	Quantidade	Descrição (composição)	Periculosidade (vide legenda)	Número de controle da embalagem	Setor de origem	Responsável pela entrega	Responsável pelo recebimento	Identificação da embalagem para destinação

Observações	Legenda
	C - corrosivo I - inflamável R - reativo T - tóxico

FIGURA 8 Ficha de acompanhamento de recebimento de resíduos[121].

CETESB/P4.262

Nome do estabelecimento	Ficha de acompanhamento da destinação

Identificação da embalagem para destinação	Data de saída	Quantidade total descartada	Periculosidade (vide legenda)	Responsável pela entrega	Destinação

Observações

Legenda
C - corrosivo
I - inflamável
R - reativo
T - tóxico

FIGURA 9 Ficha de acompanhamento de destinação de resíduos[121].

Tratamento de resíduos

Uma grande dificuldade para o responsável pelo tratamento de resíduos perigosos é determinar qual método será eficiente para a inativação de seus resíduos. Existem algumas referências que trazem procedimentos para a destruição de produtos químicos. Entre elas, pode-se citar um guia de disposição de produtos químicos[143], que traz procedimentos específicos descritos detalhadamente. Procedimentos gerais, por classes de substâncias, também são encontrados[94,144-146]. Especificamente para solventes orgânicos, recomenda-se um manual[147] que apresenta inúmeras informações sobre a recuperação dos principais solventes utilizados em laboratório.

A CETESB apresenta, em seu *site*, um manual de produtos químicos, constituído de fichas de informações sobre tais produtos[148]. Nessas fichas, pode-se encontrar um item denominado "Neutralização e disposição final", que traz métodos de inativação para diversas substâncias químicas. Informações sobre tratamento também podem ser encontradas no banco de dados do *Gestis*; pode-se encontrar informações sobre técnicas de destinação final ambientalmente adequada no tópico *Disposal Consideration*[28].

As FDS trazem um campo específico sobre tratamento de resíduos na Seção 13 – "Considerações sobre destinação final". Assim, as orientações presentes neste campo também devem ser seguidas.

Tratamento de resíduos em laboratório

A geração de resíduos perigosos precisa ser evitada, porém, quando isso não é possível, devem-se buscar meios de minimizar os efeitos nocivos por meio de reutilização, reciclagem ou inativação[149].

É importante mencionar que, quando se opta por efetuar um tratamento de resíduo em laboratório, é necessário, em primeiro lugar, buscar procedimentos específicos para o tratamento do resíduo em questão. Inicialmente, tal procedimento deve ser feito em microescala, a fim de avaliar se é de fato aplicável ao resíduo que se deseja tratar. Uma vez comprovado que o procedimento é eficaz, pequenas quantidades de resíduo podem ser tratadas, sempre e quando se dispuser de infraestrutura e de equipamentos de proteção coletiva e individual.

Para alguns materiais, existem mais de um método de tratamento. Nestes casos, deve-se optar pelo método mais simples e seguro, que promova a completa inativação do resíduo e que empregue equipamentos e reagentes de baixo custo.

Independentemente do método escolhido, é preciso conhecer detalhadamente tanto as reações como os riscos envolvidos no processo. Ao final do tratamento, é imprescindível que se faça um teste que assegure que o tratamento foi efetivo.

Cabe também mencionar que o tratamento de resíduos pode levar à formação de novos resíduos, que também deverão ser tratados antes de seu descarte. Por exemplo, quando se efetua o tratamento de soluções aquosas de fluoreto pela ação de uma base de cálcio, após a remoção de todo o fluoreto restará uma solução aquosa básica, que obrigatoriamente deverá ser neutralizada. Assim, a disponibilidade de reagentes para tratamentos subsequentes e fatores econômicos também deverão ser considerados quando da opção por fazer um tratamento no laboratório ou na instituição geradora.

Os processos mais utilizados em laboratório[150] serão descritos a seguir. É válido lembrar que muitos dos protocolos aqui descritos estão resumidos ou esquematizados e que se deve consultar os procedimentos específicos indicados nas referências anteriormente indicadas. Além disso, é importante lembrar que orientações para descarte em pia ou em rede de esgoto só podem ser seguidas depois de se atestar que os materiais assim descartados atendem aos parâmetros exigidos em lei para a liberação de efluentes.

Métodos físicos

- Destilação: procedimento empregado normalmente para a recuperação de solventes orgânicos advindos de processos como extração, rotoevaporação, lavagem, cromatografia em coluna ou cromatografia líquida de alta eficiência e outros.
- Adsorção: a adsorção por carvão ativado ou por resinas de troca iônica é bastante utilizada no tratamento de resíduos, especialmente nos constituídos de soluções aquosas de metais pesados, já que os adsorventes retêm íons dissolvidos. Outros adsorventes, como aqueles à base de biomassa, também podem ser utilizados.
- Precipitação física: separação de um sólido que se forma a partir de um soluto em solução por uma mudança física na solução, como resfriamento, evaporação ou alteração da composição do solvente.
- Separação de fases, sedimentação, decantação, filtração e centrifugação: separação de componentes de uma mistura que estão em diferentes fases.
- Evaporação: procedimento adotado para a recuperação de água, ou para a separação de materiais solúveis perigosos de soluções aquosas.
- Transferência de fases: extração ou adsorção.
- Separação por membranas (osmose reversa, hiper e ultrafiltração).

Métodos químicos

- Degradação: processo no qual uma substância é transformada em outra de menor periculosidade. Por exemplo, soluções aquosas de acetonitrila podem ser tratadas com excesso de NaOH a refluxo por 6 horas, gerando acetato de sódio e amônia.
- Eletrólise: método aplicado principalmente na recuperação de metais dissolvidos em solução aquosa pela sua deposição.
- Extração química e lixiviação.
- Fotólise: degradação de moléculas orgânicas por meio da radiação luminosa, num processo que abrange normalmente radicais livres.
- Hidrólise: reação na qual uma molécula de água quebra uma química.
- Neutralização: procedimento adotado no tratamento de resíduos ácidos ou básicos, usualmente pela adição de solução aquosa de hidróxidos, carbonatos e bicarbonatos de sódio ou potássio e de solução aquosa de ácido clorídrico ou sulfúrico, respectivamente.
- Oxidação: utilizada no tratamento de resíduos redutores, como sulfitos, cianetos, cetonas, aldeídos, azidas, mercaptanas, hidrazinas e fenóis, que podem ser oxidados a combinações menos tóxicas e menos odoríferas.
- Precipitação química: separação de um sólido que se forma a partir de uma reação. Processo utilizado no tratamento de resíduos constituídos de soluções aquosas de metais pesados, como cádmio, chumbo, cromo, mercúrio, tálio, entre outros. Essas soluções podem ser tratadas com sulfeto ou hidróxido. O precipitado deve ser filtrado e enviado para aterro industrial, caso não possa ser reaproveitado.
- Processos oxidativos avançados: podem ser aplicados no tratamento de resíduos de compostos orgânicos complexos, que são convertidos a moléculas simples pela ação de radicais hidroxila, gerados principalmente na presença de peróxido de hidrogênio ou ozônio e de luz UV. Podem ser utilizados na recuperação de sílica[151]. Os oxidantes mais utilizados são hipoclorito, peróxido de hidrogênio ou permanganato de potássio ($KMnO_4$).
- Redução: método utilizado no tratamento de resíduos oxidantes, como hipocloritos, peróxidos e soluções de metais pesados como cromo VI ou selênio. Os agentes redutores mais utilizados são sulfito, bissulfito ou metabissulfito de sódio ou potássio.
- Troca iônica: processo no qual espécies iônicas perigosas dissolvidas na água são substituídas por outras com uma carga semelhante.

Métodos biológicos

- Biodegradação: processo de tratamento de resíduos pelo uso de microrganismos. Por exemplo, acetato de etila pode ser degradado por fungos ou enzimas, gerando ácido acético e etanol.
- Biossorção: sorção na qual um material biológico (plantas ou microrganismos) é utilizado como sorvente, por exemplo, para reter íons de metais pesados de soluções aquosas.

Tratamento de solventes em laboratório

A recuperação de solventes em escala de laboratório é viável, desde que os resíduos sejam segregados e armazenados de maneira adequada. Assim, podem-se recuperar facilmente os resíduos recolhidos quase puros. Já a recuperação dos resíduos gerados como mistura está condicionada às diferenças de pontos de ebulição dos componentes, às aparelhagens disponíveis, à formação de misturas azeotrópicas e à miscibilidade dos componentes da mistura com outro solvente ou com a variação de temperatura ou, ainda, à possibilidade da destruição de um deles por um agente químico ou biológico.

Classes de solventes usuais de laboratório

A seguir, são apresentadas as principais classes de solventes que são utilizadas rotineiramente em laboratórios. Para cada classe de solvente, são descritos métodos para tratamento externo que podem ser utilizados, caso não seja possível a sua recuperação ou degradação no laboratório.

Éteres

O éter etílico ou éter comum ou ainda éter sulfúrico ($C4H_6O$) pode ser recolhido em recipiente coletor com outros solventes orgânicos (isentos de água) para tratamento térmico posterior, sempre que não possa ser recuperado. Requer cuidados especiais, pois seu ponto de ebulição (PE) é de 34,5ºC, vaporizando com facilidade. Sendo seus vapores mais densos que o ar, eles se acumulam sobre a bancada ou a pia, podendo ocasionar explosões facilmente desencadeadas por chamas, faíscas ou descargas eletrostáticas. Esses vapores podem fixar oxigênio atmosférico, resultando em uma mistura altamente explosiva, de oxigênio e peróxido-di-hidroxietila ($C4H_6O_4$), formado segundo a equação:

$$C_4H_6O + 3/2\ O_2 \rightarrow C_4\ H_6O_4$$

Por isso, deve-se tratá-lo previamente com um redutor adequado antes da recuperação e ainda evitar que o líquido sendo destilado fique muito concentrado.

Ésteres

Quando não puderem ser recuperados, os ésteres podem ser armazenados com outros solventes orgânicos para serem enviados para tratamento térmico.

Álcoois

Vários álcoois, principalmente metanol (CH_3OH), etanol (C_2H_5OH), butanol (C_4H_9OH) e isopropanol (C_3H_9OH), quando descartados diretamente na pia, levam a risco de explosão do vapor na rede de esgotos. Quando não puderem ser recuperados, podem ser armazenados com outros solventes orgânicos, se forem compatíveis, para serem enviados para tratamento térmico.

Hidrocarbonetos aromáticos

Os hidrocarbonetos aromáticos são compostos tóxicos de intensidade variável. Benzeno é um líquido volátil (PE: 80ºC), tóxico e cancerígeno. O tolueno e os xilenos, considerados menos cancerígenos, também são bastante tóxicos. Devem-se tomar cuidados especiais para evitar a inalação dos vapores de benzeno e seus derivados. O método de descarte recomendado é a estocagem em recipientes coletores apropriados por um curto período de tempo e posterior tratamento térmico à temperatura próxima de 1.000ºC, com perfeita identificação para proteção dos operadores. Um grande problema é a mistura de aromáticos com outros solventes em pequenas proporções, impossibilitando sua identificação.

Hidrocarbonetos alifáticos

Os hidrocarbonetos alifáticos podem ser tóxicos por inalação e podem causar narcose. Entre os de uso comum em laboratório (pentano, ciclo-hexano, hexano, ciclo-hexano e n-heptano), o n-heptano é o que apresenta menor risco à saúde, e seu uso tem sido recomendado em substituição ao n-hexano. O método recomendado para tratamento de hidrocarbonetos é o térmico, quando sua recuperação não for inviável.

Acetonitrila

Resíduos de acetonitrila, quando não puderem ser recuperados, devem ser encaminhados para tratamento térmico, via processo de oxidação avançada[152], ou via oxidação supercrítica[153].

Cetonas

Várias cetonas são usadas corriqueiramente em laboratório, sobretudo a acetona, a metilisobutilcetona e a metiletilcetona, a ciclopentanona e a ciclo-hexanona. Resíduos de cetonas, quando não puderem ser recuperados, devem ser encaminhados para tratamento térmico. Metilisobutilcetona e metiletilcetona, como o éter etílico, são peroxidáveis e deve-se tomar os mesmos cuidados indicados para a destilação do éter etílico.

Solventes clorados

Solventes clorados são irritantes e tóxicos. Podem causar náuseas e tonturas. Seus resíduos, quando não puderem ser recuperados, devem ser queimados na presença de igual volume de carbonato de sódio e hidróxido de cálcio ou ainda em temperaturas mais elevadas que as utilizadas para outros materiais, em incineradores equipados com pós-queimador e lavador de gases. No caso do tetracloreto de carbono, deve-se misturá-lo com vermiculita e depois com as bases secas. O clorofórmio deve ser misturado com outro combustível antes da incineração. Deve-se garantir a combustão completa para evitar a formação de fosgênio.

Procedimentos para reciclagem ou degradação de solventes

Resíduos constituídos de solventes usuais de laboratório, como acetato de etila (PE: 77°C), acetona (PE: 56°C), acetonitrila (PE: 81,6°C), benzeno (PE: 80°C), ciclo-hexano (PE: 80,7°C), clorofórmio (PE: 61°C), diclorometano (DCM) (PE: 40°C), etanol (PE: 78°C), éter etílico (PE: 34,5°C), hexanos (PE: 60-70°C), n-hexano (PE: 69°C), isopropanol (PE: 82°C), metanol (PE: 64°C), tetracloreto de carbono (PE: 76°C), tolueno (PE: 110,6°C) e xileno (PE: 138-144°C), entre outros, quando recolhidos quase puros, podem ser recuperados por destilação sem tratamento prévio (Figura 10) ou após lavagem com água, seguida de secagem sobre $CaCl_2$ ou $MgSO_4$. Preferencialmente, recomenda-se a utilização de destilação fracionada para obtenção de solventes com maior grau de pureza[154].

Resíduos de solventes contaminados com compostos de enxofre ou selênio podem ser purificados com o emprego de carvão ativado. Para tanto, são previamente destilados e, em seguida, passam, por gravidade, por meio de uma coluna de vidro repleta sequencialmente de alumina ácida, carvão ativado e KOH[155]. O material eluído é destilado outra vez antes de ser devolvido para reúso.

Resíduos de éter etílico devem estar isentos de peróxido durante sua recuperação, para evitar perigo de explosão na destilação. Assim, recomenda-se adicionar sulfato ferroso ($FeSO_4$), pirogalol ou hidroquinona ao armazenar os resíduos de éter, principalmente se ficarem estocados por muito tempo. Para testar a presença de peróxidos no éter, pode-se fazer o seguinte teste: dissolver 100 mg de iodeto de potássio em 1 mL de ácido acético glacial e adicionar a 1 mL do éter etílico a ser testado. Uma coloração amarela pálida indica baixa concentração de peróxido. Coloração de amarelo intenso a marrom indica altas concentrações de peróxido na amostra. Para remover peróxidos, deve-se colocar o éter etílico (100 mL) em um funil de separação e agitar com uma solução aquosa de metabissulfito de sódio recém-preparada (20 mL) por 3 minutos. Separadas as fases, lava-se o éter com água e testa-se novamente a presença de peróxidos. O procedimento deve ser repetido até que o teste dê negativo[143]. Alternativamente, pode-se destruir o peróxido tratando o éter com uma solução de iodeto de potássio ou passando o solvente por uma coluna de alumina.

FIGURA 10 Destiladores de solventes.

Resíduos de acetato de etila devem ser previamente secos com sulfato de magnésio, já que este éster se hidrolisa facilmente na presença de água. Para destruir pequenas quantidades de acetato de etila, pode-se empregar a hidrólise utilizando excesso de NaOH em água, segundo a equação:

$$CH_3COOEt + NaOH = H_3COONa + EtOH$$

Dissulfeto de carbono (PE: 46°C), substância usada como solvente e/ou como reagente na síntese de carbamato, também pode ser recuperado por destilação. Alternativamente, pode ser decomposto pela oxidação com hipoclorito de cálcio, a 20-30°C, por 2 horas, a CO_2 e H_2SO_4.

Alguns resíduos de solventes são gerados como misturas de acordo com o processo em que foram utilizados. Por exemplo, na cromatografia líquida de alta eficiência (CLAE, ou HPLC, em inglês), são geradas misturas de acetonitrila/água, metanol/água, acetonitrila/metanol, entre outras. Já na cromatografia em coluna, são gerados grandes volumes de resíduos constituídos de hexanos e acetato de etila e, nos processos de extração, é comum a geração de resíduos de solventes clorados ou hexanos misturados a álcoois ou cetonas.

Tanto as misturas de solventes clorados com álcoois ou acetona quanto as de hexanos com álcoois ou acetona podem ser lavadas com HCl aquoso e água para remoção dos solventes hidrossolúveis (Figura 11). Após secagem e destilação, os solventes clorados ou os hexanos podem ser reutilizados. O mesmo processo pode ser aplicado para outras misturas que tenham como principal componente um solvente imiscível em água e, como contaminante, outro solvente miscível em água[156]. Misturas residuais mais complexas, como as de ciclo-hexano, metanol e o surfactante IGEPAL® CO-520, advindas de sínteses de nanopartículas, podem ter seus constituintes recupe-

FIGURA 11 Lavagem de solventes.

rados via tratamento envolvendo etapas sucessivas de resfriamento, decantação de fases e destilação[157].

Pode-se recuperar acetonitrila proveniente de resíduos de acetonitrila/água gerados em análises por CLAE após congelamento, seguido de decantação, destilação do azeótropo, *sugar* ou *salting out* e nova destilação[158-161]. Cabe ressaltar que, do ponto de vista econômico, tais operações sequenciais podem não ser interessantes, tornando inviável a recuperação de acetonitrila. Assim, recomenda-se que a recuperação seja efetuada apenas com soluções concentradas de acetonitrila.

Outros resíduos gerados em cromatografía líquida, como metanol/água e isopropanol/água, podem fornecer o respectivo álcool recuperado após destilação em 96 e 88% em massa, respectivamente, já que esses compostos constituem misturas azeotrópicas com água[147].

A separação dos componentes de misturas de hexanos/acetato de etila é complicada, tanto pelo fato de o hexano ser comercializado como uma mistura de isômeros (metilpentanos, dimetilbutanos e outros, sem ponto de ebulição definido) quanto pelo fato de o n-hexano formar azeótropo de mínimo com acetato de etila, o que impossibilita a separação deles (PE: 65°C, 62% de n-hexano, em massa). Assim, para que se possam recuperar pelo menos os hexanos, efetua-se a hidrólise do acetato de etila, empregando-se meio alcalino (hidróxido de potássio em água, a frio[156]) (Figura 12) ou via biodegradação[162]. Após a hidrólise, as fases orgânica e aquosa são separadas, e a fase orgânica é seca sobre $CaCl_2$ e, então, destilada.

A presença de solventes com pontos de ebulição relativamente diferentes em resíduos permite que eles sejam recuperados de maneira fácil por destilação fracionada. Por exemplo, é possível recuperar os componentes das misturas de n-hexano e diclorometano; ciclo-hexano e metanol; e xilol, etanol, parafina e detergente, misturas comumente geradas em processos de extração, síntese ou em histologia. No primeiro caso, a destilação fracionada permite a recuperação de uma mistura rica em

FIGURA 12 Hidrólise química do acetato de etila.

diclorometano que pode ser aplicada em extrações, além de n-hexano puro. No segundo caso, os dois solventes são obtidos em alto grau de pureza[163]. A última mistura, quando submetida à destilação fracionada, permite a recuperação de etanol, xilol e parafina (ponto de fusão – PF: 58 a 62°C)[164].

Em todos os casos, os solventes recuperados devem ser submetidos a análises que certifiquem sua pureza, como medida de índice de refração, cromatografia gasosa, espectrometria de massas, UV e, dependendo da aplicação do material, análise bacteriológica.

Acrescenta-se que foram realizados estudos de impacto ambiental relacionados à recuperação de solventes orgânicos, estudos esses que mostraram que a recuperação gera menos impactos quando se compara este tratamento com a incineração[165].

Protocolos práticos para substituição e inativação de produtos perigosos

Alguns protocolos práticos podem ser encontrados em *sites* de instituições de ensino[166-169]. A seguir, estão listados vários procedimentos de fácil execução que podem ser utilizados rotineiramente em laboratórios didáticos e de pesquisa.

Substituição de mistura sulfocrômica

A mistura sulfocrômica, perigosa, tóxica e poluente, pode ser substituída por uma solução preparada com ácido sulfúrico e água oxigenada, ou seja: um terço de água oxigenada a 30% e dois terços de ácido sulfúrico concentrado.

Cuidados: preparar no momento do uso, em pequenas quantidades, utilizando capela e EPI. Adicionar a água oxigenada sobre o ácido, lentamente. Utilizar pipeta para a adição. Lembre-se: um frasco muito sujo necessita de limpeza por etapas. Não é suficiente enchê-lo com solução limpadora e deixar de molho. Um frasco carbonizado, por exemplo, requer raspagem mecânica prévia. Em casos extremos, é preferível inutilizar o recipiente ou usá-lo para outra função a tentar limpá-lo à custa de soluções perigosas ou caras.

A mistura sulfocrômica também pode ser substituída pelo uso de detergentes comerciais denominados *Nochromix* ou *Alnochromix*.

Hipoclorito como desinfetante

Constitui solução desinfetante muito eficaz, pouco tóxica, de baixo custo e de fácil aquisição. Corrói metais (até mesmo aço inox) e se decompõe sob ação de luz e calor. A melhor faixa de concentração é entre 0,5 e 2%. Quando reutilizado, deve ser testado quanto ao teor de cloro ativo. Para realizar um teste rápido, adiciona-se em um tubo de ensaio 1 mL de iodeto de potássio a 0,1M, 1 mL de tiossulfato de sódio a 0,01M e três gotas de solução de amido solúvel a 1%. A seguir, coloca-se 0,4 mL da solução de hipoclorito a ser testada, que deverá ficar azul para comprovar a presença significativa de cloro. As soluções para teste são estáveis e baratas. As soluções de hipoclorito de sódio que apresentam resultado negativo nesse teste devem ser descartadas na rede de esgoto. O tiossulfato ou o bissulfito podem ser usados para eliminação do cloro ativo.

Substituição de termômetros de mercúrio

Termômetros de mercúrio devem ser substituídos por aqueles que utilizam álcool, líquidos biodegradáveis não tóxicos ou ainda por termômetros eletrônicos[57,59].

Substituição de brometo de etídio

Brometo de etídio, substância mutagênica, pode ser substituído por SYBR SafeTM, um fluoróforo de cianina não classificado como tóxico.

Substituição de reagentes em análises Kjeldahl

Catalisadores metálicos de sulfato de mercúrio ou de selênio podem ser substituídos por catalisadores de sulfato de cobre.

Tratamento de resíduos de ácidos em soluções aquosas

- Ácidos inorgânicos: devem ser diluídos, adicionando-se em água sob agitação. Em seguida, são neutralizados com solução de NaOH. Ácido sulfúrico fumegante deve ser tratado com ácido sulfúrico a 40%, gota a gota, e sob cuidadosa agitação. Deve ser mantido em gelo para resfriar o recipiente. Após o resfriamento, deve ser tratado como indicado. Todas as operações devem ser conduzidas em cabine.
- Ácidos orgânicos em solução aquosa: podem ser neutralizados com $NaHCO_3$ ou NaOH.
- Ácidos carboxílicos aromáticos: podem ser precipitados com HCl diluído e, a seguir, filtrados a vácuo. O sólido resultante pode ser reutilizado ou tratado termicamente.

Tratamento de resíduos de bases em soluções aquosas

- Bases inorgânicas: podem ser diluídas com água e neutralizadas com solução de HCl ou H_2SO_4.
- Bases orgânicas e aminas na forma dissociada: podem ser neutralizadas com HCl ou H_2SO_4 diluídos para minimizar seus odores.

Tratamento de soluções aquosas contendo metais tóxicos

O tratamento de soluções aquosas contendo metais tóxicos pode ser efetuado via precipitação destes metais. Alternativamente, é possível diminuir o volume destes resíduos pela remoção de água deles, seja por evaporação natural, seja pela aplicação de destiladores solares ou ainda por aquecimento em chapa elétrica[143]. As técnicas descritas a seguir podem ser empregadas para desativar resíduos que contêm metais tóxicos[23,143-146,167-171].

Sais de prata

A prata, em seu estado oxidado (Ag^+), não é encontrada livre na natureza e, portanto, a disposição final de seus sais no meio ambiente é uma forma de agressão contra ele. Além disso, possui considerável valor agregado. Assim, inicialmente, a prata deve ser reduzida ao seu estado metálico (Ag^0) para ser, então, reaproveitada. Um método rápido e fácil de realizar esse procedimento é adicionar um volume de solução de formaldeído a 0,28% e NaOH a 3% para cada volume de solução de nitrato de prata ($AgNO_3$) a 0,17%. Alternativamente, pode-se usar dextrose ou cobre como agente redutor. Estes métodos estão descritos a seguir:

Formaldeído:

- Dissolver 0,82 g de NaOH em 25 mL de água destilada.
- Adicionar cloreto de prata e 0,6 mL de formaldeído (essa reação é exotérmica).
- Aquecer por 10 minutos a 70ºC sob agitação por 1 hora.
- Separar a prata metálica.
- Lavar com água abundante.
- Filtrar e secar.

Dextrose:

- Dissolver 0,54 g de NaOH em 25 mL de água destilada.
- Acrescentar o cloreto de prata.
- Em seguida, adicionar 0,74 g de dextrose.
- Deixar sob aquecimento a 70ºC por 1 hora.
- Filtrar a prata.
- Lavar e secar.

Cobre em meio amoniacal:

- Colocar 7 g de cobre em pó para cada 25 g de resíduo de prata em um béquer de 250 mL com 50 mL de hidróxido de amônio concentrado.
- Adicionar 50 mL de água destilada quente.
- Agitar rapidamente até que toda a prata precipite.
- Testar a solução sobrenadante, adicionando um pedaço de cobre. Se este escurecer, deve-se acrescentar mais cobre à solução azul e deixar decantar.
- A prata precisa ser lavada várias vezes com água destilada até que perca a coloração azul.

Outro método que propicia a recuperação de prata inclui a precipitação deste cátion na forma de cloreto, pelo uso de cloreto de sódio. Em seguida, pode-se obter prata metálica pela ação de zinco metálico. Para tanto:

- Acidificar a solução que contém sal de prata com HNO_3 6M.
- Adicionar, sob agitação, uma solução aquosa de NaCl até a completa precipitação do Ag^+.
- Filtrar o AgCl formado.
- Lavar o precipitado com ácido sulfúrico 4M morno.
- Após a lavagem, misturar o precipitado com zinco metálico, o que resultará na formação de prata metálica.
- Filtrar a prata metálica.
- Para reutilizar a prata na forma de nitrato, deve-se dissolver a prata metálica com HNO_3.

Sais de cobre

Recomenda-se a precipitação dos íons cuproso Cu^+ e cúprico Cu^{+2} na forma de hidróxidos[23], em decorrência da insolubilidade do hidróxido formado.

Íon cuproso (Cu^+):

- Adicionar NaOH à solução.
- Ajustar o pH em 9.
- Guardar o sólido formado no frasco coletor para ser enviado para aterro.
- O líquido sobrenadante pode ser descartado na pia, após garantir-se que atende aos parâmetros exigidos para liberação de efluentes.

Íon cúprico (Cu^{+2}):

- Adicionar NaOH.
- Ajustar o pH em 7.
- O sólido formado deve ser guardado no frasco coletor para ser enviado para aterro.
- O líquido sobrenadante pode ser descartado na pia, após garantir-se que atende aos parâmetros exigidos para a liberação de efluentes.

Alternativamente, os íons de cobre podem ser precipitados como sulfeto, ajustando-se o pH da solução para 7 e adicionar sulfeto até a completa precipitação. Os insolúveis devem ser filtrados e enviados para aterro classe I. Qualquer excesso de sulfeto deve ser destruído com hipoclorito de sódio ou peróxido de hidrogênio. A fase líquida isenta de cobre e sulfeto pode ser drenada para o esgoto, após garantir-se que atende aos parâmetros exigidos para a liberação de efluentes.

Cu^{+2} resultante do método Micro-Kjeldahl

Armazená-lo de modo separado de outros resíduos. Neutralizar com NaOH a 10%. Acrescentar o equivalente em gramas de uma solução semelhante à de Fehling B, ou seja, 173 g de tartarato de sódio e potássio e 50 g de hidróxido de sódio para 1 L de água. Acrescentar, sob ebulição, azul de metileno e glicose até viragem (desaparecimento da cor azul). Assim tratado, o íon Cu^{2+} passa a óxido de cobre e pode ser enviado para aterro classe I, na forma sólida.

Sais de chumbo

Os íons de chumbo podem ser precipitados como sulfeto, ajustando-se o pH da solução para 7 e adicionar sulfeto até a completa precipitação. Filtrar os insolúveis para enviar para aterro classe I. Destruir qualquer excesso de sulfeto com hipoclorito de sódio ou peróxido de hidrogênio. Drenar a fase líquida isenta de chumbo e sulfeto para o esgoto, após garantir-se que atende aos parâmetros exigidos para a liberação de efluentes. Alternativamente, pode-se precipitar o chumbo na forma de silicato conforme descrito na equação:

$$Pb^{+2} + Na_2SiO_3 \rightarrow \underset{\text{Silicato de chumbo (insolúvel)}}{PbSiO_3} + 2Na^+$$

Para tanto:

- Adicionar, sob agitação, uma solução de metassilicato de sódio a 0,1% à solução que contém o sal de chumbo.
- Ajustar o pH em 7 com ácido sulfúrico a 2 mol/L.
- Deixar a solução em repouso por uma noite.
- Filtrar o precipitado ou evaporar a solução na capela.
- Guardar o material sólido em frasco coletor.
- Caso seja adotado o processo de filtração, verificar se sobram íons chumbo na solução.
- Se o teste for positivo, adicionar mais metassilicato, repetindo o procedimento até que não ocorra mais precipitação.
- A fase líquida pode ser eliminada na pia após garantir-se que atende aos parâmetros exigidos para a liberação de efluentes.

Sais de cádmio

Os íons de cádmio podem ser precipitados como sulfeto, ajustando-se o pH da solução para 7 e adicionar sulfeto até a completa precipitação. Filtrar os insolúveis e enviar para aterro classe I. Destruir qualquer excesso de sulfeto com hipoclorito de sódio ou peróxido de hidrogênio. Drenar a fase líquida isenta de cádmio e sulfeto para o esgoto. Alternativamente, pode-se precipitar o cádmio na forma de silicato conforme a seguinte equação:

$$Cd^{+2} + Na_2SiO_3 \rightarrow \underset{\text{Silicato de cádmio (insolúvel)}}{CdSiO_3} + 2Na^+$$

Para tanto:

- Adicionar, sob agitação, uma solução de metassilicato de sódio a 0,1% à solução que contém sais de cádmio.
- Ajustar o pH em 7 com ácido sulfúrico a 2 mol/L.
- Aquecer a 80ºC por 15 minutos para que a reação seja completa.
- Filtrar o precipitado.
- Adicionar mais metassilicato à solução sobrenadante, até que não ocorra mais precipitação.
- O líquido sobrante pode ser despejado na pia.
- O precipitado deve ser guardado em frasco coletor para futura incineração ou aterro.

Sais de mercúrio

Os métodos a seguir são indicados para a inativação de mercúrio ou seus sais[172]:

- Ajustar o pH da solução que contém sais de mercúrio para 10 utilizando uma solução de NaOH a 10%.
- Adicionar uma solução de sulfeto de sódio a 20% sob agitação até que não se observe mais precipitação.
- Filtrar.
- Verificar se a precipitação foi completa, adicionando mais sulfeto ao líquido sobrenadante.
- Se ainda houver mercúrio na solução, é necessário repetir o procedimento.
- Recolher o precipitado em embalagem especial.

A fase aquosa deve ser tratada com hipoclorito ou peróxido de hidrogênio para retirada do excesso de sulfeto.

$$Hg^{+2} + Na_2S \rightarrow \underset{\text{Sulfeto de mercúrio (insolúvel)}}{HgS} + 2Na^+$$

Organomercuriais aromáticos reagem com hidrogênio, gerando mercúrio metálico e o aromático correspondente. O resíduo deve ser dissolvido em solução alcalina, e o hidrogênio é gerado por adição de zinco ou alumínio em excesso. O mercúrio é separado como amálgama dos metais adicionados, e o composto orgânico pode ser recuperado por destilação.

A remoção do mercúrio de soluções de cianeto usadas na lavagem de minério de ouro por complexação pode ser feita com dietilditiocarbamato de sódio, que se transforma no resíduo de carbamato de mercúrio adequado para disposição em aterro industrial.

Soluções diluídas de cloreto de mercúrio podem ser submetidas à fotorredução, empregando-se uma lâmpada de mercúrio de 100 W e dióxido de titânio em pH 9 e a 0°C. O mercúrio deposita-se na superfície do dióxido de titânio, podendo ser recuperado em 1,5 hora sob fluxo de nitrogênio a 100°C.

Vidros contaminados com mercúrio podem ser tratados com polissulfeto de cálcio, o que resulta na formação de sulfeto de mercúrio.

Pode-se reduzir a concentração de mercúrio de soluções com concentrações acima de 2 μg por litro, pela filtração por meio de polímeros de silicone ligados covalentemente à etilenodiamina (EDA). Um complexo estável de mercúrio se forma na superfície do polímero.

Mercúrio metálico

Para recolher mercúrio metálico derramado, utilizam-se aspiradores especiais, projetados para coletar gotas de mercúrio de maneira segura. Na ausência deles, é possível coletar, por sucção, as gotas de mercúrio. Pode-se utilizar uma pipeta de Pasteur ou um tubo capilar longo adaptado a um frasco de segurança recheado com fios de cobre metálico e a uma bomba de vácuo. Alternativamente, pode-se utilizar um fio de cobre metálico para recolher gotas de mercúrio. O mercúrio forma uma amálgama com o cobre. Para separar os dois metais, basta bater delicadamente o fio de cobre contra um frasco plástico. Em qualquer caso, deve-se manter o mercúrio metálico recolhido sob água em um frasco hermeticamente fechado. Caso não seja possível recolher o mercúrio por sucção, deve-se cobrir o líquido com enxofre em excesso, ou ainda com pó de zinco ou polissulfato de cálcio. A recuperação de mercúrio metálico pode ser feita por tratamento químico (lavagem com soluções ácidas e básicas, Figura 13), conforme descrito a seguir, ou por destilação (Figura 14). A disposição final pode ser feita em aterro para resíduos industriais. O mercúrio pode ser previamente encapsulado por cimentação ou vitrificação.

Tratamento químico: as lavagens são feitas em kitassatos fechados com rolha contendo um tubo de vidro conectado a uma bomba de vácuo. Um frasco de segurança com cobre metálico deve ser mantido entre o kitassato e a bomba. O processo a seguir deve ser repetido quantas vezes forem necessárias:

- Filtrar o mercúrio (fazer pequenos furos no papel de filtro para que o mercúrio passe). O óxido de mercúrio ficará aderido ao papel.
- Lavar com solução aquosa 1M de HNO_3.
- Lavar com água destilada.
- Lavar com solução aquosa de NaOH 10%.
- Lavar com água destilada.
- As águas de lavagem devem ser reunidas e tratadas conforme o descrito no item "Sais de mercúrio".

Sais de cromo III e VI

O cromo, ainda que seja um mineral essencial à vida, pode ser tóxico, em razão de seu estado de oxidação e sua concentração. Assim, resíduos de soluções aquosas que os contenham devem ser tratados. O cromo VI deve ser reduzido a cromo III antes de ser precipitado. Assim:

- Ajustar o pH da solução que contém cromo VI para abaixo de 3, utilizando ácido sulfúrico a 3 mol/L.
- Adicionar tiossulfato ou bissulfito de sódio sob agitação e deixar reagir por 5 minutos.

FIGURA 13 Lavagem de mercúrio metálico.

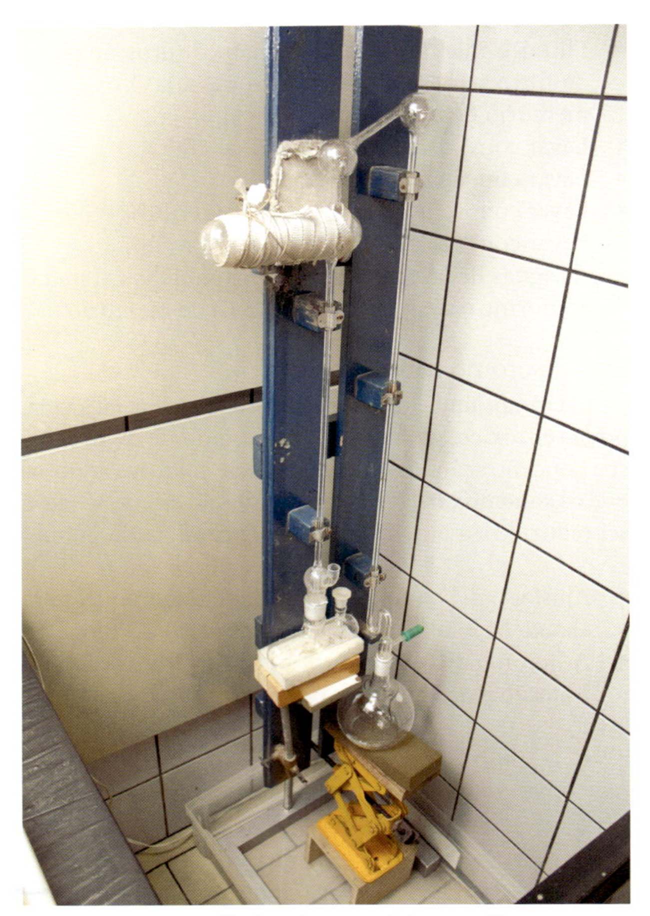

FIGURA 14 Destilador de mercúrio metálico.

O cromo III obtido pode ser precipitado com hidróxido de sódio como descrito a seguir:

- Ajustar o pH em 9,5 com NaOH.
- Verificar se a precipitação foi completa pela adição de uma quantidade adicional de NaOH.
- Repetir até não haver mais precipitado.
- Filtrar imediatamente ou deixar por uma semana e decantar.
- A água-mãe deve ser neutralizada e, posteriormente, despejada no esgoto comum.
- O precipitado $Cr(OH)_3.3H_2O$ deve ser guardado em frasco coletor para ser enviado para aterro classe I. Alternativamente, o precipitado pode ser seco em mufla (1 hora acima de 800°C) para diminuir a massa de resíduo a ser enviado para aterro. O resíduo após a secagem tem fórmula molecular igual a Cr_2O_3.

Sais de níquel

Os íons de níquel podem ser precipitados como sulfeto, ajustando-se o pH da solução para 7 e adicionar sulfeto até a completa precipitação. Filtrar os insolúveis para enviar para aterro classe I. Destruir qualquer excesso de sulfeto com hipoclorito de sódio ou peróxido de hidrogênio. Drenar a fase líquida isenta de níquel e sulfeto para o esgoto. Alternativamente, pode-se precipitar o cádmio na forma de hidróxido. Para tanto:

- Adicionar NaOH até ajustar o pH em 7-8.
- Testar se a precipitação foi completa com uma solução de dimetilglioxima a 1% em 1-propanol.
- Se ainda houver níquel na solução, esta ficará vermelha e será necessário repetir o procedimento de precipitação.
- O sólido formado deve ser guardado em frasco coletor para posterior envio para aterro classe 1.
- O líquido sobrenadante pode ser descartado na pia.

Sais de selênio

O selênio pode ser transformado em selênio elementar pela ação de ácido nítrico concentrado, em procedimento conduzido em capela. Filtrar o selênio elementar após adição de hidrogenossulfito sódico. O filtrado pode ser reciclado.

Outras soluções aquosas de metais também podem ser tratadas por reações de precipitação. A Tabela 2 traz as faixas de pH ideais para a precipitação de metais na forma de óxido ou hidróxido[166]. Para os casos em que a faixa de pH se estende até 14, não haverá dissolução do precipitado em excesso de base.

Métodos para tratamento de substâncias pirofóricas[143]

Hidretos alcalinos, alcalimidas, dispersões metálicas

Em capela, utilizando um escudo protetor, suspender em dioxano e adicionar etanol ou isopropanol lentamente, agitando até reação completa. Adicionar água, com cuidado, até a solução ficar clara. Neutralizar. Enviar a fase orgânica resultante para incineração. Neutralizar a fase aquosa antes de descartá-la em rede de esgoto.

Hidreto de alumínio e lítio

Suspender em éter, tetra-hidrofurano (THF) ou dioxano. Adicionar acetato de etila gota a gota até consumo completo, eventualmente em banho de gelo. Adicionar uma solução ácida 2N até clarificação. Enviar o líquido resultante para incineração.

Boroidretos alcalinos

Dissolver em metanol e diluir com água. Acrescentar etanol com agitação até solução completa e clara. Neutralizar. Enviar o líquido resultante para incineração.

TABELA 2 Faixas de pH para a precipitação de metais pesados como óxidos ou hidróxidos[166]

Íon	Faixa de pH	Íon	Faixa de pH	Íon	Faixa de pH	Íon	Faixa de pH	Íon	Faixa de pH
Ag^{+1}	9-14	Cu^{+2}	7-14	Mn^{+2}	8-14	Re^{+7}	*	Te^{+4}	*
Al^{+3}	7-8	Fe^{+2}	7-14	Mn^{+4}	7-14	Rh^{+3}	7-8	Te^{+6}	*
As^{+3}	*	Fe^{+3}	7-14	Mo^{+6}	**	Ru^{+3}	7-14	Th^{+4}	6-14
As^{+5}	*	Ga^{+3}	7-8	Nb^{+5}	1-10	Sb^{+3}	7-8	Ti^{+3}	8-14
Au^{+3}	7-8	Ge^{+4}	6-8	Ni^{+2}	8-14	Sb^{+5}	7-8	Ti^{+4}	8-14
Be^{+2}	7-8	Hf^{+4}	6-7	Os^{+4}	7-8	Sc^{+3}	8-14	V^{+4}	7-8
Bi^{+3}	7-14	Hg^{+1}	8-14	Pb^{+2}	7-8	Se^{+4}	*	V^{+5}	7-8
Cd^{+2}	7-14	Hg^{+2}	8-14	Pd^{+2}	7-8	Se^{+6}	*	W^{+6}	**
Co^{+2}	8-14	In^{+3}	8-13	Pd^{+4}	7-8	Sn^{+2}	7-8	Zn^{+2}	7-8
Cr^{+3}	7-14	Ir^{+4}	6-8	Pt^{+2}	7-8	Sn^{+4}	7-8	Zr^{+4}	6-7
Cu^{+1}	9-14	Mg^{+2}	9-14	Re^{+3}	6-14	Ta^{+5}	1-10		

* Precipitar como sulfeto. ** Precipitar como sal de cálcio.

Organolítios e reagentes de Grignard

Dissolver ou suspender em um solvente inerte (éter etílico, dioxano, tolueno). Adicionar álcool, depois água e ácido 2N, até clarificação. Enviar o líquido resultante para incineração.

Sódio metálico

Adicionar em pedaços pequenos a etanol ou isopropanol secos; deixar repousar até todo o metal dissolver. Acrescentar água cuidadosamente até a solução ficar clara. Neutralizar. Enviar o líquido resultante para incineração.

Potássio metálico

Colocar em n-butanol ou terc-butanol. Dissolver com aquecimento ligeiro, diluir com etanol e, em seguida, adicionar água. Neutralizar. Enviar o líquido resultante para incineração.

Trialquilalumínio

São extremamente sensíveis à hidrólise. Para o manejo seguro desses compostos, recomenda-se utilizar seringas e cânulas. Destruir restos por lenta adição, sob condições anidras, em butanol seco diluído em éter/THF secos. Neutralizar e filtrar sólidos. Incinerar o líquido.

Catalisadores de hidrogenação

Para citar alguns exemplos, níquel de Raney e paládio sobre carvão nunca podem ser descartados no lixo comum, pois há risco de incêndio, já que são extremamente inflamáveis.

Compostos organometálicos sensíveis à hidrólise e dissolvidos em solventes orgânicos

São gotejados com cuidado e sob agitação em n-butanol, em cabine com janela de proteção fechada. Esta operação deve ser realizada em cabine, porque há formação de gases inflamáveis. Cessada a liberação de gases, continuar a agitação por mais 1 hora e adicionar água. A fase orgânica deve ser enviada para incineração, e a fase aquosa, neutralizada antes de ser enviada para a rede de esgoto.

Métodos para tratamento de substâncias oxidantes

Cloro, bromo ou dióxido de enxofre gasosos

Absorver em NaOH a 2M ou hidróxido de amônio. Tratar a solução resultante como resíduo de hipoclorito, hipobromito e sulfito, respectivamente.

Peróxidos inorgânicos e oxidantes como soluções de cloro, bromo ou iodo

Reduzir com solução de bissulfito ou tiossulfato de sódio ou potássio; neutralizar. Descartar em rede de esgoto.

Peróxidos orgânicos

Destruir com redutores fracos.

Métodos para tratamento de substâncias redutoras

Ácido sulfídrico, tióis, tiofenóis, ácido cianídrico, brometo ou cloreto de cianogênio, fosfina, soluções com cianetos ou sulfetos e nitrilas

Oxidar com hipoclorito em excesso e encaminhar os resíduos do tratamento de tióis, tiofenóis e nitrilas para incineração. Em particular para um mol de mercaptana, adicionar cerca de 2 L de solução de hipoclorito de sódio (9 moles de cloro ativo), e para um mol de cianeto adicionar cerca de 0,4 L de hipoclorito. De forma geral, recomenda-se um excesso de hipoclorito. Os cianatos formados a partir dos cianetos podem ser descartados em rede de esgoto.

Métodos para tratamento de substâncias corrosivas

Cloretos de ácido, anidridos de ácido, PCl_3, $POCl_3$, PCl_5, cloreto de tionila, cloreto de sulfurila

Acrescentar, com extremo cuidado, NaOH 2M ou muita água. Neutralizar e descartar em rede de esgoto.

Ácido clorossulfônico, ácido sulfúrico concentrado e fumegante, ácido nítrico concentrado

Adicionar o ácido sobre a água gelada, cuidadosamente, com agitação, e devagar. Neutralizar e descartar em rede de esgoto.

Gases ácidos como cloreto, brometo e iodeto de hidrogênio e fosgênio

Borbulhar em solução diluída de NaOH. O pH tem de ser controlado.

Métodos para tratamento de outras substâncias

Sulfato de dimetila, iodeto de metila

Adicionar cuidadosamente hidróxido de amônio a 50%. Neutralizar e enviar para tratamento térmico. O material sujo deve ser lavado com hidróxido de amônio a 50%.

Soluções de ácido pícrico

Em um balão de três bocas (fundo redondo) equipado com funil de adição e condensador e resfriado em banho de gelo, adicionar 1 g de resíduo e 4 g de estanho metálico. Agitar e, usando o funil, adicionar 15 mL (gota a gota) de HCl concentrado. Após adição de todo o ácido, aquecer até o refluxo e deixar por 1 hora. Filtrar o estanho restante, que deve ser tratado com 10 mL de HCl 2 mol/L. O filtrado é neutralizado. O triaminofenol pode ser incinerado ou tratado quimicamente. Essa reação deve ser feita atrás de um escudo, já que há risco de explosão.

Aldeídos hidrossolúveis

Tratar com $NaHSO_3$ para conversão em adutos de bissulfitos. Encaminhar o material resultante para tratamento térmico.

Azidas

Tratar com iodo na presença de tiossulfato de sódio.

Fluoreto inorgânico e ácido fluorídrico

Tratar com $CaCO_3$, o que causa a formação de fluoreto de cálcio (CaF_2), que deve ser filtrado e enviado para aterro classe I. A solução aquosa pode ser descartada em rede de esgoto após neutralização, desde que não contenha fluoreto acima do limite previsto em lei.

Compostos de fósforo

Oxidar sob gás inerte em capela com janela de proteção frontal. Preparar 100 mL de solução de NaClO a 5% com 5 mL de solução de NaOH a 50% para cada grama de composto de fósforo a ser tratado. Gotejar a solução de composto de fósforo na solução preparada resfriando o recipiente com gelo. Adicionar hidróxido de cálcio e filtrar os fosfatos precipitados. Neutralizar a fase líquida.

Resíduos sólidos de processos cromatográficos

Resíduos originados em processos cromatográficos ou substâncias tóxicas em suportes cromatográficos devem ser eliminados por métodos adequados de extração antes do descarte. Suportes de colunas têm de ser liberados de solventes por filtração e secagem e, posteriormente, devem ser acondicionados em recipientes adequados para serem enviados para recuperação[169] ou tratamento térmico.

Métodos para tratamento de cianetos

O cianeto de potássio e todos os outros cianetos são extremamente tóxicos e podem ser fatais se ingeridos, inalados ou ainda absorvidos pela pele. Por isso, é necessário tomar muito cuidado ao utilizá-los. Para medições de volume, recomenda-se usar bureta e jamais pipeta. O cianeto de potássio é bastante utilizado para mascarar os íons Fe^{+3} na determinação de Ca^{+2} e Mg^{+2} na água (dureza). Somente os cianetos dos metais alcalinos e alcalinos terrosos são solúveis em água, e suas soluções produzem reações alcalinas em decorrência da hidrólise:

$$CN^- + H_2O \rightarrow HCN + OH^-$$

Alguns métodos de tratamento encontram-se descritos a seguir.

Oxidação com hipoclorito:

- Adicionar uma solução NaOH a 10% à solução com os sais de cianeto (CN^-) para tornar o pH alcalino (pH 8-9).

- Acrescentar solução de hipoclorito de sódio (para uso domiciliar) lentamente e sob agitação.
- Verificar se há cianeto presente no sobrenadante*.
- Caso isso aconteça, repetir o procedimento.
- Excesso de oxidante deve ser tratado com tiossulfato de sódio.

Esse método não serve quando o resíduo contém muito cianeto, pois pode haver produção de gás cloreto de cianogênio (ClCN), que é extremamente tóxico. Neste caso, recomenda-se a utilização de peróxido de hidrogênio.

Oxidação com peróxido de hidrogênio (H_2O_2):

- Adicionar uma solução NaOH a 10% à solução com os sais de cianeto (CN^-) até pH 10-11.
- Adicionar H_2O_2 a 30%, colocando na relação 5:1 com cianeto.
- Deixar a reação ocorrer a noite toda.
- Descartar o resíduo na pia após garantir que todo o cianeto tenha sido destruído*.

Tratamento com sulfato ferroso:

- Recomenda-se a desativação do cianeto com sulfato ferroso. Este método é sensível e executado em meio alcalino (pH 10) utilizando-se NaOH.
- Adicionar 1 g de sulfato ferroso para cada 0,2 g de cianeto utilizado, para converter o íon CN^- em ferrocianeto $[Fe(CN)_6]^{-4}$.
- Acidular com HCl (até a completa neutralização).
- Uma solução clara e um precipitado chamado azul da prússia serão formados.
- O resíduo líquido pode ser descartado no esgoto comum.
- O sólido formado pode ser guardado para futura utilização como corante.

$$6\ CN^- + Fe^{+2} \rightarrow [Fe\ (CN)_6]^{-4}$$
$$3\ [Fe\ (CN)_6]^{-4} + 4\ Fe^{+3} \rightarrow Fe_4[Fe\ (CN)_6]_3$$

**Spot* teste para detecção de cianeto: para 1 mL da solução, adicionar 2 gotas de solução recém-preparada de sulfato ferroso aquoso (5%). Ferver a mistura (1 minuto), resfriar a temperatura ambiente e adicionar uma solução de cloreto férrico (1%). Adicionar ácido clorídrico (1:1) até a mistura ficar ácida. Se houver cianeto na solução em concentração maior que 1 pp, haverá a formação de um precipitado azul-escuro.

Tratamento de fenol e de soluções com fenol

O fenol pode ser tratado por meio de sua reação de polimerização com o formaldeído (Figura 15), resultando em uma resina que pode ser enviada para aterro. A reação é a seguinte: fenol + formaldeído em meio alcalino a 70°C.

Tratamento de gases e vapores no laboratório

O descarte de cilindros de gases, vazios ou cheios, sob baixa ou alta pressão, pode representar um grave problema, de modo que seu custo pode ser superior ao da compra do gás. Assim, antes de adquirir um cilindro, recomenda-se verificar se é possível retorná-lo para o fabricante.

Ao se deparar com um cilindro sem identificação, deve-se examiná-lo atentamente, buscar encontrar o nome ou contato do fabricante e identificar a cor e o tipo de válvula, o que facilitará a identificação do conteúdo. Um cilindro de gás não pode ser considerado vazio até que sua válvula tenha sido removida, mas não se deve tentar removê-la para esvaziar o cilindro, já que isso representaria risco elevado de fogo, explosão, envenenamento, entre outros, dependendo do conteúdo e da pressão do cilindro, pois os gases podem ser inertes, corrosivos, inflamáveis, oxidantes ou tóxicos (Tabela 3)[173]. Além disso, é importante lembrar que a NR 32 proíbe a transferência de gases de um cilindro para outro, independentemente da capacidade dos cilindros[134].

Tratamento de gases e voláteis em laboratórios

Para uso em pequena escala (laboratórios de ensino e pesquisa), a indicação mais adequada e viável é provavelmente o uso de frascos lavadores para o tratamento de gases voláteis, pelos seguintes motivos:

- São dispositivos comuns e com preço acessível no comércio de vidrarias para laboratórios.
- Podem ser encontrados em diversos tamanhos e em vários tipos de saída com vidro sinterizado. Há também versões cujos bicos de saída (pescador) são construídos com vidro sintetizado especial para melhor fragmentação das bolhas de gás ou vapor, opção muito importante para a captação de algum tipo de efluente pouco comum.
- São utilizáveis para gases ou vapores ácidos, alcalinos, oxidantes, redutores, tóxicos, incondensáveis e outros, em razão do auxílio de pequenas adaptações de implantação viável.
- Podem ser utilizados em série, sem aumento significativo do custo, melhorando bastante a eficiência da depuração ou neutralização.
- Permitem a inserção de recursos para casos especiais, como a utilização de uma câmara com um solvente não tóxico para captar outro solvente perigoso da

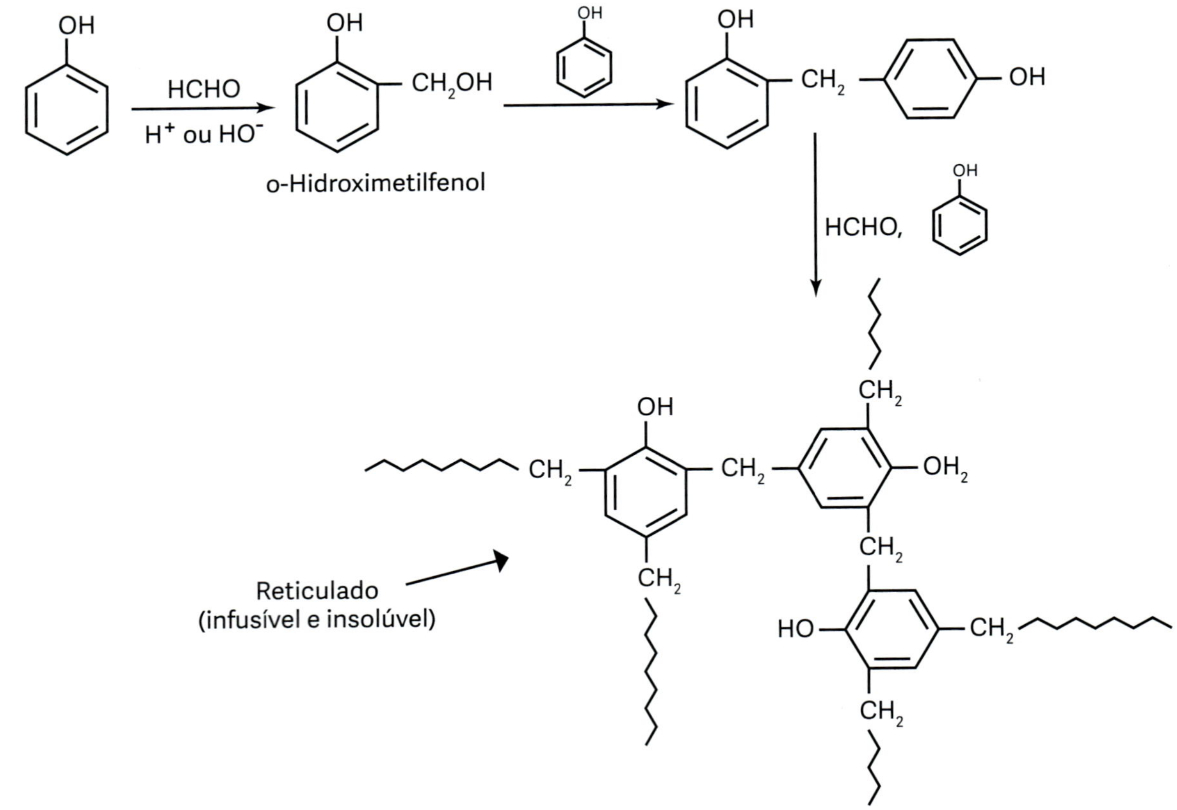
OH
HCHO
H⁺ ou HO⁻
CH₂OH
o-Hidroximetilfenol
OH
CH₂
OH
HCHO,
CH₂
OH₂
Reticulado
(infusível e insolúvel)
HO

FIGURA 15 Reação de polimerização entre formaldeído e fenol.

TABELA 3 Características de gases especiais

Gás	Limites inflamáveis no ar (vol. %) (1)	Oxidante	Inerte	Corrosivo	Tóxico (escala NFPA)
Acetileno	2,5-82				
Amônia	15-28			X	3
Argônio			X		
Arsina	5,1-78				4
Tricloreto de boro				X	3
Trifluoreto de boro		X		X	3
1,3-butadieno	2,0-12				
Gás butano	1,6-8,4				
Buteno	1,6-10				
Gás carbônico			X		
Monóxido de carbono	12,5-74				3
Cloro		X		X	(3)
Diborano	0,8-98				4
Diclorosilano	4,1-98,8			X	4
Dimetilamina	2,8-14,4			X	3
Etano	3,0-12,5				

(continua)

TABELA 3 Características de gases especiais (*continuação*)

Gás	Limites inflamáveis no ar (vol. %) (1)	Oxidante	Inerte	Corrosivo	Tóxico (escala NFPA)
Etileno	2,7-36				
Óxido de etileno	3,6-100				3
Flúor		X			4
Halocarbono-13 (clorotrifluorometano)			X		
Hélio			X		
Hidrogênio	4,0-75				
Brometo de hidrogênio				X	3
Cloreto de hidrogênio				X	3
Ácido cianídrico	5,6-40			X	4
Fluoreto de hidrogênio				X	4
Sulfeto de hidrogênio	4-44			X	4
Isobutano	1,8-8,4				
Isobutileno	1,8-9,6				
Criptônio			X		
Metano	5-15				
Cloreto de metila	8,1-17,4				2
Monometilamina	4,9-20,7			X	3
Neon			X		
Óxido nítrico		X		X	(3)
Nitrogênio			X		
Dióxido de nitrogênio		X		X	(3)
Trifluoreto de nitrogênio		X			
Óxido nitroso		X			
Oxigênio		X			
Ozônio		X			
Fosgênio					4
Fosfina	1,6-99				4
Propano	2,1-9,5			X	4
Propileno	2,0-11,1				
Silano	1,5-98				
Dióxido de enxofre				X	(3)
Hexafluoreto de enxofre			X		
Tetrafluoreto de enxofre				X	4
Trimetilamina	2-11,6			X	3
Cloreto de vinila	3,6-33				2
Xenon			X		

1. Limites inflamáveis sob pressão atmosférica e temperatura normais.
2. Corrosivos na presença de umidade.
3. Tóxico. Recomenda-se que o usuário esteja completamente familiarizado com a toxicidade e outras propriedades deste gás.

mesma família ou de mesma característica físico-química. É o caso da captação de benzeno por borbulhamento em hexano. Posteriormente, ambos são eliminados por incineração.

Dispositivo lavador

Trata-se de um frasco de boca larga na qual está inserida uma tampa com um tubo de vidro que chega até o fundo do frasco. Esse tubo recebe os gases da reação e os conduz até a solução neutralizadora adequada. Caso seja necessário, na tampa também existe uma saída que pode ser adaptada a outro frasco lavador com outra solução lavadora, e assim por diante. Há ainda a possibilidade de introduzir, no conjunto, uma solução indicadora, que denunciará a saturação da solução neutralizante.

Outro tipo também eficiente é a coluna com enchimento. Consiste em uma coluna de PVC que utiliza vidro sinterizado como material de enchimento. A água ou solução neutralizante entra pela parte superior da coluna, e o gás é introduzido pela base. O líquido descendente e o gás ascendente misturam-se intimamente por meio do vidro sinterizado, resultando em um gás efluente que sai pelo topo da coluna, lavado, e um líquido contaminado drenado por uma câmara localizada na parte mais baixa da coluna, que deve sofrer tratamento convencional para resíduos perigosos. A exemplo dos frascos lavadores, é possível também o uso de várias colunas em série ou a inserção de dispositivos para melhorar a eficiência da lavagem, da depuração ou da neutralização.

TRANSPORTE DE RESÍDUOS QUÍMICOS

O transporte de resíduos perigosos deve ser feito em consonância com o regulamento para o transporte rodoviário de produtos perigosos, Resolução 5.998, de 3 de novembro de 2022 e suas alterações[174], da Agência Nacional de Transportes Terrestres, a ANTT, e com a Norma ABNT NBR 13221: 2023[175]. O Apêndice A desta mesma resolução, que traz a relação de nomes apropriados para embarque, deve ser utilizado para a determinação do Número ONU a ser utilizado na documentação exigida[176]. Os volumes utilizados no transporte devem trazer identificação mostrando seus riscos, marcação indicando que a embalagem corresponde a um projeto tipo aprovado nos ensaios prescritos e que atende a todas as exigências relativas à fabricação e, ainda, possuir comprovação de sua adequação a programa de avaliação da conformidade da autoridade competente, quando aplicável[177] (Figura 16). A marcação consiste no símbolo das Nações Unidas para embalagens, num numeral arábico, para indicar o tipo de embalagem (bombona, caixa, saco etc.), seguido por letra(s) maiúscula(s), em caracteres latinos, para indicar a natureza do material (aço, material plástico, papelão etc.), seguida, quando necessário, de um numeral arábico para indicar a categoria da embalagem, dentro do tipo a que pertence (X – para os Grupos de Embalagem I, II e III; Y – para os Grupos de Embalagem II e III e Z – para o Grupo de Embalagem III). Novas marcações podem ser necessárias a depender das embalagens serem compostas, entre outras. Deve também existir identificação da autoridade competente (INMETRO) atestando a conformidade aos requisitos de fabricação e ensaio exigidos na Resolução 5.998[174], exceto para as embalagens previstas no item 4.1.1.1.1 e que não tenham sido submetidas a processo de recondicionamento ou refabricação no país.

Embalagens vazias de produtos perigosos e não limpas devem ser transportadas fechadas e não devem apresentar nenhum sinal de resíduo perigoso aderente à parte externa da embalagem. O mesmo se aplica a qualquer embalagem de resíduo perigoso.

Enquanto a identificação para o transporte deve ser efetuada de acordo com o descrito no tópico Identificação e rotulagem de resíduos químicos (rótulo e FDSR)[125], a sinalização do veículo deve seguir a Norma ABNT NBR 7500:2023 – Identificação para o transporte terrestre, manuseio, movimentação e armazenamento de produtos[136]. Deve-se verificar a incompatibilidade dos resíduos a serem transportados conforme a Norma ABNT NBR 14619:2023[84].

Outros documentos e providências são imprescindíveis para o transporte de resíduos perigosos. Pode-se citar a exigência de licenciamento de veículo, de habilitação especializada do motorista, da obrigação de emissão de manifesto de transporte de resíduos (MTR), a possibilidade de emissão de ficha de emergência[178], entre outras[179-181]. No Estado de São Paulo, o Manifesto de Transporte é emitido via o Sistema Estadual de Gerenciamento Online de Resíduos Sólidos – SIGOR, módulo MTR, que se encontra no site da CETESB[181], órgão ambiental do Estado. As informações obtidas pelo SIGOR são integradas ao Sistema Nacional de Informações sobre a Gestão dos Resíduos Sólidos (SINIR)[182], sistema que emite os Manifestos de Transporte dos Estados que não utilizam sistema próprio para emissão do MTR.

Recomenda-se que seja contratada uma transportadora com certificações, contratos de atendimento de emergência e seguro ambiental para mitigar possíveis danos causados por acidentes envolvendo o resíduo. O atendimento à emergência deve concordar com o estabelecido na Norma ABNT NBR 14064:2015, Transporte rodoviário de produtos perigosos – Diretrizes do atendimento à emergência[183]. Deve-se respeitar, ainda, a Norma ABNT NBR 1548:2024[184] – Transporte rodoviário de produtos perigosos – Lista de verificação com requisitos operacionais referentes à saúde, segurança, meio ambiente e qualidade, que estabelece uma lista de verificação com os requisitos operacionais referentes à saúde, à segurança, ao meio ambiente e à qualidade, para a expedição de produtos perigosos, a granel e/ou fracionados. Cabe salientar que o gerador não perde sua responsabilidade pelo resíduo durante o transporte. Por fim, é importante saber que, no caso da cidade de São Paulo, para se transportar produtos perigosos é necessário obter a Licença Especial de Trânsito de Produtos Perigosos (LETPP)[185], o que deve ser imposto quando da contratação de uma transportadora de resíduos perigosos. O Quadro 16 resume as principais exigências que devem ser observadas e conferidas no transporte de resíduos perigosos.

TRATAMENTO EXTERNO DE RESÍDUOS QUÍMICOS

Quando razões administrativas, estruturais, econômicas ou legais inviabilizarem o tratamento de resíduos em laboratório, deve-se optar pelo envio desses materiais para tratamento externo.

No Estado de São Paulo, a Cetesb é o órgão que aprova o encaminhamento de resíduos de interesse ambiental aos locais de reprocessamento, armazenamento, tratamento ou disposição final, licenciados ou autorizados por esse mesmo órgão, via emissão do Certificado de Movimentação de Resíduos de Interesse Ambiental (CADRI)*. Este Certificado deve ser solicitado no portal de serviços da Cetesb185. São exigidos uma série de documentos, entre eles:

- Carta de Anuência, do local de destino dos resíduos, que exigirá uma previsão da quantidade de resíduo gerada anualmente, entre outras informações.
- Memorial de Caracterização do Empreendimento (MCE) Resíduos Industriais.
- Licença de operação (ou protocolo da solicitação de renovação) do local de destino dos resíduos.
- Laudo de caracterização dos resíduos ou lista de reagentes líquidos e sólidos.
- Licença e autorização específica do órgão ambiental do estado de destino, quando se tratar de encaminhamento a outro estado.

QUADRO 16 Principais exigências que devem ser observadas e conferidas no transporte de resíduos perigosos

Embalagens	Documentos	Veículo	Condutor
Homologadas[177]	CADRI	Certificados de inspeção para o transporte de produtos perigosos (CIPP) e de inspeção veicular (CIV), quando o resíduo for transportado a granel	Documento comprobatório da qualificação do motorista, previsto em legislação de trânsito de que recebeu treinamento específico para transportar produtos perigosos (Curso de Movimentação Operacional de Produtos Perigosos – MOPP)
Rotuladas conforme NBR 16.725[125]	FDSR (NBR 16725)[125] para todos os ONU transportados	Painéis de segurança e rótulos de risco (NBR 7500)[136]	No Estado de São Paulo, só a comprovação na CNH é aceita; nenhum outro tipo de comprovante é válido para comprovar a conclusão do curso
	Documento fiscal (quando aplicável)	*Kit* de EPI compatível com a carga (NBR 9735, 10271)[160-161]	
	Declaração do expedidor[173]	Equipamentos para sinalização, isolamento de área da ocorrência: avaria, acidente e/ou emergência (NBR 9735, NBR 10271)[179-180]	
	Manifesto para o transporte de resíduos (NBR 13221)[175]		

* Incluem os resíduos perigosos considerados classe I segundo a NBR 10004 da ABNT e, portanto, os do grupo B, conforme a Resolução CONAMA n. 358, de 29 de abril de 2005, e os efluentes líquidos gerados em fontes de poluição definidos no art. 57 do Regulamento da Lei Estadual n. 997/76, aprovado pelo Decreto Estadual n. 8.468/76 e suas alterações, que não tenham sido encaminhados por rede.

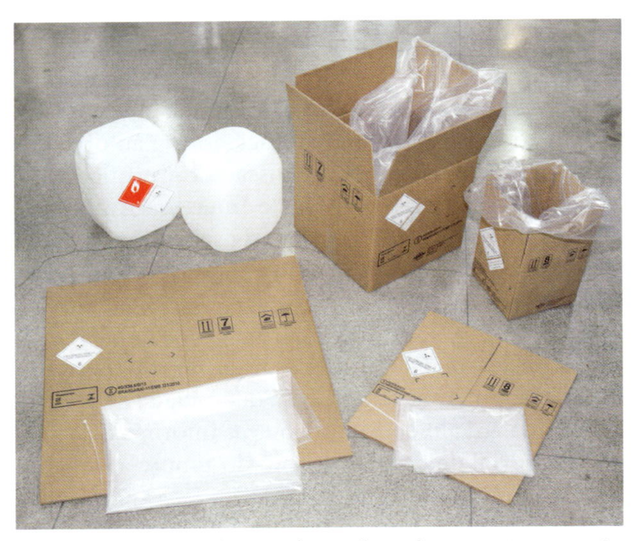

FIGURA 16 Embalagens homologadas para transporte de produtos perigosos.

- Outros, quando couberem e a depender de necessidades da Cetesb.

Recuperação de resíduos químicos

Recuperação de solventes em escala industrial

A recuperação de solventes em escala industrial é um procedimento que cresce anualmente em razão da viabilidade econômica e do maior rigor na legislação ambiental. Em uma análise crítica, quando possível, qualquer outra destinação é mais racional que eliminar um material com gasto de energia e geração de outros resíduos. Entretanto, o processo de recuperação só é possível em condições especiais e dependentes de alguns fatores:

- Quantidade disponível acima de 1.000 litros.
- Número e tipo de contaminantes; normalmente, a recuperação só se dá dentro da mesma família de solventes e com no máximo dois contaminantes.
- Diferenças das temperaturas de ebulição dos componentes acima de 20ºC.
- Componentes que não formem misturas azeotrópicas.
- Ausência de componentes com alto grau de periculosidade.

Há exceções aos casos citados, ou seja, empresas estão se equipando com aparelhos mais eficientes que conseguem superar algumas das dificuldades citadas. Porém, ainda assim, pode ocorrer a inviabilização econômica da recuperação, em virtude do uso do processo mais sofisticado e, portanto, mais caro.

Em geral, essas empresas recuperadoras trabalham na forma de prestação de serviços e podem cobrar por tal serviço.

A recuperação de solventes ainda poderá progredir muito, de acordo com a colaboração dos geradores das misturas, para trabalhar sob a ótica da recuperação, misturando ou contaminando o mínimo possível e utilizando produtos mais adequados em relação às propriedades físico-químicas e com maior interesse para reciclagem. Um exemplo bastante ilustrativo é o da substituição do clorofórmio normalmente usado nos cromatógrafos líquidos de alta eficiência por cloreto de etileno. Este último possui baixa toxicidade e tem muita aplicação e procura como agente de expansão na fabricação de espuma de poliuretano.

Recuperação de outros resíduos

Além de solventes, outros resíduos, como os constituídos de óleos ou metais que apresentem alto valor agregado, como a prata, o cobre e o ouro, também podem ser enviados para recuperação. A contratação de empresa que efetue a reciclagem exige, em São Paulo, a autorização do órgão ambiental.

Tratamento de resíduos

Existem diversos tratamentos disponíveis para a inativação de resíduos. A escolha do melhor tratamento envolve a aplicabilidade e a disponibilidade deles. A técnica a ser adotada está relacionada à composição química do resíduo. Cabe salientar que o gerador não perde sua responsabilidade pelo resíduo após o tratamento, ainda que sejam emitidos certificados de destruição pelo prestador de serviço.

Tratamentos térmicos de resíduos químicos

Incineração

Consiste em decomposição térmica sob uma temperatura superior a 850°C, aplicável à maioria dos resíduos orgânicos sólidos ou líquidos. Existe uma relação entre a temperatura de operação e a composição do resíduo a ser tratado. Por isso, o preço desse tratamento pode variar. Para resíduos de solventes, quanto mais misturados estiverem, mais cara será a incineração. Já os líquidos combustíveis, com alto poder calorífico, como os solventes inflamáveis, são incinerados com custos menores, porque economizam combustível e podem ser misturados com materiais de menor poder calorífico (*blending*). Inversamente, os organoclorados requerem maior gasto de energia para suas combustões e maior custo no tratamento dos gases efluentes, que normalmente são emitidos para a atmosfera com 99,99% de grau de pureza.

A incineração traz como vantagens a grande redução de volume de resíduos. Entretanto, este tratamento gera cinzas que, apesar de serem mais estáveis que os resíduos originais, podem conter materiais perigosos e, por isso, devem ser enviadas para aterro específico. A incineração pode gerar poluentes como materiais particulados, dioxinas, furanos, óxidos de nitrogênio e de enxofre. Por este motivo, existem normativas com critérios de construção e operação de incineradores.

Normas para eliminação por incineração

As empresas que operam incineradores industriais exigem um laudo de análise dos resíduos a serem eliminados. De posse dele, comparam-no com a análise própria de amostras colhidas por técnico treinado conforme roteiro preestabelecido.

A incineradora impõe restrições a alguns metais pesados, flúor e certos sólidos como vidro e sucatas, porque esses materiais danificam componentes do equipamento ou encurtam o tempo entre as manutenções periódicas de rotina. É importante ressaltar a relevância do trabalho com parceria responsável, ao relatar o risco imposto aos operadores do incinerador se lhes forem enviados materiais perigosos estranhos aos constantes no acordo entre as partes, uma vez que são processadas centenas de toneladas/mês e, na extenuante rotina desse tipo de trabalho insalubre, pode passar despercebida a presença de um produto tóxico, infectante ou explosivo, incauto e ilegalmente enviado sem identificação de risco e segurança. Estes fatores podem se agravar se esse tipo de material permanecer vários dias aguardando o processamento, em razão da grande procura pelo processo de incineração.

Coprocessamento

Consiste em tratamento via decomposição térmica de resíduos orgânicos sólidos e líquidos, que são utilizados como combustíveis alternativos na indústria cimenteira. Resíduos inorgânicos de ferro, cálcio, silício, alumínio e outros também podem ser tratados, já que são incorporados à matriz de cimento. Assim como para a incineração, existem normativas com critérios de construção e de operação para o aproveitamento de resíduos em fornos de cimento. Em geral, o coprocessamento é uma forma de tratamento mais barata que a incineração. Entretanto, esta técnica apresenta maiores limitações, já que não pode ser utilizada para a inativação de resíduos clorados ou dos que tiverem altos teores de alguns metais.

Incineração via plasma

Consiste em tratamento via decomposição térmica em uma tocha de plasma. O sistema de eliminação de resíduos via plasma, que normalmente opera quantidades menores diariamente, porém sob temperaturas altíssimas (> 5.000°C), torna-se uma opção bastante adequada para efetuar o tratamento completo, definitivo e livre de riscos ao meio ambiente e à saúde pública, solucionando a questão do resíduo hospitalar e dos resíduos perigosos gerados em instituições de ensino e pesquisa. Esta técnica, denominada incineração via plasma, funciona com um gás ionizado em temperaturas muito altas, que gera resíduos inertes e gases efluentes não perigosos, dispensando, portanto, tratamentos posteriores e aterros especiais para a deposição de cinzas e escórias.

Estabilização e solidificação

Consiste em tratamento no qual o potencial de periculosidade de um resíduo é reduzido em razão de sua transformação em formas menos solúveis ou pela diminuição de sua mobilidade no meio ambiente. Este tipo de tratamento traz como vantagens a melhoria das características físicas e do manuseio do resíduo, que tem sua área superficial diminuída e sua solubilização limitada. Os resíduos, principalmente os inorgânicos, são fixados em matrizes poliméricas impermeáveis de cimento ou de silicatos.

Tratamentos físico-químicos

Dependendo do tipo de resíduo, pode-se encaminhá-los para estações de tratamento de efluentes, compactas ou não. Nestas estações, os resíduos são submetidos a processos físicos e químicos (sedimentação, flotação, filtração, precipitação, neutralização, oxidação, redução, clarificação, coagulação, eletrocoagulação e outros).

Outros tratamentos

Vale mencionar que existem outras técnicas, como a oxidação em sais fundidos, eletroquímica e em água supercrítica que, apesar de serem consideradas limpas e comprovadamente eficazes no tratamento de resíduos, ainda não estão comercialmente disponíveis. Nesta mesma categoria se encontram os processos de redução química em fase gasosa, a pirólise em metal fundido e a decloração catalisada por base, entre outros.

DISPOSIÇÃO FINAL DE RESÍDUOS QUÍMICOS

Do ponto de vista técnico, é possível relacionar alguns métodos de disposição final, que incluem depósitos perpétuos no oceano. Entretanto, a PNRS prevê como único meio de disposição final ambientalmente adequada o efetuado em aterros classe I ou II. A mesma lei prevê que apenas rejeitos, ou seja, resíduos para os quais não há possibilidade de tratamento, podem ser enviados para estes locais.

As empresas que possuem aterro para destinação de resíduos industriais classes I e II devem seguir rigidamente as leis e normas impostas pelos órgãos ambientais e, portanto, exigem laudo de análise do resíduo a ser descartado, feita por laboratório credenciado. Estas empresas cobram pelo serviço de aterramento e aceitam apenas materiais no estado sólido, com teor de umidade conhecido e estabelecido previamente. Resíduos líquidos podem ser previamente solidificados via encapsulamento em vidro ou concreto para poderem ser dispostos em aterro. Em relação à composição dos resíduos, deve-se considerar que existem limites de aceitabilidade.

Em São Paulo, a disposição de resíduos em aterros exige prévia aprovação da CETESB, à semelhança do que ocorre no envio de resíduos para tratamento externo. Cabe salientar que o gerador não perde sua responsabilidade pelo resíduo após o aterramento.

As condições para aceitação do resíduo dividem-se em três etapas.

1ª etapa – preparação

Deve atender ao anexo da NBR 12.23585 (incompatibilidade de resíduos), e o acondicionamento deve ser feito conforme orientação da empresa em relação ao tipo de recipiente e à homogeneidade do material.

2ª etapa – relatório de viabilidade técnica

Os resíduos serão caracterizados e classificados de acordo com as normas técnicas da ABNT:

- NBR 10004 – Classificação.
- NBR 10005 – Procedimentos para lixiviação[187].
- NBR 10006 – Procedimentos para solubilização[188].
- NBR 10007 – Procedimentos para amostragem[189].

Com base nos resultados, é feito um estudo de viabilidade técnica para recebimento dos resíduos. Aprovado o relatório, é emitida a Carta de Anuência, que declara a compatibilidade com o aterro e a aceitação para disposição final nas valas. Em São Paulo, esse relatório também possibilita a obtenção do Cadri.

3ª etapa – remoção e disposição final

O serviço de remoção pode ser realizado por frota da própria empresa, por transportadora por ela credenciada ou por transportadora contratada, obedecendo ao previsto na legislação de transporte de produtos perigosos, quando couber.

Ao chegar, todo resíduo é analisado pelo laboratório local por meio do *Spot* teste, que detecta principalmente líquidos livres pelo método *Paint Filter Test*.

As valas para a disposição final dos resíduos são impermeabilizadas com dupla camada de PEAD com espessuras de pelo menos 1,5 a 2 mm. O solo também é preparado para evitar infiltrações. A operação das valas se dá sob cobertura metálica, para evitar penetração da água das chuvas. Cheias, as valas recebem na superfície a membrana de PEAD, que é soldada nas bordas, transformando-se em um envelope gigante impermeável, cuja capacidade unitária tem cerca de 20 mil toneladas. Por fim, a célula é coberta com terra.

Observação: os passivos existentes em muitas instituições de ensino e pesquisa que realizam intensas atividades laboratoriais podem ter sua disposição final em aterro classe I ou II inviabilizada por conta das misturas existentes de materiais não identificados, o que pode levar à reprovação do relatório.

Independentemente do tipo de destinação final ambientalmente adequada aplicado ao resíduo, a empresa contratada deverá emitir certificado de destinação final do resíduo (CDF), que deve ser mantido pelo gerador para eventuais fiscalizações.

DESTINAÇÃO DE EMBALAGENS E RECIPIENTES

Embalagens contaminadas com materiais químicos perigosos devem ser tratadas como resíduos classe I85. Entretanto, esse procedimento, embora correto, eleva os custos do programa de gerenciamento de materiais perigosos da instituição, principalmente quando se trata de recipientes de vidro que contêm um mínimo de resíduos, mas a massa total é grande.

Alguns procedimentos alternativos são viáveis e menos onerosos. São eles:

- Frascos de vidro ou plástico que continham reagentes solúveis em água e de baixa toxicidade (álcoois, ácidos, ésteres, aldeídos, cetonas, éteres, sais inorgânicos, secantes e outros) podem ser reciclados por empresas especializadas, após tríplice lavagem.
- Frascos contaminados com outros reagentes, especialmente os de alta toxicidade ou de difícil remoção, devem ser encaminhados para o mesmo tratamento que seria dado ao reagente. Assim, um frasco de mercaptana deve ser incinerado. Já um de nitrato de mercúrio pode ser encaminhado para aterro classe 1.
- Embalagens flexíveis, como papel e papelão, plásticos, tecidos, fibras e outras, contaminadas com materiais químicos perigosos, têm de ser enviadas para

tratamento térmico ou aterro classe 1, devidamente acondicionadas.

- A mistura de embalagens dos tipos citados pode encarecer ou até inviabilizar o processo de destinação final ou reciclagem. Por isso, é necessário o monitoramento constante dos locais de deposição temporária desses materiais, a fim de evitar que resíduos de classes diferentes sejam depositados no mesmo local.

Salienta-se que, aqueles que trabalham em serviços de saúde, devem obedecer ao disposto na NR 32[134] e na RDC 222[85]. Enquanto a primeira veda o procedimento de reutilização das embalagens de produtos químicos, a segunda permite a utilização de embalagens primárias vazias de produtos químicos para o acondicionamento de RSS do grupo B (Resíduos Químicos), observada tanto a compatibilidade química entre a substância original contida no frasco e os componentes do resíduo quanto à compatibilidade do resíduo com o material da embalagem.

Tem crescido o setor de reciclagem de objetos fabricados com materiais químicos perigosos, como pilhas, baterias, lâmpadas e outras. Essa opção é muito favorável, tanto para evitar que esses produtos sejam lançados no meio ambiente quanto para prevenir a deposição em locais destinados a resíduos de outras categorias, colocando em risco o trabalho de coleta e destinação final.

GERENCIAMENTO DO PASSIVO

Materiais considerados perigosos, não identificados, misturados, contaminados ou que se encontrem em condições tais que seu descarte esteja inviabilizado por qualquer motivo (p. ex., econômico) são classificados como passivos. Este problema tão sério vem se intensificando há muitos anos em decorrência das atividades laboratoriais, comerciais e industriais e representam atualmente uma fonte de alto risco ao meio ambiente e à saúde pública, que precisa ser eliminado rapidamente. O custo do procedimento de eliminação dos passivos existentes no Brasil e em vários outros países é, na maioria dos casos, tão alto que inviabiliza o processo mesmo para empresas financeiramente estáveis.

Segundo dados do III Workshop Preparatório (Belo Horizonte – MG, julho de 2000) para o III Fórum Intergovernamental de Segurança Química (Salvador – BA, outubro de 2000), calculou-se que existiam mais de cem mil toneladas de passivos químicos perigosos distribuídos pelo país. O conhecimento desse assombroso número, o esclarecimento sobre os riscos que esses materiais oferecem ao meio ambiente e à população e a maior cobrança por parte dos órgãos ambientais e de saúde pública vêm exigindo uma solução segura para o problema, pelo menos em médio prazo.

Como medida de caráter emergencial, pode-se sugerir a segregação considerando aspectos de compatibilidade química desse passivo químico perigoso, em barris plásticos de alta densidade, com volumes de até 200 litros, e o acondicionamento do material indesejável com um absorvedor comercial adequado, com a finalidade de neutralizar possíveis vazamentos. Assim preparados, os barris devem ser armazenados em local arejado e de acesso controlado. A seguir, o gerador deve contratar uma empresa de consultoria especializada para manuseio, transporte e disposição adequadas de seu passivo.

MÉTODOS DE IDENTIFICAÇÃO DE PRODUTOS QUÍMICOS

Uma situação bastante comum em laboratórios nos quais se manipulam produtos químicos é a presença de frascos sem rótulos ou com rótulos danificados, que impossibilitam a identificação de seu conteúdo.

A caracterização desse material nem sempre é uma tarefa fácil, porém algumas análises simples podem ser efetuadas na tentativa de identificá-los para, posteriormente, encaminhá-los para reutilização ou descarte. Cabe ressaltar que a abertura do frasco pode causar acidentes, como explosões pela presença de peróxidos ou de substâncias reativas com o ar. Assim, recomenda-se que a abertura seja feita apenas se absolutamente necessário, com o máximo cuidado, por pessoa especializada, sempre considerando o resíduo tóxico e perigoso.

As técnicas apresentadas a seguir podem ser usadas para uma caracterização preliminar de resíduos químicos não identificados[144,171,190-194]. Para cada um dos testes, deve ser utilizada uma alíquota com a menor quantidade possível da substância a ser identificada. Todas as operações devem ser efetuadas em condições seguras, com o uso de controles de engenharia e EPI.

- Testar a reatividade com o ar, pegando uma pequena amostra, colocando-a em um vidro de relógio e observando se a amostra pega fogo ou se libera fumaça.
- Testar a inflamabilidade, colocando um palito de cerâmica no composto, deixando escorrer o excesso e levando-o à chama.
- Testar a reatividade, adicionando uma gota de água e observando se há formação de chama, liberação de gás ou reação violenta.
- Medir o pH com papel indicador ou pHmetro.
- Verificar a presença de cianetos, adicionando uma gota de cloroamina-T e uma gota de ácido barbitúrico ou piridina em três gotas do composto. A cor vermelha indica teste positivo.

- Observar a presença de sulfetos, acidulando a amostra com HCl e testando em papel embebido em acetato de chumbo. O enegrecimento do papel indica teste positivo.
- Verificar a presença de halogênios, colocando no composto um fio de cobre limpo e previamente aquecido ao rubro e retornando-o à chama. Uma chama de coloração verde indica teste positivo.
- Testar o caráter oxidante, adicionando uma pequena porção de um sal de Mn (II). Uma coloração escura indica teste positivo.
- Testar o caráter redutor, utilizando papel umedecido com 2,6-dicloroindofenol ou azul de metileno. Uma descoloração do papel indica teste positivo.

Cabe mencionar que a CETESB disponibiliza em seu *site* o Programa para Identificação de Produtos Químicos (PIPQ)[195]. Este programa foi desenvolvido para auxiliar na identificação de produtos químicos. Assim, com base em algumas características do material a ser identificado, obtidas em testes analíticos descritos no próprio programa, ou ainda por inspeção visual, são feitas as comparações com propriedades catalogadas de mais de 800 substâncias químicas. As propriedades estão divididas em 24 categorias, relacionadas às propriedades físicas e químicas do material (estado físico, cor, densidade, viscosidade, solubilidade em água, odor, ponto de fulgor, reatividade, entre outras). Ainda que existam limitações nesse processo, há uma redução do número de substâncias possíveis, o que facilita a identificação.

Registros e controles

Uma boa gestão de resíduos implica o registro e no controle de todo o fluxo relacionado ao resíduo, desde a sua geração, o que inclui composição e quantidade, até sua destinação final, ou seja, a guarda do Certificado de Destinação Final, passando pelas etapas de acondicionamento, rotulagem e transporte. Todos os documentos, incluindo licenças, certificações de embalagens, rótulos adotados, contratos etc. devem ser armazenados. Além de poderem ser utilizados como defesa em caso de ocorrência de crime ambiental[116-117] envolvendo o resíduo, estes itens servem como base para a construção dos chamados Planos de Gerenciamento de Resíduos Sólidos, que incluem os Planos de Gerenciamento de Resíduos dos Serviços de Saúde e que são obrigatórios por lei[85,98-99,118-119,121,196-197], para a confecção de relatórios ambientais e consequente construção do Inventário Nacional de Resíduos Sólidos[198], para licenciamentos e cadastros ambientais[199-200] e para os órgãos de controle de produtos controlados.

CONSIDERAÇÕES FINAIS

Desde a publicação da primeira edição do *Manual de biossegurança*, em 2002, o gerenciamento adequado de produtos e resíduos químicos perigosos em instituições de ensino e pesquisa evoluiu significativamente, haja vista o grande número de publicações geradas no período por instituições diversas, conforme evidenciado, inclusive, em edições anteriores que serviram de base para este capítulo[201-202].

Houve aprimoramentos nos conceitos de saúde ocupacional, atualmente higiene ocupacional do trabalhador e/ou operador diretamente envolvido na produção, manuseio e uso de produtos químicos no ambiente laboral, visando diminuir riscos, evitar intoxicações e manter as condições de saúde.

O meio acadêmico-científico, juntamente com outros órgãos e instituições públicas ou privadas, deve ampliar o desenvolvimento de pesquisas com o objetivo de encontrar novas soluções, mais eficientes e de menor custo ambiental, para a não geração, o tratamento e o descarte de resíduos químicos perigosos. Com essas novas pesquisas, haverá a conscientização e a formação de pessoas dessa área em diversos níveis, desde a iniciação científica até o doutoramento, o que também gerará publicações e a consequente divulgação dos novos conhecimentos e de novas técnicas.

REFERÊNCIAS BIBLIOGRÁFICAS

1. The American Chemical Society Center for Laboratory Safety. Disponível em: https://institute.acs.org/acs-center/lab-safety/safety-basics-and-ramp/what-is-ramp.html. Acesso em: 23 maio 2024.
2. Brasil. Ministério do Trabalho e Emprego. Norma Regulamentadora n. 26 (NR 26) – Sinalização de segurança. Disponível em: https://www.gov.br/trabalho-e-emprego/pt-br/acesso-a-informacao/participacao-social/conselhos-e-orgaos-colegiados/comissao-tripartite-partitaria-permanente/arquivos/normas-regulamentadoras/nr-26-atualizada-2022.pdf. Acesso em: 20 maio 2024.
3. Brasil. Associação Brasileira de Normas Técnicas (ABNT). NBR 14725. – Informações sobre segurança, saúde e meio ambiente – Aspectos gerais do Sistema Globalmente Harmonizado (GHS), classificação, FDS e rotulagem de produtos químicos. Rio de Janeiro: ABNT. 2023.
4. Aquino, A.S.F. Saúde ocupacional. Natal: Instituto Federal de Educação, Ciência e Tecnologia, 2014. 94p.
5. Bushinelli JTP. Agentes químicos e intoxicações ocupacionais. In: Ferreira Jr M. Saúde no trabalho. Temas básicos para o profissional que cuida da saúde dos trabalhadores. São Paulo: Roca, 2000, p. 138-75.
6. Hachet JC. Toxicologia de urgência: produtos químicos industriais. Trad. Rosilea Pizarro Carnelos. São Paulo: Andrei, 1997.
7. Herrick RF. Higiene ocupacional. In: Encyclopaedia of Occupational Health and Safety. 4. ed. 4, Cap. 30, 1998. Disponível

em: https://www.iloencyclopaedia.org/pt/part-iv-66769/occupational-hygiene-47504. Acesso em: 14 maio 2024.

8. Derelanko MJ. Risc assessment. In: CRC Handbook of toxicology. Nova York: CRC Press. 1995. p. 591-676.
9. Zakrzewski SF. Principles of environmental toxicology. 2. ed. Washington: American Chemical Society, 1997.
10. Furr AK. CRC Handbook of laboratory safety. 4. ed. Boca Raton: Library of Congress Cataloging-in-Publication Data, 1995.
11. Greim H, Lehnert G, editors. DFG biological exposure values for occupational toxicants and carcinogens: critical data evaluation for BAT and EKA values. v. 2. Weinheim: Deutsche Forschungsgemeinschaft, 1995, p. 3-12.
12. Omiecinski CJ, Vanden Heuvel JP, Perdew GH, Peters JM. Xenobiotic metabolism, disposition, and regulation by receptors: from biochemical phenomenon to predictors of major toxicities. Toxicological Sciences. 2011;120(S1):S49-S75.
13. Ferreira JA. Resíduos de laboratório. In: Teixeira P, Valle S (orgs). Biossegurança. Uma abordagem multidisciplinar. Rio de Janeiro: FIOCRUZ, 1996, p. 191-208.
14. Erickson PA. Occupational health and safety. San Diego: Academic Press, 1996.
15. Brasil. Ministério do Trabalho e Emprego. Norma Regulamentadora n. 15 (NR 15a) – Atividades e Operações Insalubres. Anexo 11. Agentes químicos cuja insalubridade é caracterizada por limite de tolerância e inspeção no local de trabalho. Disponível em: https://www.gov.br/trabalho-e-emprego/pt-br/acesso-a-informacao/participacao-social/conselhos-e-orgaos-colegiados/comissao-tripartite-partitaria-permanente/arquivos/normas-regulamentadoras/nr-15-atualizada-2022.pdf. Acesso em: 20 maio 2024.
16. American Conference of Governmental Industrial Hygienists (ACGIH). Disponível em: https://www.acgih.org/science/tlv-bei-guidelines/tlv-chemical-substances-introduction/. Acesso em: 22 maio 2024.
17. Brasil. Ministério do Trabalho e Emprego. Norma Regulamentadora n.15 (NR 15b) – Atividades e Operações Insalubres. Anexo 13. Agentes químicos. Disponível em: https://www.gov.br/trabalho-e-emprego/pt-br/acesso-a-informacao/participacao-social/conselhos-e-orgaos-colegiados/comissao-tripartite-partitaria-permanente/arquivos/normas-regulamentadoras/nr-15-atualizada-2022.pdf. Acesso em: 20 maio 2024.
18. Kuno R, Roquetti MH, Umbuzeiro GA. Indicadores biológicos de exposição: ocupacional x ambiental. INTERFA-CEHS – Revista de Gestão Integrada em Saúde do Trabalho e Meio Ambiente. 2009;4(1):1-13.
19. Brasil. Ministério do Trabalho e Emprego. Norma Regulamentadora n. 7 (NR7) – Guia Trabalhista. Programa de Controle Médico Ocupacional. Atualizada em 10/03/2022. Disponível em: https://www.gov.br/trabalho-e-emprego/pt-br/acesso-a-informacao/participacao-social/conselhos-e-orgaos-colegiados/comissao-tripartite-partitaria-permanente/arquivos/normas-regulamentadoras/nr-07-atualizada-2022-1.pdf. Acesso em: 20 maio 2024.
20. Lefèvre MJ, Becker EI. First-aid manual for chemical accidents. Nova York: Van Nostrand Reinhold, 1980.
21. Brasil. Ministério do Trabalho e Emprego. Norma Regulamentadora n. 20 (NR20) – Segurança e saúde no trabalho com inflamáveis e combustíveis. Disponível em: https://www.gov.br/trabalho-e-emprego/pt-br/acesso-a-informacao/participacao-social/conselhos-e-orgaos-colegiados/comissao-tripartite-partitaria-permanente/arquivos/normas-regulamentadoras/nr-20-atualizada-2022-1.pdf. Acesso em: 20 maio 2024.
22. Brasil. Ministério do Trabalho e Emprego. Portaria n. 203 de 28 de janeiro de 2011 (DOU de 01.02.2011 – Seção 1 – p. 180). Altera o Anexo 13-A (Benzeno) da Norma Regulamentadora n. 15 (Atividades e Operações Insalubres). Disponível em: https://www.gov.br/trabalho-e-emprego/pt-br/acesso-a-informacao/participacao-social/conselhos-e-orgaos-colegiados/comissao-tripartite-partitaria-permanente/arquivos/normas-regulamentadoras/nr-15-anexo-13a-atualizado-2022-1.pdf. Acesso em: 22 maio 2024.
23. Vogel AI. Química analítica qualitativa. 5. ed. São Paulo: Mestre Jou; 1981.
24. The Handbook of Chemistry & Physics, 97. ed. [on-line]. Boca Raton: CRC Press; 2016. Disponível em: https://archive.org/details/CRCHandbookOfChemistryAndPhysics97thEdition2016/page/n3/mode/2up. Acesso em: 21 maio 2024.
25. Royal Society of Chemistry. The Merck Index Online. Londres: RSC Publishing; 2014. Disponível em: https://merckindex.rsc.org/. Acesso em: 21. maio 2024.
26. Companhia Ambiental do Estado de São Paulo (Cetesb). Manual de produtos químicos. Disponível em: https://produtosquimicos.cetesb.sp.gov.br/Ficha. Acesso em: 21 maio 2024.
27. Agência Europeia dos Produtos Químicos (ECHA, European Chemical Agency). Disponível em: https://echa.europa.eu/pt/about-us. Acesso em: 21 maio 2024.
28. Gestis Substance Database, Disponível em: https://gestis-database.dguv.de/. Acesso em: 21 maio 2024.
29. PubChem, Disponível em: https://pubchem.ncbi.nlm.nih.gov/. Acesso em: 21 maio 2024.
30. United States, National Institute for Occupational Safety and Health (NIOSH). Disponível em: https://www.cdc.gov/niosh/npg/npgsyn-a.html. Acesso em: 21 maio 2024.
31. Chemical Abstracts Service. Disponível em: https://commonchemistry.cas.org/. Acesso em 22 maio 2024.
32. The United Nations Economic Commission for Europe (UNECE). Disponível em: https://unece.org/transport/dangerous-goods/ghs-pictograms. Acesso em: 22 maio 2024.
33. Diretiva do Conselho da União Europeia 92/58/EEC. Disponível em https://eur-lex.europa.eu/eli/dir/1992/58/2019-07-26. Acesso em: 22 maio 2024.
34. Portugal, Portaria n.º 1456-A/95, de 11 de dezembro. Disponível em: https://files.diariodarepublica.pt/1s/1995/12/284b01/00020011.pdf. Acesso em: 22 maio 2024.
35. Brasil. Agência Nacional de Transporte Terrestre (ANTT). O transporte terrestre de produtos perigosos no MERCOSUL; 2022. Disponível em: http://tri-leg.antt.gov.br/OutrosDocumentos/ANE07_PT_Cartilha%20Informativa%202022_Br.pdf. Acesso em: 22 maio 2024.
36. National Fire Protection Association (NFPA) Labeling Guide. Hazardous material information system. Disponível em: <http://fac.hsu.edu/wrayjones/NFPA%20Label.htm>. Acesso em: 22 maio 2024.
37. Carvalho PR. Boas práticas químicas em biossegurança. Rio de Janeiro: Interciência; 1999.

38. Brasil. Ministério da Saúde. Agência Nacional de Vigilância Sanitária (Anvisa). Resolução da Diretoria Colegiada – RDC 222, de 28 de março de 2018. Disponível em: https://bvsms.saude.gov.br/bvs/saudelegis/anvisa/2018/rdc0222_28_03_2018.pdf. Acesso em: 22 maio 2024.
39. Fundação Oswaldo Cruz (Fiocruz). Disponível em: https://www.fiocruz.br/biosseguranca/Bis/lab_virtual/armazenamento_de_produtos_quimicos.html. Acesso em: 22, maio 2024.
40. Chemical Compatibility Database, Cole-Parmer, Disponível em: https://www.coleparmer.com/chemical-resistance. Acesso em: 22 maio 2024.
41. United States, Environmental Protection Agency, A Method for Determining the Compatibility of Hazardous Wastes, 1980. Disponível em: https://www.epa.gov/sites/default/files/2016-03/documents/compat-haz-waste.pdf. Acesso em: 22 maio 2024.
42. Universities de Wisconsin,. Disponível em: https://www.wisconsin.edu/ehs/download/EPA-Chemical-Waste-Compatibility-Chart.pdf. Acesso em: 22 maio 2024.
43. Cameo Chemicals, Database of Hazardous Materials. Disponível em: https://cameochemicals.noaa.gov/search/simple. Acesso em: 22 maio 2024.
44. United States, National Institute for Occupational Safety and Health (NIOSH). Disponível em: https://www.cdc.gov/niosh/hierarchy-of-controls/about/?CDC_AAref_Val=https://www.cdc.gov/niosh/topics/hierarchy/. Acesso em: 23 maio 2024.
45. Procedimentos operacionais padrão (POP): referência com a descrição de requisitos e atividades necessários para que se possa alcançar um resultado desejado. Exemplos de POP para laboratórios podem ser encontrados em https://ehs.ucla.edu/documents/Laboratory. Acesso em: 4 jun. 2024.
46. Ribeiro, Marcela Gerardo; Avaliação qualitativa de riscos químicos [recurso eletrônico]: orientações básicas para controle da exposição dérmica a produtos químicos, Fundacentro, 2021. Disponível em: http://arquivosbiblioteca.fundacentro.gov.br/exlibris/aleph/a23_1/apache_media/NPSGGM9PXASF3IYJXNCAB81EVT6GB6.pdf. Acesso em: 23 maio 2024.
47. Brasil, Portaria SSST n. 25 DE 29/12/1994. Disponível em: https://www.legisweb.com.br/legislacao/?id=181316. Acesso em: 23 maio 2024.
48. Oliveira NR. Gerenciamento e descarte de resíduos químicos em laboratórios de ensino e pesquisa visando a preservação ambiental. [Dissertação]. Guarulhos: Universidade Guarulhos; 1999.
49. American Chemical Society Guidelines for Chemical Laboratory Safety in Secondary Schools. Disponível em: https://www.acs.org/content/dam/acsorg/about/governance/committees/chemicalsafety/publications/acs-secondary-safety-guidelines.pdf. Acesso em: 27 maio 2024.
50. Secretaria de Estado da Saúde de São Paulo. Centros de Assistência Toxicológica. Disponível em: https://saude.sp.gov.br/ses/perfil/cidadao/homepage-old2/outros-destaques/centros-de-assistencia-toxicologica. Acesso em: 23 maio 2024.
51. Brasil, Ministério da Saúde. Centro de Informação e Assistência Toxicológica. Disponível em: https://www.gov.br/saude/pt-br/assuntos/saude-de-a-a-z/a/animais-peconhentos/ciatox. Acesso em: 23 maio 2024.
52. Cameo Chemicals, Absorbents Guides Disponível em: https://cameochemicals.noaa.gov/help/reference/absorbents_guide/overview.htm. Acesso em: 28 maio 2024.
53. Chemical Spill Management and Response – Best practices for preventing chemical spills in the lab, Ira Wainless, B.Ch.E., PE, CIH. Disponível em: https://www.labmanager.com/chemical-spill-management-and-response-25950. Acesso em: 27 maio 2024.
54. Fundação Oswaldo Cruz (Fiocruz) – Situações de Emergência em Laboratórios Químicos. Disponível em: https://www.fiocruz.br/biosseguranca/Bis/virtual%20tour/hipertextos/up1/situacoes_de_emergencia_em_laboratorios_quimicos.html. Acesso em: 27 maio 2024.
55. Schneider RP, Gamba RC, Peres BM, Alberti LB. Manuseio de Produtos Químicos. Capítulo 6: Procedimentos de Emergência. São Paulo: ICBII USP, 2011. 20 p. Protocolo da Rede PROSAB Microbiologia. Área: Métodos Básicos. Disponível em: https://ww3.icb.usp.br/wp-content/uploads/2019/11/Procedimentos_Emergencia.pdf. Acesso em: 27 maio 2024.
56. Safety Online – Mercury Spill Clean-Up. Disponível em: https://www.safetyonline.com/doc/mercury-spill-clean-up-0002#:~:text=The%20powder%20not%20only%20turns,approved%20vacuum%20for%20mercury%20cleanup. Acesso em: 27 maio 2024.
57. Brasil. Ministério da Saúde. Agência Nacional de Vigilância Sanitária (Anvisa). Resolução da Diretoria Colegiada – RDC 145, de 21 de março de 2017. Disponível em: https://cvs.saude.sp.gov.br/zip/res%20rdc%20145.17.pdf. Acesso em: 4 jun. 2024.
58. Brasil. Ministério da Saúde. Agência Nacional de Vigilância Sanitária (Anvisa). Resolução da Diretoria Colegiada – RDC 173, de 15 de setembro de 2017. Disponível em: https://bvsms.saude.gov.br/bvs/saudelegis/anvisa/2017/rdc0173_15_09_2017.pdf. Acesso em: 4 jun. 2024.
59. Assembleia Legislativa do Estado de São Paulo. Lei n. 15.313, de 15 de janeiro de 2014. Dispõe sobre a proibição do uso, armazenamento e reparo de instrumentos de medição como esfigmomanômetros e termômetros contendo mercúrio e dá outras providências. Disponível em: https://www.al.sp.gov.br/repositorio/legislacao/lei/2014/lei-15313-15.01.2014.html. Acesso em: 4 jun. 2024.
60. Brasil. Ministério da Justiça e Segurança Pública. Polícia Federal. Controle e Fiscalização de Produtos Químicos. Disponível em: https://www.gov.br/pf/pt-br/assuntos/produtos-quimicos. Acesso em: 5 jun. 2024.
61. Brasil. Lei n. 10.357, de 27 de dezembro de 2001. Estabelece normas de controle e fiscalização sobre produtos químicos que direta ou indiretamente possam ser destinados à elaboração ilícita de substâncias entorpecentes, psicotrópicas ou que determinem dependência física ou psíquica e dá outras providências. Disponível em: https://www.planalto.gov.br/ccivil_03/leis/leis_2001/l10357.htm#:~:text=LEI%20No%2010.357%2C%20DE%2027%20DE%20DEZEMBRO%20DE%202001.&text=Estabelece%20normas%20de%20controle%20e,ps%C3%ADquica%2C%20e%20d%C3%A1%20outras%20provid%C3%AAncias. Acesso em: 5 jun. 2024.
62. Ministério da Justiça e Segurança Pública. Polícia Federal. Lista de Produtos Químicos Controlados. Disponível em: https://www.gov.br/pf/pt-br/assuntos/produtos-quimicos/legislacao/listas204.pdf. Acesso em: 5 jun. 2024.
63. Brasil. Ministério da Justiça e Segurança Pública. Polícia Federal. Obter Cadastro e Licença para Controle de Produtos Químicos. Disponível em: https://www.gov.br/pt-br/servicos/

obter-cadastro-e-licenca-para-controle-de-produtos-quimicos. Acesso em: 5 jun. 2024.

64. Brasil. Ministério da Justiça e Segurança Pública. Polícia Federal. Renovar Licença de Funcionamento de Empresa que Atua com Produtos Químicos Controlados. Disponível em: https://www.gov.br/pt-br/servicos/renovar-licenca-de--funcionamento-de-empresa-que-atua-com-produtos-quimicos-restritos. Acesso em: 5 jun. 2024.
65. Brasil. Ministério da Justiça e Segurança Pública. Polícia Federal. Portaria MJSP N. 204, de 21 de outubro de 2022 Estabelece procedimentos para o controle e a fiscalização de produtos químicos e define os produtos químicos sujeitos a controle pela Polícia Federal. Disponível em: https://in.gov.br/en/web/dou/-/portaria-mjsp-n-204-de-21-de-outubro--de-2022-438279876. Acesso em: 2 jul. 2024.
66. Brasil. Ministério da Justiça e Segurança Pública. Polícia Federal. Mapas de Controle – Siproquim 2. Disponível em: https://www.gov.br/pf/pt-br/assuntos/produtos-quimicos/mapa-de-controle/mapas-de-controle-s2. Acesso em: 5 jun. 2024.
67. Brasil. Decreto n. 10.030, de 30 de setembro de 2019. Aprova o Regulamento de Produtos Controlados. Disponível em: https://www.planalto.gov.br/ccivil_03/_ato2019-2022/2019/decreto/D10030.htm. Acesso em: 5 jun. 2024.
68. Brasil. Portaria n. 118-COLOG, de 4 de outubro de 2019 (Lista de PCE) – Dispõe sobre a lista de Produtos Controlados pelo Exército e dá outras providências. Disponível em: http://www.dfpc.eb.mil.br/phocadownload/Portarias_EB_COLOG/Portarian118.pdf. Acesso em: 5 jun. 2024.
69. Brasil. Decreto n. 2.977, de 1 de março de 1999. Promulga a Convenção Internacional sobre a Proibição do Desenvolvimento, Produção, Estocagem e Uso de Armas Químicas e sobre a Destruição das Armas Químicas Existentes no Mundo, assinada em Paris, em 13 de janeiro de 1993. Disponível em: https://www.planalto.gov.br/ccivil_03/decreto/d2977.htm. Acesso em: 5 jun. 2024.
70. Brasil. Ministério Da Defesa Exército Brasileiro, Comando Logístico. Departamento Marechal Falconieri. Portaria N. 56 – Colog, de 5 de junho de 2017. Dispõe sobre procedimentos administrativos para a concessão, a revalidação, o apostilamento e o cancelamento de registro no Exército para o exercício de atividades com produtos controlados e dá outras providências. Disponível em: http://www.dfpc.eb.mil.br/phocadownload/Portarian56.pdf. Acesso em: 5 jun. 2024.
71. Brasil. Ministério da Defesa. Exército Brasileiro. Portaria N. 13-D Log, de 19 de Julho de 2006. Aprova As Normas Administrativas Relativas Às Atividades Com Ácido Fluorídrico – NARAAF. Disponível em: http://www.sgex.eb.mil.br/sg8/005_normas/01_normas_diversas/05_comando_logistico/port_n_013_colog_19jul2006.html#:~:text=O%20CHEFE%20DO%20DEPARTAMENTO%20LOG%C3%8DSTICO,o%20inciso%20XV%20do%20art. Acesso em: 5 jun. 2024.
72. Brasil. Ministério da Saúde. Agência Nacional de Vigilância Sanitária (Anvisa). Portaria/SVS N. 344, de 12 de maio de 1998. Aprova o Regulamento Técnico sobre substâncias e medicamentos sujeitos a controle especial. Disponível em: https://antigo.anvisa.gov.br/documents/10181/2718376/%2847%29PRT_SVS_344_1998_COMP.pdf/db90e2c7-5c35-499b-b94b-3a608a60d02a. Acesso em: 5 jun. 2024.
73. Brasil. Ministério da Saúde. Agência Nacional de Vigilância Sanitária (Anvisa). Resolução Da Diretoria Colegiada Anvisa N. 877, de 28 de maio de 2024. Dispõe sobre a atualização do Anexo I (Listas de Substâncias Entorpecentes, Psicotrópicas, Precursoras e Outras sob Controle Especial) da Portaria SVS/MS n. 344, de 12 de maio de 1998. Disponível em: https://www.gov.br/anvisa/pt-br/assuntos/medicamentos/controlados/RDC877.pdf. Acesso em: 5 jun. 2024.
74. Brasil. Ministério da Saúde. Agência Nacional de Vigilância Sanitária (Anvisa). Resolução Da Diretoria Colegiada Anvisa N. 06, de 29 de janeiro de 1999. Aprova a Instrução Normativa da Portaria SVS/MS n.º 344 de 12 de maio de 1998 que instituiu o Regulamento Técnico das substâncias e medicamentos sujeitos a controle especial. Disponível em: https://antigo.anvisa.gov.br/documents/10181/2718376/PRT_6_1999_COMP2.pdf. Acesso em: 17 jun. 2024.
75. Brasil. Ministério da Saúde. Agência Nacional de Vigilância Sanitária (Anvisa). Resolução Da Diretoria Colegiada Anvisa N. 16 de 1° de abril de 2014. Disponível em: https://bvsms.saude.gov.br/bvs/saudelegis/anvisa/2014/rdc0016_01_04_2014.pdf. Acesso em: 5 jun. 2024.
76. Brasil. Solicitar Certificado de Autorização de Funcionamento (AFE) ou Autorização Especial (AE). Disponível em: https://www.gov.br/pt-br/servicos/solicitar-certificado-de-autorizacao-de-funcionamento-afe-ou-autorizacao-especial-ae. Acesso em: 5 jun. 2024.
77. Associação Brasileira de Transportadores Internacionais (ABTI). Anvisa Autorização de Funcionamento ou Autorização Especial (AFE, AE) para medicamentos e insumos farmacêuticos. Disponível em: http://www.abti.org.br/anexos/2021_Autorizacao_Funcionamento_Empresa_Anvisa.pdf. Acesso em: 5 jun. 2024.
78. Assembleia Legislativa do Estado de São Paulo. Decreto n. 6.911, de 11 de janeiro de 1935. Aprova o regulamento para fiscalização de explosivos, armas e munições. Disponível em: https://www.al.sp.gov.br/repositorio/legislacao/decreto/1935/decreto-6911-19.01.1935.html. Acesso em: 5 jun. 2024.
79. Assembleia Legislativa do Estado de São Paulo. Decreto n. 65.108, de 4 de agosto de 2020. Transfere e altera a denominação das Unidades Policiais que especifica, dá nova redação e acrescenta dispositivos ao Decreto n. 54.359, de 20 de maio de 2.009, que cria e organiza o Departamento de Polícia de Proteção à Cidadania – DPPC, da Polícia Civil do Estado de São Paulo, da Secretaria da Segurança Pública, e dá providências correlatas. Disponível em: https://www.al.sp.gov.br/repositorio/legislacao/decreto/2020/decreto-65108-04.08.2020.html#:~:text=a%20que%20se%20refere%20o,4%20de%20agosto%20de%202020&text=VII%20%2D%20Divis%C3%A3o%20de%20Investiga%C3%A7%C3%B5es%20sobre,de%20Bens%2C%20Direitos%20e%20Valores. Acesso em: 5, jun. 2024.
80. Diário Oficial Poder Executivo – Seção I sexta-feira, 1º de agosto de 2008 São Paulo, 118 (142) – 7. Disponível em: https://www.imprensaoficial.com.br/DO/GatewayPDF.aspx?pagina=7&caderno=Executivo%20I&data=01/08/2008&link=/2008/executivo%20secao%20i/agosto/01/pag_0007_ERH89RTS41V9Ke9G7D8H58HEGKE.pdf&paginaordenacao=10007. Acesso em: 5 jun. 2024.
81. Diário Oficial Poder Executivo – Seção I sábado, 9 de agosto de 2003 São Paulo, 113 (149) – 6-10. Disponível em: 998https://

www.dga.unicamp.br/Conteudos/Documentos/Comunicado_DOU_09082003_Produtos_Controlados_Policia_Civil.pdf. Acesso em: 5 jun. 2024.

82. Secretaria da Segurança Pública. Polícia Civil De São Paulo – Departamento de Identificação e Registros Diversos – Dird Divisão de Produtos Controlados – DPC, Relação de Produtos Sujeitos à Fiscalização. Disponível em: http://arquivos.deciocarvalho.com.br/PRODUTOS_CONTROLADOS_POLICIA_CIVIL.pdf. Acesso em: 5 jun. 2024.
83. Chemical Resistance Charts. Disponíveis em: i) https://visserssales.com/wp-content/uploads/2021/08/Chemical_Chart.pdf, https://www.plasticsintl.com/chemical-resistance-chart; ii) https://www.calpaclab.com/chemical-compatibility-charts/#:~:text=The%20chemical%20compatibility%20of%20LDPE,if%20applicable; iii); iv) https://www.cy-bo.com/medias/iw/Resistance-chimique-GF_Chemical-resistance-chart.pdf; v) https://www.braskem.com.br/Portal/Principal/Arquivos/html/boletm_tecnico/Resistencia_quimica%20_PP.pdf. Acesso em: 5 jun. 2024.
84. Brasil. Associação Brasileira de Normas Técnicas (ABNT). NBR 14619. – Transporte Terrestre de Produtos Perigosos – Incompatibilidade Química. Rio de Janeiro: ABNT; 2023.
85. Brasil. Associação Brasileira de Normas Técnicas (ABNT). NBR 12235. – Armazenamento de Resíduos Sólidos Perigosos – Procedimentos. Rio de Janeiro: ABNT; 1992.
86. Brasil. Associação Brasileira de Normas Técnicas (ABNT). NBR 17160. – Armazenamento seguro de produtos químicos. Rio de Janeiro: ABNT. 2024.
87. Brasil. ANTT (Agência Nacional de Transportes Terrestres) Resolução N. 5.998, de 3 de novembro de 2022. Atualiza o Regulamento para o Transporte Rodoviário de Produtos Perigosos, aprova suas Instruções Complementares, e dá outras providências. Disponível em: https://anttlegis.antt.gov.br/action/ActionDatalegis.php?acao=detalharAto&tipo=RES&numeroAto=00005998&seqAto=000&valorAno=2022&orgao=DG/ANTT/MI&codTipo=&desItem=&desItemFim=&cod_menu=5408&cod_modulo=161&pesquisa=true Acesso em: 28 maio 2024.
88. Brasil, Ministério do Trabalho e Emprego. Norma Regulamentadora n. 19 (NR 19) – Explosivos. Disponível em: https://www.gov.br/trabalho-e-emprego/pt-br/acesso-a-informacao/participacao-social/conselhos-e-orgaos-colegiados/comissao-tripartite-partitaria-permanente/arquivos/normas-regulamentadoras/nr-19-atualizada-2022.pdf. Acesso em: 28 maio 2024.
89. Brasil, Ministério do Trabalho e Emprego. Norma Regulamentadora n. 20 (NR 20) – Segurança e Saúde no Trabalho com Inflamáveis e Combustíveis. Disponível em: https://www.gov.br/trabalho-e-emprego/pt-br/acesso-a-informacao/participacao-social/conselhos-e-orgaos-colegiados/comissao-tripartite-partitaria-permanente/arquivos/normas-regulamentadoras/nr-20-atualizada-2022-1.pdf. Acesso em: 28 maio 2024.
90. Brasil. Ministério da Defesa. Portaria N. 147 – COLOG, De 21 de novembro de 2019. EB: 64447.044665/2019-87 – Dispõe sobre procedimentos administrativos para o exercício de atividades com explosivos e seus acessórios e produtos que contêm nitrato de amônio. Disponível em: http://www.dfpc.eb.mil.br/images/Portarian147.pdf. Acesso em: 28 maio 2024.
91. Brasil. Associação Brasileira de Normas Técnicas (ABNT). NBR 17505. – Armazenamento de líquidos inflamáveis e combustíveis. Partes 1-7 Rio de Janeiro: ABNT; 2013-2024.
92. United States, National Institute for Occupational Safety and Health (NIOSH). Disponível em: https://www.cdc.gov/niosh/docs/2007-107/pdfs/2007-107.pdf. Acesso em: 29 maio 2024.
93. University of Toronto – Chemical Storage Flowchart. Disponível em: https://ehs.utoronto.ca/wp-content/uploads/2014/06/Chemical-Storage-Flowchart.pdf. Acesso em: 29 maio 2024.
94. National Research Council (US) Committee on Prudent Practices in the Laboratory. Washington (DC): National Academies Press (US); 2011. Prudent Practices in the Laboratory: Handling and Management of Chemical Hazards: Updated Version. Disponível em: https://www.ncbi.nlm.nih.gov/books/NBK55868/#ch5.s29. Acesso em: 29 maio 2024.
95. Merck, Mixed Storage of Chemicals. Disponível em: https://www.sigmaaldrich.com/deepweb/assets/sigmaaldrich/marketing/global/documents/139/495/storage-of-chemicals-poster-ps3007en-mk.pdf. Acesso em: 29 maio 2024.
96. Baua: Federal Institute for Occupational Safety and Health. Disponível em: https://www.baua.de/EN/Service/Technical-rules/TRGS/TRGS-510.html. Acesso em: 29 maio 2024.
97. Flinn Scientific. Disponível em: https://www.flinnsci.com/. Acesso em: 29 maio 2024.
98. Brasil. Lei n. 12.305, de 2 de agosto de 2010. Institui a Política Nacional de Resíduos Sólidos; altera a Lei n. 9.605, de 12 de fevereiro de 1998, e dá outras providências. Brasília: Diário Oficial da União; 2010. Disponível em: <https://www.planalto.gov.br/ccivil_03/_ato2007-2010/2010/lei/l12305.htm>. Acesso em: 29 maio 2024.
99. Brasil. Ministério do Meio Ambiente Conselho Nacional do Meio Ambiente (CONAMA). Resolução n. 358, de 29 de abril de 2005. Dispõe sobre o tratamento e a disposição final dos resíduos dos serviços de saúde e dá outras providências. Disponível em: https://www.siam.mg.gov.br/sla/download.pdf?idNorma=5046. Acesso em: 29 maio 2024.
100. Brasil. Associação Brasileira de Normas Técnicas (ABNT). NBR 10004 – Resíduos sólidos, classificação. Rio de Janeiro: ABNT; 2004. b) Informações sobre a revisão podem ser encontradas em https://intertox.com.br/norma-abnt-nbr-10-004-entra-em-consulta-nacional-para-revisao-e-atualizacao-da-classificacao-de-residuos/ e https://boletimdosaneamento.com.br/comunicado-norma-residuos-abnt/.
101. Machado PFL, Mol GS. Resíduos e rejeitos de aulas experimentais: o que fazer? Química Nova na Escola. 2008;29:38-41.
102. Brasil. Associação Brasileira de Normas Técnicas (ABNT). NBR 9800 – Critérios para lançamento de efluentes líquidos industriais no sistema coletor público de esgoto sanitário – Procedimento. Rio de Janeiro: ABNT; 1987.
103. Brasil. Ministério do Meio Ambiente. Conselho Nacional do Meio Ambiente (CONAMA). Resolução n. 357, de 17 de março de 2005. Dispõe sobre a classificação dos corpos de água e diretrizes ambientais para o seu enquadramento, bem como estabelece as condições e padrões de lançamento de efluentes, e dá outras providências. Disponível em: https://www.siam.mg.gov.br/sla/download.pdf?idNorma=2747>. Acesso em: 6 jun. 2024.
104. Brasil. Ministério do Meio Ambiente. Conselho Nacional do Meio Ambiente (CONAMA). Resolução n. 430, de 13 de maio de 2011. Dispõe sobre as condições e padrões de

lançamento de efluentes, complementa e altera a Resolução n. 357, de 17 de março de 2005, do Conselho Nacional do Meio Ambiente-CONAMA. Disponível em: https://CONAMA.mma.gov.br/?option=com_sisCONAMA&task=arquivo.download&id=627. Acesso em: 06 jun. 2024.
105. Assembleia Legislativa do Estado de São Paulo. Decreto n. 8.468, de 08 de setembro de 1976. Aprova o Regulamento da Lei n. 997, de 31 de maio de 1976, que dispõe sobre a prevenção e o controle da poluição do meio ambiente. Disponível em: https://cetesb.sp.gov.br/wp-content/uploads/sites/12/2018/01/DECRETO-No-8.468-de-08-DE-SETEMBRO-DE-1976.pdf. Acesso em: 6 jun. 2024.
106. Prefeitura do Município de São Paulo. Resíduos de Saúde (RSS). Disponível em: https://www.prefeitura.sp.gov.br/cidade/secretarias/spregula/residuos_solidos/index.php?p=277273. Acesso em: 29 maio 2024.
107. São Paulo. Secretaria do Estado do Meio Ambiente. Resolução SMA N. 103, de 20 de dezembro de 2012. Dispõe sobre a fiscalização do gerenciamento de resíduos de serviços de saúde. Disponível em: https://arquivo.ambiente.sp.gov.br/legislacao/2013/07/Resolu%C3%A7%C3%A3o-SMA-103-2012-Processo-15326-2012-Fiscaliza%C3%A7%C3%A3o-do-gerenciamento-dos-res%C3%ADduos-dos-dervi%C3%A7os-de-sa%C3%BAde-1.pdf. Acesso em: 6 jun. 2024.
108. Resolução Conjunta da Secretaria de Estado de Saúde, Secretaria de Estado de Meio Ambiente e Secretaria de Estado da Justiça e da Defesa da Cidadania SS/SMA/SJDC – n. 1, de 29 de junho de 1998. Aprova as Diretrizes Básicas e Regulamento Técnico para apresentação e aprovação do Plano de Gerenciamento de Resíduos Sólidos de Serviços de Saúde. Disponível em: https://www.hemocentro.fmrp.usp.br/wp-content/uploads/2022/03/resolucao-conjunta-SS-SMA-SJDC-1-de-29-06-98.pdf. Acesso em: 6 jun. 2024.
109. Brasil. Decreto n. 10.388 de 05 de junho de 2020, Regulamenta o § 1º do caput do art. 33 da Lei n. 12.305, de 2 de agosto de 2010, e institui o sistema de logística reversa de medicamentos domiciliares vencidos ou em desuso, de uso humano, industrializados e manipulados, e de suas embalagens após o descarte pelos consumidores. Disponível em: https://www.planalto.gov.br/ccivil_03/_ato2019-2022/2020/decreto/d10388.htm. Acesso em: 6 jun. 2024.
110. São Paulo. Portaria CVS n. 21, de 10 de setembro de 2008. Disponível em: https://cvs.saude.sp.gov.br/zip/CVS-21.pdf. Acesso em: 6 jun. 2024.
111. Azevedo SMZ, Spalding SM. Gerenciamento de resíduos em laboratório oficial farmacêutico. Porto Alegre: UFRGS; 2009.
112. Gil ES, Garrote CFD, Conceição EC, Santiago MF, Souza AR. Aspectos técnicos e legais do gerenciamento de resíduos químico-farmacêuticos. Rev Bras Cienc Farm. 2007;43:19-29.
113. Secretaria Municipal da Saúde de São Paulo – Medicamentos Sujeitos a Controle Especial. Disponível em: https://capital.sp.gov.br/web/saude/w/vigilancia_em_saude/vigilancia_sanitaria/medicamentos/344225#inutilizacao. Acesso em: 6 jun. 2024.
114. Secretaria Municipal da Saúde de São Paulo – Descarte de Medicamentos. Disponível em: https://capital.sp.gov.br/web/saude/w/vigilancia_em_saude/vigilancia_sanitaria/312129. Acesso em: 6 jun. 2024.
115. Brasil. Ministério do Trabalho e Previdência Social. Norma Regulamentadora n. 25 – Resíduos Industriais de 08 de junho de 1978. Disponível em: https://www.gov.br/trabalho-e-emprego/pt-br/acesso-a-informacao/participacao-social/conselhos-e-orgaos-colegiados/comissao-tripartite-partitaria-permanente/arquivos/normas-regulamentadoras/nr-25-atualizada-2022-1.pdf. Acesso em: 6 jun. 2024.
116. Brasil. Lei n. 9.605, de 12 de fevereiro de 1998. Dispõe sobre as sanções penais e administrativas derivadas de condutas e atividades lesivas ao meio ambiente, e dá outras providências. Disponível em: https://www.planalto.gov.br/ccivil_03/leis/l9605.htm. Acesso em: 17 jun. 2024.
117. Brasil. Lei n. 6.938 de 31 de agosto de 1981. Dispõe sobre a Política Nacional do Meio Ambiente, seus fins e mecanismos de formulação e aplicação, e dá outras providências. Disponível em: https://www.planalto.gov.br/ccivil_03/leis/l6938.htm. Acesso em: 17 jun. 2024.
118. Assembleia Legislativa do Estado de São Paulo. Lei n. 12.300 de 16 de março de 2006. Institui a Política Estadual de Resíduos Sólidos e define princípios e diretrizes. Disponível em: https://www.al.sp.gov.br/repositorio/legislacao/lei/2006/lei-12300-16.03.2006.html#:~:text=Artigo%201%C2%BA%20%2D%20Esta%20lei%20institui,e%20%C3%A0%20promo%C3%A7%C3%A3o%20da%20sa%C3%BAde. Acesso em: 4 jun. 2024.
119. Brasil. Decreto n. 10.936, de 12 de janeiro de 2022. Regulamenta a Lei n. 12.305, de 2 de agosto de 2010, que institui a Política Nacional de Resíduos Sólidos. Disponível em: https://legislacao.presidencia.gov.br/atos/?tipo=DEC&numero=10936&ano=2022&ato=2f2UTRE1kMZpWTb9a. Acesso em: 4 jun. 2024.
120. Brasil. Lei n. 8.078, de 11 de setembro de 1990. Dispõe sobre proteção do consumidor e dá outras providências. Disponível em: https://www.planalto.gov.br/ccivil_03/leis/l8078compilado.htm. Acesso em: 17 jun. 2024.
121. Companhia de Tecnologia de Saneamento Ambiental (Cetesb) Norma Técnica n. P4.262, de agosto de 2007. Dispõe sobre o gerenciamento de resíduos químicos provenientes de estabelecimento de saúde. São Paulo: Cetesb; 2007. p.1-13. Disponível em: https://sistemasinter.cetesb.sp.gov.br/normas/11/2013/11/P4262.zip?_gl=1*zlngja*_ga*MTgyNDQxMTcyNS4xNzA3MTM0Njk4*_ga_PXY9ELVELD*MTcxNzY4MDM1My4yLjEuMTcxNzY4MTgwNy4wLjAuMA. Acesso em: 6 jun. 2024.
122. Brasil. Ministério da Justiça e Segurança Pública. Polícia Federal. Destruição de produtos químicos controlados. Disponível em: https://www.gov.br/pf/pt-br/assuntos/produtos-quimicos/roteiros/roteiro-de-destruicao.pdf. Acesso em 20 jun. 2024.
123. Companhia Ambiental do Estado de São Paulo (Cetesb). Decisão de Diretoria N. 113/2022/P, de 07 de novembro de 2022. Dispõe sobre a aprovação do lançamento do Guia Técnico de Orientação para Extensão do Uso de Produtos Químicos com Prazo de Validade Vencido. Disponível em: https://cetesb.sp.gov.br/wp-content/uploads/2022/11/DD-113-2022-P-LANCAMENTO-GUIA-TECNICO-DE-ORIENTACAO-PARA-EXTENSAO-DO-USO-DE-PROD.QUIM_.COM-PRAZO-VAL.-VENCIDO.pdf. Acesso em: 17 jun. 2024.

124. Companhia Ambiental do Estado de São Paulo (Cetesb). Guia técnico de orientação para extensão do uso de produtos químicos com prazo de validade vencido. Disponível em: https://cetesb.sp.gov.br/wp-content/uploads/2022/11/ANEXO-DA-DD-113-2022-P-LANCAMENTO-GUIA-TECNICO-DE-ORIENTACAO-PARA-EXTENSAO-DO-USO-DE-PROD.QUIM_.COM-PRAZO-VAL.-VENCIDO.pdf. Acesso em: 17 jun. 2024.
125. Brasil. Associação Brasileira de Normas Técnicas (ABNT). NBR 16725 – Resíduo químico perigoso – Informações sobre segurança, saúde e meio ambiente – Ficha com dados de segurança de resíduos (FDSR) e rotulagem. Rio de Janeiro: ABNT; 2023.
126. Brasil. Decreto n. 96.044 de 18 de maio de 1988. Aprova o Regulamento para o Transporte Rodoviário de Produtos Perigosos (RTPP) e dá outras providências. Disponível em: https://planalto.gov.br/ccivil_03/decreto/Antigos/D96044.htm. Acesso em: 7 jun. 2024.
127. Sindirações. Compêndio Brasileiro de Alimentação Animal, cap.8. Gestão de resíduos químicos, 2023.
128. Cameron M. Picric acid hazards. State of California Department of Justice. Health and Safety Notes; 2002. Disponível em: http://oag.ca.gov/sites/all/files/agweb/pdfs/cci/safety/picric.p96. Acesso em: 6 jun. 2024.
129. Exemplos podem ser encontrados em https://www.quartzy.com/, https://www.labcup.net/, https://dueperthal-connect.com/en/, https://lanexo.com/ ou https://www.labguru.com/, entre outros. Acesso em: 6 jun. 2024.
130. Brasil. Ministério do Meio Ambiente. Conselho Nacional do Meio Ambiente (CONAMA). Resolução n. 397, de 3 de abril de 2008. Disponível em: https://agencia.baciaspcj.org.br/docs/resolucoes/resolucao-CONAMA-397.pdf. Acesso em: 7 jun. 2024.
131. American Chemical Society. Task Force on Laboratory Waste Management. Laboratory waste management: a guidebook. 2a edição. Washington: ACS; 2012. 256p.
132. Bernabei D, Merck KgaA. Seguridad: manual para el laboratório. Darmstadt: Merck KgaA; 1998.
133. Exemplos podem ser encontrados em: https://www.visserssales.com/pdf/Chemical_Chart.pdf, https://www.calpaclab.com/chemical-compatibility-charts/#:~:text=The%20chemical%20compatibility%20of%20LDPE,if%20applicable, https://www.calpaclab.com/chemical=-compatibility-charts/#:~:text-The%20chemical%20compatibility%20of%20LDPE,if%20applicable)%20with%20constant%20exposure.&text=LDPE%20%2F%20HDPE%20at%2020%C2%B0,no%20damage%20after%2030%20days.&text=Acetone-,LDPE%20%2F%20HDPE%20at%2020%C2%B0C%2D50,%C2%B0C%3A%20damage%20may%20occur, https://www.braskem.com.br/Portal/Principal/Arquivos/html/boletm_tecnico/Resistencia_quimica%20_PP.pdf, https://scs.illinois.edu/system/files/inline-files/MaterialsCompatability.pdf, entre outros. Acesso em: 7 jun. 2024.
134. Brasil. Ministério do Trabalho e Emprego. NR 32 – Segurança e saúde no trabalho em serviços de saúde. Disponível em: https://www.gov.br/trabalho-e-emprego/pt-br/acesso-a-informacao/participacao-social/conselhos-e-orgaos-colegiados/comissao-tripartite-partitaria-permanente/arquivos/normas-regulamentadoras/nr-32-atualizada-2022-2.pdf. Acesso em: 7 jun. 2024.
135. Brasil. Ministério do Meio Ambiente. Conselho Nacional do Meio Ambiente (CONAMA). Resolução n. 275, de 25 de abril de 220. Estabelece o código de cores para os diferentes tipos de resíduos, a ser adotado na identificação de coletores e transportadores, bem como nas campanhas informativas para a coleta seletiva. Disponível em: https://www.siam.mg.gov.br/sla/download.pdf?idNorma=29. Acesso em: 7 jun. 2024.
136. Brasil. Associação Brasileira de Normas Técnicas (ABNT). NBR 7500 – Identificação para o transporte terrestre, manuseio, movimentação e armazenamento de produtos. Rio de Janeiro: ABNT; 2023.
137. Brasil. Ministério da Infraestrutura. Agência Nacional De Transportes Terrestres. Diretoria Colegiada. Resolução N. 5.998, de 3 de novembro de 2022. Atualiza o Regulamento para o Transporte Rodoviário de Produtos Perigosos, aprova suas Instruções Complementares, e dá outras providências. Parte 2, Classificação. Disponível em:https://anexosportal.datalegis.net/arquivos/1774877.pdf. Acesso em: 5 jul. 2024.
138. CPLab safety, disponível em: https://www.medline.com/media/catalog/Docs/MKT/ECO-FUNNELS-CATALOG.PDF. Acesso em: 7 jun. 2024.
139. Brasil. Associação Brasileira de Normas Técnicas (ABNT). NBR 17505 – Armazenamento de líquidos inflamáveis e combustíveis Parte 1: Disposições gerais. Rio de Janeiro: ABNT; 2013.
140. Brasil. Associação Brasileira de Normas Técnicas (ABNT). NBR 17505 – Armazenamento de líquidos inflamáveis e combustíveis Parte 4: Armazenamento em recipientes, contentor intermediário para granel (IBC) e tanques portáteis. Rio de Janeiro: ABNT; 2024.
141. Brasil, Ministério do Trabalho e Emprego. Norma Regulamentadora n. 8 (NR 8) – Edificações. Disponível em: https://www.gov.br/trabalho-e-emprego/pt-br/acesso-a-informacao/participacao-social/conselhos-e-orgaos-colegiados/comissao-tripartite-partitaria-permanente/arquivos/normas-regulamentadoras/nr-08-atualizada-2022.pdf. Acesso em: 11 jun. 2024.
142. Brasil. Associação Brasileira de Normas Técnicas (ABNT). NBR 11174-1. Armazenamento de resíduos classes II – não inertes e III – inertes. Disposições gerais. Rio de Janeiro: ABNT; 1990.
143. Armour MA. Hazardous laboratory chemicals disposal guide. 3. ed. Londres: CRC Press; 2003.
144. Lunn G, Sansone EB. Safe disposal of highly reactive chemicals. J Chem Educ. 1994;71:972-6.
145. National Research Council (US) Committee on Prudent Practices for Handling, Storage, and Disposal of Chemicals in Laboratories, Washington: National Academy Press; 1995. Disponível em: https://nap.nationalacademies.org/read/4911/chapter/1. Acesso em: 11 jun. 2024.
146. National Research Council (US) Committee on Hazardous Substances in the Laboratory. Prudent Practices in the Laboratory, Washington: National Academy Press; Handling and Management of Chemical Hazards Updated Version 2011. Disponível em: https://www.ncbi.nlm.nih.gov/books/NBK55878/. Acesso em: 11 jun. 2024.
147. Smallwood I. Solvent recovery handbook. Londres: McGraw-Hill; 1993.
148. Companhia de Tecnologia de Saneamento Ambiental (Cetesb). Consulta pelo nome ou sinônimo do produto. Dis-

ponível em: https://sistemasinter.cetesb.sp.gov.br/produtos/produto_consulta_nome.asp. Acesso em: 10 jun. 2024.

149. Alloway BJ, Ayres DC. Chemical principles of environmental pollution. 2. ed. Londres: Chapman & Hall; 1997.
150. Manahan SE. Hazardous waste chemistry, toxicology and treatment. Michigan: CRC Press; 1990.
151. Teixeira SCG, Mathias L, Canela MC. Recuperação de sílica-gel utilizando processos oxidativos avançados: uma alternativa simples e de baixo custo. Química Nova. 2003;26:931-3.
152. Micaroni RCCM, Bueno MIMS, Jardim W. Degradation of Acetonitrile Residues Using Oxidation Processes. Journal Of The Brazilian Chemical Society. 2004;15(4):509-513.
153. Youngprasert B, Poochinda K, Ngamprasertsith S. Treatment of Acetonitrile by Catalytic Supercritical Water Oxidation in Compact-Sized Reactor. Journal of Water Resource and Protection. 2010; 2(3):1493-1497.
154. Vogel AI. Química orgânica. 3. ed. São Paulo: Edusp; 1985.
155. Bahadir M. Identification and photodecomposition of highly toxic organic compounds in laboratory wastes. In: 2nd International Symposium on Residue Management in Universities. Santa Maria; 2004. Livro de Resumos. Santa Maria: UFSM; 2004. p.27.
156. Di Vitta PB, Toyofuki NA, Silva PNH, Marzorati L, Di Vitta C, Baader WJ. 2009. Gestión de residuos químicos en el Instituto de Química de la Universidad de São Paulo. Revista AIDIS de Ingeniería y ciencias Ambientales: Investigación, Desarrollo y Práctica. 1, 1 (nov. 2009).
157. Garcia MAS, Teruya LC, Yoshimoto KM, Rossi LM, Di Vitta PB. Facile recycling approach for waste minimization of silica-coated magnetite nanoparticles synthesis. Separation Science and Technology. 2016;52:1-8.
158. Gu T, Gu Y, Zheng Y, Wiehl PE, Kopchick JJ. Phase separation of acetonitrile-water mixture in protein purification. Sep Technol. 1994;4:258-60.
159. Katusz R. Metal recovery of HPLC grade acetonitrile by spinning band distillation. J Chromatogr. 1981;213:331-6.
160. Takamuku T, Yamaguchi A, Matsuo D, Tabata M, Kumamoto M, Nishimoto J, et al. Large-angle X-ray scattering and small-angle neutron scattering study on phase separation of acetonitrile-water mixtures by addition of NaCl. J Phys Ch B. 2001;105:6236-45.
161. Amorim PMS, Di Vitta PB, Converti A, de Souza Oliveira RPSO. Acetonitrile Recovery by Distillation Techniques Combined with Salting-Out or Sugaring-Out in Tandem. Chemical Engineering & Technology. 2021;44:639.
162. Andrade LH, Vitta PBD, Utsunomiya RS, Crusius IH, Porto ALM, Comasseto JV. Bio-recycling of hexanes from laboratory waste mixtures of hexanes and ethyl acetate by ester biotransformation: a green alternative process. Appl Catal B. 2005;59:197-203.
163. De Conto SM. Gestão de resíduos em universidades. Caxias do Sul: Educs; 2010.
164. Zancanaro O Jr. Manuseio de produtos químicos e descarte de seus resíduos. In: Hirata M, Mancini Filho JB, eds. Manual de biossegurança. Barueri: Manole; 2002. p. 121-83.
165. Martins CR, Di Vitta PB, Marzorati L, Di Vitta C. Avaliação dos impactos ambientais dos tratamentos de resíduos de solventes no Instituto de Química da Universidade de São Paulo. Química Nova. 2016;40:214-218.
166. University of Wisconsin-Madison. Environment, Health & Safety. Chemical disposal procedures. In: Laboratory safety guide. Disponível em: https://ehs.wisc.edu/wp-content/uploads/sites/1408/2020/09/LabSafetyGuide-Chapter07.pdf. Acesso em: 11 jun. 2024.
167. Universidade Estadual Paulista (Unesp). Instituto de Biociências, Letras e Ciências Exatas. Guia de neutralização e destinação de resíduos químicos perigosos do IBILCE-UNESP. Disponível em: https://www.iq.unesp.br/Home/segurancaquimica3406/residuos-quimicos.pdf. Acesso em: 11 jun. 2024.
168. Northwestern University. Office for Research Safety. Hazardous Waste Management Program. Hazardous waste disposal guide. Disponível em: https://researchsafety.northwestern.edu/safety-information/hazardous-waste-disposal-guide.html. Acesso em: 11 jun. 2024.
169. Stanford University. Environmental Health & Safety. Laboratory product substitution opportunities. Disponível em: <https://ehs.stanford.edu/subtopic/substitution-opportunities>. Acesso em: 11 jun. 2024.
170. Figuerêdo DV. Manual para gestão de resíduos químicos perigosos de instituições de ensino e pesquisa. Belo Horizonte: Conselho Regional de Química de Minas Gerais; 2006.
171. Kaufman JA. Waste disposal in academic institution. Michigan: CRC Press; 1990.
172. Micaroni RCC, Bueno MIMS, Jardim WF. Compostos de mercúrio. Revisão de métodos de determinação, tratamento e descarte. Química Nova. 2000;23:487-95.
173. University of Illinois. Division of Research Safety. Compressed gas cylinder safety. Disponível em: https://www.drs.illinois.edu/SafetyLibrary/CompressedGasCylinderSafety. Acesso em: 11 jun. 2024.
174. Brasil. Agência Nacional de Transporte Terrestre (ANTT), Resolução N. 6.016, de 11 de maio de 2023. Altera a Resolução n. 5.998, de 3 de novembro de 2022, que aprova o Regulamento para o Transporte Rodoviário de Produtos Perigosos, as suas Instruções Complementares, e dá outras providências. Disponível em: https://anttlegis.antt.gov.br/action/ActionDatalegis.php?acao=detalharAto&tipo=RES&numeroAto=00006016&seqAto=000&valorAno=2023&orgao=DG/ANTT/MT&codTipo=&desItem=&desItemFim=&cod_menu=5408&cod_modulo=161&pesquisa=true. Acesso em: 12 jun.2024.
175. Brasil. Associação Brasileira de Normas Técnicas (ABNT). NBR 13221 – Transporte terrestre de produtos perigosos – Resíduos. Rio de Janeiro: ABNT; 2023.
176. Brasil. Agência Nacional de Transporte Terrestre (ANTT), Apêndices – Apêndice A. Disponível em: https://anexosportal.datalegis.net/arquivos/1774890.pdf. Acesso em: 12 jun. 2024.
177. Brasil. Agência Nacional de Transporte Terrestre (ANTT), Exigências Para Fabricação e Ensaio de Embalagens, Contentores Intermediários Para Granéis (IBCs), Embalagens Grandes, Tanques Portáteis, Contentores de Múltiplos Elementos para Gás (Megcs) e Contentores para Granéis. Disponível em: https://anexosportal.datalegis.net/arquivos/1774883.pdf. Acesso em: 12 jun. 2024.
178. Brasil. Associação Brasileira de Normas Técnicas (ABNT). NBR 7503 – Transporte terrestre de produtos perigosos –

Ficha de emergência – Requisitos mínimos. Rio de Janeiro: ABNT; 2023.
179. Brasil. Associação Brasileira de Normas Técnicas (ABNT). NBR 9735 – Conjunto de equipamentos para emergências no transporte terrestre de produtos perigosos. Rio de Janeiro: ABNT; 2023.
180. Brasil. Associação Brasileira de Normas Técnicas (ABNT). NBR 10271 – Conjunto de equipamentos para emergências no transporte terrestre de ácido fluorídrico. Rio de Janeiro: ABNT; 2021.
181. Companhia de Tecnologia de Saneamento Ambiental (Cetesb). Sistema Estadual de Gerenciamento Online de Resíduos Sólidos – SIGOR, módulo MTR. Disponível em: https://mtr.cetesb.sp.gov.br/#/. Acesso em: 12 jun. 2024.
182. Brasil. Ministério do Meio Ambiente. Sistema Nacional de Informações sobre a Gestão dos Resíduos Sólidos. Disponível em: https://sinir.gov.br/sistemas/mtr/. Acesso em: 5 jul. 2024.
183. Brasil. Associação Brasileira de Normas Técnicas (ABNT). NBR 14.064 – Transporte rodoviário de produtos perigosos – Diretrizes do atendimento à emergência. Rio de Janeiro: ABNT; 2015.
184. Brasil. Associação Brasileira de Normas Técnicas (ABNT). NBR 1548 – Transporte rodoviário de produtos perigosos – Lista de verificação com requisitos operacionais referentes à saúde, segurança, meio ambiente e qualidade. Rio de Janeiro: ABNT; 2024.
185. Cidade de São Paulo. Mobilidade e Trânsito. Transporte de Produtos Perigosos. Disponível em: https://www.prefeitura.sp.gov.br/cidade/secretarias/mobilidade/autorizacoes_especiais/transporte_de_produtos_perigosos/index.php?p=3597. Acesso em: 5 jul. 2024.
186. Companhia de Tecnologia de Saneamento Ambiental (Cetesb). Sistema de Licenciamento Ambiental da Cetesb. Disponível em: https://e.cetesb.sp.gov.br/portal-servicos-frontend/servicos-disponiveis. Acesso em: 5 jul. 2024.
187. Brasil. Associação Brasileira de Normas Técnicas (ABNT). NBR 10005 – Procedimento para obtenção de extrato lixiviado de resíduos sólidos. Rio de Janeiro: ABNT; 2004.
188. Brasil. Associação Brasileira de Normas Técnicas (ABNT). NBR 10006 – Procedimento para obtenção de extrato solubilizado de resíduos sólidos. Rio de Janeiro: ABNT; 2004.
189. Brasil. Associação Brasileira de Normas Técnicas (ABNT). NBR 10007 – Amostragem de resíduos sólidos. Rio de Janeiro: ABNT; 2004.
190. Jardim WF. Gerenciamento de resíduos químicos em laboratório de ensino e pesquisa. Química Nova. 1998;21:671-73.
191. Afonso JC, Silveira JA, Oliveira AS, Lima RMG. Análise sistemática de reagentes e resíduos sem identificação. Química Nova. 2005;28:157-65.
192. Chang JC, Levine SP, Simmons MS. A Laboratory Exercise for Compatibility Testing of Hazardous Wastes in an Environmental Analysis Course. J Chem Educ. 1986, 63, 7, 640. Disponível em: https://pubs.acs.org/doi/epdf/10.1021/ed063p640. Acesso em: 13 jun. 2024.
193. McKusick BC. J Chem Educ. 1986, 63, 5, A128. Disponível em: https://pubs.acs.org/doi/epdf/10.1021/ed063pA128. Acesso em: 13 jun. 2024.
194. Florida Department of Environmental Protection School Chemical Cleanout Campaign Identifying Unknown Chemicals in Science Labs. Disponível em: https://studylib.net/doc/8746736/identifying-unknown-chemicals-in-science-labs
195. Companhia de Tecnologia de Saneamento Ambiental (Cetesb). Setor de Atendimento a Emergências. Disponível em: https://cetesb.sp.gov.br/emergencias-quimicas/wp-content/uploads/sites/22/2017/02/Programa_Identificacao_Produtos_Quimicos-5.xls. Acesso em: 13 jun. 2024.
196. Brasil. Associação Brasileira de Normas Técnicas (ABNT). NBR 17100 – Gerenciamento de resíduos Parte 1: Requisitos gerais. Rio de Janeiro: ABNT; 2023.
197. Companhia de Tecnologia de Saneamento Ambiental (Cetesb). Decisão de Diretoria N. 130/2022/P, de 15 de dezembro de 2022. Estabelece Termo de Referência para elaboração do Plano de Gerenciamento de Resíduos Sólidos (PGRS) no âmbito do licenciamento ambiental do estado de São Paulo. Disponível em: https://cetesb.sp.gov.br/wp-content/uploads/2022/12/DD-130-2022-P-Termo-de-Referencia-para-Planos-de-Gerenciamento-de-Residuos-CA-Setor-de-Residuos.pdf. Acesso em: 5 jul. 2024.
198. Brasil. Ministério do Meio Ambiente Conselho Nacional do Meio Ambiente (CONAMA). Resolução n. 313, de 29 de outubro de 2022. Dispõe sobre o Inventário Nacional de Resíduos Sólidos Industriais. Disponível em: https://www.legisweb.com.br/legislacao/?id=98292. Acesso em: 5 jul. 2024.
199. Brasil. Instituto Brasileiro do Meio Ambiente e dos Recursos Naturais (IBAMA). Instrução Normativa N. 12, de 20 de agosto de 2021. Regulamenta a obrigação de inscrição no Cadastro Técnico Federal de Atividades e Instrumentos de Defesa Ambiental, revoga os atos normativos consolidados, em atendimento ao Decreto n. 10.139, de 28 de novembro de 2019, e atualiza o rol de ocupações, considerando os profissionais sob fiscalização do Conselho Federal dos Técnicos Agrícolas e do Conselho Federal dos Técnicos Industriais. Disponível em: https://www.in.gov.br/en/web/dou/-/instrucao-normativa-n-12-de-20-de-agosto-de-2021-34014194. Acesso em: 5 jul. 2024.
200. Brasil. Instituto Brasileiro do Meio Ambiente e dos Recursos Naturais (IBAMA). Instrução Normativa N. 13, DE 23 de agosto de 2021. Regulamenta a obrigação de inscrição no Cadastro Técnico Federal de Atividades Potencialmente Poluidoras e Utilizadoras de Recursos Ambientais e revoga os atos normativos consolidados, em atendimento ao Decreto n. 10.139, de 28 de novembro de 2019. Disponível em: https://www.gov.br/ibama/pt-br/servicos/cadastros/ctf/ctf-aida. Acesso em: 5 jul. 2024.
201. Zancanaro O Jr. Manuseio de produtos químicos e descarte de seus resíduos. In. Manual de biossegurança. Barueri: Manole; 2002. p. 121-83.
202. Palma MSA, Di Vitta PB. Manuseio de produtos químicos e descarte de seus resíduos. In. Manual de biossegurança. Barueri: Manole; 2012. p. 67-106.

6

Biossegurança no uso de radioisótopos

Célia Colli
Carlos Henrique de Mesquita (*in memoriam*)

INTRODUÇÃO

Usos, aplicações e efeitos da radiação têm sido muito estudados desde fins do século XIX com a descoberta da radioatividade. Assim, o século XX presenciou desde os horrores da bomba atômica até a multiplicação da utilização de radioisótopos tanto em diagnósticos *in vitro* (p. ex. ensaios de ligação competitiva), *in vivo* em medicina nuclear e em tratamentos (especialmente na área de cancerologia). Em consequência disso, os efeitos biológicos da radiação foram identificados e medidas de proteção radiológica foram adotadas nas várias situações de uso de radioisótopos. Uma postura profissional que envolva o conhecimento das normas e as razões pelas quais foram estabelecidas é fundamental para que possamos usufruir dos benefícios desse uso e reduzir ao máximo seu risco.

FUNDAMENTOS FÍSICOS

Para desenvolver os aspectos de biossegurança relacionados com o uso de radioisótopos vamos considerar o átomo com dimensão de 10^{-8} cm, constituído de um núcleo positivo (de 10^{-13} cm) e uma camada eletrônica. O núcleo do átomo é formado de prótons e nêutrons, sendo uma espécie nuclear identificada pelo seu número atômico (Z), ou número de prótons, pelo número de nêutrons N e sua massa pela soma de nêutrons e prótons, ou número de massa (A). Assim, um nuclídio é representado como ${}^{A}_{Z}X$, onde X é o símbolo químico do elemento[1].

A unidade de massa utilizada para representar o átomo e as partículas subatômicas corresponde a 1/12 da massa do ${}^{12}C$. Uma unidade de massa atômica (u.m.a.) é igual a $1,66 \times 10^{-12}$ g. As massas do próton e do nêutron são, nessa unidade: $m_p = 1,007277$ u.m.a.; $m_n = 1,008665$ u.m.a.

Partindo-se da equação $E = mc^2$, em que c corresponde à velocidade da luz (300.000 km/s) chega-se a que 1 u.m.a. = 931,1 MeV (milhões de elétrons-volt).

Recordando: a unidade de energia que vamos utilizar é o elétron-volt (eV). As relações de conversão entre eV e joule (J) são as seguintes:

$$1 \text{ eV} = 1,6 \times 10^{-19} \text{ J}$$
$$1 \text{ keV} = 1,6 \times 10^{-16} \text{ J}$$
$$1 \text{ MeV} = 1,6 \times 10^{-13} \text{ J}$$

Isótopos e radioisótopos

São chamados isótopos aqueles elementos que têm o mesmo número atômico. Como exemplo, temos:

alguns isótopos do iodo: ${}^{123}_{53}I$; ${}^{125}_{53}I$; ${}^{131}_{53}I$; ${}^{133}_{53}I$

isótopos do hidrogênio: ${}^{1}_{1}H$; ${}^{2}_{1}H$; ${}^{3}_{1}H$

Há 104 elementos químicos conhecidos, 300 isótopos estáveis e aproximadamente mil isótopos radioativos. Assim, a maioria dos elementos encontrados na natureza tem mais de um isótopo. Os isótopos de um elemento têm as mesmas propriedades químicas, pois possuem o mesmo número de elétrons na coroa eletrônica. Contudo, têm propriedades físicas e nucleares diferentes[1].

As forças que mantêm prótons e nêutrons ligados são de natureza diferente das gravitacionais e eletromagnéticas. Muito intensas e independentes da carga elétrica (são capazes de unir partículas de mesma carga como os prótons), essas forças atuam apenas dentro do núcleo.

Radioatividade é um fenômeno nuclear, originado da desintegração espontânea de núcleos atômicos[1]. A probabilidade por unidade de tempo de que um nuclídio se desintegre (emita partículas) depende somente do nuclídio e é independente do tempo. Esta probabilidade é representada pela constante de decaimento (λ). A variação do número de átomos radioativos com o tempo é exponencial:

$$N(t) = N_0 \, e^{-\lambda t} \quad (1)$$

onde N é o número de átomos de uma amostra radioativa em qualquer tempo t, e N_0 o número inicial de átomos dessa amostra.

Portanto, meia-vida, conceito tirado dessa equação, é o tempo decorrido para que a metade dos átomos de uma amostra radioativa se desintegrem. Ou:

$$\text{Quando } t = T_{1/2} \rightarrow N = \frac{N_o}{2}$$

substituindo em (1) t por $T_{1/2}$ e N por $N_o/2$, temos:

$$\frac{N_0}{2} = N_0 \cdot e^{-\lambda T_{1/2}} \quad \text{ou} \quad e^{-\lambda T_{1/2}} = 2$$

$$\text{e} \quad T_{1/2} = \frac{\ln 2}{\lambda} = \frac{0{,}693}{\lambda}$$

$$T_{1/2} = \frac{0{,}693}{\lambda} \quad (2)$$

A constante de decaimento λ é característica de cada nuclídio e independe do tempo, ou seja, quanto maior a constante de desintegração (probabilidade de um átomo se desintegrar), menor sua meia-vida, e vice-versa. As meias-vidas dos elementos podem variar de 10^{-9} s a 10^{10} anos.

No organismo humano ou animal a probabilidade total de decaimento de um radioisótopo é a soma das probabilidades de decaimento biológico (pelo metabolismo) e físico (por desintegração radioativa)[1]. Assim:

$$\lambda \text{ efetiva} = \lambda \text{ física} + \lambda \text{ biológica}$$

e lembrando que $\lambda = \dfrac{0{,}693}{T_{1/2}}$

$$\frac{0{,}693}{T_{1/2}\,ef} = \frac{0{,}693}{T_{1/2}\,f} + \frac{0{,}693}{T_{1/2}\,b} \quad \text{ou}$$

$$\frac{1}{T_{1/2}\,ef} = \frac{1}{T_{1/2}\,f} + \frac{1}{T_{1/2}\,b} \quad (3)$$

e portanto,

$$T_{1/2}\,ef = \frac{T_{1/2}\,f \times T_{1/2}\,b}{T_{1/2}\,f + T_{1/2}\,b} \quad (4)$$

A meia-vida efetiva inclui essas duas probabilidades de decaimento de um radioisótopo no organismo.

Unidade de medida da atividade radioativa

A atividade da fonte radioativa é expressa no Sistema Internacional de Medida (SI) em unidades Becquerel (Bq). Um Bq representa uma desintegração (ou emissão) por segundo (dps). Até 1983 a unidade de atividade radioativa era o Curie (Ci) equivalente ao número de desintegrações de 1 g de ^{222}Ra[2].

Como exercício, podemos calcular a atividade radioativa de 1 g de ^{222}Ra ($T_{1/2}$ 1620 a) segundo a equação:

$$A_1 = \lambda N = \frac{0{,}693 \times 6{,}02 \times 10^{23}}{T_{1/2}} \times \frac{m}{A}$$

$$= (0{,}693 \times 6{,}02 \times 10^{23}) \times 1 = 3{,}7 \times 10^{10} \text{ dps}$$

A_1 atividade radioativa
λ constante de desintegração (ou de decaimento)
$T_{1/2}$ meia-vida expressa em segundos
N número de átomos presentes na massa m
A número de massa do elemento radioativo
m = massa da amostra do elemento

Portanto, o Curie (Ci) corresponde a $3{,}7 \times 10^{10}$ dps ou $3{,}7 \times 10^{10}$ Bq.

EMISSÕES RADIOATIVAS

As emissões dos núcleos radioativos podem ser de três tipos: partícula α, partícula β e radiação gama[2].

A partícula α, constituída por 2 prótons e 2 nêutrons, tem carga 2^+ e massa igual ao núcleo do átomo de hélio, é representada como $^4_2\alpha$ ou $^4_2$He.

A partícula beta é um elétron criado no núcleo, no momento da emissão. Pode ter carga negativa ($^{0}_{-1}\beta$) ou positiva ($^{0}_{+1}\beta$). Quando o pósitron é emitido e encontra um elétron do meio, ocorre a reação de aniquilação. Há transformação de massa em energia e o aparecimento de duas radiações gama de mesma direção e sentidos opostos e de energia igual a 0,51 Mev, resultante da transformação da massa do elétron em repouso, na equação $E = mc^2$. Normalmente uma emissão de partícula beta é acompanhada de emissão de radiação gama.

A radiação gama é de natureza eletromagnética e comprimento de onda geralmente menor do que o dos raios X. Sua emissão acompanha as das partículas alfa e beta.

ESQUEMAS DE DESINTEGRAÇÃO

A emissão de partículas pelos núcleos provoca uma modificação em suas características de número atômico (Z) e número de massa (A). Uma alteração no número de prótons de um núcleo é na realidade a transmutação de um elemento em outro. Como para as aplicações biológicas da radiação normalmente são utilizados emissores de beta e de gama, vamos nos ater a esses tipos de emissão.

Emissão de partícula alfa

$$^{A}_{Z}X \rightarrow\ ^{A-4}_{Z-2}Y +\ ^{4}_{2}\alpha$$

$$^{238}_{92}U \rightarrow\ ^{234}_{90}T_{h} +\ ^{4}_{2}\alpha$$

Emissão de partícula beta

Beta menos

$$^{A}_{Z}X \rightarrow\ ^{A}_{Z+1}Y +\ ^{0}_{-1}\beta + \bar{\upsilon}$$

$$^{32}_{15}P \rightarrow\ ^{32}_{16}S +\ ^{0}_{-1}\beta + \bar{\upsilon}$$

$$^{131}_{52}I \rightarrow\ ^{131}_{53}X +\ ^{0}_{-1}\beta + \bar{\upsilon}$$

Beta mais (pósitron)

$$^{A}_{Z}X \rightarrow\ ^{A}_{Z-1}Y +\ ^{0}_{+1}\beta + \upsilon$$

$$^{29}_{15}P \rightarrow\ ^{29}_{14}Si +\ ^{0}_{+1}\beta + \upsilon$$

Para manter o princípio de conservação de energia de início foi sugerida (e depois comprovada) a emissão do antineutrino (na emissão de beta) e do neutrino (na emissão de pósitrons).

Neutrino é a partícula com massa desprezível e sem carga que também tem um espectro de energia que vai de zero à energia máxima da beta. A soma de sua energia com a da energia da partícula beta corresponde à energia máxima que caracteriza o radionuclídio. No exemplo do ^{32}P (E máx = 1,7 Mev), quando a partícula beta é emitida com 0,6 Mev, o antineutrino é emitido com 1,1 Mev de energia, ou seja, a diferença (1,7 – 0,6) Mev.

O espectro de emissão beta é contínuo, sendo emitidas partículas com energia de zero a uma energia máxima, característica do núcleo. No caso do ^{32}P, essa energia é de 1,7 Mev. Para cálculos de dose, utiliza-se a energia média da partícula que corresponde aproximadamente a 1/3 de sua energia máxima.

Em geral, o núcleo resultante das emissões de partículas alfa e beta emite radiação eletromagnética gama para atingir o estado fundamental de energia.

Na carta de nuclídios (tabela periódica estendida que apresenta os isótopos dos elementos químicos), os núcleos estáveis localizam-se na região em que o número de prótons (Z) é aproximadamente igual ao de nêutrons (N). Os nuclídios pesados possuem mais nêutrons do que prótons.

A desintegração beta, por outro lado, ocorre com nuclídios de relação $N/Z > 1$. O nêutron transforma-se em um próton, um elétron é emitido com o antineutrino. A desintegração β^{+} ocorre quando a relação $N/Z < 1$. No momento da emissão um próton transforma-se em um nêutron e a partícula é emitida com o neutrino.

INTERAÇÃO DA RADIAÇÃO COM A MATÉRIA

As radiações emitidas por um elemento radioativo em determinado meio interagem tanto com as camadas eletrônicas como com os núcleos dos átomos que compõem esse meio, em um processo probabilístico que depende do tipo de partícula, de sua energia e das características do meio. Dessa interação resulta a chamada absorção da radiação, ou seja, o resultado da transferência de energia da radiação para o meio. Esse mecanismo serve de base para a detecção de radiação e para as bases de proteção radiológica[1].

A partícula alfa pode produzir ionizações (retirada de elétrons da camada eletrônica) e excitação (levar o elétron a uma camada mais energética). Define-se como alcance da partícula alfa o espaço percorrido pela partícula até que pare, ou seja, que perca toda sua energia. Nesse instante transforma-se no átomo de hélio, ao incorporar elétrons do meio. Sua trajetória é retilínea e esse alcance é proporcional à sua energia. As partículas alfa são barradas por uma folha de papel, dada sua grande probabilidade de interação com o meio.

A partícula beta interage por dois processos: ionização e radiação de freiamento. Neste último, a desaceleração brusca da partícula por ação do campo do núcleo de átomos pesados (como o chumbo) gera uma radiação eletromagnética. A perda de energia de beta por ionização ou freiamento depende de sua energia e do número atômico do meio e segue a relação:

$$\frac{\Delta E\ (\text{radiação})}{\Delta E\ (\text{ionização})} = \frac{E \times Z}{800} \qquad (5)$$

O processo de desaceleração envolve a carga nuclear, sendo portanto mais intenso quando o meio tem número atômico maior

Ex.: Pb (Z = 82) em comparação com o Al (Z = 13)

Considerando uma partícula beta com energia de 1 Mev, pela relação (5) acima tem-se a distribuição da energia dissipada na interação beta por ionizações e radiação de freiamento como:

No chumbo

$$\frac{\Delta E\ (\text{radiação})}{\Delta E\ (\text{ionização})} = \frac{1 \times 82}{800} = 0{,}1$$

Ou seja:

$$\Delta E\ (\text{rad}) = 0{,}1\ \Delta E\ (\text{ion}) \quad (6)$$

$$\Delta E\ (\text{rad}) = \Delta E\ (\text{ion}) = 1 \quad (7)$$

$$1{,}01\ \ \Delta E\ (\text{ion}) = 1$$

$$\Delta E\ (\text{ion}) = \frac{1}{1{,}01} = 0{,}91 \quad (8)$$

$$\Delta E\ (\text{rad}) = 1 - 0{,}91 = 0{,}09$$

Ou seja, 9% da energia da partícula beta é dissipada em radiação de freiamento e 91% em ionizações.

O mesmo cálculo para o alumínio (Z = 13) leva à seguinte distribuição:

$$\frac{E\ (\text{rad})}{E\ (\text{ion})} = \frac{1 \times 13}{800} = 0{,}02$$

$$E\ (\text{rad}) + E\ (\text{ion}) = 1$$

$$0{,}02\ E\ (\text{ion}) + E\ (\text{ion}) = 1$$

$$1{,}02\ E\ (\text{ion}) = 1$$

$$E\ (\text{ion}) = \frac{1}{1{,}02} = 0{,}98$$

$$E\ (\text{rad}) = 1\text{-}0{,}98 = 0{,}02 \quad (9)$$

Assim, no caso da interação de uma partícula beta de 1 Mev no alumínio, 98% da energia será dissipada em ionizações e 2% em radiação de freiamento, indicando que no chumbo a perda de energia por radiação dessas partículas beta de 1 Mev é 40 vezes mais intensa do que no alumínio. É por essa razão que não se podem usar anteparos de chumbo para barrar partículas beta de alta energia (como é o caso das partículas beta emitidas, por exemplo, pelo ^{32}P, com E-1,7 Mev), uma vez que da interação com o anteparo é gerada radiação eletromagnética.

Quando a energia da partícula beta é baixa (por exemplo, de 100 keV) e em casos de interação com material de baixo número atômico (por exemplo, água com Z = 7 aproximadamente), menos de 0,1% da energia do elétron primário é convertida em radiação e 99,9% em calor.

Partículas alfa e beta têm, portanto, alcance definido que depende do meio, do tipo e da energia das partículas. Alcance é um parâmetro importante quando se pensa no uso de radioisótopos e em proteção radiológica. Ele pode ser expresso em mg/cm^2, unidade que o torna independente do meio. Pode-se, então, dizer que as partículas beta do ^{32}P têm alcance de 800 mg/cm^2, podendo ter seu alcance linear em qualquer material uma vez que se disponha de sua densidade (Tabela 1).

TABELA 1 Alcance de partícula beta do ^{32}P

Material	Densidade (g/cm^3)	Alcance linear (cm)
Pb	11,35	0,07
Al	2,7	0,3
Tecido mole	1,1	0,7
Ar	0,0129	62

A radiação gama também pode interagir tanto com elétrons da coroa eletrônica do átomo como com o próprio núcleo. O efeito fotoelétrico e o efeito Compton são as interações que ocorrem com elétrons orbitais.

Efeito fotoelétrico

Neste tipo de interação, um fóton (υ) cede toda sua energia a um elétron da camada K, removendo-o. Esse elétron terá uma energia cinética igual a (υ – Ek) em que Ek é a energia de ligação da camada K. Outro elétron preencherá a camada vazia e a diferença de energia será emitida como radiação característica.

Efeito Compton

Envolve elétrons livres e independe do número atômico do meio. O fóton (υ) cede parte de sua energia para retirar o elétron e continua com energia igual à diferença entre a energia do fóton primário e a energia de ligação do elétron. A fração espalhada é grande para fótons de baixa energia e muito pequena para fótons de alta energia. No tecido mole, na faixa de 100 keV a 10 Mev a interação por efeito Compton é a mais importante.

Produção de pares

Quando um fóton com energia > 1,02 Mev é submetido ao campo do núcleo, pode ocorrer a interação por produção de pares. O fóton desaparece e originam-se dois elétrons, um positivo e um negativo. Há, portanto, a transformação de energia em massa. Como o equivalente da massa do elétron é uma energia de 0,511 Mev e são formadas duas partículas, para que esse fenômeno ocorra a energia mínima do fóton deverá ser 1,02 Mev. A partir dessa energia a diferença é, como energia cinética, distribuída pelas duas partículas geradas. Acima de 1,02 Mev a probabilidade de ocorrência desse efeito aumenta ligeiramente com o aumento da energia do fóton.

CÁLCULO DE BLINDAGEM

Conhecendo-se as formas de interação da radiação com a matéria, podem-se resolver algumas situações de cálculo de blindagem. Na Figura 1, está representado um feixe de fótons de intensidade I_0 que ao interagir com um anteparo tem sua intensidade reduzida para I.

A atenuação do feixe é um processo exponencial em função da espessura da blindagem:

I = Intensidade do feixe emergente (em unidades de dose; em número de fótons)

I_0 = Intensidade do feixe incidente (em unidades de dose; em número de fótons)

μ_L = coeficiente de atenuação linear (cm^{-1}). É uma constante que é função da radiação incidente e do material da blindagem. $\mu_L = \Sigma$ efeitos fotoelétrico, Compton, produção de pares.

X = espessura da blindagem (10)

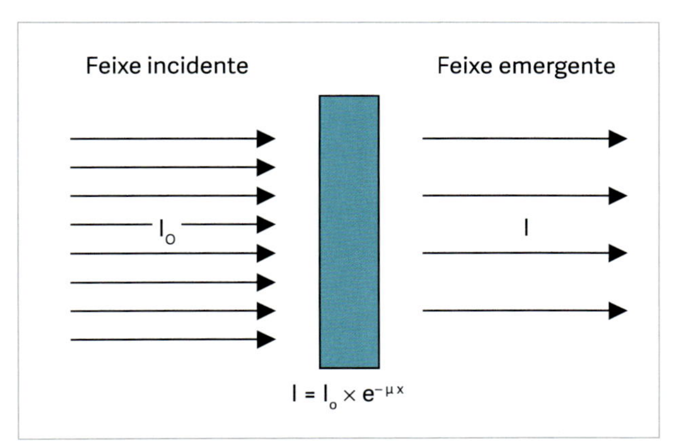

FIGURA 1 Feixes incidente e emergente. Absorção da radiação pela matéria.

Camada semirredutora (CSR; $X_{1/2}$)

Partindo da equação exponencial, $I=I_o.e^{-\mu \cdot x}$ tira-se o conceito de camada semirredutora como a espessura que reduz a intensidade do feixe à metade.

Ou seja, quando $I = \frac{I_o}{2} \rightarrow X = X_{1/2}$

$$\frac{I_o}{2} = \frac{I_o}{e^{\mu \times X1/2}}$$

$$2 = e^{\mu \times X1/2}$$

$$\ln^2 = \mu \times X_{1/2} \ln e$$

$$0{,}693 = \mu\, X_{1/2}$$

$$X_{1/2} = \frac{0{,}693}{\mu} \qquad (11)$$

Exemplo:

Para determinar a espessura de Pb necessária para reduzir a 1/3 a atividade de uma fonte de ^{131}I ($E\gamma = 0{,}36$ Mev), procura-se o coeficiente de absorção linear (μ) do chumbo para uma radiação gama com essa energia: $\mu_{Pb} = 1{,}73\ cm^{-1}$

$$I = \frac{I_o}{3} \rightarrow \frac{I_o}{3} = \frac{I_o}{e^{\mu x}}$$

$$3 = e^{1{,}73x} \rightarrow \ln(3) = 1{,}73x\ B\ \ln(e) \rightarrow 1{,}099 = 1{,}73x$$

Resposta: X = 0,64 cm

MOLÉCULAS MARCADAS E RADIOFÁRMACOS

Molécula marcada é aquela em que um ou mais átomos são substituídos por átomos radioativos de maneira que podem ser distinguidas das demais, não marcadas. Radiofármaco é a molécula marcada utilizada *in vivo* para diagnósticos e tratamentos em medicina nuclear, sendo portanto sujeita aos controles necessários a um fármaco[1,2]. Em geral, o símbolo do isótopo é colocado entre chaves antes do nome químico e, quando necessário, é indicada sua posição na molécula. Exemplo: [2 – ^{14}C] timidina.

A atividade radioativa de um composto marcado ou de um radiofármaco é expressa em unidades de atividade (Bq) por unidade de massa (g), denominada atividade específica, ou por unidade de volume (L), denominada concentração radioativa.

O tipo de molécula e seu uso definem o radionuclídio utilizado para sua marcação. É levada em conta a diferença de massa que ocorre na molécula ao se introduzir um átomo radioativo nela. O tipo e a energia de emissão são também importantes. Quando se pensa na utilização de um radioisótopo para uso *in vitro* procura-se um com $T_{1/2}$ longa e que não tenha energia muito alta para não levar a exposições desnecessárias. Exemplos de isótopos com essas características são o ^{14}C (beta menos, $T_{1/2}$ 5700 a) e ^{3}H (beta menos, $T_{1/2}$ 12 a).

Para o mapeamento de um órgão procuram-se elementos de $T_{1/2}$ curta e emissores de radiação gama com energia suficiente para que sejam detectados fora do organismo. Exemplos são os elementos de $T_{1/2}$ curta ($T_{1/2}$ horas) e ultracurta ($T_{1/2}$ 1-5 min) como: ^{99m}Tc ($T_{1/2}$ = 6 h); ^{117}In ($T_{1/2}$ = 1,94 h); ^{11}C ($T_{1/2}$ = 20,5 min); ^{123}I ($T_{1/2}$ = 13,1 h); ^{82}Rb ($T_{1/2}$ = 80 s); ^{137m}Ba ($T_{1/2}$ = 153 s) que são usados para estudos metabólicos e funcionais.

PROTEÇÃO RADIOLÓGICA E DOSIMETRIA

O termo proteção radiológica refere-se à proteção contra as radiações, a higiene, a segurança e o controle no manuseio de materiais radioativos[3,4,5]. Visa não somente a proteção adequada às pessoas que trabalham com radiação como também à população em geral, que de alguma forma pode estar exposta. Sua finalidade é proteger contra os perigos potenciais dessa exposição e possibilitar o usufruto de seus benefícios.

Até a descoberta dos raios X e da radioatividade a exposição do ser humano à radiação ionizante limitou-se, quase que exclusivamente, às fontes naturais e à radiação cósmica, que constituem a chamada radiação natural de fundo, em nível considerado muito baixo[2]. Os primeiros profissionais que se preocuparam com as normas de proteção radiológica foram os radiologistas. A primeira unidade de dose de radiação foi denominada Roentgen (R) e definida como a quantidade de raios X que pode provocar certa ionização num volume bem definido de ar nas condições normais de temperatura e pressão (CNTP). Paralelamente veio a recomendação de que a exposição de um profissional se mantivesse num nível de 1R/d.

A evolução dos estudos dos efeitos biológicos da radiação (EBR) mostrou que os níveis máximos de 1R/d eram muito altos e que existiam outros fatores que alteravam a relação dose × efeito: tipo de radiação, volume irradiado e outros[6,7].

A unidade Roentgen (R), sendo definida apenas para o ar, não servia de parâmetro para inferir os efeitos biológicos advindos de determinada dose de exposição.

Em 1953, foi então introduzida a unidade rad (*radiation absorbed dose*) equivalente à absorção de 100 erg de energia por grama de material irradiado, medindo, portanto, a dose absorvida pelo tecido e abrangendo todos os tipos de radiação. As unidades Roentgen e rad consideram, respectivamente, a energia absorvida no ar e no tecido, mas não dão a dimensão dos danos biológicos produzidos.

Foi necessária a introdução da unidade rem (*Roentgen equivalent in man*) que, além de considerar a dose absorvida, leva em conta fatores como o tipo e a energia da radiação e sua distribuição em diferentes tecidos para que os possíveis danos biológicos possam ser inferidos.

O conceito de fator de qualidade “Q” foi introduzido, e assim o rem é igual à dose em rad multiplicada pelo Q. Para a radiação eletromagnética esse fator é igual a 1 e para a partícula alfa é igual a 10. Se tivermos a mesma dose em rad de um emissor alfa e de um emissor gama, teremos doses em rem 10 vezes maiores no caso de exposição à partícula alfa.

Desde 1983 as unidades de dose foram substituídas. Assim o gray (Gy) substituiu o rad como unidade de dose absorvida:

$$1 \text{ Gy} = 1 \text{ J/kg} = 100 \text{ rad}$$

o Sievert (Sv) substituiu o rem como unidade de dose equivalente:

$$1 \text{ Sv} = 100 \text{ rem}$$

e o coulomb/kg (c/kg) substituiu o Roentgen (R) como unidade de dose de exposição:

$$1 \text{ C/kg} = 100 \text{ R}$$

Em 1950, as recomendações passaram a especificar o limite de dose de 1 rem/sem e, atualmente, de 0,1 rem/sem ou 1 mSv/sem.

Em 1958, a Comissão Internacional de Proteção Radiológica (ICRP) estabeleceu normas que permitiram a avaliação da dose acumulada durante toda uma vida profissional[8].

Para a radiação externa, a dose máxima que um profissional pode acumular até a idade de N anos é dada por:

$$D = 5(N - 18) \text{ rem}$$
$$D = 50(N - 18) \text{ mSv}$$

A partir dessa expressão e considerando-se a exposição do corpo todo, obtém-se a dose máxima permitida por ano que é de 50 mSv (5 rem). Considerando-se 50 semanas em um ano, a dose máxima por semana é de 0,1 rem ou 1 mSv; para uma semana de 40 horas é de 2,5 mrem/h ou 25 μSv/h.

Para evitar dúvidas quanto a uma possível redistribuição de dose no tempo, a ICRP estabeleceu como máximo uma dose de 30 mSv (3 rem) em três meses consecutivos, mantendo-se o limite de 50 mSv/a (5 rem/a). Portanto, quando a exposição for apenas das extremidades (pés e mãos) a dose máxima permitida passa a ser obtida pela equação:

$$D = 750\ (N - 18)\ \text{mSv}\ [\text{ou}\ D = 75\ (N - 18)\ \text{rem}]$$

Além da exposição interna à radiação, do advento dos reatores e da utilização de radioisótopos para as mais diversas finalidades, houve o aumento do risco de ingestão de materiais radioativos resultantes da contaminação ambiental[9]. O cuidado com esse aspecto traduz-se em recomendações para as máximas concentrações permissíveis (CPM) de alguns radioisótopos na água, no ar e nos alimentos[10]. Essas concentrações máximas levam em conta não somente as propriedades físicas dos radioisótopos como sua toxicidade e seu comportamento biológico. Na Tabela 2, são apresentadas as concentrações máximas permissíveis de alguns radioisótopos na água e no ar.

TABELA 2 Concentrações máximas de radioisótopos na água e no ar

Isótopo	Água (Bq/mL)	Ar (Bq/cm³)
^{131}I	1,11	$1{,}11 \times 10^{-4}$
^{14}C	111	$3{,}7 \times 10^{-2}$
^{32}P	7,4	$3{,}7 \times 10^{-3}$
^{35}S	185	$3{,}7 \times 10^{-2}$

As recomendações não levam em conta as exposições provenientes da radiação natural nem as resultantes de exames médicos (por exemplo, radiografias). A exposição devida à radiação de fundo é aproximadamente constante (Tabela 3).

TABELA 3 Taxa de exposição anual devida à radiação de fundo

Externa	mSv/a
Radiação cósmica	0,28
Radiação gama ambiental	0,43
Rn no ar ($8{,}1 \times 10^{-15}$ Bq/cm³)	0,01
Interna	
K-40	0,2
C-14	0,01
Produtos de decaimento do Rn	0,02
TOTAL	**0,95**

No caso de contaminação superficial, como a contaminação da pele, recomenda-se sua eliminação enquanto for transferível e ocasionar níveis de radiação externa acima dos recomendados.

Há três parâmetros fundamentais quando se pensa em proteção radiológica (CNEN NE – 3.01):

- Distância da fonte radioativa ao operador.
- Tempo de exposição do operador à radiação.
- Blindagem interposta entre a fonte e o operador.

A proteção radiológica abrange um campo muito vasto que inclui desde, por exemplo, o estudo do local adequado de construir uma usina nuclear até a disposição final de resíduos radioativos (CNEN NE 6.02).

Trabalhos que envolvam níveis altos de atividade radioativa (da ordem de 10^4 Bq), como a produção de radiofármacos para uso em Medicina Nuclear ou a marcação de moléculas para radioimunoensaios, devem ser desenvolvidos em cabines de segurança especialmente destinadas para esse fim com as seguintes características:

- Blindagem – adequada para o radioisótopo que está sendo manuseado. Deve manter a exposição do operador abaixo de 1 mSv/semana.
- Exaustão – a cabine deve ter compressão menor do que a do ambiente do laboratório. O ar exaurido deve passar por filtros adequados e ser monitorado antes de ser liberado no meio ambiente.
- Manuseio – com ferramentas adequadas que permitam o trabalho a distância e não prejudiquem sua precisão.
- Resíduos – precisam ser retirados sem que entrem em contato com o meio ambiente.

No que se refere ao laboratório, deve-se fazer a monitoração para a radiação externa que indique qualquer alteração acima dos níveis permissíveis[11]. Um monitor contínuo deve medir a atividade específica do ar e um alarme irá indicar quando for atingida a concentração máxima do radioisótopo mais perigoso manuseado no laboratório.

Os locais passíveis de contaminação deverão ser avaliados periodicamente a partir de amostras obtidas de esfregaços.

DOSIMETRIA

A facilidade em medir a radioatividade com precisão, e a sensibilidade que permite a avaliação de sua distribuição nos vários compartimentos orgânicos fazem dos traçadores radioativos um potente instrumento de investigação científica[12-14]. Os radioisótopos são amplamente utilizados em medicina nuclear, em estudos de bioquímica, nutrição, fisiologia e de biologia em geral. Entretanto, o uso dos radioisótopos exige algumas precauções que têm de ser consideradas quanto à sua manipulação e a seu armazenamento[15,16]. As partículas e radiações dissipam sua energia ao interagirem com moléculas da estrutura celular e provocam danos que podem comprometer a saúde de quem se expõe a elas. Porém, o conhecimento desses riscos permite o seu uso seguro.

Dados provenientes da radioterapia, dos acidentes nucleares ou da contaminação devido à ocupação profissional mostram que as radiações produzem alterações gênicas e cromossômicas que aumentam a taxa de mutações de células dos indivíduos das gerações subsequentes[7,17]. Por outro lado, as mutações induzidas pelas radiações ionizantes podem também ocorrer em células somáticas e essas não são transmitidas à descendência dos indivíduos irradiados.

A radiação ionizante pode provocar malformações congênitas, esterilidade, reduzir a fertilidade, provocar câncer, leucemia, catarata; acelerar o envelhecimento e causar a morte. No entanto, como qualquer outro agente a que o ser humano está exposto, os riscos da exposição à radiação devem ser dimensionados. Riscos genéticos e somáticos associados às radiações ionizantes mostram que os efeitos produzidos dependem de fatores que serão discutidos a seguir.

Dose equivalente: associação de parâmetros físicos e biológicos

O efeito da taxa de dose: espaçamento da irradiação no tempo

Doses de mesma intensidade podem produzir efeitos biológicos diferentes se a exposição é crônica ou aguda. As células germinativas quando irradiadas com doses crônicas (espaçadas ao longo do tempo) produzem comparativamente menor taxa de mutação do que quando submetidas à mesma dose em exposição aguda.

Qualidade da radiação

A intensidade dos efeitos biológicos das radiações ionizantes depende do tipo de radiação (se particulada ou eletromagnética), de sua energia, de sua massa ou de sua carga e, principalmente, do rendimento de transferência linear da energia por milímetro de percurso (LET) no tecido orgânico.

Radiações eletromagnéticas como os raios X e os raios gama são pouco eficientes para transferir sua energia para o tecido, sendo, por isso, menos mutagênicas que a partícula alfa. Esta mostra alta eficiência na transferência da energia para os compostos orgânicos.

O fator de qualidade Q para cada tipo de radiação em função da intensidade do LET é mostrado na Tabela 4. Quando o espectro de energia é complexo ou não se conhecem as características do LET da radiação, os técnicos da ICRP[16] recomendam utilizar os valores de Q mostrados na Tabela 5.

TABELA 4 Valores do fator de qualidade Q da radiação, para a água, em função da transferência linear de energia (LET)

LET, na água (keV/µm)	Q
< 3,5	1
3,5 a 7	1 a 2
7 a 23	2 a 5
23 a 53	5 a 10
53 a 175	10 a 20

TABELA 5 Valores do fator de qualidade Q sugerida para ser utilizados pela ICRP*

Tipo de radiação	Fator de qualidade Q ICRP
Raios gama e X	1
Elétrons e partículas beta com energia ≥ 30 keV	1
Elétrons e partículas beta com energia < 30 keV	1
Partículas beta do trício (3H)	
Nêutrons	
Nêutrons térmicos	2,3
Nêutrons rápidos e prótons	10
Prótons e íons pesados	
Íons pesados	20
Partículas alfa	20

* ICRP – International Comission on Radiological Protection (ICRP, 1977).

Em virtude das dificuldades de avaliar o LET das radiações, em geral utilizam-se diretamente os valores de Q contidos na Tabela 5. Praticamente todos os radioisótopos utilizados nos experimentos da medicina nuclear e nos estudos biológicos são emissores de radiação beta ou gama e assim o valor de Q = 1 com exceção do ^{3}H (trício).

EFEITOS BIOLÓGICOS DA RADIAÇÃO

Radiossensibilidade das células

Os efeitos das radiações sobre um organismo dependem tanto do tipo das células irradiadas, como também do estágio do desenvolvimento celular[7,18]. Há células mais sensíveis às radiações do que outras. Células com alta capacidade de replicação são mais radiossensíveis. Os espermatozoides, quando irradiados com a mesma dose fornecida a espermatogônias e oócitos, apresentam maior capacidade de reparação do material genético danificado. Em contrapartida, as espermatogônias têm capacidade intermediária e os oócitos praticamente não conseguem reparar os danos produzidos pelas partículas ionizantes.

As diferenças de radiossensibilidade entre células distintas seguem a lei de Bergonie e Tribondeau, a qual prevê que: a radiossensibilidade das células é diretamente proporcional à sua capacidade de reprodução e inversamente proporcional ao seu grau de especialização. Genericamente pode-se prever que todos os fatores que contribuem para aumentar a velocidade das reações químicas no interior das células também irão contribuir para aumentar a radiossensibilidade celular. Por exemplo, o calor, o pH, a concentração de reagentes específicos (O_2). Esquematicamente, a radiossensibilidade celular pode ser representada por:

$$\text{Radiossensibilidade alfa} = \frac{\text{Capacidade de reprodução} \cdot f(°\text{C, pH, } [O_2], ...)}{\text{Especialização}}$$

em que $f(°\text{C, pH, } [O_2], ...)$ é uma função dos componentes que contribuem no aumento das reações químicas no interior das células.

A capacidade diferenciada de as radiações transferirem sua energia – o LET

Há um esforço em relacionar o efeito biológico das radiações com parâmetros físicos e biológicos. Entretanto, estes são muito complexos para que seus parâmetros participem de uma fórmula matemática que seja simples e capaz de prever os efeitos biológicos da deposição da energia no tecido.

Os diferentes tipos de radiação (alfa, beta, gama, X) durante seu trajeto no tecido produzem íons e excitações nos orbitais eletrônicos e que são responsáveis pela geração de danos no tecido. A quantidade de íons por milímetro percorrido gerados pela radiação é uma função complexa em relação a cada tipo de radiação e ao nível de energia E (eV). Para relacionar a quantidade de íons produzidos por milímetros percorridos pela radiação, utiliza-se o parâmetro:

$$\text{LET}^* \propto \text{Nº íons/mm} = -dE/dx$$

em que dE/dx é a taxa da perda de energia por espaço percorrido (milímetros). Maior detalhamento da expressão matemática do LET foge ao escopo deste texto, encontrando-se nos textos de Física que tratam da interação da radiação com a matéria. Entretanto, para uma adequada compreensão dos princípios do cálculo de dose interna é suficiente saber que:

$$\text{LET* para partículas alfa} > \text{LET para partículas beta} > \text{LET para fótons gama ou X}$$

ou seja, para as radiações alfa, beta, gama e X, com níveis semelhantes de energia, as partículas alfa produzem mais ionizações por milímetro do que as partículas beta e finalmente as radiações eletromagnéticas gama e X são relativamente menos ionizantes.

Interação da radiação nos tecidos e a produção de radicais livres

A ação deletéria da radiação sobre as células ocorre predominantemente por processos indiretos[18], ou seja, não é o impacto direto da radiação que danifica a célula mas os produtos tóxicos gerados secundariamente no seu interior. Sendo a água o principal constituinte do corpo humano e da célula, correspondendo a cerca de 3/4 da massa corpórea, é nesse compartimento que ocorre a maior quantidade das interações primárias da radiação[19]. Quando a radiação interage com moléculas da água, desencadeia-se uma série de fenômenos físico-químicos que geram os radicais livres ionizados e energeticamente excitados (*spins* elevados a níveis singletos e tripletos), os quais produzem os danos celulares irreparáveis.

A radiação interage inicialmente por processos físicos com os átomos dos tecidos orgânicos e na sequência ocorre a transferência da energia da radiação para os constituintes do corpo. A Tabela 6 ilustra as principais ocorrências dos fenômenos de interação, sua escala de tempo de ação e as possíveis ações para minimizar os efeitos deletérios produzidos.

Dose equivalente – o Sievert (Sv)

Considerando que os diferentes tipos de radiação[†] possuem maior ou menor potencial para gerar os radi-

* LET sinonímia de transferência linear de energia, termo originado da abreviação inglesa *linear energy transference*. Será mantida, no presente texto, a abreviação de origem inglesa por se tratar de um jargão.

† Radiações α, β, γ, nêutrons, prótons dentre outras.

TABELA 6 Mecanismo de ação das radiações

Tempo	Fenômeno	Evento
10^{-16} a 10^{-12} s	Físico	Absorção de energia
10^{-8} a 10^{-4} s	Físico-químico	Degradação da energia
10^{-4} s a várias horas	Químico	Direto → Alterações químicas; Indireto → H_2O radicais
Minutos – horas	Nível celular (Metabolismo)	Alterações químicas → Metabólicas (DNA) → Alterações de funções da reprodução; H_2O radicais → Defeitos genéticos → Morte Integase; Moléculas das células → Morte
Horas – dias	Organismo	Síndromes clínicas
Dias – meses		Recuperação; Danos Permanentes; Morte

cais livres em função do seu LET(eV/mm)[‡], este parâmetro deve estar presente, de algum modo, na fórmula para expressar o efeito deletério das radiações. Nesse sentido foi definido matematicamente o conceito de dose equivalente "H" por:

$$H(Sv) = D(Gy) \cdot Q \cdot N \quad (12)$$

em que $Q = f(LET)$ é um fator implícito do LET da radiação e $N = f(t, \text{idade}, \text{sexo},...)$ outro fator utilizado na fórmula para representar todos os demais parâmetros biológicos capazes de influenciar o efeito da dose. O valor de N é função da idade, do sexo, da distribuição do tempo "t" de exposição e das características da irradiação (dose crônica ou aguda). Sendo esses parâmetros de avaliação muito complexos, no estágio atual de conhecimento, N é adotado indistintamente como sendo igual à unidade. Pretende-se que a dose equivalente H seja uma grandeza híbrida, constituída por fatores físicos e biológicos. Até o momento, ela é ainda calculada essencialmente por parâmetros físicos, pois os dois primeiros componentes da fórmula, D (joules/kg) e $Q = f(LET)$, são fatores puramente físicos. O fator predominante correlacionado com os efeitos deletérios da radiação continua sendo a quantidade de energia E (joules) depositada na massa m (kg) do tecido.

A unidade de dose equivalente no Sistema Internacional de medidas é o Sievert ou abreviadamente Sv, que substituiu o rem. Para a radiação gama e X e praticamente todas as radiações beta o fator Q é igual à unidade e assim a dose absorvida D (Gy) e a dose equivalente H (Sv) são numericamente idênticas.

Correlação entre a dose equivalente e a incidência de câncer

É costume dividir a curva de dose/resposta para incidência de câncer em três segmentos correspondentes a níveis de dose de radiação baixos, médios e altos. Para doses com intensidade média a curva é linear, enquanto para doses elevadas tem comportamento quadrático ou exponencial. Esses dois tipos de resposta são explicados pela teoria do alvo. Pressupõe-se que o interior das

[‡] Transferência linear de energia é a relação entre a energia transferida ao tecido a cada milímetro, simbolicamente: LET = -dE(eV)/dx(mm).

células contenha regiões estruturais que representam "alvos" que, ao serem atingidos, produzem mutações ou morte celular.

Em uma população de alvos (ou de estruturas) basta um golpe (*hit*) de radiação para danificar um deles. Com doses muito elevadas é provável que ocorram repetidos golpes no mesmo alvo e assim a frequência dos efeitos não aumenta pois o "alvo" já estaria destruído no primeiro golpe (*hit*), daí a resposta exponencial expressa pela equação:

$$\text{Efeito} = a_0 - a_1 \cdot e^{-\lambda * D} \quad (13)$$

Alternativamente, se existirem alvos que necessitam de dois *hits* simultâneos para serem sensibilizados então com o aumento da dose D cresce também a probabilidade de sucesso da ocorrência dos dois *hits* e como consequência a curva apresentará um perfil quadrático (função matemática dependente da dose D elevada ao quadrado), ou seja:

$$\text{Efeito} = a_0 + a_1 \cdot D + a_2 \cdot D^2 \quad (14)$$

A estimativa do risco de câncer para baixos níveis de radiação é polêmica (região ampliada na Figura 2) e calculada por extrapolação dos dados obtidos de pacientes submetidos aos radiodiagnósticos na medicina nuclear, na radiologia e de indivíduos que sofreram algum acidente envolvendo o uso de radiação, todos submetidos a níveis médios ou altos de doses. A teoria mais aceita para estimar a probabilidade de risco de câncer para níveis baixos de radiação utiliza o modelo linear (curva 1 da Figura 2).

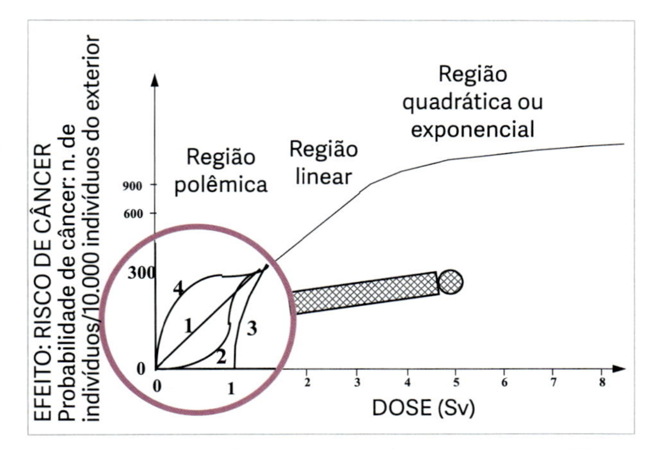

FIGURA 2 Modelo de Curvas de Dose *versus* Efeito (risco de câncer) e suas regiões. Esta figura é uma interpretação do Anexo 8.29 do *U.S. Nuclear Regulatory Commission Regulatory Guide* (Julho de 1981).

Projeções de risco de câncer para doses abaixo de 1 Sv não são exatas e definitivas devido aos poucos dados epidemiológicos disponíveis. Em comparação com outros agentes cancerígenos, a radiação ionizante é responsável por relativamente menor número de casos e assim seu efeito é mascarado.

A American Cancer Society estima que 25% da população, entre 20 e 65 anos, desenvolva câncer no transcorrer de suas vidas[20]. As prováveis causas são o tabagismo, os aditivos e contaminantes presentes nos alimentos, o alcoolismo, as drogas, os poluentes do ar e também a radiação de fundo[21]. Portanto, num grupo de dez mil pessoas provavelmente 2.500 (25%) serão acometidas de câncer. Se dez mil pessoas se submeterem a uma dose ocupacional de 0,01 Sv, espera-se que haja um aumento de três indivíduos naquela estatística, isto é, a incidência de 2.500/10.000 passa a ser 2.503/10.000 (25,03%).

Adotando-se o modelo linear de dose/resposta, se a dose ocupacional for aumentada para 0,1 Sv a frequência passará a ser provavelmente de 2.530/10.000 (25,3%) e na mesma linha de raciocínio para dose ocupacional de 1 Sv a expectativa será de 28% contra os 25% da ocorrência considerada natural.

Em função de maior disponibilidade de dados epidemiológicos, muitos profissionais acreditam existirem riscos de desenvolvimento de câncer mesmo para níveis baixos de radiação e usam em suas projeções as curvas 1 ou 2 mostradas na Figura 2[22]. Entretanto, fundamentados na pequena incidência de câncer para níveis baixos de doses, os mais liberais sugerem a existência de um limiar de dose capaz de disparar os efeitos deletérios da radiação (curva 3 na Figura 2). Os mais conservadores pressupõem que o risco das radiações ocorra mesmo para níveis muito baixos, só deixando de ser expressivo quando próximo dos valores ambientais (curva 4 na Figura 2)[23].

RELAÇÃO RISCO/BENEFÍCIO NO USO DE MATERIAIS RADIOATIVOS

Os organismos internacionais como a ICRP padronizaram o limite máximo permitido de radiação ionizante para trabalhadores por um ano em 50 mSv, para ingestão ou inalação do material radioativo[24,25]. Essa estimativa de dose baseia-se no homem-padrão, com características fisiológicas e anatômicas definidas na publicação da ICRP n. 23[24] que leva em conta a possibilidade de a radiação produzir câncer e doenças hereditárias. Doses superiores a 4 Sv, conhecidas como doses letais 50% (DL50), são fatais para 50% de uma população exposta. Doses acima de 7 Sv são praticamente fatais.

Dose equivalente comprometida

Os limites da dose equivalente para trabalhadores expostos à radiação ocupacional foram estabelecidos pela Agência Internacional de Energia Atômica (IAEA)[11], e no Brasil pela Comissão de Energia Nuclear (CNEN)[26] (CNEN NE-3.01). Na Tabela 7, são apresentados os limites máximos de exposição para trabalhadores, com base na estimativa da Dose Equivalente Comprometida definida pela equação:

$$H_{E50} = \frac{\int D_{50}.Q.N.dm}{\int dm} \quad (15)$$

em que D_{50} é a dose total absorvida por um período de 50 anos após a incorporação do radionuclídio no corpo e nos órgãos individualmente, e dm um elemento infinitesimal da massa irradiada.

TABELA 7 Limites de doses recomendadas pela ICRP*

Dose equivalente efetiva H_E	Para trabalhador	Para público
	100 mSv em 5 anos	1 mSv por ano
	Máximo 50 mSv por ano	
Dose equivalente anual		
Cristalino dos olhos	150 mSv	15 mSv
Pele – 100 cm²	500 mSv	50 mSv
Mãos	500 mSv	50 mSv
Dose equivalente média no feto	5 mSv após o diagnóstico	

*ICRP – International Comission on Radiological Protection (ICRP, 1979).

Para ilustrar esses conceitos analisaremos o seguinte caso:

Um pesquisador com 70 kg dos quais, 63 kg de tecido mole, contaminou-se com 6×10^9 Bq (I_o= incorporação inicial) de trício (^3H). Sabe-se que a meia-vida biológica do trício no corpo humano é de cerca de dez dias ($\lambda_b = 0{,}693/10\ d^{-1}$), a meia-vida física de 4,475 dias ($\lambda_f = 0{,}693/4475$) e a energia média das partículas beta do trício é de 6 keV (E_{med}). Supondo que o material radioativo se distribuiu uniformemente por todo o tecido mole, calcular a dose absorvida e a dose equivalente neste acidente.

A estratégia de cálculo deve seguir as seguintes etapas:

1. Transformar a atividade incorporada I_o na mesma unidade de tempo da meia-vida ($T_{1/2}$) fornecida.
2. Calcular o número de transformações ocorridas no corpo ao longo do tempo, usando a expressão:

$$U\ (\text{desintegrações}) = I_o /\ \mu_{efetivo} \quad (16)$$

onde $\mu_{ef} = 0{,}693/T_{1/2}$ (efetivo).

3. Transformar a E_{med} de eV em joules usando as relações: 1 eV = $1{,}6\times10^{-19}$ joules; 1 keV = $1{,}6\times10^{-16}$ joules e 1 MeV = $1{,}6\times10^{-13}$ joules.
4. Calcular a energia total das N desintegrações usando a expressão:

$$E_{total} = E_{med}(\text{Joules}) \times U(\text{desintegrações}) \quad (17)$$

5. Calcular a dose absorvida usando a definição: Dose (Gy) = E_{total} /m em que m é a massa do tecido irradiado em kg.
6. Calcular a dose equivalente multiplicando a dose absorvida pelos fatores Q (qualidade) e N (modificador). Dose (Sv) = Dose (Gy) × Q × N, em que Q é fornecido na Tabela 4 e N é geralmente igual a um.

De acordo com esse esquema, a estimativa de dose desse exemplo será:

1º Passo I_o(desint/dia) = 6×10^9 (dps) × 86.400 = 5,18 × 10^{14} desint/dia.

2º Passo Calcular o número total de desintegrações ocorridas:
U(desintegrações) = $5{,}18 \times 10^{14}/0{,}0693 = 7{,}48 \times 10^{15}$ desintegrações.

3º Passo Transformar a energia média da partícula β do trício de Kev para Joule equivale a 6 (Kev)× $1{,}6 \times 10^{-16}$ (J) = $9{,}6 \times 10^{-16}$ J.
Kev

1 kev = $1{,}6 \times 10^{-16}$J

6 kev = $6 \times 1{,}6 \times 10^{-16}$ J = $9{,}6 \times 10^{-16}$ J.

4º Passo A energia total dissipada ao longo do tempo será então:

$$E_{total} = 7{,}48 \times 10^{15} \times 9{,}6 \times 10^{-16} = 7{,}18\ J.$$

5º Passo A dose absorvida: dose (Gy) = 7,18 J/63 kg = 0,11 Gy.

6º Passo Da Tabela 5, tem-se para partículas beta Q = 1 e assumindo N = 1:

Dose (Sv) = 0,11 Gy × 1 × 1= 0,11 Sv = 110 mSv

Conforme a Tabela 7, a dose radiológica recebida por esse pesquisador ultrapassou aproximadamente duas vezes a dose anual máxima estabelecida pelos organismos regulamentadores. Em consequência desse acidente, o trabalhador precisa ser poupado do contato com material radioativo por dois anos, como também deve ter acompanhamento hematológico e clínico.

As normas básicas de proteção radiológica podem ser consultadas na Resolução n. 6/73 da CNEN (CNEN NE – 3.01, CNEN NE 6.02).

Lei do Inverso do Quadrado da Distância

Conhecida a taxa de exposição em um determinado local "d_1", pode-se calcular a taxa de exposição d_2 em outro ponto pela relação:

$$\frac{T_{Exp1}}{T_{Exp2}} = \frac{d_2^2}{d_1^2} \quad (18)$$

Cálculo do número de camadas semirredutoras (CSR)

Conhecida como a taxa de exposição $T_{Exp(0)}$ em um determinado local pode-se também reduzi-la com o uso de blindagens em absorvedores de espessura x. Para isto é preciso conhecer o valor da camada semirredutora x_{112} dp absorvedor para a radiação gama ou X considerada. A relação que permite calcular a nova taxa de exposição $T_{Exp(x)}$ é dada por:

$$\frac{T_{Exp(0)}}{T_{Exp(x)}} = 2^n \quad (19)$$

em que

$T_{Exp(0)}$ = sem barreira
$T_{Exp(x)}$ = com barreira
n = nº de CSR

Resumindo, as regras básicas da radioproteção (dosimetria externa) seguem as relações indicadas no Quadro 1.

QUADRO 1 Relações entre as regras básicas da radioproteção

1.	Distância	↑ Distância	↓ Dose
2.	Tempo	↓ Tempo exposto	↓ Dose
3.	Barreira	↑ Barreira	↓ Dose
4.	Decaimento	↑ Tempo de decaimento	↓ Dose

EXEMPLO DE CÁLCULO DE DOSE

Estimar a dose de radiação à qual um técnico estará exposto para a realização de um radioimunoensaio típico, adotando as seguintes premissas:

- A atividade radioativa usada no ensaio é de 40.000 dpm/tubo = 40000/2,22 × 10^6 μCi/tubo = 0,018 μCi/tubo
- Se a rotina incluir 100 tubos, então a atividade total a ser manuseada será igual a: 0,018 × 100 =1,8 μCi
- ou 6,7 × 10^{-5} GBq

A taxa de dose pode ser calculada pela expressão:

$$\text{mGy/h} = \Gamma\left(\frac{\text{mGy}\cdot\text{m}^2}{\text{GBq}\cdot\text{h}}\right)\cdot\frac{A}{d^2} \quad (20)$$

A constante Γ é característica do radioisótopo e pode ser obtida na Tabela 8.

Assim, supondo que o radioisótopo seja o ^{125}I ($\Gamma = 0{,}0189\ \frac{mGy \cdot m^2}{GBq \cdot h}$) e que o técnico mantenha uma distância média entre seu corpo e os tubos de ensaio de aproximadamente 40 cm (0,4 m), a taxa de dose será estimada em:

$$\text{mGy/h} = 0{,}0189 \times \frac{6{,}7 \times 10^{-5}}{0{,}4^2} = 3{,}17 \times 10^{-8}\ \text{mGy/h}$$

Se o técnico tem uma jornada de 6 h/dia realizando esse mesmo tipo de trabalho, terá como expectativa diária de exposição à dose de:

$$3{,}17 \times 10^{-8}\ \text{mGy/h} \times 6\ \text{h} = 2{,}22 \times 10^{-7}\ \text{mGy/dia}$$

ou semanalmente (5 dias/semana): 1,11 × 10^{-6} mGy/semana.

Essa dose estendida ao ano, considerando um mês de férias, ou seja, 47 semanas efetivas de trabalho, será de: 5,2 × 10^{-5} mGy/ano. Essa dose é desprezível quando se consideram os limites descritos na Tabela 7.

LEGISLAÇÃO BRASILEIRA DE USO DE RADIOISÓTOPOS

A CNEN é o órgão que regulamenta a utilização de material radioativo no país, credencia laboratórios e pessoal e fiscaliza o cumprimento de normas de proteção (CNEN NE-3.01; CNEN NE-6.02)[27].

A legislação brasileira classifica os laboratórios que manuseiam fontes radioativas não seladas nos grupos IV, V e VI (Quadro 2). Os laboratórios clínicos que fazem radioimunoensaios, os laboratórios de biologia molecular e as unidades de medicina nuclear fazem parte desses grupos.

Essa classificação toma como base a radiotoxicidade dos elementos radioativos e suas atividades radioativas (ver norma CNEN n. 6.02). Os radioisótopos ^{3}H, ^{99m}Tc e ^{113m}I são considerados de baixa radiotoxicidade, ^{14}C, ^{35}S e ^{32}P são considerados de "relativa" radiotoxicidade e finalmente os radioisótopos ^{125}I e $^{131}I_m$ são considerados de alta radiotoxicidade. O grau de radiotoxicidade dos demais radioisótopos é apresentado na tabela do anexo da norma CNEN n. 6.02.

TABELA 8 Valores de Γ (gamão) de alguns radioisótopos

Nuclídio	$\Gamma\left(\frac{C/kg \times m^2}{GBq \times h} \times 10^{-6}\right)$	$\Gamma\left(\frac{R \times m^2}{Gi \times h}\right)$	$\Gamma\left(\frac{mGy \times m^2}{GBq \times h}\right)$
^{11}C	4,11	0,59	0,1595
^{141}Ce	0,24	0,035	0,0095
^{137}Cs	2,30	0,33	0,0892
^{57}Cr	0,11	0,016	0,0043
^{57}Co	0,63	0,09	0,0243
^{58}Co	3,84	0,55	0,1486
^{60}Co	9,20	1,32	0,3568
^{64}Cu	0,84	0,12	0,0324
^{67}Ga	0,77	0,11	0,0297
^{198}Au	1,60	0,23	0,0622
^{125}I	0,49	0,07	0,0189
^{131}I	1,53	0,22	0,0595
^{59}Fe	4,46	0,64	0,1730
^{85}Kr	0,03	0,004	0,0011
^{54}Mn	3,28	0,47	0,1270
^{99}Mo	1,26	0,18	0,0486
^{42}K	0,98	0,14	0,0378
^{43}K	3,90	0,56	0,1514
^{226}Ra	5,75	0,825	0,223
^{86}Rb	0,35	0,05	0,0135
^{22}Na	8,37	1,20	0,343
^{24}Na	12,83	1,84	0,4973
^{85}Sr	2,09	0,3	0,0811
^{133}Xe	0,07	0,01	0,0027

QUADRO 2 Classificação e requisitos para laboratórios e unidades de medicina nuclear*

Grupo	Exemplos	Exigência para funcionamento
IV	Laboratórios pequenos de radioimunoensaios	• Autorização para aquisição de material radioativo • Autorização para operação
V	Laboratórios médios de radioimunoensaio e unidades pequenas de medicina nuclear	• Licença de construção • Autorização para aquisição de material radioativo • Autorização para operação
VI	Laboratórios de radioimunoensaios que fazem suas próprias radiomarcações, unidades de medicina nuclear	• Aprovação prévia • Licença de construção • Autorização para aquisição de material radioativo • Autorização para operação

* Os critérios para classificar o laboratório encontram-se na norma CNEN n. 6.02. Fundamentalmente eles dependem da radiotoxicidade dos radioisótopos utilizados e de suas atividades.

TABELA 9 Classificação das áreas de atividade na instalação de acordo com a norma CNEN n. 3.01

Tipo de área	Descrição e características	Nível de dose
Livre	Área isenta de regras especiais de segurança nas quais as doses equivalentes efetivas anuais não ultrapassam o limite primário* para indivíduos do público**	< 1 mSv
Restrita	Área sujeita a regras especiais de segurança na qual as condições de exposição podem ocasionar doses equivalentes efetivas anuais superiores a 1/50 (dois centésimos) do limite primário para trabalhadores*.	> 1 mSv
Supervisionada	Área restrita na qual as doses equivalentes efetivas anuais são mantidas inferiores a 3/10 (três décimos) do limite primário para trabalhadores.	> 1 mSv e <15 mSv
Controlada	Área restrita na qual as doses equivalentes efetivas anuais podem ser iguais ou superiores a 3/10 (três décimos) do limite primário para trabalhadores.	≥ 15 mSv

* *Vide* Tabela 7.
** Indivíduo do público – qualquer membro da população não exposto à radiação ocupacionalmente, inclusive trabalhadores, estudantes e estagiários quando ausentes das áreas restritas da instalação.

Para a regularização de seu funcionamento o laboratório ou unidade de medicina nuclear deve cumprir certas regras básicas em função da sua classificação.

A norma CNEN n. 3.01 (CNEN NE – 3.01), que descreve as Diretrizes Básicas de Proteção Radiológica, define:

> "Acidente – é o desvio inesperado e significativo das condições normais de operação de uma instalação, que possa resultar em danos à propriedade e ao meio ambiente ou em exposições de trabalhadores e de indivíduos do público acima dos limites primários de dose equivalente estabelecidos pela CNEN."

Na norma CNEN n. 3.01 são estabelecidos critérios para enquadrar as áreas de um laboratório. Essa classificação deve levar em conta as possibilidades do risco de trabalhadores e de indivíduos do público se exporem a níveis de dose próximos de limites aceitáveis. Dentro desse critério cada área é classificada conforme a Tabela 9.

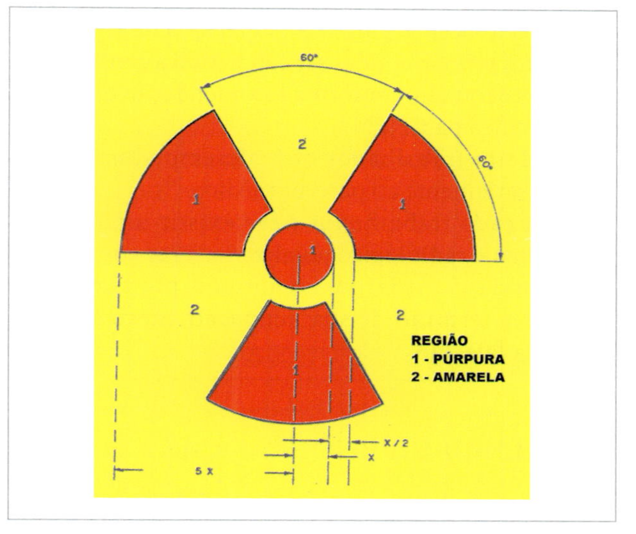

FIGURA 3 Símbolo internacional de radiação.

As áreas restritas têm de ser claramente identificadas, monitoradas conforme norma específica da CNEN. Devem ser sinalizadas com o símbolo internacional de radiação (Figura 3), bem como todas as blindagens ou embalagens das fontes radioativas, e providas, para orientação em caso de acidente, de instrumentações e procedimentos apropriados sempre afixados em paredes, quadros e outros lugares bem visíveis.

O acesso às áreas restritas é limitado somente às pessoas autorizadas pelo supervisor de proteção radiológica (pessoa devidamente credenciada pela CNEN).

CONTROLE RADIOLÓGICO DE TRABALHADORES

A empresa, isto é, os responsáveis pela instalação onde se utiliza material radioativo, deve manter um registro para cada trabalhador. Nesse registro deve ser anotada toda e qualquer ocorrência que acarrete ao profissional uma exposição à dose de 1/10 (um décimo) do limite anual (que é de 50 mSv/ano, por exemplo, para o corpo inteiro) aplicado ao período de tempo ao qual a monitoração se refere (Tabela 7).

Qualquer atividade que ocasione 3/10 (três décimos) da fração do limite anual deve ser alvo de uma avaliação, devendo ser proposto um plano para evitar tal ocorrência.

Os trabalhadores envolvidos com atividades em áreas controladas devem ser individualmente monitorados de acordo com normas específicas da CNEN.

O trabalhador deve ser submetido a controle médico, que inclua os seguintes exames:

- Exame pré-ocupacional a fim de verificar se está em condições normais de saúde para iniciar a sua ocupação, incluindo uma análise do seu histórico médico e radiológico sobre exposições anteriores.

- Exame periódico, de acordo com a natureza da função e com a dose recebida pelo trabalhador.
- Exame especial, para trabalhadores que tenham recebido doses superiores aos limites primários estabelecidos na norma CNEN n. 3.01, ou quando o médico julgar necessário.
- Exame pós-ocupacional, logo após o término da ocupação e dependendo do seu resultado, cuidados ou exames médicos posteriores.
- Após o conhecimento da ocorrência de exposições acidentais ou provenientes de operações de emergência, as doses dos trabalhadores devem ser imediatamente avaliadas.
- Qualquer trabalhador que, numa única exposição venha a receber uma dose superior a duas vezes os limites primários deve ser submetido a controle médico adequado, conforme recomendação ou norma específica da CNEN.
- Nenhum trabalhador deve desempenhar tarefas contrariamente ao parecer médico.
- Para cada trabalhador deve existir um registro médico e radiológico atualizado, a ser conservado por toda sua vida, ou, no mínimo, por trinta anos após o término de sua ocupação, mesmo que já tenha falecido.

REFERÊNCIAS BIBLIOGRÁFICAS

1. Dyson WA. Radiation physics with applications in medicine and biology. 2.ed. New York: E. Horwood; 1993, 256p.
2. Rollo FD. Nuclear medicine physics, instrumentation and agents. Saint Louis: The C.V. Mosby; 1977.
3. Comissão Nacional de Energia Nucear/CNEN/SP NE Noções básicas de radioproteção. São Paulo: Instituto de Pesquisas Energéticas e Nucleares; 1988.
4. Shapiro J. Radiation protection. A guide for scientists and Physicians. 3. ed. Harvard University Press; 1990. 494p.
5. Sordi GAA. Proteção radiológica. São Paulo: IPEN/CNEN; 1990, 33p.
6. International Commission on Radiological Protection (ICRP). The principles and general procedures for handling emergency and accidental exposure of workers. Publicação n. 28. Oxford: Pergamom Press; 1978. Disponível em: http://www.icrp.org/worldatom/periodicals. Acesso em: 27/8/2001.
7. Gimenez JC. Publicação da CNEA-AC/87. Efectos biologicos de las radiaciones ionizantes. Comission Nacional de Energia Atomica, Univ. Buenos Aires, Minist. Salud y Accion Social, Buenos Aires, 1987.
8. International Commission on Radiological Protection (ICRP) Publicação n. 22, Implications of commission recommendations that doses be kept as low as readily achievable. Pergamon Press, 1974.
9. World Health Organization (WHO). Health consequences of the Chernobyl accident: results of the ipheca projects and related national programmes; summary report/OMS. Geneneve: WHO; 1995. 38p.
10. International Commission on Radiological Protection (ICRP). Publicação n. 30. Radiation Protection: Limits for intakes of radionuclides by works. Part 1. ICRP. Oxford: Pergamom Press; 1979. Disponível em: http://www.icrp.org/wordatom/periodicals. Acesso em: 27/8/2001.
11. International Atomic Energy Agency (IAEA). Recommendations for the safe use and regulation of radiation sources in industry medicine, research and teaching. Vienna: International Atomic Energy Agency [Lanham, MD UNIPUB]; 1990. 98p.
12. Wang CH, Willis DL. Radiotracer methodology in biological science. Englewood Cliffs: Prentice-Hall; 1965.
13. Adans N, Fell TP. Recycling and metabolic models for internal dosimetry: with special reference to iodine. Radiation Protection Dosimetry. 1988;22(3):179-82.
14. Fleck CM, Schöllnberger H, Kottbauer M, Dockal T, Prüfert U. Modeling radioprotective mechanisms in the dose relation at low doses and low dose rates of ionizing radiation. Mathematical Biosciences. 1999;155:13-44.
15. National Council on Radiation Protection and Measurements. NCRP Report Publicação n. 84. General concepts for the dosimetry of internally deposited radionuclides. Recommendations of the National Council on Radiation Protection and Measurements. Bethesda. 1985;20814.
16. International Commission on Radiological Protection (ICRP). Publicação n. 26. Oxford: Pergamon Press; 1977.
17. Gusev IA, Guskova AK, Mettler Jr FA. Medical management of radiation accidents. Boca Raton: CRC Press; 2001. 611p.
18. Butler J, Land JE, Swallow AJ. Chemical mechanisms of the effects of high energy radiation on biological systems. Radiat Phys Chem. 1984;24(3/4):273-82.
19. Fedberg RS, Carew JA. Water radiolysis products and nucleotide damage in gama-irradiated DNA. Int J Radiat Biol. 1981;40(1):11-7.
20. American Cancer Society. 1979 Cancer facts and figures; 1978.
21. Sohrabi M. The State-of-the-art on Woldwide studies in some environments with elevated naturally occurring radioactive materials (NORM). Appl Radiat Isot. 1998;49 (3):169-88.
22. Wachsmann F. Are small doses really so dangerous? Eletromedicine. 1987;55(3):86-90.
23. Fremlin JH. Can radiation be good for us? The Nuclear Engineer. 1983;25(4):102-9.
24. International Commission on Radiological Protection (ICRP). Publicação n. 23. Reference man: anatomical, physiological and metabolic characteristics. Pergamon Press, 1975. Disponível em: http://www.icrp.org/wordatom/periodicals. Acesso em: 27/8/2001.
25. Valentin J. What if? ICRP guidance on potencial radiation exposure. Disponível em: http/www.icrp.org/wordatom/periodicals. Acesso em: 27/8/2001.
26. Comissão Nacional de Energia Nuclear/CNEN. NE – 3.01 – Diretrizes básicas de proteção radiológica. Disponível em: http://www.cnen.org.br. Acesso em: 27/8/2001.
27. Comissão Nacional de Energia Nuclear/CNEN NE – 6.02 – Licenciamento de instalações radiativas. Disponível em: http://www.cnen.org.br. Acesso em: 27/8/2001.

7

Avaliação de biossegurança de alimentos derivados de organismos geneticamente modificados

Flavio Finardi Filho
Priscila Robertina dos Santos Donado
Nicole Ramirez Rojas

INTRODUÇÃO

Trinta anos se passaram desde o lançamento do primeiro organismo geneticamente modificado (OGM), o tomate SavrFlavr no mercado norte-americano, sem registros de danos à saúde humana e de animais alimentados com produtos obtidos por manipulação de genes. Trinta anos da biossegurança dos OGM.

As primeiras técnicas de recombinação genética, aplicadas sobretudo em plantas, trouxeram significativos avanços para a agricultura de larga escala como grãos destinados prioritariamente a produção de ração animal e de insumos industriais. Ao mesmo tempo, despertou movimentos de consumidores contrários a essas ferramentas inovadoras, seja por receios sobre eventual uso inadequado da manipulação de genes, ou por proteção de mercados conservadores, tão grande era seu potencial transformador. Tais movimentos de resistência ao uso de biologia molecular para a modificação de organismos induziram governos e instituições internacionais a criarem mecanismos preventivos para minimizar os riscos de danos ao ambiente e à saúde humana e de animais.

Ao redor do mundo, a manipulação genética de plantas, microrganismos, animais e insetos tem permitido aumentar a disponibilidade de grãos e sementes agrícolas, de compostos químicos, de vacinas e fármacos obtidos por processos fermentativos, de animais que expressam leite humanizado e de insetos modificados que contribuem nos esforços para o controle de doenças transmissíveis. Notadamente na produção de alimentos e insumos para a indústria alimentícia foram poucos, mas significativos os vegetais escolhidos para a primeira onda de transformações por manipulação genética. Se considerado o volume de *commodities* como soja e milho, e suas colheitas nos principais países exportadores, é possível afirmar que esses grãos geneticamente modificados (GM) causaram uma reformulação na disponibilidade aos mercados consumidores, sendo distribuídos em todos os continentes.

Para dar suporte jurídico aos projetos e produtos resultantes de manipulações genéticas em nosso país, foram elaboradas leis e normas que regulamentam seu emprego de modificações genéticas para a geração de organismos que tragam benefícios aos produtores e aos consumidores, contanto que não agridam o meio ambiente. Vale destacar que a primeira Lei de Biossegurança (Lei n. 8.974, de 05 de janeiro de 1995), desde que entrou em vigor, foi muito contestada quanto à sua aplicação e sobreposição à Lei do Meio Ambiente (Lei n. 6.938, de 31 de agosto de 1981, que dispõe sobre a Política Nacional do Meio Ambiente). O conflito jurídico só foi solucionado com a aprovação do atual instrumento legal configurado na Lei n. 11.105, de 24 de março de 2005. A nova lei eliminou os conflitos até então existentes, revogou a lei anterior e criou mecanismos de controle e fiscalização de organismos geneticamente modificados (OGM). Desde então, foi criado e operacionalizado o sistema de biossegurança a cargo da Comissão Técnica Nacional de Biossegurança (CTNBio), que centraliza as ações de avaliação de segurança e inocuidade dos produtos GM destinados sobretudo à alimentação humana e de animais, vacinas para controle de zoonoses e outras aplicações para os setores químico e farmacêutico.

Este capítulo expões as medidas de avaliação de segurança tomadas por todos os entes envolvidos no sistema de biossegurança delineados pela lei em vigor, percorrendo os caminhos de precaução recomendados e exigidos para a manipulação de plantas e outros organismos destinados à alimentação humana e de animais: de sua concepção à liberação comercial, por meio de análises de risco caso a caso, para qualquer metodologia de obtenção desses organismos. Destaca-se por fim mais um encargo da CTNBio na avaliação preliminar de projeto, processos e produtos obtidos por uma ou mais metodologias de edição genética, as chamadas Técnicas Inovadoras de Melhoramento de Precisão (TIMP), internacionalmente conhecidas como *New Breeding Technologies* (NBT), regulamentadas no país por meio de resolução normativa específica, a RN 16. A normativa em questão avalia a edição dos genes envolvidos e, não havendo resquícios de sequências de bases heterólogas, classifica tais produtos como não OGM, considerados mutantes da variedade original e liberados para comercialização.

OBJETIVOS DAS MODIFICAÇÕES GENÉTICAS

Após a realização dos primeiros experimentos de manipulação de genes tornaram-se evidentes as possibilidades de aplicação em diversas áreas, a começar pela agricultura. As técnicas convencionais de melhoramento genético por meio de cruzamentos, de enxerto e de irradiação apresentam limitações de emprego e resultados incertos por causa do longo tempo para obtenção dos objetivos e custos elevados, assemelhando-se a experimentos empíricos de tentativa e erro. Outras limitações também eram concretas como a instabilidade do traço agronômico e a impossibilidade de cruzamentos interespécies e muito menos inter-reinos.

Diversos traços de tolerância a antibióticos e estresse abiótico foram identificados e utilizados como genes marcadores nos ensaios laboratoriais, em pesquisas científicas, para reconhecer microrganismos GM, muito antes de serem empregados na construção de plantas com objetivos comerciais. O passo seguinte nas pesquisas foi o emprego dessas características para aumentar a produtividade das safras agrícolas, facilitar o manejo das lavouras, diminuir os custos de obtenção de novas variedades, possibilitar o uso racional de defensivos e garantir melhor valor nutritivo às dietas humana e de animais. (Higgins & Chrispeels, 2002)

METODOLOGIA DE OBTENÇÃO DE OGM

A escolha dos métodos de transformação de organismos depende das características do receptor e das finalidades das modificações. A maioria dos procedimentos para a obtenção de OGM tem sido para a transformação de plantas destinadas à produção de grãos para a alimentação humana e de animais, visto que, até o momento desta edição, somente um animal (o salmão com desenvolvimento mais rápido) foi formalmente aprovado e liberado para comercialização em alguns países. Essa é a razão para que a abordagem a seguir seja voltada sobretudo para as transformações de plantas e microrganismos empregados na fabricação de alimentos.

Esses métodos são usados para criar plantas geneticamente modificadas por meio da introdução de códigos genéticos resistentes a doenças causadas por insetos ou vírus e por um aumento da tolerância a herbicidas, gerando aumento de produtividade e adaptação às diversas condições de cultivo. A introdução do transgene no genoma da planta receptora ocorre de forma controlada e independente da polinização. Depois de incorporado, torna-se parte do material genético da planta sem alterar sua constituição genética global.

A obtenção de um vegetal GM passa por três etapas até atingir o objetivo final: a obtenção do gene a ser incorporado; a técnica de introdução do gene na planta receptora; a regeneração da célula em uma nova planta. O gene de escolha é normalmente encontrado na natureza e isolado dos demais genes do organismo doador, porém pode ser adaptado para melhor expressão no organismo receptor por alteração de algumas bases de sua sequência. Os principais métodos de transformação empregados em plantas são via *Agrobacterium*, uma bactéria comum que tem a capacidade de transferir parte de seu conteúdo celular para a planta, por biobalística, por meio de pequenas partículas recobertas com o gene de escolha, e por RNA de interferência (RNAi), que age como um mecanismo natural de modulação da expressão gênica existente em todos os seres vivos.

Agrobacterium

A transformação de plantas mediada por microrganismos do gênero *Agrobacterium* foi o método mais utilizado para a introdução de genes em plantas pela engenharia genética. Entre as principais espécies, destacam-se duas: o *A. tumefaciens*, bactéria de solo, possui a capacidade de penetrar em algumas espécies vegetais, causando a coroa-de-galha e o *A. rhizogenes*, causador da proliferação de raízes secundárias no ponto de infecção. O *A. tumefaciens* possui um plasmídeo, ou seja, um DNA extracromossomal indutor de tumor, chamado plasmídeo Ti, o qual possui a habilidade de transferir uma parte de seu DNA para a célula vegetal que está infectando. Por meio da manipulação genética do plasmídeo Ti, é possível a substituição das sequências nativas na região de transferência do plasmídeo, ou T-DNA, por genes de interesse. Como resultado, quando o *Agrobacterium* contendo um plasmídeo Ti manipulado infecta uma célula vegetal, ele transfere o gene de interesse para dentro da célula transformada[1].

Para a transformação, o vetor *Agrobacterium* que contém o gene de interesse necessita entrar em contato com o tecido vegetal. A bactéria infecta o tecido vegetal, iniciando o processo de transferência e a transformação do genoma da planta. A seguir, o tecido é cultivado em meio de regeneração contendo antibiótico para eliminação do *Agrobacterium* e um agente seletivo para identificar as células transformadas. Os novos transgenes são regenerados *in vitro* e posteriormente aclimatados (Figura 1[2]).

Biobalística

A técnica de transformação por biobalística consiste na utilização de micropartículas metálicas de tungstênio ou ouro, revestidas com o DNA a ser transferido. No bombardeamento, utiliza-se pressão suficiente para que as micropartículas perfurem a parede celular e se alojem no interior da célula, onde liberam os genes que estavam aderidos a sua superfície. Algumas partículas podem se localizar no núcleo da célula, e as cópias do gene liberadas podem ser inseridas no genoma da célula receptora[3]. Como nem todos os tecidos bombardeados expressam o gene, é necessário identificar quais células realmente foram transformadas, geralmente cultivando-as em um meio seletivo. Dessa forma, as células que se desenvolverem são induzidas à regeneração por técnicas convencionais de cultura de tecidos e à produção de uma nova planta. As plantas obtidas são então testadas para se certificar de que o gene está presente e é funcional (Figura 1)[2].

A biobalística oferece vantagens sobre a transformação mediada por *Agrobacterium tumefaciens*, como independência de genótipos específicos, simplicidade dos protocolos de transformação, utilização de construções mais simplificadas e eliminação de falsos positivos. É

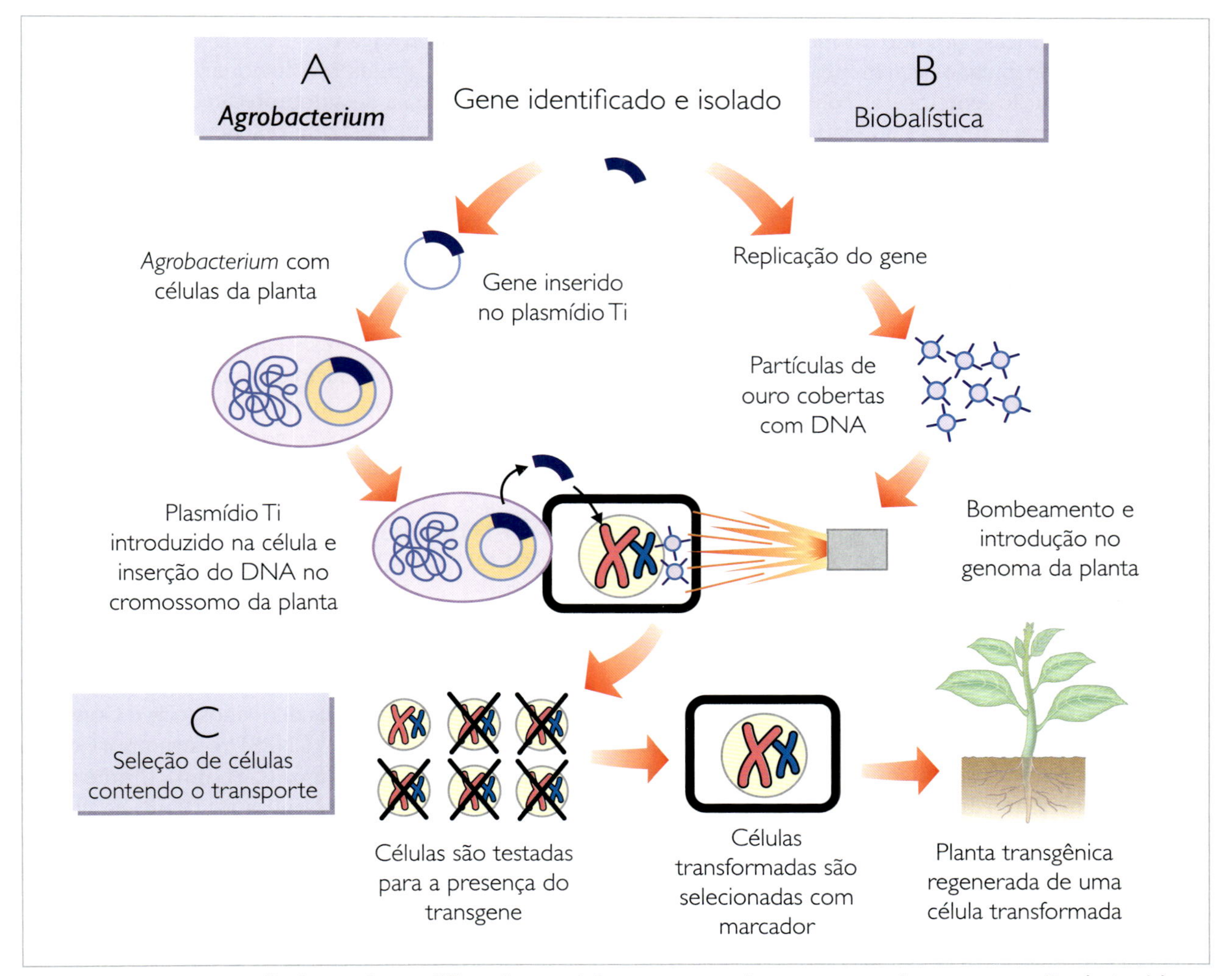

FIGURA 1 Duas vias distintas de modificação genética em vegetais, com posterior regeneração de tecidos e obtenção da planta transgênica.

Fonte: adaptada de Peels[2].

uma técnica relativamente simples, rápida e de baixa infraestrutura, incluindo alta eficiência na transformação de monocotiledôneas[4].

TÉCNICAS INOVADORAS DE MELHORAMENTO DE PRECISÃO – TIMP

As novas ferramentas de manipulação genética ganharam importante destaque ao se tornarem mais precisas, rápidas e de menor custo na obtenção de produtos, além de poderem ser considerados não-OGM, como se fossem variantes ou mutantes da mesma espécie do organismo original, sem a presença de sequências heterólogas de bases, normalmente presentes nos organismos transgênicos. Para regulamentar e avaliar o emprego de tais técnicas em novos produtos a CTNBio criou a Resolução Normativa n. 16 (RN 16) que abrange:

- A edição precisa de genomas, por indução de mutações específicas, gerando ou modificando alelos selvagens e/ou mutados sem inserção de transgene(s).
- A transformação genética e/ou controle de expressão gênica, seja para ativação ou inativação.
- A regulação epigenética da expressão de genes por mecanismos naturais sem haver modificação genética no indivíduo;
- A transformação genética e/ou controle de expressão gênica com genes de espécies sexualmente compatíveis;
- A transformação genética temporária e não herdável de células e tecidos.
- A infecção permanente ou não no hospedeiro de elementos virais transformados geneticamente.
- A criação de alelos com herança autônoma e potencial de recombinação com possibilidade de alterar toda uma população (direcionamento gênico, do inglês: gene drive).
- A construção de genes heterólogos ou novas cópias de genes homólogos.

Entre as técnicas reconhecidas como integrantes dessa categoria de organismos modificados mas considerados melhorados estão: florescimento precoce; melhoramento reverso; metilação do dna dependente do rna; mutagênese sítio dirigida; mutagênese direcionada por oligonucleotídeo; agroinfiltração e agroinfecção; rnai uso tópico ou sistêmico e vetor viral.

O RNA de interferência, ou simplesmente RNAi, é um mecanismo de defesa baseado em RNA de cadeia dupla que modula a expressão de genes endógenos em plantas, insetos, fungos, nematoides e mamíferos. O RNAi é mediado por pequenas moléculas de RNA, que se ligam e suprimem a transcrição e/ou tradução de RNA mensageiros específicos, pela inativação de genes homólogos, causada pelo aumento da degradação de RNA[5].

Em razão da alta especificidade do RNAi, existe um grande interesse na aplicação dos mecanismos para a melhoria de culturas por meio da transformação genética. O mecanismo de silenciamento via RNAi é uma ferramenta sofisticada, por meio da qual se podem interconectar respostas celulares de defesa e controle total na manipulação da expressão de genes[6].

No Brasil, um exemplo dessa técnica de transformação de planta é o primeiro feijoeiro transgênico resistente ao vírus do mosaico dourado, desenvolvido por pesquisadores da Empresa Brasileira de Pesquisa Agropecuária (Embrapa). Análises prévias demonstraram ganhos de produtividade ao pequeno e médio produtor, sem a introdução de qualquer gene estranho ao genoma da planta[7]. A liberação dessa técnica foi concedida pela CTNBio em setembro de 2011, mas passou a ser amplamente comercializado somente oito anos após sua aprovação.

No entanto, a mais revolucionária das técnicas é baseada em sistema de autoproteção de bactérias para correção de mutações, que recebeu a denominação CRISPR/Cas9, sigla inglesa para *Clustered Regularly Interspaced Short Palindromic Repeats* (Repetições Palindrômicas Curtas Agrupadas e Regularmente Espaçadas) e Cas9 é a enzima associada que cinde as duas fitas do DNA permitindo o reparo das bases envolvidas (Figura 2). Seguem alguns exemplos de processos classificados como TIMP: um arroz resistente a fungos está sendo lançado na Itália; uma alface contendo alto teor de ácido fólico está em desenvolvimento na Embrapa; leveduras empregadas na produção de biocombustível e matérias primas para indústrias de cosméticos.

DISPOSITIVOS LEGAIS DE BIOSSEGURANÇA

Conforme citado anteriormente, a Lei n. 11.105 estabelece normas de segurança e mecanismos de fiscalização de atividades que envolvam organismos geneticamente modificados (OGM) e seus derivados, cria o Conselho Nacional de Biossegurança (CNBS), reestrutura a Comissão Técnica de Biossegurança (CTNBio), dispõe sobre a Política Nacional de Biossegurança (PNB) e revoga a Lei n. 8.974, além de outras providências. Para tornar mais claro o papel desempenhado por esse instrumento legal, são expostos a seguir alguns tópicos que foram introduzidos na dinâmica de avaliação de OGM de modo a permitir a análise e a tomada de decisão baseadas apenas em conhecimentos científicos por parte dos componentes da CTNBio e referendados pelo CNBS.

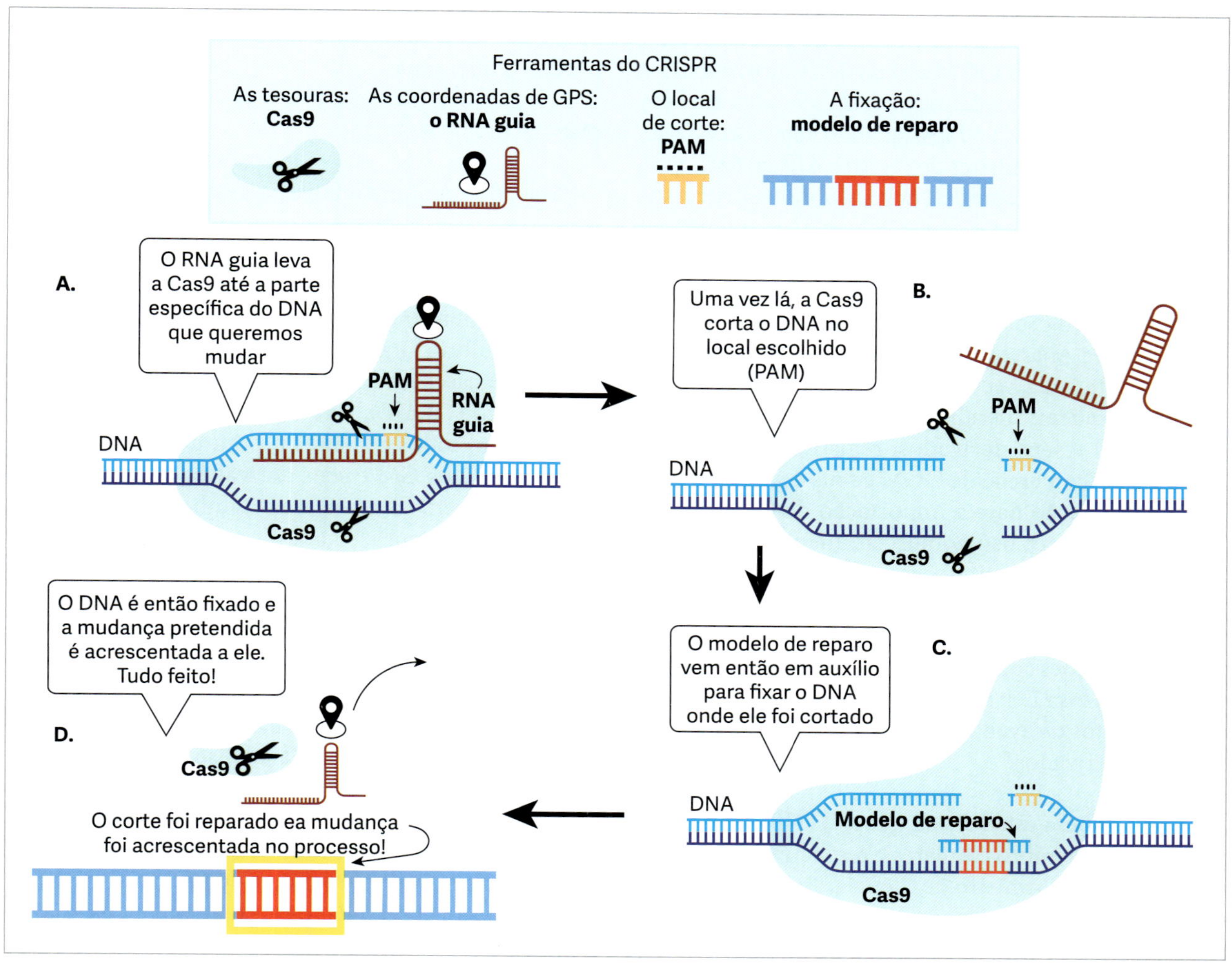

FIGURA 2 Edição genética via CRISPR/Cas9. A: A enzima Cas9 é levada pelo RNA guia ao sítio mutação desejado. B: O sítio PAM dirige a Cas9 ao local de corte do DNA. C: O modelo de reparo, contendo o fragmento de reparo do gene, se fixa no DNA. D: O DNA editado contém a sequência desejada.

São quatro pilares de sustentação do sistema traçado para a PNB:

- As Comissões Internas de Biossegurança (CIBios) são criadas por instituições e empresas que desejam desenvolver projetos contendo OGM, as quais devem compor um grupo de técnicos responsáveis pelos projetos, sendo credenciadas na CTNBio e obtendo um registro por meio do Certificado de Qualidade em Biossegurança (CQB). Cada CIBio, assim registrada, terá como obrigação a permanente atualização de conhecimentos sobre dispositivos de segurança no âmbito da instituição, o controle interno das atividades em cada projeto em desenvolvimento, apresentação de um relatório anual e a comunicação imediata de eventuais incidentes envolvendo OGM.
- A CTNBio, segundo sua definição, "é uma instância colegiada multidisciplinar, cuja finalidade é prestar apoio técnico consultivo e assessoramento ao Governo Federal na formulação, atualização e implementação da Política Nacional de Biossegurança relativa a OGM, bem como no estabelecimento de normas técnicas de segurança e pareceres técnicos referentes à proteção da saúde humana, dos organismos vivos e do meio ambiente, para atividades que envolvam construção, experimentação, cultivo, manipulação, transporte, comercialização, consumo, armazenamento, liberação e descarte de OGM e derivados".
- O CNBS é um "órgão de assessoramento superior do Presidente da República para a formulação e a implementação da Política Nacional de Biossegurança – PNB", ao qual compete: "fixar princípios e diretrizes para a ação administrativa dos órgãos e entidades federais com competências sobre a matéria; analisar, a pedido da CTNBio, quanto aos aspectos de conveniência e oportunidade socioeconômica e

do interesse nacional, os pedidos de liberação para uso comercial de OGM e seus derivados; avocar e decidir, em última e definitiva instância, com base em manifestação da CTNBio e, quando julgar necessário, dos órgãos e entidades de registro e fiscalização, no âmbito de suas competências, sobre os processos relativos a atividades que envolvam o uso comercial de OGM e seus derivados".

- Aos órgãos e entidades de registro e fiscalização do Ministério da Saúde, do Ministério da Agricultura, Pecuária e Abastecimento e do Ministério do Meio Ambiente, e da Secretaria Especial de Aquicultura e Pesca cabem: "fiscalizar as atividades de pesquisa de OGM e seus derivados; registrar e fiscalizar a liberação comercial de OGM e seus derivados; emitir autorização para a importação de OGM e seus derivados para uso comercial; manter atualizado o cadastro das instituições e responsáveis técnicos que realizam atividades e projetos relacionados a OGM e seus derivados; tornar públicos os registros e autorizações concedidas; aplicar as penalidades de que trata essa Lei; subsidiar a CTNBio na definição de quesitos de avaliação de biossegurança de OGM e seus derivados".

A lei também estabeleceu que a CTNBio seja composta por 27 membros titulares e respectivos suplentes, designados pelo Ministro de Ciência, Tecnologia e Inovação, entre cidadãos brasileiros de reconhecida competência técnica, de notória atuação e saber científicos, com grau acadêmico de doutor e com destacada atividade profissional nas áreas de biossegurança, biotecnologia, biologia, saúde humana e animal ou meio ambiente. Os especialistas serão escolhidos a partir de lista tríplice, elaborada com a participação das sociedades científicas, ou de organizações da sociedade civil, após consultas públicas específicas para esse fim. Os membros designados têm mandatos de dois anos, podendo ser renovados por dois novos períodos de dois anos. Cabe registrar que os cargos de Presidente e Presidente Substituto da CTNBio são ocupados por membros titulares, eleitos entre seus pares para mandato de dois anos, podendo ser reconduzidos pela mesma sistemática por mais um período.

Além da estrutura criada pelo texto legal, a CTNBio se utiliza de Instruções e Resoluções Normativas que disciplinam procedimentos recorrentes nas reuniões mensais deliberativas e que balizam as ações de avaliação de processos. Essas normativas são igualmente sinalizadoras às empresas e instituições interessadas em apresentar petições, relatórios, consultas e demandas de importação ou liberação comercial de OGM (www.ctnbio.gov.br). Tais procedimentos fornecem a segurança jurídica, respaldam as decisões tomadas e dão pleno direito à comercialização interna e externa dos produtos liberados.

GESTÃO DE RISCO

Mais do que uma análise, a gestão de risco caracteriza-se como instrumento técnico de avaliação de segurança de OGM, recomendado por organizações internacionais como a Organização das Nações Unidas para Alimentação e Agricultura (FAO, do inglês Food and Agriculture Organization of the United Nations) e a Organização para a Cooperação e Desenvolvimento Econômico (OCDE), sendo adotado como rotina de trabalho em todos os países produtores e consumidores de produtos GM e seus derivados. A metodologia de uso geral em diversas áreas também é empregada aqui para dar suporte e garantir a eficácia do processo decisório de liberação de um novo produto GM, visto que em qualquer atividade humana sempre há um risco potencial, embora mínimo, pois é impossível afirmar com absoluta certeza que determinado alimento jamais causará dano a quem o consome. No caso de avaliação de novos produtos GM, seja para produção ou não de alimentos, sempre se aplica a análise de risco para assegurar inocuidade à saúde[8] e ao ambiente[9].

A gestão de risco compreende quatro etapas que devem ser cumpridas: identificar o risco, estimar sua extensão, avaliar seu poder e monitorá-lo permanentemente. Tais etapas são observadas desde o momento da criação do projeto de desenvolvimento de um novo OGM, no qual os traços genotípicos e fenotípicos, a composição química das espécies envolvidas e o histórico de uso seguro são rigorosamente avaliados. As etapas descritas e documentadas durante o desenvolvimento do evento OGM elite transmitem credibilidade aos avaliadores e permitem o correto julgamento de segurança do OGM.

Os avaliadores das agências nacionais empregam também os esquemas propostos por König et al. em 2004[3], os quais devem ser seguidos para o bom cumprimento das recomendações de segurança dos eventos modificados (Figuras 3 e 4). Esses esquemas foram adotados por agência internacionais, como FAO, Organização Mundial da Saúde (OMS) e OCDE.

O cálculo exato de risco à saúde do consumidor em qualquer tipo de alimento, convencional ou GM, é impossível de ser obtido, dada a complexidade de fatores envolvidos em cada etapa de sua produção e manipulação (o risco ambiental será discutido mais adiante em capítulo específico). Ao tentar formular uma equação de risco, podemos ter:

$$\text{Dano ou efeito adverso} = \text{exposição} \times \text{risco}$$

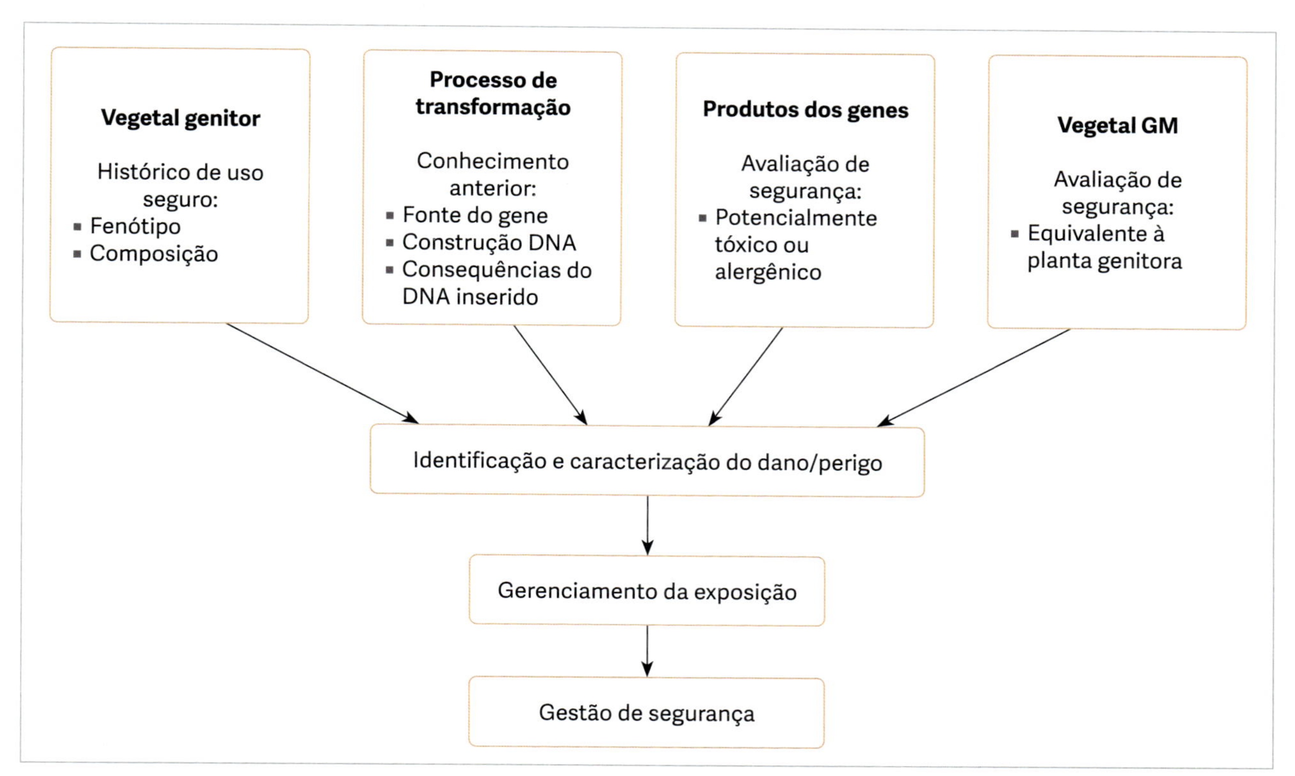

FIGURA 3 Etapas para plano de desenvolvimento de seguro de organismos geneticamente modificados. Adaptada de König et al.[3]

Na expressão, o dano ou o efeito adverso, também chamado de perigo em algumas áreas de aplicação, é uma função da exposição, dose ou concentração do agente e do somatório de probabilidades de risco em todas as etapas de manipulação. Portanto, o risco, sendo uma função probabilística, é numericamente uma fração que, quanto mais se aproxima da unidade, representa mais a possibilidade de ocorrência de dano ou efeito adverso.

Com base nessa conceituação, foram criados quadros de correlações para estimar os riscos a partir dos danos potenciais (Figura 6). Ressalta-se que, na avaliação de alimento GM, só se admite trabalhar com ocorrências "altamente improváveis" ou "improváveis", que preveem "riscos negligenciáveis". Para chegar a esse resultado, são considerados os itens das Figuras 3 e 4, nos quais os históricos de uso seguro das espécies envolvidas, receptora e doadora de genes, dão sustentação ao andamento do projeto de transformação, não sendo, portanto, um obstáculo ao desenvolvimento da nova linhagem de planta, de microrganismo ou de animal a partir de tais elementos.

A composição química da espécie receptora também é um ponto-chave na tomada de decisão antes e depois da transformação, não devendo existir diferenças estatisticamente significantes nas principais frações de nutrientes entre os dois momentos. Essa forma comparativa recebeu o aval de organismos internacionais como FAO, OMS e OCDE, sendo conhecida como equivalência substancial, como detalhado a seguir.

EQUIVALÊNCIA SUBSTANCIAL

A avaliação preliminar de inocuidade dos novos alimentos GM baseia-se no conceito de equivalência substancial adotado pela FAO em conjunto com a OMS e conceitualmente aceito, a princípio, pelos países membros da União Europeia, porém nunca efetivamente chancelado pelos países membros. Este primeiro parâmetro de avaliação de OGM fundamenta-se na comparação entre composições químicas de organismos convencionais e os geneticamente modificados, bem como de seus respectivos produtos derivados, utilizados como alimentos. A composição química nutricional semelhante pode servir de parâmetro para a avaliação de segurança de OGM para consumo humano e animal. A comparação entre o organismo modificado e o genitor isogênico, assim como o histórico de consumo, permite estabelecer critérios de segurança e inocuidade dos OGM com alto grau de certeza quanto a sua equivalência aos produtos tradicionais, se eles são igualmente seguros ou equivalentes.

Em análises de equivalência substancial são quantificadas as grandes frações nutritivas das partes do

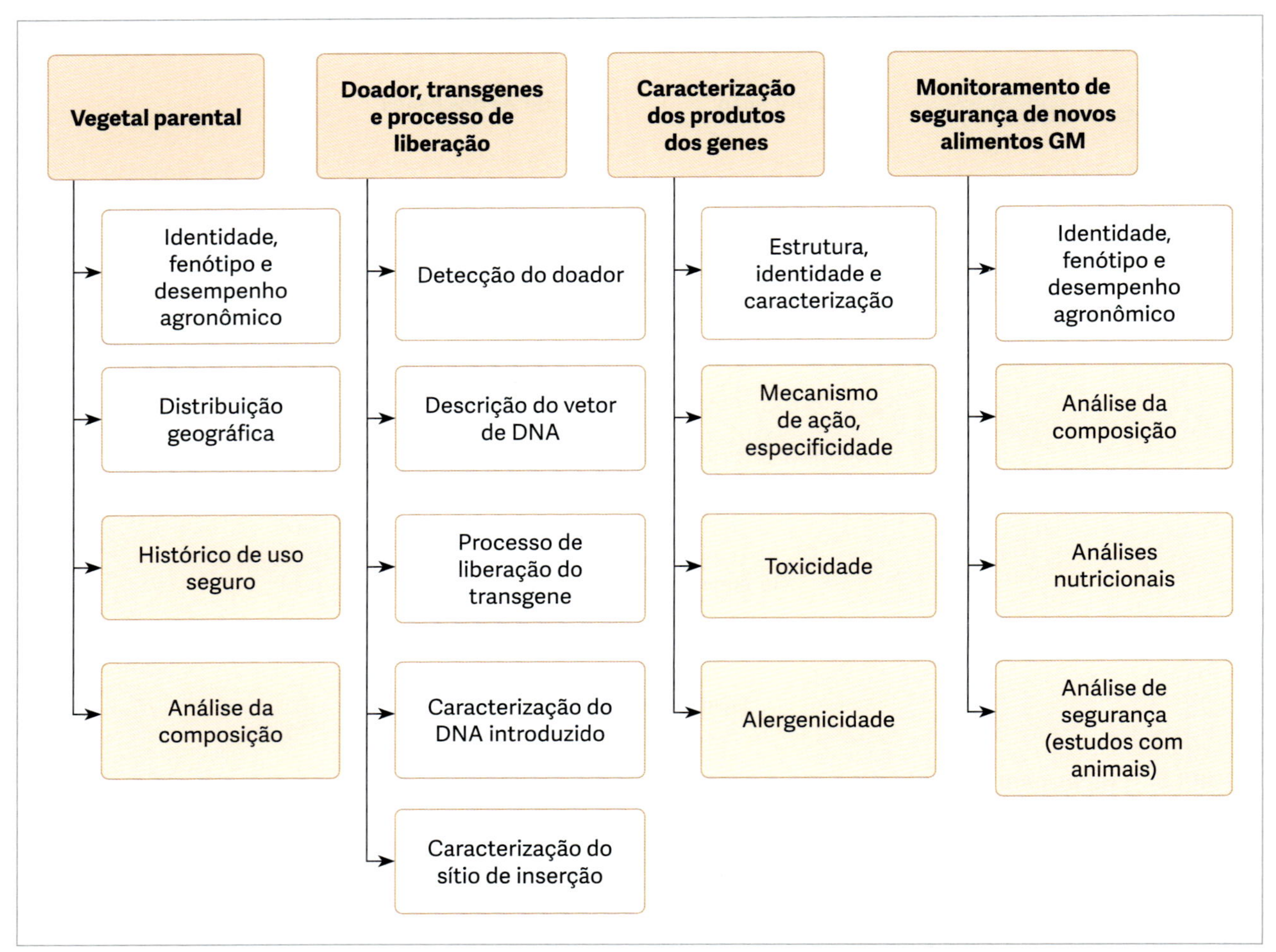

FIGURA 4 Etapas a serem seguidas nas avaliações caso a caso de organismo geneticamente modificado (OGM), tomando-se plantas como exemplo. Os quadros em destaque são considerados os mais importantes do processo de avaliação de inocuidade de alimentos GM, sendo as análises de segurança com estudos com animais aplicadas somente em casos de dúvidas sobre uma ou mais das etapas anteriores.

Fonte: adaptada de König et al., 2004[5].

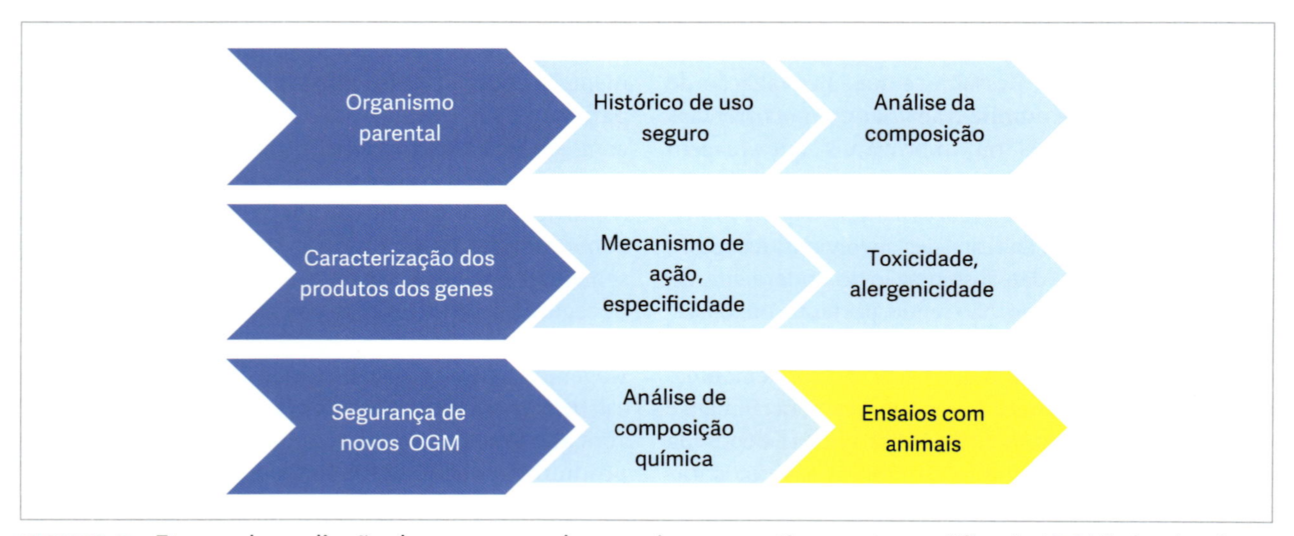

FIGURA 5 Etapas da avaliação de segurança de organismo geneticamente modificado (OGM) destinados a produtos alimentícios e rações. Ensaios com animais são normalmente desnecessários.

PROBABILIDADE	RISCO ESTIMADO			
Altamente provável	Baixo	Moderado	Alto	Alto
Provável	Baixo	Baixo	Moderado	Alto
Improvável	Negligenciável	Baixo	Moderado	Moderado
Altamente improvável	Negligenciável	Negligenciável	Baixo	Moderado
	Marginal	Pequeno	Intermediário	Grande
	DANOS OU EFEITOS ADVERSOS			

FIGURA 6 Quadro de estimativa de risco a partir das evidências conhecidas de danos ou efeitos adversos de acordo com a probabilidade estimada de ocorrência.

organismo empregadas como alimentos. Os grãos de soja e de milho bem como os caroços de algodão foram avaliados quanto aos teores de umidade, proteínas, fração lipídica, carboidratos totais e fibras, e resíduo mineral fixo. O detalhamento de cada grupo de componentes também é executado por meio de análises de aminoácidos, de ácidos graxos, açúcares, amido, fibras solúveis e insolúveis, minerais e alguns outros componentes presentes de modo distinto em cada vegetal, como lectina, inibidores enzimáticos, ácido fítico (na soja) e gossipol (no algodão). Todos os dados foram analisados, além da comparação com as variedades convencionais, com base em tabelas composicionais e metodologia estatística, evitando que pequenas oscilações de resultados sejam interpretadas como comprovação de não equivalência.

Resultados obtidos em nosso laboratório com três variedades isogênicas de soja em relação às equivalentes GM apresentaram pequena variação positiva nos teores de proteína entre 1 e 5%, sem que a soja GM fosse considerada superior às convencionais ou orgânicas (Figura 7). Igual condição foi demonstrada para grupos de ratos alimentados com as variedades isogênicas e transgênicas, atestando a equivalência substancial entre as amostras analisadas. Também foram semelhantes as amostras de milho convencionais genitoras e as correspondentes modificadas. Em ambos os casos, ocorrem mais diferenças estatisticamente significantes entre variedades convencionais que entre as convencionais genitoras e suas variedades modificadas (Figura 7). Em nenhum desses casos ficam caracterizadas alterações fenotípicas que possam identificar a cultivar convencional da transgênica.

Vale mencionar que a equivalência substancial se tornou pouco eficaz em face ao elevado número de variedades GM, ao histórico de suas composições químicas e à confiabilidade adquiridas ao longo de décadas, tanto pelos produtores como por parte dos consumidores que comprovam sua segurança.

LIBERAÇÕES COMERCIAIS

A atual Lei de Biossegurança garantiu a consolidação de um sistema de avaliação e controle sobre todas as atividades relacionadas à experimentação e ao desenvolvimento de OGM, bem como permitiu a liberação de mais de oitenta produtos destinados a diversas finalidades, mas sobretudo à produção de sementes e grãos GM como matérias-primas para alimentação humana e de animais, com 127 plantas entre milho, algodão, soja, cana-de -açúcar, feijão e trigo (Tabela 1). Outros países têm produtos aprovados destinados à alimentação, como mamão, tomate, batata, papaia, melão, chicória, ameixa, abóbora, beterraba, arroz, trigo, maçã e salmão (Estados Unidos), canola e cana-de-açúcar (Argentina), berinjela (Índia), arroz (China).

Se for observado ano a ano o número de liberações comerciais pelos órgãos nacionais (Figura 8), verifica-se

TABELA 1 Liberações comerciais de plantas GM no Brasil

Organismos/eventos	Aprovações
Milho	72
Algodão	25
Soja	21
Cana-de-açúcar	7
Feijão	1
Trigo	1
Total	127

Fonte: CTNBio – 04/2024; ISAAA – 2024.

FIGURA 7 Amostras de soja orgânica (O), convencional (C) e modificada (M) e amostras de milho convencional branco (CB), convencional amarelo (CA) e modificado amarelo (MA).

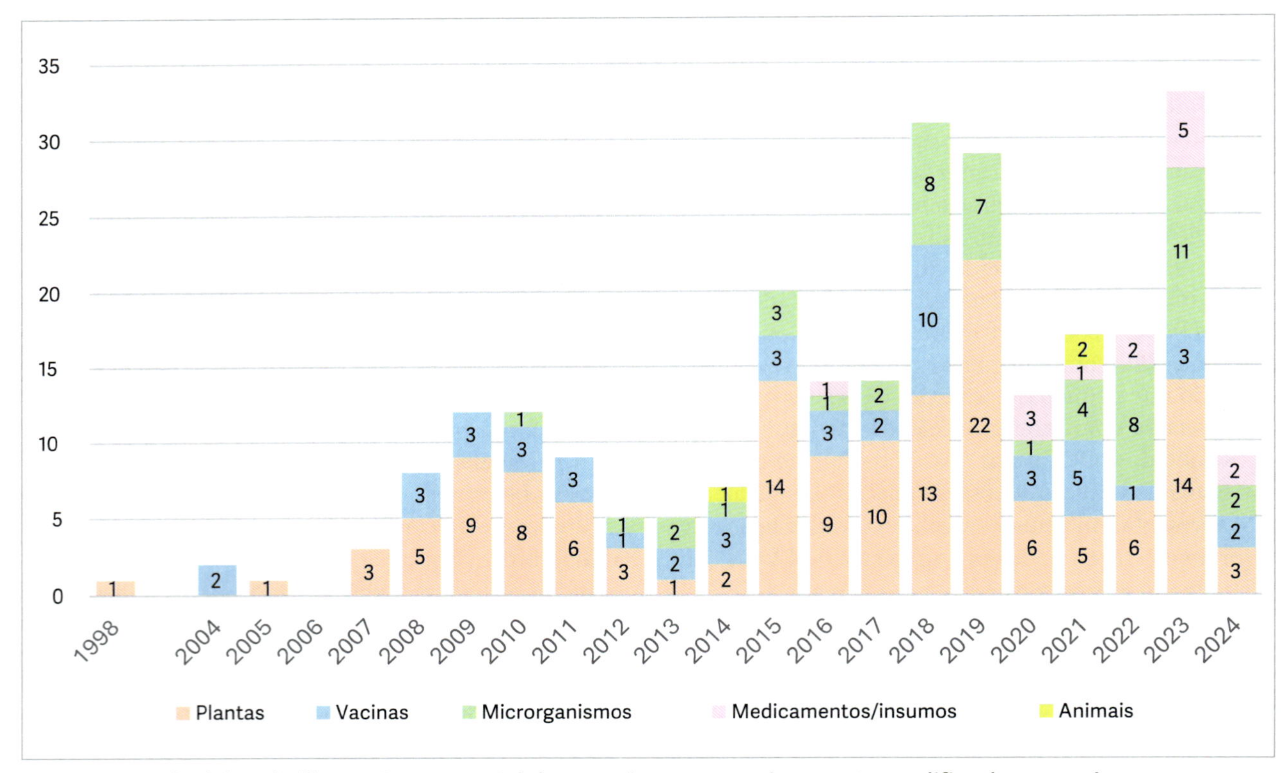

FIGURA 8 Histórico de liberação comercial de organismos geneticamente modificados no país.
Fonte: CTNBio, 31/05/2024.

que, a partir de 2006, com o advento da nova lei, houve um rápido crescimento no número de eventos autorizados, pois alguns dos processos encontravam-se sob análise havia vários anos. Passado o momento no qual essas antigas petições de plantas GM com apenas um traço agronômico modificado tiveram sua liberação, há um novo período com menor número de aprovações e um período de novas solicitações com dois ou mais genes combinados para aumentar os traços agronômicos e oferecer ao plantador novas opções de manejo de sua lavoura. Embora o procedimento empregado para a geração das variedades com genes combinados seja o melhoramento genético clássico, por força de lei esses novos eventos devem ser submetidos à avaliação da CTNBio como qualquer outro OGM. Destacam-se como características dessas novas variedades sementes com dupla de genes de resistência a insetos, aéreos e de solo, e também com genes que conferem tolerância a dois herbicidas, glufosinato de amônio e glifosato.

Como já referido, as liberações comerciais somente são aprovadas pelo Conselho Nacional de Biossegurança (CNBS), com base no parecer técnico emitido pela CTNBio. Havendo qualquer dúvida ou obstáculo de ordem socioeconômica levantado pelos ministros que compõem o Conselho, é convocada uma reunião para avaliação do caso específico e a decisão sobre aquele evento é definitiva, não cabendo mais recursos. Sendo aprovado, o produto estará liberado para registro nos órgãos e entidades de registro e fiscalização por período indeterminado.

ROTULAGEM

Conforme discutido ao longo deste capítulo, é possível inferir que a segurança do consumidor está garantida pelas distintas etapas de controle às quais as plantas GM são submetidas antes de sua liberação para o consumo. Isto não é apenas uma imposição dos organismos governamentais, mas o interesse de garantia comercial e sobrevivência das empresas e institutos de pesquisas, das instituições internacionais e de comercio mundial. Assim, pode-se garantir que o alimento derivado de OGM é mais seguro que o convencional que lhe deu origem. Os testes minuciosos aplicados a variedades GM, como ensaios de impacto ambiental, resíduos de defensivos, composição, toxicidade, alergenicidade, inocuidade e até de avaliação nutricional nunca são seguidos durante o desenvolvimento de uma planta convencional.

Embora o comércio internacional esteja regulamentado por norma da OCDE, os governos locais, ou até regionais, estabelecem critérios para a aplicação de limites da presença de OGM em alimentos. Na maioria dos casos, no entanto, são impostas barreiras comerciais para proteção da agricultura local. Há diferentes níveis de tolerância quanto à presença de OGM em alimentos e insumos que dispensam a rotulagem obrigatória. Assim, nos Estados Unidos, os alimentos que contêm matérias-primas obtidas de plantas GM estão dispensados de rotulagem especial ou de alerta sobre sua presença. Os órgãos de regulamentação e controle americanos (USDA, EPA e FDA) entendem que, uma vez avaliada a segurança ambiental e a inocuidade dos OGM, não há razão superior que imponha uma rotulagem nos produtos derivados dessas plantas, microrganismos ou animais. Desse modo, com rotulagem facultativa, o povo americano vem consumindo produtos geneticamente modificados desde o lançamento, em 1994 com o tomate FlavrSavr®. Depois vieram a soja, o mamão papaia e o milho, entre outros.

Em ordem decrescente de tolerância, o Japão e a Rússia permitem 5% de presença de OGM em produtos convencionais para dispensa de rotulagem. No Brasil, esse limite foi estabelecido no nível de 1%, enquanto na Europa adotaram como norma a tolerância de 0,9% de OGM, ambos na cadeia produtiva dos alimentos. A Suíça é a mais restritiva à presença adventícia, com limite de 0,1% no produto final. Em todos esses países, a motivação sobre os limites estabelecidos é meramente política, uma vez que não há razão concreta para as diferenças fixadas em cada país ou região. Se fosse uma razão técnica, poder-se-ia questionar se a Suíça é mais rigorosa na proteção de seus cidadãos do que o Japão, ou que a saúde dos norte-americanos vale menos que a dos brasileiros, ou, ainda, se os riscos do consumidor norte-americano são maiores que os riscos de cidadãos de qualquer outro país. Como se pode deduzir, não se trata de maior ou menor grau de risco, mas de política interna de cada população.

Deve-se ressaltar que alegações de limiares de detecção impostos pela metodologia atual não são válidos para a adoção dos teores já citados. Métodos conhecidos desde os primeiros anos do presente século permitem detecção segura a partir de 0,01% de OGM em produtos de baixo nível de processamento, ou seja, que não sofreram altas temperaturas de transformação, com DNA íntegro. Limitações técnicas são impostas em alimentos com diversas etapas de processamento com emprego de temperaturas e pressões elevadas, submetidos a condições extremas de pH, ou que sejam extratos de plantas e sementes com etapas de filtração, como nos óleos vegetais. Além destas, são constatadas também presenças adventícias em sistemas de transporte de grãos, nos quais contêineres e embarcações são usados para sementes diversas sem cuidados específicos de segregação para produtos convencionais. Resultados ainda preliminares demonstram a "contaminação" de milho e soja GM em grãos convencionais de trigo e arroz, mesmo na ausência de qualquer grão estranho na amostra analisada.

Para os dizeres de rotulagem, o Reino Unido adotou a expressão "Contém (nome do ingrediente) geneticamente modificado", porém, produtos contendo enzimas ou microrganismos e carnes de animais que se alimentam com ingredientes GM em suas rações estão dispensados de rotulagem. No momento, apesar de comprovadamente seguros, os alimentos derivados de plantas GM não se encontram à venda em nenhum país do Reino Unido. O mesmo ocorre com os países-membros da União Europeia, que não dispõem de alimentos GM por pressão popular[11], porém a alimentação animal contém milho e soja importados dos principais produtores mundiais: Estados Unidos, Brasil e Argentina.

Em nosso país, a rotulagem está prevista pelo Decreto n. 4.680, de 2003, que obriga a menção ao produto GM com a descrição: "(nome do produto) transgênico", "Contém (nome do ingrediente ou ingredientes) transgênico(s)" ou "Produto produzido a partir de (nome do produto) transgênico", em casos de presença superior a 1% de componente GM. O mesmo dispositivo legal criou um símbolo de alerta (Figura 9) para identificar alimentos obtidos com ingredientes GM. No início de sua vigência, a norma somente era cumprida por imposição judicial nos casos de óleos de soja e canola, nos quais a rotulagem seria prescindível pela ausência de elementos celulares e moleculares que possibilitem a identificação dos grãos que resultaram o óleo extraído. Por derivação, cremes vegetais e molhos de maionese também são rotulados e tampouco apresentam traços de proteínas ou DNA da espécie modificada. Em outro segmento, de ração para animais domésticos, uma ação judicial semelhante obriga igualmente as indústrias a estampar o símbolo e os dizeres de rotulagem. E, com o passar do tempo, diversos produtos derivados de milho têm apresentado o símbolo e os dizeres de rotulagem, como em farinhas, amido de milho, fubá, massas para o preparo de bolos e outros.

FIGURA 9 Símbolo de presença de ingrediente geneticamente modificado acima de 1% na composição de alimentos e ração animal.

HISTÓRICO DE SEGURANÇA

A segurança dos alimentos compostos por ingredientes GM tem sido reforçada a cada dia, com novos produtos e relatos de inocuidade em diversas populações e em ensaios com animais de laboratório, de aves, de gado leiteiro e de corte[12]. Porém, a divulgação de experiências positivas pelo uso de insumos GM em alimentos e rações tiveram menos impacto na opinião pública que as chamadas sensacionalistas de trabalhos que tentam provar o contrário, que OGM seriam causadores de diversas anomalias, doenças degenerativas e câncer, além de danos irreparáveis ao ambiente. No entanto, para cada nova investida contra um ou mais produtos GM, haverá sempre um número muito maior de trabalhos científicos que comprovam sua segurança. Foi assim com um artigo que previa o extermínio das borboletas Monarca em campos de plantio de milho resistente a insetos; alguns meses depois, artigos científicos diversos demonstraram que não há essa correlação, conforme declarações oficiais do Departamento de Agricultura dos Estados Unidos[13].

Ainda na linha de acusações contra os OGM, um grupo de pesquisadores franceses publicou um artigo afirmando que um cultivar de milho GM foi o causador de câncer em ratos de laboratório[14]. O trabalho, que a princípio teve repercussão mundial, foi posteriormente criticado por diversos pesquisadores e agências reguladoras do setor, pela manipulação proposital dos resultados apresentados, pela inadequação do delineamento experimental, pela falta de ética no tratamento dos animais e pela divulgação antecipada dos dados a uma empresa de comunicação e outras falhas[15]. Nesse caso, a CTNBio também manifestou sua posição de discordância dos resultados apresentados (www.ctnbio.mcti.gov.br). Em consequência de numerosos pareceres contrários, os autores sofreram censura da revista na qual o trabalho foi publicado, contendo desde então a tarja *Retracted* (retratado).

Recentemente, as vacinas criadas para o combate à pandemia de covid-19 também foram alvo de histórias inverídi-cas que levaram milhões de pessoas a recusar o tratamento profilático, para reduzir os sintomas em eventual contaminação e até evitar que casos graves chegassem a óbito.

Em nenhum dos casos imputados aos OGM de falhas de segurança houve qualquer confirmação das suspeitas. Ao contrário, inúmeras são as manifestações de confiança na tecnologia e nos resultados oferecidos aos usuários primários e aos consumidores em geral no esteio de 30 anos de produção de organismos geneticamente alterados que agora incluem os obtidos por TIMP. Na Figura 10, estão citadas Academias de Ciências de diversos países e associações científicas que manifestaram seu apoio aos produtos GM, com destaque para a Pontifícia Academia de Ciências do Vaticano[16].

CONSIDERAÇÕES FINAIS

Nos 25 anos passados desde a aprovação da Lei de Biossegurança, a CTNBio aprovou mais de 260 produtos

FIGURA 10 Algumas das academias de ciências, entidades governamentais e associações científicas que atestaram a segurança dos alimentos gerados por organismos geneticamente modificados.

distintos, derivados das técnicas de manipulação genética, nos diversos campos de aplicação, sobretudo para uso na agricultura e na pecuária[21]. No período, houve também destacados avanços nas técnicas agrícolas e no manejo de animais, que, junto com os novos insumos fornecidos pela biotecnologia, possibilitaram rápido crescimento na produção agroindustrial, sem perder a característica de segurança dos alimentos oferecidos ao consumidor. São mais de quarenta países que permitem a comercialização de OGM para consumo humano ou para formulação de rações para gado. Vale mencionar que a União Europeia, que impõe tantas restrições ao plantio de sementes GM, possui uma lista de 95 produtos agrícolas aprovados, quase tão grande como a soma de aprovações de Brasil (128) e Argentina (106). Mas o Japão, como grande importador de grãos e outros insumos, é um dos países que permite a maior comercialização produtos GM, com 206. Além destes, conta-se hoje com os novos vegetais obtidos por TIMPs, são 577 vegetais modificados, sendo apenas 28 não destinados à produção de alimentos e rações para animais, como árvores, flores e grama. (https://www.isaaa.org/gmapprovaldatabase/countrylist/default.asp). A CTNBio, até a publicação de 18/05/2024, havia recebido 65 cartas consulta para produtos obtidos a partir de uma ou mais técnicas inovadoras de melhoramento de precisão. (http://ctnbio.mctic.gov.br/documents/566529/2304555/Tabela+TIMP/8c4a7218-f810-405b-94bf-a352d849f3dc?version=1.16)

Finalmente, há que se ressaltar a confiança de governos e instituições internacionais (Figura 10) nas técnicas de manipulação genética, aceitas como ferramentas auxiliares na obtenção e na oferta de mais e melhores produtos para a crescente demanda mundial por alimentos, face aos desafios dos câmbios climáticos e à escassez hídrica, na perspectiva de o planeta ter cerca 13 bilhões de habitantes ao final do presente século.

REFERÊNCIAS BIBLIOGRÁFICAS

1. Goodman RE. Twenty-eight years of GM Food and feed without harm: why not accept them? GM Crops & Food 2024; 15, NO. 1, 40–50 https://doi.org/10.1080/21645698.2024.2305944.
2. Higgins TJ, Chrispeels MJ. Plants in human nutrition and animal feed. in Plant, genes, and crop biotechnology. Chrispeels MJ & Sadava DE (ed.) p. 152-181. Jones and Bartlett Publishers, 2003.
3. Ziemienowicz A. Agrobacterium-mediated plant transformation: factors, applications and recent advances. Biocat Agric Biotechnol. 2014;3:95-102.
4. Peels MD. A basic primer on biotechnology. NDSU Extension Service, 2001. Revised by Ransom, J. 2015. Disponível em: <www.ag.ndsu.edu/pubs/plantsci/crops/a1219.pdf>.
5. König A, Cockburn A, Crevel RWR, Debruyne E, Grafstroem R, Hammerling U, et al. Assessment of

the safety of foods de-rived from genetically modified (GM) crops. Food Chem Toxicol. 2004;42:1047-88.
6. Brandão RL, Carneiro AA, Carneiro NP, Scharffert RE, Paiva L, Coelho GTCP. Transformação genética de sorgo utilizando o bombardeamento de partículas. Embrapa Milho e Sorgo. 2005;1-38.
7. Petrick JS, Brower-Toland B, Jackson Al, Kier LD. Safety assessment of food and feed from biotechnology-derived crops employing RNA-mediated gene regulation to achieve traits: a scientific review. Reg Toxicol Pharmacol. 2013;.66:167-76.
8. Li L, Petsh K, Shimizu R, Liu S, Xu WW, Ying K, et al. Mendelian and non-Mendelian regulation of gene expression in maize. PLOS Genetics. 2013;9:1-17.
9. Aragão FJL, Nogueira EOPL, Tinoco MLP, Faria JC. Molecular characterization of the first commercial transgenic common bean immune to Bean golden mosaic virus. J Biotechnol. 2013;166:42-50.
10. Harrison LA, Bailey MR, Naylor M, Ream J, Hammond B, Nida DL, et al. The expressed protein in glyphosate-tolerance soy-bean, 5-enolpryruvyl-shikimate-3-phosphate synthase from Agrobacterium sp. strain CP4, is rapidly digested in vitro and is not toxic to acutely gavaged mice. J Nutr. 1996;126:728-40.
11. Parrot W, Chassy B, Ligon J, Meyer L, Petrick J, Zhou J, et al. Application of food and feed safety assessment principles to evaluate transgenic approaches to gene modulation in crops. Food Chem Toxicol. 2010;48:1773-90.
12. Joint FAO/WHO Expert Consultation on Biotechnology and Food Safety. 1996. Disponível em: <ftp.fao.org/es/esn/food/biotechnology.pdf>. Acesso em: 15 nov. 2015.
13. Valletta, M. Consumer Perception and GMOs in the European Union. 2010. OECD. 2010. Disponível em: <www.oecd.org/tad/agricultural-policies/46838061.pdf>.
14. International Food Information Council Foundation (IFICF). Food Biotechnology: A communicators guide to improving understanding. 3rd edition. IFICF; 2013. p.49. Disponível em: <www.foodinsight.org/education/food-biotechnology-communicator%E2%80%99s-guide-improving-understanding>.
15. United States Department of Agriculture. Bt Corn and Monarch Butterflies. Disponível em: <www.ars.usda.gov/is/br/btcorn/index.html#bt1>.
16. Seralini G-E, Clair E, Mesnage R, Gress S, Defarge N, Malatesta M, et al. Long term toxicity of a Roundup herbicide and a Roundup-tolerant genetically modifies maize. Food Chem Toxicol. 2012;50:4221-31.
17. Snell C, Bernheim A, Bergé JB, Kuntz M, Pascal G, Paris A, et al. Assessment of the health impact of GM plant diets in long-term and multigenerational animal feeding trials: A literature review. Food Chem Toxicol. 2012;50:1134-48.
18. Potrykus I, Amman K, editores. Proceedings of a study week of the Pontifical Academy of Sciences. New Biotechnol. 2010;27:445-659.
19. Santos-Donado PR, Donado-Pestana CM, Rondán-Sanabria GG, Pauletti BA, Kawahara R, Palmisano G; Finardi-Filho F. Two-dimensional gel and shotgun proteomics approaches for the comparative evaluation of genetically modifed maize. J. Food Measurement and Characterization. 2024; Feb. https://doi.org/10.1007/s11694-024-02397-x.
20. ISAAA, 2024. https://www.isaaa.org/gmapprovaldatabase/approvedeventsin/default.asp?CountryID=BR&Country=Brazil.
21. Barroso, PAV, Finardi, FF, Sbampato, I. CTNBio 25 anos. Comissão Técnica Nacional de Biossegurança sob o olhar de seus presidentes. Min. da Ciência, Tecnologia e Inovações, 2021, 187p.

8

Biossegurança em medicamentos, correlatos e cosméticos

Terezinha de Jesus Andreoli Pinto
Telma Mary Kaneko
Nádia Araci Bou-Chacra
Dirce Akamine

INTRODUÇÃO

Os riscos envolvidos na preparação de medicamentos, correlatos e cosméticos constituem tema de importância fundamental entre profissionais e pesquisadores preocupados em minimizar riscos decorrentes da manipulação de componentes de fórmulas farmacêuticas e cosméticas, reagentes e solventes. Potencialmente, quaisquer desses podem ocasionar danos aos profissionais expostos, em decorrência da toxicidade inerente, que por sua vez está relacionada à atividade específica e aos efeitos adversos, dependentes da concentração e do tempo de exposição.

Em função das distintas etapas e da complexidade envolvida na fabricação de medicamentos, correlatos e cosméticos, essa tarefa pode implicitar as situações de risco, descritas no Capítulo 1, às quais o profissional é exposto. Portanto, fatores como a organização de atividades e a biossegurança em laboratórios, descritas nos Capítulos 2 e 3, devem ser considerados no planejamento. A exposição a substâncias que apresentam potencial dano ao ser humano pode ocorrer em diversas escalas, seja na manipulação de fórmulas magistrais, em farmácias e hospitais; no fracionamento de matérias-primas em distribuidoras; ou na produção e no controle de qualidade de indústrias produtoras de medicamentos, correlatos e cosméticos. Sendo assim, a adoção das Boas Práticas de Fabricação constitui fator relevante e está regulamentada para cada atividade produtiva.

Para medicamentos, a Resolução RDC n. 17, de 16.04.2010, que dispõe sobre as Boas Práticas de Fabricação de Medicamentos e a Resolução GMC n. 15/2009 – "Boas Práticas de Fabricação de Produtos Farmacêuticos e Mecanismo de Implementação no Âmbito do Mercosul", estabeleceu a adoção do Relatório n. 37 da Organização Mundial da Saúde (OMS) (WHO Technical Report Series 908), publicado em 2003.

Em farmácias, as exigências de qualidade que contemplam os requisitos mínimos para manipulação, fracionamento, aditivação, conservação, transporte, dispensação de fórmulas magistrais e oficinais e de outros produtos de interesse da saúde são regulamentadas pela RDC n. 214, de 12.12.2006, que dispõe sobre Boas Práticas de Manipulação de Medicamentos para Uso Humano em Farmácias. Na área cosmética, o Regulamento Técnico, o Manual de Boas Práticas de Fabricação e o Controle de Produtos de Higiene Pessoal, Cosméticos e Perfumes cumprem as diretrizes estabelecidas na Portaria n. 348, de 18.8.97.

Na situação específica de produção e controle, a avaliação dos riscos relativos à exposição de agentes com risco potencial deve ser considerada em todo o ciclo de fabricação. Assim, operações unitárias no transporte, no recebimento e na estocagem das matérias-primas, atribuídas a profissionais, não necessariamente farmacêuticos, constituem tarefas de elevado risco e, portanto, requerem a adoção de procedimentos específicos de segurança conforme indicado nos Capítulos 5 e 6. Etapas referentes à amostra para a execução dos ensaios de controle de qualidade, assim como à pesagem da matéria-prima para a fabricação do produto, são consideradas críticas. Tais etapas expõem diretamente o profissional à matéria-prima e, portanto, merecem atenção especial no que tange a procedimentos adequados para a prevenção de quaisquer prejuízos decorrentes da exposição.

Quanto à incorporação da matéria-prima ativa em veículo ou excipiente para manipulação e acondicionamento de medicamentos e cosméticos em formas líquidas e sólidas, as ações de segurança tem o objetivo de evitar a formação de suspensão de partículas sólidas no ar, no caso de pós, e de aerossóis, no caso de líquidos.

A exigência de esterilidade como característica de qualidade em função da via de administração de produtos parenterais e oftálmicos, assim como o emprego de diversos correlatos, apresenta particularidade no que se refere aos procedimentos que visam a alcançar tal condição. Os processos requeridos são bastante complexos, podendo abranger diversas etapas e procedimentos. Por vezes envolvem a esterilização de componentes da formulação, de material de acondicionamento e do produto acabado.

O envase e/ou acondicionamento do produto pode ser efetuado em áreas controladas, cujas superfícies e ambientes são tratados com produtos de ação antimicrobiana. Os processos esterilizantes aplicados a componentes ou ao produto acabado empregam, dependendo da situação específica, calor seco, vapor, radiação ionizante ou óxido de etileno, que podem ocasionar riscos ao profissional. O óxido de etileno apresenta ampla aplicação em processos esterilizantes de produtos termossensíveis, inclusive com particular relevância ao considerar materiais incompatíveis com a radiação ionizante[1].

Entre esses produtos encontram-se os correlatos, fabricados em grande parte com materiais poliméricos, abrangendo tubo de transfusão intravenosa, tubo de circulação extracorpórea, tubo traqueal, cateteres, luvas cirúrgicas, cânulas e membranas para hemodiálise. Estes são constituídos de cloreto de polivinila (PVC), látex, politetrafluoretileno, polietileno, silicone e outros. Um fator relevante inerente ao processo refere-se à remoção, empregando recursos de aeração, do resíduo do gás adsorvido no material processado.

A exposição aos agentes de esterilização consiste em um fator de risco para o pessoal operacionalmente envolvido, assim como para os profissionais da garantia da qualidade que executam os ensaios para a validação desses processos. Em particular, o óxido de etileno remete à preocupação durante etapas da amostra para o controle de qualidade, bem como residuais, podendo ser detectado no laboratório de controle de qualidade durante procedimentos analíticos para a determinação da conformidade do produto.

Da mesma forma, em especial no setor de embalagem de produtos farmacêuticos e de moldagem de componentes de correlatos, os processos não totalmente automatizados podem ser considerados etapas de risco, no que diz respeito aos limites de tolerância para ruídos contínuos ou intermitentes (ver NR-15 da Portaria n. 3.214/78, MTA, nos Anexos 1 e 2, Capítulo 10).

Referindo-se a etapas de avaliação de qualidade em etapas intermediárias ou finais, o manuseio de substâncias ativas, cepas microbianas empregadas nos ensaios, células e animais de distintas linhagens, solventes e reagentes, deve ser efetuado de forma adequada, objetivando minimizar o risco para o analista e demais envolvidos. As etapas de finalização do ciclo produtivo, que abrangem quarentena, estocagem e expedição, também devem ter procedimentos específicos para a manipulação segura do produto. A quem aparente exagero termos mencionado a estocagem, pense, por exemplo, nos solventes voláteis e/ou inflamáveis.

No caso de substâncias de alta potência e/ou que apresentam efeitos colaterais intensos, o manuseio inadequado compromete a segurança dos profissionais envolvidos. A manipulação de drogas citotóxicas, agentes antineoplásicos e alguns outros agentes apresenta a possibilidade de efeitos nocivos como carcinogenicidade, mutagenicidade e teratogenicidade. O manuseio de outros quimioterápicos, como os antibióticos, os antimicrobianos, os antissépticos e os desinfetantes, pode induzir à situação de resistência a determinados microrganismos patogênicos, além de outros diversos efeitos relacionados às classes. Deve-se destacar também, quanto ao aspecto de segurança, a manipulação de hormônios femininos, em particular, por operadores do sexo masculino e a manipulação de antibióticos.

Em 1985, a antiga Sociedade Americana de Farmacêuticos Hospitalares, atual American Society of Health-System Pharmacists (ASHP), elaborou um boletim técnico relativo aos aspectos de segurança da manipulação de drogas citotóxicas, que foi atualizado em 2006[2]. Tal boletim, em um primeiro momento, foi considerado adequado em substituição ao termo antineoplásico, aplicável a agentes empregados no tratamento de neoplasias, em função de sua maior abrangência. Agentes antineoplásicos não obrigatoriamente são citotóxicos e podem não pertencer apenas ao grupo de agentes destinados ao tratamento de câncer, estes descritos no Capítulo 9.

O termo citotóxico frequentemente se refere a qualquer agente genotóxico, oncogênico, mutagênico ou teratogênico. No início de 1986, o órgão governamental americano responsável pela saúde e segurança ocupacional, a Occupational Safety and Health Administration (OSHA), publicou recomendações para a manipulação segura de drogas citotóxicas destinadas a profissionais da área de saúde. Mais tarde, em função do desenvolvimento de novas substâncias derivadas de processos biotecnológicos, assim como de agentes biológicos com característica genotóxica reconhecidamente perigosos, o termo citotóxico foi substituído por drogas de risco. A partir de 1990, as recomendações da OSHA abrangem outras drogas de risco e são apresentadas em seu Manual Técnico, no capítulo de Controle de Exposição Ocupacional a Drogas de Risco. No *site* da OSHA, estão disponíveis os padrões e as interpretações referentes à exposição de trabalhadores a drogas de risco (OSHA, 2016)[3].

Entre os assuntos pertinentes à segurança para a manipulação de drogas de risco, considera-se relevante conhecer os critérios para sua classificação, assim como evidências que encorajam seu gerenciamento, abordando aspectos relacionados a problemas decorrentes da exposição ocupacional. Além disso, a discussão de fatores como a adoção de instalações, dispositivos, equipamentos ou outros recursos adequados para o manuseio dessas drogas e o treinamento do elemento humano potencialmente exposto constitui um tema preventivo eficaz que deve ser considerado com a finalidade de atingir uma condição segura de trabalho.

Outro aspecto importante refere-se à vigilância médica que, por meio de exames laboratoriais, indica com consistência se os procedimentos adotados foram adequados para prevenir os riscos decorrentes da exposição ocupacional. Nesse âmbito, a OSHA foi também a precursora na definição de limites e estratégias, abrangendo, entre outros segmentos, aquele da química de síntese, transformação e moldagem dos polímeros, compostos básicos dos correlatos. Exemplificando, riscos da exposição a gases geradores no processamento de PVC, compostos fluorados como o politetrafluoretileno (PTFE) e o teflon[4] e outros obrigam que as plantas atuais sejam providas de sistemas de exaustão eficazes, de forma que obedeçam aos limites permissíveis.

CRITÉRIOS PARA A CARACTERIZAÇÃO DE RISCO NA MANIPULAÇÃO DE MEDICAMENTOS, CORRELATOS E COSMÉTICOS

Um elevado número de substâncias ativas e procedimentos normalmente empregados na fabricação de medicamentos, correlatos e cosméticos pode apresentar risco ocupacional a operadores expostos de forma aguda ou crônica. No passado, a atenção dirigia-se sobretudo a fármacos utilizados no tratamento de câncer, entretanto muitos outros agentes apresentam toxicidade em sua manipulação. Os principais efeitos das drogas de risco incluem: genotoxicidade; carcinogenicidade; teratogenicidade ou alteração na fertilidade; manifestações tóxicas em baixas doses em animais de experimento ou em pacientes previamente tratados com a droga.

Segundo o National Institute for Occupational Safety and Health (NIOSH), os medicamentos que envolvem risco pelo critério mencionado são: aldesleucina, alentuzumabe, alitretinoína, altretamina, amsacrina, anastrozol, asparaginase, azacitidina, azatioprina, Bacillus Calmette-Guerin (BCG)+, bexaroteno, bicalutamida, bleomicina, bortezomibe, bosentana, busulfano, capecitabina, carboplatina, carmustina, acetato de cetrorrelix, cidofovir, cladribina, clorambucil, cloranfenicol, clofarabina, colchicina, ciclosporina, ciclofosfamida, citarabina, dacarbazina, dactinomicina, daunorrubicina, dasatinibe monoidratado, decitabina, dietilestibestrol, denileucina, dienestrol, dinoprostona, docetaxel, doxorrubicina, dutasterida, entecavir, epirrubicina, ergonovina/metilergonovina, estramustina, estradiol, estrógenos-progestina combinados, estrógenos conjugados, estrógenos esterificados, estrona, estropipato, etoposídeo, exemestano, finasterida, floxuridina, fludarabina, fluorouracil, fluoximesterona, flutamida, fulvestranto, ganciclovir, acetato de ganirrelix, gencitabina, gentuzumabe ozogamicina, gonadotropina coriônica alfa, gosserrelina, hidroxiureia, ibritumomabe tiuxetana, idarrubicina, ifosfamida, imatinibe mesilato, interferon-alfa, irinotecano HCl, leflunomida, lenalidomida, letrozol, leuprolida acetato, lomustina, mecloretamina, medroxiprogesterona acetato, megestrol, melfalana, menotropina, mercaptopurina, metotrexato, metiltestoterona, mifepristona, mitomicina, mitotano, micofenolato de mofetila, mitoxantrona HCl, nafarelina, nelarabina, nilutamida, oxaliplatina, oxitocina, paclitaxel, palifermina, paroxetina HCl, pegaspargase, pemetrexede, pentamidina isetionato, pentetato de cálcio trissódico, pentostatina, perfosfamida, pipobromana, piritrexim isetionato, podofilox, prednimustina, procarbazina, raloxifeno, raltitrexede, rasagilina mesilato, ribavirina, risperidona, sirolimo, sorafenib, estreptozotocina, sunitinib malato, tacrolimo, tamoxifeno, temozolomida, teniposídeo, testolactona, testosterona, talidomida, tioguanina, tiotepa, topotecana, toremifeno citrato, tositumomabe, tretinoína, trifluridina, trimetrexato glucuronato, triptorrelina, mostarda uracila, valganciclovir, valrubicina, vidarabina, vimblastina sulfato, vincristina sulfato, vindesina, vinorelbina tartarato, vorinostate, zidovudina e zonisamida.

No Quadro 1, estão listadas as substâncias que devem ser manuseadas empregando procedimentos especiais. Drogas sob investigação, como azacitidina, azacrina, tenipósido e outras, não estão inclusas, porém devem ser manipuladas como drogas de risco até que informações adequadas tornem-se disponíveis para excluí-las desse grupo[5].

Algumas das principais considerações para a inclusão da substância na lista das drogas de risco incluem a pesquisa das seguintes informações:

- Indicação terapêutica da droga.
- Orientações do fabricante quanto ao uso de técnicas de isolamento na sua manipulação, administração ou descarte.
- Reconhecido efeito mutagênico, carcinogênico, teratogênico ou alterações na reprodução humana.
- Reconhecidos estes mesmos efeitos em animais (drogas conhecidas como mutagênicas em sistema múltiplo bacteriano ou em animais também devem ser consideradas de risco).
- Efeito tóxico agudo em algum órgão.

Não há nenhuma referência padronizada para essas informações. Tampouco há consenso para todos os

QUADRO 1 Carcinogenicidade de drogas de risco

Drogas de risco	Classificação IARC*
Agentes alquilantes	
Bussulfano[ABC]	1
Carmustina[ABC]	2a
Clorambucil[ABCE]	1
Clorometina	2a
Clorometina N-óxido	2b
Clornafasina	1
Clorozotocina[E]	2a
Cisplatina[ABCE]	2a
Ciclofosfamida[ABCE]	1
Dacarbazina[ABC]	2b
Estreptozotocina[AC]	2b
Ifosfamida[ABC]	3
Lomustina[ABCD]	2a
Mecloretamina[BC]	–
Melfalano[ABCE]	1
Semustina	1
Tiotepa[ABC]	1
Treossulfano	1
Mostarda uracila[ACE]	–
Antibióticos	
Bleomicina[ABC]	–
Dactinomicina[ABC]	–
Daunorrubicina[ABC]	–
Doxorrubicina[ABCE]	–
Fluoruracil[ABC]	3
Mercaptopurina[ABC]	3
Metotrexato[ABC]	3
Mitramicina	–
Mitomicina[ABC]	–
Gerador de radical livre	
Azatioprina[ACE]	1
Inibidores mitóticos	
Vimblastina[ABC]	3
Vincristina	3
Misturas	
Asparaginase[ABC]	–
Procarbazina[ABCE]	2a
Drogas sob investigação	
Azacitidina	–
Azacrina	–

(continua)

QUADRO 1 Carcinogenicidade de drogas de risco (*continuação*)

Drogas de risco	Classificação IARC*
Tenipósido	–
Ifosfamida[ABC]	–
Mitoxantrona[ABC]	–

1: carcinogênico para humanos; 2a: provavelmente carcinogênico para humanos; 2b: possivelmente carcinogênico para humanos; 3: não classificado como carcinogênico para humanos. *IARC: International Agency for Research on Cancer. [A] The National Institutes of Health, Clinical Center Nursing Department. [B] Antineoplastic Drugs in the Physicians Desk Reference. [C] American Hospital Formulary, [#] Antineoplastics.
[D] Johns Hopkins Hospital. [E] International Agency for Research on Cancer.

agentes listados. A classificação de drogas de risco deve ser periodicamente revisada e atualizada em função de conhecimento técnico-científico consistente.

A definição de drogas de risco, baseada em estudos farmacológicos e toxicológicos, considera o histórico relativo a seus efeitos adversos. Drogas que apresentam longo histórico de segurança em humanos, mesmo após evidências de toxicidade *in vitro* ou em animais, podem ser excluídas da lista. Além disso, estrutura ou atividade relacionada com substâncias químicas similares àquelas das drogas de risco e dados *in vitro* podem ser utilizadas na determinação de efeito tóxico potencial.

No âmbito dos polímeros que envolvem os correlatos, estes são no geral inócuos. Entretanto, não se pode dizer o mesmo dos monômeros e oligômeros, ou ainda de alguns dos aditivos (plastificantes, antioxidantes, pigmentos, agentes de vulcanização) empregados na sua obtenção ou liberados no processamento dos plásticos e elastômeros. É preciso considerar ainda que, apesar do desenvolvimento de técnicas de fusão de polímeros por técnicas de ultrassom, continua frequente o emprego de solventes ou de adesivos nas operações de montagem. O próprio ultrassom, mais interessante sob o aspecto ocupacional, requer cuidados que impeçam, por exemplo, a proximidade de operários que utilizem lentes de contato e marca-passos, além da obrigatoriedade de protetores auriculares.

RISCO OCUPACIONAL NA FABRICAÇÃO E NO MANUSEIO DE MEDICAMENTOS, CORRELATOS E COSMÉTICOS

A preparação, a administração e o descarte de drogas de risco e demais substâncias ativas com efeitos adversos conhecidos, assim como de correlatos empregados na sua administração, podem expor farmacêuticos, químicos, enfermeiros e demais paramédicos a concentrações significantes dessas substâncias. O grau e o tempo de exposição durante a manipulação e a significância dos efeitos biológicos adversos são difíceis de avaliar e podem variar dependendo da situação de trabalho, dos recursos disponíveis e da característica de cada indivíduo. Como resultado, a determinação dos níveis seguros de exposição, tendo por base a literatura científica, constitui tarefa árdua.

O contato com drogas citotóxicas pode ocasionar grave lesão ao tecido, causando necrose na área exposta. A zidovudina demonstrou toxicidade em pele e mucosas[6], enquanto a solução de vimblastina apresentou toxicidade para a córnea[7]. Outros sintomas como dermatite de contato, irritação nas vias respiratórias, asma e broncoespasmos foram relatados por profissionais envolvidos na manipulação de pentamidina[4].

A maioria das drogas de risco, à semelhança dos monômeros e de outras substâncias consideradas de risco, liga-se diretamente ao material genético ou afeta a síntese de enzimas e proteínas celulares. Sabe-se que o crescimento e a reprodução de células normais são frequentemente afetados durante o tratamento quimioterápico, pois as drogas citotóxicas não fazem distinção entre células normais e cancerosas.

Os efeitos carcinogênicos, mutagênicos e teratogênicos de drogas de risco podem ser demonstrados em pesquisas pré-clínicas que empregam modelos experimentais animais. Agentes alquilantes como a ciclofosfamida e a mecloroetanamida apresentam forte evidência de carcinogenicidade. Entretanto, outras classes, como alguns antibióticos e agentes antivirais como a ribavirina, têm adicionalmente ação teratogênica evidenciada em todas as espécies de roedores testados[8]. Julga-se prudente manipular as substâncias que apresentem carcinogenicidade em animais de forma similar às que são carcinogênicas em humanos[9].

As principais consequências da exposição ocupacional, além de efeitos citogenéticos, são as que envolvem alterações e anomalias na reprodução[10,11] e disfunções no aparelho respiratório[8] e em células hepáticas[12]. Efeitos adversos no aparelho reprodutor, incluindo permanente esterilidade, ocorreram em homens e mulheres submetidos a tratamento que empregava drogas citotóxicas isoladas ou em associação[13]. Anomalias congênitas e abortos espontâneos foram documentados em níveis estatisticamente significantes em trabalhadoras expostas a drogas citotóxicas[10]. Além disso, tais drogas podem ser transferidas ao lactente por meio da amamentação[14]. A destruição de células hepáticas, associada a sintomas de cefaleia, náusea e reações alérgicas, foi atribuída à exposição de trabalhador a agentes citotóxicos[4].

Aspectos toxicológicos relacionados aos polímeros empregados na fabricação de correlatos, em particular o monômero cloreto de vinila, foram inicialmente relatados na década de 1950. Constataram-se, nesse período, eritema intenso e queimadura de segundo grau na pele de operário após contato com o monômero[15]. Além disso, comprovaram-se em trabalhadores de fábrica de polimerização de cloreto de vinila problemas respiratório e hepático, além de entorpecimento e formigamento dos dedos e artelhos. Tal quadro foi acompanhado de cianose e exacerbação de sensibilidade ao frio[16].

A classe de hormônios como insulinas, agentes hipoglicemiantes orais, hormônios da tireoide, hormônios esteroidais, gonodais e outros manifesta efeitos adversos em sua dose terapêutica. A manipulação desses agentes apresenta oportunidade para exposição ocupacional aguda ou crônica, com sintomas específicos para cada agente. Alguns dos efeitos relatados referem-se a ação anestésica e acentuado relaxamento muscular, no caso de exposição à elevada concentração da progesterona, e efeito masculinizante do feto, no caso de exposição à norestisterona. Quanto aos androgênios, as reações adversas decorrentes da exposição crônica podem acarretar comprometimento da função hepática, aparecimento de icterícia e estase biliar. Na mulher podem ocasionar manifestações de menopausa precoce e osteoporose. Quanto aos corticosteroides, a exposição a esse hormônio pode conduzir a aumento do nitrogênio urinário e de aminoácidos com consequente balanço nitrogenado negativo, além de ação inibidora na formação de anticorpos e dificuldade de cicatrização[17].

Semelhantemente ao caso anterior, cada classe de antibióticos, além de promover resistência microbiana, apresenta reações adversas específicas. A exposição ocupacional a sulfonamidas pode ocasionar os seguintes efeitos: reações alérgicas, alterações nos componentes do sangue, deposição de cristais nas vias urinárias, mal-estar, prostração, irritabilidade, confusão, entre outros. O grupo dos penicilânicos, em especial a penicilina G, mostra baixo índice de absorção via oral por ser instável em meio ácido. Esses antibióticos, embora com menores efeitos adversos quando comparados a outros, provocam náuseas, diarreia e vômitos, além de hipersensibilidade, podendo o angiodema, a doença do soro e a anafilaxia estar associados à sua exposição. O grupo dos cefalosporânicos apresenta reações adversas semelhante aos penicilânicos, além de terem sido responsabilizados por relatos de choque anafilático e nefrotoxicidade, particularmente no caso de cefaloridina[18].

A RDC n. 214, de 12 de dezembro de 2006, que dispõe sobre Boas Práticas de Manipulação de Medicamentos para Uso Humano em Farmácias, classifica como grupo III a manipulação de antibióticos, hormônios, citostáticos e substâncias sujeitas a controle especial, devendo as farmácias possuir salas de manipulação dedicadas.

Com relação aos conservantes empregados na produção de medicamentos e cosméticos, assim como o princípio ativo utilizado na produção de desinfetantes, cada substância apresenta toxicidade específica, impossibilitando generalizações.

Entre os agentes esterilizantes normalmente empregados na produção de medicamentos, correlatos e cosméticos, os que envolvem transferência térmica apresentam riscos relacionados a lesões provocadas por queimaduras e, no caso de utilização de caldeiras, a possibilidade de explosões. O detalhamento e a monitoração de tais riscos são descritos nas Normas Reguladoras de Segurança e Saúde no Trabalho (NR 13 a 18, Capítulo 10).

Para os processos que empregam óxido de etileno, os efeitos nocivos da exposição ocupacional a esse agente podem ser de natureza diversa, como irritação ocular, dérmica e respiratória, náuseas, vômitos, depressão do sistema nervoso central (SNC) e mesmo morte. Ressalte-se que a maior preocupação tem sido direcionada às suas propriedades mutagênicas, além de possivelmente carcinogênicas e teratogênicas[1]. Nesse caso, a regulamentação no âmbito nacional, Portaria Interministerial n. 482, de 19.3.99, refere-se às condições de engenharia que permitem a obtenção de níveis de resíduos ambientais compatíveis com a presença humana, minimizando riscos ocupacionais.

Embora a radiação ionizante não interfira no núcleo dos átomos a ela submetidos e, portanto, o produto submetido à radiação não adquira radioatividade, a fonte emissora apresenta propriedade radioativa e a central deve operar de acordo com as normas de segurança para produtos radioativos, conforme descrito no Capítulo 6.

AVALIAÇÃO DA EXPOSIÇÃO OCUPACIONAL NA MANIPULAÇÃO DE DROGAS DE RISCO

Para a avaliação do risco decorrente da exposição ocupacional de drogas utiliza-se monitoração ambiental com a finalidade de detectar possíveis resíduos provenientes da preparação e/ou manipulação dessas substâncias no ar, nas superfícies e nas vestimentas. Com relação ao profissional potencialmente exposto, as monitorações biológicas e as análises dos fluidos biológicos, em particular no sangue e na urina, podem comprovar a efetiva absorção das drogas.

Os ensaios para a detecção das drogas de risco em quaisquer amostras, ambientes ou fluidos biológicos são normalmente classificados em dois grupos: seletivo e não seletivo[5]. No primeiro, a concentração de um composto específico ou seu metabólito é determinada, em geral, empregando-se análise química instrumental com sensibilidade adequada. Dessa forma, deve-se utilizar o método seletivo, validado para cada substância a ser analisada, que requer o conhecimento prévio das condições de exposição à qual o profissional foi submetido. Nos métodos não seletivos, os ensaios fundamentam-se na detecção de grupos químicos que apresentem comprovado efeito mutagênico ou propriedade eletrofílica.

Alguns grupamentos químicos são alquilantes típicos e expressam sua atividade citostática interagindo com os ácidos nucleicos, caracterizando ligações covalentes. Essa interação pode resultar na ocorrência de mutação em várias espécies bacterianas e em sistemas eucarióticos. O teste de Ames, desenvolvido para detectar grupos mutagênicos em amostra de urina de trabalhadores expostos à manipulação de drogas de risco, foi desenvolvido em 1975. Os efeitos mutagênicos normalmente observados são características de microrganismo (*Salmonella* spp.) que, na presença de compostos mutagênicos, passa a apresentar, p. ex., perda da dependência de histidina[19]. Entretanto, a não detecção *in vitro* de efeito mutagênico não assegura sua ausência[20]. O ensaio pode ser considerado um teste preliminar, merecendo complementações com outros métodos. Além disso, outros fatores em adição à exposição a drogas citotóxicas, como a dieta[21], à exposição ambiental simultânea a outros agentes mutagênicos e ao hábito do tabagismo[22,23] causam variação nos níveis de mutagenicidade, sendo, portanto, questionável a simples correlação entre os níveis de exposição a drogas citotóxicas e o aumento significante do efeito mutagênico da urina. Tais interações podem explicar resultados aparentemente falsos negativos obtidos em estudos que empregam o teste de Ames. Com relação à influência do tabagismo, essa pode ser eliminada empregando-se cepa bacteriana sensível a drogas citostáticas, mas não a substâncias mutagênicas derivadas do fumo[5].

A mutagenicidade do cloreto de vinila ou de seus presumíveis metabólitos foi evidenciada em cepas de *Salmonella thyphimurium*, empregando fração de fígado de roedores exposta ao agente. O cloroacetaldeído, um presumível metabólito, e o ácido cloroacético, metabólito urinário, mostraram alta toxicidade à bactéria e ação mutagênica direta[24]. Estudos adicionais comprovaram ação mutagênica em cepas de *Bacillus* ssp. e *Salmonella* ssp. após avaliação com o emprego de outros metabólitos, como cloro-oxirano, epicloridrina e cloroacetaldeído[25].

A determinação de tioéteres na urina, também considerada um método não seletivo, pode ser utilizada como indicador para exposição potencial a grupos eletrofílicos. Algumas drogas apresentam ou originam propriedades eletrofílicas, as quais podem resultar em reação com glutationa. Ácidos mercaptúricos ou tioéteres podem ser formados e excretados pela urina. Assim, a associação entre o aumento da excreção de tioéteres e a exposição a agentes alquilantes pode ser evidenciada[5]. Porém, de forma semelhante ao método anterior, a influência das substâncias decorrentes do hábito do tabagismo[26], presentes na urina, determina sua não seletividade. Isso significa que o método não é ideal para a monitoração biológica ocupacional de agentes citotóxicos.

Em função de fatores como alta reatividade química, complexo-padrão de biotransformação e expectativa de baixos níveis de exposição, considera-se razoável assumir que as drogas citotóxicas e seus metabólitos estarão presentes na urina e no sangue em baixas concentrações, sendo portanto necessários métodos altamente sensíveis e validados. Tais métodos, que utilizam análise química instrumental[27] além de imunológica, foram empregados em diversos trabalhos, comprovando ser adequados na determinação seletiva de drogas[28-33].

Evidências da absorção de ciclofosfamida e ifosfamida foram observadas na urina de trabalhadores envolvidos na preparação e administração de agentes citostáticos, empregando-se para tanto análise instrumental. Após tratamento com trifluoroacético anidrido, a ciclofosfamida foi determinada por cromatografia em fase gasosa utilizando detectores de nitrogênio-fósforo, de captura eletrônica e de massa seletiva ou por espectrofotometria de massa. As determinações que empregaram espectrofotometria de massa apresentaram alta especificidade e sensibilidade (0,25 ng/mg de urina)[32]. O método pode ser adotado para a detecção de ciclofosfamida e ifosfamida na urina de profissionais, como medida de eficácia do sistema de proteção e procedimentos de segurança.

Avaliações em amostras de urina com o uso de espectrofotômetro de absorção atômica como método de detecção revelou valores de cisplatina abaixo do limite de confiança em grupos de enfermeiros e farmacêuticos expostos à droga e em controles.

Com o objetivo de se avaliar a exposição de trabalhadores envolvidos na manipulação de drogas de risco em laboratório industrial, desenvolveu-se um método empregando imunoensaio com fluorescência polarizada[27] e cromatografia em fase gasosa[33], respectivamente para o metotrexato e fluorouracil. O ensaio para a determinação de metotrexato foi modificado de tal forma que a droga pudesse ser medida rápida e eficientemente na urina dos trabalhadores expostos. A razão de excreção de metotrexato foi considerada alta para o grupo exposto, quando comparado ao grupo-controle[27].

Na busca de métodos seletivos, a cromatografia em fase gasosa com detector de massa foi empregada para a determinação de a-fluoro-b-alanina, o principal metabólito de fluorouracil na urina, detectado em amostras de urina de vários trabalhadores[33]. O método também pode ser empregado no controle da exposição ocupacional ao óxido de etileno. Para a detecção de concentração residual desse agente, foi utilizada cromatografia em fase gasosa em três diferentes métodos extrativos aplicados a dois tipos de material polimérico (PVC e polietileno de alta densidade), e concluiu-se serem todos adequados na detecção de valores da ordem de 2,8 a 42,3 mg/g[34].

A exposição ocupacional de drogas de risco decorrente da presença dessas substâncias no ar em concentrações entre 0,12 e 82,26 hg/m^3 de fluorouracil foi detectada na monitorização do preparo da droga quando não foi empregada cabine de segurança biológica. Na monitorização da ciclofosfamida, em condições similares, foi revelada concentração de 370 hg/m^3, comprovando a dispersão da droga no ambiente em decorrência do procedimento de manipulação adotado[31]. Em ambas as monitorizações, as análises foram efetuadas por cromatografia líquida de alta eficiência empregando fase móvel específica para cada substância.

A pertinência da preocupação inerente à exposição da pele a drogas citotóxicas foi confirmada em estudo que comprovou a presença dessas substâncias em superfície de trabalho utilizadas para a manipulação de agentes antineoplásicos e em áreas para tratamento de pacientes do setor oncológico[35]. O nível de exposição de trabalhadores de laboratório farmacêutico envolvidos na manipulação de fluorouracil foi estudado, avaliando-se o ar ambiental e superfícies. Detectou-se a presença de 75 µg/m^3 do agente no ar. Quanto à superfície, em um momento anterior à manipulação, os índices encontrados no piso foram de < 1 a 8 µg/cm^2 e, após a rotina de limpeza, uma quantidade significativamente maior foi encontrada, de 70 a 630 µg/cm^2.[33] Tais resultados indicam a necessidade de procedimentos validados para a remoção do agente. Ainda com relação ao fluorouracil, empregou-se cromatografia líquida de alta eficiência[30] na detecção de 0,2 ng/m^3 de ar em farmácia hospitalar e até 0,07 µg/litro de ar amostrado após manipulação da droga, sendo a amostragem utilizada no interior de equipamento de fluxo de ar em regime unidirecional horizontal[28].

O procedimento empregado com o objetivo de determinar as drogas citotóxicas no ar tem sido efetuado a partir da filtração de amostras de ar ambiental, utilizando-se equipamento e membrana adequada submetida a processo de extração. Em alguns estudos utilizou-se para a amostra o mesmo equipamento para a contagem de microrganismos viáveis nas monitorizações da qualidade microbiológica do ar, após adaptação[28,30]. O procedimento permite a detecção de substâncias dispersas no ambiente no decorrer das etapas do processo de manipulação, produção, preparação e administração e durante o tratamento de animais de laboratório. De forma semelhante ao ar, monitorizações de superfícies podem ser efetuadas por meio de amostra e extração adequada das drogas contidas nos dispositivos empregados para a limpeza de piso, paredes e bancadas das cabines de segurança biológica das áreas de preparação. Além disso, luvas e outros dispositivos para proteção, frequentemente contaminados, podem ser analisados da mesma forma após a extração, empregando-se métodos seletivos ou não.

No que se refere aos métodos não seletivos, a absorção de agentes antineoplásicos decorrente de exposição ocupacional pode ser evidenciada efetuando-se análise que comprove efeito mutagênico da urina coletada dos profissionais envolvidos. Após interrupção do contato com esses agentes por período de 48 horas, o efeito mutagênico observado revelou queda a valores semelhantes aos dos indivíduos-controle, não expostos a quaisquer substâncias. Profissionais fumantes expostos a drogas de risco apresentaram maior efeito mutagênico, por ocasião da análise da urina, comparativamente a profissionais não fumantes expostos às mesmas condições[23].

A exposição ao óxido de etileno foi avaliada em trabalhadores submetidos a valores abaixo de 1 ppm, objetivando a observação de possíveis efeitos em baixa concentração[36]. A metodologia consistiu em determinar os valores de alquilação da hemoglobina e a frequência de trocas entre cromátides irmãs, em cultura de linfócitos periféricos e células bucais. Os autores concluíram que estudos citogenéticos não são úteis ou adequados para mostrar o efeito do baixo nível de exposição. Adicionalmente, um teste de alquilação de hemoglobina realizado em fumantes demonstrou não ser possível separar o efeito do tabagismo daquele decorrente de exposição a baixos níveis de óxido de etileno.

Os métodos citogenéticos, como a análise de aberrações cromossômicas, troca entre cromátides irmãs e proliferação micronucleica, aplicados a linfócitos do sangue periférico, além de métodos para detectar alterações no DNA, disfunção renal e efeitos no sangue são úteis para a monitorização dos efeitos biológicos e considerados não seletivos[5]. Sessink et al.[37] avaliaram a correlação entre a exposição à ciclofosfamida e a presença de aberrações cromossômicas em linfócitos periféricos de indivíduos expostos fumantes e não fumantes. Os resultados demonstraram que os indivíduos fumantes apresentaram efeitos significativamente maiores quando comparados aos não fumantes. Uma vez que aberrações cromossômicas são consideradas indicadoras de maior risco genético, o experimento não só demonstrou a absorção da ciclofosfamida, como também indicou um sério risco, sobretudo para os fumantes. O tabagismo também foi considerado responsável pela grande quantidade de alterações celulares[38]. A avaliação de 97 trabalhadores expostos ocupacionalmente, envolvidos na esterilização de correlatos por óxido de etileno, foi realizada em grupos distintos: fumantes e não fumantes. Concluiu-se que, para os fumantes, a extensão de danos ao DNA em células mononucleares periféricas sanguíneas foi relevante.

Dados obtidos em avaliações relativas à exposição de hormônios em elementos do sexo masculino resultaram na exigência de ensaios para a determinação de testosterona total ou plasmática livre, conforme o Programa de Controle Médico de Saúde Ocupacional (NR 7, Capítulo 10). Ademais, outras monitorizações específicas devem ser realizadas de forma periódica, de acordo com o programa, para cada condição de exposição. Fundamentado nos riscos e avaliações da exposição ocupacional, a inalação de poeiras ou aerossóis, o contato direto com a pele e a ingestão acidental de drogas em alimentos contaminados constituem as principais vias de acesso ao contaminante. A exposição a drogas de risco pode também ocorrer em etapas, como transferência da droga para outro recipiente e reconstituição ou manipulação anterior à administração ao paciente. Tais situações induzem à preocupação quanto a procedimentos adequados na retirada de agulha dos frascos, ao uso de seringas e agulhas para transferência da droga e à abertura de ampolas e expulsão do ar das seringas que contêm a droga, como consequência da medição precisa de seu volume.

Instalações e sistemas de segurança

A produção de medicamentos estéreis requer procedimentos e condições diferenciadas, entre as quais as condições ambientais são as de maior relevância. Exigências particulares, de atendimento às Boas Práticas de Fabricação, implicam validações de processos e exigências quanto ao fluxograma, além de implementação de salas biolimpas, classificadas de acordo com as exigências dos procedimentos envolvidos na qualidade do produto. Esse conceito admite a adoção de postos de trabalhos, em que as condições ambientais adequadas podem ser alcançadas com equipamentos de fluxo de ar em regime unidirecional. Nesses, os procedimentos de manipulação de medicamentos estéreis têm a finalidade de protegê-los de eventuais contaminações advindas do operador e do ambiente. Esses equipamentos empregam filtros de alta eficiência (HEPA, *high efficiency particulate air*) com o objetivo de remover contaminantes e permitem a classificação do ambiente fundamentada no número de partículas de tamanho 0,5 μm ou maiores, detectadas por volume de ar amostrado. Esses equipamentos apresentam normalmente classe M3,5 (sistema internacional: no máximo 3.520 partículas de tamanho 0,5 μm ou maiores por m^3) ou classe 100 [sistema inglês: no máximo cem partículas de tamanho 0,5 μm ou maiores por $(pés)^3$] (Federal Standard 209 E, 1992, cancelada em 29.11.2001)[39], ou, ainda, segundo classificação das normas ISO 14.644-1 IS0 classe 5 (no máximo 3.520 partículas de tamanho 0,5 μm ou maiores por m^3).

O fluxo de ar unidirecional poderá ser vertical ou horizontal dependendo da natureza dos trabalhos a serem realizados, porém não é considerado apropriado para a manipulação de drogas de risco, pois não promove proteção ao operador, e permite que estas contaminem o ambiente. Quando a meta principal do trabalho consiste em proteger apenas o produto, respeitando aspectos de configuração e aerodinâmica, opta-se, no geral, por sistema de câmara com fluxo de ar em regime unidirecional horizontal. O deslocamento do ar segue da parte posterior do equipamento em direção à frontal. Portanto, quaisquer contaminações ou resíduos prejudiciais à saúde podem alcançar o operador. A proteção do produto e do elemento humano pode ser obtida com a utilização de equipamento com fluxo de ar em regime unidirecional vertical. O deslocamento do ar ocorre a partir da parte superior do equipamento em direção à inferior, na qual está posicionada a bancada de trabalho, porém o ar circulante é deslocado para o ambiente de trabalho sem qualquer tratamento.

A efetividade desses equipamentos na proteção de manipuladores de agentes antineoplásicos foi questionada no início da década de 1980. Nesse período, alguns trabalhos[28,40] demonstraram quantidades mensuráveis de fluorouracil e cefazolina no ar ambiental, logo após seu manuseio em cabine de fluxo de ar em regime unidirecional horizontal. Dessa forma, recomenda-se a utilização de cabines de segurança biológica, descritas no Capítulos 4, para a manipulação de drogas de risco. Tais equipamentos demonstraram maior eficiência na proteção dos operadores, tornando eficaz a proteção ambiental, visto que não se observa a presença de fluorouracil ou de outras substâncias no ar ambiental, no decorrer de sua manipulação.

Além disso, ensaios para a determinação de efeito mutagênico decorrente de produtos presentes na urina foram aplicados comparativamente a profissionais responsáveis pela preparação de agentes antineoplásicos, em cabine de fluxo de ar horizontal e em cabines de segurança biológica. Os resultados revelaram efeito mutagênico na urina dos profissionais quando utilizaram fluxo de ar horizontal, independentemente da utilização de luvas ou máscaras. Os resultados das análises de amostras de sangue e urina dos profissionais que empregam a cabine de segurança biológica foram semelhantes aos obtidos no grupo-controle, comprovando dessa forma a eficácia desse sistema[40].

A eficiência na proteção do operador fundamenta-se, entre outras importantes características, no deslocamento do ar partindo da parte superior para a inferior, não atingindo portanto o operador, assim como no recolhimento e tratamento do ar previamente à sua liberação ao ambiente. Adicionalmente, a substituição de cabines ou equipamento de fluxo de ar horizontal por cabine de segurança biológica não alterou significativamente a produtividade do operador em estudos que empregam preparações de antibióticos[41]. Comparações relativas ao tempo de preparação de antibióticos injetáveis em seringas e outros dispositivos que usam ambos os equipamentos revelaram tempos semelhantes, ou sem diferenças significativas, justificando dessa forma a aquisição da cabine de segurança biológica.

As cabines de segurança biológica são apresentadas em três classes (I, II e III), também descritas no Capítulo 4. A classe I é indicada para trabalhos de baixo a moderado risco biológico. O fluxo de ar interior protege o manipulador e o produto, podendo a exaustão para a área externa ser efetuada após filtração absoluta ou não. A classe III refere-se a equipamento totalmente fechado, com ventilação que emprega ar comprimido. As operações nesse equipamento são realizadas com luvas de borracha fixas. A cabine é mantida sob pressão negativa, e a injeção do ar na cabine é feita com filtros HEPA. O ar de exaustão é tratado por dupla filtragem em filtros HEPA. Esse sistema é indicado para operações biológicas que envolvam riscos elevados. Embora não haja equipamentos específicos para a manipulação de drogas estéreis de risco, recomenda-se o uso de cabine de segurança biológica classe II ou III para sua manipulação. Tais equipamentos oferecem proteção ao produto, ao operador e ao ambiente de trabalho e devem obedecer à norma construtiva NFS 49[9,42,43].

As cabines de segurança biológica são empregadas, normalmente, na manipulação de agentes infectantes, e apresentam limitações para o uso na manipulação de drogas de risco. Tais equipamentos também são indicados quando baixas quantidades de produtos químicos tóxicos ou radiofármacos (Capítulos 5 e 6) são empregadas em estudos biológicos ou farmacêuticos. As cabines de segurança biológica classe II são classificadas em quatro tipos: A, B1, B2 e B3 e dependem:

- Da quantidade de ar recirculado pelo filtro HEPA no interior da cabine.
- Da ventilação do ar para o laboratório ou para uma área externa.
- Da pressurização dos dutos de contaminação, submetidos à pressão positiva ou negativa em relação ao laboratório[44].

O tipo A recircula aproximadamente 70% do ar da cabine pelo filtro HEPA, sendo o restante descartado para o laboratório por outro filtro HEPA, com os dutos de condução do ar contaminado submetidos à pressão positiva. A velocidade de entrada do fluxo de ar no equipamento por meio da abertura frontal e fixa, nor-

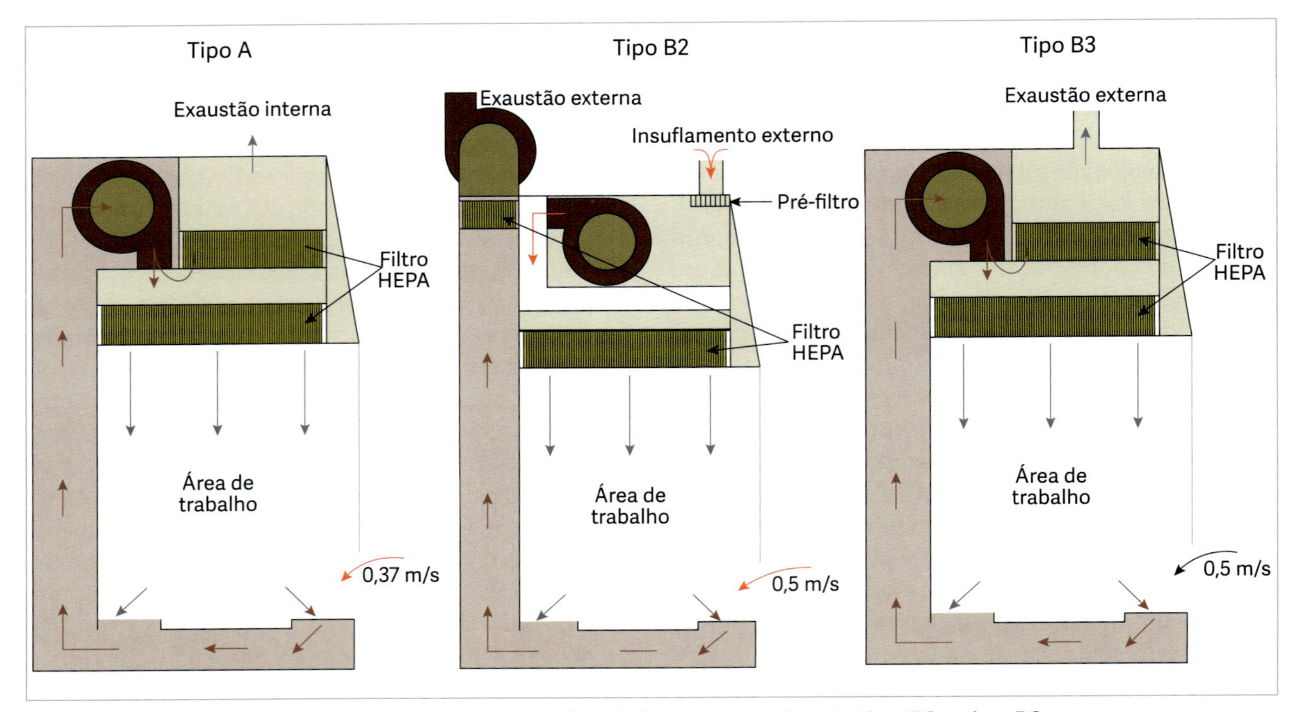

FIGURA 1 Fluxo de ar em cabine de segurança biológica classe II tipo A, tipo B2 e tipo B3.

malmente designada como velocidade de face média mínima, para as cabines tipo A é de 0,40 m/s (Figura 1).

Para as cabines tipo B, a velocidade de face média é de 0,50 m/s e os dutos de condução de ar contaminado devem apresentar pressão negativa em relação ao laboratório[45]. O tipo B1, além de apresentar maior velocidade do fluxo de ar, recircula apenas 30% do ar interior da cabine. A exaustão é conduzida para uma área externa após filtração pelo filtro HEPA, e os dutos de condução do ar contaminado são submetidos, assim como os tipos B2 e B3, à pressão negativa. O tipo B2 é semelhante ao B1, exceto pela ausência total de ar recirculado, ou seja, a renovação projetada do ar é de 100%. O tipo B3 é similar ao tipo A quanto à recirculação do ar, ou seja, em índice de 70% (Figura 1). Entretanto, a exaustão é conduzida para uma área externa, enquanto os dutos são submetidos à pressão negativa.

O critério de seleção do tipo da cabine classe II deve incluir a característica e a quantidade de droga preparada, a localização e o espaço disponível e a disponibilidade de estrutura para canalização do ar contaminado, além do custo da cabine e do sistema de ventilação[9]. Segundo Zimmerman et al.[44], a recomendação mínima é classe II tipo A, que pode ser convertida ao tipo B3 (Figura 1) (maior velocidade do fluxo interno de ar, dutos contaminados sob pressão negativa e exaustão para ambiente externo). Tal conversão é considerada um investimento prudente[9]. A OSHA recomenda cabine de segurança classe II, tipo B, ou classe III, ambos com exaustão externa. No que se refere às exigências legais, a adoção de cabine de segurança biológica classe II B2 (Figura 1) foi regulamentada pela Portaria n. 3.535 de 2.9.98, que estabelece critérios para o cadastramento de centros de atendimento em oncologia.

Não foram encontrados estudos que demonstrem maior eficácia de proteção com a utilização de filtro de carvão ativo na retenção de drogas de risco em substituição ao filtro de exaustão HEPA, instalado na cabine de segurança tipo A. A utilização de cabine de segurança biológica do tipo B oferece maior proteção ao manipulador quando comparada ao tipo A, em função da maior velocidade do fluxo de ar interno e da exigência da exaustão externa do ar contaminado. Os tipos B1 (exaustão de 70% do ar contaminado após filtração empregando-se filtro HEPA) e B2 (exaustão de 100% do ar contaminado após filtração empregando-se filtro HEPA) requerem dutos para exaustão com ventiladores auxiliares. Todos os dutos de exaustão para uma área externa (atmosfera) devem ser instalados de acordo com as exigências legais. A exaustão que utiliza espaços mortos no teto não é considerada apropriada. Tal procedimento pode contaminar os sistemas de ventilação, promovendo contaminação de outro ambiente e ocasionando potencial risco a pessoas não diretamente envolvidas com a manipulação de drogas de risco. Na seleção de qualquer cabine de segurança biológica, a altura da sala precisa ser considerada. Vários desses equipamentos apresentam em sua configuração o filtro

HEPA na parte superior (*top-load*). O problema é que, em salas de trabalho com altura padrão, os filtros não podem ser acessados com facilidade, dificultando dessa forma sua qualificação e a certificação do ambiente[8].

Além da adequada seleção do equipamento, o usuário deve ser treinado para garantir uma proteção efetiva. Todas as cabines de segurança biológica classe II apresentam frente aberta com fluxo de ar interior, formando barreira ou cortina para proteger o operador e o meio ambiente de contaminantes. Assim, interferências na barreira de ar provocadas pelo usuário podem conduzir à liberação de contaminantes para o ambiente. Exemplos de interferência consistem na movimentação inadequada do braço do operador em sentido diagonal ou quaisquer turbulências na região limite da barreira de ar. A localização do equipamento também tem de ser considerada, uma vez que a eficiência da proteção pode ser alterada pela proximidade com equipamento de fluxo de ar em regime horizontal, ventiladores, portas, sistemas de ar condicionado etc. Assim, o local de instalação do equipamento deve ser isolado de outras áreas de trabalho e de áreas com circulação intensa, bem como manter-se distante de dutos de ventilação e de portas, ou seja, em área com mínima turbulência.

As dimensões também podem influenciar consideravelmente sua eficiência, podendo ocasionar movimentação inadequada do operador e interferências externas; nesses casos, os riscos de contaminação ambiental são consideravelmente maiores. O ventilador da cabine de segurança biológica deve estar sempre ligado, exceto quando a cabine estiver sendo reparada ou deslocada. Caso o ventilador seja desligado, a cabine terá de ser descontaminada antes do seu uso[46]. Cada cabine de segurança biológica deve ser provida de equipamentos para monitoração contínua, permitindo a confirmação de sua adequada eficiência. Esses equipamentos, por sua vez, têm de conter dispositivos de sinalização sonora e visual que evidenciem defeitos dos ventiladores e saturação dos filtros absolutos[9].

Todas as cabines de segurança biológica devem ser testadas quanto à integridade do filtro HEPA, velocidade, vazão e uniformidade do fluxo de ar, que devem seguir a especificação do fabricante. Portanto, a eficiência da cabine de segurança biológica depende de sua qualificação inicial e de procedimentos que visem a assegurar seu adequado funcionamento. Para tal condição, executam-se ensaios periódicos, de preferência a cada seis meses ou após qualquer mudança de sua localização, e serviços de manutenção para comprovar seu bom funcionamento. A verificação, para avaliar a conformidade, deve ser realizada medindo-se a concentração de partículas durante o processo.

Além da certificação da cabine de segurança e do uso correto de equipamentos de segurança individual, o manipulador deverá ser adequadamente treinado para execução das atividades[42]. Dessa forma, torna-se imprescindível que o responsável pela área de preparação ou manuseio de drogas ou substâncias de risco conheça as exigências para a qualificação de seus equipamentos e os procedimentos que devem ser realizados para alcançar a condição adequada de trabalho.

A limpeza e a desinfecção da cabine de segurança biológica têm de ser efetuadas periodicamente ou sempre que ocorrer qualquer derramamento ou ainda quando a cabine for deslocada, após manutenção preventiva ou corretiva ou qualificação, com a finalidade de assegurar um ambiente apropriado para a preparação em pauta. Para rotinas de limpeza de superfícies entre as descontaminações pode-se utilizar água para injeção, com ou sem tensoativos. O uso de detergente é recomendado pelo fato de não haver um único método para a inativação de todos os agentes envolvidos. Se o contaminante for solúvel em álcool, álcool isopropílico ou etanol a 70% (v/v), pode ser utilizado em adição ao tensoativo. O álcool apresenta propriedade desinfetante, porém seu emprego precisa ser limitado[9]. Uma vez que esse solvente não apresenta características adequadas para emprego como agente de limpeza, seu uso excessivo deve ser evitado sobretudo nas cabines de segurança biológica, nas quais é prevista a recirculação de ar (classe II, tipo A, B3 e, em menor extensão, B1). Restringe-se também o emprego de agentes de limpeza à base de amônio quaternário, em função da formação de vapores que podem causar danos ao filtro HEPA. Recipientes vaporizadores também não devem ser utilizados por causarem provável dano aos filtros HEPA.

Procedimentos comuns, incluindo fumigação com agentes germicidas, são impróprios para as cabines de segurança biológica empregadas para a manipulação de drogas de risco, pois esses procedimentos não removem ou inativam tais drogas. A limpeza e a desinfecção devem ser realizadas a partir da área com menor contaminação em direção à de maior contaminação, com movimentos unidirecionais. A remoção de derramamentos facilmente observados deve ser executada pelo menos duas vezes. Todo material empregado na descontaminação tem de ser manipulado como material de risco e descartado de acordo com a legislação. Tal procedimento inclui os filtros HEPA quando substituídos em função de contaminação provocada por derramamento acidental de drogas de risco, ou quando se detecta falta de conformidade da velocidade do ar. O filtro deverá ser acondicionado em dispositivo plástico e descartado considerando as mesmas exigências requeridas para drogas de risco. Quando desligada ou transportada, a cabine de segurança biológica deve ser selada, empregando-se material polimérico de densidade adequada[9,47].

A automação robótica é o mais novo avanço tecnológico na manipulação de medicamentos estéreis de risco e sem risco. São adequados para farmácias hospitalares na reconstituição de medicamentos em seringas e bolsas. O uso desses equipamentos robóticos reduz a exposição ocupacional dos manipuladores, além de elevar o grau de precisão por causa de sua mecânica sofisticada e *software*. A unidade de preparação do robô é ambiente ISO classe 5. Apesar de se tratar de uma nova tecnologia, esses robôs também não são perfeitos. A contaminação pode ser gerada no ambiente de manipulação e transferida ao produto final. Vale lembrar que deve ser efetuada a limpeza e a descontaminação de resíduos de riscos[48].

O uso de isoladores em reconstituição de drogas é de uso corrente na Europa, enquanto nos Estados Unidos seu uso é mais recente.

EQUIPAMENTOS DE PROTEÇÃO INDIVIDUAL

Com relação aos equipamentos de proteção individual, descritos no Capítulo 3, demonstrou-se que a espessura das luvas empregadas na manipulação de drogas de risco é um fator de extrema importância, em detrimento da natureza do material. A permeabilidade de luvas de cloreto de polivinila diante de diversas drogas, entre elas carmustina, cisplatina, ifosfamida, dacarbazina e fluorouracil, foi maior quando comparada às luvas cirúrgicas de látex[49]. Portanto, a utilização destas é recomendada, exceto quando o fabricante da droga indique, com respaldo técnico, de forma distinta.

Em decorrência da variação na permeabilidade das luvas em alguma extensão, e em função do tempo de exposição, recomenda-se a utilização de dois pares superpostos. Além disso, deve haver instruções quanto ao período de troca da luva (a cada hora), após ruptura ou por contaminação proveniente de derramamento, para a adequada proteção do operador. As luvas de látex devem apresentar especificações quanto à espessura e ao comprimento, para cobrir o punho do avental do manipulador, e à quantidade mínima de talco (caso possa ser usado), em função da possibilidade de adsorção das drogas no material pulverizado[50]. Além disso, o talco pode aumentar a quantidade de partículas na cabine de segurança biológica e permitir resíduos na superfície de materiais, no produto acabado e nas mãos, que podem adsorver as contaminações geradas no interior da cabine. As mãos devem ter passado por antissepsia antes de calçar as luvas e após sua remoção. Na utilização de luvas superpostas, a segunda deverá ser posicionada acima do punho. Quanto à remoção das luvas, as posicionadas abaixo do punho terão de ser retiradas por último. Os aventais devem ser de material impermeável, com a parte frontal fechada, mangas longas e punhos com elástico ou ajustes. Tanto os aventais quanto as luvas empregados para a manipulação de drogas de risco devem ser utilizados exclusivamente na área de trabalho[9].

Dessa forma, como no caso anterior, não há um material ideal para a confecção de aventais. Alguns estudos demonstram que Tyvec® e Kaycel® apresentam maior permeabilidade quando comparados ao Saranex-laminado Tyvek® e Tyvek®, revestidos de polietileno (resultado obtido após quatro horas de exposição a drogas citotóxicas)[49]. Quando se trabalha em sala limpa, Tyvek® não é adequado, pois libera partículas. Entretanto, esse revestimento proporciona uma reduzida troca de ar, ocasionando desconforto para o usuário. Assim, a utilização de aventais com Saranex®, ou polietileno com a frente e as mangas reforçadas, de forma que proteja as áreas mais expostas, pode ser considerada adequada.

Máscaras respiratórias, com filtro de alta eficiência, devem ser utilizadas na remoção de derramamentos acidentais. Óculos de proteção também são recomendados, e um dispositivo para a lavagem de olhos deve ser disponibilizado. As luvas, os aventais e os demais materiais descartáveis têm de ser removidos, de acordo com procedimentos específicos. Óculos de proteção, protetor de face e respiradores podem ser descontaminados com detergente neutro e enxaguados para reutilização[9].

Portanto, um planejamento que abranja a segurança na manipulação de drogas de risco, assim como a monitorização da saúde dos profissionais expostos, deve ser desenvolvido, incluindo as seguintes implementações: procedimentos operacionais padrão relativos à segurança, a serem seguidos no caso de exposição consumada a drogas de risco; seleção dos critérios para determinação e implementação de controles, para a redução de exposição a drogas de risco, incluindo dispositivos para monitorização ambiental, uso de equipamento de proteção individual (EPI) e práticas de higiene; exigência quanto ao sistema de ventilação e outros equipamentos para proteção do manipulador; adoção de medidas específicas para assegurar o adequado funcionamento do equipamento; disponibilização de informações relevantes e treinamento; exames médicos periódicos em profissionais potencialmente expostos a drogas de risco; designação de profissional responsável para implementação do planejamento e, quando apropriado, implantação de comissão permanente para avaliações pertinentes ao assunto. Os procedimentos devem ser revisados e sua eficácia reavaliada, objetivando melhorias, com frequência no mínimo anual e sempre que necessário.

DESCARTE DE DROGAS DE RISCO

Materiais utilizados na manipulação e no controle de medicamentos, correlatos e cosméticos devem ser descartados segundo as orientações descritas no Capítulo 6, em particular as drogas de risco. Luvas, vestimentas, seringas e recipientes empregados na sua preparação também devem ser descartados em dispositivos identificados e lacrados de maneira apropriada, para que sejam manipulados apenas por pessoal devidamente treinado com o uso de EPI, de acordo com o Capítulo 3.

Assim, o material utilizado para a confecção do dispositivo para descarte de resíduo de drogas de risco deve ser de alta densidade e à prova de vazamentos, com coloração distinta dos demais dispositivos para lixo hospitalar, e ser utilizado na rotina de acumulação e coleta de materiais usados, luva para descarte, aventais descartáveis ou qualquer outro material descartável. Dispositivos com produtos químicos considerados tóxicos precisam ser rotulados de acordo com a legislação vigente, indicando no rótulo seu conteúdo. As seringas, as agulhas e os fragmentos de vidros não contaminados com sangue ou materiais potencialmente infecciosos podem ser transferidos para um receptáculo apropriado antes de ser estocados em um dispositivo exclusivo para resíduos de drogas de risco. Tal acondicionamento deve ser mantido dentro de um suporte (recipiente) com tampa e claramente identificado como "Descarte Exclusivo para Drogas de Risco". Pelo menos um recipiente tem de ser mantido nas áreas de preparação ou administração das drogas de risco, em local determinado. O acondicionamento interno, quando alcançar o volume adequado para descarte, deve ser selado e transferido para um contêiner externo, em área adequada, e transportado por pessoal treinado e paramentado.

O descarte de resíduos das drogas de risco, assim como dos demais resíduos hospitalares, deve ser realizado obedecendo à legislação federal, estadual ou municipal, descritas no Capítulo 16. Informações adicionais da Environmental Protection Agency (EPA) regulamentam o descarte das seguintes drogas de risco como geradores de resíduos perigosos: clorambucil, ciclofosfamida, daunomicina, melfalano, mitomicina C, estreptozotocina e mostarda uracila[51]. Porém, de forma prudente, toda a categoria dos agentes antineoplásicos deve ser manuseada como geradores de resíduo tóxico, de forma que evite a exposição humana e ambiental a ela. Os procedimentos adequados para lidar com o descarte de agentes potencialmente tóxicos, como a incineração e os aterros, ainda não foram muito estudados.

O desenvolvimento de uma estratégia para o descarte desses agentes que apresente a devida exiguidade, legalidade e segurança constitui um desafio que pode ser alcançado, pelo menos em parte, com as seguintes recomendações, segundo a OSHA:

- Identificar o tipo e o volume do resíduo gerado.
- Contatar o órgão oficial responsável pelo meio ambiente ou o órgão de segurança e informá-lo sobre a geração de um resíduo tóxico.
- Comunicar outras instituições e questioná-las quanto aos procedimentos usados para o descarte do resíduo.
- Contatar as autoridades locais e estaduais para a adequação às exigências e para a obtenção dos nomes dos manipuladores licenciados, dos transportadores e dos receptores dos resíduos.
- Avaliar a exequibilidade das várias opções de descarte.

Algumas das opções empregadas incluem o descarte do resíduo diretamente na rede sanitária. Tal opção, simples e exequível, apresenta restrições. O impacto dessas substâncias no ambiente, por exemplo, não é totalmente conhecido e, em consequência, deve ser considerado inaceitável, uma vez que abrange um problema de saúde pública e considerações legais, incluindo as que afetam o meio ambiente. Além disso, tal procedimento perpetua o mau hábito de derramar substâncias químicas de forma irrestrita na rede sanitária. O descarte de material tóxico em aterro sanitário pode expor seres humanos e animais a contaminações. Ademais, tais resíduos não são aceitos pelos aterros oficiais e por comunidades locais. Portanto, não é desejável pelos mesmos motivos já descritos, ou seja, em decorrência do desconhecimento dos impactos de tal procedimento no meio ambiente.

Ao considerar as condições adotadas pela unidade que se propõe a efetuar o descarte internamente, seja ela uma indústria, uma clínica, um hospital ou uma farmácia, é preciso ponderar a necessidade de procedimentos descritos que assegurem a eficácia do processo de inativação e assegurem que os produtos derivados não apresentem riscos elevados, além de atender ao requisito legal para exercer a atividade[52]. O processo de inativação interna à unidade também requer providências relativas à segurança do profissional envolvido na condução dos procedimentos de descarte. A situação que pode resultar dessa opção refere-se à possibilidade de que venha a gerar maior volume de resíduos do que o inicial.

A incineração consiste em um recurso interessante, porém requer a aquisição de informações relativas à combustão das substâncias submetidas ao processo, assim como considerações que incluam soluções com referência aos gases e aos odores originados. O tratamento térmico normalmente permite a completa degradação da substância, além da redução do volume do material, porém estudos complementares são necessários para determinar a toxicidade e a mutagenicidade dos produtos de decomposição originados. No caso de incineradores específicos para resíduos perigosos, em local apropriado e externo à unidade, o volume a ser incinerado pode não sofrer restrições. Contudo, uma triagem rigorosa deve ser realizada com o objetivo de assegurar a ausência de riscos intrínsecos. Essa opção pode apresentar custo elevado, podendo ser considerado fator limitante.

Outra opção refere-se à simples estocagem do material de descarte, mas o acúmulo de substâncias tóxicas oferece risco elevado. Tal opção é exequível, porém não é desejável, uma vez que simplesmente adia a solução final. A alternativa permitida pela EPA refere-se à instalação de aterro químico de segurança em local interno nas instalações consideradas. Como se trata de estocagem no interior da terra, a destruição desses materiais pelo meio ambiente é desconhecida, porém pode ser adequada para quantidades pequenas a moderadas de resíduos. O impacto dessa opção em resíduos químicos que formam vapor é mínimo[51].

Quanto ao processo esterilizante, o óxido de etileno puro ou na forma de misturas pode ser convertido a etilenoglicol por meio de hidrólise. A razão da hidrólise é acelerada em condições de acidez ou alcalinidade. Em geral, a hidrólise é efetuada em condição de extrema acidez, com o intuito de obter conversões eficientes[53]. Outra questão relativa às misturas esterilizantes refere-se às que contêm clorofluorcarbono 12 (CFC). Tais compostos foram associados à depleção da camada de ozônio e, portanto, foi sugerida sua substituição por gases que apresentem características melhores com relação a esse aspecto[54]. As demais substâncias, empregadas na manipulação e no controle de medicamentos, correlatos e cosméticos, devem ser descartadas segundo as recomendações descritas no Capítulo 6.

INATIVAÇÃO QUÍMICA DE DROGAS DE RISCO

Embora o mecanismo de remoção rápida e eficiente de resíduos de drogas de risco consista na limpeza do derramamento, sua inativação química também precisa ser considerada, devendo-se respeitar nesta tarefa informações técnicas específicas conforme as fornecidas no Quadro 2. Agentes como idarrubicina, doxorrubicina, epirubicina, pirarubicina, aclarubicina, daunorrubicina e substâncias antracíclicas podem ser inativadas empregando-se soluções de hipoclorito de sódio a 5,25% (p/v), peróxido de hidrogênio a 30% ou solução de cloreto ferroso di-hidratado 0,3 g em 10 mL de peróxido de hidrogênio a 30%. A eficiência desses procedimentos foi comprovada empregando cromatografia líquida de alta eficiência, para a caracterização da degradação química, e o teste de Ames, para a avaliação do efeito mutagênico das substâncias submetidas à oxidação. As preparações utilizadas nas avaliações foram aquelas com maior concentração de uso e em solução de cloreto de sódio a 0,9% (p/v) ou dextrose a 5% (p/v)[52]. O intervalo de tempo necessário para a inativação (v/v), por oxidação, de cada um dos inativantes foi no mínimo de uma hora. A completa degradação em resíduos não mutagênicos para todos os compostos testados foi observada após uma hora com o hipoclorito de sódio a 5,25% (p/v).

Outra técnica, igualmente validada, para a descontaminação e destruição de doxorrubicina e daunorrubicina consiste em utilizar solução de permanganato de potássio a 0,3 M em ácido sulfúrico 3 M[55]. Comparando-se os diferentes agentes inativantes que evidenciam eficácia, o hipoclorito de sódio apresenta vantagens relacionadas a seu custo e praticidade, embora a solução de permanganato de sódio também seja recomendada pelo fabricante. Este último apresenta como principal desvantagem a característica de tingir objetos e superfícies na cor púrpura amarronzada[56]. Soluções de ácido sulfúrico e fosfato trissódico a 10% também são utilizadas, respectivamente, para a dacarbazina e plicamicina.

Nenhuma indicação define a quantidade necessária de agente neutralizante a ser utilizado em derramamentos. Excetuando-se os procedimentos específicos como o caso da daunorrubicina, que deverá ser neutralizada com quantidade suficiente de inativante (Quadro 2) para o total desaparecimento da cor da substância, não há qualquer referência oficial quanto ao volume a ser empregado. Normalmente utiliza-se a razão 1:1, embora o emprego de ativo em proporção maior seja recomendado no caso de derramamentos de elevados volumes ou de soluções concentradas[56].

REMOÇÃO DE DERRAMAMENTOS ACIDENTAIS DE DROGAS DE RISCO

Derramamentos ou liberações inadvertidas de drogas de risco podem expor o elemento humano a elevadas concentrações de substâncias com elevado risco intrínseco. Dessa forma, todos devem estar adequadamente treinados e equipados para executar os procedimentos adotados com o objetivo de minimizar as exposições decorrentes de tal situação.

A eventual contaminação dos EPI, assim como diretamente da pele ou dos olhos, causa preocupação com o elemento humano envolvido. Nesse caso, os seguintes procedimentos gerais, segundo as normas da OSHA, devem ser seguidos:

- Remover imediatamente as luvas e vestimentas.
- Lavar imediatamente a área contaminada com sabão e água.

QUADRO 2 Informações gerais para manuseio e descarte de drogas de risco

Drogas de risco	Características
Asparaginase	Solúvel em água, praticamente insolúvel em metanol, clorofórmio e acetona.
Carmustina	p.f. 30-32°C; pó e líquido são estáveis; maior estabilidade em éter de petróleo e em solução aquosa em pH 4; DL 50 (mg/kg): 19-25 oral[1]; 26 i.p.[1]; 24 s.c.[1]; 30-34 oral[2]; lipossolúvel, solubilidade em água: 4 mg/mL, solubilidade em etanol a 50%: 150 mg/mL.
Cisplatina	DL 50 (mg/kg): 9,7 i.p.[3] solubilidade em água: 0,253 g/100 g a 25°C; insolúvel na maioria dos solventes.
Clorambucil	p.f. 64-66°C; DL 50(m mole/kg): 58,2 i.p.[2]; solúvel em éter, em 1,5 parte de álcool, em 2,5 partes de clorofórmio e em 2 partes de acetona; praticamente insolúvel em água.
Dacarbazina	p.f. 205°C; estável em pH neutro e ausência de luz. Inativante: ácido sulfúrico (A).
Dactinomicina	Soluções diluídas são muito sensíveis à luz; DL 50 (mg/kg): 13,0 oral[1], 7,2 oral[2]; solúvel em álcool e propilenoglicol. Inativante: fosfato trissódico a 5% (p/v).
Daunorrubicina	Coloração em soluções aquosas altera de rosa em pH ácido para azul em pH alcalino; DL 50 (mg/kg): 26 i.v.[1]; solúvel em água, metanol; praticamente insolúvel em clorofórmio, éter e benzeno. Inativante: hipoclorito de sódio a 5% (p/v) (B).
Doxorrubicina	p.f. 204-205°C; alteração de cor em função do pH*, DL 50 (mg/kg): 21,1 i.v.[1]; solúvel em água e metanol; praticamente insolúvel em acetona, benzeno e clorofórmio. Inativante: hipoclorito de sódio a 5% (p/v).
Lomustina	p.f. 90°C; DL 50 (mg/kg): 51 oral[4], 56 i.p.[4], 61 s.c.[4]; solúvel em clorofórmio, etanol e acetona; solubilidade em água, NaOH 0,1N, HCl 0,1N ou etanol a 10%: < 0,05 mg/mL.
Mecloretamina	p.f. 109-111°C; DL 50 (mg/kg) 1,1 i.v.[2]; 1,9 s.c.[2]; altamente solúvel em água, solúvel em álcool. Inativante: tiossulfato de sódio ou bicarbonato de sódio a 5% (p/v) (C).
Metotrexato	Decompõe-se em solução alcalina; DL 50 (mg/kg): 14 i.v.[2].
Mitomicina C	DL 50 (mg/kg): 5 i.v.[2]; solúvel em água, metanol e ciclo-hexano, levemente solúvel em benzeno e tetracloreto de carbono; praticamente insolúvel em éter de petróleo. Inativante: hipoclorito de sódio a 5% (p/v) ou permanganato de potássio a 1% (p/v).
Plicamicina	p.f. 180-183°C; DL 50 (mg/kg): 2,14 i.v.[1]; 1,74 i.v.[2]; solúvel em acetona, etil acetato e água, moderadamente solúvel em clorofórmio e levemente solúvel em éter e benzeno. Inativante: fosfato trissódico a 10% (p/v) (A).
Procarbazina	p.f. 223-226°C; DL 50 785 ± 34 mg/kg oral[2].
Vimblastina	p.f. 211-216°C; DL 50 (mg/kg): 9,5 i.v.[1]; muito pouco solúvel em etanol, praticamente insolúvel em éter; uma parte é solúvel em 10 partes de água e em 50 partes de clorofórmio.
Vincristina	p.f. 218-220°C; DL 50 (mg/kg): 5,2 i.p.[1]

i.v.: intravenosa; i.p.: intraperitoneal; s.c.: subcutânea; p.f.: ponto de fusão. [1] Camundongo; [2] Camundongo macho; [3] Cobaia; [4] Rato.
[A] O fabricante recomenda que o agente inativante permaneça em contato com o agente por 24 horas, e enxágue subsequente com elevada quantidade de água.
[B] Adicionar quantidade suficiente para obter líquido incolor. [D] Incompatível com agentes fortemente oxidantes.
* Em soluções aquosas: sob pH ácido coloração amarelo-alaranjada; pH neutro, vermelho-alaranjado; pH > 9, azul-violeta. A solução aquosa não é alterada após um mês a 5°C, mas é instável em temperaturas elevadas ou em um pH ácido ou alcalino.

- Imergir o olho contaminado em um lavador de olhos com água ou solução isotônica por um período não inferior a 15 minutos.
- Obter atenção médica que inclui avaliações de risco de inalação especialmente no caso de acidentes que envolvam substâncias de risco na forma de pó e documentar a exposição de forma apropriada.

A remoção e a limpeza de derramamentos de volumes inferiores a 5 mL ou mg em superfícies externas à capela de biossegurança devem ser efetuadas imediatamente, por pessoal usando aventais, pares duplos de luvas e máscara facial. Um respirador apropriado, de preferência aprovado por órgão competente como o NIOSH, deve ser usado para pós ou líquidos, em função da possibilidade da formação de suspensões dessas substâncias no ar. Para líquidos, deve-se utilizar gaze ou outro dispositivo absorvente, enquanto para sólidos, gaze absorvente umedecida ou procedimento similar. A área afetada deve ser limpa três vezes empregando solução de detergente e, em seguida, enxaguada com água. Os fragmentos de vidro têm de ser removidos com uma pequena pá, nunca com as mãos, e colocados em recipientes apropriados para materiais perfurocortantes. Esses recipientes devem ser transferidos para receptáculo (material polimérico rígido) apropriado para acondicionar resíduos e materiais que contenham resíduos de substâncias de risco.

Materiais contaminados reutilizáveis como óculos de segurança devem ser lavados duas vezes com detergente por funcionário devidamente treinado, protegido por duplo par de luvas e avental.

No caso de derramamentos de volumes acima de 5 mL ou 5 mg, deve-se evitar a área e a geração de aerossóis. O espalhamento deve ser contido empregando-se folhas absorventes ou similares, com a finalidade de cobrir o líquido. Se houver acidentes que envolvam pós, devem ser utilizados toalhas ou quaisquer outros materiais absorventes e umedecidos para a remoção do resíduo. Equipamentos de proteção individual, incluindo respiradores adequados, têm de ser empregados no caso de suspeita de suspensão de pós no ar ou de material volátil. Nesse caso, a inativação química deve ser evitada, pois consiste em um processo complexo que requer conhecimento e treinamento especializados. Existem procedimentos validados para a inativação de agentes específicos, como relatado anteriormente[52,55,56], porém eles variam de uma substância para outra e podem ser impraticáveis para pequenos volumes. Outro possível problema originado do contato entre a substância contaminante e outras substâncias químicas decorre de reações entre elas, gerando outros possíveis agentes tóxicos. Além disso, muitos dos inativantes químicos são substâncias igualmente tóxicas e perigosas[51].

Em derramamentos considerados de grande extensão em cabines de segurança biológica (volume total de um frasco, independentemente do volume, ou volume superior a 150 mL), após a limpeza com detergente neutro, deve ser realizada a descontaminação. Caso o filtro HEPA apresente contaminação, todo o equipamento tem de ser selado com material polimérico até a troca do filtro. Este então deverá ser descartado de forma apropriada, por pessoal treinado usando equipamentos de proteção adequados. Antes da limpeza, equipamentos e vestimentas apropriados têm de ser utilizados. As folhas absorventes usadas na limpeza devem ser incineradas, enquanto os óculos de proteção e respiradores devem ser limpos antes e depois de sua utilização, empregando detergente neutro e água.

A manutenção de *kit* específico para situações que envolvem extravasamento ou derramamento de substâncias de risco é altamente recomendável. Ele pode ser constituído de uma caixa de material plástico e conter no seu interior os seguintes itens: máscara facial, dois pares de luvas cirúrgicas, luvas para limpeza, um avental com baixa permeabilidade, duas folhas de papel absorvente na dimensão de aproximadamente 30 × 30 cm, dois frascos com volumes de 250 mL e 1 L, um recipiente para objetos perfurocortantes, uma pequena pá para coleta de fragmentos de vidro e dois receptáculos grandes, específicos para descarte de drogas de risco[9,57].

ARMAZENAMENTO E TRANSPORTE DE DROGAS DE RISCO

As substâncias de risco devem ser acondicionadas em recipientes adequados (material polimérico rígido), lacradas e identificadas corretamente e transportadas em contêineres apropriados para evitar a quebra dos recipientes. O pessoal envolvido no transporte deve ser treinado quanto a procedimentos de derramamentos, isolamento de áreas contaminadas e acionamento de assistência apropriada. O recebimento do material também deve ser feito por pessoal devidamente treinado. Evidências de destruição, ruptura ou falta de integridade do material empregado para a segurança no transporte indica o estabelecimento de procedimentos de recebimento específicos. Equipamentos de proteção e dispositivos para descarte de drogas de risco devem ser mantidos nas áreas de recebimento.

Drogas de risco acondicionadas em embalagens danificadas têm de ser examinadas em áreas isoladas ou em cabine de segurança biológica, empregando pares duplos de luvas, paramentação apropriada, óculos de proteção e respiradores adequados. Todo o pessoal envolvido deve estar devidamente treinado para processar possíveis unidades quebradas. Frascos quebrados e material de embalagem contaminado serão transferidos para um recipiente destinado exclusivamente a resíduos perfurocortantes. Após lacrado, ele deverá ser transferido para os recipientes de descarte de drogas de risco. Tais recipientes devem ser então colocados em receptáculos específicos, devidamente identificados como resíduo de drogas de risco[9].

O acesso às áreas de armazenamento de substâncias de risco deve ser limitado ao pessoal autorizado, com sinalização de acesso restrito na entrada. Os procedimentos que visam a orientar sobre situações de acidentes potenciais com derramamentos em superfícies ou contato com a pele, mucosa ou olhos devem ser facilmente acessados pelo pessoal autorizado. Os contêineres, assim como as prateleiras destinadas ao armazenamento de drogas de risco, devem ser adequadamente identificados, com rótulo que contenha aviso de precaução e cuidados no manuseio.

Os demais produtos biológicos e químicos estão apresentados nos Capítulos 5 e 6 no que se refere ao armazenamento e ao transporte.

GUIA PARA MANIPULAÇÃO DE DROGAS DE RISCO

Como descrito anteriormente, as principais rotas de exposição durante a preparação de substâncias de risco são a inalação de aerossóis e o contato direto com a pele. Dessa forma, o uso de técnicas adequadas, de equipamentos de proteção e de cabine de segurança biológica na manipulação de drogas de risco constituem medidas eficazes no que se refere à segurança do profissional potencialmente exposto.

No caso específico de drogas de risco, recomendações que visam a alcançar condições ideais de trabalho são exaustivamente discutidas e apresentadas por órgãos oficiais ou por instituições não governamentais, como é o caso do National Institutes of Health (NIH), ASHP e OSHA. Tais recomendações baseiam-se em critérios de avaliação organizados em quatro grupos e, após desenvolvimento adequado, fundamentam o programa de garantia de qualidade.

O primeiro grupo de informações refere-se à proteção e segurança do material da embalagem das drogas de risco, com o objetivo de minimizar acidentes e, consequentemente, a exposição de profissionais e demais pessoas envolvidas. O segundo abrange aspectos de treinamento das práticas seguras de manipulação das drogas de risco na prevenção da exposição a essas substâncias.

As técnicas para prevenir a liberação das drogas de risco no ambiente durante sua manipulação são enfatizadas no terceiro grupo. O último grupo de informações consiste em orientações para minimizar riscos decorrentes da ingestão, da inalação e do contato dessas substâncias com a pele[9]. Além de possibilitarem o completo desenvolvimento do programa de qualidade, disponibilizado pelo ASHP, algumas recomendações podem ser consideradas úteis por apresentarem conteúdo prático e de rápida assimilação pelos profissionais envolvidos. Sendo assim, algumas considerações relacionadas à preparação de drogas antineoplásicas injetáveis podem ser descritas da seguinte forma[44].

- Todos os procedimentos que envolvem a manipulação de drogas de risco devem ser efetuados empregando-se, no mínimo, cabine de segurança biológica classe II tipo A, porém, sempre que possível deve-se empregar classe II tipo B em função da exaustão do ar para uma área externa.
- O usuário da cabine de segurança biológica deve conhecer as características técnicas do equipamento, assim como as condições para seu perfeito funcionamento. O número de operações realizadas dentro do equipamento e de materiais contidos no seu interior precisa ser compatível com seu tamanho.
- A superfície de trabalho da cabine de segurança biológica deve ser provida de revestimento em material com face superior absorvente e face inferior impermeável.
- As técnicas assépticas devem ser rigorosamente adotadas com a finalidade de preservar as características de qualidade sanitária exigidas para o produto, no caso específico de drogas injetáveis, a esterilidade.
- Os profissionais envolvidos na preparação de drogas de risco têm de utilizar luvas cirúrgicas, de preferência pares duplos, e avental com frente fechada e punhos. Os aventais podem ser descartáveis (se não houver uma sala limpa) ou laváveis. O avental e as luvas devem ser removidos assim que contaminados. No caso de contato acidental da droga com a pele, a área atingida deve ser lavada com água e sabão. Se ocorrer contaminação na região dos olhos, a região deve ser lavada com água em abundância.
- Durante a remoção de um produto acondicionado em ampola ou frasco-ampola, deve-se envolver cuidadosamente a parte superior da ampola em algodão umedecido com álcool, objetivando a contenção de possíveis extravasamentos da droga. É necessário utilizar uma técnica similar nos procedimentos de eliminação do ar contido na seringa que possui drogas de risco. Além da contenção de possíveis extravasamentos, tal técnica previne a formação de aerossol.
- A pressão interna de frascos com droga liofilizada deve ser minimizada para prevenir a suspensão de pó no ambiente de trabalho.
- A superfície externa de seringas e demais dispositivos devem ser limpos, com a finalidade de evitar quaisquer contaminações no produto.
- Deve-se evitar a autoinoculação nos procedimentos que envolvem agulhas.
- É recomendado envolver com algodão umedecido em álcool a parte superior da ampola de vidro, ao abri-la. Tal procedimento, além de prevenir a liberação da droga para o ambiente, protege os dedos de possíveis lesões decorrentes de acidentes com a superfície do vidro.
- Seringas e frascos para administração endovenosa com drogas antineoplásicas devem ser adequadamente identificados e datados. Quando liberados para administração, deve-se elaborar um rótulo adicional empregando a seguinte frase: "Cuidado – Quimioterápico – Descartar Adequadamente".
- Recomenda-se limpar a parte interna da cabine de segurança biológica com álcool a 70% empregando

dispositivo descartável, após completar todas as operações de manipulação do produto.

- Agulhas, seringas, frascos, luvas, papel absorvente, gaze etc. empregados no decorrer da preparação da droga e na limpeza de equipamentos têm de ser transferidos para um recipiente que contenha receptáculo plástico, apropriadamente identificado, selado e conduzido à incineração. As agulhas devem ser acondicionadas no dispositivo protetor, evitando dessa forma contaminações. Aventais não descartáveis têm de ser conduzidos à lavanderia de acordo com o procedimento específico.
- As mãos devem ser lavadas após a remoção das luvas. A utilização de luvas não substitui a higienização das mãos.
- Resíduos de drogas antineoplásicas devem ser considerados de forma semelhante ao lixo químico e descartados segundo a legislação vigente.
- Somente profissionais treinados podem manipular drogas antineoplásicas. O treinamento deve ser oferecido a profissionais recém-admitidos, assim como a profissionais anteriormente treinados, objetivando sua reciclagem. A segurança na manipulação precisa ser enfatizada no treinamento.

De forma similar, as recomendações do NIH são resumidas a seguir, permitindo constatar uniformidade entre as opiniões relativas aos procedimentos para a manipulação segura de drogas antineoplásicas.

- A reconstituição da droga deve ser feita em cabine de segurança biológica classe II.
- A exaustão, se possível, deve ser efetuada para uma área externa.
- A superfície de trabalho da câmara tem de ser coberta com material plástico com face inferior absorvente, para absorver possíveis derramamentos. O papel deve ser removido após cada período de trabalho.
- O pessoal tem de usar luvas cirúrgicas e avental fechado na frente, com punho.
- Todos os frascos com drogas reconstituídas devem ser manuseados de forma que a pressão interna seja reduzida.
- Deve ser usado algodão estéril umedecido com álcool, para envolver a agulha e a parte superior do frasco durante a retirada de alíquota pelo septo. Quando eliminadas as bolhas das seringas, as agulhas têm de ser cobertas com algodão estéril umedecido com álcool.
- A superfície exterior da seringa e os frascos devem ser limpos de qualquer resíduo da droga.
- Ao abrir uma ampola de vidro, a parte superior destacada deve ser envolvida com algodão estéril umedecido com álcool para conter a geração de aerossol da droga.
- Seringas e frascos devem ser adequadamente rotulados, incluindo a advertência para descarte apropriado.
- A cabine de segurança tem de ser limpa com álcool a 70% empregando toalha descartável (específicas para áreas limpas).
- Seringas contaminadas devem ser descartadas íntegras, para prevenir a geração de aerossol. Todo material contaminado, frascos, luvas, papéis absorventes, aventais descartáveis, gazes e outros materiais devem ser colocados em dispositivo adequado e incinerados.
- As mãos têm de ser lavadas após a remoção das luvas.
- Resíduos de drogas antineoplásicas devem ser descartados de acordo com as exigências legais aplicáveis a substâncias químicas tóxicas.

Riscos de produtos obtidos por nanotecnologias

Apesar de não existir regulamentação específica para a manipulação de produtos obtidos por meio das nanotecnologias, os riscos ocupacionais devem sempre ser minimizados com o uso de EPI e equipamentos de proteção coletiva (EPC), visando eliminar ou, pelo menos, reduzir o risco de exposição às nanopartículas. Com referência a proteção respiratória, os respiradores com filtros P2 e P3 apresentaram eficiência de 99,8 e 99,99% na retenção de nanopartículas menores que 100 nm. Esse estudo foi conduzido pelo Instituto da Sociedade Cooperativa Profissional da Segurança e Saúde Ocupacional, na Alemanha[58,59]. Outro estudo, conduzido pelo Instituto Nacional de Segurança e Saúde Ocupacional dos Estados Unidos[60,61], comprovou a eficiência, dentro do nível exigido, dos respiradores faciais N95 (equivale aos filtros classe P2) e P100 contra nanopartículas com diâmetro médio entre 4 e 30 nm.

Recurso adicional para a proteção dos operadores refere-se às salas limpas e aos isoladores, tecnologias utilizadas na indústria farmacêutica para a produção de medicamentos estéreis. Essas tecnologias utilizam filtros de alta eficiência (HEPA e ULPA) para a remoção de partículas do ar. Os filtros HEPA removem, com 99,97% de eficiência, as partículas do ar, com tamanho igual ou maior a 300 nm. Os filtros ULPA apresentam eficiência de 99,999% na remoção de partículas iguais ou maiores que 120 nm[62]. No caso dos isoladores, esses equipamentos são destinados a confinar ou isolar um processo considerado de alto risco de segurança para o produto, para o operador ou para o ambiente. Esses ambientes são hermeticamente fechados e são utilizados em processos críticos quando cuidados extremos são necessários para a proteção do operador[63]. Para o controle desses ambientes são utilizados os contadores de partículas. Esses contadores podem efetuar contagem de partículas de até 100 nm[64].

As salas limpas, os isoladores e os respiradores foram mencionados apenas como exemplos de tecnologias disponíveis, com potencial uso na proteção contra os riscos ocupacionais, associados às nanopartículas.

Nem todas as nanoestruturas apresentam risco ocupacional elevado. Para entender quais são aquelas que apresentam maiores riscos, características como a composição química, o tamanho, a distribuição do tamanho, a forma, o potencial zeta, entre outras, devem ser cuidadosamente avaliadas. O estudo da toxicidade das nanoestruturas tem sido tema de inúmeros trabalhos[65]. Além disso, as vias de entrada devem ser consideradas na avaliação dos riscos, em especial, a via cutânea (por contato direto com a pele) e a respiratória.

As nanoestruturas de diferentes tamanhos podem apresentar riscos para o sistema respiratório. Nesse caso, o contato com as matérias-primas nanoestruturadas, no estado sólido (na forma de pó), deve ser feito com o mesmo cuidado utilizado atualmente em relação aos antibióticos, hormônios, medicamentos altamente potentes e citostáticos.

Assim, a produção de comprimidos, cápsulas e outras formas farmacêuticas sólidas pode apresentar maior risco quando comparada à produção dos nanomedicamentos semissólidos (os cremes, as loções etc.) e na forma líquida (xaropes, soluções etc). Nestas últimas formas farmacêuticas, o risco é menor por se tratar de formas líquidas ou semilíquidas, que não liberam o material particulado no ambiente.

As nanopartículas com diâmetro médio até 100 nm podem se depositar em todo o sistema respiratório. Porém, aquelas com aproximadamente 10 nm se depositam preferencialmente na região da traqueia e dos brônquios, e as que possuem diâmetro médio entre 10 e 20 nm, na região alveolar. Nas vias áreas superiores (fossas nasais, faringe e laringe) se depositam preferencialmente as nanopartículas com 20 nm[66].

O risco oriundo do contato das nanoestruturas com a pele também depende das características de cada nanoestrutura. Estudos demonstraram que as nanopartículas, com carga elétrica superficial positiva ou neutra, (diâmetro médio aproximado entre 50 e 500 nm) têm dificuldade para atravessar a pele íntegra. Mas as nanopartículas negativas conseguem[67,68]. Isso demonstra que além do tamanho médio, outras características como a composição e a carga elétrica da superfície são importantes quando se avalia a segurança dessas nanoestruturas para uso na epiderme. As luvas nitrílicas ou de látex podem ser usadas para a proteção das mãos, no manuseio de nanomateriais[69,70].

TREINAMENTO PRÁTICO PARA A MANIPULAÇÃO DE DROGAS DE RISCO

A manipulação de drogas de risco requer habilidade e conhecimento técnico específico, adquirido por meio de treinamento teórico e prático. Tal treinamento deve ser ministrado periodicamente, devendo ser mantidos registros que evidenciem seu conteúdo. Após o treinamento, o profissional deve ser avaliado quanto às questões referentes ao conhecimento teórico e à habilidade prática, com o intuito de constatar sua competência para o exercício da função[8]. As avaliações podem ser realizadas por meio da observação direta da execução de determinado trabalho. Outro recurso consiste na simulação de um procedimento específico a ser avaliado, empregando-se solução com substância fluorescente sob luz ultravioleta, por exemplo, quinina. Após a execução, constata-se a eficácia da técnica pela observação de possíveis derramamentos oriundos de manipulação imprópria[3]. O conteúdo do treinamento deve abranger vários aspectos, visando, entre outros objetivos, aprimorar a habilidade técnica do profissional, atualizar as informações relativas ao assunto e reavaliar, atualizar ou elaborar procedimentos específicos que contribuam para a segurança dos profissionais expostos a drogas de risco. Dessa forma, o roteiro básico para o desenvolvimento de treinamento pode ser alcançado abordando os seguintes itens[71]:

- Importância da adequada manipulação das drogas de risco: apresentar as razões para a completa adesão aos procedimentos, informar os perigos associados à exposição às drogas de risco e apresentar literatura que aborde procedimentos de segurança.
- Identificação e estocagem das drogas de risco: apresentar lista de substâncias designadas como drogas de risco segundo a International Agency for Research on Cancer (IARC), OSHA, ASHP ou outro órgão; descrever e apresentar embalagem adequada e segura para as drogas de risco; descrever os procedimentos no caso de embalagem danificada; explicar por que são necessárias áreas separadas para a estocagem dessas substâncias; e descrever como tais áreas devem ser identificadas.
- Equipamentos de segurança: demonstrar o correto uso de aventais, luvas e máscaras faciais e explicar a função de cada equipamento de segurança.
- Preparação de drogas de risco: apresentar os principais procedimentos para a manipulação de drogas de risco e demonstrar a técnica apropriada para prevenir

a contaminação na reconstituição de produtos, em especial a forma para a remoção do produto acondicionado em frasco-ampola ou ampolas, assim como a forma adequada para a quebra de ampolas e demais procedimentos de rotina. Descrever a função dos tapetes absorventes e do material umedecido com álcool. Além disso, descrever as exigências para a adequada rotulagem de frascos que contenham drogas de risco.

- Utilização das cabines de segurança biológica: descrever os tipos de cabine e os métodos de ventilação para cada equipamento, demonstrar os procedimentos para sua limpeza e descontaminação, informar a frequência da manutenção preventiva e da inspeção do equipamento e apresentar os principais testes executados pelo programa de inspeção.
- Descarte de drogas de risco: demonstrar o uso adequado de contêineres para o descarte de agulhas, de receptáculo para resíduos de drogas de risco e demais dispositivos empregados para o descarte dessas substâncias. Descrever a identificação adequada para os recipientes, contêineres, caixas etc. para o descarte das drogas de risco.
- Derramamento acidental de drogas de risco, incluindo os casos de quebra de frascos: descrever e demonstrar o procedimento para conter e limpar o derramamento e o modo adequado para a utilização do *kit* específico para tal situação. Explicar os casos em que o pessoal da limpeza deve ser acionado.
- Contato ou exposição acidental com drogas de risco: descrever o procedimento para a descontaminação da região exposta, apresentar lista de reagentes adequados para a descontaminação, informar a exata localização de lavadores de olhos e descrever as circunstâncias nas quais o profissional deve procurar assistência médica e contatos de emergência.
- Informações relativas ao comportamento do funcionário nas áreas de manipulação: comunicar a proibição de ingestão de líquidos, alimentação ou estocagem de alimentos na área de manipulação ou próxima à preparação. A utilização de cosméticos também deve ser proibida.
- Programa de vigilância médica: descrever os propósitos desse programa.

PROGRAMA DE VIGILÂNCIA MÉDICA

Os trabalhadores potencialmente expostos a drogas de risco devem ser monitorados por meio de um programa de vigilância médica com a finalidade de prevenir doença ocupacional. O programa visa a identificar preventivamente efeitos biológicos reversíveis, de tal forma que a exposição possa ser reduzida ou eliminada antes de apresentar prejuízos efetivos à saúde. A ocorrência de disfunções e efeitos adversos relacionados à exposição deve ser imediatamente avaliada. As medidas preventivas, como controles dos equipamentos e uso de equipamentos de proteção individual, devem ser avaliadas. Para detecção e controle de efeitos relacionados à exposição ocupacional, as avaliações médicas devem ser realizadas na admissão do profissional na função específica, periodicamente no decorrer do exercício de sua função, após exposições agudas aos agentes e na ocasião de seu afastamento permanente. Tais informações devem ser analisadas de forma sistematizada para permitir a detecção preventiva de doenças no grupo de profissionais, ou individualmente[3].

Na admissão, a avaliação inicial consiste em um registro histórico efetuado por meio de um questionário detalhado que solicita informações como histórico ocupacional anterior, incluindo informações sobre a extensão de exposição no passado e histórico social, familiar e médico, entre outros. Quanto ao histórico médico, informações sobre situações de gravidez e disfunções anteriores como tumores malignos, distúrbios hepáticos e alterações no sangue devem ser pesquisadas. Além do registro dessas informações, deve-se proceder a exame físico completo enfatizando a pele, a mucosa, os sistemas cardiopulmonares e linfáticos e fígado, além de exames laboratoriais em amostras de sangue e urina. Nessa ocasião, deve também ser fornecida ao profissional informação relativa à intensidade de exposição a que será exposto no decorrer da execução de suas tarefas, à descrição e ao correto uso dos equipamentos de proteção individual. Tais informações podem ser obtidas das avaliações ambientais, quando realizadas. As quantidades e o tipo de droga manipulada, o número de horas de manipulação e o número de preparações por semana devem ser registrados no prontuário médico do paciente[46].

Os exames periódicos devem ser cuidadosamente documentados, assim como qualquer situação de exposição aguda. Os exames físicos e laboratoriais devem seguir o mesmo procedimento do exame admissional. Os exames após exposição aguda devem ser avaliados por meio de relatórios que descrevam o incidente e sua extensão. Os exames serão realizados considerando o risco e a droga envolvida nos outros órgãos e sistemas expostos. Assim, incidentes com envolvimento de drogas citotóxicas requerem, entre outros procedimentos, avaliações da pele e mucosas, e para drogas de risco em aerossol, o sistema pulmonar tem de ser examinado. O exame demissional deve completar o histórico médico do profissional exposto, incluindo relatos de gravidez, quando pertinente. O procedimento para as avaliações que empregam exames físicos e laboratoriais deve ser realizado da mesma forma que os exames admissional e periódico. Uma base de dados confidencial deve ser mantida com informações relativas ao histórico médico e a problemas na gravidez, como aborto espontâneo e malformação congênita associada à exposição, com a finalidade de facilitar o estudo epidemiológico.

Embora a implementação do programa de vigilância médica seja fundamental, um estudo baseado em respostas relativas a um questionário enviado a profissionais farmacêuticos revelou que apenas 28% dos entrevistados relataram que a empresa apresentava programa de vigilância médica[72].

CONSIDERAÇÕES FINAIS

A questão pertinente à biossegurança, quando se compara o grupo de produtos que justificaram o presente capítulo, certamente tem o grupo de cosméticos como o que gera menor incidência de preocupação. A leitura de todo o texto, exceto por questões generalistas, em nenhum momento remeteu particularmente aos cosméticos, ou, abrangendo melhor os produtos de higiene pessoal, cosméticos e perfumes. Deve-se pensar, entretanto, no emprego de hormônios, vitaminas e tantos outros componentes com atividade biológica na formulação dos cosméticos atuais. Pensando nos cosméticos, deve-se também pensar em solventes tóxicos usados na fabricação de esmaltes e outros. Assim, não seria admissível a exclusão, neste capítulo, de produtos que o culto ao corpo torna dia a dia mais importantes.

No que tange aos medicamentos, este é o grupo que, com o grande avanço dos produtos antirretrovirais, somando-se a todas as drogas já convencionais ou às inovadoras, representa o item preponderante. Ocupou a maior parte do texto, e em verdade um detalhamento exigiria muito mais para uma abordagem adequada.

Por fim, os correlatos constituem o grupo de maior abrangência. Cresce o número de substâncias orgânicas, enquanto unidade de repetição ou base monomérica, solventes, passando por processamentos das mais distintas tecnologias. E, entre seu vasto campo de aplicações, há a administração de drogas, empregando seringas, equipos, cateteres, sistemas implantáveis providos de *ports*, entre outros. Neste momento, acresce às preocupações inerentes às drogas, antineoplásicas ou não, que impregnam suas paredes e merecem o mesmo tratamento dos medicamentos, a dúvida quanto ao procedimento ideal para poliméricos não biodegradáveis: incineração ou aterro sanitário. E, no segundo caso, a questão pode-se tornar polêmica ao considerar o quimioterápico adsorvido em sua parede.

Essas e outras questões permitiriam muitas outras considerações. Entretanto, a objetividade a que nos propusemos não permite senão reflexões.

REFERÊNCIAS BIBLIOGRÁFICAS

1. Burgess DJ, Reich RR. Industrial ethylene oxide sterilization. In: Morrissey RF, Phillips GB, editors. Sterilization technology: a practical guide for manufactures and users of health care products. Nova York: Morrisey; 1993. p.152-95.
2. American Society of Health-System Pharmacists. ASHP guidelines on handling hazardous drugs. Am J Health-Syst Pharm. 2006;63:1172-93.
3. Occupational Safety & Health Administration (OSHA) Controlling occupational exposure to hazardous drugs. Disponível em: https://www.osha.gov/dts/osta/otm/otm_vi/otm_vi_2.html. Acessado em: 22/04/2016.
4. Doll DC. Aerosolized pentamidine. Lancet. 1989;2:1284-5.
5. Sessink PJM, Bos RP. Drugs hazardous to healthcare workers. Drug Safety. 1999;20(4):347-59.
6. Henderson DK, Gerberding JL. Prophylactic zidovudine after occupational exposure to the human immunodeficiency virus: an interim analysis. J Infectious Diseases. 1989;160:321-7.
7. McLendon BF, Bron BF. Corneal toxicity from vinblastine solution. Br J Ophthalmol. 1978;62:97-9.
8. International Agency for Research on Cancer (IARC). Monographs on the evaluation of the carcinogenic risk of chemicals to man: some aziridines, S-, and O-mustards and selenium. International Agency for Research on Cancer. 1975;9.
9. American Society of Hospital Pharmacists (ASHP). ASHP technical assistance bulletin on handling cytotoxic and hazardous drugs. Am J Hosp Pharm. 1990;47:1033-49.
10. Selevan SG, Lindbohm M, Hornung RW, Hemminki. A study of occupational exposure to antineoplastic drugs and fetal loss in nurses. N Engl J Med. 1985;313(9):1173-7.
11. Stephens JD, Golbus MS, Miller TR, Wilber RR, Epstein CJ. Multiple congenital anomalies in a fetus exposed to 5-fluorouracil during the first trimester. Am J Obstet Gynecol. 1980;137:747-9.
12. Sotaniemi EA, Sutinen S, To AJ, et al. Liver damage in nurses handling cytostatic agents. Acta Med Scand. 1983;214:181-9.
13. Chapman RM. Effect of cytotoxic therapy on sexuality and gonedal function. In: Perry MC, Yarbro JW (eds). Toxicity of chemotherapy. Orlando: Grune & Stratton; 1984. p.343-63.
14. Barnhart ER. Physician's desk reference. Oradell, Nova Jersey: Medical Economics Data; 1991.
15. Harris D. Health problems in the manufacture and use of plastics. Br J Ind Med. 1953;10:255-67.
16. Lillis R, Anderson H, Nickolson WJ. Prevalence of disease among vinyl chloride and polyvinyl chloride workers. Ann N Y Acad Sci. 1975;246:22-41.
17. Bricarello S. Hormônios. In: Zanini AC, Oga S (eds.). Farmacologia aplicada. São Paulo: Atheneu; 1994. p.613-50.
18. Sertié JAA, Basile AC, Silva ACG. Antibióticos e quimioterápicos antimicrobianos. In: Zanini AC, Oga S (eds.). Farmacologia aplicada. São Paulo: Atheneu; 1994.
19. Ames BN, McCann J, Yamasaki E. Methods for detecting carcinogens and mutagens with the Salmonella/mammaliam – microssome mutagenicity test. Mutat Res. 1975;31:347-64.
20. Tuffnell PG, Gannon MT, Dong A, Deboer G, Erlichman C. Limitation of urinary mutagen assays for monitoring occupational exposure to antineoplastic drugs. Am J Hosp Pharm. 1986;43:344-8.

21. Backer R, Arlauskos A, Bonnim A, et al. Detection of mutagenic activity in human urine following fried pork or bacon meals. Cancer Lett. 1982;16:81-9.
22. Bos RP, Leenaars AO, Theuws JLG, et al. Mutagenicity of urine from nurses handling cytostatic drugs: influence of smoking. Int Arch Occup Environ Health. 1982;50:359-69.
23. Everson RB, Ratcliffe JM, Flack PM, Hoffman DM, Watanabe AS. Detection of low levels of urinary mutagen excretion by chemotherapy workers which was not related to occupational drug exposures. Cancer Res. 1985;45:6487-97.
24. Malaveille C, Bartsch H, Barbin A, Camus AM, Montesano AM, Croisky A, et al. Mutagenicity of vinyl chloride, chloroethyleneoxide, chloroacetaldehyde and chloroethanol. Biochem Biophys Res Commun. 1975;63:363-70.
25. Elmore JD, Wong JL, Laumbach AD, Streips UN. Vinyl chloride mutagenicity via the metabolites chlorooxirane and chloroacetaldehyde monomer hydrate. Biochim Biophys Acta. 1976;442:405-19.
26. Bahyan S, Burgaz S, Kara Kaia AE. Urinary thioether excretion in nurses at an oncology department. J Clin Pharm Ther. 1987;12:303-6.
27. Sessink PJM, Friemel NSS, Airton RBM, et al. Biological and environmental monitoring of occupational exposure of pharmaceutical plant workers to metrotrexate. Int Arch Occup Environ Health. 1994;65:401-3.
28. Kleinberg ML, Quinn MJ. Airborne drug levels in a laminar--flow hood. Am J Hosp Pharm. 1981;38:1301-3.
29. Mader RM, Rizovski B, Steger GG, Rainer H. Determination of methotrexate in human urine at nanomolar levels by high – performance liquid chromatography with column switching. J Chromatogr. 1993;613:311-6.
30. McDiarmid MA, Egan MA, Furio M, Bonacci M, Watts SR. Sampling for airborne fluorouracil in a hospital drug preparation area. Am J Hosp Pharm. 1986;43:1942-45.
31. Neal AWN, Wadden RA, Chiou WL. Exposure of hospital workers to airborne antineoplastic agents. Am J Hosp Pharm. 1982;40:597-601.
32. Sessink PJM, Scholtes MM, Anzion RBM, Bos RP. Determination of cyclophosphamide in urine by gas chromatography – mass spectrometry. J Chromatogr. 1993;616:333-7.
33. Sessink PJM, Timmersmans JL, Anzion RBM, Bos RB. Assessment of occupational exposure of pharmaceutical plant workers to 5 – Fluouracil. J Occup Med. 1994;36(1):79-83.
34. Lao NT, Lu HTC, Rego A, Kosakowski RH, Burgess DJ, Hume RD. Interlaboratory comparison of analytical methods for residual ethylene oxide at low concentration levels in medical devices materials. J Pharm Sci. 1995;84(5):647-55.
35. McDevitt JJ, Less PSJ, McDiarmid MA. Exposure of hospital pharmacists and nurses to antineoplasic agents. J Occup Med. 1993;35(1):57-60.
36. Sarto F, Tornqvist MA, Tomanin R, Bartolucci GB, Osterman--Golkar SM, Ehrenberg L. Studies of biological and chemical monitoring of low-level exposure to ethylene oxide. Scand J Work Environ Health. 1991;17:60-4.
37. Sessink PJM, Cerná M, Rössner P, et al. Urinary cyclophosphamide excretion and chromossomal aberrations in peripheral blood lymphocytes after occupational exposure to antineoplasics agents. Mutat Res. 1994;309:193-9.
38. Fuchs J, Wullenweber U, Hengstler JG, Bienfait HG, Hiltl G, Oesch F. Genototoxic risk for humans due to work place exposure to ethylene oxide: remarkable individual differences in susceptibility. Arch Toxicol. 1994;68:343-8.
39. Federal Standard 209 E. Clean room and work station requirements, controlled environment. U. S. Government Printing Office, General Services Standardization Division, Washington, DC. 1992.
40. Nguyen TV, Theiss JC, Matney TS. Exposure of pharmacy personnel to mutagenic antineoplastic drugs. Cancer Research. 1982;42:4792-6.
41. Hamm JL, Daniels CE, Somani SM. Antibiotic preparation time in a horizontal laminar-airflow hood and in a biological-safety cabinet. Am J Hosp Pharm. 1984;41:1349-51.
42. Bryan D, Marback RC. Laminar-airflow equipment certification: What the pharmacist needs to know. Am J Hosp Pharm. 1984;41:1343-48.
43. Pinto TJA, Kaneko TM, Ohara MT. Controle biológico de qualidade de produtos farmacêuticos, correlatos e cosméticos. São Paulo: Atheneu; 2000.
44. Zimmerman PF, Larsen RK, Barkley EW, Gallelli. Recommendations for the safe handling of injectable antineoplastic drug products. Am J Hosp Pharm. 1981;38:1693-5.
45. Ferrerós M. Cabine de segurança biológica. Rev SBCC. 2001;3:16-25.
46. Power LA, Anderson RW, Cortopassi R, Gera JR, Lewis Jr RM. Update on safe handling of hazardous drugs: the advice of experts. Am J Hosp Pharm. 1990;47:1050-60.
47. Arrington DM, McDiarmid MA. Comprehensive program for handling hazardous drugs. Am J Hosp Pharm. 1993;50:1170-4 .
48. Power LA, Polovich M. Pharmacy Practice News. Safe handling of harzardous drugs. Reviewing standards for worker protection. 2011. Disponível em: http://www.pharmacypracticenews.com/download/Safe_handling_ppn0311_WM.pdf. Acesso em 22/04/2016.
49. Laidlaw JL, Connor TH, Theiss JC, Anderson RW, Matney TS. Permeability of latex and polyvinyl chloride gloves to 20 antineoplastic drugs. Am J Hosp Pharm. 1984;41:2618-23.
50. Wong RJ. Glove selection for handling cytotoxic and hazardous drugs. Am J Hosp Pharm. 1990;47.
51. Vaccari PL, Tonat K, DeChristoforo R, Gallelli JF, Zimmerman PF. Disposal of antineoplastic wastes at the National Institutes of Health. Am J Hosp Pharm. 1984;41:87-93.
52. Castegnaro M, Méo MD, Laget M, Michelon J, Garren L, Sportouch MH, et al. Chemical degradation of wastes of antineoplastic agents. Int Arch Occup Environ Health. 1997;70(6):378-84.
53. Furuhashi M, Miyamae. Ethylene oxide sterilization of medical devices – with special reference to the sporicidal activity and residual concentration of ethylene oxide and its secondary products. Bull Tokyo Med Dent Univ. 1982;29:23-5.
54. Oliveira DC. Esterilização por óxido de etileno: Estudo da efetividade esterilizante de misturas não explosivas e compatíveis com a camada de ozônio. [Dissertação] São Paulo: Faculdade de Ciências Farmacêuticas da Universidade de São Paulo; 2000.
55. Lunn G, Sansone EB. Validated methods for handling spilled antineoplastic agents. Am J Hosp Pharm. 1989;46.
56. Johnson EG, Janosik JE. Manufacturers recommendations for handling spilled antineoplastic agents. Am J Hosp Pharm. 1989;46:318-9.

57. Christensen CJ, Lemasters Cj, Wakeman MA. Work practices and policies of hospital pharmacists preparing antineoplastic agents. Occupational Medicine. 1990;32(6):508-12.
58. European Commission Scientific Committee on Emerging or Newly Identified Health Risks (SCENIHR), 2006. The appropriateness of existing methodologies to assess the potential risks associated with engineered and adventitious products of nanotechnologies. European Commission, Brussels. http://ec.europa.eu/ health/ph_risk/committees/04_scenihr/docs/scenihr_o_003b.pdf.
59. Federal Institute for Occupational Safety and Health (Bundesanstalt für Arbeitsschutz und Arbeitsmedizin/BAuA), 2007. Guidance for handling and use of nanomaterials at the work-place. http://www.baua.de/en/TopicsfromAtoZ/HazardousSubstances/Nanotechnology/pdf/guidance.pdf;jsessionid=2DA7141F7D46488B501BBF163B4CBA24.1_cid253?__blob=publicationFile&v=2.
60. National Institute for Occupational Safety and Health (NIOSH) 2009. Approaches to safe nanotechnology. Managing the health and safety concerns associated with engineered nanomaterials. http://www.cdc.gov/ niosh/docs/2009-125/pdfs/2009-125.pdf.
61. Rengasamy S, Eimer BC, Shaffer RE. Comparison of nanoparticle filtration performance of NIOSH-approved and CE-marked particulate filtering facepiece respirators. Ann Occupat Hygiene. 2009;53(2):117-28.
62. National Institute for Occupational Safety and Health (NIOSH). Current strategies for engineering controls in na-nomaterial production and downstream handling processes. Cincinnati: U.S. Department of Health and Human Services, Centers for Disease Control and Prevention, n. 2014-102; 2013.
63. Schulte P, Geraci C, Zumwalde R, Hoover M, Kuempel E. Occupational risk management of engineered nano-particles. J Occupat Environm Hygiene. 2008;5:239-49.
64. National Institute for Occupational Safety and Health (NIOSH). Managing the health and safety concerns associated with engineered nanomaterials. Approaches for safe naotechnology. 2009: 2009-125.
65. Jong WH, Borm PJA. Drug delivery and nanoparticles: applications and hazards. Int J Nanomed. 2008;3(2):133-49.
66. Organization for Economic Cooperation and Development (OECD). Preliminary guidance notes on nanomaterials: interspecies variability factors in human health risk assessment. Series on the safety of manufactured nanomaterials, n. 58; 2015.
67. Dolez P, Vinches L, Perron G, Vu-Khanh, Plamondon P, L'Espérance G, et al. Development of a method of measuring nanoparticle penetration through protective glove materials under conditions simulating workplace use. Mechanical and Physical Risk Prevention-REPORT R-785; 2013.
68. Schneider M, Stracke F, Hansen S, Schaefer UF. Nanoparticles and their interactions with the dermal barrier. Dermato-Endocrinol. 2009;1(4):197-206.
69. Gatoo MA, Naseem S, Arfat MY, Dar AM, Qasim K, Zubair S. Physicochemical properties of nanomaterials: implication in associated toxic manifestations. BioMed Research Int. 2014; 2014.
70. Honary S, Zahir F. Effect of zeta potential on the properties of nano-drug delivery systems - a review (Part 1). Tropical J Pharmaceutical Res. 2013;12(2).
71. Arrington DM, McDiarmid MA. Comprehensive program for handling hazardous drugs. Am J Hosp Pharm. 1993;50:1170-4 .
72. The Merck Index. 12. ed. Withhouse Station: Merck; 1996.

9

Biossegurança e câncer

Fernando Salvador Moreno
Renato Heidor
Thomas Prates Ong

INTRODUÇÃO

Cerca de 9,7 milhões de pessoas morreram em 2022 em todo o mundo em decorrência dos diferentes tipos de câncer. As maiores mortalidades, independentemente do sexo, foram observadas em pacientes com câncer de pulmão, colorretal, fígado e mama. Com base nas projeções de crescimento populacional e expectativa de vida, além de considerar que as taxas de incidência de câncer permaneçam constantes, estima-se que ocorrerão 35 milhões de casos novos da doença em 2050[1]. No Brasil, estima-se a ocorrência de 704 mil casos novos desta doença para o período de 2023 a 2025[2].

Desde o século XVIII, pesquisadores associaram agentes ambientais e ocupacionais com o aumento na incidência de diversos tipos de câncer. É o caso, por exemplo, de Sir Percivall Pott, que chamava a atenção para a elevada incidência de câncer de testículo entre limpadores de chaminés em Londres, que poderia estar relacionada à exposição ao alcatrão e à fuligem presente nas chaminés. Em 1879, Harting e Hesse, pioneiros no estudo da carcinogênese ocupacional, estabeleceram a relação entre o trabalho de mineração do carvão com a elevada incidência de câncer de pulmão nos mineradores. Atualmente, considera-se que a causa indicada para tais casos foi a radiação proveniente do urânio que também estava presente nessas minas. Ainda no século XIX, foi observada a relação entre a exposição à anilina, utilizada na indústria de corantes, com o câncer de bexiga[3].

A maioria dos casos de câncer é decorrente da exposição a fatores ambientais[4,5]. Nesse sentido, diversos estudos foram conduzidos no sentido de quantificar a exposição a substâncias presentes no ambiente de trabalho e o risco de desenvolvimento do câncer. Assim, o IARC (*International Agency for Research on Cancer*, órgão da Organização Mundial de Saúde) classificou diversos compostos, com base em estudos epidemiológicos, clínicos e moleculares, em agentes carcinogênicos ou provavelmente carcinogênicos. Outros compostos podem ser incluídos nessa classificação futuramente, uma vez que existem mais de 55 milhões de moléculas naturais ou sintéticas cadastradas no *Chemical Abstract Service* (CAS) da Sociedade Americana de Química[6].

CARCINOGÊNESE

Carcinogênese é a denominação utilizada para o desenvolvimento de neoplasia, que basicamente é o aumento autônomo do número de células de um tecido. A neoplasia pode ser benigna, ou seja, apresenta proliferação celular localizada e circunscrita, exercendo pressão nos tecidos adjacentes, que, no entanto, não ultrapassa suas divisas (Figura 1). O câncer, ou neoplasia maligna, ao contrário da benigna, apresenta grande capacidade de invadir e se multiplicar em diferentes partes do organismo, inclusive a distância de seus locais de origem, em um processo denominado metástase[7] (Figura 2).

A predisposição genética de um indivíduo ao câncer é responsável por 10 a 20% dos casos da doença. Nessa situação a neoplasia maligna pode ocorrer devido à herança de um único gene autossômico que pode inativar genes envolvidos com o desenvolvimento do câncer ou com o reparo do DNA. As causas exógenas, como agentes químicos, radiação e infecções virais, são os principais responsáveis pela origem e desenvolvimento do câncer[7,8]. Esse processo é longo, requerendo décadas para o estabelecimento da neoplasia maligna, como demonstrado na Figura 3, em que a incidência do câncer aumenta com a idade do indivíduo[9]. Dessa forma, aventou-se a hipótese de que a carcinogênese necessita de várias fases

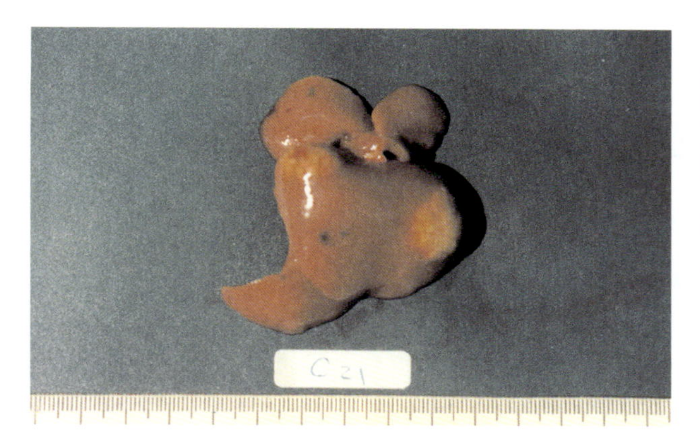

FIGURA 1 Aspecto macroscópico de fígado de rato submetido a modelo de hepatocarcinogênese. Observe a presença de neoplasias benignas, caracterizadas pelas formações nodulares na superfície, de cor amarelada e com contornos bem definidos.

Fonte: Moreno, 1999.

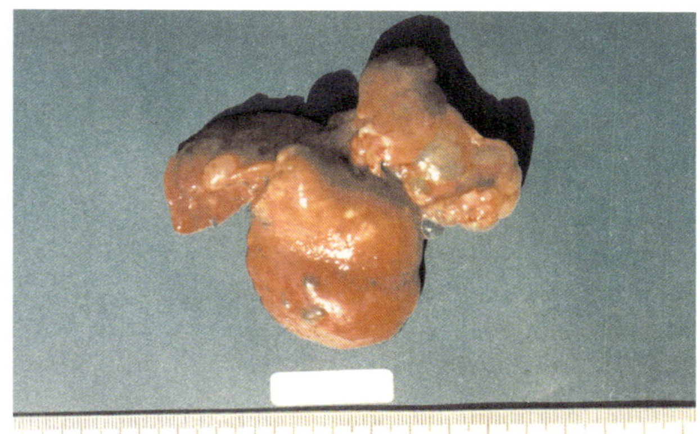

FIGURA 2 Aspecto macroscópico de fígado de rato submetido a modelo de hepatocarcinogênese. Observe a presença de neoplasia maligna, caracterizada pelas formações nodulares de coloração amarelada ou esbranquiçada, com volumes desiguais e contornos irregulares e mal delimitados, comprometendo e deformando grosseiramente o órgão.

Fonte: Moreno, 1999.

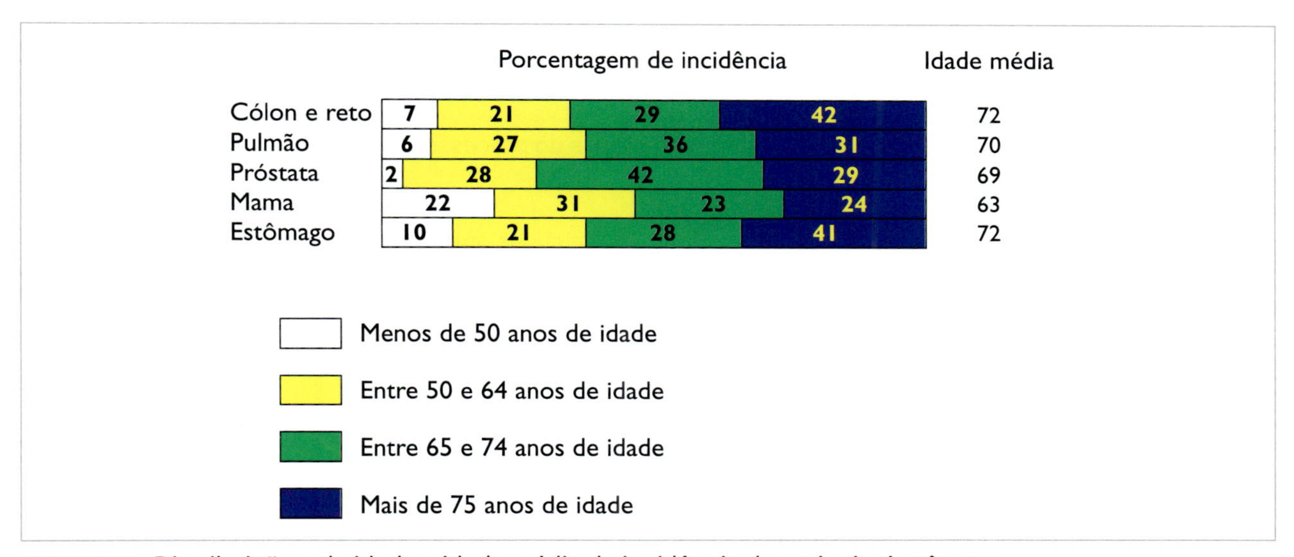

FIGURA 3 Distribuição pela idade e idade média de incidência dos principais cânceres.

independentes para o seu completo desenvolvimento. O número de fases é bastante discutido, mas supõe-se que o processo pode ser caracterizado em três etapas fundamentais: iniciação, promoção e progressão (Figura 4)[7,10].

No primeiro estágio da carcinogênese, conhecido como etapa de iniciação, ocorrem alterações irreversíveis no material genético da célula iniciada. Por outro lado, a promoção não envolve modificações permanentes no DNA. Dessa forma, essa etapa pode ser caracterizada como reversível e de longa duração, com intensa atividade proliferativa das células iniciadas. A progressão, assim como a iniciação, também é irreversível e é caracterizada pela instabilidade cariotípica. Alterações na estrutura do genoma das células estão relacionadas, nessa etapa, com uma taxa de proliferação elevada, características invasivas e modificações bioquímicas nas células[10].

Para que ocorra a iniciação, é necessário que o carcinógeno exógeno entre em contato com o material genético da célula. Todos os organismos apresentam membranas celulares com permeabilidade seletiva; substâncias polares, como determinadas moléculas orgânicas e compostos metálicos, são transportados para o meio intracelular através de receptores, proteínas transportadoras ligadas à membrana ou canais iônicos.

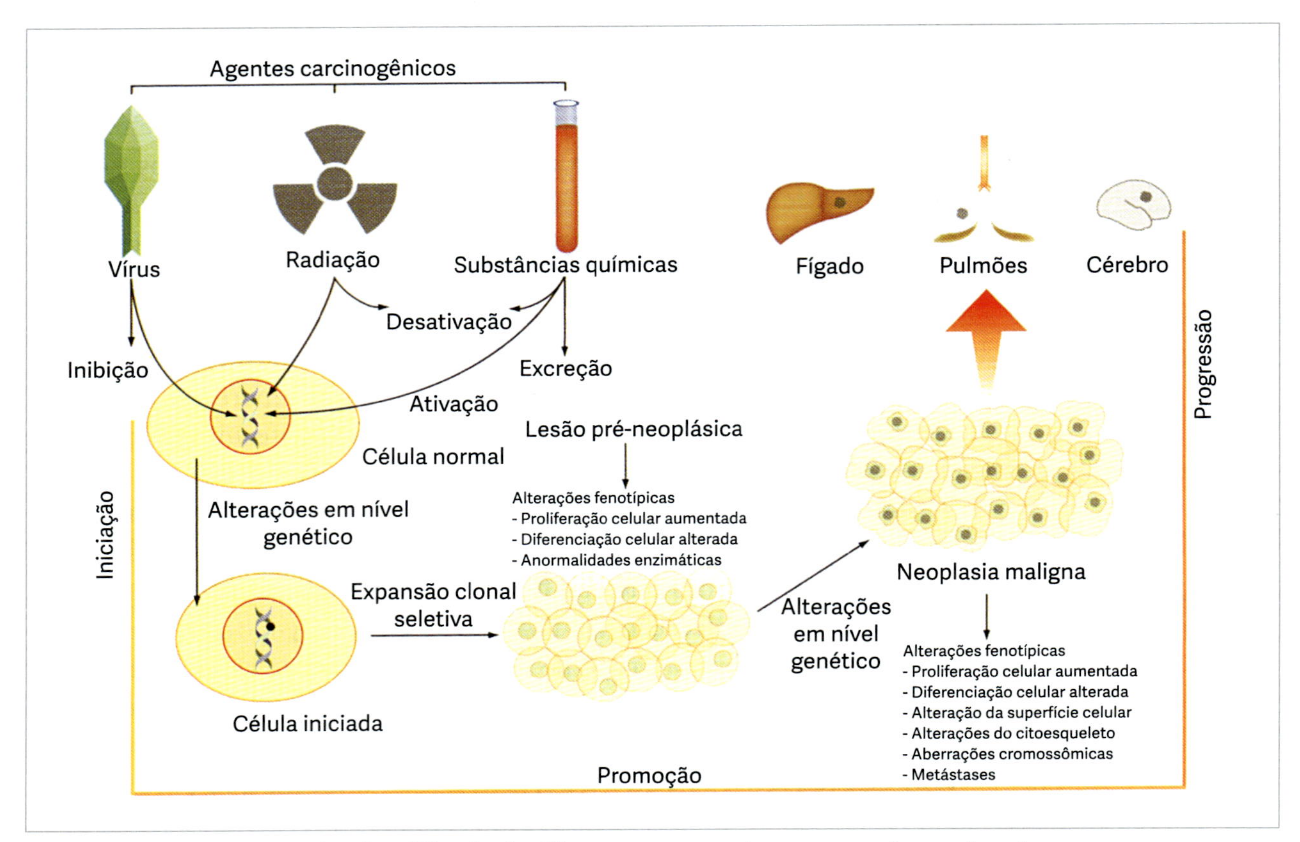

FIGURA 4 Esquema geral e simplificado de diferentes etapas do processo de carcinogênese.

Já os compostos orgânicos apolares são transportados por difusão pelas membranas celulares, ou seja, passivamente, dadas as suas características lipofílicas. É o caso de hidrocarbonetos aromáticos halogenados, como as dioxinas. O tecido adiposo pode acumular substâncias lipofílicas. Assim, durante a lipólise, eventuais carcinógenos presentes nos adipócitos podem ser lançados na circulação sanguínea e atuarem como agentes iniciadores nas células de outros tecidos[7].

Estima-se que 25% dos carcinógenos atuem diretamente no material genético da célula, sem a necessidade de reações químicas adicionais que os transformem em compostos mais reativos. Dessa forma, são denominados agentes carcinogênicos diretos e fazem parte desse grupo as dioxinas. A grande maioria, entretanto, necessita de ativação metabólica para interagir com o DNA e iniciar o desenvolvimento da neoplasia. Assim, essas substâncias são denominadas agentes carcinogênicos indiretos e fazem parte desse grupo os hidrocarbonetos aromáticos policíclicos[7,10].

Muitas vias metabólicas intracelulares podem ativar ou inativar substâncias exógenas. Uma característica importante que determina se um carcinógeno será metabolizado mais rapidamente ou não é a sua estrutura química. Por exemplo, hidrocarbonetos aromáticos policíclicos que apresentam dois átomos de carbono adjacentes no anel aromático ligados a outros grupos são biotransformados lentamente, com meia-vida com ordem de grandeza de semanas a anos, enquanto os que não apresentam essa característica podem ser metabolizados rapidamente[9,10].

Carcinógenos exógenos podem apresentar afinidade pela proteína AhR (sigla do inglês *aryl hydrocarbon receptor*), que é um importante indutor de enzimas da superfamília do citocromo P450 (CYPs). As CYPs podem ativar carcinógenos indiretos e contribuir para o desenvolvimento da neoplasia. Entretanto, suas atividades podem ser modificadas por exposições ao ambiente, hormônios e alimentação[11].

O carcinógeno direto ou indireto, após ativação metabólica, pode ser transformado em um composto eletrofílico que, por sua vez, pode reagir com centros nucleofílicos do DNA, produzindo compostos estáveis denominados adutos. Se este não for eliminado pelo sistema de reparo, após a replicação do DNA seguida por divisão celular ocorre a formação de mutações. Evidências recentes sugerem que durante a síntese de DNA e a proliferação de células normais, mutações podem ocorrer através de erros no sistema de reparo, resultando em células espontaneamente iniciadas[7,11,12].

Diferenças na ativação de CYPs foram observadas em indivíduos expostos ao benzopireno. Essas diferenças de ativação enzimática foram relacionadas com variações polimórficas nos alelos dos genes que codificam determinadas CYPs. Assim, polimorfismos genéticos podem ocorrer em diversos genes e também várias vezes no mesmo gene. Dessa forma, como exemplo, há 178 polimorfismos para a CYP1B1[13]. Dentre as diversas alterações polimórficas descritas, as que ocorrem em genes de reparo sugerem que a correção de danos no DNA pode ser influenciada por variações genéticas, as quais podem estar envolvidas com a suscetibilidade individual ao câncer[14].

O câncer é considerado uma doença genética, no sentido de que seu desenvolvimento pode estar relacionado com a ação de genes específicos, inclusive os que controlam o ciclo celular. Este é uma sequência ordenada de eventos em que a célula duplica o seu material genético (cromossomos) e se divide em duas células idênticas. Essa divisão ocorre em quatro fases distintas: na fase S [*synthesis* (síntese)] o material genético é duplicado e, na fase M [*mitosis* (mitose)] os cromossomos duplicados são distribuídos igualmente entre duas células filhas. As fases restantes são simplesmente denominadas de G1 [*gap 1* (intervalo 1)] e de G2 [*gap 2* (intervalo 2)]. G1 precede a fase S e G2 antecede a fase M. Vários mecanismos regulatórios atuam em todas as fases do ciclo celular, destacando-se as proteínas denominadas ciclinas e as CDKs [*cyclin-dependent kinases* (quinases dependentes de ciclina)][15].

Na carcinogênese ocorre, frequentemente, a ativação aberrante do ciclo celular alcançada pela inativação dos genes inibidores, tais como os supressores de tumor, por mutações ou diminuição de sua expressão. Nesse processo ocorre também a ativação de genes estimuladores, como os proto-oncogenes[16].

Os diversos processos de morte celular também constituem fenômeno biológico importante. Dentre eles, a apoptose constitui evento fisiológico organizado, essencial para a manutenção da homeostase, envolvendo redução do volume celular, fragmentação do núcleo e formação de corpúsculos apoptóticos[17].

Duas vias podem dar início à apoptose: a via extrínseca, mediada por receptores de morte presentes na membrana plasmática; e a via intrínseca, associada com o aumento da permeabilidade mitocondrial. Em ambas, descreve-se que há ativação de proteases específicas, as caspases, responsáveis pela quebra do substrato celular[18,19].

A etapa de progressão da carcinogênese envolve também a perda de comunicação entre a célula neoplásica e as outras ao seu redor. Nessa fase, ocorre a produção de enzimas proteolíticas que degradam a matriz extracelular e liberam a célula para ser transportada pela corrente sanguínea. Além da degradação da matriz extracelular, há a liberação de fatores de crescimento que estimulam as paredes internas dos vasos sanguíneos a proliferar, formando novas veias e artérias em um processo denominado angiogênese[20]. Já a instabilidade genômica, característica da progressão, ocorre quando há grandes danos no material genético da célula, de modo que o sistema de reparo seja incapaz de atuar. Dessa forma, a célula está sujeita a alterações grosseiras, como perdas de material cromossômico, amplificações, duplicações ou inversões de genes, translocações e substituição de pares de base. Assim, é possível que a célula adquira resistência ao tratamento com quimioterápicos ou radiação[21].

O mecanismo de ação de diversos carcinógenos ainda não está completamente descrito. Muitos destes não induzem a formação de adutos, um mecanismo chave para agentes carcinogênicos genotóxicos. Dessa forma, outros eventos podem estar envolvidos com a carcinogênese, por exemplo, os que envolvem alterações epigenéticas[22].

EPIGENÉTICA E CARCINOGÊNESE

No início da década de 1980, Feinberg e Volgestein[23] observaram alterações no padrão de metilação de células neoplásicas. Esse foi um dos primeiros eventos epigenéticos relatados em neoplasias, nas quais modificações na expressão gênica foram observadas com diferentes consequências fenotípicas, sem que ocorressem mudanças na sequência do DNA[24]. Porém, até poucos anos atrás, o termo epigenético era vago e não universalmente aceito. Entretanto, vários estudos demonstraram que diversos genes podem ser anormalmente expressos quando a célula é exposta a compostos que não apresentam potencial mutagênico[25].

A metilação é a principal herança epigenética do genoma humano e consiste na adição covalente de um grupo metila na posição 5' do anel da citosina do dinucleotídeo formado por citosina e guanina. Em neoplasias, foram observados dois tipos concomitantes de alterações da metilação do DNA. No primeiro, a quantidade de citosinas metiladas em nível genômico está reduzida em comparação a tecidos normais. No segundo caso, mais intensamente estudado, genes estão transcricionalmente silenciados no câncer, em decorrência de uma hipermetilação do seu promotor[25]. Genes regulados dessa forma incluem os supressores de tumor, os envolvidos com o reparo do DNA e aqueles responsáveis pelo controle da proliferação e diferenciação celulares[26]. Assim, acredita-se que a metilação contribua para a carcinogênese, por meio da inativação da expressão gênica[27].

O DNA humano é condensado e ordenado em uma estrutura dinâmica denominada cromatina. Esta é constituída por unidades básicas de repetição, os nucleossomos, que consistem de, aproximadamente, duas voltas da fita de DNA em torno de um octâmero formado por pares de proteínas histonas. Essas proteínas apresentam domínios que podem ser modificados por diversos tipos de reações, como as de metilação e acetilação[28,29].

A modificação de histonas mais estudada, a acetilação, reduz a afinidade destas pelo DNA. Assim, o domínio da histona é desprendido do nucleossomo, afrouxando a estrutura da cromatina, permitindo o acesso de fatores de transcrição[29]. Alterações no padrão de acetilação das histonas podem levar à perda da atividade normal da célula e, em última instância, ao desenvolvimento do câncer[30,31].

A maior parte das doenças de caráter genético é causada por alterações em diversos genes. O mesmo ocorre com o câncer, no qual, além das modificações genéticas, deve-se considerar, também, as epigenéticas como fundamentais para a sua etiologia. Dada a complexidade do processo de desenvolvimento do câncer, a prevenção é a melhor abordagem frente a essa doença. E para tanto, é necessário conhecer os fatores de risco para o desenvolvimento do câncer.

FATORES DE RISCO PARA O CÂNCER

As categorias de fatores de risco conhecidos para o desenvolvimento do câncer estão descritas na Figura 5. Eles podem atuar isoladamente ou combinados. Os fatores genéticos são herdáveis e seu controle, no momento, ainda não é completamente possível. Indivíduos predispostos podem exercer algum tipo de controle por meio de medidas preventivas, como modificações na alimentação, prática de atividade física, não utilização do tabaco e de bebidas alcoólicas, proteção quanto à exposição à radiação ultravioleta (UV) e padrão de comportamento sexual mais seguro[7,32]. Quanto às modificações nos hábitos alimentares, diversas pesquisas demonstram que o consumo regular de frutas e hortaliças pode modular a carcinogênese. Dessa forma, foi instituído por uma parceria entre agências de saúde norte-americanas o Programa Nacional de Frutas e Hortaliças, no qual é preconizado o consumo de cinco a nove porções diárias desses alimentos no sentido de reduzir a incidência de diversas doenças crônicas, inclusive o câncer[33].

Fatores ambientais incluem exposição ocupacional a carcinógenos, que podem ocorrer durante procedimentos industriais, médicos e laboratoriais. Esses fatores podem ser controlados com equipamentos de proteção individual e coletiva.

Identificação das substâncias carcinogênicas

O trabalho realizado em instituições de pesquisa envolve, em diversas situações, a manipulação de subs-

Fator de risco	Comentários
Agentes infecciosos	As infecções pelos vírus das hepatites E e C estão relacionados com o câncer de fígado. Infecções bacterianas, como as ocasionadas pela Helicabacter pylori, estão relacionadas com o câncer de estômago
Alimentação	O consumo de alimentos ultraprocessados pode estar relacionado com vários tipos de cânceres, inclusive do tato gastrointestinal
Bebidas alcoólicas	O consumo crônico de bebidas alcoólicas está relacionado com cânceres de orofaringe, laringe, esôfago e fígado
Hormônios	Os estímulos estrogênicos endógenos e o uso de contraceptivos orais (estrogênio--progesterona) são fatores de risco para o câncer de mama
Idade	A maioria das neoplasias malignas acomete indivíduos com mais de 50 anos.
Material particulado	A exposição frequente a particulas de sílica, asbesto e de outros compostos ocasionam processos inflamatórios crônicos como a silicose e a asbestose, que podem evoluir para o câncer de pulmão.
Predisposição genética	A predisposição genética está relacionada com o retinoblastoma, xeroderma pigmentoso e com cânceres familiares sem padrão definido de transmissão, como neoplasias mamárias
Processos industriais	Um dos subprodutos da fundição de metais é o arsênico, envolvido com câncer de pulmão
Radiação	A exposição à radiação ultravioleta do tipo 8 está envolvida com o câncer de pele. As radiações eletromagnéticas, como os raios X são carcinogênicas
Tabagismo	O hábito de fumar cigarros é responsável por 90% das mortes por câncer de pulmão

FIGURA 5 Fatores de risco para o desenvolvimento do câncer.

Fonte: adaptada de Kumar et al., 2010[7].

tâncias carcinógenas. Diversos são os ambientes em que esse tipo de substância pode ser encontrado, como os laboratórios químicos, bioquímicos, farmacêuticos, microbiológicos, de histologia, entre outros. Assim, é de extrema importância que sejam inicialmente identificadas em cada laboratório as substâncias em uso consideradas carcinogênicas.

Sistema globalmente harmonizado de classificação e rotulagem de produtos químicos

O GHS (*Globally Harmonized System of Classification and Labelling of Chemicals)* teve sua origem proposta na Conferência da Organização das Nações Unidas (ONU) sobre o Meio Ambiente de 1972, em Estolcomo. Porém, somente em 2003 foi aprovado pelo Comitê Econômico e Social da ONU. Esse sistema tem como objetivo garantir a segurança na manipulação de compostos químicos, inclusive de agentes carcinogênicos, de uma forma sistematizada para classificação dos perigos do uso desses compostos. Este sistema fornece critérios claros e harmonizados para a classificação de perigos químicos, bem como elementos padronizados para rótulos e Ficha de Informação de Segurança de Produto Químico (FISPQ)[34]. No Brasil, com a publicação em 2009 da norma da ABNT NBR 14725:2009 partes 1, 2, 3 e 4, a partir de fevereiro de 2011, os produtos constituídos de substâncias puras foram, obrigatoriamente, classificados, rotulados e apresentaram FISPQ de acordo com o GHS. Os produtos constituidos por misturas, que são maioria dos compostos utilizados em laboratórios, adotaram obrigatoriamente o GHS a partir de 2015. A classificação dos agentes carcinogênicos químicos pelo GHS tem como base suas propriedades intrínsecas e não fornece informações a respeito do risco de desenvolvimento de câncer em quem manipula a substância (Figura 6).

A classificação de misturas é baseada nos dados de ensaios disponíveis com os ingredientes individuais usando como valor de corte concentrações acima de 0,1%. Acima dessa concentração, a mistura é classificada como carcinógena.

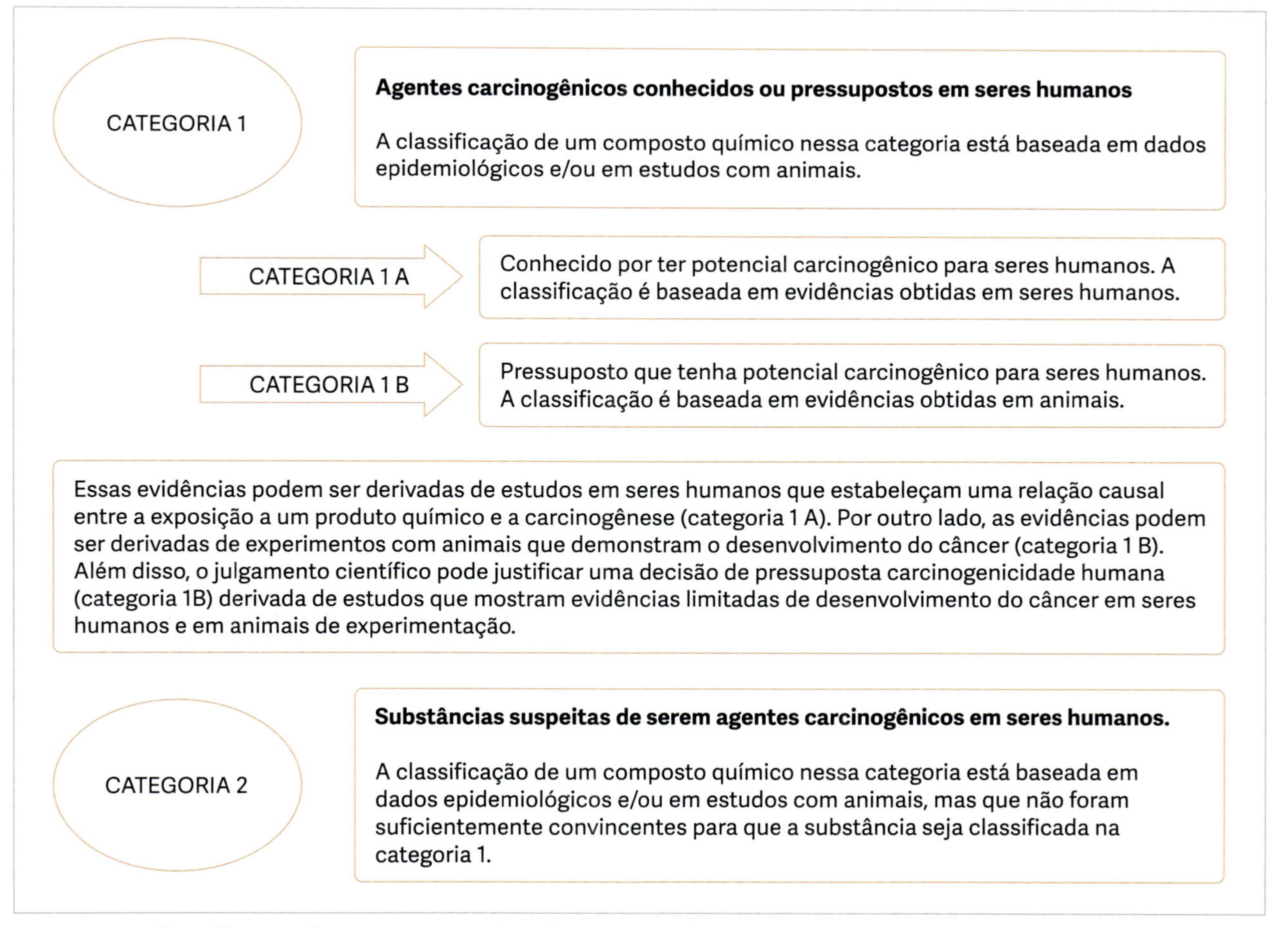

FIGURA 6 Classificação dos agentes carcinogênicos químicos pelo GHS.
Fonte: adaptado de United Nations, 2011[34].

Modificações genéticas assumem papel central na carcinogênese. Nesse sentido, a evidência de que um composto apresenta atividade mutagênica *in vitro* indica que ele apresenta potencial carcinogênico[34].

O GHS distribui os compostos químicos em classes de perigo[34]. Os agentes carcinogênicos e/ou mutagênicos são identificados pelo pictograma representado na Figura 7. O critério de classificação do GHS é praticamente o mesmo de outras organizações como o IARC[35] e o NTP (*National Toxicology Program*, órgão dos Estados Unidos)[36].

FIGURA 7 Pictograma que indica que o composto é carcinogênico ou mutagênico. Este mesmo símbolo é utilizado também para indicar que a exposição ao composto resulta em danos à saúde ao longo do tempo.

O TRABALHO EM LABORATÓRIOS E O RISCO DE CÂNCER

Em meados da década de 1980, observaram-se diversos casos de câncer em indivíduos que trabalhavam em diferentes institutos de pesquisa biológica. Isso levou a IARC a iniciar, em 1986, um amplo estudo retrospectivo envolvendo diversos países europeus, que teve como objetivo avaliar o risco de câncer entre trabalhadores da área de pesquisa biológica[35]. Embora ainda não seja conclusiva a relação entre o trabalho em laboratórios e o risco de desenvolvimento de câncer, diversos estudos epidemiológicos têm indicado taxas excessivas de incidência e mortalidade por câncer entre indivíduos que trabalharam em laboratórios[37,38,39]. Alguns desses casos de neoplasias têm sido atribuídos, ainda que em parte, a substâncias como o benzeno e outros solventes, compostos nitrogenados e epóxidos[35].

Há alguns anos foram disponibilizados pelo CAREX (*Carcinogen Exposure*) vários dados sobre a exposição de trabalhadores europeus a diversos carcinógenos. O CAREX é um sistema internacional de informação sobre a exposição ocupacional a agentes carcinogênicos conhecidos ou suspeitos, que é resultado de uma iniciativa do programa "A Europa contra o Câncer", da Comunidade Europeia. Os dados gerados constituem estimativas do número de trabalhadores expostos relativos ao país, a carcinogênicos e ao tipo de atividade econômica[40]. Além da Comunidade Europeia, países das Américas, como o Canadá, Costa Rica e também o Brasil, desenvolveram sistemas de vigilância sobre a exposição de trabalhadores a agentes carcinogênicos[41].

A prevenção do câncer no ambiente laboratorial

A prevenção do câncer no ambiente laboratorial está fundamentada na eliminação ou na redução da exposição ao agente carcinogênico. Assim, a adoção de boas práticas de laboratório, que resultem no uso seguro de substâncias químicas carcinogênicas nesse ambiente específico, constitui medida essencial para a redução do risco apresentado por tais compostos (Figura 8).

O USO SEGURO DE SUBSTÂNCIAS CARCINOGÊNICAS

O uso de agentes carcinogênicos em laboratórios pode ser realizado de forma segura, desde que sejam tomadas determinadas precauções. Assim, são apresentadas a seguir algumas orientações quanto a diversos aspectos do uso adequado de substâncias carcinogênicas.

O uso seguro de substâncias carcinogênicas, embora factível, não constitui tarefa simples. Assim, para compreender a magnitude da questão, antes de iniciar o trabalho com tais compostos é interessante que se faça, por exemplo, uma reflexão sobre alguns aspectos associados aos seus empregos, tais como:

- A essencialidade do uso da substância em questão.
- A possibilidade de substituição do carcinógeno por uma substância menos tóxica.
- A existência na literatura e a disponibilidade no laboratório de informações quanto aos aspectos de segurança referentes ao uso do agente carcinogênico.
- A adequação das instalações físicas em que a referida substância será utilizada.
- A forma pela qual o agente carcinogênico e os resíduos contaminados por ele serão descontaminados e descartados.
- Os procedimentos que serão adotados em caso de emergências relacionadas aos carcinógenos, como ingestão acidental, vazamentos, incêndios etc.

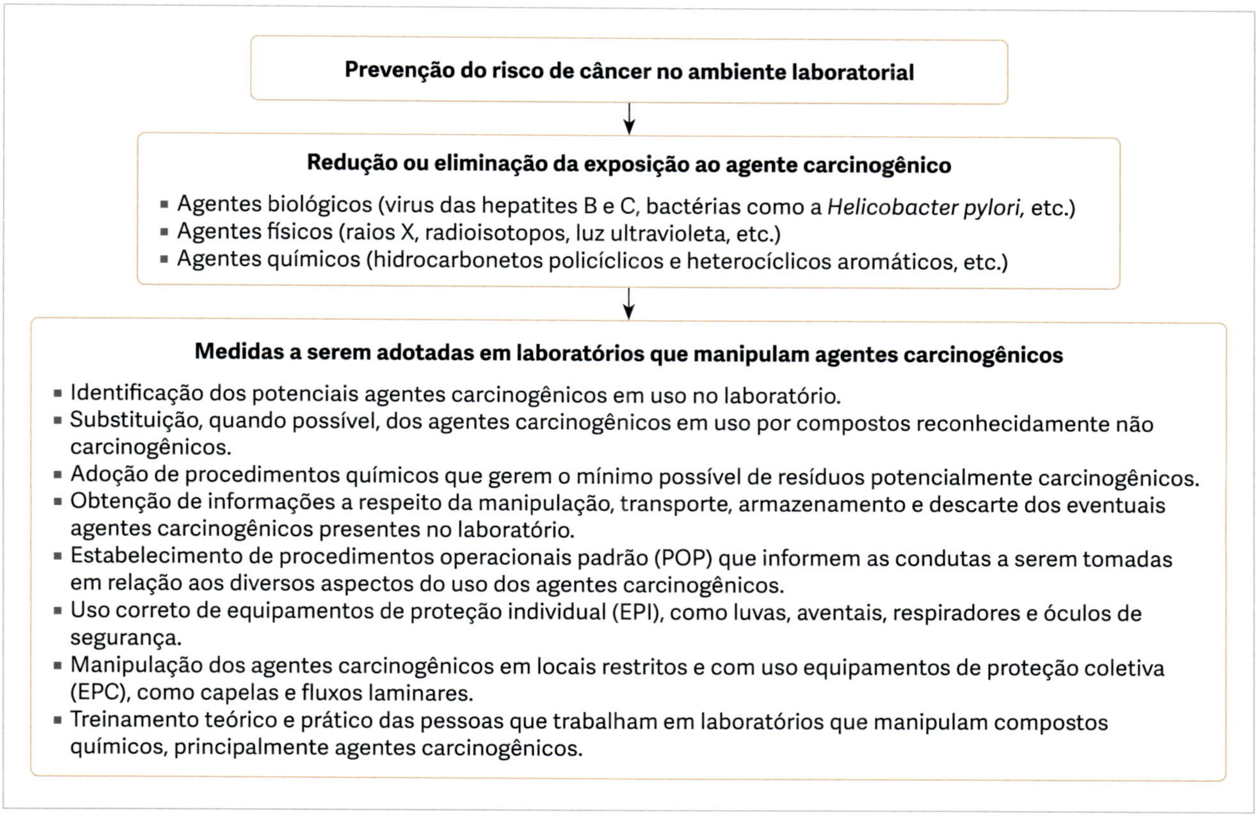

Prevenção do risco de câncer no ambiente laboratorial

↓

Redução ou eliminação da exposição ao agente carcinogênico

- Agentes biológicos (virus das hepatites B e C, bactérias como a *Helicobacter pylori*, etc.)
- Agentes físicos (raios X, radioisotopos, luz ultravioleta, etc.)
- Agentes químicos (hidrocarbonetos policíclicos e heterocíclicos aromáticos, etc.)

↓

Medidas a serem adotadas em laboratórios que manipulam agentes carcinogênicos

- Identificação dos potenciais agentes carcinogênicos em uso no laboratório.
- Substituição, quando possível, dos agentes carcinogênicos em uso por compostos reconhecidamente não carcinogênicos.
- Adoção de procedimentos químicos que gerem o mínimo possível de resíduos potencialmente carcinogênicos.
- Obtenção de informações a respeito da manipulação, transporte, armazenamento e descarte dos eventuais agentes carcinogênicos presentes no laboratório.
- Estabelecimento de procedimentos operacionais padrão (POP) que informem as condutas a serem tomadas em relação aos diversos aspectos do uso dos agentes carcinogênicos.
- Uso correto de equipamentos de proteção individual (EPI), como luvas, aventais, respiradores e óculos de segurança.
- Manipulação dos agentes carcinogênicos em locais restritos e com uso equipamentos de proteção coletiva (EPC), como capelas e fluxos laminares.
- Treinamento teórico e prático das pessoas que trabalham em laboratórios que manipulam compostos químicos, principalmente agentes carcinogênicos.

FIGURA 8 Prevenção do câncer no ambiente laboratorial.

Diante desse contexto, é importante ressaltar que a melhor forma de controlar a exposição das pessoas que trabalham diretamente no ambiente laboratorial (analistas, técnicos, professores, alunos de graduação e pós-graduação e estagiários), bem como no apoio (limpeza, manutenção, segurança etc.) ao material carcinogênico, consiste em substituí-lo por uma substância que não apresente essa atividade. Caso não exista essa possibilidade, as orientações a seguir constituem uma opção a ser adotada.

Obtenção de dados de segurança relativos ao uso de substâncias carcinogênicas

Uma vez realizado o levantamento das substâncias carcinogênicas em uso no laboratório, sugere-se que se obtenham dados de segurança relativos ao seu emprego. Esse tipo de informação pode ser encontrado na FISPQ, que acompanha o produto químico. Porém, informações detalhadas a respeito de um carcinógeno podem ser acessadas em banco de dados:

- European Chemical Agency https://echa.europa.eu/
- GESTIS – Information system on hazardous substances of the German Social Accident Insurancehttps://gestis-database.dguv.de/
- CAMEO Chemicals https://cameochemicals.noaa.gov/search/simple
- NIOSH Pocket Guide to Chemical Hazards https://www.cdc.gov/niosh/npg/npgsyn-a.html
- Cetesb – Manual de Produtos Químicos http://sistemasinter.cetesb.sp.gov.br/produtos/produto_consulta_nome.asp
- International Chemical Safety Cards (ICSC) http://www.ilo.org/dyn/icsc/showcard.home
- National Library of Medicine – National Center for Biotechnology Information https://pubchem.ncbi.nlm.nih.gov/

ANÁLISE DOS RISCOS DO TRABALHO QUE ENVOLVE SUBSTÂNCIAS CARCINOGÊNICAS

É recomendável realizar uma avaliação dos procedimentos laboratoriais envolvidos com carcinógenos, de modo a determinar os riscos envolvidos e estabelecer os controles adequados. Os riscos e os controles dependem das características toxicológicas do agente carcinogênico e da complexidade das operações em que ele é utilizado.

Alguns aspectos que precisam ser considerados incluem, por exemplo:

- Agente carcinogênico
  - Propriedades físicas que possam aumentar sua dispersão e promover sua entrada no organismo por superfícies contaminadas. O uso de substâncias sólidas na forma de blocos pode não demandar eventualmente o uso de capela, ao contrário do emprego de substâncias que se encontram na forma de pós finos ou de gás, por exemplo.
- Operações
  - Quantidade de carcinógeno utilizada.
  - Duração e frequência das exposições.
  - Via de exposição (aérea, pele, ingestão, subcutânea ou combinações).
  - Aspectos do processo que podem aumentar o potencial de exposição, como moer um sólido, aquecer um líquido até sua evaporação, espalhar o material sobre superfícies.

Armazenamento de agentes carcinogênicos

Quando possível, deve-se adquirir apenas a quantidade de carcinógeno que atenda às necessidades e de forma fracionada. Assim, por exemplo, em vez de adquirir um frasco de 1 kg de uma substância carcinogênica, recomenda-se adquirir dois frascos de 500 g ou quatro de 250 g. Assim, em caso de derramamento acidental, o manipulador estaria exposto a uma quantidade reduzida do carcinógeno.

Caso seja necessária a aquisição de grande quantidade de carcinógenos, recomenda-se o seu armazenamento em um almoxarifado, ou local apropriado, distante do local de circulação de pessoas. Os frascos dos carcinógenos devem estar dispostos em bandejas de polipropileno, que podem contingenciar um eventual derramamento acidental.

Os agentes carcinogênicos químicos devem ser mantidos em suas embalagens originais. Em alguns tipos de compostos, a embalagem original apresenta atmosfera modificada, que reduz eventuais reações de oxidação e prolonga a validade do produto. Além disso, a embalagem original é constituída por materiais que são inertes ao carcinógeno.

Para fins de controle, é interessante colocar uma pequena etiqueta com uma identificação no produto, sem cobrir o rótulo original. Assim, é possível manter um registro, seja em um caderno ou uma planilha eletrônica, da quantidade de carcinógenos armazenados. Dessa maneira, evitaria que o local de armazenamento fosse vistoriado desnecessariamente, como no caso para verificar se há carcinógeno suficiente para utilização em um experimento ou análise.

O armário destinado ao armazenamento de agentes carcinogênicos no laboratório deverá ser específico para substâncias tóxicas e adequadamente identificado. Assim, deverá ter saídas de ventilação e recomenda-se que tenha portas de vidro. No caso de substâncias que necessitem de refrigeração, estas devem ser armazenadas em prateleiras reservadas para carcinógenos em uma geladeira específica para laboratórios, com portas de vidro. No caso de agentes carcinogênicos higroscópicos, estes devem permanecer em dessecadores exclusivos, ou seja, sem compartilhamento com outros reagentes. Recomenda-se que no laboratório uma pessoa seja responsável pelo controle do uso e da armazenagem dos carcinógenos.

Como qualquer reagente, deve-se observar a compatibilidade química na armazenagem de substâncias carcinogênicas.

Manipulação de agentes carcinogênicos

Apenas o pessoal capacitado do laboratório deve ser autorizado a manipular agentes carcinogênicos. Deve-se considerar que os experimentos devem ser planejados de forma a gerar a menor quantidade possível de resíduos que possam ser carcinógenos.

Ao manipular agentes carcinogênicos, deve-se ter em mente que a exposição a eles pode ocorrer pela inalação de poeiras ou vapores, contato com a pele, ingestão acidental ou de alimentos contaminados. Produtos cosméticos podem facilitar a absorção de carcinógenos gasosos ou particulados pela pele.

Portanto, são válidas as boas práticas no laboratório, segundo as quais é proibido beber, comer ou aplicar cosméticos nesse ambiente. Além disso, não se deve armazenar alimentos, bebidas e cosméticos em locais onde carcinógenos são utilizados e armazenados.

A manipulação dos agentes carcinogênicos deverá ser efetuada seguindo-se os procedimentos estabelecidos e previamente aprovados pelo responsável pelo laboratório, nas áreas especificadas para tal finalidade. Esses procedimentos devem estar documentados com base nos dados de segurança relativos ao uso de carcinogênicos e na análise de risco realizada.

A quantidade utilizada deverá ser apenas a necessária. Assim, no momento da utilização, o carcinógeno deverá ser fracionado em alíquotas, que devem ser adequadamente identificadas. Sugere-se a utilização de uma etiqueta específica, informando o nome da substância e da pessoa que a preparou, a data da manipulação e o nome do laboratório ao qual pertence. É interessante, também, constar o número do telefone do laboratório na etiqueta. Recomenda-se a utilização de frascos âmbar de vidro borossilicato com sistema antigotejamento, com tampa rosqueável.

No caso de alíquotas de volumes reduzidos, com menos de 1 mL, recomenda-se a utilização de tubos de microcentrífuga de fundo chato, com tampa rosqueável. É importante que a tampa seja desse tipo, já que reduz o risco de respingos quando o tubo é aberto. Os tubos com as alíquotas devem ser armazenados em caixas específicas, devidamente identificadas.

O manuseio de carcinogênicos na bancada pode ser realizado apenas quando for apropriado. Algumas situações em que essa situação pode ocorrer incluem: o material não libera partículas ou forma aerossóis; ao utilizar soluções diluídas de carcinogênicos com concentrações inferiores a 0,1%; ou ao pesar por dia menos de 1 g de carcinógeno na forma de pó seco em uma balança com portas.

Nessas situações, as superfícies de bancadas em que se manipularão os carcinogênicos devem ser cobertas, por exemplo, por material absorvente sobre material plástico, que devem ser trocados periodicamente ou de imediato em caso de derramamento. Assim, minimiza-se a contaminação da área de trabalho e facilita-se sua limpeza.

Por outro lado, todas as operações que envolvam poeiras, vapores ou aerossóis de característica carcinogênica devem ser realizadas de forma a evitar que a contaminação do pessoal ocorra. Na maioria dos casos, faz-se necessário o uso de capela. Nesse sentido, ressalta-se que seu emprego constitui a melhor forma de proteção contra a exposição a substâncias carcinogênicas, devendo ser utilizada sempre que possível.

Experimentos com animais

Recomenda-se que animais tratados com agentes carcinogênicos sejam isolados. As gaiolas devem ser identificadas adequadamente. Considerações específicas devem ser feitas quanto à administração de tais compostos, ou mesmo daqueles com atividade biológica desconhecida. Substâncias voláteis representam o maior risco e devem, quando possível, ser administradas por injeção. A administração de compostos carcinogênicos voláteis na ração ou em bebedouros é um procedimento crítico, devido ao elevado risco de contaminação ambiental. Assim, caso não seja possível outras vias de administração de carcinógenos, recomenda-se que os animais permaneçam durante o período experimental em estantes ventiladas e em sala isolada.

Equipamentos de proteção individual (EPI)

É preciso usar sempre aventais de laboratório, óculos de segurança, luvas e sapatos, de forma a evitar o contato das roupas e da pele com o agente carcinogênico. Em alguns casos é necessário o uso de respirador com filtro adequado[42].

O avental deve ser de manga longa e usado apenas nas áreas em que o carcinógeno é manipulado. Na maior parte dos casos, o avental de algodão ou de microfibra é suficiente para proteção contra substâncias carcinogênicas, quando manipuladas em quantidades reduzidas (menos de 1 g por dia ou em soluções com concentrações menores do que 0,1% de carcinógeno). Manipulação de quantidades maiores requer a utilização de vestimentas adequadas, como aventais confeccionados com camadas de filme microporoso intercaladas com poliéster[42].

A seleção das luvas a serem utilizadas deve ser realizada em função das características do carcinogênico, bem como dos diluentes, solventes e outros materiais em uso. Recomendam-se luvas nitrílicas, já que apresentam grande resistência a diversos reagentes químicos. De qualquer forma, os FISPQ e os bancos de dados informam com maiores detalhes os tipos de luvas adequadas. Recomenda-se a troca regular das luvas de forma a evitar suas impregnações com o carcinogênico.

Os óculos de segurança a serem utilizados devem apresentar lentes transparentes confeccionadas de material resistente e leve, como o acrílico.

Quando o carcinógeno é volátil, é necessária a utilização de respirador. Este deve apresentar filtro adequado para a operação em que será utilizado. A seleção do filtro do respirador deve ser feita de acordo com vários critérios, que incluem: a substância a ser manipulada e a provável concentração dessa substância e de oxigênio no ambiente de trabalho (existem tabelas fornecidas pelos fabricantes de respiradores que auxiliam nesses cálculos). É importante que o respirador tenha proteção facial.

Quanto aos sapatos, recomenda-se que sejam totalmente fechados e de couro, já que esse material fornece boa resistência mecânica e química.

O equipamento de proteção individual deve ser mantido em área adjacente ao local de trabalho, não devendo ser levado para outras áreas do laboratório. É importante ressaltar que a limpeza dos EPI deve ser realizada pelo próprio usuário, já que ele teve contato com o carcinógeno e por isso conhece seus riscos e a melhor forma de descontaminação[42].

Descontaminação de carcinogênicos

A princípio, o uso rotineiro de carcinógenos não deve exigir procedimentos de descontaminação pessoal. Após o uso de qualquer agente carcinogênico, deve-se sempre lavar bem as mãos com água fria e, em seguida, com sabão e água quente.

No caso de contaminação de bancadas de trabalho, estas devem ser limpas com água fria e, em seguida, com água quente e detergente. Além disso, independentemente de contaminação, as bancadas em que se manipulou algum carcinógeno devem ser limpas da mesma forma, regularmente.

Vidrarias ou equipamentos contaminados ou que apresentem resíduos de carcinógenos devem ser descontaminados segundo procedimentos apropriados para o carcinogênico em questão. Em seguida, o material deve ser lavado com água fria e, a seguir, com água quente e detergente. Finalmente, o material deve ser lavado, seguindo-se o procedimento básico do laboratório.

Alguns métodos que realizam a descontaminação de materiais de laboratório e resíduos são apresentados a seguir[43]:

- Compostos orgânicos, incluindo agentes carcinogênicos, podem ser descontaminados com solução saturada de dicromato de sódio em ácido sulfúrico. Um ou dois dias são considerados suficientes para a inativação dos carcinógenos, considerando-se que a solução tenha sido recentemente preparada.
- Carcinógenos que se oxidam facilmente podem ser inativados com solução saturada de permanganato de potássio em acetona. Essa solução é adequada para agentes carcinogênicos como hidrazinas ou compostos que contêm duplas-ligações isoladas. Soluções de hipoclorito de sódio concentrado (acima de 50%) também podem ser utilizadas como agentes oxidantes.
- Agentes carcinogênicos que são alquilantes, arilantes ou acilantes podem ser inativados com reações de nucleófilos como a água, íons hidroxila, amônia, tióis e tiossulfato. As reações podem ser facilitadas pela dissolução dos agentes em etanol ou solventes similares. Metilmetanosulfonato e etilmetanosulfonato são moderadamente solúveis em água e podem ser inativados em soluções de tiossulfato a 10%. No entanto, alguns cuidados especiais são necessários em se tratando de grandes quantidades (1 g ou mais) desses compostos ou outros altamente reativos, uma vez que reações violentas podem ocorrer. Nesses casos, é preferível utilizar maiores volumes de soluções aquosas de bicarbonato.
- Etileneimina e seus derivados podem ser inativados por hidrólise catalisada por ácido ou por tampão de tiossulfato em pH 5.
- Ciclofosfamida pode ser inativada com solução saturada de hidróxido de potássio em metanol.
- N-metil-N'-nitro-N-nitrosoguanidina (MNNG) é rapidamente inativada em uma solução de tiossulfato de sódio a 10%. O tratamento da MNNG e nitrosamidas relacionadas (N-nitrosometilureia e N-nitrosoetilureia) com álcalis deve ser evitado ou conduzido com bastante cuidado, por causa da produção do gás tóxico diazometano.
- N-nitrosodimetilamina pode ser inativada pela solução saturada de dicromato de sódio em ácido sulfúrico. Pode, ainda, ser reduzida pelas combinações de zinco e ácido acético ou alumínio e hidróxido de sódio. Forma-se, assim, o carcinogênico dimetilidrazina, que deve ser, então, oxidado em uma solução de permanganato de potássio saturado em acetona, por exemplo. Nitrosaminas podem também ser decompostas em nitritos e aminas pela ação de ácido hidrobrômico e ácido acético.
- Hidrocarbonetos aromáticos policíclicos como o benzopireno podem ser inativados pela solução saturada de dicromato de sódio em ácido sulfúrico.
- Aflatoxinas podem ser inativadas pelo acréscimo de solução de hipoclorito ao material a ser descontaminado, seguida da adição de acetona para a destruição da 2,3-dicloro aflatoxina B1 que tenha eventualmente se formado.

Considerando-se a periculosidade de alguns dos procedimentos de descontaminação comentados anteriormente, recomenda-se que, previamente à sua realização, as seguintes referências sejam consultadas.

- As publicações da IARC da série "Laboratory destruction of carcinogens in laboratory wastes".
- Armour MA, Bacovsky RA, Brown LM, McKenzie PA, Renecker DM. Potentially carcinogenic chemicals (including some antineoplastic agents): information and disposal guide. Alberta: University of Alberta Press, 1986.

Descarte de carcinógenos

Os resíduos contaminados com carcinógenos só podem ser descartados após a sua descontaminação. Assim, resíduos líquidos contaminados por carcinógenos devem ser armazenados temporariamente em recipientes plásticos de polietileno de alta densidade com tampa rosqueável. Sugere-se que se utilize um frasco para cada tipo de resíduo líquido produzido. O recipiente deve estar armazenado em local que não apresente risco de derramamento e próximo do local de manipulação dos carcinógenos.

Convém ressaltar que resíduos que contêm carcinógenos não devem ser descartados em pias ou ralos.

No caso de resíduos sólidos, recomenda-se o mesmo procedimento, ou seja, armazenamento em recipiente plástico de polietileno de alta densidade com tampa rosqueável. Luvas ou aventais que tiveram contato direto com os carcinógenos, como, por exemplo, em uma situação de derramamento, devem ser descartados como resíduos sólidos. Em situações de rotina, em que o agente carcinogênico não esteve em contato direto com as luvas, estas devem ser descartadas como lixo infectante (hospitalar).

O recipiente para descarte de resíduos carcinogênicos deve ser identificado adequadamente.

Emergências com o envolvimento de substâncias carcinogênicas

No caso de contaminação significativa do ambiente de trabalho por carcinógenos (sobretudo os voláteis), o local deve ser evacuado e fechado. O responsável pelo laboratório, o restante do pessoal e os membros da comissão interna de prevenção de acidentes (CIPA) devem ser imediatamente informados. Nessas situações, não se deve tentar resolver o problema sozinho. É importante que se procure ajuda especializada para lidar com o caso. Dependendo da situação, deve-se entrar em contato com empresas especializadas em emergências químicas.

Em caso de contaminação pela pele com carcinógeno, a região afetada deve ser lavada com água fria por pelo menos 5 minutos. Em seguida, a região deve ser lavada vigorosamente com sabão e água aquecida. Caso seja necessário, o indivíduo envolvido tomará um banho e trocará suas roupas e calçados.

Em caso de contaminação dos olhos, estes devem ser lavados imediatamente com água fria corrente por, no mínimo, 15 minutos. Em ambos os casos, recomenda-se procurar orientação médica.

Estabelecimento de procedimentos para diversos aspectos do uso de substâncias carcinogênicas

É importante que se encontrem documentados todos os procedimentos que devem ser seguidos para o desenvolvimento das atividades relacionadas a diversos aspectos do uso de substâncias carcinogênicas. O emprego de procedimentos operacionais padrão (POP) constitui uma opção nesse sentido. Assim, é possível obter instruções quanto ao desenvolvimento de um POP específico para o uso de carcinógenos no site da Cornell University (http://www.ehs.cornell.edu/).

TREINAMENTO DO PESSOAL

Antes de trabalhar com substâncias carcinogênicas, o indivíduo deve receber treinamento para desempenhar adequadamente todas as atividades envolvidas com o uso de reagentes químicos. Nesse sentido, deve ser dada ênfase aos riscos relacionados ao trabalho com esse tipo de composto, e também aos cuidados de segurança que devem ser tomados.

Após o primeiro treinamento, o indivíduo deve receber treinamentos posteriores periódicos, de modo a renovar seus conhecimentos a respeito do uso seguro de substâncias carcinogênicas.

É importante ressaltar que o uso correto dos procedimentos estabelecidos é fundamental para que o risco relacionado com o trabalho que envolve agentes carcinogênicos seja efetivamente minimizado. Dessa forma, a percepção desse fato por todos os integrantes do laboratório torna-se de extrema importância.

Reavaliação dos procedimentos adotados referentes ao uso seguro de substâncias carcinogênicas

É importante que os procedimentos estabelecidos para o uso seguro de carcinógenos sejam reavaliados periodicamente. Dessa forma, é possível corrigir possíveis imperfeições existentes e melhorar os procedimentos atuais. Sugere-se, por exemplo, que se procurem identificar novos carcinógenos em uso no laboratório com uma periodicidade estabelecida.

CONSIDERAÇÕES FINAIS

O processo de desenvolvimento do câncer é complexo. Para tanto, é necessária a ativação de diversas vias metabólicas, o que pode ocorrer com a exposição contínua a diversos compostos químicos ao longo do tempo. O organismo humano apresenta sistemas enzimáticos que podem exercer alguma atividade protetora contra compostos com provável ação carcinogênica. Porém, polimorfismos genéticos e o fato de que alguns compostos podem produzir metabólitos com atividade carcinogênica mais potente sugerem que o ideal no contexto de prevenção é minimizar a exposição a esses agentes. Dessa forma, torna-se importante o correto armazenamento de agentes carcinogênicos, assim como também o seu manuseio e descarte, com o uso adequado de EPI.

REFERÊNCIAS BIBLIOGRÁFICAS

1. Bray F, Laversanne M, Sung H, et al. Global cancer statistics 2022: GLOBOCAN estimates of incidence and mortality worldwide for 36 cancers in 185 countries. CA Cancer J Clin. 2024;1-35.
2. Estimativa 2023-Incidência de Câncer no Brasil. [internet]. Disponível em http://www.inca.gov.br. Acesso em: 29 abr. 2024.
3. Greenwald ED, Greenwald ES. Cancer epidemiology. Medical Examination Publ. New Hyde Park, Nova York, 1983. Apud:

Hazelwood RN. Carcinogen risk assessment. Advances in Food Research. 1987;31:1-51.
4. Higginson J, Muir CS. Determination of the importance of environmental factors in human cancer: the role of epidemiology. Bull Cancer. 1977;64:365-84.
5. Carpenter DO, Arcaro K, Spink DC. Understanding the human health effects of chemical mixtures. Environ Health Perspect. 2002;110(Suppl 1):25-42.
6. Marant Micallef C, Shield KD, Baldi I, et al. Occupational exposures and cancer: a review of agents and relative risk estimates. Occup Environ Med. 2018;75:604-614.
7. Kumar V, Abbas AK, Fausto N, et al. Robbins e Cotran, bases patológicas das doenças, 8a ed. Rio de Janeiro: Elsevier, 2010.
8. Irigaray P, Belpomme D. Basic properties and molecular mechanisms of exogenous chemical carcinogens. Carcinogenesis. 2010;31:135-48.
9. Farber E. Cell proliferation as a major risk factor for cancer: a concept of doubtful validity. Cancer Res. 1995;55:3759-62.
10. Vogelstein B, Kinzler KW. The multistep nature of cancer. Trends Genet. 1993;9:138-41.
11. Pitot HC, Dragan YP. Facts an theories concerning the mechanisms of carcinogenesis. Faseb J. 1991;5:2280-6.
12. Klaunig JE, Kamendulis LM, Hocevar BA. Oxidative stress and oxidative damage in carcinogenesis. Toxicol Pathol. 2010;38:96-109.
13. Harris CC, Autrup H, Connor R, Barrett LA, Mcdowell EM, Trump BF. Interindividual variation in binding of benzo[a]pyrene to DNA in cultured human bronchi. Science. 1976;194:1067-9.
14. Spivack SD, Hurteau GJ, Fasco MJ, Kaminsky LS. Phase I and II carcinogen metabolism gene expression in human lung tissue and tumors. Clin Cancer Res. 2003;9(16 Pt 1):6002-11.
15. Mohrenweiser HW, Wilson DM, Jones IM. Challenges and complexities in estimating both the functional impact and the disease risk associated with the extensive genetic variation in human DNA repair genes. Mutat Res. 2003;526:93-125.
16. Tessema M, Lehmann U, Kreipe H. Cell cycle and no end. Virchows Arch. 2004;444:313-23.
17. Malumbres M, Barbacid M. To cycle or not to cycle: a critical decision in cancer. Nat Rev Cancer. 2001;3:222-31.
18. Okada H, Mak TW. Pathways of apoptotic and non-apoptotic death in tumour cells. Nat Rev Cancer. 2004;4:592-603.
19. Igney FH, Krammer PH. Death and anti-death: tumour resistance to apoptosis. Nat Rev Cancer. 2002;2:277-88.
20. Sercu S, Zhang L, Merregaert J. The extracellular matrix protein 1: its molecular interaction and implication in tumor progression. Cancer Invest. 2008;26:375-84.
21. Raynaud CM, Sabatier L, Philipot O, Olaussen KA, Soria JC. Telomere length, telomeric proteins and genomic instability during the multistep carcinogenic process. Crit Rev Oncol Hematol. 2008;66:99-117.
22. Salnikow K, Zhitkovich A. Genetic and epigenetic mechanisms in metal carcinogenesis and cocarcinogenesis: nickel, arsenic, and chromium. Chem Res Toxicol. 2008;21:28-44.
23. Feinberg AP, Vogelstein B. Hypomethylation distinguishes genes of some human cancers from their normalcounterparts. Nature. 1983;301:89-92.
24. Feinberg AP, Tycko B. The history of cancer epigenetics. Nat Rev Cancer. 2004;4:143-53.
25. Trosko JE, Upham BL. The emperor wears no clothes in the field of carcinogen risk assessment: ignored concepts in cancer risk assessment. Mutagenesis. 2005;20:81-92.
26. Robertson KD, Jones PA. DNA methylation: past, present and future directions. Carcinogenesis. 2000;21:461-7.
27. Esteller M. Cancer epigenetics: DNA methylation and chromatin alterations in human cancer. Adv Exp Med Biol. 2003;532:39-49.
28. Herman JG. Hypermethylation pathways to colorectal cancer. Implications for prevention and detection. Gastroenterol Clin North Am. 2002;31:945-58.
29. Fischle W, Wang Y, Allis CD. Binary switches and modification cassettes in histone biology and beyond. Nature. 2003;425:475-9.
30. Grunstein M. Histone acetylation in chromatin structure and transcription. Nature. 1997;389:349-52.
31. Chung D. Histone modification: the 'next wave' in cancer therapeutics. Trends Mol Med. 2002;8:S10-1.
32. Vainio H. Carcinogenesis and its prevention. In: Stacey NH, Winder C. Occupational Toxicology. London: Taylor & Francis, 2004, 602p.
33. Lee JE, Chan AT. Fruit, vegetables, and folate: cultivating the evidence for cancer prevention. Gastroenterology. 2011;141:16-20.
34. United Nations. Globally Harmonized System of Classification and Labelling of Chemicals (GHS). 4th ed. New York and Geneve, 2011.
35. International Agency for Research on Cancer (IARC). Disponível em: https://monographs.iarc.who.int/list-of-classifications/. Acesso em: 4 jul. 2024.
36. National Toxicology Program (NTP). Disponível em: https://ntp.niehs.nih.gov/. Acesso em: 4 jul. 2024.
37. Rachet B, Partanen T, Kauppinen T, Sasco AJ. Cancer risk in laboratory workers: an emphasis on biological research. Am J Industrial Med. 2000;38:651-65.
38. Sasco AJ. Cancer risk in laboratory workers. Lancet. 1992;339.
39. Belli S, Comba P, De Santis M, Grignoli M, Sasco A. Mortality study of workers employed by the Italian National Institute of Health, 1960-1989. Scand J Work Environ Health. 1992;18:64-7.
40. CAREX. Carcinogen Exposure Report of EU. [Online]. Disponível em http://www.occuphealth.fi/list/data/CAREX. Acesso em: 7 set. 2011.
41. Plataforma RENAST. Disponível em: https://renastonline.ensp.fiocruz.br/temas/carex-brasil. Acesso em: 4 jul. 2024.
42. Occupational Safety & Health Administration (OSHA). USA. Osha Regulations (Standards – 29 CFR) – Osha Laboratory Standard: Occupational Exposure to Hazardous Chemicals in Laboratories – 1910.1450, 1990. [On-line]. Disponível em: http://www.osha-slc.gov/OshStd_data/1910_1450.html. Acesso em: 10/3/2001].
43. Armour MA, Bacovsky RA, Brown LM, McKenzie PA, Renecker DM. Potentially carcinogenic chemicals (including some antineoplastic agents): information and disposal guide. Alberta: University of Alberta Press; 1986.

10

Biossegurança e manipulação de medicamentos oncológicos

Naomí Crispim Tropéia

INTRODUÇÃO

O câncer é uma doença multifatorial, complexa e extremamente diversa, constituída de tipos e subtipos[1]. Considerada a terceira principal causa de morte em populações entre 30 e 69 anos na maioria dos países, e estima-se que até 2025 serão diagnosticados mundialmente cerca de 35 milhões de novos casos, representando um desafio significativo para o aumento da expectativa de vida[2]. Com o aumento de incidência, há uma correspondente elevação na prescrição de terapias oncológicas, levando a maior exposição não só de pacientes que precisam do seu efeito sobre tumores, mas também trabalhadores envolvidos na sua produção industrial, manipulação, dispensação, checagem de receituários, transporte, na administração e cuidado direto ao paciente, além do pessoal envolvido na limpeza e até mesmo aqueles que fazem a manutenção de equipamentos em locais onde tais fármacos são manuseados. Os efeitos deletérios decorrentes da ação desses medicamentos, que possuem potencial genotóxico, teratogênico e carcinogênico, afetam diretamente a população exposta diariamente, conforme demonstrado em estudos sobre riscos ocupacionais realizados desde 1970[3-6].

Essa toxicidade associada aos medicamentos antitumorais gerou a necessidade da classificação de tais substâncias por agências como a International Agency for Research on Cancer (IARC)[7] e o National Institute for Ocupationl Safety and Health (NIOSH)[8], a fim de destacar o tipo e a intensidade de seu potencial danoso. A IARC considera critérios como via de exposição, revisões sistemáticas da epidemiologia dos antineoplásicos, além de mecanismos da sua toxicidade e ensaios animais, entre outros[9]. Essa classificação levou à determinação, através da Portaria Interministerial MTE/MS/MPS n. 9/2014, da confecção da Lista Nacional de Agentes Cancerígenos para Humanos (LINACH), entre eles listados os seguintes agentes antineoplásicos: bussulfano, ciclofosfamida, clorambucil, etoposídeo e etoposídeo em associação com cisplatina e bleomicina, melfalano, MOPP e outros agentes quimioterápicos, incluindo agentes alquilantes, semustina, tamoxifeno, tiotepa e treosulfano. Por sua vez, a NIOSH revisa a classificação da American Society of Hospital Pharmacist (ASHP) de 1990, agrupando os antineoplásicos (grupo 1) e caracterizando-os como fármacos perigosos devido a carcinogenicidade, teratogenicidade, toxicidade à concepção, toxicidade a órgãos específicos em baixas doses, genotoxicidade e similaridade com outras substâncias já classificadas como perigosas com base em sua estrutura ou toxicidade. Tal classificação mais abrangente por parte da NIOSH, que ainda leva em conta os pareceres dos próprios fabricantes desses princípios ativos, permite atualizações de listas que absorvem com maior agilidade novas tecnologias oncológicas, instruindo medidas de mitigação similares a fármacos já classificados como danosos[4,9].

A toxicidade dos quimioterápicos antineoplásicos está diretamente associada ao seu efeito sobre o ciclo celular, especialmente aqueles que afetam a fase S, responsável pela síntese do DNA. A baixa especificidade para células cancerosas explica o porquê de terapias-alvo moleculares terem um histórico menor quanto a efeitos adversos, já que focam na imunoterapia ou na alteração de cascatas de sinalização relacionadas à divisão celular, sendo mais alvo-dirigidas, muitas vezes direcionadas a alvos tumorais. Todavia, grande necessidade se faz ainda de associar tais fármacos a antineoplásicos citotóxicos, como é o caso do trastuzumabe deruxtecano e trastuzumabe emantasina, mas também há evidências de toxicidades sistêmicas relacionadas a essas terapias al-

TABELA 1 Alguns fármacos antineoplásicos classificados como grupo 1 pela Lista NIOSH

Medicamento antineoplásico	Classificação IARC	Exemplos de toxicidade associada
Ciclofosfamida	1	Categoria D de risco na gravidez[9]; isquemia do miocárdio, lesão das células endoteliais, função sistólica e diastólica alterada[10]
Doxorrubicina	2A	Categoria D de risco na gravidez[9]; alteração função ventricular esquerda por lesão irreversível do cardiomiócito[11,12]
Paclitaxel	–	Categoria D de risco na gravidez[9]; prolongamento da onda QT, bradicardia, fibrilação atrial[13]
Sulfato de Vincristina	3	Categoria D de risco na gravidez[9]; isquemia miocárdica, hipertensão arterial[14]
Tiotepa	1	Categoria D de risco na gravidez[9]; mielossupressão capaz de limitar doses da medicação[15]
Trastuzumabe*	–	Categoria D de risco na gravidez, sendo o oligodrâmnio o efeito colateral mais comum no tratamento de mulheres grávidas[16]; cardiomiopatia irreversível com redução da função ventricular esquerda[11,14].
Etoposídeo	1	Categoria D de risco na gravidez[9]; desenvolvimento de leucemia secundária associada ao tratamento[17]
Sorafenibe	–	Categoria D de risco na gravidez[9]; hipertensão arterial, diminuição da ejeção ventricular esquerda[11,18]
Metotrexato	–	Categoria X de risco na gravidez[9]; alterações de ECG e hipotensão leve[19]

* Na lista da National Institute for Ocupationl Safety and Health (NIOSH), o trastuzumabe associado com outros fármacos (trastuzumabe deruxtecano e trastuzumabe emantasina). Apesar disso, há evidência de toxicidade do anticorpo em si[11,14,16]). A classificação IARC foi retirada diretamente da Lista de Classificação, que categoriza os agentes de acordo com as monografias 1-135 da agência[7].

vo-dirigidas[1,4,9,19]. A cardiotoxicidade é um desses efeitos, com enorme relevância epidemiológica para o paciente de câncer pelo efeito cumulativo de suas dosagens sobre células cardíacas, chegando a aumentar em 3,5 vezes a mortalidade por insuficiência cardíaca em relação àquela gerada por causas cardiovasculares idiopáticas[10-14,17,18,20]. Muitos medicamentos oncológicos citotóxicos relacionados a esse efeito no coração já foram encontrados na urina de trabalhadores da saúde em contato com tais substâncias[19]. Um ponto importante em relação a novos oncológicos alvo-dirigidos, principalmente anticorpos monoclonais, proteínas de fusão e terapia gênica, é que muitos deles ainda não possuem estudos de exposição ocupacional, e muitas vezes dependem de definições de efeitos adversos em pacientes para orientar medidas de prevenção. Como esses medicamentos têm uma natureza não citotóxica e uma baixa probabilidade de exposição ocupacional, uma vez que tais efeitos dependem também da via de exposição, eles são considerados mais seguros em comparação com os antineoplásicos tradicionais, levando a maioria das agências regulatórias a não classificá-los como perigosos. Foi o que levou à não inclusão do bevacizumabe na Lista de Fármacos Perigosos da NIOSH, além da possível retirada do pertuzumabe, em consulta pública após pedido do seu fabricante em 2023[8,9]. Há, porém, controvérsias sobre a internalização dessas substâncias através de pele, olhos e mucosas, havendo ensaios em animais apontando para absorção ocular em baixas doses, além de se ter evidências de teratogenicidade em pacientes tratados com anticorpos monoclonais. Sendo assim, muitas das boas práticas e engenharia preventiva tomadas para o caso de antineoplásicos também valem para esse grupo de terapias oncológicas numa tentativa de compensar incertezas quanto a sua segurança[3,9,21].

Estima-se que um trabalhador responsável pela manipulação desse grupo de fármacos tenha uma exposição dérmica de 0,5-250 µg ou 10-12,5 µg de uma solução de 20 g/L de substância durante sua jornada de trabalho[22]. As vias de exposição mais comuns aos antineoplásicos são pela pele e pela ingestão acidental, sendo a exposição por inalação uma via possível, porém mitigável pelo uso de ventilação adequada. Apesar disso, profissionais da saúde ainda podem ser afetados de diversas formas, devido principalmente à estreita faixa terapêutica que alguns desses fármacos possuem. Náuseas, erupções cutâneas e prurido, reação alérgica graves, efeitos reprodutivos a longo prazo (diminuição de espermatozoides e amenorréia) e teratogênese, além de efeito mutagênico (aberrações cromossômicas e danos no DNA), são alguns dos efeitos relacionados à exposição ocupacional. Os efeitos sistêmicos que acometem pacientes podem

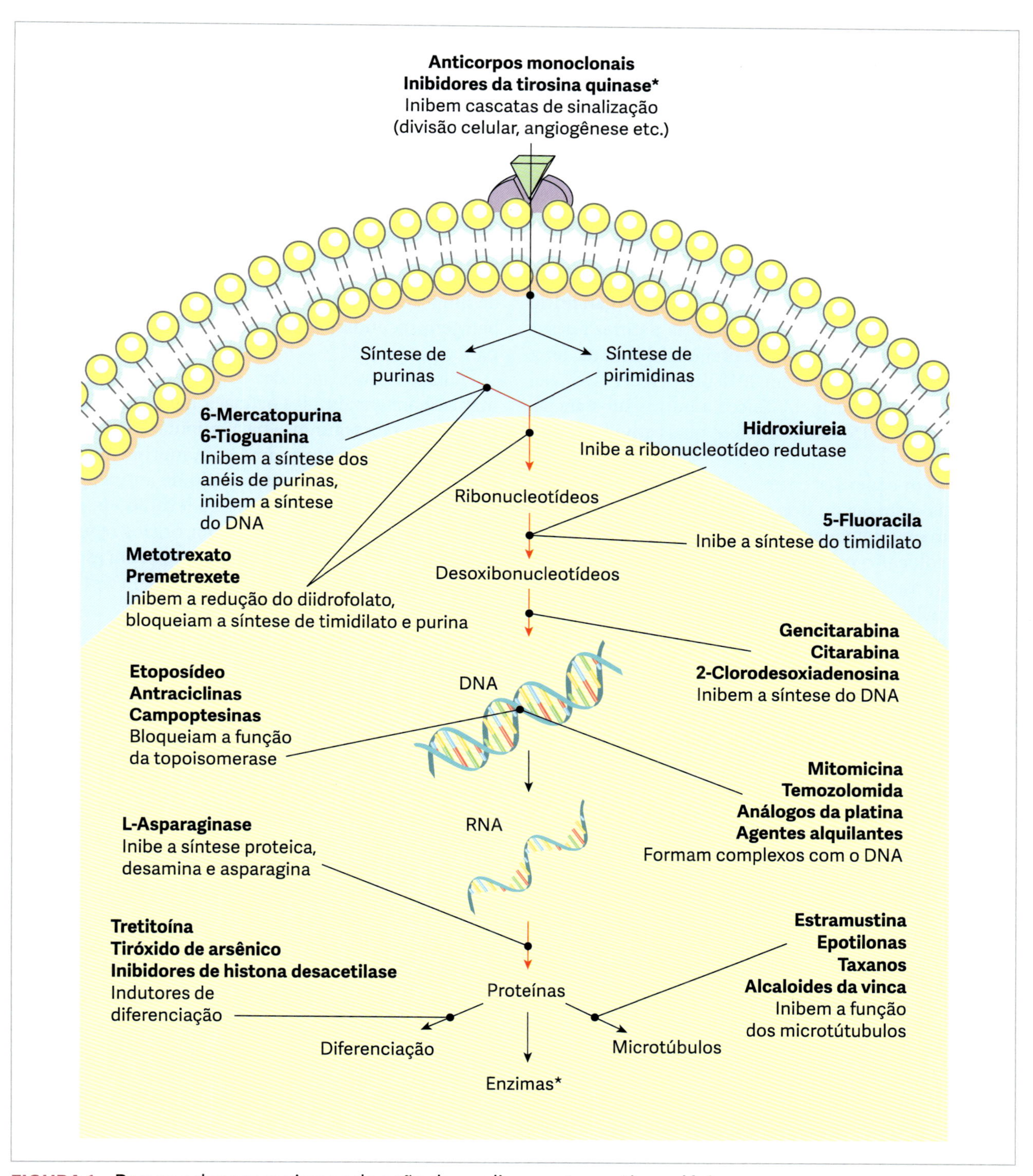

FIGURA 1 Resumo dos mecanismos de ação de medicamentos antineoplásicos.
Fonte: adaptada de INCA, 2021[4].

acabar gerando dano órgão-específico, a depender da via de exposição que permita o fármaco alcançar tais tecidos. Aumento do número de aborto em profissionais que manipulam antineoplásicos sem equipamento de proteção também foi observado, além de maior estresse oxidativo em farmacêuticos e enfermeiros durante a manipulação e administração de medicamentos oncológicos[4,22,23]. Dessa forma, acompanhar a exposição biológica aos fármacos e seus metabólitos principais é uma forma de avaliar o grau do contato do profissional ao princípio ativo. Não há um padrão adequado para essa monitorização, e a determinação de agentes em fluidos biológicos, principalmente em amostras de urina e sangue, devido à alta variabilidade na detecção em diferentes estudos, é indicada para contextos de absorção elevada e quando há falta de controle na exposição ao agente, ainda mais devido à falta de biomarcadores específicos para o nível da exposição a antineoplásicos. Há ainda a indicação de que mesmo com medidas de controle pode haver a presença do fármaco em fluidos de trabalhadores; afinal, apenas a eliminação total do fármaco perigoso garantiria uma biossegurança total[3,6,22]. A própria natureza dessa classe de fármaco, sabidamente prejudicial à saúde, fez a FUNDACENTRO emitir em 2018 um parecer favorável à equiparação de antineoplásicos a outras substâncias citadas pela NR-15, que estabelece quais atividades são insalubres[24].

Falha em conexões entre os frascos de quimioterápicos e as seringas ou derramamentos da conexão da bolsa com quimioterápicos e equipos de infusão também podem colocar o operador em contato com aerossóis ou com o medicamento líquido contra a pele[4]. Além disso, machucados provocados por agulhas durante o manuseio de medicamentos também permitem contaminação. Todas essas causas são preveníveis, e acabam tendo como causa secundária a falta de mecanismos de controle adequados, provocada por questões como falta de equipamentos de proteção individuais (EPI) e de engenharia preventiva. Falta de treinamento do pessoal também figura como um fator determinante na contaminação dos operadores de saúde[5]. A baixa aderência ao uso de EPI, principalmente em situações em que há percepção de exposição mínima da pele aos medicamentos, indica que a mitigação dessas falhas depende de treinamento e educação dos funcionários[25].

Assim sendo, definições de medidas de biossegurança pessoais e ambientais são tão importantes, ainda mais porque não há um limite de exposição a antineoplásicos estabelecidos pela legislação brasileira ou internacional. Atualmente, parte-se do princípio de que não existe exposição segura[9,22]. Tal fato se torna ainda mais relevante ao se considerar quão comum é a presença de antineoplásicos em superfícies de locais de saúde e quão importante é o monitoramento dessas superfícies para dimensionar o grau de exposição ambiental a tais moléculas[22]. Traços dos fármacos não são restritos à farmácia e aos locais de atendimento ao paciente, onde há maior presença de contaminantes: há traços de ciclofosfamida e etoposídeo até em maçanetas e, principalmente, no chão de áreas comuns, onde pacientes, familiares e profissionais de saúde circulam sem EPI e onde há menos engenharias de controle[26,27]. A diminuição ao longo dos anos da exposição em superfície em hospitais do Canadá e da Itália indica que práticas de trabalho melhores, guias de prevenção de exposição ocupacional e monitoramento dos níveis de antineoplásicos aos quais o ambiente e profissionais estão expostos são bastante eficientes para a educação dos trabalhadores e em garantir a segurança de pessoas suscetíveis a efeitos deletérios devido à exposição. O uso de sistema fechado (CTDS) na administração medicamentosa e o conhecimento do profissional de saúde sobre a prevenção da contaminação ambiental e de si mesmo, além da inserção de protocolo de limpeza de frascos e ampolas após remoção da embalagem secundária, também foram fatores essenciais para essa queda[28].

A instituição de medidas custo-efetivas, simples e que mantenham a segurança ocupacional e de pacientes garante que a biossegurança na manipulação na oncologia seja mantida, garantindo ainda o cumprimento da legislação vigente quanto ao manuseio de antineoplásicos. Assim, as recomendações abaixo levarão em conta as medidas de controles previstas por órgãos regulatórios brasileiros e internacionais, embasando com estudos na área para indicar outras medidas que podem ser tomadas.

FARMACOGENÉTICA E EPIGENÉTICA DA EXPOSIÇÃO AOS ONCOLÓGICOS

Um fator relevante que explica em partes uma maior ou menos suscetibilidade a efeitos deletérios por parte de quem estiver em contato direto a um medicamento oncológico é a farmacogenômica associada a tais substâncias. Pessoas com um código genético, devido a variantes conhecidas ou não, que favoreça a expressão de enzimas relacionadas a metabolização de certos antineoplásicos, diminuindo sua excreção e facilitando o seu acúmulo, ou que favoreça a interação dessas moléculas a seus alvos em células saudáveis, ou por qualquer outro mecanismo que garanta um efeito do princípio ativo mesmo em doses que seriam seguras em outros indivíduos, podem explicar o favorecimento de toxicidades ocupacionais mesmo havendo medidas de controle adequadas[17,29]. Uma base de dados útil para explorar quais fármacos estão relacionados a qual efeito adverso graças a um certo marcador genético é o PharmGKB (https://www.pharmgkb.org/), podendo ser utilizado como fonte de consulta para os tipos de toxicidades que poderão acometer profissionais da saúde em locais que produzem e/ou administram terapias oncológicas[30].

Mas não só o código genético pode estar relacionado a efeitos deletérios, mas também pode haver influência dos próprios fármacos antineoplásicos na expressão de genes e a consequente produção de marcadores relacionados a uma certa toxicidade, ou seja, a modificação da epigenética dessa classe de medicamento pode gerar o efeito adverso observado em quem manuseia esse tipo de medicação. Há indícios de uma relação direta entre o desenvolvimento de câncer e a exposição de substâncias sabidamente cancerígenas, como o benzeno, que pode envolver fatores epigenéticos[31]. Todavia, há pouca evidência *in vivo* do efeito epigenético da exposição ocupacional a antineoplásicos[32].

Há, porém, barreiras socioeconômicas, éticas e legais para a aplicação de uma medicina personalizada em contextos ocupacionais, evitando uma aplicação discriminatória e expositiva de dados genéticos de trabalhadores. Novas pesquisas na área podem propor medidas preventivas voltadas a subgrupos mais vulneráveis ao mesmo tempo que mitigam tais questões[31].

BIOSSEGURANÇA NA EXPOSIÇÃO A ANTINEOPLÁSICOS

Manuseio de terapias anticâncer

Apesar de a manipulação de medicamentos oncológicos dentro dos estabelecimentos de saúde ser ato privativo e intransferível do profissional farmacêutico, como determinado na Resolução/CFF n. 640/2017[33], vários outros profissionais também precisam seguir recomendações de boas práticas similares, principalmente aqueles em contato direto com as formulações, como os profissionais de enfermagem[33,34]. Profissionais relacionados à limpeza e cuidadores, que podem ser expostos às excretas de pacientes pouco tempo depois da administração de antineoplásicos, também devem ser instruídos quanto aos riscos de exposição aos medicamentos oncológicos e quais as melhores medidas para se prevenirem[3,4]. Entre as medidas de proteção principais descritas pela legislação brasileira, a RDC n. 220/2004[35] e NR-32[36] são as que melhor definem os critérios de boas práticas de manuseio de antineoplásicos em toda a sua cadeia, desde a produção até o descarte[35,36].

Para a proteção coletiva de profissionais farmacêuticos, em caso de preparo da medicação no próprio estabelecimento de saúde, deve-se garantir uma área própria e isolada para a paramentação, que devem conter:

- Barreira com dupla câmara.
- Lavatório para higienizar e secar as mãos.
- Lava-olhos ou ducha higiênica.
- Chuveiro de emergência.
- EPI disponíveis.
- Armários para guardar pertences.
- Recipiente para descarte de aventais e macacões para descarte ou lavagem.

O local para a manipulação dos antineoplásicos deve ser exclusivo, com cabine de segurança biológica (CBS classe II B2). É necessária validação da CBS a cada 6 meses ou sempre que reparos ou movimentações forem necessárias, e filtros HEPA e pré-filtro devem ser trocados periodicamente, de acordo com programa escrito. A CBS deve ser acionada 30 min antes do início do preparo da medicação, e deve ficar ligada por 30 min após a finalização. Em caso de interrupção do seu funcionamento, todas as atividades de manipulação da terapia antitumoral devem ser impedidas. A área de estocagem das medicações oncológicas, produzidas localmente ou compradas de farmácias habilitadas, deve ser exclusiva para esse tipo de medicamento[35,36].

Equipamentos utilizados no preparo da terapia oncológica devem passar por manutenções corretivas e preventivas, de acordo com as normas do fabricante. Deve-se manter os registros de tais procedimentos, além de etiquetas nos equipamentos com as datas da última verificação e da próxima a ser agendada. A fiscalização deve poder acessar esses documentos sempre que necessário[35,36].

Enfermeiros responsáveis por administrar os medicamentos precisam seguir a Resolução do COFEN n. 210/1998, que descreve as boas práticas quanto às atribuições de enfermeiros especializados em administração

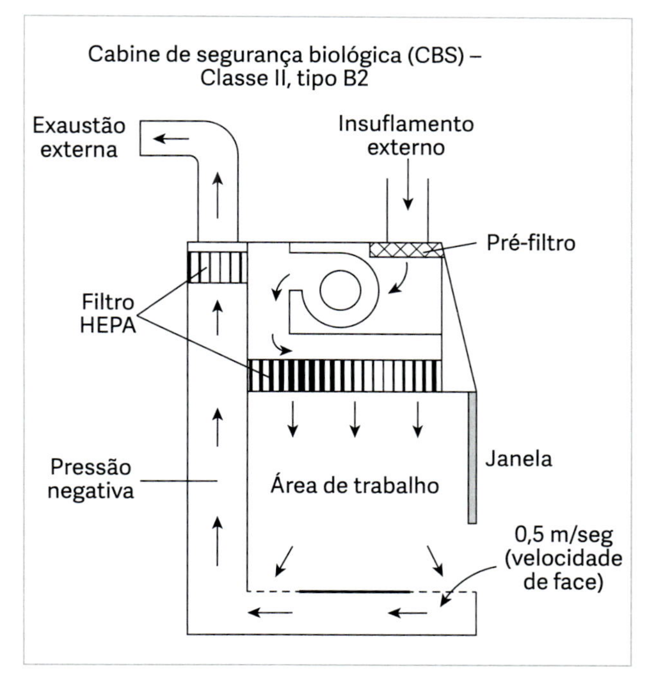

FIGURA 2 Esquematização do funcionamento de uma CBS Classe II – B2.

Fonte: imagem adaptada de SOBRAFO, 2014[37]; Hodson et al., 2023[3].

de quimioterapia antineoplásica, enquanto a Resolução n. 569/2018 descreve o regulamento técnico e define a atuação da enfermagem neste tema[34,38]. Protocolos para acidente de punção e extravasamento da medicação devem ser bem descritos, assim como procedimentos operacionais padrão (POP) da administração medicamentosa[35].

Deve-se oferecer EPI a todos os profissionais em contato com medicamentos oncológicos, seja na análise da prescrição, no preparo, transporte e descarte[35,36]. A NIOSH inclui como manuseio de antineoplásicos não apenas a farmacotécnica da medicação, mas também processos de fracionamento e esmagamento de comprimidos e cápsulas, preenchimento de seringas, aplicações tópicas, irrigações ou de aerossóis, além do manuseio de fluidos de pacientes e derramamentos[3]. Luvas, EPI essencial para cada uma dessas atividades citadas, devem ser do tipo cirúrgica, sem talco e estéril. Deve-se lavar as mãos antes da colocação e após a retirada das luvas. Aqueles em processo de manipulação direta dos medicamentos devem utilizar dois pares de luvas que devem ser trocadas de hora em hora, ou em caso de perda de integridade do material[35,36]. A NIOSH recomenda ainda posicionar a luva mais interna para dentro do punho do avental, enquanto a externa deve cobrir a região externa na vestimenta. Apesar de a RDC n. 220/2004 citar que as luvas devam ser de látex, a NIOSH recomenda selecionar luvas de material que comprovadamente sejam impermeáveis a fármacos perigosos como os antineoplásicos, já que o látex pode provocar alergias[3,35]. A ANVISA regulamenta também a qualidade de luvas de borracha sintética e natural, ou seja, fabricantes devem atender a RDC n. 825/2023[39].

Aventais longos ou macacão com uso restrito à área de preparo devem ter baixa permeabilidade, baixa liberação de partículas, frente resistente, ser fechado nas costas, manga comprida e punho justo. Profissionais que entrem em contato com fluidos e excretas de pacientes que receberam medicamentos oncológicos em menos de 48h também devem usar avental e luva. Vestimentas que tenham tido contato com tais materiais devem ser acondicionadas segundo a Norma da ABNT NBR – 7.500 – Símbolos de Risco e Manuseio para o Transporte e Armazenamento de Material, de março de 2000, antes de seguirem para lavanderia ou descarte[35].

Não há exigência pela RDC n. 220/2004 do uso de proteção ocular e respiratória no manuseio de quimioterápicos, enquanto a NIOSH e a OSHA já indicam seu uso[3,35].

Os EPI, de maneira geral, devem ser avaliados quanto ao seu estado de conservação diariamente, além de estarem em locais de fácil acesso a todos, sendo repostos constantemente para não haver faltas em caso de dano

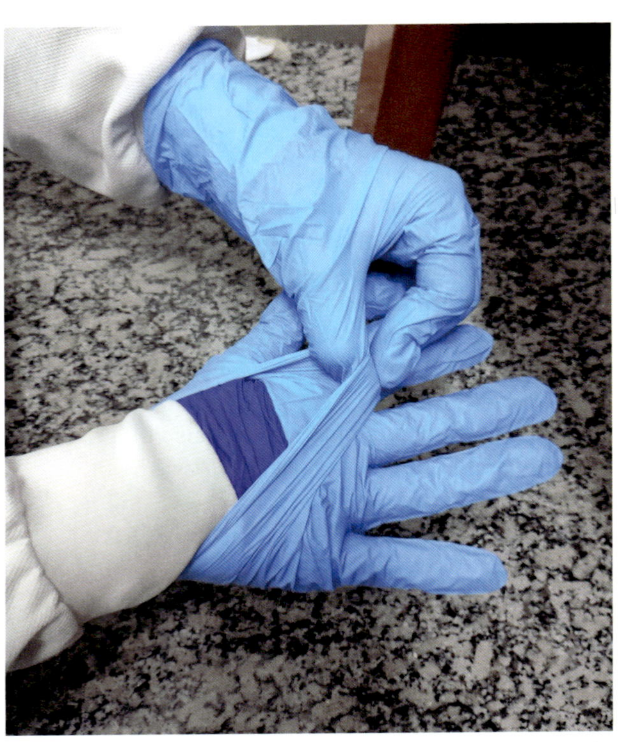

FIGURA 3 Representação do uso dos dois pares de luva para a manipulação de oncológicos.

ou contaminação. Dispositivos que diminuam a geração de aerossóis no processo de manuseio dos medicamentos e para diminuição do risco de acidentes no preparo e na administração da medicação devem ser disponibilizados aos funcionários expostos a antineoplásicos também[35,36]. Uma sugestão para a ordem de retirada de EPI é começar por touca e propé, cobertura de mangas, luva externa, "*face shield*" (escudo facial), avental, máscaras e/ou respiradores e finalizar pelas luvas internas[3].

A todos os profissionais que tenham contato direto com terapias oncológicas é vetado comer, beber, fumar, portar adornos e se maquiar nos locais de trabalho. Deve haver o afastamento das atividades para profissionais gestantes e em fase de amamentação. Profissionais expostos devem ser proibidos de realizar atividades que os exponham a radiação ionizante, piorando os efeitos que antineoplásicos podem causar[35,36]. De maneira geral, aplicar o conceito da hierarquia de controle à exposição: sempre que possível, remover o agente nocivo e substituí-lo, principalmente em relação a pessoas mais expostas ou frágeis aos efeitos deletérios; e quando não for uma opção, criar mecanismos e comportamentos de controle à exposição[3].

Os responsáveis pelo transporte da medicação oncológica devem receber treinamento de biossegurança para casos de acidentes e emergências. Os medicamentos devem ser transportados em recipientes isotérmicos, garantindo estabilidade térmica, proteção contra intempéries e luz solar[35].

Todo funcionário admitido deve passar por avaliação médica antes da admissão, além de realizar avaliações periódicas, como é determinado pela NR-7 do Ministério do Trabalho, garantindo o acompanhamento de possíveis desdobramentos da exposição ocupacional[35]. A NIOSH também recomenda ter um acompanhamento das atividades realizadas pelo trabalhador e o seu nível de exposição durante elas, visando a comparações quanto ao estado de saúde do funcionário com tais atividades de risco. Por exemplo, observar se haverá maiores concentrações de antineoplásicos e seus metabólitos em fluidos dos trabalhadores logo depois de um acidente[3].

Todo profissional que está envolvido direta ou indiretamente com a terapia antineoplásica deve ser capacitado por meio de programas de educação continuada, e cada treinamento deve ser documentado[35]. A capacitação deve ser oferecida por profissional da área da saúde conhecedor dos riscos associados às medicações oncológicas. Devem receber informações quanto a possíveis vias de exposição ocupacional aos antineoplásicos, efeitos da medicação (tanto os terapêuticos quanto os adversos), riscos de curto e longo prazo à saúde, normas e POPs relativos à interação com a medicação oncológica (seja o manuseio, preparo, transporte, administração, distribuição e descarte) e quais são os procedimentos de interesse em caso de acidentes[36].

Um método útil para se definir possíveis cenários de exposição específicos de um local exposto a medicamentos quimioterápicos e como diminuir os riscos envolvidos é a construção de Tabelas de Mecanismos de Controle para Manuseio Seguro de Fármacos e Medicamentos Nocivos, proposto pela NIOSH. A Tabela 2 demonstra um exemplo dessa ferramenta, adaptada em relação à legislação brasileira[3,22,24,35,40]. Esse recurso serviria como um guia de atitudes e mecanismos de segurança acessível e resumido para procedimentos que mais expõem os trabalhadores aos antineoplásicos, e precisaria ser idealizado conforme os protocolos utilizados no local, já que não seria viável cobrir todas as vias de exposição existentes[3]. Para mais informações e recursos para auxiliar na construção de tabelas do tipo, o material disponibilizado pela NIOSH sobre manejo da exposição a fármacos nocivos pode ser encontrado no site da agência (https://www.cdc.gov/niosh/docs/2023-130/default.html).

Todavia, como atitude prioritária, deve-se evitar procedimentos de manuseio de antineoplásicos, como fracionar comprimidos e quebrar cápsulas, fora da farmácia oncológica. Formulações líquidas devem ser priorizadas sempre que possível, e em caso de necessidade de esmagar comprimidos, tentar adicionar líquidos o mais rápido possível para não gerar produção de poeiras e aerossóis. Uso de maquinário para contagem automatizada de comprimidos só deve ser permitido se comprovado pelo controle de qualidade do local que não há liberação de pós e outras formas de contaminação[3].

A agência OSHA preconiza a construção de um programa de comunicação de riscos próprio para cada

TABELA 2 Cenários de exposição e medidas recomendadas por órgãos internacionais e pela legislação

Atividade	Medidas de controle	Equipamentos de proteção individual recomendados
Recebimento e armazenamento de medicamentos e insumos antineoplásicos	A área deve ser restrita a pessoal autorizado, sem necessidade de outras medidas a não ser que escapes do envasamento sejam observados. Envases danificados devem ser abertos em capela ou CSB (classe II, ou com filtro HEPA).	Um par de luvas impermeáveis a antineoplásicos, e se deve considerar protetores de manga. O uso de avental, propé, óculos de proteção ou *face shield* e proteção respiratória (NR95 ou respiradores com filtro para material particulado e/ou filtros químicos) é recomendado em caso de suspeita de vazamentos no local.
Transporte no interior do local	O transporte deve ocorrer em contêiners que diminuam o risco de rompimento de envases. Colocar os medicamentos antineoplásicos em uma embalagem secundária ou envase lacrado evita acidentes. Para caso de resíduos em grandes volumes (acima de 400 L), utilizar válvula de dreno no fundo do recipiente de transporte.	Um único par de luvas impermeáveis a medicação pode ser utilizado em caso de transporte de comprimidos e tabletes intactos, além de seringas preenchidas por fabricante externo. Em caso de medicamentos sólidos cortados ou amassados, além de pós, cremes, medicamentos líquidos e seringas preenchidas no local, uso de dois pares garante maior segurança ao responsável pelo transporte.

(continua)

TABELA 2 Cenários de exposição e medidas recomendadas por órgãos internacionais e pela legislação (*continuação*)

Atividade	Medidas de controle	Equipamentos de proteção individual recomendados
Farmacotécnica de medicamentos (sólidos para uso oral, líquidos para via oral ou IV/IM/SC/IT/IVs com preparo de seringas a partir de ampola ou frasco e medicamento de uso tópico)	Cabine de Segurança Biológica (CBS, Classe II), com mínimo de 5 m^2 de área mínima por cabine instalada. Deve estar em um espaço isolado, dedicado a manipulação de medicamentos.	Uso de dois pares de luva e avental. Considerar uso de protetor de manga. Em caso de necessidade, utilizar protetor ocular, facial e/ou proteção respiratória (N95). Propé e touca também devem ser utilizados durante a manipulação.
Administração de medicamentos (seringas pré-fabricadas ou dispensadas pelo local, sólidos para uso oral intactos ou cortados e quebrados, medicamentos sólidos sem revestimento, líquidos para uso oral e medicamento tópico)	Em caso de fracionamento de formas farmacêuticas sólidas, preferencialmente ocorrer em local com ventilação adequada (capela ou cabine com filtro HEPA). Considerar uso de triturador de comprimidos para tal fim. Sistema fechado para administração parenteral deve ser utilizado para soluções de grande volume, como define a RDC n. 45/2003, mas pode ser utilizado para soluções parenterais de menor volume para se evitar extravasamentos e outros acidentes, caso a forma farmacêutica permita. Em caso de compostos voláteis para uso tópico, a aplicação deve ser em recinto isolado e ventilado.	Uso de dois pares de luva impermeáveis a antineoplásicos e avental. Em caso de fracionamento, uso de touca e propé é necessário. Em caso de risco de líquidos respingarem ou paciente vomitar e/ou cuspir a medicação, utilizar proteção ocular ou facial. Uso de respiradores (N95, ou respiradores com filtro para material particulado e/ou filtros químicos) é recomendado em caso de dispensação com formação de aerossóis e respingos (p. ex., irrigação, via IVs e IP). A recomendação nesse último caso é utilizar máscara de carvão ativado, além da proteção facial.
Limpeza de fluidos corporais	Dobrar roupa de cama e produtos higiênicos de fora para dentro, prevenindo derramamento. Deixar em saco selado.	Uso de dois pares de luvas e avental. Apenas em casos de formação de respingos e/ou risco de inalação, utilizar proteção ocular e/ou facial, além de respiratória (N95).
Descarte e limpeza de resíduo de medicamentos	Além das regras estabelecidas na RDC n. 222/2018, tomar cuidado com o fechamento dos sacos contendo resíduos. Evitar empurrar os resíduos para baixo, pois pode haver formação de poeira e entrar em contato com a face do responsável pelo descarte.	Uso de dois pares de luvas e avental. Proteção ocular, facial e respiratória (N95) deve ser utilizada em caso de risco de líquidos respingarem.
Limpeza de rotina	Uso de método úmido (panos molhados, esfregões etc.) é mais recomendado, evitando formação de poeira. Uso de desinfetantes, descontaminantes e produtos ativadores pode ser necessário. Descartar corretamente materiais de limpeza contaminados.	Uso de dois pares de luvas e avental. Se líquidos puderem respingar ou houver chance de inalação de medicamento, utilizar proteção ocular, facial e respiratória (N95). Inativação química de antineoplásicos pode ser feita utilizando hipoclorito 10%, deixado em contato com o resíduo contaminado por 24 horas[22]. Outros produtos também foram testados para tal fim, e hipoclorito 10% poderia ser substituído por hipoclorito de sódio 0,5% ou dodecil sulfato de sódio/isopropanol 80/20[40].

instituição de saúde (29 CFR 1910.1200), permitindo acesso livre dos profissionais a uma lista de substâncias químicas e/ou fármacos nocivos e os riscos associados a eles[9]. A legislação brasileira também exige que profissionais confeccionem especificação técnica detalhada dos produtos farmacêuticos, excipientes e outros produtos de saúde utilizados no preparo e administração da terapia antineoplásica, garantindo a qualidade das aquisições de insumos[35]. O programa de risco é um modelo que pode auxiliar na melhor comunicação entre funcionários de um local exposto a produtos perigosos, principalmente aqueles de fora do setor de saúde, mantendo atualizações constantes de novas substâncias e os malefícios mais recém-descobertos sobre tais moléculas. Em ambientes como CROs ou laboratórios de pesquisa, produtos antineoplásicos potenciais manipulados para estudos precisam considerar os mecanismos de ação deles, se conhecidos, para incluí-los numa comunicação de risco que deve ser atualizada conforme as informações toxicológicas forem mais bem compreendidas. OSHA indica que tal documento deve conter informações da rotulagem e da ficha de dados de segurança (FDS) dos produtos, além de poder conter informações de diferentes bases de dado, como a Agência Internacional de Pesquisa em Câncer (IARC – https://www.iarc.who.int/), o DrugBank (https://go.drugbank.com/), DailyMed (https://dailymed.nlm.nih.gov/dailymed/), o PubChem (https://pubchem.ncbi.nlm.nih.gov/) ou estudos de outras agências de saúde (HODSON et al., 2023). No Brasil, podemos consultar informações por meio do Instituto Nacional de Câncer (INCA – https://www.gov.br/inca/pt-br) e através de pareceres da Agência Nacional de Vigilância Sanitária (ANVISA). Além dessas bases, a agência do CDC americano NIOSH confecciona listas de antineoplásicos e outros fármacos nocivos presentes em agências de saúde desde sua primeira edição em 2004, definindo critérios de risco e listando as novas medicações que chegam ao mercado conforme a classificação de risco[9]. A versão mais recente (2016) está presente em seu site, onde também há atualizações quanto a fármacos recém-classificados como de risco, como, por exemplo, o trastuzumabe deruxtecano (Enhertu®), em que o fabri-

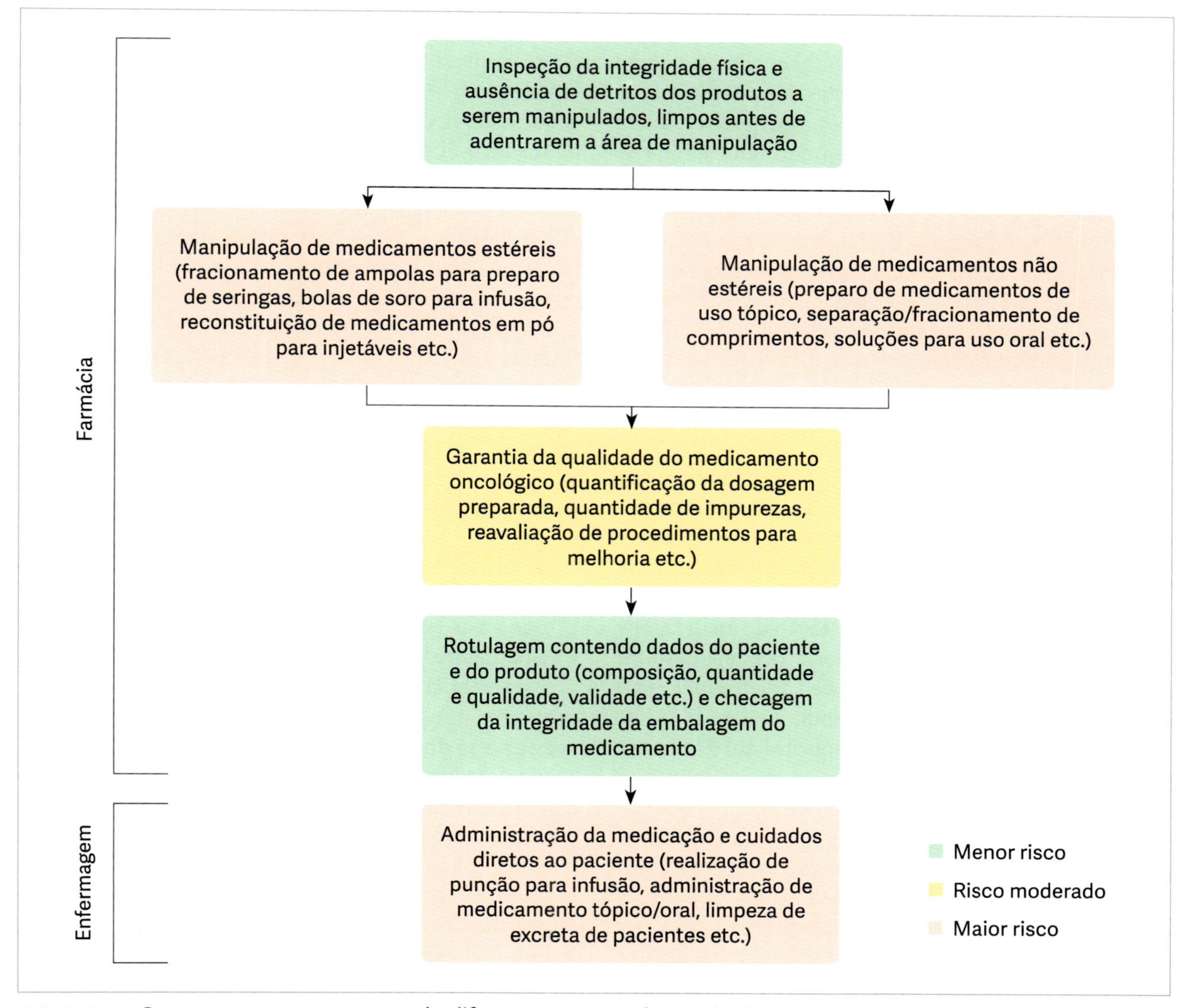

FIGURA 4 Organograma representando diferentes etapas da manipulação de oncológicos, seja no preparo ou na administração.

cante recomendou o manuseio dele como fármaco de risco em 09/05/2023, classificado então como parte do grupo 1 da NIOSH. Mais informações disponíveis em: https://www.cdc.gov/niosh/docs/2016-161/default.html.

Situações especiais externas aos serviços de saúde também podem expor funcionários e até mesmo familiares à medicação antineoplásica. Cuidados domiciliares são citados na RDC n. 220/2004, já que pela legislação brasileira as recomendações que valem para Serviços de Terapia Antineoplásica (STA) valem para a administração domiciliar[35]. Contudo, existem recomendações mais especificamente voltadas para esse contexto, dadas por órgãos internacionais. As principais atitudes para diminuição dos riscos em cuidados domiciliares consistem em se preocupar no treinamento do pessoal que irá até o paciente, mas também informar e treinar os cuidadores principais daquele paciente sobre os riscos diretos e indiretos à exposição aos medicamentos utilizados, sejam membros da família ou profissionais contratados para tanto. O uso de EPI como luvas pode ser extremamente útil durante o cuidado dos pacientes. Em momentos de limpeza das roupas e roupas de cama que estiveram em contato com o paciente, assim como durante a higiene do vaso sanitário utilizado por ele, as luvas permitem evitar contato direto com excretas que podem conter traços de antineoplásicos, principalmente nas primeiras 48 horas após administração do medicamento. Deve-se orientar o próprio paciente a baixar a tampa da privada durante esse período, evitando espalhamento de gotículas contaminadas pelo banheiro, que idealmente deve ser usado apenas pelo enfermo. A roupa do paciente deve ser preferencialmente lavada separada da de outros habitantes da casa[3].

Clínicas veterinárias e outros locais focados em saúde animal também podem gerar exposições ocupacionais relevantes aos antineoplásicos, já que estudos comprovam que o setor expõe seus funcionários 15 vezes mais a fármacos perigosos que o setor de saúde humana devido a desafios envolvidos na administração de medicações, mesmo que atualmente essa exposição esteja bastante mais controlada e a incidência de câncer entre estes profissionais seja a mesma da população geral[41]. Além de poder se basear nas legislações que tratam do manejo de medicamentos oncológicos em estabelecimento de saúde humana, indicações pela NIOSH quanto ao controle da exposição em centros de saúde animal podem auxiliar na promoção da saúde ocupacional em relação aos oncológicos. Adequações estruturais podem ser especialmente importantes, como, por exemplo, um sistema de drenagem de dejetos isolado para gaiolas, canis e recintos de animais em tratamento oncológico, evitando limpeza utilizando jatos d'agua e outros métodos que podem gerar aerossóis e colocar funcionários em contato com resquícios dos medicamentos nas excretas dos animais. Uso de toalhas e panos descartáveis para limpeza dos animais em terapia e seu entorno também deve ser priorizado, e esses animais devem ser corretamente identificados como em tratamento oncológico. Em caso de não se utilizar cobertores descartáveis, prioriza-se a delimitação (por cor) de cobertores próprios aos animais em uso de quimioterapia, que devem ser lavados separadamente da roupa de cama de outros setores. Utilizar tapetes higiênicos durante a infusão de medicamentos antineoplásicos também ajuda a melhorar as condições de administração dos medicamentos, que devem ser preparados e administrados apenas por pessoal autorizado e treinado. Avisos sobre a exposição ambiental a fármacos potencialmente danosos também devem ser colocados onde há o manuseio dos medicamentos, e funcionários com maior risco à exposição de antineoplásicos (gestantes, em amamentação etc.) devem ser afastados. Uso de EPI, principalmente luvas, deve ser preconizado em qualquer procedimento que envolva antineoplásicos. Além do pessoal que atua na saúde animal, os tutores também devem ser orientados de forma a diminuírem os riscos de exposição para si mesmos durante os cuidados ao animal, principalmente no manejo correto das suas excretas e resíduos. Deve-se evitar dormir com animais em tratamento sem que se tome medidas para evitar contaminação pelas fezes e urina do animal, além de aconselhá-los a manter crianças longe dos resíduos e até mesmo do animal em tratamento[3]. Outras informações úteis sobre a segurança no setor veterinário podem ser encontradas no site da agência do CDC (https://www.cdc.gov/niosh/topics/veterinary/chemical.html).

Limpeza e descarte

Manuais com procedimentos operacionais padrão (POP) quanto a limpeza, desinfecção e descontaminação de áreas (superfícies, equipamentos e instalações) e instrumentos (EPI, vestimentas e materiais) expostos aos antineoplásicos devem ser construídos. Todos os profissionais e agentes de fiscalização devem conseguir acessar esse documento. Tais registros devem seguir o Manual de Processamento de Artigos e Superfícies em Estabelecimentos de Saúde do Ministério da Saúde/1994, assim como outras legislações sobre o tema[35,42,43]. Os produtos para procedimentos do gênero devem estar regulamentados pela ANVISA, devendo ser usados conforme orientação de seus fabricantes. O cumprimento dos procedimentos de limpeza de superfícies, equipamentos, instalações e materiais utilizados deve ser monitorado e verificado. Os EPI devem ser disponibilizados ao pessoal responsável pela limpeza. O quadro 4 do manual de 1997, intitulado "Uso de equipamentos de proteção individual em relação a cada método e produto de desinfecção e esterilização", indica quais EPI utilizar em cada caso, tendo a tabela 2 deste livro mais algumas indicações[3,43].

Recipientes de produtos usados na manipulação de medicamentos também devem ser limpos e desinfetados antes de adentrarem a área exclusiva para o preparo da medicação oncológica. As superfícies e paredes laterais da CSB devem ser limpas, desinfectadas e descontaminadas sempre antes e após o seu uso, além de em caso de acidente (derramamentos e respingos). Isso vale para qualquer outra superfície de trabalho utilizada no preparo da terapia oncológica[35,36]. Orientações específicas quanto a técnicas de limpeza de estabelecimentos de saúde e produtos recomendados que podem auxiliar locais em que há manuseio de medicamentos oncológicos estão disponíveis na cartilha da Anvisa "Segurança do paciente em serviços de saúde: limpeza e desinfecção de superfícies", de 2010, ou no próprio Manual de 1997, principalmente nos quadros 1, 2 e 3, presentes no documento. Fichas técnicas de produtos de limpeza também são fontes valiosas de informações que podem auxiliar na escolha de produtos adequados para limpeza e desinfecção[42,43].

Já a regulamentação de boas práticas para o gerenciamento de resíduos segue a RDC n. 222/2018, sendo a atual atualização da RDC/ANVISA n. 33/2003, estando incluída na mesmas medicamentos quimioterápicos[24,35]. Deve ser implantado um Plano de Gerenciamento de Resíduos de Serviços de Saúde (PGRSS) para locais que produzem e administram antineoplásicos, válido para estabelecimentos de saúde humana e animal como um todo, incluindo atendimento domiciliar e laboratórios de pesquisa, além de outros estabelecimentos que gerem resíduos da mesma natureza. Tal plano deve estabelecer diretrizes para o manejo de resíduos, com etapas específicas bem delimitadas e caracterizadas:

- Segregação pelo seu tipo, conforme Anexo I da RDC n. 222/2018.
- Acondicionamento correto. O Anexo V da RDC n. 222/2018 descreve a compatibilidade química de algumas substâncias com embalagens de PEAD.
- A identificação dos recipientes e sacos brancos leitosos contendo os resíduos, conforme a norma ABNT NBR 7500 e descrita também no Anexo II da RDC n. 222/2018.
- Delimitações do transporte que ocorre dentro do estabelecimento de saúde até o abrigo de resíduos, definindo suas rotas e horários previamente.
- Tratamento adequado para redução ou eliminação do risco relacionado à substância.
- Pontos de armazenamento temporário corretamente identificados como abrigo temporário de resíduos.
- Pontos de armazenamento externo em ambiente exclusivo, de fácil acesso aos veículos coletores. No caso dos resíduos químicos, o abrigo deve conter apenas substâncias compatíveis e possuir canaleta para drenagem em caixas de retenção para líquidos.
- O transporte externo dos resíduos, terminando no estabelecimento da estação de tratamento ou destino final para deposição do resíduo em solo previamente preparado para seu recebimento. Deve-se atender orientações e regulamentações referentes ao sistema de coleta externa, municipal e/ou do Distrito Federal quanto ao transporte externo e a destinação final dos resíduos[24].

O PGRSS deve também descrever características dos resíduos gerados, suas quantidades estimadas e as condições referentes a sua produção. Tal plano deve ser de acesso irrestrito aos funcionários, autoridades sanitárias e ambiental, pacientes e público geral como um todo. Todos os trabalhadores de um local que gera resíduos de natureza potencialmente danosa devem estar familiarizados com o seu gerenciamento e as práticas que levam até seu descarte, incluindo locais importantes para armazenamento e transporte, mesmo que o funcionário seja temporário ou não lide diretamente com o resíduo. O pessoal envolvido no manejo de resíduos deve receber treinamento e ter capacitação continuada, assim como a comprovação de capacitação de empresas contratadas para limpeza, conservação, transporte e destinação final deve ser exigida nos termos contratuais. Os treinamentos devem tratar de noções gerais do ciclo de vida das substâncias utilizadas, da legislação em vigor, das classificações e definições sobre os resíduos ali gerados, além do risco envolvido com seu manuseio, sistema de gerenciamento adotado no local, métodos de redução da geração de resíduos, identificar símbolos que categorizam classes de resíduos, como se utilizam veículos de coleta, quais são e como utilizar EPI, além de outras noções de biossegurança e higiene, noções básicas do gerenciamento municipal de resíduos e como responder a acidentes e emergências envolvendo resíduos. Tanto a descrição dos programas de treinamento quanto as documentações comprovatórias relativas à conclusão desses treinamentos por parte dos funcionários que farão o manejo dos resíduos devem estar contidas no PGRSS. Deve-se seguir as legislações referentes à segurança ocupacional para tais profissionais, garantindo exames médicos admissionais, periódicos, em retornos ao trabalho, em situações de mudança de função e demissional, entre outros acompanhamentos da sua situação de saúde ocupacional previsos na norma.

Empresas terceirizadas de coleta, transporte e destinação final devem apresentar licença ambiental para realizar tais operações, sendo que o serviço de coleta pode ter licença de operação dada por órgão público responsável pela limpeza urbana no lugar da ambiental[24].

No caso de medicamentos antineoplásicos, eles são classificados no grupo B, das substâncias químicas que podem apresentar risco à saúde pública e ao ambiente, devido a suas características como inflamabilidade e teratogenicidade, na subcategoria B1. Para locais que gerem resíduos do grupo B, o responsável pela elaboração e implementação do PGRSS deve ser profissional de nível superior em habilitações envolvidas na área de química (engenheiro químico, químico, farmacêutico, biólogo), treinado no manejo desse tipo de resíduo, independentemente do volume produzido. Resíduos do tipo B1 são medicamentos e insumos farmacêuticos vencidos, contaminados, separados para descarte, parcialmente usados ou impróprios para consumo em geral. Se o resíduo do grupo B1 for sólido, deve ser acondicionado em recipiente de material rígido e adequado para as características físico-químicas e estado físico dos seus componentes. Já os líquidos devem ser armazenados em frascos de até 2 L ou bombonas de material compatível, sempre que possível sendo de plástico resistente, rígidas e capazes de vedar o líquido em seu interior, fechadas com tampa rosqueada. A identificação deve não só seguir a ABNT NBR 7500 quanto ao risco associado e deixar avisos claros descrevendo a periculosidade, mas também descrever quais substâncias estão contidas ali. Se o resíduo for gerado em atendimento domiciliar, seu acondicionamento, identificação e recolhimento é responsabilidade dos agentes que realizaram atendimento ou pessoal treinado em lidar com tal resíduo, e se deve encaminhar o resíduo gerado para o estabelecimento de saúde de referência. No caso de excretas de pacientes em tratamento quimioterápico, deve-se eliminar os dejetos junto com grandes quantidades de água, caso exista sistema de tratamento de esgoto na região. Caso contrário, o próprio estabelecimento de saúde deve tratar as excretas previamente antes de chegarem aos corpos hídricos. Embalagens de medicamentos antineoplásicos também devem ser descartadas de maneira correta. Se for secundária, ou seja, não houver contaminação com o produto, ela pode ser descartada como resíduo sólido urbano e ser reciclada. Já a embalagem em contato direto deve seguir como resíduo B1. Resíduos sólidos do grupo B1 devem ser encaminhados a aterro sanitário industrial para resíduo perigoso – classe I, que utiliza engenharia própria para confinamento desses resíduos de forma que possam ser acondicionados no solo, ou se deve seguir recomendações de órgão local de meio ambiente para tratamento em instalações licenciadas[24].

A agência NIOSH define que a incineração é o método adequado para tratamento de restos de medicação e resíduos derivados da aplicação da quimioterapia, feitos em instalações de tratamento de substâncias nocivas[3]. A maioria dos medicamentos antineoplásicos são degradados a temperaturas de 1.000/1.200°C, podendo gerar derivados mutagênicos durante a combustão. Por isso, é interessante aplicar um processo de inativação química anterior à incineração, como citado na Tabela 2[22,40]. Esse mesmo processo pode ser aplicado para tratamento de oncológicos na forma líquida antes do descarte, assim como em excretas de pacientes, como tratamento prévio ao descarte.

Materiais perfurocortantes comumente utilizados na aplicação de antineoplásicos devem seguir orientações referentes ao descarte de resíduos do grupo E – objetos e instrumentos capazes de cortar e perfurar –, presente na mesma RDC. Além dos próprios medicamentos, muitos locais que geram resíduos da aplicação de antineoplásicos também produzem resíduos comuns, enquadrando-se neles luvas, esparadrapos, gazes, papéis de uso sanitário e fraldas etc. Tais resíduos podem ou não ter tido contato com sangue, mas não se encaixam no grupo de resíduos infectantes (grupo A), e por isso a recomendação de manejo deles deve seguir o que se recomenda para o grupo D dentro da RDC[24].

Acidentes e exposição ambiental

Acidentes com antineoplásicos podem ocorrer a nível ambiental ou pessoal. O primeiro é definido como contaminação do ambiente gerada pelo escape da medicação do seu envase onde está acondicionado, por derramamento ou por aerodispersão de sólidos ou líquidos. O pessoal envolve contato ou inalação dos medicamentos em qualquer etapa da sua manipulação. Em caso de acidente ambiental, o responsável por lidar com a contaminação deve se paramentar corretamente. Em caso de derramamento, a área deve ser isolada após identificação do acidente, e compressas absorventes devem ser utilizadas para conter o seu espalhamento. Compressas absorventes umedecidas devem ser usadas para recolher as utilizadas nessa contenção. Acidentes com líquidos devem usar compressas absorventes secas, já em caso de existirem fragmentos no local, estes devem ser recolhidos e descartados conforme RDC/ANVISA n. 222/2018 e suas atualizações. A área do acidente deve ser lavada com água e sabão em abundância. Em acidentes dentro da CSB, toda superfície interna deve ser descontaminada e o filtro HEPA deve ser substituído em caso de contato direto de sua superfície com o fármaco. Até a troca ser realizada, a CBS deve ser isolada. Já no caso de acidente pessoal, deve-se retirar o vestuário assim que a contaminação acontecer; a pele atingida pelo fármaco antineoplásico deve ser lavada com água e sabão. Caso o contato seja em áreas dos olhos ou outra mucosa, a lavagem deve ser com água ou solução isotônica em abundância. Deve-se providenciar acompanhamento médico[35].

Todo local exposto a terapia antineoplásica deve conter atendimento de emergência médica, seja no próprio local ou área adjacente e de fácil acesso. Deve estar em pleno funcionamento e ter pelo menos um aparelho eletrocardiográfico, carro de emergência com monitor cardíaco e desfibrilador, ventilador pulmonar manual (AMBU com reservatório), medicamentos de emergência, ponto de oxigênio, aspirador portátil e material de entubação completo, com tubos endotraqueais, cânulas, guias e laringoscópios com jogo completo de lâminas[35].

Os profissionais responsáveis pelo transporte devem receber dispositivos de segurança para se prevenir acidentes. No caso de contaminação acidental durante o trajeto é compulsória a notificação ao responsável pela produção do medicamento, assim como providências quanto a limpeza e descontaminação, utilizando protocolos estabelecidos. Deve-se estabelecer protocolos para acidentes de punção e extravasamento da medicação também durante a administração da medicação[35].

Kits de derramamento devem estar disponíveis e identificados em todas as áreas onde se realizam manipulação, armazenamento, administração e transporte de terapia antineoplásica. Deve conter, no mínimo: luvas, avental de baixa permeabilidade, compressas absorventes, proteção respiratória adequada, proteção ocular, sabão, recipiente para recolhimento de resíduos, de acordo com RDC/ANVISA n. 33/2003. Deve ter também descrições dos procedimentos operacionais para esses casos, com normas e procedimentos a serem adotados a nível ambiental e pessoal, escritos em manual disponível para consulta de funcionários e da fiscalização, além de também ter formulários para registro de acidentes. Todo acidente deve ser registrado[35,36]. Acompanhamento e definição de medidas pós-aparecimento de sintomas e depois de exposições acidentais também são recomendações de agência internacional[3].

Em decorrência de achados que correlacionam a presença de traços da medicação antineoplásica em superfícies, inclusive em portas e maçanetas, é possível acompanhar a exposição ambiente utilizando amostras de lenços ou panos utilizados em diferentes superfícies[22]. Esse monitoramento pode se tornar uma rotina, e a frequência sugerida é a cada 6 meses ou menos em caso de necessidade (OSHA, 2023). Uma quantificação como a proposta deve ser feita com o intuito de dimensionar o nível da contaminação ambiental à qual um funcionário está submetido, sendo possível aplicar um 90-percentil para a distribuição de dados das concentrações de fármacos oncológicos em superfícies[22,26]. Sessink et al.[44] recomendaram um limite de 0,1 ng/cm^2 para ciclofosfamida, que deve ser monitorado uma vez ao ano, ou a cada 3 a 6 meses, caso a concentração esteja entre 0,1 e 1 ng/cm^2.[26,44] Exames laboratoriais para medir concentrações dos fármacos e metabólitos, questionários sobre condições de trabalho e das atividades ass quais o funcionário se expôs ao medicamento também acompanham estudos de exposição ambiental, entrando como parte da monitorização médica do funcionário[22,26]. Modelos para questionários das condições de saúde ocupacional podem ser encontrados no material "Safe Handling of Hazardous Drugs", da Oncology Nursing Society (ONS)[3].

CONCLUSÕES

Na exposição a antineoplásico daqueles que manipulam diretamente fármacos antineoplásicos em suas formas medicamentosas, assim como outros profissionais em contato direto e até mesmo indireto ao medicamento oncológico, deve-se observar atentamente medidas de proteção pessoais que a diminuam. Mas não apenas medidas individuais devem ser observadas: uma engenharia preventiva nos locais onde a presença de medicamentos oncológicos é prevista é uma parte essencial da garantia de segurança ocupacional e de qualquer outro grupo de pessoas em contato com eles, sejam pacientes, familiares ou visitantes. Seguir a legislação e ir além, construindo recursos próprios ao local onde haverá a manipulação de certos agentes antineoplásicos, principalmente no caso de novas moléculas ainda pouco exploradas quanto à probabilidade de exposição ocupacional, pode garantir uma biossegurança adequada a locais tão expostos a agentes potencialmente tão deletérios, mas necessários para a saúde de pacientes com câncer.

REFERÊNCIAS BIBLIOGRÁFICAS

1. Hanahan D. Hallmarks of cancer: new dimensions. Cancer Discovery. 2022;12(1)31-46.
2. Bray F, et al. Global Cancer Statistics 2022: Globocan estimates of incidence and mortality worldwide for 36 cancers in 185 countries. Cancer J Clin. 2024.
3. Hodson L, Ovesen J, Couch J, Hirst D, Lawson C, Lentz TJ, et al. Managing Hazardous drug exposures: information for healthcare settings. Us Department of Health and Human Services/CDC (Niosh), n. 130, 2023. Disponível em: https://www.cdc.gov/niosh/docs/2023-130/default.html. Acesso em: 3 maio 2024.
4. Instituto Nacional do Câncer José Alencar Gomes da Silva (INCA). Capítulo 15: Fármacos antineoplásicos. In: Ministério da Saúde/InCA. Ambiente, trabalho e câncer: aspectos

epidemiológicos, toxicológicos e regulatórios. Rio de Janeiro: INCA; 2021.

5. Hon CY, Abusitta D. Causes of health care workers' exposure to antineoplastic drugs: an exploratory study. Can J Hospital Pharmacy. 2016;69(3):216-223.
6. Leso V, et al. Exposure to antineoplastic drugs in occupational settings: a systematic review of biological monitoring data. Int J Environ Res Public Health. 2022;19(6):3737.
7. International Agency for Research on Cancer. List of classification. Agents classified by the IARC monographs; 2024;1-135.
8. NIOSH. Request for public comment on niosh initial recommendations to change the status of liraglutide and pertuzumab on the niosh list of antineoplastic and other hazardous drugs in healthcare settings. Niosh Docket Number 233-C, CDC-2020-0046, 2024.
9. Connor TH, Mackenzie BA, Debord DG, Trout DB, O'Callaghan JP. Niosh list of antineoplastic and other hazardous drugs in healthcare settings, 2016. Us Department of Health and Human Services/CDC (NIOSH), n. 161, 2016.
10. Alexandre J, et al. Cardiovascular toxicity related to cancer treatment: a pragmatic approach to the american and european cardio-oncology guidelines. J Am Heart Assoc. 2020;9(18):E018403.
11. Adhikari A, et al. Anticancer drug-induced cardiotoxicity: insights and pharmacogenetics. Pharmaceuticals. 2021;14(10):970.
12. Yang X, et al. Possible susceptibility genes for intervention against chemotherapy-induced cardiotoxicity. Oxidative Med Cell Longevity. 2020;2020:E4894625.
13. Osman M, Elkady M. A Prospective study to evaluate the effect of paclitaxel on cardiac ejection fraction. Breast Care. 2017;12(4):255-259.
14. Campia U, et al. Cardio-oncology: vascular and metabolic perspectives: a scientific statement from the American Heart Association. Circulation. 2019;139(13):E579-E602
15. IARC Working Group on the Evaluation of Carcionogenic Risks to Humans. Thiotepa. In: Pharmaceutical Drugs. [S.L.] International Agency for Research on Cancer, 1990. p.123-41.
16. Andrikopoulou A, et al. Trastuzumab administration during pregnancy: an update. BMC Cancer. 2021;21(463).
17. Relling MV, Dervieux T. Pharmacogenetics and cancer therapy. Nature Reviews Cancer. 2001;1(2):99-108.
18. Wu Q, et al. The molecular mechanisms of cardiotoxicity induced by her2, vegf, and tyrosine kinase inhibitors: an updated review. Cardiovascular Drugs and Therapy. 2022;36(3)511-24.
19. Lamberti M, et al. Animal models in studies of cardiotoxicity side effects from antiblastic drugs in patients and occupational exposed workers. Biomed Res Int. 2014;2014:E240642.
20. Han X, Zhou Y, Liu W. Precision cardio-oncology: understanding the cardiotoxicity of cancer therapy. NPJ Precision Oncology. 2017;1(1)1-11.
21. King J, et al. A review of the evidence for occupational exposure risks to novel anticancer agents – a focus on monoclonal antibodies. J Oncol Pharmacy Practice. 2016;22(1)121-34.
22. Martins I, Rosa HVD. Considerações toxicológicas da exposição ocupacional aos fármacos antineoplásicos. Rev Bras Med Trabalho. 2004;2(2):118-25.
23. Ness SLR, et al. Occupational exposure assessment in professionals who manipulate and administer antineoplastic drugs in a university hospital In Southern Brazil. Journal Of Oncology Pharmacy Practice. 2021;27(5)1205-13
24. Agência Nacional de Vigilância Sanitária (Brasil). Resolução da Diretoria Colegiada – RDC n. 222, de 28 de março de 2018. Regulamenta as boas práticas de gerenciamento dos resíduos de serviços de saúde e dá outras providências. Brasília: Diário Oficial da União, 29 de março de 2018, Seção 1, Edição 61. p. 228-233.
25. Boiano JM, Steege AL, Sweeney MH. Adherence to safe handling guidelines by health care workers who administer antineoplastic drugs. J Occupational Environm Hygiene. 2014;11(11):728-40.
26. Sottani C, et al. Occupational exposure assessment to antineoplastic drugs in nine italian hospital centers over a 5-year survey program. Int J Environmental Res Public Health. 2022;19(14):8601.
27. Walton A. Surface contamination with antineoplastic drugs on two inpatient oncology units. Oncol Nurs Forum. 2020;47(3)263-72.
28. Berruyer M, et al. Multicenter study of environmental contamination with antineoplastic drugs in 36 canadian hospitals: a 2013 follow-up study. J Occupational Environm Hygiene. 2015;12(2):87-94.
29. Miteva-Marcheva NN, et al. Application of pharmacogenetics in oncology. Biomarker Res. 2020;8(1):32.
30. Whirl-Carrillo M, et al. An evidence-based framework for evaluating pharmacogenomics knowledge for personalized medicine. Clin Pharmacol Ther. 2021;110(3):563-572.
31. Bollati V, et al. Personalised medicine: implication and perspectives in the field of occupational health. La Medicina Del Lavoro. 2020;111(6):425-444.
32. Vanneste D, et al. Systematic review of genotoxicity induced by occupational exposure to antineoplastic drugs. Arch Toxicol. 2023;97(6):1453-517.
33. Conselho Federal de Farmácia. Resolução da Diretoria Colegiada – RDC/CFF n. 640, de 27 de abril de 2017. Ementa: Dá nova redação ao artigo 1º da Resolução/CFF n. 623/16, Estabelecendo Titulação Mínima para a Atuação do Farmacêutico em Oncologia. Brasília: Diário Oficial da União, 8 de maio de 2017, Seção 1, Edição 86, p. 121-8.
34. Conselho Federal de Enfermagem. RDC/CFE n. 210, de 1 de setembro de 1998. Aprovar as normas técnicas de biossegurança individual, coletiva e ambiental dos procedimentos a serem realizadas pelos profissionais de enfermagem que trabalham com quimioterapia antineoplásica, na forma do regulamento Anexo. Brasília: COFEN; 1998. Disponível em: https://www.cofen.gov.br/resoluo-cofen-2101998/. Acesso em: 3 maio 2024.
35. Agência Nacional de Vigilância Sanitária (Brasil). Resolução da Diretoria Colegiada – RDC n. 220, de 21 de setembro de 2004. Aprovar Regulamento técnico de funcionamento para os serviços de terapia antineoplásica. Brasília: Diário Oficial da União, 23 de setembro de 2004, Seção 1, Edição 184, p. 72-75.
36. Ministério do Trabalho e Emprego. Portaria n. 485, de 11 de novembro de 2005. Aprova a Norma Regulamentadora n. 32 – Segurança e saúde no trabalho em estabelecimentos de saúde. Brasília: Diário Oficial da União, 16 de novembro de 2005, Seção 1, Edição 219, p. 80-94.

37. Sociedade Brasileira de Farmacêuticos em Oncologia. I Consenso brasileiro para boas práticas de preparo da terapia antineoplásica SOBRAFO. Segmento Farma Editores, 2014.
38. Conselho Federal de Enfermagem. RDC/CFE n. 569, de 19 de fevereiro de 2018. Aprova o regulamento técnico da atuação dos profissionais de enfermagem em quimioterapia antineoplásica. Brasília: COFEN; 2018.
39. Agência Nacional de Vigilância Sanitária (Brasil). Resolução da Diretoria Colegiada – RDC n. 825, de 26 de outubro de 2023. Estabelece os requisitos mínimos de identidade e qualidade para as luvas cirúrgicas e luvas de procedimentos não-cirúrgicos de borracha natural, borracha sintética ou mistura de borrachas natural e sintética, sob regime de vigilância sanitária. Brasília: Diário Oficial da União, de 30 de outubro de 2023, Seção 1, Edição 206. p. 162-3.
40. Simon N, Guichard N, Odou P, Decaudin B, Bonnabry P, Fleury-Souverain S. Efficiency of four solutions in removing 23 conventional antineoplastic drugs from contaminated surfaces. Plos One, 2020.
41. Laakso L, et al. No excess cancer risk among veterinarians in Denmark, Finland, Iceland, Norway, And Sweden after the 1980s. Cancers. 2023;15(16):4079.
42. Agência Nacional de Vigilância Sanitária (Brasil). Segurança do paciente em serviços de saúde: manual de limpeza e desinfecção de superfícies. Anvisa, 1ª ed. Brasília; 2010.
43. Coordenação de Controle de Infecção Hospitalar. Processamento de artigos e superfícies em estabelecimentos de saúde, 2ª edição. Brasília: Ministério da Saúde; 1994.
44. Sessink P. Environmental contamination with cytostatic drugs: past, present and future. Semantic Scholar, 2011.

11

Legislação aplicada à gestão de biossegurança em laboratórios de ensino e pesquisa

Yara Maria Lima Mardegan
Daniela Dal Molim Ghisleni

INTRODUÇÃO

A Lei n. 11.105, de 24 de março de 2005, também conhecida como Lei de Biossegurança, tem como objetivo regular as atividades relacionadas aos organismos geneticamente modificados (OGM) e seus derivados no território brasileiro. Suas diretrizes incluem o estímulo ao avanço científico na área de biossegurança e biotecnologia, além da observância do princípio da precaução para a proteção do meio ambiente[1]. A legislação vigente é amplamente influenciada por acordos internacionais, como o Tratado de Cartagena[2] de Biossegurança e o Codex Alimentarius[3].

O Brasil possui um conjunto de legislações e normas que regulam a biossegurança em diversos âmbitos, incluindo ensino, pesquisa e saúde, visando à garantia da segurança dos profissionais, do público e do meio ambiente por meio de práticas seguras e responsáveis no manuseio de agentes químicos, físicos e biológicos.

Segundo Hirata, no Capítulo 1 – "O laboratório de ensino e pesquisa e seus riscos", a biossegurança deve ter uma abordagem ampla de segurança geral para todos os envolvidos no ambiente de pesquisa ou em serviços de apoio, adotando-se o termo biossegurança como fundamento básico para assegurar o avanço dos processos tecnológicos e proteger a saúde humana, animal e o meio ambiente.

De acordo com a Lei nº 6.938, de 31 de agosto de 1981, o meio ambiente é definido como o conjunto de condições, leis, influências e interações de ordem física, química e biológica que abriga e rege a vida em todas as suas formas[4]. Com esse entendimento de biossegurança, organizamos de forma sucinta os documentos legais que normatizam as atividades laboratoriais mencionadas pelos autores: Legislação Geral, Normas Técnicas (NBR), Normas Regulamentadoras de Segurança e Saúde no Trabalho e legislação específica para o trabalho com OGM.

A compreensão da legislação aplicável às atividades desenvolvidas nas instituições de ensino e pesquisa é fundamental para dirigentes, professores, pesquisadores e funcionários que desenvolvem e/ou gerenciam pesquisas e laboratórios, sempre visando à segurança e à proteção pessoal e do meio ambiente.

O cumprimento da legislação relativa às atividades que envolvem a manipulação de OGMs e seus derivados está vinculado ao desempenho da Comissão Interna de Biossegurança (CIBio). Essa comissão é responsável por indicar procedimentos e rotinas que auxiliem na gestão das atividades, desempenhando um papel crucial no controle, acompanhamento e fiscalização no âmbito interno, além de atuar como elo entre a Comissão Técnica Nacional de Biossegurança (CTNBio) e a instituição que representa.

Além disso, recomendamos ao leitor a aplicação e o acompanhamento da legislação vigente, bem como o estabelecimento de rotinas que auxiliem na gestão de documentos e forneçam subsídios iniciais para a identificação, avaliação e aprofundamento dos requisitos legais. É crucial considerar a contínua atualização dos diplomas legais e a especificidade da legislação complementar de cada região do país.

Cumprir rigorosamente a legislação vigente é a principal garantia de que uma organização desenvolverá e gerenciará suas atividades de maneira consciente e responsável, promovendo a segurança, a sustentabilidade e a excelência em todas as suas operações.

LEGISLAÇÃO GERAL

Preocupados, os órgãos governamentais, os cientistas e as entidades voltadas à preservação do meio ambiente têm realizado estudos direcionados a fim de obter a diminuição dos impactos ambientais e impedir a degradação da natureza, implementando mecanismos legais de proteção[1,5].

Os diplomas legais abordados neste tópico relacionam-se às atividades práticas diárias que permeiam os laboratórios de ensino e pesquisa da área da saúde, visando estabelecer normas para a segurança do homem e para a adequada manipulação de agentes infecciosos, substâncias químicas perigosas e seu comprometimento com sua correta eliminação no meio ambiente. Neste item são, portanto, apresentadas as diretrizes que normatizam as práticas em laboratórios na área de saúde. São ainda acrescentadas outras legislações pertinentes ao assunto, que também poderão subsidiar o leitor em sua consulta.

Legislação federal

A legislação federal abaixo listada foi consultada no Portal da Legislação do Governo Federal[6].

Lei n. 2.063, de 06/10/1983 – Dispõe sobre multas a serem aplicadas por infrações a regulamentação para a execução do serviço de transporte rodoviário de cargas ou produtos perigosos e dá outras providências.

Lei n. 14.785, de 27/12/2023 – Dispõe sobre a pesquisa, a experimentação, a produção, a embalagem, a rotulagem, o transporte, o armazenamento, a comercialização, a utilização, a importação, a exportação, o destino final dos resíduos e das embalagens, o registro, a classificação, o controle, a inspeção e a fiscalização de agrotóxicos, de produtos de controle ambiental, de seus produtos técnicos e afins; revoga as Leis n. 7.802, de 11 de julho de 1989, e 9.974, de 6 de junho de 2000, e partes de anexos das Leis n. 6.938, de 31 de agosto de 1981, e 9.782, de 26 de janeiro de 1999.

Lei n. 9.605, de 12/02/1998 – Dispõe sobre as sanções penais e administrativas derivadas de condutas e atividades lesivas ao meio ambiente, e dá outras providências.

Lei n. 9.795, de 27/04/1999 – Dispõe sobre a educação ambiental, institui a política nacional de educação ambiental e dá outras providências.

Decreto n. 96.044, de 18/05/1988 – Aprova o regulamento para o transporte rodoviário de produtos perigosos e dá outras providências.

Decreto n. 4.074, de 04/01/2002 – Regulamenta a Lei n. 7802, de 11 de julho de 1989, que dispõe sobre a pesquisa, a experimentação, a produção, a embalagem e rotulagem, o transporte, o armazenamento, a comercialização, a propaganda comercial, a utilização, a importação, a exportação, o destino final dos resíduos e embalagens, o registro, a classificação, o controle, a inspeção e a fiscalização de agrotóxicos, seus componentes e afins, e dá outras providências.

Decreto n. 2.519, de 16/03/1998 – Promulga a convenção sobre diversidade biológica, assinada no Rio de Janeiro, em 5 de junho de 1992.

Decreto n. 6.514, de 22/07/2008 – Dispõe sobre as infrações e sanções administrativas ao meio ambiente, estabelece o processo administrativo federal para apuração destas infrações, e dá outras providências.

Decreto Legislativo n. 2, de 03/02/1994 – Aprova o texto da convenção sobre diversidade biológica, assinada durante a conferência das nações unidas sobre meio ambiente e desenvolvimento, realizada na cidade do Rio de Janeiro, no período de 5 a 14 de junho de 1992.

Decreto n. 6.899, de 15/06/2009 – Dispõe sobre a composição do Conselho Nacional de Controle de Experimentação Animal (CONCEA), estabelece as normas para o seu funcionamento e sua secretaria-executiva, cria o Cadastro das Instituições de Uso Científico de Animais (CIUCA), mediante a regulamentação da lei n° 11.794, de 8 de outubro de 2008, que dispõe sobre procedimentos para o uso científico de animais, e dá outras providências.

RDC n. 658, de 30/03/2022 – Dispõe sobre as Diretrizes Gerais de Boas Práticas de Fabricação de Medicamentos.

RDC ANVISA n. 48, de 25/10/2013 – Aprova o Regulamento Técnico de Boas Práticas de Fabricação para Produtos de Higiene Pessoal, Cosméticos e Perfumes, e dá outras providências. Revoga a Portaria SVS 348 de 18/08/97.

Resolução RDC n. 658, de 30/03/2022 – Dispõe sobre as Diretrizes Gerais de Boas Práticas de Fabricação de Medicamentos.

Resolução RDC n. 724, de 01/07/2022 – Dispõe sobre os padrões microbiológicos dos alimentos e sua aplicação.

Portaria Interministerial n. 482, de 16/04/1999 – Aprova Regulamento Técnico contendo disposições sobre os procedimentos de instalações de Unidade de Esterilização por Óxido de Etileno e de suas misturas e seu uso, bem como, de acordo com as suas competências, estabelecer as ações sob a responsabilidade do Ministério da Saúde e Ministério do Trabalho e Emprego.

Resolução ANVISA RDC n. 67, de 08/10/2007 – Dispõe sobre boas práticas de manipulação de preparações magistrais e oficinais para uso humano em farmácias.

Resolução ANVISA RDC n. 87, de 21/11/2008 – Altera o Regulamento Técnico sobre Boas Práticas de Manipulação em Farmácias. REVOGA parcialmente e ALTERA parcialmente a RDC/ANVISA 67 de 8/10/2007.

Resolução MS/ANVISA RDC n. 836, de 13/12/2023 – Dispõe sobre as Boas Práticas em Células Humanas para uso terapêutico e pesquisa clínica e dá outras providências.

Resolução MS/ANVISA RDC 786, de 05/05/2023 – Dispõe sobre os requisitos técnico-sanitários para o funcionamento de Laboratórios Clínicos, de Laboratórios de Anatomia Patológica e de outros Serviços que executam as atividades relacionadas aos Exames de Análises Clínicas (EAC) e dá outras providências.

Resolução CNEN n. 167/14, de 15/05/2014. NN 8.01 – Gerência de Rejeitos Radioativos de Baixo e Médio Níveis de Radiação – Estabelece os critérios gerais e requisitos básicos de segurança e proteção radiológica relativos à gerência de rejeitos radioativos de baixo e médio níveis de radiação, bem como de rejeitos radioativos de meia-vida muito curta.

Resolução CNS/MS n. 196, de 10/10/1996 – Aprova diretrizes e normas regulamentadoras de pesquisa envolvendo seres humanos.

Resolução n. 466, de 12/12/2012 – Aprova as seguintes diretrizes e normas regulamentadoras de pesquisas envolvendo seres humanos. Atualiza a Resolução CNS/MS n. 196, de 10/10/1996.

Resolução CONAMA n. 313, de 29/10/2002 – Dispõe sobre o Inventário Nacional de Resíduos Sólidos Industriais.

Resolução CONAMA n. 5, de 05/08/1993 – Dispõe sobre o gerenciamento de resíduos sólidos gerados nos portos, aeroportos, terminais ferroviários e rodoviários. Revogadas as disposições que tratam de resíduos sólidos oriundos de serviços de saúde pela Resolução CONAMA n. 358 de 29/04/2005

Resolução CONAMA n. 358, de 29/04/2005 – Dispõe sobre o tratamento e a disposição final dos resíduos dos serviços de saúde e dá outras providências.

Legislação do Estado de São Paulo

A legislação abaixo descrita pode ser consultada nos sites da Secretaria de Meio Ambiente, Infraestrutura e Logística (SEMIL)[7] e do Centro de Vigilância Sanitária (CVS)[8] do Estado de São Paulo.

Lei Estadual n. 17.268, de 13/07/2020 – Dispõe sobre medidas emergenciais de combate à pandemia de COVID-19, no Estado de São Paulo e dá outras providências.

Lei Estadual n. 9.509, de 20/03/1997 – Dispõe sobre a Política Estadual do Meio Ambiente, seus fins e mecanismos de formulação e aplicação.

Lei Estadual n. 12.300, de 16/03/2006 – Institui a Política Estadual de Resíduos Sólidos e define princípios e diretrizes, objetivos, instrumentos para a gestão integrada e compartilhada de resíduos sólidos, com vistas à prevenção e ao controle da poluição, à proteção e à recuperação da qualidade do meio ambiente, e à promoção da saúde pública, assegurando o uso adequado dos recursos ambientais no Estado de São Paulo.

Decreto Estadual n. 8.468, de 08/09/1976 – Aprova o Regulamento da Lei n.° 997, de 31/05/ 1976, que dispõe sobre a prevenção e o controle da poluição do meio ambiente.

Decreto Estadual n. 54.645, de 05/08/2009 – Regulamenta dispositivos da Lei n° 12.300 de 16 /03/2006, que institui a Política Estadual de Resíduos Sólidos, e altera o inciso I do artigo 74 do Regulamento da Lei n° 997, de 31/05/1976, aprovado pelo Decreto n° 8.468, de 08/09/1976.

Decreto Estadual n. 57.817, de 27/02/2012 – Institui, sob coordenação da Secretaria do Meio Ambiente, o Programa estadual de implementação de projetos de resíduos sólidos e dá providências correlatas.

Decreto Estadual n. 60.520, de 05/05/2014 – Institui o Sistema Estadual de Gerenciamento Online de Resíduos Sólidos – SIGOR e dá providências correlatas.

Portaria Estadual CVS n. 1, de 18/01/2000 – Aprova norma técnica que trata das condições de funcionamento dos Laboratórios de Análises e Pesquisas Clínicas, Patologia Clínica e Congêneres, dos Postos de Coleta Descentralizados aos mesmos vinculados, regulamenta os procedimentos de coleta de material humano realizados nos domicílios dos cidadãos, disciplina o transporte de material humano e dá outras providências.

Portaria Estadual CVS n. 9, de 24/05/2019 – Dispõe sobre a criação de grupo de trabalho para revisão e atualização da Portaria CVS 15 de 2005, com elaboração de minuta de Norma Técnica que estabelece os requisitos para funcionamento de Laboratórios Clínicos e Postos de Coleta Laboratorial.

Portaria CVS n. 1, de 22/07/2020 – Disciplina, no âmbito do Sistema Estadual de Vigilância Sanitária (Sevisa), o licenciamento sanitário dos estabelecimentos de interesse da saúde e das fontes de radiação ionizante, e dá providências correlatas.

Resolução Conjunta SS/SMA/SJDC n. 1, de 29/06/1998 – Aprova as Diretrizes Básicas e Regulamento Técnico para apresentação e aprovação do Plano de Gerenciamento de Resíduos Sólidos de Serviços de Saúde.

Resolução SIMA n. 51, de 12/08/2020 – Institui, no âmbito da Secretaria de Estado de Infraestrutura e Meio Ambiente, o Comitê de Integração de Resíduos Sólidos, e dá outras providências.

Decreto Estadual n. 64.621, de 29/11/2019 – Altera a redação dos incisos do artigo 27 do Decreto n. 54.645, de 05/08/2009, que regulamenta dispositivos da Lei n.

12.300, de 16 /03/2006, que institui a Política Estadual de Resíduos Sólidos.

Legislação do Município de São Paulo

A legislação abaixo citada foi consultada no site de Legislação Municipal da Prefeitura de São Paulo[9].

Lei Municipal n. 10.315, de 30/04/1987 – Dispõe sobre a limpeza pública do Município de São Paulo, disciplina as atividades destinadas ao recolhimento e disposição final dos resíduos sólidos gerados no Município de São Paulo.

Lei Municipal n. 10.746 – Introduz modificações na Lei n. 10.315, de 30/4/1987, e dá outras providências no Município de São Paulo.

Lei Municipal n. 10.142 – Fiscalização dos Serviços de Limpeza Pública no Município de São Paulo.

Decreto Municipal n. 35.657, de 09/11/1995 – Dispõe sobre a coleta, transporte e destino final de resíduos sólidos em aterros sanitários ou em incineradores municipais não abrangidos pela coleta regular e dá outras providências no Município de São Paulo.

Decreto Municipal n. 37.066, de 15/09/1997 – Regulamenta o inciso IV do art. 3º da Lei n. 10.315, de 30/4/1987, e dá outras providências. Adota definições, orienta o cadastro dos geradores de Resíduos de Serviços de Saúde no Departamento de Limpeza Urbana do Município de São Paulo, orienta o seguimento das NBRs 9190 (substituída pela 9191 em julho/2000) e 12809, determina a fiscalização pelo Departamento de Limpeza Urbana dos abrigos externos conforme a NBR 12809 e do acondicionamento apropriado dos resíduos para a coleta.

Decreto Municipal n. 37.241, de 17/12/1997 – Regulamenta o inciso VII do art. 4º da Lei n. 10.315 de 30/4/1987 e dá outras providências. Classifica os Resíduos de Serviços de Saúde em alto risco (infectantes, químicos, farmacêuticos e perfurocortantes) e comuns; responsabiliza a prefeitura em coletar, tratar e destinar apenas resíduos de alto risco, adotando o mesmo princípio para os resíduos comuns até o limite de 100 litros; responsabiliza os geradores pela correta segregação (sujeitos à fiscalização pelo órgão de saúde competente) e pelo armazenamento dos resíduos de alto risco e comuns em abrigos independentes e desobriga a prefeitura de coletar, tratar e destinar os resíduos de estabelecimentos que não segregarem os resíduos de alto risco dos demais no município de São Paulo.

Decreto Municipal n. 37.471, de 05/06/1998 – Dispõe sobre critérios de elaboração, análise e implementação do plano de gerenciamento de resíduos de serviços de saúde, por estabelecimentos geradores desses resíduos, sediados no município de São Paulo, e dá outras providências.

Portaria Municipal SVMA n. 102, de 04/11/1999 – Aprova as diretrizes básicas e o termo de referência para a apresentação e aprovação do plano de gerenciamento de resíduos de serviços de saúde do município de São Paulo.

Portaria Municipal SVMA n. 24, de 11/04/2018 – Revoga as Portarias da Secretaria Municipal do Verde e Meio Ambiente que não mais se aplicam em virtude da evolução da legislação de regência.

NORMAS TÉCNICAS NBR

As normas técnicas NBR são diretrizes elaboradas pela Associação Brasileira de Normas Técnicas (ABNT). A seguir, são relacionadas as NBR que estabelecem os requisitos exigidos para manuseio, acondicionamento, tratamento, coleta, transporte e destino final de resíduos dos serviços de saúde[10].

- Projeto ABNT NBR 17161 – Biossegurança e bioproteção – Transporte intrainstitucional de material biológico – Requisitos gerais.
- NBR 7.500 – Identificação para o transporte terrestre, manuseio, movimentação e armazenamento de produtos.
- NBR 8.419 – Apresentação de projetos de aterros sanitários de resíduos sólidos urbanos – Procedimento.
- NBR 9.191 – Sacos plásticos para acondicionamento de lixo – Requisitos e métodos de ensaio.
- NBR 10.004 – Resíduos sólidos – Classificação.
- NBR 10.005 – Procedimento para obtenção de extrato lixiviado de resíduos sólido.
- NBR 10.006 – Procedimento para obtenção de extrato solubilizado de resíduos sólidos.
- NBR 10.007 – Amostragem de resíduos.
- NBR 10.157 – Aterros de resíduos perigosos – Critérios para projeto, construção e operação – Procedimento.
- NBR 12.807 – Resíduos de serviços de saúde – Terminologia.
- NBR 12.808 – Resíduos de serviços de Saúde – Classificação.
- NBR 12.809 – Resíduos de serviços de saúde – Gerenciamento de resíduos de serviços de saúde intraestabelecimento.
- NBR 12.810 – Resíduos de serviços de saúde – Gerenciamento extra estabelecimento – Requisitos.
- NBR 12.980 – Coleta, varrição e acondicionamento de resíduos sólidos urbanos – Terminologia.
- NBR 13.056 – Filmes plásticos para sacos plásticos para acondicionamento de lixo – Verificação de transparência. Método de ensaio.

- NBR 13.221 – Transporte terrestre de produtos perigosos – Resíduos.
- NBR13853-1 – Recipientes para resíduos de serviços de saúde perfurantes ou cortantes – Requisitos e métodos de ensaio – Parte 1: Recipientes descartáveis.
- NBR14652 – Implementos rodoviários – Coletor transportador de resíduos de serviços de saúde – Requisitos de construção e inspeção.
- NBR17100-1 – Gerenciamento de resíduos – Parte 1: Requisitos gerais.
- ABNT PR1006 (Prática Recomendada) – Gerenciamento dos resíduos domiciliares de pessoas com covid-19.
- NBR17069-1 – Biossegurança e Bioproteção – Infraestrutura Laboratorial Parte 1: Requisitos específicos para o nível de biossegurança 1 (nb-1) – estabelece os requisitos específicos de infraestrutura laboratorial (utilidades, infraestrutura e equipamentos) para processos, projetos e atividades desenvolvidas no interior de instalações de nível de biossegurança 1 (NB-1), em volumes não superiores a 10 L, conforme a avaliação de risco biológico.

NORMAS REGULAMENTADORAS DE SEGURANÇA E SAÚDE NO TRABALHO

As normas regulamentadoras são dispositivos legais elaborados pelo Ministério do Trabalho e Emprego que determinam as condições adequadas de segurança e saúde ocupacional no Brasil. As primeiras normas regulamentadoras foram publicadas pela Portaria n. 3.214 do Ministério do Trabalho e Emprego, de 08/06/1978. As demais normas foram criadas ao longo do tempo, visando assegurar a prevenção da segurança e saúde de trabalhadores em serviços laborais e segmentos econômicos específicos. Encontre abaixo algumas das normas regulamentadoras vigentes disponíveis no site do Ministério do Trabalho e Emprego[11].

- **NR 4 – Serviços Especializados em Engenharia de Segurança e em Medicina do Trabalho** – Dispõe sobre a obrigatoriedade das empresas privadas e públicas, dos órgãos públicos da administração direta e indireta e dos poderes Legislativo e Judiciário, que possuam empregados regidos pela CLT, em manter Serviços Especializados em Engenharia de Segurança e em Medicina do Trabalho, com a finalidade de promover a saúde e proteger a integridade do trabalhador no local de trabalho.
- **NR 5 – Comissão Interna de Prevenção de Acidentes** – Dispõe sobre a obrigatoriedade quanto à instalação da Comissão Interna de Prevenção de Acidentes (CIPA), e sua manutenção em regular o funcionamento de empresas privadas, públicas, sociedades de economia mista, órgãos da administração direta e indireta, instituições beneficentes, associações recreativas, cooperativas, bem como outras instituições que admitam trabalhadores como empregados, com o objetivo de prevenção de acidentes e doenças decorrentes do trabalho, de modo a tornar compatível permanentemente o trabalho com a preservação da vida e a promoção da saúde do trabalhador.
- **NR 6 – Equipamento de Proteção Individual (EPI)** – Estabelece a obrigatoriedade do uso dos equipamentos de proteção de uso individual, de fabricação nacional ou estrangeira, destinados a proteger a saúde e a integridade física do trabalhador.
- **NR 7 – Programa de Controle Médico de Saúde Ocupacional** – Estabelece a obrigatoriedade de elaboração e implementação, por parte de todos os empregadores e instituições que admitam trabalhadores como empregados, do Programa de Controle Médico de Saúde Ocupacional (PCMSO), com o objetivo de promoção e preservação da saúde do conjunto dos seus trabalhadores.
- **NR 8 – Edificações** – Estabelece requisitos técnicos mínimos que devem ser observados nas edificações, para garantir segurança e conforto aos que nelas trabalhem.
- **NR 9 – Avaliação e Controle das Exposições Ocupacionais a Agentes Físicos, Químicos e Biológicos** – Estabelece os requisitos para a avaliação das exposições ocupacionais a agentes físicos, químicos e biológicos quando identificados no Programa de Gerenciamento de Riscos (PGR), previsto na NR-1, e subsidiá-lo quanto às medidas de prevenção para os riscos ocupacionais.
- **NR 10 – Instalações e Serviços em Eletricidade** – Estabelece os requisitos e condições mínimas objetivando a implementação de medidas de controle e sistemas preventivos, de forma a garantir a segurança e a saúde dos trabalhadores que, direta ou indiretamente, interajam em instalações elétricas e serviços com eletricidade.
- **NR 12 – Segurança no Trabalho em Máquinas e Equipamentos** – Determina a adoção de medidas de controle dos riscos adicionais provenientes da emissão ou liberação de agentes químicos, físicos e biológicos pelas máquinas e equipamentos, com prioridade à sua eliminação, redução de sua emissão ou liberação e redução da exposição dos trabalhadores, conforme Norma Regulamentadora n. 9 –Avaliação e controle das exposições ocupacionais a agentes físicos, químicos e biológicos.
- **NR 15 – Atividades e Operações Insalubres** – Estabelece as atividades que devem ser consideradas

insalubres, gerando direito ao adicional de insalubridade aos trabalhadores. É composta de uma parte geral e mantém 13 anexos, que definem os Limites de Tolerância para agentes físicos, químicos e biológicos, quando é possível quantificar a contaminação do ambiente, ou listando ou mencionando situações em que o trabalho é considerado insalubre qualitativamente.

- **NR 17 – Ergonomia** – Estabelece as diretrizes e os requisitos que permitem a adaptação das condições de trabalho às características psicofisiológicas dos trabalhadores, de modo a proporcionar conforto, segurança, saúde e desempenho eficiente no trabalho. As condições de trabalho incluem aspectos relacionados ao levantamento, transporte e descarga de materiais, ao mobiliário dos postos de trabalho, ao trabalho com máquinas, equipamentos e ferramentas manuais, às condições de conforto no ambiente de trabalho e à própria organização do trabalho.
- **NR 20 – Segurança e Saúde no Trabalho com Inflamáveis e Combustíveis** – Regulamenta a execução do trabalho com inflamáveis e combustíveis, considerando as atividades, instalações e equipamentos utilizados, sem estar condicionada a setores ou atividades econômicas específicas.
- **NR 23 – Proteção contra Incêndios** – Dispõe sobre a obrigatoriedade das empresas e instituições em manter suas instalações providas de proteções contra incêndio, saídas para a rápida retirada do pessoal em serviço, em caso de incêndio, equipamento suficiente para combater o fogo em seu início e treinamento de pessoas no uso correto desses equipamentos, de modo que os que se encontrem nesses locais possam abandoná-los com rapidez e segurança, em caso de emergência.
- **NR 24 – Condições de Higiene e Conforto nos Locais de Trabalho** – Esta norma estabelece as condições mínimas de higiene e de conforto a serem observadas pelas organizações, devendo o dimensionamento de todas as instalações regulamentadas por esta NR ter como base o número de trabalhadores usuários do turno com maior contingente.
- **NR 26 – Sinalização de Segurança** – Estabelece medidas quanto à sinalização e à identificação de segurança a serem adotadas nos locais de trabalho.
- **NR 32 – Segurança e Saúde no Trabalho em Serviços de Saúde** – Estabelece as diretrizes básicas para a implementação de medidas de proteção à segurança e à saúde dos trabalhadores dos serviços de saúde, bem como daqueles que exercem atividades de promoção e assistência à saúde em geral.
- **NR 33 – Segurança e Saúde nos Trabalhos em Espaços Confinados** – Estabelece medidas de prevenção, medidas administrativas, medidas pessoais, capacitação e medidas para emergências, sendo a primeira norma regulamentadora a prever a realização de avaliação dos fatores de riscos psicossociais na sua redação.

LEGISLAÇÃO PARA O TRABALHO COM OGM

No *caput* do art. 225 da Constituição Federal Brasileira, ao Poder Público e à sociedade é garantido o direito ao meio ambiente equilibrado e à sadia qualidade de vida que todos têm. Ao Poder Público é incumbido, ainda, o dever de assegurar a efetividade da qualidade do meio ambiente, valendo-se do poder de fiscalizar todas as atividades que envolvam a natureza e a biogenética e de aplicar sanções penais e administrativas àqueles que derem causa a prejuízos, conforme os incisos do parágrafo primeiro do artigo em questão e as disposições da legislação de biossegurança[12].

Disciplinando a matéria imposta pela Constituição Federal Brasileira, em 05/01/1995 foi editada a Lei n. 8.974; entretanto, no decurso do tempo, decretos e medidas provisórias foram editados para seu ajuste, uma vez que havia conflitos de legislação relacionada ao meio ambiente, e às competências entre órgãos. Com o propósito de equacionar tais dificuldades foi formulado o Projeto de Lei n. 2.401 de 2003 que, em 24 de março de 2005, foi transformado em lei, passando a vigorar a nova Lei de Biossegurança, n. 11.105/2005[1].

Regulamentada pelo Decreto n. 5.591, de 22/11/2005, a Lei n. 11.105/2005 estabelece normas de segurança e mecanismos de fiscalização de atividades que envolvam OGM e seus derivados, cria o Conselho Nacional de Biossegurança (CNBS) e reestrutura a CTNBio, dispondo sobre a Política Nacional de Biossegurança (PNB). Tais diplomas revogaram a Lei n. 8.974, de 05/01/1995, e a Medida Provisória n. 2.191-9, de 23/08/2001, e os artigos 5º, 6º, 7º, 8º, 9º, 10 e 16 da Lei n. 10.814, de 15/02/2003. A nova Lei veio reordenar as normas de biossegurança que envolvam os OGM e seus derivados no Brasil, estabelecendo mecanismos de fiscalização sobre a construção, o cultivo, a produção, a manipulação, o transporte, a transferência, a importação, a exportação, o armazenamento, a pesquisa, a comercialização, o consumo, a liberação no meio ambiente e o descarte de OGM e seus derivados, tendo como diretrizes o estímulo ao avanço científico na área de biossegurança e biotecnologia, a proteção à vida e à saúde humana, animal e vegetal, e a observância do princípio da precaução para a proteção do meio ambiente.

No sentido de consolidar a legislação já existente, relativa à inserção e à manipulação de OGM, também estabelece diretrizes e fixa competências, de cada órgão;

a criação do CNBS, órgão vinculado à Presidência da República, designado ao assessoramento superior do Presidente da República para a formulação e implementação da Política Nacional de Biossegurança (PNB).

Seu art. 2º determina que as atividades e projetos que envolvam OGM e seus derivados, relacionados ao ensino com manipulação de organismos vivos, à pesquisa científica, ao desenvolvimento tecnológico e à produção industrial ficam restritos ao âmbito de entidades de direito público ou privado, que serão responsáveis pela obediência aos preceitos desta Lei e de sua regulamentação, bem como pelas eventuais consequências ou efeitos advindos de seu descumprimento.

As atividades são normalizadas por Instruções Normativas remanescentes da Lei revogada e novas Resoluções Normativas. No âmbito das instituições de ensino e pesquisa, compreendem as seguintes:

- Resoluções Normativas CNS 196 (10/10/1996), 251 (07/08/1997), 292 (08/07/1999), 340 (08/07/2024).
- Resoluções Normativas CNBS n. 1 (29/01/2008), n. 2 (05/03/2008), n. 3 (05/03/2008) e n. 4 (31/07/2008).
- Instruções Normativas CTNBio n. 2 (10/09/1996), 9 (10/10/1997), 13 (01/06/1998).
- Resoluções Normativas CTNBio n. 1 (20/06/2006), n. 2 (27/11/2006), n. 6 (06/11/2008), n. 7 (27/04/2009), n. 11 (22/10/2013), n. 14 (04/02/2015), n. 18 (23/03/2018), n. 33 (02/08/2021) n. 37 (18/11/2022), n. 40 (29/04/2024).

Para o desenvolvimento de atividades com OGM, as organizações públicas, privadas, nacionais, estrangeiras ou internacionais, bem como órgãos financiadores ou patrocinadores de atividades ou projetos devem submeter-se à Lei n. 11.105, de 24/03/2005 (inciso XI do art. 2º), certificando-se da idoneidade técnico-científica com a apresentação do Certificado de Qualidade em Biossegurança (CQB), emitido pela CTNBio (art. 6º, XIX), sob pena de se tornarem corresponsáveis pelos eventuais efeitos advindos de seu cumprimento.

As instituições que se dedicam ao ensino, à pesquisa científica, ao desenvolvimento tecnológico e à prestação de serviços que envolvam OGM e derivados também são incluídas, estando sujeitas ao atendimento das normas. Em resumo, essas instituições se submeterão às Instruções e Resoluções Normativas da CTNBio, relativas ao trabalho em contenção com OGM e às demais, no que couber.

GESTÃO DA COMISSÃO INTERNA DE BIOSSEGURANÇA

A CIBio tem a importante função de cuidar das questões de biossegurança no âmbito da instituição, e suas competências são definidas no art. 18 da Lei n. 11.105/2005. Assim, tem amparo legal para exercer suas atividades com autoridade estabelecida em lei, composta por membros especialistas com conhecimento e experiência necessários para o monitoramento e vigilância dos trabalhos de engenharia genética, manipulação, produção e transporte de OGM. É regulamentada pela Lei n. 11.105/2005, pelo Decreto n. 5.591/2005 e pela Resolução Normativa (RN) 01/06, expedida pela CTNBio. Cabe ao responsável legal da instituição nomear os membros da CIBIo, cuja composição deve ter, no mínimo, três especialistas em áreas compatíveis com a atuação da entidade, e dentre estes será indicado o presidente. As mudanças na composição da comissão serão submetidas à aprovação da CTNBio, mediante apresentação do currículo do especialista. A CIBio pode também incluir um membro externo à comunidade científica, funcionário ou não da instituição, desde que esteja preparado para representar os interesses da comunidade.

A CIBio, para o cumprimento de suas atribuições e de acordo com a complexidade de cada instituição, seja pública ou privada, pode estabelecer mecanismos para gerir suas atividades. A criação do Regulamento Interno é uma ferramenta que pode facilitar seu funcionamento, manter a padronização das atividades quando da mudança de gestão, modificação na composição de seus membros, definição de agenda de reuniões e inspeções das instalações de pesquisa, indicação de secretaria para o suporte administrativo etc.

Em instituições de ensino e pesquisa, a CIBIo possui estreita ligação com Comitês de Ética em Pesquisa, seja em humanos ou animais, bem como com as Agências de Fomento, uma vez que a aprovação dos projetos é vinculada entre estas entidades, o que permite melhor controle sobre as pesquisas desenvolvidas.

Como gestora do cumprimento das normas de biossegurança nas atividades de pesquisa e ensino, o espectro de atuação abrange todas as rotinas e procedimentos relacionados à segurança dos recursos humanos envolvidos e do meio ambiente. Neste contexto, é conferido a ela, além do técnico, importante papel político, pois seu desempenho pode definir o padrão de qualidade relativo à segurança dos colaboradores e do meio ambiente, no qual a instituição se insere no meio científico e acadêmico.

A gestão da CIBIo deve compreender mecanismos que assegurem o cumprimento de suas competências e atribuições, entre as quais, em síntese, destacamos:

- Garantir que os responsáveis técnicos pelos projetos tenham ciência do cumprimento das normas de biossegurança, em conformidade com as recomendações da CTNBio e da CIBio.

- Solicitar o Certificado de Qualidade em Biossegurança (CQB) mediante apresentação dos documentos definidos na Lei, bem como a extensão do CQB quando da inserção de novas unidades operativas.
- Reunir-se pelo menos uma vez a cada semestre e extraordinariamente quando necessário, mantendo registro em ata.
- Promover treinamento em biossegurança a fim de garantir que pesquisadores e trabalhadores estejam cientes dos riscos a que estão expostos e adotem as medidas de prevenção relativas à saúde e à segurança no trabalho.
- Atuar como interlocutora entre a instituição representada e a CTNBio, respondendo pelas normas e recomendações, bem como nas inspeções, garantindo que os laboratórios atendam às exigências determinadas pela legislação.
- Realizar inspeções nas unidades operativas pelo menos uma vez ao ano.
- Deliberar sobre a aprovação de projetos que envolvam OGM de classe de risco 1 (nível de biossegurança 1, NB-1).
- Submeter à CTNBio os projetos de pesquisa que envolvam OGM de classe de risco superior ao NB-1, assegurando que projetos somente sejam iniciados após a devida aprovação da CTNBio.
- Solicitar autorização da CTNBio para a importação de OGM e AnGM.
- Manter registro da documentação relativa aos projetos que envolvam OGM desenvolvidos na instituição.
- Estabelecer programas de prevenção de acidentes.
- Submeter anualmente à CTNBio o relatório das atividades desenvolvidas sob pena de perder o CQB.

É importante ressaltar que, nas instituições de ensino e pesquisa públicas, é imperativo que as atividades sejam sedimentadas dentro de princípios da transparência e publicidade, em perfeita interação entre pesquisador, instâncias superiores e comunidade. O uso da internet para este fim, através da inserção da CIBio no site da instituição, pode servir como importante instrumento de comunicação.

A CIBio, seja da instituição pública ou privada, tem autonomia para exercer suas atividades dentro do âmbito de sua competência, e sua atuação poderá ser de excelência, desde que tenha instrumentos de gestão apropriados e o apoio da alta direção.

Para o cumprimento de suas obrigações e implementação de suas recomendações, a CIBio poderá necessitar de mecanismos que facilitem, em sua rotina, o monitoramento e a vigilância dos trabalhos. A padronização de procedimentos para acompanhamento e controle das pesquisas desenvolvidas na instituição é de suma importância como instrumento de gestão, assim como o estabelecimento de Normas Internas para apresentação de projetos tramitando por Relator especificamente designado para avaliar se as normas de biossegurança estão sendo contempladas e apresentando recomendações à CIBIo.

O funcionamento da CIBio requer estabelecimento de rotinas que garantam a gestão de documentos e infraestrutura para suportar as atividades administrativas que lhe são atribuídas. O apoio da alta administração é indispensável para o funcionamento da CIBio e deve ser prevista área física para instalação de sua Secretaria e funcionário(s) proporcionais à dimensão da organização e ao volume de atividades. O bom funcionamento requer pessoal dedicado e atento à legislação para acompanhamento e publicidade das normativas, disseminação das orientações junto aos pesquisadores, apoio operacional para elaboração de documentos, controles, registros e promoção de treinamentos.

A rotina da Secretaria de uma CIBio envolve atividades de recebimento, protocolo, conferência, controle e acompanhamento das pesquisas. Fluxogramas também auxiliam no entendimento e andamento dos protocolos de trabalho, assim como orientam o cumprimento da legislação. Na Figura 1, é exemplificado um fluxograma de solicitação de credenciamento de unidade operativa.

O estabelecimento de procedimentos operacionais padrão (POP) e de protocolos de trabalho permite garantir a eficiência do processo de gestão da CIBio e sua manutenção. Na Figura 2, está exemplificado um modelo de POP para a atividade de inspeção de laboratórios, o qual pode servir de modelo para a elaboração dos procedimentos de todas as atividades da CIBio.

A inspeção sob responsabilidade da CIBio (item VI, artigo 8º da Resolução Normativa n. 1 de 20/6/2006, alterada pela Resolução Normativa n. 11, de 22 de outubro de 2013 e pela Resolução Normativa n. 14, de 5 de fevereiro de 2015)[45], realizada anualmente na(s) unidade(s) operativa(s), além de orientativa e educativa, pode contribuir efetivamente para que a instituição esteja regular quando fiscalizada. A sujeição às penalidades está estabelecida no capítulo 8, "Dos Crimes e Das Penas", da Lei n. 11.105/2005[1].

A auditoria, com foco em biossegurança, realizada pelos órgãos fiscalizadores, visa vistoriar as instituições públicas ou privadas detentoras de CQB, cujas unidades operativas tenham sido credenciadas, com determinado nível de biossegurança, e desenvolvam pesquisas envolvendo OGM. À CIBio cabe a responsabilidade de apresentar aos auditores evidências objetivas que atendam às Instruções e às Resoluções Normativas correspondentes a documentação, infraestrutura, equipamentos, metodologia e equipe[45].

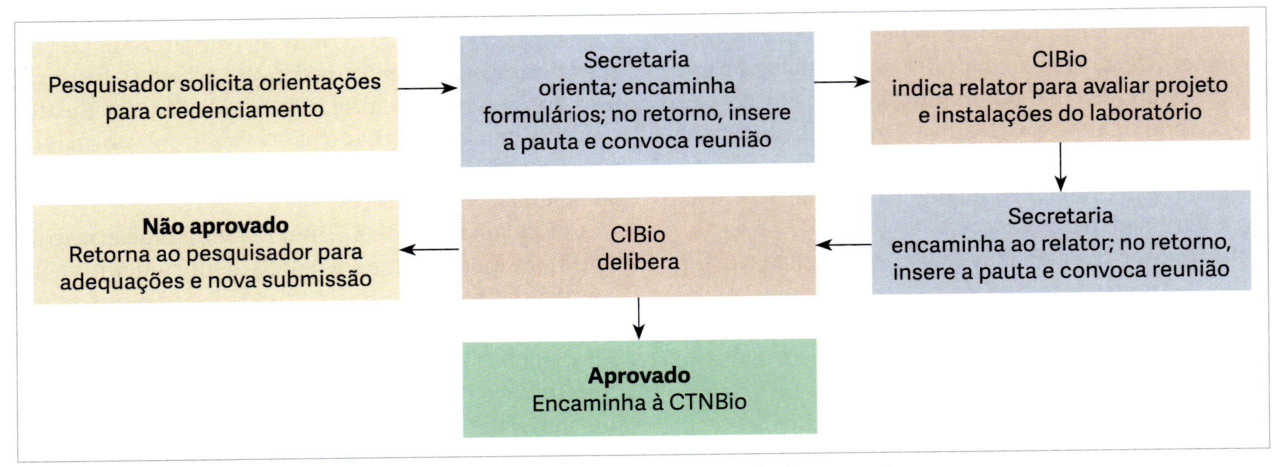

FIGURA 1 Fluxograma de solicitação de credenciamento de unidade operativa.

PROCEDIMENTO OPERACIONAL PADRÃO COMISSÃO INTERNA DE BIOSSEGURANÇA		
Nº	Inspeção de laboratório	Elaborado em: Revisado em:

Objetivo
Definir fluxo de documentos e responsabilidades.
Assegurar efetiva adequação dos laboratórios credenciados.
Assegurar o cumprimento das exigências da legislação.
Contribuir para a melhoria das condições dos laboratórios.

Fundamento legal
Lei n. 11.105/2005, art. 18, inciso II. http://www.ctnbio.gov.br.

Aplicação	
Responsável	**Descrição das atividades**
CIBio	Na ultima reunião da CIBio do primeiro semestre delibera: Sobre a agenda da Vistoria em Laboratórios a ser realizada em agosto Define, entre os membros da CIBio, o inspetor e o laboratório a ser vistoriado, por meio do seguinte critério: Laboratórios NB3 e NB2 serão vistoriados por Professores credenciados dentro desta categoria e Laboratórios NB1 serão vistoriados por qualquer membro da CIBio Determina o prazo para conclusão da vistoria e Nomeia o relator que analisará a documentação da vistoria para submissão à CIBio
Secretaria	Encaminha formulários dos inspetores
Secretaria	Recebe os formulários e encaminha ao Relator
Secretaria	Recebe os documentos com relatório e inclui na pauta da primeira reunião subsequente
CIBio	Delibera sobre o resultado da inspeção indicando as providências a serem tomadas, se couber

Glossário
CIBio – Comissão Interna de Biossegurança

Referências

Anexos

Elaborado por		**Aprovação**
Versão	(Área responsável pela elaboração do POP)	Pág.

FIGURA 2 Modelo de procedimento operacional padrão para inspeção de laboratório. Ferramenta de gestão da Comissão Interna de Biossegurança (CIBio).

Nas Figuras 3 a 5, são apresentados modelos de roteiros que podem nortear as inspeções em laboratórios credenciados em níveis de biossegurança 1, 2 e 3 (respectivamente, NB-1, NB-2 e NB-3). Para inspeção de laboratório de nível de biossegurança 4 (NB-4) as instalações e procedimentos exigidos devem atender às especificações estabelecidas para o NB-1, NB-2 e NB-3, acrescidos dos definidos no item IV, do Capítulo 5, dos Níveis de Biossegurança, da Resolução Normativa n. 2, de 27 de novembro de 2006[45,46].

Nas Figuras 6 a 10, são apresentados modelos de documentos que podem ser utilizados pela CIBio, na gestão de laboratórios que têm projetos com contenção de OGM.

Documentos legais correspondentes às práticas com OGM

Documentos disponíveis no site Ministério da Ciência Tecnologia, Inovações e Comunicações[14]:

Lei n. 11.105, de 24/3/2005 – Regulamenta os incisos II, IV e V do § 1º do art. 225 da Constituição Federal, estabelece normas de segurança e mecanismos de fiscalização de atividades que envolvam OGM e seus derivados, cria o CNBS, reestrutura a CTNBio, dispõe sobre a PNB, revoga a Lei n. 8.974, de 5 de janeiro de 1995, e a Medida Provisória n. 2.191-9, de 23 de agosto de 2001, e os arts. 5º, 6º, 7º, 8º, 9º, 10 e 16 da Lei n. 10.814, de 15/12/2003, e dá outras providências.

Lei n. 11.460, de 21/3/2007 – Dispõe sobre o plantio de organismos geneticamente modificados em unidades de conservação; acrescenta dispositivos à Lei n. 9.985, de 18 de julho de 2000, e à Lei n. 11.105, de 24/3/2005; revoga dispositivo da Lei n. 10.814, de 15/12/2003; e dá outras providências.

Lei n. 6.938, de 31/8/1981 – Dispõe sobre a Política Nacional do Meio Ambiente, seus fins e mecanismos de formulação e aplicação, e dá outras providências.

Lei n. 9.782, de 26/1/1999 – Define o Sistema Nacional de Vigilância Sanitária, cria a Agência Nacional de Vigilância Sanitária, e dá outras providências.

Decreto n. 4.074, de 4/1/2002 – Regulamenta a Lei n. 7.802, de 11/7/1989, que dispõe sobre a pesquisa, a experimentação, a produção, a embalagem e rotulagem, o transporte, o armazenamento, a comercialização, a propaganda comercial, a utilização, a importação, a exportação, o destino final dos resíduos e embalagens, o registro, a classificação, o controle, a inspeção e a fiscalização de agrotóxicos, seus componentes e afins, e dá outras providências.

Decreto n. 4.339, de 22/8/2002 – Institui princípios e diretrizes para a implementação da Política Nacional da Biodiversidade.

Decreto n. 5.591, de 22/11/2005 – Regulamenta dispositivos da Lei n. 11.105, de 24 de março de 2005, que regulamenta os incisos II, IV e V do § 1º do art. 225 da Constituição, e dá outras providências.

Decreto n. 6.925, de 6/8/2009 – Dispõe sobre a aplicação do art. 19 do Protocolo de Cartagena sobre Biossegurança da Convenção sobre Diversidade Biológica, promulgado pelo Decreto n. 5.705, de 16/2/2006, e dá outras providências.

Resolução CNS n. 196 – Aprova as diretrizes e normas regulamentadoras de pesquisas envolvendo seres humanos.

Resolução CNS n. 251 – Aprova normas de pesquisa envolvendo seres humanos para a área temática de pesquisa com novos fármacos, medicamentos, vacinas e testes diagnósticos

Resolução CNS n. 292 – Norma complementar à Resolução CNS n. 196/96, referente à área específica sobre pesquisas em seres humanos, coordenadas do exterior ou com participação estrangeira e pesquisas que envolvam remessa de material biológico para o exterior.

Resolução CNBS n. 1 – Aprova o Regimento Interno do CNBS.

Resolução CNBS n. 2 – Ratifica o Parecer Técnico n. 987/2007 da CTNBio, favorável à liberação comercial de milho geneticamente modificado, evento T25 ou Liberty Link.

Resolução CNBS n. 3 – Ratifica o Parecer Técnico n. 1.100/2007 da CTNBio, favorável à liberação comercial de milho geneticamente modificado, evento MON810 ou Milho Guardian.

Resolução CNBS n. 4 – Aprova o Parecer Técnico no 1.255/2008 da CTNBio, favorável à liberação comercial de milho geneticamente modificado, Bt 11.

Instrução Normativa CTNBio n. 1, de 06/09/1996 – Dispõe sobre o requerimento e a emissão do Certificado de Qualidade em Biossegurança (CQB) e a instalação e o funcionamento da CIBio.

Instrução Normativa CTNBio n. 2, de 12/09/1996 – Regulamentada as normas provisórias para importação de vegetais geneticamente modificados destinados à pesquisa.

Instrução Normativa CTNBio n. 9, de 16/10/1997 – Fixa as normas sobre intervenção genética em seres humanos.

Instrução Normativa CTNBio n. 13, de 02/06/1998 – Regulamenta as normas para importação de animais geneticamente modificados (AnGM) para uso em trabalho em regime de contenção.

Resolução Normativa CTNBio n. 1 – Dispõe sobre a instalação e o funcionamento das CIBio e sobre os critérios e procedimentos para requerimento, emissão, revisão, extensão, suspensão e cancelamento do Certifica-

Roteiro para Inspeção de Laboratório	NB-1	
Instalações		
Existe pia/lavatório?	( ) Sim	( ) Não
Há cabine de segurança biológica classe I?	( ) Sim	( ) Não
A superfície das bancadas é impermeável à água e resistente a ácidos, álcalis, solventes orgânicos e a calor moderado?	( ) Sim	( ) Não
As instalações e espaços entre as bancadas e equipamentos oferecem condições de fácil limpeza e descontaminação? Existem registros?	( ) Sim	( ) Não
Existe recipiente de lixo com dispositivo de abertura sem contato manual?	( ) Sim	( ) Não
O piso é lavável?	( ) Sim	( ) Não
As instalações hidráulicas e elétricas estão em bom estado de conservação e uso?	( ) Sim	( ) Não
Há condições adequadas de iluminação, temperatura, umidade e ventilação?	( ) Sim	( ) Não
Há separação efetiva entre áreas que realizam atividades incompatíveis?	( ) Sim	( ) Não
Há controle de acesso nas áreas restritas?	( ) Sim	( ) Não
Os fluxos de amostras, pessoas, materiais e de animais em experimentação são adequados?	( ) Sim	( ) Não
As instalações provêm condições adequadas para descarte, descontaminação e lavagem de materiais?	( ) Sim	( ) Não
As instalações permitem a realização da limpeza adequada e, quando pertinente, a desinfecção?	( ) Sim	( ) Não
Os vestiários, lavatórios e sanitários são separados das áreas em que se realizam experimentos?	( ) Sim	( ) Não
As áreas de convivências são separadas das áreas que realizam os experimentos?	( ) Sim	( ) Não
As instalações são mantidas em bom estado de organização, conservação e limpeza?	( ) Sim	( ) Não
Documentação		
Há registros dos projetos desenvolvidos com OGM e seus derivados?	( ) Sim	( ) Não
Há registro do documento de vacinação da equipe?	( ) Sim	( ) Não
O laboratório exige comprovantes atualizados de exames ocupacionais obrigatórios e vacinação do pessoal exposto a riscos? Há comprovantes?	( ) Sim	( ) Não
Controle Interno da Qualidade/Procedimentos		
Existem instruções escritas para todas as atividades do laboratório, em particular as que envolvem risco à saúde humana, animal e ao ambiente? Está acessível ao pessoal exposto a esses agentes?	( ) Sim	( ) Não
O laboratório possui procedimentos analíticos apropriados?	( ) Sim	( ) Não
O laboratório possui POP para todas as atividades que envolvem?	( ) Sim	( ) Não
Os métodos desenvolvidos ou modificados pelo laboratório são validados e os registros são mantidos?	( ) Sim	( ) Não
A descontaminação das superfícies de trabalho e equipamentos é feita antes e após a realização do experimento?	( ) Sim	( ) Não
É utilizado dispositivo mecânico para pipetagem?	( ) Sim	( ) Não
A prática de higiene pessoal (lavagem das mãos e uso de roupas para proteção) é adotada na manipulação de OGM?	( ) Sim	( ) Não
Os EPI são retirados pelos integrantes da equipe antes de deixar as instalações?	( ) Sim	( ) Não
Os EPI não descartáveis são limpos e guardados fora da área contaminada?	( ) Sim	( ) Não
Os resíduos líquidos ou sólidos são descontaminados antes de serem descartados?	( ) Sim	( ) Não
Os materiais contaminados são retirados das instalações em recipientes rígidos e à prova de vazamentos?	( ) Sim	( ) Não

(continua)

FIGURA 3 Modelo de roteiro para inspeção de laboratório NB-1 (RN CTNBio n. 2)[32].

Os recipientes utilizados para transporte de materiais contaminados são à prova de vazamentos?	( ) Sim	( ) Não
Há programa rotineiro de controle de insetos e roedores?	( ) Sim	( ) Não
Há registro de ocorrência de acidentes ou liberação acidental de OGM e/ou procedimentos que contemplem ações a serem tomadas para evitar consequências à saúde e ao meio ambiente?	( ) Sim	( ) Não
Os equipamentos do laboratório possuem histórico de manutenção/registro de qualificação ou certificação?	( ) Sim	( ) Não
O laboratório disponibiliza equipamentos de proteção individual e coletiva adequado às suas atividades? Há controle de estoque?	( ) Sim	( ) Não
Treinamento		
O laboratório prevê treinamento periódico nos procedimentos de biossegurança? Mantêm registro?	( ) Sim	( ) Não
Há Manual de Biossegurança no laboratório?	( ) Sim	( ) Não
As instruções de biossegurança estão disponíveis para o pessoal?	( ) Sim	( ) Não
Sinalização		
Na entrada do laboratório há o símbolo universal de área de biossegurança?	( ) Sim	( ) Não
Na entrada do laboratório há identificação relativa ao acesso limitado durante os experimentos com OGM?	( ) Sim	( ) Não
Na entrada do laboratório estão identificados os projetos em desenvolvimento, identificando o OGM ou AnGM, nome do pesquisador principal, endereço e telefone de contato?	( ) Sim	( ) Não
Na entrada do laboratório estão identificados os projetos em desenvolvimento?	( ) Sim	( ) Não
Na entrada do laboratório está identificado o grupo de trabalho?	( ) Sim	( ) Não
Na entrada do laboratório estão identificados os telefones em caso de emergência?	( ) Sim	( ) Não
Os equipamentos utilizados na manipulação de OGM são devidamente identificados?	( ) Sim	( ) Não
A área de manipulação é sinalizada com o símbolo universal de risco biológico?	( ) Sim	( ) Não
Áreas de manipulação de OGM são de acesso restrito à equipe técnica e de apoio ou de pessoas autorizadas e estão identificadas?	( ) Sim	( ) Não
Há sinalização de proibição de consumo de alimentos, beber, fumar e aplicar cosméticos nas áreas de trabalho?	( ) Sim	( ) Não
Há sinalização proibindo uso de calçados abertos ou aventais sem punhos no laboratório que manipula OGM?	( ) Sim	( ) Não
Há sinalização proibindo uso de pertences pessoais (celulares, tablets etc.) no laboratório enquanto manipula OGM?	( ) Sim	( ) Não
Há sinalização proibindo a admissão de animais que não estejam relacionados ao trabalho em execução nas instalações?	( ) Sim	( ) Não
CONCLUSÃO		
RECOMENDAÇÕES		

FIGURA 3 *(continuação)* Modelo de roteiro para inspeção de laboratório NB-1 (RN CTNBio n. 2)[32].

Roteiro para Inspeção de Laboratório	**NB-2**	
Instalações (todos os descritos no Roteiro NB1 acrescidos de:)		
Há autoclave no interior da área credenciada de modo a permitir a descontaminação de todo o material antes do descarte, sem o trânsito do OGM por corredores e outros espaços não controlados?	( ) Sim	( ) Não
Há cabine de segurança biológica classe II?	( ) Sim	( ) Não

FIGURA 4 Modelo de roteiro para inspeção de laboratório NB-2 (RN CTNBio n. 2)[32].

Roteiro para Inspeção de Laboratório	NB-3	
Instalações (todos os descritos no Roteiro NB1 e NB2 acrescidos de:)		
A separação física entre instalações NB-3 das demais instalações é por sistema de dupla porta e com sala para troca de roupas, chuveiros para banho na entrada e saída do laboratório, bloqueio de ar e outros dispositivos, para acesso em duas etapas?	( ) Sim	( ) Não
O ar de saída das cabines de segurança biológica é realizado através de filtros HEPA de elevada eficiência e retirado diretamente para fora do edifício por sistema de exaustão?	( ) Sim	( ) Não

FIGURA 5 Modelo de roteiro para inspeção de laboratório NB-3 (RN CTNBio n. 2)[32].

AUTORIZAÇÃO DE TRABALHO
ETIQUETA DE IDENTIFICAÇÃO DE SEGURANÇA

Responsável pelo laboratório: ______________________________

Telefone: ____________________ Data: ___/___/___

Prédio ______________________________

Sala: ______________________________

Serviço requerido: ______________________________

Executor: ______________________________

Identificação e lista (deixar à disposição a lista de reagentes anexa)

Biológico (Anexo 1)

Químico (Anexo 2)

Radioisótopo (Anexo 3)

Descontaminação realizada por: ______________________________

Supervisão de: ______________________________

Descontaminação para segurança em: ______________________________

Data da última descontaminação: ___/___/___

Em caso de emergência, ligar para o número: ______________________________

Falar com: ______________________________

Comissão Interna de Biossegurança (CIBio)

FIGURA 6 Modelo de identificação de segurança em laboratório.

A SER PREENCHIDO PELA CIBio

Analisado em: _____/_____/_____ Número do projeto: ______________________________

Por: ____ Data de entrada: _____/_____/_____

Assinatura: ____________________________________ Situação: [ ] Aprovado [ ] Reprovado

Solicitação de autorização para desenvolvimento de projeto de pesquisa em contenção com organismos geneticamente modificados (OGM)

Projeto de Pesquisa

Título:	
Data de início do projeto (mês/ano):	Data prevista de conclusão (mês/ano):

Pesquisador Principal

Nome:		
Endereço:		
E-mail:	Telefone:	Fax:

Organismos

Receptor:	Parental:
Material genético incluído no OGM:	
Vetor:	

Classificação do OGM

[ ] Tipo I	[ ] Tipo II

Classificação do Nível de Biossegurança do Laboratório

[ ] NB-1	[ ] NB-2	[ ] NB-3

Objetivo do Projeto

O trabalho em contenção objetiva a liberação posterior para o meio ambiente?

[ ] Sim	[ ] Não

Laboratório onde as pesquisas com o OGM serão desenvolvidas

Equipe (nome e função)

Equipamentos utilizados durante o trabalho com contenção do OGM

Procedimentos de limpeza, desinfecção, descontaminação e descarte de material/resíduos

Anexar: cópia do projeto, currículo resumido do pesquisador principal e equipe envolvida no projeto e literatura científica que possa dar subsídios para o parecer da CTNBio.

FIGURA 7 Modelo de formulário para solicitação de autorização para desenvolvimento de pesquisa em contenção com OGM.

A SER PREENCHIDO PELA CIBio

Analisado em: _____ / _____ / _____ Número do projeto: ______________________________

Por: ____ Data de entrada: _____ /_____ /_____

Assinatura: ________________________________ Situação: [ ] Aprovado [ ] Reprovado

Pedido de autorização para desenvolvimento de projeto de pesquisa em contenção com animais não geneticamente modificados em que os organismos geneticamente modificados não OGM são manipulados.

Título:	
Data de início do projeto (mês/ano):	Data prevista de conclusão (mês/ano):

Pesquisador principal

Nome:		
Endereço:		
E-mail:	Telefone:	Fax:

Classificação do AnGM (quanto ao grupo de risco)

[ ] Tipo I	[ ] Tipo II

Classificação do AnGM (quanto ao nível de biossegurança)

[ ] NB-1	[ ] NB-2	[ ] NB-3	[ ] NB-4

Objetivo do Projeto

Nome do laboratório onde será desenvolvida a pesquisa com AnGM:
Nome do docente responsável pelo laboratório:
Data do credenciamento do laboratório: ____ /____ /____

Equipe (nome e função)

Espécie do animal a ser geneticamente alterado:		
Procedimento de alteração genética a ser utilizado:		
Informar se pretende estabelecer uma colônia com AnGM:		
Características do material genético a ser inserido:		
Atividades biológicas que serão adquiridas/perdidas pelo AnGM:		
Informar sobre a possibilidade de alteração nas características de patogenicidade do AnGM:		
Informar sobre a possibilidade de o AnGM ganhar alguma vantagem seletiva sobre os correspondentes não modificados geneticamente, quando de um possível escape para o meio ambiente:		
Informar sobre a possibilidade de risco de transmissão de doenças para outros animais, incluindo seres humanos, ou vegetais:		
Informar se o AnGM passará a expressar alguma proteína com potencial sabidamente tóxico. Se positivo, informar se existe ou não forma de tratamento:		
Aspectos relevantes que não foram abordados nos itens anteriores para o esclarecimento sobre o nível de biossegurança do AnGM:		
Data e assinatura:		
________________ Pesquisador principal	________________ Docente responsável pelo laboratório	________________ Presidente da CIBio

Anexar: cópia do projeto, currículo resumido do pesquisador principal e equipe envolvida no projeto e literatura científica que possa dar subsídios para o parecer da CTNBio.

FIGURA 8 Modelo de formulário para solicitação de autorização para desenvolvimento de pesquisa em contenção com animais não geneticamente modificados onde OGM serão manipulados.

TERMO DE RESPONSABILIDADE

Projeto: ____

Eu, ______________________________, pesquisador(a) responsável pelo projeto, asseguro à CIBio que:

- Li as Instruções Normativas da CTNBio, pertinentes para trabalhar com os OGM acima referidos, que se encontram no site http://www.ctnbio.gov.br e que concordo com as suas exigências durante a vigência deste projeto.
- A equipe que participa deste projeto também está ciente das referidas Instruções Normativas e é competente para executá-las.
- Comprometo-me a solicitar nova aprovação à CIBio local sempre que ocorrer alteração significativa nos objetivos/procedimentos/instalações aqui descritos e a fornecer-lhe um relatório anual de andamento do projeto.
- Tudo que foi declarado é a absoluta expressão da verdade. Estou ciente de que o eventual não cumprimento das Instruções Normativas da CTNBio é de minha total responsabilidade e que estarei sujeito às punições previstas na legislação em vigor.

Data: ____/____/____

Assinatura do pesquisador principal: ______________________________

Assinatura: ______________________________

Deliberação CIBio: [ ] Aprovado [ ] Reprovado

Data: ____/____/____

Assinatura do presidente da CIBio: ______________________________

FIGURA 9 Modelo de termo de responsabilidade.

A SER PREENCHIDO PELA CIBio

Analisado em: _____/_____/_____ Número do projeto: ____________________

Por Prof. Dr.: ________________________________ Data de entrada: _____/_____/_____

Assinatura: ____________________ Situação: [ ] Aprovado [ ] Reprovado

1 – Projeto de pesquisa

Título:

2 – Pesquisador principal

Nome:		
Departamento:		
E-mail:	Telefone:	Fax:

3 – Objetivos

4 – Sumário do projeto

4.1 Descrição e caracterização do OGM está de acordo com as Normas para Trabalhos em Contenção com OGM (Lei n. 11.105, de 24.3.2005 e Resolução Normativa CTNBIo n. 2)

[ ] Sim	[ ] Não

4.2 Justifica o volume e a concentração máxima de OGM a ser trabalhada:

[ ] Sim	[ ] Não

4.3 Adequação da metodologia com o nível de Biossegurança do Laboratório:

[ ] Sim	[ ] Não

4.4 O trabalho em contenção objetiva a liberação posterior para o meio ambiente?

[ ] Sim	[ ] Não

4.5 Descrever resumidamente se a descrição e caracterização do OGM está de acordo com a Resolução Normativa n. 2/2006.

4.6 Descrição resumida da manipulação, da contenção e do descarte – cuidados e utilização de EPI e EPC

5 – Critérios para aprovação

5.1 Análise da capacitação da equipe proponente

5.2 Análise da capacitação de contenção dos OGM

5.3 Análise de riscos e benefícios

São Paulo, _____/_____/_____ ____________________ ____________________

Relator Assinatura

FIGURA 10 Modelo de roteiro para emissão de parecer.

do de Qualidade em Biossegurança (CQB). (Modificada pelas Resoluções Normativas CTNBio n. 11 e 14.)

Resolução Normativa CTNBio n. 2 – Dispõe sobre a classificação de riscos de OGM e os níveis de biossegurança a serem aplicados nas atividades e projetos com OGM e seus derivados em contenção. A Resolução Normativa n. 6 dispõe sobre as normas para liberação planejada no meio ambiente de OGM de origem vegetal e seus derivados.

Resolução Normativa n. 6, de 06/11/2008 – Às liberações planejadas no meio ambiente de Organismos Geneticamente Modificados de origem vegetal e seus derivados serão aplicadas as normas constantes desta Resolução Normativa e demais disposições legais vigentes no país, que incidam sobre o objeto do requerimento, bem como as autorizações decorrentes das decisões técnicas proferidas pela CTNBio.

Resolução Normativa CTNBio n. 7 – Dispõe sobre as normas para liberação planejada no meio ambiente de microrganismos e animais geneticamente modificados (MGM e AnGM) de classe de risco I e seus derivados.

Resolução Normativa CTNBio n. 11 – Altera o inciso V e as alíneas a a c do art. 16 da Resolução Normativa n. 1, de 20 de junho de 2006.

Resolução Normativa CTNBio n. 14 – Altera o inciso IV do art. 5°, o *caput* do art. 9° e os incisos II, IV e VI do art. 11 da Resolução Normativa n. 1, de 20/06/2006.

Resolução Normativa n. 16, de 15/01/2018 – Estabelece os requisitos técnicos para apresentação de consulta à CTNBio sobre as Técnicas Inovadoras de Melhoramento de Precisão.

Resolução n. 18, de 23/03/2018 – Republica a Resolução Normativa n. 2, de 27/11/2006, que "Dispõe sobre a classificação de riscos de Organismos Geneticamente Modificados (OGM) e os níveis de biossegurança a serem aplicados nas atividades e projetos com OGM e seus derivados em contenção.

Resolução n. 21, de 15/06/2018 – Dispõe sobre normas para atividades de uso comercial de Microrganismos Geneticamente Modificados e seus derivados.

Resolução Normativa n. 22, de 31/07/2019 – Estabelece as condições para concessão de autorização de liberação planejada no meio ambiente de eucalipto geneticamente modificado e seus derivados.

Resolução Normativa n. 26, de 25/05/2020 – Dispõe sobre as normas de transporte de Organismos Geneticamente Modificados – OGM e seus derivados.

Resolução Normativa n. 27, de 11/08/2020 – Altera a Resolução Normativa CTNBio nº 22, de 31 de julho de 2019.

Resolução Normativa n. 28, de 10/08/2020 – Dispõe sobre a classificação do nível de risco das atividades econômicas sujeitas a atos públicos de liberação pela Comissão Técnica Nacional de Biossegurança – CTNBio, para os fins da Lei nº 13.874, de 20 de setembro de 2019, regulamentada pelo Decreto nº 10.178, de 18 de dezembro de 2019.

Resolução Normativa n. 29, de 12/09/2020 – Dispõe sobre as normas para liberação planejada no meio ambiente (LPMA) de algodoeiro geneticamente modificado.

Resolução Normativa n. 30, de 16/11/2020 – Estabelece as condições de isolamento para a Liberação Planejada no Meio Ambiente (LPMA) de citros e afins geneticamente modificados.

Resolução Normativa n. 31, de 20/11/2020 – Dispõe sobre o cadastramento das instituições detentoras de Certificado de Qualidade em Biossegurança – CQB no Sistema de Informações em Biossegurança – SIB.

Resolução Normativa n. 32, de 15/07/2021 – Dispõe sobre as normas para liberação comercial e monitoramento de animais e vegetais Geneticamente Modificados – OGM e seus derivados de origem vegetal e animal.

Resolução Normativa n. 33, de 02/08/ 2021 – Ficam revogadas as seguintes normas editadas pela Comissão Técnica Nacional de Biossegurança – CTNBio: Instrução Normativa n. 8, de 09/07/ 1997; Instrução Normativa n. 17, de 17/11/ 1998; Instrução Normativa n. 18, de 15/12/1998; Instrução Normativa n. 19, de 19/04/2000; Comunicado n. 3, de 28/11/ 2007; e Comunicado n. 5, de 24/11/2008.

Resolução Normativa n. 34, de 05/08/ 2021 – Altera a Resolução Normativa CTNBio nº 2, de 27 de novembro de 2006 alterada pela Resolução Normativa CTNBio Nº 18, de 23 de março de 2018 da Comissão Técnica Nacional de Biossegurança.

Resolução Normativa n. 35, de 15/10/ 2021 – Dispõe sobre a concessão de autorização pela CIBio para liberação planejada no meio ambiente de organismos geneticamente modificados e seus derivados da classe de risco 1 que já tenham sido aprovados anteriormente na CTNBio para fins de avaliações experimentais em liberações planejadas, com subsequente notificação à CTNBio.

Resolução Normativa n. 36, de 26/10/ 2021 – Estabelece as condições para a liberação planejada no meio ambiente de milho (Zea mays L.) geneticamente modificado e seus derivados.

Resolução Normativa n. 37, de 18/11/2022 – Dispõe sobre a instalação e o funcionamento das Comissões Internas de Biossegurança (CIBios) e sobre os critérios e procedimentos para requerimento, emissão, revisão, extensão, suspensão e cancelamento do Certificado de Qualidade em Biossegurança (CQB).

Resolução Normativa n. 38, de 27/09/2023 – Estabelece os procedimentos para o trâmite de processos entre a Comissão Técnica Nacional de Biossegurança –

CTNBio e instituições congêneres à CTNBio de outros países com as quais a CTNBio possui instrumentos de cooperação em biossegurança de produtos da biotecnologia moderna para fins de liberação comercial de organismos geneticamente modificados (OGM) e seus derivados e para a avaliação do enquadramento de produtos gerados por meio de Técnicas Inovadoras de Melhoramento de Precisão (TIMP).

Resolução Normativa N. 40, de 29/04/2024 – Altera a Resolução Normativa CTNBio nº 02, de 27 de novembro de 2006, que dispõe sobre a classificação de riscos de Organismos Geneticamente Modificados (OGM) e os níveis de biossegurança a serem aplicados nas atividades e projetos com OGM e seus derivados em contenção.

CONSIDERAÇÕES FINAIS

Esperamos que este documento, resultado de uma compilação inicial da legislação que orienta as atividades realizadas nos laboratórios de ensino e pesquisa, seja útil e sirva de apoio para aqueles que, preocupados com o cumprimento das normas que asseguram a segurança do indivíduo e do meio ambiente, possam conduzir à gestão da biossegurança em suas instituições de forma abrangente. Esse gerenciamento não se limita apenas a experimentos com organismos geneticamente modificados, mas abarca um escopo mais amplo, interagindo com os elementos físicos, químicos e biológicos. A crescente quantidade de informações atualmente produzidas, tanto em formatos tradicionais quanto eletrônicos, demanda especial atenção, principalmente em relação ao cumprimento das leis, para evitar exposição da instituição a possíveis penalidades. Reconhecendo a importância do trabalho das Comissões Internas de Biossegurança, podemos assegurar que a comunicação entre a CTNBio e os pesquisadores seja eficaz e eficiente. A adoção das sugestões de documentos e ferramentas de gestão apresentados é extremamente valiosa, pois podem orientar a melhoria dos processos na Comissão. O enfoque dado à Inspeção dos Laboratórios, com a descrição de Procedimentos Operacionais Padrão e Roteiro de Inspeção, teve como propósito auxiliar as CIBios a cumprir essa responsabilidade e garantir que as instalações laboratoriais e as práticas adotadas estejam em conformidade com os requisitos regulatórios, prevenindo inconvenientes durante eventuais inspeções dos órgãos fiscalizadores.

REFERÊNCIAS BIBLIOGRÁFICAS

1. Brasil. Presidência da República. Casa Civil. Lei n. 11.105, de 24 de março de 2005. Disponível em: www.planalto.gov.br/ccivil_03/_ato2004-2006/2005/lei/l11105.htm. Acesso em: 3 maio 2024.
2. MMA. Protocolo de Cartagena sobre Biossegurança. Disponível em: https://antigo.mma.gov.br/biodiversidade/convenção-da-diversidade-biológica/protocolo-de-cartagena-sobre-biosseguranca.html. Acesso em: 21 abr. 2024.
3. ANVISA. O Brasil no Codex Alimentarius. Disponível em: https://www.gov.br/anvisa/pt-br/assuntos/alimentos/participacao-em-foruns-internacionais/o-brasil-no-codex-alimentarius. Acesso em: 10 maio 2024.
4. Brasil. Presidência da República. Lei n. 6.938, de 31 de agosto de 1981. Disponível em: https://www.planalto.gov.br/ccivil_03/leis/l6938compilada.htm. Acesso em: 27 abr. 2024.
5. Wilson EO. Biodiversidade. Rio de Janeiro: Nova Fronteira; 1997.
6. Governo Federal. Portal da Legislação. Disponível em: https://www4.planalto.gov.br/legislacao. Acesso em: 20 abr. 2024.
7. Governo do Estado de São Paulo. Secretaria de Meio Ambiente, Infraestrutura e Logística. Legislação. Disponível em: https://semil.sp.gov.br/legislacao/. Acesso em: 22 abr. 2024.
8. Governo do Estado de São Paulo. Centro de Vigilância Sanitária. Legislação. Disponível em: https://cvs.saude.sp.gov.br/legislacao.asp. Acesso em: 23 abr. 2024.
9. Prefeitura de São Paulo. Legislação Municipal. Disponível em: https://legislacao.prefeitura.sp.gov.br. Acesso em: 25 abr. 2024.
10. Brasil. Associação Brasileira de Normas Técnicas (ABNT). Normas Técnicas NBR. Disponível em: https://abnt.org.br.
11. Governo Federal. Ministério do Trabalho e Emprego. Normas Regulamentadoras. Disponível em: https://www.gov.br/trabalho-e-emprego/pt-br/assuntos/inspecao-do-trabalho/seguranca-e-saude-no-trabalho/ctpp-nrs/normas-regulamentadoras-nrs. Acesso em: 2 maio 2024.
12. Brasil. Constituição da República Federativa do Brasil de 1988. Artigo 225. Disponível em: https://www.planalto.gov.br/ccivil_03/constituicao/constituicao.htm. Acesso em: 8 maio 2024.
13. Brasil. Ministério do Trabalho e Emprego. Portaria n. 3.214, de 8/6/1978. Disponível em: https://www.gov.br/trabalho-e-emprego/pt-br/assuntos/inspecao-do-trabalho/seguranca-e-saude-no-trabalho/sst-portarias/1978/portaria_3-214_aprova_as_nrs.pdf. Acesso em: 8 maio 2024.
14. Ministério da Ciência Tecnologia, Inovações e Comunicações. Comissão Técnica de Biossegurança. Normas e Leis. Disponível em: http://ctnbio.mctic.gov.br/normas-e-leis. Acesso em: 15 maio 2024.

12

Biorrepositório e biobanco

Flavia Regina Rotea Mangone
Ana Carolina Pavanelli
Maria Aparecida Nagai

INTRODUÇÃO

Coleções de material biológico sempre foram preconizadas e diretamente relacionadas ao desenvolvimento da ciência. No final da década de 1990, os autores de um trabalho associando estresse oxidativo e risco de desenvolvimento de câncer utilizaram o termo biobanco pela primeira vez[1]. Embora os termos "biobanco" e "biorrepositório" sejam utilizados de forma similar, a principal diferença é que os biorrepositórios podem referir-se a coleções de diferentes organismos vivos coletados e armazenados para projetos específicos, ao passo que biobancos são infraestruturas multidisciplinares de coleções de material biológico humano, organizadas e documentadas permitindo a investigação cooperativa e as colaborações globais que acelerem o desenvolvimento e a aplicação do conhecimento científico através de materiais biológicos e dos seus dados associados: dados epidemiológicos, histórico de saúde, estilo de vida, história familiar, informações genética, entre outros[2]. Dada a importância dos biobancos no desenvolvimento de pesquisas em áreas médicas, disponibilizando grandes coleções de amostras de pacientes associadas a dados demográficos, clínicos e patológicos primordiais para os avanços da medicina personalizada, tem-se a necessidade do estabelecimento de aspectos legais, éticos e técnicos de forma a garantir a boa gestão e a qualidade das amostras e dados associados. Este capítulo irá abordar temas relacionados à organização, requerimentos, escopo, boas práticas e biossegurança em biobancos.

ASPECTOS LEGAIS

Não existem leis ordinárias regulamentando biobancos. Nos Estado Unidos pesquisas baseadas em biobancos são protegidas principalmente pela Regra de Privacidade da Lei de Portabilidade e Responsabilidade de Seguros de Saúde (*Health Insurance Portability and Accountability Act*, HIPAA) e pela Política Federal para Proteção de Seres Humanos. Nenhuma dessas regras, no entanto, foi criada para funcionar no contexto único da pesquisa em biobancos. A Comissão Europeia publicou um documento abrangente de uma pesquisa com 126 biobancos europeus identificando variabilidade significativa em termos de requisitos de consentimento, procedimentos e em questões de privacidade e proteção de dados entre os biobancos avaliados. Visando maximizar os benefícios para a saúde pública, esse estudo levou a proposta de harmonização e interação em rede de biobancos, destacando as principais funções de um biobanco: (i) coletar e armazenar materiais biológicos associados a dados médicos e, muitas vezes, dados epidemiológicos; (ii) não considerar projetos de coleta pontual, mas contínuos ou de longo prazo; (iii) associar-se a projetos de pesquisa atuais e/ou futuros no momento da coleta dos espécimes; (iv) aplicar codificação ou anonimização para garantir a privacidade do doador, juntamente com um processo reidentificação para condições específicas em que informações clinicamente relevantes se tornem conhecidas e possam ser fornecidas ao paciente; e (v) incluir estruturas e procedimentos de governança estabelecidos (p. ex., consentimento) que protejam os direitos dos doadores e os interesses das partes interessadas[3].

No Brasil, não há uma lei que regulamente os biobancos, mas uma Portaria do Ministério da Saúde, n. 2.201, de 14 de setembro de 2011, que estabelece as Diretrizes Nacionais para Biorrepositório e Biobanco de Material Biológico Humano. São diretrizes baseadas nos princípios bioéticos e nos direitos do sujeito de pesquisa. Como consta no art. 2° das Disposições Gerais da Portaria, as diretrizes preveem normas de funcionamento, bem como de padrões éticos e legais aplicáveis a biorrepositório e biobanco de material biológico humano e informações associadas com finalidade de pesquisa.

ASPECTOS ÉTICOS

Os biobancos são um recurso valioso para o desenvolvimento científico e para os avanços na área de saúde, permitindo o acesso a bioespécimes humanos de alta qualidade, adequadamente documentados e com capacidade para estocagem e preservação a longo prazo (Figura 1). Dada sua natureza, os biobancos suscitam discussões sobre aspectos legais e éticos. As principais questões éticas relacionadas aos biobancos incluem consentimento informado, proteção da confidencialidade e privacidade, uso secundário de bioespécimes e eventual obtenção de lucros.

Uma questão ética importante relacionada aos requisitos de acreditação de biobancos é o processo de consentimento informado. Este, trata-se de um conceito importante na pesquisa e nas aplicações da medicina terapêutica. A investigação baseada em biobancos levou à necessidade de reconsiderar a ética tradicional da investigação. O consentimento informado obtido dos sujeitos da pesquisa em biobancos é mais abrangente e detalhado do que aqueles utilizados na pesquisa tradicional e deve, portanto, ser obtido por escrito e assinado pelo sujeito.

Várias disposições foram estabelecidas para a realização do consentimento informado, como a Declaração Universal sobre Bioética e Direitos Humanos adotada na Conferência Geral da UNESCO, realizada em 19 de

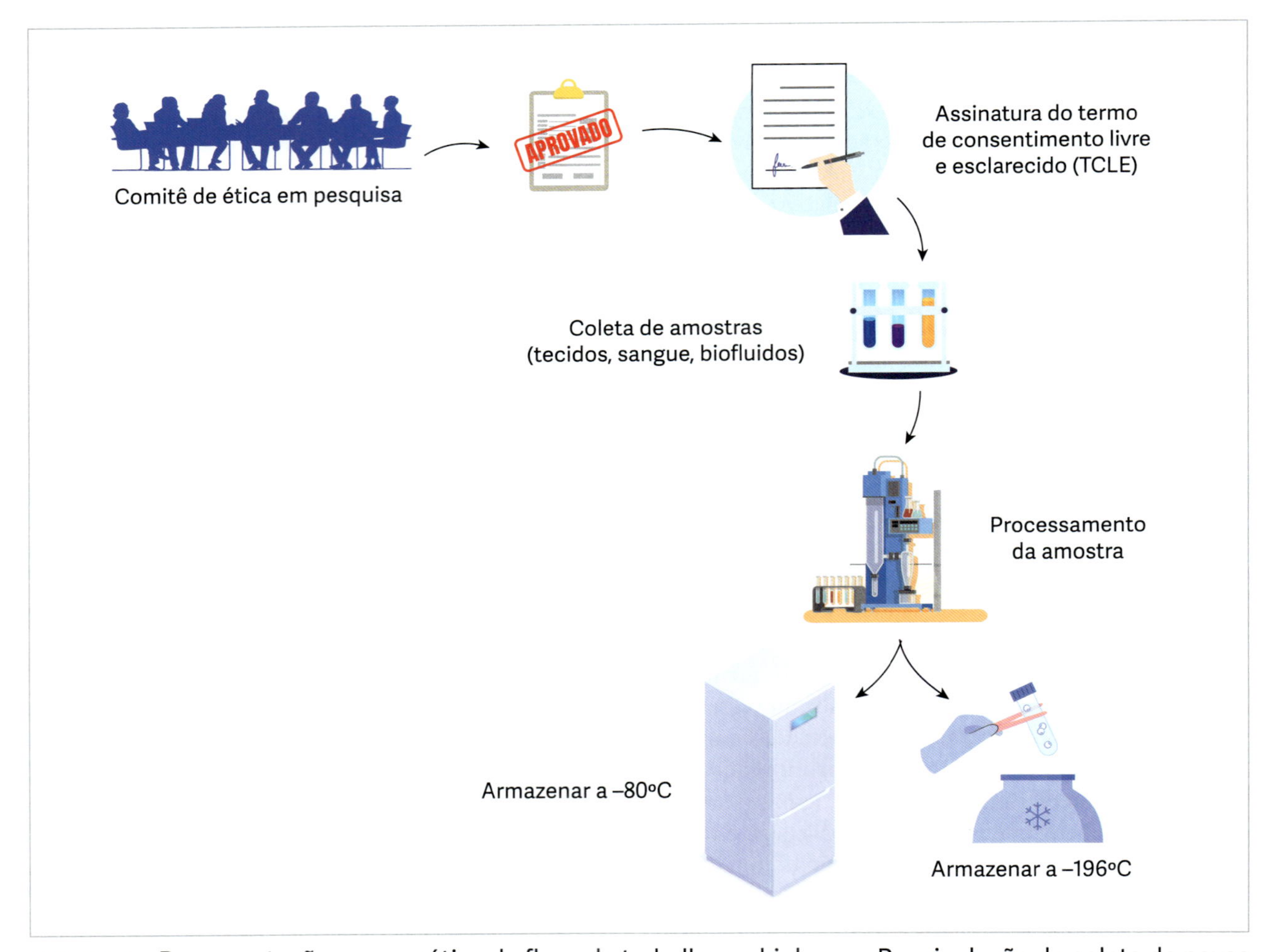

FIGURA 1 Representação esquemática de fluxo de trabalho no biobanco. Para inclusão de coleta de novas amostras ou para utilização de amostras ou biomoléculas já armazenadas no biobanco, os responsáveis pela pesquisa devem ter seu projeto aprovado pelo comitê de ética em pesquisa institucional. Deve ser adotado um termo de consentimento livre e esclarecido (TCLE), que será aplicado a todos os participantes da pesquisa pela equipe do biobanco. Após compreensão e assinatura do TCLE, as amostras poderão ser coletadas, processadas e adequadamente amazenadas no biobanco e, posteriormente disponibilizadas aos requisitantes.

outubro de 2005, baseada no Código de Nuremberg (1947) e na Declaração de Helsinque (1964), que proibiam o uso desumano de indivíduos[4].

A obtenção do consentimento informado dos doadores deve sempre anteceder a coleta e o armazenamento das suas amostras e dados. Nesse processo, a finalidade, a natureza, os benefícios e os riscos devem ser apresentados aos indivíduos da pesquisa de forma clara e em linguagem acessível. Além disso, os biobancos devem garantir a aplicação ética do consentimento informado[5]. O termo de consentimento informado livre e esclarecido (TCLE) obedece à compreensão individual da natureza do biobanco, dos potenciais riscos e benefícios da sua participação e de quando e como as suas amostras serão utilizadas.

Não há consenso entre os pesquisadores sobre qual é o melhor tipo de consentimento a ser adotado por biobancos. O consentimento informado em pesquisas prospectivas de biobancos deve seguir os conceitos éticos vigentes e incluir o consentimento de utilização de bioespécimes e dados relacionados no momento da sua aquisição e no futuro. Para garantir proteção, respeito e confiança adicionais, a maioria dos pesquisadores apoia a ideia de manter o direito do indivíduo em retirar o consentimento a qualquer momento.

Os novos projetos utilizando amostras do biobanco devem ser aprovados pelo comitê de ética institucional e, posteriormente, pela governança do biobanco. Diante de um novo projeto aprovado, a governança do biobanco deverá garantir a assinatura do termo de transferência de materiais (*material transfer agreement* – MTA) e termo de transferência de dados (*data transfer agreement* – DTA), que regem a transferência de um ou mais materiais e dados associados. O MTA/DTA é um documento juridicamente vinculativo que descreve o tipo de amostra e/ou dados a serem transferidos e as condições sob as quais as amostras e/ou dados podem ser utilizados.

A governança do biobanco deve estabelecer meios para garantir a confidencialidade e a privacidade dos dados. As informações pessoais contidas nos biobancos são consideradas informações privadas e sigilosas. A utilização dessas informações é regulada pelo consentimento do indivíduo e pelas decisões dos pesquisadores, comitês de ética e órgãos governamentais. Proteger a identidade dos detentores de dados de biobancos é importante tanto para garantir a confidencialidade dos participantes quanto para proteger a privacidade dos bioespécimes e dados relacionados.

REQUERIMENTOS DE UM BIOBANCO

Infraestrutura

Os biobancos compreendem organizações bem definidas com sistema de governança combinado com instalações, infraestrutura e recursos tanto financeiro quanto de pessoal técnico capacitado. Independentemente de sua capacidade de armazenamento, um biobanco que funciona como centro de estocagem, processamento e distribuição de amostras humanas deve contar com instalações para recebimento, identificação, estocagem e processamento de amostras (Figura 2). As diferentes áreas de um biobanco devem contar com infraestrutura moderna e com tecnologias de ponta, para identificação informatizada das amostras, equipamentos para estocagem e equipamentos para processamento das amostras garantindo o fluxo de trabalho. As instalações devem contar com uma central ou fornecimento de gases diversos, incluindo nitrogênio líquido (*liquid nitrogen*, LN_2), utilizado nos equipamentos de criopreservação, programas e sistemas específicos para garantir a segurança e a rastreabilidade das amostras, permitindo a qualidade, biossegurança e bioproteção. Além disso, dependendo do escopo, o biobanco deverá contar com áreas com classificação de nível de biossegurança 2 (NB2) ou acima, e seguir as boas práticas internacionais e a lei de biossegurança nacional, que permitam colaborações nacionais e internacionais.

A governança de um biobanco deve avaliar as tecnologias a serem implementadas (p. ex., congeladores mecânicos de LN_2, *deep freezers*, equipamentos para processamento de amostras etc.). Estas devem ser escolhidas com base nos requisitos atuais e futuros. As decisões entre equipamentos manuais e robotizados devem levar em conta as necessidades futuras e o potencial de melhoria para capacidade e qualidade do biobanco. Também é essencial ter sistemas de *backup* (elétrico e LN_2), freezers de *backup* remotos e espaço suficiente para expansão para garantir a implementação e gerenciamento adequados de um biobanco.

Tecnologia da informação

O sistema de tecnologia da informação (TI) desempenha um papel crucial na gestão da qualidade, pois permite o registro e rastreamento abrangente de cada material coletado no biobanco[6]. Em primeiro lugar, gera um código de identificação da amostra e capta uma

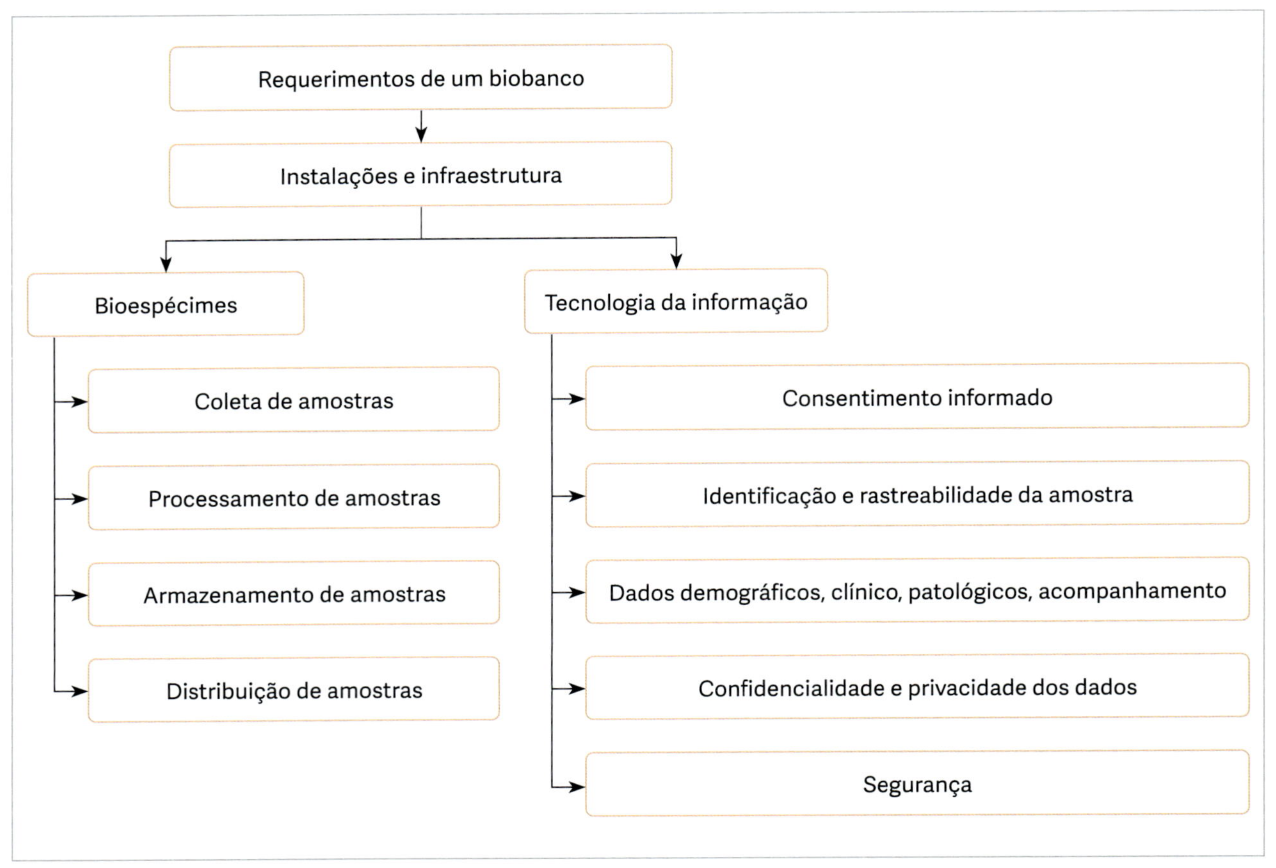

FIGURA 2 Principais tipos de biobanco. A escolha do tipo de biobanco é uma das etapas de criação e depende dos objetivos e metas. Essa escolha se baseia no tipo de material que será coletado e armazenado, bem como do tipo de dado associado que será colhido.

riqueza de informações de alta qualidade, incluindo detalhes clínicos, patológicos e documentação de consentimento relativa aos tecidos sólidos e biofluidos. Além disso, facilita o rastreamento do biomaterial, registrando dados pertinentes, como informações de coleta, detalhes de processamento, biomoléculas derivadas (DNA ou RNA, como concentração, pureza, integridade), tempos de preservação, propriedades de armazenamento, localização do material dentro do repositório e temperatura.

Vários programas de *software* estão disponíveis para facilitar o uso da tecnologia da informação em biobancos. Estes *softwares* permitem o registro de todas as operações e procedimentos, incluindo detalhes sobre o operador, equipamentos utilizados, reagentes e outros consumíveis dentro de um prazo especificado. Da mesma forma, o processo de consentimento informado, coleta de amostras, processamento e anonimato de amostras pode ser realizado eletronicamente para reduzir erros relacionados ao usuário devido à entrada manual de dados e para melhorar a eficiência do fluxo de trabalho e a garantia de qualidade. Dependendo do número total de amostras a serem armazenadas, esses programas podem sugerir espaço de armazenamento de amostras de novo material e otimizar a utilização do espaço. O uso da informatização e automação engloba todo o ciclo de vida da amostra, permitindo garantir confiabilidade no controle e na documentação. A utilização de tubos com código de barras 2D ou tri-código associados ao rastreamento e validação *scan-in/scan-out* facilita o manuseio de milhares de amostras por meio de um sistema de gerenciamento de informações laboratoriais. Esses identificadores permitem a rastreabilidade de uma amostra ao longo do seu ciclo de vida e garantem a alta qualidade do processo. Além disso, esses *softwares* permitem a integração de diversos tipos de informações, desde a coleta e processamento de dados até dados clínicos, de tratamento e acompanhamento dos sujeitos da pesquisa[7].

PROGRAMA DE CONTROLE DE QUALIDADE EM BIOBANCOS

Os biobancos são centros importantes para a compreensão dos mecanismos das doenças, identificação de fatores de risco associados ao desenvolvimento de doenças, descoberta de biomarcadores clínicos associados a doenças e resposta a tratamento, e descoberta de novos medicamentos. Dessa forma, a governança dos biobancos deve estabelecer e adotar normas de boas práticas visando garantir alta qualidade dos bioespécimes e seus derivados e requer a implementação de planos de controle e garantia de qualidade em cada etapa.

A gestão da qualidade e padronização em biobancos devem ser garantidas por meio de diretrizes e procedimentos operacionais padrão (POPs) necessários para diversas atividades. Listamos abaixo alguns POPs para biobancos publicados pela Sociedade Internacional de Repositórios Biológicos e Ambientais (*International Society for Biological and Environmental Repositories* – ISBER), Organização para Cooperação e Desenvolvimento Econômico (*Organisation for Economic Co-operation and Development* – OECD), e pelo Departamento de Biorrepositórios e Pesquisa de Bioespécimes do Instituto Nacional do Câncer (*National Cancer Institute Biorepositories and Biospecimen Research Branch* – NCI BBRB), além de normas para acreditação de biobancos. Esses procedimentos fornecem orientação sobre coleta, processamento e uso de materiais, bem como educação e ética, e podem ser implementados para garantir a conformidade com o arcabouço legal do biobanco e a legislação do país, bem como com as redes internacionais estabelecidas.

- ISBER. Best practice for biorepositories http://www.isber.org/?page=BPR
- OECD. Best practice guidelines for biological resource centres. http://www.oecd-ilibrary.org/science-and-technology/oecd-best-practice-guidelines-for-biological-resource-centres_9789264128767-en
- NCI best practices for biospecimen resources. http://biospecimens.cancer.gov/bestpractices/
- ISO/IEC 9001:2015. Quality management systems requirements. https://www.iso.org/obp/ui/#iso:std:iso:9001:ed-5:v1:en
- CAP Biorepository Accreditation Program. https://www.cap.org/laboratory-improvement/accreditation
- ISO 20387:2018, Biotechnology—Biobanking—General requirements for biobanking. https://www.iso.org/standard/67888.html

TIPOS DE BIOBANCOS E AMOSTRAS

Diferentes tipos de biobanco podem ser estabelecidos em função do escopo e necessidades de cada um, sendo três os principais tipos específicos de biobanco ou biorrepositórios: de base populacional, orientados para doenças e de tecidos (Figura 3)[8].

Os biobancos de base populacional compreendem coleções de amostras e dados epidemiológicos/clínicos coletados de voluntários com ou sem critérios específicos

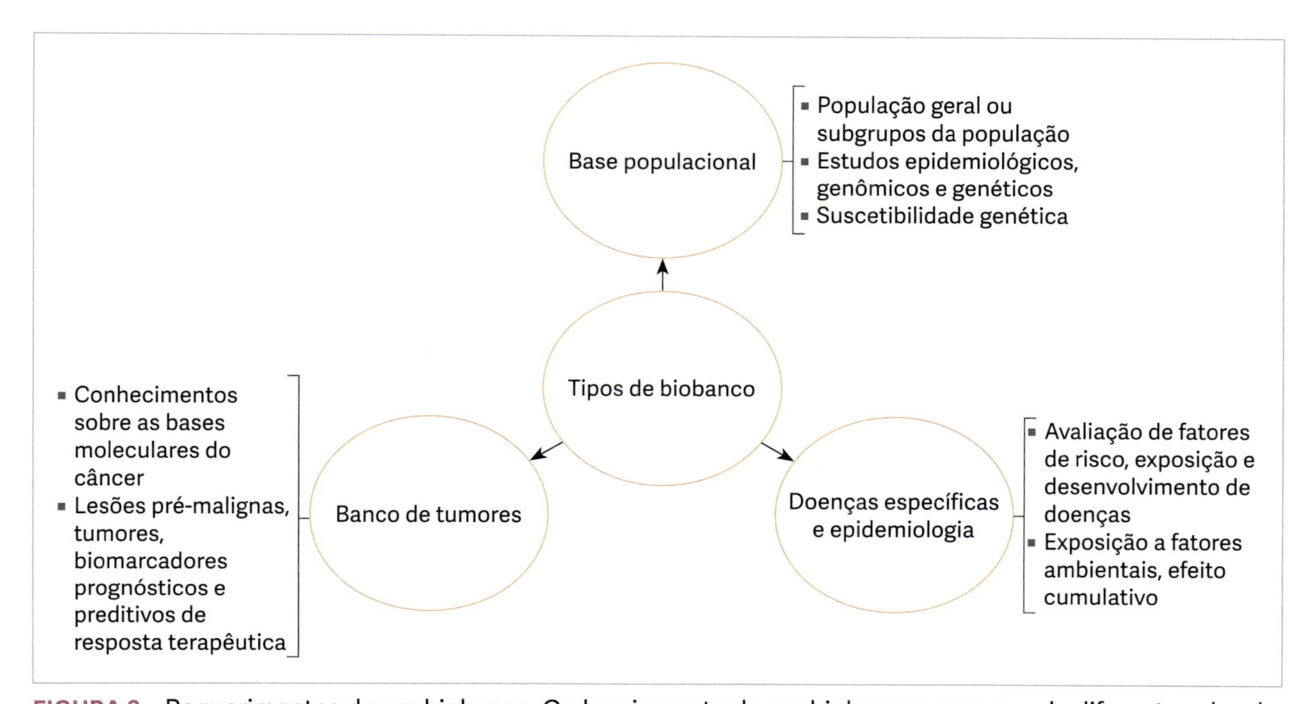

FIGURA 3 Requerimentos de um biobanco. O planejamento de um biobanco compreende diferentes abordagens, que envolvem não apenas a infraestrutura física, mas também os tipos de amostras e dados associados que serão tratados com confidencialidade e segurança.

de inclusão ou exclusão, visando projetos epidemiológicos e genéticos da população em geral.

Os biobancos orientados para doenças e epidemiologia possuem coleções de diferentes tipos de amostras e dados visando avaliar fatores de exposição específicos para doenças e determinação de risco. Esses biobancos permitem aos pesquisadores identificarem biomarcadores associados a doenças específicas, para assessoramento de risco, prognóstico e progressão da doença, bem como a resposta aos tratamentos. As amostras coletadas podem incluir sangue, biópsias de tecidos e fluidos corporais de pacientes afetados por diferentes doenças, como diabetes, doenças cardiovasculares, doenças infeciosas como a covid-19 ou câncer.

Os biobancos de tecidos ou bancos de tumores representam uma fonte a longo prazo de amostras biológicas humanas com informação associada, recolhidas no momento do diagnóstico e durante fases terapêuticas consecutivas (p. ex., antes e durante a terapia, no acompanhamento e em caso de recidiva) visando expandir o conhecimento sobre as bases moleculares do câncer e a identificação e validação de novos biomarcadores aplicáveis à clínica.

COLETA DE AMOSTRAS E ARMAZENAMENTO

Os biobancos funcionam como infraestruturas multidisciplinares complexas em que médicos, patologistas, enfermeiros, biologistas, informatas, técnicos e bioestatísticos trabalham em conjunto com o objetivo de garantir a qualidade e o direito de utilização de materiais biológicos humanos.

No caso de amostras obtidas de excisão cirúrgica, após coleta no centro cirúrgico, são recolhidas e processadas no Laboratório de Patologia e avaliadas por patologistas, que são profissionais que têm um papel central no biobanco de tecidos. Um patologista pode avaliar a amostra macroscopicamente e, em seguida, fazer uma amostragem apropriada do tecido para fins de diagnóstico e para biobanco simultaneamente. As amostras coletadas durante a prática clínica incluem tecidos, amostras de fluidos e secreções corporais com a participação de médicos, enfermeiras e técnicos. Amostras para diagnóstico e amostras de pesquisa devem ser retiradas dos materiais na mesma fase, se possível, e coletadas em recipientes separados para biobanco. Um biobanco deve avaliar todos os diferentes usos das amostras no futuro e maximizar as condições para a sobrevivência e uso potencial dessas amostras. O uso futuro da amostra se condiciona à proposta de novo projeto de pesquisa aprovado pelo Comitê de Ética local. Cada tipo de amostra coletada vai demandar armazenamento específico. Amostras de tecido, sangue, plasma ou outros biofluidos serão processadas para extração de proteínas, DNA/RNA, amplificação do genoma e/ou sequenciamento do genoma ou parte dele e análises de microarranjos de cDNA, entre outros, pelos biologistas moleculares. O registro preciso de detalhes pré-analíticos das amostras é crucial para as análises moleculares ou proteômicas dos bioespécimes.

Os tecidos humanos obtidos de cirurgias ou de autópsia serão avaliados pelo patologista, sendo essencial minimizar a duração da isquemia quente (tempo mantido em temperatura ambiente entre a remoção e o congelamento ou fixação) e da isquemia fria (tempo de esfriamento de um tecido ou órgão durante a diminuição da perfusão de sangue ou na ausência de suprimento sanguíneo). É sabido que o processo de isquemia afeta os valores dos biomarcadores detectados por meio de técnicas moleculares ou imuno-histoquímica padrão[9].

Amostras de tecido congeladas podem ser armazenadas em freezers a –80°C. Porém, um sistema de armazenamento em LN_2 (–196°C) apresenta vantagens, pois garante um congelamento rápido e uma temperatura de armazenamento mais estável. Outros benefícios do sistema de criopreservação com LN_2 incluem menos componentes mecânicos e elétricos do que os *freezers*, custos reduzidos e menos sensibilidade a falhas mecânicas ou elétricas.

Em se tratando de amostras de tecido fixadas, é necessário especificar o tipo e a duração da fixação, bem como a duração e as condições de armazenamento. A fixação ideal de bioespécimes depende de variáveis como volume do fixador, proporção de tecido/fixador, tempo de fixação, temperatura e espessura do tecido[10,11]. A fixação de bioespécimes pode ser feita com formalina tamponada ou com fixadores à base de etanol a 70%. Em ambos os casos há necessidade de manter os tecidos o menor tempo possível no fixador, pois são processos que levam à fragmentação dos ácidos nucleicos, interferindo na qualidade de análises posteriores. Um conservante de tecido comumente preferido, o RNALater, garante perfis de expressão gênica e RNA de melhor qualidade em comparação com amostras congeladas ou amostras fixadas em formalina e embebidas em parafina (FFPE)[12].

Os bioespécimes líquidos, tais como sangue total, plasma, soro, urina, lavado broncoalveolar, saliva, ascite, líquido lacrimal e líquido seminal, contêm células, proteínas, lipídios e metabólitos, que podem funcionar como biomarcadores. Assim, as informações pré-analíticas necessárias para materiais líquidos incluem o tipo de tubo de coleta primária, tempo de atraso e temperatura antes da centrifugação, condições de centrifugação, bem como tempo e temperatura de armazenamento a longo prazo[13].

O sangue é um dos biomateriais mais utilizados e contém diversas frações, como plasma, soro, glóbulos brancos e glóbulos vermelhos. Além disso, a técnica de biópsia líquida, proveniente de sangue, soro ou plasma, recentemente introduzida, é uma ferramenta importante para avaliar o perfil molecular de pacientes com câncer e identificar biomarcadores que refletem alterações específicas do tumor que podem ser identificados no DNA livre de células (*cell free* DNA, cfDNA) de amostras de sangue de pacientes com câncer[14]. Tipos de tubos compatíveis com o(s) teste(s) pretendido(s) devem ser usados para coleta de sangue. Tubos de coleta contendo sílica ou acelerador de coagulação semelhante à trombina são necessários para estudos em que o soro será utilizado. Tubos contendo anticoagulantes são utilizados para obtenção das diferentes frações do sangue (soro, plasma, camada leucocitária e hemácias) e devem ser usados para análises baseadas em DNA ou RNA. Embora existam vários tipos de anticoagulantes, os tubos de coleta revestidos com EDTA são adequados para vários ensaios baseados em ácidos nucleicos. As diversas frações do sangue e demais bioespécimes de fluidos podem ser armazenados a –80°C por anos.

Células derivadas de carcinomas em cultura e métodos de cultura esferoide e organoide, e que têm aplicações potenciais na modelagem de câncer, triagem de medicamentos e medicina personalizada, também são amostras que podem compor um biobanco[15].

As temperaturas de armazenamento têm efeito na integridade molecular de bioespécimes congelados. Para amostras de tecidos são recomendadas temperaturas ultrabaixas (–80°C), e preferencialmente abaixo de –150°C para estocagem a longo prazo. As amostras de sangue coletadas devem ser processadas o mais rápido possível para manter o rendimento da biomolécula e evitar a degradação, podendo ser armazenadas a –20°C por um período máximo de 1 mês e a –80°C por períodos longos. O DNA extraído de amostras de sangue e tecidos pode manter sua estabilidade a 4°C por semanas, a –20°C por meses e a –80°C por anos. Por outro lado, a labilidade e a degradação do RNA começam em temperaturas superiores a –80°C, e os miRNAs podem manter sua integridade sem degradação durante anos em amostras de plasma armazenadas a –80°C. A Tabela 1 apresenta um resumo das temperaturas de estocagem recomendadas para diferentes tipos de bioespécimes e biomoléculas. As boas práticas de um biobanco preconizam não apenas a coleta e o processamento segundo procedimentos operacionais padrão (POP) validados e bem elaborados, mas também o armazenamento em condições ideais que garantam a maior estabilidade dos bioespécimes e biomoléculas.

TABELA 1 Requerimento para armazenamento de amostras

Bioespécimes							
Tecido		**Sangue**			**Biofluidos (exemplos)**		**Células**
FFPE	**Fresco**	Processamento imediato			Processamento imediato		**Cultura de células**
		Plasma	**Soro**	***Buffy coat***	**Urina**	**Saliva**	
T.A (anos)	**Congelado** –80°C a –196°C (anos)	≤ 80°C (anos)			**Total** ≤ 80°C (anos)	**Sobrenadante** ≤ 80°C (anos)	***Vials* cultura de células** – 196°C
	RNA later T.A (anos)				**Precipitado de células** ≤ 80°C (anos)	**Precipitado de células** ≤ 80°C (anos)	**Organoides** –196°C
Biomoléculas							
		DNA 4°C (semanas) –20°C (meses) –80°C (anos)		**RNA** –80°C (anos)	**Proteína** –80°C (anos)		

ASPECTOS DE BOAS PRÁTICAS E BIOSSEGURANÇA

Os biobancos desempenham um papel fundamental no desenvolvimento e avanço do conhecimento científico. Isto só é possível através da disponibilidade de amostras de alta qualidade, como tecidos, sangue e outros materiais biológicos, juntamente com dados associados. Conforme mencionado nos capítulos anteriores, a biossegurança laboratorial envolve a proteção e o controle de materiais biológicos para evitar o acesso não autorizado, a perda, o uso indevido ou a liberação intencional de tais materiais. Os biobancos devem ainda aderir a regulamentos e procedimentos gerais estritos de segurança e biossegurança relacionados à segurança química, física, biológica e elétrica.

A governança do biobanco deve implementar POP que garantam o controle de qualidade (*quality control*, QC) ao longo da vida útil da amostra, incluindo coleta, processamento, armazenamento, disponibilidade e transferência. Além disso, é essencial garantir a elevada qualificação de todo o pessoal envolvido nas atividades dos biobancos.

Os biobancos devem aderir às boas práticas e aos procedimentos laboratoriais e ao uso adequado de equipamentos e instalações de segurança para evitar a exposição acidental a microrganismos e toxinas ou a sua libertação acidental. É crucial tratar todas as amostras biológicas como potencialmente infecciosas e manuseá-las cuidadosamente para evitar a exposição. A coleta e o processamento de bioespécimes representam um perigo potencial para o pessoal envolvido nas diversas atividades e processos de biobancos. O capítulo "Biossegurança em laboratórios de biologia molecular e celular" aborda aspectos como organização estrutural e operacional, medidas de contenção primária e secundária, armazenamento de amostras biológicas, extração de DNA/RNA, manutenção laboratorial e descarte de resíduos.

SUSTENTABILIDADE FINANCEIRA E OPERACIONAL DOS BIOBANCOS

Os biobancos precisam de financiamento para o desenvolvimento, infraestrutura, gestão de pessoal e manutenção a longo prazo; entretanto, a maioria dos biobancos não tem planos para sustentabilidade, mas são apoiados por financiamento público de pesquisa. Sabidamente, a sustentabilidade apenas com financiamento de fundos governamentais e institucionais não garante os custos de manutenção e garantia de qualidade a longo prazo. Para manter a sustentabilidade, os biobancos poderiam adotar o modelo de unidades de negócios; contudo, isso pode levar a um grande debate sobre questões éticas e legais. Uma grande maioria dos biobancos adota um sistema de recuperação de custos cobrando dos pesquisadores o acesso às amostras e aos dados relacionados. Outros, desenvolveram estratégias de autofinanciamento, sem fins lucrativos, adotando metodologia de recuperação de custos associados ao processamento de amostras, armazenamento, consumíveis, manutenção de *software* e *hardware*, gerenciamento de dados e compartilhamento de dados. Apesar de adotarem este sistema de gestão financeira, os biobancos não conseguem recuperar integralmente os seus custos e têm contado com o apoio de políticas governamentais e de doações. Uma possível solução poderia ser programas de apoio aos biobancos, principalmente por órgãos públicos locais, e parcialmente por um mecanismo de recuperação de custos, a fim de favorecer a sustentabilidade eficiente e de longo prazo[16].

IMPACTO NA ÁREA DE SAÚDE

Compreender os agentes, fatores de risco e mecanismos moleculares associados a diversas doenças é crucial para o desenvolvimento de prevenção, diagnóstico e intervenções terapêuticas personalizadas. Na área da saúde, amostras de tecidos, células em cultura, organoides e biofluidos como sangue, urina, DNA ou outros fluidos corporais fornecem informações essenciais sobre a fisiopatologia da doença, facilitando o desenvolvimento de novas terapias e abordagens de tratamento.

Os biobancos são essenciais para o acesso a estes materiais biomédicos com elevados padrões de qualidade. Os biobancos coletam, documentam, processam e armazenam bioespécimes humanos seguindo boas práticas e padrões de biossegurança, tornando-os uma ferramenta fundamental para o avanço da medicina. Eles são especialmente importantes para o estudo de doenças comuns como diabetes, doenças cardiovasculares, câncer, bem como doenças raras.

Na oncologia, o objetivo específico é coletar bioespécimes de qualidade com dados demográficos e clinicopatológicos juntamente com o uso de técnicas de análise molecular em larga escala ou ÔMICAs (transcriptoma, exoma, genoma, metaboloma) para a busca de biomarcadores que possam refletir o estado atual da doença e sua progressão, e que possam ser usados como ferramenta para definir protocolos e monitorar a resposta ao tratamento.

Os biobancos evoluíram ao longo das últimas décadas, passando de simples repositórios de amostras biológicas para projetos específicos para organizações complexas com infraestrutura moderna e oferecem oportunidades únicas de utilização de amostras para pesquisa translacional e personalizada. Somados a isso, os avanços nas técnicas de sequenciamento de nova geração (NGS), na aquisição de dados, na bioinformática e nos métodos computacionais, e a inteligência artificial (IA) apontam para a criação do biobanco digital[17]. Os biobancos digitais que integram resultados clínicos, radiológicos e patológicos digitais, além de características moleculares, de forma multicêntrica, podem se tornar uma ferramenta facilitadora para o estudo abrangente de doenças e o desenvolvimento efetivo de tecnologias baseadas em dados ao serviço da medicina de precisão.

CONCLUSÕES

Como discutido ao longo do capítulo, biobancos são infraestruturas fundamentais que contribuem para o avanço do conhecimento científico a partir de amostras biológicas bem documentadas. Algumas abordagens básicas devem ser consideradas na estruturação de um biobanco: porque, o quê/quais, quem, onde e quando (os *5W, why, what, who, where and when*)[18].

Devem ser considerados quais serão os bioespécimes coletados e estocados, e onde devem ser armazenados (biofreezer, nitrogênio líquido, geladeiras, temperatura ambiente). Além disso, prever quais serão os processos realizados (coleção, estocagem, distribuição, processamento etc.) e onde cada etapa ocorrerá, considerando que as instalações devem ser dedicadas a essas atividades. É de extrema importância que sejam previstos quais são os critérios de identificação e anonimização dos indivíduos doadores no procedimento de identificação dos bioespécimes e biomoléculas e dos dados associados.

Entidades legais, sejam públicas ou privadas, são quem pode montar um biobanco e o porquê de estruturar um biobanco deve estar na raiz de todo o processo, ou seja, para que a comunidade científica tenha acesso a material biológico de alta qualidade e confiabilidade, garantindo a melhora da compreensão de aspectos médico-científico, o que resulta no aperfeiçoamento do tratamento dos pacientes. Para isso é preciso estabelecer quais regras serão utilizadas (regionais, nacionais ou internacionais), quais acreditações são necessárias e prever quando será importante a realização de atualizações ou otimizações do processo.

Os biobancos devem estar localizados (onde) em instalações pertencentes a hospitais, centros de pesquisa, universidades e organizações; e, no planejamento de construção, deve estar previsto de onde virão os recursos de manutenção, possuindo um plano de recuperação de custo para sustentabilidade: fundo de pesquisa pública, orçamento de pesquisa clínica, capital privado ou doações. Nesse planejamento deve ser considerado quem será a equipe de trabalho que deve englobar governança, comitê consultivo, grupo operacional e executivo, técnicos para coleta e processamento, patologista, enfermeiros etc. Além disso, os aspectos éticos, a privacidade e a segurança dos dados associados são fundamentais no estabelecimento de quem terá acesso e onde serão obtidos os bioespécimes.

Neste contexto, o papel e a importância dos biobancos deve aumentar ao longo do tempo, pois as possibilidades trazidas por estas instituições, que permitem aos cientistas realizarem análises em larga escala e com qualidade incomparável, trazem benefícios não só para a comunidade científica, mas também para a sociedade. O constante desenvolvimento de biobancos é apoiado por redes e organizações internacionais, que partilham as suas experiências de longa data e podem servir de guia durante a criação de um novo biobanco. Portanto, a colaboração e o apoio globais são fundamentais para o desenvolvimento futuro dos biobancos. A natureza interdisciplinar dos biobancos abre novos caminhos inestimáveis para pesquisadores biomédicos, médicos e pacientes.

REFERÊNCIAS BIBLIOGRÁFICAS

1. Loft S, Poulsen HE. Cancer risk and oxidative DNA damage in man. J Mol Med. 1996;74:297-312.
2. Policiuc L, Nutu A, Zanoaga O, Mehterov N, Braicu C, Berindan-Neagoe I. Current aspects in biobanking for personalized oncology investigations and treatments. Med Pharm Rep. 2023;96(3):235-245.
3. Zika E, Paci D, Braun A, Rijkers-Defrasne S, Deschênes M, Fortier I, et al. Uma pesquisa europeia sobre biobancos: tendências e questões. Genômica em Saúde Pública. 2011;14(2):96-103.
4. Andorno R. Global bioethics at UNESCO: in defence of the Universal Declaration on Bioethics and Human Rights. J Med Ethics. 2007;33(3):150-4.
5. Porteri C, Borry P. A proposal for a model of informed consent for the collection, storage and use of biological materials for research purposes. Patient Educ Couns. 2008;71(1):136-42.
6. Im K, Gui D, Yong WH. An introduction to hardware, software, and other information technology needs of biomedical biobanks. Methods Mol Biol. 2019;1897:17-29.
7. Rashid R, Copelli S, Silverstein JC, Becich MJ. REDCap and the National Mesothelioma Virtual Bank-a scalable and sustainable model for rare disease biorepositories. J Am Med Inform Assoc. 2023;30(10):1634-44.
8. Paskal W, Paskal AM, Dębski T, Gryziak M, Jaworowski J. Aspects of modern biobank activity: comprehensive review. Pathol Oncol Res. 2018 24(4):771-85.
9. Guo D, Wang A, Xie T, Zhang S, Cao D, Sun J. Effects of ex vivo ischemia time and delayed processing on quality of specimens in tissue biobank. Mol Med Rep. 2020;22(5):4278-88.
10. Li J, Greytak SR, Guan P, Engel KB, Goerlitz DS, Islam M, et al. Formalin fixation, delay to fixation, and time in fixative adversely impact copy number variation analysis by aCGH. Biopreserv Biobank. 2023;21(4):407-16.

11. Jones W, Greytak S, Odeh H, Guan P, Powers J, Bavarva J, et al. Deleterious effects of formalin-fixation and delays to fixation on RNA and miRNA-Seq profiles. Sci Rep. 2019;9(1):6980.
12. Hentze JL, Kringelbach TM, Novotny GW, Hamid BH, Ravn V, Christensen IJ, et al. Optimized biobanking procedures for preservation of RNA in tissue: comparison of snap-freezing and RNAlater-fixation methods. Biopreserv Biobank. 2019;17(6):562-9.
13. Hu Y, Mulot C, Bourreau C, Martin D, Laurent-Puig P, Radoï L, et al. Biochemically tracked variability of blood plasma thawed-state exposure times in a multisite collection study. Biopreserv Biobank. 2020;18(5):376-88.
14. Søiland H, Janssen EAM, Helland T, Eliassen FM, Hagland M, Nordgård O, et al.; PBCB-Study Group. Liquid biopsies and patient-reported outcome measures for integrative monitoring of patients with early-stage breast cancer: a study protocol for the longitudinal observational Prospective Breast Cancer Biobanking (PBCB) study. BMJ Open. 2022;12(4):e054404.
15. Gunti S, Hoke ATK, Vu KP, London NR Jr. Organoid and spheroid tumor models: techniques and applications. Cancers. 2021;13(4):874.
16. Macheiner T, Huppertz B, Bayer M, Sargsyan K. Challenges and driving forces for business plans in biobanking. Biopreserv Biobank. 2017;15:121-5; Abdaljaleel M, Singer EJ, Yong WH. Sustainability in biobanking. Methods Mol Biol. 2019;1897:1-6.
17. Frascarelli C, Bonizzi G, Musico CR, Mane E, Cassi C, Guerini Rocco E, et al. Revolutionizing cancer research: the impact of artificial intelligence in digital biobanking. J Pers Med. 2023;13(9):1390.
18. Annaratone L, De Palma G, Bonizzi G, Sapino A, Botti G, Berrino E, et al. Basic principles of biobanking: from biological samples to precision medicine for patients. Virchows Arch. 2021;479(2):233-46.

13

Biossegurança no uso de animais de laboratório

Silvânia M. P. Neves
Renata Spalutto Fontes
José Galeote Molero Leme de Oliveira
Flavia de Moura Prates Ong

INTRODUÇÃO

As diretrizes em biossegurança foram inicialmente desenvolvidas dentro do contexto de segurança para atividades ligadas à microbiologia e, aos poucos, foram se estendendo a todos os âmbitos laboratoriais em que exista contato e/ou manejo de agentes biológicos que possam propiciar riscos a pessoas e animais[1]. Dessa forma, a biossegurança em centros de pesquisas é um componente fundamental na gestão e operação de instalações, que são dedicadas à criação, manutenção e experimentação animal para fins de ensino e pesquisa científica (CONCEA)[2]. Os centros de pesquisa em biomodelos desempenham um papel crucial no avanço do conhecimento biomédico, farmacêutico e veterinário, proporcionando modelos biológicos que permitem a compreensão de doenças, o desenvolvimento de novos tratamentos e a realização de testes de segurança e eficácia de medicamentos[3].

Contudo, o manuseio de animais de laboratório envolve riscos biológicos, químicos e físicos, como a geração de aerossóis e alérgenos, e os funcionários estão sujeitos a mordidas e arranhões de animais, podendo ser suscetíveis a zoonoses[4].

Nesse sentido, a biossegurança no uso de animais de laboratório, envolve ações em minimização de riscos, com implementações de rigorosas medidas de biossegurança para proteger não apenas a saúde e bem-estar dos animais, mas também a dos trabalhadores e do meio ambiente[5].

As medidas de segurança e biossegurança devem incluir práticas, procedimentos e equipamentos destinados a prevenir a exposição a agentes patogênicos, a evitar a disseminação de doenças infecciosas e a assegurar um ambiente de pesquisa seguro e ético. Por serem considerados laboratórios especiais, as instalações animais utilizam critérios comparáveis quanto aos níveis de biossegurança, com instalações, práticas e procedimentos operacionais padrão – POP, recomendados para trabalhar com agentes infecciosos e/ou organismos geneticamente modificados (OGM).

A ANVISA define biossegurança como uma condição de segurança alcançada por um conjunto de ações destinadas a prevenir, controlar, reduzir ou eliminar riscos inerentes às atividades que possam comprometer a saúde humana, animal e o meio ambiente (ANVISA). Portanto, a biossegurança em centros de pesquisa em biomodelos envolve ações voltadas para prevenção, minimização ou eliminação de riscos inerentes às atividades de pesquisa, produção, ensino, desenvolvimento tecnológico e prestação de serviços, visando à saúde do homem e dos animais, a preservação do meio ambiente e a qualidade dos resultados experimentais.

A legislação e os órgãos fiscalizadores desempenham um papel crucial na garantia da biossegurança, assegurando que as práticas de criação, manejo e experimentação com animais atendam a padrões rigorosos de segurança, ética e bem-estar animal. No Brasil, várias leis, normas e instituições regulam essa área, destacando-se a Lei n. 11.794/2008 (Lei Arouca)[6], que estabelece procedimentos para o uso científico de animais. Esta lei cria o Conselho Nacional de Controle de Experimentação Animal (CONCEA), responsável por formular e zelar pelo cumprimento das normas relativas ao uso ético de animais em experimentação científica, vinculado ao Ministério da Ciência, Tecnologia e Inovação[5]. Por meio desta lei, foi criado também o Cadastro das Instituições de Uso Científico de Animais (CIUCA) e estabelecida a obrigatoriedade das Comissões de Ética no Uso de Animais (CEUA) em toda instituição que utilize animais em pesquisa[6].

São as CEUAs, em instituições de pesquisa, as responsáveis pela avaliação ética e pela aprovação de projetos de pesquisa envolvendo animais. As comissões de ética garantem que os experimentos sejam conduzidos de acordo com os princípios de bem-estar animal e biossegurança.

No que tange à regulamentação de manejo de OGM, a Comissão Técnica Nacional de Biossegurança (CTNBio) é um órgão colegiado multidisciplinar vinculado ao Ministério da Ciência, Tecnologia e Inovações (MCTI) do Brasil. Criada inicialmente em 1995, pela Lei n. 8.974, e reformulada pela Lei de Biossegurança n. 11.105/2005[7], a CTNBio tem a função de assessorar o governo federal na formulação, atualização e implementação da Política Nacional de Biossegurança relativa a organismos geneticamente modificados e seus derivados. Para a obtenção do Certificado de Qualidade em Biossegurança (CQB), a instituição tem que constituir uma Comissão Interna de Biossegurança (CIBio) e os requisitos para isto são descritos na Resolução Normativa n. 1/2006, alterada pelas resoluções normativas n. 11/2013, 14/2015 e mais recentemente pela Resolução Normativa n. 37/2022. É importante informar que a CTNBio avalia todos os OGM, incluindo microrganismos, plantas e animais, por meio da Resolução Normativa n. 2/2006, republicada e alterada pela Resolução Normativa n. 18/2018, que dispõe sobre a classificação de riscos de organismos geneticamente modificados (OGM) e os níveis de biossegurança a serem aplicados nas atividades e projetos com OGM e seus derivados em contenção.

Cabe à CTNBio a emissão do Certificado de Qualidade em Biossegurança (CQB), para as atividades em regime de contenção e pesquisa que envolvam os níveis de biossegurança (NB) NB-2, NB-3 e NB-4. Já a Comissão Interna de Biossegurança (CIBio) possui autorização para emitir o certificado para as atividades que envolvam o nível de biossegurança NB-1, assumindo toda a responsabilidade decorrente dessas atividades.

A Agência Nacional de Vigilância Sanitária (ANVISA), embora não seja focada exclusivamente em instalações animais, regula aspectos de biossegurança que podem afetá-las, especialmente em pesquisas que envolvam agentes patogênicos ou substâncias químicas. A RDC 222 de março de 2018 aborda as boas práticas de gerenciamento de resíduos de serviços de saúde (GRSS), com a finalidade de minimizar os riscos inerentes ao gerenciamento de resíduos no país no que diz respeito à saúde humana e animal, bem como na proteção ao meio ambiente e aos recursos naturais renováveis[8].

Os documentos geralmente solicitados nesse tipo de fiscalização são o manual de biossegurança da unidade ou instituição, documentos da CIBio como o registro de inspeção anual (Figura 1), treinamentos em biossegurança e exames periódicos de pessoal envolvidos nas pesquisas, procedimentos operacionais padrão de todas as atividades das instalações de pesquisa, programa de registros de manutenção/qualificação/calibração de equipamentos, plano de gerenciamento de resíduos, programa de controle de pragas e roedores, dentre outras exigências.

ANIMAIS DE LABORATÓRIO

Os animais de laboratório são classificados genética e sanitariamente em padrões estabelecidos por instituições nacionais e internacionais. Os fatores ambientais e genéticos têm grande influência nos resultados das pesquisas e reprodutibilidade dos dados experimentais. Com isso, é de extrema importância a utilização de animais com características biológicas conhecidas.

O pesquisador deve conhecer a origem genética do animal e seguir seus ensaios experimentais utilizando animais da mesma origem do início ao fim do projeto, para que não ocorram interferências consideráveis na interpretação dos dados. Essas interferências genéticas podem acontecer pela diferença entre fundos genéticos e existência de sublinhagens que podem ser observadas nos diferentes centros de pesquisa fornecedores de animais[9].

O monitoramento e conhecimento dos possíveis patógenos que podem acometer os animais de laboratório

FIGURA 1 Manual de Biossegurança, Registros e Documentos solicitados pela ANVISA.

Fonte: Centro de Investigação em Biomodelos – CEINBIO FCF-IQ/USP.

devem estar relacionados principalmente às interferências que eles podem desenvolver na saúde do animal e na resposta ao estudo em questão. Diversos grupos de microrganismos são responsáveis por causar infecções e doenças em roedores. Porém, a maioria das infecções não leva a sinais clínicos evidentes e ainda assim podem ter impactos significativos nos resultados experimentais[10].

A capacidade dos animais em atingir sua performance reprodutiva, seu potencial genético de crescimento, longevidade, respostas às possíveis infecções e bem-estar está diretamente relacionada ao estado nutricional. Portanto, a dieta balanceada e adequada para cada espécie e fase de vida do animal (gestacional, crescimento ou manutenção) pode garantir resultados mais satisfatórios na pesquisa com animais[11]. Dessa forma, os programas de controles genéticos, sanitários e nutricionais devem ser muito bem definidos e estabelecidos pelos centros de pesquisa para que seja alcançada a excelência na ciência de animais de laboratório e reprodutibilidade dos resultados.

PADRONIZAÇÃO GENÉTICA

A constituição genética dos animais de laboratório, utilizados em pesquisa biomédica, deve ser muito bem definida e monitorada para que se obtenham resultados reprodutíveis, considerando que atualmente existem diversos modelos heterogênicos, isogênicos, congênitos, mutantes e geneticamente modificados.

As linhagens de ratos e camundongos geneticamente definidas ou modificadas devem ser certificadas quanto à sua genética com periodicidade. O monitoramento genético é tão importante para garantir a qualidade do modelo animal quanto o monitoramento sanitário[9]. Os centros de pesquisa devem estabelecer um programa de monitoramento genético, incluindo desde a organização de uma colônia[12,13] até os métodos moleculares que podem fornecer grande número de informações genéticas em curto prazo de tempo.

Os métodos de controle genético devem ser implantados de acordo com as características genéticas de cada modelo animal, e devem incluir tanto o monitoramento do fundo genético como monitoramento para alelo específico, no caso de animais mutantes ou geneticamente modificados. É de grande importância que esse programa seja seguido a cada geração para garantir a reprodutibilidade dos resultados e o padrão de excelência das pesquisas.

PADRONIZAÇÃO SANITÁRIA

Os animais de laboratório são classificados em diversas categorias sanitárias, baseadas em noções qualitativas e quantitativas de ausência ou limitação de microrganismos e elas estão relacionadas aos microrganismos patogênicos e oportunistas que podem acometer os roedores. Além disso, o conhecimento da microbiota dos animais de laboratório tem sido cada vez mais considerado pelos pesquisadores que vêm observando ao longo dos anos as possíveis interferências e o verdadeiro impacto que o microbioma pode apresentar com relação ao desenvolvimento de doenças e respostas aos objetivos da pesquisa[14].

Em instalações convencionais controladas, o estabelecimento de técnicas microbiológicas, parasitológicas e virológicas[12] permite o controle sanitário do animal, cujo objetivo é, principalmente, obter e manter animais livres de microrganismos que causem zoonoses, seguido de patógenos específicos fatais para animais e de patógenos que possam provocar alterações em resultados experimentais ou em testes para controle de inocuidade e de eficácia de produtos biológicos. Nas instalações animais com barreiras, é possível manter animais livres de patógenos especificados (SPF)[15], quando tanto o animal quanto o trabalhador estão menos expostos à contaminação[12,16].

O programa de controle sanitário das colônias inicia-se na implantação de rotinas e procedimentos com barreiras que devem ser estabelecidos por procedimento operacional padrão (POP) adequados para cada tipo de instalação animal. A implantação de barreiras sanitárias (físicas, químicas e biológicas) minimiza ou elimina qualquer tipo de contaminação por patógenos indesejáveis. É necessário estabelecer um programa de controle sanitário das colônias por meio de exames parasitológico, bacteriológico, virológico e micológico periodicamente, seguindo recomendações de especialistas na área, como o guia de monitoramento sanitário recomendado pela Federation of European Laboratory Animal Science Association (FELASA).

PADRONIZAÇÃO NUTRICIONAL

A dieta balanceada dos animais de laboratório contém aproximadamente cinquenta nutrientes essenciais em proporções adequadas que dão condições ao animal de atingir seu potencial genético, reprodutivo, de crescimento, longevidade e resposta a estímulos[18].

Dessa forma, a alimentação constitui um elemento essencial de normalização do animal de laboratório, por intervir em todos os estágios de sua vida[19]. A constância na formulação, a qualidade da matéria-prima que está sujeita a variações estacionais, estocagem, presença de substâncias tóxicas (metais pesados, inseticidas, micotoxinas etc.), assim como a forma de apresentação para os animais, são parâmetros de avaliação da qualidade da dieta, devendo ser submetidas periodicamente a controles químicos e biológicos[20].

As rações comerciais, cuja especificação está contida no rótulo, podem sofrer grandes variações, pois nem sempre a quantidade de nutrientes reflete a qualidade da dieta, nem sua biodisponibilidade[20].

No Brasil, a regulamentação da rotulagem de alimentos para animais é estabelecida principalmente pelo Ministério da Agricultura, Pecuária e Abastecimento (MAPA). A legislação específica para a rotulagem desses produtos inclui normas que garantem a segurança, a qualidade e a transparência das informações fornecidas aos consumidores[21]. No caso de alimentos para consumo humano e veterinário, que contenham ingredientes transgênicos em sua composição, devem estar especificados no rótulo, estabelecidos pela Lei de Biossegurança e Portaria n. 2.658[22].

ANIMAIS GENETICAMENTE MODIFICADOS

A tecnologia transgênica tem crescido ao longo dos anos e apresenta diversas aplicações, em vários campos. O uso de animais de laboratório geneticamente modificados possibilita a redução no número de animais utilizados e o refinamento das pesquisas; ao mesmo tempo, pode-se substituir espécies geneticamente mais próximas do homem por animais de pequeno porte, como ratos e camundongos, possibilitando o estudo de doenças humanas com a maior especificidade dos modelos desenvolvidos.

Diversas espécies de animais são mundialmente utilizadas em pesquisa científica, e sabemos que o camundongo é o animal mais amplamente utilizado nos últimos tempos por ser cientificamente mais conhecido[23]. O camundongo possui características importantes para modelo de escolha para manipulação genética, por ser uma espécie de pequeno tamanho, fácil manuseio e menor custo de manutenção quando comparado com outras espécies de laboratório[12], além da disponibilidade da sequência completa de seu genoma já finalizada, que mostra grande similaridade com o homem[24].

Com o avanço da engenharia genética é possível o desenvolvimento de diversos tipos de animais cujo genoma pode ser alterado por adição, modificação ou inativação de um gene ou parte deles, construindo animais transgênicos, *knockout*, *knockin*, *cre-lox*, entre outros. As técnicas mais utilizadas atualmente são de microinjeção, ZFNs, TALEN e CRISPR/Cas9, que é uma das tecnologias mais recentes e inovadores e muito utilizada ao redor do mundo[25].

Os aspectos relativos à qualidade sanitária devem ser criteriosamente considerados para animais geneticamente modificados, da mesma forma que são tratados para animais sem manipulação genética. Algumas transgêneses modificam o sistema imunológico. Neste caso, os animais devem ser tratados da mesma forma que animais imunodeprimidos, ou seja, devem ser isolados o máximo possível para que não sejam expostos a patógenos. Como são animais difíceis de obter e de reproduzir, justifica-se obter o melhor padrão sanitário possível para não ocorrerem perdas e comprometimento do modelo animal[26]. Os centros de pesquisa devem ter salas destinadas à quarentena ou sistemas de isolamento, como os *racks* ventilados, para receber animais de outras instituições; e o ideal é receber apenas animais com o mesmo padrão sanitário já estabelecido. Cada biotério deverá tomar as medidas de acordo com os critérios determinados por sua instituição.

Para assegurar a qualidade genética desses animais, é preciso preservar o *background* genético e as mutações da linhagem e, consequentemente, assegurar as características do modelo animal. Para isso, é necessário estabelecer um controle rigoroso da manutenção das colônias, estabelecendo protocolos específicos de genotipagem para alelo específico e para o *background*, que devem ser seguidos a cada geração[11].

A avaliação dos aspectos éticos e tecnológicos, bem como o cuidado e o manejo de animais geneticamente modificados[26], devem ser realizados pelo pesquisador para assegurar que seu uso siga as normas estabelecidas pela CIBio, pela CTNBio e pelo CONCEA.

ASPECTOS CONSTRUTIVOS DAS INSTALAÇÕES ANIMAIS/BARREIRAS DE CONTENÇÃO (PRIMÁRIAS E SECUNDÁRIAS)

As instalações animais dos centros de pesquisas devem possuir infraestrutura e procedimentos adequados para atender às exigências quanto às questões ambientais, sanitárias, de bem-estar animal e de biossegurança e segurança biológica. Nesse sentido, a Resolução Normativa n. 57 do CONCEA de 2022, dispõe sobre as condições quanto à estrutura física e ambiental, que deverão ser observadas para a criação, manutenção e experimentação de roedores, mantidos em instalações de pesquisa[2].

No projeto de construção de um biotério, é essencial seguir as recomendações para criação ou manutenção de animais, considerando os diferentes fatores de risco no ambiente (químicos, físicos, ergonômicos, de acidentes e biológicos). Os critérios utilizados para projetos que visam à biossegurança em salas de animais devem propiciar o controle da contaminação e prevenção de contaminação cruzada, por meio de controle ambiental e sanitário[20].

Deve-se estabelecer o Nível de Biossegurança Animal para o ambiente físico, no qual representa a classe de contenção necessária para os agentes manipulados, o que possibilita o trabalho de forma segura para as pessoas, os animais e o meio ambiente[27].

As instalações animais devem possuir, como características construtivas e de infraestrutura, vestiários e banheiros fora das áreas controladas. Internamente devem ter áreas separadas fisicamente, e com rotinas definidas, entre os locais de criação, manutenção e utilização dos animais[2].

Suas salas devem ser separadas por espécie e não devem possuir janelas para o ambiente externo. Devem possuir uma área de quarentena para recepção de animais de origem externa, bem como uma sala destinada exclusivamente à eutanásia de animais com um freezer para acondicionar as carcaças.

A instalação deve possuir locais para a estocagem de alimentos e forração das gaiolas, de acordo com as condições determinadas pelos fabricantes, de modo que não tenham contato direto com o piso e paredes. Deve haver um local apropriado para o depósito temporário de resíduos. As áreas destinadas à higienização dos materiais e insumos (raspagem, lavagem, secagem, desinfecção e esterilização) devem ser fisicamente separadas das demais áreas onde são mantidos os animais.

O ambiente interno das salas deve possuir iluminação com fotoperíodo definido, ajustável e automatizado, com ventilação, exaustão, temperatura e umidade controladas e nos níveis exigidos para a espécie mantida no local[28].

A qualidade do ambiente em que o animal se encontra confinado também pode ser alterada pelo tipo de gaiola utilizada. A densidade populacional na gaiola, o tipo de material utilizado como cama no microambiente dos animais e a frequência de troca de cama podem alterar variáveis como temperatura e umidade no microambiente, tendo influência direta na geração de gases poluentes como o CO_2 e a NH_3.[4]

Os fatores ambientais que mais influenciam na qualidade das respostas dos trabalhos experimentais são temperatura, umidade relativa, ventilação, intensidade da luz, fotoperíodo (12h claro/12h escuro), ruídos, gases e substâncias particuladas[29].

Os detalhes de acabamento de paredes, pisos, tetos, portas, batentes e demais mobiliários devem considerar a ausência de reentrâncias, rejuntes e detalhes desnecessários e todos os cantos dos pisos, paredes e tetos devem ser abaulados para permitir a higienização e desinfecção adequadas, e os materiais devem ser impermeáveis e lisos. É necessário um grupo gerador para suprir as necessidades elétricas na falta de energia externa. Deve haver um sistema de controle das condições ambientais das salas dos animais[2].

Todos os aspectos construtivos e barreiras sanitárias devem estar de acordo com o nível de biossegurança da instalação.

Barreiras de controle

A definição de barreira de controle foi inicialmente publicada pelo Institute for Laboratory Animal Research (ILAR) em 1976[30], que a descreveu como um sistema que combina aspectos de construção, equipamentos e métodos operacionais que buscam estabilizar as condições ambientais das áreas restritas, minimizando a probabilidade de patógenos ou outros organismos indesejáveis entrarem em contato com a população animal.

As barreiras propiciam proteção específica aos animais contra riscos de contaminação do ambiente externo ou em ambiente de experimentação e impedem que agentes patogênicos e animais de experimentação possam se dispersar no ambiente de trabalho ou no ambiente externo.

A contenção primária visa à proteção da equipe e do meio de trabalho, e abrange procedimentos e uso de equipamentos de proteção coletiva (EPC) e individual (EPI) adequados[31].

A contenção secundária envolve a proteção do meio externo ao local onde são manuseados os agentes biológicos, sendo composta por condutas e instalações físicas[32].

Equipamentos de proteção coletiva (EPC)

Os centros de pesquisa que utilizam animais devem estabelecer programas de segurança e biossegurança, com normas, regras e treinamentos que envolvam controle de acesso, boas práticas de laboratório/biotério, sistemas de combate a incêndios e emergências elétricas, utilização de equipamentos de segurança como lava-olhos e chuveiros de emergências, treinamento em primeiros socorros, dentre outros programas específicos para a instituição[33].

O projeto de construção deve estabelecer fluxos operacionais entre pessoas, animais e materiais, mediante um layout com áreas "limpas/sujas", minimizando interferências na qualidade e na segurança. Quanto aos sistemas de ventilação, estes devem estar capacitados para renovar 100% do ar e, se possível, ser gerenciados por monitoramento automatizado, indicando a diferença de pressão entre as áreas e possuindo um sistema de alarme que deverá ser acionado quando ocorrer alguma irregularidade[34]. Dessa forma, o ambiente terá suas variáveis ambientais como temperatura, umidade e trocas de ar monitorado continuamente, e também o controle sobre poluentes, odores e contaminantes aerógenos.

A seguir, são apresentados alguns equipamentos utilizados em biotério que podem ser considerados barreiras de controle.

Cabine de segurança biológica (CSB)

A cabine de segurança biológica (Figura 2) é um equipamento de contenção primária no trabalho com agentes de risco biológico, minimizando a exposição do operador (usuário), do ambiente e do próprio ensaio (animais)[35].

É constituída por uma área de trabalho fechada, que possui um sistema de ventilação e um conjunto de filtros que removem as partículas do ar. As válvulas controladas por pressão fornecem uma barreira entre o operador e o meio ambiente; além disso, as cabines geralmente têm um sistema de fluxo laminar que mantém o ar circulando em uma direção única a partir do operador para o ambiente exterior. Possuem também luz ultravioleta para destruição de microrganismos. Existem três classes de CSB, divididas em I, II e III, em grau crescente de proteção, sendo que cada uma delas é projetada com diferentes níveis de proteção para o operador, o ensaio biológico (animais, amostra) e o ambiente.

A CSB-I oferece proteção ao operador e ambiente, contra partículas e aerossóis, o ar é filtrado com um filtro HEPA antes de ser exaurido para o ambiente externo. As CSB-I são utilizadas principalmente para trabalhos em que a contaminação da amostra não é uma preocupação crítica.

As cabines de segurança biológica II fornecem proteção ao profissional, operador e o ensaio biológico (animais, amostra) equipadas com filtros HEPA tanto na entrada como na saída do ar. Existem diferentes subtipos (A1, A2, B1 e C1), variando na quantidade de ar recirculado e exaurido, assim como no sistema de ventilação. A CSB-II (Figura 2) é adequada para trabalhos com agentes infecciosos moderados e onde a proteção da amostra é pré-requisito importante.

A CSB-III oferece o mais alto nível de proteção ao operador, ao experimento e ao ambiente. São cabines hermeticamente vedadas, com ventilação própria, podendo ser utilizadas para manipulação de agentes de classe de risco 4[36]. O ar é filtrado tanto na entrada como na saída do ar através de filtros HEPA ou ULPA, que operam sob pressão negativa para prevenir qualquer fuga de agentes infecciosos.

FIGURA 2 Cabine de Segurança Biológica II (CSB-II).
Fonte: Centro de Investigação em Biomodelos – CEINBIO FCF-IQ/USP.

Capela de exaustão química

O objetivo principal de uma capela de exaustão química (Figura 3) é proteger os usuários de inalar gases tóxicos, vapores, poeira ou qualquer outro contaminante perigoso que possa ser liberado, durante os experimentos (p. ex., anestésicos voláteis, testes com substâncias poluentes, fumaça, dentre outros). Servindo também como uma barreira física entre as reações químicas e o ambiente da instalação.

A capela química possui uma janela frontal móvel de vidro, que pode ser posicionada para cima ou para baixo, para acesso ao seu interior. O sistema de exaustão ocorre por um sistema de ventilação que suga o ar do interior da capela e o expulsa para fora do prédio, através de um duto de PVC, acoplado na capela de exaustão. Recomenda-se uma distância de 2 a 3 m de duto.

Módulo de troca de gaiolas

Os módulos de troca ou estação de troca de gaiolas (Figura 4) são equipamentos utilizados para transferência

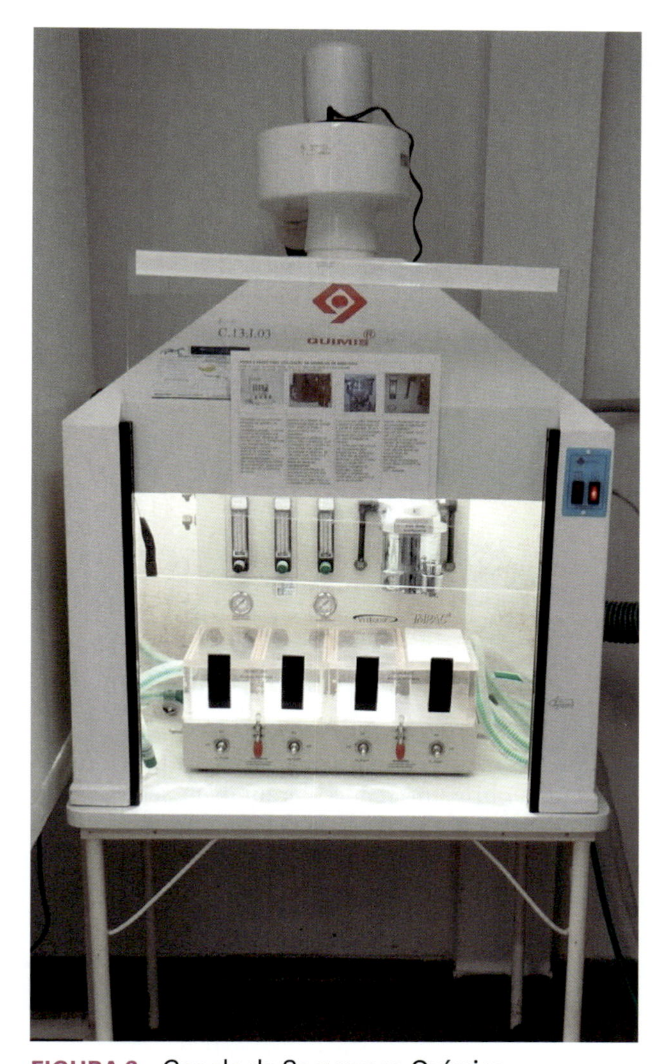

FIGURA 3 Capela de Segurança Química.

Fonte: Centro de Investigação em Biomodelos – CEINBIO FCF-IQ/USP.

dos animais de uma gaiola para outra e para a realização de procedimentos rotineiros que envolvem o manuseio de animais de laboratório, evitando contaminação e garantindo a segurança biológica do animal[35].

A estação de troca tem a vantagem de poder ser utilizada para ratos e camundongos, ser leve, podendo ser movimentada por diversas salas dentro da área experimental, possuir acesso pelos dois lados do equipamento, possibilitando a utilização por dois operadores simultaneamente e respeitar padrões ergonômicos de ajustes de altura e encaixe para os joelhos. O referido equipamento traz todas as exigências de normativas relativas a pré-filtro (G4) e filtros absolutos (H-14) requeridos tanto no sistema de insuflamento como na exaustão do equipamento e ajustes de intensidade de luz e sistemas de alarmes indicativos de alteração no desempenho do equipamento. O sistema é composto de um ventilador tipo radial, dinamicamente balanceado, de baixo ruído, baixa vibração e alta durabilidade. Inclui sistema de luz UV para esterilização.

Recomenda-se que o equipamento possua um sistema de barreira entre a área de trabalho e a borda do equipamento, o que facilita a captura de animais em fuga, evitando os possíveis escapes, principalmente em se tratando de animais geneticamente modificados (AnGM).

Racks ventilados

O sistema de gaiolas ventiladas individualmente (IVC – *individually ventilated cage*) surgiu com a criação e utilização dos mini-isoladores e o comprometimento com a qualidade do microambiente do animal (Figura 5).

De modo geral, um suprimento de ar filtrado HEPA é fornecido diretamente através da parte superior ou parede das gaiolas microisoladoras, e o ar é exaurido da gaiola, ou refiltrado antes de ser liberado no sistema de exaustão do edifício. As trocas de ar (insuflação e exaustão) dos mini-isoladores retiram os principais gases tóxicos sistêmicos (amônia e CO_2), além da umidade excessiva responsável pelo crescimento de bactérias urease positiva, que transformam ureia em amônia. As taxas de ventilação variam de 25 a 120 trocas de ar/hora e podem ser mantidas com pressão interna positiva ou negativa.

Os mini-isoladores ou microisoladores são gaiolas com filtros na parte superior, que funcionam como barreiras e são conectados em um sistema que permite isolamento com ventilação individual. A utilização desta tecnologia permite maior controle sanitário e genético, tem menor risco de propagação da infecção de gaiola para gaiola, impedindo a contaminação cruzada (*spread*) e a dispersão de alergênicos. É importante salientar a necessidade de troca dos filtros de acordo com as especificações técnicas e os cuidados de manutenção do equipamento. A manipulação dos animais deve ser realizada em módulo de troca, cabine de segurança biológica ou fluxo laminar.

Autoclaves

Autoclaves são equipamentos que promovem a esterilização de materiais, mediante calor úmido em alta pressão, para biotérios geralmente é utilizada a temperatura de 121°C, ou vapor fluente na temperatura de 100°C, a depender do material a ser esterilizado. A autoclave é o equipamento mais utilizado na esterilização de materiais e insumos, sendo um dos métodos mais seguros e confiáveis, pois penetra em materiais porosos[37].

As autoclaves (Figura 6) para áreas limpas devem possuir dupla porta, com trava interna, para que não

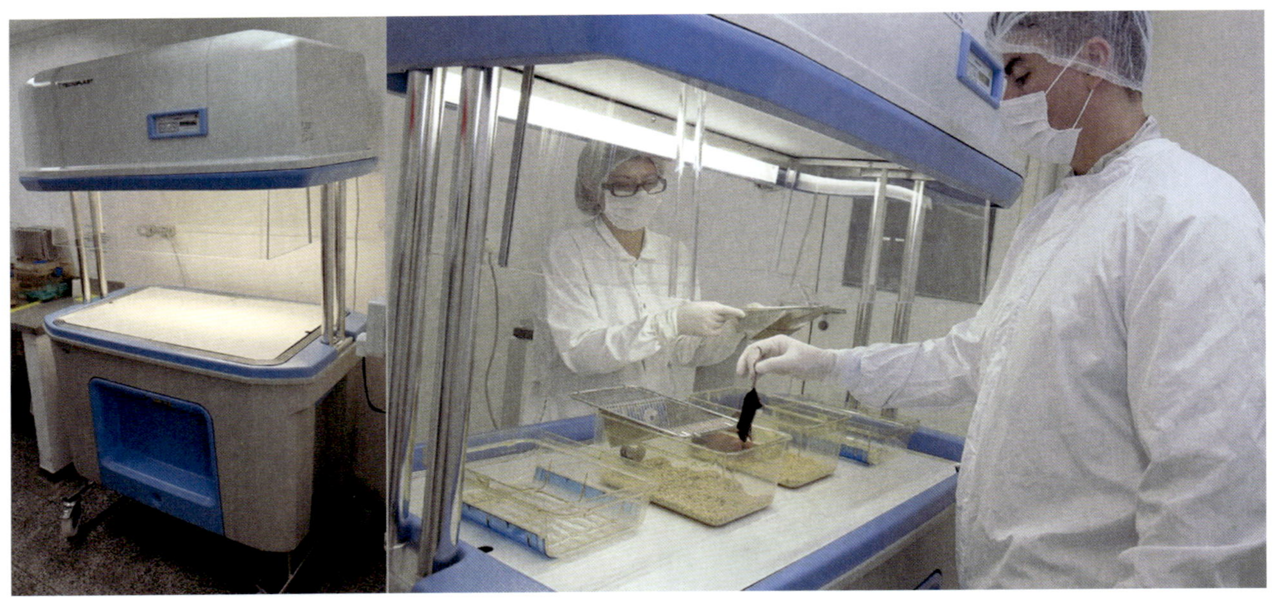

FIGURA 4 Módulo de troca.
Fonte: Centro de Investigação em Biomodelos – CEINBIO FCF-IQ/USP.

FIGURA 5 *Racks* ventilados.
Fonte: Centro de Investigação em Biomodelos – CEINBIO FCF-IQ/USP.

haja contaminação da área externa. Em biotérios de criação de animais sanitariamente definidos, quase todos os materiais são esterilizados em autoclave, por exemplo: gaiolas, maravalhas, grades, bebedouros, entre outros. Os materiais que não podem ser esterilizados em autoclave devem ser descontaminados por produtos químicos adequados.

Para biotérios de experimentação, este equipamento também funciona como forma de descontaminação de materiais contaminados e pode ter dupla porta, o que não é uma obrigatoriedade. Porém, para ser utilizado novamente para esterilizar materiais limpos, deve ser rodado um ciclo de autoclave vazia previamente.

Para uma correta descontaminação/esterilização, os materiais devem ser dispostos de forma que permita a circulação do ar, o que favorece a circulação de vapor e facilita a secagem do material. É necessária a manutenção periódica do equipamento, idealmente com contratos de manutenção preventivas e corretivas. O equipamento deve ser operado por pessoal treinado e deve ter um controle de registro da verificação de eficiência na esterilização, com fita de indicadores químicos e indicadores biológicos.

Para invólucros dos materiais recomenda-se a utilização de papel grau cirúrgico ou envelopes de esterilização.

Lava-olhos e chuveiro de emergência

São equipamentos de proteção coletiva imprescindíveis a todos os laboratórios e centros de pesquisas, são destinados a eliminar ou minimizar os danos causados por acidentes nos olhos e/ou face e em qualquer parte do corpo.

O equipamento de lava-olhos (Figura 7) é formado por dois pequenos chuveiros de média pressão, acoplados a uma bacia de aço inox, cujo ângulo permite o direcionamento correto do jato de água na face e nos olhos. Este equipamento deve ser acionado semanalmente, a fim de evitar o acúmulo de sujidades e para certificação de seu correto funcionamento.

FIGURA 6 Autoclave de barreira – dupla-porta.

Fonte: Centro de Investigação em Biomodelos – CEINBIO FCF-IQ/USP.

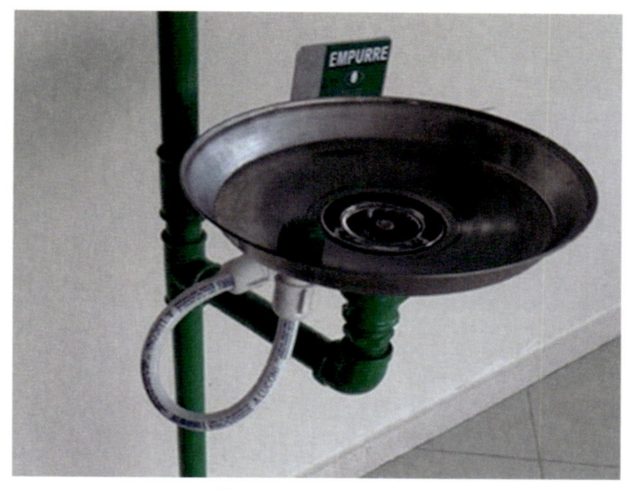

FIGURA 7 Lava-olhos.

Fonte: Centro de Investigação em Biomodelos – CEINBIO FCF-IQ/USP.

O chuveiro de emergência deverá ter aproximadamente 30 cm de diâmetro, seu acionamento deverá ser através de alavancas acionadas por mãos, cotovelos ou joelhos. A manutenção deste equipamento deverá ser constante, obedecendo a uma periodicidade de limpeza semanal, devendo ser instalados em locais estratégicos para permitir fácil e rápido acesso de qualquer ponto do laboratório ou centro de pesquisa[33].

A Norma ABNT NBR 16291:2014[38] estabelece os requisitos mínimos para a padronização de funcionamento, desempenho, uso, instalação, manutenção e treinamentos dos lava-olhos e chuveiros de emergência.

Equipamentos de proteção individual (EPI)

Em instalações animais, o EPI (Figura 8) funciona para reduzir a exposição dos funcionários e pesquisadores a alérgenos, proteção contra possíveis zoonoses e proteção aos animais contra a propagação de agentes infecciosos[34]. Para que a proteção seja efetiva, deve ser estabelecido um programa de treinamento quanto ao uso correto, higienização e manutenção dos EPI[27].

Além da proteção proporcionada pelos EPI, a higienização das mãos é um complemento importante ao uso de luvas para prevenção da propagação de organismos infecciosos ou outros contaminantes, tanto para pessoas como para animais. São exemplos de EPIs: jalecos (aventais), gorros (touca), luvas de proteção, máscaras (respiradores), roupas protetoras (uniformes), óculos de proteção, protetor facial, protetor auricular, sapatilhas (pro-pés)[39].

A Norma Regulamentadora n. 6 (NR-06), conforme classificação estabelecida na Portaria SIT n. 787, de 29 de novembro de 2018, é a norma que regulamenta a execução do trabalho com uso de Equipamentos de Proteção Individual (EPI), sem estar condicionada a setores ou atividades econômicas específicas. Recomenda-se o estabelecimento de procedimentos operacionais padrão (POP) específicos da instalação e melhores práticas de utilização de EPIs.

Recomendação de sequência de paramentação

- Utilizar o EPI adequado à classe de risco (nível de biossegurança – NB) da instalação animal.
- Primeiramente retirar todos os acessórios (anéis, pulseiras, relógio), pois podem ser acumulados microrganismos nesses objetos.
- A higienização completa das mãos, com duração de 40 a 60 segundos, é recomendada na entrada e saída de instalações de animais. Em situações em que a lavagem das mãos é impraticável, ou como complemento à lavagem das mãos, recomenda-se a utilização de álcool em gel 70%.
- Colocar os pro-pés (sapatilhas) que envolvem os sapatos.
- Vestir o avental da própria instalação, o qual deve ser devidamente fechado, inclusive na parte do pescoço, com comprimento abaixo do joelho, manga comprida e punho.
- Colocar a touca, que deve cobrir toda a cabeça e os cabelos.
- Colocar a máscara, baseada na avaliação de risco, de forma que cubra a boca e o nariz.
- Colocar as luvas, que devem ser compatíveis com a atividade realizada e calçada sobre o punho do avental.
- Caso a atividade requeira, utilizar óculos ou protetor facial.
- Caso a atividade requeira, utilizar protetor auricular.

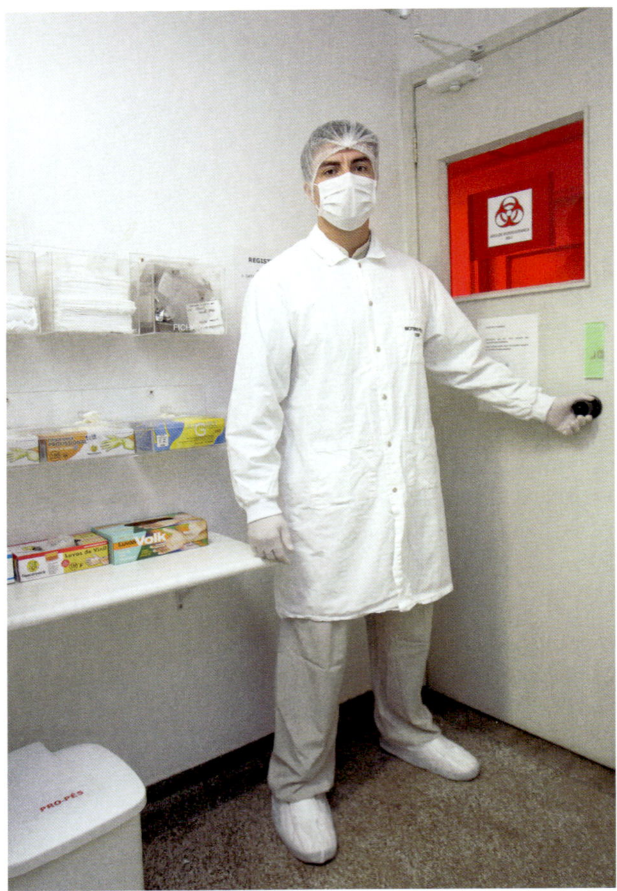

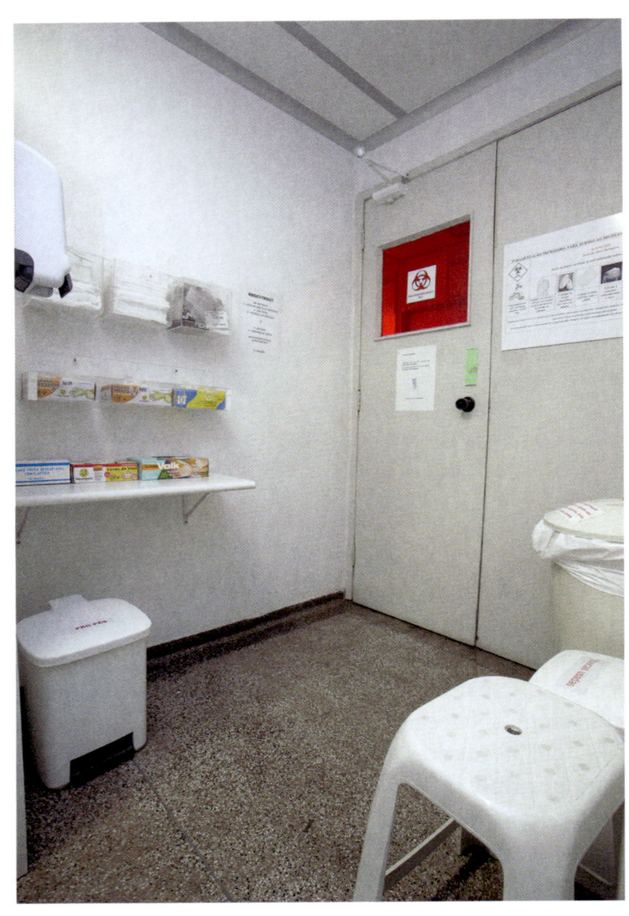

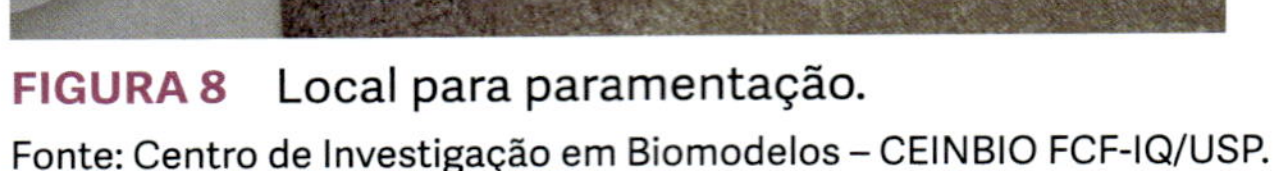

FIGURA 8 Local para paramentação.
Fonte: Centro de Investigação em Biomodelos – CEINBIO FCF-IQ/USP.

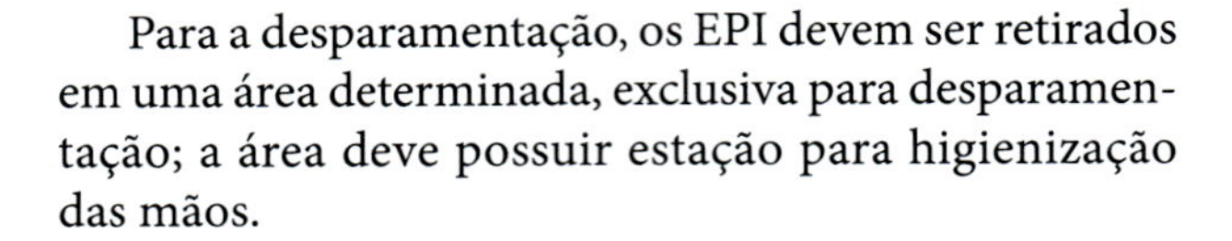

Para a desparamentação, os EPI devem ser retirados em uma área determinada, exclusiva para desparamentação; a área deve possuir estação para higienização das mãos.

Higiene ocupacional/riscos na instalação animal (não biológicos e biológicos, zoonoses e alergias)

A higiene ocupacional tem por objetivo atuar em diferentes ambientes de trabalho, de maneira preventiva, aplicando medidas administrativas, de engenharia e de medicina do trabalho para prevenir as doenças ocupacionais. Ela também atua na detecção, qualificação e quantificação de agentes nocivos e dos diferentes riscos, propondo medidas de controle quando necessário.

A higiene ocupacional é um processo que envolve antecipação, reconhecimento, controle e prevenção de doenças ocupacionais (decorrentes do ambiente de trabalho e/ou das atividades executadas pelo trabalhador). Essas doenças podem ocasionar prejuízos à saúde e à integridade dos trabalhadores e, consequentemente, à continuidade dos trabalhos executados por eles.

A implantação deste processo ocorre em diferentes e sucessivas fases:

- Antecipação dos riscos.
- Reconhecimento dos riscos.
- Avaliação dos riscos.
- Controle dos riscos.

Cada organização deve se esforçar para desenvolver uma cultura de segurança que tenha a prevenção e a informação como premissa, aberta ao diálogo e não seja punitiva, que incentive perguntas e sugestões e esteja disposta a ser autocrítica.

As pessoas e organizações devem estar comprometidas com a segurança, ter plena e total ciência quanto aos riscos envolvidos com suas atividades, melhorar continuamente sua segurança e serem adaptáveis.

Toda instituição deverá possuir um programa de segurança e saúde ocupacional. A Universidade de São Paulo (USP) tem um Programa de Segurança e Saúde, gerenciado pelo Serviço de Segurança e Medicina do Trabalho (SESMT), localizado no Hospital Universitário

(HU), e pela Comissão Interna de Prevenção de Acidentes (CIPA) das unidades de ensino e pesquisa, para todos os servidores, docentes, pesquisadores e alunos que executam suas atividades em todos os seus campi.

Nenhuma regulamentação, programa ou diretriz consegue garantir práticas seguras, uma vez que as atitudes individuais e organizacionais influenciarão todos os aspectos da prática segura, incluindo disposição para relatar preocupações, respostas a incidentes e comunicações de risco.

Os riscos ambientais estão presentes nos diferentes ambientes de trabalho e são divididos em grupos identificados por cores diferentes e padronizadas, nos mapas de riscos ambientais e confeccionados pela equipe de segurança do trabalho de cada instituição.

De maneira sintética, os diferentes riscos encontrados nas diferentes instalações animais estão sumarizados no Quadro 1.

RISCOS NAS INSTALAÇÕES ANIMAIS

Como já descrito, nas instalações animais encontramos diferentes tipos de risco, que podem ser divididos em não biológicos e biológicos.

Cabe salientar que esta divisão é meramente didática e se aplica somente a este capítulo, pois os pormenores relacionados ao tema são abordados em outros capítulos desta obra e em outras obras especializadas.

RISCOS NÃO BIOLÓGICOS

São os de acidentes, os ergonômicos, os físicos e os químicos. Consideram-se riscos de acidentes aqueles causados por máquinas e pela estrutura do ambiente de trabalho (disposição de máquinas, iluminação, instalações elétricas, formas e local de armazenamento de insumos), forma e estrutura física das gaiolas e/ou isoladores e pela própria presença dos animais.

Também são considerados os riscos de possíveis arranhões e mordidas dos trabalhadores durante o manejo desses animais.

Os riscos ergonômicos são causados por repetitividade de movimentos durante a manutenção das colônias e dos grupos experimentais, atividades de higiene e esterilização das gaiolas e bebedouros, disposição dos resíduos para coleta, reposição de insumos, posturas monótonas e repetidas, ritmo árduo de trabalho, além das situações de estresse e conflitos éticos relativos ao uso de animais biologicamente complexos e sencientes em experimentos.

Os riscos físicos são mais pontuais e localizados em áreas específicas das instalações, pois as atividades de higiene e esterilização envolvem a utilização de máquinas automatizadas para a lavagem dos materiais (calor, ruído, umidade), lavagem dos bicos dos bebedouros (calor, ruído, vibração), esterilização dos insumos por autoclaves de barreira (calor, ruído, alta pressão) e o próprio manuseio dos materiais esterilizados (calor). Existe ainda o risco associado à radiação não ionizante, pois a utilização de lâmpadas de luz ultravioleta faz-se necessária para a descontaminação do campo de trabalho em algumas situações.

Considerando a gama de substâncias químicas que podem ser utilizadas durante as atividades das instalações animais em diferentes momentos ou que são produzidas pelo metabolismo dos animais, o conhecimento das propriedades de cada composto constitui-se na melhor forma de prevenção dos riscos químicos. Eles podem

QUADRO 1 Tipos de riscos em instalações animais

Grupo 1	Grupo 2	Grupo 3
Físicos	**Químicos**	**Biológicos**
Luz IV Luz UV Autoclaves	Agentes anestésicos H_2O_2 Quats NaClO EtOH Inóculos diversos Substâncias alergênicas Amônia	Vírus Bactérias Fungos Protistas Parasitas Células modificadas
Grupo 4	**Grupo 5**	
Ergonômicos	**Acidentes**	
Postura inadequada Repetitividade Estresse físico Estresse psíquico Descarte de resíduos	Mordidas Arranhões Operação das máquinas/autoclaves Descarte de resíduos Situações diversas	

ser tóxicos, inflamáveis, corrosivos, explosivos, nocivos ao meio ambiente ou ainda apresentar mais de uma propriedade simultaneamente, ou podem reagir entre si e formarem compostos secundários reativos ou tóxicos.

O rótulo e a ficha com os dados de segurança dos produtos químicos ou misturas fornecem informações sobre diferentes aspectos (proteção, segurança, saúde e meio ambiente) e recebem diferentes denominações: *safety data sheet* (SDS), *material safety data sheet* (MSDS) ou ficha de informações de segurança de produtos químicos (FISQP), *Globally Harmonized System of Classification and Labelling of Chemicals* (GHS).

Por meio dessas fichas e rótulos, o fornecedor da substância ou mistura disponibiliza informações essenciais sobre seus perigos e permite que sejam tomadas todas as medidas necessárias para segurança, saúde e meio ambiente. Além dessas, informações sobre transporte, manuseio, armazenamento e ações em situação de emergência também estão contidas nessas fichas.

RISCO BIOLÓGICO

Os riscos biológicos presentes nas instalações animais são representados por microrganismos que, quando em contato com o homem, podem causar doenças.

Durante o desenvolvimento dos trabalhos e rotinas dentro de uma instalação animal, o contato com materiais biológicos (sangue, secreções, excreções tipo vômito, urina, fezes, saliva e outros fluidos oriundos dos animais) é inevitável e esses materiais biológicos podem alojar microrganismos patogênicos.

Devido à incerteza dessa presença, esses materiais são considerados potencialmente contaminados por agentes biológicos capazes de causar doenças. Desta forma, na rotina de trabalho, a importância da proteção ao manipular materiais, insumos, resíduos e adentrar ambientes sujos toma uma dimensão ainda maior.

As precauções de rotina envolvem equipamentos de proteção individual (EPI), equipamentos e procedimentos associados que visam prevenir a contaminação do trabalhador, dos animais e do ambiente de trabalho.

São elas: lavagem das mãos antes e após qualquer procedimento; manuseio adequado de materiais e insumos sujos; manuseio adequado de perfurocortantes; e uso adequado dos EPIs recomendados pelo serviço de segurança e medicina do trabalho.

As ações a serem implementadas visando à biossegurança compreendem desde medidas educacionais, como capacitação e treinamentos individual e coletivo, desenvolvimento e implantação de um manual de biossegurança para a instalação e a adoção de procedimentos operacionais padronizados (POP) que devem ser praticados por todos, sejam funcionários, visitantes, pesquisadores ou terceirizados (manutenção e limpeza) da instalação animal.

As ações incluem também a implementação de programas de medicina ocupacional, como a vacinação (imunização) preventiva, quando disponível, e consultas periódicas com um médico do trabalho.

É fundamental o conhecimento pelo operador sobre os riscos que envolvem o experimento, bem como sobre a legislação vigente em biossegurança.

As principais vias envolvidas nos processos de contaminação biológica são: cutânea (acidentes com agulhas e seringas ou mordeduras/arranhaduras dos animais), respiratória (aerossóis), conjuntiva e oral.

Além dos aspectos de biossegurança que envolvem o contato direto com animais e todos os materiais inoculados neles, os resíduos gerados pelas atividades de uma instalação animal são um problema ainda maior, pois são enviados para fora do ambiente controlado e/ou manuseados por pessoas não habilitadas para tal.

A identificação de risco biológico deve constar nos ambientes e portas das instalações animais, como a ficha na entrada da sala de experimentação, e nos diferentes recipientes para resíduos biológicos (saco branco leitoso e caixa de materiais perfurocortantes).

ZOONOSES

Zoonoses são infecções transmitidas diretamente de animais para humanos, que podem afetar seriamente os projetos de pesquisa e a saúde dos pesquisadores e demais envolvidos na manutenção desses animais.

A crescente utilização de animais livres de organismos patogênicos especificados (SPF) tem diminuído o risco de zoonoses nos estabelecimentos de pesquisa, mas animais com padrão sanitário convencional ainda são utilizados e estes devem passar por um período de quarentena e verificação de possíveis agentes patogênicos. As pessoas mais suscetíveis são aquelas que já sofrem de alguma outra patologia ou comprometimento imunológico, e as gestantes. As patologias mais comuns que envolvem roedores são descritas no Quadro 2.

ALERGIAS

A alergia a animais de laboratório é uma doença ocupacional significativa para pessoas que trabalham regularmente com as espécies mais comuns de animais de laboratório. Essa alergia é uma reação de hipersensibilidade do tipo imediata, que se desenvolve pela exposição a pelagem, urina, saliva, soro ou qualquer outro tipo de tecido do animal.

O desenvolvimento ou agravamento de sintomas de alergia a animais de laboratório se dá principalmente

QUADRO 2 Doenças que podem ser transmitidas por ratos e camundongos

Coriomeningite linfocítica	Erisipela bolhosa
Hantavirose	Micose
Febre da mordida de rato	Doença de Chagas
Salmonelose	Toxoplasmose
Leptospirose	Verminose
Peste	Triquinose
Tifo murino	Esquistossomose
Brucelose	Angiostrongilíase abdominal

Fonte: FUNASA, 2002.

pela sensibilização provocada pelas proteínas urinárias de ratos e camundongos mantidos em gaiolas abertas (sistema *open cage*). Os sintomas típicos variam de leves nas vias aéreas superiores (coriza, coceira, corrimento nasal e ocular), reações na pele (coceiras, vermelhidão e edema após contato com os animais, seus tecidos ou excrementos), a sintomas respiratórios graves (chiados, encurtamento da respiração, asma).

É importante ressaltar que as gaiolas abertas convencionais estão sendo substituídas pelas gaiolas ventiladas individualmente (IVC), que são geralmente usadas em conjunto com outros sistemas de filtragem, reduzindo os níveis de aeroalérgeno[40].

A redução do grau de exposição aos alérgenos envolve medidas que devem ser aplicadas no desenho dos projetos de instalações, adoção de POP e normas de higiene mais rígidas, uso de EPI apropriados e aprovados, desenvolvimento e implantação de programas educacionais para funcionários que trabalham em áreas identificadas como de alto risco e, ainda, o uso de tecnologias mais modernas para a manutenção dos animais.

BIOSSEGURANÇA/ PROCEDIMENTOS EXPERIMENTAIS – GENERALIDADES/TRANSPORTE DE AnGM

Biossegurança é uma condição de segurança alcançada por meio da aplicação de um conjunto de medidas e ações de prevenção, minimização, controle ou eliminação de riscos inerentes às atividades de pesquisa, produção, comercialização, ensino, desenvolvimento tecnológico, transporte, importação, exportação, vigilância e prestação de serviços envolvendo agentes e materiais biológicos e seus derivados potencialmente patogênicos, os quais possam comprometer a saúde do homem, dos animais, das plantas, recursos genéticos, meio ambiente ou a qualidade dos trabalhos desenvolvidos em diferentes áreas do conhecimento.

Numa perspectiva mais ampla e simples, está envolvida em diferentes áreas em que o risco biológico está presente ou constitui uma ameaça potencial.

Diferentes obras e documentos foram publicados com o objetivo de dotar os profissionais e as instituições de instrumentos que permitam o desenvolvimento de suas atividades, disponibilizando informações para a avaliação do risco dos agentes biológicos, sua classificação e níveis de contenção recomendados para a sua manipulação.

A importância da avaliação de risco dos agentes biológicos está na estimativa do risco, no dimensionamento da estrutura para a contenção e na tomada de decisão para o gerenciamento dos riscos, considerando a natureza do agente biológico, virulência, modo de transmissão, estabilidade, concentração e volume das amostras e/ou agentes isolados, a origem do agente biológico potencialmente patogênico, a disponibilidade de medidas profiláticas eficazes e de tratamento eficaz, a dose infectante, como será a manipulação do agente biológico, a eliminação do agente biológico pelos hospedeiros e vetores.

A avaliação de risco de agentes biológicos considera critérios que permitem o reconhecimento, a identificação e a probabilidade do dano decorrente destes, estabelecendo a sua classificação em classes de risco distintas de acordo com a gravidade dos danos. Por isso é orientada por parâmetros que dizem respeito à classificação de risco do agente biológico e ao tipo de procedimento realizado. Consideram-se ainda as medidas de biossegurança relativas aos procedimentos (boas práticas), à infraestrutura (desenho, instalações físicas e equipamentos de proteção) e à qualificação de recursos humanos.

Por esse motivo, as classificações dos agentes biológicos com potencial patogênico em diversos países, embora concordem em relação à grande maioria destes, variam em função de fatores ambientais e regionais específicos.

Cabe ressaltar a importância da composição multiprofissional e da abordagem interdisciplinar nas análises de risco. Estas envolvem não apenas aspectos técnicos e agentes biológicos de risco, mas também seres humanos e animais, complexos e ricos em suas naturezas e relações.

A organização do trabalho e as práticas gerenciais são integrantes fundamentais de um programa de biossegurança institucional.

A avaliação de risco apresenta alguns desafios na condução segura de procedimentos com agentes biológicos, sejam eles patogênicos conhecidos, novas variantes patogênicas, vetores, organismos geneticamente modificados (OGM) ou organismos geneticamente editados

(OGE), organismos construídos ou modificados através da biologia sintética, ou ainda no uso de material genético isolado ou sintético.

Aqui apresentaremos as diretrizes da CTNBio (OGM) e do Ministério da Saúde do Brasil (agentes patogênicos), para a manipulação e contenção desses agentes biológicos.

Considerando que os animais vertebrados geneticamente modificados são todos de nível 1, as atividades e projetos que envolvam a construção, o cultivo, a produção, a manipulação, o transporte, o armazenamento, a pesquisa, o desenvolvimento tecnológico, o ensino, o controle de qualidade e o descarte em regime de contenção, o técnico principal do local deverá encaminhar para a CIBio de sua instituição informações detalhadas para dar andamento em suas pesquisas.

A CIBio autorizará projetos em contenção que envolvam OGM da classe de risco 1, mediante avaliação de risco conduzida pela CIBio, deve ter como objetivo o estabelecimento do adequado nível de biossegurança, documentado e registrado no relatório anual e à disposição da fiscalização. Para atividades com OGM das classes de risco 2, 3 e 4, a CIBio deverá obter da CTNBio autorização para cada projeto.

Após aprovada a atividade pela CTNBio ou CIBio, o responsável legal da instituição, a CIBio e o técnico principal ficam encarregados de garantir o fiel cumprimento das normas de biossegurança definidas pela CTNBio. O técnico principal é responsável pelo cumprimento das normas de biossegurança em conformidade com as recomendações da CIBio e as Resoluções Normativas da CTNBio e deve assegurar que as equipes técnica e de apoio envolvidas nas atividades com OGM e seus derivados recebam treinamento apropriado em biossegurança e que estejam cientes das situações de riscos potenciais dessas atividades e dos procedimentos de proteção individual e coletiva no ambiente de trabalho, conforme legislação trabalhista vigente.

Os OGM são classificados em quatro classes de risco, que adotam critérios como o potencial patogênico dos organismos doador e receptor, a(s) sequência(s) nucleotídica(s) transferida(s), a expressão desta(s) no organismo receptor, o potencial patogênico da(s) proteína(s) codificadas pelo(s) gene(s) do organismo doador, quando conhecido, o OGM resultante e seus efeitos adversos à saúde humana e animal, aos vegetais e ao meio ambiente.

Quando forem transferidos genes que codificam produtos nocivos para a saúde humana e animal, aos vegetais e ao meio ambiente, o vetor utilizado deverá ter capacidade limitada para sobreviver fora do ambiente de contenção. Todo organismo geneticamente modificado deverá possuir um marcador capaz de identificá-lo dentre uma população da mesma espécie.

A partir desta classificação são definidos os níveis de biossegurança adequados para cada tipo de classe de risco. O nível de biossegurança de atividades e projetos com microrganismos em pequena escala será determinado segundo o OGM de maior classe de risco envolvido, sendo precedido de uma análise detalhada e criteriosa de todas as condições experimentais.

São quatro os níveis de biossegurança (NB-1, NB-2, NB-3 e NB-4), crescentes no maior grau de contenção e complexidade do nível de proteção, de acordo com a classe de risco do OGM.

Os agentes biológicos que afetam o ser humano, os animais e as plantas são distribuídos em classes de risco assim definidas:

- Classe de risco 1: inclui os agentes biológicos conhecidos por não causarem doenças no ser humano ou nos animais adultos sadios.
- Classe de risco 2: inclui os agentes biológicos que provocam infecções no ser humano ou nos animais, cujo potencial de propagação na comunidade e de disseminação no meio ambiente é limitado, e para os quais existem medidas profiláticas e terapêuticas conhecidas e eficazes.
- Classe de risco 3: inclui os agentes biológicos que possuem capacidade de transmissão, em especial por via respiratória, e que causam doenças potencialmente letais em humanos ou animais, e para as quais existem, usualmente, medidas profiláticas e terapêuticas. Os agentes biológicos representam risco se disseminados na comunidade e no meio ambiente, podendo se propagar de pessoa a pessoa.
- Classe de risco 4: inclui os agentes biológicos com grande poder de transmissibilidade, em especial por via respiratória, ou de transmissão desconhecida. Até o momento, não há nenhuma medida profilática ou terapêutica eficaz contra infecções ocasionadas por esses agentes biológicos. Eles causam doenças de alta gravidade em humanos e animais, tendo grande capacidade de disseminação na comunidade e no meio ambiente. Essa classe inclui, principalmente, os vírus.

Na classificação de risco dos agentes biológicos foram considerados, apenas, os possíveis efeitos dos agentes biológicos em indivíduos sadios. Os possíveis efeitos aos indivíduos com doença prévia, em uso de medicação, portadores de desordens imunológicas, gestantes ou lactantes não foram considerados.

O estabelecimento de uma relação direta entre a classe de risco do agente biológico e o nível de biossegurança (NB) é uma dificuldade habitual no processo de definição do nível de contenção. Geralmente o NB é proporcional à classe de risco do agente, porém certos

QUADRO 3 Classificação de risco de organismos geneticamente modificados

Classe de risco	Risco		Características
	Individual	Coletividade	
Classe 1	Baixo	Baixo	Contém sequências de DNA/RNA que não causem agravos à saúde humana e animal e efeitos adversos aos vegetais e ao meio ambiente
Classe 2	Moderado	Baixo	Contém sequências de ADN/ARN com moderado risco de agravo à saúde humana e animal, que tenha baixo risco de disseminação e de causar efeitos adversos aos vegetais e ao meio ambiente
Classe 3	Alto	Moderado	Contém sequências de ADN/ARN, com alto risco de agravo à saúde humana e animal, que tenha baixo ou moderado risco de disseminação e de causar efeitos adversos aos vegetais e ao meio ambiente
Classe 4	Alto	Alto	Contém sequências de ADN/ARN com alto risco de agravo à saúde humana e animal, que tenha elevado risco de disseminação e de causar efeitos adversos aos vegetais e ao meio ambiente

Obs.: para outros detalhes da classificação de risco dos organismos geneticamente modificados (OGM), consulte a legislação vigente e a que venha ser publicada pela CTNBio.
Fonte: CTNBio, Resolução Normativa n. 18, 2018[41].

QUADRO 4 Classes de risco de agentes biológicos

Classe de risco	Risco individual	Risco à coletividade	Profilaxia ou terapia eficaz
1	Baixo	Baixo	Existe
2	Moderado	Baixo	Existe
3	Elevado	Moderado	Usualmente existe
4	Alto	Alto	Ainda não existe

Fonte: Binsfeld et al., 2010 apud Ministério da Saúde, Classificação de risco de agentes biológicos, 2022[42].

QUADRO 5 Classificação de risco dos agentes biológicos

Nível de biossegurança	Risco		Características
	Individual	Populacional	
1	Baixo	Baixo	Não causam doenças em pessoas adultas saudáveis ou animais sadios
2	Moderado	Limitado	Provocam infecções nos humanos e nos animais com baixa propagação populacional e disseminação ambiental limitada, possui tratamento, cura, vacina e profilaxia conhecidas
3	Alto	Moderado	Provocam doenças nos humanos e animais com alta propagação e potencialmente letais, com riscos de disseminação em larga escala no ambiente, mas que as vezes possui tratamento, cura, vacina e profilaxia conhecidas
4	Extremo	Alto	Propagação alta por via respiratória entre pessoas e animais, alta disseminação no ambiente, sem tratamento, cura, vacina ou profilaxia eficaz conhecidas

Obs.: para outros detalhes da classificação de risco dos agentes biológicos, consulte a legislação vigente e a que venha ser publicada pelo Ministério da Saúde e Organização Mundial da Saúde.
Fonte: Ministério da Saúde, Classificação de risco dos agentes biológicos, 2022.

procedimentos ou protocolos experimentais podem exigir maior ou menor grau de contenção.

Destaca-se a importância e a necessidade de se realizar a confirmação das linhagens de microrganismos recebidas para os trabalhos laboratoriais, a fim de que as medidas de biossegurança para manipulação e descarte sejam adequadamente adotadas para determinado agente biológico específico.

NÍVEL DE BIOSSEGURANÇA 1 (NB-1)

O NB-1 representa o nível básico de contenção e suas instalações são adequadas aos organismos da classe de risco 1, compreende a aplicação das "Boas Práticas de Laboratório" e não há exigência de equipamentos específicos de proteção, pois o trabalho pode ser realizado em bancada, instalação animal, casa de vegetação ou tanque de aquicultura.

Essas instalações não necessitam estar isoladas das demais dependências físicas da instituição.

É indicado para o trabalho com agentes biológicos da classe de risco 1, bem caracterizados e que não sejam capazes de causar doenças no homem ou nos animais adultos sadios.

Os profissionais que atuam neste nível devem seguir os requisitos mínimos descritos abaixo, possuir treinamento em biossegurança e ser supervisionados por um profissional de nível superior. Equipamentos ou dispositivos de contenção especiais, como cabines de segurança biológica (CSB) e autoclaves, apesar de desejáveis, não são obrigatoriamente necessários.

Procedimentos para o NB-1

Todos os procedimentos técnicos ou administrativos deverão estar descritos e ser de conhecimento de toda a equipe, e o acesso à instalação animal deve ser restrito aos profissionais envolvidos nas atividades desenvolvidas.

Os agentes biológicos serão manipulados em áreas sinalizadas com o símbolo universal de risco biológico, com acesso restrito à equipe técnica e de apoio ou de pessoas autorizadas, e essa equipe técnica e de apoio deverá ter treinamento específico nos procedimentos realizados nas instalações e deverá ser supervisionada pelo técnico principal.

O treinamento deverá ser registrado e conter, no mínimo, informação sobre os assuntos abordados, carga horária, participantes e responsável pelo treinamento.

Todo o pessoal deve ser orientado sobre os possíveis riscos e para a necessidade de seguir as especificações de cada rotina de trabalho, procedimentos de biossegurança e práticas estabelecidas no mesmo manual. Protocolos operacionais padronizados de contingência e de emergência deverão ser estabelecidos e ser de conhecimento de todos os profissionais envolvidos nas rotinas de trabalho, devendo haver um *kit* de primeiros socorros à disposição para o caso de eventual acidente. O Manual de Biossegurança local deve conter procedimentos específicos para atividade de manipulação de OGM e seus derivados e deve estar prontamente disponível para todos os usuários do laboratório.

Devem ser mantidos registros de cada atividade ou projeto desenvolvidos com OGM e seus derivados.

Atividades e projetos com organismos não geneticamente modificados que ocorram concomitantemente e nas mesmas instalações com manipulação de OGM devem respeitar a classificação de risco do OGM.

O armazenamento de alimentos no interior da área controlada não é permitido, exceto quando estes forem objetos de estudo, bem como o consumo de alimentos e líquidos, fumar e aplicar cosméticos. O uso de cosméticos e adereços como brincos, pulseiras e relógios deve ser evitado. Além disso, deve ser estabelecido um programa de vigilância em saúde (epidemiológica, sanitária, ambiental e do trabalhador).

As áreas de circulação devem estar desobstruídas.

Na porta do laboratório ou da instalação animal deve ser fixado o símbolo internacional de risco biológico e o telefone de contato do profissional responsável.

A lavagem das mãos deverá ser realizada em dois momentos: antes da entrada e manipulação dos agentes biológicos e antes da saída do local.

A pipetagem deverá ser sempre realizada com dispositivos apropriados.

Os materiais e reagentes deverão ser armazenados e estocados em instalações apropriadas no laboratório.

A bancada deverá ser descontaminada ao final do trabalho e/ou sempre que houver contaminação com agentes biológicos, OGM ou material biológico potencialmente infeccioso.

Precaução deve ser tomada para evitar a produção de aerossóis durante o uso e o descarte.

Atenção e cuidados especiais devem ser dados ao manuseio de material perfurocortante, as agulhas não deverão ser dobradas, quebradas, recapeadas, removidas ou manipuladas antes de serem desprezadas. As vidrarias quebradas deverão ser removidas por meios mecânicos e descartadas.

O descarte deste material deve ser realizado em recipiente específico para esse tipo material, resistente à punctura, ruptura e vazamento, sendo devidamente identificado e localizado próximo à área de trabalho.

Todo material proveniente de OGM e seus derivados deverá ser descartado após descontaminação, de forma a impossibilitar seu uso como alimento por animais ou pelo homem, salvo o caso em que este seja o propósito do experimento, ou se especificamente autorizado pela CIBio ou pela CTNBio.

Não é permitido o reaproveitamento dos recipientes de descarte.

É proibida a admissão de animais que não estejam relacionados ao trabalho em execução nas instalações. Todas as áreas que permitam ventilação deverão conter barreiras físicas para impedir a passagem de insetos e outros animais. A rotina de controle da fauna sinantrópica e de outros animais estranhos ao local deverá ser descrita e registrada, a fim de evitar a presença deles no ambiente controlado.

Equipamentos para o NB-1

Recomenda-se o uso de equipamentos de proteção individual (jaleco, luvas, óculos, máscaras) como meio de proteção do profissional.

Os jalecos devem possuir mangas ajustadas nos punhos e não devem, em hipótese alguma, ser utilizados fora das dependências laboratoriais. Óculos de proteção devem ser utilizados na realização de experimentos que possuam risco de formação de partículas e em profissionais que façam uso de lentes de contato. Sapatos fechados são mandatórios para a proteção dos pés.

A instalação deve possuir dispositivo de emergência para lavagem dos olhos e chuveiros de emergência, localizados no laboratório ou em local de fácil acesso.

Embora não seja obrigatório, é desejável e recomendado o uso de cabines de segurança biológica e autoclave.

Instalações NB-1

Todas as instalações devem ser compatíveis com as regulamentações municipais, estaduais, federais e do corpo de bombeiros para construção, habitação e manutenção de edificações. Essas instalações devem possuir portas com controle do acesso, ser mantidas fechadas e possuir visores, exceto quando haja recomendação contrária. A edificação deve possuir sistema de proteção contra descargas atmosféricas, os equipamentos eletroeletrônicos devem estar conectados a uma rede elétrica estável e aterrada e todas as tomadas e disjuntores devem ser identificados. As instalações elétricas devem ser projetadas, executadas, testadas e mantidas em conformidade com as normas vigentes. As tubulações das instalações prediais devem estar em perfeitas condições de funcionamento, o sistema de abastecimento de água deve possuir reservatório suficiente para as atividades rotineiras e para a reserva de combate a incêndio. As circulações horizontais e verticais (corredores, elevadores, montacargas, escadas e rampas) devem estar de acordo com as normas vigentes. As portas para passagem de equipamentos devem possuir dimensões com largura mínima de 1,10 m.

Toda a instalação deve ser projetada de forma a permitir fácil limpeza e descontaminação e possuir lavatório exclusivo para lavagem de mãos. O uso de carpetes, tapetes, cortinas, persianas e similares não é recomendado. Recomenda-se, quando necessário, o uso de películas protetoras para controle da incidência de raios solares. As janelas que permitem abertura devem ser equipadas com telas, como proteção contra insetos.

O mobiliário deve ser projetado sem detalhes desnecessários, como reentrâncias, saliências, quebras, cantos, frisos e tipos de puxadores que dificultem a limpeza e a manutenção. Este deve atender aos critérios de ergonomia, conforme as normas vigentes. Os móveis e as bancadas devem ser capazes de suportar peso, ser impermeáveis e resistentes ao calor, aos solventes orgânicos, álcalis e outros produtos químicos. As cadeiras e os bancos devem ser recobertos de material não poroso, que possa ser facilmente limpo e descontaminado.

Deve haver espaço suficiente entre as bancadas, cabines e equipamentos, de modo a permitir acesso fácil para a realização da limpeza. As janelas e as portas devem ser de materiais e acabamentos que retardem o fogo e facilitem a limpeza e a manutenção.

Não é necessário requisito especial de ventilação, além dos estabelecidos pelas normas vigentes.

A planta da edificação deve ser projetada de modo a contemplar a existência de chuveiro de emergência e lava-olhos próximos às áreas de trabalho. Deve existir uma área para guardar jalecos e outros EPI de uso interno, sendo recomendável que os pertences pessoais sejam guardados numa área específica na entrada.

É recomendável que exista uma área com armários e prateleiras para disposição de substâncias e materiais de uso frequente e um local ventilado e adjacente para o armazenamento de grandes quantidades de material de uso.

As saídas de emergência devem estar identificadas e, preferencialmente, localizadas nas áreas de circulação pública e na direção oposta às portas de acesso, com saída direta para a área externa da edificação. As portas de saída de emergência devem ser dotadas de barra antipânico que permita a fácil abertura.

Os cilindros de gás devem ser mantidos na posição vertical e possuir dispositivos de segurança de forma a evitar quedas ou tombamentos e que sejam armazenados em local específico, externo, coberto e ventilado em área externa.

A edificação deve possuir um abrigo isolado, identificado, para armazenamento temporário dos resíduos, separados por tipo, com local para higienização de contêineres, provido de ponto de água, no pavimento térreo ou em área externa à edificação, com saída para o exterior, de fácil acesso aos veículos de coleta. Estas áreas devem ser cobertas, ventiladas, com piso, paredes e tetos revestidos de materiais lisos, impermeáveis e resistentes a substâncias químicas, conforme as normas vigentes, e o acesso deve ser restrito ao pessoal autorizado.

Caso o sistema público não disponha de tratamento de efluente sanitário, deve ser previsto o tratamento primário e secundário, tal como tanque séptico e filtro biológico, a fim de evitar a contaminação da rede pública.

NÍVEL DE BIOSSEGURANÇA 2 (NB-2)

Este nível de biossegurança é exigido para o trabalho com agentes biológicos da classe de risco 2, que confere risco moderado aos profissionais e ao ambiente.

Os profissionais que atuam em NB-2 deverão possuir treinamento adequado ao trabalho com agentes biológicos em contenção e ser monitorados por outro profissional com reconhecida competência no manuseio de agentes e materiais biológicos potencialmente patogênicos.

Todo trabalho que possa formar partículas de agentes biológicos deverá ser realizado em cabine de segurança biológica.

As instalações e procedimentos exigidos para o NB-2 devem atender às especificações estabelecidas para o NB-1, acrescidas da necessidade de haver uma autoclave ou outro sistema eficiente de descontaminação, antes do descarte, sem o trânsito do agente biológico por corredores e outros espaços não controlados ou de acesso público, e no caso da autoclave ou sistema de descontaminação não estar dentro do NB2, os resíduos gerados na área devem ser retirados em embalagens fechadas apropriadas para descontaminação imediatamente.

Para experimentos com microrganismos geneticamente modificados de menor classe de risco realizados concomitantemente no mesmo local, deverá ser adotado o nível NB-2.

Os procedimentos-padrão exigidos são os mesmos descritos para o NB-1, acrescidos de práticas adicionais.

É recomendável que os profissionais sejam submetidos à avaliação médica e recebam imunizações apropriadas aos agentes manuseados ou potencialmente presentes no laboratório, além de, quando necessário, proceder ao armazenamento de amostra de soro dos membros da equipe. Profissionais imunocomprometidos ou imunodeprimidos não devem permanecer no laboratório.

Recomenda-se a elaboração e adoção de um Manual de Biossegurança para o laboratório. Este deve fazer referência, em especial, aos agentes de risco mais frequentes no ambiente de trabalho, e deve ser disponibilizado a todos os profissionais.

Cabe ao profissional responsável pelo laboratório assegurar que toda a equipe tenha domínio dos procedimentos e práticas padrões antes do início de suas atividades com agentes biológicos de classe de risco 2. A equipe deverá receber treinamento anual sobre os potenciais riscos associados ao trabalho.

A equipe técnica e de apoio deve receber vacina, se disponível, contra os agentes infecciosos relacionados aos experimentos conduzidos nas instalações NB-2. Exames médicos periódicos para os trabalhadores das instalações onde são conduzidos atividades e projetos com OGM podem eventualmente ser solicitados pela CTNBio, incluindo avaliação clínica laboratorial de acordo com o OGM envolvido, levando-se em consideração as medidas de proteção e prevenção cabíveis.

Deve ser colocado um aviso sinalizando o nível de risco, identificando o OGM e o nome do técnico principal e de outra pessoa responsável na sua ausência, do contato com a CIBio. Cabe ao técnico principal a responsabilidade de avaliar cada situação e autorizar quem poderá entrar ou trabalhar nas instalações NB-2 e estabelecer políticas e procedimentos, provendo ampla informação a todos que trabalhem nas instalações sobre o potencial de risco relacionado às atividades e projetos ali conduzidos, bem como sobre os requisitos específicos para entrada em locais onde haja a presença de animais para inoculação.

Todos os requisitos necessários para a entrada nas instalações credenciadas devem estar indicados na porta de entrada.

Os equipamentos e superfícies deverão ser regularmente descontaminados, bem como após a ocorrência de contato ou potencial contaminação com agentes e materiais biológicos potencialmente patogênicos.

Os acidentes que possam resultar na exposição a agentes biológicos devem ser imediatamente avaliados e tratados de acordo com o Manual de Biossegurança e ser comunicados ao profissional responsável pelo laboratório.

As portas da instalação devem permanecer fechadas enquanto os procedimentos estiverem sendo realizados e trancadas ao final das atividades. O símbolo internacional indicando risco biológico deve ser afixado nas portas dos locais onde há manipulação dos agentes biológicos pertencentes à classe de risco 2, identificando qual(is) o(s) agente(s) manipulado(s), o nível de biossegurança (NB), as imunizações necessárias, os tipos de EPIs utilizados no laboratório e o nome do profissional responsável com endereço completo, telefone de contato e as diversas possibilidades para a sua localização.

Os EPIs devem ser retirados, antes de sair do ambiente de trabalho, depositados em recipiente exclusivo para esse fim e descontaminados antes de serem reutilizados ou descartados.

Não se deve tocar superfícies limpas, tais como teclados, telefones e maçanetas usando luvas de procedimento.

Todos os procedimentos devem ser realizados cuidadosamente a fim de minimizar a criação de aerossóis ou gotículas. Precauções especiais devem ser tomadas em relação aos objetos perfurocortantes, incluindo seringas e agulhas, lâminas, pipetas, tubos capilares e bisturis. Agulhas e seringas hipodérmicas ou outros instrumentos perfurocortantes devem ficar restritos ao laboratório e usados somente quando indicados.

Devem ser usadas seringas com agulha fixa ou agulha e seringa em uma unidade única descartável usada para injeção ou aspiração de materiais biológicos patogênicos ou ainda, quando necessário, seringas que possuam um envoltório para a agulha, ou sistemas sem agulha e outros dispositivos de segurança. Assegurar um sistema de manutenção, calibração e de certificação dos equipamentos de contenção. A cada seis meses as CSBs e os demais equipamentos essenciais de segurança devem ser testados, calibrados e certificados. Deve ser mantido registro da utilização do sistema de luz ultravioleta das CSBs com contagem do tempo de uso.

Os filtros HEPA (*high efficiency particulated air*) da área de biocontenção devem ser testados e certificados de acordo com a especificação do fabricante ou no mínimo uma vez por ano.

Acidentes ou incidentes que resultem em exposição a agentes biológicos ou materiais biológicos potencialmente patogênicos devem ser imediatamente notificados ao profissional responsável, e os profissionais envolvidos devem ser encaminhados para avaliação médica, vigilância e tratamento, sendo mantido registro por escrito desses episódios e das providências adotadas.

Todos os materiais e resíduos devem ser descontaminados, preferencialmente esterilizados, antes de serem reutilizados ou descartados.

Equipamentos NB-2

Toda a equipe que trabalha ou adentra a área controlada deve utilizar os EPIs adequados (toucas, máscaras, jaleco, luvas duplas, propé), que podem ser descartáveis ou não. As peças não descartáveis devem ser processadas (lavadas, secas, descontaminadas, reutilizadas) dentro da própria instalação ou em uma empresa certificada.

Cabines de segurança biológica, classe I ou II, deverão ser usadas sempre que sejam realizadas manipulações de agentes biológicos patogênicos, procedimentos que envolvam potencial formação de aerossóis como pipetagem, centrifugação, agitação, sonicação, abertura de recipientes que contenham materiais infecciosos, inoculação intranasal de animais e coleta de tecidos infectados de animais ou ovos.

Uma autoclave deve estar disponível, em local associado ao laboratório, dentro da edificação, de modo a permitir a descontaminação de todos os materiais utilizados e resíduos gerados, previamente à sua reutilização ou descarte.

Instalações NB-2

As instalações laboratoriais NB-2 devem atender aos critérios estabelecidos para o NB-1, acrescidos de outras exigências. No planejamento de novas instalações devem ser considerados sistemas de ventilação que proporcionem um fluxo direcional de ar sem que haja uma recirculação para outras áreas internas da edificação. A área de escritório deve ser localizada fora da área laboratorial.

A instalação NB-2 deverá estar localizada em área afastada de circulação do público, com portas trancadas e o acesso à área controlada deverá ser restrito aos profissionais e técnicos capacitados ao trabalho em contenção.

Recomenda-se a instalação de lavatórios com acionamento automático ou acionados com cotovelo ou pé. Pelo menos uma estação de lavagem de olhos deve estar disponível no laboratório.

As cabines de segurança biológica devem ser instaladas de forma que as flutuações de ar da sala não interfiram em seu funcionamento, devendo permanecer distantes de portas, janelas e áreas movimentadas. O seu ar de exaustão, filtrado por filtros HEPA, e das capelas químicas deve ser lançado acima da edificação laboratorial e das edificações vizinhas, longe de prédios habitados e de correntes de ar do sistema de climatização. O ar de exaustão das cabines pode recircular no interior do laboratório se a cabine for testada e certificada anualmente. Os filtros HEPA ou equivalente devem ser regularmente trocados.

As cadeiras também devem ser de material impermeável e de fácil limpeza. Não são recomendadas janelas que se abrem para o exterior, mas caso haja, estas deverão possuir telas de proteção.

Todo o resíduo gerado na instalação NB-2 deve ser descontaminado por meio de autoclave antes de sair da área controlada. Quando a utilização da autoclave não for possível, deve ser adotado outro método (incineração ou descontaminação química).

Uso de animais no NB-2

As instalações de contenção para atividades e projetos com animais geneticamente modificados incluem biotério, insetário, tanque de aquicultura, curral, aviário, infectório, e todo e qualquer ambiente destinado à criação ou experimentação desses animais. Havendo riscos diferentes nos diferentes organismos manipulados, os critérios exigidos devem atender à classe de risco mais alta.

As atividades e projetos em contenção, envolvendo animais vertebrados ou invertebrados geneticamente modificados da classe de risco 1, deverão atender às normas de biossegurança exigidas para o NB-1, observando-se ainda que: as instalações para manutenção e manipulação dos animais geneticamente modificados devem estar fisicamente separadas do resto do laboratório e ter acesso controlado, com a entrada das instalações mantida trancada e o acesso restrito às pessoas credenciadas. Devem ser estabelecidas normas de procedimentos amplamente divulgadas às pessoas com acesso autorizado, e cópias das normas de procedimentos, inclusive daqueles referentes a situações de emergência, devem ser mantidas no interior das instalações.

Animais de diferentes espécies e não envolvidos no mesmo experimento deverão estar alojados em áreas físicas separadas.

A construção das instalações deverá levar em conta o tipo de animal geneticamente modificado a ser mantido e manipulado, mas sempre se tomando os cuidados necessários para impedir o seu escape. Todas as áreas que permitam ventilação (inclusive entrada e saída de ar condicionado) deverão conter barreiras físicas para impedir a passagem de insetos e outros animais; ralos ou outros dispositivos similares, se existentes, deverão ter barreiras para evitar a possibilidade de escape ou entrada de material contaminado.

A entrada da cama dos animais (maravalha de madeira), ração ou qualquer outro alimento ou material a ser utilizado com os animais ocorre após autoclavagem ou irradiação. Todo material contaminado deverá ser apropriadamente acondicionado para desinfecção ou inativação, que poderá ocorrer fora das instalações.

As atividades e projetos em contenção envolvendo animais geneticamente modificados da classe de risco 2 deverão atender às normas de biossegurança exigidas para o NB-2, observando-se ainda que:

- É necessário que haja uma antessala entre a área de livre circulação e a área onde os animais estão alojados.
- A antessala deve estar separada por sistema de dupla porta com intertravamento.
- Todas as entradas e saídas de ventilação devem possuir barreiras físicas que bloqueiem a passagem de insetos e outros animais entre as salas e a área externa.
- As janelas devem ter vidros fixos e hermeticamente fechados e, quando necessário, ser duplas.
- As instalações devem ter luzes de emergência e ser ligadas a geradores, se possível.
- É necessária a troca de vestimenta antes da passagem da antessala para a sala de animais. Se possível, deve ser utilizada vestimenta descartável no interior da sala de animais.
- As vestimentas devem, após rigorosa inspeção para verificar a presença de insetos, ser acondicionadas em recipiente próprio fechado e autoclavado.
- Serragem, ração ou qualquer outro alimento ou material a ser utilizado com os animais devem ser submetidos a autoclavagem ou irradiação.
- A saída do material deve ser efetuada através de câmaras de passagem de dupla porta para esterilização ou inativação. Quando a esterilização de material ou animais eutanasiados não ocorrer na própria instalação, a saída desse material para as áreas de esterilização ou inativação deverá ser efetuada em recipientes rígidos e a prova de vazamentos.
- Em biotérios, a água a ser ingerida pelos animais deve ser filtrada, acidificada ou autoclavada.
- Em biotérios, o fluxo de ar deve sofrer cerca de 20 renovações por hora.
- Recomenda-se que haja controle sanitário, parasitológico, microbiológico, de micoplasmas e virológico dos animais.
- Controle genético dos animais deve ser realizado, se possível, a cada nova geração.
- Infectórios com animais geneticamente modificados devem localizar-se em áreas especialmente isoladas e devidamente credenciadas pela CTNBio.

Os animais de laboratório em NB-3 devem ser mantidos em sistemas de confinamento (sistemas de caixas com filtro HEPA e paredes rígidas). A manipulação desses animais deve ser feita em cabine de segurança biológica classe II ou III.

NÍVEL DE BIOSSEGURANÇA 3 (NB-3)

O nível de biossegurança 3 é aplicável aos laboratórios nos quais o trabalho é realizado com agentes que podem causar doenças em humanos ou animais, potencialmente letais, por meio da inalação de agentes biológicos classificados como de classe de risco 3.

Além das práticas de segurança biológica adotadas nos níveis de biossegurança 1 e 2, um laboratório NB-3 requer equipamentos de segurança e instalações laboratoriais mais eficazes na contenção do que os presentes nesses níveis. Deve ser adequado às atividades e projetos que envolvam OGM de classe de risco 3. Precisa estar separado das áreas de trânsito irrestrito do prédio; a separação física entre instalações NB-3 e as demais instalações, laboratórios ou corredores de acesso deve ser por sistema de dupla porta, com fechamento automático por intertravamento e com sala para troca (ou colocação de vestimenta) de roupas e outros dispositivos, para acesso em duas etapas.

Os profissionais destes laboratórios devem receber treinamento específico para o manejo dos agentes biológicos patogênicos e geneticamente modificados, devendo ser supervisionados pelo profissional responsável.

Todos os procedimentos que envolverem a manipulação de agentes biológicos devem ser conduzidos dentro de cabines de segurança biológica ou outro dispositivo de contenção física.

Todos os laboratórios pertencentes a este nível de biossegurança devem ser registrados junto a autoridades sanitárias nacionais.

O nível de contenção NB-3 exige a aplicação e o rigor das práticas microbiológicas e de segurança estabelecidas para o NB-2, além de exigir o uso obrigatório de cabines de segurança biológica classe II ou III. Todos os procedimentos, técnicos ou administrativos, devem estar descritos, ser de fácil acesso e do conhecimento dos técnicos envolvidos em sua execução.

Todos os profissionais que entrarem no laboratório deverão estar cientes sobre o potencial de risco nesses ambientes. Somente os profissionais necessários para a execução das atividades ou os profissionais de apoio devem ser admitidos no local. No entanto, as atividades em laboratórios NB-3 devem ser executadas por no mínimo dois profissionais.

Os profissionais que apresentarem risco aumentado de contrair infecções não são permitidos dentro do laboratório. Os profissionais devem ser submetidos à avaliação médica periódica e receber imunizações apropriadas aos agentes manuseados ou potencialmente presentes na instalação. Coleta de amostras sorológicas de toda a equipe, especialmente dos profissionais diretamente expostos ao risco, deve ser realizada, bem como seu armazenamento para futura referência.

Amostras adicionais poderão ser periodicamente coletadas, dependendo dos agentes e materiais biológicos manipulados ou do funcionamento do laboratório.

Toda a equipe de trabalho, pesquisa e de apoio deve receber treinamento em biossegurança sobre os riscos potenciais associados aos trabalhos desenvolvidos, os cuidados necessários para evitar ou minimizar a exposição ao agente de risco e sobre os procedimentos a serem realizados em caso de exposição. Os profissionais do laboratório deverão frequentar cursos periódicos de atualização em biossegurança e receber orientação quanto às alterações do marco regulatório.

Deve haver um "Manual de Biossegurança" específico para este local e nível de contenção, elaborado pelo profissional responsável e que contemple os procedimentos operacionais padrões. Este deve permanecer disponível e acessível a todos os profissionais no local de trabalho.

Não é permitido o uso de EPIs fora do laboratório. Eles deverão ser descontaminados antes de serem reutilizados ou descartados.

Todos os resíduos devem ser obrigatoriamente esterilizados antes de serem descartados e/ou removidos do laboratório. Todos os materiais utilizados no laboratório devem ser descontaminados, antes de serem reutilizados.

Os filtros HEPA e pré-filtros das cabines de segurança biológicas e dos sistemas de ar retirados devem ser acondicionados em recipientes hermeticamente fechados para serem descontaminados por esterilização.

Acidentes ou incidentes que resultem em exposições a agentes e materiais biológicos patogênicos deverão ser imediatamente relatados ao técnico responsável e tomadas às medidas de mitigação e remediação necessárias, bem como avaliação médica, vigilância e tratamento dos profissionais envolvidos, sendo mantido registro por escrito destes episódios e das providências adotadas.

O técnico responsável deve garantir que o projeto da instalação e todos os procedimentos operacionais do NB-3 estejam documentados; que os parâmetros operacionais e as instalações tenham sido verificados e estejam funcionando adequadamente antes que as atividades laboratoriais sejam iniciadas; que as instalações sejam inspecionadas no mínimo uma vez por ano e os equipamentos verificados, inclusive os sistemas de segurança, quanto ao seu funcionamento, calibração e eficiência, de acordo com as especificações do fabricante ou com as BPLs.

Nenhum material biológico com capacidade de propagação poderá deixar as instalações se não estiver em embalagem apropriada. Para experimentos envolvendo OGM ou agente biológico patogênico de menor risco realizado concomitantemente no mesmo local, deverá ser adotado o nível NB-3.

Equipamentos NB-3

Todos os procedimentos envolvendo a manipulação de agentes patogênicos ou geneticamente modificados, culturas, material clínico ou ambiental de agentes classificados como classe de risco 3 devem ser conduzidos dentro de cabines de segurança biológica classe II, ou III. Além disso, deve-se estabelecer a combinação apropriada de EPIs e dispositivos de contenção física.

É necessária uma autoclave, de preferência de dupla porta e de fluxo único, estando a abertura no interior do laboratório NB-3 e a saída na área de apoio das instalações de contenção. Esta configuração garante que todo material que sai da área controlada NB-3 seja devidamente esterilizado antes de sair.

É obrigatório o uso de roupas de proteção apropriadas, bem como o uso de máscaras, toucas, luvas e propés. Os profissionais que fazem uso de lentes de contato deverão também utilizar óculos de proteção ou protetores faciais. O trabalho em salas contendo animais infectados deve ser realizado com a utilização de equipamentos de proteção respiratória e para os olhos.

Quanto ao uso de luvas, estas devem ser trocadas quando necessário ou quando sua integridade estiver comprometida. Pode-se fazer uso de dois pares para evitar o contato com os agentes manipulados nos casos de ruptura.

Quando o trabalho com agentes biológicos de risco estiver finalizado e antes de sair do laboratório, as luvas devem ser removidas e desprezadas juntamente com o lixo laboratorial contaminado, sem que haja a necessidade de lavá-las. Após qualquer procedimento em um laboratório NB-3, os protocolos de lavagem de mãos devem ser rigorosamente seguidos.

Instalações NB-3

As instalações laboratoriais NB-3 devem atender aos critérios estabelecidos para o NB-2, acrescidos dos critérios que seguem. Quando os critérios para o NB-3 forem incompatíveis com os itens estabelecidos para o NB-2, prevalecerá a exigência para o NB-3, ou seja, a solução de maior contenção.

O acesso à área controlada é restrito e a entrada é realizada por duas portas automáticas. A entrada e a saída dos profissionais devem ser feitas por meio de câmara pressurizada ou vestiário de barreira adjacente à área de contenção do laboratório, com pressão diferenciada, para colocação e/ou retirada de EPIs, dotados de sistema de bloqueio de dupla porta, providos de dispositivos de fechamento automático e de intertravamento.

As portas devem ser de fechamento automático e possuir travas de acordo com a política institucional. Uma antessala para a troca de vestuário deve ser incluída entre as duas portas automáticas.

São recomendados visores nas paredes divisórias e nas portas entre as salas e áreas de circulação. As janelas e visores devem ter vidro de segurança e ser devidamente vedadas.

A entrada de materiais de consumo e amostras biológicas (humanas e animais) deve ser feita por intermédio de câmara pressurizada ou por outro sistema de barreira equivalente.

A saída de emergência deve ser localizada de acordo com as normas vigentes.

Deve haver pelo menos um lavatório para lavagem das mãos, com acionamento automático próximo à porta de saída de cada laboratório.

Uma autoclave deve ser instalada na área de apoio da área de contenção para esterilizar o material de consumo a ser usado nas atividades laboratoriais.

As cabines de segurança biológica da classe III devem estar conectadas diretamente ao sistema de exaustão, de maneira que se evite qualquer interferência no equilíbrio do ar delas próprias ou do edifício. Se elas estiverem conectadas ao sistema de insuflação do ar, isto deverá ser feito de tal maneira que previna uma pressurização positiva das cabines.

Devem ser instaladas coifas sobre equipamentos que realizam procedimentos que possam produzir aerossóis. Essas coifas devem estar interligadas ao sistema de tratamento de ar com filtragem absoluta.

As áreas de contenção devem estar conectadas às áreas de suporte do laboratório e de apoio técnico por meio de um sistema de comunicação.

Equipamentos como chuveiro, lava-olhos de emergência e lavatório com dispositivos de acionamento por controles automáticos devem estar presentes nas áreas em contenção e adjacentes à área do laboratório.

O sistema de ar nas instalações deve ser independente e deve prever uma pressão diferencial positiva na sala de entrada e fluxo unidirecional, de modo que não permita a saída do agente biológico ou OGM. No sistema de ar devem estar acoplados manômetros, com sistema de alarme, que acusem qualquer alteração sofrida no nível de pressão exigido para as diferentes salas.

A ventilação deve ser unidirecional, garantindo que o fluxo de ar seja sempre direcionado das áreas de menor risco potencial para as áreas de maior risco de contaminação. O ar de exaustão não deve recircular para qualquer outra área da edificação, devendo ser filtrado por meio de filtro HEPA, antes de ser eliminado para o exterior do laboratório, longe de áreas ocupadas e de entradas de ar. Os filtros HEPA devem ser instalados no ponto de descarga do sistema de exaustão. O fluxo de ar no laboratório deve ser constantemente monitorado.

Recomenda-se que um monitor visual seja instalado para indicar e confirmar a entrada direcionada do ar para o laboratório. Deve-se considerar a instalação de um sistema de automação para monitoramento do sistema de ar.

Recomenda-se que o mobiliário seja modular e flexível de forma a facilitar sua mobilidade.

O piso deve ser revestido de materiais contínuos e impermeáveis. Todas as esquadrias devem ser de material de fácil limpeza e manutenção.

As tubulações devem estar preferencialmente nos espaços de fácil acesso à equipe de manutenção. Quando as tubulações das instalações prediais atravessarem pisos, paredes ou teto da área de contenção, os orifícios de entrada e saída devem ser vedados com materiais que garantam o isolamento.

Os registros devem estar localizados fora da área de contenção do laboratório para interrupção do fluxo de água pela equipe de manutenção, quando necessário.

Deve haver sifões nas cubas e lavatórios e não devem ser utilizados ralos nas áreas laboratoriais.

As linhas de suprimento de gases comprimidos e as linhas de vácuo devem ser dotadas de filtros de alta eficiência ou de sistema equivalente, para proteção de inversão do fluxo (dispositivo antirrefluxo). Uma alternativa no caso das linhas de vácuo é o uso de bombas de vácuo portáteis, não conectadas ao exterior da instalação e também dotadas de filtro de alta eficiência.

Os disjuntores e quadros de comando devem estar localizados fora da área de contenção. Todos os circuitos de alimentação de energia elétrica devem ser independentes das demais áreas da edificação. As instalações NB-3 devem possuir sistema de emergência constituído de grupo motor-gerador e chave automática de transferência, para alimentar os circuitos da iluminação de emergência, dos alarmes de incêndio e de segurança predial, dos equipamentos essenciais (cabines de segurança biológica, *freezers*, refrigeradores e incubadoras, e do ar condicionado de ambientes que necessitam de temperatura e fluxo unidirecional constante do ar).

Todo o líquido efluente das instalações deverá ser descontaminado antes de liberado no sistema de esgotamento sanitário, através do tratamento em caixas de contenção.

O perímetro de contenção do laboratório deve ser dotado de sistema que permita sua vedação para procedimentos de descontaminação dos ambientes.

NÍVEL DE BIOSSEGURANÇA 4 (NB-4)

As instalações laboratoriais NB-4 devem atender aos critérios estabelecidos para o NB-3, acrescidos dos critérios específicos para NB-4. Quando os critérios para o NB-4 forem incompatíveis com os itens estabelecidos para o NB-3, prevalecerá a exigência para o NB-4, ou seja, a solução de maior contenção[44].

Os trabalhos em instalações NB-4 incluem agentes biológicos que apresentam alto risco de ocasionar doenças letais, que expõem o indivíduo a um alto risco de contaminação por infecções que podem ser fatais. Além de apresentarem um potencial elevado de transmissão por aerossóis, ou relacionados a agentes de risco de transmissão desconhecida[49]. Atualmente não há nenhuma medida profilática ou terapêutica eficaz contra infecções ocasionadas por agentes biológicos NB-4. São exemplos: vírus ebola, *bacillus anthracis* e varíola.

Os centros de pesquisa NB-4 somente devem operar com funcionários e pesquisadores especializados e treinados em procedimentos de Biossegurança e sob o controle direto das autoridades sanitárias. Além disso, dada a grande complexidade do trabalho, a equipe deverá ter um treinamento específico e completo direcionado para a manipulação de agentes infecciosos extremamente perigosos. São recomendados cursos de reciclagem anualmente, assim como treinamentos adicionais, quando necessário. Todos os treinamentos devem ser registrados e mantidos em arquivos.

Pessoas designadas para trabalhar com animais infectados devem sempre trabalhar aos pares. Com base nas avaliações de risco, devem-se usar dispositivos de contenção, trabalhar com o animal anestesiado ou adotar outros procedimentos para reduzir possíveis exposições.

Um manual de biossegurança específico para o local de trabalho deve ser elaborado e adotado. As pessoas precisam ser avisadas quanto aos riscos potenciais do trabalho que desenvolvem. É obrigatório ler e seguir as instruções sobre os procedimentos e as práticas contidas no manual.

A instituição, aliada ao monitoramento e à supervisão por profissionais treinados e com experiência em laboratórios NB-4, deve estabelecer procedimentos e protocolos para situações de emergência, assim como procedimentos especiais, que devem ser aprovados pela própria instituição e pelo Comitê de Biossegurança.

Instalações NB-4

A instalação animal deve limitar o acesso às salas de animais ao menor número possível de indivíduos. As pessoas autorizadas que deverão entrar nas salas para desenvolver os propósitos requeridos pelo seu trabalho devem ser avisadas quanto ao potencial de risco a que estão expostas.

Medidas rigorosas quanto à segurança física das instalações devem ser tomadas em relação ao NB-4, como o patrulhamento de áreas próximas, vigilância durante as 24 horas com monitoramento da entrada e saída da instalação, com o uso de cartões magnéticos ou controles biométricos. O funcionário deverá estar sempre portando seu cartão de identificação funcional.

Um programa de supervisão médica deve ser instituído para todas as pessoas que tenham permissão para entrar em salas NB-4. Dependendo do agente, deverão ser tomadas medidas profiláticas, como imunização para o agente em questão, e mesmo uma análise sorológica do funcionário para avaliação de antecedentes como exposição a agentes infecciosos e qual é a profilaxia existente. Em geral, as pessoas com elevado risco de infecções, ou para quem essas infecções têm sérias consequências, não devem ter sua entrada permitida na instalação de animais, a menos que procedimentos operacionais específicos sejam desenvolvidos e que, com essa prática, eliminem-se os riscos extras. O programa de supervisão médica ainda deve incluir a avaliação sobre saúde ocupacional e física dos funcionários.

As salas devem ser construídas de forma que assegurem a passagem através dos vestiários e da área de descontaminação antes da entrada ou saída na(s) sala(s) em que há a manipulação dos agentes de risco biológico da classe de risco 4. Devem ser previstas câmaras de entrada e saída de pessoal, separadas por chuveiro; o sistema de drenagem do solo deve conter depósito com desinfetante químico eficaz para o agente em questão, conectado diretamente a um sistema coletor de descontaminação de líquidos.

Devem existir visores adequados localizados nas paredes divisórias e portas, entre a área de contenção e as áreas de suporte do laboratório. O símbolo de biossegurança deve ser colocado na entrada das salas de animais, em local visível, a fim de identificar o agente infeccioso em uso, listar o nome e o telefone das pessoas responsáveis e indicar os requerimentos especiais para a entrada nesta sala de animais (p. ex., a necessidade de imunização prévia ou de máscaras com filtros protetores).

Os critérios para projetos de instalações para alojar animais do grupo de risco 4 são semelhantes aos descritos para animais do grupo de risco 3, mas devem ser aliados ao uso de cabines de proteção. Os trabalhos devem ser executados exclusivamente dentro de cabine de segurança biológica III (CSB-III) ou dentro de cabines de segurança biológica da classe II associadas ao uso de roupas e EPIs de proteção pessoal, peça única ventilada com pressão positiva, ventiladas por sistema de suporte de vida.

Sistemas de esgoto e ventilação devem estar acoplados a filtros HEPA de elevada eficiência. As instalações de filtros e esgotos devem estar confinadas à área de contenção. Sistemas de suprimento de luz, dutos de ar e linhas utilitárias devem ser, preferencialmente, embutidos para evitar o acúmulo de poeira.

O insuflamento de ar deverá estar protegido com filtro HEPA e a exaustão do ar deve ser feita através de dutos de exaustão, cada um com dois filtros HEPA colocados em série e com alternância de circuito de exaustão automatizado.

Deve-se, ainda, prever uma unidade de quarentena, isolamento e cuidados médicos para os suspeitos de contaminação.

Equipamentos de segurança NB-4

Todos os procedimentos envolvendo a manipulação de agentes classificados como classe de risco NB-4 devem ser conduzidos dentro de cabines de segurança biológica classe III, ou cabine de segurança biológica II, associada à combinação apropriada de EPIs de proteção pessoal, peça única ventilada com pressão positiva, ventilada por sistema de suporte de vida e dispositivos de contenção física. Devem-se incluir compressores de respiração de ar, alarmes e tanques de ar de reforço de emergência[44].

A entrada de insumos e amostras biológicas deve ocorrer por meio de câmara pressurizada (*passthrough*).

É necessária uma autoclave de dupla porta de controle automático, para a descontaminação dos resíduos, sendo que os espaços entre as paredes de contenção e as portas das autoclaves deverão ser vedados.

O sistema deve prever alarmes e tanques de respiração de emergência, além de chuveiro para a descontaminação química das superfícies da roupa antes da saída da área.

Nenhum material deverá ser removido das instalações, a menos que tenha sido autoclavado ou descontaminado, exceção feita aos materiais biológicos que necessariamente tenham que ser retirados na forma viável ou intacta; o material biológico viável, ao ser removido de cabines classe II ou III ou das instalações NB4, deve ser acondicionado em recipiente de contenção inquebrável e selado. Este, por sua vez, deve ser acondicionado dentro de um segundo recipiente também inquebrável e selado que passe por um tanque de imersão contendo desinfetante ou por uma câmara de fumigação ou, ainda, por um sistema de barreira de ar (NR-18).

Os equipamentos e as superfícies de trabalho em uma sala devem ser rotineiramente descontaminados com desinfetantes apropriados depois de se ter trabalhado com agentes infecciosos, e especialmente após a ocorrência de respingos, derramamentos ou outro tipo de contaminação por meio de material infectado. Deve existir um procedimento específico e adequado para a descontaminação de respingos e somente pessoas treinadas e equipadas podem realizá-lo. Respingos e acidentes que resultam em exposição a materiais infectados devem ser imediatamente informados ao diretor do biotério. Uma avaliação médica com acompanhamento e tratamento apropriados para o caso tem de ser estabelecida e todos os registros devem ser arquivados.

Os equipamentos devem ser descontaminados de acordo com o regulamento da instituição antes de ser removido para reparo ou manutenção.

PRÁTICAS ESPECIAIS

As pessoas que têm permissão para entrar no biotério deverão fazê-lo após passar pelo chuveiro e trocar sua roupa; assim, sempre que algum funcionário tiver de sair da sala de animais, deverá tomar um novo banho e vestir outra roupa para poder entrar novamente.

Diariamente, devem ser feitas inspeções de todos os sistemas de contenções e suporte à vida, a fim de assegurar o correto funcionamento dos equipamentos.

Os sistemas de emergência devem ser testados rotineiramente, de acordo com as especificações do fabricante.

Entre as áreas de contenção e de suporte (apoio), deve haver um sistema de comunicação, de circuito interno de imagem ou outro dispositivo de comunicação de emergência.

O uniforme completo, incluindo roupas íntimas, sapatos e luvas, deverá ser usado pelos funcionários para entrar nas salas de animais. Ao sair, eles deverão remover a roupa dentro da sala de troca, e, antes de entrar na área, deverão passar por chuveiros. A roupa terá de ser esterilizada em autoclave, antes de ser enviada à lavanderia.

A introdução de suprimentos e materiais no biotério deve ser por via autoclave de dupla porta ou por câmara de pressurização. Somente após a confirmação de que a porta externa está travada é que os funcionários da área "limpa" abrirão a porta interna para fazer a retirada dos materiais. As portas da autoclave e da câmara pressurizadas funcionam com intertravamento.

Para a correta informação sobre ocorrência de acidentes e superexposição, bem como para levantamentos médicos sobre as condições de trabalho associadas com o potencial de infecções, deverá existir um programa de assistência médica, incluindo quarentena, isolamento e cuidados médicos de pessoas potencial ou sabidamente portadoras de doença associada ao trabalho.

TREINAMENTOS E NORMAS INTERNAS DE BIOSSEGURANÇA

Todos os membros da equipe de pesquisa, incluindo investigadores principais, pesquisadores, colaboradores, técnicos de pesquisa, bolsistas e demais usuários de animais de experimentação, devem receber o treinamento teórico/prático em cuidados e manejo humanitário de animais (RN-49 e 55 CONCEA), assim como normas de segurança e biossegurança envolvidas no protocolo de pesquisa. Esta medida visa garantir a integridade e o bem-estar dos animais utilizados em atividades de pesquisa científica e conhecimentos sobre os aspectos operacionais relativos a regulamentação normativa, biossegurança e boas práticas em biotérios/laboratórios.

Todo o treinamento do pessoal do programa deve ser documentado; recomenda-se a confirmação de ciência das normas internas de segurança e biossegurança do local de experimentação.

Os treinamentos abrangem técnicas de biossegurança, fluxo operacional da área experimental, uso correto de EPIs e EPCs, manuseio e alojamento dos animais, técnicas de contenção, imunizações, coleta de sangue e cirurgia (específico para o protocolo de pesquisa). Os treinamentos podem abranger ainda a utilização correta dos equipamentos como cabine de segurança biológica, capela química, aparelho de anestesia inalatória, *rack* ventilado, dentre outros.

É importante salientar que o estabelecimento dos POPs das atividades de instalações animais garante a seus usuários um serviço livre de variações indesejáveis na qualidade dos projetos desenvolvidos. Assim, os POPs são elaborados com o propósito de fixar condições, padronizar e estabelecer regras e recomendações, que devem ser seguidas por todo o pessoal envolvido nas atividades da instalação animal. O pop deve possuir um sistema de numeração por área técnica e por tipo de procedimento, devem ser afixados anexos de registros em cada sala e equipamento, para registros diários de quem realizou o procedimento e a data.

NORMAS INTERNAS DE BIOSSEGURANÇA

As normas internas de biossegurança são elaboradas pela própria equipe da instalação animal, e contêm regras gerais de segurança e boas práticas de biotério/laboratório. Essas normas prestam esclarecimentos quanto à solicitação de autorização para a realização dos trabalhos experimentais, descrevem o uso correto de EPIs e EPCs e apresentam o fluxo operacional da área experimental quanto às salas restritas a funcionários e salas disponíveis ao pesquisador.

É de suma importância esclarecer o pesquisador sobre a responsabilidade do experimento que está sendo realizado e a importância do monitoramento dos animais em experimentação, a necessidade de treinamentos prévios de procedimentos e técnicas que serão utilizados nos animais, assim como a correta manipulação destes. Para cada projeto (Ensaio Biológico) que se inicia, é recomendada a disponibilização do Caderno do Experimento (virtual ou caderno físico), identificado com nome do projeto, número ceua, período de validade, pesquisadores e colaboradores autorizados a participar do projeto, assim como procedimentos e técnicas autorizadas.

O caderno do experimento funciona como um registro cronológico do ensaio biológico, na qual os pesquisadores registram todas as atividades e demais ocorrências com os animais do início (recebimento dos animais) até o final do ensaio (eutanásia e coleta de material biológico). Os funcionários envolvidos com a manutenção dos animais também fazem os devidos registros: eventos anormais, ocorrências, registro mensal de temperatura e umidade relativa da sala experimental.

As normas também podem descrever como deve ser o comportamento dos usuários em biotérios de experimentação, como manter silêncio nas áreas com animais, como utilizar os materiais que o biotério fornece, quais são os horários de entrega de animais e outros itens específicos. A mesma norma também contém recomendações para os trabalhos com os animais, como preenchimento correto das fichas de identificação das gaiolas, densidade de animais versus tamanho da gaiola, dependendo da espécie, e a promoção do bem-estar animal com a utilização de itens de enriquecimento ambiental.

O pessoal não deve ter permissão para comer, beber, usar produtos de tabaco, aplicar cosméticos ou manusear e aplicar lentes de contato em salas e laboratórios em que animais sejam alojados ou usados (DHHS 2009; NRC 1997; OSHA 1998a).

TRANSPORTE TERRESTRE

A Resolução Normativa número 26, de 22 de maio de 2020 da CTNBio, estabelece as normas para as atividades de transporte de organismos geneticamente modificados e seus derivados em território terrestre nacional. Esse transporte deve ser considerado para qualquer movimentação de OGM e seus derivados entre unidades e/ou instituições e deve ser autorizado pela Comissão Interna de Biossegurança (CIBio) no caso de OGM de classe 1 e autorizado pela CTNBio em se tratando de OGM de classe 2, 3 e 4 (RN, 2020).

O transporte de animais corresponde a um ponto crítico devido aos vários riscos a que estão sujeitos, pois problemas de diferentes ordens podem surgir tanto no transporte externo (de um estabelecimento para outro) quanto no transporte interno (dentro das unidades, entre barreiras, diferentes salas). As condições e agendamento de transporte devem ser planejados para levar em consideração extremos climáticos, necessidades específicas da espécie e contingências necessárias.

É necessário que todos os envolvidos (pesquisadores e empresas) no transporte estejam cientes das diferentes regulamentações específicas para o transporte de animais, de modo a minimizar o tempo de permanência dos animais em trânsito e seu bem-estar durante esse período.

Devem ser considerados os fatores que causam estresse aos animais, tais como: o barulho excessivo, mudança de ambiente, o movimento das gaiolas de transporte, o ambiente do veículo de transporte e a presença de pessoas estranhas a eles.

A extensão do estresse em um animal depende de diferentes fatores: sua espécie e linhagem, sexo, idade, condições de saúde, estágio de prenhez, número de animais viajando juntos e relações sociais estabelecidas nas gaiolas. O desconforto dos animais é afetado pela duração e condições ambientais durante o transporte (principalmente temperatura e pressão) e pela qualidade do cuidado dispensado ao longo da viagem, considerando o uso de gaiolas seguras, confortáveis e à prova de fuga, fornecer alimento e água e garantir que o tempo de transporte seja o mínimo possível. Observar as normas previstas na RN-25 do CONCEA.

Recomendações de cuidados com os animais:

- Os animais devem estar contidos em microisoladores dotados de filtro para ventilação e fechamento hermético, envoltos em pelo menos 2 elásticos para garantir o perfeito fechamento durante o transporte.
- Os microisoladores devem ser adequados para a espécie em questão.
- Cada microisolador deve conter sua ficha de identificação onde conste as seguintes informações: origem, espécie, linhagem, sexo, número de animais, data do nascimento e data do desmame.
- Preferencialmente, deve ser utilizado um veículo oficial dotado de compartimento de carga fechado com climatização, para que a temperatura seja mantida estável durante todo o trajeto de transporte.
- O veículo, sendo dedicado somente a este tipo de transporte, deve ser identificado conforme a NBR 7500:2017.
- Devem ser providenciados todos os requisitos de bem-estar animal durante o transporte: proteção contra luminosidade solar, temperatura, hidratação e alimentação.
- O formulário deve acompanhar as gaiolas desde sua origem até o destino final.

ANIMAIS GENETICAMENTE MODIFICADOS

Uma maior atenção deve ser dada quando se tratarem de animais geneticamente modificados (AnGM), cuja movimentação depende de regulamentação exercida pela CTNBio. As embalagens e/ou documentos que acompanham as cargas de AnGM devem conter as seguintes informações:

- Identificação com o símbolo universal de "Risco Biológico".

- Os recipientes deverão ser identificados, quando pertinente, com símbolo universal de "frágil".
- O recipiente externo deverá conter as seguintes informações, tanto do remetente quanto do destinatário.
- Nome do responsável pelo envio ou recebimento do material.
- Endereço completo.
- Telefone do destinatário e do remetente; e conter a seguinte a mensagem: "O acesso a este conteúdo é restrito à equipe técnica devidamente capacitada".

O transporte de OGM e de seus derivados entre unidades operativas ou instituições deve respeitar a classificação de risco definida em outras normas para o material em questão. O transporte deverá ser autorizado pela Comissão Interna de Biossegurança nos casos de OGM e/ou seus derivados pertencentes à classe de risco 1, e pela CTNBio quando pertencentes às classes de risco 2, 3 ou 4.

Caberá ao técnico principal assegurar que as atividades de transporte somente serão iniciadas após autorização da CTNBio ou da CIBio, respeitadas as suas atribuições.

A CIBio das instituições envolvidas deverá manter registro das atividades e reportá-las no relatório anual, e este registro deverá permitir a rastreabilidade e informar as condições de embalagem dos materiais transportados. Para os OGM e/ou seus derivados pertencentes à classe de risco 1, caberá à CIBio estabelecer os procedimentos para a autorização de transporte, observando as normas desta Resolução Normativa, podendo a autorização ser emitida para cada movimentação ou por período determinado, desde que mantido o registro.

A notificação deixa de ser necessária quando o transporte for realizado entre unidades operativas sob a responsabilidade de uma mesma CIBio, mas não exime a CIBio do cumprimento das demais normas estipuladas (ciência, controle, registro e citação no relatório anual).

Na hipótese de transporte de OGM em território nacional é necessário que a instituição remetente e a instituição de destino possuam Certificado de Qualidade em Biossegurança (exceto quando forem derivados de OGM).

Previamente ao transporte de OGM e/ou seus derivados em território nacional, a instituição remetente deverá notificar a CIBio da instituição de destino sobre a remessa do material, fornecendo as seguintes informações:

- O conteúdo a ser transportado.
- A quantidade, peso ou volume, conforme o caso, a ser transportado.
- As condições de embalagem.

A instituição remetente, de acordo com as normas e instruções da CIBio, deverá informar ao transportador sobre os cuidados necessários a serem adotados durante o transporte e os procedimentos de emergência na hipótese de eventual escape ou acidente. No caso de transporte realizado por terceiro, a responsabilidade quanto ao atendimento das normas de biossegurança recairá sobre o CQB da instituição que contratou o transporte.

As embalagens a serem utilizadas nas atividades de que trata esta Resolução deverão estar firmemente fechadas ou vedadas, considerando as seguintes condições:

- Deverão ser utilizados dois recipientes, um interno e um externo.
- O recipiente externo poderá ser envolvido por mais de um recipiente, caso necessário, a fim de se obter maior segurança.

O recipiente externo deverá ser de material que ofereça resistência durante o transporte.

Quando os OGM e/ou seus derivados pertencerem à classe de risco 1, a dupla embalagem será dispensada desde que o recipiente que contiver a carga ofereça resistência necessária para o transporte.

Alguns procedimentos, preferencialmente em formato de POPS, devem ser estabelecidos para realização de transporte de OGM, como seguem as orientações a seguir para AnGM do grupo 1.

Dados da documentação

- Verificar se o local de destino e de origem dos AnGM possui o CQB válido.
- Providenciar a Guia de Trânsito Animal (GTA), conforme as normas do Ministério da Agricultura, Pecuária e Abastecimento.
- O pesquisador deve solicitar permissão para a CIBio do local de origem e de destino dos AnGM, informando:
  - Espécie e linhagem dos animais, grafadas com a terminologia oficial.
  - *Status* sanitário.
  - Nível de biossegurança.
  - Sexos e respectivas quantidades de cada.
  - Quantidade de gaiolas microisoladoras.
  - Data provável de saída da origem e de chegada no destino.
- Preencher o formulário específico estabelecido por cada instituição com todas as informações necessárias.
- Enviar eletronicamente o formulário para o local de origem, para que ele seja assinado na origem e seja enviado juntamente com os animais até o destino.

- Ao receber os animais, conferir se são os mesmos que foram solicitados e informados.
- Assinar o formulário no campo específico, onde declara que recebeu exatamente o que solicitou.
- No caso de algum óbito durante o transporte, registrar o sexo e quantidade em campo específico no mesmo formulário.
- Informar eletronicamente que os animais foram recebidos e se houve alguma ocorrência anormal ao trâmite e/ou morte de animais.
- Encaminhar uma cópia digitalizada para a CIBio de origem e outra para a CIBio de destino, para que o transporte possa constar no relatório anual enviado à CTNBio.

ORIENTAÇÕES EM CASO DE ESCAPES DE ANIMAIS

- O veículo de transporte deve ser adequado ao transporte de animais de laboratório, para que se eventualmente os animais fugirem das gaiolas, eles possam ser contidos pelas paredes do compartimento de carga antes de chegarem ao ambiente externo;
- Todos os animais devem ser capturados, mesmo que mortos, antes de chegarem ao ambiente externo;
- No caso de escape, todo incidente deve ser relatado aos envolvidos (pesquisador, CIBio de origem e de destino), para que a informação possa constar no relatório anual enviado à CTNBio.

Atualmente existe uma ampla literatura e legislação versando sobre organismos geneticamente modificados e agentes biológicos patogênicos, mas não existe até o momento específicas para os AnGM.

RESÍDUOS EM INSTALAÇÕES ANIMAIS

A Resolução da Diretoria Colegiada (RDC) n. 222 de 2018[8] regulamenta as boas práticas de gerenciamento dos resíduos de serviços de saúde (RSS) e se aplica a todos os geradores desses resíduos, sejam públicos ou privados, filantrópicos, civis ou militares e também os que exercem ações e atividades de ensino e pesquisa.

Essa mesma resolução define como geradores de RSS todos os serviços cujas atividades estejam relacionadas com a atenção à saúde humana ou animal; laboratórios analíticos de produtos para saúde; necrotérios, funerárias e serviços onde se realizem tanatopraxia e somatoconservação; serviços de medicina legal; drogarias e farmácias, inclusive as de manipulação; estabelecimentos de ensino e pesquisa na área de saúde; centros de controle de zoonoses; distribuidores de produtos farmacêuticos, importadores, distribuidores de materiais e controles para diagnóstico in vitro; unidades móveis de atendimento à saúde; serviços de acupuntura; serviços de piercing e tatuagem, salões de beleza e estética, dentre outros afins.

O gerenciamento dos RSS deve abranger todas as etapas de planejamento dos recursos físicos, dos recursos materiais e da capacitação dos recursos humanos envolvidos. Este gerenciamento deve ser monitorado e mantido atualizado, conforme periodicidade definida pelo responsável por sua elaboração e implantação.

A RDC classifica os resíduos gerados nas diferentes instalações animais nos seguintes grupos: A (infectantes), B (químicos), C (radioativos), D (comuns) e E (perfurocortantes).

Os RSS devem ser segregados no momento de sua geração, conforme classificação por grupos, em função do risco presente. Quando os resíduos estiverem em estado sólido e quando não houver orientação específica, devem ser acondicionados em saco constituído de material resistente a ruptura, vazamento e impermeável.

O saco deve ser branco leitoso e conter o símbolo internacional que indica a presença de resíduo infectante. Quando houver a obrigação do tratamento dos RSS do grupo A, estes devem ser acondicionados em sacos vermelhos. O saco vermelho pode ser substituído pelo saco branco leitoso, exceto para acondicionamento dos RSS do subgrupo A5. Após o tratamento, o resíduo deve ser acondicionado em saco branco leitoso.

Devem ser respeitados os limites de peso de cada saco, assim como o limite de 2/3 (dois terços) de sua capacidade, garantindo-se sua integridade e fechamento. Os sacos para acondicionamento de RSS do grupo A devem ser substituídos ao atingirem o limite de 2/3 (dois terços) de sua capacidade ou então a cada 48 (quarenta e oito) horas, independentemente do volume, visando ao conforto ambiental e à segurança dos usuários e profissionais. Quando se tratarem de resíduos de fácil putrefação devem ser substituídos no máximo a cada 24 (vinte e quatro) horas, independentemente do volume.

É proibido o esvaziamento ou reaproveitamento dos sacos.

No caso de misturas de resíduos de classes de risco diferentes, devem ser tratados conforme descrito no Quadro 7.

O tratamento de resíduos deve sempre preconizar o nível III de inativação microbiana, usualmente através de uma autoclave.

Todos os resíduos gerados em experimentos, instalações animais e laboratórios NB2, NB3 ou NB4 devem ser autoclavados antes de serem gerenciados e acondicionados para o descarte final. Os procedimentos a serem seguidos devem estar de acordo com a legislação e os procedimentos vigentes.

QUADRO 6

	A	B	C	D	E
Grupo	RESÍDUO INFECTANTE	RISCO QUÍMICO	REJEITO RADIOATIVO	Papel, Plástico, Vidro, Metal, Orgânico, Não reciclável	PERFUROCORTANTE
Quem são?	Resíduos com a possível presença de agentes biológicos.	Resíduos contendo produtos químicos que apresentam periculosidade à saúde pública ou ao meio ambiente.	Rejeitos radioativos.	Resíduos que não apresentam risco biológico, químico ou radiológico à saúde ou ao meio ambiente, podendo ser equiparados aos resíduos domiciliares.	Materiais perfurocortantes ou escarificantes.
Descarte:	Inativação microbiana por agente químico ou autoclave, seguido de descarte em saco branco leitoso.	De acordo com o tipo de produto químico.	De acordo com as normas da CNEN.	Separação para reciclagem ou descarte em saco preto para aterro sanitário.	Devem ser descartados em recipientes identificados, rígidos, providos com tampa, resistentes à punctura, ruptura e vazamento.

Fonte: adaptada de ANVISA, 2018[8].

QUADRO 7 Mistura de resíduos

		A mistura de dois agentes biológicos diferentes deverá ser inativada seguindo as recomendações para o agente de maior risco biológico.
		A recomendação é para que se inative quimicamente (nunca use a autoclave!) o agente biológico para depois se tratar o resíduo químico, considerando suas características intrínsecas (reatividade, corrosividade, inflamabilidade, toxicidade) e as possíveis incompatibilidades e reações químicas secundárias.
		Considerar numa mistura o resíduo de maior periculosidade, caso sejam iguais considerar o que tenha maior quantidade. Descrever todas as misturas contidas no frasco/bombona de coleta.
		Deve ser deixado em local apropriado e adequado ao tipo de radionuclídeo em questão pelo tempo necessário para o seu decaimento, para depois ser feita a inativação química do agente biológico.
		Deve ser deixado em local apropriado e adequado ao tipo de radionuclídeo em questão pelo tempo necessário para o seu decaimento, para depois se tratar o resíduo químico, considerando suas características intrínsecas e as possíveis incompatibilidades e reações químicas secundárias.
		Deve ser feita a coleta em recipiente apropriado para depois ser deixado em local apropriado e adequado ao tipo de radionuclídeo em questão pelo tempo necessário para o seu decaimento, para depois ser feita a inativação química do agente biológico.

Fonte: adaptada de ANVISA – RDC 222 de 2018.

Quando houver a presença de qualquer produto químico nos resíduos, estes não devem ser autoclavados pela probabilidade de nebulização do produto químico e/ou ocorrência de alguma reação química não prevista com a formação de vapores e substâncias potencialmente perigosas, provocando danos na saúde dos trabalhadores e nos equipamentos.

Neste caso deve ser feita a inativação química do resíduo, seguindo orientações do investigador principal e de especialistas químicos a serem consultados oportunamente, para então ser descartado.

Numa instalação animal os resíduos gerados são muito particulares e constantes e mais facilmente previsíveis, o que torna seu gerenciamento mais simples. Esta facilidade não se estende ao volume de resíduos gerados, que é bastante significativo e relacionado aos números de animais mantidos e de experimentos realizados. Os resíduos e a melhor forma de sua inativação foram sintetizados nos Quadros 8 e 9.

QUADRO 8 Resíduos rotineiramente gerados em instalações animais

Grupo	Tipo de resíduo
A	A1 – culturas e estoque de microrganismos, sobras de vacinas com microrganismos vivos, atenuados ou inativados, meios de cultura usados para transferência, inoculação ou mistura; A2 – animais empregados em procedimentos experimentais (carcaças, vísceras, resíduos biológicos) e suas camas e forrações; A4 – filtros de ar e de gases aspirados das áreas controladas, animais produzidos localmente sem sofrerem procedimentos experimentais (carcaças, vísceras e resíduos biológicos).
B	Produtos farmacêuticos (anestésicos, analgésicos, diluentes, compostos de iodo), produtos saneantes e desinfetantes em formas comerciais e preparadas localmente (hipoclorito de sódio, peróxido de hidrogênio, quaternários de amônio, detergentes ácidos, alcalinos ou neutros, misturas alcoólicas, ácido peracético, dentre outros).
C	Qualquer material que contenha radionuclídeos em quantidade superior aos níveis de dispensa especificados em norma da CNEN e para os quais a reutilização é imprópria ou não prevista.
D	Todos aqueles que não apresentam risco biológico, químico ou radiológico à saúde ou ao meio ambiente, equiparados aos resíduos domiciliares.
E	Agulhas, escalpes, ampolas de vidro, lâminas de bisturi, lancetas; tubos capilares; ponteiras de micropipetas; lâminas e lamínulas; espátulas; vidros quebrados.

QUADRO 9 Tratamento dos resíduos rotineiramente gerados em instalações animais

Grupo	Tipo de resíduo
A	A1: Devem ser tratados utilizando processos que vierem a ser validados para a obtenção de redução ou eliminação da carga microbiana, em equipamento compatível com nível III de inativação microbiana (autoclave). A2: Idem A1. A4: Os resíduos não necessitam de tratamento prévio, devem ser acondicionados em saco branco leitoso e encaminhados para a disposição final ambientalmente adequada. Os cadáveres e as carcaças de animais podem ter acondicionamento e transporte diferenciados, conforme o porte do animal, de acordo com a regulamentação definida pelos órgãos ambientais e sanitários.
B	Deve-se observar a periculosidade das substâncias presentes, decorrentes das características de inflamabilidade, corrosividade, reatividade e toxicidade. Deve ser feita uma avaliação caso a caso por especialistas químicos e farmacêuticos.
C	Devem ser seguidas todas as normativas cabíveis da CNEN.
D	Os rejeitos sólidos devem ser dispostos conforme as normas ambientais vigentes. Os efluentes líquidos podem ser lançados em rede coletora de esgotos.
E	Devem ser descartados em recipientes identificados, rígidos, providos com tampa, resistentes à punctura, ruptura e vazamento, considerando os demais riscos associados (grupos A, B e C).

REFERÊNCIAS BIBLIOGRÁFICAS

1. Sarazá M, Sanchez C. Normas de seguridad biológica en infecciones experimentales con animales. Animales de Experimentación. 2000;5(4):12-6.
2. Conselho Nacional de Controle de Experimentação Animal (CONCEA). Resolução Normativa n. 57, de 6 de dezembro de 2022. Dispõe sobre as condições que deverão ser obser-

vadas para a criação, a manutenção e a experimentação de Roedores e Lagomorfos mantidos em instalações de ensino ou pesquisa científica. Publicado em: 07/12/2022, Edição: 229, Seção: 1, p. 37.
3. Andrade A, Pinto SC, Oliveira RS. Animais de Laboratório: criação e experimentação. Rio de Janeiro: FIOCRUZ, 2006, 387 p.
4. Majerowicz J. Risco biológico e níveis de proteção. Boas práticas em biotérios biossegurança. Rio de Janeiro: Interciência; 2008. p.103-23
5. Conselho Nacional de Controle de Experimentação Animal (CONCEA). Diretriz Brasileira para o Cuidado e a Utilização de Animais em Atividades de Ensino ou de Pesquisa Científica. Brasília: CONCEA, 2016.
6. Brasil. Lei n. 11.794/2008 de 8 de outubro de 2008. Regulamenta o inciso VII do § 1º do art. 225 da Constituição Federal, estabelecendo procedimentos para o uso científico de animais; revoga a Lei n. 6.638, de 8 de maio de 1979; e dá outras providências. Brasília: Diário Oficial da União; 2008.
7. Brasil. Lei n. 11.105/2005 de 24 de março de 2005. Estabelece normas de segurança e mecanismos de fiscalização de atividades que envolvam organismos geneticamente modificados – OGM e seus derivados. Diário Oficial [da] República Federativa do Brasil, Brasília: DF, 28 mar. 2005a.
8. Agência Nacional de Vigilância Sanitária (ANVISA). Resolução da Diretoria Colegiada n. 222, de 28 de março de 2018. Regulamenta as Boas Práticas de Gerenciamento de Resíduos de Serviços de Saúde. Brasília: ANVISA, 2018.
9. Benavides F, Rülicke T, Prins JB, Bussell J, Scavizzi F, Cinelli Pet al. Genetic quality assurance and genetic monitoring of laboratory mice and rats: FELASA Working Group Report. Lab Anim. 2020;54(2):135-148.
10. Mähler M, Berard M, Feinstein R, Gallagher A, Illgen-Wilcke B, Pritchett-Corning K, et al. FELASA recommendations for the health monitoring of mouse, rat, hamster, guinea pig and rabbit colonies in breeding and experimental units. Lab Anim. 2014;48(3):178-92.
11. Neves SMP, Ong FMP, Fontes RS. Controle nutricional. In: Manual de cuidados e procedimentos com animais de laboratório do biotério da FCF-IQ/USP. São Paulo: FCF-IQ/USP (E-book); 2013. p. 155-160.
12. Massironi SMG. Cuidados e manejo de animais de laboratório. São Paulo: Atheneu; 2009. p. 385-98.
13. Festing MFW. Introduction to laboratory animal genetics. In: The care and management of laboratory animals. Vol. 1. 7th.ed. New York: Churchill Livingstone; 2006. p. 61-93.
14. Sirisinha S. The potential impact of gut microbiota on your health: current status and future challenges. Asian Pac J Allergy Immunol. 2016;34(4):249-64.
15. Hardy P. Gnotobiology and breeding techniques. In: Hedrich H, Bullock G, Petrusz P (eds.). The handbook of experimental animals: the laboratory mouse. New York: Elsevier; 2004. p. 409-33.
16. Trexler PC. Animal of defined microbiologicals status. In: Trevor PB. The UFAW handbook on the care and management of laboratory animals. Avon: Longman Group; 1989. p. 85-98.
17. Ford DJ. Nutrition and feeding. In: Poole TB, editor. The UFAW Handbook on the Care and Management of Laboratory Animals. Harlow: Longman; 1987. p. 35-57.
18. Neves SP. Colégio Brasileiro de Experimentação Animal. Manual para técnicos em bioterismo. São Paulo: Cobea-Finep; 1996. p. 87-107.
19. Knapka JJ. Nutrition. In: Foster HL, Small JG (eds). The Mouse in Biological Research. Vol. 3. New York: Academic Press; 1993. p. 51-67.
20. Neves SP, Ong FMP, Fontes RS, Santana RO, Santos RA. Anexos. In: Neves SMP, Mancini Filho J, Menezes EW, editores. Manual de cuidados e procedimentos com animais de laboratório do biotério da FCF-IQ/USP. São Paulo: FCF-IQ/USP (E-book); 2013. p.163-216.
21. Brasil. Ministério da Agricultura, Pecuária e Abastecimento. Lei n. 11.105, de 24 de março de 2005.
22. Brasil. Ministério da Agricultura, Pecuária e Abastecimento. Portaria n. 2.658, de 22 de dezembro de 2003.
23. Chorilli M, Michelin DC, Salgado HRN. Animais de laboratório: o camundongo. Rev Ciências Farmacêuticas Básica e Aplicada. 2007;28(1):11-23.
24. Benavides FJ, Guénet JL. Sistemática de los roedores utilizados en el laboratorio. In: Manual de genética de roedores de laboratorio: princípios básicos y aplicaciones. Alcalá de Henares: Sociedad Española para las Ciencias del Animal de Laboratorio, 2003. p. 85-104.
25. Chaible LM, Kinoshita D, Corat MAF, Dagli MLZ. Chapter 27 – Genetically modified animal models. In: Conn M. Animal models for the study of human disease, 2.ed. Academic Press; 2017. p. 703-26.
26. Fraser CM, Mays A. The Merck veterinary manual: A handbook of diagnosis, therapy, and disease prevention and control for the veterinarian (7th ed.). Rahway: Merck. 1991.
27. Molinaro EM, Majerowicz J, Valle S. Arquitetura e biossegurança. Biossegurança em biotérios. Rio de Janeiro: Interciência; 2008. p.19-33.
28. Clough G. The animal house: design, equipment and environmental control. The UFAW handbook on the care and management of laboratory animals. 6. ed. Avon: Longman Group; 2006. p. 97-134
29. Munkelt FH. Odor control in animal laboratories. Heating Piping Air Conditioning. 1938;10:189-91.
30. Institute of Laboratory Animal Resources. Longterm holding of laboratory rodents. ILAR News. 1976; 19: L1- L25.
31. Skraba I, Nickel R, Wotkoski SR. Barreiras de Contenção EPIs e EPCs. In Mastroeni MF. Biossegurança aplicada a laboratórios e serviços de saúde. Atheneu: São Paulo, 2006.
32. Costa FG. Emergências em biotério. In: Molinaro EM, Majerowicz JV. In: Biossegurança em biotérios. Rio de Janeiro: Interciência, 2008. p. 1-18.
33. Lima e Silva FHA. Barreiras de Contenção. In: Oda LM, Avila SM (orgs.). Biossegurança em Laboratórios de Saúde Pública. Rio de Janeiro: FIOCRUZ, 1998. p. 31-56.
34. National Research Council (2011). Guide for the care and use of laboratory animals, 8th ed.; 2011. p. 20,21.
35. Passos LAC. Tecnologias empregadas no alojamento de animais de laboratório. In: Lapchik VBV, Mattaria VGM, Ko GM (orgs.). Cuidados e manejos de animais de laboratório. São Paulo: Atheneu, 2010. p. 113-135.
36. Cardoso TAO. Contenção primária e secundária. In: Molinaro EM, Majerowicz J, Valle S. Biossegurança em biotérios. Rio de Janeiro: Interciência, 2008. p. 35-52.

37. Brasil. Ministério da Saúde. Secretaria de Vigilância em Saúde. Departamento de Vigilância Epidemiológica. Biossegurança em laboratórios biomédicos e de microbiologia. 3. ed. rev. atual. Brasília: Ministério da Saúde, 2006. Disponível em: https://bvsms.saude.gov.br/bvs/publicacoes/biosseguranca_laboratorios_biomedicos_microbiologia.pdf. Acesso em: 1 jul. 2024.
38. Associação Brasileira de Normas Técnicas. NBR n. 14725-4. Ficha de Informações de Segurança de Produtos Químicos – FISPQ. Rio de Janeiro: ABNT, 2014.
39. Müller CA. Experimentação animal: qualidade, biossegurança e ambiente, uma gestão integrada. Tese (Doutorado) – Faculdade de Veterinária, Universidade Federal Fluminense (UFF), Niterói, 2014.
40. Feary JR, Schofield SJ, Canizales J, Fitzgerald B, Potts J, Jones M, et al. Laboratory animal allergy is preventable in modern research facilities. Eur Respir J. 2019;53:1900171.
41. Comissão Técnica Nacional em Biossegurança. Resolução Normativa n. 18. Classificação de riscos de organismos geneticamente modificados (OGM) e os níveis de biossegurança a serem aplicados nas atividades e projetos com OGM e seus derivados em contenção. Brasília: CTNBio, 2018.
42. Brasil. Classificação de risco dos agentes biológicos [recurso eletrônico] / Ministério da Saúde, Secretaria de Ciência, Tecnologia, Inovação e Insumos Estratégicos em Saúde, Departamento de Gestão e Incorporação de Tecnologias e Inovação em Saúde. Brasília: Ministério da Saúde, 2022. p. 5-20.
43. Associação Brasileira de Normas Técnicas. NBR n. 7.195. Cores para Segurança. Rio de Janeiro: ABNT, 1995.
44. Brasil. Ministério da Saúde. Secretaria de Ciência, Tecnologia e Insumos Estratégicos. Diretrizes gerais para o trabalho em contenção com agentes biológicos H3. ed. Brasília: Ministério da Saúde, 2010. p. 9-31.
45. Brasil. Fundação Nacional de Saúde. Manual de controle de roedores. Brasília: Ministério da Saúde, Fundação Nacional de Saúde, 2002. p. 45.
46. Brasil. Ministério da Ciência, Tecnologia e Inovações. Comissão Técnica Nacional de Biossegurança. Resolução Normativa n. 26, seção 1, Brasília: Diário Oficial da União, p. 41-42, 16 mar. 2020.
47. Brasil. Ministério da Ciência, Tecnologia e Inovações. Conselho Nacional de Controle de Experimentação Animal. Resolução n. 57, de 6 de dezembro de 2022. Brasília: Diário Oficial da União: seção 1, p. 37, 07 dez. 2022.
48. Broderson JR, Lindsey RJ, Crawford JE. The role of environmental ammonia in respiratory mycoplasmosis of rats. Am J Pathol. 1976;85(1):115-27.
49. Cardoso TAO. Biossegurança no manejo de animais em experimentação. p.105-59. In: Oda LM, Avila SM (orgs.). Biossegurança em laboratórios de saúde pública. Ed. M.S., 1998. 304 p.
50. Corning BF, Lipman NS. A comparison of rodent caging systems based on microenvironmental parameters. Lab Anim Sci. 1991;41(5):498-503.

14

Biossegurança em biotecnologia industrial

Ricardo Pinheiro de Souza Oliveira
Walter dos Reis Pedreira Filho

INTRODUÇÃO

A biotecnologia se tornou uma ciência que mudou o paradigma entre todos os subcampos da biologia. Os benefícios da biotecnologia alcançaram muitos campos práticos, seja na saúde humana, animal e agrícola. No entanto, onde quer que exista uma prática biotecnológica, existem riscos biológicos associados. Seu impacto negativo pode atingir todas as entidades vivas, incluindo, principalmente, os seres humanos. Portanto, as pesquisas e cooperações interinstitucionais, em biossegurança, têm desenvolvido um papel fundamental para a consolidação e o avanço dos processos biotecnológicos.

Porém, principalmente as instituições públicas enfrentam muitos desafios. Tais desafios podem ser representados pela deterioração das condições econômicas, baixo investimento da infraestrutura em biossegurança e pela propagação de muitas epidemias.

A covid-19 varreu rapidamente o mundo desde o seu surgimento perto de 2020. No entanto, as pessoas não conseguiram compreender completamente a sua origem ou mutação. Definida como um incidente internacional de biossegurança, a covid-19 encorajou novamente a atenção mundial para reconsiderar a importância da biossegurança em decorrência do impacto adverso no bem-estar pessoal e na estabilidade social.

Nos processos biotecnológicos, a maioria dos países desenvolvidos tem tomado medidas efetivas para defender o progresso das pesquisas em biossegurança. O objetivo é prevenir e resolver problemas de biossegurança com técnicas e produtos mais avançados.

Contudo, a biossegurança refere-se normalmente a procedimentos, medidas e ações adotadas para prevenir, limitar e evitar potenciais riscos biológicos não premeditados que ameaçam os seres humanos ou o ambiente[1].

Ao longo dos anos, os conceitos e controles de biossegurança foram moldados por cooperações e contribuições multi-institucionais. Regulamentações escritas em programas e treinamento em biossegurança resultaram de interações conjuntas entre instituições pioneiras, como os Centros de Controle e Prevenção de Doenças (CDC) dos Estados Unidos, o Instituto Nacional de Saúde (NIH), hospitais, universidades e outras instituições da área[2].

No entanto, o conceito de biossegurança evoluiu da descrição dos riscos biológicos naturais que ameaçam os elementos ambientais e agrícolas para incluir as medidas preventivas contra a introdução intencional de ameaças biológicas aos seres humanos ou outras entidades vivas[3].

Do ponto de vista de uma nação, a biossegurança pode ser conceituada como a capacidade de um país para lidar e responder a um risco biológico específico.

A resposta de um país pode incluir impedir a propagação de doenças infecciosas, manter a segurança dos laboratórios e prevenir o bioterrorismo e ataques com armas biológicas[4].

Mais importante ainda, a biossegurança e a bioproteção proporcionam proteção aos perigos associados à biotecnologia que são enfrentados em todo o mundo. Por exemplo, alguns riscos biológicos incluem infecções adquiridas em laboratórios de pesquisa ou de prática médica, nos quais o manuseio de organismos patogênicos é fundamental[5,6].

A NECESSIDADE DE BIOSSEGURANÇA E BIOPROTEÇÃO

Embora o conceito de biossegurança tenha sido introduzido há muito tempo, a biossegurança tornou-se recentemente um pilar nos trabalhos de laboratório.

As medidas de biossegurança visam reduzir as infecções associadas ao laboratório quando se lida com microrganismos patogênicos e evitar sua fuga para o ambiente externo.

Os Centros de Controle e Prevenção de Doenças (CDC) desenvolveram níveis de biossegurança (NBL) para serem empregados durante o trabalho laboratorial com microrganismos. De acordo com os NBL, as medidas de biossegurança variam em níveis com base na patogenicidade dos microrganismos tratados e na natureza do trabalho realizado.

O NBL-1 representa os cuidados tomados ao lidar com agentes incapazes de causar doenças ou com patógenos que causam doenças minimamente perigosas. A NBL-1 não requer a construção de edifícios especializados e é normalmente observada em laboratórios de ensino que estão fisicamente ligados a edifícios (Figura 1)[7].

A NBL-2 é aplicada quando se trabalha com agentes patogênicos que causam doenças moderadamente graves. Os trabalhadores dos laboratórios NBL-2 devem ser submetidos a treinamento especial para o manuseio dos patógenos, com acesso muito limitado ao laboratório, e a maior parte do trabalho deve ser realizada em cabines de biossegurança.

NBL-3 e NBL-4 são adotados quando se trata de patógenos que causam doenças graves e letais, com risco aumentado de infecção por via aerossol no caso do NBL-4. Os patógenos que requerem NBL-4 não possuem curas e vacinas disponíveis e são menos bem caracterizados em termos de transmissão. Tanto o NBL-3 quanto o NBL4 exigem engenharia e construção especiais do prédio no qual o laboratório deve ser isolado e fornecem acesso mínimo. Além disso, as NBL-3 e NBL-4 exigem o uso de equipamentos de segurança especiais, como roupas de proteção de corpo inteiro ou outras roupas de laboratório que forneçam proteção de corpo inteiro (Figura 2)[8].

Portanto, para garantir o correto funcionamento e o nível de proteção exigido durante o trabalho laboratorial, as cabines de biossegurança (CBS) devem ser certificadas por terceiros credenciados. Devem ser certificados como uma rotina anual, no momento da instalação, após a realização de manutenção ou reparos e após a mudança de posição do gabinete de biossegurança[9]. A certificação dos gabinetes de biossegurança deve ser realizada de acordo com a National Sanitation Foundation (NSF)/American National Standards Norma 49[10] do Instituto (ANSI). Esta é uma tarefa desafiadora para muitos laboratórios, porque alguns certificadores nacionais do BSC não são aprovados pela NSF. Além disso, o processo de certificação requer equipamentos especializados, cuja aquisição pode ser cara[11].

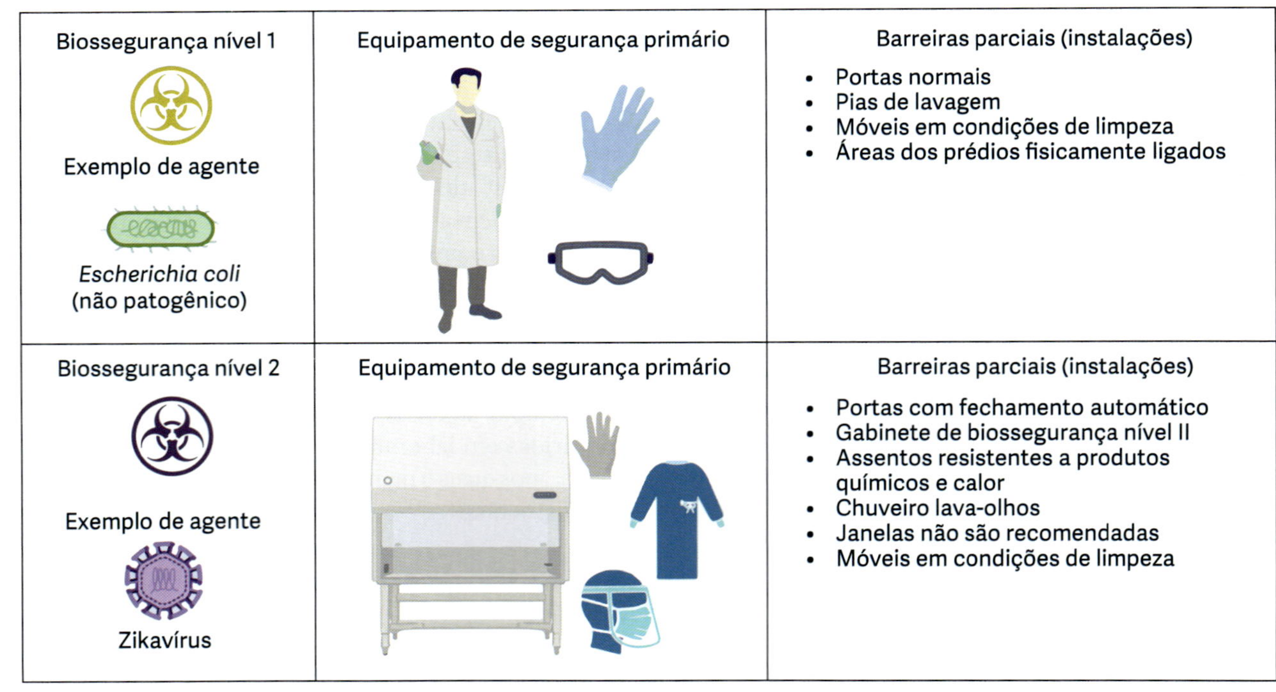

FIGURA 1 Medidas que devem ser tomadas para a prática do nível de biossegurança 1 (parte superior) e o nível de biossegurança 2 (parte inferior).

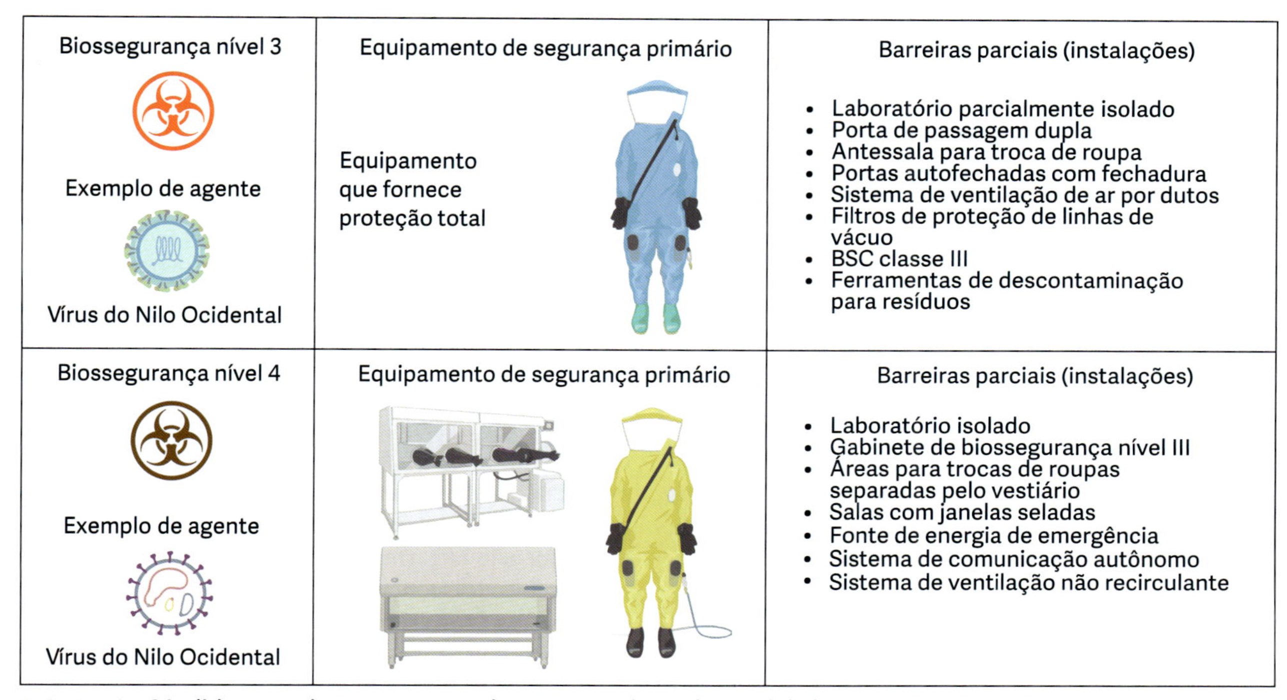

FIGURA 2 Medidas que devem ser tomadas para a prática do nível de biossegurança 3 (parte superior) e o nível de biossegurança 4 (parte inferior).

BIOTECNOLOGIA

A biotecnologia refere-se ao uso da ciência para utilizar organismos vivos ou seus produtos para benefício humano. A biotecnologia inclui a criação de produtos ou a resolução de problemas por meio da implementação de diversas tecnologias que podem ser aplicadas a entidades biológicas. Os humanos aplicam práticas de biotecnologia há séculos. As aplicações tradicionais da biotecnologia incluem a fermentação para a produção de iogurte e a criação seletiva para melhorar o gado e as culturas[12].

A biotecnologia moderna desenvolveu-se para incluir a modificação genética de organismos vivos utilizando tecnologia de DNA recombinante[13]. A primeira produção bem-sucedida de proteína humana utilizando tecnologia de DNA recombinante foi aplicada à produção de insulina humana em bactérias, proporcionando uma fonte alternativa para a produção de insulina em vez de tecidos animais[14].

A engenharia genética também contribuiu para combater muitas doenças infecciosas por meio da produção de vacinas recombinantes. Tais vacinas utilizam vectores de adenovírus que codificam a sequência genética de antígenos patogênicos e podem ser administradas com segurança por meio de *spray* nasal[15]. É necessária uma produção rápida e em grande escala de vacinas para satisfazer a procura global.

As vacinas de RNA desempenharam um papel fundamental no fornecimento de produção em grande volume de vacinas e na proteção eficiente contra a pandemia da doença por coronavírus de 2019[16].

Nos últimos anos, a biotecnologia médica avançou drasticamente na direção da ciência da saúde. Este fato permitiu melhorias em técnicas inovadoras, além de diagnósticos e tratamentos rápidos. Esses métodos incluem, por exemplo, a reação em cadeia da polimerase, *microarray*, hibridização fluorescente *in situ* e anticorpos monoclonais[17]. Essas técnicas poderiam reduzir o tempo necessário para o diagnóstico de doenças infecciosas e genéticas para várias horas, permitindo resposta e tratamento rápidos. Além disso, a terapia genética e seus medicamentos proporcionam ferramentas promissoras para o tratamento de várias doenças intratáveis, especialmente o câncer.

Os avanços científicos na biotecnologia permitiram o tratamento e a gestão de muitas doenças que anteriormente eram intratáveis[18]. Como resultado, a biotecnologia tem recebido uma atenção substancial de muitos países, incluindo os países emergentes, para fins econômicos ou científicos.

Na última década, as vendas de produtos biotecnológicos em todo o mundo (mais de 260 produtos diferentes) ultrapassaram os 175 milhões de dólares[19].

Em 2021, a dimensão do mercado global de biotecnologia ultrapassou os 793 milhões de dólares[13].

As modernas técnicas biotecnológicas podem reduzir o tempo necessário para o diagnóstico de doenças infecciosas e genéticas para várias horas, permitindo resposta e tratamento rápidos.

Além disso, a terapia genética e seus medicamentos proporcionam ferramentas promissoras para o tratamento de várias doenças intratáveis, especialmente o cancro.

O potencial da terapia genética tende a aumentar rapidamente em decorrência dos extensos dados e conhecimentos adquiridos a partir dos ensaios clínicos aprovados de terapia genética.

O potencial das aplicações baseadas em genes continuará a aumentar e a crescer com a descoberta de ferramentas de engenharia genética simples e baratas. Por exemplo, a descoberta de repetições palindrômicas curtas interespaçadas regulatórias agrupadas (CRISPR) potencialmente pode permitir a edição genética rapidamente a um custo relativamente barato[20].

Na resolução de uma variedade de problemas, nos processos biotecnológicos, a inteligência artificial (IA) já é uma realidade, amplamente utilizada. As aplicações se inserem em diversas áreas como a descoberta de medicamentos[21], segurança de medicamentos[22], genômica funcional e estrutural[23,24], proteômica[25,26], metabolômica[27], farmacologia[28], farmacogenética[29] e farmacogenômica[30].

Os avanços futuros neste domínio estão relacionados à capacidade de pesquisas e investimentos em biotecnologia que utilizem soluções avançadas de inteligência artificial (IA) de forma eficaz. A indústria de biotecnologia atualmente depende fortemente de armazenamento de dados, filtragem, análise e compartilhamento. Atualmente, as empresas de biotecnologia e diversas organizações de saúde em todo o mundo já mantêm enormes bancos de dados. A formulação de produção de medicamentos, análise química de vários compostos, sequenciamento de RNA e DNA, estudos enzimáticos e outros estudos biológicos semelhantes são processos que exigem forte apoio de soluções de *software* e alta tecnologia e que já contam com a IA para movimentos mais rápidos e redução de erros manuais.

Sendo assim, o uso de IA nos processos biotecnológicos, fornecendo acesso a *big* dados e com automatização de certas tarefas, pode contribuir, de forma significativa, para melhorar a eficiência e a precisão da pesquisa e do desenvolvimento biotecnológico.

A exposição do ambiente de trabalho a microrganismos indesejáveis tem início no laboratório de pesquisa e continua pelo desenvolvimento, pela ampliação de escala e fabricação. A biossegurança de um laboratório de pesquisa descreve os princípios de tecnologia, prática e controle que são implementados para impedir qualquer exposição a agentes patogênicos e toxinas. Além disso, possui medidas de segurança pessoal e institucional destinadas a evitar a perda, o roubo e/ou o uso indevido de organismos patogênicos e toxinas. A falha em qualquer laboratório de biossegurança pode comprometer as operações institucionais, além de provocar riscos à comunidade e ao meio ambiente[31]. O risco à exposição cresce com o aumento da escala do processo e com o número de operações que envolvem manipulação de proteínas humanas ou vetores para terapia genética humana. O principal meio de contaminação é por inalação de aerossóis ou absorção pela pele[32]. No entanto, práticas apropriadas, equipamentos e instalações adequadas podem reduzir os riscos significativamente. Deve-se notar que não há forma única e correta para atingir um nível aceitável de contaminação. Dependendo do agente e do processo, uma série de técnicas pode ser utilizada[33].

As primeiras instalações projetadas para cultivar microrganismos recombinantes em larga escala são do início da década de 1980 e, desde então, têm como objetivo a produção de anticorpos monoclonais, proteínas de *Escherichia coli*, *Bacillus subtilis*, *Saccharomyces cerevisiae*, *Pichia pastoris*, *Clostridium acetobutylicum* e de células animais[32-35]. Posteriormente, desenvolveram-se novos tipos de instalação e, em função disso, alguns padrões e conceitos de biossegurança foram estabelecidos por projetistas e pesquisadores e aceitos pelas indústrias[33,35,36]. Esses padrões tiveram sua origem nas normas estabelecidas pelo Instituto Nacional de Saúde[37] dos Estados Unidos e emendadas várias vezes desde a primeira publicação ocorrida em 1976[34,35]. Após algumas revisões desse manual foi definida uma categoria de equipamentos que utilizavam materiais biológicos, denominada "Boas Práticas de Ampliação de Escala (BPAE)". Essa nova categoria visava proporcionar a utilização de novos organismos sem que se colocasse em risco o meio ambiente[35,38].

Nos últimos 25 anos não foi revelado nenhum risco específico associado com a ampliação de escala em relação à preparação comercial de produtos biotecnológicos. No entanto, as preocupações sobre os riscos foram responsáveis pela maior segurança e regulamentação dos organismos geneticamente modificados (OGM)[38]. Para avaliar esses riscos deve-se dispor de medidas de biossegurança baseadas na implantação de tecnologias em todas as etapas de processo de qualquer tipo de indústria biotecnológica. Além de tecnologias adequadas, é preciso ter uma organizada gestão de equipe, cuja missão é impor políticas, regras e regulamentos adequados relativos ao biorrisco, evitando desta forma eventos de bioterrorismo[39].

Portanto, o aprimoramento de tecnologias, como BPAE, proporciona o uso seguro de novos organismos utilizados pelas indústrias, aumentando assim o nível de confiança das autoridades que regulam o processamento de biofármacos com auxílio de recombinantes e dos procedimentos industriais[33,35].

Este capítulo descreve alguns projetos e processos básicos da forma como eles existem em várias indústrias que operam com organismos recombinantes. Porém, deve-se ressaltar que eles são continuamente modificados.

NÍVEIS DE OPERAÇÃO

A aplicação da tecnologia do DNA recombinante é reconhecida como estando na vanguarda do novo desenvolvimento industrial. Talvez em decorrência de sua associação com o processamento de alimentos, juntamente com os benefícios derivados das aplicações nas primeiras indústrias químicas orgânicas e farmacêuticas, a biotecnologia tem sido considerada inerentemente segura. No entanto, ao contrário de outras indústrias modernas, como a química e a nuclear, onde a regulamentação resultou de incidentes ou acidentes, a biotecnologia moderna tem sido sujeita a um exame minucioso e a uma regulamentação quase desde o seu início. O processo de regulação em si é algo invulgar, na medida em que foi inicialmente autoimposto pelos próprios cientistas que desenvolveram as técnicas fundamentais da tecnologia do DNA recombinante. Reconheceram a importância do seu desenvolvimento, mas estavam preocupados com os efeitos sobre os seres humanos e o ambiente da aplicação descontrolada da nova e poderosa tecnologia. A preocupação com as possíveis consequências da manipulação genética tem sido, sem dúvida, a força motriz por trás dos regulamentos que estão agora em vigor em muitas partes do mundo. As questões de segurança na indústria de biotecnologia podem ser categorizadas em três categorias: segurança do trabalhador, ambiental e do consumidor[40].

No "Manual de pesquisas envolvendo moléculas de DNA recombinantes" do National Institutes of Health (*NIH Guidelines for Research Involving Recombinant DNA Molecules*) são estabelecidos, no Apêndice K, Seção III-B-5 (US, 1994), quatro níveis de classificação dos cultivos de organismos geneticamente modificados em larga escala[41]. Esses quatro níveis são: 1. Boas Práticas de Ampliação de Escala (BPAE); 2. Nível de Biossegurança 1 – Escala Ampliada (NS1-EA); 3. Nível de Biossegurança 2 – Escala Ampliada (NS2-EA); e 4. Nível de Biossegurança 3 – Escala Ampliada (NS3-EA). O nível mais baixo é o BPAE e aumenta até o NS3-EA[35]. Os níveis de classificação dos processos biotecnológicos são definidos em função do grau de risco oferecido aos trabalhadores e ao meio ambiente. No entanto, é importante ressaltar que esses níveis de biossegurança baseiam-se nos riscos causados pelo organismo que está sendo utilizado no processo e não pelos seus produtos[41].

A seguir, apresentam-se os critérios adotados para cada nível de classificação citado.

BOAS PRÁTICAS DE AMPLIAÇÃO DE ESCALA (BPAE)

Em 1986, a Organização para Cooperação Econômica e Desenvolvimento (Organization for Economic Co-operation and Development – OECD) publicou o conceito de BPAE[35,38]. Em julho de 1991 o INS adotou esse mesmo conceito e em 1992 ampliou-o conforme nova publicação da OECD. Portanto, o INS recomenda a classificação BPAE

> [...] para trabalhos de pesquisa e produção em larga escala envolvendo microrganismos viáveis, não patogênicos e cepas recombinantes não toxicogênicas derivadas de hospedeiros que tenham uma extensa história de uso seguro em larga escala ou que tenham demonstrado ser de baixo risco.

O instituto recomenda, ainda, que o termo BPAE seja aplicado aos organismos incluídos nos Apêndices C e K-II do Manual do INS, que tenham sido construídos para ser cultivados em larga escala, porém com limitações de sobrevivência de tal forma que não causem consequências adversas ao meio ambiente. Para um organismo ser considerado BPAE, ele deve apresentar as seguintes características:

- O organismo hospedeiro não pode ser patogênico, deve possuir um extenso histórico de segurança em uso industrial e não oferecer risco ao meio ambiente.
- O vetor utilizado deve ser bem caracterizado, livre de sequências prejudiciais, ter seu tamanho limitado ao máximo possível para executar apenas as funções pretendidas, ser de pouca mobilidade e não apresentar qualquer resistência ou comprometer controles de drogas ou de agentes causadores de doenças em seres humanos, animais e plantas.
- Têm de ser formulados e implementados, pela empresa ou instituição, códigos práticos que garantam o adequado controle de saúde e segurança.
- Têm de ser providenciadas instruções escritas e treinamento de pessoal para garantir que o manuseio de organismos viáveis com DNA recombinante seja feito prudentemente e o ambiente de trabalho mantenha-se limpo e organizado.

- Cuidar da higiene pessoal dos trabalhadores com a instalação de alguns equipamentos (pia para lavagem de mão, chuveiro, vestiário) e roupas de proteção (uniformes, jalecos).
- Proibir, na área de trabalho, o consumo de alimentos e bebidas, fumo, uso de cosméticos e pipetagem com a boca.
- Manusear os organismos geneticamente modificados em equipamentos que garantam a segurança pessoal.
- O descarte de material que contém organismos recombinantes tem de ser feito de acordo com os regulamentos previstos em lei.
- A entrada de materiais ao sistema, a coleta de amostras, a transferência de culturas na forma líquida entre sistemas e o processamento de fluidos têm de ser feitos de tal forma que mantenham a exposição dos empregados aos organismos viáveis com DNA recombinante em um nível que não comprometa a saúde e a segurança.
- Elaborar um plano de emergência que informe os equipamentos e as provisões necessários para o correto manuseio de derramamentos.

NÍVEL DE BIOSSEGURANÇA 1 – ESCALA AMPLIADA (NS1-EA)

A seguir, estão as recomendações deste nível de biossegurança.

- Derramamentos e acidentes que resultem em exposição pública aos organismos que contêm moléculas de DNA recombinante têm de ser imediatamente relatados ao diretor do laboratório. Devem ser providenciadas avaliações médicas e tratamentos adequados, assim como manter registros por escrito dos fatos ocorridos.
- Os cultivos de organismos viáveis com DNA recombinante têm de ser manuseados em sistemas fechados ou equipamentos de contenção primária projetados para reduzir o potencial de escape desses organismos.
- Meios de cultura líquidos não devem ser removidos de um sistema fechado ou de equipamentos de contenção primários sem que os organismos viáveis com DNA recombinante tenham sido inativados por um procedimento validado.
- A coleta de amostras de sistemas fechados, a adição de materiais aos sistemas fechados e a transferência de meio de cultura líquido de um sistema fechado a outro têm de ser feitas de maneira que minimizem a liberação de aerossóis ou a contaminação de superfícies expostas.
- Os gases de exaustão, retirados de um sistema fechado ou de um equipamento de contenção primária, têm de ser tratados com auxílio de filtros eficientes ou por processo equivalente, como a incineração, para minimizar a liberação desses organismos modificados ao meio ambiente.
- Os sistemas fechados ou outros equipamentos de contenção primária não devem ser abertos para manutenção ou limpeza, sem que sejam esterilizados por um método validado.
- Elaborar um plano de emergência que informe os equipamentos e as provisões necessários para o correto manuseio de derramamentos em grandes volumes.

NÍVEL DE BIOSSEGURANÇA 2 – ESCALA AMPLIADA (NS2-EA)

- Os cultivos de organismos viáveis que contêm DNA recombinante têm de ser manuseados em sistemas fechados ou equipamentos de contenção primária projetados para reduzir o potencial de escape desses organismos.
- Meios de cultura líquidos não devem ser removidos de um sistema fechado ou de equipamentos de contenção primários sem que os organismos viáveis com DNA recombinante tenham sido inativados por um procedimento validado.
- A coleta de amostras de sistemas fechados, a adição de materiais aos sistemas fechados e a transferência de meio de cultura líquido de um sistema fechado a outro têm de ser feitas de maneira que minimizem a liberação de aerossóis ou a contaminação de superfícies expostas.
- Os gases de exaustão, retirados de um sistema fechado ou de um equipamento de contenção primária, têm de ser tratados com filtros eficientes ou por processo equivalente, como a incineração, para minimizar a liberação desses organismos modificados ao meio ambiente.
- Os sistemas fechados ou outros equipamentos de contenção primária não devem ser abertos para manutenção ou limpeza, sem que sejam esterilizados por um método validado.
- A propagação e o crescimento do organismo viável com DNA recombinante devem ser feitos em sistema fechado com selos rotativos, ou qualquer outro acessório mecânico, projetados para prevenir vazamentos ou ser totalmente fechados em ambientes ventilados com sistema de exaustão e filtração de gases.
- O sistema fechado utilizado para propagação e crescimento de organismos viáveis com moléculas

de DNA recombinante e outros equipamentos de contenção primária têm de ter sensores que monitorem a integridade do sistema durante as operações.

- O sistema fechado utilizado para propagação e crescimento de organismos viáveis com moléculas de DNA recombinante e outros equipamentos de contenção primária têm de ter sua integridade testada antes do início de qualquer operação. As informações obtidas dos testes de integridade têm de ser registradas e arquivadas.
- O sistema fechado utilizado para propagação e crescimento de organismos viáveis com moléculas de DNA recombinante e outros equipamentos de contenção primária devem estar permanentemente identificados. Essa identificação deve ser utilizada em todos os registros dos testes, operações e manutenções e em todos os documentos que relatam o uso dos equipamentos para pesquisa e produção.
- O símbolo universal que indica Risco Químico ou Biológico deve ser colocado em cada sistema fechado e equipamento de contenção primária.
- Elaborar um plano de emergência que informe os equipamentos e as provisões necessários para o correto manuseio de derramamentos em grandes volumes.

NÍVEL DE BIOSSEGURANÇA 3 – ESCALA AMPLIADA (NS3-EA)

- Derramamentos e acidentes que resultem em exposição pública aos organismos que contêm moléculas de DNA recombinante têm de ser imediatamente relatados à Comissão de Biossegurança para tomar as devidas providências.
- Os cultivos de organismos viáveis com DNA recombinante têm de ser manuseados em sistemas fechados ou equipamentos de contenção primária projetados para reduzir o potencial de escape desses organismos.
- Meios de cultura líquidos não devem ser removidos de um sistema fechado ou de equipamentos de contenção primários sem que os organismos viáveis com DNA recombinante tenham sido inativados por um procedimento validado.
- A coleta de amostras de sistemas fechados, a adição de materiais aos sistemas fechados e a transferência de meio de cultura líquido de um sistema fechado a outro têm de ser feitas de maneira que minimizem a liberação de aerossóis ou a contaminação de superfícies expostas.
- Os gases de exaustão, retirados de um sistema fechado ou de um equipamento de contenção primária, têm de ser tratados com filtros eficientes ou por processo equivalente, como a incineração, para minimizar a liberação desses organismos modificados ao meio ambiente.
- Os sistemas fechados ou outros equipamentos de contenção primária não devem ser abertos para manutenção ou limpeza sem que sejam esterilizados por um método validado.
- Os sistemas fechados utilizados para cultivo de organismos viáveis que contêm DNA recombinante têm de ser operados de tal forma que o espaço acima do nível do cultivo seja mantido sob a menor pressão possível.
- A propagação e o crescimento do organismo viável com DNA recombinante devem ser feitos em sistema fechado com selos rotativos, ou qualquer outro acessório mecânico, projetados para prevenir vazamentos ou ser totalmente fechados em ambientes ventilados com sistema de exaustão e filtração de gases.
- O sistema fechado utilizado para propagação e crescimento de organismos viáveis com moléculas de DNA recombinante e outros equipamentos de contenção primária têm de ter sensores que monitorem a integridade do sistema durante as operações.
- O sistema fechado utilizado para propagação e crescimento de organismos viáveis com moléculas de DNA recombinante e outros equipamentos de contenção primária têm de ter sua integridade testada antes do início de qualquer operação. As informações obtidas dos testes de integridade têm de ser registradas e arquivadas.
- O sistema fechado usado para propagação e crescimento de organismos viáveis com moléculas de DNA recombinante e outros equipamentos de contenção primária devem estar permanentemente identificados. Essa identificação deve ser utilizada em todos os registros dos testes, operações e manutenções e em todos os documentos que relatam o uso dos equipamentos para pesquisa e produção.
- O símbolo universal que indica Risco Químico ou Biológico deve ser colocado em cada sistema fechado e equipamento de contenção primária.
- Elaborar um plano de emergência que informe os equipamentos e as provisões necessários para o correto manuseio de derramamentos em grandes volumes.
- Os sistemas fechados e outros equipamentos de contenção primária empregados no manuseio de culturas de organismos viáveis que contêm moléculas de DNA recombinante têm de estar alocados em uma área controlada que satisfaça às seguintes exigências: a) ela deve conter uma entrada separada com espaço para duas portas com ar entre elas; b) as

superfícies de paredes, tetos e pisos da área controlada devem ser de fácil limpeza e descontaminação; c) todos os equipamentos e encanamentos de entrada na área controlada têm de ser protegidos contra contaminação; d) os equipamentos de lavagem de mão que sejam operados automaticamente com os pés ou cotovelos têm de ser alocados em todas as grandes áreas de trabalho e perto das saídas; e) um chuveiro deve ser instalado próximo da área controlada; f) a área de controle precisa possuir obstáculos à saída de fluidos em caso de acidentes; g) a área de controle deve ter um sistema de ventilação capaz de controlar o movimento do ar, que deverá partir das áreas de menor para as áreas de maior potencial de contaminação; h) o ar de saída da área controlada não deve ser recirculado para outras áreas nem descarregado para a área externa sem ser filtrado, submetido à oxidação térmica ou tratado para prevenir a liberação de organismos viáveis.

- As seguintes práticas operacionais e de pessoal têm de ser exigidas: a) a entrada de pessoal para a área de controle deve ser específica para esse fim; b) as pessoas que adentram a área controlada precisam trocar as próprias roupas por outra vestimenta mais adequada, como jaleco, gorro, óculos, luvas e sapatos; c) na saída da área controlada a roupa deve ser retirada, descontaminada e encaminhada para lavagem; d) todas as pessoas que entrarem nas áreas de controle no horário de trabalho devem ser previamente informadas das práticas operacionais, procedimentos de emergência e da natureza do trabalho que está sendo conduzido; e) pessoas com idade inferior a 18 anos não devem ter autorização para entrar na área de controle; f) o símbolo universal de Risco Químico e Risco Biológico tem de estar afixado nas portas de entrada da área controlada e em todas as portas internas; g) um sinal colocado na porta de entrada deve conter as informações sobre os agentes em uso no processo e o nome do pessoal autorizado a entrar na área controlada; h) a área controlada deve estar organizada e limpa; i) é proibido comer, beber, fumar e estocar alimentos na área controlada; j) deve-se manter um programa efetivo de controle de insetos e roedores; k) as portas de acesso à área de controle têm de estar sempre fechadas; l) as pessoas têm de lavar as mãos ao deixar a área de controle; m) as pessoas que trabalham na área de controle têm de ser treinadas para agir em casos de emergência; n) a área de controle deve possuir equipamentos e materiais necessários ao gerenciamento de acidentes que envolvam organismos geneticamente modificados; o) após derramamentos ou outros acidentes, a área de controle deve ser descontaminada conforme os procedimentos previamente estabelecidos.

Cada instituição ou empresa que trabalha com organismos geneticamente modificados, tanto na área de pesquisa como de produção, deve possuir uma Comissão Interna de Biossegurança (CIBio) que revise e aprove os trabalhos a serem conduzidos com esses organismos. Ao mesmo tempo essa comissão deve seguir as normas estabelecidas pela Comissão Técnica Nacional de Biossegurança (CTNBio), que regulamenta o nível mais adequado a cada espécie recombinante[35].

De modo geral, os processos industriais empregam organismos recombinantes de baixos níveis de risco e/ou que possuem um histórico de uso industrial classificado como BPAE. Por exemplo, as bactérias *E. coli*, derivadas da cepa K-12, são muito bem caracterizadas, completamente atenuadas, não patogênicas e aprovadas pelo Food and Drug Administration (FDA)[32,35]. Elas são usadas para produzir insulina e hormônio de crescimento humano. Algumas cepas de leveduras são utilizadas para produzir insulina humana e vacinas contra a hepatite; e células do ovário de hamster chinês são empregadas na obtenção de ativador de plasminogênio e eritropoetina[35]. As plantas industriais que visam à obtenção desses produtos podem ser projetadas para operar de acordo com a classificação BPAE, ou no máximo, NS1-EA. No entanto, a tendência na indústria farmacêutica tem sido excessivamente conservadora quando há envolvimento de situações de risco. Isso faz com que muitas empresas implantem projetos indicados para processos com níveis de classificação superiores aos que de fato serão utilizados, pois os custos adicionais são relativamente baixos[35].

Apesar de o superdimensionamento do processo poder gerar dúvidas sobre o verdadeiro grau do risco causado pelo organismo empregado na indústria, ele apresenta a vantagem de oferecer maior flexibilidade ao processo nos casos em que seja necessário fazer rearranjos do *layout*, implantar processos que utilizam novos organismos modificados geneticamente ou adaptar as normas de biossegurança[35].

A primeira etapa do processo para determinar as melhores condições para alocar um projeto e/ou processo é definir seu nível de contenção física. Esses níveis foram estabelecidos pelo Instituto Nacional de Saúde dos Estados Unidos e descritos no *Guidelines for Research Involving Recombinant DNA Molecules*[37]. Quatro níveis de contenção foram propostos para aplicação em trabalhos de pesquisa e processos biotecnológicos em larga escala, como: primária, secundária, terciária e contenção biológica. O termo "larga escala" será aplicado neste capítulo para os cultivos que utilizam volumes superiores a 10 L[32,35,41] ou para concentrados celulares com mais de 1 kg[42].

CONTENÇÃO PRIMÁRIA

Contenção primária consiste na provisão de barreiras físicas imediatas à liberação de compostos de risco e deve ser prevista no projeto de implantação do processo biotecnológico. Um exemplo simples de contenção primária é o uso de tampas rosqueáveis nos frascos e nas garrafas. Em um caso mais complexo, como o de um biorreator, a contenção primária é representada pela instalação de selos de vedação em todas as conexões e filtros nos gases de saída. Portanto, a principal função da contenção primária é prevenir a liberação do conteúdo dos equipamentos e utensílios do processo[42].

CONTENÇÃO SECUNDÁRIA

A contenção secundária é instalada para auxiliar no caso de falhas na contenção primária. Ela proporciona algum tipo de retenção física e muitas vezes é considerada uma otimização da contenção primária. Em função disso, para alguns autores a contenção primária e secundária são idênticas. Neste capítulo, essa distinção está sendo considerada, pois é importante diferenciar o tipo de contenção inerente aos equipamentos e utensílios dos adicionados para auxiliar suas falhas[42].

CONTENÇÃO TERCIÁRIA

Este tipo de contenção descreve o uso de instalações que visam prevenir a contaminação do ambiente externo ao laboratório ou à área de produção. Como exemplo temos a instalação de filtros de ar com fluxos direcionados, tratamento de efluentes e outros procedimentos operacionais[42].

CONTENÇÃO BIOLÓGICA

Neste caso, os organismos são modificados geneticamente para que sobrevivam, desenvolvam-se e transmitam suas informações genéticas, apenas em meios de crescimento bem específicos. Essas características proporcionam importante coadjuvante aos sistemas físicos de contenção, pois reduzem os riscos inerentes à liberação do organismo para o meio externo[5].

Serão apresentadas a seguir algumas recomendações para uso em processos biosseguros classificados como nível NS2-EA[35].

PROJETO ARQUITETÔNICO

A distribuição dos equipamentos em uma planta de produção é feita em função das operações de produção do bioproduto e pode ser dividida em: acabamento, higienização, vestuário, segurança, sinalização e ventilação[35].

Acabamento

Em geral, todas as superfícies de trabalho têm de ser de fácil limpeza. As bancadas e as superfícies dos equipamentos têm de ser impermeáveis à água e resistentes aos produtos químicos utilizados no processo de produção. Essas exigências levam ao amplo uso do aço inoxidável e do epóxi em processos biotecnológicos industriais. Quando a descontaminação ou a sanitização é feita com hipoclorito, recomenda-se o uso do epóxi em substituição ao aço inoxidável, pois esse material pode ser atacado quando exposto a esse reagente[35].

A localização dos equipamentos e do mobiliário deve permitir sua limpeza adequada. Sugere-se que os equipamentos sejam dispostos acima do piso ou sobre plataformas móveis. De preferência eles não devem ficar encostados nas paredes nem em lugares muito altos. Além disso, todos os orifícios ou locais susceptíveis ao acúmulo de contaminantes precisam ser eliminados. Quando isso não for possível, deve-se vedar e cobrir o piso ao redor dos equipamentos como prevenção contra vazamentos e transbordamentos[35].

O piso deve ser impermeável e com uma textura que possibilite sua completa limpeza e o tráfego de pessoas quando estiver molhado. As junções entre as paredes e os pisos têm de ser vedadas. Recomenda-se solicitar amostras dos pisos e dos materiais que revestirão as paredes, para serem feitos testes prévios de resistência, textura e impermeabilidade[35].

As paredes e o teto devem ter seu acabamento feito com material não poroso e resistente à umidade. Quando os equipamentos precisarem ser deslocados e, consequentemente, danificar as paredes, recomenda-se revesti-las com material resistente a impactos, como o PVC ou chapas de aço inoxidável. O teto deve ser construído, de preferência, de material facilmente removível em vez de alvenaria. Em alguns casos, isso facilitará o acesso para execução de serviços de manutenção hidráulica ou elétrica[35].

Higienização

Os utensílios utilizados para a higiene pessoal têm de ser de fácil acesso e adequados ao risco de exposição ao organismo geneticamente modificado. Os trabalhadores têm de lavar as mãos com um desinfetante eficiente antes de sair da área de trabalho biossegura. Sugere-se instalar uma simples pia de aço inoxidável para a lavagem das mãos. Para secagem, recomenda-se a instalação de um secador com ar quente em vez de toalhas de papel[35].

Vestuário

É aconselhável o uso de uniformes pelo pessoal operacional da indústria biotecnológica. Para as áreas de trabalho classificadas como NS2-EA é suficiente o uso de um jaleco sobre a roupa de uso pessoal. Porém, esses jalecos têm de permanecer restritos à área de uso e não devem ser utilizados em áreas de alimentação ou escritórios. É preciso, também, usar óculos de proteção, protetores para sapatos e cabelos. Para facilitar a troca desses equipamentos de proteção individual deve-se ter um vestiário próximo à entrada da fábrica[35].

Segurança

O acesso à linha de processamento de bioprodutos deve ser restrito a empregados do setor. Todos os locais têm de ser bem sinalizados e as entradas precisam ser controladas com códigos ou cartões. Recomenda-se a instalação de paredes de vidro para facilitar a visualização da linha de produção por visitantes. Isso evitará a entrada de pessoas estranhas ao trabalho e proporcionará proteção contra contaminação às pessoas e aos produtos. Aconselha-se, ainda, minimizar as atividades de manutenção industrial na linha de produção. Para isso, deve-se instalar o máximo possível de acessórios e equipamentos em áreas adjacentes e isoladas do processo produtivo. Isso diminuirá a exposição do pessoal de manutenção e preservará o ambiente com baixo nível de contaminação[35].

Sinalização

Placas com aviso de Risco Biológico têm de ser colocadas na parte externa da área de produção. Além do símbolo universal de Risco Biológico, as placas precisam informar o nível de classificação biossegura, a lista de agentes em uso, o pessoal responsável, a vestimenta exigida e um contato em caso de emergência disponível. Recomenda-se indicar o setor de segurança da empresa para contatos de emergência. Nesse caso, o setor de segurança funciona como um centro de comunicação, notificação e indicação de pessoal treinado para situações de emergências[35].

Ventilação

No ambiente onde se trabalha diretamente com o organismo geneticamente modificado, denominado de primário, deve-se manter o sistema fechado ou utilizar câmaras biosseguras como exigido pelas operações em áreas classificadas como NS2-EA. O sistema de ventilação e o controle ambiental têm de funcionar apenas no ambiente denominado de secundário, ou seja, do lado externo ao primário[35].

As Boas Práticas de Fabricação recomendam o uso de fluxo de ar em cascata, ou seja, da área de produção para fora. Mas, dependendo do grau de risco, é preciso considerar um projeto de uma área biossegura que opere com pressões negativas em relação às áreas vizinhas. Isso reduz a disseminação de organismos em caso de falhas no ambiente primário. Sugere-se instalar uma área de controle do ar de entrada no ambiente biosseguro. Essa área pode incluir o local de acesso de pessoal e de movimentação de equipamentos[35].

As normas de biossegurança para áreas classificadas como NS2-EA não exigem a instalação de filtros para suprir ou fazer a exaustão do ar. Porém, elas podem ser usadas para oferecer maior segurança na qualidade do ar de entrada da área de trabalho[35].

EQUIPAMENTOS

Neste capítulo, as etapas de um processo biotecnológico serão divididas em cultivo microbiano e processos de recuperação e purificação de bioprodutos. Encontra-se, também, na literatura o termo em inglês *upstream processing* que engloba o cultivo microbiano e as etapas anteriores, como preparo de meio de cultivo e inóculo. Por outro lado, os processos de recuperação e purificação de bioprodutos, como centrifugação, rompimento celular, extração líquido-líquido, filtração, cromatografia e acabamento final, podem ser citados, de forma mais ampla, como *downstream processing*.

Segundo Hambleton et al.[42], a maioria dos problemas de saúde já citados na literatura está associada às etapas de recuperação e purificação de bioprodutos. Isso ocorre porque essas etapas utilizam equipamentos que operam em alta rotação (centrífugas) ou alta pressão (homogeneizadores para rompimento celular, microfiltração e ultrafiltração).

Os principais perigos relacionados aos processos biotecnológicos referem-se à formação, acidental ou não, de aerossóis durante as etapas do bioprocesso. A seguir estão descritas algumas dessas etapas e as recomendações básicas para a condução de um processo biosseguro[42].

Cultivo microbiano

O principal risco oferecido durante o processo fermentativo é o grande volume de fluido com elevadas concentrações de microrganismos potencialmente alergênicos. No entanto, os biorreatores são equipamentos capazes de operar a alta pressão, apesar de em geral trabalharem a baixas pressões, pois as únicas fontes de entrada de energia são as dos agitadores e aeradores (Figuras 3 e 4). Um biorreator bem projetado deve conter um sistema de filtração do gás de saída para evitar que os aerossóis sejam liberados para o meio ambiente. Na prática, o único ponto com risco potencial em um biorreator é a válvula para retirada de amostras. Nesses casos há, no mercado, válvulas que previnem a liberação de aerossóis para o ambiente[42].

O preparo, a mistura e a dissolução dos componentes do meio de cultivo podem gerar pós alergênicos. Recomenda-se que essa etapa do processo seja realizada em ambiente que contenha um eficiente sistema de exaustão de gases[42].

O primeiro sistema de cultivo microbiano projetado para cultivar bactérias patogênicas foi construído no início da década de 1970 e seus princípios básicos de segurança são aplicados até hoje. Os cultivos foram conduzidos em regime descontínuo com volume de meio igual a 20 L e em regime contínuo com volume de 2,5 L e não ofereciam risco de escape de aerossóis. O biorreator foi construído em vidro reforçado com resina de poliéster e possuía painéis indicadores de dados, possibilitando o controle do processo. Atualmente, em geral, os biorreatores são esterilizados *in situ,* utilizam vapor e água para controle de temperatura e possuem um sofisticado sistema de controle e monitoramento do processo[42].

As principais características de um sistema de cultivo biosseguro em larga escala incluem o uso de barreiras com vapor nas junções com anéis de vedação, selos mecânicos nos eixos dos agitadores, múltiplos anéis de vedação, encanamento para as linhas de vapor condensado, sistema de alívio de pressão direcionado para um tanque de inativação, duplo sistema de filtração em série dos gases de entrada e de saída e eliminação de junções desnecessárias. Porém, o melhor procedimento para diminuir os riscos de contaminação é a inativação dos microrganismos após o processo fermentativo. Ainda assim, em alguns casos continua havendo a presença de compostos alergênicos no meio. Obviamente, essa inativação só poderá ser feita se não desnaturar o produto-alvo[42].

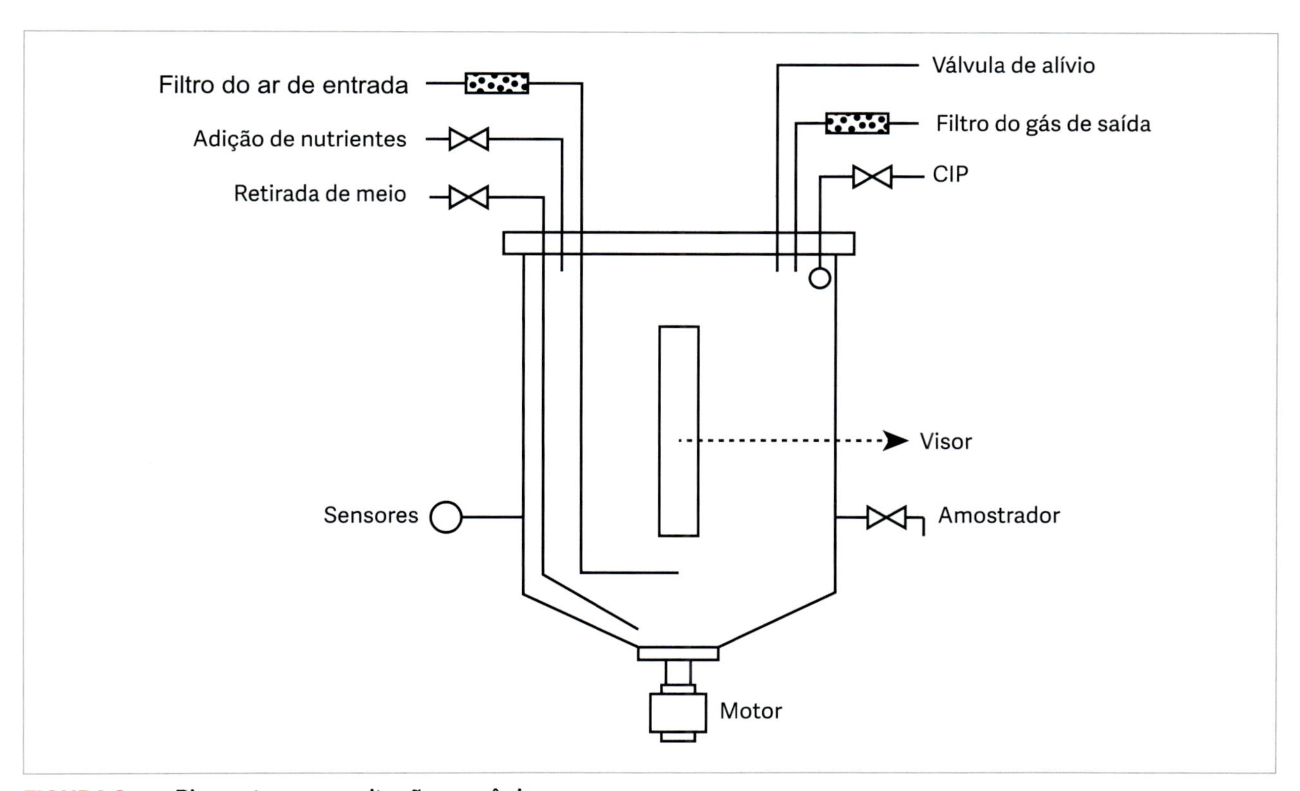

FIGURA 3 Biorreator com agitação mecânica.

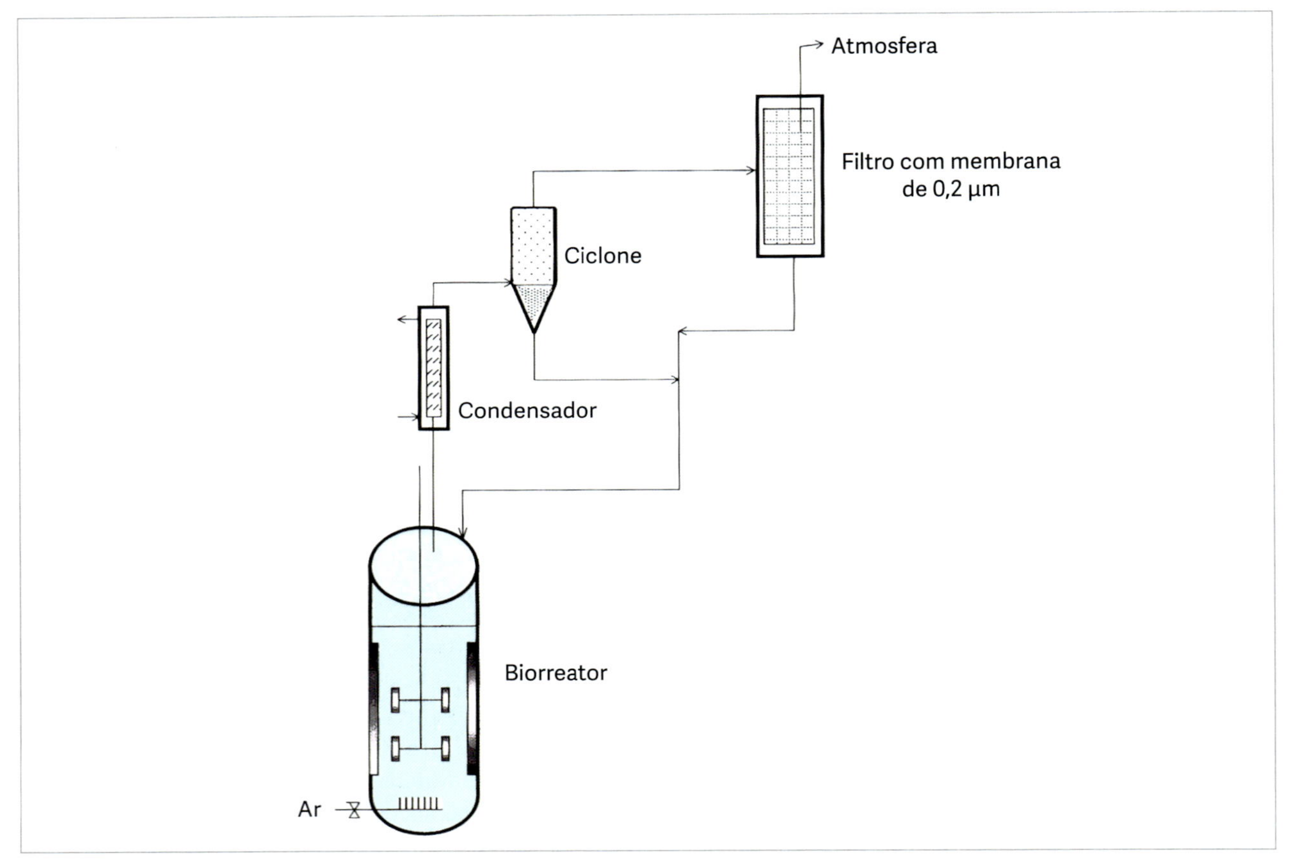

FIGURA 4 Sistema de tratamento dos gases de saída de um biorreator.

Sistemas fechados

Os processos fermentativos, originalmente projetados como sistemas fechados para minimizar e prevenir contaminações externas, são eficientes na contenção de organismos recombinantes, pois evitam seu escape para o meio externo. Um biorreator típico contém um sistema de filtração esterilizante do ar de entrada e um formato que possibilita a drenagem completa de seu conteúdo ao final do processo. Não se devem usar acessórios rosqueáveis dentro do biorreator, pois eles precisam ser soldados. Saídas que não são utilizadas têm de ser neutralizadas de tal forma que não se tornem um ponto morto de armazenamento de resíduos[35].

Cabines de segurança biológica (CSB)

As cabines de segurança biológica (CSB) pertencentes à classe II são usadas para operações em pequena escala e contêm um eficiente sistema de filtração denominado *high efficiency particulate air* (HEPA). Essas câmaras protegem o operador assim como o material que está sendo manipulado (Figura 5). O ar gerado na CSB, se for de boa qualidade, pode ser recirculado. No entanto, se for tóxico, deve ser enviado para tratamento externo[35].

Centrifugação

A separação da biomassa de um meio de cultivo não é uma operação simples, pois as células são pequenas, capazes de formar coloides estáveis, coesivas, e possuem massas específicas muito próximas do meio que as circundam. A separação de fragmentos celulares é um problema mais difícil de ser resolvido, pois é de tamanho menor que as células e o meio em que está presente é mais viscoso, sobretudo pela presença de ácidos nucleicos. Portanto, a escolha do método de separação mais adequado é limitada[42].

Centrifugação é uma operação unitária utilizada na separação de materiais de diferentes densidades por meio de aplicação de uma força maior que a da gravidade (força centrífuga). Esta operação emprega energia sobre uma elevada concentração de microrganismos a fim de separá-los de uma solução (meio fermentado). As centrífugas de laboratório, quando possuem rotores e tambores selados, não geram aeros-

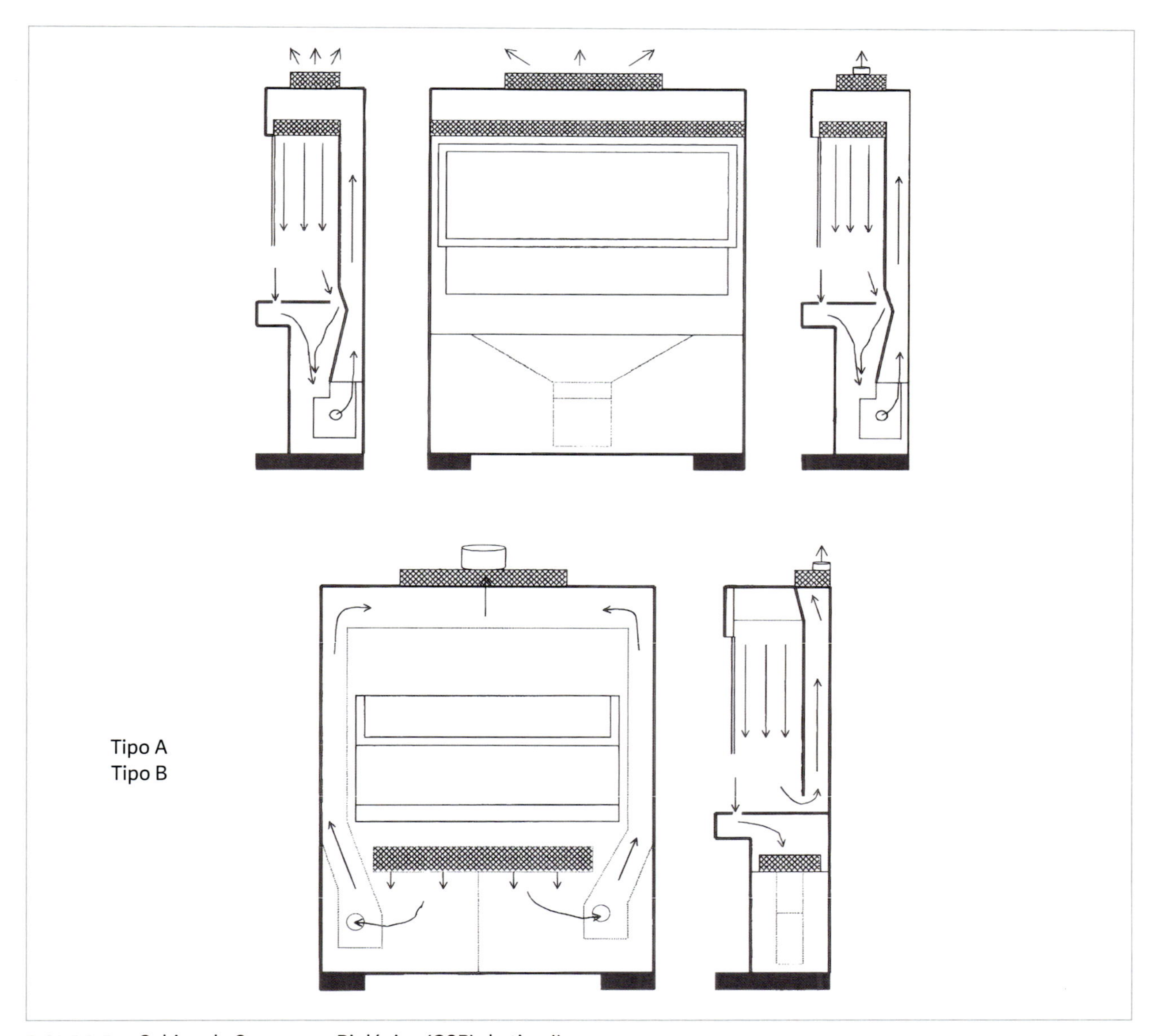

FIGURA 5 Cabine de Segurança Biológica (CSB) do tipo II.

sóis. Mas as centrífugas que operam continuamente em processos biotecnológicos de larga escala podem ser fontes de riscos, sobretudo, se a remoção do material concentrado for feita manualmente. Mesmo as centrífugas que possuem um sistema interno para remoção do material concentrado e limpeza feita em sistema fechado (CIP – *cleaning in place*) podem gerar aerossóis se o equipamento não for devidamente selado e sempre revisado[42].

As centrífugas de cestos são relativamente baratas e já foram bastante utilizadas pela indústria biotecnológica. Elas são úteis para processos descontínuos de pequenos volumes, mas exigem muito trabalho porque os sólidos centrifugados têm de ser removidos manualmente. Essas centrífugas podem ser empregadas para separar partículas grandes como células floculadas[37]. No mercado pode-se encontrar, atualmente, uma grande variedade de centrífugas, como aquelas projetadas para separação asséptica de células animais e as centrífugas de discos com bicos de ejeção que operam continuamente[42].

Rompimento celular

O rompimento de células tem por objetivo extrair produtos intracelulares, principalmente proteínas, ou remover componentes da parede celular ou da membrana. Para isso, existem os rompimentos físicos (choque térmico, osmótico e ultrassom), mecânicos (moinho de bolas e homogeneizador a alta pressão), químicos (ácidos, álcalis, detergentes e enzimas) e biológicos (vírus). A adequabilidade e o desempenho de cada método dependem da escala de produção, da biomolécula a ser isolada, do tipo de célula a ser rompida e da técnica de rompimento disponível.

Os métodos mecânicos e físicos de rompimento celular são os mais amplamente estudados, pois não incorporam novos compostos ao meio com o bioproduto. Porém, os métodos não físicos, em geral, são de simples operação uma vez que podem ser conduzidos num tanque agitado[42].

O modo de ação de vários tipos de rompedores de células exige a aplicação de elevadas pressões, podendo chegar a 2.700 bar. Se o fluido submetido a essa pressão entrar em contato com selos mal regulados, fatalmente haverá liberação para o meio externo de aerossóis com partículas bastante reduzidas. Possivelmente esses aerossóis não contêm células viáveis, mas podem conter materiais alergênicos ou endotoxinas[42].

Filtração

A filtração é uma operação unitária utilizada para separar sólido de líquidos através de um meio permeável (por exemplo, membrana filtrante) capaz de reter partículas sólidas. É um dos processos mais comumente utilizados em todas as escalas de processamento, para obtenção de produto de interesse biotecnológico, para separar partículas em suspensão presentes em um líquido. Para isso é utilizado um meio poroso que retém as partículas, mas permite a passagem do líquido. Existe, potencialmente, uma grande variedade de equipamentos de filtração disponíveis no mercado para a separação inicial de células. No entanto, a escolha do tipo de filtro a ser empregado em um processo biotecnológico é restrita em função das características dos meios fermentados. A maioria das operações de filtração usadas em processos biotecnológicos de larga escala não apresenta risco potencial de liberação de aerossóis, pois são operações que gastam pouca energia. O único problema na liberação de aerossóis é quando se usa filtro rotativo a vácuo para processos contínuos ou filtro-prensa na separação inicial de sólidos (por exemplo, separação de biomassa) por processos descontínuos. Geralmente, os filtros-prensa são lentos e encontrados em processos biotecnológicos antigos, como na indústria de bebidas fermentadas e destiladas. Os filtros rotativos a vácuo podem ser utilizados para processos contínuos de larga escala e encontrados na indústria alimentar, farmacêutica e de bioetanol. Comparando-se, apenas, esses dois tipos de filtro, pode-se dizer que é mais fácil operar assepticamente um filtro rotativo a vácuo com um sistema de exaustão individual do que um filtro-prensa que oferece um grande risco quando se faz a remoção do material biológico concentrado na forma de uma espessa camada[42].

Os filtros que utilizam membranas podem, também, ser utilizados para a separação de células (microfiltração). Porém, podem ser empregados em outras etapas do processo de recuperação e purificação de produtos, como ultrafiltração, nanofiltração e osmose reversa. Ultimamente, a filtração tangencial tem chamado a atenção dos profissionais que trabalham com processos biosseguros, pois liberam menos aerossóis e oferecem menos riscos físicos que a centrifugação. Esse tipo de filtração é de fácil ampliação de escala, mas possui a desvantagem de ter um elevado custo de instalação e de operação de troca de membranas. Tradicionalmente, as membranas utilizadas em processos biotecnológicos são compostas de polissulfonas e acetato de celulose. Também podem ser encontradas no mercado membranas inorgânicas feitas de cerâmica ou metal. Esse tipo de material, por ser resistente a temperaturas e pressões elevadas, tem despertado o interesse da indústria biossegura[42,43].

Além das membranas, encontra-se no mercado uma grande variedade de tipos de filtro, como os do tipo "quadros e placas", tubulares e fibras ocas. Porém, as características desses filtros não serão abordadas aqui.

Produto final

O manuseio do produto final pode ser a etapa mais perigosa do bioprocesso, pois ele está em sua forma mais concentrada e ativa. O produto acabado de origem biotecnológica encontra-se, normalmente, na forma de pó e está pronto para se converter em aerossol. O manuseio e o processamento desses pós têm de ser feitos em um local com um sistema de exaustão muito bem projetado. Caso seja necessário, recomenda-se a utilização temporária de equipamentos de proteção individual até que um ambiente apropriado seja construído. Quando possível, é preferível que a fabricação e a comercialização sejam na forma líquida ou, no máximo, granulada (grânulos com no mínimo 20 mm de diâmetro). Essa prática reduzirá a formação de aerossóis e sua posterior inalação[42].

Os equipamentos de processamento do produto final, que exigem mais atenção na garantia de um ambiente biosseguro, são os *spray driers* e os liofilizadores, pois são os mais eficientes geradores de aerossóis[42].

Gases

Os gases gerados pelo sistema de exaustão têm de ser tratados para evitar a liberação de organismos viáveis ao meio ambiente. Os tratamentos sugeridos são a filtração ou incineração, sendo o primeiro deles mais utilizado industrialmente[35].

No caso da filtração, recomenda-se o uso de membranas filtrantes hidrofóbicas com poros de diâmetro igual a 0,2 µm (Figura 4). Esse sistema deve conter, ainda, um mecanismo de checagem constante da integridade da membrana[35].

A maior dificuldade operacional com o sistema de filtração é seu entupimento causado por excesso de umidade ou espuma. Para combater esse problema, é preciso instalar um condensador e um ciclone antes do filtro, como apresentado na Figura 4. Esses dois equipamentos e todo o encanamento devem ser esterilizáveis para evitar contaminação do conteúdo do biorreator[10]. Para processos que geram pouco gás, como o cultivo de células, o filtro pode ser instalado próximo à saída do biorreator, pois isso simplificará a esterilização do processo[10].

Transferências

As transferências incluem a adição ou a remoção de material em um sistema fechado. Nessa definição inclui-se, também, a amostragem. Para evitar a exposição de material durante as transferências, recomenda-se utilizar tubulações que saem do biorreator e vão diretamente para uma garrafa receptora[35,42]. Após as transferências ou coletas de amostras, as conexões têm de ser novamente esterilizadas para evitar contaminação do biorreator[35].

Selos rotativos

Para prevenir a exposição a microrganismos viáveis, sugere-se o uso de selos rotativos que têm a função de evitar vazamentos. Na prática, instalam-se dois selos mecânicos separados entre si por um tubo cheio de fluido, que pode ser vapor puro ou condensado. O fluido é, então, encaminhado diretamente para o sistema de tratamento de resíduo biológico. Caso o selo se rompa, o contaminante é automaticamente destruído e eliminado do sistema. Pode-se também instalar uma torneira logo abaixo do selo mecânico para indicar possíveis falhas[35].

Monitoramento da integridade do sistema

Os sistemas fechados têm de possuir um sensor capaz de monitorar a integridade dos processos biosseguros. As câmaras biológicas de segurança possuem, em geral, um alarme para a indicação de falhas no sistema de exaustão. Devem, também, conter um manômetro com registrador para mostrar a queda de pressão no sistema de filtração HEPA. Esse tipo de controle de fluxo de ar pode funcionar por vários anos, desde que seja controlado o entupimento das membranas[35].

Os biorreatores passam por testes de resistência a altas temperaturas antes de ser operados. Esses testes são importantes para evitar problemas durante a etapa de esterilização[35].

Identificação do sistema

As Boas Práticas de Fabricação recomendam que todos os equipamentos de um processo industrial sejam identificados. Além disso, têm de ser feitos todos os registros de uso e manutenção. No caso de plantas biosseguras esse cuidado é fundamental[35].

As etiquetas de identificação dos equipamentos têm de ser facilmente visíveis, permanentes e informar as condições de trabalho. Etiquetas plásticas têm de ser evitadas, pois não resistem a superfícies quentes. Cada equipamento deve possuir um livro de registro próprio ou uma base de dados armazenada em computador que deve documentar os usos, os testes, as manutenções e as alterações do sistema[35].

Validação

As Boas Práticas de Fabricação recomendam a validação dos sistemas envolvidos na obtenção de produtos para uso em humanos. A validação de utensílios, de equipamentos e de processos é complexa e não será abordada neste capítulo. No entanto, deve-se planejar um programa de validação durante a fase do projeto de uma planta biossegura[35].

TRATAMENTO DE RESÍDUOS

Os despejos que contêm organismos recombinantes, pertencentes à classe NS2-EA, têm de ser inativados por um procedimento previamente validado, antes de liberá-los do sistema fechado. As duas técnicas mais frequentemente usadas para a inativação dos efeitos biológicos são inativação térmica e química[35]. Este item aborda, também, o método de inativação por processo descontínuo e contínuo, além de alguns detalhes de projetos que são necessários para a operação adequada do sistema de tratamento de resíduos biológicos[35].

Inativação térmica

A inativação térmica é a mais frequentemente utilizada pelas plantas biosseguras que operam em larga escala. Nessa técnica, o resíduo biológico é aquecido e mantido a uma temperatura suficiente para garantir a inativação do organismo recombinante. Há na literatura um grande volume de informações a respeito de inativação térmica de organismos, pois esse procedimento é amplamente aplicado na indústria farmacêutica e alimentar. Na prática, os ciclos de inativação térmica podem ser projetados como uma operação de esterilização[35].

Inativação química

Este tipo de inativação pode ser feito com auxílio de compostos muito eficientes como o hipoclorito. No entanto, é de uso restrito a operações com pequenos volumes de resíduos bioativos. A principal desvantagem deste processo é a adição de novos compostos químicos ao resíduo industrial, pois podem ser corrosivos e gerar outros tipos de problema[35].

Sistemas descontínuos

O projeto de tratamento de resíduos biológicos em sistema descontínuo pode ser feito no próprio biorreator utilizado para obtenção do produto principal, desde que ele não seja degradado nem cause impacto negativo sobre as operações de recuperação[35].

Os processos descontínuos são mais flexíveis que os contínuos, sendo indicados para aplicação em plantas-piloto ou em equipamentos multipropósitos. Mas os processos descontínuos para tratamento de resíduos exigem maior investimento de capital e mais espaço. O esquema apresentado na Figura 6 mostra um sistema descontínuo típico de inativação térmica. Nele, o resíduo biológico é drenado, por gravidade, do equipamento localizado no piso superior para um dos dois vasos coletores. Um coletor serve para receber o

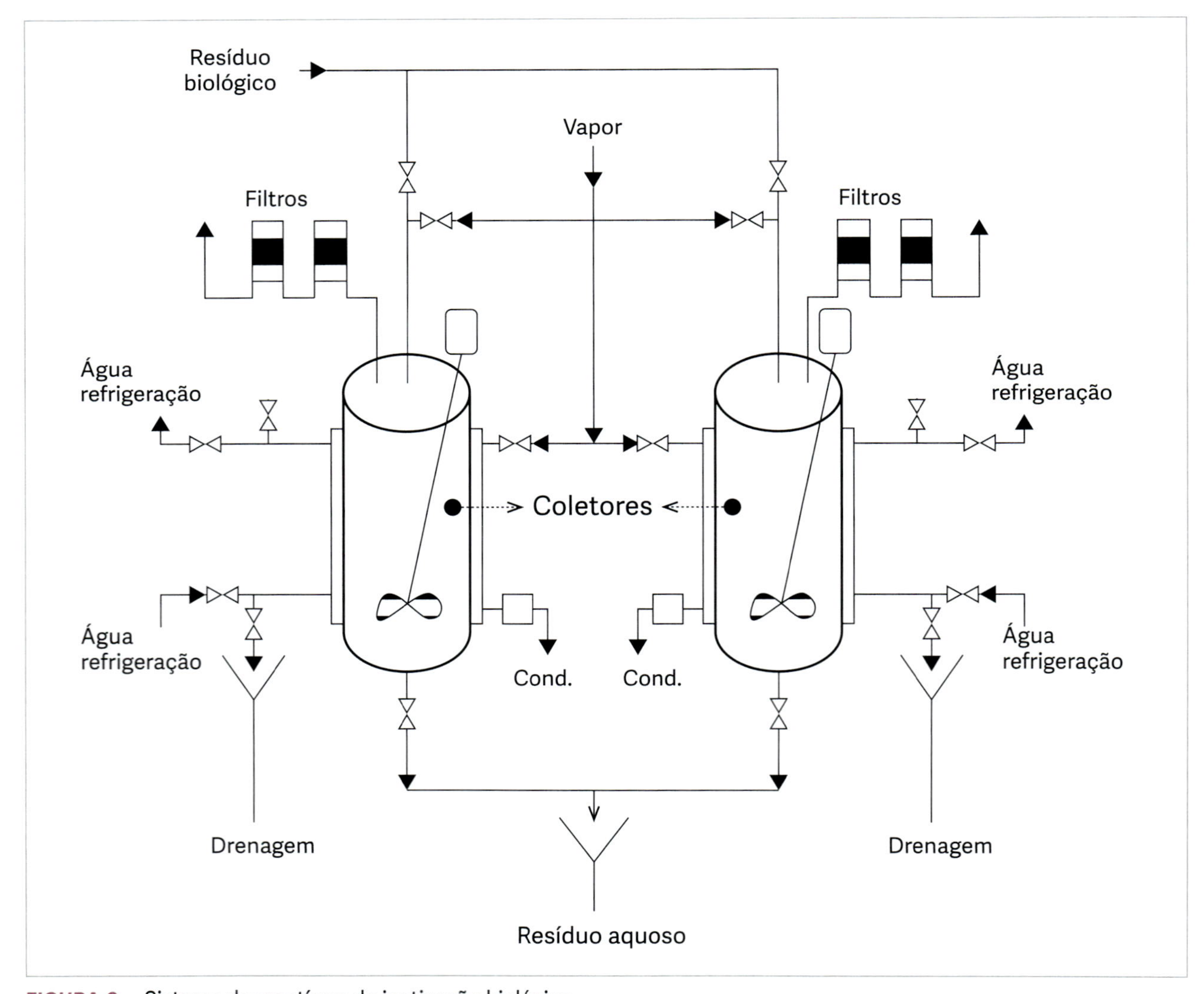

FIGURA 6 Sistema descontínuo de inativação biológica.

resíduo até que, ao atingir um nível predeterminado, a válvula se fecha e o resíduo passa a ser enviado automaticamente para o segundo coletor. A inativação térmica do coletor cheio de resíduo inicia-se após acionamento do misturador e a injeção de vapor até que se atinja a temperatura recomendada (p. ex., 121°C por 30 minutos). Após o ciclo de inativação, o conteúdo do coletor é resfriado, com água industrial, até a temperatura de 60°C e encaminhado para o processo de tratamento de resíduo aquoso. Após ser totalmente drenado, o coletor passa a aguardar uma nova batelada de resíduo para inativação[35].

Sistema contínuo

A inativação biológica por processo contínuo é mais típica nas plantas de produção com características do resíduo uniformes e previsíveis. Nesse caso o biorresíduo pode ser aquecido usando um trocador de calor com tempo de residência suficiente para garantir a esterilização *inline* (Figura 7). Os processos contínuos tendem a ser menos flexíveis que os descontínuos, mas requerem menor investimento de capital e menos espaço[35].

Outros detalhes de projeto de inativação biológica

Nos projetos dos sistemas de inativação biológica, algumas particularidades têm de ser consideradas, de acordo com Miller & Bergmann[35], como:

- Capacidade adequada: não desprezar qualquer tipo de resíduo e utilizar um fator de segurança ao projeto apropriado para que a planta de produção não fique limitada.
- Materiais apropriados: dar preferência ao aço inoxidável 316L para sistemas soldados. Outros materiais menos comuns podem ser necessários, principalmente se o processo for de inativação química.
- A instrumentação deve ser suficiente para controlar e documentar a inativação biológica.
- Pontos de perdas: eliminar pontos mortos nos equipamentos e no processo.
- Controle de odor: se a indústria for localizada perto de zona residencial, deve-se providenciar um sistema de limpeza ou de absorção dos gases de exaustão.

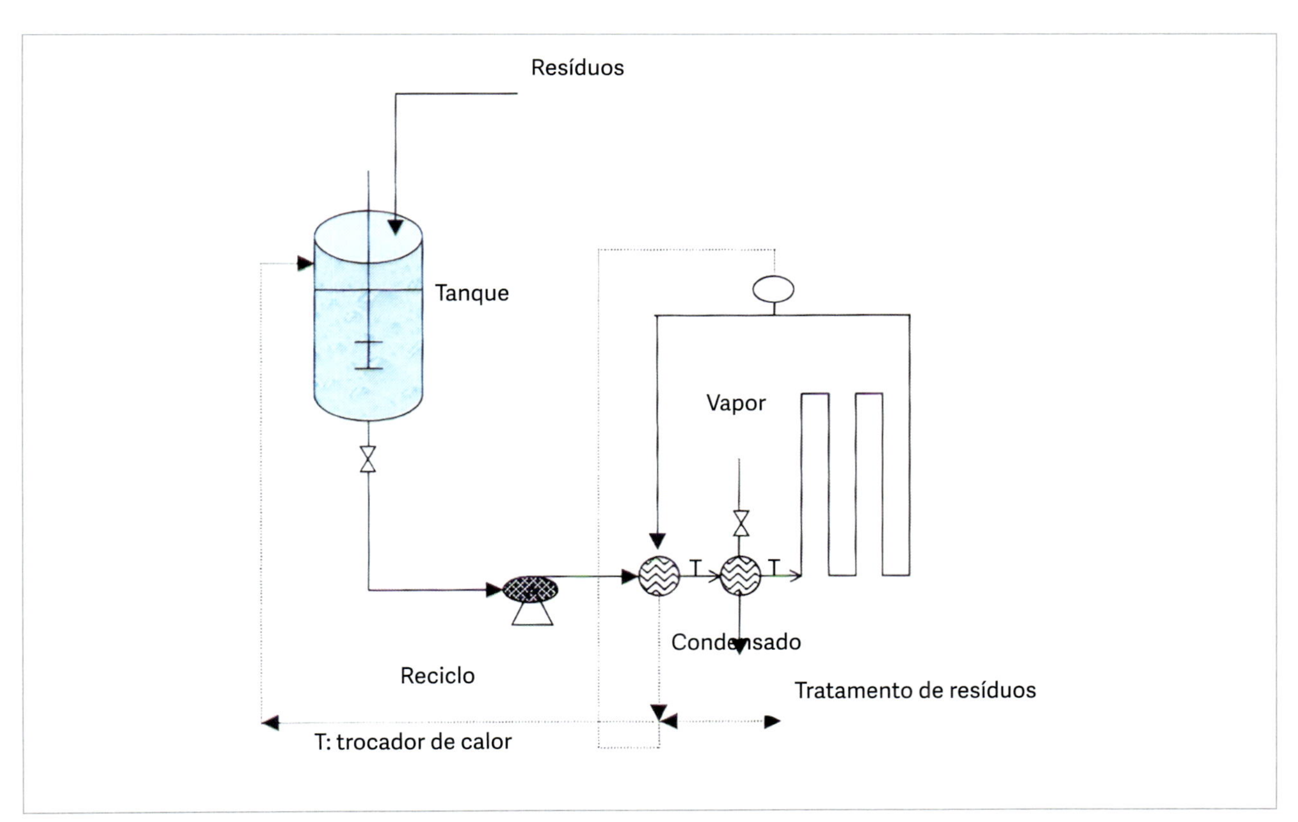

FIGURA 7 Sistema contínuo de inativação térmica de resíduos biológicos.

- Riscos químicos: deve-se providenciar um sistema de neutralização ou outro tipo de tratamento dos resíduos químicos gerados.

Autoclave

Para a descontaminação de resíduos sólidos ou de pequenos equipamentos, é necessária uma autoclave. Esse equipamento não deve ser utilizado para outras finalidades da indústria. É preciso atentar para os fluxos de materiais da produção e dos resíduos para evitar contaminação cruzada. Para isso, recomenda-se o uso de autoclaves com portas duplas[34]. As autoclaves têm de ser convenientemente alocadas para minimizar a distância entre o processamento e os pontos de descontaminação[35].

DERRAMAMENTOS

Os processos biológicos requerem o desenvolvimento de um plano de ação contra derramamentos de produto. Esse plano deve conter procedimentos de evacuação, retenção do material derramado, descontaminação e limpeza[35].

Sugere-se alocar um *kit* de ação em uma área segura adjacente às operações com produtos biológicos. Tipicamente, esse *kit* contém equipamentos de proteção individual como botas, jalecos, luvas e máscaras, além de equipamentos para recuperação dos materiais derramados, como rodos, esponjas, panos de chão e baldes. Deve-se ter, também, algum material para descontaminação química emergencial. Um grupo de trabalhadores do local precisa ser treinado para utilizar corretamente os componentes do *kit* de ação, em casos de emergência. Se possível, deve-se instalar uma barreira para retenção de derramamentos ao redor dos grandes equipamentos. Essa barreira deve ser capaz de reter o maior volume possível de processamento do equipamento e ainda possibilitar a adição de produtos químicos para a inativação biológica. A experiência prática indica que o volume da barreira deve ser de 1,5 a 2,0 vezes a capacidade máxima de processamento do equipamento[35].

A drenagem do material derramado deve ser fechada e conectada com o sistema de tratamento de resíduos. Esse cuidado possibilita o envio adequado do material para inativação. Para isso é necessário instalar um sifão com altura para evitar o retorno de aerossóis formados nas áreas de tratamento de resíduos. A instalação de uma válvula de checagem na linha de drenagem assegurará que não haja retorno de resíduo biológico para a área de produção[34].

INTEGRAÇÃO: PROCEDIMENTO VERSUS TREINAMENTO

Os processos biotecnológicos montados para serem seguros só atingem seu objetivo se forem operados de forma segura. Além de preparar um processo validado, deve-se criar um eficiente programa de treinamento de pessoal de tal forma que os procedimentos de segurança sejam executados corretamente. Caso contrário, o sistema estará em constante risco. Os processos biosseguros dependem de três ações básicas: projeto, procedimento e treinamento (Figura 8). Se uma dessas ações for mal aplicada, todo o programa de biossegurança entra em colapso[35].

BIOSSEGURANÇA NA PRODUÇÃO DE SOROS E VACINAS

A produção de soros e vacinas constitui uma atividade de grande importância econômica tanto no setor privado como no estatal em alguns países. É uma atividade com perfil diretamente ligado à saúde pública cujas funções são orientadas para o segmento humano e para o veterinário.

No setor veterinário, a prevenção de doenças típicas de animais domésticos e das zoonoses tem importância redobrada, pois elas podem atingir os seres humanos (por exemplo, raiva, leptospirose e tifo). Todas constituem atividades de riscos biológicos tanto individuais como comunitários e, portanto, o projeto de implantação e funcionamento de unidades de produção de imunobiológicos é uma tarefa complexa que envolve muitas especialidades profissionais.

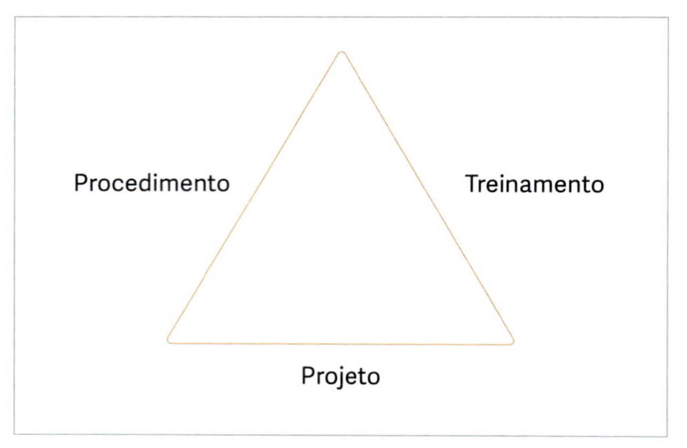

FIGURA 8 Triângulo do sistema de integração de plantas industriais.

Como são unidades que trabalham com grandes quantidades de material biológico e diferentes graus de risco de segurança, classificados em uma escala de segurança padronizada de 1 a 4, essas indústrias oferecem grande potencial de risco comunitário e por isso as normas de prevenção de acidentes têm de ser eficientes, tanto nas fases de pré-produção, passando pela fabricação, acondicionamento, armazenamento, limpeza de equipamentos e área de trabalho, e tratamento de resíduos e descartes. É importante mencionar a influência do fator de mudança de escala no manejo de materiais biológicos.

No trabalho de laboratório, o risco é em grande parte de natureza individual, mas o mesmo agente manejado em maior escala pode levar a uma situação de risco comunitário. Dessa maneira, ficou estabelecido que no manejo de material biológico em volumes acima de 3,7 L (um galão americano) a operação passa a ser enquadrada no nível de segurança imediatamente superior. Assim, um procedimento de laboratório nível 2 passa a ser considerado 3, quando se amplia a escala. Uma definição bem abrangente de segurança que passou a ser aceita dentro das indústrias químico-farmacêuticas é a seguinte: "Segurança é uma postura preventiva ligada à prevenção do patrimônio humano e material de uma comunidade". Aqui o termo "comunidade" mostra que essa definição pode ser estendida a fábricas, hospitais, escolas e outros centros de aglomeração humana.

É relativamente fácil entender que o conceito inicial de segurança tenha surgido ainda sob uma ótica em que os problemas da produção química ficavam confinados à indústria e os seus reflexos limitavam-se aos seus funcionários, pelo simples motivo de isso ter ocorrido no século passado. Os gases eram eliminados na atmosfera e os efluentes eram jogados fora ou então eliminados segundo a terminologia da época. As indústrias de vacina e outros produtos imunológicos para uso animal e humano eram considerados seguros, uma vez que seus descartes eram químio e termossensíveis. Isto foi antes da 1ª Guerra Mundial, quando as primeiras vacinas e soros se tornaram a esperança de a humanidade se livrar das pragas que atingiam também os animais que lhes davam sustento.

A vulnerabilidade desconcertante dos seres humanos aos produtos biológicos e microrganismos que lhes davam origem pode ser examinada por outra ótica hoje, levando em conta os conhecimentos científicos agora disponíveis. É interessante observar hoje, à luz das modernas técnicas de contenção e propagação de doenças e materiais biológicos, que em 495 a.C. Tucylides, um historiador grego, ao descrever uma epidemia de cólera em Atenas, apresentou talvez a 1ª regra de biossegurança já registrada, a saber: "Somente aqueles que já tinham adoecido e se salvo da praga é que podiam cuidar dos outros doentes".

Regras de grupos humanos, desde épocas imemoriais, como proibir a ingestão de carne de porco em locais de clima muito quente e apalpar a goela de bovinos antes do abate (sintoma de tuberculose), servem de ilustração de que o espírito de prevenção de moléstias de origem biológica já preocupava o ser humano, desde tempos remotos. Não podemos esquecer que grande parte dos problemas da humanidade provinha e ainda provém de fungos, bactérias ou vírus que destroem as lavouras e os rebanhos, registrados constantemente pela humanidade em todos os continentes.

Com o aumento do domínio dos fenômenos biológicos e melhores conhecimentos do comportamento de vírus, bactérias e atualmente do material genético, novos problemas começaram a preocupar a humanidade. Enquanto, nos tempos de Pasteur, os problemas de produção de soros e vacinas e a eliminação de seus efluentes seguiam a mesma lógica da incipiente indústria química de corantes, os problemas industriais não eram considerados de natureza comunitária e sim industrial, e pode-se dizer o mesmo em relação à radioatividade por ocasião dos trabalhos pioneiros de M. Curie, nos tempos atuais está surgindo uma conscientização quanto ao meio ambiente, considerando o ar universal. O mesmo pode ser dito em relação a água e outras riquezas naturais.

Os riscos biológicos atuais

Com o adensamento populacional e a grande movimentação das pessoas, animais, frutas, plantas e outros produtos pelos modernos meios de transporte, ficou difícil controlar uma contaminação biológica. Não é possível fazer as antigas quarentenas nos portos dos imigrantes. Em função disso, a propagação de uma gripe hoje é extremamente rápida, bem como outras viroses como ebola, HIV, hantavírus etc. Em geral, a conscientização dos riscos se dá de maneira drástica, e a criação de agências nacionais e internacionais de controle ocorreu de maneira lenta, em geral precedida de organizações não governamentais (ONG). A Organização Mundial da Saúde (OMS), por exemplo, só surgiu após a 2ª Guerra Mundial e demorou a regulamentar os riscos químicos. O FDA só ganhou força política nos Estados Unidos após o acidente da talidomida na década de 1960. As agências reguladoras sobre o uso e manejo da energia nuclear e proteção radiológica só tomaram forma após o lançamento das bombas de Hiroshima e Nagasaki.

Quanto à área biológica, os países desenvolvidos se veem ameaçados por guerras biológicas, propagação de doenças de outros países, além dos possíveis riscos dos alimentos transgênicos e clonagens. É importante lembrar que um dos mais importantes centros atuais de referência de proteção biológica, o USAMRIID (United States Army Medical Research Institute of Infectious Diseases), destinava-se à pesquisa de armas biológicas até 1969, quando essas atividades foram proibidas pelo presidente Richard Nixon, e a partir dessa data essa instituição passou a dedicar-se ao estudo de biossegurança e à produção de vacinas para proteção de soldados e traçar estratégias para proteção da população civil inicialmente nos casos de antraz, botulismo, tularemia e ebola. Cumpre aqui analisar um quadro comparativo dos riscos químicos, radiológicos e biológicos (Quadro 1).

Observando o quadro, verificamos que o material biológico apresenta uma propriedade diferenciada quando comparado aos outros tipos de contaminação. Enquanto as contaminações químicas e radiológicas se diluem quando espalhadas, a contaminação biológica pode-se reproduzir conforme o meio. Se uma pessoa ou animal contaminados quimicamente se deslocarem por diferentes lugares, a contaminação vai-se diluindo e tendendo a zero. No caso de a contaminação do homem ou animal ser de natureza biológica, os pontos de contaminação nem sempre se diluirão, pelo contrário, poderão gerar multiplicação do material e é exatamente dessa maneira que se dão as epidemias que acometem os seres humanos, animais domésticos e mesmo silvestres. Desequilíbrios ambientais com alteração de temperatura, umidade e outros elementos podem desencadear o desenvolvimento de uma espécie biológica em escala imprevisível. Com o advento da clonagem e da produção de espécies vegetais e animais transgênicos, tornou-se importante desenvolver metodologias quanto ao seu uso, controle e descarte em vários tipos de instituição, particularmente aquelas envolvidas na área de produção de produtos imunobiológicos que são os soros e vacinas para uso humano e animal.

Natureza das indústrias de soros e vacinas

Os aspectos de biossegurança em indústria de produtos imunobiológicos têm características diferentes daquelas dos laboratórios que preparam os inóculos, isolam toxinas e exercem outras atividades relacionadas. Um dos principais elementos é o fato de que suas atividades são contínuas e em grande escala, prosseguindo noite adentro, pois os processos de culturas de células com inóculos virais e as etapas de purificação e concentração são em geral muito longos e não admitem interrupção do processo a não ser em pontos de corte preestabelecidos. Em razão desses fatos, a constante troca de funcionários durante turnos, associada ao fato de que a supervisão noturna é normalmente prejudicada, torna a indústria vulnerável a acidentes, uma vez que o trabalho noturno quase sempre tem repercussão negativa no ser humano.

Produção de soros

Soros homólogos são os soros obtidos de pacientes portadores de alguma imunoglobina de interesse. Neste caso, a OMS recomenda que se faça um *pool* de mil doadores para posterior beneficiamento, análise e acondicionamento.

Essas instalações, em geral, baseiam-se em assepsia simples de produção e descarte, uma vez que o agente patogênico originário já está extinto ou inexistente (por exemplo, gama-globulina hiperimune). O material segue como descarte hospitalar, ou seja, autoclavagem do material biológico e descarte. Os equipamentos utilizados, tanques, filtros e mangueiras seguem as normas da assepsia já preestabelecidas em áreas farmacêuticas. O mesmo se dá em relação às instalações, aos filtros de ar, ao vestuário e aos procedimentos operacionais.

Nos soros heterólogos, os procedimentos após o recebimento do material dos doadores são iguais aos dos soros homólogos. No entanto, a fase anterior é mais

QUADRO 1 Características de produtos que oferecem risco

Produto	Tempo de vida ativa do material	Consequências da diluição ou difusão	Resistência fisico-química	Capacidade de detecção
Químico	Definitiva	Diminuição da toxicidade (Técnica de recup.)	Todas as condições provocam rearranjos às vezes úteis	Muito boa e rápida
Radioativo	Meia-vida de frações de segundo a milhares de anos	Diminuição da toxicidade	Não altera a radiação	Muito boa e rápida
Biológico	Curta, porém pode ser muito longa por sua reprodutibilidade. Pode ficar latente muito tempo e se desenvolver com alguma mudança das condições locais	Aumento da contaminação. É o único reprodutível e pode propagar-se	Muito baixa	Difícil e lenta quanto à especificidade

complicada, pois envolve atividades de preparo fora da área de produção.

Produção de vacinas em ovos embrionados

Essa técnica consiste em inocular material viral em embriões de galinhas localizados no interior dos ovos SPF (isento de patógenos específicos), ovos fertilizados que provêm de criações especializadas que têm suas próprias normas de biossegurança. Várias são as vacinas aí produzidas, inclusive contra a gripe. Após inoculação o material é processado e a carga viral, mediante sucessivos procedimentos, é transformada em vacina.

Os procedimentos de biossegurança empregados nesses casos são distintos, uma vez que podem ser cultivados dessa maneira vírus inofensivos, e outras vezes vírus extremamente patogênicos. Neste caso todo o material de cultura, descartes e outros materiais utilizados no processo são incinerados quando possível. Quando os vírus cultivados não são perigosos, a autoclavagem dos descartes por 30 minutos seguidas de adição de hipoclorito de sódio e descanso por três horas é satisfatória.

Produção de vacinas em fetos de roedores

Procedimento comum em vacinas antirrábicas, consiste em inocular fetos de ratos, especialmente cultivados com cepas de vírus escolhidos para posterior abate dos animais em um prazo inferior a 96 horas. Nesse caso, quando possível, os descartes devem ser incinerados por tratar-se de um tipo de vírus extremamente perigoso, embora se possa usar a autoclavagem.

Produção de vacinas em culturas de células

A produção de vacinas por meio do inóculo de vírus em cultura de células já é antiga e era utilizado um meio sólido com o emprego de frascos de Roux. O grande desenvolvimento conseguido nestes últimos anos produzindo vacinas em culturas celulares líquidas com suporte sólido ou não, dentro de biorreatores tornou esta técnica corriqueira em grandes indústrias. Com células especiais (de rim de hamster ou de macaco Vero) estas técnicas permitem a proliferação de vários tipos de vírus e uma saída dos vírus para o meio de cultura sem destruir a célula. Assim, o isolamento dos vírus para processamento se torna muito mais fácil e eficiente. O critério adotado para o descarte dos meios de cultura é o mesmo já descrito para a produção em ovos embrionados ou em fetos de roedores.

Produção de vacinas de DNA

São vacinas obtidas em meios de culturas de células modificadas ou não, cujos fragmentos atuam como antígeno. O processamento segue os mesmos critérios empregados em vacinas feitas por outras vias já descritas, porém o trabalho feito com o material de inóculo segue as normas empregadas nas áreas de produção de microrganismos transgênicos descritos neste livro. Como a produção e a conservação de material biológico estão bem descritas aqui, bem como as instalações de segurança biológica, níveis 1, 2, 3 e 4, abordaremos exclusivamente a área produtora de unidades que produzem soros e vacinas.

Como já comentado, a purificação de soros homólogos e heterólogos é exatamente igual; a diferença reside no fato de que os soros heterólogos exigem a produção de antígenos em local separado, e o mesmo pode ser dito quanto à seleção de cepas de vírus e bactérias feita em instalações de vários níveis de segurança descritos neste livro. Uma unidade destinada à produção de soros e vacinas deve atender aos seguintes requisitos:

- Localização: deve ser um local relativamente mais alto do que as eventuais instalações ao redor para ficar livre de quaisquer inundações e para que transbordos e refluxos nunca caiam em rios e lençóis freáticos. É importante que o local seja pouco sujeito a ventos e distante de habitações. Deve ter grande área livre em volta para possibilitar isolamentos em casos de acidentes.
- Fonte confiável de energia, disponibilidade de água em abundância e boas condições para descarte de águas tratadas.

O fornecimento de energia é um elemento de segurança, pois além de evitar a perda de produção é responsável pelo funcionamento de todas as válvulas, bombas de transferência, fechamento de portas, alarmes, refrigeração e tratamento de água, exaustão, enfim todos os elementos indispensáveis para o funcionamento normal e seguro da unidade de produção.

PARTE HIDRÁULICA

Atualmente a água empregada nas indústrias é aquela tratada por osmose reversa, e sua finalidade é a de ser o fluido dos meios de cultura, agente de diluição, lavagem dos componentes e enxágue dos equipamentos.

A água usada na limpeza geral é tratada por resina de troca iônica adicionada de elementos químicos específicos como hipoclorito, detergente, quaternários de amônio e detergentes sulfatados. Sabões adicionados de lipase e protease também são empregados, pois são bacteriostáticos ou mesmo bactericidas dependendo do tempo e da concentração.

As tubulações devem ser em aço inox 316 e 316 L com polimento sanitário, e a parte vitrificada em boro silicato. O mesmo critério é aplicado para válvulas e juntas na unidade. A finalidade dessa exigência é proporcionar esterilização por vapor aquecido seguida de sanitização complementar. O material descartável é destruído depois da autoclavagem e as mangueiras de silicone são lavadas com aditivos químicos, como detergentes catiônicos, aniônicos ou mesmo sabões acrescidos de enzimas.

EXAUSTÃO

A área de produção tem pressão negativa para evitar escape de qualquer material para fora. Usam-se filtros do tipo HEPA em circuito fechado, passagem do ar por luz UV e descarte do ar por filtros contra espelho de água com antissépticos. É importante que o ar seja aspirado para dentro do sistema com velocidade ligeiramente menor que a entrada para conservar a pressão negativa.

INSTALAÇÕES ELÉTRICAS

As instalações elétricas dentro de unidades com pressão negativa são feitas de acordo com as normas até o ponto de tomada. Neste local é feito um isolamento para evitar qualquer passagem de ar pelos conduítes dos fios.

Aspectos complementares das unidades de produção de imunobiológicos

Conceitualmente uma unidade de produção de imunobiológicos deve contemplar alguns requisitos primordiais: prevenir os produtos de contaminação externa e acima de tudo evitar a saída de material contaminante por qualquer via para o meio externo. Portanto, é necessário monitorar e tratar os efluentes bem como todo o material em processamento. A segurança individual dos funcionários deve estar sincronizada com a não contaminação do local de processamento e também de não levar para fora material contaminado. Para tanto, é comum o uso de antecâmaras com alarmes, chuveiros na entrada e na saída, e escafandros com pressão positiva conforme a necessidade. Mesmo no caso de microrganismos atenuados, ficou constatado que não se pode descuidar do seu descarte, pois têm sido relatados casos em que tais microrganismos podem voltar à forma virulenta, fato já verificado com o vírus da pólio. Em alguns países já está sendo utilizado para vacinação em massa o vírus morto da pólio, inicialmente empregado por Salk, em substituição à vacina Sabin que utiliza cepas de vírus vivos atenuados.

Esses fatos demonstram que a biossegurança industrial está longe de ser um procedimento totalmente dominado.

CONSIDERAÇÕES FINAIS

Desde o surgimento da indústria biotecnológica e de organismos geneticamente manipulados, uma das maiores preocupações da indústria biotecnológica tem sido a biossegurança. Porém, a maior parte da atenção tem sido direcionada para os organismos, e não para os processos, uma vez que há diversos manuais, com normas para manipulação segura e contenção de organismos geneticamente modificados, disponíveis. O cultivo microbiano é, em geral, apenas uma das etapas do processo biotecnológico. Como o cultivo microbiano, utilizando biorreatores, pode ser executado sob elevadas pressões, rotações e temperaturas, uma análise criteriosa de seu projeto de construção e de instalação irá evitar problemas futuros com a biossegurança na indústria. No entanto, o mesmo não pode ser dito das operações envolvidas no processo de recuperação e purificação de bioprodutos. Por isso, os cuidados com a seleção, aquisição, instalação, operação e controle dos equipamentos envolvidos nessa etapa do processo e treinamentos de práticas biológicas biosseguras têm de ser redobrados. Portanto, é fundamental formular normas e padrões rigorosos de trabalho para que, desta forma, sejam evitados eventos de bioterrorismo.

Portanto, para concretizar o potencial da biotecnologia, a sociedade deve encarar a biossegurança e a bioproteção como algo mais do que simplesmente a contenção de organismos que foram modificados pela bioengenharia. Biossegurança e biossegurança devem procurar permitir a melhoria contínua na tomada de decisões para otimizar o equilíbrio entre oportunidade e risco no uso da biotecnologia visando encontrar soluções sustentáveis para os problemas apresentados.

REFERÊNCIAS BIBLIOGRÁFICAS

1. Cao C. China's evolving biosafety/biosecurity legislations. J Law Biosci. 2021;8(1):lsab020.
2. Bayot M, Limaiem F. Biosafety guidelines. StatPearls. 2022.
3. Croddy E, Perez-Armendariz C, Hart J. Chemical and biological warfare: a comprehensive survey for the concerned citizen. Springer; 2002.
4. Zhou.D, Song.H, WangJ,etal. Biosafety and biosecurity. J Biosafety Biosecurity. 2019;1(1):15-8.
5. Maqbool M, Bhat A, Sumi MP, Baba MA. Laboratory protocols in medical biotechnology I. Fund Adv Med Biotech. 2022. p. 363-89.

6. Ishaque S, Asrhad A, Haider M, Fatima F. Biosafety and biosecurity of lab and hospital acquired infections. Biol Clin Sci Res J. 2021;2021(1).
7. Bayot ML, King KC. Biohazard levels. 2018.
8. Richmond JY, McKinney RW. Biosafety in microbiological and biomedical laboratories. US Government Printing Office; 2009.
9. Pawar SD, Khare AB, Keng SS, et al. Selection and application of biological safety cabinets in diagnostic and research laboratories with special emphasis on COVID-19. Rev Sci Instrum. 2021;92(8) 081401.
10. Ghosh S, Voigt J, Wynne T, Nelson T. Developing an in-house biological safety cabinet certification program at the University of North Dakota. Appl Biosaf. 2019;24(3):153-60.
11. Whistler T, Kaewpan A, Blacksell SD. A biological safety cabinet certification program: experiences in southeast Asia. Appl Biosaf. 2016;21(3):121-7.
12. Gupta V, Sengupta M, Prakash J, Tripathy BC. An introduction to biotechnology. Basic Appl Aspects Biotechnol. 2017. p. 1-21.
13. Malik VS. Recombinant DNA technology. Adv Appl Microbiol. 1981;27:1-84.
14. Ladisch MR, Kohlmann KL. Recombinant human insulin. Biotechnol Prog. 1992;8(6):469-78.
15. ZhangJ, Tarbet EB, Toro H, D-cC T. Adenovirus-vectored drug-vaccine duo as a potential driver for conferring mass protection against infectious diseases. Expert Rev Vaccines. 2011;10(11):1539-52.
16. Kis Z, Kontoravdi C, Shattock R, Shah N. Resources, production scales and time required for producing RNA vaccines for the global pandemic demand. Vaccines. 2020;9(1):3.
17. Pham PV. Medical biotechnology: Techniques and applications. Omics technologies and bio-engineering. Philadelphia: Elsevier; 2018. p.449-69.
18. Evens R, Kaitin K. The evolution of biotechnology and its impact on health care. Health Aff. 2015;34(2):210-9.
19. Research P. Biotechnology Market Precedence Research. Disponível em: https://www.precedenceresearch.com/biotechnology-market.
20. Li L, Shen G, Wu M, Jiang J, Xia Q, Lin P. CRISPR-Cas-mediated diagnostics. Trends Biotechnol. 2022.
21. David L, Thakkar A, Mercado R, Engkvist O. Molecular representations in AI-driven drug discovery: a review and practical guide. J Chemin. 2020;12(1):1-22.
22. Diaw MD, Papelier S, Durand-Salmon A, Felblinger J, Oster J. AI-assisted QT measurements for highly automated drug safety studies. IEEE Trans Biomed Eng. 2022.
23. Caudai C, Galizia A, Geraci F, et al. AI applications in functional genomics. Comput Struct Biotechnol J. 2021;19:5762-90.
24. Lin J, Ngiam KY. How data science and AI-based technologies impact genomics. Singap Med J. 2023;64(1):59-66.
25. Xiao Q, Zhang F, Xu L, et al. High-throughput proteomics and AI for cancer biomarker discovery. Adv Drug Deliv Rev. 2021;176:113844.
26. Mund A, Coscia F, Hollandi R, et al. AI-driven Deep Visual Proteomics defines cell identity and heterogeneity. BioRxiv. 2021.
27. Petrick LM, Shomron N. AI/ML-driven advances in untargeted metabolomics and exposomics for biomedical applications. Cell Rep Phys Sci. 2022;3:7.
28. van der Lee M, Swen JJ. Artificial intelligence in pharmacology research and practice. Clin Transl Sci. 2023;16(1):31-6.
29. Roche-Lima A, Roman-Santiago A, Feliu-Maldonado R, et al. Machine learning algorithm for predicting warfarin dose in caribbean hispanics using pharmacogenetic data. Front Pharmacol. 2020;10:1550.
30. Lin E, Lin C-H, Lane H-Y. Precision psychiatry applications with pharmacogenomics: artificial intelligence and machine learning approaches. Int J. Mol Sci. 2020;21(3):969.
31. Gaudioso J, Gribble LA, Salerno RM. Biosecurity: Progress and Challenges. J Assoc Lab Automation. 2009;14:141-47.
32. McGarrity G J, Hoerner CL. Biological safety in the biotechnology industries. In: Fleming DO, Richardson JH, Tulis JJ, Vesley D. Laboratory safety. Principles and practices. Washington: ASM Press; 1995.
33. Fleming DO, Hunt DL. Biological safety: principles and practices. 3rd ed., Washington: ASM Press; 2000.
34. Lee SB, Ryan LJ. Occupational health and safety in the biotechnology industry – a survey of practicing professionals. Am Indust Hygiene Assoc J. 1996;57:381-6, .
35. Miller SR, Bergmann D. Biocontainment design considerations for biopharmaceutical facilities. J Indust Microbiology. 1993;11:223-34.
36. Dulley RD. Biossegurança: muito além da biotecnologia. Rev Economia Agrícola. 2007;54(2):27-41.
37. National Institute of Health (NIH). Recombinant DNA research: actions under the guidelines; notice. Federal Register Part III, vol. 56, n. 138; 1992. pp. 33174-183.
38. Liang L, Feng X, Li Y. Pressure control strategies in biosafety level-3 large-scale production facilities for animal vaccines. Biosafety and Health. 2020;124-9.
39. Lovatt A. Applications of quantitative PCR in the biosafety and genetic stability assessment of biotechnology products. Rev Mol Biotechnol. 2002;82:279-300.
40. Knutsson R, Van Rotterdam B, Fach P, De Medici D, Fricker M, Löfström C, et al. Accidental and deliberate microbiological contamination in the feed and food chains how biotraceability may improve the response to bioterrorism. Int J Food Microbiol. 2010.
41. OECD. Safety Considerations for Biotechnology 1992, Organisation for Economic Co-operation and Development; 1992. pp. 7-16
42. Heinsohn PA, Jacobs RR, Concoby BA. Biosafety reference manual. Fairfax: AIHA; 2000.
43. Hambleton P, Melling J, Salusbury. Biosafety in industrial biotechnology. London: Chapman & Hall; 1994.
44. Pessoa-Jr A, Vitolo M. Evaluation of cross-flow microfiltration membranes using rotary disc-filter. Process Biochemistry. 1998;33(1):39-45.

15

Ações de biossegurança no contexto da gestão da qualidade

Alfredo Tenuta Filho
Luciene Fagundes Lauer Macedo

INTRODUÇÃO

Biossegurança é a ciência voltada para o controle e minimização de riscos advindos da prática de diferentes tecnologias, tanto em laboratório quanto aplicadas ao meio ambiente. O fundamento básico da biossegurança é assegurar o avanço dos processos tecnológicos e proteger a saúde humana, animal e o meio ambiente[1].

É possível e desejável, por estarem explícita ou implicitamente insertas, considerar ações de biossegurança no contexto da gestão da qualidade, cuja finalidade é garantir que atividades, produtos e serviços gerados numa organização tenham a adequação esperada. Com isso, o resultado certamente será o do desempenho da biossegurança com maior competência e melhor qualidade. Há na literatura abordagens que envolvem a biossegurança em relação à qualidade[2-5], dando motivação para que o assunto seja mais objetiva e amplamente discutido.

Para que metas e objetivos da biossegurança possam, então, ser mais apropriadamente atingidos, considera-se ideal e necessário que exista um programa de qualidade adequado já implantado, em implantação ou em via de implantação. Em situações em que a implantação formal não está cogitada, princípios que regem programas de qualidade devem ao menos ser aproveitados, como base e benefício para o cumprimento de metas e objetivos da biossegurança.

Os vários programas da qualidade existentes têm graus diferentes de complexidade de implantação. A implantação desses programas, qualquer que seja o ramo de atividade da organização, tem como base a educação, o treinamento, a motivação e o engajamento deliberado consequente de todas as pessoas envolvidas, em todos os níveis hierárquicos, a começar pelo mais alto mandatário. A matéria-prima mais importante é a humana.

A Qualidade Total, principalmente, o Programa Ambiental 5S e o HACCP – *Hazard Analysis Critical Control Point* (Análise de Perigos e Pontos Críticos de Controle) – são programas perfeitamente aplicáveis em questões de biossegurança. Os conceitos da Qualidade Total são de maior amplitude e complexidade e, portanto, de implantação mais demorada que os demais programas. Com o mesmo objetivo, aliam-se aos programas citados as Boas Práticas de Laboratórios (BPL) e as de Fabricação (BPF), além das Normas ABNT NBR ISO 9001:2008[6] e 14001:2004[7], em relação às quais as organizações tanto privadas como governamentais podem se certificar. Quanto aos citados programas e normas, ainda estão associadas práticas voltadas à manutenção e à melhoria contínua da qualidade, representadas por procedimentos que compõem as Ferramentas da Qualidade e pelo Método de Solução de Problemas.

QUALIDADE TOTAL

Evolução da qualidade

O controle da qualidade era exercido, antigamente, somente em relação ao produto acabado. Havia apenas uma inspeção ou fiscalização final que, na concepção atual, é de resultado insatisfatório. Depois, houve a evolução para o Controle Estatístico de Processo – cuja ênfase era a segurança e o "zero defeito" –, em seguida, para a Garantia da Qualidade – baseada em normas e procedimentos formais – e, finalmente, para a Qualidade Total – que contempla a satisfação dos clientes e a competitividade[8].

Qualidade Total é o conceito expresso em princípios pelos quais uma organização pode sobreviver e desenvolver-se em um ambiente competitivo.

Origem da Qualidade Total

Foi no Japão que ocorreu a Revolução da Qualidade Total, após a Segunda Guerra Mundial. Isso se deu a partir de conceitos da qualidade originados nos Estados Unidos, propiciados pelo fato de que a economia japonesa, na época, estando seriamente afetada pela guerra, necessitou do apoio norte-americano para seu reerguimento. Esse auxílio envolveu o envio de pessoal técnico ao Japão. Edwards W. Deming, que veio posteriormente a consagrar-se como especialista de renome internacional, tornou-se figura central no convencimento do empresariado japonês em relação à importância dos conceitos propostos que visavam à melhoria da qualidade nas empresas. Depois, então, de ter sido aperfeiçoado no Japão, o movimento pela Qualidade Total atingiu os Estados Unidos e países da Europa[9].

Gestão pela Qualidade Total

A Qualidade Total tem complexidade de implantação muito maior que a de outros programas da qualidade, como o 5S, por exemplo, mas isso não impede que possa ser implantada em qualquer situação, independentemente do tamanho da organização – micro, pequena, média ou grande.

A Qualidade Total é um sistema gerencial para atender principalmente à sobrevivência e à prosperidade da organização, mediante a satisfação das necessidades das pessoas. Como pessoas devem ser entendidos os clientes, os acionistas, o governo e a sociedade como um todo. Essa gestão da qualidade se faz em todos os processos, por meio de ações científicas sistemáticas desenvolvidas por toda a organização. A tendência atual é que as organizações – micro, pequenas, médias ou grandes – adotem a Qualidade Total como filosofia de trabalho, para garantir a qualidade dos produtos e/ou serviços que produzem. As que vierem a ficar à margem desse movimento correm o risco de deixar o mercado por falta de competitividade. A Gestão pela Qualidade Total implica que todos os processos estejam monitorados e sob controle. Essa é a base para que tudo o que é produzido não apresente defeito[8,10-12].

Organizações de grande porte foram as que primeiro implantaram a Qualidade Total. Até atingirem um estágio avançado, foram necessários de 5 a 7 anos. No entanto, é mais fácil a implantação numa organização de menor porte, com menos funcionários. Não há, portanto, um tempo determinado de implantação da Qualidade Total. Uma organização de pequeno porte pode ter os benefícios do programa em apenas um ano[9].

A implantação da Qualidade Total é iniciada pela vontade explícita de mudanças da administração da organização visando a melhorias. Os fundamentos do programa devem ser introduzidos de forma orientada, tendo as pessoas – administradores e funcionários – como alvo, vindo depois a fase de treinamento.

É possível avaliar o estágio em que determinada organização se encontra em relação à qualidade e, com isso, indicar o caminho da obtenção da Qualidade Total. Desse modo, fazem-se necessárias mudanças e busca de melhoria na qualidade do produto ou serviço quando:

- Os clientes não são ouvidos, por não ser considerado importante.
- Não há estímulo ao trabalho em equipe; a solução de problemas e a tomada de decisões são de competência exclusiva de chefias.
- Os recursos humanos não são valorizados e as necessidades das pessoas em termos da manifestação de suas opiniões não são satisfeitas.
- Faltam objetivos claros e isso resulta em esforços dispersos e ações descontínuas.
- Em virtude de estar dando certo, não há aperfeiçoamento contínuo.
- Cada setor atua isolado dos demais, não fazendo parte do processo que compõe o todo.
- A decisão é centralizada e falta autonomia para as pessoas.
- Os objetivos da organização não são informados e disseminados internamente e, por isso, cada pessoa conhece só aquilo com que trabalha.
- Não há padronização e documentação dos processos.
- Os erros gerados nos processos e transferidos para os produtos e/ou serviços são apontados principalmente pelo consumidor final[8].

Princípios da gestão pela Qualidade Total

A satisfação total dos clientes, a gerência participativa, o desenvolvimento de recursos humanos, a constância de propósitos, o aperfeiçoamento contínuo, a gerência de processos, a delegação de competência, a disseminação de informações, a garantia da qualidade e a não aceitação de erros são princípios que podem levar uma organização à Qualidade Total[8].

Satisfação total dos clientes

No âmbito da Qualidade Total, os clientes (internos, intermediários e externos) são os mais importantes para a organização, por isso suas necessidades devem ser satisfeitas como prioridade.

Os clientes internos são os funcionários, a quem é passado o trabalho concluído para que possam realizar a próxima operação, servindo a outros clientes internos, até chegar aos clientes externos. Estabelece-se, assim, uma cadeia fornecedor-cliente: quem passa o trabalho concluído para a próxima operação é o fornecedor, sendo o cliente o que recebe o referido trabalho. Os clientes intermediários (distribuidores, assistência técnica etc.) são terceiros que viabilizam a utilização de produtos e serviços produzidos pelos clientes internos no atendimento aos clientes externos. Os clientes externos são os consumidores finais – usam os produtos e os serviços produzidos.

A organização deve estabelecer processo sistemático e permanente de troca de informações e mútuo aprendizado com seus clientes, transformando essa relação em indicadores do grau de satisfação. É preciso, mais do que prever as necessidades, superar plenamente as expectativas dos clientes, porque são eles, na verdade, a razão da existência da organização. A total satisfação dos clientes é a mola mestre da gestão pela Qualidade Total.

Há, na realidade, uma relação de parceria entre organização, clientes internos e clientes externos, em razão da dependência mútua estabelecida, na qual um depende do outro.

Gerência participativa

A organização deve patrocinar a participação, fornecendo as informações necessárias aos funcionários – clientes internos. Como retorno haverá, mediante o compromisso de todos, melhoria nos resultados. O estímulo a ideias novas e à criatividade favorecerá o aperfeiçoamento contínuo e a solução de problemas. A gerência participativa envolve a mobilização de esforços, a atribuição de responsabilidades, a delegação de competências, a motivação, o debate, a capacidade de ouvir sempre os subordinados e as sugestões, compartilhar os objetivos, informar e, principalmente, transformar grupos de pessoas em verdadeiras equipes. A meta é trabalhar em clima de cooperação e incentivo à participação.

Desenvolvimento de Recursos Humanos

Os clientes internos – funcionários – são a matéria-prima mais importante numa organização. Essas pessoas buscam ter espaço e oportunidade para demonstrar aptidões. Visam a participação, crescimento profissional e ter seus esforços reconhecidos. Como consequência, é gerada a expectativa por uma remuneração justa. Com a satisfação dessas necessidades e com as pessoas conhecendo as metas e os objetivos da organização, o potencial de iniciativa e de trabalho se multiplica. O oposto disso são o comodismo e a desmotivação. A meta é o sentimento de orgulho por parte do funcionário em trabalhar nessas condições. A organização, além de aproveitar os conhecimentos preexistentes e as experiências acumuladas dos clientes internos, tem de investir, sobretudo, em educação e treinamento, visando à formação e à capacitação dessas pessoas.

Constância de propósitos

A participação da alta administração da organização em relação ao cumprimento dos princípios da Qualidade Total é da mais elevada importância. É imprescindível haver coerência nas ideias e, principalmente, transparência na execução de projetos. Nesse sentido, o planejamento estratégico é primordial, em que os propósitos estão permanentemente definidos e atualizados com base em planejamento participativo, integrado e baseado em informações concretas, gerando como consequência o comprometimento de todos e a convergência de ações dentro da organização. A constância de propósitos implica, mais que administrar por objetivos, demonstrar que a alta administração tem o compromisso de implantar a qualidade e aumentar a produtividade. Os empregados compartilham dessa visão e orientam suas ações em relação ao que foi traçado para a organização.

Aperfeiçoamento contínuo

Mudanças nas necessidades dos clientes são constantes. Entre outras, o avanço tecnológico é uma das causas, talvez a principal. Isso obriga a organização a um constante aperfeiçoamento, para a garantia de mercado e principalmente como forma de crescimento e desenvolvimento tecnológico almejado. Com isso, é possível atender aos clientes, provendo e superando suas necessidades. É necessário, portanto, que a organização esteja disposta ao questionamento de suas ações, à procura de melhorias nos processos, produtos e serviços, à criatividade e à flexibilidade de atuação, à análise de desempenho em relação às organizações concorrentes, a assumir novos desafios e à capacidade de incorporar novas tecnologias.

Gerência de processos

A organização como um todo é considerada um grande processo destinado ao atendimento das necessidades dos clientes, por meio da elaboração de produtos e/ou serviços obtidos a partir de insumos recebidos de fornecedores e transformados com recursos humanos e tecnológicos. Esse grande processo se subdivide em outros menos complexos, podendo chegar, inclusive, a tarefas individuais, o que permite melhor controle – quanto menor o processo, mais efetivamente ele será gerenciado. Os processos que compõem o grande processo (organização) se interligam pela cadeia cliente-fornecedor. A partir do cliente externo, os processos se conectam, de tal forma que o anterior é o fornecedor e o seguinte, o cliente. Cada processo individual é gerenciado por meio de métodos próprios e instrumentos.

Delegação de competência

O relacionamento com os clientes é a missão mais importante da organização. A impossibilidade de a gerência, ou de a autoridade maior pela organização, se relacionar diretamente com todos os clientes, em todos os momentos, impõe a delegação de competência, dentro do princípio de que o controle mais adequado é o derivado da responsabilidade atribuída. Delegar competência representa desejavelmente deixar o poder de decisão o mais próximo possível da ação, tendo por base procedimentos e regulamentos escritos. Isso garante agilidade e flexibilidade. Certamente, a transferência de poder e responsabilidade deve ser feita a pessoas informadas sobre as regras que norteiam sua atuação e especificamente treinadas e capacitadas. O poder de decisão é delegado ao responsável pela ação. O atendimento rápido e eficiente ao cliente determina satisfação de suas necessidades.

Disseminação de informações

Para estarem devidamente compromissadas, todas as pessoas envolvidas devem conhecer e entender os propósitos e os planos da organização, sendo, então, fundamental para isso a transparência no fluxo interno de informações. A participação coletiva no estabelecimento dos objetivos é a forma mais adequada para garantir o engajamento de todos com as coisas e as causas da organização, servindo também para que cada pessoa saiba a importância de sua atividade individual. Além disso, é capital que a comunicação atinja os clientes externos efetivos e potenciais, inclusive quanto aos produtos e/ou serviços oferecidos pela organização.

Garantia da qualidade

A garantia da qualidade fundamenta-se no planejamento e na formalização de processos. A formalização de processos estrutura-se na documentação escrita, que, obrigatoriamente, deve ser de fácil acesso e de entendimento pleno, identificando todas as etapas a serem cumpridas. O registro e controle de todas as etapas relativas à garantia conferem maior confiança em relação à qualidade do produto e/ou serviço. O objetivo é assegurar a qualidade uniforme para todos os produtos e/ou serviços, por meio da gerência de processos. As normas escritas são organizadas no Manual da Qualidade, sendo este um documento hábil de referência e de demonstração de capacitação da organização nas relações com os clientes.

Não aceitação de erros

"Zero defeito" é o padrão de desempenho ideal para qualquer organização, fundamento que deve ser incorporado à forma de pensar e agir de todas as pessoas envolvidas, para obter a perfeição no que produzem. A noção do que é estabelecido como "o certo" tem de derivar do acordo entre a organização e os clientes, com a consequente formalização dos processos correspondentes dentro do princípio da garantia da qualidade. A base para a não aceitação de erros ou defeitos está na detecção de desvio (não conformidade) observado no processo, na localização da causa principal do problema, no planejamento e na execução das ações corretivas cabíveis. O custo na prevenção de erros é menor que sua correção. A elaboração de produtos e/ou serviços com defeitos resume-se no principal e mais grave desperdício que uma organização pode gerar, com resultados imprevisíveis.

PROGRAMA 5S

O Programa 5S foi consolidado no Japão, na década de 1950, sendo considerado a base para a implantação da Qualidade Total e de outros programas de qualidade e produtividade. Como ocorre com outros programas, o 5S é liderado pela alta administração da organização e baseado na educação, no treinamento e na prática em grupo. Não exige grandes conhecimentos teóricos, sendo essencialmente prático e de fácil entendimento. Muda a maneira de pensar e agir das pessoas, melhorando-lhes o comportamento profissional e particular. O 5S tem seu nome vinculado a cinco palavras japonesas iniciadas por S – *seiri, seiton, seisou, seiketsu* e *shitsuke* –, interpretadas como sensos[8,11,13,14]. As interpretações indicadas na literatura com relativa frequência são:

- *Seiri*: senso de utilização, organização, arrumação, seleção e classificação.
- *Seiton*: senso de ordenação, arrumação, organização e sistematização.
- *Seisou*: senso de limpeza e inspeção.
- *Seiketsu*: senso de saúde, higiene, asseio, padronização, conservação e manutenção da prática dos três primeiros S.
- *Shitsuke*: senso de autodisciplina, disciplina, educação, comprometimento, ética e moral.

A terminologia e a interpretação do senso adotado deve ficar a cargo da organização, a qual fará as adaptações necessárias ao seu próprio contexto com base, sobretudo, nas suas necessidades reais. Os cinco sensos em questão constituem um sistema e, por isso, não podem ser considerados isoladamente. Em muitos casos, é difícil fazer uma distinção precisa entre eles. Há casos também em que essa distinção não é rigorosamente necessária[8,11,13,14].

Seiri

A interpretação do *seiri* como senso de utilização, no sentido restrito, corresponde a identificação, classificação e remanejamento dos recursos não úteis ao processo. No sentido amplo, refere-se à eliminação de tarefas desnecessárias, do excesso de burocracia e de todos os desperdícios, incluindo ainda o correto uso dos equipamentos, para aumentar-lhes a vida útil.

Como senso de classificação, o *seiri* pode significar a identificação dos objetos necessários e desnecessários, em relação a cada ambiente de trabalho. Implica separar e deixar apenas os objetos necessários, dando destino adequado aos não necessários. Tudo o que for de uso constante deve ficar perto, e o que for de uso esporádico, longe. Os objetos não necessários, se não puderem ser aproveitados por outros setores da mesma organização, devem ser submetidos ao sucateamento ou ao descarte adequado.

A execução desse senso de classificação promoverá a liberação de espaço físico útil e a eliminação de sobressalentes fora de uso, ferramentas e armários em excesso, dados e documentos ultrapassados, excedente de pessoal para estocar e transportar e de sucatas. Além disso, poderá haver o reaproveitamento de equipamentos e a diminuição de acidentes de trabalho.

O *seiri* pode ainda significar simplesmente a liberação da área, com a identificação de tudo de que a pessoa não precisa em seu dia de trabalho. E isso pode ter efeitos fantásticos, como o da eliminação de papéis inservíveis ou ultrapassados, presentes na área de trabalho atrapalhando as atividades.

Seiton

Seiton, como senso de ordenação, pode dizer respeito à disposição sistemática dos objetos e dados, a uma comunicação visual competente que facilite o acesso rápido a esses objetos e dados, além da facilitação do fluxo das pessoas. A diminuição do cansaço físico, por excessiva movimentação, e a economia de tempo são, entre outras, as vantagens apontadas.

Interpretado como senso de organização, o significado de *seiton* tem sido referido como o da organização como consequência natural de arrumar o que se utiliza, com fácil e rápido acesso ao que foi organizado. Os benefícios da organização realizada seriam a rapidez e a facilidade na busca de documentos e objetos, a diminuição de acidentes e incêndios, a comunicação visual, a prevenção de erro humano, a racionalização do espaço, a redução de estoques, o controle sobre o que cada pessoa usa e a redução de custo.

O *seiton* pode também ser visto objetivamente como a fase de arrumação, em que a proposta é separar tudo o que vai ser usado no momento do que será utilizado de vez em quando e, ainda, do que terá uso muito raro.

A execução do *seiton* implica a prévia execução do *seiri* como parte do sistema; por óbvio, não se efetua o *seiton* para os objetos não necessários.

Seisou

Como senso de limpeza, o *seisou* propõe que cada pessoa limpe sua própria área de trabalho, fazendo-o de forma consciente e conhecendo as vantagens de não sujar. O objetivo é criar um ambiente físico e agradável e mantê-lo. Por extensão, o termo japonês significa ainda a limpeza das falhas humanas que sejam "laváveis", isto é, as não muito graves. A limpeza realizada em equipamentos envolve também o aspecto de sua conservação. A limpeza implica ainda a eliminação de fontes de poluição, que afeta produtos, funcionários e vizinhos da organização.

O *seisou* ainda pode ser interpretado como senso de limpeza e inspeção. Nesse caso, é dada muita ênfase à questão da inspeção durante a limpeza do local, de ferramentas, máquinas, instrumentos etc. Verificação de riscos, falta de óleo, componentes quebrados e descoberta de falhas aparentemente invisíveis são procedimentos realizados em máquinas e instrumentos com o objetivo de inspeção dos mesmos executados paralelamente aos atos de limpeza.

A realização da limpeza/inspeção promove a satisfação dos clientes internos. Há um maior controle sobre as máquinas e equipamentos, pela identificação de problemas latentes, promovendo a redução de desgastes, quebras e paradas de emergência para reparos. Além disso, há eliminação de desperdícios, melhoria na segurança do trabalho e redução de custos.

Seiketsu

Seiketsu, ou senso de saúde, pode ser entendido como relacionado à saúde sob os aspectos físico, mental e emocional. Além de exercer as atividades de melhoria contínua do ambiente físico de trabalho, por meio do *seiri*, *seiton* e *seisou*, a pessoa deve estar ciente dos demais aspectos que podem afetar sua própria saúde e, assim, poder agir sobre eles.

A interpretação do *seiketsu* tem sido feita também como senso de conservação, com a preocupação de manter a prática dos três primeiros S – *seiri*, *seiton* e *seisou*. Estão incluídas regras básicas de comportamento social, de tal forma a obter a constância e o rigor na manutenção do 5S por toda a organização.

Shitsuke

Shitsuke pode ser visto como o senso da autodisciplina. A autodisciplina é o estágio atingido quando a pessoa segue os padrões técnicos, éticos e morais da organização, sem a necessidade de estrito controle externo. É o resultado dos esforços de educação e treinamento propostos na implantação do 5S.

Como senso de ética e moral, *shitsuke* significa a utilização efetiva do potencial de cada indivíduo, ter todos os empregados cumprindo naturalmente os procedimentos operacionais, éticos e morais, como um hábito, e a criação de ambiente ideal e de incentivo para que cada pessoa sinta o desafio de se desenvolver. O retorno esperado é o desempenho dos procedimentos operacionais de forma adequada, a constante autoanálise das pessoas e a busca pelo aperfeiçoamento, a conscientização da administração participativa, a obtenção de melhor entrosamento entre funcionários e gerentes, o incentivo à capacidade criativa, além da possibilidade de reavaliação dos valores da organização.

Resultados da implantação do 5S

A implantação do 5S promove a prevenção de acidentes, a obtenção de ambiente de trabalho agradável, o incentivo à criatividade e ao trabalho em equipe, a melhoria do moral dos empregados, a melhoria da qualidade, o aumento de produtividade, a redução dos custos e do consumo de energia, e a prevenção de paradas de máquinas por quebra. Nesses termos, fica criada a base para a implantação da Qualidade Total.

O 5S é um programa relativamente simples, mas sua manutenção e melhoria ao longo do tempo exigem esforço especial. Os resultados iniciais derivados da implantação e da execução do *seiri*, *seiton* e *seisou* – os três primeiros S – impressionam e, portanto, servem de motivação para a melhoria contínua[14].

Na visão de determinada empresa japonesa, apenas quando os funcionários se sentirem orgulhosos por terem construído um local de trabalho digno e com o compromisso de melhorá-lo continuamente é que a essência do 5S foi de fato compreendida. Na interpretação dada pela referida empresa, o *seiri/seiton* equivaleria à pesquisa de eficiência; o *seiton,* à procura do melhor *layout*; o *seisou,* à inspeção e à eliminação da fadiga do equipamento; o *seiketsu,* à eliminação do estresse do funcionário; enquanto o *shitsuke* significava argumentar até o último momento, mas cumprir rigorosamente o que ficou decidido[14].

HAZARD ANALYSIS CRITICAL CONTROL POINT (HACCP)

Os conceitos de praticidade racional, dinamismo e eficiência do HACCP (Análise de Perigos e Pontos Críticos de Controle) estão incorporados aos propósitos da garantia da qualidade de produtos e serviços. O HACCP é um sistema que identifica perigos específicos, químicos, biológicos ou físicos, e aponta as medidas preventivas cabíveis para o controle destes. Visa ao controle dos pontos críticos de maior potencialidade, nos quais a qualidade pode ser afetada. O programa age preventivamente em todo o processo. Ponto crítico de controle (PCC) é uma etapa ou um procedimento, ou mesmo um ponto de dado processamento, em que um controle pode ser aplicado, servindo para eliminar, prevenir ou reduzir a níveis aceitáveis um perigo[15].

Como em todo programa da qualidade, deve haver a predisposição inequívoca da implantação do HACCP e a correspondente base educacional e de treinamento necessária à capacitação de todas as pessoas envolvidas no processo.

O HACCP tem sido usado no setor de alimentos com sucesso e com uma projeção de importância atual cada vez mais intensa, na medida de sua adoção para o atendimento dos propósitos da qualidade[16]. Historicamente, esse uso tem relação com as viagens espaciais. Sendo necessária a produção de alimentos em tais condições que não representassem ameaça à saúde dos astronautas, foi adotado o HACCP para esse propósito.

Implantação do HACCP

A existência de normas operacionais básicas é pré-requisito para a implantação do HACCP.

No setor de alimentos, por exemplo, essas normas básicas são representadas pelas boas práticas de fabricação (BPF), com abrangência bastante ampla. Os princípios gerais das BPF abrangem etapas que vão da matéria-prima ao produto final e o envolvimento com os consumidores da produção havida, passando por questões como controle de processos, manutenção da higiene dos equipamentos e das instalações, higiene pessoal e treinamento de funcionários, além do *layout* e requisitos de construção civil, armazenamento e distribuição[17]. O sucesso da implantação do HACCP é extremamente dependente das BPF bem implantadas.

Por analogia, as Boas Práticas Operacionais, como as propostas para laboratórios com atividades químicas, microbiológicas, biotecnológicas, de biologia molecular etc.[3-4,18-23], em que a biossegurança é fator essencial, seriam pré-requisitos para a implantação do HACCP nos setores correspondentes.

A necessidade e a oportunidade de implantação do HACCP decorrem do fato de que tanto as BPF como as BPL adotadas, mencionadas anteriormente, não são, ou não podem ser, por si sós, suficientes para a garantia da qualidade. Essa constatação ocorre a despeito de todo o cuidado que as referidas normas encerram, sobretudo em relação ao treinamento das pessoas.

A tradução de *hazard* para o português corresponde tanto a risco como a perigo, mas, tecnicamente, no contexto do HACCP, são termos diferentes que têm trazido confusão e interpretação errônea. O potencial em causar danos – químicos, biológicos e físicos – é o que significa perigo, enquanto risco é a estimativa da probabilidade de ocorrência de um perigo, que pode ser nula ou desprezível, baixa, moderada e alta, quanto ao nível.

Princípios do HACCP

O HACCP compõe-se de sete princípios[15,24]:

- Identificação dos perigos potenciais associados a todas as etapas do processo como um todo, incluindo a preocupação com os clientes externos (consumidores finais).
- Determinação dos PCC, pontos específicos, procedimentos, etapas do processo etc., que possam ser controlados com vistas à eliminação dos perigos ou mesmo à redução da possibilidade de sua ocorrência.
- Estabelecimento dos limites críticos, que definem a separação entre o que é aceitável e o que não é, que garantam que os PCCs permaneçam controlados.
- Instituição de sistema de monitoramento visando controlar cada PCC.
- Estabelecimento de medidas corretivas a serem tomadas quando um PCC estiver fora do controle necessário.
- Determinação de procedimentos de verificação destinados à avaliação do funcionamento adequado do HACCP.
- Estabelecimento de sistema de registros e documentação, necessário ao funcionamento dos princípios e conceitos do HACCP.

Benefícios da implantação do HACCP

O HACCP permite a aplicação de medidas corretivas no processo sempre que for necessário. Sua racionalidade facilita sua compreensão e entendimento por parte de todas as pessoas envolvidas, incluindo os próprios consumidores finais (clientes externos).

Por suas características, o HACCP pode ser associado à Norma ABNT NBR ISO 9001:2008[6], no atendimento de requisitos importantes exigidos pela referida norma de gestão e garantia da qualidade, notadamente quanto ao controle de processo.

NORMAS ABNT NBR ISO 9001:2008[6] E 14001:2004[7]

Norma ABNT NBR ISO 9001:2008[6] – Sistemas de gestão da qualidade – Requisitos

A norma recomenda que a adoção de um sistema de gestão da qualidade seja uma decisão estratégica de uma organização. Tanto o projeto como a implementação desse sistema adotado são influenciados pelos objetivos, produtos fornecidos, processos utilizados, porte e estrutura da organização, entre outros fatores. Esta norma pode ser usada por partes internas e externas, incluindo organismos de certificação, para avaliar a capacidade da organização em atender aos requisitos do cliente, os estatutários e os regulamentares, aplicáveis ao produto e aos seus requisitos.

A norma em apreço adota a abordagem de processo para o desenvolvimento, implementação e melhoria da eficácia de um sistema de gestão da qualidade para aumentar a satisfação do cliente, pelo atendimento aos seus requisitos. Para um funcionamento eficaz, a organização tem que determinar e gerenciar diversas atividades interligadas. Uma atividade ou um conjunto de atividades que usa recursos e que é gerenciada de forma a possibilitar a transformação de entradas em saídas pode ser considerada um processo, no qual a saída de um processo com frequência é a entrada para o processo seguinte. A aplicação de um sistema de processos numa organização, junto com a identificação, as interações desses processos e sua gestão para produzir o resultado desejado, pode ser referenciada como a abordagem de processo. A abordagem de processo tem como uma de suas vantagens o controle contínuo sobre a ligação entre os processos individuais dentro do sistema de processos, sua combinação e interação.

Usada em um sistema de gestão da qualidade, a abordagem de processo enfatiza: (a) o conhecimento e atendimento dos requisitos; (b) a necessidade de considerar os processos em termos de valor agregado; (c) a obtenção de resultados de desempenho e eficácia de processo; e (d) a melhoria contínua de processos baseada em medições objetivas.

A Norma ABNT NBR ISO 9001:2008[6] apresenta o modelo de um sistema de gestão da qualidade, baseado em uma abordagem de processo, ilustrando as ligações dos processos, contidos nas Seções 4 a 8, a saber: 4 –

Sistema de gestão da qualidade; 5 – Responsabilidade da direção; 6 – Gestão de recursos; 7 – Realização do produto; 8 – Medição, análise e melhoria. É colocado em evidência que os clientes desempenham um papel fundamental na definição dos requisitos como entradas. Além disso, fica patente que o monitoramento da satisfação do cliente requer a avaliação de informações relativas à percepção do cliente sobre o atendimento de seus requisitos pela organização.

Além disso, pode ser aplicado o PDCA – metodologia conhecida como *Plan, Do, Check* e *Act* – em todos os processos, com o respectivo significado de planejar, fazer, checar e agir. Planejar, neste contexto, significa estabelecer os objetivos e processos necessários para gerar resultados de acordo com os requisitos do cliente e com a política da organização; fazer é a fase de implementação dos processos; checar envolve monitorar e medir processos e produtos em relação às políticas, aos objetivos e aos requisitos para o produto e relatar os resultados; e agir significa executar ações para promover continuadamente a melhoria do desempenho do processo.

A Norma ABNT NBR ISO 9001:2008[6] dá os requisitos para um sistema de gestão da qualidade, quando uma organização: (a) necessita demonstrar sua capacidade de fornecer produtos que atendam, de forma consistente, aos requisitos do cliente, requisitos estatutários e requisitos regulamentares aplicáveis; (b) pretende aumentar a satisfação do cliente por meio da aplicação eficaz do sistema, incluindo processos para melhoria contínua do sistema, e assegurar a conformidade com os requisitos do cliente e os requisitos estatutários e regulamentares aplicáveis.

Norma ABNT NBR ISO 14001:2004[7] – Sistemas da gestão ambiental – Requisitos com orientações para uso

Ter e demonstrar desempenho ambiental correto pelo controle dos impactos de suas atividades, produtos e serviços, sobre o meio ambiente, é uma preocupação demonstrada por organizações de todos os tipos. As normas de gestão ambiental têm como objetivo dar às organizações os elementos de um sistema da gestão ambiental (SGA) que possam ser integrados a outros requisitos da gestão, ajudando-as a alcançarem seus objetivos ambientais e econômicos.

A Norma ABNT NBR ISO 14001:2004[7] fornece os requisitos para que um sistema da gestão ambiental capacite uma organização a desenvolver e implementar uma política e objetivos que levem em conta requisitos legais e outros requisitos por ela subscritos, e informações sobre os aspectos ambientais significativos. Aplica-se aos aspectos ambientais que a organização identifica como aqueles que possa controlar e aqueles que possa influenciar.

O modelo de sistema da gestão ambiental para esta norma tem por base o PDCA. Um sistema como este permite a uma organização desenvolver uma política ambiental, estabelecer objetivos e processos para atingir os comprometimentos da política, agir, conforme necessário, para melhorar seu desempenho e demonstrar a conformidade do sistema com os requisitos dessa Norma, cuja finalidade geral é equilibrar a proteção ambiental e a prevenção de poluição com as necessidades socioeconômicas.

A Norma ABNT NBR ISO 14001:2004[7] é aplicável a qualquer organização que pretenda: (a) estabelecer, implementar, manter e aprimorar um sistema da gestão ambiental; (b) assegurar-se da conformidade com sua política ambiental definida; e (c) demonstrar conformidade com essa norma ao fazer uma autoavaliação ou autodeclaração; ou buscar confirmação de sua conformidade por partes que tenham interesse na organização (clientes, por exemplo); ou buscar confirmação de sua autodeclaração por meio de uma organização externa; ou buscar certificação/registro de seu sistema da gestão ambiental por uma organização externa.

Os requisitos do sistema da gestão ambiental propostos na Norma ABNT NBR ISO 14001:2004[7] estruturam-se, na Seção 4, como: 4.1 – Requisitos gerais; 4.2 – Política ambiental; 4.3 – Planejamento; 4.4 – Implementação e operação; 4.5 – Verificação; e 4.6 – Análise pela administração.

FERRAMENTAS PARA MANUTENÇÃO E MELHORIA CONTÍNUA DA QUALIDADE E MÉTODO DE SOLUÇÃO DE PROBLEMAS

O diagrama de Pareto, o diagrama de causa e efeito, a estratificação, a folha de verificação, o histograma, o diagrama de dispersão e o gráfico de controle têm sido considerados as ferramentas clássicas da qualidade. Além delas, o fluxograma, o *brainstorming* e os métodos de solução de problemas têm sido usados na manutenção e na melhoria contínua da qualidade. Essas ferramentas têm como características a relativa simplicidade e a objetividade[8,9,11,12,14,25-27].

Tem sido apontado que, com vistas à qualidade, o ideal (necessário) é fazer certo na primeira vez, e cada vez melhor. Melhoria contínua é fazer melhor a cada vez.

Ao empregar ferramentas para manutenção e melhoria da qualidade, é preciso, no entanto, selecioná-las e usá-las para os fins específicos. É engano imaginar que todas devam ser usadas em relação a todos os problemas. O fluxograma, por exemplo, pode ser útil para identificar problemas. Por outro lado, para selecionar e priorizar os problemas da qualidade, é possível, além do fluxograma, o emprego da folha de verificação e do diagrama de Pareto.

Brainstorming

Literalmente, *brainstorming* significa tempestade cerebral, mas, em termos técnicos, representa "geração de ideias". É uma ferramenta para auxiliar um grupo de pessoas a criar ideias para a solução de problemas específicos. Participam do *brainstorming* 6 a 12 pessoas – lideradas por um coordenador e um secretário –, às quais é informado o motivo do problema a ser estudado. As regras envolvem algumas condições básicas. As ideias formuladas não são criticadas. Sua apresentação é feita sem inibição, de forma simples e sem elaboração. Quanto maior o número, maiores as chances de ocorrerem boas ideias. As ideias potencialmente interessantes são selecionadas, aperfeiçoadas, justificadas e aplicadas visando à melhoria desejada[18,25].

Fluxograma

O fluxograma identifica as etapas/atividades de um processo. O fluxograma de um processo administrativo de atendimento médico é exemplificado na Figura 1.

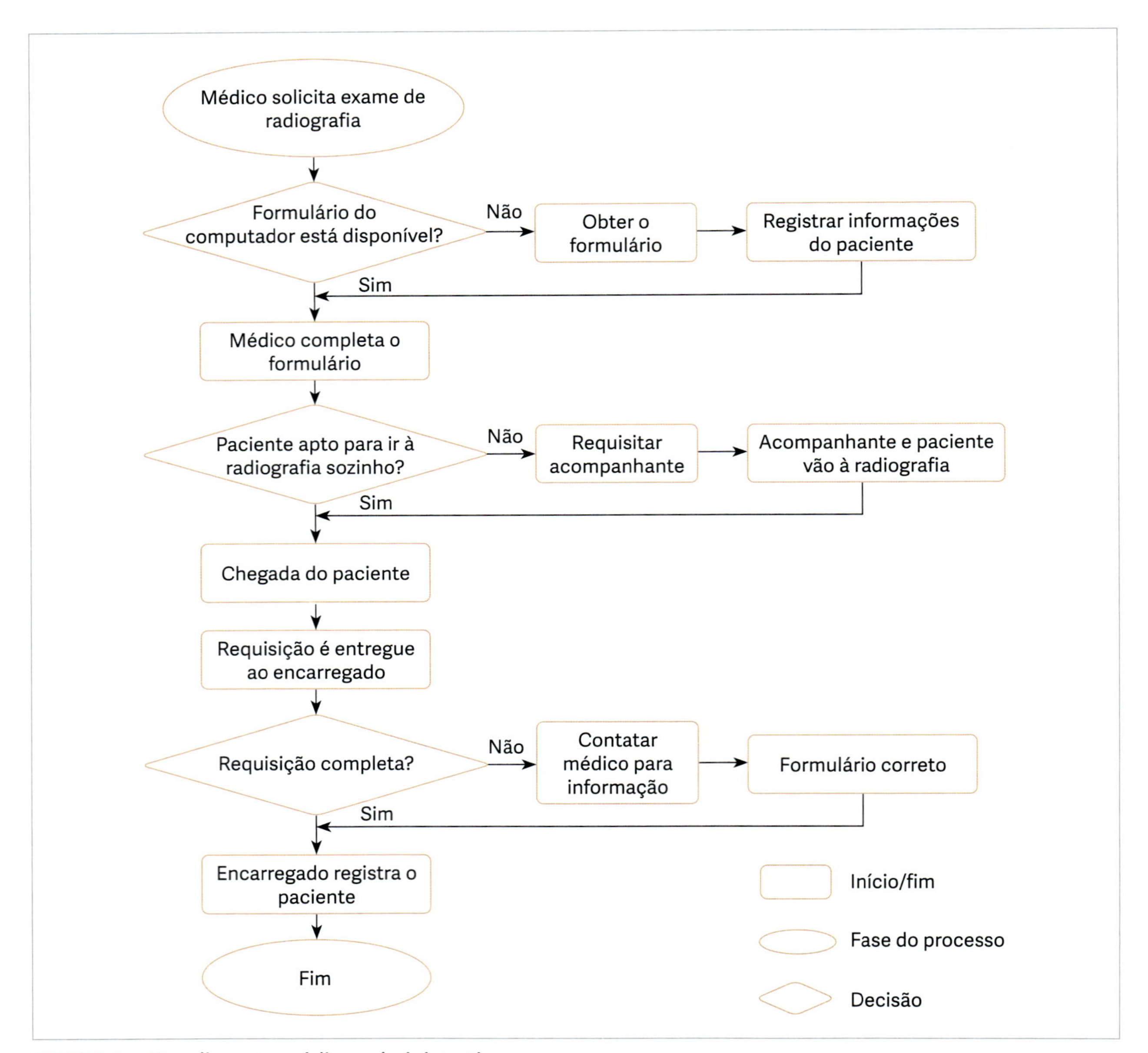

FIGURA 1 Atendimento médico-administrativo.

Ele aponta solução para todas as alternativas. Portanto, pode ser utilizado para apontar não conformidades e propor correção cabível, tendo por base uma situação ideal alternativa visando a melhorias no processo e, consequentemente, na qualidade do que está sendo produzido[8,9,25].

Diagrama de Pareto

O diagrama de Pareto é usado para evidenciar a importância relativa entre vários problemas, os quais, por sua vez, devem ser resolvidos prioritariamente a partir de dados obtidos de fontes de coleta, como da folha de verificação[25,26].

Problemas da qualidade aparecem sob a forma de perdas (itens defeituosos e seus custos), sendo fundamental conhecer a forma de sua distribuição. A maioria decorre de poucos tipos de defeito, que podem ser atribuídos a um pequeno número de causas. Se as causas desses poucos defeitos (vitais) forem identificadas, pode-se eliminar quase todas as perdas e concentrar-se nas causas principais, pondo de lado, inicialmente, os outros defeitos (muitos e triviais). O diagrama de Pareto tem o mérito de auxiliar na resolução desse tipo de problema[26].

Várias etapas compõem a construção de um diagrama de Pareto, indicadas a seguir:

- Etapa 1: decidir quais problemas devem ser investigados e a forma de coleta de dados. Tem de ser selecionado o tipo de problema (p. ex., itens defeituosos, perdas monetárias, ocorrência de acidentes etc.), os dados necessários e sua classificação (p. ex., por tipo de defeito, localização, processo, máquina, operador, método etc.), com os itens de menor frequência sendo agrupados em "outros". O método de coleta de dados e o período experimental devem ser determinados.
- Etapa 2: construir uma folha de verificação com listagem, contagem, registros e cálculo de dados por tipo de defeito, como ilustrado na Tabela 1.

TABELA 1 Folha de verificação: contagem de dados

Tipo de defeito	Verificação	Total
Trinca	IIIII IIIII	10
Risco	IIIII IIIII IIIII IIIII ... II	42
Mancha	IIIII I	6
Deformação	IIIII IIIII IIIII IIIII ... IIII	104
Fenda	IIII	4
Porosidade	IIIII IIIII IIIII IIIII	20
Outros	IIIII IIIII IIII	14
Total	-	200

Fonte: adaptada de Kume, 1993[26].

- Etapa 3: preparar a planilha de dados com itens, totais individuais, totais acumulados, porcentagens sobre o total geral e porcentagens acumuladas, como mostrado na Tabela 2. O item "outros" deve ficar na última linha, independentemente de seu valor, porque é um grupo no qual cada item que o compõe é menor que os demais.
- Etapa 4: elaborar o gráfico do diagrama de Pareto, como mostrado na Figura 2, traçando dois eixos verticais e um horizontal. No eixo vertical esquerdo, a escala irá de zero até o valor total geral (200), correspondendo à quantidade de itens defeituosos. No eixo vertical direito, a escala irá de 0 a 100%, correspondendo à porcentagem acumulada. O eixo horizontal é dividido em intervalos iguais correspondentes aos itens classificados por tipos de defeito (deformação, risco etc.).
- Etapa 5: construir o diagrama de barras.
- Etapa 6: desenhar a curva de Pareto (curva acumulada), marcando os valores acumulados até cada item (total acumulado ou porcentagem acumulada) sobre o lado direito do respectivo intervalo, e ligando os pontos.

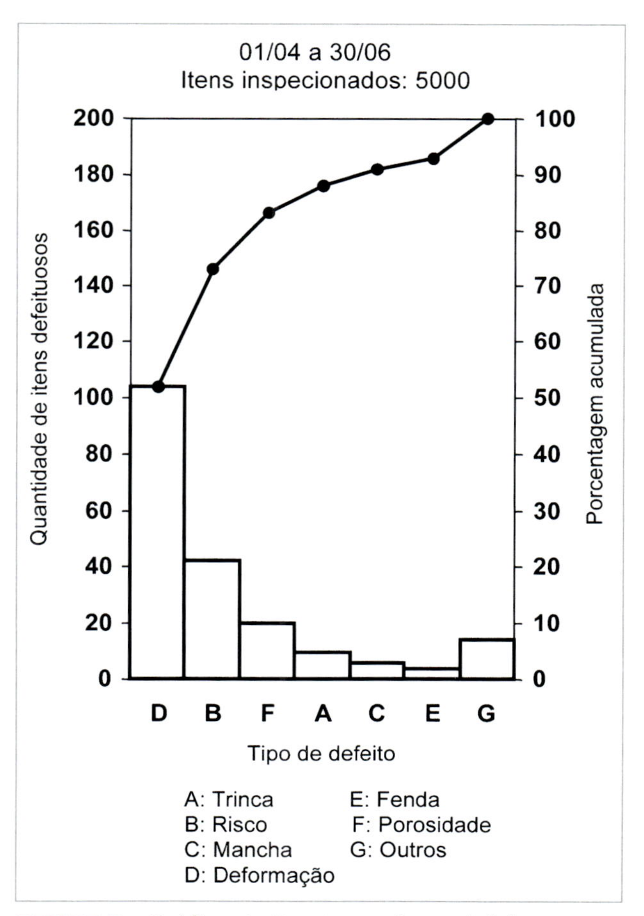

FIGURA 2 Gráfico de Pareto por itens defeituosos.

TABELA 2 Planilha de dados para construção do diagrama de Pareto

Tipo de defeito	Quantidade de defeitos	Total acumulado	Total geral (%)	Acumulada (%)
Deformação	104	104	52	52
Risco	42	146	21	73
Porosidade	20	166	10	83
Trinca	10	176	5	88
Mancha	6	182	3	91
Fenda	4	186	2	93
Outros	14	200	7	100
Total	200	-	100	-

Fonte: Kume, 1993[26].

- Etapa 7: completar o diagrama, introduzindo o título correspondente, a quantidade de itens inspecionados, o período experimental e o local.

Diagrama de causa e efeito

O resultado de um processo é atribuído a um número muito grande de fatores, entre os quais pode ser encontrada uma relação de causa e efeito, que será útil para medidas corretivas. O diagrama de causa e efeito foi idealizado para chegar à relação entre o "efeito" e todas as possíveis "causas" que o afetam. Esta ferramenta é também denominada diagrama de Ishikawa, seu criador, ou ainda de espinha de peixe, em razão de seu formato (Figura 3), por lembrar a organização óssea de peixes[25,26].

No diagrama, o "efeito" aparece à direita e as "causas" são colocadas à esquerda. Para cada efeito, inúmeras causas podem ser apontadas, em geral agrupadas em categorias denominadas 4M ou 6M, derivadas de mão de obra, máquina etc. (Figura 3), dependendo da área.

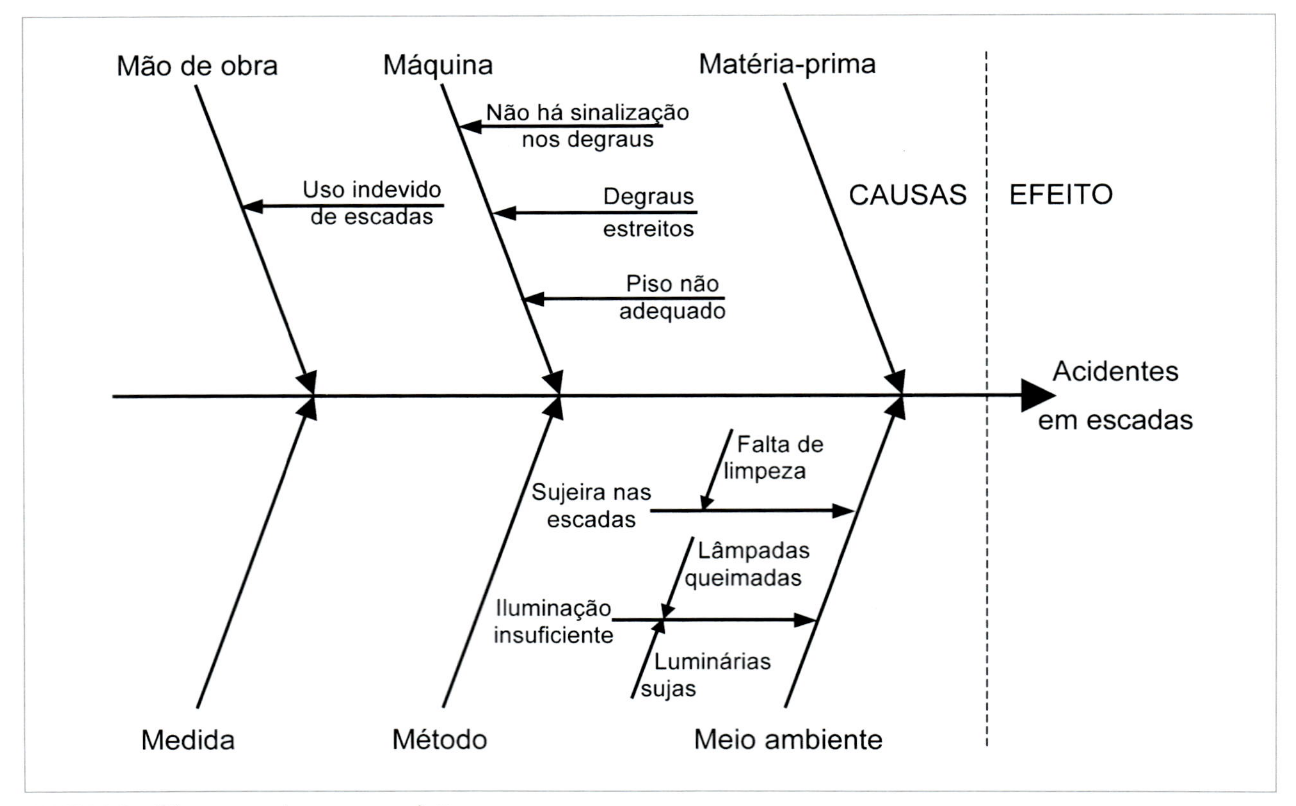

FIGURA 3 Diagrama de causa e efeito.

Concretamente, o número e a denominação dados às categorias usadas, sob as quais as causas estão agrupadas, variam e estarão sempre relacionados com as causas específicas[8,14,25,26].

A construção do diagrama de causa e efeito passa por etapas bem definidas de organização específica[8,25,26]:

Etapa 1: a primeira preocupação é o estabelecimento claro do problema a ser investigado – o efeito – em termos do que seja, onde ocorre, quando ocorre e sua extensão.

- Etapa 2: encontrar com o *brainstorming* o maior número possível de causas que contribuam para o efeito. As informações desvinculadas do problema que surgirem são eliminadas.
- Etapa 3: construção do diagrama, colocando à direita o problema já definido, à esquerda as categorias de causas – mão de obra, máquina etc. – ou quaisquer outras que auxiliem na organização das causas e subcausas correspondentes mais importantes, e transcrevendo as causas e subcausas resultantes do *brainstorming*.
- Etapa 4: identificadas as causas e subcausas mais prováveis, definir as ações corretivas visando eliminar as causas e subcausas, cessando o efeito (problema) mediante um plano de ação.

Estratificação

Estratificação é uma técnica simples e útil para análise de dados, desembaraçando informações e analisando separadamente os fatos. Aplica-se nas situações em que os dados mascaram os fatos reais. Por exemplo, os registros de pequenos acidentes que ocorreram em determinada organização podem estar feitos num gráfico simples, sem que se saiba se eles estão aumentando ou não. Ocorre, no entanto, que o somatório desses acidentes corresponde ao tipo (ferimentos leves, queimaduras etc.), ao local afetado (olho, mãos etc.) e ao local de trabalho ou departamento (manutenção, expedição etc.) (Figura 4). Os dados, então, são estratificados, decompostos em categorias mais significativas, permitindo ação corretiva mais efetiva[25].

Folha de verificação

A folha de verificação é um formulário impresso com itens a serem verificados, que permite que as informações possam ser coletadas fácil e objetivamente. Tem a finalidade também de organizar os dados obtidos simultaneamente à coleta, para uso posterior. A coleta e o registro dos dados são de fácil entendimento, mas requerem capacitação operacional adequada e atenção devida na execução da tarefa[26].

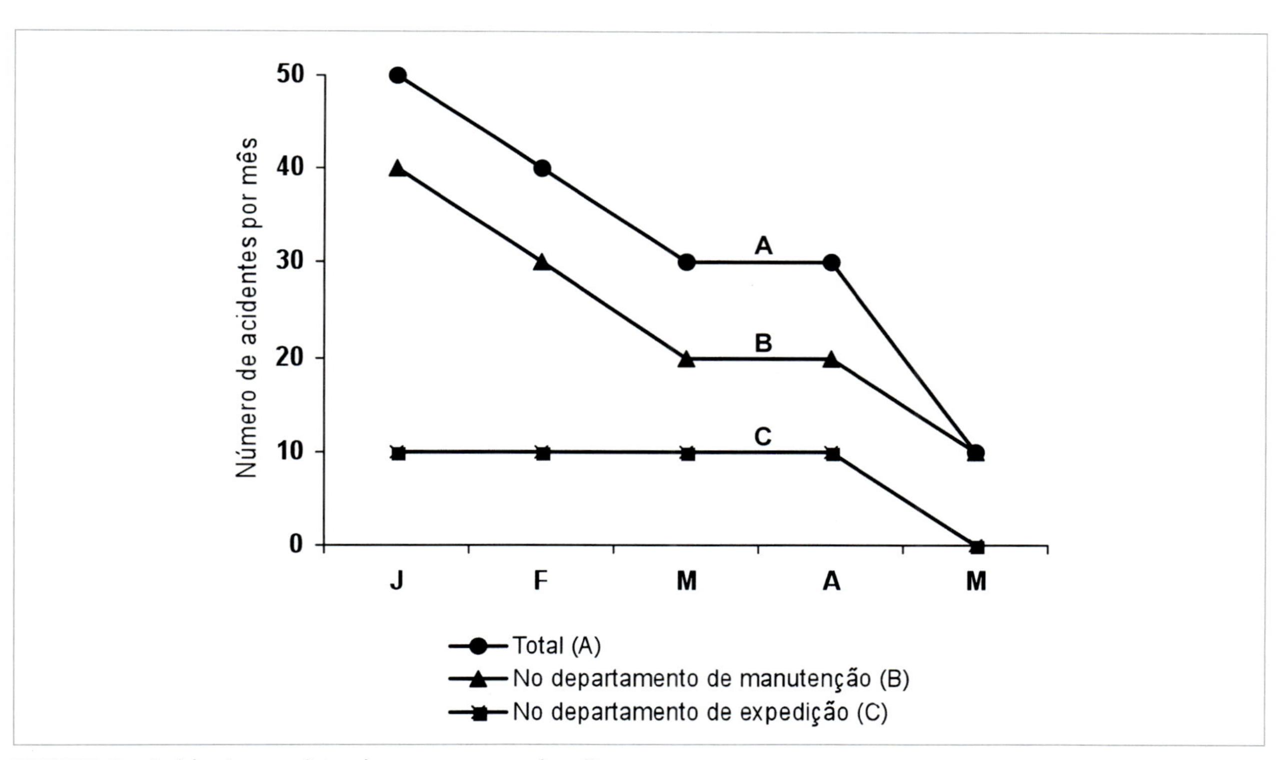

FIGURA 4 Acidentes registrados numa organização.

O emprego da folha de verificação costuma ser o ponto de partida na maioria das ações voltadas à solução de problemas. A folha de verificação informa quanto à frequência com que determinado evento ocorre. Sua elaboração obedece a uma série de critérios. Inicialmente, tem de ser estabelecido exatamente o evento a ser avaliado, assim como o período experimental no qual as informações serão obtidas. Por óbvio, o formulário deve ser apropriado e permitir fácil manuseio. A coleta dos dados tem de ser consistente e atenciosa, realizada conforme as instruções do plano de ação previamente estabelecido[25]. Na Tabela 1, consta um exemplo de aplicação da folha de verificação, cujos dados serviram na elaboração e na análise do diagrama de Pareto.

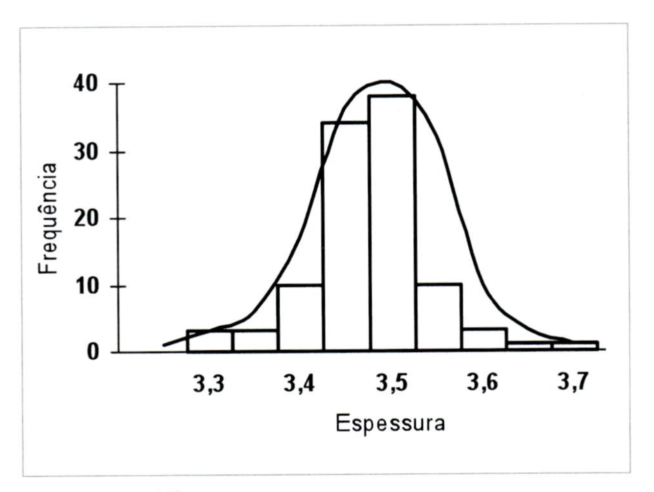

FIGURA 5 Histograma.

Histograma

Como ferramenta da qualidade, o histograma permite que se conheça a distribuição de dados por gráfico de barras com certo número de unidades por cada categoria. O histograma determina quanto de variação existe em um processo, por meio de medições de dados correspondentes a variáveis de interesse[25,26]. Tipicamente tem a forma ilustrada na Figura 5. A curva mostrada tem distribuição normal e tem a forma de sino, superpondo-se ao gráfico de barras.

A curva normal indica que a maioria das medidas feitas concentra-se em torno da medida central. Além disso, as demais distribuem-se igualmente em cada lado da medida central. Várias amostras aleatórias de dados sob controle estatístico seguem o modelo da "curva do sino". Outras formas ocorrem, observando-se um acúmulo de dados em pontos afastados da medida central, conhecidas como "inclinadas". É preciso cuidado para não chegar a curvas (do sino ou inclinada) aparentes. Deve ser visto se a distribuição atende à especificação e, em caso negativo, determinar o quanto a curva está "fora", ou seja, medir a variabilidade[25,26].

As etapas para a construção de um histograma são as que se seguem[25]:

- Etapa 1: coleta de dados. Como exemplo, a medição de espessura de um produto gerado num processo é feita 125 vezes, cujos resultados são mostrados no Quadro 1.
- Etapa 2: determinação da amplitude (R): é feita pela subtração do menor valor da tabulação em relação ao maior valor, que, no presente caso, é de 1,7 (10,7 – 9,0 = 1,7).

QUADRO 1 Resultados de medição de espessura de um produto

9,9	9,3	10,2	9,4	10,1	9,6	9,9	10,1	9,8
9,8	9,8	10,1	9,9	9,7	9,8	9,9	10,0	9,6
9,7	9,4	9,6	10,0	9,8	9,9	10,1	10,4	10,0
10,2	10,1	9,8	10,1	10,3	10,0	10,2	9,8	10,7
9,9	10,7	9,3	10,3	9,9	9,8	10,3	9,5	9,9
9,3	10,2	9,2	9,9	9,7	9,9	9,8	9,5	9,4
9,0	9,5	9,7	9,7	9,8	9,8	9,3	9,6	9,7
10,0	9,7	9,4	9,8	9,4	9,6	10,0	10,3	9,8
9,5	9,7	10,6	9,5	10,1	10,0	9,8	10,1	9,6
9,6	9,4	10,1	9,5	10,1	10,2	9,8	9,5	9,3
10,3	9,6	9,7	9,7	10,1	9,8	9,7	10,0	10,0
9,5	9,5	9,8	9,9	9,2	10,0	10,0	9,7	9,7
9,9	10,4	9,3	9,6	10,2	9,7	9,7	9,7	10,7
9,9	10,2	9,8	9,3	9,6	9,5	9,6	10,7	

- Etapa 3: determinação do número de classes (K): é a divisão do valor de amplitude (R) em certo número de classes. Isso fornece indicação aproximada para determinação razoável de K. A partir do número de valores da tabulação (n = 125), abaixo de 50, entre 50 e 100, entre 100 e 250 ou acima de 250, aceita-se como K correspondente entre 5 e 7, 6 e 10, 7 e 12, 10 e 20, respectivamente. Os 125 valores tabulados podem, então, ser divididos em 7 a 12 classes; para efeito do exemplo adotado, será usado K = 10.
- Etapa 4: determinação do intervalo de classe (H): é feita segundo a fórmula H = R/K, resultando em H = 1,7/10 = 0,17. Como na maioria dos casos é conveniente arredondar o resultado para o decimal acima, optou-se pelo valor de H = 0,20.
- Etapa 5: determinação do limite da classe ou pontos-limites: toma-se a menor medida tabulada, arredondada para um valor apropriadamente menor, se for o caso, como valor inferior da primeira classe, que, no caso, é 9,00. A esse número é adicionado o valor de intervalo de classe (H = 0,20): 9,00 + 0,20 = 9,20. Chega-se, assim, ao limite inferior da próxima classe, que se iniciará em 9,20. A primeira classe compreenderá 9,00 e acima sem incluir 9,20: 9,00 a 9,19. A segunda classe começará em 9,20 envolvendo valores acima, mas não incluindo 9,40. Consecutivamente, deve-se somar 0,20 (intervalo de classe) a cada limite de classe inferior, até que o número de classes (K) escolhido (10) seja obtido.
- Etapa 6: construção de tabela de frequências (p. ex., Tabela 3): é feita com base em valores computados no item anterior (p. ex., número de classes, intervalos de classes, limites de classe).
- Etapa 7: construção do histograma: é feita com base na tabela de frequências (Tabela 3). O histograma em apreço é apresentado na Figura 6.
- Etapa 8: interpretação do histograma: a importância diagnóstica do histograma revela-se pela visão geral da variação dada em relação a um conjunto de dados. O número de classes mostra a visibilidade do modelo. Alguns processos são naturalmente inclinados; portanto, a expectativa de curva na forma de sino pode não se concretizar.

Diagrama de dispersão

O diagrama de dispersão tem sido empregado para estudar a possível relação de causa e efeito entre duas variáveis. O diagrama caracteriza a relação e aponta sua intensidade, o que não significa que uma variável afete a outra, ou seja, uma é a causa da outra[25,26]. A compreensão da relação entre as variáveis de interesse depende da construção do referido diagrama, cuja forma caracteriza-se por um eixo horizontal, também chamado de eixo x, e um eixo vertical, ou eixo y, no qual os dados são insertos. Estabelece-se o diagrama por etapas[26]:

- Etapa 1: coleta de dados. Em número mínimo aconselhável de 30, coletar os dados em pares (x, y), organizando-os em tabela.
- Etapa 2: encontrar os valores mínimos e máximos de x e y, definir as escalas dos eixos x e y, cuidando para que tenham o mesmo comprimento, e determinar para os eixos x e y entre 3 e 10 divisões para as unidades da escala de graduação, utilizando números inteiros. Quando duas variáveis consistirem em um fator e uma característica da qualidade, usar o eixo x para o primeiro e o eixo y para a última.
- Etapa 3: processar os dados, marcando-os em papel milimetrado ou com recursos de informática. Quando os mesmos valores de dados forem obtidos a partir de diferentes observações, eles são apresentados

TABELA 3 Tabela de frequências

Classe	Limites de classe	Ponto médio	Frequência	Total
1	9,00-9,19	9,1	I	1
2	9,20-9,39	9,3	IIIII IIII	9
3	9,40-9,59	9,5	IIIII IIIII IIIII I	16
4	9,60-9,79	9,7	IIIII IIIII IIIII IIIII IIIII II	27
5	9,80-9,99	9,9	IIIII IIIII IIIII IIIII IIIII IIIII I	31
6	10,0-10,19	10,1	IIIII IIIII IIIII IIIII III	23
7	10,20-10,39	10,3	IIIII IIIII II	12
8	10,40-10,59	10,5	II	2
9	10,60-10,79	10,7	IIII	4
10	10,80-10,99	10,9		0

Fonte: Brassard, 1992[25].

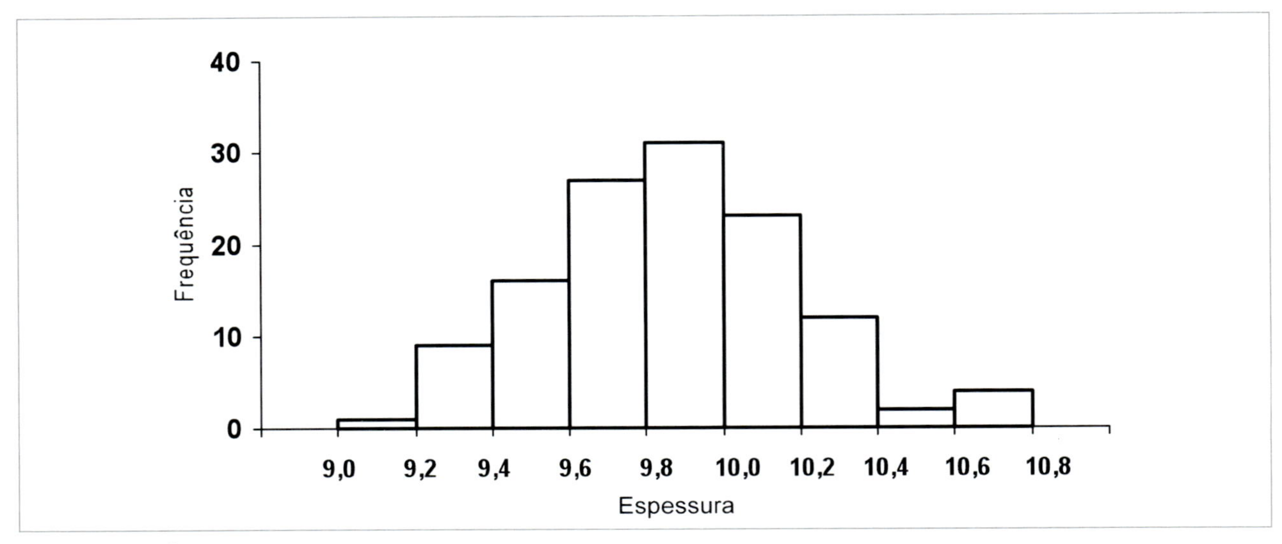

FIGURA 6 Histograma.

por meio de círculos concêntricos ou marcando o segundo ponto rente ao primeiro.

- Etapa 4: completar as informações do diagrama com o título, o período experimental, a quantidade de pares de dados, a denominação e a unidade de medida de cada eixo, e o nome do responsável.

A distribuição global obtida dos pares de dados é interpretada a partir do diagrama de dispersão. A ocorrência de pontos atípicos deve ser registrada. Qualquer ponto afastado do grupo principal pode ser indicativo de erros na medição ou no registro de dados, inclusive podendo ser a causa de mudança operacional. Os pontos suspeitos devem ser excluídos da análise de correlação e paralelamente avaliados quanto à sua ocorrência e as causas que os provocaram.

Vários tipos de dispersão ocorrem. Quando y aumenta com x, fica estabelecida uma correlação positiva. Quando x aumenta e y diminui, a correlação é negativa. Não há correlação quando x e y não apresentam relação específica entre si. A força da relação entre x e y num diagrama de dispersão é dada pelo coeficiente de correlação (r) (cuja definição e expressão matemática foram omitidas aqui), que está no intervalo $-1 \leq r \leq +1$. Se o valor absoluto de r for maior que 1, houve erro de cálculo e este último tem de ser refeito. No caso de forte correlação positiva, r atinge um valor próximo de +1; analogamente, numa forte correlação negativa, o valor de r está próximo de −1. Isto é, quando o r está próximo de 1, há a indicação de forte correlação entre x e y; quando o r está próximo de zero, a correlação é fraca. Exemplos de diagramas de dispersão envolvendo correlações positivas ou negativas, fortes ou potenciais, e ausência de correlação são indicados na Figura 7.

Gráficos de controle

Um gráfico de controle é um conjunto de três linhas definidas como limite superior de controle (LSC), linha central ou média e limite inferior de controle (LIC). É um gráfico de acompanhamento. Os dados insertos no gráfico definem em que estado se encontra o processo. Se estiverem dentro do LSC e do LIC, e sem tendências particulares, o processo estará sob controle. Se esses dados se posicionarem fora dos referidos limites de controle ou mostrarem disposição atípica, aí então o processo é considerado fora de controle (Figura 8)[25,26].

A qualidade de um produto obtido num processo inevitavelmente está sujeita à variação decorrente de várias causas. Estas podem ser classificadas em dois tipos – causas aleatórias (ou comuns) e causas assinaláveis (ou especiais). A variação originária de causas aleatórias é inevitável, mesmo quando o processo opera em condições padronizadas. Por outro lado, a variação provocada por causas assinaláveis significa a existência de fatores relevantes no processo a serem investigados. As causas assinaláveis são evitáveis e não podem ser negligenciadas. A incidência de pontos fora dos limites de controle ou que mostrem tendência particular equivale à existência de causas assinaláveis de variação e, portanto, o processo não está controlado. Para controlar um processo, as causas assinaláveis devem ser eliminadas e sua repetição evitada; as variações decorrentes de causas aleatórias são admissíveis[25,26].

A construção de um gráfico de controle envolve a estimativa da variação originária de causas aleatórias. Para isso, os dados são subdivididos em subgrupos nos quais os lotes de matérias-primas, as máquinas, os operadores e outros fatores sejam comuns. Isso é feito

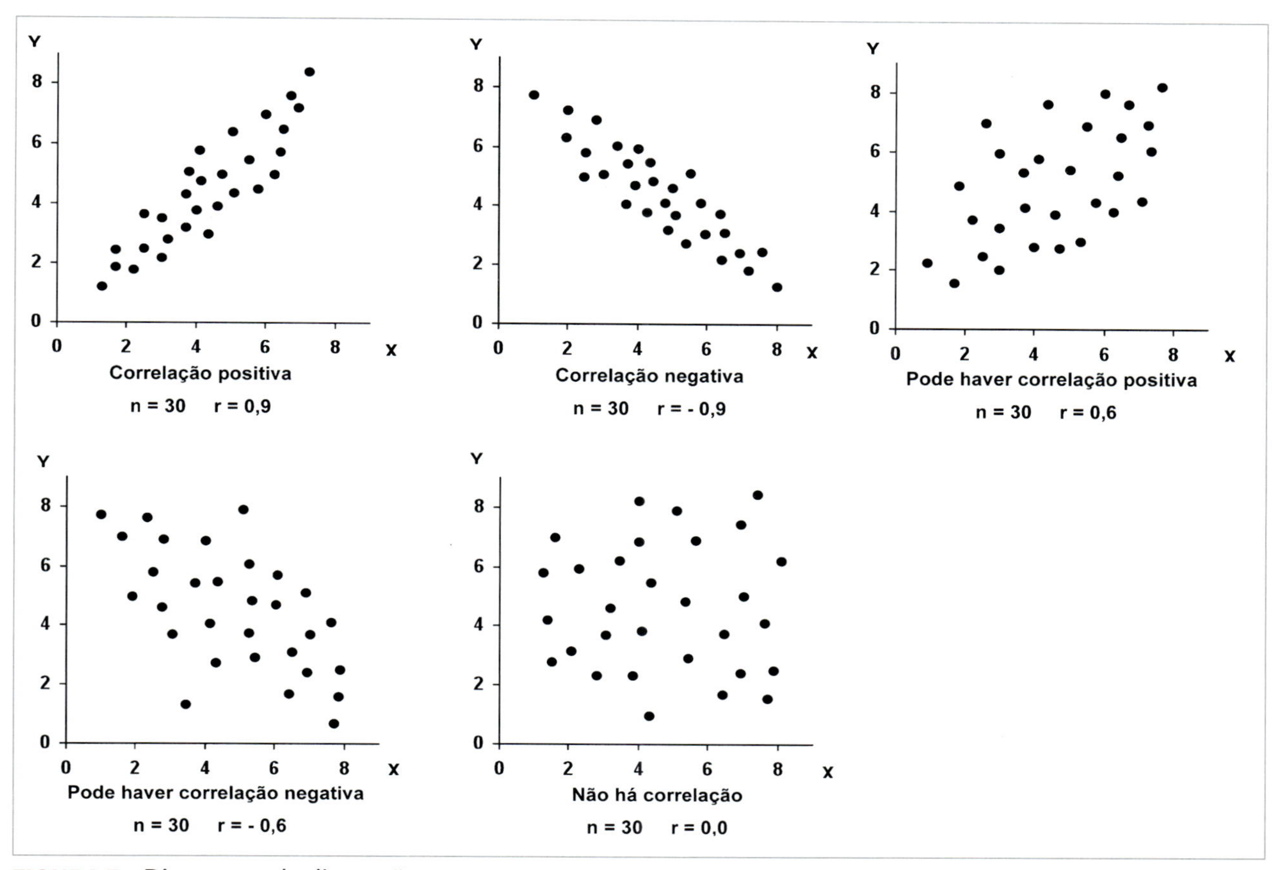

FIGURA 7 Diagramas de dispersão.

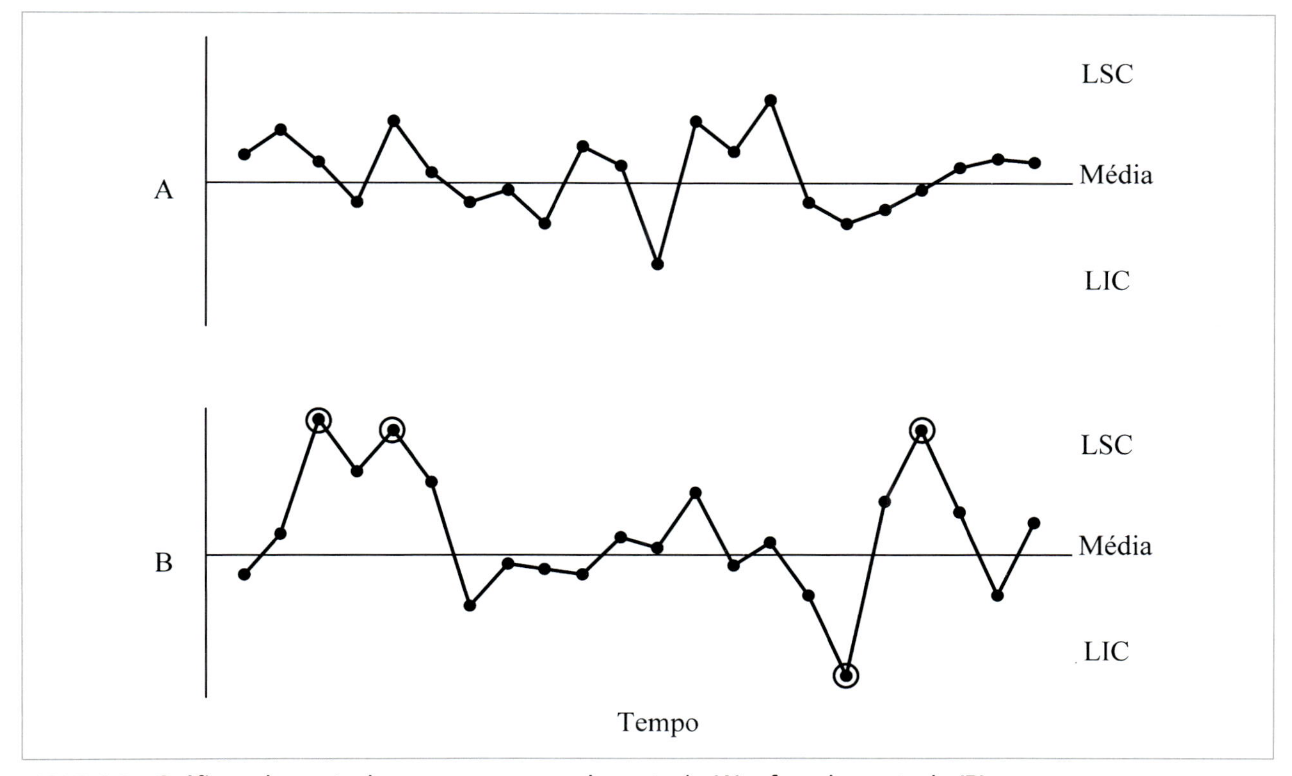

FIGURA 8 Gráficos de controle para processo sob controle (A) e fora de controle (B).

para que a variação dentro de cada subgrupo possa ser considerada aproximadamente igual à variação devida a causas aleatórias[26].

Em qualquer tipo de gráfico de controle, os limites superior e inferior de controle são calculados como: (valor médio) ± 3 3 (desvio padrão). O desvio padrão é o da variação decorrente de causas aleatórias. Esse tipo de gráfico é denominado gráfico de controle 3-sigma. Vários tipos de gráfico de controle têm tido o uso recomendado. Por exemplo, o gráfico $x - R$ (média e amplitude) é o tipo usado para controlar e analisar um processo com valores contínuos da qualidade do produto, como o comprimento, o peso e a concentração. O gráfico *pn* e o gráfico *p* são empregados quando a característica da qualidade é dada pelo número de itens defeituosos ou fração defeituosa; no caso de amostras de tamanho constante, é usado um gráfico *pn* do número de itens defeituosos, enquanto um gráfico *p* da fração defeituosa é utilizado para amostras de tamanho variável. Já o gráfico *c* e o gráfico *u* são destinados ao controle e à análise de um processo por meio dos defeitos de um produto, como riscos em metal revestido, número de soldas defeituosas em um aparelho de televisão e irregularidades na trama de tecidos. Um gráfico *c* do número de defeitos é usado para um produto de tamanho constante, enquanto um gráfico *u* é empregado no caso de um produto de tamanho variável[26].

Conhecer exatamente como um processo está funcionando depende da interpretação do gráfico de controle. A interpretação dos resultados é seguida de imediata ação corretiva, se necessária. Em determinado processo sob controle, a média e a variação não mudam. O processo é considerado sob controle ou não por vários critérios, a partir do gráfico de controle[26]:

- Critério 1 – fora dos limites de controle: os pontos estão fora dos limites de controle.
- Critério 2 – sequência: é a incidência de pontos consecutivos em um dos lados da linha média, e o número de pontos é denominado comprimento. Um comprimento de sequência de sete pontos é considerado anormal. Ainda que menor que seis pontos, o comprimento de sequência é anormal nas seguintes situações:
  - pelo menos 10 de 11 pontos consecutivos incidem no mesmo lado da linha média;
  - pelo menos 12 de 14 pontos consecutivos incidem no mesmo lado da linha média; e
  - pelo menos 16 de 20 pontos consecutivos incidem no mesmo lado da linha média.
- Critério 3 – tendência: quando os pontos formam uma linha contínua, ascendente ou descendente, é dito que apresentam uma tendência.
- Critério 4 – proximidade dos limites de controle: é a observação de pontos próximos dos limites de controle 3-sigma. Se 2 de 3 pontos consecutivos incidem além das linhas 2-sigma, é considerado anormal.
- Critério 5 – proximidade da linha média ou central: quando a maioria dos pontos está posicionada entre as linhas 1,5-sigma (as duas faixas entre a linha média e cada uma das linhas 1,5-sigma), isso se deve a uma maneira não adequada na formação de subgrupos. A proximidade da linha central não significa um processo sob controle, mas uma mistura de dados de diferentes populações em um único subgrupo, o que torna o intervalo entre os limites de controle muito amplo. Nesse caso, é preciso mudar a maneira de formar os subgrupos.
- Critério 6 – periodicidade: é anormal quando os pontos traçam repetidamente uma tendência para cima e para baixo em intervalos quase sempre iguais.

Método de solução de problemas

Planejar a qualidade é estabelecer seus padrões com o objetivo de satisfazer as pessoas, mantê-la significa a manutenção desses padrões e melhorá-la representa o estabelecimento de novos padrões da qualidade. Tanto para manter como para melhorar a qualidade, usa-se o método de solução de problemas; no primeiro caso, para eliminar os desvios crônicos; no segundo, para redirecionar o processo[11].

O método de solução de problemas tem por base o ciclo PDCA. Tem a representação de um círculo para indicar sua ação contínua de melhoria (Figura 9)[11,25].

Os propósitos do PDCA envolvem um planejamento participativo, a fim de que todos os envolvidos se comprometam com ele. É essencial que as metas sejam definidas e a metodologia para atendê-las seja competente e proporcione o alcance dos objetivos. A fase de execução do que foi planejado tem como base a capacitação das pessoas para o trabalho programado. Nessa fase, os dados derivados das tarefas executadas são coletados. A partir deles, é feita a comparação dos resultados, entre o que foi realizado e o que tinha sido planejado. Segue-se então a fase de ação corretiva, destinada a corrigir desvios observados na fase de verificação, envolvendo, inclusive, novo planejamento (reinício do PDCA).

Deve-se ressaltar a diferença entre o método e a ferramenta. O primeiro é uma sequência lógica para atingir a meta a ser alcançada; a segunda é o recurso usado no método. Não é suficiente conhecer apenas as ferramentas, como as sete ferramentas tradicionais da qualidade mencionadas anteriormente, se não houver o domínio do método. Tem sido considerado erroneamente que as sete ferramentas da qualidade

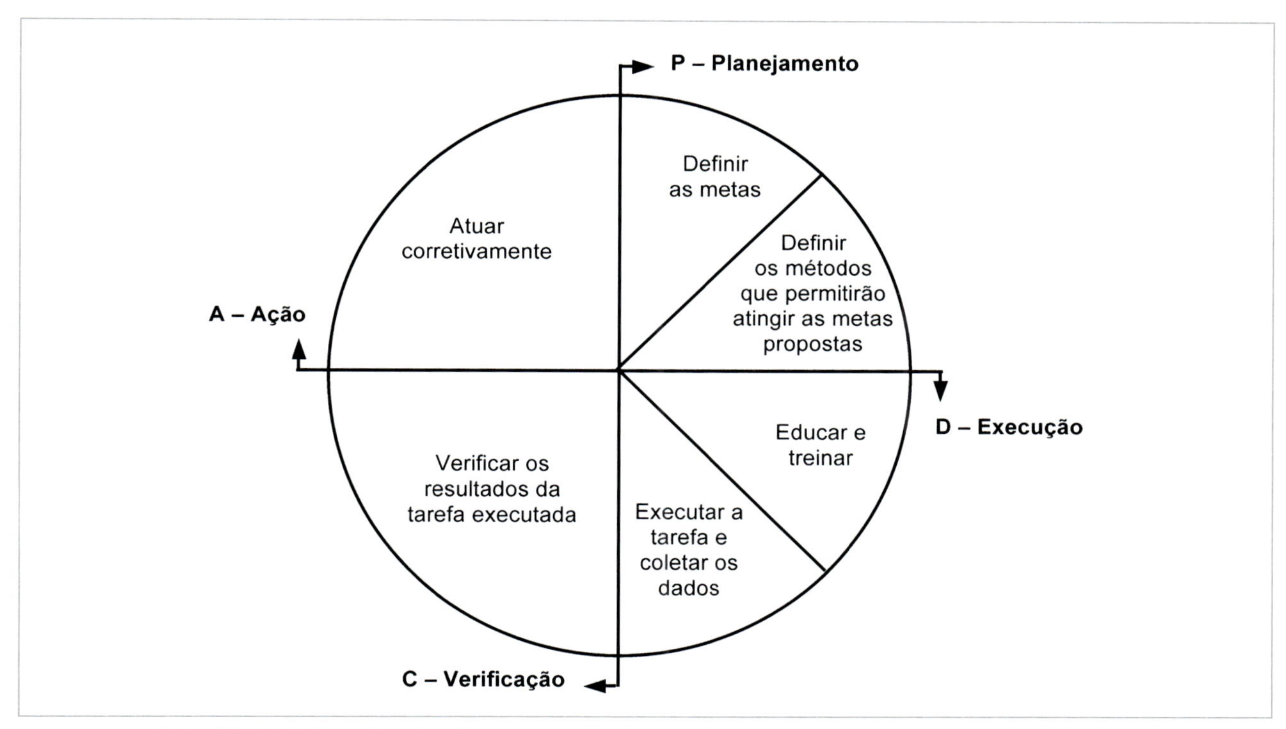

FIGURA 9 Ciclo PDCA (*plan, do, check* e *act*).
Fonte: Brassard, 1992[25].

servem para a solução de problemas. Na verdade, o que resolve problemas é o método, com o auxílio das ferramentas[11].

O método de solução de problemas envolve um fluxograma composto das fases: identificação do problema, observação, análise, plano de ação, ação, verificação, padronização e conclusão, além dos objetivos correspondentes, ajustados à dinâmica do PDCA (Figura 10). Posteriormente, cada uma dessas oito fases são, então, detalhadas e estudadas, com auxílio das diferentes ferramentas cabíveis, para obter solução do problema escolhido[11].

A BIOSSEGURANÇA VISTA COMO ITEM DA QUALIDADE

A biossegurança visa tanto quanto possível eliminar riscos inerentes gerados em diferentes atividades, nas quais pode ocorrer o comprometimento da saúde do homem, de animais e do meio ambiente[1]. Sendo os problemas de biossegurança questões da qualidade, ações de biossegurança devem fazer parte do conjunto de ações voltadas ao gerenciamento da qualidade como um todo. Para isso, é fundamental a existência de um programa da qualidade formalmente implantado.

A Qualidade Total, o 5S e o HACCP foram objetivamente considerados programas capazes de atender aos propósitos da qualidade, incluindo questões de biossegurança. Sem dúvida, outros programas existem e podem ser também indicados nesse sentido. Aos programas citados incorporam-se favoravelmente as boas práticas, as normas e os procedimentos destinados à manutenção e à melhoria da qualidade.

O programa da Qualidade Total é o mais amplo sistema gerencial, contemplando todos os aspectos que envolvem a qualidade. Há um enfoque principal em relação aos clientes – internos (funcionários) e externos (consumidores finais) – por definição, dependendo da satisfação de ambos a existência da organização. Contudo, todos os demais princípios são igualmente importantes, sem os quais a organização não teria como chegar à satisfação de seus clientes.

Os princípios para a gestão do programa sugerem, como filosofia de trabalho a ser seguida, que qualquer organização pode perfeitamente atingir a Qualidade Total em sua plenitude, independentemente do tamanho e da complexidade que possa ter. Independe também do tipo de atividade, seja em laboratório de pesquisa, na produção industrial, no ensino, na prestação de serviços, em processos tecnológicos etc.

O 5S é um programa de menor complexidade, voltado para o ambiente de trabalho, que dá sustentação a programas da qualidade e produtividade. Sua implantação tem sido sugerida como fundamental para o programa

PDCA	Fluxograma	Fase	Objetivo
P	1	Identificação do problema	Definir claramente o problema e reconhecer sua importância
	2	Observação	Investigar as características específicas do problema com uma visão ampla e sob vários pontos de vista
	3	Análise	Descobrir as causas fundamentais
	4	Plano de ação	Conceber um plano para bloquear as causas fundamentais
D	5	Verificação	Bloquear as causas fundamentais
C	6	Ação	Verificar se o bloqueio foi efetivo
	? (Não → 2; Sim → 7)	(Bloqueio foi efetivo?)	
A	7	Padronização	Prevenir contra o reaparecimento do problema
	8	Conclusão	Recapitular todo o processo de solução do problema para trabalho futuro

FIGURA 10 Método de solução de problemas.

da Qualidade Total. A implantação do 5S pode ser mais apropriadamente feita antes da implantação da Qualidade Total, não sendo contraindicado que isso possa ocorrer de forma paralela. A versatilidade do programa permite a escolha da terminologia e a interpretação dos sensos correspondentes a cada S, com base nas necessidades reais da organização.

O HACCP é menos complexo que o 5S. Identifica perigos específicos e aponta medidas preventivas para seu controle. Tem o objetivo de controlar os pontos críticos de maior potencialidade, para afastar a possibilidade de que a qualidade como um todo possa ser afetada. Caracteristicamente, esse programa tem como pré-requisito a existência de normas operacionais, conhecidas como boas práticas, as quais, não sendo totalmente eficientes sob o aspecto da qualidade, podem ser controladas pelo HACCP.

A Qualidade Total, o 5S e o HACCP podem estar implantados isoladamente ou no conjunto, de forma perfeita e compatível. Independentemente do programa implantado, o importante é que ele satisfaça plenamente a demanda existente numa organização.

Por sua vez, a Norma ABNT NBR ISO 9001:2008 cuida da gestão de sistemas e garantia da qualidade. Não é preciso haver programa da qualidade formalmente implantado para que uma organização tenha seu sistema de garantia da qualidade representado por esta norma, desde que seja esta a demanda específica da referida organização. O mesmo pode ser dito em relação à ABNT NBR ISO 14001:2004[7], cuja finalidade serve aos propósitos específicos da qualidade do meio ambiente. As normas ABNT NBR ISO 9001:2008[6] e 14001:2004[7] apresentam outra característica. As organizações que as adotam o fazem para demonstrar externamente capacitação inerente, ostentando isso por meio da certificação correspondente. É uma forma de posicionamento no mercado, sobretudo internacional, em muitos casos.

Quanto ao método de solução de problemas, ele é fundamental para a manutenção da qualidade existente, ao permitir que desvios crônicos sejam eliminados. É essencial também no redirecionamento do processo, com o estabelecimento de novos padrões da qualidade, isto é, permite a melhoria contínua da qualidade. O método em apreço só pode ser desenvolvido com o auxílio dos recursos representados pelas ferramentas da qualidade.

A gestão pela qualidade é desenvolvida em nível de processo. Um processo envolve pessoas, matérias-primas, máquinas e equipamentos, métodos, ambientes de trabalho etc. Compõe-se, portanto, de atividades, e gera produtos e/ou serviços. Sob a óptica da Qualidade Total, a organização é considerada um processo como um todo – um grande processo –, voltado ao atendimento das necessidades dos clientes. Considerando o fato de que são fundamentais a questão do tamanho e a complexidade do processo para que ele possa ser entendido plenamente a fim de ser monitorado e controlado, a organização se subdivide em processos produtivos e administrativos interligados adequadamente menores.

Apenas com o domínio sobre o processo é possível gerenciá-lo. Esse gerenciamento é traduzido pela capacidade de monitoramento e controle de variáveis que afetam a qualidade, além do perfeito e exato conhecimento das ações corretivas cabíveis que devam ser aplicadas.

CONSIDERAÇÕES FINAIS

É importante e oportuno considerar as ações de biossegurança no contexto da gestão da qualidade. A finalidade é garantir que atividades, produtos e serviços gerados em qualquer organização tenham a adequação esperada. O resultado final será o desempenho da biossegurança com a necessária competência.

REFERÊNCIAS BIBLIOGRÁFICAS

1. Brasil. Ministério do Meio Ambiente. Política nacional de biodiversidade. Brasília: MMA; 2000. 48p.
2. Nogueira RP. Perspectivas da qualidade em saúde. Rio de Janeiro: Qualitymark; 1994.
3. Costa MAF da. Biossegurança. Segurança química básica em biotecnologia e ambientes hospitalares. São Paulo: Livraria Santos; 1996.
4. Nogueira RP. Gestão da qualidade e biossegurança. In: Teixeira P, Valle S. Biossegurança. Uma abordagem multidisciplinar. Rio de Janeiro: Fiocruz, 1998. p. 65-74
5. Costa MAF da. Qualidade em biossegurança. Rio de Janeiro: Qualitymark; 2000.
6. Associação Brasileira de Normas Técnicas (ABNT). NBR ISO 9001:2008 Sistemas de gestão da qualidade – requisitos. Rio de Janeiro: ABNT; 2008.
7. Associação Brasileira de Normas Técnicas (ABNT). NBR ISO 14001:2004 Sistemas da gestão ambiental – requisitos com orientações para uso. Rio de Janeiro: ABNT; 2004.
8. Serviço Brasileiro de Apoio às Micro e Pequenas Empresas (SEBRAE). Qualidade total. Folha de S. Paulo. 1994.
9. Rangel A. Momento da qualidade. São Paulo: Atlas; 1995.
10. Juran JM. A função da qualidade. In: Juran JM, Gryna FM. Controle da qualidade. Conceitos, políticas e filosofia da qualidade. v. 1. Trad. Maria Cláudia de Oliveira. São Paulo: Makron Books do Brasil; 1991. p. 10-31.
11. Campos VF. TQC: controle da qualidade total (no estilo japonês). 4. ed. Belo Horizonte: Fundação Chritiano Ottoni; 1992.
12. Ishikawa K. Controle de qualidade total à maneira japonesa. Trad. Iliana Torres. Rio de Janeiro: Campus; 1993.
13. Fundação Christiano Ottoni (FCO). Casos reais de implantação de TQC. Belo Horizonte: Fundação Christiano Ottoni; 1994.
14. Silva JM da. 5S: o ambiente da qualidade. Belo Horizonte: Fundação Chritiano Ottoni; 1994.
15. Mortimore S, Wallace C. HACCP. A practical approach. Londres: Chapman & Hall; 1994.
16. Tzouros NE, Arvanitoyannis IS. Implementation of hazard analysis critical control point (HACCP) system to the fish/seafood industry: a review. Food Reviews International. 2000;16(3):273-325.
17. Sociedade Brasileira de Ciência e Tecnologia de Alimentos (SBCTA). Manual de boas práticas de fabricação para indústria de alimentos. Campinas: SBCTA; 1991.
18. Grist NR. Manual de biossegurança para o laboratório. 2. ed. São Paulo: Livraria Santos; 1995.
19. Teixeira P, Valle S. Riscos biológicos em laboratórios de pesquisa. In Teixeira P, Valle S. Biossegurança: uma abordagem multidisciplinar. Rio de Janeiro: Fiocruz; 1998. p. 41-64.
20. Costa MAF da. Segurança química em biotecnologia: uma abordagem crítica. In: Teixeira P, Valle S. Biossegurança. Uma abordagem multidisciplinar. Rio de Janeiro: Fiocruz; 1998. p. 123-31.
21. Romão CMCA. Desinfecção e esterilização química. In: Teixeira P, Valle S. Biossegurança. Uma abordagem multidisciplinar. Rio de Janeiro: Fiocruz; 1998. p. 133-62.
22. Santos R dos. Princípios básicos de proteção radiológica na utilização de materiais radioativos em laboratórios. In: Teixeira P, Valle S. Biossegurança. Uma abordagem multidisciplinar. Rio de Janeiro: Fiocruz; 1998. p. 209-24.
23. Carvalho PR de. Boas práticas químicas em biossegurança. Rio de Janeiro: Interciência; 1999.
24. Sociedade Brasileira de Ciência e Tecnologia de Alimentos (SBCTA). Manual de análise de riscos e pontos críticos de controle – ARPCC. Campinas: SBCTA; 1993.
25. Brassard M. Qualidade – ferramentas para uma melhoria contínua. Trad. Proqual Consultoria e Assessoria Empresarial. Rio de Janeiro: Qualitymark; 1992.
26. Kume H. Métodos estatísticos para melhoria da qualidade. Trad. Dario Ikuo Miyake. São Paulo: Gente; 1993.
27. Besterfield DH. Quality control. 5. ed. Nova Jersey: Prentice Hall; 1998.

16

Biossegurança e garantia da qualidade em centros de processamento celular de produtos de terapias avançadas

Marluce da Cunha Mantovani
Mari Cleide Sogayar

INTRODUÇÃO

A pesquisa translacional em terapias avançadas se tornou uma das principais prioridades, tanto da comunidade científica como dos governos estaduais e federal.

O termo "terapias avançadas" inclui uma variedade de novas estratégias terapêuticas, baseadas no progresso da pesquisa biomédica e na utilização de novas e sofisticadas tecnologias, visando intervenções moldadas para cada paciente e à descoberta de novos biomarcadores efetivos para previsão e acompanhamento da resposta clínica[1].

Produtos de terapias avançadas (PTA) constituem uma nova categoria de produtos, que sofrem manipulação extensa em laboratório, como expansão e diferenciação de células em cultura ou ainda modificação do seu material genético e que, também, por vezes, desempenham função diferente daquela desempenhada no organismo de origem. Compreendem os produtos constituídos de células humanas ou seus derivados não quimicamente definidos, as terapias gênica e celular, bem como a engenharia de tecidos e a produção de biofármacos. O desenvolvimento de produtos de terapias avançadas abre novos caminhos para abordagens terapêuticas em diversas doenças, incluindo câncer, diabetes, doenças neurodegenerativas e cardiovasculares, entre outras[1-3].

No Brasil, os laboratórios de processamento de medula óssea e sangue periférico, os bancos de sangue de cordão umbilical e placentário e os centros de tecnologia celular passam a ser denominados centros de processamento celular, regulamentados pela Resolução da Diretoria Colegiada (RDC) da Agência Nacional de Vigilância Sanitária (ANVISA) n. 836/2023[3]. Os PTA têm seu registro regulamentado pela RDC n. 505/2021[4] da ANVISA. Neste contexto, alguns termos e definições atualizados são:

- Centro de processamento celular (CPC): estabelecimento que possui infraestrutura física, equipamentos, técnicas e recursos humanos, podendo ter como atribuições a captação e seleção de doadores, incluindo a triagem clínica, social, física e laboratorial, a coleta, identificação, transporte, avaliação, processamento, acondicionamento, armazenamento e disponibilização de células de origem humana para uso terapêutico, podendo ainda fornecer células para pesquisa, ensino, treinamento, controle de qualidade ou validação de processos[3].
- Manipulação mínima: processamento das células que não altera de forma significativa as suas características biológicas, dentre as quais se incluem estado de diferenciação e ativação, o potencial de proliferação e a atividade metabólica[3].
- Manipulação extensa: processamento da células e tecidos que altera qualquer uma de suas características biológicas, dentre as quais se incluem estado de diferenciação e ativação, potencial de proliferação e atividade metabólica. É todo processamento de células e tecidos que não configura manipulação mínima[4].
- Produto de terapia avançada (PTA): categoria especial de medicamentos novos que compreende os produtos de terapia celular avançada, de engenharia tecidual e de terapia gênica[2,4].
- Produto de terapia avançada classe I: produto de terapia celular avançada submetido à manipulação mínima e que desempenha no receptor função distinta daquela desempenhada no doador[4].
- Produto de terapia avançada classe II: produto de terapia celular avançada submetido a manipulação extensa, produto de engenharia tecidual e produto de terapia gênica[4].

- Produto de engenharia tecidual: produto biológico constituído por células humanas organizadas em tecidos ou órgãos que apresenta propriedades que permitam regenerar, reconstituir ou substituir um tecido ou órgão humano, na presença ou não de suporte estrutural constituído por material biológico ou biocompatível, sendo que (a) tenha sido submetido à manipulação extensa; e/ou (b) desempenhe no receptor uma função distinta daquela desempenhada no doador[4].
- Produto de terapia celular avançada: produto biológico constituído por células humanas ou seus derivados não quimicamente definidos, que possui a propriedade de desempenhar funções terapêuticas, preventivas ou de diagnóstico, por meio de seu modo de ação principal de natureza metabólica, farmacológica e/ou imunológica, para uso autólogo ou alogênico em humanos, sendo que (a) tenha sido submetido à manipulação extensa; e/ou (b) desempenhe no receptor uma função distinta daquela desempenhada no doador[2,4].
- Produto de terapia gênica: produto biológico cujo componente ativo contenha ou consista em ácido nucleico recombinante, podendo ter o objetivo de regular, reparar, substituir, adicionar ou deletar uma sequência genética e/ou modificar a expressão de um gene, com vistas a um resultado terapêutico, preventivo ou de diagnóstico[4].
- Produto de terapia avançada final: consiste no produto terminado em sua embalagem primária, após completar todas as fases de produção pelo centro de processamento celular[3,4].

Dessa forma, o centro de processamento celular (CPC) dispõe de uma série de requisitos técnico-sanitários mínimos, visando à segurança e à qualidade das células e de seus derivados disponibilizados para pesquisa clínica e terapia, sendo de responsabilidade destes Centros garantir a qualidade e a segurança das células disponibilizadas para uso terapêutico e pesquisa clínica[2].

HISTÓRICO

A terapia celular, também chamada de terapia com células vivas, é baseada em uma teoria já usada sistematicamente por Hipócrates, que utilizava o órgão correspondente de animais saudáveis para tratar doenças em humanos e que foi definitivamente estabelecida no século XVI por Paracelso, a quem se atribui a famosa frase: "o coração cura o coração, o pulmão o pulmão, o baço o baço. O igual cura o igual" [5].

Em 1912, Kuettner, um pioneiro em terapia celular, recomendou que os órgãos não fossem transplantados em sua totalidade, mas sim que teriam de ser cortados em pequenos pedaços, suspensos em solução salina e injetados no paciente[6].

Somente em 1931 a moderna terapia celular foi definitivamente impulsionada, com o suíço Paul Niehans, que usou a abordagem Kuettner em um paciente do sexo feminino cuja paratireoide tinha sido erroneamente removida por outro médico durante uma operação para o bócio. O transplante não foi possível, pois a paciente sofria de cólicas intensas e estava em estado terminal. Niehans procedeu à maceração da paratireoide de um embrião de boi, adicionou solução salina e injetou a mistura na paciente como uma técnica de sobrevivência temporária. O implante não só foi bem tolerado, como também a paciente se recuperou completamente e viveu por mais 24 anos. Niehans foi estimulado pelos trabalhos anteriores de Alexis Carrel, que demonstraram a influência das células saudáveis sobre as que estavam morrendo. Ele descobriu que, adicionando novas células saudáveis a uma colônia de células moribundas, estas adquiriam vida novamente. Em 1954, a obra clássica do Dr. Paul Niehans, *Dei Zellular therapie* ("Terapia Celular"), foi publicada em alemão[6,7].

A longa experiência de Niehans o levou a definir terapia celular como: "... um método de tratamento de todo o organismo em uma perspectiva biológica, capaz de revitalizá-lo com os seus trilhões de células, dando-lhe essas células embrionárias ou jovens de que ele carece [...] a terapia celular seletiva oferece nova vida a um organismo em padecimento ou doente". E conclui: "é uma terapia seletiva, que visa desenvolver órgãos atrofiados ou regenerar aqueles que já não são capazes de o fazer". E ainda acrescenta que mesmo os pacientes gravemente doentes toleram excepcionalmente bem o tratamento, jamais tendo sido detectado qualquer problema secundário grave nos seus 45 mil tratamentos.[6,7] A partir dos anos 1960, H. Lettré e F. Schimidt efetuaram estudos separadamente, nas Universidades de Viena e de Heidelberg, mostrando, inquestionavelmente, que os constituintes vitais de uma glândula retirada de um bezerro, quando injetados em um ser humano, iam diretamente para a mesma glândula ou órgão. Era evidente que as células vivas ofereciam um conjunto bioquimicamente único, especificamente necessário para reparar a glândula ou órgão doente, que não poderia ser obtido de outra forma[6,7].

Em paralelo, durante muitas décadas, estudou-se o processo de hematopoiese (produção das células sanguíneas) a partir de células multipotentes, localizadas no interior dos ossos, que são capazes de dar origem a células progressivamente mais diferenciadas e com menor capacidade proliferativa. Em 1937, Schretzenmayr administrou injeções intramusculares de medula óssea alogênica e autóloga em pacientes portadores de infecções, com algum sucesso. A primeira utilização intravenosa de medula óssea foi realizada por Osgood em 1939, embora essa via tenha sido desconsiderada por muitos anos. Bernard, em 1944, injetou medula óssea alogênica dentro da cavidade medular e concluiu que os resultados insatisfatórios decorriam do fato das células atingirem a grande circulação. Jacobson et al., em 1951, demonstraram que camundongos poderiam se recuperar da irradiação letal se as áreas do fêmur e do baço fossem protegidas com chumbo. Posteriormente, Lorenz, em 1952, mostrou recuperação hematopoiética após infusão de medula em camundongos irradiados. George Mathé foi pioneiro no desenvolvimento do transplante clínico de medula. Em 1958, seis físicos foram expostos acidentalmente a doses de irradiação entre 600 e 1.000 rads. Eles foram tratados com infusão de células da medula óssea alogênica. A recuperação hematopoiética foi temporária, mas serviu para proteger os pacientes durante o período de aplasia[8-10].

Na década de 1960, foi descoberto que organismos adultos têm a capacidade de autorregenerar determinados tecidos como a pele, o epitélio intestinal e, principalmente, o sangue, que tem suas células constantemente destruídas e renovadas, em um complexo e finamente regulado processo de proliferação e diferenciação celular. É nesse contexto que surgem as células-tronco (CT), células com capacidade prolongada/ilimitada de proliferação, que são capazes de gerar descendentes mais especializados[11].

Porém, foi apenas na década de 1990 que houve um avanço na busca por terapias celulares que restabelecessem funções perdidas por pacientes[11-13]. O desenvolvimento dos chamados produtos de terapia avançada abre novos caminhos para novas abordagens terapêuticas em muitas doenças, detendo enorme potencial em termos de impacto possível sobre os pacientes, a saúde pública e a indústria[1,11-13].

No entanto, ainda existem gargalos importantes para seu desenvolvimento, pela complexidade do quadro regulamentar, os altos custos e as necessidades de boas práticas de fabricação (BPF), do inglês *good manufacturing practices* (GMP), instalações físicas e novos desfechos para a experimentação clínica.

É importante ressaltar também que, no Brasil, as únicas terapias celulares realizadas rotineiramente e regulamentadas em nível clínico são os transplantes de células-tronco hematopoiéticas (CTH). Esses transplantes consistem na infusão intravenosa das CTH, na qual ocorre reconstituição da medula óssea por precursores sanguíneos. Este procedimento é popularmente conhecido como "transplante de medula óssea" (TCTH)[2,11-14]. O TCTH é amplamente utilizado e regulamentado no tratamento de doenças hematológicas, como leucemias, linfomas e outras doenças do sangue. No entanto, outras terapias celulares avançadas, como a terapia gênica com células CAR-T (terapia com linfócitos T contendo um receptor de antígeno quimérico), começaram a ser regulamentadas e utilizadas em contextos específicos no Brasil, principalmente para doenças raras e condições sem alternativas terapêuticas, conforme a atualização de normas pela ANVISA em 2021[2,4,15].

PRODUTOS DE TERAPIAS AVANÇADAS

Os produtos de terapias avançadas (PTA) constituem uma nova categoria de produtos, compreendendo a terapia gênica, a terapia celular, bem como a engenharia de tecidos[3], apresentados no Quadro 1.

Produtos de terapia gênica

A terapia gênica utiliza transferência de sequências genéticas (DNA, RNA ou oligonucleotídeos) para células utilizando diferentes métodos, incluindo vetores plasmideais, virais ou bacterianos. As sequências genéticas são delineadas para modificar, controlar, inibir ou expressar um alvo específico. Ao usar esses vetores, a modificação genética de células somáticas *in vivo* pode ser alcançada[16].

A modificação das células germinativas é estritamente proibida. Células somáticas também podem ser modificadas *ex vivo* ou *in vitro*, antes de sua administração ao paciente. Elas podem ser destinadas para uso no mesmo paciente que doou as células de partida (transplante autólogo) ou podem ser obtidas de doadores da mesma espécie (transplante alogênico)[17,18].

Produtos de terapia celular e terapia celular avançada

Os produtos de terapia celular são heterogêneos com relação à origem e ao tipo de células e à complexidade das manipulações que levam ao produto final. As células podem ser CT de autorrenovação, células progenitoras ou células diferenciadas, manipuladas ou expandidas *in vitro*, a fim de exercer uma função fisiológica específica. As células podem ser de origem autóloga, alogênica ou xenogênica (células provenientes de doadores de espécies diferentes). Além disso, também podem ser geneticamente modificadas. As células podem ser utilizadas isoladamente, associadas com biomoléculas e substâncias químicas, ou combinadas com materiais estruturais classificados como dispositivos médicos[1].

A diferenciação entre terapias avançadas e as terapias convencionais envolvendo células e tecidos baseia-se no nível de manipulação e inovação clínica. PTA são

QUADRO 1 Principais produtos de terapia avançada (PTA) em desenvolvimento atualmente e seu potencial uso na medicina humana

Principais produtos de terapia avançada	Potencial uso
Células dendríticas	Imunoterapias
Linfócitos T	
Linhagens celulares	
Células de cultura primária geneticamente modificadas	
Células-tronco	Diversos
Condrócitos	Reparo de cartilagem/ articulações
Células hematopoiéticas/ me- senquimais	Regeneração óssea
	Regeneração muscular/ miocardíaca
	Tecido nervoso
Ilhotas pancreáticas	Regeneração da função endócrina pancreática
Células endoteliais	Regeneração de microcirculação em tecidos isquêmicos
Células epiteliais	Pele artificial
	Reparo da córnea
Células hepáticas	Fígado bioartificial
Células neuronais	Regeneração neuronal
Vetores virais	Produtos de terapia gênica
Vetores não virais	
Células geneticamente modificadas	

caracterizados por tecnologias inovadoras que alteram significativamente as células para o uso terapêutico, como a multiplicação e diferenciação celular em cultura. Em contraste, terapias celulares com manipulação mínima, como a aférese de CTH para transplante, utilizam as células na mesma função e anatomia de origem, sem alterar suas propriedades fundamentais[2,4].

Produtos de engenharia de tecidos

Produtos da engenharia de tecidos humanos combinam diversos aspectos da medicina, da biologia celular e molecular, da ciência de materiais e da engenharia, com o propósito de regenerar, reparar ou substituir tecidos doentes ou ausentes. Seu modo de ação é baseado na substituição do tecido em falta, na restauração da função do tecido ou na substituição de tecidos doentes. Eles são frequentemente caracterizados por uma complexa estrutura tridimensional[1].

GARANTIA DA QUALIDADE E BIOSSEGURANÇA NOS CENTROS DE PROCESSAMENTO CELULAR DE PRODUTOS DE TERAPIAS AVANÇADAS

Quando se trata de centros de processamento celular, sociedades e comunidades científicas internacionais – International Society for Cell & Gene Therapy (ISCT), Association for the Advancement of Blood & Biotherapies (AABB), European Society for Blood and Marrow Transplantation (EBMT), Foundation for the Accreditation of Cellular Therapy (FACT), Joint Accreditation Committee (JACIE), Food ang Drug Administration (FDA) e outras – estão envolvidas nos processos regulatórios e constantemente estabelecem padrões e procedimentos para serem seguidos pelos bancos de células e tecidos do mundo todo, tratando de normas e diretrizes que visam à regulamentação e à avaliação de processos cujo principal produto são células humanas.

No Brasil, em 2018, a ANVISA publicou dois regulamentos específicos sobre o tema: a RDC n. 214/2018[19], que trata das boas práticas em células humanas e estabelece critérios mínimos para as operações que envolvem a fabricação dos produtos, e a RDC n. 260/2018[20], que dispõe sobre as regras para a realização de pesquisas clínicas com produto de terapia avançada investigacional no país. A partir da publicação da RDC n. 260/2018[20], qualquer pesquisa com produtos de terapias avançadas envolvendo seres humanos deve ser previamente analisada e aprovada pela ANVISA.

Além disso, segundo a legislação brasileira vigente, a RDC n. 836/2023[3], somente devem ser disponibilizadas células humanas que estejam de acordo com as boas práticas em células humanas descritas nesta Resolução. Da mesma forma, o centro de processamento celular deve possuir licença sanitária vigente, emitida pelo órgão de vigilância sanitária competente estadual, municipal ou do Distrito Federal, nos termos da legislação vigente. Quanto aos estabelecimentos integrantes da administração pública ou por ela instituídos, aplica-se o disposto no parágrafo único do art. 10 da Lei n. 6.437, de 20 de agosto de 1977[21], e disposições legais estaduais, municipais ou do Distrito Federal complementares.

Nesse aspecto, as regulamentações concordam que a prestação desse tipo de serviço e a obtenção do PTA devem seguir as diretrizes delineadas pelos princípios das BPF[22-26]. Porém, neste caso, o conceito de boas práticas fica mais abrangente, englobando as boas práticas de fabricação, clínica e laboratorial. Em dezembro de 2023, por meio da Instrução Normativa (IN) 270/2023[27], publicada em 18 de dezembro, a ANVISA atualizou as regras BPF para produtos de terapias avançadas. A IN 270/2023 integra o marco regulatório de produtos de terapias avançadas, complementando as diretrizes das boas práticas de fabricação de medicamentos e as boas práticas em células, quando aplicáveis.

Assim, a implementação de um programa de garantia da qualidade tem sido uma exigência constante para que seja garantido um produto final segundo as boas práticas[3]. Somente a partir da utilização e implementação das BPF pode-se garantir que o produto final obtido seja considerado de qualidade e seguro para a utilização em seres humanos.

O desenvolvimento e a implementação de um sistema de garantia da qualidade exigem um suporte documental que reflita a política, a organização, as ações, as estratégias e as instruções do serviço. Tudo o que se faz deve ser escrito segundo as normas estabelecidas, depois de muito discutido e segundo o conhecimento e as possibilidades técnicas e científicas de cada momento. E aquilo que se faz é o que foi estabelecido que cada um deve fazer e como fazer, segundo procedimentos escritos.

Seguindo ainda a RDC n. 836/2023[3], o centro de processamento celular deve implementar sistema de gestão da qualidade, o qual determinará a implantação da política da qualidade, que deve estar expressa em documento formalmente constituído e autorizado pela direção do centro de processamento celular, contendo as intenções e diretrizes globais relativas à qualidade.

A biossegurança, que em sentido amplo significa vida + segurança, é conceituada como a vida livre de perigos. Genericamente, medidas de biossegurança são ações que contribuem para a segurança da vida no dia a dia das pessoas (p. ex., uso de cinto de segurança e de faixa de pedestres). Assim, normas de biossegurança englobam todas as medidas que visam evitar riscos físicos (p. ex., radiação ou temperatura), ergonômicos (p. ex., posturais), químicos (p. ex., substâncias tóxicas), biológicos (p. ex., agentes infecciosos) e psicológicos (p. ex., estresse), visando à saúde do homem e dos animais, à preservação do meio ambiente e à qualidade dos resultados[28]. As normas de biossegurança em centros de processamento celular exigem a manipulação cuidadosa de materiais biológicos humanos, devido ao seu potencial infeccioso.

As boas práticas em células humanas garantem que todas as etapas de obtenção, processamento, armazenamento, transporte e liberação de células sejam realizadas sob padrões rigorosos de qualidade e segurança. O centro de processamento celular deve contar com pessoal capacitado, infraestrutura adequada, equipamentos calibrados e procedimentos operacionais padrão (POP) claros e validados. Registros precisos e rastreáveis devem ser mantidos para garantir conformidade, e um sistema deve ser implementado para o recolhimento de células não conformes, evitando recorrências de problemas[3].

Documentação técnica

O centro de processamento celular deve implementar sistema de gestão da qualidade, o qual determinará a implantação da política da qualidade[3]. A documentação técnica traz um suporte documental que reflete a política, a organização, as ações, as estratégias e as instruções do serviço, sendo elaborada segundo normas estabelecidas e constituindo parte essencial do sistema de garantia da qualidade.

A documentação deve possibilitar o rastreamento de informações para investigação de qualquer suspeita de desvio de qualidade. Os documentos devem ser aprovados, assinados e datados pelo responsável técnico ou pessoa por este e autorizada. Qualquer alteração introduzida deve permitir o conhecimento de seu conteúdo original e, conforme o caso, ser justificado o motivo da alteração[3].

Os documentos técnicos devem contemplar instalações, procedimentos, processos e recursos organizacionais apropriados, além de ações de garantia da qualidade, como: manual da qualidade, procedimentos operacionais padrão, manual de biossegurança e documentos gerais[3].

Manual da qualidade

O manual da qualidade é um documento complexo, que expõe tanto a política da qualidade da direção como a organização do serviço. Este manual deve comtemplar ou referenciar, no mínimo[3]:

- Planejamento e desenvolvimento de todas as atividades relacionadas ao centro de processamento celular, de acordo com as exigências técnicas e legais, bem como com as boas práticas em células humanas.
- Elaboração de regimento interno.
- Adequação da qualificação e da capacitação dos profissionais às funções que desempenham.
- Realização de todos os controles necessários relativos aos processos críticos, equipamentos, instrumentos, materiais, reagentes, produtos para diagnóstico *in vitro*, sistemas informatizados e fornecedores, e outros controles em processos, validações, qualificações e calibrações.
- Validação dos processos críticos do centro de processamento celular e o monitoramento dos parâmetros

críticos estabelecidos e aprovados pelo respectivo processo de validação.

- Implantação de um sistema de gestão de documentos.
- Processamento, liberação e disponibilização de células em conformidade com as especificações estabelecidas pelo centro de processamento celular, com exceção da condição de liberação excepcional de produtos prevista no art. 52 da RDC n. 836/2023[3].
- Não liberação e não disponibilização de células antes da revisão e aprovação final pelos responsáveis.
- Realização de auditorias internas periódicas para verificar conformidade com as normas aplicáveis.
- Cumprimento das regras de biossegurança e higiene.
- Identificação, registro, investigação e execução de ações corretivas e preventivas relacionadas às queixas técnicas e aos eventos adversos – incluindo erros, acidentes, reclamações e ocorrência de reações adversas – ocorridos desde o processo de coleta até o fornecimento e uso do produto.
- Notificação de informações, queixas técnicas e eventos adversos.
- Implantação de sistema de recolhimento de células.
- Implantação de sistema de controle de mudanças.
- Realização de avaliações regulares dos processos críticos validados, bem como da qualidade das células liberadas e disponibilizadas, com o objetivo de verificar a consistência dos processos e assegurar a melhoria contínua.

Procedimentos operacionais padrão

Procedimento operacional padrão (POP), do inglês *standard operating procedure* (SOP), é uma descrição detalhada de todas as operações necessárias para a realização de uma atividade, ou seja, é um roteiro padronizado para realizá-la[3]. Nesse documento, são definidas as responsabilidades de cada indivíduo e a forma como cada procedimento deve ser executado, interpretado e registrado.

Manual de biossegurança

O manual de biossegurança deve conter instruções escritas detalhadas, documentando o nível de biossegurança dos ambientes e das áreas com base nos procedimentos realizados e nos equipamentos utilizados, em conformidade com as normas da RDC n. 836/2023[3]. Este manual deve garantir a adoção de medidas de segurança compatíveis com os riscos envolvidos, contemplando:

- Atualização dos POP, os quais devem incluir orientações claras sobre segurança biológica, química, física, ocupacional e ambiental, além de:
  - Uso de equipamentos de proteção individual (EPI) e equipamentos de proteção coletiva (EPC).
  - Gerenciamento de resíduos e de materiais biológicos.
  - Higiene e limpeza dos ambientes.
  - Procedimentos para manejo de amostras e transporte seguro de materiais biológicos.
  - Medidas e orientações em caso de acidentes ou exposição a agentes biológicos perigosos.
- Sinalização e acesso restrito: ambientes de risco devem ser devidamente sinalizados e ter o acesso restrito a profissionais autorizados.
- Capacitação e vacinação dos profissionais: todos os profissionais devem estar com sua vacinação em dia, conforme exigido pelo Ministério do Trabalho, e devidamente treinados para lidar com ambientes e equipamentos específicos, incluindo ambientes criogênicos e riscos associados ao nitrogênio líquido.
- Limpeza e desinfecção: a limpeza e desinfecção dos ambientes, materiais e equipamentos devem ser realizadas regularmente e documentadas, utilizando produtos regularizados pela ANVISA. Deve-se assegurar que os procedimentos de limpeza e desinfecção sejam programados para evitar contaminações cruzadas, especialmente em ambientes onde há manipulação de material biológico.
- Elementos essenciais do manual de biossegurança: a) normas e condutas de segurança biológica, química, física, ocupacional e ambiental; b) instruções detalhadas de uso para EPI e EPC; c) procedimentos em caso de acidentes; e, d) orientações para transporte e manuseio de materiais e/ou amostras biológicas.

Documentos gerais

Constituem um grande grupo de documentos que devem ser arquivados para possibilitar o rastreamento de informações para qualquer tipo de investigação ou de qualquer suspeita de desvio da qualidade. Eles são resultantes de: registro de atividades, controles de qualidade, certificados, relatórios, formação de pessoal, registro de não conformidades, entre outros[3].

Os documentos gerais constituem um conjunto essencial de registros que devem ser arquivados de maneira organizada, a fim de garantir a rastreabilidade das informações. Estes documentos são fundamentais para a realização de investigações e auditorias internas e para a detecção de possíveis desvios de qualidade ou não conformidades, conforme estabelecido no art. 25 da RDC n. 836/2023[3]. Os principais tipos de documentos que devem ser mantidos incluem, mas não se limitam a:

- Registros de atividades: documentação de todas as etapas dos processos críticos, de modo que cada ação realizada possa ser rastreada e revisada, garantindo a conformidade com os POP.

- Controles de qualidade: relatórios e registros dos testes e verificações realizados ao longo de todo o ciclo de processamento, desde a obtenção das células até a liberação dos produtos finais, conforme descrito no art. 393.
- Certificados e relatórios: emissão de certificados de qualidade e relatórios técnicos que atestam a conformidade dos materiais, reagentes e produtos utilizados, com base nos resultados das análises de controle de qualidade.
- Registros de formação e capacitação de pessoal: documentos que comprovam a qualificação e capacitação dos profissionais envolvidos no processo, de acordo com as exigências legais e técnicas, conforme os arts. 75 e 763.
- Registros de não conformidades: documentação detalhada de quaisquer desvios dos padrões estabelecidos, bem como as ações corretivas e preventivas adotadas para evitar a recorrência, conforme estipulado no art. 443.

Esses documentos devem ser armazenados em formatos que garantam sua fácil recuperação, seja em meio físico, eletrônico ou outro meio idôneo, conforme previsto nos arts. 23 e 24 da RDC.

Além disso, o centro de processamento celular deve manter o arquivamento, por no mínimo 20 anos contados da distribuição ou descarte das células, os seguintes documentos críticos ou informações sobre:

- O doador, incluindo sua triagem clínica, social, física e laboratorial.
- A coleta do/as órgão/células.
- Acondicionamento e transporte das células do local de coleta ao centro de processamento celular.
- O processamento, acondicionamento e armazenamento das células.
- Os resultados dos testes de controle de qualidade.
- A liberação das células.
- O motivo do descarte das células.
- A solicitação e a disponibilização das células para uso terapêutico.
- A solicitação e disponibilização das células para pesquisa, ensino, treinamento, controle de qualidade e/ou validação de processos.
- As notificações de transplantes, infusões ou implantes realizados e não realizados.
- O documento favorável à realização da pesquisa clínica emitido pelo Sistema CEP/CONEP (Comitês de Ética em Pesquisa/Comissão Nacional de Ética em Pesquisa) e, quando couber, pela ANVISA e outros órgãos competentes.
- O termo de consentimento livre esclarecido (TCLE) para doação e para demais procedimentos realizados pelo centro de processamento celular.
- Os eventos adversos relacionados a todas as atividades desenvolvidas.
- As reações adversas relacionadas à obtenção do(a)(s) órgão/célula(s), no caso de doador vivo, e ao uso destas.
- As queixas técnicas dos equipamentos, instrumentos, materiais, reagentes e produtos para diagnóstico *in vitro* utilizados.
- Os relatórios de não conformidades e as medidas adotadas.

Outros documentos considerados não críticos devem ser arquivados por no mínimo 5 anos contados da distribuição ou descarte das células[3].

A gestão adequada desses registros é fundamental para assegurar a qualidade e a segurança dos processos e produtos, mantendo-se em conformidade com os requisitos técnicos e legais aplicáveis.

Qualificação e validação

A RDC n. 836/2023[3], em sua subseção IV, estabelece que os centros de processamento celular devem implementar processos de qualificação e validação para assegurar que todos os procedimentos críticos estejam sob controle, garantindo a qualidade e a segurança das células. A qualificação deve abranger os equipamentos, instrumentos, sistemas informatizados e processos, e ser realizada por meio de um plano mestre de validação. Esse plano deve incluir as etapas de qualificação de projeto (QP), qualificação de instalação (QI), qualificação de operação (QO) e qualificação de desempenho (QD), conforme o art. 29.

Qualquer alteração nos sistemas que possa impactar a qualidade do produto deve ser qualificada ou validada novamente, e todas as etapas dos processos críticos devem ser revisadas periodicamente para garantir a continuidade dos resultados esperados. A documentação de cada validação e qualificação deve ser mantida, assegurando a rastreabilidade e conformidade com os parâmetros estabelecidos.

Infraestrutura física

A infraestrutura física dos centros de processamento celular deve atender às disposições regulamentares da ANVISA, para planejamento, programação, elaboração e avaliação de projetos físicos de estabelecimentos assistenciais de saúde, de acordo com o disposto na RDC n.

50/2002[29] e incluindo demais especificações da RDC n. 836/2023[3]. A estruturação desses ambientes deve permitir uma circulação organizada e independente de insumos, material biológico, profissionais e resíduos, garantindo a limpeza, manutenção e a prevenção de contaminação cruzada, assegurando a qualidade das células humanas e seus derivados em todas as fases do processo.

A infraestrutura física do centro de processamento celular deve ser constituída, no mínimo, por: a) área administrativa; b) local de recepção de material biológico; c) área de processamento celular; d) local de armazenamento de células, e; e) área de controle de qualidade[3].

A disposição dos ambientes deve facilitar a segregação adequada dos fluxos de materiais e pessoas, evitando o cruzamento que possa comprometer a qualidade dos processos e a segurança dos profissionais. Ambientes de risco, como aqueles destinados ao processamento de células, devem ser projetados de modo a minimizar qualquer risco de contaminação. Esses ambientes são classificados e monitorados de acordo com critérios rigorosos de controle ambiental, incluindo[3]:

- Ambientes classificados (salas biolimpas): o processamento de células humanas deve ocorrer exclusivamente em ambientes classificados, quando necessário, para garantir a proteção contra contaminações microbiológicas e particuladas. Estes ambientes possuem controles estritos de temperatura, umidade, pressão, número de trocas de ar e controle de partículas. Esses controles são críticos para:
  - Proteção contra contaminação cruzada de ingredientes ativos e intermediários, assegurando que o material processado não sofra interferências indesejadas de outros produtos ou agentes externos;
  - Proteção contra microrganismos e seus produtos metabólicos.

O ambiente controlado deve garantir que o material biológico seja processado em condições que assegurem a esterilidade e a qualidade do produto final, conforme os requisitos técnicos e sanitários estabelecidos para o uso terapêutico ou pesquisa clínica.[3]

Além da proteção dos produtos, esses ambientes são projetados para garantir a segurança dos profissionais envolvidos, que exigem a separação do pessoal dos compostos potencialmente perigosos, como antibióticos e hormônios, protegendo-os contra emissões de ingredientes altamente ativos. O processamento de Biotecnologia deve ocorrer em condições que protejam o processo de contaminações provenientes de outros ambientes ou materiais, assegurando a segurança tanto dos produtos quanto dos operadores[3].

Os centros podem contar com diferentes tipos de áreas biolimpas, ajustadas de acordo com as necessidades específicas de cada processo, para atender plenamente às demandas de produção e à proteção dos profissionais. A manutenção regular da infraestrutura, incluindo a limpeza e desinfecção dos ambientes, deve ser documentada e realizada de acordo com procedimentos operacionais padrões estabelecidos no art. 37 da RDC n. 836/2023[3].

São possíveis numerosos tipos de áreas biolimpas, instaladas das mais diversas formas, dependendo da necessidade do processo, para atender plenamente à demanda de produção e/ou proteção de pessoal. As áreas biolimpas devem ser projetadas e construídas de acordo com os padrões de qualidade, visando minimizar a geração e retenção de partículas, bem como facilitar os procedimentos de limpeza e desinfecção. As exigências gerais incluem[3,30-32]:

- Forro:
  - Inteiramente fechado e selado para não vazar ar.
  - Filtros HEPA (do inglês *high efficiency particulate arrestance* filters, filtros com detenção altamente eficaz de partículas) ou ULPA (do inglês *ultra low penetration air filters*, filtros de ar de penetração ultrabaixa) no teto.
  - Sistema de iluminação integrado ao forro minimizando a presença de superfícies expostas.
  - Inserção do menor número possível de elementos para reduzir o acúmulo de partículas.
- Paredes:
  - Acabamento liso, livres de poros e resistentes à abrasão.
  - Janelas e portas com vidros duplos sem reentrâncias e lisos.
  - Frestas seladas.
  - O menor número possível de arestas na horizontal.

Existem algumas exigências suplementares de uma sala biolimpa:

- Fáceis de limpar e desinfetar.
- Resistentes aos desinfetantes normais.
- Beiradas e frestas devem ser evitadas para os microrganismos não aderirem a elas.
- Cantos devem ser arredondados.

Ainda, as áreas biolimpas devem ter controle rigoroso de parâmetros como:

- Fluxo de ar laminar para remover partículas suspensas e prevenir a reintrodução de contaminantes no ambiente.

- Pressão positiva dentro da sala, garantindo que o ar flua para fora, e não para dentro, evitando a entrada de partículas de áreas menos controladas.
- Controle de temperatura e umidade, ajustados conforme a necessidade do processo, para garantir a estabilidade do produto e o conforto do pessoal.

Algumas exigências gerais para um ambiente de sala biolimpa, bem como a paramentação adequada para entrada de pessoal, estão ilustradas na Figura 1.

A classificação de áreas biolimpas em classes 100, 10.000 e 100.000 foi comumente utilizada no Brasil até a publicação da norma ISO 14644-1, em 1999[32]. Esta classificação foi estabelecida pelo *U.S. Federal Standard* 209, sendo a designação da classe definida como o número máximo de partículas em suspensão no ar ≥ 0,5 mm por pé cúbico permitido para uma sala biolimpa de uma determinada classe[31].

Em 2004, o FDA publicou o documento *FDA guidance for industry – sterile drug products produced by aseptic processing – current good manufacturing practi ce*[23]. Este documento continua a utilizar a terminologia estabelecida (classes 100, 10.000 e 100.000), mas já faz relação com a classificação ISO. Este documento também apresenta uma relação com as BPF europeias (EU GMP) (EudraLex volume 4 – *EU guidelines to good manufacturing practice – medicinal products for human and veterinary use – Annex 1 – Manufacture of sterile medicinal products*)[24].

A designação da área biolimpa em graus A, B, C ou D está baseada na EU GMP. A revisão vigente deste documento é de 2008. Para a classificação de áreas limpas, a EU GMP estabelece os limites para as partículas em suspensão no ar, nos estados ocupacionais "em repouso" e "em operação". O documento também estabelece os limites para a contaminação microbiológica durante o monitoramento "em operação"[31].

FIGURA 1 Fotos ilustrando algumas exigências gerais e suplementares de uma sala biolimpa. Sala biolimpa classificação GMP grau C (classe 10.000 – ISO 7) contendo em seu interior ambientes GMP (*good manufacturing practices* - boas práticas de fabricação) grau B (classe 100 – ISO 5) do Grupo NUCEL de Terapia Celular e Molecular da Universidade de São Paulo (NUCEL: http://w3nucel.webhostusp.sti.usp.br). A: detalhes do forro; B: detalhes das paredes; C: fluxo unidirecional de entrada de materiais e reagentes; D: paramentação adequada para a área classificada ISO 7; E: paramentação adequada para a área classificada ISO 7; detalhes de portas com "janelas"; F: detalhes do acondicionamento de materiais dentro da área classificada.

ISO: *International Organization for Standardization.*

A RDC n. 210/2003[33], da ANVISA, classifica as áreas biolimpas em graus A, B, C ou D, conforme as características da qualidade do ar. A classificação de áreas limpas estabelecida nesta RDC está baseada no documento técnico da Organização Mundial da Saúde (OMS) *WHO Technical Report Series* n. 902, de 2002[26]. A classificação das áreas limpas e a correlação dessas áreas segundo os diferentes organismos internacionais estão resumidas no Quadro 2.

QUADRO 2 Classificação de áreas limpas quanto a partículas em suspensão no ar segundo os diferentes organismos internacionais

WHO GMP	Estados Unidos	ISO	EU GMP
Grau A	Classe 100	ISO 5	Grau A
Grau B	Classe 100	ISO 5	Grau B
Grau C	Classe 10.000	ISO 7	Grau C
Grau D	Classe 100.000	ISO 8	Grau D

Segundo a RDC n. 836/2023[3], que é a resolução da ANVISA especificamente voltada para centros de processamento celular, define as boas práticas para o manuseio, processamento e armazenamento de células humanas, exigindo ambientes limpos com diferentes graus de controle dependendo do nível de manipulação das células (mínima ou extensa). Para a manipulação e a exposição dos PTA devem ocorrer exclusivamente em ambiente GMP grau B (classe 100 – ISO 5) "em operação", circundado por ambiente com classificação mínima GMP grau D (classe 100.000 – ISO 8) "em operação" o vestiário de barreira e antecâmara. O Centro que realizar manipulação mínima em sistemas aberto deve possuir vestiário e antecâmara ISO 8, em repouso. Se realizar a manipulação em sistema fechado, desde que mantenha e comprove controle da qualidade das amostras, não é obrigatório o ambiente ISO 8 circundante, nem o vestiário de barreira e antecâmara.

É essencial que os centros de processamento celular implementem limites de alerta e ação para a detecção de contaminação microbiana em ambientes limpos. Esses limites devem ser definidos com base em dados históricos e no monitoramento contínuo, visando identificar tendências de contaminação e garantir a qualidade do ar. O monitoramento deve incluir a realização periódica de testes microbiológicos em áreas críticas, com parâmetros estabelecidos para a contagem de partículas viáveis e não viáveis, e a aplicação de ações corretivas em caso de desvios. O Anexo da RDC n. 836/2023[3] estabelece parâmetros para controle de qualidade do ar e contaminação microbiana em centros de processamento celular, conforme normas ISO. Os limites máximos de partículas no ar em ambientes classificados como ISO 5 e ISO 8, sendo que em operação, a classe ISO 5 deve ter menos de 3.520 partículas $\geq 0,5$ µm/m^3 e ISO 8, até 3.520.000 partículas $\geq 0,5$ µm/m^3 e até 29.300 partículas $\geq 5,0$ µm/m^3. Os limites para contaminação microbiana, considerando técnicas como placas de sedimentação, contato de superfícies e amostras do ar, com limites diferenciados para cada classe ISO e procedimento, estão descritos no Quadro 3.

Os desinfetantes e detergentes utilizados na limpeza dos ambientes devem ser aprovados pela ANVISA, resistentes aos patógenos presentes e adequados para o uso em áreas limpas. Esses produtos devem ser aplicados de acordo com as instruções do fabricante, assegurando a eficácia da descontaminação sem comprometer os materiais e superfícies tratadas[3].

Além disso, o sistema de ar das áreas limpas deve ser projetado para evitar a dissipação de partículas, com o uso de filtros de alta eficiência, como aqueles denominados HEPA, que garantem a retenção de contaminantes. Esses sistemas precisam ser equipados com alarmes e indicadores de pressão diferencial para monitorar e controlar a pressão positiva nos ambientes limpos, evitando a entrada de partículas externas. Esse monitoramento contínuo assegura a integridade do ambiente limpo e a qualidade do processamento celular[3].

Essa mesma RDC n. 836/20233, em sua subseção I, estabelece, ainda, que a infraestrutura das salas de criopreservação e armazenamento em nitrogênio líquido nos centros de processamento celular deve atender a requisitos rigorosos para garantir a qualidade e segurança das células armazenadas. Essas salas devem possuir equipamentos adequados para manter temperaturas

QUADRO 3 Limites para contaminação microbiana a partir das diferentes técnicas empregadas

Classe	Placas de sedimentação (diâmetro de 90 mm; UFC/4 horas)	Placas de contato (diâmetro de 55 mm; UFC/placa)	Teste de contato das luvas (5 dedos; UFC/luva)	Amostra do ar (UFC/m^3)
ISO 5 em operação	< 1	< 1	< 1	<1
ISO 8 em operação	50	25	-	100

ISO: International Organization for Standardization.

criogênicas, com monitoramento contínuo dos níveis de nitrogênio líquido e da temperatura interna, especialmente em dispositivos que utilizam fase vapor de nitrogênio. As principais exigências incluem:

- Sistema de exaustão eficiente para eliminar gases residuais, principalmente nitrogênio;
- Sensores de oxigênio e alarmes visuais e sonoros que alertem para alterações nos níveis de oxigênio ou falhas no sistema de nitrogênio;
- Monitoramento contínuo da temperatura ambiente e dos tanques de armazenamento, com registro dos valores máximos e mínimos;
- Medidas de segurança para prevenção de acidentes como anóxia e queimadura devido ao manuseio de nitrogênio líquido ou outros fluídos criogênicos.

Além disso, os equipamentos de armazenamento devem estar equipados com alarmes para sinalizar condições fora dos parâmetros especificados, e um plano de emergência deve ser implementado para prevenir variações de temperatura em caso de falhas mecânicas ou interrupções no fornecimento de energia elétrica. Todos os registros de monitoramento e manutenção devem ser mantidos, assegurando a rastreabilidade e o controle dos processos[3].

Materiais e reagentes

Segundo a RDC n. 836/2023[3], a etapa inicial na aquisição de materiais e reagentes é o processo de qualificação de fornecedores. Um POP deve ser estabelecido e mantido, detalhando todas as etapas do processo de qualificação, além de garantir o registro dos documentos apresentados por cada fornecedor ou fabricante. A qualificação do fabricante deve abranger, no mínimo, os seguintes critérios:

- Comprovação de regularidade perante as autoridades sanitárias competentes.
- Avaliação do fabricante/fornecedor, por meio de análises de controle de qualidade realizadas pelos centros de Processamento celular com verificação dos laudos analíticos apresentados.
- Auditorias periódicas para verificação do cumprimento das normas de BPF.
- Avaliação do histórico dos fornecimentos anteriores.

Os materiais, reagentes e produtos para diagnóstico de uso *in vitro* utilizados para coleta, processamento, testes laboratoriais, preservação e expansão das células humanas e seus derivados devem estar regularizados junto à ANVISA, conforme a legislação específica vigente. Esses materiais, especialmente os que mantêm contato direto com as células, devem ser estéreis, apirogênicos, não citotóxicos e, quando aplicável, de uso único, garantindo a segurança do processo e a rastreabilidade de sua origem, validade e número de lote. Para os materiais passíveis de processamento, deve existir um procedimento validado de limpeza e esterilização, seguindo a regulamentação vigente, garantindo a eliminação de contaminantes potenciais.

Os reagentes preparados ou aliquotados pelo próprio centro de processamento celular devem ser devidamente identificados com rótulos contendo as seguintes informações: nome, concentração, número de lote, data de preparação, identificação de quem preparou, data de validade e condições de armazenamento, além de informações referentes a riscos potenciais. Devem ser mantidos registros dos processos de preparo e do controle da qualidade dos reagentes preparados.

A utilização de materiais e reagentes deve respeitar as recomendações de uso do fabricante, as condições de preservação e armazenamento e os prazos de validade, sendo proibida a utilização de materiais com validade expirada.

Todos os métodos de preparo de materiais e reagentes no próprio laboratório devem ser documentados de forma clara, incluindo, no mínimo:

- A descrição detalhada das etapas do processo.
- A especificação e a sistemática de aprovação de materiais, reagentes e produtos para diagnóstico *in vitro*.
- Validação dos processos.
- Registro completo de todo o processo.

É importante ressaltar que a utilização de produtos de origem animal deve ser evitada. Caso seu uso seja inevitável, os produtos devem possuir certificação de ausência de agentes infecciosos e contaminantes, conforme a RDC n. 305/2022[34] e reforçado pela RDC n. 836/2023[3]. Para os fatores de crescimento, devem ser estabelecidas medidas de identidade, pureza e potência para assegurar reprodutibilidade das características das culturas celulares.

Equipamentos e instrumentos

Ainda segundo a RDC n. 836/2023[3], os equipamentos são elementos cruciais nos procedimentos realizados em centros de processamento celular, sendo essencial garantir seu pleno funcionamento para assegurar a qualidade e segurança dos processos. Para tanto, alguns cuidados fundamentais devem ser tomados:

- Posse de equipamentos e instrumentos adequados, específicos e em quantidade necessária ao atendimento de sua demanda.
- Instruções e manuais escritos e atualizados para o uso correto dos equipamentos, complementados por manuais fornecidos pelos fabricantes, disponíveis aos funcionários do setor.
- Programa de manutenção preventiva e corretiva deve ser implantado, incluindo um cronograma detalhado de intervenções devidamente documentado e revisado.
- Calibração e rastreabilidade mantendo os respectivos registros.
- Registros detalhados de intervenções.

Além disso, planilhas de controle de rotinas de uso, manutenção, calibração e limpeza dos equipamentos devem estar permanentemente disponíveis para consulta. Registros diários das condições operacionais dos equipamentos também devem ser mantidos, assinados e revisados periodicamente por uma pessoa qualificada. A manutenção e um sistema de monitoramento contínua especialmente para equipamentos críticos como refrigeradores, congeladores e *ultrafreezers* é mandatória, com o objetivo de identificar falhas no funcionamento ou variações de temperatura e garantir a segurança do material biológico armazenado[3].

Pessoal

A RDC n. 836/2023[3], em sua subseção III, estabelece que os centros de processamento celular devem contar com profissionais qualificados, habilitados e capacitados de acordo com as atividades desempenhadas. É obrigatório promover capacitação inicial e treinamentos periódicos sempre que houver mudanças nos procedimentos. Cada profissional deve estar familiarizado com o sistema de gestão da qualidade, normas de biossegurança, princípios técnicos e científicos relevantes às suas funções, e comprovar sua competência por meio de diplomas, certificados ou outros documentos formais. O centro deve designar responsáveis técnico e legal. O responsável técnico do centro de processamento celular deve ser um profissional de nível superior na área da saúde, com experiência prática mínima de dois anos em centros de processamento celular, conforme o art. 78. Ele é o responsável por coordenar as atividades do centro, garantir o cumprimento das normas estabelecidas, assegurar a qualidade e a segurança das células processadas, e prestar informações às autoridades sanitárias competentes. O responsável legal, por sua vez, é a pessoa física que assume a administração do centro, podendo ser o mesmo da Instituição à qual o centro está vinculado. O responsável técnico também pode acumular a função de responsável legal, desde que atenda a todos os requisitos exigidos[3].

Seleção do doador de órgãos/tecidos humanos

Toda doação de células humanas deve respeitar os preceitos legais e éticos sobre o assunto, ficando garantidos o sigilo, a não percepção de remuneração ou de benefício direto, e o TCLE, conforme legislação vigente[3,18].

Para obtenção de órgãos humanos, devem-se seguir as normas, conforme legislação vigente, e realizar uma triagem baseada nas informações contidas na ficha do doador de órgão com informações clínicas e laboratoriais. Para a obtenção de células humanas, deve-se realizar triagens clínica e laboratorial. A triagem laboratorial deve seguir a determinada para a doação de sangue, conforme legislação vigente[3,18].

Para obtenção de embriões ou CT embrionárias, devem ser seguidos os critérios da Lei n. 11.105, de 24 de março de 2005[17], devendo ser obtidas as informações de triagem clínica e laboratorial realizadas pelo banco de células e tecidos germinativos (BCTG).

O serviço responsável pela seleção do doador e/ ou paciente deve prover todas as informações relativas a processo de doação, riscos envolvidos, testes laboratoriais, entre outras necessárias para compreensão e assinatura do TCLE. Este deve ser redigido em linguagem clara e compreensível para o leigo e conter, quando aplicável, os seguintes itens[18]:

- Informações sobre os riscos ao doador e os benefícios ao receptor da doação.
- Informações sobre os testes que serão realizados para a qualificação do doador.
- Autorização para acesso aos dados clínicos e à história médica do doador para a obtenção de dados clínicos com importância potencial para o procedi- mento de pesquisa clínica e/ou terapia.
- Autorização para o laboratório de processamento celular transferir os dados qualitativos e quantitativos sobre o material para o responsável pela pesquisa clínica e/ou terapia.
- Autorização para armazenar amostras de células, plasma, soro e DNA do doador para testes que se fizerem necessários no futuro.
- Autorização para descartar as unidades que não atenderem aos critérios para armazenamento ou uso posterior em pesquisa clínica e/ou terapia.

Os critérios de seleção e exclusão de doadores em centros de processamento celular têm o objetivo de garantir a qualidade e segurança das células para uso terapêutico e pesquisa clínica. A triagem dos doadores deve incluir uma avaliação clínica, social, física e laboratorial rigorosa para identificar possíveis contraindicações à doação.

Os critérios de seleção envolvem a comprovação de que o doador é clinicamente apto, sem histórico de doenças transmissíveis ou condições que possam comprometer a qualidade das células. São realizados testes laboratoriais para verificar a ausência de infecções, como vírus da imunodeficiência humana (HIV), hepatite e outras doenças relevantes.

A RDC n. 836/2023[3] define, em suas subseções da seção V, os critérios de triagem laboratorial e clínica para doadores de células, distinguindo entre doadores alogênicos (relacionados e não relacionados) e autólogos. Essas triagens visam garantir a segurança dos procedimentos de doação e a qualidade das células para uso terapêutico e em pesquisa clínica:

- Triagem laboratorial para doadores de células alogênicos e autólogos: a triagem laboratorial para doadores alogênicos (de uma pessoa para outra) e autólogos (para uso próprio) inclui a realização de exames clínicos e laboratoriais obrigatórios. No caso de doadores alogênicos, são realizados testes para a detecção de doenças infecciosas transmissíveis, como o HIV, hepatite B, hepatite C, sífilis e vírus T-linfotrópico humano (HTLV). Para doadores autólogos, os testes também são realizados para garantir que as células não apresentem riscos durante o processamento, mesmo que não haja a mesma preocupação com a transmissão para um receptor.
- Doadores alogênicos aparentados e não aparentados: os doadores alogênicos, sejam aparentados ou não, passam por uma triagem detalhada de acordo com os critérios de risco epidemiológico, histórico médico e resultados de exames laboratoriais. Além dos testes para doenças transmissíveis, a triagem inclui a análise de compatibilidade antígeno leucocitário humano (HLA) para garantir a viabilidade do transplante ou terapia celular entre doador e receptor. Os doadores não aparentados podem ter requisitos mais rigorosos, especialmente em relação à análise de risco epidemiológico e histórico de saúde, dado o desconhecimento de histórico familiar compartilhado.
- Doadores autólogos: os doadores autólogos, que fornecem células para uso próprio, também devem ser triados. Embora o risco de transmissão de doenças para outro indivíduo não exista, é necessário garantir que as células colhidas sejam de qualidade adequada e seguras para o próprio uso terapêutico. Exames clínicos e laboratoriais são conduzidos para identificar potenciais riscos, como infecções que possam comprometer o material biológico durante o processamento e criopreservação.

Os critérios de exclusão incluem, entre outros, a presença de doenças infecciosas ativas, neoplasias malignas (exceto certos tipos de câncer tratados), histórico de uso de drogas intravenosas e comportamento de risco epidemiológico. Além disso, doadores que apresentem qualquer condição que possa prejudicar a qualidade das células ou colocar em risco o receptor devem ser excluídos do processo de doação. Essas medidas visam minimizar riscos tanto para o doador quanto para o receptor, assegurando a conformidade com as boas práticas de segurança e qualidade[3].

Coleta de órgãos/células

A coleta de material biológico para posterior processamento de células humanas e seus derivados, tanto para uso alogênico quanto autólogo, deve ser realizada por profissionais devidamente capacitados, conforme estipulado pela RDC n. 836/2023[3]. A coleta deve ocorrer em estabelecimento assistencial de saúde que possuam licença sanitária válida, garantindo que sejam mantidas as condições assépticas necessárias para evitar contaminações. Todos os detalhes específicos da coleta devem estar descritos em POP, que precisam ser atualizados regularmente para refletir as melhores práticas e novas exigências regulatórias.

O material biológico deve ser encaminhado com um relatório de coleta padronizado, elaborado pelo serviço responsável. Este relatório deve conter, no mínimo, as seguintes informações[3]:

- Nome do doador/paciente.
- Dados clínico laboratoriais.
- Data e hora da coleta.
- Nome do responsável pela coleta.
- Descrição detalhada do procedimento realizado.
- Temperatura de armazenamento do material biológico durante o transporte.
- Resultado dos exames sorológicos, quando aplicáveis.
- TCLE assinado.

Acondicionamento e transporte pós-coleta

Após a coleta do material biológico, o acondicionamento deve garantir a sua preservação e integridade, mantendo as condições específicas de temperatura e transporte estabelecidas no POP. O transporte de amostras deve atender aos requisitos definidos RDC

n. 504/2021[35] que dispõe sobre as boas práticas para o transporte de material biológico humano e seguir as orientações do *Manual de vigilância sanitária sobre o transporte de material biológico*[36].

O material deve ser embalado em recipientes esterilizados e adequados, com isolamento térmico, quando necessário, para garantir que as condições ambientais não comprometam sua qualidade. As normas da RDC n. 836/2023[3] especificam que o transporte deve ocorrer de forma rápida e segura, com monitoramento da temperatura durante todo o trajeto, assegurando que o material chegue ao destino em condições ideais para o uso terapêutico ou processamento adicional.

Recepção do material biológico

Na recepção do material biológico no centro de processamento celular, devem ser realizadas verificações rigorosas para confirmar a integridade das amostras e o cumprimento das condições de transporte. O material deve ser inspecionado para assegurar que não ocorreram danos ou alterações, e que os parâmetros de temperatura foram mantidos. Além disso, o centro deve conferir todos os dados contidos no relatório de coleta e registrar o recebimento de forma rastreável, garantindo a conformidade com os regulamentos e permitindo a continuidade do processamento dentro dos padrões de qualidade exigidos pela RDC n. 836/2023[3].

Processamento e armazenamento

Todo material biológico humano é potencialmente infeccioso, por isso deve ser manipulado conforme as normas de biossegurança aplicáveis. Todas as etapas do processamento devem estar descritas em instruções escritas e atualizadas, com protocolos definidos e validados, devendo atender às especificações da legislação vigente[3,17,18].

Ainda segundo a RDC n. 836/2023[3], o processamento de material biológico humano deve ser realizado seguindo rigorosas normas de biossegurança em decorrência do seu potencial infeccioso. Todos os protocolos devem estar devidamente escritos, validados e atualizado em POP.

Como visto anteriormente, o processamento dos PTA deve ser realizado em um ambiente classificado como ISO 5 (em operação), sendo proibido o processamento simultâneo, em uma mesma área, de células de diferentes lotes ou tipos, provenientes de um mesmo doador, e de células de diferentes doadores, com isso, evitando contaminação cruzada ou troca de material. A limpeza e assepsia da sala e dos equipamentos devem ser realizadas após cada processamento. Durante a manipulação extensiva ou criopreservação de células para o uso terapêutico, amostras representativas devem ser criopreservadas para controle de qualidade. Isso garante a rastreabilidade e a segurança do material biológico em procedimentos futuros[3].

Algumas boas práticas que devem ser adotadas são[30,31]:

- Higiene pessoal.
- Não usar maquiagem ou joias.
- Lavagem das mãos.
- Paramentação com roupa cirúrgica, sapato cirúrgico, avental, máscara, touca e pro-pé descartáveis.
- Utilização de luvas sem talco.
- Não comer, beber, fumar ou mascar chiclete.
- Evitar tirar a máscara.
- Evitar movimentos bruscos.
- Uso de papéis-tecido, que não soltam partículas, para a limpeza de fluxos laminares ou de materiais, equipamentos e bancadas.
- Usar EPI e EPC adequados.
- Seguir o POP.
- Registrar todo procedimento.

Acondicionamento e rotulagem pós-processamento (produto final) e armazenamento

Após o processamento, o produto final deve ser acondicionado de forma que suas propriedades biológicas sejam preservadas, conforme estipulados nos POP. O acondicionamento deve ocorrer em embalagens estéreis, resistentes e apropriadas, que mantenham as condições ideais de armazenamento e transporte, garantindo a integridade do material durante todo o percurso até seu uso clínico[3].

A rotulagem é igualmente essencial para garantir a segurança e rastreabilidade do produto. A etiqueta do produto final deve conter informações obrigatórias como[3]: identificação única do doador, número de lote de produção, data e hora do processamento, prazo de validade do produto, condições de armazenamento e transportes adequados (temperatura específica), identificação do centro de processamento celular e do profissional responsável. Essas informações são críticas para garantir a rastreabilidade completa do produto biológico e facilitar eventuais auditorias e investigações de qualidade.

O armazenamento deve ser realizado em condições rigorosamente controladas, geralmente em tanques de nitrogênio líquido a temperaturas iguais ou inferiores a -150°C, para manter a viabilidade celular. A RDC n. 836/2023[3] exige que as salas de criopreservação e armazenamento possuam uma infraestrutura adequada para garantir a segurança dos produtos armazenados, conforme previamente detalhado neste capítulo em Infraestrutura.

Além disso, o centro de armazenamento deve garantir que todos os equipamentos sejam regularmente mantidos e calibrados, com sistemas de *backup* que assegurem a continuidade do resfriamento em caso de falha de equipamentos. A rastreabilidade do produto durante todo o período de armazenamento é essencial, com registros adequados de todas as movimentações e inspeções realizadas[3].

Controle de qualidade

O controle de qualidade de produtos finais, incluindo células humanas e seus derivados, segue rigorosamente as especificações estabelecidas pela legislação vigente, conforme a RDC n. 836/2023[3]. As especificações devem ser detalhadas e precisas, incluindo os métodos de ensaio, tipo de instrumento utilizado e protocolos de amostragem. Antes de liberar as células para uso clínico ou de pesquisa, seja para terapia autóloga ou alogênica, fresca ou criopreservada, e com ou sem manipulação extensa, é necessário garantir sua segurança e qualidade. O processo de controle de qualidade deve incluir, no mínimo, os seguintes testes:

- Testes microbiológicos.
- Testes laboratoriais para a detecção de doenças infectocontagiosas no doador/paciente.
- Testes de pirogenicidade.
- Contagem e viabilidade celular.
- Fenotipagem celular, quando aplicável.
- Controle genético, que deve ser realizado em células submetidas à cultura, expansão ou células modificadas geneticamente, incluindo a transdução de proteínas.
- Testes funcionais, quando aplicável.
- Identificação HLA, quando aplicável.

Os resultados desses testes devem ser documentados e anexados ao prontuário clínico do doador ou paciente. Além disso, a RDC n. 836/2023[3] estabelece que todas as etapas do processo devem ser rastreáveis, garantindo a segurança e a qualidade do produto antes de sua aplicação clínica, minimizando riscos ao paciente e assegurando a eficácia terapêutica.

Sistemas auxiliares

Sistema de tratamento de água

De acordo com RDC n. 836/2023[3], a água utilizada na manipulação de produtos, como células e seus derivados em centros de processamento celular, é considerada matéria-prima essencial. Para garantir a integridade do processo, as instalações e reservatórios devem ser protegidos contra contaminações. O sistema de produção de água purificada deve atender às especificações definidas pelas Farmacopeias adotadas pelo Ministério da Saúde, garantindo que a água esteja em conformidade com os padrões de pureza necessários para os processos de manipulação celular.

O sistema de tratamento de água exige pessoal capacitado para sua operação e manutenção. Todas as atividades realizadas no sistema devem ser descritas em POP, incluindo a sanitização regular do sistema, a realização de testes físico-químicos e microbiológicos, além da validação contínua para garantir a eficiência do tratamento e a segurança da água utilizada. A manutenção preventiva e corretiva do sistema deve ser documentada, e todos os registros das atividades de sanitização, testes e validações devem ser mantidos para fins de auditoria e rastreabilidade[3].

Existe também a necessidade de monitoramento constante da qualidade da água, incluindo parâmetros críticos como condutividade, teor de contaminantes microbianos, endotoxinas e matéria orgânica[3]. Essas medidas são essenciais para garantir que a água utilizada nos processos atenda aos padrões de segurança e qualidade exigidos para a manipulação de PTA, minimizando o risco de contaminações que possam comprometer a eficácia dos produtos finais.

Segurança/tratamento de resíduos e devolução de células

Como as normas de biossegurança englobam todas as medidas que visam evitar riscos à saúde do homem e dos animais, além da preservação do meio ambiente e da garantia de qualidade dos resultados, existe a preocupação com o tratamento de resíduos gerados. Os resíduos são classificados como recuperáveis (papel, metal, vidro, plástico, madeira) e não recuperáveis (produtos farmacêuticos e biológicos)[28].

Já o descarte de resíduos não recuperáveis deve estar de acordo com o plano de gerenciamento de resíduos de serviços de saúde (PGRSS) aprovado pelos órgãos competentes e ser realizado de acordo com as normas vigentes, atualmente contemplado pela RDC n. 222/2018[37]. Esta RDC estabelece os critérios para o gerenciamento de resíduos gerados nos serviços de saúde, incluindo a separação, acondicionamento, coleta, armazenamento, tratamento e disposição final dos resíduos, garantindo a segurança ocupacional, saúde pública e preservação do meio ambiente.

Além da RDC 222/2018[37], o Conselho Nacional do Meio Ambiente (CONAMA) publicou a Resolução n.

358 de 2005[38], que complementa as diretrizes para o manejo dos resíduos de serviços de saúde, incluindo o transporte e tratamento adequado.

Essas normas exigem que cada Instituição de saúde elabore e implemente o PGRSS, garantindo que todos os resíduos sejam tratados de acordo com sua classificação e que o processo seja documentado e monitorado.

No que se refere à segurança, o centro de processamento deve implementar um programa de ações preventivas contra incêndios, com reciclagens periódicas para os colaboradores. Além disso, é essencial que exista um fluxograma de monitoramento para garantir a segurança dos locais, incluindo a gestão de acesso, resposta a emergências com produtos biológicos, procedimentos de evacuação, tratamento de derrames, controle de incêndios, e gestão de águas residuais[3].

O descarte de células ou devolução de produtos não utilizados deve seguir protocolos que assegurem o cumprimento das normas de segurança e biossegurança. Caso o produto não seja utilizado, o profissional ou a Instituição solicitante deve notificar o centro de processamento para que o descarte ou devolução seja realizado de maneira segura e rastreável, minimizando qualquer risco de contaminação ambiental ou biológica[3].

Solicitação do produto, transporte ao local de uso e notificação de uso terapêutico realizado

Conforme a RDC n. 836/2023[3], as células somente devem ser entregues para uso terapêutico ou pesquisa clínica mediante solicitação documentada do órgão competente do Ministério da Saúde ou do profissional que as utilizará. Essa solicitação deve conter informações como o código de identificação do receptor, dados do profissional solicitante, características e quantidade do produto, motivo para o uso (seja terapêutico ou para pesquisa), data de solicitação e uso, além da comprovação de aprovação pelo Comitê de Ética em caso de pesquisa clínica.

Para uso em pesquisa básica, ensino, controle de qualidade ou validação de processos, a entrega só ocorre com solicitação documentada do profissional ou Instituição, que deve especificar o material e declarar que não será utilizado para fins terapêuticos.

O acondicionamento dos PTA para pesquisa clínica e/ou terapia deve ser realizado em embalagens adequadas para uso final, assegurando a preservação da qualidade e segurança dos produtos durante o transporte e até seu uso terapêutico. O centro de processamento celular é responsável por fornecer as instruções detalhadas sobre as condições de recebimento e utilização dos PTA, incluindo possíveis efeitos adversos inesperados. Além disso, deve ser emitido um certificado de qualificação dos produtos, contendo, no mínimo, os seguintes itens:

- Identificação do centro de processamento celular.
- Endereço e telefone do centro de processamento celular.
- Identificação e número do registro do responsável técnico e do profissional que liberou o exame.
- Nome e número de registro de registro do doador ou receptor.
- Data de emissão do laudo.
- Identificação do procedimento realizado.
- Comprovação da qualificação do material.
- Observações e informações adicionais relevantes, quando aplicável.

A entrega do produto deve ser realizada diretamente ao profissional solicitante, a um membro da equipe responsável pelo paciente ou a uma pessoa devidamente autorizada por escrito. O transporte deve seguir as normas especificadas na RDC n. 504/2021[35] e demais regulamentações aplicáveis, garantindo a preservação da integridade do material durante o trajeto, acompanhado por um documento contendo as seguintes informações[3]:

- Nome do centro de processamento celular e do serviço de destino, com endereço e telefones.
- Contato de emergência.
- Quantidade de células humanas (número total e fracionado).
- Nome do paciente receptor e do médico responsável.
- Data, hora e responsável pelo transporte.
- Validade do material em condições de transporte.

O transporte deve ser feito por um profissional capacitado, e as embalagens devem seguir especificações rigorosas para garantir a integridade e segurança do material, assim como do meio ambiente. Embalagens contendo gelo seco, nitrogênio líquido ou outros materiais criogênicos devem ser devidamente sinalizadas conforme as normas de transporte de produtos perigosos, tanto em âmbito nacional quanto internacional. Além disso, o recipiente isotérmico deve dispor de um sistema de monitoramento e registro de temperatura, assegurando que as condições ideais de armazenamento sejam mantidas durante o transporte[3].

É expressamente proibido submeter os recipientes a qualquer tipo de radiação, como raios X. Portanto, é obrigatório que o recipiente isotérmico contenha a seguinte sinalização externa: "Material biológico humano. Não submeter à radiação (raios X)"[3].

Essas exigências visam garantir a segurança, rastreabilidade e qualidade dos PTA desde sua produção até o uso clínico, minimizando riscos e assegurando a eficácia terapêutica do produto.

Queixas técnicas/eventos adversos e sistema de notificação e acompanhamento

O manejo adequado de queixas técnicas e eventos adversos é fundamental para garantir a segurança dos PTA e a saúde dos pacientes. As queixas técnicas referem-se a problemas relacionados ao funcionamento, qualidade ou integridade dos produtos e suas embalagens, enquanto os eventos adversos envolvem quaisquer reações ou resultados inesperados que prejudiquem a saúde do receptor ou a eficácia do tratamento.

Queixas técnicas

As queixas técnicas podem incluir defeitos nas embalagens, falhas nos equipamentos de transporte, problemas com a rotulagem ou mesmo a não conformidade dos produtos com as especificações estabelecidas. O centro de processamento celular deve implementar um sistema de monitoramento para registrar e investigar todas as queixas técnicas, rastrear suas causas e aplicar medidas corretivas e preventivas. Esse processo deve ser documentado e estar acessível para auditoria e inspeções sanitárias[2,3].

Eventos adversos

No caso de eventos adversos, especialmente aqueles relacionados à administração de células ou produtos biológicos, os profissionais de saúde devem notificar imediatamente o centro de processamento celular e os órgãos reguladores competentes. A notificação deve incluir uma descrição detalhada do evento, os resultados clínicos observados, as ações tomadas e as possíveis causas. O centro é responsável por investigar o evento, determinar se há correlação com o produto administrado e realizar ações corretivas, como a retirada de lotes comprometidos ou o ajuste de protocolos de processamento[3].

Os eventos adversos relacionados à administração de células humanas devem ser notificados de acordo com a legislação vigente, como RDC n. 222/2018[37], que estabelece os PGRSS e a correta notificação de incidentes relacionados a produtos biológicos.

Sistema de notificação e acompanhamento

A RDC n. 836/2023[3] exige que todos os eventos adversos e queixas técnicas sejam documentados em um sistema de biovigilância que permita o acompanhamento contínuo da segurança e eficácia dos PTA. A biovigilância deve ser aplicada em todas as fases do ciclo de vida dos produtos, desde a doação, processamento, acondicionamento, armazenamento, até o uso clínico e acompanhamento do receptor[2,39]. O centro deve manter um canal aberto de comunicação com as instituições de saúde que utilizam seus produtos, garantindo a troca de informações sobre qualquer alteração na qualidade, segurança ou eficácia das células administradas.

Os principais aspectos da biovigilância[39]:

- Identificação e notificação de eventos adversos: incidentes ou reações adversas devem ser identificados de forma sistemática e notificados ao Sistema Nacional de Biovigilância (SNB) para uma análise detalhada. Eventos adversos podem incluir problemas durante a coleta, processamento ou distribuição de células, bem como reações inesperadas no paciente receptor.
- Monitoramento de riscos: a biovigilância possibilita a identificação de riscos relacionados ao uso terapêutico de células e tecidos, incluindo transmissão de doenças infecciosas ou complicações pós-implante. Esses riscos são monitorados através de notificações e relatórios sistemáticos.
- Ações corretivas e preventivas: quando eventos adversos forem identificados, o sistema de biovigilância exige a implementação de ações preventivas e corretivas, como *recall* de produtos e ajustes no processamento, para evitar a recorrência desses eventos.
- Retroalimentação e aprimoramento de processos: a biovigilância também inclui retrovigilância, que é a investigação retrospectiva de produtos utilizados, especialmente quando surgem novos dados ou complicações em receptores. Isso permite ajustar processos futuros e melhorar a segurança dos procedimentos.

Todos os dados sobre eventos adversos devem ser reportados à ANVISA, que poderá determinar ações adicionais, como a interrupção do uso do produto em casos graves. Também é exigido que as instituições realizem um monitoramento contínuo após o uso terapêutico das células, garantindo a segurança dos pacientes a longo prazo.

Essas medidas visam garantir que o uso de produtos de terapia avançada ocorra com a maior segurança possível, minimizando riscos e assegurando a eficácia do tratamento para os pacientes.

Dados de produção

O centro de processamento celular deve enviar semestralmente, e sempre que solicitado, seus dados de produção à Gerência de Sangue, Tecidos, Células, Órgãos e Produtos de Terapias Avançadas (GSTCO) da ANVISA, conforme ferramentas e orientações definidas pela Agência divulgadas em sua página eletrônica[3].

POLÍTICAS RELEVANTES PARA TECNOLOGIA CELULAR NO BRASIL

As políticas relevantes em tecnologia celular no Brasil tiveram início com os transplantes de CTH, regulamentados pela Lei n. 8.489/1992[18]. Em 1995, a Lei n. 8.974[40] regulamentou o uso de transgênicos e terapias gênicas, além de proibir a manipulação de embriões humanos, criando a Comissão Técnica Nacional de Biossegurança (CTNBio). A Lei n. 11.105/2005[17] reestruturou a CTNBio, criou o Conselho Nacional de Biossegurança (CNBS) e delegou à ANVISA a regulamentação sobre coleta, processamento e controle de qualidade de células humanas.

A RDC n. 9/2011[41] marcou um avanço significativo ao estabelecer requisitos técnico-sanitários mínimos para o funcionamento dos Centros de Processamento Celular, na época chamados de Centros de Tecnologia Celular (CTC). Nesse mesmo ano, a RDC n. 63/2011[42] foi publicada regulamentando as boas práticas de funcionamento para os serviços de saúde. Em 2017, a ANVISA publicou a Nota Técnica n. 7/2017/Sistema Eletrônico de Informações (SEI)/GSTCO/Diretoria de Autorização e Registro Sanitários (DIARE)/ANVISA[43] com orientações para a triagem laboratorial de doadores falecidos de tecidos humanos para uso terapêutico. Em 2018, a RDC n. 214[19], que define boas práticas em células humanas, e a RDC n. 260[20], que regulamenta pesquisas clínicas com produtos de terapia avançada investigacional no Brasil. Essas medidas alinharam o Brasil às recomendações da OMS de 2018, que sugeriam a criação de normativas para harmonizar definições e garantir a qualidade dos produtos de terapias avançadas. Ainda em 2018, a RDC n. 222[44] regulamentou as boas práticas de gerenciamento dos resíduos de serviços de saúde, fornecendo outras providências.

Em 2020, a ANVISA publicou a Nota Técnica n. 21/2020/SEI/GSTCO/DIRE1/ANVISA[45] com orientações sobre ensaios clínicos e o uso experimental de produto de terapia avançada para o tratamento de pacientes acometidos com covid-19.

Em 2021, foram aprovadas as RDC n. 505[4], que regulamenta o registro de produtos de terapia avançada, e a RDC n. 506[46], que define regras para ensaios clínicos com esses produtos. A RDC n. 508[4] também foi implementada, regulamentando os centros de processamento celular. Além disso, ainda em 2021 a ANVISA publicou duas Notas Técnicas: n. 13/2021/SEI/GSTCO/DIRE1/ANVISA[48] e 18/2021/SEI/GSTCO/DIRE1/ANVISA[49], sendo a primeira com orientações sobre inaptidão temporária para doação de CTH para fins de transplante convencional de candidatos à doação que foram submetidos a vacinação contra a covid-19; e, a segunda sobre atualização das orientações gerais para os bancos de tecidos referentes ao enfrentamento da pandemia do SARS-CoV-2.

Em 2022, a RDC n. 707/2022[50] foi publicada para regulamentar as boas práticas em tecidos humanos para uso terapêutico. Neste mesmo ano de 2022, foi publicada a Nota Técnica n. 2/2022/SEI/GSTCO/DIRE2/ANVISA[51] com orientações sobre utilização de produtos para a saúde – soluções de dimetilsulfóxido (DMSO), hidroxietilamido (HES), entre outros, para preservação ou criopreservação de células progenitoras hematopoéticas para transplante convencional (uso terapêutico ou pesquisa clínica).

Em 2023, a RDC n. 836[3] consolidou as boas práticas em células humanas para uso terapêutico e pesquisa clínica. A RDC n. 707/2022[50] permanece válida, mas foi complementada por regulamentações mais recentes, como a RDC n. 771/2022[52], que aborda células germinativas, tecidos germinativos e embriões humanos, e a RDC n. 836/2023[3]. Além disso, a IN n. 270/2023[27] integrou o marco regulatório de produtos de terapias avançadas, trazendo novas especificações e complementando as diretrizes das boas práticas de fabricação de medicamentos (RDC n. 658/2022[53]) e as boas práticas em células, quando aplicáveis. Com essa aprovação, houve uma reestruturação da RDC n. 508/2021[47], que trata das Boas Práticas em Células, excluindo as disposições relacionadas aos produtos de terapias avançadas. Os requisitos de boas práticas em células humanas para terapia convencional passam a vigorar pela RDC n. 836/2023[3]. Não houve nenhuma mudança de mérito nos requisitos de boas práticas em células definidos na RDC n. 508/2021[47]. Destaca-se que, em relação à manipulação de células como matéria-prima ou material de partida para a fabricação de produtos de terapias avançadas, continuam sendo aplicáveis, no que couber, os requisitos estabelecidos na RDC n. 836/2023[3].

Além disso, é importante destacar a biovigilância, com a publicação do *Manual de biovigilância de células, tecidos e órgãos humanos*[39] pela ANVISA em dezembro de 2023. A responsabilidade pela execução das ações de vigilância sanitária no âmbito da União é da ANVISA, conforme a Lei n. 9782/1999 e o regimento interno da Agência (RDC n. 585/2021[54]), sob a supervisão da Gerência Geral de Monitoramento (GGMON).

Ademais, não se pode deixar de mencionar o Sistema Nacional de Transplantes (SNT), regido pela Lei n. 9.434/1997[55], conhecida por Lei dos Transplantes, e pelo Decreto n. 9.175/2017[56], que coordena todas as atividades relacionadas à doação e transplante de órgãos, tecidos e células no Brasil. O processo deve seguir as normas descritas na Portaria de Consolidação (PRC n. 4/2017)[57], que consolida o regulamento técnico do SNT, sendo proibida a comercialização de órgãos, tecidos e substâncias humanas para fins de transplante, pesquisa ou tratamento, conforme a Constituição Federal de 1988[58] (art. 199, § 4º).

Legislação

Lei n. 6.437, de 20 de agosto de 1977[21]

Configura infrações à legislação sanitária federal, estabelece as sanções respectivas, e fornece outras providências.

Constituição Federal de 1988, art. 199[58]

Veda todo tipo de comercialização de órgãos, tecidos e substâncias humanas para fins de transplante, pesquisa e tratamento.

Resolução n. 1.358, de 28 de maio de 1992, do Conselho Federal de Medicina (CFM)

Proíbe destruir embriões, mas faculta a doação altruísta e anônima para outros casais, com responsabilidade da unidade de reprodução assistida na escolha de doadores. Foi revogada pela Lei n. 9.434, de 4 de fevereiro de 1997.

Lei n. 8.489, de 18 de novembro de 1992[55]

Dispõe sobre a retirada e o transplante de tecidos, órgãos e partes do corpo humano, com fins terapêuticos e científicos e dá outras providências.

Lei n. 8.974, de 5 de janeiro de 1995[40]

Lei de Biossegurança. Regulamenta os transgênicos, a terapia gênica e genômica e, no art. 6°, a proibição de "produção, armazenamento ou manipulação de embriões humanos destinados a servir como material biológico disponível". Cria a CTNBio, para o acompanhamento das atividades reguladas pela lei.

Lei n. 9.279, de 14 de maio de 1996

Lei de Propriedade Industrial (LPI). Relativa às invenções relacionadas a CT; pode-se dizer que considera patenteável toda invenção que atenda aos requisitos de novidade, atividade inventiva e aplicação industrial. Entretanto, a mesma lei não reconhece como invenção os métodos terapêuticos para aplicação no corpo humano ou animal, envolvendo ou não CT, nem o todo ou parte de seres vivos naturais e materiais biológicos encontrados na natureza, ainda que dela isolados.

Resolução n. 196, de 10 de outubro de 1996, do Conselho Nacional de Saúde/MS

Diretrizes e normas regulamentadoras de pesquisa envolvendo seres humanos. Estabelece instrumento obrigatório para pesquisas: TCLE a ser preenchido por pacientes.

Lei n. 9.434, de 4 de fevereiro de 1997[55]

Lei de Doação de Órgãos. Dispõe sobre a remoção de órgãos, tecidos e partes do corpo humano para fins de transplante e tratamento.

Lei n. 9.610, de 19 de fevereiro de 1998

Lei de Direito Autoral. Protege obras intelectuais como "criações do espírito", expressas por qualquer meio ou suporte, tangível ou intangível, conhecido ou futuro. Nas ciências, protege-se a forma literária ou artística, não abrangendo seu conteúdo científico ou técnico. Não são objeto de proteção como direitos autorais as informações de uso comum, nem o aproveitamento industrial ou comercial das ideias contidas em obras.

RDC n. 50, de 21 de fevereiro de 2002, da ANVISA[29]

Determina normas técnicas sobre infraestrutura física, contemplando programação, elaboração e avaliação de projetos físicos de estabelecimentos assistenciais de saúde.

RDC n. 190, de 18 de julho de 2003, da ANVISA

Determina normas técnicas para o funcionamento dos bancos de sangue de cordão umbilical e placentário.

RDC n. 210, de 4 de agosto de 2003, da ANVISA[33]

Determina normas técnicas sobre as BPF de medicamentos.

Lei n. 10.973, de 2 de dezembro de 2004

Lei de Inovação. Regulamenta a relação entre universidades, instituições de pesquisa e empresas. Baseada no BayhDole Act (Patent and Trademark Act, 1980, Estados Unidos) promove as patentes sobre resultados de pesquisa desenvolvidos com recursos públicos e fomenta a criação de empresas de serviços médicos especializados (SME) e *spinoffs* de base científica e tecnológica. Estabelece a forma como serão divididos os benefícios oriundos do licenciamento de tecnologias protegidas por patentes, que tenham sido desenvolvidas conjuntamente por empresas e universidades/pesquisadores. Com respeito à interface da Lei de Propriedade Industrial, relativa às invenções relacionadas às CT, pode-se dizer que esta considera patenteável toda invenção que atenda aos requisitos de novidade, atividade inventiva e aplicação industrial. Entretanto, a mesma lei não reconhece como invenção os métodos terapêuticos para aplicação no corpo humano ou animal, envolvendo ou não CT, nem o todo ou parte de seres vivos naturais e materiais biológicos encontrados na natureza, ainda que dela isolados.

Resolução CONAMA n. 358, de 29 de abril de 2005[38]

Dispõe sobre o tratamento e a disposição final dos resíduos dos serviços de saúde e fornece outras providências.

Lei n. 11.196, de 21 de novembro de 2005

Lei do Bem. Consolida a concessão de incentivos fiscais e subvenções econômicas para a contratação de mestres e doutores nas empresas com P&D de produtos inovadores (regulamentada pela Portaria n. 577 do Ministério da Ciência, Tecnologia e Inovação).

Lei n. 11.105, de 24 de março de 2005[17]

Lei de Biossegurança. Regulamenta os incisos II, IV e V do §1° do art. 225 da Constituição Federal, estabelece normas de segurança e mecanismos de fiscalização de atividades que envolvam organismos geneticamente modificados (OGM) e seus derivados, cria o CNBS, reestrutura a CTNBio, revoga a Lei n. 8.974, de 5 de janeiro de 1995, e a Medida Provisória n. 2.191-9, de 23 de agosto de 2001, e os arts. 5°, 6°, 7°, 8°, 9°, 10 e 16 da Lei n. 10.814, de 15 de dezembro de 2003, e dá outras providências.

RDC n. 33, de 17 de fevereiro de 2006, da ANVISA

Aprova o regulamento técnico para o funcionamento dos bancos de células e tecidos germinativos. Dispõe sobre a coleta, o transporte, o registro, o processamento, o armazenamento, o descarte e a liberação de células germinativas, tecidos germinativos e embriões humanos com a finalidade de reprodução humana assistida.

RDC n. 214, de 12 de dezembro de 2006, da ANVISA

Dispõe sobre boas práticas de manipulação de medicamentos para uso humano.

RDC n. 56, de 16 de dezembro de 2010, da ANVISA

Dispõe sobre a coleta, o processamento, a testagem, o armazenamento, o transporte, o controle de qualidade e o uso humano de CTH obtidas de medula óssea, sangue periférico ou sangue de cordão umbilical e placentário com a finalidade de transplante convencional de células progenitoras hematopoiéticas.

RDC n. 9, de 14 de março de 2011, da ANVISA[41]

Dispõe sobre o funcionamento dos CTC para fins de pesquisa clínica e terapia e fornece outras providências.

RDC n. 63, de 25 de novembro de 2011, da ANVISA

Dispõe sobre os requisitos de boas práticas de funcionamento para os serviços de saúde.

Nota Técnica n. 7/2017/, da SEI/GSTCO/DIARE/ANVISA[43]

Orientações para a triagem laboratorial de doadores falecidos de tecidos humanos para uso terapêutico.

Decreto n. 9.175, de 18 de outubro de 2017[56]

Regulamenta a Lei n. 9.434, de 4 de fevereiro de 1997, para tratar da disposição de órgãos, tecidos, células e partes do corpo humano para fins de transplante e tratamento.

RDC n. 214, de 7 de fevereiro de 2018, da ANVISA[19]

Dispõe sobre as boas práticas em células humanas para uso terapêutico e pesquisa clínica, e dá outras providências.

RDC n. 222, de 28 de março de 2018, da ANVISA[44]

Regulamenta as boas práticas de gerenciamento dos resíduos de serviços de saúde e fornece outras providências.

RDC n. 260, de 21 de dezembro de 2018, da ANVISA[20]

Dispõe sobre as regras para a realização de ensaios clínicos com produto de terapia avançada investigacional no Brasil, e fornece outras providências.

Nota Técnica n. 21/2020/, da SEI/GSTCO/DIARE/ANVISA[45]

Orientações sobre ensaios clínicos e o uso experimental de produto de terapia avançada para o tratamento de pacientes acometidos com covid-19.

Nota Técnica n. 13/2021, da SEI/GSTCO/DIARE/ANVISA[48]

Orientações sobre inaptidão temporária para doação de CTH para fins de transplante convencional de candidatos a doação que foram submetidos a vacinação contra a covid-19.

Nota Técnica n. 18/2021, da SEI/GSTCO/DIARE/ANVISA[49]

Atualização das orientações gerais para os bancos de tecidos referentes ao enfrentamento da pandemia do SARS-CoV-2.

RDC n. 504, de 27 de maio de 2021, da ANVISA[35]

Dispõe sobre as boas práticas para o transporte de material biológico humano.

RDC n. 505, de 27 de maio de 2021, da ANVISA[4]

Dispõe sobre o registro de produto de terapia avançada e fornece outras providências.

RDC n. 506, de 27 de maio de 2021, da ANVISA[46]

Dispõe sobre as regras para a realização de ensaios clínicos com produto de terapia avançada investigacional no Brasil, e fornece outras providências.

RDC n. 508, de 27 de maio de 2021, da ANVISA[47]

Dispõe sobre as boas práticas em células humanas para uso terapêutico e pesquisa clínica, e fornece outras providências.

RDC n. 585, de 15 de dezembro de 2021, da ANVISA[54]

Aprova e promulga o Regimento Interno da ANVISA e fornece outras providências.

Nota Técnica n. 2/2022, da SEI/GSTCO/DIARE/ANVISA[51]

Utilização de produtos para a saúde – soluções de DMSO, HES, entre outros, para preservação ou criopreservação de células progenitoras hematopoéticas para transplante convencional (uso terapêutico ou pesquisa clínica).

RDC n. 658, de 1 de julho de 2022, da ANVISA[53]

Dispõe sobre dispõe sobre as diretrizes gerais de boas práticas de fabricação de medicamentos.

RDC n. 707, de 1 de julho de 2022, da ANVISA[50]

Dispõe sobre as boas práticas em tecidos humanos para uso terapêutico.

RDC n. 771, de 1 de julho de 2022, da ANVISA[52]

Dispõe sobre as boas práticas em células germinativas, tecidos germinativos e embriões humanos, para uso terapêutico, e fornece outras providências.

RDC n. 836, de 13 de dezembro de 2023, da ANVISA[3]

Dispõe sobre as boas práticas em células humanas para uso terapêutico e pesquisa clínica e fornece outras providências.

IN n. 270, de 18 de dezembro de 2023, da ANVISA[27]

Dispõe sobre as boas práticas de fabricação complementares aos produtos de terapias avançadas.

CONSIDERAÇÕES FINAIS

A pesquisa translacional em terapias avançadas se tornou uma das principais prioridades, tanto da comunidade científica como dos governos estaduais e federal. No Brasil, as recentes regulamentações, como as RDC n. 505/2021[4] e n. 506/2021[46] RDC n. 836/2023[3] e a IN n. 270/2023[27], refletem um movimento crescente para garantir a segurança e eficácia no desenvolvimento e uso de PTAs, incluindo terapia gênica, celular e engenharia de tecidos. Essas regulamentações são fundamentais para o avanço do setor e alinham-se com práticas internacionais.

A biovigilância, consolidada pelo *Manual de biovigilância de células e tecidos humanos*[36], desempenha um papel crítico no monitoramento contínuo da segurança de PTAs no país. A proibição de comercialização de órgãos e tecidos humanos, conforme a Constituição Federal[58] e a Lei n. 9.434/1997[55], permanecem pilarares dessa estrutura legal.

É importante mencionar a criação, em 2008, sob a coordenação do Prof. Dr. Antonio Carlos Campos de Carvalho, da Biofísica da Universidade Federal do Rio de Janeiro (UFRJ), da Rede Nacional de Terapia Celular (RNCT) (http://www.rntc.org.br). A atuação desta Rede foi fundamental para o estabelecimento do marco regulatório das terapias avançadas no Brasil. A RNCT é composta por oito centros de processamento celular, localizados em cinco estados brasileiros, e por 52 laboratórios selecionados pelo Conselho Nacional de Desenvolvimento Científico e Tecnológico (CNPq) e pelo Departamento de Ciência e Tecnologia (DECIT) do Ministério da Saúde.

A partir da RNCT, em 2016, foi criado o Instituto Nacional de Ciência e Tecnologia em Medicina Regenerativa (INCT-Regenera) (https://www.inctregenera.org.br/), sob a coordenação do Prof. Dr. Antonio Carlos Campos de Carvalho e da Profa. Dra. Patrícia Rocco, ambos da Biofísica da UFRJ, com o objetivo principal de organizar e articular uma rede nacional de competências acadêmicas e industriais para o desenvolvimento de estratégias terapêuticas em Medicina Regenerativa, com foco na redução da morbidade e mortalidade em diversas doenças. Nosso Grupo de Terapia Celular e Molecular da Universidade de São Paulo (NUCEL)[59] (http://w3nucel.webhostusp.sti.usp.br) também faz parte da RNTC e do INCT-Regenera, sendo responsável pelo primeiro transplante de ilhotas pancreáticas humanas no Brasil[60]. Esses esforços conjuntos fortalecem o ambiente de inovação e de avanço científico no tratamento de doenças complexas e degenerativas, alinhando-se às necessidades de regulamentação e ao crescimento da medicina regenerativa no país.

Avanços globais significativos, como vacinas celulares e células CAR-T, têm sido observados, com aprovações rápidas pela FDA. A harmonização das regulamentações brasileiras com as agências internacionais como FDA e EMA é essencial para formentar novas iniciativas empresariais e atrair investimentos para o desenvolvimento de PTAs no Brasil. O avanço de tecnologias como as repetições palindrômicas curtas agrupadas regularmente espaçadas (CRISPR, do inglês *clustered regularly interspaced short palindromic repeats)* também oferece um enorme potencial terapêutico, especialmente em áreas como imunoterapia e regeneração tecidual.

O uso de células pluripotentes induzidas (iPSC) e a comercialização de células para terapia celular, especialmente para o tratamento de doenças crônicas como câncer e diabetes, estão estabelecendo novos paradigmas. Empresas internacionais, como a Beta-Cell NV, Bélgica (http://www.beta-cell.com/home/), e a Living Cell Technologies, Austrália (http://www.lctglobal.com/), estão na vanguarda desses desenvolvimentos, comercializando produtos inovadores, como ilhotas pancreáticas e células encapsuladas para tratamento de diabetes e doenças neurodegenerativas.

Além disso, linhagens alogênicas embrionárias humanas (HuES *cells*) não teratogênicas têm sido selecionadas visando à diferenciação em diversos tipos celulares para a geração de produtos aplicáveis à terapia celular e à regeneração de tecidos e órgãos. Um exemplo são as células pigmentares epiteliais (EPR)[61], que constituem um dos produtos que se encontram em desenvolvimento a partir de células embrionárias humanas, visando ao tratamento (e à cura) da degeneração macular/retiniana.

Recentemente, surgiram alguns bioprodutos terapêuticos revolucionários, como as vacinas celulares antitumorais, baseadas em células dendríticas fundidas com células do próprio tumor, e as chamadas células CAR-T, que são como uma "droga viva" (*living drug*), sendo constituídas de linfócitos T do paciente, os quais são "engenheirados" para formar um receptor quimérico de células T (*chimeric antigen receptorT cells*). Estes antígenos quiméricos reconhecem os antígenos tumorais presentes nas células tumorais, liberando citocinas pró-apoptóticas que promovem sua destruição (imunoterapia com células T). Essas novas terapias com células CAR-T e tecnologia de edição genômica, como CRISPR, têm atraído atenção por sua eficácia no combate a doenças complexas, como o câncer. O Brasil tem seguido essa tendência global, implementando regulamentações que possibilitam avanços na terapia celular e garantindo que o país não fique atrás no cenário mundial de inovação em saúde.

REFERÊNCIAS BIBLIOGRÁFICAS

1. Belardelli F, Rizza P, Moretti F, Carella C, Galli MC, Migliaccio G. Translational research on advanced therapies. Annali dell'Istituto Superiore di Sanità. 2011;47(1):72-78.
2. Silva Junior JB, Silva AAR, Melo FCC, Kumoto MC, Parca RM. Produtos de terapias avançadas no Brasil: panorama regulatório. Associação Brasileira de Hematologia, Hemoterapia e Terapia Celular; 2021.
3. Brasil. Agência Nacional de Vigilância Sanitária (ANVISA). Resolução RDC n. 836, de 22 de agosto de 2023. Dispõe sobre o registro e a regulamentação de produtos derivados de células e tecidos humanos. Brasília: Diário Oficial da União, 23 ago. 2023.
4. Brasil. Agência Nacional de Vigilância Sanitária (ANVISA). Resolução RDC n. 505, de 24 de agosto de 2021. Dispõe sobre as boas práticas de fabricação e controle de qualidade de produtos derivados de células e tecidos humanos. Brasília: Diário Oficial da União, 25 ago. 2021.
5. Harrower HR. Endocrine pointers. Glendale: The Harrower Laboratory; 1933.
6. Niehans P. Introduction to cellular therapy. Thun: Ott Verlag; 1960.
7. Niehans P. Forty-two years of cellular therapy. Thun: Ott Verlag; 1955.
8. Mercês NNA. Representações sociais sobre o transplante de células-tronco hematopoiéticas e do cuidado de enfermagem. Dissertação (Mestrado em Ciências da Saúde) – Universidade Federal de Santa Catarina, Florianópolis, 2009. 215 f.
9. Nardi MB. Cuidados de enfermagem aos pacientes adultos submetidos a transplante de medula óssea: uma revisão integrativa. Trabalho de Conclusão de Curso (Graduação em Enfermagem) – II Escola de Enfermagem, Universidade Federal do Rio Grande do Sul, Porto Alegre, 2011. 49 f.
10. Food and Drug Administration (FDA). Draft guidance for industry – minimally manipulated, unrelated, allogeneic placental/umbilical cord blood intended for hematopoietic reconstitution in patients with hematological malignancies. U.S. Department of Health and Human Services Food and Drug Administration Center for Biologics Evaluation and Research; 2006.
11. Pereira LV. A importância do uso de células-tronco para saúde pública. Ciência & Saúde Coletiva. 2008;13(1):7-14, 2008.

12. Narahashi L, De Carvalho ACC, De Araújo HP. Regulamentação das terapias celulares no Brasil. Vigilância Sanitária em Debate: Sociedade, Ciência & Tecnologia. 2015;3(3):19-24.
13. Buffon GP, Silva LA, Mendes MR, et al. Seminário Nacional sobre Regulação em Terapias Celulares – Relatório. Brasília: ANVISA; 2012. Disponível em: http://portal.ANVISA.gov.br/wps/wcm/connect/a9ba2c80403b-c0fbb87df8dc5a12ff52/terapias+celulares+baixa.pdf?MOD=AJPERES. Acesso em: 25 abr. 2016.
14. Brasil. Agência Nacional de Vigilância Sanitária (ANVISA). Workshop Paradigmas para a regulação de produtos derivados de células e tecidos humanos – Relatório. Brasília: ANVISA; 2010.
15. SUS amplia idade para realização de transplante de células-tronco. Disponível em: https://www.gov.br/saude/pt-br/assuntos/noticias/sus-amplia-idade-para-transplante-de-celulas-tronco.
16. Kohn DB, CANDOTTI F. Gene therapy fulfilling its promise. N Engl J Med. 2009;360:518-21.
17. Brasil. Lei n. 11.105, de 24 de março de 2005. Regulamenta os incisos II, IV e V do §1º do art. 225 da Constituição Federal, estabelece normas de segurança e mecanismos de fiscalização de atividades que envolvam organismos geneticamente modificados – OGM e seus derivados, cria o Conselho Nacional de Biossegurança – CNBS, reestrutura a Comissão Técnica Nacional de Biossegurança – CTNBio, dispõe sobre a Política Nacional de Biossegurança – PNB, revoga a Lei n. 8.974, de 5 de janeiro de 1995, e a Medida Provisória n. 2.191-9, de 23 de agosto de 2001, e os arts. 5º, 6º, 7º, 8º, 9º, 10 e 16 da Lei n. 10.814, de 15 de dezembro de 2003, e dá outras providências. Brasília: Diário Oficial da União; 2005, Seção 1:1.
18. Brasil. Lei n. 8.489, de 18 de novembro de 1992. Dispõe sobre a retirada e transplante de tecidos, órgãos e partes do corpo humano, com fins terapêuticos e científicos e dá outras providências. Brasília: Diário Oficial da União, 20 nov. 1992, Seção 1, p. 16065.
19. Brasil. Agência Nacional de Vigilância Sanitária (ANVISA). Resolução RDC n. 214, de 7 de fevereiro de 2018. Dispõe sobre as boas práticas em células humanas. Brasília: Diário Oficial da União; 2018.
20. Brasil. Agência Nacional de Vigilância Sanitária (ANVISA). Resolução RDC n. 260, de 21 de dezembro de 2018. Dispõe sobre requisitos para o funcionamento dos Centros de Tecnologia Celular. Brasília: Diário Oficial da União; 2018.
21. Brasil. Lei n. 6.437, de 20 de agosto de 1977. Dispõe sobre as infrações à legislação sanitária federal e estabelece as sanções respectivas. Brasília: Diário Oficial da União; 1977.
22. Commission of the European Communities. Directive 2004/23/EC of European Parliament and the Council of March 2004 on setting standards of quality and safety for donation, procurement, testing, processing, preservation, storage and distribution of human tissues and cells. Official J Eur Commun. 2004;102:48-58.
23. European Commission. EudraLex Volume 4 – EU Guidelines to good manufacturing practice – Medicinal products for human and veterinary use – Annex 1 – Manufacture of sterile medicinal products; 2008.
24. Food And Drug Administration (FDA). Current good tissue practice for human cell, tissue, and cellular and tissue-based product establishments; inspection and enforcement. Federal Register. 2004;69(226):68611-88.
25. Food And Drug Administration (FDA). Guidance for industry. Sterile drug products produced by aseptic processing. Current Good Manufacturing Practice. 2004.
26. World Health Organization (WHO). Technical Report Series 902 – 2002. Annex 6 – Good manufacturing practices for sterile products.
27. Brasil. Agência Nacional de Vigilância Sanitária (ANVISA). Instrução Normativa IN 270, de 19 de janeiro de 2023. Brasília: Diário Oficial da União; 2023.
28. Hirata MH, Mancini Filho J. Manual de biossegurança. Barueri: Manole, 2002.
29. Brasil. Agência Nacional de Vigilância Sanitária (ANVISA). Resolução RDC n. 50, de 21 de fevereiro de 2002. Dispõe sobre o Regulamento Técnico para planejamento, programação, elaboração e avaliação de projetos físicos de estabelecimentos assistenciais de saúde. Disponível em: http://portal.ANVISA.gov.br/wps/wcm/connect/ca36b200474597459fc8df3fbc4c6735/RDC+Nº.+50,+DE+21+DE+FEVEREIRO+DE+2002.pdf?-MOD=AJPERES. Acesso em: 21 maio 2011.
30. Krippner E. Classificação de áreas limpas. Revista SBCC. 2009:42-45. Disponível em: http://www.sbcc.com.br/revistas_pdfs/ed%2044/42.classificacao.pdf. Acesso em: 20 maio 2011.
31. Karl-Heinz L. Exigências de GMP para sistemas de ar-condicionado e salas limpas. Tradução: Eduardo Almeida Lopes. SBCC; 2002, p. 16-21. Disponível em: http://www.sbcc.com.br/revistas_pdfs/ed%2007/07ArtigoTecnico%20GMP.pdf. Acesso em: 20 maio 2011.
32. International Organization For Standardization (ISO). ISO 14644: Cleanrooms and associated controlled environments.
33. Brasil. Agência Nacional de Vigilância Sanitária (ANVISA). Resolução RDC n. 210, de 4 de agosto de 2003. Dispõe sobre o Regulamento Técnico das boas práticas para fabricação de medicamentos. Disponível em: http://www.cff.org.br/userfiles/file/resolucao_sanitaria/210.pdf. Acesso em: 21 maio 2011.
34. Brasil. Agência Nacional de Vigilância Sanitária (ANVISA). Resolução RDC n. 305, de 2022. Brasília: Diário Oficial da União; 2022.
35. Brasil. Agência Nacional de Vigilância Sanitária (ANVISA). Resolução RDC n. 504, de 2021. Brasília: Diário Oficial da União; 2021.
36. Brasil. Agência Nacional de Vigilância Sanitária (ANVISA). Manual de Vigilância Sanitária sobre o Transporte de Material Biológico.
37. Brasil. Agência Nacional de Vigilância Sanitária (ANVISA). Resolução RDC n. 222, de 28 de março de 2018. Brasília: Diário Oficial da União; 2018.
38. Brasil. Conselho Nacional do Meio Ambiente (CONAMA). Resolução n. 358, de 29 de abril de 2005. Dispõe sobre o gerenciamento de resíduos da saúde. Brasília: Diário Oficial da União; 2005.
39. Brasil. Agência Nacional de Vigilância Sanitária (ANVISA). Manual de Biovigilância. Brasília, 2023. Disponível em: https://www.gov.br/ANVISA/pt-br/assuntos/biovigilancia/manual-biovigilancia.pdf. Acesso em: 21 set. 2024.
40. Brasil. Lei n. 8.974, de 5 de janeiro de 1995. Dispõe sobre a regulamentação da pesquisa em organismos geneticamente modificados e dá outras providências. Brasília: Diário Oficial da União; 1995.

41. Brasil. Agência Nacional de Vigilância Sanitária (ANVISA). Resolução RDC n. 9, de 14 de março de 2011. Dispõe sobre o funcionamento dos Centros de Tecnologia Celular para fins de pesquisa clínica e terapia e dá outras providências. Brasília: Diário Oficial da União; 2011, Seção 1, p. 1.
42. Brasil. Agência Nacional de Vigilância Sanitária (ANVISA). Resolução RDC n. 63, de 23 de fevereiro de 2011. Dispõe sobre a regulamentação do funcionamento dos serviços de hemoterapia. Brasília: Diário Oficial da União; 2011.
43. Brasil. Nota Técnica n. 7, de 2017. Secretaria de Vigilância Sanitária. Disponível em: https://www.gov.br/ANVISA/pt-br/assuntos/notas-tecnicas/Nota_Tecnica_7.pdf. Acesso em: 21 set. 2024.
44. Brasil. Resolução RDC n. 222, de 28 de março de 2018. Dispõe sobre o funcionamento dos serviços de hemoterapia. Brasília: Diário Oficial da União; 2018.
45. Brasil. Nota Técnica n. 21, de 2020. Secretaria de Vigilância Sanitária. Disponível em: https://www.gov.br/ANVISA/pt-br/assuntos/notas-tecnicas/Nota_Tecnica_21.pdf. Acesso em: 21 set. 2024.
46. Brasil. Agência Nacional de Vigilância Sanitária (ANVISA). Resolução RDC n. 506, de 14 de dezembro de 2021. Brasília: Diário Oficial da União; 2021.
47. Brasil. Agência Nacional de Vigilância Sanitária (ANVISA). Resolução RDC n. 508, de 22 de dezembro de 2021. Brasília: Diário Oficial da União; 2021.
48. Brasil. Nota Técnica n. 13, de 2021. Secretaria de Vigilância Sanitária. Disponível em: https://www.gov.br/ANVISA/pt-br/assuntos/notas-tecnicas/Nota_Tecnica_13.pdf. Acesso em: 21 set. 2024.
49. Brasil. Nota Técnica n. 18, de 2021. Secretaria de Vigilância Sanitária. Disponível em: https://www.gov.br/ANVISA/pt-br/assuntos/notas-tecnicas/Nota_Tecnica_18.pdf. Acesso em: 21 set. 2024.
50. Brasil. Resolução n. 707, de 22 de dezembro de 2022. Brasília: Diário Oficial da União; 2022.
51. Brasil. Nota Técnica n. 2, de 2022. Secretaria de Vigilância Sanitária. Disponível em: https://www.gov.br/ANVISA/pt-br/assuntos/notas-tecnicas/Nota_Tecnica_2.pdf. Acesso em: 21 set. 2024.
52. Brasil. Resolução n. 771, de 30 de setembro de 2022. Brasília: Diário Oficial da União; 2022.
53. Brasil. Resolução n. 658, de 21 de dezembro de 2022. Brasília: Diário Oficial da União; 2022.
54. Brasil. Resolução n. 585, de 21 de outubro de 2021. Brasília: Diário Oficial da União; 2021.
55. Brasil. Lei n. 9.434, de 4 de fevereiro de 1997. Dispõe sobre a remoção de órgãos, tecidos e partes do corpo humano para fins de transplante e dá outras providências. Brasília: Diário Oficial da União; 1997.
56. Brasil. Decreto n. 9.175, de 28 de outubro de 2017. Regulamenta a Lei n. 6.437, de 20 de agosto de 1977. Brasília: Diário Oficial da União; 2017.
57. Brasil. Portaria de Consolidação n. 4, de 28 de setembro de 2017. Brasília: Diário Oficial da União; 2017.
58. Brasil. Constituição da República Federativa do Brasil. Brasília: Edições Câmara; 2013.
59. Colin C, et al. NUCEL (Cell and Molecular Therapy Center): a multidisciplinary center for translational research in Brazil. Molecular Biotechnology. 2008;39(2):89-95.
60. Eliaschewitz FG, et al. First Brazilian pancreatic islet transplantation in a patient with type 1 diabetes mellitus. Transplantation Proceedings. 2004;36(4):1117-8.
61. Fernandes RAB, Stefanini FR, Falabella P, Koss MJ, Wells T, Diniz B, et al. Development of a new tissue injector for subretinal transplantation of human embryonic stem cell derived retinal pigmented epithelium. Int J Retina Vitreous. 2017;3:41.

17

Biossegurança em centros de tecnologia celular

Lygia da Veiga Pereira
Virginia Picanço e Castro

INTRODUÇÃO

Produtos de terapia avançada são uma categoria especial de produtos farmacêuticos, pertencentes à classe dos produtos biológicos, derivados de células e tecidos humanos que passaram por um processo de fabricação. Além disso, incluem ácidos nucleicos recombinantes, destinados a regular, reparar, substituir, adicionar, deletar ou editar sequências genéticas, ou modificar a expressão de um gene. Esses produtos representam uma promessa terapêutica significativa para doenças complexas e sem alternativas médicas viáveis. No entanto, também apresentam desafios no desenvolvimento de mecanismos de controle que garantam sua qualidade, segurança e eficácia.

A regulamentação atualmente estabelecida pela Agência Nacional de Vigilância Sanitária (ANVISA) compreende os seguintes documentos:

- Instrução Normativa 270/2023, que aborda as boas práticas de fabricação de produtos de terapia avançada.
- RDC 506/2021, que estipula diretrizes para a condução de ensaios clínicos com produtos de terapia avançada em investigação no Brasil.
- RDC 505/2021, que trata do registro de produtos de terapia avançada.
- GUIA 70/2023, guia de considerações sobre estudos não clínicos de biodistribuição com produtos de terapia gênica.

A terapia celular é uma abordagem terapêutica inovadora que pretende gerar, no laboratório, células de diferentes órgãos/tecidos. Quando essas células são transplantadas para o paciente, têm o potencial de desencadear uma série de benefícios, incluindo a regeneração de tecidos danificados, a modulação do sistema imunológico, a correção de distúrbios genéticos e até mesmo a eliminação de células cancerígenas. Essa técnica inovadora oferece esperança para o tratamento de uma ampla gama de condições médicas, representando um avanço significativo na medicina regenerativa.

As principais células que podem ser utilizadas na terapia celular incluem:

- Células-tronco adultas: as células progenitoras hematopoéticas (CPH) representam o tipo mais prevalente de células-tronco adultas. Elas demonstram a capacidade tanto de se autorrenovar quanto de se diferenciar em uma variedade de tipos celulares, desempenhando um papel fundamental na manutenção do processo hematopoético, ou seja, na geração das células sanguíneas adultas. As CPH podem ser obtidas por meio de punção da medula óssea, coleta de sangue periférico e também do sangue proveniente do cordão umbilical e placentário. Células mesenquimais, outro tipo de CT adulta, são células que têm potencial para se diferenciar em alguns tipos celulares, além de possuírem propriedades anti-inflamatórias e imunomoduladoras. Podem ser obtidas de tecidos como a medula óssea, o tecido adiposo e o cordão umbilical.
- Células tronco pluripotentes: as células-tronco pluripotentes são células que têm a capacidade de se diferenciar em todos os tipos de células do corpo humano. Elas possuem duas principais subcategorias: células-tronco embrionárias e células-tronco de pluripotência induzida (iPSC).
- Células imunes: são células do sistema imunológico que podem ser geneticamente modificadas em

laboratório para terem propriedades terapêuticas específicas, como a capacidade de atacar células cancerígenas de forma mais eficaz.

Essas são apenas algumas das células mais comuns utilizadas na terapia celular, e a pesquisa nessa área continua a identificar novas células e aplicações terapêuticas promissoras. Esses exemplos de células são utilizados em diferentes tipos de terapias celulares, dependendo do objetivo terapêutico e do tipo de doença que está sendo tratada. Elas são cultivadas e manipuladas em laboratório antes de serem transplantadas para o paciente, onde se espera que promovam a regeneração de tecidos ou forneçam outros benefícios terapêuticos.

A biossegurança em terapia celular avançada envolve um conjunto abrangente de práticas, procedimentos e regulamentações destinados a proteger a segurança dos pacientes, dos profissionais envolvidos e do meio ambiente durante o desenvolvimento, a produção e a aplicação de terapias celulares, como CAR-T, células-tronco e outras formas de terapia gênica e celular. Como essas terapias frequentemente envolvem a manipulação de células humanas ou animais em ambiente laboratorial, é essencial gerenciar cuidadosamente os riscos biológicos associados à sua aplicação clínica.

Neste capítulo, são discutidas as características específicas e as aplicações das CT adultas e pluripotentes, células mesenquimais e células do sistema imune, assim como os aspectos de biossegurança envolvidos na geração, na produção e no uso desses tipos celulares.

CÉLULAS-TRONCO ADULTAS

As CT que conhecemos há mais tempo são as CT hematopoiéticas da medula óssea, que dão origem a todos os tipos de células que compõem o sangue. Desde a década de 1950, são realizados transplantes de CT da medula óssea para o tratamento de doenças hematológicas, com o intuito de substituir o tecido hematopoiético deficiente de um paciente pelo de um doador saudável. Porém, somente no final da década de 1990, a partir de experimentos em modelos animais, começaram a surgir evidências de que, na medula óssea, existem também outros tipos de CT capazes de regenerar órgãos como o coração, o fígado e até o sistema nervoso[1]. Esses achados deram início a várias pesquisas para o desenvolvimento de novas terapias com células da medula óssea para doenças comuns, como infarto, diabetes, cirrose hepática e lesão de medula espinal2. Além disso, como os transplantes de medula óssea são realizados há décadas, sabe-se que o uso dessas células é seguro, e, assim, os testes clínicos de terapia celular em seres humanos logo tiveram início também.

Além da medula óssea, outras fontes de CT adultas têm sido utilizadas, como o sangue do cordão umbilical e da placenta (SCUP), o tecido adiposo, a placenta, a polpa do dente e a veia do cordão umbilical. Por enquanto, o SCUP é a única fonte alternativa de CT adultas cujo uso clínico já está consolidado para doenças tradicionalmente tratadas por transplante de medula óssea4. Para o tratamento de doenças mais comuns, o SCUP segue em fase de testes clínicos junto com as CT da medula.

Outras classes de CT adultas, ou tecido-específicas, incluem as de pele, neurais, intestino e fígado, que dão origem a todos os tipos de células encontradas no respectivo órgão. O grande desafio do uso dessas células na hemoterapia é o seu isolamento do órgão de origem e sua expansão *in vitro*. As pesquisas com as CT tecido-específicas já estão bem avançadas em modelos animais para aplicação potencial em várias doenças humanas. Porém, é fundamental ficar claro que esse tipo de terapia ainda está restrito ao âmbito da pesquisa.

CÉLULAS-TRONCO PLURIPOTENTES

Identificadas no início dos anos 1980 em camundongos, as CT embrionárias são extraídas de blastocistos (embriões pré-implantação) compostos de dois tipos de células: as que originam a placenta e as que produzem todos os tecidos do indivíduo adulto – as células do botão embrionário[5] (Figura 1). Estas são retiradas do embrião e cultivadas no laboratório em condições especiais, de forma a manter sua pluripotência, ou seja, sua capacidade de se diferenciar em tecidos dos três folhetos embrionários: endoderma, ectoderma e mesoderma.

Quando injetadas em camundongos imunodeficientes, as CT embrionárias iniciam um processo desorganizado de diferenciação, dando origem a teratomas e tumores compostos de tecidos derivados dos três folhetos embrionários, demonstrando, assim, a pluripotência dessas células. É importante salientar que as CT embrionárias são capazes de originar todos os tipos de célula do corpo humano, enquanto as CT adultas podem produzir somente alguns tipos.

Para o uso das CT embrionárias como fonte de tecidos para transplantes, é necessário, ainda *in vitro*, dirigir a sua diferenciação para os tipos celulares desejados. Nos quase 30 anos de pesquisas com CT embrionárias, descobriu-se como cultivá-las e diferenciá-las em células da medula óssea e do músculo cardíaco, em neurônios, entre outras. Ao serem transplantadas em animais com alguma enfermidade, as células derivadas das CT embrionárias são capazes de aliviar os

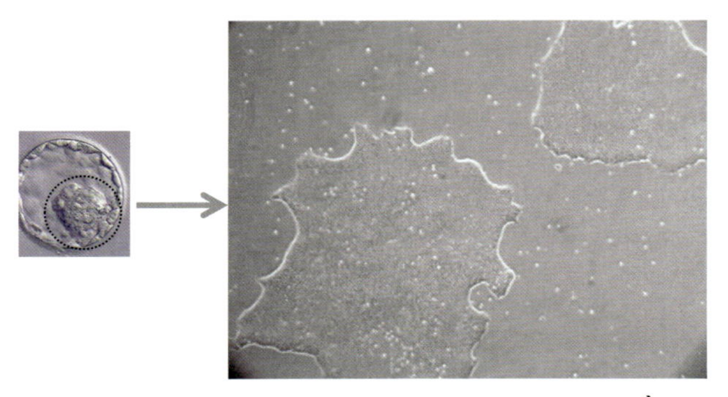

FIGURA 1 Células-tronco (CT) embrionárias. À esquerda, blastocisto humano com massa celular interna (MCI) aparente (círculo). À direita, duas colônias de CT embrionárias humanas indiferenciadas, cultivadas a partir da MCI.

sintomas de diversas doenças, desde leucemia e doença de Parkinson até paralisia causada por lesão de medula espinal[6].

Em 1998, surgiram as primeiras linhagens de CT embrionárias derivadas de embriões humanos, que, da mesma forma que as de camundongo, têm um efeito terapêutico importante em modelos animais de diversas doenças[7]. Porém, antes de iniciarem os testes clínicos de transplante de células derivadas de CT embrionárias em seres humanos, algumas questões fundamentais deveriam ser resolvidas.

A primeira diz respeito à segurança da utilização dessas células. Sabemos que quando injetadas em animais imunodeficientes, as CT embrionárias não diferenciadas formam teratomas. Por isso, todas as estratégias de uso terapêutico dessas células envolvem sua diferenciação *in vitro* no tipo celular desejado, de acordo com a doença a ser tratada. Porém, com frequência, o processo de diferenciação não é 100% eficiente, gerando uma fração de células ainda não diferenciadas que podem se comportar de forma descontrolada no organismo. Assim, é necessário desenvolver protocolos robustos de diferenciação das CT embrionárias, de forma que os tecidos gerados a partir delas não contenham células ainda indiferenciadas que possam dar origem a tumores nos pacientes.

A segunda questão fundamental diz respeito à compatibilidade entre as CT embrionárias e os tecidos do paciente. Para qualquer transplante, deve haver compatibilidade entre doador e receptor, de modo que o órgão não seja rejeitado. Pode se esperar esse tipo de compatibilidade para o transplante de CT embrionárias? Na verdade, ainda não se sabe quanto ou se os tecidos derivados das CT embrionárias induzirão uma resposta imunológica do paciente6. E se houver necessidade de compatibilidade entre as CT embrionárias e os tecidos do paciente? Uma solução seria criar um banco dessas células, cada uma derivada de um embrião diferente, de forma a encontrar uma compatível com o paciente. Vários países têm adotado essa estratégia[7-9]. Notem que, com as CT adultas, em geral, as terapias são feitas com células do próprio paciente, e, assim, não existe rejeição.

Finalmente, o outro obstáculo a se vencer para tornar as CT embrionárias uma realidade terapêutica é a polêmica em torno da destruição de embriões humanos. No Brasil, a discussão foi resolvida com a Lei de Biossegurança, promulgada em 24 de março de 2005, que permite o uso, para pesquisa e terapia, de embriões produzidos para fins reprodutivos, doados com o consentimento dos pais, e que estejam congelados há pelo menos 3 anos. Essa legislação permitiu o desenvolvimento das pesquisas com CT embrionárias no país, e, em 2008, foi estabelecida a primeira linhagem de CT embrionárias humanas brasileiras, chamada BR-1, proporcionando autonomia para o desenvolvimento de terapias com essas células[8].

O primeiro teste clínico com células derivadas de CT embrionárias teve início em 2010. Após três anos de testes exaustivos em modelos animais, a empresa Geron obteve permissão para injetar oligodendrócitos derivados de CT embrionárias em pacientes com lesão de medula espinal[9]. Ainda naquele ano, outros ensaios clínicos com células derivadas de CT embrionárias (células do epitélio pigmentado da retina) humanas foram aprovados para o tratamento de três formas de degeneração macular (Ocata Therapeutics, Estados Unidos)[10]. Em 2014, a empresa Viacyte (Estados Unidos) iniciou testes clínicos de precursores de células-beta, produtoras de insulina, derivadas de CT embrionárias, injetadas em pacientes com diabetes: um minipâncreas que responde aos níveis de glicose no sangue, teoricamente equilibrando seus níveis de forma mais eficiente e autônoma nos pacientes. Finalmente, em 2015, dois grupos (Japão e Estados Unidos) relataram a produção de neurônios dopaminérgicos a partir das CT embrionárias.

CÉLULAS-TRONCO PLURIPOTENTES INDUZIDAS

Desenvolvidas no Japão em 2006, as denominadas CT pluripotentes induzidas (iPSC) são produzidas a partir de células da pele ou do sangue, nas quais são inseridos genes ou proteínas características de CT embrionárias[11]. Essas modificações genéticas induzem a reprogramação da célula, que regride a um estágio de célula pluripotente, equivalente a uma CT embrionária.

A tecnologia de produção de iPSC foi uma revolução na área de pesquisa em CT. Por ser o processo mais simples de obtenção de CT pluripotentes, foi adotado com rapidez por dezenas de laboratórios no mundo todo, principalmente como ferramenta de pesquisa.

As iPSC geradas a partir de células de pacientes com diferentes doenças genéticas auxiliam o entendimento dos mecanismos moleculares dessas doenças. Por exemplo, recentemente, um grupo de pesquisa dos Estados Unidos produziu neurônios a partir de iPSC de pacientes com esclerose lateral amiotrófica e descobriu um novo mecanismo fisiopatológico dessa doença neurodegenerativa[12]. A partir desses estudos, as iPSC poderão também ser utilizadas para identificar e experimentar novas drogas que melhorem a funcionalidade *in vitro* dos neurônios afetados, antes de as testar nos pacientes.

Estratégias semelhantes vêm sendo desenvolvidas para outras doenças, com iPSC geradas a partir de células de pacientes com síndrome de Down, doença de Parkinson e Alzheimer, entre outras. Assim, as iPSC são uma poderosa ferramenta para a pesquisa básica e aplicada, servindo como uma plataforma de identificação e validação de novas drogas *in vitro* (Figura 2).

Com o aprimoramento dos métodos de indução de pluripotência, tornou-se possível a geração de iPSC não modificadas geneticamente, o que tornou seu potencial uso clínico mais seguro. Em 2014, o RIKEN Center for Developmental Biology, no Japão, iniciou o primeiro ensaio clínico com células do epitélio pigmentado da retina derivadas de iPSCs.

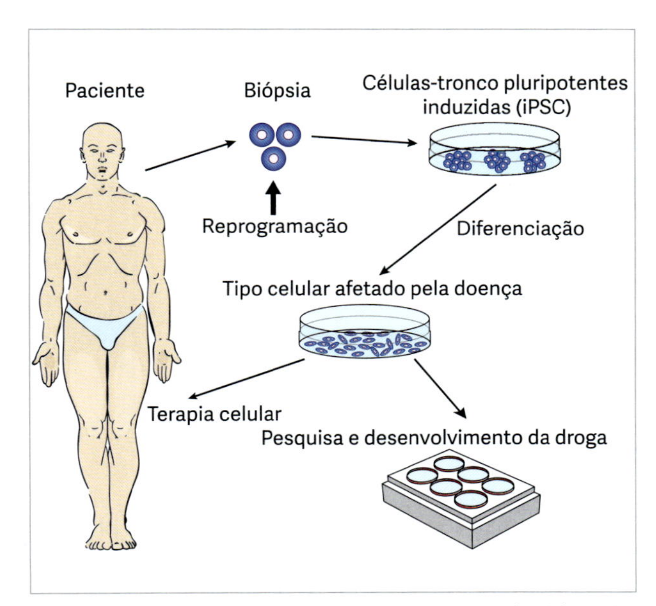

FIGURA 2 Células-tronco pluripotentes induzidas (CT iPSC). Células somáticas de um paciente são cultivadas e reprogramadas em iPSC. Estas podem ser diferenciadas em tipos celulares relevantes para a doença em questão e aquelas usadas para terapia ou pesquisa.

Até 2023, mais de 100 tipos de células derivadas de CTs pluripotentes já haviam sido produzidas e utilizadas em ensiois clínicos para diferentes doenças[13].

CÉLULAS DO SISTEMA IMUNOLÓGICO

A terapia celular adotiva é uma abordagem inovadora que utiliza células do sistema imunológico para atacar células tumorais, com ênfase na manipulação de linfócitos T, selecionados por sua capacidade de reconhecer e combater o tumor. Um exemplo notável são os linfócitos de infiltrado tumoral (TIL), encontrados naturalmente no microambiente tumoral. Esses linfócitos infiltram o tumor em resposta ao reconhecimento de antígenos específicos, identificando as células cancerígenas como "estranhas" e direcionando a resposta imunológica contra elas.

Embora a técnica de TIL tenha demonstrado eficácia, especialmente em tumores sólidos como o melanoma, sua produção em larga escala enfrenta desafios por causa da necessidade de um processo personalizado para cada paciente. Em contraste, a modificação genética de linfócitos T apresenta uma abordagem mais escalável, com resultados promissores no tratamento de neoplasias hematológicas, como leucemias e linfomas. Essa modificação genética consiste na inserção do receptor artificial CAR (CARs, do inglês *chimeric antigen receptors*) para direcionar o linfócito ao reconhecimento de um antígeno específico, criando assim um produto de terapia gênica altamente específico. Após a seleção, os linfócitos são modificados com o CAR, expandidos em laboratório e reintroduzidos no paciente, onde interagem com as células tumorais para promover sua erradicação.

Desde a aprovação do primeiro produto de terapia gênica baseada em células para o câncer em 2017, o Kymriah (células T com receptor de antígeno quimérico anti-CD19) e outros quatro produtos similares foram aprovados para o tratamento oncológico. Todos seguem um paradigma de fabricação semelhante: o material é coletado via aférese no hospital e enviado, fresco ou congelado, para o centro de produção celular. Nesse local, ele é processado, testado, criopreservado e então devolvido ao hospital para aplicação nos pacientes.

A fabricação e o manuseio desses produtos celulares, sejam conduzidos por organizações industriais ou acadêmicas, demandam uma abordagem rigorosa para assegurar a segurança, a qualidade e a eficácia dessas terapias inovadoras. Além dos linfócitos T, outras células imunológicas, como as células NK e as células T reguladoras, também são investigadas para aplicações em oncologia e em tratamentos para doenças autoimunes.

CENTROS DE TECNOLOGIA CELULAR

Transfusões de sangue e transplantes de medula óssea e/ou sangue de cordão umbilical são regidos por normas específicas. Porém, à medida que as terapias celulares evoluem da pesquisa básica e dos ensaios pré-clínicos para os testes clínicos, e que se amplia a diversidade de fontes de células, como as CT, e de procedimentos para terapia, é necessária a elaboração de normas sanitárias e de biossegurança para a produção de células em condições adequadas para uso em seres humanos.

Terapias com CT podem ser divididas em duas grandes classes, de acordo com a extensão de manipulações, às quais as células são submetidas: terapias com células isoladas de algum tecido (medula óssea, tecido adiposo, SCUP) e logo (ou após criopreservação e posterior descongelamento) transplantadas para o paciente; e terapias com células isoladas e cultivadas *in vitro*, com a finalidade de expansão e/ou diferenciação delas em algum tipo celular específico (Figura 3). Os dois grupos envolvem riscos distintos de contaminação do produto celular e, assim, devem ser tratados separadamente.

A Agência Nacional de Vigilância Sanitária (ANVISA), em sua resolução RDC n. 9 de 14/3/2011, definiu como centro de tecnologia celular (CTC) o "serviço que, com instalações físicas, recursos humanos, equipamentos, materiais, reagentes e produtos para diagnóstico de uso *in vitro* e metodologias, realiza atividades voltadas à utilização de células humanas, inclusive seus derivados, em pesquisa clínica e/ou terapia"[14]. Os centros de processamento celular (CPC) passam por inspeções regulares pelas vigilâncias sanitárias locais, sejam elas estaduais, municipais ou do Distrito Federal. Essas inspeções visam garantir o cumprimento da Resolução da Diretoria Colegiada (RDC) 508/2021, que estabelece as boas práticas em células humanas para uso terapêutico e pesquisa clínica. O principal objetivo dessas regulamentações é supervisionar o pro-

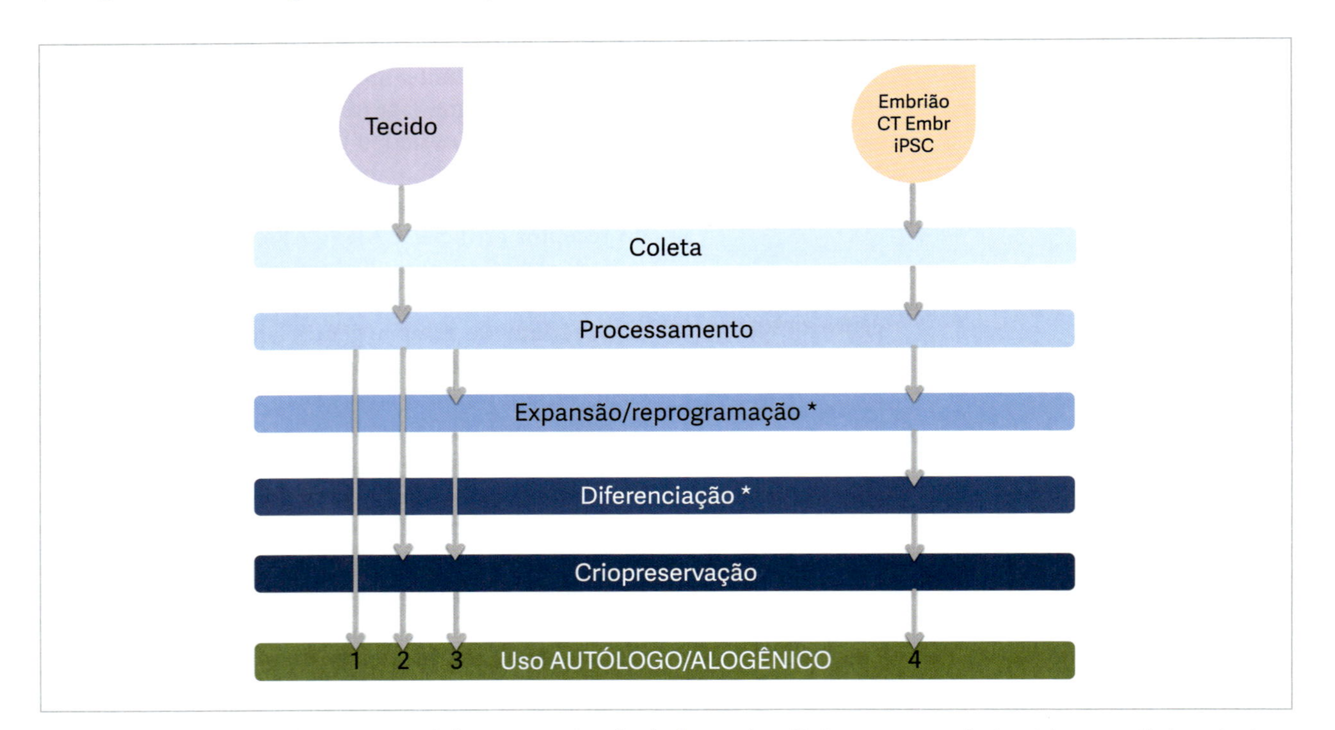

FIGURA 3 As etapas da terapia celular. Dependendo da fonte de células a ser usada (tecidos ou células pluripotentes, incluindo células-tronco embrionárias e pluripotentes induzidas – iPSC), existem diferentes passos até o uso terapêutico das células. Dependendo do tecido, as células podem ser processadas a partir do tecido coletado (por exemplo, medula óssea ou sangue de cordão umbilical), e imediatamente (1) ou após criopreservação (2) serem utilizadas em terapia (à esquerda). Essas mesmas células podem ainda ser expandidas em cultura antes da criopreservação e do uso terapêutico (3). Já no caso de células-tronco pluripotentes (à direita), elas precisam ser processadas, expandidas, reprogramadas (no caso das iPSC), diferenciadas no tipo celular desejado e então utilizadas em terapias (4). Etapas que requerem extensa manipulação *in vitro* das células estão marcadas com (*).

cessamento e a manipulação das células doadas, garantindo que os tratamentos oferecidos sejam seguros, de alta qualidade e eficazes para os pacientes.

Os CTC são classificados em tipos 1 e 2. O CTC tipo 1 é um centro que trabalha exclusivamente com CT adultas e autólogas, em procedimentos que não envolvam seu cultivo – as células podem ser processadas, purificadas, e até criopreservadas, porém sem serem submetidas ao cultivo *in vitro*. Um exemplo de CTC tipo 1 são os laboratórios que recebem aspirados de medula óssea para ensaios clínicos em cardiologia – a fração mononuclear é purificada e imediatamente encaminhada à sala de cirurgia para ser injetada no paciente. Outro exemplo é um banco de CT de SCUP, que recebe o SCUP, também purifica a fração mononuclear e criopreserva o material em nitrogênio líquido para uso futuro. Vale salientar que, apesar de se encaixar na definição de CTC tipo 1, esse tipo de banco é regido pela RDC n. 56 de 16/12/2010 da ANVISA que trata de células hematopoiéticas[15].

O CTC tipo 2 está apto a trabalhar com qualquer tipo de CT, seja adulta, embrionária, autóloga ou alogênica. Além das atividades de um CTC tipo 1, o tipo 2 pode também cultivar as células *in vitro*, visando à expansão e/ou à diferenciação delas. No que diz respeito às CT embrionárias, o CTC tipo 2 pode receber e armazenar embriões humanos doados para pesquisa e terapia, e cultivá-los até o estágio de blastocisto. Além disso, somente um CTC tipo 2 está apto a gerar as iPSC para uso clínico[14,15].

BIOSSEGURANÇA EM CENTROS DE TECNOLOGIA CELULAR

No que diz respeito às normas de biossegurança, todo CTC deve seguir as normas gerais de segurança de laboratório na área da saúde. Do ponto de vista do pesquisador, cuidados gerais devem ser tomados com produtos de origem humana, visando evitar a contaminação por patógenos. Do ponto de vista do produto celular produzido pelo CTC, a principal preocupação é referente à sua contaminação, e por isso a manipulação e a exposição de material biológico e de materiais, reagentes e produtos durante o processamento deve ocorrer exclusivamente em ambiente classificado como ISO 5 (classe 100), com capela de fluxo laminar. Além disso, nos CTC tipo 1, o fluxo laminar deve estar instalado em uma sala com classificação mínima ISO 8 (classe 100.000).

O controle do ambiente nos CTC de tipo 2 deve ser mais rigoroso, uma vez que nesses centros são realizadas extensas manipulações de células, aumentando a chance de elas sofrerem alguma contaminação. Assim, no CTC tipo 2, o fluxo laminar deve estar instalado em uma sala com classificação mínima ISO 7 (classe 10.000). Além disso, aqueles CTC tipo 2 que trabalharem com células modificadas geneticamente (por exemplo, na geração de iPSC) devem ter Certificado de Qualidade em Biossegurança emitido pela Comissão Técnica Nacional de Biossegurança (CTNBio).

Na Figura 4, está esquematizado o funcionamento dos CTC. Notem que os CTC tipo 1 realizam somente as atividades dentro da região pontilhada, enquanto os tipo 2 podem realizar todas as atividades listadas. Alguns pontos mais importantes de cada etapa serão discutidos a seguir.

Infraestrutura mínima

Os CTC devem ter infraestrutura física de uso e acesso exclusivo para tal finalidade. Se inserido em um laboratório de pesquisa, o CTC deve ter espaços físicos independentes para circulação de pessoas, reagentes e materiais biológicos. É necessária a existência de antecâmara e vestiário de barreira dotado de lavatório e área de paramentação no acesso à sala na qual será processado o material biológico. Deve ser instalado sistema emergencial de energia elétrica. O controle microbiológico de ambientes, equipamentos (incubadora de CO_2) e meios de cultura deve ser realizado.

Reagentes

Todos os reagentes utilizados pelos CTC devem ser estéreis, apirogênicos e não citotóxicos, e estar regularizados pela ANVISA. Os CTC devem manter registro de origem, validade e número de lote de todos os reagentes utilizados, de forma a garantir a possibilidade de rastreamento. O uso de produtos de origem animal deve ser evitado, porém, se utilizados, devem ter certificação de ausência de agentes infecciosos e contaminantes.

Seleção de doador/paciente

Deve respeitar os preceitos legais e éticos sobre o assunto, ficando garantidos o sigilo, a não percepção de remuneração ou de benefício direto e o termo de consentimento livre e esclarecido (TCLE), conforme legislação vigente. Os CTC devem realizar triagem clínica e laboratorial determinada para a doação de sangue (conforme legislação vigente) em doadores e/ou pacientes. A obtenção de embriões ou células-tronco embrionárias deve seguir os critérios da Lei n. 11.105, de 24 de março de 2005[16], e devem ser obtidas as informações de triagem clínica e laboratorial realizadas

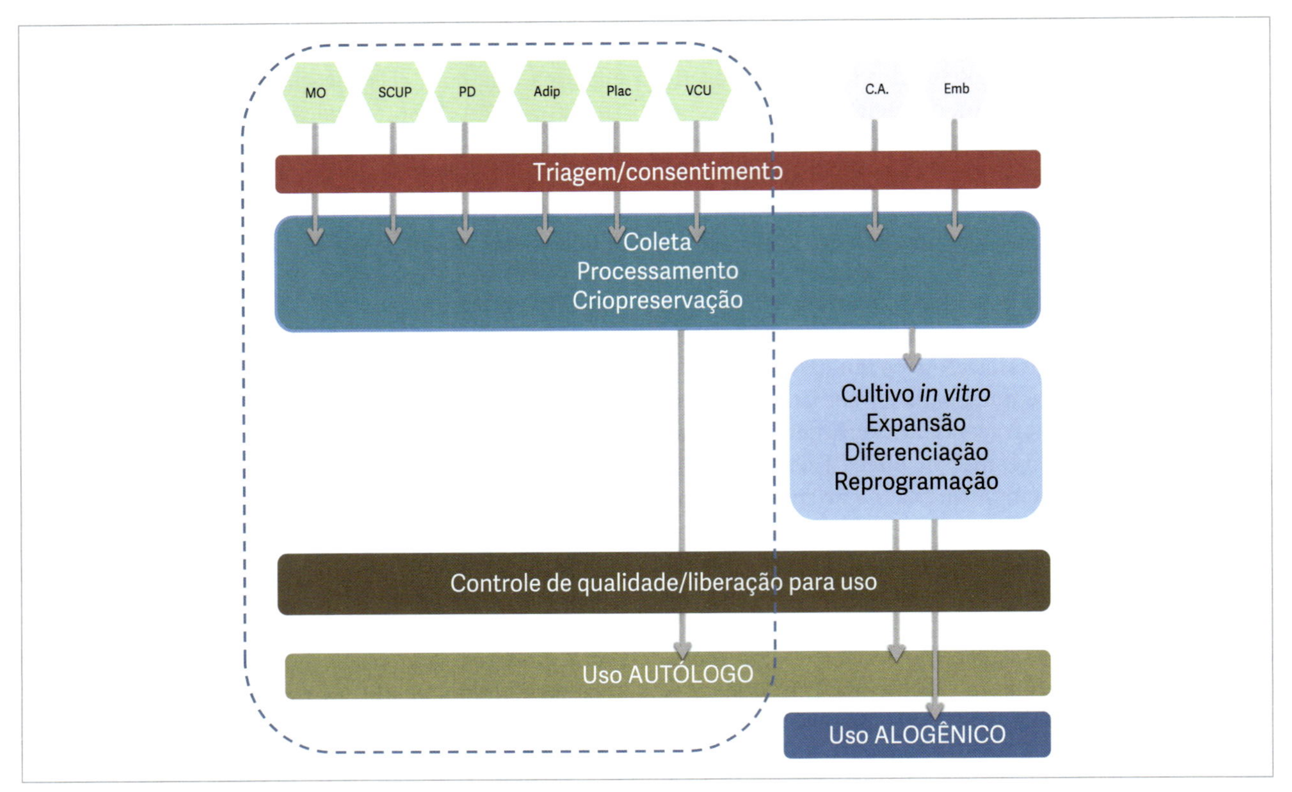

FIGURA 4 Esquema de funcionamento e diferentes atividades dos centros de tecnologia celular tipos 1 (dentro do pontilhado) e 2 (todos). Diferentes fontes de CT: medula óssea (MO), sangue do cordão umbilical e placentário (SCUP), tecido adiposo (Adip), placenta (Plac), veia do cordão umbilical, células adultas para geração de iPSC (CA) e embriões humanos (Emb). Doadores de material biológico passam por triagem clínica e devem assinar termo de consentimento informado. Após processamento (e cultivo por CTC tipo 2), as células devem passar por controle de qualidade para serem liberadas para uso clínico, autólogo ou alogênico.

pelo banco de células e tecidos germinativos (BCTG), como disposto no regulamento técnico para o funcionamento dos BCTG.

Processamento e armazenamento

Para impossibilitar a contaminação cruzada e a troca de material, não é permitido o processamento simultâneo de células humanas e seus derivados de mais de um doador/paciente no mesmo ambiente. A manipulação e a exposição de material biológico e de materiais, reagentes e produtos para diagnóstico *in vitro* durante o processamento deve ocorrer exclusivamente em ambiente classificado como ISO 5 (classe 100). Todos os materiais biológicos submetidos a cultivo ou criopreservação prévios ao seu uso terapêutico devem ter alíquota representativa criopreservada e armazenada nas mesmas condições, para uso em testes de controle de qualidade de processo. Os CTC devem instalar os tanques de nitrogênio líquido para armazenagem de células em salas de criopreservação com visualização externa do seu interior, sensor do nível de oxigênio ambiental (com alarme visual e sonoro, interno e externo à sala), sistema de exaustão mecânica com descarga para o ambiente externo do prédio, e termômetro com registro de temperaturas ambientais mínima e máxima. Células e derivados com testes microbiológicos positivos ou com resultado reagente em pelo menos um dos marcadores para infecções transmissíveis pelo sangue devem ser armazenados em congelador ou tanque específico, separados das demais unidades com testes negativos, ou deverá ser utilizado um sistema de embalagem externa ou equipamento que garanta a proteção das demais unidades criopreservadas.

Controle de qualidade do produto final

os CTC devem garantir a segurança e a qualidade das células humanas e seus derivados antes de os liberar para uso, realizando, no mínimo: testes microbiológicos; contagem e viabilidade celular; fenotipagem e teste de função celular, quando couber; controle de estabilidade cromossômica para células cultivadas; identificação dos antígenos de histocompatibilidade (HLA), para caso de uso alogênico.

CONSIDERAÇÕES FINAIS

Em conclusão, terapias com células-tronco são uma área em intenso desenvolvimento. Nos últimos anos, assistiu-se ao rápido crescimento da área e ao desenvolvimento de diferentes fontes de células e estratégias de cultivo e terapia. Resta, porém, verificar quais delas passarão pelo rigoroso crivo dos testes clínicos e serão consolidadas de fato como alternativas terapêuticas. As normas de biossegurança aqui descritas ainda oferecem certa flexibilidade, como no que diz respeito ao uso de produtos de origem animal. Essa flexibilidade é fundamental para o avanço de uma ciência ainda em desenvolvimento. Ao mesmo tempo, esses avanços trarão novos conhecimentos que deverão ser incorporados em futuros aperfeiçoamentos das normas de biossegurança para CTC.

REFERÊNCIAS BIBLIOGRÁFICAS

1. Krause DS, Theise ND, Collector MI, Henegariu O, Hwang S, Gardner R, et al. Multi-organ, multi-lineage engraftment by a single bone marrow-derived stem cell. Cell. 2001;105:369-77.
2. Grove JE, Bruscia E, Krause DS. Plasticity of bone marrow-derived stem cells. Stem Cells. 2004;22:487-500.
3. Disponível em: www.clinicaltrials.gov.
4. Rubinstein P, Stevens CE. The New York Blood Center's Placental/Umbilical Cord Blood Program. Experience with a "new" source of hematopoietic stem cells for transplantation. Ernst Schering Res Found Workshop. 2011;33:47-70.
5. Evans MJ, Kaufman MH. Establishment in culture of pluripotential cells from mouse embryos. Nature. 1981;292:154-6.
6. Downing GJ, Battey JF Jr. Technical assessment of the first 20 years of research using mouse embryonic stem cell lines. Stem Cells 2004;22:1168-80.
7. Thomson JA, Itskovitz-Eldor J, Shapiro SS, Waknitz MA, Swiergiel JJ, Marshall VS, et al. Embryonic stem cell lines derived from human blastocysts. Science. 1998;1145-7.
8. Fraga AM, Sukoyan M, Rajan P, Braga DP, Iaconelli A Jr, Franco JG Jr, et al. Establishment of a Brazilian line of human embryonic stem cells in defined medium: implications for cell therapy in an ethnically diverse population. Cell Transplantation. 2011;20:431-40.
9. Martins de Oliveira ML, Tura BR, Meira Leite M, Melo Dos Santos EJ, Pôrto LC, Pereira LV, Campos de Carvalho AC. Creating an HLA-homozygous iPS cell bank for the Brazilian population: challenges and opportunities. Stem Cell Reports. 2023;18(10):1905-12.
10. Disponível em: http://www.advancedcell.com. Acesso em: 06/06/2011.
11. Yamanaka S. A fresh look at iPS cells. Cell. 2009;137:13-7.
12. Dimos JT, Rodolfa KT, Niakan KK, Weisenthal LM, Mitsumoto H, Chung W, et al. Induced pluripotent stem cells generated from patients with ALS can be differentiated into motor neurons. Science. 2008;321:1218-21.
13. Kobold S, Bultjer N, Stacey G, Mueller SC, Kurtz A, Mah N. History and current status of clinical studies using human pluripotent stem cells. Stem Cell Reports. 2023;18(8):1592-8.
14. Brasil. Agência Nacional de Vigilância Sanitária. Resolução da Diretoria Colegiada (RDC) n. 9 de 14 de março de 2011. Brasília: Diário Oficial da União; 2011.
15. Brasil. Agência Nacional de Vigilância Sanitária. Resolução da Diretoria Colegiada (RDC) n. 56 de 16 de dezembro de 2010. Brasília: Diário Oficial da União; 2010.
16. Brasil. Lei n. 11.105, de 24 de março de 2005. Brasília: Diário Oficial da União; 2005.
17. Wagers AJ, Weissman IL. Plasticity of adult stem cells. Cell. 2004;116:639-84.
18. Instrução Normativa 270/2023. Boas Práticas de Fabricação para Produtos de Terapia Avançada. Disponível em: https://antigo.anvisa.gov.br/documents/10181/6633884/IN_270_2023_.pdf/4e3bc362-6a35-40bf-9569-e302e10149e3.
19. Resolução da Diretoria Colegiada (RDC) 506/2021. Disponível em: https://antigo.anvisa.gov.br/documents/10181/6278627/RDC_506_2021_.pdf/e932e631-4054-4014-9ac9-9813474e44a4
20. Resolução da Diretoria Colegiada (RDC) 505/2021. Disponível em: https://antigo.anvisa.gov.br/documents/10181/6278627/RDC_505_2021_.pdf/43ac298e-1ade-44f0-9f98-22f0b2477255
21. Guia 70/2023 – Guia de considerações sobre estudos não clínicos de biodistribuição com produtos de terapia gênica. Disponível em: https://antigo.anvisa.gov.br/documents/10181/6295728/Guia+n%C2%BA+70+2023+v1.pdf/ac1ca8ef-6b44-4326-b626-a032b9edc359

18

Biossegurança e meio ambiente

Amaro de Castro Lira Neto
Ederson Akio Kido
Marcia Almeida de Melo
Paulo Paes de Andrade

INTRODUÇÃO

As atividades humanas sempre causaram algum impacto negativo sobre o meio ambiente. Quanto mais a humanidade ampliou o leque de tecnologias dominadas e adotadas, maior tornou-se esse impacto, que ocorre desde a alteração do solo e da cobertura vegetal, causados pela agricultura, até o desaparecimento de espécies em razão da alteração radical do ambiente ou da caça predatória, ambas dependentes de tecnologias novas. O processo acelerou-se notavelmente a partir da Revolução Industrial, tanto pela invenção e pelo posterior desenvolvimento de máquinas de todo tipo, como pela introdução de produtos químicos no dia a dia das populações. No século XX, o mau uso de muitas dessas tecnologias (tratores, escavadeiras, perfuratrizes, inseticidas, antibióticos etc.) gerou sérios impactos como a perda dos solos e a contaminação do ambiente com produtos tóxicos, aplicados para controle de pragas ou espalhados na água e na terra por vazamentos acidentais.

No final do século passado, iniciou-se a adoção, desde então sempre crescente, de organismos geneticamente modificados (OGM) na agricultura e nas outras atividades produtivas. A preocupação com o ambiente, gerada pela biotecnologia moderna, era então muito grande, pois era a primeira vez que a humanidade produzia organismos que não existiriam de outra forma na natureza, criando apreensão quanto ao escape das modificações genéticas para espécies selvagens e às possíveis modificações associadas ao ambiente relativas à fauna e à flora. A preocupação estende-se também ao comportamento dos próprios OGM em competição com as variedades não modificadas e a biota em geral. A biossegurança, surgida ainda no século XX, é a resposta a essas preocupações; ela constitui um novo ramo da ciência que investiga a forma adequada de avaliar os riscos provenientes da adoção das novas tecnologias e, em especial, da biotecnologia, e propõe abordagens efetivas para a prevenção e a minimização de impactos negativos advindos dessas tecnologias, tanto em atividades em contenção (laboratórios, fábricas, casas de vegetação etc.), quanto em casos de liberação acidental, planejada ou comercial no meio ambiente.

A biossegurança de OGM é regulada, em vários países, por um conjunto de leis, procedimentos ou diretivas específicas. No Brasil, a legislação está fundamentada na Lei n. 11.105, de 24 de março de 2005, em seu decreto correspondente e em um conjunto de resoluções normativas e comunicados da autoridade nacional, a Comissão Técnica Nacional de Biossegurança (CTNBio), que regula aspectos específicos da biossegurança de transgênicos, como são também chamados os OGM[1].

Com a definição do arcabouço regulatório, a adoção de plantas transgênicas ganhou impulso a partir de 2005, havendo mais de 49 variedades de plantas geneticamente modificadas resistentes a insetos ou tolerantes a herbicidas, já aprovadas para comercialização no país (Figura 1), e cujo plantio vem ganhando rapidamente a preferência no agronegócio nacional. Além das plantas transgênicas consideradas commodities agrícolas, o país vem adotando os OGM em vacinas para animais e testes diagnósticos e na produção de enzimas, hormônios e óleo combustível. Está em análise a liberação comercial de uma vacina transgênica para dengue e outra similar está sendo avaliada em campo em testes da fase III. O primeiro animal geneticamente modificado foi liberado pela CTNBio já em 2014 (uma variedade macho-estéril de *Aedes aegypti*) e aguarda regulamentação pela ANVISA. Uma árvore transgênica também foi liberada para plantio comercial pela Comissão no mesmo ano (o eucalipto com crescimento acelerado). De grande importância para a mesa do brasileiro foi a aprovação, em 2011, de um feijão geneticamente modificado que expressa um RNA de interferência, tornando-o resistente ao vírus dourado do feijoeiro; esta variedade de feijão deve estar no mercado em breve.

Para os próximos anos, espera-se que outros animais geneticamente modificados sejam também aprovados para uso comercial, tanto na produção de alimentos e hormônios (suínos, peixes, caprinos) como na pecuária e na piscicultura, além de novas espécies vegetais como árvores, cana-de-açúcar e culturas importantes para a alimentação do brasileiro, como o arroz, a laranja e a batata.

A ANÁLISE DO RISCO EM BIOSSEGURANÇA AMBIENTAL

As formas como um OGM podem impactar o ambiente – seja ele uma planta, um microrganismo ou um animal – são bastante variadas, ao menos do ponto de vista teórico. Entretanto, quaisquer que sejam os impactos imaginados, eles devem sempre ser comparados com aqueles advindos da presença, em condições semelhantes, da espécie não modificada. Não seria pertinente comparar uma planta geneticamente modificada cultivada em grandes extensões, características do agronegócio, com a mesma planta não modificada cultivada em condições orgânicas; ou, da mesma forma, comparar os impactos previstos da criação de um peixe transgênico em tanques-rede empregando o peixamento de rios com espécimes não modificados.

Uma vez aceita a premissa mencionada anteriormente, a análise do risco procede em três etapas interdependentes: a avaliação do risco, a gestão do risco e a comunicação do risco. Na Figura 2, a relação entre essas etapas é representada de forma esquemática.

A avaliação do risco é o cerne da análise de risco e sua conclusão permite definir se há riscos concretos para o ambiente ou para a saúde advindos da liberação de um OGM. A avaliação pode ser retomada se: a) publicações científicas ou relatórios oficiais indicarem novos riscos ou danos efetivos ao ambiente; b) no monitoramento do produto liberado comercialmente, surgirem evidências de danos imprevistos. A gestão de riscos também pode implicar a retomada da avaliação do risco se, por exemplo, surgirem novas informações sobre riscos ou danos no processo de comunicação de riscos. A gestão e a comunicação dos riscos são, naturalmente, permanentes e só cessam quando o produto é retirado do mercado.

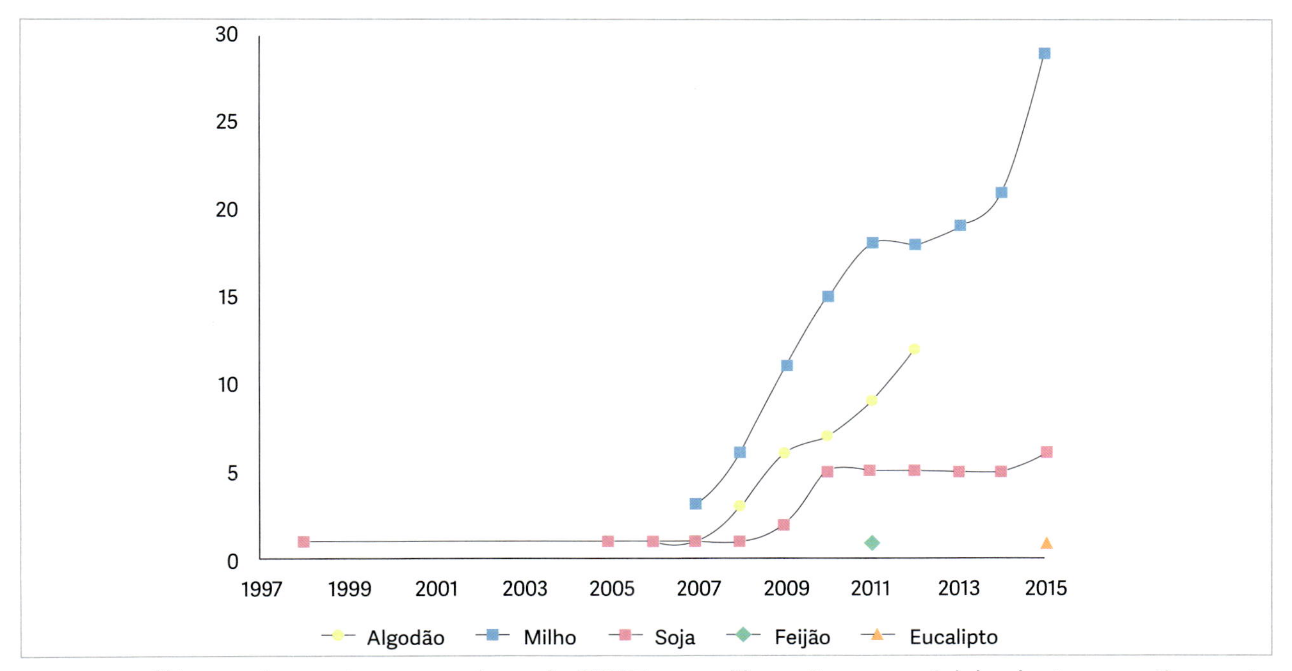

FIGURA 1 Número de eventos aprovados pela CTNBio para liberação comercial de plantas geneticamente modificadas. Observa-se um aumento inicial do número de variedades aprovadas a partir da nova lei de biossegurança (final de 2005) e uma aceleração acentuada do ritmo de aprovações a partir da adoção da maioria simples de votos em plenária como critério de deferimento dos pedidos de liberação comercial (meados de 2007). Observa-se, também, que o milho teve a adoção mais acelerada entre as três culturas apresentadas.

De uma forma geral, pode-se dizer que o sucesso da análise do risco depende fortemente da avaliação do risco. Se esta for bem conduzida, as demais etapas poderão ser efetivas, concentrando-se os esforços sobre questões relevantes para a biossegurança ambiental. Caso contrário, o analista ambiental terá que se deparar com danos não antecipados ou terá que devotar a sua atenção a um conjunto de itens a ser monitorado que não envolve riscos efetivos. Assim, a primeira etapa é a mais crítica em todo processo de análise do risco; de fato, a avaliação do risco e, dentro dela, a formulação do problema são a chave para a biossegurança ambiental, e, por isso, este capítulo tratará primordialmente dessa etapa.

Ao final, empregando um processo bem estabelecido, que avança passo a passo, caso a caso, o avaliador de risco poderá estabelecer a biossegurança ambiental a partir da redução de um problema extremamente complexo e multifacetário a um conjunto de metas e medidas de proteção que pode ser abordado na prática e garantirá a proteção ao ambiente e a mitigação de eventuais danos.

A complexidade da avaliação do risco depende, naturalmente, da etapa em que se encontra o produto: ainda no laboratório de pesquisa, em casas de vegetação e outros ambientes de contenção, em experimentos a campo ou, em última instância, em um processo de liberação comercial. O nível de contenção determina, em grande parte, o alcance de eventuais danos, mesmo em casos de liberação acidental. Neste capítulo, será descrita a abordagem para a liberação comercial de um OGM.

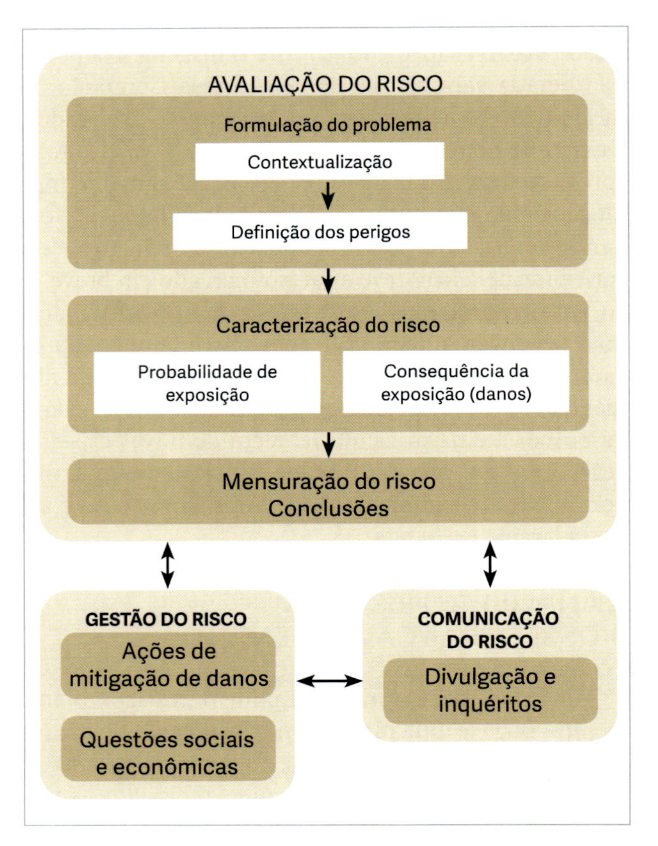

FIGURA 2 Fluxograma (*roadmap*) de análise do risco, compreendendo a avaliação do risco, a gestão do risco e a comunicação do risco.

A formulação do problema na avaliação do risco ambiental

Como indicado na Figura 2, a formulação do problema é o primeiro passo na avaliação do risco ambiental, quando as metas de proteção deverão ser identificadas. Sendo a avaliação do risco um processo que exige sempre uma abordagem caso a caso, torna-se difícil, se não impossível, ter um roteiro predeterminado para a formulação do problema, que é o cerne da avaliação do risco. Dessa forma, o avaliador deve se debruçar sobre esse passo apenas depois de delinear claramente a metodologia que norteará a identificação de alvos e a definição de ambientes receptores. A formulação do problema, se executada corretamente, garante a relevância dos resultados da avaliação do risco ambiental para a tomada de decisão[2].

A contextualização, primeiro elemento da formulação do problema, inclui: a) o arcabouço legal que ampara e regulamenta as atividades com OGM no país e pode determinar alvos de proteção nos âmbitos nacional e regional; b) o ambiente receptor e as atividades humanas relacionadas ao uso do OGM nesses ambientes; c) a biologia do organismo parental não modificado; d) as considerações sobre a construção genética do OGM e suas características biológicas, sobretudo aquelas que podem determinar possíveis alterações de comportamento do OGM na natureza (de formas de reprodução e propagação), além de impactar a biodiversidade; e) o uso seguro do OGM em outros países ou, na sua falta, de organismo transgênico similar. Assim, dependendo dos componentes do contexto, um mesmo OGM pode ter um elenco de perigos potenciais distintos.

Uma vez definido o contexto, a etapa seguinte é a definição do problema, ou seja, a determinação de um conjunto de perigos e danos associados, caso o OGM fosse liberado no ambiente. Esse é um exercício difícil, pois nem todos os perigos identificados serão relevantes para a avaliação do risco. A escolha deve ser norteada, por um lado, por razões teóricas e, por outro, pela experiência prévia de outros países com o OGM em análise. Nessa etapa, contudo, ainda não é necessário estabelecer uma conexão causal cientificamente embasada entre o OGM e o dano esperado. Tampouco é necessário determinar probabilidades de ocorrência. Na prática, uma lista relativamente longa de possíveis perigos é produzida, baseada em alvos de proteção genéricos estabelecidos por lei ou acordos internacionais, ou ainda derivada da experiência com a introdução de outros organismos, modificados ou não, nos ambientes receptores identificados na contextualização. Esta lista pode também contemplar os perigos percebidos pelo público e derivados da percepção de risco de diferentes setores da sociedade. Neste caso, a lista certamente será longa e conterá muitos perigos que, mais tarde, mostrar-se-ão irrelevantes, pois não se concretizam em danos. Mas sua inclusão na lista inicial caracteriza a atenção do avaliador às inquietações do público e dá maior transparência e clareza à avaliação do risco.

A caracterização do risco

A etapa seguinte da avaliação do risco, denominada caracterização do risco, envolve a definição da probabilidade da exposição e um estudo das consequências da exposição no contexto previamente definido.

A probabilidade da exposição pode ser prevista em vários casos, mas haverá sempre outros em que certo grau de incerteza deverá ser acomodado à avaliação do risco. Por outro lado, as consequências da exposição dependem bastante da exposição. Assim, nessa etapa, as duas ações – classificação de exposição e determinação das consequências dessa exposição – são, em geral, levadas a cabo simultaneamente. No caso de uma avaliação do risco visando à liberação comercial, os dados específicos são gerados em experimentos em contenção ou em liberações planejadas no ambiente. Informações geradas em outros países podem auxiliar muito a tomada de decisão.

Na prática, da lista de perigos gerada na etapa de definição do problema, deve-se filtrar, à luz da ciência e da experiência prévia (se houver) com o OGM ou os OGM semelhantes, os perigos que podem vir a se concretizar em danos. A aplicação desse filtro é complexa porque, baseados em excesso de precaução, alguns avaliadores de risco tendem a não eliminar qualquer dos riscos listados, alegando que a incerteza impede a tomada de decisão. Se uma lista muito extensa de perigos for mantida, a identificação de pontos finais de avaliação para todos os perigos tornará o processo mais trabalhoso e dispendioso sem necessariamente haver qualquer retorno em informações relevantes à biossegurança ambiental. A manutenção de uma lista grande de perigos pode, contudo, ser útil na aceitação do processo de avaliação de risco pelo público e pelas várias partes envolvidas na questão da adoção da biotecnologia.

A classificação do risco

A terceira e última etapa da avaliação do risco é a classificação do risco. Para tal, é indispensável ter-se, para cada perigo da lista anterior, estimativas da probabilidade de ocorrência do dano associado e da magnitude deste dano. Atualmente, as probabilidades de ocorrência estão divididas em quatro classes ou categorias, da mesma forma que a extensão ou magnitude dos danos. O risco é classificado de acordo com a composição da probabilidade de ocorrência e da extensão do dano, como mostrado na Figura 3.

É cada vez mais comum o uso de uma metodologia de determinação das probabilidades de ocorrência de um dano, conhecida como rota ao dano. Nela, hipóte-

PROBABILIDADE DE OCORRÊNCIA	CLASSIFICAÇÃO DO RISCO			
Muito alta	Baixo	Moderado	Alto	Alto
Alta	Baixo	Baixo	Moderado	Alto
Baixa	Insignificante	Baixo	Moderado	Moderado
Muito baixa	Insignificante	Insignificante	Baixo	Moderado
DANOS (CONSEQUÊNCIAS)	**Marginal**	**Menor**	**Intermediário**	**Grande**

FIGURA 3 Sistema tabular de classificação dos riscos. As probabilidades de ocorrência estão divididas em quatro classes, assim como as consequências (ou extensão dos danos). O risco é classificado pela interseção da linha correspondente à probabilidade com a coluna correspondente ao dano.

ses plausíveis, baseadas em ciência, consideram várias etapas do perigo até o dano. Cada etapa é uma hipótese cientificamente comprovável e determina uma probabilidade de que aquela etapa se cumpra. A probabilidade de que toda a rota se concretize é o produto das probabilidades de cada etapa.

Uma vez que os binômios probabilidade de exposição/danos foram estabelecidos para os vários perigos listados, resta ainda categorizar os riscos por relevância aos alvos de proteção. Danos sérios ou irremediáveis são prioritários, desde que a probabilidade de ocorrência seja real. Em geral, contudo, danos dessa natureza não são esperados em um novo OGM para o qual se solicita liberação comercial, e caberá ao avaliador de risco ambiental a dura tarefa de priorizar os riscos. Informações científicas e histórico de uso seguro têm um papel decisivo.

A classificação dos riscos é sempre relativa, isto é, será sempre feita em comparação com situação análoga em que o organismo não modificado está impactando o ambiente. Embora em princípio uma comparação dessa natureza seja possível em condições experimentais, ela é difícil ou mesmo impossível no caso de monitoramentos pós-liberação comercial. Por isso, o monitoramento não deve ser incluído como uma etapa da avaliação do risco, pois a metodologia empregada para os casos mais controlados de experimentos em contenção ou a campo não se aplica a ele.

Também faz parte da classificação dos riscos a identificação de representantes de cada alvo de proteção que possam responder à questão de biossegurança levantada. Eles serão os elementos de estudo nas várias rotas ao dano desenhadas pelo avaliador. Por exemplo, o impacto negativo no ambiente em razão do cultivo de uma planta resistente ao ataque de determinados lepidópteros pela produção endógena de uma proteína inseticida poderia ser avaliado pelo acompanhamento de muitos parâmetros distintos; entretanto, se avaliados em conjunto, eles determinarão um alto custo do processo de avaliação do risco, sem necessariamente aportar dados relevantes à biossegurança. Além disso, como solução para reduzir a complexidade da avaliação, esta poderia ser direcionada para um ou dois insetos não alvos que pudessem representar adequadamente esse perigo (i. e., impacto sobre organismos não alvo). A escolha de um determinado organismo que represente adequadamente um alvo de proteção mais abrangente pode ser difícil, mas há, atualmente, uma vasta experiência nessa área da avaliação do risco[3]. O organismo escolhido é denominado ponto final de avaliação. Por exemplo, as abelhas *Apis mellifera* podem ser um ponto final de avaliação adequado ao alvo de proteção mais amplo representado pelos polinizadores.

A tomada de decisão

Uma vez determinados os riscos aos pontos finais de avaliação, a classificação do risco está essencialmente terminada, restando ao avaliador concluir seu trabalho. A CTNBio, agência responsável pela avaliação dos riscos de OGM no Brasil, pode determinar a segurança ambiental de um OGM a partir desta avaliação de risco e não precisa nem deve levar em conta benefícios do produto à sociedade. O Conselho Nacional de Biossegurança (CNBS) deve, se assim julgar necessário, fazer o balanço entre os benefícios trazidos pela nova tecnologia e os eventuais danos (se e quando acontecerem), posto que as medidas de contenção de risco ou de mitigação dos danos implicam custos, tanto financeiros quanto ambientais. Uma decisão dessa natureza envolve, com frequência, outros elementos de análise, que estão fora do escopo da avaliação do risco, mas que podem fazer parte da análise do risco como um todo; por exemplo, considerações sobre a coexistência da tecnologia baseada no OGM e aquela fundamentada no organismo não transgênico fazem parte da gestão de riscos, e podem levar o analista de risco (no caso, o CNBS) a desaconselhar a adoção de uma determinada tecnologia, caso custos elevados ou impacto social acentuado forem observados.

GESTÃO E COMUNICAÇÃO DE RISCOS

A comunicação de um risco pode ser encarada como uma etapa da gestão, como o monitoramento. Entretanto, muitas vezes as atividades de comunicação de uma empresa estão ao encargo de um departamento distinto daquele que faz a gestão do risco em seus outros aspectos. Operacionalmente, portanto, as duas atividades costumam estar separadas.

A comunicação de risco não é um processo unilateral, no qual uma empresa ou um órgão do governo comunica ao público-alvo sobre um determinado risco. Ao contrário, é um processo interativo de troca de informações e opiniões entre indivíduos, grupos e instituições. Muitas vezes, envolve a troca de múltiplas mensagens sobre a natureza do risco, as preocupações, as opiniões ou as reações às mensagens de risco ou à forma como a gestão de riscos é conduzida. Assim, é um processo que auxilia a gestão do risco e consolida a avaliação do risco, corroborando ou, na maioria das vezes, mudando a percepção de risco das partes interessadas no produto ou afetadas por ele (chamadas stakeholders). Uma comunicação de risco eficiente reduz a expectativa da população-alvo, prepara os agentes sociais para a tomada de ações mitigadoras, quando necessário, e minimiza a desconfiança quase sempre existente quanto às intenções reais da iniciativa privada, sobretudo quando o assunto é o meio ambiente. Por outro lado, traz à empresa ou ao órgão fiscalizador subsídios para o planejamento de ações de gestão.

A gestão de riscos inclui, primordialmente, uma avaliação prévia das múltiplas opções para a mitigação de danos ambientais, a tomada de ações mitigadores, caso danos ocorram, e o monitoramento. No Brasil, o monitoramento pós-liberação comercial deve ser dirigido à identificação de danos não previstos na análise do risco, o que implica o estabelecimento de um sistema de monitoramento geral, além de um monitoramento caso-específico quando o risco de danos não negligenciáveis for apontado na avaliação prévia à liberação comercial do OGM. A necessidade de se monitorar o impacto sobre o meio ambiente de um OGM, para o qual a análise do risco não apontou riscos concretos, parece contraditória. Ainda que certas características da construção genética de plantas transgênicas não estejam sob total controle do experimentador, não há razões concretas para esperar-se que os eventos elite selecionados para a introdução no mercado tenham qualquer comportamento fora do esperado. Entretanto, a percepção pública sobre OGM é, em geral, proveniente de informações veiculadas na mídia e/ou por grupos ideologicamente contrários à biotecnologia, que especulam sobre as incertezas oriundas da forma como esses produtos são produzidos e sobre as questões políticas de mercado. Embora isso seja parcialmente verdadeiro para o caso de plantas e outros metazoários, não é o caso para microrganismos. Por esse motivo, a oposição pública aos OGM representados por leveduras, bactérias e vírus talvez seja menor do que a observada para plantas.

O monitoramento de OGM vem sendo realizado por poucos países. Os monitoramentos geral e caso-específico podem ser acoplados, de acordo com a Resolução Normativa n. 11 da CTNBio. Uma proposta semelhante, embora consideravelmente mais complexa, foi elaborada pela Autoridade em Segurança Alimentar Europeia (EFSA, 2006). De acordo com a resolução brasileira, nem todos os OGM devem ser monitorados, sendo dispensados aqueles que têm histórico de uso seguro, por exemplo. O tempo de monitoramento é determinado caso a caso e pode ser encurtado por decisão da CTNBio após a avaliação dos resultados de anos anteriores. O monitoramento caso-específico só é iniciado se, por meio do monitoramento geral, forem identificados efeitos adversos. A exceção ocorre quando, na avaliação do risco, forem encontrados riscos não negligenciáveis. O Brasil iniciou o monitoramento da primeira variedade de cultura geneticamente modificada (GM) (a soja) há quase meia década e o resultado apresentado indica que o produto é tão seguro ao ambiente quanto o seu parental não modificado. Entretanto, esse monitoramento foi voltado aos mesmos riscos que haviam sido considerados negligenciáveis pela avaliação do risco da CTNBio. Não houve um monitoramento geral.

A DIVERSIDADE DE CENÁRIOS NA AVALIAÇÃO DO RISCO AMBIENTAL DE OGM

Como enfatizado anteriormente, a avaliação do risco deverá sempre ser feita caso a caso. Embora, de certa forma, isso dificulte o estabelecimento de um procedimento uniforme para estabelecer a biossegurança ambiental, por outro lado preserva a particularidade de cada OGM. De fato, os eventos genéticos são distintos mesmo quando o mesmo gene é empregado na transformação de uma mesma planta e, até certo ponto, justifica-se a abordagem individualizada por evento. Entretanto, isso cria uma multiplicidade de cenários talvez desnecessária à contextualização da avaliação do risco: os detalhes moleculares das construções genéticas, inclusive seus sítios de inserção no genoma dos OGM e número de cópias, parecem ter, em geral, pouca ou nenhuma influência sobre aspectos de biossegurança do organismo. Da mesma forma, diferentes biomas podem ter influência sobre o impacto de um OGM, mas isso não é uma regra fixa. Na Tabela 1, é exemplificado como OGM e cenários articulam-se no contexto da avaliação do risco ambiental.

No caso de produção em contenção, o impacto no ambiente pode ocorrer pelo descarte de efluentes e resíduos sólidos, mas também pela liberação de gases de fermentação (que podem carrear microrganismos GM vivos). Se o OGM é consumido e ainda mantém-se viável após a digestão, ele pode atingir os sistemas de tratamento de esgoto, o solo ou as coleções de água. Se o OGM é vacinal, ele pode atingir toda a fauna associada ao organismo vacinado e mesmo organismos que ocasionalmente entram em contato com a vacina. Outros exemplos na Tabela 1 mostram a diversidade de cenários com a qual se depara o analista de risco ambiental. Deve-se ter em mente, contudo, que não é o impacto global do OGM que está em análise, mas apenas aqueles impactos que o diferenciam do parental não modificado.

AVALIAÇÃO DA BIOSSEGURANÇA AMBIENTAL DE PLANTAS GENETICAMENTE MODIFICADAS

Como exemplo de avaliação do risco ao meio ambiente, foi escolhido o caso do algodão Bt, evento MON530, já liberado no Brasil. As células desse al-

TABELA 1 Alguns dados relativos à produção de OGM ou de seus derivados, explicitando as principais preocupações ambientais e os cenários de maior impacto

Organismo	Produção	Produtos	Principais preocupações	Cenário impactado
Bactérias e leveduras	Em contenção	Enzimas, hormônios	Efluentes e resíduos sólidos	Rios, lavouras
Vírus	Em contenção	Vacinas com vírus vivo atenuado	Transmissão a animais silvestres e de criação	Aviários, populações de aves silvestres
Plantas	Em campo	Alimentos e produtos vegetais	Fluxo gênico para espécies nativas; impacto sobre organismos não alvos	Lavouras, matas e outros ambientes silvestres
A. aegypti	Em contenção	Insetos "estéreis"	Reversão do fenótipo	Áreas urbanas
Peixes	Em campo	Peixes com crescimento rápido	Competição com espécies nativas	Rios

godoeiro geneticamente modificado expressam um polipeptídio novo que representa uma parte da proteína inseticida Cry1Ac do microrganismo *Bacillus thuringiensis*, subespécie *kurstaki*, linhagem HD73. Dessa forma, o algodoeiro torna-se resistente a vários lepidópteros que atacam a cultura. O fluxograma de avaliação do risco previamente discutido (Figura 2) será seguido nos itens abaixo, supondo-se um pedido de liberação comercial desse algodão.

Formulação do problema – o contexto do algodão Bt

Os elementos principais do contexto são o arcabouço legal, a biologia da planta, as principais regiões de cultivo (i. e., o ambiente receptor) e a construção genética, sobretudo no que concerne a produção de proteínas novas e a geração de novos fenótipos.

O arcabouço legal

Desde 2005, o Brasil conta com uma legislação específica para a biossegurança de OGM, que está fundamentada na Lei n. 11.105, em seu decreto correspondente e em um conjunto de resoluções normativas que regulam aspectos específicos da biossegurança de transgênicos1. Para que um pedido de liberação comercial possa ser analisado, a proponente deve conduzir a avaliação do risco de acordo com as instruções encontradas na Resolução Normativa n. 5, inclusive no que se refere à avaliação do risco ambiental. Essa resolução contém uma lista de perguntas bastante extensa que é dirigida à identificação de riscos, levando em conta alvos de proteção consagrados na legislação brasileira ou propostos como relevantes ao longo dos primeiros anos de funcionamento da CTNBio. A existência de perguntas específicas facilita, de certa forma, a construção de uma avaliação do risco, mas engessa o processo quando se trata de um OGM com propriedades inovadoras ou um ambiente receptor muito específico. Caberá sempre à proponente identificar os cenários prováveis de liberação do OGM e proceder à avaliação do risco seguindo os passos mostrados nos itens anteriores.

Não se esperam riscos não negligenciáveis apontados nessa avaliação. Entretanto, quando riscos concretos à biodiversidade são identificados, a CTNBio pode propor a criação de áreas de exclusão na liberação do OGM no ambiente ou mesmo solicitar que um estudo de impactos ambientais seja feito e apresentado a ela e ao Instituto Brasileiro do Meio Ambiente e dos Recursos Naturais Renováveis (IBAMA).

Uma vez aprovado o pedido pela CTNBio, o plantio do algodão GM dependerá ainda do atendimento às normas da Agência Nacional de Vigilância Sanitária (ANVISA) e do Ministério da Agricultura, Pecuária e Abastecimento, como para qualquer outro produto agrícola. A decisão da CTNBio só pode ser contestada pelo IBAMA e pela ANVISA por meio de requerimento ao Conselho Nacional de Biossegurança (CNBS).

É também no arcabouço legal, mas não restrito à lei n. 11.105 e às normativas da CTNBio, que se podem identificar alvos de proteção preferenciais, obedecendo às políticas públicas do meio ambiente e a outras políticas do país.

A biologia do algodoeiro

O algodoeiro (*Gossypium hirsutum*) é uma planta hermafrodita ou andrógina, tendo os dois gametas (masculinos e femininos) na mesma flor, sem incompatibilidades genéticas e de sincronia de recepção. Assim, o algodão é considerado uma espécie prevalentemente autógama, mas a polinização do algodoeiro por insetos, especialmente abelhas, leva a uma taxa de cruzamento natural, influenciada pela população de espécimes transportadores de pólen. Os insetos mais observados em plantações de algodoeiro herbáceo variam entre as várias regiões do Brasil; em Ribeirão Preto, são *Apis mellifera scutellata* (africanizada) (50,3%), coleóptero *Diabrotica speciosa* (Brasileirinho) (40,8%), outros himenópteros (5%), outros coleópteros (1,7%), lepidópteros (1,1%) e abelha *Trigona* spp. (Arapuá) (1,1%)4. Com exceção da abelha africanizada e da arapuá, os demais insetos coletam exclusivamente néctar; a abelha africanizada é considerada polinizadora efetiva da cultura. Levantamentos realizados em Brasília (DF) em *G. hirsutum* e em Campina Grande (PB) nas espécies silvestres *G. barbadense*, *G. mustelinum* e *G. hirsutum r. marie-galante* Hutch[5] observaram, respectivamente nas duas cidades, 23 e 21 espécies de abelhas, sendo apenas quatro comuns às duas áreas. As diferenças encontradas mostram a necessidade de estudos para diferentes regiões e sistemas de produção de algodão, principalmente nas regiões onde estão as maiores áreas cultivadas com algodão no país.

Existem mais de 50 espécies de *Gossypium*, mas apenas quatro são regularmente cultivadas (*G. hirsutum*, *G. barbadense*, *G. herbaceum* e *G. arboreum*). O Brasil é o centro de origem apenas de *G. mustelinum*, conhecido como algodão brabo ou algodão macaco, que não parece ser ancestral do algodoeiro arbóreo *G. hirsutum r. marie-galante* Hutch, planta perene de origem desconhecida e denominada algodão mocó[6]. Além da espécie selvagem G. mustelinum, foram identificadas no Brasil as espécies asselvajadas *G. barbadense* variante *brasiliensis* (conhecido como Inteiro ou Rim-de-boi), *G. barbadense* (Quebradinho) e *G. hirsutum r. marie-galante* (algodão arbóreo ou mocó). O *G. mustelinum* foi encontrado nos municípios de Caicó (RN), Crato (CE), Macururé (BA) e Caraíba (BA). Os de tipo barbadense são encontrados na orla do Pantanal, na zona de Mata Atlântica e na Amazônia brasileira. O algodoeiro arbóreo do Nordeste é encontrado na região de clima árido, conhecida como seridó nordestino, tendo como região mais representativa os municípios de Acari, Parelhas, Caicó e Currais Novos, no Rio Grande do Norte.

As principais regiões de cultivo – o ambiente receptor

Segundo o Levantamento Sistemático da Produção Agrícola (LSPA) disponibilizado pelo Instituto Brasileiro de Geografia e Estatística (IBGE)[7], a produção de algodão herbáceo (*G. hirsutum*) obtida na safra 2015 foi da ordem de 4,1 milhões de toneladas, correspondendo a uma área total de plantio de 1.054.475 ha. Os maiores produtores são os estados do Mato Grosso e Bahia que foram responsáveis por 87,4% do que foi produzido e 87,7% da área plantada. A distribuição da produção nas várias unidades federativas está mostrada na Figura 4. Ela sobrepõe-se parcialmente às áreas endêmicas para *G. mustelinum* e algodão mocó.

Para o algodão arbóreo (em caroço), conforme os dados do IBGE de Produção Agrícola Municipal (ano 2015; Séries Estatísticas & Históricas), a área plantada na região Nordeste, tradicional produtora desse tipo de algodão, tem ficado abaixo de 1.000 hectares desde 2007, sendo os principais produtores o Ceará, a Bahia, a Paraíba e o Rio Grande do Norte. Esses dados indicam que o cultivo do algodão arbóreo no Nordeste, praticamente desapareceu. Por outro lado, o Mato Grosso vem aumentando sua produção de algodão mocó com a adoção de novas tecnologias, chegando a alcançar seis vezes a produtividade observada no Nordeste.

Além do Brasil, o algodão é cultivado em muitos outros países. Para a avaliação do risco ambiental, é relevante saber quais são os outros países que plantam a variedade GM em avaliação, desde quando e se houve danos ao ambiente especificamente relacionados ao OGM, pois o histórico de uso seguro será sempre um importante elemento do contexto na formulação do problema. No caso do algodão Bt exemplificado aqui, a autorização para plantio já tem mais de 10 anos em vários países com clima semelhante ao Brasil (Tabela 2) e não há relatos na literatura de danos ao ambiente.

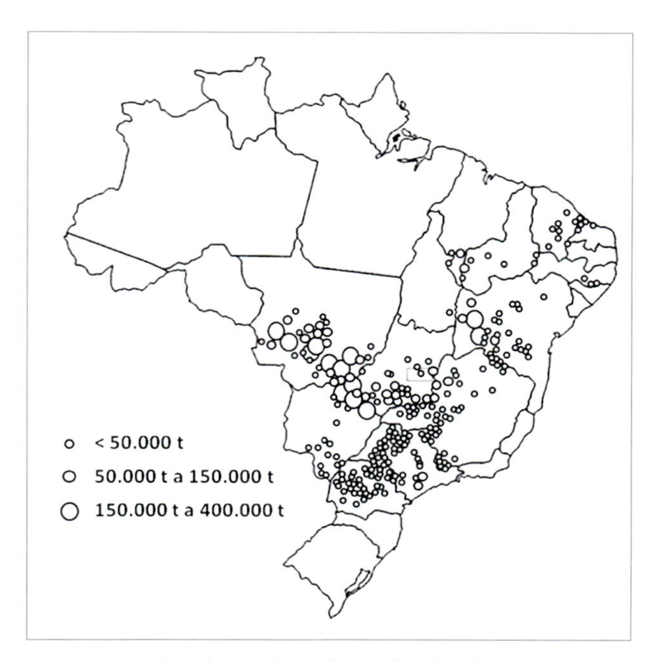

FIGURA 4 Produção brasileira de algodão em 2004.
Adaptada de IBGE, 2005.

TABELA 2 Ano de autorização de plantio do algodão Bt expressando o gene cry1Ac para uso em alimentação humana ou como ração pela autoridade competente de vários países

País	Plantio	Alimento ou ração	Alimento	Ração
África do Sul	1997		1997	1997
Argentina	1998		1998	1998
Austrália	1996		1996	1996
Canadá			1996	1996
China			2004	2004
Colômbia	2003	2003		
Coreia			2003	2004
Estados Unidos	1995	1995		
Filipinas			2004	2004
Índia	2002			
Japão	1997		1997	1997
México	1997		1997	1997
União Europeia		2005		

Adaptada de http://www.cera-gmc.org.

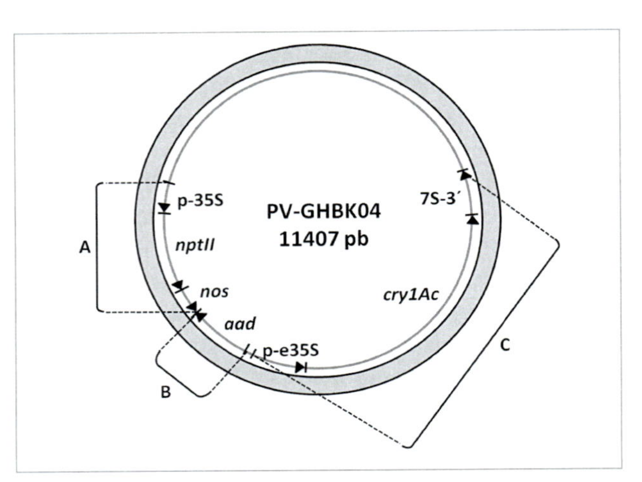

FIGURA 5 Plasmídio PV-GHBK04 empregado na construção do algodão Bt evento MON531. A expressão da proteína neomicina fosfotransferase II, que confere resistência à neomicina nas células vegetais, é dirigida pelo promotor p-35S do vírus mosaico da couve-flor e a poliadenilação do mensageiro é determinada pela sequência 3´ do gene da nopalina sintase (*A*). O gene *aad*, que codifica a resistência à neomicina, não é expresso na planta porque não está sob controle de um promotor vegetal (B). A proteína Cry1Ac truncada é expressa sob controle de um promotor p-e35S modificado e o mRNA é poliadenilado com auxílio do sinal correspondente na sequência 7S-3´ (C).

A construção genética

O evento MON531 foi obtido pela transformação de linhagens de algodão via *A. tumefasciens*. O plasmídio empregado no processo está mostrado na Figura 5. O gene truncado cry1Ac permite a expressão de uma forma truncada da proteína Cry1Ac em vários tecidos da planta, sob controle do promotor p-e35S do vírus do mosaico da couve-flor. O gene *aad* não está sob controle de um promotor de planta e, portanto, não se expressa no algodoeiro. Um terceiro gene, *nptII*, sob controle de outro promotor p-35S do vírus mosaico da couve-flor, permite a expressão de pequenas quantidades de neomicina fosfotransferase II de *Escherichia coli* no tecido vegetal. A neomicina fosfotransferase determina a resistência à neomicina.

Formulação do problema – definição dos problemas

Nessa parte da avaliação do risco é que se levantam perigos associados a danos aos alvos de proteção, que são, em geral, previamente conhecidos (insetos benéficos à agricultura, biodiversidade, águas, solo etc.). No caso do algodão Bt, vários perigos podem ser levantados. Nessa etapa ainda não se impõe a necessidade de um mecanismo causal cientificamente plausível, embora isso reduza a lista a perigos que podem se concretizar em danos. A lista a seguir resume alguns perigos que podem levar a danos aos alvos de proteção, levando em conta também o ambiente receptor, a biologia do algodoeiro e a construção genética:

- Fluxo gênico para espécies silvestres, com perda da diversidade.
- Fluxo gênico para espécies asselvajadas e variedades crioulas, com perda de diversidade e impactos econômicos.
- Fluxo gênico para espécies sexualmente incompatíveis = fluxo gênico horizontal, com consequências imprevisíveis.
- Impacto negativo sobre insetos não alvo.
- Impacto negativo sobre outros artrópodes de interesse agronômico.
- Alterações da microbiota do solo.
- Alterações da composição mineral e das propriedades físicas do solo.

Embora a determinação dos perigos acima possa ser bastante especulativa, ela deve preferencialmente basear-se na experiência da liberação de eventos similares quanto ao seu impacto no ambiente, quando esta existir, nos resultados de liberações planejadas no ambiente e na literatura científica pertinente.

A caracterização do risco

A partir da lista de riscos gerada na etapa anterior, pode-se proceder ao estudo do binômio probabilidade da exposição/consequências da exposição no contexto previamente definido. Como exemplo, são considerados os riscos (a) e (d) da lista anterior. Não serão construídas rotas ao dano porque o evento em estudo não demanda maior complexidade de avaliação.

A biologia do algodoeiro aponta para a possibilidade concreta de hibridação interespecífica: as espécies cultivadas e a espécie silvestre são sexualmente compatíveis e abelhas de várias espécies podem polinizar as flores. Sendo a espécie *G. mustelinum* um alvo de proteção, de acordo com as leis brasileiras de proteção à biodiversidade, é pertinente avaliar esse risco (i. e., fluxo gênico) e o dano associado (em caso de uma possível introgressão do gene).

Da mesma forma, a proteína inseticida Cry1Ac, embora considerada específica para certos grupos de lepidópteros, poderia ter consequências desastrosas para a população de insetos não alvo, caso fosse letal para uma ou mais espécies que merecem proteção (seja porque estão ameaçadas de extinção, seja por sua utilidade no ambiente agrícola, ou ainda por outra razão relevante, previamente identificada na formulação do problema). É evidente que o número de insetos não alvo é muito grande, então é preciso definir representantes adequados ao alvo genérico de proteção. Uma vez feito isso, a mensuração do risco pode ter início.

Classificação do risco e tomada de decisão

Seguindo com os dois exemplos tomados da etapa de caracterização do risco, pode-se determinar:

- Para o fluxo gênico: distâncias de polinização, viabilidade e competitividade dos híbridos interespecíficos, evidências da existência de híbridos na natureza e vantagem seletiva conferida pela construção genética.
- Para impacto sobre insetos não alvo: determinar um ou dois insetos que representem a fauna visitante de algodoeiros em cada região, que sejam filogeneticamente próximos (sempre que possível) da espécie-alvo e que possam ser ensaiados com segurança em laboratório.

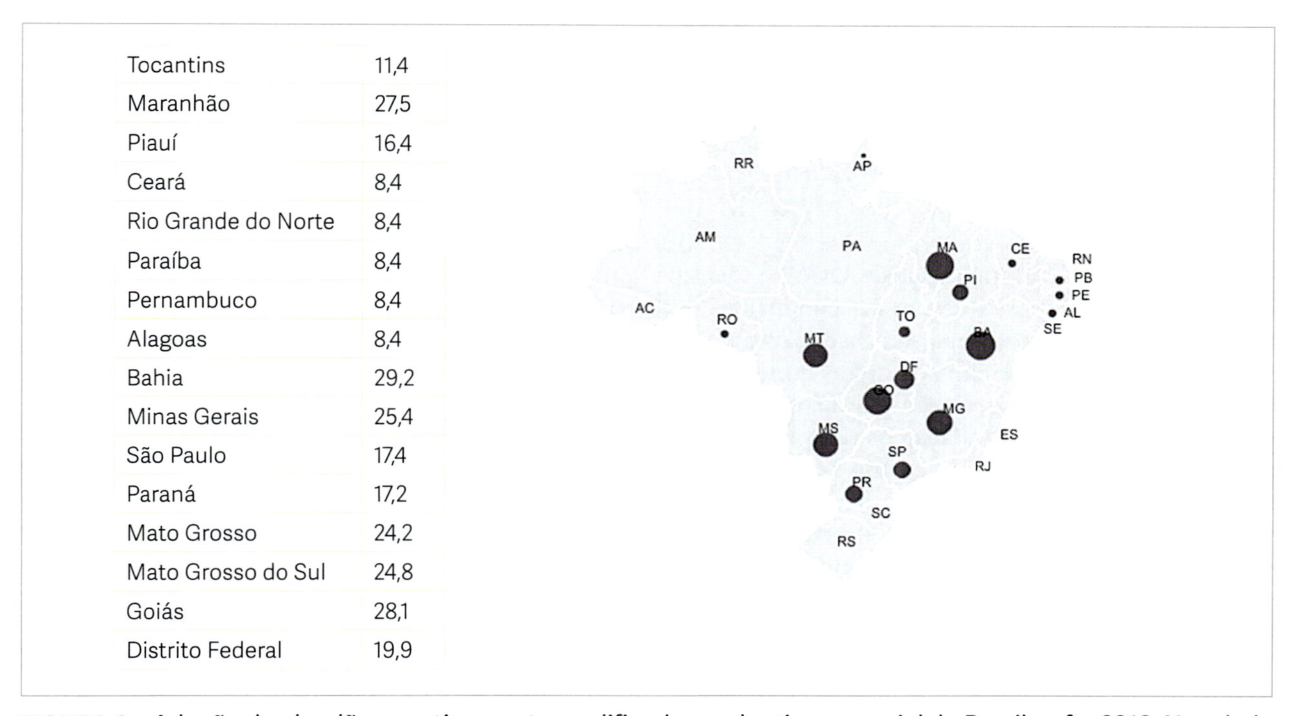

Tocantins	11,4
Maranhão	27,5
Piauí	16,4
Ceará	8,4
Rio Grande do Norte	8,4
Paraíba	8,4
Pernambuco	8,4
Alagoas	8,4
Bahia	29,2
Minas Gerais	25,4
São Paulo	17,4
Paraná	17,2
Mato Grosso	24,2
Mato Grosso do Sul	24,8
Goiás	28,1
Distrito Federal	19,9

FIGURA 6 Adoção do algodão geneticamente modificado no plantio comercial do Brasil, safra 2010. Na tabela à esquerda da figura, estão indicadas as porcentagens de algodão GM plantado em cada estado.

Fonte: Céleres.

As abordagens anteriores permitem gerar dados confiáveis para a conclusão da avaliação do risco para os dois itens acima. O cruzamento entre o algodão comercial e o silvestre parece ser pouco comum e os híbridos pouco competitivos, mas o gene de fato confere uma pequena vantagem seletiva, sobretudo em áreas onde o cultivo comercial de algodão aumenta significativamente a população de insetos praga. Nesse caso, por precaução, é conveniente estabelecer áreas de exclusão e aprofundar os estudos sobre fluxo gênico. Já no caso de insetos não alvo, o impacto da proteína Cry1Ac só é observado para doses de várias ordens, de grandeza acima das doses enfrentadas pelos insetos no campo. Estudos em campo devem ser evitados porque são complexos, sujeitos a muitas variações fora do controle do experimentador e acabam gerando dados de difícil interpretação. Após gerar dados para os itens considerados relevantes, o analista pode concluir sobre a segurança ambiental do algodão Bt.

Um processo essencialmente semelhante a esse foi seguido pela CTNBio para avaliação da biossegurança ambiental do algodão Bt, que levou à liberação comercial para o plantio em 2005, com a criação de algumas áreas de exclusão que foram revistas, passados 5 anos de adoção da tecnologia e, em grande parte, abolidas.

Até o presente, nenhum dano ao meio ambiente foi observado, apesar da adoção crescente de variedades de algodão geneticamente modificadas no Brasil, como mostra a Figura 6. Essa é uma demonstração de que uma avaliação do risco ambiental bem conduzida oferece ao país uma oportunidade de adotar tecnologias inovadoras sem comprometer a biodiversidade brasileira.

CONSIDERAÇÕES FINAIS

A análise do risco ambiental de OGM e, dentro dela, a avaliação do risco devem ser conduzidas seguindo um procedimento que se consolida mundialmente. Neste capítulo, foram revistas as premissas da avaliação do risco e foi indicado um fluxograma que pode ser adotado para a avaliação do risco de qualquer OGM. O fluxograma está de acordo com a proposta em elaboração pela Convenção de Biodiversidade (CBD), dentro do Protocolo de Cartagena, e que pode ser acessada no portal do Grupo Técnico *ad hoc* para Avaliação do risco da CBD8. A adesão a um processo de avaliação do risco internacionalmente reconhecido facilita a exportação de produtos da biotecnologia brasileira e a adoção de produtos desenvolvidos em outras partes do mundo.

REFERÊNCIAS BIBLIOGRÁFICAS

1. Brasil. Ministério da Saúde. Organização Pan-Americana de Saúde. Marco legal brasileiro sobre organismos geneticamente modificados. Brasília: Ministério da Saúde; 2010. p. 218.
2. Wolt JD, Keese P, Raybould A, Fitzpatrick JW, Burachik M, Gray A, et al. Problem formulation in the environmental risk assessment for genetically modified plants. Transgenic Research. 2010;19(3):425-36.
3. Romeis J, Bartsch D, Bigler F, Candolfi MP, Gielkens MM, Hartley SE, et al. Assessment of risk of insect-resistant transgenic crops to nontarget arthropods. Nat Biotechnol. 2008;26(2):203-8.
4. Sanchez Jr JLB, Malerbo-Souza DT. Frequência de insetos na polinização e produção do algodão. Acta Scientiarum Agronomy. 2004;26(4):461-5.
5. Pereira FFO, Pires CSS, Silveira FA, Barroso PAV, Sujii ER, Fontes EMG. Fauna de abelhas em espécies cultivadas e não cultivadas de algodão Gossypium spp. In: Anais do V Congresso Brasileiro de Algodão, Salvador; 2005.
6. Freire EC, Moreira JAN, Santos JW, Andrade FP. Relações taxonômicas entre os algodoeiros mocó e Gossypium mustelinum do Nordeste brasileiro. Pesq Agrop Brasileira. 1998;33(10):1555-61.
7. IBGE. Disponível em: ftp://ftp.ibge.gov.br/Producao_Agricola/Levantamento_Sistematico_da_Producao_Agricola_%5Bmensal%5D/Fasciculo/lspa_201601.pdf.
8. UNEP/CBD/BS/AHTEG-RA&RM/2/5. Final report of the ad hoc Technical Expert Group on Risk Assessment and Risk Management under the Cartagena Protocol on Biosafety. 2010. p. 40. Disponível em: http://www.cbd.int/doc/meetings/bs/bsrarm-02/official/bsrarm-02-05-en.pdf. Acesso em: 29/5/2011.
9. Associação Brasileira de Normas Técnicas. NBR 6023: informação e documentação – referências elaboração. Rio de Janeiro; 2002.
10. European Food Safety Authority (EFSA). Guidance on the Post-Market Environmental Monitoring (PMEM) of genetically modified plants. EFSA Journal 2011; 43. Disponível em: http://www.efsa.europa.eu/en/consultations/call/gmo110418.pdf. Acesso em: 29/5/2011.
11. FAO/WHO Expert Consultation on the Application of Risk Communication to Food Standards and Safety Matters. The application of risk communication to food standards and safety matters. 1998. p. 31. Disponível em: http://ftp.fao.org/docrep/fao/005/x1271e/x1271e00.pdf. Acesso em: 29/5/2011.

19

Objeção às plantas geneticamente modificadas

Francisco Gorgonio da Nóbrega

INTRODUÇÃO

A objeção às plantas geneticamente modificadas (PGM) é multifacetada e complexa. A área plantada com PGM cresce em média 3 a 4% anualmente e existe um registro de uso seguro há 19 anos, desde que a soja resistente a herbicida começou a ser plantada em 1996. Hoje, cerca de 12% (~ 182 milhões de hectares) da área utilizada para agricultura no planeta é ocupada por cultivares molecularmente modificados. Neste capítulo, esta oposição é discutida frente à suposta natureza artificial da modificação genética específica, aos riscos em virtude da natureza aleatória do local de inserção, ao perigo destas plantas produzirem produtos tóxicos ou alergênicos, à objeção ao uso de PGM resistentes a herbicidas, ao problema da migração do transgene para outras plantas e aos aspectos políticos/regulatórios importantes.

O embasamento histórico/biológico dos argumentos leva à conclusão de que a tecnologia é segura e as precauções, que a legislação impõe e a Comissão Técnica Nacional de Biossegurança (CTNBio) cumpre, são plenamente satisfatórias, além de serem debatidas livre e amplamente na Comissão, na presença de cientistas e de representantes da sociedade civil. Na opinião do autor, existem exigências bastante rigorosas, algumas até excessivas, que acabam criando uma barreira para o desenvolvimento local da tecnologia e um custo adicional para a população. Ademais, as PGM fortificadas, que vão incorporar nutrientes escassos na dieta de populações pobres, têm seu desenvolvimento particularmente prejudicado por ter finalidade predominantemente humanitária, dependendo de recursos públicos e doações para seu desenvolvimento e, portanto, ainda mais afetadas por algumas das exigências que, em nome de suposta precaução, podem impedir o progresso. Informações atuais sobre a tecnologia estão reunidas, por exemplo, no site da International Service for the Acquisition of Agri-biotech Applications (ISAAA) e uma coletânea recente com testemunhos de 32 especialistas pode ser obtida do ISAAA organizada por Navarro, em 2015[1].

BIOTECNOLOGIA DE PLANTAS

Meu interesse em biotecnologia de plantas foi despertado pelo trabalho de cientistas como Van Montagu, que, nos anos 1970 e 1980, estudou um método de transformação genética que a natureza inventara há centenas de milhões de anos e que permite a uma bactéria introduzir na planta genes cujos produtos de expressão lhe são úteis. A meu ver, se a natureza permitiu à humilde *Agrobacterium tumefasciens* tal façanha, não vejo por que o *Homo sapiens* não possa explorar este fenômeno para o progresso da agricultura, criando PGM pela via da modificação genética específica, usando a "engenharia genética". Esta tecnologia me parecia uma adição importante às técnicas "clássicas" como hibridação cruzada entre espécies ou mesmo gêneros distintos, enxertia, busca de mutantes espontâneos ou indução acelerada de mutantes por meio do tratamento de sementes com agentes mutagênicos químicos ou físicos.

Ninguém se espanta com o resultado de cruzamento entre espécies distintas como a rutabaga (repolho com nabo) ou a mula (jumento com égua). No entanto, há uma abundância de artigos de jornalistas na mídia e mesmo cientistas levantando hipóteses assustadoras sobre as possíveis consequências negativas do uso dessas tecnologias. O chamado do Ministério de Ciência e Tecnologia em 2007 para integrar a CTNBio me levou a aprofundar a pesquisa sobre as aspectos controversos da tecnologia. O resultado tem sido uma confirmação reiterada da segurança destes procedimentos e a gestação de uma visão pessoal, que considero apoiada em evidências sólidas, a qual, além de reafirmar inclusive uma superioridade dos procedimentos modernos sobre os "clássicos", sugere a conveniência de propor alterações na legislação atual no sentido de eliminar etapas precauciosas claramente excessivas que apenas resultam em tornar a tecnologia extremamente cara para os que a desenvolvem e, ao fim e ao cabo, para os usuários finais: a população.

Os maiores beneficiários da legislação atual são as gigantes multinacionais da biotecnologia de plantas como a Monsanto, Syngenta, Du Pont, Bayer etc. que, podendo pagar o alto preço imposto pela burocracia, dominam o mercado já que podem atender às múltiplas exigências dos órgãos reguladores. Este texto é, portanto, uma reflexão sobre a base factual dos temores expressos por muitos e que são amplamente incentivados por um ativo grupo de indivíduos associados a certas organizações não governamentais (ONG), apoiadas por alguns membros da comunidade científica e jornalistas. A mídia, caracteristicamente, geralmente ignora as evidências de seguridade e aceita alegremente toda análise negativa ou catastrófica que aparece. Sabemos que "notícia boa não é notícia".

O planeta tem sido extensamente modificado em razão da presença humana. Com mais de 7,3 bilhões de habitantes, apesar das taxas decrescentes de crescimento populacional, temos potencial para atingir 9 a 10 bilhões de pessoas e impor múltiplas demandas aos recursos naturais existentes. Ainda temos 46% do planeta intocado, segundo o fotógrafo e ambientalista Sebastião Salgado. O seu projeto GENESIS tem registrado a beleza dessas áreas incluindo a vida dos povos que ainda sobrevivem em condições primitivas em regiões isoladas na Amazônia, Nova Guiné etc. Busca este retrato do planeta para incentivar o cuidado com o meio ambiente.

Para a agricultura, a tarefa atual é alimentar este enorme contingente sem que seja necessário destruir mais matas nativas, recuperar ecossistemas degradados e obter cultivares para regiões com solos pouco irrigados, salinos, pobres, contaminados ou afetados por mudança climática. Muitos países da África, por exemplo, sequer usam os recursos da agricultura moderna anteriores à transgenia (a "Revolução Verde" dos anos 1960 e 1970) e passam fome degradando o meio ambiente com uma agricultura orgânica primitiva e insuficiente para uma alimentação abundante e equilibrada. A seguir, são examinadas algumas controvérsias habituais sobre as PGM.

NÃO É NATURAL ALTERAR GENOMAS

Esta é uma das objeções mais comuns à engenharia genética de plantas: é artificial. Curiosamente, são muito raras as campanhas contra a modificação genética de animais, células de cultivo, fungos ou bactérias para a produção das mais variadas substâncias de uso médico ou alimentar (como o coalho usado na produção de queijos). A definição de "natural" é um problema em si. Nossos ancestrais, antes do *Homo sapiens*, já modificavam a natureza ao utilizar o fogo, promover a dispersão de plantas úteis, construir seus abrigos. Na aparentemente "virgem" Amazônia (Figura 1), há sinais da passagem do homem modificando a floresta e deixando sinais de técnicas importantes de manejo do solo (Figura 2), como a terra preta.

FIGURA 1 Natureza intocada, Amazônia.

FIGURA 2 Plantações, natureza modificada pela ação humana.

A dualidade "natural *vs.* artificial" se sustenta no desconhecimento da história dos cultivares e no analfabetismo científico. O que domesticamos há cerca de 10.000 anos como o trigo e outras plantas é pura criação humana, interferência, portanto, "artificial" no reino vegetal. O ancestral do trigo tinha poucas sementes, que se desprendiam facilmente com o vento. A domesticação do trigo levou à seleção de plantas com características cada vez mais interessantes para a alimentação humana: sementes maiores e mais abundantes, que não se soltam facilmente, sincronia de desenvolvimento etc. Cruzamentos entre variedades para acelerar o aparecimento de novos e mais atraentes fenótipos resultaram gradualmente no trigo moderno, amplamente cultivado. Ele quase nada se parece com a(s) planta(s) que lhe deu(ram) origem. Isso se repetiu no desenvolvimento do milho (Figura 3), um façanha incrível da civilização da América bem antes de Colombo.

Praticamente todas as plantas que consumimos são domesticadas, o que implica dependência total do cuidado humano para sua propagação. Todas as plantas domesticadas perdem a capacidade de colonizar o meio ambiente se deixadas à própria sorte. Para dar um exemplo marcante do quanto artificial a agricultura "clássica" pode ser, nos anos 1950, O-Mara, da Universidade Iowa State nos Estados Unidos, usou o "veneno" colchicina para desenvolver um híbrido fértil entre dois gêneros distintos: trigo e cevada. A planta foi batizada de triticale e, já nos anos 1980, ocupava mais de 2 milhões de acres na União Soviética, na França, nos Estados Unidos, no Canadá e na América do Sul[2]. Este híbrido tem 28% mais proteína que o trigo, mais aminoácidos essenciais e sua farinha tem excelente sabor. Tornou-se um favorito dos partidários de alimentos naturais e de *health foods stores* pelo mundo afora. Caso os ativistas atuais contra as PGM existissem naquela época, como iriam reagir imaginando as possíveis mutações e rearranjos gênicos, potencialmente capazes de gerar produtos tóxicos ou alergênicos e as possibilidades de "contaminação genética" de outras culturas a partir dos campos onde o triticale é cultivado? A aplicação do "princípio da precaução" resultaria certamente no impedimento da comercialização deste valioso cereal, que poderia ser considerado um verdadeiro "Frankenstein" de dois gêneros! A colchicina também foi usada para produzir frutos sem sementes, como em certas melancias.

Na verdade, quando desenvolvemos a engenharia genética em geral e a de plantas em particular, estamos imitando a natureza: microrganismos nas águas e no solo fazem trocas genéticas alucinantes mediadas

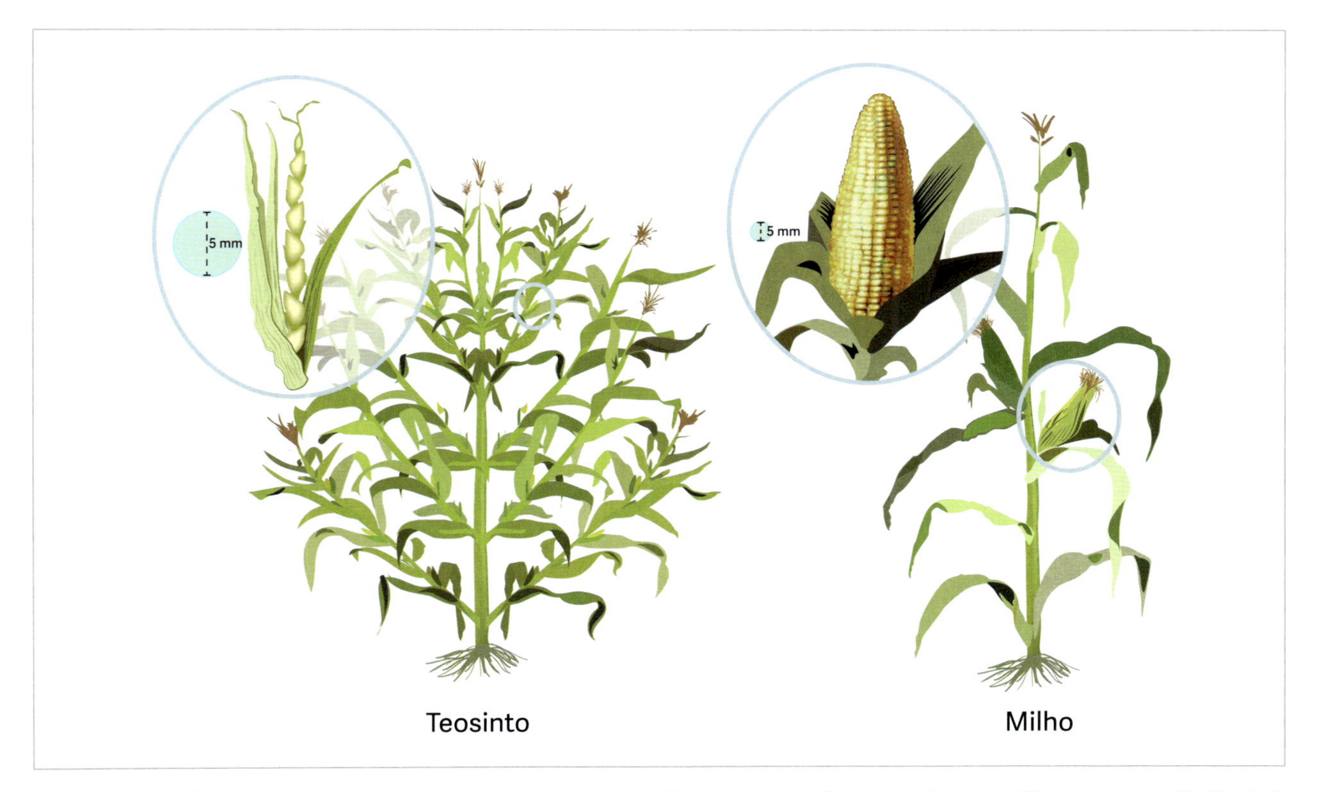

FIGURA 3 Diferenças entre o teosinto, o ancestral do milho moderno (à esquerda) e o milho moderno (à direita).

por bilhões de vírus naturais, por conjugação ou por transformação direta com DNA liberado de organismos que sofreram lise. Cerca de 47% dos micróbios cultiváveis nos oceanos recebem material genético por transferência "horizontal".

A observação superficial gera a ilusão de que as espécies são constantes e imutáveis. Darwin começou a demolir esta concepção com a teoria da evolução e a moderna genética molecular, que constantemente identifica os mecanismos que permitem essas mudanças. Todo organismo está em processo de transformação por mutagênese espontânea ou por transferência horizontal de genes, ou seja, introdução natural de pedaços de DNA portando genes de organismos não relacionados. Esse importante tema de estudo nasceu da facilidade com que podemos clonar, amplificar e sequenciar genomas. Transferência entre fungos e bactérias é bem conhecida. Inclusive a célula eucariótica de animais e plantas nasceu de um evento ainda mais brutal: organelas como mitocôndria e cloroplastos vieram de células "engolidas" por outras que, aprisionadas, acabaram se transformando em organelas.

Rotíferos bdeloides, que são metazoários minúsculos, adquiriram vários genes de bactérias, fungos e mesmo plantas[3]. Simbiontes bacterianos de insetos podem alterar a eficiência reprodutiva destes, estimulando sua evolução. Pesquisadores suecos acabam de descobrir que um transgene natural, originado de um tipo de grama (*Poa* sp.), foi transferido para outra gramínea cerca de 700.000 anos atrás. Imagina-se que um vírus ou parasita tenha mediado a transformação genética natural. Múltiplas transferências de genes bacterianos relacionados à capacidade de degradar a parede celular de plantas ocorreram em nematodos parasitas de plantas[4]. A transferência de um segmento do DNA repetitivo humano L1 para a bactéria *Neisseria gonorrhoeae,* um patógeno humano exclusivo, foi descrita[5]. O grupo do Dr. Antonio Teixeira da Universidade de Brasília se destacou com uma sequência de artigos descrevendo a transferência de DNA de *Trypanosoma cruzi* para células do hospedeiro humano com inserção do DNA dos minicírculos do parasito no genoma de células cardíacas6. Esses achados têm aparecido cada vez mais frequentemente em virtude da crescente disseminação, modernização e barateamento das tecnologias utilizadas.

A transferência de genes através das barreiras entre espécies, gêneros e mesmo filos tem sido feita na natureza, sem intervenção humana! Quem ousaria chamar de "artificial" essa migração horizontal de genes? A moderna tecnologia de inserção de genes em plantas, na verdade, imita o que a bactéria Agrobacterium tumefasciens faz há milhões de anos (Figuras 4 e 5). Pamela Ronald usa a seguinte analogia: a melhoria convencional por meio de cruzamentos é como um casamento no qual o noivo leva para casa toda uma aldeia junto com a esposa. Já a modficação genética de plantas é um casamento no qual o noivo leva apenas a noiva sem outros parentes[7]. Portanto, a moderna engenharia genética de plantas é imitação de processos ancestrais e naturais que só agora compreendemos e aprendemos a utilizar.

FIGURA 4 *Agrobacterium tumefasciens*, bactéria causadora das galhas ou tumores de plantas, capaz de inserir genes no genoma do vegetal.

FIGURA 5 Tumor ou galha em planta infectada pelo *Agrobacterium tumefasciens.*

A INSERÇÃO DO TRANSGENE É MUTAGÊNICA

Como a inserção pode ocorrer nos mais variados locais do genoma da planta, há preocupação de que possa inativar um gene importante ou provocar a fusão de um gene vizinho com um segmento do inserto e resultar, possivelmente, em uma proteína tóxica ou alergênica. Esta possibilidade existe, com baixa probabilidade, durante os muitos experimentos em que se busca inserir um transgene na planta. Como o genoma de uma planta tem baixa densidade de genes, a possibilidade de inserção dentro ou muito próximo de outro gene é pouco provável. No milho, com 2,4 bilhões de pares de bases, não mais que 8% do genoma é ocupado por genes, mas inserções que não dão o resultado esperado acontecem em virtude da natureza aleatória do processo. Quando uma inserção que prejudica outro gene acontece ou quando ocorre em região cromossomal onde os genes estão silenciados, o efeito desejado não aparece. Se outro gene é perturbado, isto transparece pois a planta resultante fica fenotipicamente alterada. Estas plantas são descartadas nas etapas iniciais da busca por uma planta transformada sem interferências indesejáveis e com o transgene se expressando apropriadamente. Após a cuidadosa seleção que é sempre feita após a introdução do(s) gene(s), apenas os transformantes sadios são mantidos e uma análise molecular é feita no DNA da planta que está flanqueando o inserto, para examinar se algum gene teria sido perturbado e se há potencial para uma proteína nova ser expressa na região de junção. Esta segunda etapa (molecular) de análise permitirá excluir transformantes com potencial de expressar proteínas ou peptídeos não planejados na PGM. Portanto, esta etapa na seleção de transformantes é muito importante e análoga à seleção que o melhorista convencional moderno faz após seus cruzamentos ou mutagênese. Existem progressos nos métodos de transformação que devem permitir, futuramente, escolher o local onde o(s) transgene(s) vai(vão) ser inserido(s), reduzindo ou eliminando a possibilidade de uma inserção em local inconveniente.

O estresse gerado pelas manipulações de transformação genética (usando biobalística ou por mediação com *Agrobacterium tumefasciens*) aumenta ligeiramente a taxa normal de mutações, como demonstrado no organismo modelo, a levedura *Saccharomyces cerevisiae*. No entanto, este aumento é pequeno comparado às alterações introduzidas no melhoramento clássico. Desde 1920, os melhoristas começaram a utilizar rotineiramente mutagênese química ou por radiação ionizante, assim como colchicina que impede a separação dos cromossomos durante a divisão celular. Tudo para acelerar a busca por variedades melhores. Quase 2.000 plantas obtidas por mutagênese aleatória foram comercializadas desde então. Cada uma abriga no mínimo dezenas de mutações e possíveis rearranjos gênicos, atingindo genes que desconhecemos. No entanto, o consumo de alimentos derivados não resultou em qualquer problema nutricional, tóxico ou alérgico. A seleção usual, examinando características fenotípicas, aparentemente basta para eliminar efeitos indesejáveis. Ademais, esses genes mutados passaram em certa medida para outras plantas por meio do fluxo gênico normal (chamado de "contaminação genética" por aqueles que desejam combater a qualquer custo a tecnologia).

Nenhum dano ambiental foi relatado ou espécie invasiva apareceu para se espalhar pela natureza sem controle. Também, gozando de completa liberdade de experimentação, botânicos profissionais ou amadores criaram milhares de plantas úteis, usando métodos que certamente não seriam considerados "naturais" se os ativistas de hoje estivessem em ação: cruzamentos entre espécies diferentes, entre gêneros diferentes e uso de enxertia, como p. ex. no cultivo de rosas, frutas cítricas, uva, graviola, maçãs etc. Nesta técnica, uma variedade, por exemplo, resistente a pragas mas que não dá o fruto ideal recebe o enxerto da variedade que produz o fruto desejado. Vários desses experimentos de campo resultam de *wide crosses*, que carreiam genes de ervas selvagens invasoras ou venenosas ultrapassando a barreira de espécie, sem fiscalização ou restrições governamentais.

Recentemente, foi comprovado por estudo usando *microarrays* que as alterações de expressão gênica introduzidas por radiação ionizante no arroz são mais intensas que as induzidas na mesma planta em razão das manipulações específicas e controladas da engenharia genética[8]. Smith et al.[9] examinaram o genoma de uma levedura do gênero *Pichia* que havia sido submetida, por 7 anos, a repetidos tratamentos de mutagênese química e transformação genética com inserção de genes, sempre acompanhadas de etapas de seleção dos indivíduos com as características desejadas entre os vários procedimentos. A linhagem mutagenizada e transgênica resultante foi submetida a sequenciamento genômico completo. Os pesquisadores, surpresos, encontraram menos de 12 mutações em genes. Destaque-se que a *Pichia*, um eucarioto unicelular, apresenta uma densidade de genes no genoma bem maior que uma planta. Portanto, a natureza parece tolerar bem alterações sinônimas, mas relativamente poucas que alterem uma função biológica de maneira significativa. É praticamente impossível que inserções e mutações ao acaso transformem genes existentes em toxinas ou alérgenos, como sugerem aqueles preocupados com os locais de inserção de transgenes. Também a seletividade da manipulação genética é motivo para tranquilizar e não levantar suspeitas infundadas. Alérgenos e toxinas naturais existem em grande quantidade no reino vegetal e são resultado de milhões de anos de evolução, não podendo ser criados por mutações ao acaso e muito menos pelas inserções estudadas e monitoradas da moderna engenharia genética. Portanto, a velha observação cuidadosa do fenótipo de uma nova variedade, exercitada pela espécie humana há mais de 10.000 anos e que deu origem às plantas que nos alimentam, continua sendo útil ao melhorista moderno que usa a engenharia genética.

O produto do gene inserido seria nocivo?

O movimento ambientalista foi desencadeado pelo famoso livro de Rachel Carson *Silent Spring*, em 1962. A autora descrevia em termos dramáticos as supostas consequências futuras para o meio ambiente e humanos/animais do uso excessivo de produtos químicos, principalmente inseticidas. Claramente ela visualizava em seu livro, no futuro, o emergir de múltiplas tecnologias biológicas para defender as plantações que garantem nosso alimento usando, por exemplo, insetos predadores de pragas, fugindo da ação pouco específica exibida por inseticidas, fungicidas etc.

Um desses métodos biológicos de controle de insetos-praga foi a descoberta de uma bactéria do solo, *Bacillus thuringiensis*, que era tóxica para grande número de insetos que atacam culturas (Figura 6). A partir de 1920, culturas desta bactéria começaram a ser borrifadas sobre plantas para protegê-las. Preparações contendo até quatro variedades distintas de *B. thuringiensis*, para ampliar o espectro de ação para um número maior de insetos, foram aprovadas para o uso e consideradas tão seguras que tomates assim tratados poderiam ser consumidos sem lavagem[2]. Os agricultores orgânicos aderiram imediatamente ao processo biológico de controle.

Os progressos da biologia, coisa que Rachel Carson não poderia antecipar, pois faleceu em 1964, permitiram um uso muito mais seletivo e conveniente da propriedade inseticida dessa bactéria: apenas o gene da proteína tóxica é inserido na planta que passa a produzir o bioinseticida. Os insetos morrem ao ingerir a bactéria porque ela contém o produto do gene *cry*, uma proteína que altera a permeabilidade das células do intestino do inseto, matando-o. A proteína é inócua para animais e atua apenas em certos insetos (Figura 7). Para expressão eficiente do RNA mensageiro desta proteína, um promotor forte, isto é, uma sequência curta de DNA que promove a transcrição do gene, vai associada ao DNA inserido. Um dos promotores mais usados foi isolado de um gene de vírus. Esse fato é utilizado maliciosamente por opositores para sugerir, aos que desconhecem a biologia moderna, que isto acarretaria risco análogo a outras ações virais indesejadas como ativação de outros genes (algo impossível, visto que o promotor está "amarrado" ao gene *cry*).

A leviandade e a ousadia para levantar hipóteses impossíveis e amedrontadoras têm sido a marca dos grupos de pressão. Uma pessoa racional e bem informada, interessada na substituição gradual das armas químicas agrícolas por armas biológicas, saudaria, portanto, o milho Bt (que contém a proteína Cry) ou o algodão e soja Bt como soluções positivas no sentido

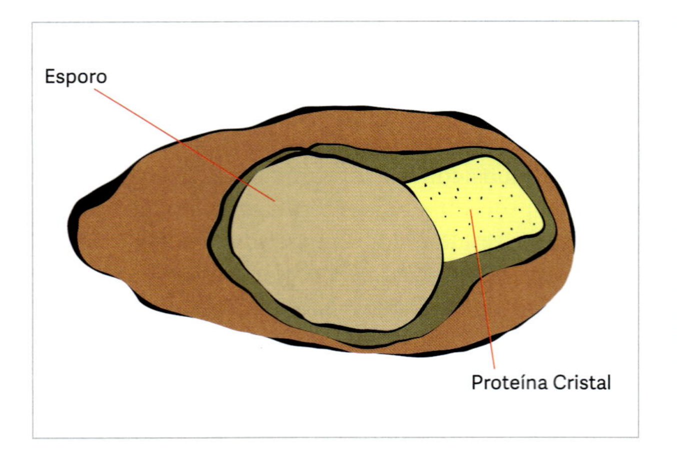

FIGURA 6 Esquema de esporo do *Bacillus thuringiensis* mostrando a proteína cristal que é tóxica para certos insetos.

FIGURA 7 Plantas convencionais (à esquerda e ao centro) e planta resistente ao ataque de inseto (à direita) em decorrência da presença do gene *cry* do *Bacillus thuringiensis*.

de reduzir a dependência de defensivos químicos. No entanto, a oposição continua intensa, levando estudiosos como Michael Crichton a classificar o ambientalismo radical como "a religião dos ateus urbanos" (Michael Crichton), por não se curvar às evidências.

A proteína Cry foi aceita imediatamente quando oferecida junto e dentro do bacilo, cercada de todas as demais biomoléculas potencialmente tóxicas ou alergênicas ao organismo humano, sem suscitar preocupações. No entanto, a pequena quantidade da proteína Cry presente nos tecidos da planta transgênica, e que não é tóxica mesmo quando injetada na corrente sanguínea de animais de teste em quantidades assombrosas e não resiste ao suco gástrico ou entérico, suscita "preocupações". Sua ingestão por camundongos em teste, sem efeito negativo, corresponderia, para um humano, a comer de uma só vez 70 kg de milho transgênico.

Na falta de algo palpável na análise de risco, levanta-se a hipótese gratuita de que "afinal ainda não foi feito um teste de longo prazo e por muitas gerações usando diferentes espécies animais" para comprovar a ausência de efeitos nocivos. Testes desse tipo poderiam ser considerados se a Cry fosse um produto químico ou droga de efeito desconhecido. Sua natureza proteica, mecanismo de ação, não alergenicidade e digestibilidade foram demonstrados à exaustão. Todos os procedimentos biológicos envolvidos foram cuidadosamente monitorados e mostram que não há qualquer base lógica para exigir testes de longo prazo. No momento, é difícil imaginar um controle biológico para insetos mais benéfico e seguro que o uso das proteínas Cry, de ação específica contra diferentes insetos-praga e de nenhum ou pequeno dano para insetos não alvo.

Um trabalho sugeriu que o pólen de uma planta com o gene *cry* poderia colocar em risco as magníficas borboletas monarca. Na verdade, a introdução de plantas com esta característica, resultando na redução ou abolição do uso de inseticidas inespecíficos, foi enorme avanço na direção da preservação das monarcas[10]. Resta, na comparação com o milho convencional, a importante vantagem de uma redução muito grande[11] na quantidade de micotoxinas presentes no grão, substâncias comprovadamente tóxicas, capazes de aumentar a incidência de câncer hepático. Este fato, de grande benefício para a segurança alimentar, decorre da redução dos ataques de insetos que deixam cavidades no grão imediatamente colonizadas pelos fungos produtores de toxinas.

RESISTÊNCIA A HERBICIDAS

Tornar um cultivar resistente a herbicidas capazes de eliminar ervas daninhas sem a necessidade de limpeza periódica manual ou mecânica é um benefício enorme (Figura 8). Há redução de tempo de trabalho, de combustível e, ao não arar a terra para controle das plantas invasoras, resulta em grande benefício ambiental. A terra revolvida perde parte de sua estrutura e é facilmente levada pela chuva ou pelo vento, resultando em perda de solo superficial, um dos grandes problemas da agricultura moderna, assoreando rios. Outro benefício ambiental secundário é a perda de carbono no solo revolvido, liberando CO_2 adicional para a atmosfera.

As proteínas que conferem resistência ao glufosinato de amônio e ao glifosato, herbicidas mais seguros que a maioria em uso pelos agricultores, e os genes correspondentes têm sido os mais usados para obter soja, milho ou algodão resistentes aos respectivos herbicidas. Também aqui se demonstrou que as proteínas em questão não são tóxicas ou alergênicas, estão presentes em pequena quantidade na planta e são digeridas no tubo intestinal. Os casos em ampla utilização envolvem proteínas próprias de bactérias ou mesmo de outras plantas. As enzimas resistentes portam pequenas alterações moleculares que as tornam insensíveis ao efeito do herbicida (para o glifosato é a enzima EPSPS), ou pertencem a uma bactéria do solo que degrada este herbicida (no caso do glufosinato), ou ainda usa-se uma enzima de outra planta que é resistente ao herbicida (caso de herbicidas do grupo das imidazolinonas). É importante contar com plantas imunes a di-

FIGURA 8 Beterraba resistente a herbicida tratada com herbicida (à esquerda) e não tratada com herbicida (à direita) mostrando a invasão de plantas daninhas competidoras.

ferentes herbicidas, pois a resistência, com o uso constante do produto, sempre aparece e o uso alternado desses compostos reduz apreciavelmente a emergência de ervas daninhas difíceis de controlar.

FLUXO GÊNICO: QUAL É O PROBLEMA?

Como dito anteriormente, o fluxo gênico "invisível" das milhares de plantas mutagenizadas nas últimas décadas nada causou, apesar de muitos genes desconhecidos alterados terem sido disseminados no pólen. A grande diferença com a chegada das PGM é a possibilidade de detecção, já que sabemos quais genes foram introduzidos e temos métodos supersensíveis para detectá-los.

As lavouras transgênicas seguem regras precisas de distanciamento para reduzir a níveis mínimos a transferência das características para plantas vizinhas. As poucas transferências que ocorrem não resultarão em qualquer problema. Primeiro, as transferências sempre ocorreram sem consequências. Segundo, um transgene é um gene como outro qualquer, a característica transferida para outra planta, fora do campo de cultivo e sem aplicação de uma pressão seletiva particular, não levará à expansão desse clone vegetal. A rara planta que tenha sido modificada pelo pólen com o transgene não faz parte das escolhidas para produzir sementes para novos plantios. A preocupação com o aparecimento de "plantas invasoras" em virtude da migração do transgene é ainda mais absurda. Todas as plantas domesticadas, convencionais ou transgênicas são eminentemente frágeis diante de qualquer planta nativa, uma característica que depende de muitos genes. Não têm vitalidade para competir com as plantas do ecossistema natural.

O excesso de preocupação que alguns exibem revela uma visão similar às noções de pureza racial do nazismo. Nesta analogia, o transgene é de uma raça inferior ou alienígena e não pode se misturar com os demais genomas "puros" ou "superiores" por serem "naturais". A preocupação com a "contaminação" de raças crioulas também não se sustenta. Muito raramente estarão em proximidade. As variedades tradicionais crioulas sofrem constante alteração e cruzamentos nas comunidades de origem e a melhor garantia de preservação dessa riqueza genética está com os pesquisadores de instituições como a Embrapa, que mantém bancos de sementes e frequentemente restauram estoques perdidos pelas comunidades tradicionais. Não há nenhuma redução de biodiversidade quando uma nova planta transgênica é introduzida. Ela representa uma nova variedade criada pelo homem, portanto aumenta a biodiversidade e aumenta o potencial de geração de novas variedades por cruzamentos convencionais com outros cultivares. A possível redução de biodiversidade na área de cultivo é fenômeno intrínseco a qualquer agricultura seja convencional ou geneticamente modificada. Seria ridículo, como querem alguns, manter uma convivência inalterada de ervas invasoras, insetos de todo tipo, aves predadoras etc. no local onde o agricultor pretende obter uma colheita abundante e sadia.

COMO EXPLICAR A FORTE OPOSIÇÃO EXISTENTE?

O maior núcleo da resistência aos transgênicos de plantas fica na Europa. O continente sempre exportou gente e temeu os vindos de fora. Na época dos descobrimentos, trouxeram muitas plantas de outras paragens como a batata, o café e o milho. A batata levou nada menos do que 200 anos para ser aceita pelos europeus. Era considerada a *Frankenfood* da época, até que a aceitação chegou, ajudada pela quebra da safra do trigo quando explodiu a Revolução Francesa.

Agora, de maneira completamente irracional, os europeus temem consumir alimentos derivados das PGM, que há mais de 15 anos estão na cadeia alimentar de americanos, canadenses etc., sem qualquer problema. Será que um país altamente desenvolvido e educado como o Canadá, um dos países que consomem plantas transgênicas, estaria atuando com descaso e colocando em perigo sua população? Os cientistas das grandes academias de ciência nos Estados Unidos, no Japão e na Europa estariam errados quando declaram que os alimentos transgênicos são tão seguros quanto os convencionais? É claro que não. ONG milionárias e

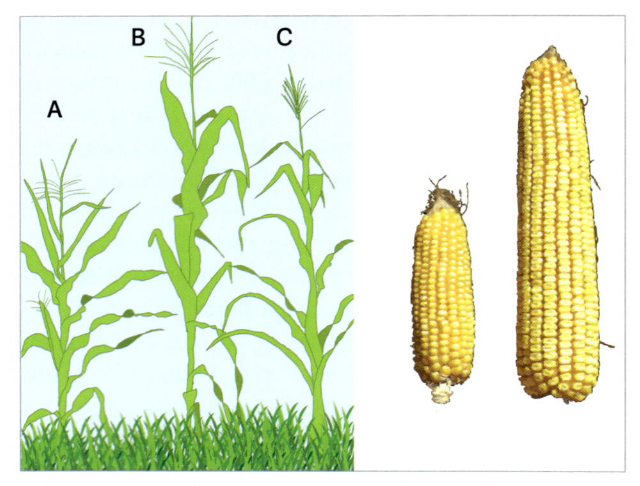

FIGURA 9 Linhagens puras (A, C) de milho e planta híbrida (B). A espiga das linhagens puras é menor do que a produzida pela planta híbrida.

globalizadas como a Greenpeace espalham inverdades e alimentam a imprensa sedenta de más notícias. As indústrias de defensivos químicos estão perdendo dinheiro com as PGM e os agricultores orgânicos, também irracionalmente, opõem-se sistematicamente a uma tecnologia biológica, "verde", que deveriam abraçar animadamente como defendem o grande ambientalista Stewart Brand[10] e outros pesquisadores adeptos da agricultura orgânica[7,12]. É compreensível que um determinado país não queira, por motivos comerciais, comprar da Monsanto (ou de outra multinacional), mas é inaceitável usar falsidades e pseudociência para alavancar uma disputa comercial.

Outro elemento que alimenta oposição é o descontentamento com as patentes no setor de sementes e com a necessidade de comprá-las a cada plantio. Curiosamente, há décadas isso ocorre com as sementes híbridas, que resultam em produto superior, como o milho híbrido desenvolvido nos anos 1920 (Figura 9). Em 1970, nos Estados Unidos, o milho híbrido já correspondia a 96% do total plantado, a produtividade aumentou oito vezes e os agricultores compravam as sementes. A China, em 2007, tinha 65% de seu arroz plantado com sementes híbridas. Também suscita cuidados o suposto "controle" do setor de sementes por uma gigante multinacional como a Monsanto. Essa objeção segue em dissolução à medida que outras multinacionais entram nesse mercado (Bayer, Du Pont, Syngenta) e países como China, Índia e Brasil desenvolvem transgênicos usando recursos públicos ou empresas nacionais. Com o término, em breve, de algumas patentes como os Bt, esta tecnologia entra para o setor público e logo vamos ter "genéricos" dessas sementes, a preços reduzidos.

A agricultura orgânica, que deveria adotar as PGM como tecnologia verde, baniu-as, lamentavelmente. Esperamos que, em um futuro próximo, os agricultores orgânicos corrijam seu erro. Vale a pena assistir à palestra do ambientalista Stewart Brand sobre a engenharia genética aplicada à agricultura[13]. É oportuno lembrar que a adoção preconizada por alguns de uma agricultura orgânica exclusiva, em 1961, resultaria, nos dias de hoje, na utilização obrigatória de 82% dos solos em lugar dos 38% atuais. Isso representaria a invasão da Amazônia, do Saara e do delta do Okawango na África e, felizmente, não aconteceu graças à Revolução Verde dos anos 1970 e 1980, liderada pelo ganhador do Nobel da Paz, Norman Borlaug.

Agora, a moderna biotecnologia antevê o que Brand10 chama de "Revolução Duplamente Verde", pois com as PGM é possível buscar a mitigação de aspectos indesejáveis da "revolução verde": uso excessivo de defensivos agrícolas e de água, pouco cuidado com a sustentabilidade do solo e vantagens desproporcionais para o grande agricultor. Brand comenta que, enquanto a Europa recusa plantar os transgênicos, os agricultores pobres dos países em desenvolvimento os adotam com a rapidez com que passaram a usar os telefones celulares, ambos estratégias para reduzir a pobreza.

POLÍTICA, MULTINACIONAIS E BEM PÚBLICO

Temas importantes relativos aos transgênicos são: monopólio ou cartelização da produção de sementes, patenteamento e pagamento de royalties pelos agricultores. São preocupações legítimas que cada país deve enfrentar. A pioneira Monsanto pressionou o governo americano para criar uma legislação excessivamente exigente para aprovação dos transgênicos[14]. Sabia que, sendo poderosa, poderia pagar os custos, mas seus concorrentes potenciais como universidades e pequenas empresas não conseguiriam competir. Isso não tem nenhuma relação com segurança alimentar ou ambiental, mas sim com reserva de mercado. Os demais países imitaram cegamente os Estados Unidos e até fizeram exigências adicionais, como na Europa e no Brasil.

Os transgênicos do bem, que estão para chegar, pagam o preço absurdo da regulamentação excessiva. Ingo Potrykus, o criador do arroz dourado (Figura 10), que pode salvar centenas de milhares de crianças da cegueira, clamou recentemente, na *Nature*, por uma simplificação das leis que estão atrasando a entrada no mercado de transgênicos que podem eliminar deficiências nutricionais ou funcionar como vacinas orais, entre muitas outras possibilidades excitantes[15].

O Brasil deveria ouvir esta voz e liderar a desregulamentação como gigante que é na produção de alimentos. Poderia se tornar um país muito mais amigável para a pesquisa e experimentação com as novas tecnologias de modificação genética de plantas. Atrairia capital e cérebros que a União Europeia está perdendo e estimularia o cientista empreendedor. Plantas de grande valor para populações pobres seriam criadas e distribuídas sem cobrança de royalties para esses países como em alguns casos se está fazendo com o apoio de algumas empresas em parceria com fundações como a Bill e Melinda Gates. Entidades como a Public IP Resource for Agriculture (PIPRA), situada na Universidade da Califórnia, em Davis, busca parcerias e o desenvolvimento de tecnologia livre para os países em desenvolvimento e o pequeno agricultor. Na África, a African Agricultural Technology Foundation (AATF) no Quênia, administrada por africanos, negocia informação e acordos de interesse para a agricultura local.

As possibilidades de gerar cultivares organicamente equipados para ter desempenho superior e vanta-

FIGURA 10 Arroz convencional e "arroz dourado" contendo a provitamina A.

gens nutricionais especiais é imensa. Alguns exemplos: existem estudos em andamento para produzir mandioca mais nutritiva e sorgo fortificado para a África. Um grupo de cientistas da Índia criou uma batata que pode ter até 60% mais proteína e que apresenta maior produtividade no campo16, apelidada "protato". Após muitos anos de trabalho, lutando contra a oposição do Greenpeace e outros grupos de pressão, o arroz dourado, com genes que permitem a síntese do precursor da vitamina A (Figura 10), começa a ser testado no Paquistão (AgBioWorld, maio de 2011)[17].

CONSIDERAÇÕES FINAIS

Creio que esta exposição relacionando os argumentos mais comuns da oposição às plantas geneticamente modificadas e respondendo com o conhecimento atual sobre a fluidez genética natural e sobre a natureza benigna das modificações introduzidas que imitam processos biológicos comuns permite ao leitor uma visão racional dos processos envolvidos e seu potencial para o bem da humanidade.

REFERÊNCIAS BIBLIOGRÁFICAS

1. Navarro MJ. Voices and views: why biotech? ISAAA Brief No. 50. Ithaca: ISAAA; 2015. Disponível em www.isaaa.org/resources/publications/briefs/50/. Acesso em 15/02/2016.
2. Fedoroff N, Brown NM. Mendel in the kitchen – a scientist's view of genetically modified foods. Washington, DC: Joseph Henry Press; 2004.
3. Gladyshev EA, Meselson M, Arkhipova IR. Massive horizontal gene transfer in bdelloid rotifers. Science. 2008;320:1210-3.
4. Danchin EG, Rosso MN, Vieira P, de Almeida-Engler J, Coutinho PM, Henrissat B, et al. Multiple lateral gene transfers and duplications have promoted plant parasitism ability in nematodes. Proc Natl Acad Sci USA. 2010;107:17651-6.
5. Anderson MT, Seifert HS. Opportunity and means: horizontal gene transfer from the human host to a bacterial pathogen. MBio 2011;2:e00005-11.
6. Teixeira AR, Gomes C, Nitz N, Sousa AO, Alves RM, Guimaro MC, et al. Trypanosoma cruzi in the chiken model: Chagas-like hearth disease in the absence of parasitism. PLoS Negl Trop Dis. 2011;5:e1000.
7. Ronald PC, Adamchak RW. Tomorrow's table: organic farming, genetics, and the future of food. Oxford: Oxford University Press; 2008.
8. Batista R, Saibo N, Lourenço T, Oliveira MM. Microarray analyses reveal that plant mutagenesis may induce more transcriptomic changes than transgene insertion. Proc Natl Acad Sci USA. 2008;105:3640-5.
9. Smith DR, Quinlan AR, Peckham HE, Makowsky K, Tão W, Woolf B, et al. Rapid whole-genome mutational profiling using next-generation sequencing technologies. Genome Res. 2008;18:1638-42.
10. Brand S. Whole earth discipline, an ecopragmatist manifesto. New York: Viking; 2009.
11. Bakan B, Melcion D, Richard-Molard D, Cahagnier B. Fungal growth and fusarium mycotoxin content in isogenic traditional maize and genetically modified maize grown in France and Spain. J Agric Food Chem. 2002;50:728-31.
12. Scheifler MR. More sustainable food: genetically modified seeds in organic farming. Prêmio do Asturias Intitute Society of Bioethics, 2009. País Basco, Espanha.
13. Brand S. Four environmental "heresies". Disponível em: www.ted.com/talks/stewart_brand_proclaims_4_environmental_heresies.html. Acesso em 15/02/2016.
14. Miller HI. The biotechnology industry's Frankensteinian creation. Trends in Biotecnology. 2001;19:130-1.
15. Potrykus I. Regulation must be revolutionized. Nature. 2010;466:561.
16. Chakraborty S, Chakraborty N, Agrawal L, Ghosh S, Narula K, Shekhar S, et al. Next-generation protein-rich potato expressing the seed protein gene AmA1 is a result of proteome rebalancing in transgenic tuber. Proc Natl Acad Sci USA. 2010;107:17533-8.
17. Nielsen CP, Anderson K. Genetically modified foods, trade, and developing countries: is golden rice special? Disponível em: www.agbioworld.org/biotech-info/topics/goldenrice/specialgoldrice.html. Acesso em 15/02/2016.

20

Memórias de biossegurança e bioproteção: de Asilomar à biologia sintética

Leila dos Santos Macedo
Marlene Teixeira De-Souza

BIOSSEGURANÇA

Histórico

A palavra biossegurança foi introduzida oficialmente no vocabulário brasileiro a partir da Lei n. 8.974, de 1995[1]. A lei, conhecida como Lei de Biossegurança, transcende o campo da abrangência jurídica da atual lei brasileira[2] dentro da esfera do conhecimento científico mundial. Os textos e manuais de biossegurança, editados em todo o mundo, apontam-na com um conceito mais amplo, cujo risco – ou a probabilidade – de determinado dano ocorrer passa a ser objeto da pesquisa dessa nova ciência. O risco biológico, ao qual estão sujeitos pesquisadores ou profissionais que atuam em laboratórios e ambientes nos quais estão presentes microrganismos, é apenas um dos segmentos de atuação da biossegurança como disciplina científica[3-8].

Os estudos de Meyer e Eddie[9], seguidos pelos de Sulkin e Pike[10], constituem marcos históricos do processo de análise de risco de atividades envolvendo material biológico, que originaram os procedimentos de contenção e controle que vão compor, no futuro, o contexto dessa nova ciência. Em uma revisão clássica sobre infecções laboratoriais, Pike[11] concluiu que "o conhecimento de técnicas e equipamentos para prevenção da maioria das infecções laboratoriais já está disponível sem, entretanto, definir um código de práticas ou normas para o manejo desses riscos no laboratório".

Em 1969, a primeira edição da "Classificação de agentes etiológicos com base no risco"[12] apresentou, pela primeira vez, os critérios para dimensionamento do risco biológico e os procedimentos necessários para sua minimização, estabelecendo quatro níveis de risco para os agentes microbianos. Ao editar o primeiro manual de biossegurança no mundo, em 1984, o Centers for Disease Control and Prevention (CDC) e o National Institutes of Health (NIH) dos Estados Unidos se referiram, pela primeira vez, à palavra biossegurança (*biosafety*, em inglês) como um conjunto de procedimentos, práticas e instalações voltadas para controlar o biorrisco, ou seja, o controle do risco advindo de patógenos[13].

Os critérios utilizados na classificação dos agentes etiológicos de então são referências até hoje na classificação de risco de novos agentes, como o caso de organismos geneticamente modificados (OGM). As descrições dos níveis de segurança biológica de 1 a 4 como forma de manejo de riscos para pesquisas envolvendo DNA recombinante (rDNA), tanto em pequena quanto em grande escala, por exemplo, são consistentes com os critérios originais de classificação de risco para agentes etiológicos convencionais[7,9-11,14].

Como princípio basilar da biossegurança, a contenção e o manejo de risco representam o caminho seguro para proceder e alcançar a minimização de tais riscos. E quando se trata de risco, é importante citar que este conceito está ligado a um processo probabilístico e que inexiste risco zero para qualquer atividade no campo das ciências da vida, pois é nesse contexto que atua a biossegurança ou a ciência que busca aproximar o risco de valores próximos a zero[7,9-12,14-17].

A evolução histórica do conceito de risco e de sua percepção com o passar do tempo representa a evolução da biossegurança como ciência. Das práticas menos complexas às mais avançadas utilizadas no estudo de doenças ao longo da história da humanidade, especialmente no que concerne a noções de contágio, o aspecto prevenção do risco de exposição permaneceu, até bem pouco tempo, como aspecto quase irrelevante. Mesmo diante dessa realidade, a história da medicina registrou algumas tentativas de prevenção que identificadas, hoje, como a origem da biossegurança como ciência. No século XVII, por exemplo, durante os incontáveis surtos de peste ocorridos na Europa, alguns médicos usavam uma espécie de "equipamento de proteção individual", ou EPI, constituído de vestimenta e acessórios descritos na Figura 1[18]. Esses "médicos", nem sempre com formação em medicina, eram contratados por cidades europeias em tempos de epidemias de peste. O traje era constituído de um sobretudo confeccionado em tecido espesso e que cobria até o tornozelo e botas de cano alto em couro. A cabeça era protegida por um capuz, com olhos de cristal e um longo bico preenchido de palha, para filtrar o ar, e plantas perfumadas, como lavanda, para mascarar o odor fétido que os doentes e cadáveres exalavam. As mãos eram protegidas por luvas de couro e carregavam um bastão para tocar as pessoas sem contato direto. O chapéu de aba típico identificava estes "médicos".

Os procedimentos de prevenção destinados à segurança do pesquisador, do objeto pesquisado e das condições ambientais do entorno onde a pesquisa se realiza são elementos fundamentais para a minimização do risco e constituem o campo de ação da biossegurança como ciência[19].

Embora a lei de 2005 tenha introduzido a palavra biossegurança no Brasil, conceitualmente, o estabelecimento do tema como ciência foi oficializado pela política nacional de biodiversidade, em 2000[20]. No referido documento, a biossegurança é definida como "ciência voltada para o controle e minimização de riscos advindos da prática de diferentes tecnologias, seja em laboratório, seja aplicada ao meio ambiente", e seu fundamento é assegurar o avanço dos processos tecnológicos e proteger a saúde humana contra animais e o meio ambiente.

Os manuais de biossegurança surgem a partir de 1984, como códigos norteadores de condutas e práticas adequadas que possibilitem o controle e a minimização do risco[12].

O símbolo universal de risco biológico ou biorrisco (Figura 2) foi criado pelo engenheiro Charles Baldwin e por uma equipe da empresa norte-americana Dow Chemical[21]. Em 1966, quando o engenheiro estava envolvido no desenvolvimento de sistema de contenção para o National Institute of Cancer, vinculado ao NIH, percebeu a necessidade de padronização de um símbolo de alerta de risco biológico. Em conjunto com outros funcionários da empresa, Baldwin passou a desenvolver alguns pictogramas. Os seis parâmetros incialmente definidos para o desenho final eram relacionados à psicologia de reconhecimento e da retenção da imagem. Após uma pré-seleção de desenhos, realizada com a ajuda de cientistas e do público leigo, o parâmetro de seleção foi redirecionado para uma imagem que fosse ao mesmo tempo única, singular e

FIGURA 1 Equipamento individual de proteção da Idade Média. Médico da praga usando vestimentas e outros equipamentos de proteção individual no século XVII[18].

FIGURA 2 Símbolo internacional de risco biológico. A cor padrão para a forma do símbolo de alerta para a possibilidade de acidente envolvendo material biológico foi estipulada como vermelho-alaranjado fluorescente[21].

sem sentido, mas impressionasse o suficiente para que pudesse ser de fácil memorização. A ideia era focar na educação em biossegurança para cientistas e o público em geral, para que todos entendessem a importância e necessidade de uso de um símbolo. Após a escolha do símbolo (Figura 2), o próximo passo foi a apresentação à comunidade científica, em forma de um artigo publicado na revista *Science*[21]. Com a boa aceitação no meio científico e por parte do público leigo, em adição ao reconhecimento do símbolo pela Organização Mundial da Saúde (OMS) e pelo CDC, o símbolo passou a ser adotado universalmente.

Conferência de Asilomar (1975): alertando para o risco de novas tecnologias

O risco biológico envolvendo a aplicação, a longo prazo e em grande escala, da tecnologia do rDNA na pesquisa, indústria, medicina e agricultura levou um grupo de cientistas da época a questionar a segurança das clonagens já realizadas em *Escherichia coli* e da crescente tendência de diversos grupos para criar novas moléculas recombinantes originárias de vírus, bactérias e animais, sem a prévia avaliação dos riscos inerentes[22]. Essa discussão motivou a National Academy of Sciences dos Estados Unidos a criar um comitê assessor para assuntos relacionados à tecnologia do rDNA (RAC, do inglês *Recombinant DNA Advisory Committee*). Imediatamente, o RAC publicou uma proposta de moratória de determinados tipos de experimentos envolvendo rDNA — até que os riscos decorrentes da tecnologia fossem avaliados[22]. Como parte da discussão, sete meses depois, ocorreu a conferência de Asilomar, durante a qual se estabeleceram as diretrizes para lidar com os riscos da tecnologia emergente, em grande parte desconhecida até então. Essas sugestões foram publicadas, simultaneamente, nas revistas PNAS[15], *Nature* e *Science*.

A conferência de Asilomar (Centro de Convenções de Asilomar, Pacific Grove, Califórnia, Estados Unidos) ou *International Congress on Recombinant DNA Molecules*, nome oficial do evento, reuniu 140 participantes para discutir as consequências da nova tecnologia originária do estudo da biologia: a segurança na pesquisa envolvendo rDNA[23,24]. Em grande maioria, o grupo reunido em Asilomar era formado por 55 biólogos, mas também incluía advogados, médicos e jornalistas. Esta reunião científica é um marco na história da segurança aplicada à pesquisa relacionada a material biológico, pois pela primeira vez foram discutidos, de maneira formal, os aspectos de proteção de pesquisadores e demais profissionais envolvidos em instalações onde se realizam projetos de pesquisa[15,23,24]. Foi estabelecido que as investigações envolvendo rDNA deveriam prosseguir, entretanto, sob controle restringente e com exigência crescente de acordo com o nível de risco. O primeiro tipo de controle definido foi relacionado à contenção física razão da demanda do risco e o segundo, que suplementaria o primeiro, com um nível de contenção adicional para minimizar o perigo de o organismo recombinante escapar para o ambiente[15,24].

Essa conferência também marcou o início de uma série de discussões polêmicas entre os pesquisadores e a sociedade acerca do binômio risco-benefício, que tais técnicas trariam para o desenvolvimento de novas espécies[24]. Ainda que especialistas em bactérias e vírus tenham sido incluídos na discussão durante a conferência de Asilomar, com o objetivo de discutir os riscos potenciais da tecnologia compreendendo rDNA, prevaleceu o argumento que, enquanto cientistas, a contribuição deveria ficar apenas relacionada à biossegurança. Após discussão acirrada e com inúmeras opiniões contrárias, o grupo elaborou um conjunto de recomendações para a utilização de uma bactéria recombinante inapta para sobreviver fora do laboratório[15,23,24]. Segundo Barinaga[23], essas recomendações não apenas permitiram que as pesquisas prosseguissem, mas também auxiliaram na persuasão do congresso nos Estados Unidos de que não havia necessidade de restrições na pesquisa, uma vez que os cientistas estavam aptos a utilizar a tecnologia de forma segura.

As recomendações de Asilomar formaram a base das diretrizes oficiais dos Estados Unidos para a pesquisa envolvendo rDNA, elaboradas pelo RAC e publicadas em 23 de junho de 1976[25].

Embora tenha falhado em não discutir os aspectos éticos dos produtos resultantes da engenharia genética, o reconhecimento da importância do tema pode ser avaliado pelo suporte da comunidade científica internacional à discussão iniciada nos Estados Unidos e também por ações de organismos como a OMS e o NIH, que publicaram, em conjunto, a primeira edição do manual de biossegurança laboratorial em 1983[26]. Esta publicação visava incentivar os demais países a aceitar e implementar conceitos básicos de segurança biológica e a desenvolver códigos nacionais de boas práticas para a manipulação segura de microrganismos patogênicos em laboratórios dentro das respectivas fronteiras geográficas. Desde 1983, muitos países vêm utilizando a orientação de especialistas fornecida nesse manual para desenvolver tais códigos de conduta[7].

Dados históricos sob a perspectiva do risco no Brasil

Os registros históricos do desenvolvimento da pesquisa no campo da microbiologia, no Brasil, estão repletos de exemplos nos quais pesquisador e objeto de pesquisa se confundem a partir do conhecimento e da percepção de riscos por parte do indivíduo. Os registros de Manguinhos apresentam exemplos memoráveis no transcurso das pesquisas em laboratórios em que o método científico e o nível de consciência para o risco e os critérios de segurança constroem o tripé basilar para a instituição da biossegurança como nova ciência no país[27].

Adolfo Lutz foi um dos cientistas que mais se empenharam na busca de respostas para desvendar a etiologia das doenças, não medindo esforços e até expondo o próprio corpo a picadas de mosquitos originários de regiões infestadas para descrever o ciclo de transmissão da febre amarela[28]. Outro fato curioso que mostra e referencia a aceitação do risco biológico por Lutz foi quando, em trabalho de pesquisa na Região Nordeste do Brasil, ao desejar transportar larvas até seu laboratório, em Manguinhos, colocou-as dentro de minúsculas garrafas, as quais engoliu. Dessa forma, Lutz pôde manter as condições ideais de temperatura – a do próprio corpo –, o que permitiu a sobrevivência das larvas[29].

No campo da helmintologia, José Gomes de Faria, para demonstrar que o *Ancylostoma braziliense* era o agente causador da chamada dermatose linear, submeteu-se à autoinoculação com o parasita. Apesar de, naquela época, tais experimentos serem considerados os únicos tolerados em humanos sob o ponto de vista ético, houve tentativa de estabelecer um paralelo entre bioética e biossegurança, lembrando que a primeira tem origens filosóficas enquanto a segunda adota o método científico, no qual os procedimentos utilizados na análise visam mensurar o risco.

Como referência histórica de infecção adquirida durante o trabalho de pesquisa no Brasil e que constitui estudo pioneiro relacionado à biossegurança, pode-se citar Gaspar Viana, brilhante cientista que, em curto espaço de tempo – entre 1908 e 1914 –, publicou 24 trabalhos científicos sobre leishmanioses e doença de Chagas[29]. A brilhante carreira de Viana foi bruscamente interrompida, quando o cientista foi vítima de uma contaminação ao realizar necrópsia em uma vítima de tuberculose. Seu conhecimento e experiência não foram suficientes para garantir a própria segurança, pois, estando alheio ou subestimando os riscos, não utilizou nenhum dispositivo de segurança, como luvas ou máscaras, para realizar o trabalho e poupar sua vida.

O conceito de risco está intimamente relacionado à existência de componentes de natureza física, química ou biológica que possam comprometer a saúde humana, dos demais animais, do meio ambiente ou a qualidade dos trabalhos desenvolvidos. O risco percebido quase sempre diverge do mensurado ou avaliado. Enquanto o primeiro é temporal, dependente de variáveis, na maioria das vezes incontroláveis e de natureza subjetiva, o mensurado (ou risco real) é função do somatório das possibilidades dentro do cenário de resultados científicos obtidos. A percepção de risco pode ser distinta até mesmo entre indivíduos; já o valor do risco avaliado é alterado apenas quando da introdução de novos parâmetros científicos que alterem situações e padrões descritos previamente pela metodologia científica aplicada[19]. As experiências vividas por Lutz, Viana, Faria e tantos outros mártires da ciência no Brasil, constituem exemplos que referenciam a importância da biossegurança e mostram bem a distinção entre essas duas abordagens da questão relativa ao risco (avaliação e percepção).

Origem da Lei de Biossegurança brasileira

Os novos conhecimentos gerados a partir da década de 1970 pela pesquisa resultante da biotecnologia moderna (envolvendo rDNA) levaram cada vez mais a opinião pública a uma reflexão profunda sobre os impactos dessa ciência para a sociedade, sobretudo nos setores econômicos junto ao poder público, com relação a promoção, gerenciamento e controle dos resultados dessas pesquisas. Nesse cenário, têm sido observadas tanto reações de apoio aos bens gerados por essa tecnologia como reações negativas, próprias de cada inovação tecnológica que foge ao conhecimento comum[30].

A estrutura organizacional do Estado brasileiro permite hoje que a sociedade estabeleça um controle efetivo e mais rigoroso dos possíveis riscos advindos da tecnologia do rDNA. A biossegurança é entendida no Brasil como o conjunto de medidas que permitem o uso seguro da engenharia genética (OGM) e dos diversos experimentos oriundos dessa área de conhecimento. Portanto, a Lei de Biossegurança brasileira constitui legislação específica para um segmento tecnológico, não abrangendo, entretanto, todas as atividades que envolvem outros tipos de risco biológico.

No campo de análise de risco de OGM, esfera de ação da Lei de Biossegurança, o Brasil vem empreendendo esforços para alcançar um patamar de qualidade internacional de desenvolvimento. Uma aprovação comercial para plantio de uma variedade transgênica resulta de diversas pesquisas laboratoriais e ensaios de campo que envolvem anos de pesquisa e requerem etapas importantes para avaliação de risco e aplicação de preceitos de biossegurança, até que se obtenha a conclusão final sobre a segurança do produto[31].

As normas de biossegurança são peculiares a cada país, mas três fatores são comuns a todos: a necessidade de formação de recursos humanos, exigências de marcos legais e infraestrutura de pesquisa e desenvolvimento tecnológico. Existem dois modelos legais para a avaliação de riscos de produtos produzidos pela tecnologia do rDNA: um baseado na análise da segurança do produto final, sem levar em conta o método de produção, que é adotado pelos Estados Unidos e pelo Canadá. O outro modelo estabelece uma estrutura legal específica, que prevê uma análise caso a caso de cada produto advindo da tecnologia do rDNA. Este modelo é adotado por países europeus, Austrália, Japão, China e Brasil. Com o acelerado desenvolvimento da biotecnologia moderna nas décadas de 1970 e 1980, no ano de 1992, diversos países firmaram acordo multilateral para a promoção e o desenvolvimento seguro da biotecnologia durante a Convenção da Diversidade Biológica. Logo em seguida, o Programa da ONU para o Meio Ambiente publicou as primeiras diretrizes internacionais para os procedimentos seguros nessa área. Diante do cenário internacional, que apontava para a necessidade de adoção de medidas precautórias para o emprego da tecnologia do rDNA, o Brasil optou pelo modelo regulatório específico desta tecnologia, aprovando no Congresso Nacional, em 1994, projeto que regulava apenas as atividades de engenharia genética no país, à semelhança do modelo regulatório de países europeus.

A Lei n. 8.974, ou Lei de Biossegurança, foi então promulgada em janeiro de 1995 pelo poder Executivo, sofrendo dois vetos nos arts. 5° e 6°, que versavam sobre a vinculação da Comissão Técnica Nacional de Biossegurança (CTNBio) à Presidência da República com algumas atribuições de competências, respectivamente. A Lei de Biossegurança veio regulamentar o art. 225 da Constituição Federal, que objetiva a proteção do meio ambiente, a preservação da diversidade biológica e a saúde da população. Os vetos aos dois artigos da lei aprovada pelo Congresso Nacional levaram a conflitos jurídicos posteriores entre a Lei de Biossegurança e a Ambiental, no que diz respeito à competência da CTNBio em estabelecer critérios decisórios sobre a exigência ou não de prévio estudo de impacto ambiental (EIA) para OGM[32].

Marcos regulatórios sobre os organismos geneticamente modificados brasileiros atuais

No Brasil, nunca houve nenhuma proibição legal ao desenvolvimento da engenharia genética e ao uso de produtos derivados. Desde 1995, as atividades de engenharia genética, pesquisas de laboratório ou campo e desenvolvimento e uso de produtos são regulamentadas por lei. A Lei de Biossegurança estabeleceu um mecanismo de controle das atividades com engenharia genética e um sistema de avaliação de biossegurança dos produtos oriundos desse ramo do saber, que até hoje são mantidos com poucas alterações. Mesmo após a revogação da lei de 1995 pela Lei n. 11.105, de 2005, o sistema de controle e avaliação existente não foi modificado. A nova lei apenas corrigiu alguns pontos que suscitavam dúvidas e conflitos e reduziu o trâmite burocrático para a realização de pesquisas.

Entretanto, mesmo sendo uma atividade controlada desde 1995, a engenharia genética está no meio de uma polêmica que já motivou diversas ações judiciais, publicação de Medidas Provisórias e inúmeras manifestações favoráveis e contrárias aos produtos recombinantes.

Seguramente uma das ações judiciais mais conhecidas é a originária da contestação do Comunicado n. 54, de 29 de setembro de 1998, da CTNBio. Publicado no *Diário Oficial da União* no dia 1º de outubro de 1998, esse Comunicado é o parecer técnico da CTNBio (Processo n. 01200.002402/98-60) para o pedido de liberação comercial da soja geneticamente modificada (GM) tolerante à herbicida à base de glifosato. Nesse parecer, a CTNBio informa que, durante a análise do processo, conclui que não há evidências de riscos decorrentes da utilização da soja GM em análise para os seres vivos, incluindo a saúde humana ou do meio ambiente. Diante da conclusão de não haver evidências de riscos para o meio ambiente, a CTNBio não exigiu EIA da atividade.

O parecer da CTNBio foi questionado pela Justiça Federal, e o então juiz titular da 6ª Vara Federal do Distrito Federal desconsiderou o parecer técnico da CTNBio e determinou a realização de EIA para o plantio da soja GM. Na decisão judicial proferida em 1998 e reiterada em 2000, nos autos do processo n. 19983400027681-8, o juiz argumentou que "sem contabilizar exageros, creio que a velocidade irresponsável que se pretende imprimir nos avanços da engenharia genética, nos dias atuais, guiada pela desregulamentação gananciosa da globalização econômica poderá gerir, nos albores do novo milênio, uma esquisita civilização de "aliens hospedeiros" com fisionomia peçonhenta a comprometer, definitivamente, em termos reais e não fictícios, a sobrevivência das futuras gerações de nosso planeta".

Entretanto, como a maioria daqueles que no final do século passado argumentavam contra os transgênicos, o juiz não fundamentou o parecer em dados e informações capazes de sustentar a argumentação catastrófica que utilizou na sentença. A argumentação ficou somente no campo da opinião, do "poderá".

Além de argumentos dessa natureza, oriundos de representantes do Poder Judiciário, o avanço da biotecnologia moderna no Brasil enfrentou, e ainda enfrenta, forte campanha contra o desenvolvimento e o uso comercial de transgênicos: a Campanha por um Brasil Livre de Transgênicos. Esta campanha, criada em 1999, é capitaneada por várias organizações não governamentais (ONG), possui portal na internet e mantém a divulgação de um boletim eletrônico que veicula informações contra o uso dos transgênicos.

Mas não apenas as discussões judiciais infindáveis e os movimentos sociais contrários serviram para fomentar a polêmica e criar um ambiente difícil para a introdução de produtos transgênicos no sistema produtivo nacional. Um emaranhado de regulamentos burocráticos foi construído no âmbito do Governo Federal e só deixou de existir após a publicação da Lei 11.105 (conhecida como revisão da Lei de Biossegurança de 1995). Ações realizadas na esfera estadual também contribuíram para ampliar a polêmica e dificultar o processo de introdução de OGM na matriz produtiva brasileira, especialmente na produção agrícola. Por exemplo, a Ação Direta de Inconstitucionalidade (ADI) n. 3.035, do Supremo Tribunal Federal (STF), contestou a Lei n. 14.162/2003 do governo do Estado do Paraná, porque esta lei afronta a regra constitucional de competência concorrente entre União e estados ao proibir o cultivo de transgênicos naquele estado da federação.

Percepção pública da biossegurança no cenário brasileiro

Com a incorporação das novas técnicas de manipulação do rDNA, análises com alta performance e os avanços da biologia sintética, as atividades de pesquisa e industriais que envolvem biotecnologia cresceram de forma expressiva nos últimos anos. Elas vêm tomando parte na maioria das atividades humanas, gerando grandes impactos na medicina, agricultura, ciência de alimentos e no meio ambiente, e são consideradas um dos ramos da ciência mais promissores para a economia global[33,34]. Mesmo diante desses incontáveis benefícios, os avanços têm gerado apreensões para diferentes culturas que, diante de um novo paradigma tecnológico, evocam preceitos éticos e riscos percebidos diante do desconhecimento[35].

O dilema da sociedade em optar pela melhor alternativa torna-se ainda mais difícil quando existe carência de informações científicas ou mesmo quando aquelas desprovidas de base científica frequentemente são disseminadas pela mídia. Embora o apoio e a anuência pública para as aplicações médicas da biotecnologia sejam altos, no Brasil existe baixa aceitação do uso de animais e culturas agrícolas GM[35]. Como a biotecnologia, ao avançar, afeta a vida dos cidadãos, a sociedade tende a considerar mais admissíveis os avanços com aplicações mais imediatas e importantes na vida diária; dessa forma, as diferenças entre os riscos percebidos e avaliados levam a maior ou menor grau de aceitação pública de um processo tecnológico entre as diferentes culturas.

A percepção e a aceitação públicas de uma dada tecnologia se sustentam na demonstração do benefício real que ela traz para aquela sociedade. A aceitação de uma nova tecnologia depende de vários fatores, na maioria sociais, culturais, econômicos, religiosos e educacionais, sendo a capacidade da sociedade de perceber a importância daquela tecnologia para resolver problemas diários um componente fundamental no processo[35].

A distância entre o progresso do conhecimento científico e a capacidade de percepção e entendimento dos avanços tecnológicos decorrentes dele pela sociedade tem levado à imposição de barreiras para a adoção de alguns avanços científicos ao longo da história da humanidade. Por exemplo, quando, a partir de 1796, Edward Jenner tentou demonstrar cientificamente a eficácia da sabedoria popular que reconhecia que trabalhadores com atividades envolvendo gado leiteiro eram imunes à varíola humana, houve muita descrença[36]. Para comprovar esta relação, Jenner inoculou o vírus contido em lesões de uma mulher portadora de varíola bovina – daí a origem do nome vacina (*vacca* do latim) em um menino de 8 anos. O menino sentiu febre baixa, ficou resfriado e perdeu o apetite, mas 9 dias depois estava restabelecido. Jenner inoculou o menino novamente com material de ferida recente e não houve desenvolvimento de infecção. Dessa forma, ficou demonstrada a eficiência da proteção. Ainda assim, do fim do século XVIII até a primeira metade do século XIX, grande parte da comunidade científica e da sociedade rejeitava a nova técnica. Por esse motivo, programas oficiais de vacinação contra a varíola só foram realizados efetivamente 60 anos após a descoberta de Jenner.

A partir dos anos 1970, a construção de organismos transgênicos deu início a um novo paradigma científico, por meio do qual os genes poderiam ser transferidos entre as espécies, originando novos campos do conhecimento da chamada Ciência da Vida. De modo semelhante ao que aconteceu no passado com a descoberta das vacinas, a sociedade internacional iniciou um questionamento sobre a segurança e a ética de tais experimentos.

Hoje, a implementação efetiva da Lei de Biossegurança brasileira depende fundamentalmente de um entendimento público e jurídico sobre o papel da CTNBio e da aceitação deste modelo regulatório instituído pelo Congresso Nacional por parte da sociedade e do governo brasileiros. O atraso evidenciado nos últimos anos na implementação de uma política nacional de biossegurança se verifica sobretudo pela falta de um consenso político por parte do governo e pelas dificuldades interpretativas no setor jurídico quanto à análise dos diferentes instrumentos legais existentes no país que se aplicam ao tema.

Infelizmente, no Brasil, há grande carência de estudos recentes e representativos sobre informação e aceitação pública dos transgênicos[37,38]. Os resultados apresentados devem ser considerados criticamente, incluindo a inevitável margem de erro. Por exemplo, em alguns países, o termo biotecnologia tem aceitação de 10 a 20% maior que OGM[39], mas a terminologia relacionada ao tema tende a ser empregada de forma indiferenciada e muitas vezes confusa. Um exemplo desse desconhecimento é o entendimento de que o termo OGM é sinônimo de transgênicos e restrito a eles. Este engano é observado tanto na literatura técnica como em veículos de comunicação e divulgação científica, dando a impressão errônea de que apenas os transgênicos são modificados geneticamente e, portanto, não são naturais – e ser natural é uma condição que frequentemente é mais aceita pela sociedade. Pesquisas efetuadas pelo Instituto Brasileiro de Opinião Pública e Estatística (IBOPE)[40], sob encomenda da empresa Monsanto e da ONG Greenpeace, mostram uma enorme diferença de resultados de aceitação pública em um período muito curto de tempo[41] e deixam dúvidas óbvias sobre a influência da informação fornecida durante a pesquisa e a formulação das perguntas[37].

Os resultados de pesquisas realizadas via internet não são representativos, pois obviamente se limitam a um tipo específico de visitante, que tende a simpatizar ou se identificar com as posições dos respectivos sítios nos quais tais pesquisas são realizadas. Por outro lado, a mídia, que inicialmente priorizava os diferentes riscos da nova tecnologia para a saúde humana e ambiental, vem mudando a discussão acerca da segurança e dos benefícios econômicos e ambientais que os transgênicos podem trazer para o país. Se hoje a população brasileira está consciente dos riscos e benefícios, qual a importância, na decisão de compra, de variáveis como preço, qualidade dos alimentos, aumento de valores nutricionais e benefícios ambientais, como redução de agroquímicos? Se há condições de entender as informações factuais apresentadas, qual nível de confiança a sociedade tem nos diferentes grupos que divulgam informação? A resposta para esses e outros questionamentos será, certamente, a capacitação científica e a existência de programas de socialização do conhecimento científico, o que permitirá acesso ao conhecimento pela sociedade e a formação de massa crítica.

Capacitação de recursos humanos em biossegurança

A biossegurança representa um campo do conhecimento científico relativamente novo. Antes dos anos 1970, pouco se sabia sobre os procedimentos de avaliação e controle de riscos, de modo que a segurança biológica se restringia à informação sobre os riscos inerentes às atividades de pesquisas científicas. Neste contexto, em 1984, foi fundada a American Biological Safety Association (ABSA), a primeira sociedade científica constituída para promover a segurança biológica como disciplina científica e atender às necessidades crescentes de profissionais de biossegurança em todo o mundo[42]. Essa associação tem como objetivo fornecer suporte que represente os interesses e as necessidades dos profissionais da área e promover o intercâmbio contínuo e apropriado de informações em biossegurança.

No Brasil, a biossegurança começa a ser institucionalizada a partir da década de 1980, quando o país realizou um programa de treinamento internacional em biossegurança ministrado pela OMS, que visava identificar pontos focais de desenvolvimento do tema na América Latina. Como resultado desse treinamento, foi realizado o primeiro curso de biossegurança para o setor da saúde na Fundação Oswaldo Cruz (FIOCRUZ), em 1985. Na mesma época, a instituição iniciou a implementação de medidas em biossegurança como parte do programa interno de boas práticas de laboratório. Este trabalho motivou, na sequência, uma série de cursos e atividades em biossegurança no país[19]. Em 1991, a Escola Nacional de Saúde Pública da Fiocruz iniciou o curso de aperfeiçoamento em biossegurança e, em 1992, o tema passou a constar como disciplina dos cursos de pós-graduação no Instituto Oswaldo Cruz (IOC). A partir de meados da década de 1990, a biossegurança passou a ser ministrada como disciplina científica em muitas universidades brasileiras e, finalmente, em 2002, foi criado o primeiro curso de pós-graduação em biossegurança na Universidade Federal de Santa Catarina (UFSC)[43], com apoio do Conselho Nacional de Desenvolvimento Científico e Tecnológico (CNPq).

Em 1995, o Ministério da Saúde (MS) incluiu, como meta prioritária, o treinamento em biossegurança de membros de instituições de saúde no Projeto de Capacitação Científica e Tecnológica para Doenças Emergentes e Reemergentes. O programa de capacitação no campo da biossegurança, desenvolvido a partir de 1996 pelo MS e Núcleo de Biossegurança da Fiocruz, teve dois enfoques: o desenvolvimento de um plano de identificação de riscos e o treinamento de profissionais em áreas estratégicas identificadas. O principal resultado desse trabalho foi a conscientização para a aplicação de normas de biossegurança em laboratórios de saúde pública de todos os estados da federação e o treinamento de cerca de 800 profissionais. Na época, houve também a formalização de comitês de biossegurança em OGM (CIBios) nessas instituições[31], uma exigência da Lei de Biossegurança brasileira.

O estabelecimento da Lei de Biossegurança em 1995 e a necessidade de consolidar uma instância científica no país que permitisse a disseminação da informação em biossegurança, à semelhança do papel da Associação Americana de Biossegurança (ABSA) e da Associação Europeia de Biossegurança (EBSA), motivou a criação da Associação Nacional de Biossegurança (ANBio), em 1999[44]. A ANBio é filiada à ABSA e à EBSA e participa de encontros internacionais e publicações científicas de ambas as entidades, propiciando, dessa forma, o intercâmbio permanente de informações em biossegurança entre diversos países. Nos 16 anos de existência, a ANBio já realizou 9 congressos nacionais, diversos simpósios latino-americanos e mais de 100 cursos de capacitação em biossegurança nos mais diversos temas, treinando mais de 8 mil profissionais no país. Desde sua fundação, a ANBio vem apoiando a consolidação de disciplinas científicas relacionadas à biossegurança em cursos de graduação e em programas de pós-graduação brasileiros.

O fortalecimento de recursos humanos no campo da biossegurança e o desenvolvimento de pesquisas nas temáticas de avaliação e manejo de risco são fundamentais para a consolidação da biossegurança como disciplina no país. Para isso, deve-se constituir como política de governo o apoio às ações e às iniciativas que possibilitem o intercâmbio científico entre o Brasil e outros países e que viabilizem a difusão do conhecimento científico para a sociedade brasileira. Somente dispondo de uma estratégia que permita o acesso rápido à informação científica, o aperfeiçoamento da qualidade do trabalho, a disponibilização dos novos conhecimentos científicos para a sociedade e a maximização das potencialidades do setor é que o país poderá incorporar de forma rápida e benéfica os novos avanços tecnológicos e competir em igualdade de condições com os demais países no segmento de comércio internacional.

BIOLOGIA SINTÉTICA E BIOSSEGURANÇA

Introdução

As diversas tentativas para definir biologia sintética encontradas na literatura compartilham que essa área envolve o desenho – ou projeto – e a reengenharia de sistemas biológicos naturais e a produção de componentes e sistemas artificiais[45-48]. Tanto em sistemas naturais quanto em artificiais, é possível projetar e desenvolver funções e sistemas biológicos com o propósito de modificar as propriedades existentes ou para criar novas. Dessa forma, o objetivo da biologia sintética é criar organismos para expandir ou modificar funções que permitam a realização de novas tarefas[45].

A biologia sintética difere da engenharia genética não apenas pela metodologia sistemática, mas também pela complexidade dos dispositivos construídos, quando comparados com um ou poucos genes manipulados em células construídas pela engenharia genética45,48. Essa disciplina reúne três abordagens científicas, utilizadas com diferentes graus de sucesso e impacto entre a comunidade científica: a produção de componentes elementares de DNA – para subsequente montagem de moléculas funcionais; a síntese química (*de novo*) de genomas completos; e a construção de células rudimentares ou protocélulas[45,48].

Com esta estratégia, os avanços da biologia sintética têm permitido reformular biomoléculas e montar estruturas para desenvolver circuitos complexos e engenharia metabólica e construir genomas mínimos[45-48].

Os dispositivos resultantes podem gerar energia limpa, controlar a poluição (birremediação), desenvolver novos medicamentos, construir células que localizam e destroem tumores, reparar e regenerar tecidos, além de revolucionar a indústria química e de manufaturados. Esses dispositivos funcionam no interior de células vivas, no qual utilizam a energia e estruturas químicas para realizar as respectivas funções.

A biologia sintética reúne as ciências biológicas e físicas, aplica princípios de engenharia e matemática[46,49] e engloba grande número de estratégias, metodologias e disciplinas, entre as quais se destaca a genética.

Ainda que os trabalhos de Mendel tenham sido publicados na segunda metade do século XIX, o estudo da genética desenvolveu-se ao longo do século XX e as bases biológicas da hereditariedade permaneceram desconhecidas por algumas décadas até que, nos anos 1940, o DNA foi identificado como material genético[52,53]. O artigo histórico de Watson e Crick[54], descrevendo a forma tridimensional do DNA, é um divisor de águas no estudo dessa macromolécula e da genética[55]. Desde então, a estrutura e a função de ambas as moléculas de ácidos nucleicos, DNA e RNA, têm sido dissecadas e as propriedades bioquímicas, bem estabelecidas. Em virtude da importância da dupla hélice de DNA, ao longo das décadas que se sucederam ao trabalho de Watson e Crick, essa biomolécula tornou-se um ícone contemporâneo e diversos temas relacionados são abordados diariamente, não apenas na literatura científica especializada, mas também nos demais meios de comunicação.

O termo biologia sintética foi utilizado pela primeira vez por Stéphane Leduc no título do livro publicado em 1912, *La biologie synthétique*[56]. Imediatamente, (1913) o termo foi citado no artigo "*Synthetic biology and the mechanism of life*", publicado na revista *Nature*[57], em uma reflexão sobre o trabalho de Leduc.

A expressão voltou à literatura científica em 1974, quando Waclaw Szybalski previu que a biologia sintética seria o próximo estágio da inovação seguindo os avanços da biologia molecular, uma ciência descritiva[58]. A fase que o geneticista designou como biologia sintética ocorreria quando a síntese química de genomas completos fosse tecnicamente viável, pois essa disponibilidade possibilitaria novas formas de aprimorar organismos vivos[47]. Logo a seguir, ao considerar o potencial de enzimas de restrição em um editorial da revista *Gene*, Szybalski e Skalka (1978)[59] enfatizaram a importância da descoberta, ressaltando que tais enzimas não apenas facilitariam a construção de moléculas de rDNA e a análise individual de genes, mas também representavam o marco inicial da era da biologia sintética, pois viabilizariam o rearranjo da informação genética e a construção e avaliação funcional das novas informações.

O primeiro produto comercial construído pela engenharia genética, uma insulina humana recombinante[60], foi disponibilizado na década de 1980, resultando em benefícios incontestáveis à saúde humana. A partir de então, a replicação de DNA tornou-se possível não apenas pela biossíntese (amplificação de DNA *in vivo*), mas também pela síntese enzimática (amplificação de DNA *in vitro*) obtida por reação em cadeia da polimerase (PCR, do inglês *polymerase chain reaction*) descrita por Saiki e colaboradores em 1988[61]. As novas tecnologias disponíveis também possibilitaram a síntese química (*de novo*) de DNA, permitindo sintetizar desde oligonucleotídeos (pequenas sequências, geralmente menores que 20 nucleotídeos), passando por sequências gênicas até genomas completos.

Visando reproduzir a eficiência e a precisão de sistemas vivos, recentemente, um número altamente expressivo de projetos desenvolvidos em universidades e laboratórios independentes está abrindo caminhos para a realização de uma antiga aspiração humana: a criação de vida artificial[62-65]. Com este fim, genomas sintéticos funcionais podem ser introduzidos em células naturais para criar vírus artificiais[62,64,65]. As protocélulas (células artificiais), construídas com base em um conjunto de sistemas químicos, são autossustentáveis e capazes de se reproduzir de maneira independente e com potencial para evoluir[63]. Dentre os avanços alcançados por esses projetos, também se destaca a geração de uma bactéria capaz de sintetizar um aminoácido não natural (p-aminofenilalanina), a partir de fontes de carbono, e incluir este aminoácido no próprio código genético[66].

Regulamentação da biologia sintética: novos riscos, novos desafios

Os desafios da ética e da segurança do início do século XXI incluem doenças infecciosas emergentes, avaliação de riscos de tecnologias de última geração, manipulação de genomas sintéticos de vírus patogênicos, bioterrorismo e uso dual de bens sensíveis, entre outros. Esta demanda leva à necessidade crescente de promover alertas de risco para a comunidade científica e a sociedade em geral. Para enfrentar esses desafios, é fundamental o estabelecimento de colaborações regionais e internacionais para a proposição e o cumprimento de diretrizes que promovam a segurança dos cidadãos e do meio ambiente. Além disso, a regulamentação da pesquisa envolvendo tecnologias emergentes e o desenvolvimento de produtos derivados desse conhecimento devem acompanhar o surgimento e a evolução dessa tecnologia[24].

A ameaça de guerra biológica e de bioterrorismo ressurgiu após os atendados de 2001 nos Estados Unidos, com o envio de cartas contendo esporos de *Bacillus anthracis*. Na época, foi publicado o relatório *Biotechnology research in the age of terrorism*, redigido pelo National Research Council[67]. O relatório, conhecido como Relatório do Comitê Fink, recomenda práticas que otimizem a capacidade de prevenir a aplicação destrutiva da biotecnologia ao mesmo tempo que encoraja prosseguir com pesquisas que resultem em conhecimento e produtos que possam melhorar a qualidade de vida. O relatório recomenda ao governo expandir as regulamentações existentes e confiar na autogovernança de cientistas para manter a capacidade de gerir a questão de forma voluntária, em vez de adotar novas políticas inapropriadas. Uma das principais recomendações do relatório é que o governo não tente regular.

Motivados pelo objetivo comum de promover a biotecnologia para o benefício público, encorajando projetos de biologia sintética de maneira aberta e ética para o benefício do ser humano, outras espécies e o meio ambiente, a Biobricks Foundation (BBF – http://biobricks.org) foi criada em 2003 por um grupo de cientistas e engenheiros. Este grupo acredita que a biologia sintética pode contribuir de maneira significativa para o desenvolvimento da biotecnologia contemporânea e, consequentemente, para o aprimoramento da qualidade de vida e a ampliação da compreensão sobre o mundo natural. A BBF promove diversas atividades que permitem que cientistas e engenheiros de toda parte do mundo trabalhem em associação, utilizando BioBrick™ parts, componentes ou blocos biológicos padronizados, testados e destinados a criar soluções éticas e seguras para os problemas da humanidade e do planeta e que estão disponíveis gratuitamente (http://partsregistry.org/).

O processo de redesenhar sistemas biológicos mais simples e acessíveis levou diversos institutos de pesquisa a criar formas de desenvolver e definir partes biológicas padrão de forma unificada e organizada. Um dos modelos de padrão técnico de peças biológicas mais aceitos pela comunidade científica são os DNA BioBricks™, ou Biotijolos de DNA, que são componentes biológicos intercambiáveis, funcionalmente discretos e capazes de serem facilmente combinados em padrão modular. Esses blocos básicos, associados entre si, formam unidades mais complexas que, em combinação com uma ou mais unidades associadas, resultam em sistemas biológicos artificiais. O comportamento de um sistema biológico também pode ser alterado pela substituição de uma das partes de um BioBrick™, podendo ser uma sequência gênica, um promotor, um terminador de transcrição, um sítio de ligação ao ribossoma ou qualquer combinação dessas. Os BioBricks™ desempenham funções autônomas úteis para a produção de proteínas com funções específicas e projetadas para interagir com outras partes do sistema.

Ao garantir que os blocos de construção fundamentais da biologia sintética estejam disponíveis gratuitamente, os membros da BBF acreditam que podem promover o avanço da biologia sintética para o benefício geral. Este grupo de cientistas também acredita que os fundamentos da tecnologia que envolvam essa ciência são de domínio público e devem ser construídos por entidades governamentais em conjunto com empresas privadas que se preocupam com o impacto humano e ambiental dessa nova tecnologia. Para que essas propostas sejam colocadas em prática, são necessárias políticas que visem promover comportamentos éticos, mas sem coibir a criatividade e propor novas leis de propriedade intelectual para apoiar a biotecnologia de interesse público.

A promoção de atividades da BBF envolvendo pesquisa e desenvolvimento em biologia sintética é complementada pela organização de conferências internacionais e atividades didáticas. A Competição Internacional de Máquinas Geneticamente Modificadas (*International Genetically Engineered Machine competition*, iGEM), organizada pela BBF, é uma atividade didática em biologia sintética para alunos de ensino médio e graduação. A atividade, em formato de competição, tem se mostrado um método de ensino inovador, motivador e eficaz[68]. Considerada a marca inicial da biologia sintética, a primeira conferência internacional sobre o tema, a International Conference on Synthetic Biology (SB1.0), organizada pela BBF, reuniu a comunidade científica emergente de biológicos e engenheiros envolvidos em resolver problemas biológicos. Em 2013, foi realizada a 6ª edição desta conferência (SB6.0).

Dentre os estudos publicados na área de biologia sintética que provocaram discussões recentes sobre riscos de produtos gerados por essa estratégia, dois se destacam. O primeiro trata da construção *de novo* do genoma viral do poliovírus, que demonstrou ter habilidade de replicar em extrato livre de células[62]. As partículas virais, capazes de infectar e matar camundongos, contêm informação genética praticamente indistinguível da sequência selvagem. No artigo que relata a construção e replicação do vírus sintético, os autores alertam para a possibilidade de construção de uma versão artificial de outros patógenos por síntese química, baseada em informações genéticas disponíveis em bancos de dados de acesso livre. Tal tecnologia possibilita, por exemplo, a criação do vírus sintético da varíola – um dos mais temidos agentes infecciosos e candidato a se tornar bioarma de destruição em massa. A criação do poliovírus artificial teve impacto imediato sobre a política de imunização da OMS, que fez uma revisão sobre a decisão de encerrar os programas de vacinação após a erradicação global da poliomielite[50].

Gibson et al.[64] utilizaram a bem-sucedida técnica de montagem de fragmentos de DNA para criar uma célula viável controlada por um genoma de *Mycoplasma genitalium* totalmente construído *de novo* e montado por recombinação em levedura. Após o primeiro sucesso em sintetizar um genoma bacteriano, em 2010, os pesquisadores do Venter Institute sintetizaram o genoma de *Mycoplasma mycoides*, que foi transplantado para o citoplasma de *Mycoplasma capricolum*, resultando em células viáveis e capazes de se reproduzir contendo apenas o genoma sintético[65].

Nos Estados Unidos, a legislação não contempla especificamente a biologia sintética. Os novos produtos são avaliados sob o aspecto da segurança da mesma forma que os demais bioprodutos, por agências reguladoras da saúde, meio ambiente e agricultura. Entretanto, no mesmo dia da publicação do Venter Institute (5 de maio de 2010), o presidente norte-americano, Barack Obama, solicitou um relatório sobre as implicações tecnológicas e éticas resultantes da primeira bactéria ou de outras células artificiais capazes de se reproduzir. Atendendo à solicitação, em dezembro de

2010, a Presidential Commission for the Study of Bioethical Issues (PCSBI) tornou público o relatório *New directions – the ethics of synthetic biology and emerging technologies*[69]. Neste documento, a comissão reconhece a importância socioeconômica da tecnologia resultante da biologia sintética, examina as implicações da pesquisa nessa área do conhecimento e inclui recomendações para que os trabalhos sejam realizados em benefício da sociedade e do meio ambiente e dentro de padrões éticos compatíveis com o equilíbrio e o bom funcionamento da sociedade, estabelecendo diretrizes para minimizar os riscos.

Embora considere que haja riscos limitados decorrentes da aplicação desse conhecimento, até o momento da publicação das diretrizes, a PCSBI não encontrou razões que levassem a sugerir regulações federais adicionais ou moratória da pesquisa na área. Ao contrário, recomendou diálogo e cooperação entre os setores público e privado. Todavia, considera necessário que a avaliação de riscos anteceda a liberação de qualquer organismo sintético no ambiente. A Comissão reforça que apenas por meio de uma educação científica de qualidade o público leigo poderá compreender o potencial real e os riscos da tecnologia, garantindo a confiança dos cidadãos e evitando restrições desnecessárias à ciência e ao progresso social.

As atividades específicas do Office of Biotechnology Activity, vinculado ao NIH, incluem otimizar a conduta e supervisionar pesquisas envolvendo transferência gênica, atualizar e interpretar as políticas de biossegurança de acordo com as "Diretrizes para trabalho com rDNA e DNA sintético", providenciar informação sobre políticas governamentais relativas ao uso dual e registrar células-tronco[70]. Tais diretrizes, revisadas em 2013, têm o objetivo de minimizar riscos originários da criação e do uso de células, organismos e vírus contendo essas moléculas.

O crescente debate sobre novas questões éticas decorrentes da biologia sintética iniciada nos Estados Unidos e a identificação da lacuna de discussões observada na Europa motivaram o projeto Synbiosafe (http://synbiosafe.eu/). Lançado em 2008, foi o primeiro esforço para concentrar-se especificamente na segurança e nas questões éticas da biologia sintética. O objetivo é estimular um debate sobre os diversos aspectos de biossegurança, bioproteção e bioética nessa área.

Zhang et al.[71] publicaram o relatório *The transnational governance of synthetic biology scientific uncertainty, cross-borderness and the "art" of governance*, resultante de 1 ano de trabalho financiado pela British Royal Society. O documento foi escrito com base em extensa revisão bibliográfica e em trabalho de campo no Reino Unido, na China e no Japão. Na análise, os cientistas reconhecem que a biologia sintética está levando a uma revolução biotecnológica. No entanto, alertam que muita atenção deve ser voltada para os riscos potenciais da tecnologia para o meio ambiente e a saúde[71]. Além disso, consideram os riscos associados à possibilidade de criação de monopólios dominados por companhias de grande porte e sobre a bioética relacionada à criação de vida artificial. Segundo os autores, dois aspectos centrais devem ser abordados para a obtenção de uma governança eficaz nos diversos aspectos envolvendo a biologia sintética: a incerteza científica e as fronteiras geopolíticas.

Generalizando as incertezas derivadas de todas as tecnologias emergentes, os autores prosseguem argumentando que as implicações futuras resultantes da biologia sintética não são apenas difíceis de prever, mas fundamentalmente desconhecidas. Portanto, recomendam que as soluções devem ser flexíveis e transparentes e norteadas por políticas que fomentem uma investigação científica de alto nível e assegurem a liberdade na pesquisa e, ao mesmo tempo que promovem confiança e responsabilidade, devem implicar todos os atores envolvidos na evolução científica e tecnológica ou afetados por elas.

Sobre as fronteiras geopolíticas, o documento chama atenção para a importância das inter-relações entre as diferentes regiões e para a necessidade crescente de estabelecer vínculos entre as disciplinas acadêmicas e os setores industriais. Argumentam ainda que, em face da incerteza científica e das diferentes fronteiras geopolíticas, uma governança efetiva não é baseada em um regime rígido de regulamentação, mas representa uma forma flexível e em evolução da "arte da governança".

O relatório também destaca que o processo de regulamentação deve garantir a liberdade de expressão para informar as perspectivas e os interesses em todas as fases do processo de pesquisa e desenvolvimento e considerar o tema sobre todas as perspectivas. Os autores afirmam que decisões políticas tomadas com base no conhecimento científico e endossadas por estratégias apoiadas em evidências, embora essenciais, são insuficientes. Explicam que é necessária uma abordagem reguladora proativa e aberta, capaz de manejar incertezas e mudanças. Completam cobrando que as políticas públicas também devem se adaptar à evolução das relações entre as partes interessadas em mudanças, incluindo pesquisadores, financiadores de pesquisa, indústria e os cidadãos em geral.

Ainda que os avanços na discussão do uso seguro de produtos sintéticos venham acontecendo ao longo deste século em outros países, no Brasil, até o momento, não foram realizadas ações organizadas para sistematizar as atividades em biologia sintética. A ausência de diretrizes para lidar com tecnologias da área e em bionanotecnologia, área estritamente relacionada, permite que cada profissional ou empresa de pesquisa e desenvolvimento adote condutas convenientes, sem considerar os riscos decorrentes desse ramo da biotecnologia contemporânea.

A levedura *Saccharomyces cerevisiae*, cepa Y1979, geneticamente modificada pela empresa Amyris para a produção de farneseno, emprega passos de tecnologia sintética para a otimização do processo, o que levanta discussão sobre a pertinência da Lei de Biossegurança brasileira cobrir ou não esses procedimentos. A Lei de Biossegurança em vigor (2005) estabelece que o controle de qualquer produto advindo da tecnologia do rDNA é um atributo da CTNBio. Mesmo que em alguma etapa tenha havido uma síntese química, foram utilizados procedimentos de engenharia genética para a construção do produto final, uma levedura. O parecer da CTNBio favorável à liberação comercial da linhagem GM de levedura para a produção industrial de farneseno foi justificado porque o produto atende às normas que estão na lei brasileira de biossegurança.

Tal como o caso da liberação do farneseno, a CTNBio vem julgando todos os produtos que envolvem síntese química segundo as mesmas premissas descritas para OGM.

Embora alguns temas tenham sido debatidos por mais de 40 anos (desde a conferência de Asilomar de 1975), com o avanço da biologia sintética, questões de longo prazo deverão ser revistas à luz desse contexto contemporâneo. Para isso, é fundamental que as sociedades brasileira e internacional estejam cada vez mais informadas e próximas dos conhecimentos envolvidos nos novos avanços científicos para poder julgar e selecionar o que é mais adequado ao desenvolvimento socioeconômico e resultar em melhor qualidade de vida.

BIOPROTEÇÃO E BIOSSEGURANÇA: TEMAS RELACIONADOS, MAS DISTINTOS

Conceitos e objetivos

A pesquisa na área das ciências da vida é o fundamento de cuidados com a saúde e com o meio ambiente[72]. Descobertas marcantes têm melhorado consideravelmente a qualidade de vida. Entretanto, ao mesmo tempo que os avanços biotecnológicos permitem controlar ou eliminar doenças de difícil tratamento e trazer tantos outros benefícios, também exibem riscos associados com consequências para as populações humanas, outros seres vivos e para o meio ambiente[72-74]. Essa dicotomia é descrita pelo termo uso dual, inicialmente em referência ao material que contém informação ou tecnologia utilizável nos contextos militar e que é empregado no meio civil para causar danos à saúde e/ou ao meio ambiente[75]. Atualmente, o conceito de uso dual tem sido estendido para mau uso de bens, tecnologias, bancos de dados e até de informações sobre políticas públicas com o objetivo de causar danos em atividades pacíficas. Bens e tecnologias considerados sensíveis (uso dual) são controlados por regimes e convenções internacionais de desarmamento e não proliferação em virtude do potencial de emprego na produção de armas de destruição em massa (ADM), como o Programa Nacional de Integração Estado-Empresa na Área de Bens Sensíveis da Agência Brasileira de Inteligência (Abin – http://www.abin.gov.br/?s=pronabens).

Apesar dos benefícios óbvios da biotecnologia, o suporte da sociedade e a aceitação das ciências modernas dependem fortemente da confiança na capacidade de proteção contra esses riscos[72]. Para lidar com essas inovações, uma política de segurança envolvendo governos, instituições e profissionais de países desenvolvidos e em desenvolvimento é crucial para enfrentar os perigos de agentes patogênicos emergentes, naturais, manipulados geneticamente ou construídos em laboratórios[73,74]. A regulamentação da manipulação genética define e controla o uso. Todavia, ao mesmo tempo que a legislação e a aplicação da lei visam à segurança pública e do meio ambiente, também limitam a pesquisa, pois o acesso é rigidamente controlado e os resultados, restritos ao conhecimento de poucos, limitam o desenvolvimento de vacinas e terapias, criando um efeito paradoxal na regulamentação.

Embora à primeira vista os termos bioproteção e biossegurança possam ser indistinguíveis, as duas áreas abordam temas intimamente relacionados, porém distintos[73,75,76]. Frequentemente, os dois termos são utilizados inadequadamente ao serem percebidos como conceitos idênticos, tanto pela comunidade científica como pelo público leigo[77].

A biossegurança é um conceito bem estabelecido, amplamente aceito e definido pela OMS como princípios de contenção, tecnologias e práticas implementadas para evitar exposição involuntária a patógenos e toxinas ou liberação acidental no ambiente[73,75,76]. Este conjunto de orientações de abrangência internacional deve ser praticado considerando as peculiaridades nacionais ou regionais[75]. Desta forma, as normas estabelecidas pela OMS são adaptadas para atender às demandas locais. Esta concepção de normas é consistente com a cooperação entre a OMS, a Organização das Nações Unidas para Alimentação e Agricultura (FAO, do inglês Food and Agriculture Organization) e a Organização Mundial de Saúde Animal (OIE, do inglês World Organization for Animal Health). A conduta correta em biossegurança está diretamente correlacionada com a obrigação de cumprir as diretrizes estabelecidas para assegurar que as precauções necessárias sejam tomadas para proteger a população e o meio ambiente.

Por outro lado, bioproteção é um termo relativamente novo, cujo significado complexo é dependente do contexto em que é utilizado[72]. A bioproteção é conceituada pela OMS como proteção, controle e prestação de contas sobre material biológico (incluindo informações) em laboratórios, a fim de impedir acesso não autorizado, perda, roubo, uso indevido (dual), desvio ou liberação intencional de patógenos ou partes deles, que são mantidos, transferidos e/ou fornecidos por coleções microbiológicas e/ou centros de recursos biológicos[73,75,76]. Desta forma, a bioproteção abrange medidas de segurança institucional e pessoal, além de procedimentos para evitar a ocorrência de riscos.

Assim, entende-se que, enquanto a biossegurança visa proteger o ser humano do agente biológico, a bioproteção visa proteger o agente biológico do uso indevido pelo ser humano. Talvez a diferença mais importante entre os dois conceitos seja o fato de que normas de bioproteção devem obrigatoriamente ser flexíveis e adaptáveis às situações de evolução do sistema de produção e/ou situações emergenciais, enquanto normas de biossegurança preconizam a máxima proteção (próxima a 100% de segurança).

Aparentemente, não haveria maiores consequências em utilizar ambos os conceitos em diferentes situações. No entanto, na prática, a mistura de conceituações resulta em inadequação da elaboração e implantação de programas de bioproteção. Um programa de bioproteção é composto por um conjunto de medidas e procedimentos voltados para a manutenção da saúde de um plantel, por exemplo, que devem ser aplicados em todas as etapas e interagir com os diversos setores que compõem o sistema produtivo[78]. Os benefícios destes programas abrangem várias áreas. Entretanto, antes da elaboração e implantação de qualquer programa de bioproteção, são necessárias a análise e a definição dos riscos e desafios a que o sistema de produção está sujeito[79].

A avaliação de riscos em biossegurança resulta do estabelecimento de normas e procedimentos permanentes e normalmente inflexíveis, exceto para se tornarem ainda mais restritivos. Por outro lado, a bioproteção indica procedimentos que previnem eventos relacionados entre si e com a saúde humana e produções animal e vegetal para consumo.

A importância em agir preventivamente pode ser ilustrada pela alta possibilidade de ocorrência de uma pandemia de influenza. Outro exemplo de inquietação mundial é a varíola, doença viral erradicada em 198080. Os estoques de vírus são mantidos, essencialmente para pesquisa, em centros colaboradores da OMS sob controle da Organização, que avalia a biossegurança e a bioproteção dos laboratórios com muito rigor. A reintrodução acidental ou deliberada do vírus no ambiente ameaça a saúde pública, a estabilidade econômica e as políticas globais. Apesar destes procedimentos internacionais, houve a necessidade de a OMS estabelecer um guia de bioproteção para laboratório[75], que oferece mais garantias quanto às condições de trabalho e de manutenção de agentes infecciosos, como esse vírus.

Por esta razão, a implementação de bons programas de bioproteção e biossegurança começa com o estabelecimento de procedimentos e ações de controle definidas em normas específicas e finda com a aplicação prática destas normas em campo e em atividades diárias[74,81].

Comparado com as ações envolvendo biossegurança, existe um número limitado de diretrizes e regulamentações que tratam explicitamente de bioproteção[72]. O uso dual e a necessidade de oferecer proteção contra as consequentes ameaças motivaram a criação, nos Estados Unidos, do National Science Advisory Board for Biosecurity (NSABB), em 2004 (http://osp.od.nih.gov/office-biotechnology-activities/biosecurity/nsabb). O NSABB é um comitê consultivo federal constituído para assessorar no desenvolvimento de políticas para o uso seguro de tecnologias com potencial de uso dual, que, portanto, constituem ameaça à saúde pública, ao meio ambiente ou à segurança nacional.

Componentes da bioproteção

Programas de biossegurança e bioproteção compartilham componentes comuns. Ambos são baseados em: avaliação de risco; gestão; experiência e responsabilidade de pessoal; controle e prestação de contas para material de pesquisa, incluindo microrganismos e os estoques de culturas; controle de acesso às instalações; documentação de transferência de material; treinamento; planejamento de emergência e gestão do programa (Figura 3)[82]. O sucesso de ambos depende de uma cultura de laboratório que compreenda e aceite as razões de implementação dos programas e o comportamento adequado correspondente. Essas práticas podem ser conflituosas em termos dos objetivos de segurança. Portanto, as considerações desses objetivos devem ser equilibradas e proporcionais aos riscos identificados e aos resultados utilizados como orientação para o desenvolvimento de políticas institucionais.

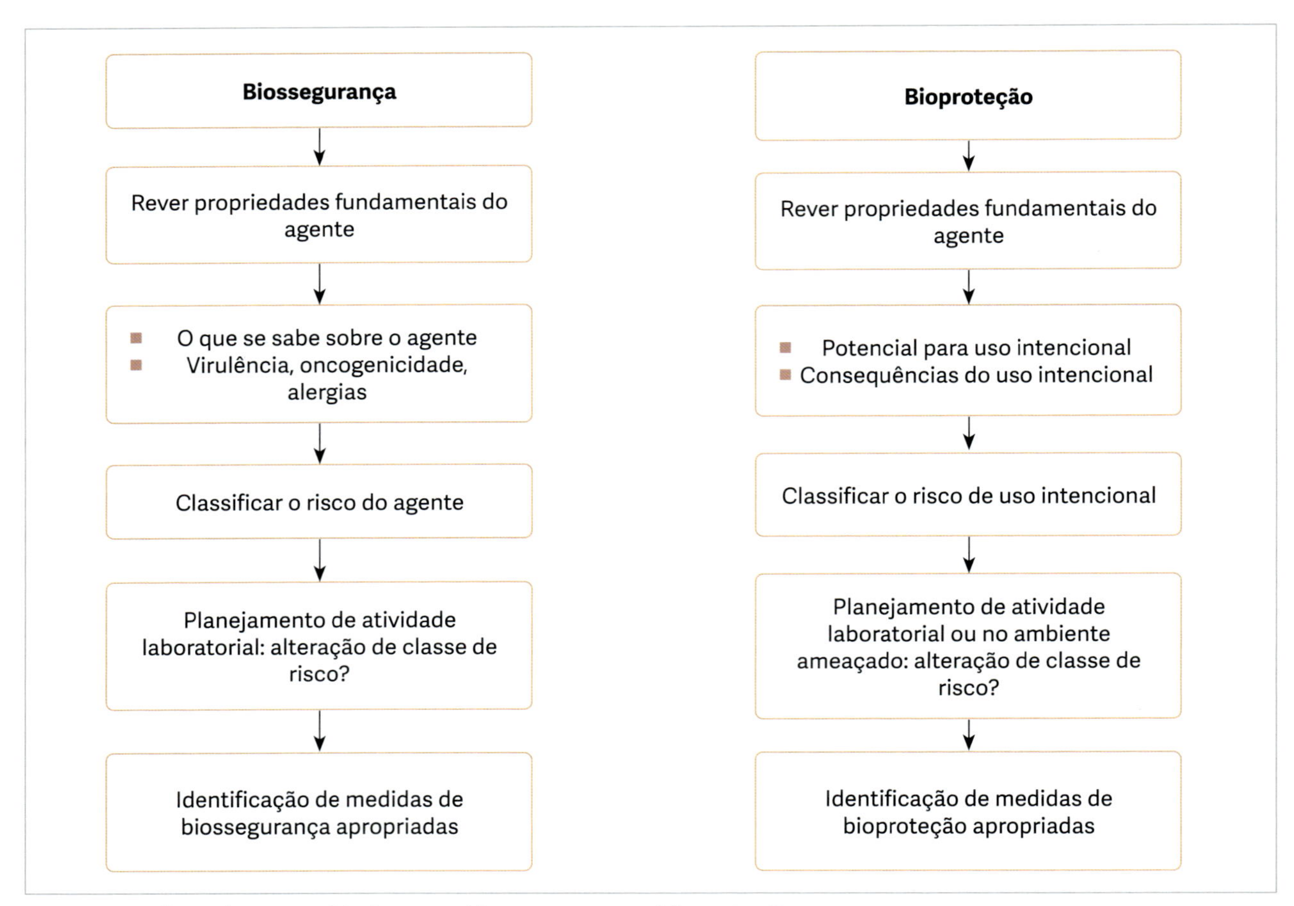

FIGURA 3 Complementaridade entre biossegurança e bioproteção.

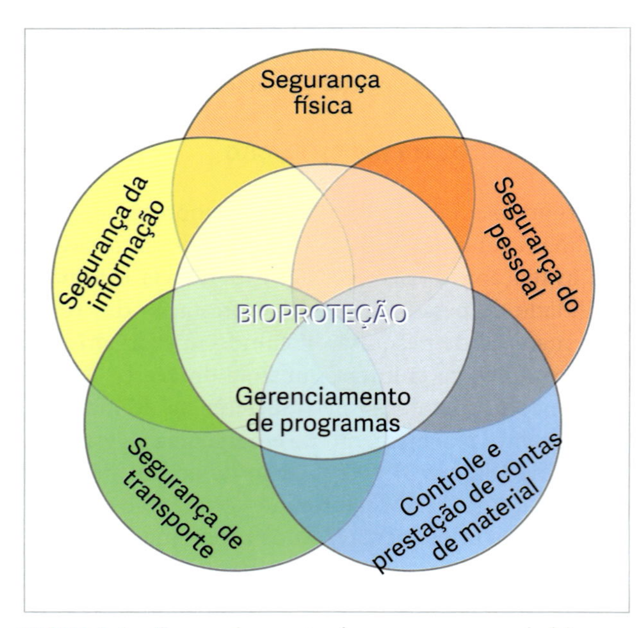

FIGURA 4 Gerenciamento de um programa de bioproteção.

Como relatado, bioproteção é um conjunto de procedimentos desenhados, principalmente, para prevenir a entrada e a disseminação de enfermidades em um sistema de produção de animais ou ainda para prevenir o uso indevido de agentes biológicos (furto e/ou ações de terroristas). Para a situação pecuária, isto é alcançado via manutenção do menor fluxo de material biológico possível (vírus, bactérias, parasitas, fungos, roedores, animais silvestres, pessoas etc.), por meio de divisas entre o sistema de produção. Nenhum programa de prevenção de doenças será efetivo sem esse procedimento fundamental. A bioproteção tem basicamente oito componentes que funcionam como elos de uma mesma corrente. O programa de bioproteção só alcançará pleno sucesso quando todos os elos dessa corrente estiverem firmemente unidos. Além disso, cada um destes elos necessita de manutenção e revisão permanentes para evitar pontos de enfraquecimento na corrente e, consequentemente, falha na bioproteção do sistema.

A bioproteção visa garantir o desenvolvimento científico e tecnológico sustentável, economicamente viável, socialmente justo e garantidor dos direitos constitucionais à vida e à saúde e de um meio ambiente ecologicamente equilibrado. Quando considerado o manejo do agente biológico no laboratório ou no setor produtivo, pode-se afirmar que o gerenciamento do programa de bioproteção envolve cinco componentes (Figura 4).

Ações brasileiras de bioproteção

Bioproteção é uma palavra relativamente nova no vocabulário brasileiro, encontrada em poucos dicionários. A tradução da palavra da língua inglesa *biosecurity* foi recentemente incorporada ao linguajar brasileiro.

Os avanços mais recentes da biotecnologia e o aumento no desenvolvimento de produtos e processos com possibilidades de uso dual nos cenários nacional e internacional, em conjunto com o crescente número de realizações de eventos de grande porte no Brasil, levaram o Ministério da Defesa (MD) a preparar e aprovar as Diretrizes de biossegurança, bioproteção e defesa biológica, nos termos da Portaria Normativa n. 585, de 07 de março de 2013. A medida teve o objetivo de legislar sobre acidentes coletivos, que podem ocorrer em estádios de futebol, aeroportos e portos, por exemplo, ou em situações de emergência em saúde pública. O propósito é planejar e desenvolver ações de modo a fortalecer a capacidade nacional de resposta a ameaças biológicas e assegurar o cumprimento dos interesses da defesa nacional. O documento estabelece que as ações a serem praticadas em casos de catástrofes são de responsabilidade das Forças Armadas (Aeronáutica, Exército e Marinha).

As ações definidas nas diretrizes publicadas pelo MD incluem discussões sobre limites éticos, a capacitação de recursos humanos e o estímulo à pesquisa em biossegurança, a bioproteção e defesa biológica e a implementação de cooperação e intercâmbio com outros ministérios e entidades nacionais e internacionais atuantes em áreas relacionadas. As ações também têm como objetivo conscientizar os públicos interno e externo sobre a importância da biossegurança, bioproteção e defesa biológica para a segurança nacional.

As diretrizes também incluem a promoção de estudos para a padronização das normas de biossegurança, bioproteção e defesa biológica e de conceitos nas áreas que essa legislação abrange. Nesse contexto, a palavra *biosecurity*, que em outros documentos oficiais de órgãos federais e publicações anteriores à publicação das diretrizes em 2013[83,84], era frequentemente traduzida como "biosseguridade", foi substituída pelo termo

QUADRO 1 Termos definidos nas Diretrizes de biossegurança, bioproteção e defesa biológica do Ministério da Defesa

Termo	Conceito
Agente biológico	Todo aquele que contenha informação genética e seja capaz de se autorreproduzir ou de se reproduzir em um sistema biológico. Inclui bactérias, fungos, vírus, clamídias, riquétsias, micoplasmas, príons, parasitos, linhagens celulares e outros organismos.
Bioconfiança (*biosurety*)	Conjunto de sistemas e procedimentos para salvaguardar agentes biológicos e toxinas contra furto, roubo, perda, desvio, acesso ou uso não autorizado, e garantir que todas essas ações sejam conduzidas de maneira segura e confiável, englobando nesse conceito a biossegurança, a bioproteção e os controles de pessoal e material.
Bioproteção (*biosecurity*)	Conjunto de ações que visam a minimizar o risco de uso indevido, roubo e/ou liberação intencional de material com potencial risco à saúde humana, animal e vegetal.
Biossegurança (*biosafety*)	Conjunto de ações destinadas a prevenir, controlar, reduzir ou eliminar riscos inerentes às atividades que possam, de forma não intencional, comprometer a saúde humana, animal, vegetal e o ambiente.
Defesa biológica	Conjunto de medidas estruturadas a serem implementadas pelas Forças Armadas para prevenir e enfrentar ataques por agentes biológicos ou toxínicos.
Organismo geneticamente modificado (OGM)	Organismo cujo material genético tenha sido modificado por qualquer técnica de engenharia genética.
Patrimônio genético	Informação de origem genética, contida em amostras do todo ou de parte de espécime vegetal, fúngica, microbiana ou animal, na forma de moléculas e substâncias provenientes do metabolismo desses seres vivos e de extratos obtidos desses organismos vivos ou mortos, encontrados em condições *in situ*, inclusive domesticados, ou mantidos em coleções *ex situ*, desde que coletados em condições *in situ* no território nacional, na plataforma continental ou na zona econômica exclusiva.

Fonte: Ministério da Defesa; Portaria Normativa n. 585, de 07 de março de 2013.

bioproteção, tal como formalizado no documento do MD (Quadro 1).

O Brasil é signatário dos principais regimes e convenções internacionais estabelecidos por países que atuam em favor do desarmamento e da não proliferação de armas, como a Convenção para Proibição de Armas Químicas (CPAQ), a Convenção para Proibição de Armas Biológicas e Bacteriológicas (CPAB ou BWA), o Tratado de Não Proliferação de Armas Nucleares (TNP), Grupo dos Supridores Nucleares (NSG) e Regime de Controle de Tecnologia de Mísseis (MTCR). A legislação do país abrange o controle das exportações de bens e tecnologias sensíveis e serviços vinculados a tais bens, como a Comissão Interministerial de Controle de Bens Sensíveis (CIBES) e Comissão Interministerial para Aplicação dos Dispositivos da Convenção para a Proibição das Armas Químicas (CIAD-CPAQ).

A convenção sobre a proibição de armas biológicas e toxínicas (BWC, do inglês *Biological Weapons Convention*), de 1972, é vinculada à ONU e foi ratificada pelo Brasil em 1976[85]. A BWC proíbe o desenvolvimento, a produção, a estocagem, a transferência, a aquisição e o uso de armas biológicas e toxínicas, bem como determina a destruição de estoques existentes. A convenção não prevê medidas de verificação de cumprimento pelos Estados-partes. Embora o Brasil defenda a criação de mecanismos de verificação do cumprimento da convenção, ainda não foi possível atingir consenso internacional sobre esse assunto.

A CIBES é presidida pelo Ministério da Ciência, Tecnologia e Inovação (MCTI) e é incumbida de elaborar os regulamentos, critérios, procedimentos e mecanismos de controle a serem adotados para a exportação de bens sensíveis e serviços diretamente vinculados; elaborar, atualizar e divulgar as listas de bens sensíveis e aplicar as punições administrativas previstas.

A CIAD-CPAQ, vinculada à Secretaria de Assuntos Estratégicos da Presidência da República, aplica os dispositivos da Convenção Internacional sobre a Proibição de Desenvolvimento, Produção, Estocagem e Uso das Armas Químicas.

A Agência Brasileira de Inteligência (ABIN) atua na Cibes na qualidade de órgão assessor da Secretaria Executiva, exercida pela Coordenação-Geral de Bens Sensíveis do MCTI (CGBE/MCTI). O Programa Nacional de Integração Estado-Empresa na Área de Bens Sensíveis (PRONABENS), uma parceria entre o MCTI e a Abin, atua na prevenção e vigilância de transferências ilícitas e foi criado com o objetivo de orientar o empresariado sobre os controles governamentais para a transferência de bens sensíveis e serviços diretamente vinculados. Como consequência da implementação do Pronabens, o Brasil tornou-se um dos primeiros países a cumprir o dispositivo "8d" da Resolução n. 1.540/2004 do Conselho de Segurança da ONU.

REFERÊNCIAS BIBLIOGRÁFICAS

1. Brasil. Lei n. 8.974, de 05 de janeiro de 1995. Diário Oficial da República Federativa do Brasil. 1995;05.
2. Brasil. Lei n. 11.105, de 24 de janeiro de 2005. Diário Oficial da República Federativa do Brasil. 2005;1.
3. Centers for Disease Control and Prevention (CDC)/National Institutes of Health (NIH). Biosafety in microbiological and biomedical laboratories. 4. ed. Washington: Government Printing Office; 1999.
4. Teixeira P, Valle S. Biossegurança: uma abordagem multidisciplinar. Rio de Janeiro; 1998.
5. Oda L, Ávila S. Biossegurança em laboratórios de saúde pública. Brasília: Ministério da Saúde; 1998.
6. Richmond JY. Anthology of biosafety Vol. 3: Applications of principles. Mundelein, Il: ABSA; 2000.
7. World Health Organization (WHO). Manual of laboratory biosafety. 3. ed. Geneva: WHO; 2004. Disponível em: <www.who.int/csr/resources/publications/biosafety/en/Biosafety7.pdf>.
8. Hirata MH, Hirata RDC, Mancini Filho J. Manual de biossegurança. 2. ed. Barueri: Manole; 2012.
9. Meyer KF, Eddie B. Laboratory infections due to Brucella. J Infect Dis. 1941;63:23-32.
10. Sulkin SE, Pike RM. Survey of laboratory-acquired infections. Am J Public Health. 1951;41(7):769-81.
11. Pike RM. Laboratory associate infections, incidence, fatalities, causes and preventions. Ann Rev Microbiol. 1979;33:5.
12. Centers for Disease Control and Prevention (CDC). Classification of etiological agents on the basis of hazard. Atlanta: Centers for Disease Control (US); 1969.
13. Centers for Disease Control and Prevention (CDC)/National Institutes of Health (NHI). Biosafety in microbiological and biomedical laboratories. U.S. Department of Health and Human Services. Public Health Service; 1984.
14. National Institutes of Health (NIH). Recombinant DNA research: actions under the guidelines. Notice; 1994.
15. Berg P, Baltimore D, Brenner S, Roblin RO, Singer MF. Summary statement of the Asilomar conference on recombinant DNA molecules. Proc Nat Acad Sci USA. 1975;72(6):1981-4.
16. United Nations Environment Programme (Unep). Convention on biological diversity – report of the Fifth Meeting of the Open-Ended Ad Hoc Working Group on Biosafety. 17-28 August, Montreal, 1998.
17. Gura T. New genes boost rice nutrients. Science. 1999;285:994-5.
18. Wikimedia Commons. A physician wearing a seventeenth century plague preventive. Disponível em: <https://commons.wikimedia.org/wiki/Category:Plague_doctors>.
19. Oda LM. Capacity building programme on biosafety: a guide to supervisors. Rio de Janeiro: Fiocruz; 1998. 270p.
20. Brasil. Política Nacional da Biodiversidade: roteiro de consulta para elaboração de uma proposta. Brasília: Ministério do Meio Ambiente (MMA); 2000.

21. Baldwin CL, Runkle RS. Biohazards symbol: development of a biological hazards warning signal. Science. 1967;158:264-5.
22. Berg P, Baltimore D, Boyer HW, Cohen SN, Davis RW, Hogness DS, et al. Report of Committee on Recombinant DNA Molecules: potential biohazards of recombinant DNA molecules. Proc Nat Acad Sci USA. 1974;71(7):2593-4.
23. Barinaga M. Asilomar revisited: lessons for today? Science. 2000;287(5458):1584-5.
24. Berg P. Asilomar 1975: DNA modification secured. Nature. 2008;455:18.
25. National Institutes of Health (NIH). NIH guidelines for research involving recombinant DNA molecules. 1976. Bethesda: The National Institutes of Health (US), Office of Biotechnology Activities; 1976.
26. National Institutes of Health (NIH)/World Health Organization (WHO). Laboratory biosafety principles and practices – an instructors' guide for biosafety training. WHO; 1983.
27. Aragão HB. Notícia histórica sobre a fundação do Instituto Oswaldo Cruz (Instituto Manguinhos). Mem Inst Oswaldo Cruz. 1950;48:1-50.
28. Ferreira LF. Novas chronicas de Manguinhos. Rio de Janeiro: Fiocruz; 1992. 129p.
29. LM. Gaspar Vianna, no centenário de seu nascimento. Mem Inst Oswaldo Cruz. 1985;80(2):253-5.
30. Kinderlerer J. Biotechnology policy and regulation in the European Union update. J Biolaw Bus. 1997;1(1):95-9.
31. Oda LM. Biossegurança no Brasil segue padrões científicos internacionais. Biotecnol Ciênc Desenvolv. 2001; 18:4-8.
32. Oda LM, Albuquerque MBM, Soares BMC, Silva FHAL, Rocha SSA, Cardoso TAO, et al. Biosafety in Brazil: past, present and prospects for the future. In: Richmond JY, editor. Anthology of biosafety IV issues in public health. Mundelein: American Biological Safety Association; 2002. p.135-48.
33. The Organization for Economic Co-operation and Development (OECD). The bioeconomy to 2030: designing a policy agenda. Paris: OECD Publishing; 2006.
34. The Organization for Economic Co-operation and Development (OECD). The bioeconomy to 2030: designing a policy agenda. Main findings and policy consideration. Paris: OECD Publishing; 2009.
35. Oda LM, Soares BEC. Genetically modified foods: economic aspects and public acceptance in Brazil. Trends Biotechnol. 2000;18:188-90.
36. Riedel S. Edward Jenner and the history of smallpox and vaccination. BUMC Proceedings. 2005;18:21-5.
37. Guivant J. Transgênicos e percepção pública da ciência no Brasil. Ambient Soc. 2006;9(1):81-103.
38. Souza L. Liberação da soja transgênica no Brasil, vantagem ou não? 2012. Disponível em: <http://www.anbio.org.br/site>.
39. Hoban TJ. Public attitudes towards agricultural biotechnology. ESA Working Paper N. 04-09. FAO, Rome, May 2004. 16p.
40. Instituto Brasileiro de Opinião Pública e Estatística (Ibope). Diferenças entre as duas pesquisas sobre transgênicos. Brasil: Ibope; 2003. Disponível em: <http://www.ibope.com.br/pt-BR/Paginas/resultado.aspx?k=transgenicos%202003>.
41. Universidade Federal de São Carlos (UFSCar). Transgenia, na visão do público. ClickCiência. Edição 15. Matéria 8, 2009. Disponível em: <www.clickciencia.ufscar.br/portal/edicao15/materia8_detalhe.php>.
42. American Biological Safety Association (ABSA). 2003. Disponível em: <www.absa.org>.
43. Universidade Federal de Santa Catarina (UFSC). 2003. Disponível em: <www.ufsc.br>.
44. Associação Nacional de Biossegurança (ANBio). 1999. Disponível em: <http://anbio.org.br>.
45. Adrianantoandro E, Basu S, Karig DK, Weiss R. Synthetic biology: new engineering rules for an emerging discipline. Mol Syst Biol. 2006;2:1-14.
46. Haseloff J, Ajioka J. Synthetic biology: history, challenges and prospects. J R Soc Interface. 2009;6:S389-S391.
47. Woolfson DN, Bromley EHC. Synthetic biology: a bit of rebranding, or something new and inspiring?. The Biochemist. 2011:9-25. Disponível em: <http://www.chm.bris.ac.uk/org/woolfson/papers/paper80.pdf>.
48. Cameron DE, Bashor CJ, Collins JJ. A brief history of synthetic biology. Nat Rev Microbiol. 2014;12:381-90.
49. Yeh B, Lim WA. Synthetic biology: lessons from the history of synthetic organic chemistry. Nat Chem Biol. 2007;3(9):521-5.
50. Couzin J. Active poliovirus baked from scratch. Science. 2002;297(5579):174-5.
51. Heinemann M, Panke S. Synthetic biology-putting engineering into biology. Bioinformatics. 2006;22(22):2790-9.
52. Avery OT, MacLeod CM, McCarty M. Studies on the chemical nature of the substance inducing transformation of pneumococcal types: induction of transformation by a desoxyribonucleic acid fraction isolated from pneumococcus type III. J Exp Med. 1944;79(2):137-58.
53. Lederberg J. The transformation of genetics by DNA: an anniversary celebration of Avery, Macleod and Mccarty (1944). Genetics. 1994;136(2):423-6.
54. Watson JD, Crick FH. Molecular structure of nucleic acids: a structure for deoxyribose nucleic acid. Nature. 1953;4356:737-8.
55. Lederberg J. What the double helix (1953) has meant for basic biomedical science. A personal commentary. JAMA. 1993;269(15):1981-5.
56. Leduc S. La biologie synthétique. In: Poinat A, editor. Études de biophysique; 1912. Disponivel em: <http://www.peiresc.org/bstitre.htm>.
57. WAD. Synthetic biology and the mechanism of life. Nature. 1913;91(2272):270-2.
58. Szybalski W. In vivo and in vitro initiation of transcription. In: Kohn A, Shatkay A, editors. Control of gene expression, p.23-4, and Discussion p.404-5 (Szybalski's concept of synthetic biology), p.411-2, p.415-7. New York: Plenum Press; 1974.
59. Szybalski W, Skalka A. Nobel-prizes and restriction enzymes. Gene. 1978;4:181-2.
60. Clark AJ, Adeniyi-Jones RO, Knight G, Leiper JM, Wiles PG, Jones RH, et al. Biosynthetic human insulin in the treatment of diabetes. A double-blind crossover trial in established diabetic patients. Lancet. 1982;8294:354-7.
61. Saiki RK, Gelfand DH, Stoffel S, Scharf SJ, Higuchi R, Horn GT, et al. Primer-directed enzymatic amplification

of DNA with a thermostable DNA polymerase. Science. 1988;239:487-91.
62. Cello J, Paul AV, Wimmer E. Chemical synthesis of poliovirus cDNA: generation of infectious virus in the absence of natural template. Science. 2002;297:1016-8.
63. Solé RV, Munteanu A, Rodriguez-Caso C, Macía J. Synthetic protocell biology: from reproduction to computation. Philos Trans R Soc Lond B Biol Sci. 2007; 362(1486):1727-39.
64. Gibson DG, Benders GA, Andrews-Pfannkoch C, Denisova EA, Baden-Tillson H, Zaveri J, et al. Complete chemical synthesis, assembly, and cloning of a Mycoplasma genitalium genome. Science. 2008;319(29):1215-20.
65. Gibson DG, Glass JI, Lartigue C, Noskov VN, Chuang RY, Algire MA, et al. Creation of a bacterial cell controlled by a chemically synthesized genome. Science. 2010; 329:52-6.
66. Mehl RA, Anderson JC, Santoro SW, Wang L, Martin AB, King DS, et al. Generation of a bacterium with a 21 amino acid genetic code. J Am Chem Soc. 2003; 125(4):935-9.
67. National Research Council. Biotechnology research in an age of terrorism. 2004. Disponível em: <http://books.nap.edu/catalog.php?record_id=10827#toc>.
68. Guan Z-J, Schmidt M, Pei L, Wei W, Ma K-P. Biosafety considerations of synthetic biology in the International Genetically Engineered Machine (iGEM) competition. BioScience. 2013;63(1):25-34.
69. Presidential Commission for the Study of Bioethical Issues (PCSBI). New directions – the ethics of synthetic biology and emerging technologies. 2010. Disponível em: <www.bioethics.gov>.
70. National Institutes of Health (NIH). Office of Biotechnology Activity. Biosafety NIH Guidelines. 2009. Disponível em: <http://oba.od.nih.gov/rdna/nih_guidelines_new.htm#_Toc331173977>.
71. Zhang JY, Marris C, Rose N. BIOS working paper n.: 4 The Transnational Governance of Synthetic Biology Scientific uncertainty, cross-borderness and the 'art' of governance. Londres: BIOS; 2011. Disponível em: <https://royalsociety.org/~/media/Royal_Society_Content/policy/publications/2011/4294977685>.
72. Uhlenhaut C, Burger R, Schaade L. Protecting society. Biological security and dual-use dilemma in the life sciences – status quo and options for the future. EMBO Rep. 2013;14(1):25-30.
73. Casadevall A, Relman DA. Microbial threat lists: obstacles in the quest for biosecurity? Nat Rev Microb. 2010;8(2):149-54.
74. Bezuidenhout L, Gould C. Winning the battle against emerging pathogens. A South African response. Bull Atomic Scientists. 2014;70(4):10-3.
75. World Health Organization (WHO). Biorisk management: laboratory biosecurity guidance. WHO 2006. Disponível em: <http://www.who.int/csr/resources/publications/biosafety/WHO_CDS_EPR_2006_6.pdf>.
76. Centers for Disease Control and Prevention (CDC)/National Institutes of Health (NIH). Biosafety in microbiological and biomedical laboratories. 5. ed. HHS Publication M. 21-1112, 2009.
77. Sesti L. Bioproteção em avicultura: controle integrado de doenças. VI Simpósio Goiano de Avicultura, Anais. Goiânia, 2004; p.63-86. Disponível em: <https://www.agencia.cnptia.embrapa.br/Repositorio/biosseguridade_em_avicultura_controle_integrado_de_doencas_000fyh9f5g002wx5ok0pvo4k3glwvvhl.pdf>.
78. Jaenisch FRF. Biossegurança em plantéis de matrizes de corte. 2004. Disponível em: <http://www.bichoonline.com.br/artigos/embrapave0004.htm>.
79. Sesti L. Biosseguridade em granjas de reprodutores. In: Macarim M, Mendes AA, editores. Manejo de matrizes de corte. 2. ed. Campinas: Facta; 2005.
80. Fenner F, Donald A, Arita I, Jezek Z, Ladnyi I. Smallpox and its eradication. Geneve: WHO; 1988.
81. Albino JJ. Aplicação das ações de 5S em aviários de corte e postura. Concórdia: Embrapa Suínos e Aves; 2007. Disponível em: <http://ainfo.cnptia.embrapa.br/digital/bitstream/item/59420/1/CUsersPiazzonDocuments31.pdf>.
82. Bakanidze L, Imnadze P, Perkins D. Biosafety and biosecurity as essential pillars of international health security and cross-cutting elements of biological nonproliferation. BMC Public Health. 2010;10(Suppl 1):S12.
83. Chaimovich H. Biosseguridade. Estudos Avançados. 2005;19(55):261-9. Disponível em: <http://www.scielo.br/pdf/ea/v19n55/18.pdf>.
84. Anais do VII Congresso Brasileiro de Biossegurança, 2011. Disponível em: <www.anbio.org.br>.
85. Ministério das Relações Exteriores (MRE). Armas químicas e biológicas; 1976. Disponível em: <http://www.itamaraty.gov.br/index.php?option=com_content&view=article&id=148:armas-quimicas-e-biologicas&catid=78:chamada-3&lang=pt-BR&Itemid=435>.

Proteção contra viroses: foco na biossegurança laboratorial

Gustavo Cabral
Jaqueline Dinis

INTRODUÇÃO

O mundo contemporâneo enfrenta uma interseção complexa de desafios, em que a instabilidade econômica, social e ecológica se entrelaça com a migração humana, o aquecimento global e a propagação de vetores e reservatórios. Este cenário tumultuado tem um efeito direto no aumento do número de vírus emergentes e reemergentes, apresentando uma ameaça significativa à saúde pública global.

Paralelamente, os avanços na pesquisa em virologia, embora fundamentais para entender e combater essas ameaças, também suscitaram preocupações crescentes. O temor de que as pesquisas possam inadvertidamente criar ou propagar vírus com potencial pandêmico tem gerado demandas por restrições mais rígidas à investigação em virologia. No entanto, é extremamente importante reconhecer que o estudo sistemático dos agentes patogênicos é essencial não apenas para avaliar os riscos que representam, mas também para desenvolver contramedidas médicas científicas eficazes. A pandemia de covid-19 (sigla em inglês: *corona virus disease 2019*) intensificou ainda mais a urgência desse trabalho, mas também exacerbou a disseminação de informações falsas, incluindo especulações sobre a origem do SARS-CoV-2 (sigla em inglês: *severe acute respiratory syndrome coronavirus 2*) e sua possível ligação a um acidente de laboratório[1].

Diante dos desafios mencionados, há um crescente interesse em reformular e ampliar a supervisão da pesquisa em virologia. Essas propostas visam não apenas fortalecer a segurança, mas também melhorar a interação com a sociedade. No entanto, é essencial assegurar que tais recomendações sejam viáveis na prática e não comprometam o avanço científico necessário para enfrentar surtos epidêmicos e pandêmicos. Equilibrar as necessidades da pesquisa científica com a proteção da integridade e segurança tanto dos pesquisadores quanto da sociedade é uma questão complexa e central. Os profissionais que se dedicam a trabalhos laboratoriais, especialmente na área da virologia, enfrentam riscos significativos, apesar das práticas de proteção individual e laboratorial estabelecidas pela comunidade científica.

Nesse contexto, este capítulo investiga os desafios enfrentados nos laboratórios de virologia e as medidas essenciais para garantir a realização responsável, segura e eficaz dessas atividades, em prol da saúde global e da segurança pública. Portanto, é crucial que os profissionais possuam profundo conhecimento dos níveis de biossegurança, regulamentações e práticas de proteção pessoal e coletiva.

NÍVEIS DE BIOSSEGURANÇA EM LABORATÓRIOS DE VIROLOGIA

Para assegurar uma proteção eficaz tanto para os indivíduos quanto para o ambiente de trabalho, é fundamental compreender os níveis de biossegurança em laboratórios. Este entendimento é especialmente importante no contexto do trabalho com vírus, que podem representar riscos significativos para a saúde.

O crescente interesse em pesquisas sobre vírus emergentes e reemergentes em uma variedade de laboratórios implica riscos biológicos significativos, particularmente para os profissionais que atuam nesses ambientes. Essas pesquisas, essenciais para a compreensão e combate a novos patógenos, expõem os trabalhadores a diversas formas de contaminação e infecção, destacando a necessidade de rigorosas medidas de segurança e protocolos de biossegurança adequados para minimizar os perigos associados. Esses riscos surgem devido às várias formas de exposição a infecções virais que esses profissionais enfrentam. Esta preocupação tem incentivado debates sobre o controle de acesso a vírus de alto risco, com o objetivo contínuo de aprimorar as práticas de biossegurança, particularmente para patógenos que têm potencial de rápida disseminação no ambiente.

Biossegurança e bioproteção referem-se a um conjunto abrangente de medidas preventivas destinadas a garantir o manuseio seguro de patógenos e resíduos biológicos. É crucial que esses conceitos sejam claramente compreendidos por todos os profissionais envolvidos nessa área de atuação, ressaltando a importância da preparação contínua e do treinamento regular para manter os padrões de segurança elevados e minimizar os riscos associados. A biossegurança engloba princípios e práticas destinados a prevenir ou minimizar riscos em atividades que envolvem material biológico, incluindo pesquisa, produção, ensino e serviços, visando proteger a saúde pública e o meio ambiente. A bioproteção, por sua vez, concentra-se em medidas de segurança para impedir o uso indevido de materiais biológicos, abrangendo a prevenção de perdas, roubos e liberações intencionais, bem como garantindo o transporte seguro desses materiais[2].

É fundamental levar em conta os diversos tipos de riscos associados às atividades laboratoriais, que englobam riscos de acidentes, riscos ergonômicos, riscos físicos, riscos químicos e biológicos. Nosso foco reside especialmente nos riscos biológicos, com ênfase particular nos vírus, que representam agentes de risco significativos devido ao seu potencial de causar infecções graves e disseminação rápida. Avaliar e mitigar esses riscos é essencial para garantir a segurança dos profissionais de laboratório e a integridade do ambiente de trabalho.

Os níveis de biossegurança são fundamentais para garantir um ambiente laboratorial seguro e protegido. Eles são classificados em quatro categorias distintas, levando em conta uma variedade de fatores que incluem não apenas práticas e técnicas laboratoriais, mas também a qualidade dos equipamentos de segurança e a infraestrutura das instalações. Além desses aspectos, é imprescindível considerar características específicas do agente patogênico em questão, como sua virulência, o modo de transmissão e a estabilidade das partículas virais no ambiente. Esses elementos adicionais são cruciais para determinar o nível adequado de contenção e proteção necessários para trabalhar com segurança com os agentes biológicos em questão.

O Nível de Biossegurança 1 (NB1) é o primeiro patamar de proteção em laboratórios, indicado para manipulações com vírus de baixo potencial de risco tanto para indivíduos quanto para a comunidade. Estes vírus não representam ameaças significativas à saúde de humanos ou animais adultos saudáveis, o que justifica a menor exigência de medidas de contenção.

O Nível de Biossegurança 2 (NB2) é designado para manipulação de vírus emergentes que demandam um nível mais elevado de proteção. Estes agentes virais podem causar infecções em humanos ou animais, embora tenham uma capacidade restrita de disseminação na comunidade. Entretanto, é essencial destacar que existem medidas preventivas e terapêuticas eficazes disponíveis para lidar com esses vírus, o que justifica o nível de contenção estabelecido.

O Nível de Biossegurança 3 (NB3) é essencial para atividades laboratoriais que envolvem manipulação de vírus altamente transmissíveis, frequentemente caracterizados por uma dose infecciosa mínima capaz de causar doenças graves ou fatais. Estes vírus apresentam um risco considerável de disseminação na comunidade e/ou no ambiente. Para mitigar esse risco, são necessárias medidas adicionais de proteção, incluindo o uso de proteção respiratória adequada e sistemas de filtragem HEPA (*High Efficiency Particulate Arrestance*, em inglês), que são fundamentais para evitar a transmissão desses agentes virais.

O Nível de Biossegurança 4 (NB4) representa o patamar máximo de proteção, especialmente concebido para a manipulação de vírus com o mais alto potencial de risco. Este nível abarca agentes virais altamente transmissíveis, muitas vezes desprovidos de medidas preventivas ou terapêuticas eficazes. Exemplos notáveis incluem o vírus Ebola e o vírus da varíola. As instalações de NB4 devem ser meticulosamente projetadas para conter os vírus mais patogênicos e virulentos, garantindo a salvaguarda tanto dos indivíduos quanto do meio ambiente[3].

Embora não seja possível eliminar completamente os riscos, a avaliação de riscos é crucial para identificar e classificar os perigos específicos do manuseio de vírus em laboratórios, prevenindo ao máximo possíveis acidentes. Esta avaliação deve ser conduzida por cientistas experientes, que conheçam as características dos vírus estudados, os equipamentos e procedimentos necessários, os modelos animais usados e as instalações de contenção disponíveis. As medidas de mitigação devem ser baseadas nessa avaliação, empregando procedimentos padronizados e sistemáticos para garantir consistência e comparabilidade.

POLÍTICAS DE BIOSSEGURANÇA EM LABORATÓRIOS DE VIROLOGIA

A implementação estratégica de políticas de biossegurança é fundamental, pois garante a proteção sanitária e impulsiona notáveis avanços em diversas áreas da pesquisa científica. Tais políticas estabelecem um arcabouço robusto para o manejo seguro de patógenos virais e outros materiais biológicos nos ambientes laboratoriais.

A biossegurança é regulada por um conjunto de protocolos e diretrizes internacionais que evoluíram ao longo do tempo, desde o Protocolo de Genebra de 1925, que buscava impedir o uso de armas biológicas, até os Protocolos de Cartagena e Nagoya[4,5], que abordam a biossegurança e a diversidade biológica. No entanto, cabe a cada país desenvolver suas próprias políticas nacionais de biossegurança para atender às suas necessidades específicas.

No Brasil, a definição e regulamentação da biossegurança foram formalmente estabelecidas em 1995 pela Lei n. 8.974, posteriormente integrada à Lei n. 11.105, conhecida como Lei de Biossegurança. Essa legislação, que reflete os princípios da Política Nacional de Biossegurança (PNB), estabelece diretrizes e procedimentos para o controle e fiscalização de atividades envolvendo organismos geneticamente modificados (OGM) e seus produtos derivados. Além disso, a lei regulamenta o uso de células-tronco embrionárias humanas em pesquisas e terapias, ampliando ainda mais seu escopo de atuação. A definição dos aspectos relacionados aos OGM na PNB é de responsabilidade do Conselho Nacional de Biossegurança (CNBS), enquanto a Comissão Técnica Nacional de Biossegurança (CTNBio) é encarregada da autoridade técnica e gestão do sistema nacional de biossegurança. Esses órgãos desempenham papéis fundamentais na garantia da segurança e da ética nas atividades envolvendo OGM e outros aspectos relacionados à biossegurança no país.

No contexto da biossegurança em saúde, o Ministério da Saúde (MS) desempenha um papel de destaque por meio da Comissão de Biossegurança em Saúde (CBS). Instituída pela Portaria GM/MS n. 1.683 de 28 de agosto de 2003 e consolidada na Portaria GM/MS nº 1 de 2017, a CBS tem a responsabilidade de coordenar diretrizes e normas relacionadas à biossegurança. Além disso, a comissão atua na integração de ações de biossegurança no âmbito do Sistema Único de Saúde (SUS), colaborando estreitamente com instituições acadêmicas, centros de pesquisa, laboratórios e órgãos tanto nacionais quanto internacionais. Um dos principais papéis da CBS é a atualização bienal da lista de Classificação de Risco dos Agentes Biológicos. Essa lista é essencial para orientar as medidas de biossegurança em instituições de saúde que lidam com esses agentes, oferecendo uma base sólida para a análise de riscos na manipulação desses materiais.

Na prática, as políticas institucionais devem utilizar as normas e diretrizes da PNB para proteger a saúde dos trabalhadores, como os de laboratório, bem como a população em geral, animais e o meio ambiente. As instituições precisam cumprir as instruções e resoluções normativas da CTNBio em relação ao manuseio, armazenamento e descarte de OGMs, além de observar legislações trabalhistas e ambientais. É crucial atualizar e acompanhar a regulamentação institucional para implementar boas práticas de gestão e operação, minimizando riscos e gerenciando contingências de forma eficaz[2].

SEGURANÇA PESSOAL EM LABORATÓRIOS DE VIROLOGIA COM DIFERENTES NÍVEIS DE BIOSSEGURANÇA

Dentro dos laboratórios de virologia, a garantia da segurança pessoal é essencial, não apenas para proteger a integridade dos profissionais envolvidos, mas também para salvaguardar a saúde pública contra os perigos potenciais associados à manipulação de agentes virais altamente perigosos. O estrito cumprimento das diretrizes institucionais e das políticas nacionais de biossegurança representa o ponto de partida para estabelecer uma cultura de segurança laboratorial completa e eficiente.

Independentemente do nível de biossegurança atribuído ao laboratório, é vital que a instituição forneça tanto uma infraestrutura física adequada quanto informações relevantes. A concepção apropriada das instalações, incorporando medidas de contenção biológica, desempenha um papel fundamental na mitigação dos riscos associados à manipulação de vírus. Além disso, a formação e a capacitação contínuas dos profissionais são essenciais, garantindo que estejam completamente familiarizados com os procedimentos e protocolos de segurança em vigor.

As instalações laboratoriais devem ser projetadas levando em consideração estratégias de ventilação apropriadas, sistemas de descontaminação eficazes e áreas de acesso controlado, com o objetivo de reduzir consideravelmente o risco de exposição viral. A elaboração e implementação de um programa abrangente de biossegurança são essenciais, incluindo uma identificação precisa dos potenciais perigos e o estabelecimento de estratégias adequadas de mitigação de riscos adaptadas a cada contexto laboratorial específico.

O uso adequado de equipamentos de proteção individual (EPI) desempenha um papel fundamental na proteção dos profissionais contra os perigos associados à manipulação de vírus. Luvas, aventais, proteções para calçados, calçados de laboratório fechados, respiradores, protetores faciais, óculos de segurança e protetores auriculares são exemplos de EPI que devem ser selecionados com cautela, levando em consideração os riscos específicos de cada laboratório. Além disso, os EPI são frequentemente utilizados em conjunto com outras medidas de controle de biossegurança, como cabines de segurança biológica (CSB) e sistemas de contenção para animais de pequeno porte, por exemplo. Em situações em que o uso de CSB não é possível, os EPI desempenham um papel crucial como a principal barreira entre os profissionais e os vírus patogênicos, garantindo uma proteção eficaz contra potenciais exposições.

É crucial destacar que essas medidas de segurança são organizadas de acordo com os diferentes níveis de biossegurança, que variam do NB1 ao NB4, cada um com suas práticas e protocolos específicos.

Começando pelos laboratórios de virologia NB1, as atividades nesse nível envolvem agentes virais de baixo risco e são conduzidas em bancadas abertas, seguindo práticas microbiológicas padrão. O treinamento do pessoal é supervisionado por cientistas qualificados, garantindo a compreensão dos procedimentos e dos perigos associados. Essa supervisão desempenha um papel fundamental na garantia da formação adequada do pessoal, incluindo a minimização de exposições e a manutenção de treinamentos contínuos para garantir a conformidade com os protocolos de segurança. Cada laboratório deve dispor de um manual de segurança específico, acessível e com informações detalhadas sobre os procedimentos de biossegurança, métodos de descontaminação e natureza do trabalho realizado.

A sinalização na entrada dos laboratórios desempenha um papel fundamental ao alertar para a presença de materiais potencialmente infecciosos e ao fornecer detalhes sobre o nível de biossegurança, contatos de emergência e procedimentos de segurança. Além das medidas formais, práticas simples como a utilização de EPI, a higienização frequente das mãos e a proibição de comportamentos como comer, beber, fumar ou manusear lentes de contato dentro das áreas laboratoriais são indispensáveis. Mesmo em ambientes de baixo risco, como os classificados como NB1, é vital reconhecer a importância desses cuidados pessoais e das diretrizes de segurança.

Um outro aspecto de extrema importância na segurança pessoal diz respeito às diretrizes para o manuseio de objetos cortantes e pontiagudos, como agulhas, seringas, bisturis e vidros quebrados. Os objetos cortantes são devidamente descartados em recipientes de parede rígida para transporte seguro até uma área designada para descontaminação, preferencialmente utilizando autoclave. No caso de vidros quebrados, estes não são manipulados diretamente. Em vez disso, são removidos com o auxílio de uma escova e pá, ou pinça, seguindo os procedimentos estabelecidos para garantir a segurança do pessoal do laboratório.

Vamos agora adentrar nos aspectos dos laboratórios classificados como NB2, os quais demandam níveis apropriados de biossegurança para lidar com viroses associadas a doenças humanas, representando riscos moderados tanto para os profissionais quanto para o ambiente circundante. Embora muitas das medidas de proteção pessoal e prevenção de acidentes com objetos perfurocortantes mencionadas anteriormente também sejam empregadas nos laboratórios NB2, é crucial ressaltar que este nível representa uma categoria distinta em relação ao NB1.

O acesso aos laboratórios classificados como NB2 é controlado durante a realização das atividades, e todas as operações que possam gerar aerossóis ou respingos infecciosos devem ser conduzidas em cabines de segurança biológica ou em outros dispositivos de contenção física apropriados. Existem várias especificações padrão recomendadas para garantir que os profissionais possam trabalhar com segurança em ambientes classificados como NB2. Isso inclui a garantia de que recebam treinamento adequado relacionado às suas funções, aos potenciais perigos, à manipulação dos vírus e às precauções necessárias para reduzir as exposições aos agentes infecciosos.

Nos laboratórios de virologia classificados como NB3, as medidas de proteção pessoal adotadas são ainda mais rigorosas, devido à natureza das viroses manipuladas, as quais podem resultar em doenças graves ou potencialmente letais por inalação. Nesses ambientes altamente controlados, o pessoal do laboratório passa por um treinamento especializado no manuseio desses vírus e é supervisionado por cientistas experientes, que possuem amplo conhecimento sobre o controle de agentes infecciosos e os procedimentos correlatos. Os laboratórios de virologia NB3 são projetados com recursos de engenharia e design especiais, e o acesso é restrito apenas às pessoas cuja presença seja estritamente necessária para atividades científicas ou de apoio. O treinamento dos profissionais que operam nesses ambientes é intensificado, com atualizações regulares e monitoramento rigoroso. Assim como nos laboratórios de NB1 e NB2, uma atenção rígida é dedicada aos EPI, bem como ao ambiente e aos equipamentos de trabalho, garantindo a higienização adequada para manter um ambiente seguro e protegido.

Para garantir uma proteção pessoal adequada em um laboratório de virologia NB3, os funcionários devem aderir estritamente às normas estabelecidas para os laboratórios NB2, incorporando precauções adicionais. Isso inclui o uso de roupas de proteção com frente sólida, como aventais amarrados nas costas ou envolventes, trajes cirúrgicos ou macacões. Essas vestimentas de proteção são exclusivas para uso dentro do laboratório e passam por descontaminação antes de serem lavadas, sendo trocadas sempre que estiverem contaminadas. Dependendo da natureza das tarefas realizadas, pode ser necessário o uso de EPI adicionais, tais como proteção para os olhos e o rosto, como óculos de segurança, máscaras faciais ou protetores contra respingos. Em determinadas circunstâncias, é recomendável o uso de dois pares de luvas e capas para os sapatos como medidas de proteção suplementares.

Para concluir essa discussão sobre segurança pessoal em laboratórios de virologia, é importante abordar a proteção individual nos laboratórios classificados como NB4. Nesse nível de biossegurança, são consideradas práticas e equipamentos de segurança específicos, especialmente desenvolvidos para lidar com vírus perigosos e exóticos, representando um alto risco de doenças potencialmente fatais transmitidas por aerossóis, para as quais geralmente não há vacina ou terapia disponível. Vírus como o Ebola e o Marburg são exemplos típicos que exigem esse nível de contenção. Qualquer vírus com uma relação antigênica semelhante ou idêntica a esses agentes requer a manipulação em laboratórios NB4 até que dados suficientes sejam coletados para confirmar a necessidade ou não de continuar nesse nível de biossegurança. A implementação de protocolos rigorosos e o uso de equipamentos de proteção de alta qualidade são fundamentais.

As principais vias de exposição para o pessoal que trabalha com esses vírus incluem exposição acidental através de perfurações na pele, membranas mucosas e inalação de aerossóis potencialmente infecciosos. O isolamento completo do trabalhador do laboratório de materiais infecciosos em aerossol é alcançado principalmente por meio do uso de CSB de Classe III ou Classe II, juntamente com trajes de proteção de corpo inteiro. Além disso, as instalações de NB4 devem ter barreiras secundárias adicionais, incluindo requisitos especializados de ventilação e sistemas de gestão de resíduos sólidos e líquidos. Muitas vezes, os laboratórios NB4 são construídos como edifícios separados ou áreas isoladas, projetados para evitar a liberação de vírus perigosos no ambiente circundante[3,6].

AVANÇOS NA PROTEÇÃO COLETIVA EM LABORATÓRIOS DE VIROLOGIA

A proteção coletiva contra viroses representa um desafio crucial na contemporaneidade, abrangendo uma gama diversificada de estratégias que vão desde a proteção individual de profissionais em laboratórios de virologia até intervenções sociais e comportamentais, além da sofisticada modernização científica, com destaque para a vigilância genômica.

Desde os primórdios das epidemias e pandemias, comunidades têm implementado medidas coletivas para mitigar os impactos das viroses. Inicialmente, essas estratégias se baseavam em práticas como o isolamento social, quarentenas e outras intervenções de saúde pública, todas voltadas para reduzir a transmissão viral. Muitas dessas práticas continuam a ser utilizadas atualmente, embora tenham sido aprimoradas com maior rigor técnico e avanços científicos.

A evolução das estratégias de proteção coletiva é de extrema importância diante da crescente complexidade e dinamismo dos vírus emergentes. Além das medidas convencionais, como isolamento e quarentena, atualmente destacam-se novas abordagens, como a vigilância genômica, que possibilita a identificação rápida de novas variantes virais, e a implementação de estratégias específicas de combate. Nos últimos anos, a ciência da virologia alcançou avanços significativos com o advento de tecnologias avançadas de sequenciamento genômico, o que revolucionou a capacidade de monitorar a propagação de vírus, identificar variantes emergentes e ajustar estratégias de saúde pública com agilidade e precisão. Atualmente, a vigilância genômica é uma ferramenta crucial que possibilita o monitoramento contínuo da evolução dos vírus por meio da análise detalhada de suas sequências genéticas[7].

Exemplos recentes ilustram como a vigilância genômica tem desempenhado um papel fundamental na resposta a pandemias, como no caso da covid-19. A rápida identificação de variantes de preocupação, conhecidas como VOCs (do inglês: *variants of concern*), possibilitou ajustes nas estratégias de vacinação, o desenvolvimento de novos tratamentos e a formulação de orientações específicas para diferentes grupos populacionais.

Além do uso de abordagens científicas e técnicas, é crucial enfatizar o impacto da educação e da orientação social no fortalecimento da proteção coletiva contra viroses. Iniciativas de conscientização pública desempenham um papel fundamental ao disseminar informações sobre higiene pessoal, vacinação e comportamentos preventivos. Essas campanhas não apenas informam, mas também capacitam comunidades e indivíduos a adotarem medidas proativas na mitigação de doenças virais. Além disso, a educação contínua sobre práticas de saúde pública promove uma compreensão mais profunda das medidas preventivas, que ajuda a combater as desinformações e as percepções equivocadas sobre doenças infecciosas. Ao elevar o nível de conscientização, as campanhas educativas fortalecem a participação ativa da população na proteção da saúde coletiva. Além disso, a orientação social eficaz desempenha um papel crucial na adesão às diretrizes de saúde pública. Estratégias que levam em conta aspectos culturais, sociais e econômicos das comunidades são essenciais para promover comportamentos saudáveis de forma acessível e inclusiva. Isso aumenta a adesão às medidas preventivas, assim como fortalece a coesão social e a solidariedade em tempos de crise sanitária. Portanto, ao integrar a educação contínua com uma orientação social sensível e inclusiva, é possível construir uma base sólida para enfrentar desafios virais de maneira eficaz e sustentável.

PROTOCOLOS DE SEGURANÇA EM LABORATÓRIOS DE VIROLOGIA

Para garantir a proteção coletiva de forma prática e específica, é crucial começar com uma proteção individual robusta adotada por profissionais em laboratórios de virologia. É imprescindível planejar cuidadosamente a aplicação estratégica de avanços científicos e instituir uma vigilância rigorosa. Além disso, uma abordagem cirúrgica deve ser adotada, seguindo protocolos preventivos e de segurança no ambiente laboratorial diário. Assim sendo, é de suma importância aderir e implementar com precisão diretrizes como o Manuseio seguro e controle de material laboratorial, Logística e segurança no transporte de produtos infecciosos, Protocolos de descontaminação e descarte de materiais infecciosos, Procedimentos para incidentes e acidentes, assim como o Plano de resposta a emergências.

Manuseio seguro e controle de material laboratorial

A gestão segura e eficaz do material laboratorial desempenha um papel crucial na prevenção de acidentes e na promoção da eficiência operacional nos laboratórios. Incidentes e infecções decorrentes de erros humanos e do uso inadequado de equipamentos são preocupações frequentes, especialmente em ambientes laboratoriais de virologia.

A implementação de práticas consistentes de higienização e desinfecção de mãos, roupas e ambientes desempenha um papel fundamental na mitigação da disseminação de patógenos virais em ambientes laboratoriais. O uso apropriado de EPI, como luvas, toucas, máscaras e jalecos, é essencial para garantir a segurança pessoal dos profissionais envolvidos. Além disso, a adoção de normas rigorosas para o manuseio de objetos perfurocortantes e o correto descarte de resíduos biológicos e químicos são medidas cruciais para minimizar os riscos associados à exposição ocupacional e para promover um ambiente de trabalho seguro e saudável.

Uma estratégia eficaz para mitigar os riscos ocupacionais é a limitação da presença simultânea de funcionários em áreas específicas de trabalho. Essa medida não só diminui significativamente a possibilidade de contaminação cruzada, mas também simplifica a vigilância e a supervisão das medidas de segurança adotadas.

O controle eficaz do material laboratorial é fundamental para garantir a operação sem problemas do laboratório. A organização meticulosa dos insumos por meio de um inventário detalhado proporciona uma visão precisa dos recursos disponíveis e necessários. É crucial realizar projeções de compras baseadas em uma análise criteriosa das demandas históricas e previstas, a fim de evitar tanto a escassez quanto o excesso de materiais. Estabelecer padrões e diretrizes para a gestão do estoque é essencial para sustentar a eficiência operacional de um laboratório. A definição de processos claros e a atribuição de responsabilidades específicas asseguram que o controle de materiais seja conduzido de maneira sistemática e transparente. Gerenciar de forma eficaz o fluxo de entrada e saída de materiais é fundamental para prevenir interrupções e manter a disponibilidade contínua dos insumos indispensáveis às operações laboratoriais.

Implementar cronogramas regulares para aquisição de materiais essenciais é indispensável para manter um estoque alinhado com as demandas do laboratório. Definir limites mínimo e máximo para cada produto auxilia na gestão eficiente do inventário. Manter uma supervisão contínua sobre a operação e controle do estoque garante a detecção imediata e correção de qualquer desvio em relação aos padrões estabelecidos[3,6,8].

Resumidamente, a implementação de práticas seguras de manuseio e o controle eficaz do material laboratorial não apenas salvaguardam a saúde dos profissionais de laboratório de virologia e a integridade dos experimentos, mas também promovem substancialmente a eficiência e a produtividade geral dos laboratórios.

Logística e segurança no transporte de produtos infecciosos

Para assegurar a confiabilidade dos resultados laboratoriais em estudos de virologia, é imprescindível não apenas a execução precisa das técnicas por profissionais qualificados, mas também o uso de amostras biológicas cuidadosamente conservadas. Uma amostra biológica adequada deve ser coletada em quantidade suficiente, armazenada em recipientes apropriados, claramente identificada e transportada de modo a preservar integralmente sua estrutura e composição ao longo do processo de trabalho. A garantia da segurança e eficiência no transporte requer o estrito cumprimento das responsabilidades por parte do remetente, do transportador, do destinatário e de todos os participantes envolvidos no procedimento, conforme diretrizes estabelecidas pela ANVISA (Agência Nacional de Vigilância Sanitária) e normas vigentes na área de biossegurança e transporte de materiais biológicos[9].

É primordial que os gestores das instalações nas unidades institucionais, assim como todos os profissionais

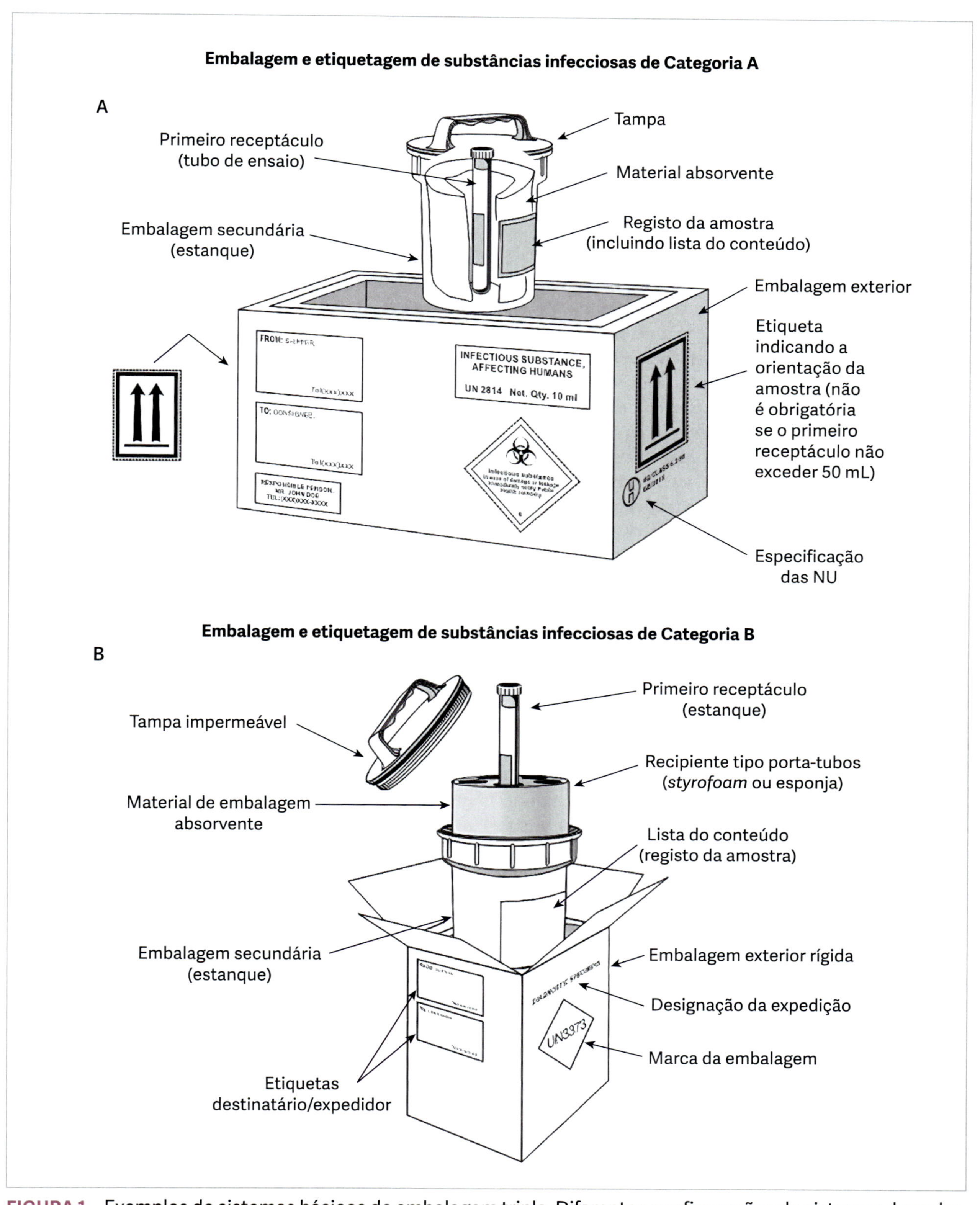

FIGURA 1 Exemplos de sistemas básicos de embalagem tripla. Diferentes configurações de sistemas de embalagem tripla, conforme descritas pelo Manual de Segurança Biológica em Laboratório da Organização Mundial da Saúde, terceira edição, Genebra em 2004[8]. A: Exemplo de embalagem e etiquetagem para substâncias infecciosas classificadas como categoria A. B: Exemplo correspondente para substâncias infecciosas classificadas como categoria B.

e estudantes que trabalham nessas instalações, estejam familiarizados e cumpram as normativas específicas da área. Isso se deve ao fato de que o transporte de material biológico envolve riscos para os remetentes, os executores do transporte, os destinatários, a população e o meio ambiente, especialmente em caso de incidentes ou acidentes, como perda, roubo, danos às embalagens utilizadas ou inadequado acondicionamento do material transportado.

O sistema de embalagem tripla é amplamente adotado como a estratégia padrão para garantir o transporte seguro de substâncias infecciosas e potencialmente infecciosas. Esse método envolve três componentes essenciais: um recipiente primário completamente selado, uma embalagem secundária também hermética e uma embalagem externa (terciária) que é robusta e projetada para suportar adequadamente o conteúdo em termos de capacidade, peso e condições de uso específicas[8].

O recipiente primário que contém a amostra deve ser hermeticamente selado e adequadamente etiquetado para identificar claramente seu conteúdo. Para garantir a segurança durante o transporte, este recipiente é envolvido por material absorvente capaz de conter qualquer líquido em caso de ruptura ou vazamento. Em seguida, é inserido na embalagem secundária, projetada para acomodar múltiplos recipientes primários embalados. Diretrizes específicas são estabelecidas para limitar volumes e pesos de embalagens de substâncias infecciosas, assegurando assim a conformidade com os mais altos padrões de segurança e regulamentação.

A embalagem terciária desempenha um papel essencial ao proteger a embalagem secundária contra danos durante o transporte. Durante todo o percurso do material biológico, é crucial que o transportador esteja munido de documentos que garantam a rastreabilidade da carga transportada. A elaboração de documentos específicos é necessária, dependendo do modo de transporte e da classificação de risco, conforme diretrizes estabelecidas por agências reguladoras como a ANVISA. Este rigoroso protocolo pode garantir a segurança dos transportadores e destinatários, assim como proteger a saúde pública e o meio ambiente contra possíveis incidentes adversos durante o transporte de materiais biológicos.

Protocolos de descontaminação e descarte de materiais infecciosos

Os protocolos de descontaminação e descarte de materiais infecciosos são fundamentais para garantir a segurança e a integridade em ambientes como os laboratórios de virologia, que podem representar riscos significativos. A descontaminação abrange uma variedade de técnicas destinadas à remoção ou eliminação de microrganismos, além de poder ser aplicada para neutralizar produtos químicos perigosos e materiais radioativos. Por outro lado, a desinfecção utiliza métodos físicos ou químicos para destruir microrganismos, mas pode não ser eficaz, dependendo do microrganismo trabalhado, e do método empregado. Já a esterilização é o processo mais rigoroso, capaz de eliminar todas as formas de microrganismos, garantindo um ambiente completamente livre de agentes infecciosos, para além dos vírus trabalhados.

Os protocolos envolvem a escolha adequada de técnicas de descontaminação e descarte, de acordo com a natureza dos materiais contaminados e os riscos associados. Isso inclui desde a utilização de agentes químicos específicos para descontaminação de superfícies até a autoclavagem para esterilização de instrumentos e equipamentos laboratoriais.

A esterilização por meio de vapor saturado sob pressão, conhecida como autoclavagem, é amplamente reconhecida como o método mais eficaz e seguro para esterilizar materiais de laboratório. Em muitos casos, os ciclos de autoclavagem recomendados para garantir a esterilização adequada são:

- 3 minutos a 134°C.
- 10 minutos a 126°C.
- 15 minutos a 121°C.
- 25 minutos a 115°C.

Esses parâmetros asseguram que os materiais devidamente carregados na autoclave sejam esterilizados de maneira confiável, atendendo aos padrões exigidos para o manejo seguro de agentes biológicos em ambientes laboratoriais de virologia.

No que tange ao descarte de materiais infecciosos, é crucial abordar uma série de considerações fundamentais. Os resíduos gerados em laboratórios de virologia demandam uma classificação meticulosa baseada em suas características específicas, exigindo cuidados especializados em todas as etapas do seu manejo, desde a coleta até a destinação final. Entre esses resíduos encontram-se os Resíduos de Serviço de Saúde (RSS), originados de atividades realizadas em instituições voltadas para a saúde humana ou animal, abrangendo também estabelecimentos dedicados ao ensino e à pesquisa na área da saúde[10].

Materiais biológicos contaminantes, como luvas, máscaras, seringas, algodão, gaze e itens plásticos não perfurocortantes devem ser adequadamente descartados em recipientes destinados ao "lixo comum". Para tal, é necessário utilizar sacos plásticos brancos leitosos que estejam devidamente identificados com o símbolo internacional de risco biológico. Esses sacos devem ser lacrados corretamente antes do descarte como resíduos de saúde, seguindo diretrizes que recomendam sua substituição quando atingem aproximadamente 2/3 de sua capacidade.

Os materiais perfurocortantes, tais como agulhas, escalpes, pipetas e frascos de coleta, requerem um descarte cuidadoso em recipientes específicos e robustos, equipados com tampas que são projetadas para resistir à perfuração, à ruptura e ao vazamento. É fundamental que esses recipientes possuam aberturas adequadas para permitir o descarte seguro dos materiais, evitando qualquer contato manual direto. O procedimento deve ser realizado utilizando luvas descartáveis, as quais também devem ser descartadas de maneira apropriada junto com os resíduos biológicos contaminantes.

Os resíduos químicos provenientes de atividades laboratoriais de virologia, como pesquisa, produção e análises químicas, requerem acondicionamento em coletores específicos devidamente identificados com a inscrição "Resíduo Químico" e o símbolo de risco químico. Estes coletores são projetados para garantir a segurança durante o armazenamento e transporte dos resíduos químicos, seguindo diretrizes rigorosas que proíbem o esvaziamento ou reaproveitamento deles. É essencial que os coletores sejam substituídos quando atingirem aproximadamente 2/3 de sua capacidade, medida que visa prevenir vazamentos e assegurar a integridade do conteúdo.

Procedimentos em casos de incidentes e acidentes

Para garantir uma resposta eficaz a incidentes e acidentes em laboratórios de virologia, é imprescindível instituir procedimentos robustos e criteriosamente elaborados. Um acidente envolvendo material biológico é caracterizado pela exposição direta ou indireta de profissionais a substâncias biológicas, seja através de material perfurocortante ou não. Diferentes vias de entrada podem estar envolvidas, como cutânea, percutânea, parenteral, mucosas, respiratória e oral, cada uma demandando abordagens específicas para mitigar riscos e proteger a saúde dos envolvidos.

Após um acidente, recomenda-se seguir protocolos específicos para mitigar os riscos à saúde. Para exposições cutâneas ou percutâneas, é essencial realizar lavagem imediata do local afetado com água e sabão. Em casos de exposição de mucosas, é recomendada uma lavagem exaustiva com água ou solução salina fisiológica. Embora o uso de antissépticos não tenha evidências conclusivas de eficácia, seu emprego não é contraindicado. Procedimentos adicionais invasivos, como cortes ou injeções locais, devem ser evitados para não aumentar a área de exposição. Da mesma forma, o uso de soluções irritantes deve ser desencorajado.

É de suma importância conduzir uma avaliação imediata do acidente para determinar o tipo de material biológico envolvido, a natureza do acidente e verificar se a fonte contaminante é reconhecidamente infectada ou de risco desconhecido. O profissional exposto deve comunicar imediatamente sua chefia, registrar formalmente o incidente e, conforme a gravidade da exposição, buscar assistência médica sem demora para receber as intervenções necessárias.

Além dos riscos biológicos, os laboratórios de virologia enfrentam desafios significativos relacionados ao manuseio seguro de produtos químicos. É imprescindível que todos os profissionais conheçam e sigam estritamente as diretrizes detalhadas nas Fichas de Informação de Segurança de Produtos Químicos (FISPQ), fornecidas pelos fabricantes. Essas fichas oferecem orientações precisas sobre o armazenamento adequado, manipulação segura e descarte responsável de substâncias químicas.

A maioria dos fabricantes de produtos químicos fornece instruções detalhadas sobre procedimentos em caso de derramamento, as quais devem estar claramente visíveis nos laboratórios. É essencial que haja disponibilidade imediata de *kits* de emergência para derramamentos, assim como equipamentos de proteção individual adequados, como luvas de borracha espessa, proteções para os pés, respiradores, pás, pinças para fragmentos de vidro, esfregões, panos absorventes, baldes, soda cáustica ou bicarbonato de sódio para neutralização de substâncias corrosivas, e detergentes não inflamáveis.

Em situações de derramamento substancial de produtos químicos, é de suma importância seguir um protocolo rigoroso que envolve imediata notificação do responsável pela segurança, evacuação imediata de todo o pessoal não essencial, prestação de assistência às pessoas potencialmente expostas à contaminação e, no caso de substâncias inflamáveis, a extinção imediata de todas as fontes de chama, desligamento do suprimento de gás na área e ambientes adjacentes, abertura de janelas, se possível, e desativação de equipamentos elétricos que possam gerar faíscas. É crucial evitar a inalação dos vapores liberados pelo material derramado, considerando também a ativação do sistema de exaustão, desde que seja seguro, e o fornecimento de todos os recursos necessários para contornar e limpar o derramamento de maneira segura e eficaz.

Plano de resposta à emergência

Para garantir a segurança nos laboratórios de virologia, é importantíssimo estabelecer um plano abrangente de resposta a emergências que contemple os riscos associados ao manuseio de microrganismos infecciosos, particularmente aqueles enquadrados nos grupos de risco 3 e 4. Este plano deve ser cuidadosamente desenvolvido, incorporando procedimentos operacionais cruciais e medidas preventivas voltadas tanto para desastres naturais quanto para riscos biológicos. Inicialmente, é essencial identificar de maneira clara os organismos de alto risco presentes no ambiente laboratorial, incluindo suas áreas específicas de armazenamento e manipulação.

Além da identificação dos agentes biológicos, é fundamental definir claramente as responsabilidades e funções do pessoal designado, que abrange desde o responsável pela segurança biológica até os profissionais de segurança, autoridades sanitárias locais, médicos, microbiologistas, veterinários, epidemiologistas, bombeiros e polícia. Esta estrutura organizacional robusta visa garantir uma resposta coordenada e eficaz diante de situações de emergenciais[8].

As diretrizes de resposta a emergências devem contemplar procedimentos detalhados para a evacuação imediata de todas as pessoas e animais presentes no local em caso de acidente, além de estabelecer protocolos claros para o tratamento médico urgente de indivíduos expostos ou feridos. Também é crucial incluir na abordagem a necessidade de monitoramento médico contínuo das pessoas expostas e a condução de investigações epidemiológicas rigorosas para mitigar quaisquer potenciais surtos decorrentes da emergência.

Para manter a continuidade das operações após um acidente, o plano deve prever o acesso rápido a serviços de tratamento e isolamento adequados para pessoas expostas ou infectadas. Isso inclui listas atualizadas de fontes de soro imune, vacinas, medicamentos e equipamentos necessários para descontaminação, além do fornecimento de material de emergência como roupas de proteção, desinfetantes e *kits* para derramamentos químicos e biológicos.

A colaboração estreita entre administradores, diretores, principais pesquisadores e trabalhadores do laboratório é essencial durante o planejamento de emergência. Da mesma forma, é crucial informar autoridades externas, como polícia e bombeiros, sobre os tipos de materiais biológicos utilizados no laboratório para garantir uma resposta coordenada e eficaz em situações de emergência.

GERENCIAMENTO DE RISCO BIOLÓGICO EM LABORATÓRIOS: ESTRATÉGIAS PARA DIVERSOS GRUPOS DE VÍRUS

Trabalhar em laboratório de virologia requer o entendimento das dinâmicas de transmissão viral, das diversas rotas pelas quais os vírus entram no organismo humano e do estabelecimento da infecção. É crucial também compreender o tropismo viral, os mecanismos de disseminação no corpo e os danos teciduais induzidos pelos vírus, de acordo com os diferentes vírus.

Na natureza, a sobrevivência e perpetuação dos vírus dependem crucialmente de sua capacidade de serem transmitidos entre hospedeiros. Essa transmissão pode ocorrer tanto horizontalmente, entre indivíduos da mesma geração ou espécie, quanto verticalmente, quando passam de pais para descendentes. A transmissão horizontal permite que os vírus explorem uma diversidade de hospedeiros, facilitando sua adaptação e evolução. Por outro lado, a transmissão vertical contribui para a persistência de vírus em populações hospedeiras ao longo de gerações. Esse dinamismo na transmissão influencia a ecologia e a dinâmica populacional dos vírus, ao mesmo tempo que nos obriga a desenvolver estratégias de proteção, principalmente para quem trabalha em ambientes com maior suscetibilidade à infecção, como em laboratórios de virologia.

Para que ocorra uma infecção viral bem-sucedida, diversos fatores precisam estar alinhados de maneira precisa. Em primeiro lugar, o inóculo viral deve alcançar uma quantidade suficiente para iniciar o processo de infecção, o que pode variar dependendo da virulência do vírus e da resposta imunológica do hospedeiro. Além disso, as células no local inicial da infecção devem não apenas ser acessíveis ao vírus, mas também ser suscetíveis e permissivas, ou seja, capazes de suportar a replicação viral. Esse aspecto envolve interações específicas entre o vírus e receptores celulares adequados.

Os vírus utilizam estratégias específicas para penetrar nos organismos humanos, geralmente entrando em contato com células nas superfícies do corpo. Os locais de entrada primários incluem as mucosas do sistema respiratório e urogenital, a conjuntiva ocular, o trato gastrointestinal e a pele. A compreensão dessas vias de infecção revela a dinâmica complexa entre vírus e hospedeiro, assim como destaca a importância de estratégias preventivas que visem bloquear essas vias específicas de entrada viral.

Outra questão que merece atenção é o tropismo viral, que se refere à habilidade específica dos vírus de infectar determinados tecidos ou tipos celulares dentro do hospedeiro. Esta especialização pode ser atribuída à presença de receptores celulares específicos que o vírus reconhece e utiliza para entrar na célula hospedeira. Por exemplo, vírus enterotrópicos são capazes de replicar-se eficientemente no intestino, enquanto vírus neurotrópicos preferem células do sistema nervoso. Alguns vírus são pantrópicos, capazes de infectar uma ampla variedade de células e tecidos em diferentes órgãos.

Compreender essas nuances é essencial para que o profissional que atua no laboratório de virologia possa trabalhar de forma preventiva, assim como agir corretamente, em caso de acidentes, evitando assim danos maiores ao próprio organismo ou à comunidade em geral.

Com isso, este tópico visa proporcionar uma orientação, especialmente focada em grupos distintos como vírus respiratórios, entéricos, hepatotrópicos, retrovírus, agentes do sistema nervoso central e arbovírus. Ao destacar as peculiaridades de cada grupo viral, pretende-se ampliar o conhecimento dos profissionais de laboratório, para fortalecer suas habilidades na manipulação segura desses agentes infecciosos variados e clinicamente relevantes.

Características e orientações essenciais para profissionais de laboratório sobre vírus respiratórios

Diversos tipos de vírus têm a capacidade de infectar o trato respiratório humano, resultando em uma variedade de sintomas que abrangem desde quadros leves, como resfriados comuns, até condições mais severas como a síndrome do desconforto respiratório agudo, que pode ter desfechos potencialmente letais. Esses agentes infecciosos constituem uma categoria significativa de infecção humana, demandando um entendimento aprofundado de sua natureza e dos protocolos de biossegurança essenciais para os profissionais de laboratório de virologia.

Os vírus respiratórios, como influenza, coronavírus, vírus sincicial respiratório (VSR) e adenovírus, são conhecidos pela sua propagação através de gotículas respiratórias e pelo contato direto com secreções infectadas, o que os torna altamente contagiosos e potencialmente perigosos, especialmente em ambientes onde amostras biológicas são manipuladas. Estes vírus são responsáveis por uma ampla gama de infecções agudas do trato respiratório, representando globalmente um desafio significativo para a saúde pública. Crianças, idosos e indivíduos com sistemas imunológicos comprometidos são particularmente vulneráveis, contribuindo para elevadas taxas de doenças e complicações graves[11].

A sazonalidade dessas doenças respiratórias está relacionada a fatores como mudanças sazonais na aglomeração de pessoas, estabilidade viral em condições climáticas específicas e variações na exposição solar, que podem influenciar a suscetibilidade do hospedeiro. Enquanto a gripe, coronavírus e VSR exibem picos sazonais durante o outono e inverno, a prevalência de outros vírus, como adenovírus, bocavírus, vírus parainfluenza, metapneumovírus e rinovírus pode ser mais constante ao longo do ano, com alguns enterovírus mostrando maior atividade no verão. Essa complexidade epidemiológica destaca a importância da vigilância contínua e da implementação de medidas preventivas rigorosas para mitigar o impacto desses vírus na saúde pública e nos ambientes de trabalho.

Os profissionais de laboratório de virologia desempenham um papel crucial na identificação, estudo e monitoramento desses vírus. No entanto, seu trabalho os expõe diretamente ao risco de infecção se medidas de biossegurança adequadas não forem rigorosamente seguidas. Aqui estão alguns cuidados essenciais que devem ser observados:

- Uso de EPI: É fundamental utilizar EPI adequado, como luvas, aventais, máscaras respiratórias (especialmente em caso de aerossolização) e óculos de proteção.
- Adoção de boas práticas de laboratório (BPL): Seguir procedimentos padrão para manuseio de amostras, incluindo a utilização de cabines de segurança biológica para manipulações que possam gerar aerossóis.
- Vacinação e monitoramento da saúde: Manter a vacinação em dia, especialmente contra vírus respiratórios sazonais como influenza, e realizar monitoramento regular da saúde dos trabalhadores de laboratório.
- Descontaminação e descarte adequado: Garantir a descontaminação adequada de superfícies de trabalho, equipamentos e amostras após o uso, além do descarte seguro de materiais contaminados.
- Treinamento contínuo em biossegurança: Participar de programas de treinamento regular em biossegurança e atualizações sobre os protocolos mais recentes de manejo de patógenos respiratórios.

Além desses cuidados diretos, é importante que os profissionais de laboratório estejam vigilantes quanto aos sintomas de infecção respiratória entre colegas e pacientes, para identificar precocemente possíveis casos e tomar medidas preventivas adicionais.

Características e orientações essenciais para profissionais de laboratório sobre vírus entéricos

Os vírus entéricos formam uma categoria diversa de agentes infecciosos que predominantemente afetam o trato gastrointestinal humano, comumente transmitidos por via fecal-oral. Este grupo inclui patógenos como os enterovírus (como poliovírus e coxsackievírus), norovírus, rotavírus e astrovírus, responsáveis por uma ampla gama de infecções que variam de gastroenterites leves a casos severos associados a desidratação grave, particularmente em crianças, idosos e indivíduos imunocomprometidos. O rotavírus, por exemplo, é um dos principais causadores de mortalidade diarreica global. A diversidade genética e a falta de envelope viral desses patógenos refletem sua adaptação ao ambiente hostil do trato digestivo humano. Estudos indicam que a exposição repetida pode diminuir a gravidade das infecções ao longo da vida, embora a eficácia e a duração da imunidade adquirida possam variar devido à diversidade de sorotipos. Além das manifestações agudas, as infecções entéricas também estão associadas a condições crônicas como síndrome do intestino irritável pós-infecciosa e doença inflamatória intestinal[12].

Para os trabalhadores de laboratório de virologia que lidam com amostras desses vírus, é essencial adotar medidas rigorosas de biossegurança para prevenir a exposição e a disseminação dessas infecções. Assim como orientado no tópico anterior, sobre cuidados essenciais contra vírus respiratórios, é essencial seguir estritamente o uso correto de EPI, de protocolos de boas práticas de laboratório, com descontaminação e higiene adequadas, vacinação e monitoramento de saúde contra os enterovírus, pois esses cuidados podem garantir que o trabalho de pesquisa e diagnóstico de vírus entéricos seja conduzido de maneira segura e eficaz.

Orientações para profissionais de laboratório sobre vírus hepatotrópicos

Os vírus causadores de hepatites englobam um grupo diverso e significativo de agentes infecciosos que afetam o fígado humano, sendo responsáveis por uma ampla gama de doenças hepáticas agudas e crônicas. Entre os principais vírus hepatotrópicos estão o vírus da hepatite A (HAV), vírus da hepatite B (HBV) e vírus da hepatite C (HCV).

O HAV, pertencente à família Picornaviridae, é transmitido por via fecal-oral e possui um genoma de RNA de fita simples positiva. Sua estabilidade ambiental permite que permaneça infeccioso por semanas em muitas condições adversas, sendo capaz de infectar hepatócitos após a ingestão de partículas virais nuas. Por outro lado, o HBV, um hepadnavírus com genoma de DNA, causa tanto hepatite aguda quanto crônica através de fluidos corporais contaminados como sangue e sêmen. A infecção crônica por HBV pode evoluir para cirrose hepática e carcinoma hepatocelular (CHC), um tipo de câncer de fígado. Já o HCV, um flavivírus de RNA de fita simples positiva, é transmitido principalmente por exposição ao sangue infectado, como por compartilhamento de agulhas. A infecção crônica por HCV é uma das principais causas de cirrose hepática e carcinoma hepatocelular em todo o mundo, refletindo sua significativa carga de morbidade e mortalidade relacionada ao fígado[13].

Os trabalhadores de laboratório de virologia que lidam com amostras contendo esses vírus devem observar medidas de biossegurança rigorosas para minimizar o risco de infecção. A manipulação segura inclui o uso de EPI apropriados, como luvas, aventais, máscaras faciais e óculos de proteção, para evitar o contato direto com sangue e outros fluidos corporais contaminados. Além disso, é fundamental a adoção de práticas de trabalho padrão, como a utilização de cabines de segurança biológica, que proporcionam um ambiente seguro para o processamento de amostras e a manipulação de agentes infecciosos.

A descontaminação regular de superfícies de trabalho e equipamentos é essencial para prevenir a disseminação de vírus hepatotrópicos no laboratório. Os profissionais também devem ser educados sobre os sintomas clínicos das hepatites virais e orientados a relatar qualquer exposição ocupacional suspeita para avaliação médica imediata. A conscientização sobre as vacinas disponíveis contra a hepatite B, recomendadas para todos os profissionais de saúde, é fundamental para prevenir infecções ocupacionais.

Características e orientações essenciais para profissionais de laboratório sobre retrovírus

Os retrovírus constituem uma classe singular de vírus RNA capazes de integrar seu material genético no genoma das células hospedeiras, tornando-se parte permanente do DNA celular. Exemplos notáveis incluem o vírus da imunodeficiência humana (HIV) e o vírus da leucemia humana de células T (HTLV), transmitidos principalmente através de fluidos corporais como sangue, sêmen e secreções vaginais. Esses vírus são caracterizados pela enzima transcriptase reversa, essencial para transcrever o RNA viral em DNA complementar (cDNA), que então se integra ao genoma da célula hospedeira. Infecções por retrovírus podem resultar em doenças graves como aids (do inglês: *acquired immune deficiency syndrome*), diversos tipos de câncer e distúrbios neurológicos, além de alguns retrovírus poderem integrar seu material genético ao DNA germinativo, possibilitando transmissão hereditária[14].

A manipulação segura desses agentes infecciosos em laboratórios de virologia demanda a implementação de medidas rigorosas de biossegurança, visando proteger os profissionais envolvidos e mitigar o risco de disseminação inadvertida desses patógenos altamente infecciosos. Para os trabalhadores de laboratório que frequentemente lidam com amostras contendo retrovírus, é crucial adotar protocolos rigorosos. Isso inclui o uso apropriado de EPI, como luvas, aventais, máscaras faciais e óculos de proteção, com o objetivo de evitar o contato direto com fluidos potencialmente infectados. Além disso, é fundamental seguir procedimentos estritamente definidos para a manipulação de amostras dentro de cabines de segurança biológica, que ajudam a minimizar a exposição a aerossóis contaminados durante as operações laboratoriais.

A descontaminação adequada de superfícies de trabalho e equipamentos também é fundamental para reduzir o risco de contaminação cruzada. Os trabalhadores de laboratório devem ser diligentemente treinados em práticas de biossegurança atualizadas e participar regularmente de cursos de reciclagem para garantir o cumprimento rigoroso dos protocolos de segurança.

Orientações para profissionais de laboratório sobre vírus do sistema nervoso central

Os vírus do sistema nervoso central (SNC) constituem um grupo diverso de patógenos que têm a capacidade de infectar e causar uma variedade de doenças neurológicas severas. Entre os principais agentes envolvidos estão o vírus herpes simplex (HSV), vírus da varicela-zoster (VZV), vírus da encefalite japonesa (JEV), vírus do Nilo Ocidental (WNV), vírus da raiva e enterovírus neurotrópicos, como o poliovírus e o vírus da meningite viral. Esses vírus podem induzir manifestações clínicas diversas no sistema nervoso central, incluindo cefaleia, letargia e alterações psicomotoras, refletindo a gravidade das infecções neurológicas que podem evoluir para quadros críticos, como encefalite, meningite, mielite ou meningoencefalite. A patogênese dessas infecções pode envolver a invasão direta através da barreira hematoencefálica, uso de células de Langerhans como vetor de transporte, e aproveitamento de áreas do SNC menos protegidas, como o plexo coroide e os órgãos circunventriculares, para estabelecer infecção[15].

A segunda rota de entrada para esses vírus no SNC ocorre através dos nervos periféricos, onde eles infectam e migram ao longo dos neurônios, como observado com o vírus da raiva e o HSV-1. Essa rota permite que os vírus alcancem o SNC de forma eficiente, explorando as vias nervosas periféricas, como os nervos olfativos e sensoriais, para disseminação e infecção.

É crucial para os profissionais de laboratório de virologia que manipulam essas amostras adotarem medidas de biossegurança rigorosas, incluindo o uso de EPI adequados e a manipulação das amostras em condições controladas de biossegurança, como cabines de segurança biológica, para minimizar o risco de exposição ocupacional a esses patógenos neurotrópicos altamente contagiosos.

A descontaminação regular de superfícies de trabalho e a adoção de práticas rigorosas de biossegurança são fundamentais para prevenir a disseminação desses vírus no ambiente laboratorial. Os profissionais devem ser adequadamente treinados sobre os protocolos específicos para manipulação segura de vírus do SNC, bem como orientados a relatar qualquer incidente de exposição ocupacional para avaliação médica imediata.

Orientações essenciais para profissionais de laboratório sobre arbovírus

Os arbovírus constituem um grupo diversificado de vírus transmitidos por artrópodes como mosquitos e carrapatos, responsáveis por uma variedade de doenças que afetam humanos. Entre os arbovírus de importância médica estão o vírus do Nilo Ocidental, dengue, zika, chikungunya e febre amarela. Esses vírus são prevalentes em regiões tropicais e subtropicais, onde os vetores competentes permitem sua transmissão eficiente entre hospedeiros vertebrados, incluindo humanos. As doenças associadas a arbovírus variam desde febres leves até formas graves como encefalites e febres hemorrágicas, resultando em impactos significativos na saúde pública global.

A transmissão desses arbovírus geralmente ocorre através da picada de mosquitos infectados, introduzindo o vírus na corrente sanguínea humana. Os sintomas comuns incluem febre, dor de cabeça intensa, dores musculares e articulares, além de erupções cutâneas. Alguns arbovírus, como o zika, também apresentam complicações neurológicas e podem ser transmitidos verticalmente da mãe para o feto durante a gravidez. Em laboratórios de virologia, em que amostras desses vírus são manipuladas, são essenciais medidas rigorosas de biossegurança. Isso inclui o uso de EPI apropriados e a manipulação em ambientes controlados, como cabines de segurança biológica, para prevenir a exposição acidental aos vírus e a disseminação desses patógenos potencialmente perigosos.

CONSIDERAÇÕES FINAIS

Para concluir este capítulo é essencial ressaltar que, apesar dos avanços significativos alcançados, ainda enfrentamos desafios substanciais. Entre esses desafios, destaca-se a urgente necessidade de fortalecer as capacidades laboratoriais em escala global e de proporcionar um ambiente seguro e propício aos profissionais que atuam nesses espaços. Isso envolve desde melhorias na infraestrutura física dos laboratórios até investimentos contínuos na formação e atualização profissional dos trabalhadores.

Investir na segurança e nas condições de trabalho dos laboratórios de virologia não apenas protege os indivíduos que neles trabalham, mas também prepara esses profissionais para uma detecção mais rápida e precisa de patógenos emergentes. Essa prontidão é crucial para fortalecer a capacidade de resposta global a surtos e pandemias, mitigando seus impactos sobre a saúde pública global. Além disso, é imperativo garantir a equidade no acesso às tecnologias avançadas de sequenciamento genético, essenciais para a vigilância e monitoramento eficazes de doenças. A falta de acesso equitativo pode agravar as desigualdades globais de saúde e comprometer uma resposta coordenada e eficaz a ameaças virais.

Para enfrentar esses desafios de forma eficaz, é fundamental intensificar a colaboração internacional. Isso não se resume apenas ao compartilhamento de dados e recursos, mas também à harmonização de estratégias de resposta, fortalecimento de sistemas de alerta precoce e aprimoramento dos mecanismos de controle de surtos. Uma cooperação global robusta é essencial para garantir que as respostas sejam coordenadas e baseadas nas melhores práticas científicas disponíveis.

Além disso, é crucial combater ativamente a disseminação de desinformação, implementando estratégias de comunicação que sejam culturalmente sensíveis e adaptadas às diversas camadas sociais. Isso pode aumentar a adesão a medidas de saúde pública e fortalecer a confiança nas autoridades sanitárias, fundamental para uma resposta eficaz e coletiva a emergências virais.

Portanto, o caminho para fortalecer a segurança em laboratórios de virologia e a capacidade global de resposta a ameaças virais passa pela cooperação, investimento em recursos humanos e infraestrutura, acesso equitativo às tecnologias de ponta e uma comunicação transparente e eficaz com o público. Estes são pilares essenciais para enfrentar os desafios futuros e proteger a saúde pública global de forma sustentável e eficaz.

REFERÊNCIAS BIBLIOGRÁFICAS

1. Rasmussen AL, et al. Virology-the path forward. J Virol. 2024;98(1):e0179123.
2. Ministério da Saúde. Construindo a política nacional de biossegurança e bioproteção. Ações Estratégicas da Saúde. 1. ed. 2019. Disponível em: https://bvsms.saude.gov.br/bvs/publicacoes/construindo_politica_nacional_biosseguranca_bioprotecao.pdf
3. Centers for Disease Control and Prevention (CDC). Biosafety in microbiological and biomedical laboratories (BMBL), 6th ed.; 2020. Disponível em: https://www.cdc.gov/labs/pdf/SF__19_308133-A_BMBL6_00-BOOK-WEB-final-3.pdf
4. Secretariat of the Convention on Biological Diversity. Cartagena Protocol on Biosafety to the Convention on Biological Diversity: text and annexes. Montreal: Secretariat of the Convention on Biological Diversity; 2000. Disponível em: https://www.cbd.int/doc/legal/cartagena-protocol-en.pdf
5. Nagoya Protocol on Access to Genetic Resources and the Fair and Equitable Sharing of Benefits Arising from their Utilization to the Convention on Biological Diversity: text and annex. 2011. Secretariat of the Convention on Biological Diversity. Convention on Biological Diversity United Nations. Disponível em: https://www.cbd.int/abs/doc/protocol/nagoya-protocol-en.pdf
6. Organização Pan-Americana da Saúde. Manual de biossegurança laboratorial. 4.ed. Organização Pan-Americana da Saúde; 2021.
7. Hill V, Githinji G, Vogels CBF, Bento AI, Chaguza C, Carrington CVF, Grubaugh ND. Toward a global virus genomic surveillance network. Cell Host Microbe. 2023;31(6):861-73.
8. Organização Mundial da Saúde. Manual de segurança biológica em laboratório, 3. ed. Genebra, 2004. Disponível em: https://www.fiocruz.br/biosseguranca/Bis/manuais/biosseguranca/manual-seguranca_biologica_laboratorio-terceira_edicao.pdf
9. Manual de Transporte de Material Biológico. Comissão Técnica de Biossegurança e Bioproteção, Fundação Oswaldo Cruz (Fiocruz), 2023. Disponível em: https://ctbio.fiocruz.br/wp-content/uploads/2023/09/Manual-de-Transporte-de-Material-Biologico-setembro-2023.pdf
10. Agência Nacional de Vigilância Sanitária (Brasil). Resolução n. 306, de 7 de dezembro de 2004. Regulamento Técnico para o gerenciamento de resíduos de serviços de saúde. Brasília: Diário Oficial da União; 10 dez 2004.
11. Clementi N, Ghosh S, De Santis M, Castelli M, Criscuolo E, Zanoni I, Clementi M, Mancini N. Viral Respiratory Pathogens and Lung Injury. Clin Microbiol Rev. 2021;34(3):e00103-20.
12. Lockhart A, Mucida D, Parsa R. Immunity to enteric viruses. Immunity. 2022;55(5):800-18.
13. Lanini S, Ustianowski A, Pisapia R, Zumla A, Ippolito G. Viral Hepatitis: Etiology, Epidemiology, Transmission, Diagnostics, Treatment, and Prevention. Infect Dis Clin North Am. 2019;33(4):1045-62.
14. Wang J, Lu X, Zhang W, Liu GH. Endogenous retroviruses in development and health. Trends Microbiol. 2024;32(4):342-54.
15. Koyuncu OO, Hogue IB, Enquist LW. Virus infections in the nervous system. Cell Host Microbe. 2013;13(4):379-93.

22

Biossegurança em laboratórios de biologia molecular e celular

Cristina Moreno Fajardo
Juliana de Freitas Germano
Maria Aparecida Nagai

INTRODUÇÃO

A biossegurança deve fazer parte do cotidiano do laboratório de biologia molecular (LBM), exigindo medidas de controle dos riscos biológicos, químicos, físicos e radiológicos, quando houver, visando sempre à proteção do operador e do meio ambiente e à diminuição dos riscos de contaminação de reagentes e amostras.

O profissional do LBM manuseia amostras biológicas, reagentes de alta periculosidade e equipamentos específicos, expondo-se aos riscos inerentes às atividades realizadas. O trabalho requer dedicação conjunta para a manutenção do espaço físico, bem como dos aparelhos, contando com a participação tanto dos profissionais do próprio laboratório quanto de profissionais especializados.

O conhecimento abrangente dos experimentos realizados, dos tipos de amostras biológicas manuseadas e dos reagentes utilizados é essencial para que se mantenha um nível desejado de segurança no ambiente laboratorial. Para tanto, são necessários treinamentos contínuos dos profissionais, direta ou indiretamente envolvidos com essas atividades, além da implantação de normas estabelecidas por órgãos fiscalizadores. Os procedimentos operacionais padrão (POP) devem ser adotados como meio de se padronizar os experimentos e limitar o número de erros cometidos pelos profissionais dessa área.

Considerando esses aspectos, este capítulo abordará temas relacionados à biossegurança em laboratórios de biologia molecular, como organização estrutural e operacional, medidas de contenção primárias e secundárias, além de armazenamento de amostras biológicas, manutenção do laboratório e descartes.

ORGANIZAÇÃO ESTRUTURAL E OPERACIONAL

Em um LBM, a organização estrutural é essencial para que se mantenha a segurança na execução dos procedimentos. Nesse laboratório, são realizadas atividades como: extração e purificação de ácido desoxirribonucleico (DNA) e ribonucleico (RNA), amplificação por reação em cadeia pela polimerase (PCR), clonagem, sequenciamento de DNA e outras tecnologias. Portanto, aspectos como condições ambientais, controle e prevenção de contaminação de áreas, equipamentos e reagentes disponíveis são de suma importância na operacionalidade experimental[1].

A implementação de salas separadas, diferenciadas por cores, é uma medida de controle dos riscos biológicos e químicos e da prevenção da contaminação de amostras. No LBM, o ambiente deve ser preferencialmente subdividido em salas de DNA, RNA, PCR, equipamentos para PCR, pós-PCR e sala geral. Os equipamentos devem ser específicos para cada uma das salas. A divisão do espaço físico em diferentes salas funciona como um meio de prevenir a contaminação cruzada por sequências de DNA amplificadas.

Cada sala deve ter os devidos equipamentos de proteção individual (EPI), como aventais, luvas, óculos e máscaras, e os equipamentos de proteção coletiva (EPC), como cabine de segurança biológica (CSB) e de segurança química (quando necessário), além de produtos para limpeza e desinfecção de bancadas e materiais, como água deionizada, álcool 70% e hipoclorito 1% em frascos adequadamente identificados e datados.

Quanto ao material de trabalho, sugere-se o armazenamento de descartáveis, como ponteiras e tubos, em cada sala. Além disso, deve-se manter um conjunto de micropipetas em cada espaço distinto, que não devem ser utilizadas em outro ambiente, pois podem carrear aerossóis com aproximadamente 20 mm de diâmetro ou 4×10^{-6}mL em volume e, em uma única gota, pode conter cerca de 24 mil cópias de DNA amplificado.

A instalação de armários para o armazenamento dos materiais auxiliará tanto no controle e na prevenção de contaminação quanto na organização do laboratório, garantindo a qualidade do trabalho realizado.

Outro aspecto importante sobre controle e prevenção de contaminação é o uso de radiação ultravioleta (UV), esterilização por calor úmido (autoclavação), CSB classe II e ar-condicionado sem troca de ar (ventilação), para garantir a estabilidade da temperatura do ambiente. A manutenção de temperaturas preestabelecidas no ambiente auxilia na conservação de reagentes armazenados em temperatura ambiente, oferece uma temperatura de trabalho agradável e ajuda a prevenir sobrecarga de geladeiras e congeladores, entre outros equipamentos.

Cuidados gerais

O LBM tem potencial para abrigar espaços físicos com níveis de biossegurança 1, 2 e 3 (NB-1, NB-2 e NB-3, respectivamente). Dessa forma, todas as portas das salas deverão conter identificação do nível de biossegurança. Além disso,é obrigatória a vacinação dos profissionais que trabalham nesses ambientes, de acordo com a legislação vigente[2].

As superfícies de bancadas, paredes e o teto devem ser lisas, facilmente laváveis, duráveis, resistentes ao calor moderado e a produtos químicos normalmente utilizados[1].

O LBM também deve ter local específico, como capela química, para manuseio e estoque de solventes, materiais radioativos e sistema de gases comprimidos e liquefeitos[3].

Deve ter um sistema de purificação da água, a qual deve estar isenta de contaminação microbiológica, física e química[4]. A purificação da água pode ser feita por diversos processos, entre eles a osmose reversa, a deionização e a ultrapurificação (Figura 1). Na osmose reversa, a água é forçada a passar por uma membrana filtrante a partir de um sistema de alta pressão, o que retém partículas, compostos orgânicos e bactérias. Na deionização, compostos inorgânicos são retirados da água por meio de colunas com resinas carregadas eletricamente. Na ultrafiltração, a água torna-se ultrapurificada após passar por membranas que retém partículas entre 25 e 30 kDa.

No LBM, os reagentes, as soluções e a diluição de amostras de DNA devem ser preparados com água

FIGURA 1 Sistema de purificação de água. Uso de equipamento de proteção individual de cor branca.

ultrapurificada e esterilizada por autoclavação (vapor úmido). Para qualquer procedimento de obtenção de RNA, a água ultrapurificada deve ser tratada previamente com dietil pirocarbonato (DEPC), um agente alcalino extremamente reativo, cujo radical etóxi reage com resíduos de histidina de proteínas e, dessa forma, destrói a atividade enzimática de RNAses potenciamente presentes na água purificada. Já a água purificada pelo processo de osmose reversa ou por deionização deve ser utilizada para abastecimento dos ultrapurificadores de água, lavagem de vidrarias, abastecimento do reservatório da autoclave e para qualquer outro processo que não exija água ultrapura. O fornecimento de água deionizada deve ser contínuo. Portanto, muitos laboratórios possuem equipamentos para deionização da água com manutenção periódica, a qual consiste na troca dos pré-filtros e filtros de água e na limpeza dos barriletes.

MÉTODOS DE DESCONTAMINAÇÃO

Diferentes níveis de descontaminação podem ser necessários, incluindo os processos de limpeza, desinfecção ou esterilização. O processo de limpeza visa a redução de agentes biológicos viáveis, o processo de desinfecção tem por objetivo a eliminação de agentes biológicos viáveis, e o processo de esterilização visa a eliminação ou destruição dos agentes biológicos viáveis e esporos. A escolha do método de descontaminação, químico ou físico, descritos a seguir, dependerá da aplicação.

Esterilização por vapor

O calor úmido sob pressão é o método mais utilizado para esterilização em laboratórios e hospitais. É um processo de baixo custo, atóxico e que pode destruir os microrganismos mais comuns (bactérias, vírus e fungos) em um curto período de tempo. Porém, assim como outros métodos de esterilização, pode alterar fisicamente alguns materiais não resistentes a temperaturas elevadas[1].

Nesse processo, o vapor destrói enzimas e as proteínas das membranas microbianas por desnaturação e coagulação irreversíveis. O equipamento mais utilizado para esse fim é a autoclave, que esteriliza materiais por exposição ao vapor em pressão e temperatura específicas que variam com o tipo de material e com o tipo de equipamento (de gravidade ou a vácuo)[5]. Os seguintes fatores são de extrema importância para assegurar uma esterilização eficiente:

- Tempo: varia com o tipo de microrganismo a ser eliminado. O esporo de *Geobacillus stearothermophillus* (Bst), extremamente resistente à esterilização por calor úmido, é comumente utilizado para testar os ciclos de esterilização por vapor. O tempo necessário para reduzir sua população em 90% ou em log de 1 (valor D) é de 2 a 3 minutos, tendo uma população inicial de 10^6 microrganismos. Em geral, preconiza-se um tempo de 20 minutos a 121°C para que haja uma chance em 10.000 de que um único esporo sobreviva, sendo esse o tempo geralmente utilizado nos laboratórios para esterilização dos mais diversos materiais.
- Temperatura: o aumento da temperatura diminui o tempo necessário para a esterilização. Porém, a temperatura do vapor saturado é diretamente relacionada com a pressão à qual é submetida. Em geral, ciclos a 121°C de temperatura requerem de 103 a 117 kPa de pressão.
- Umidade: essencial para que o vapor desnature e coagule proteínas. O vapor saturado deve estar em equilíbrio de pressão com a água aquecida, pois assim terá o máximo de umidade sem a presença de líquido em condensação. Deve-se evitar o vapor superaquecido, a presença de contaminantes como óxidos, em decorrência da corrosão, e de excesso de água. O vapor superaquecido não apresenta a umidade necessária para assegurar a esterilização.
- Exposição direta ao vapor: as superfícies a serem esterilizadas precisam estar em contato direto com o vapor, o qual esteriliza a partir da transferência de energia armazenada.
- Remoção do ar: a presença de ar é a maior causa de esterilizações ineficientes. Sugere-se a utilização de autoclaves com bombas a vácuo para remoção de ar da caldeira antes do início dos ciclos de autoclavação.
- Secagem: os materiais devem estar secos antes de sua retirada da autoclave, minimizando uma possível recontaminação. Esse procedimento pode ser realizado utilizando-se o vácuo em uma pressão de 6,9 a 13,8 kPa, ou transferir imediatamente o material para uma estufa de secagem. Em geral, plásticos e materiais de borracha são mais difíceis de secar por terem baixa densidade e, por isso, esfriarem mais rapidamente, formando gotículas.

No LBM, a contaminação das amostras pode ser originada de moléculas de DNA celular, as quais podem estar presentes nos produtos utilizados nos diversos procedimentos, mesmo nos previamente esterilizados pelas empresas fornecedoras. Ao contrário dos microrganismos, essas moléculas são mais dificilmente eliminadas e necessitam de um tempo maior de autoclavação, que deve durar em média 120 minutos a 121°C e 103,42 kPa. A radiação UV é o método mais utilizado para descontaminação de materiais possivelmente contaminados com DNA, pois é mais eficiente nos casos de pequenas moléculas (< 200 pb) e baixas quantidades de DNA[7].

Descontaminação por radiação ultravioleta

O dano causado pela radiação UV no DNA se deve principalmente à formação de dímeros de ciclobutil entre as bases pirimidinas, além da oxidação de bases e introdução de quebras em fitas duplas e simples. No LBM, cada sala deverá contar com uma lâmpada UV instalada no teto, pois ela representa um meio eficiente para descontaminação e eliminação da maioria dos microrganismos das superfícies de trabalho[1,8].

A lâmpada UV está presente nas CSB de classe II para extração de DNA, RNA e para o preparo dos reagentes de pré-PCR. A técnica de PCR é um método sensível, sendo necessário redobrar os cuidados para evitar a contaminação de material com DNA externo ou pré-amplificado, o que pode levar à identificação de sequências não específicas na PCR. Ao mesmo tempo, deve-se evitar o uso de tubos e ponteiras de poliestireno, pois a irradiação desses materiais libera inibidores de PCR[9], sugerindo-se sua substituição por produtos de polipropileno. No entanto, a eficiência da descontaminação por radiação UV depende da distância, do tamanho e do tipo de material. Em geral, são necessários 30 minutos de irradiação para descontaminação de tubos de até 1,5 mL e placas de PCR secas, e 45 minutos para a descontaminação de tubos de 1,5 mL com água. DNA de materiais biológicos secos, como a saliva, costuma ser mais dificilmente erradicado que os provenientes de materiais frescos[6].

Em decorrência da capacidade limitada da radiação UV atravessar superfícies, aconselha-se que alguns materiais, como os tubos, estejam soltos e não colocados em suportes (*racks*), e a utilização de folhas de alumínio colocadas logo abaixo e ao redor da superfície onde o material se encontra ajuda a melhorar a eficiência da descontaminação. Deve-se lembrar que a descontaminação dos materiais pela radiação UV deve ser realizada antes e depois do procedimento experimental. Além disso, é importante a utilização do fluxo de ar da CSB durante o período da descontaminação, permitindo que o material fique livre de contaminação por mais tempo. Deve-se, porém, tomar cuidados especiais para não trabalhar (na fase experimental) com a lâmpada UV ligada, pelo risco de acidentes como queimaduras de pele e olhos. Algumas CSB possuem dispositivos de segurança que desligam a lâmpada UV ao ligar a lâmpada branca. Para as CSB que não têm esse tipo de dispositivo, deve-se ter atenção ao ligar a lâmpada branca, pois, quando acesa, não permite que se note a lâmpada UV ligada.

Descontaminação por métodos químicos

No LBM, outros procedimentos são necessários para que os riscos de contaminação sejam minimizados, como o uso de produtos químicos desinfetantes com ação esterilizante ou não, entre outros. Os desinfetantes com ação esterilizante, como o hipoclorito de sódio, são compostos com ação microbicida ou formulações de efeito letal aos microrganismos não esporulados[1]. Os desinfetantes com ação não esterilizante, como álcool etílico ou isopropílico (60-85%), têm ação contra bactérias na forma vegetativa, vírus envelopados, micobactérias e fungos. O álcool etílico é mais eficiente contra vírus e o isopropílico, contra bactérias. Os detergentes enzimáticos são tensoativos que contêm pelo menos uma enzima hidrolítica da subclasse das proteases (EC 3.4), enzimas da subclasse das amilases (EC 3.2) e outros componentes na formulação, inclusive enzimas de outras subclasses. Os detergentes enzimáticos têm a finalidade de remover matéria inorgânica, orgânica ou biológica encontrada em dispositivos médicos após uso clínico[10]. No LBM, também podem ser utilizados produtos químicos que provocam alterações químicas do amplicon (produto de PCR), como a enzima uracil-N-glicosilase.

O hipoclorito de sódio (NaClO) é um potente descontaminante de superfícies, podendo eliminar mais de 99% de DNA contaminante proveniente de PCR. No caso de equipamentos que não podem ser descontaminados por NaClO por seu poder corrosivo, podem ser utilizados outros reagentes, como DNAse Away® e detergentes, os quais eliminam até dois terços do DNA em superfícies. Além disso, o NaClO pode ser adicionado ao ácido acético, tendo um grande potencial de eliminação de diversas cepas bacterianas.

O etanol 70%, por sua vez, pode ser utilizado para descontaminação de superfícies, alcançando até 99,9% de eficácia em eliminar microrganismos provenientes de saliva ou sangue, por exemplo. Sua capacidade microbicida é gerada a partir da adição à água, promovendo destruição proteica em diferentes concentrações. Tem a capacidade de eliminar diferentes microrganismos, como vírus e bactérias. O etanol absoluto não tem potencial germicida[5].

A enzima uracil-N-glicosilase (UNG) é amplamente utilizada para prevenir a contaminação por produtos de PCR e produtos de clonagem com alta eficiência. A enzima UNG é adicionada ao reagente de PCR que também contém dUTP (nucleotídeo sintético), no lugar de dTTP. Dessa forma, o amplicon conterá dUTP na sequência, enquanto os ácidos nucleicos a serem amplificados contêm dTTP (DNA) ou UTP (RNA). No ciclo inicial da PCR, a enzima UNG reconhece e cliva os produtos que contêm dUTP, deixando intactos os ácidos nucleicos a serem amplificados. No segundo ciclo da PCR, a UNG é inativada e os ácidos nucleicos molde são amplificados[11].

Sendo assim, observamos que os cuidados no manuseio de amostras e nos procedimentos do LBM são de extrema importância, visando o mínimo de contaminação, com o intuito de impedir alterações nos resultados obtidos e manter a integridade física das amostras e dos operadores. Os procedimentos de descontaminação e esterilização apresentados aqui, assim como os cuidados com a utilização de EPI, estão entre as principais ações de prevenção, minimização e eliminação de riscos inerentes às atividades de pesquisa e à proteção individual e do ambiente em um LBM.

MEDIDAS DE PROTEÇÃO PRIMÁRIAS E SECUNDÁRIAS

Como é bem conhecido, o trabalho com agentes biológicos deve ser feito com segurança. Portanto, após a avaliação do risco dos agentes biológicos utilizados no LBM, é de suma importância que sejam definidas as medidas de contenção e o nível de biossegurança para o trabalho a ser realizado[1,12].

A contenção engloba procedimentos de biossegurança de acordo com a classificação de risco do agente biológico utilizado e possui dois níveis importantes: contenção primária, referente à proteção do indivíduo contra exposição a agentes de risco, incluindo medidas seguras como utilização de EPI, cabines de segurança biológica (CSB), boas práticas de laboratório (BPL) e imunização; contenção secundária, que tem como fator principal proteger o ambiente externo da exposição aos agentes de risco. Assim, instalação e infraestrutura adequadas do ambiente de laboratório, como a utilização de fluxo de ar direcionado e filtros de ar, são essenciais para evitar a contaminação do ambiente externo.

Nos tópicos seguintes, serão comentadas algumas medidas primárias e secundárias que devem ser empregadas em um LBM.

Medidas primárias de contenção

Máscaras

As máscaras são equipamentos de proteção respiratória (EPR) e devem ser utilizadas para impedir contaminação e intoxicação do operador por agentes infectantes, voláteis ou tóxicos carreados em aerossóis, assim como para impedir a contaminação das amostras e reagentes pelo operador[1]. Devem ser disponibilizadas gratuitamente pela instituição de trabalho e, quando descartáveis, devem ter o mesmo destino de descarte que um material contaminado.

Nos LBM níveis NB-1 e NB-2, o tipo de máscara mais utilizado é a descartável (cirúrgica). Esse tipo de máscara oferece proteção ao usuário impedindo a inalação de patógenos transmitidos por gotículas, é leve e não restringe a mobilidade, oferece baixa resistência à respiração e permite o uso de um anteparo tipo protetor facial sobre a máscara. Ao mesmo tempo, a utilização desse tipo de máscara ajuda a impedir uma possível contaminação de amostras por DNA proveniente da saliva e/ou de secreções nasais dos operadores. Deve ser, de preferência, usada em todos os setores do laboratório.

Além da utilização de máscaras para a proteção dos agentes biológicos, sua utilização também se faz necessária no manejo de agentes químicos voláteis e tóxicos, os quais podem ser orgânicos (fenol, tolueno, xileno), que são altamente nefrotóxicos, ou inorgânicos (álcoois, álcalis, ácidos), que devem ser manuseados em capela química. Um dos reagentes muito utilizados no LBM e que requer o uso de máscaras, além de capelas de segurança química, é a acrilamida, substância altamente neurotóxica. Outra substância que exige a utilização de máscaras para gases é o hidróxido de amônia, e um procedimento no qual esse EPI é indispensável é o descongelamento de material mantido em nitrogênio líquido. Quando o objetivo é a proteção do operador à exposição a vapores orgânicos oriundos de reagentes químicos voláteis, são utilizadas máscaras com filtro contra vapores orgânicos[13].

Óculos e protetores faciais

No LBM, os óculos de segurança geralmente são utilizados em conjunto com as máscaras e os respiradores quando não se requer o uso de um modelo de proteção facial inteira. São desenhados para proteção contra impactos e respingos, e também contam com proteção lateral e lentes resistentes, porém possuem um grau de segurança mínimo aceitável. Têm o objetivo de proteger a mucosa ocular de gotículas e aerossóis, contendo agentes infectantes ou substâncias químicas nocivas ao operador. Eles devem apresentar, no mínimo, proteção lateral, e são utilizados principalmente no manuseio de material biológico contaminante e de reagentes químicos fora de CSB[1,13]. Também são indispensáveis na proteção contra radiação UV, sendo, nesses casos, utilizados em conjunto com protetores faciais.

Óculos normais graduados não servem como proteção, mas podem ser equipados com proteção lateral. Quando seu uso é indispensável, assim como o de lentes de contato, sugere-se a utilização de óculos de proteção (modelo soldador) por cima, que protege contra impactos e salpicos, possuindo proteções laterais e lentes resistentes a impactos. Esse tipo de óculos também é utilizado no trabalho com substâncias radioativas ou na abertura de tubos de amostras.

Os protetores faciais são comumente utilizados para a proteção de todo o rosto contra impactos, respingos e, no caso de acidentes, são facilmente retiráveis. São feitos de plástico inquebrável e se ajustam ao formato da cabeça a partir de tiras ou toucas ajustáveis. Um exemplo de utilização desses protetores faciais é no trabalho com nitrogênio líquido.

Óculos de proteção e protetores faciais também são mais apropriados que os óculos de segurança quando se trabalha com vidrarias sob pressão aumentada ou diminuída ou em altas temperaturas, assim como no manuseio de compostos explosivos. O uso de viseiras por cima de óculos de segurança pode oferecer ainda mais proteção nesses casos.

Luvas

A escolha das luvas utilizadas no meio laboratorial deve ser feita com cuidado, pois são classificadas de acordo com sua composição e com o material a ser manuseado[1,13]. Em um LBM, são utilizados os seguintes tipos de luvas:

- Látex 100% natural: usada em todas as salas, é uma boa escolha para o manuseio de materiais biológicos e soluções aquosas. Não deve conter talco, a fim de evitar interferências nas reações. Não é indicada para pessoas com alergia ao látex.
- Nitrila: boa alternativa para os casos de alergia ao látex. É de uso geral e também pode ser usada para o trabalho com agentes tóxicos e nocivos, como o brometo de etídio, os sais de acrilamida e a bisacrilamida.
- Neoprene: oferece maior proteção contra químicos, como alcoóis, bases e fenóis.
- Neoprene com isolamento térmico: utilizadas para proteção contra calor em temperaturas de até 250°C.
- Couro: manuseio de amostras a temperaturas muito baixas, como no *freezer* a –80°C.
- Couro com ilhoses de metal e manga longa: proteção para o trabalho com nitrogênio líquido. Os ilhoses de metal diminuem o risco de a luva aderir à mão por troca de temperatura entre a mangueira e a luva, minimizando, assim, o risco de queimaduras. Mesmo com a utilização dessas luvas, é importante o acoplamento de uma alça à mangueira por onde passa o nitrogênio, a fim de evitar o contato direto entre as luvas e a mangueira.

Jaleco

O uso de jaleco reduz significativamente o risco de acidente ocupacional e, quando utilizado corretamente, contribui para a diminuição de contaminações cruzadas[1,13]. No LBM, deve-se utilizar jaleco com mangas compridas, punho e que cubra todo o corpo. O material deve impedir que produtos químicos perigosos entrem em contato com a pele e deve ser resistente ao fogo. De preferência, cada sala deve abrigar seus próprios aventais em cores diferentes, buscando facilitar sua identificação, os quais devem ser lavados periodicamente pela instituição ou serem descartáveis[3]. O jaleco é uma peça de vestuário de proteção utilizado por profissionais da área da saúde, como médicos, enfermeiros e pesquisadores, não devendo ser usados fora do ambiente de trabalho, nem guardados com objetos pessoais. Seu uso deve ser obrigatório.

Cabines de segurança biológica (CSB)

As CSB são essenciais para a contenção de contaminação por organismos infecciosos e protegem o operador e o ambiente de trabalho de aerossóis[1,13]. Devem ser certificadas anualmente ou a cada mudança de posição por pessoal treinado. Basicamente, representam duas classes principais no LBM (Quadro 1):

- Classe I: similares às cabines de contenção de vapores químicos e possuem canalização para o sistema de exaustão do laboratório; protegem o ambiente externo, mas não o produto disposto dentro delas. Podem ser utilizadas para o trabalho com radionuclídeos e químicos tóxicos voláteis. Devem ser utilizadas, de preferência, na sala geral.
- Classe II: são facilmente instaláveis e não possuem canalização complexa para o meio externo; o ar esterilizado circula através de filtros de ar particulado de alta eficiência (HEPA), os quais removem, no mínimo, 99,97% das partículas com 0,03 μm, incluindo todas as bactérias, vírus e esporos, assim como gotículas e partículas contendo esses microrganismos. Conferem proteção pessoal e do material manuseado, podendo ser de quatro tipos: A1,

QUADRO 1 Diferenças entre cabines de segurança biológica das classes I e II

CSB	Velocidade (m/s)	Fluxo de ar (%)		Sistema de exaustão
		Recirculado	Expelido	
Classe IA	0,36	0	100	Condutos rígidos
Classe IIA1	0,38-0,51	70	30	Exaustão para sala ou conexão "dedal"
Classe IIA2 ventilação para o exterior*	0,51	70	30	Exaustão para sala ou conexão "dedal"
Classe IIB1*	0,51	30	70	Condutos rígidos
Classe IIB2*	0,51	0	100	Condutos rígidos

*Todos os condutos estão sob pressão negativa para prevenir a contaminação do ambiente. Fonte: adaptado de WHO[1].

A2, B1 e B2. São preferencialmente utilizadas para trabalhar com agentes infecciosos de risco 2 e 3. No LBM, estão geralmente nas salas de DNA, RNA e de pré-PCR.

Medidas secundárias – infraestrutura laboratorial

É de extrema importância que o ambiente laboratorial seja compartimentado em diferentes salas, de acordo com o procedimento a ser realizado, evitando-se ao máximo a contaminação de amostras e do ambiente externo. Sendo assim, os próximos tópicos se referem aos diferentes ambientes separados que um LBM deve ter[1].

Sala geral

A sala geral deve funcionar como uma espécie de central para todo o laboratório, pois é onde se realiza a maior parte de sua organização e manutenção (Figura 2). As atividades realizadas nessa sala são:

- Preparação de reagentes e soluções.
- Esterilização de materiais não contaminados.
- Armazenamento de produtos químicos, reagentes e produtos utilizados na limpeza.
- Lavagem de vidrarias e outros materiais.
- Purificação da água destinada aos experimentos.
- Armazenamento de vidrarias e materiais descartáveis.
- Tratamento simples de resíduos, como neutralização e filtração, caso não haja um local adequado para esse fim.
- Outras atividades não específicas.

Para essas atividades, a sala geral deverá ter equipamentos específicos, como cabine de segurança química, estufa de secagem, esterilizador tipo autoclave, pias de cubas fundas, centrífugas, purificadores e ultrapurificadores de água, termoblocos, banho de água, geladeiras, refrigeradores, agitadores de tubos tipo vórtex, balanças analíticas e semianalíticas, espectrofotômetros, fluorômetros, potenciômetros (pHmetros) agitadores magnéticos, entre outros.

No que se refere ao preparo das soluções, deve-se levar em consideração as características particulares de cada um dos produtos químicos utilizados, lembrando que podem apresentar riscos à saúde e ao meio ambiente. Além disso, na sala geral, não são realizados experimentos altamente sensíveis à contaminação. No entanto, isso não dispensa medidas habituais de segurança, como o uso de EPI, EPC e o emprego de normas e diretrizes[2].

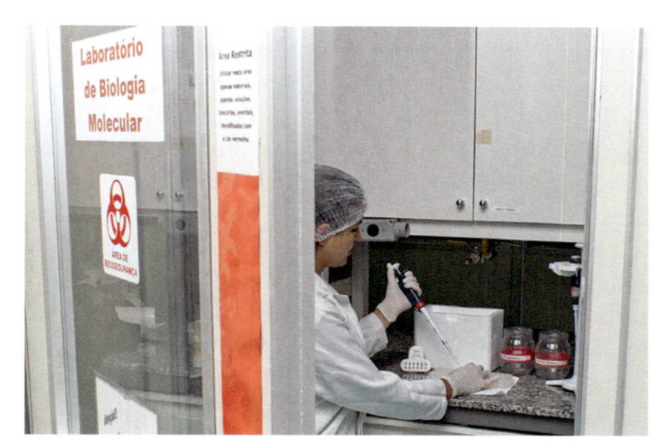

FIGURA 2 Sala geral. Identificação da sala e dos equipamentos com a cor vermelha.

O ambiente deve possuir refrigeradores para reagentes utilizados nas análises. Estes podem oferecer alto risco ao laboratório e aos usuários quando utilizados para armazenar material inflamável e para armazenamento de comida. No que se refere aos inflamáveis, por estarem em um ambiente fechado e sem ventilação, podem chegar muito rapidamente ao limite de saturação, correndo o risco de provocar explosões, ferindo gravemente ou até mesmo podendo causar a morte de indivíduos próximos a ele.

Autoclave

A autoclavação é considerada padrão de referência para a esterilização de materiais, estejam eles limpos ou contaminados. No LBM, recomenda-se a realização do processo de esterilização apenas para materiais limpos. Para os contaminados, é necessário que haja uma sala própria para o tratamento de resíduos. Apesar de a autoclavação ser muito importante na área da saúde, apresenta grandes riscos aos profissionais envolvidos nessa atividade. Baseia-se no uso de vapor de água pressurizada para eliminar possíveis contaminantes contidos em vidrarias, descartáveis e soluções, no caso de materiais limpos, ou provenientes de materiais contaminados, como vidrarias, instrumentais, descartáveis, resíduos líquidos ou sólidos, entre outros[1,14]. Os riscos a que esses profissionais estão sujeitos são queimaduras, explosões e vapores tóxicos. A manutenção do equipamento é de suma importância para a diminuição desses riscos e para que se tenha uma esterilização efetiva.

Deve-se ter POP para a utilização do equipamento de autoclave, pois o tempo, a temperatura e a pressão a que os materiais são submetidos no esterilizador são o que garantem sua esterilização. O monitoramento desses parâmetros faz parte do controle da esterilização e deve ser estabelecido pelo laboratório e documentado[14].

Pode-se avaliar as condições de esterilização e a eficácia do procedimento pela combinação de técnicas mecânicas, químicas e biológicas. As técnicas mecânicas de monitoramento avaliam parâmetros como o tempo do ciclo, a temperatura e a pressão do esterilizador, que podem ser verificados pela observação dos medidores ou pela exibição no *display* do equipamento. Nessa técnica, as leituras corretas não garantem a esterilização, entretanto, leituras incorretas podem indicar algum problema com o ciclo de esterilização.

Outra técnica para controle da esterilização pode ser o indicador químico (IQ). Existem seis tipos de indicadores químicos, que consistem em tiras de papel com tinta termocrômica que mudam de cor quando submetidas a parâmetros como temperatura, pressão e tempo[14].

As fitas de autoclave, muito utilizadas como controle de esterilização, são classificadas como indicadores de classe 1. Nessa classe estão os indicadores que somente revelam que houve exposição do material ao agente esterilizante, porém não certificam a eficácia da esterilização. A fita deve ser usada em todos os ciclos de esterilização, sendo colocada fora da embalagem. Ao término da autoclavação, a fita deverá ser observada quanto à intensidade da cor das marcações: se ausente, levemente marcada ou com marcação intensa, sendo a última requerida para indicar que houve o processo de esterilização.

Indicadores de classe 2 são utilizados para autoclaves com sistema de pré-vácuo. Nessa classificação está o teste Bowie & Dick. A partir da classe 3 de indicadores, é possível obter resposta para pelo menos um parâmetro de autoclavação. Especificamente, os indicadores de classe 3 reagem a um dos critérios do ciclo de esterilização; já os indicadores classe 4 reagem a dois ou mais critérios. Indicadores integrados ou de classe 5 têm resposta semelhante ao indicador biológico, respondendo aos critérios do ciclo de esterilização como vapor, tempo e temperatura. Para reagir a todos os critérios analíticos de um ciclo específico de esterilização, os indicadores de classe 6 ou de simulação são os mais adequados.

Entretanto, é indispensável realizar o monitoramento por indicador biológico, que deve ser utilizado semanalmente para verificação da eficácia do processo de esterilização[14], ou sempre que o aparelho sofrer reparos; quando utilizar outro tipo de material, embalagem; depois de treinamentos no equipamento ou ainda quando houver suspeita de mau funcionamento.

O indicador biológico consiste em fitas impregnadas com indicadores biológicos que são constituídos de microrganismos específicos; são esporos bacterianos que devem ser resistentes ao processo de esterilização escolhido. A escolha do teste, portanto, dependerá do método de esterilização a ser utilizado. Para calor úmido a 121°C, utilizam-se esporos de *Bacillus stearothermophylus*, que, após a esterilização, deverão ser cultivados e incubados. Será possível comprovar a eficácia do processo de esterilização quando se observar crescimento de microrganismos negativado, ou seja, a inviabilidade das cepas. Separadamente deve-se incubar um controle positivo, que não tenha passado por processo de esterilização, para referência e controle do teste.

Cabine de segurança química

Outro aspecto essencial para manter o nível de segurança nesse ambiente é a manutenção, organização e limpeza das cabines de segurança química, pois nelas são trabalhados produtos químicos altamente tóxicos que liberam gases, vapores e apresentam periculosidade à sua ingestão, inalação e absorção pela pele.

A cabine de segurança química nunca pode ser usada como depósito de soluções ou reagentes; deve-se oferecer uma área livre para a preparação de soluções. Além disso, deve estar certificada quanto à eficiência da exaustão, garantindo que os vapores e os gases sairão pelo duto. Deve ser um local organizado e limpo. Rotineiramente, é necessário fazer limpeza na base e nas paredes para a retirada de resíduos de reagentes e adsorvidos provenientes de vapores. É essencial a utilização de EPI nessa limpeza, e os produtos usados devem ser considerados resíduos perigosos; portanto, o acondicionamento e o descarte deverão seguir a legislação vigente[15].

Para garantir a qualidade dos trabalhos realizados, os equipamentos contidos na sala geral devem passar por manutenção preventiva e limpeza rotineira. Também é importante que se tenha um registro de usuário para manter um controle da utilização dos equipamentos.

Salas para extração e purificação de ácidos nucleicos

A extração de biomoléculas, DNA e RNA, é vital na biologia molecular. A extração e purificação de DNA e RNA é o ponto de partida para muitas aplicações posteriores e desenvolvimento de produtos. O DNA e o RNA podem ser extraídos por diferentes métodos e de vários materiais biológicos, como tecidos frescos ou preservados, células, partículas virais ou outras amostras, para fins pré-analíticos ou analíticos. Dada a sua importância, o ácido nucleico alvo deve estar livre de contaminação. Como a qualidade e integridade do ácido nucleico isolado afetam diretamente os resultados de todas as etapas da pesquisa e impactam no seu sucesso, todos os procedimentos devem ser realizados seguindo-se boas práticas e padrões de biossegurança.

Sala de extração e purificação de DNA

O DNA, matéria-prima da análise do LBM, pode estar exposto a contaminantes biológicos, químicos e ambientais. Consequentemente, deve ser extraído e manuseado em local específico e isolado, com os cuidados necessários para prevenir sua contaminação que impactam nos resultados das análises subsequentes[7].

Na sala de DNA, será realizada uma variedade de procedimentos. Além da extração de DNA, também podem ser feitas diluições de amostras, manuseio de material biológico (como sangue), preparação de alguns reagentes e adição de DNA ao tubo no qual ocorrerá a PCR.

Para garantir a biossegurança na execução dos procedimentos, o interior da CSB, bem como pipetadores e caixas de ponteiras a serem utilizada devem passar por procedimento de limpeza com álcool 70% e exposição à radiação UV sempre antes e depois do seu uso. Embora existam agentes mais eficientes para descontaminação, o uso de álcool 70% mais UV apresenta boa eficiência para descontaminação de superfícies e equipamentos[16].

Os equipamentos utilizados na sala de DNA são importantíssimos para a biossegurança desse ambiente. A sala de DNA (Figura 3) deve conter CSB classe II, geladeira para amostras biológicas, centrífuga para microtubos, homogeneizador de tubos de sangue, agitador do tipo vórtex, um jogo completo de micropipetas para cada CSB (caso tenha mais de uma), estoque de ponteiras, luvas descartáveis e um recipiente para descarte de ponteiras usadas e objetos perfurocortantes. O fornecimento desses equipamentos e materiais limitará, nessa sala, a exposição a possíveis contaminantes, evitando-se também a contaminação de outros ambientes. O trabalho com amostras de sangue também necessita de condições especiais de descarte, como uso de coletor perfurocortante e recipientes apropriados para resíduos biológicos, além da descontaminação prévia, utilizando hipoclorito, do material que entrou em contato com o sangue[1].

Sala de extração e purificação de RNA

As moléculas de RNA são propensas à degradação química e à instabilidade física, o que requer cuidados adicionais para isolamento, manuseio e armazenamento em comparação com as moléculas de DNA[17]. Além de serem mais lábeis, diferentes RNA podem apresentar diferentes estabilidades, o que pode influenciar seu perfil de expressão. Portanto, os cuidados começam antes da extração do RNA, sendo também de extrema importância os procedimentos de coleta, manuseio e armazenamento adequado das amostras. Vários métodos de extração de RNA estão atualmente disponíveis, que fazem uso de fenol e isotiocianato de guanidina, colunas de membrana de sílica ou *kits* de isolamento de RNA baseados em esferas magnéticas disponíveis comercialmente[18], que podem ser usados para diferentes tipos de amostras para obter RNA em quantidade e qualidade, para análise de expressão gênica qPCR, sequenciamento de RNA e outras aplicações.

Na sala de RNA (Figura 4), a maior preocupação deve ser com a possível contaminação por RNAses exógenas, tanto do material utilizado quanto das amostras e dos experimentos realizados, pois podem degradar o RNA e, consequentemente, prejudicar os experimentos. Isso se deve ao fato de as RNAses serem enzimas robustas e potentes, enquanto a molécula de

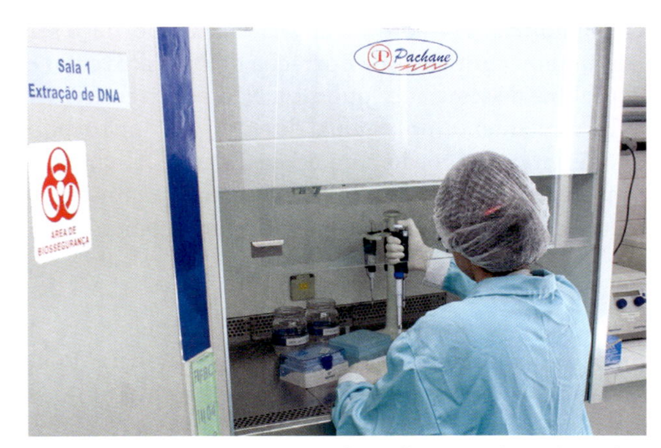

FIGURA 3 Sala de DNA. Identificação da sala e dos equipamentos, e uso de equipamento de proteção individual com a cor azul.

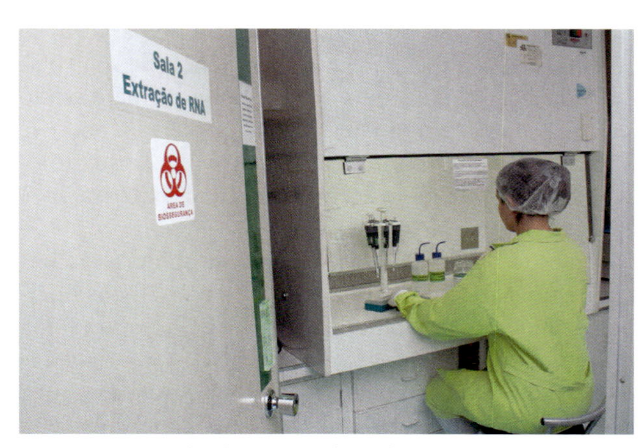

FIGURA 4 Sala de RNA. Identificação da sala e dos equipamentos, e uso de equipamento de proteção individual com a cor verde.

RNA é instável e sensível a interferentes. Portanto, todas as medidas de segurança adotadas nesse ambiente são voltadas à contenção das RNAses.

Os reagentes para a preparação de tampões e soluções devem ser estocados em armários próprios dentro dessa sala e, na preparação das soluções, devem-se utilizar espátulas descartáveis. As vidrarias para o armazenamento dessas soluções devem ser previamente tratadas com reagentes inativadores de RNAse ou por esterilização em forno a 300°C por quatro horas. Deve-se sempre fazer alíquotas pequenas de soluções e tampões, que serão descartados após o uso.

A limpeza das bancadas, das pipetas e de todos os equipamentos deve ser feita sempre com inibidores de RNAse e as ponteiras utilizadas, com filtro e livres de nucleases. Os equipamentos devem ser para uso exclusivo na sala, sendo limitados para materiais externos.

O tratamento da água purificada com DEPC, já definido anteriormente, é considerado essencial para todo trabalho envolvendo RNA. A água tratada com DEPC é utilizada na preparação de soluções livres de RNAses, diminuindo, assim, o risco de contaminação por essas enzimas que degradam o RNA. Cabe lembrar que o DEPC tem meia-vida de, aproximadamente, 30 minutos em água, pois sofre hidrólise rapidamente para CO_2 e etanol. Tem duração de cerca de 20 minutos em solução de fosfato tampanoda, pH 6,0 e 10 minutos em pH 7,0. Não se recomenda utilizar DEPC em soluções-tampão que contêm aminas e Tris, pois a hidrólise do DEPC é altamente acelerada por esses tampões que são consumidos durante a hidrólise[19]. A água purificada tratada com DEPC deve ser preparada em quantidade necessária para o uso e, após o tratamento, deve ser autoclavada. O DEPC residual é facilmente eliminado por autoclavação, a qual mantém a água esterilizada.

O DEPC é um composto considerado altamente tóxico, podendo ser cancerígeno e, por isso, requer cuidados específicos no que se refere à preparação, ao manuseio e ao descarte[19]. Em decorrência de sua volatilidade e toxicidade, deve ser preparado e manuseado dentro da cabine de segurança química, utilizando-se sempre EPI apropriados. Em decorrência de sua toxicidade, somente deve ser utilizado em experimentos que envolvem RNA.

Na sala de RNA, lidamos com substâncias potencialmente tóxicas, que podem apresentar efeitos nocivos à saúde, como guanidina, fenol, ficoll, isopropanol, entre outros. Para isolamento de RNA, são utilizados alguns desnaturantes fortes, como guanidina, que rompem as células, solubilizam seus componentes e desnaturam RNAses endógenas simultaneamente[19]. Soluções de tiocianato de guanidina e cloridrato de guanidina são comumente utilizadas e podem provocar lesões por inalação, ingestão ou absorção pela pele. O cloridrato de guanidina provoca irritação das mucosas, trato respiratório superior, pele e olhos. Para seu manuseio, devem ser utilizados óculos de proteção ou máscara facial, luvas de borracha ou vinil e avental.

O fenol (C_6H_5OH), que foi muito utilizado para a extração de RNA, é um ácido carbólico caracterizado por um anel aromático com uma ou mais hidroxilas ligadas a ele, que pode se apresentar tanto na forma sólida quanto em solução. É cristalino, porém, quando em contato com o ar ou exposto à radiação, torna-se vermelho e tem odor característico. Ao ser inalado, ingerido ou absorvido pela pele, o fenol é bastante tóxico, podendo afetar de forma grave o sistema nervoso central, o fígado e os rins, levando à morte. Além disso, sua combustão pode provocar a formação de gases irritantes, corrosivos e/ou tóxicos. Procedimentos de descarte incluem separação em recipientes identificados e incineração.

O ficoll é um polímero altamente ramificado, obtido pela copolimerização de sucrose e epicloridrina, podendo ser encontrado em soluções comerciais. Ele é aplicado para a separação de leucócitos presentes no sangue total, devendo ser utilizado com o ácido etilenodiamino tetra-acético (EDTA), pois pode ocorrer coagulação do sangue, dificultando o processamento.

O álcool isopropílico (isopropanol) é utilizado para a precipitação de ácidos nucleicos (DNA e RNA) e a estabilização da molécula nos procedimentos de extração. É um composto altamente inflamável, que deve ser armazenado de forma adequada, pois, em condições que haja evaporação e em áreas fechadas, corre o risco de explosão, se houver ignição. Apresenta efeitos altamente tóxicos ao ser inalado, ingerido ou absorvido pela pele. Os principais riscos são os efeitos narcóticos (como sonolência e vertigem), risco de pneumonite química e edema pulmonar, irritação da pele e da conjuntiva. Por apresentar alta toxicidade, deve ser manuseado com luvas de borracha de nitrila, avental e em cabine de segurança química. Não pode ser descartado diretamente no esgoto, devendo ser incinerado ou aterrado de acordo com a legislação local vigente. Embalagens não devem ser reutilizadas, e sim totalmente descontaminadas e enviadas para incineração.

Sala da pré-PCR

A sala da pré-PCR (Figura 5), utilizada para o preparo dos reagentes para PCR convencional e PCR quantitativa em tempo real (qPCR), constitui um dos ambientes mais sensíveis a interferentes provenientes de outras áreas do LBM. Eles podem prejudicar a execução dos experimentos e causar erros difíceis de serem identificados, levando à necessidade de repetição

FIGURA 5 Sala de pré-PCR. Identificação da sala e dos equipamentos, e uso de equipamento de proteção individual com a cor rosa.

dos procedimentos. Por causa da sensibilidade da PCR e da qPCR, quantidades mínimas de DNA provenientes de fontes exógenas podem gerar resultados falso-positivos, levando a diagnósticos incorretos[20]. Os amplicons representam a maior e mais provável fonte de contaminação. Portanto, devem ser adotadas medidas específicas de segurança de modo a diminuir os riscos de contaminação dessa sala e, consequentemente, de todos os experimentos nela realizados. Uma medida indispensável é a separação de todo material, reagente e equipamentos utilizados.

Nessa sala são realizadas preparações dos reagentes para ambos os métodos, como: reconstituição e diluição de iniciadores (*primers*), diluição de desoxirribonucleotídios fosfatados (dNTP), diluição de ensaios para qPCR, preparação de mistura de reagentes, entre outros. Os reagentes utilizados para esses experimentos devem estar pré-aliquotados para manter sua integridade. A pipetagem de reagentes e amostras deve ser feita com ponteiras livres de DNAses, RNAses e pirogênios, com filtro hidrofóbico que serve como barreira de contenção, evitando-se a contaminação por aerossol.

Além disso, métodos químicos que impedem a contaminação da PCR, como a utilização da enzima UNG, podem ser utilizados. Alguns *kits* comerciais já possuem essa enzima em seus reagentes, dando maior segurança na realização dos experimentos. Ressalta-se também a importância do uso do controle negativo, que constitui um dos meios mais eficientes de assegurar a qualidade da PCR.

Deve-se ter especial atenção aos reagentes utilizados na qPCR, pois apresentam custo elevado e muitas vezes precisam ser importados, o que pode acarretar atrasos nos trabalhos. Nas preparações de soluções de qPCR para trabalho com RNA, deve-se fazer uso de água tratada com DEPC, por seu poder de inativação de RNAses[19].

Dando-se continuidade à prevenção do risco de contaminação desses procedimentos, a introdução de materiais ou equipamentos não pertencentes à sala da pré-PCR deve ser limitado. Essa sala deve conter equipamentos, como CSB classe II; centrífugas para microtubos; congeladores para armazenamento de reagentes; jogo de micropipetas manuais e, quando possível, eletrônicas, por terem maior precisão, controle eletrônico da aspiração e liberação de líquidos, e causar menor cansaço ao operador; luvas sem talco, pois as partículas podem interferir na emissão de fluorescência e, consequentemente, nos resultados da qPCR; jaleco com punho fechado; gorro e máscara.

Quanto à limpeza da sala da pré-PCR, utiliza-se álcool 70% em superfícies metálicas e hipoclorito de sódio a 0,1% (1.000 ppm) nas demais superfícies, seguido por exposição à radiação UV pré e pós-utilização. Soluções de hipoclorito, se armazenadas em recipientes plásticos opacos, após 1 mês podem perder de 40 a 50% do nível de cloro livre disponível; portanto, caso queira após 1 mês uma solução de hipoclorito a 0,05% (500 ppm), deve-se preparar inicialmente uma solução de 0,1% (1.000 ppm) de concentração[5].

Cabe lembrar que é estritamente proibido o trabalho com DNA, RNA e produtos da PCR já amplificados na sala de pré-PCR, devendo ser inseridos na reação em suas respectivas salas.

Os resíduos provenientes da sala de pré-PCR não requerem cuidados específicos, mas cabe ao pesquisador responsável, quando do uso de *kits* comerciais, identificar e adotar as recomendaçãoes do fabricante quanto ao descarte de resíduos. Os resíduos contendo DEPC[19] e SYBR Green, fluoróforo que detecta DNA de cadeia dupla, devem ser tratados; perfurocortantes devem ser dispostos em caixas rígidas próprias e descartados como resíduos de serviços de saúde (RSS); e placas utilizadas para qPCR devem ser acondicionadas em sacos resistentes à autoclavação e descartadas como RSS.

Sala de equipamentos da PCR

A sala de equipamentos deve contar com capacidade elétrica estável e suprimentos (cabeamento, fusíveis e tomadas) além do suficiente para que os equipamentos funcionem de forma adequada e segura, além de contar com sistema de aterramento para evitar choques em caso de mau funcionamento[1]. Para garantir o bom funcionamento dos equipamentos de PCR convencional e PCR quantitativa em tempo real (Figura 6) a sala deve ter temperatura ambiente controlada. Em virtude da necessidade de uso de *nobreaks* de alta po-

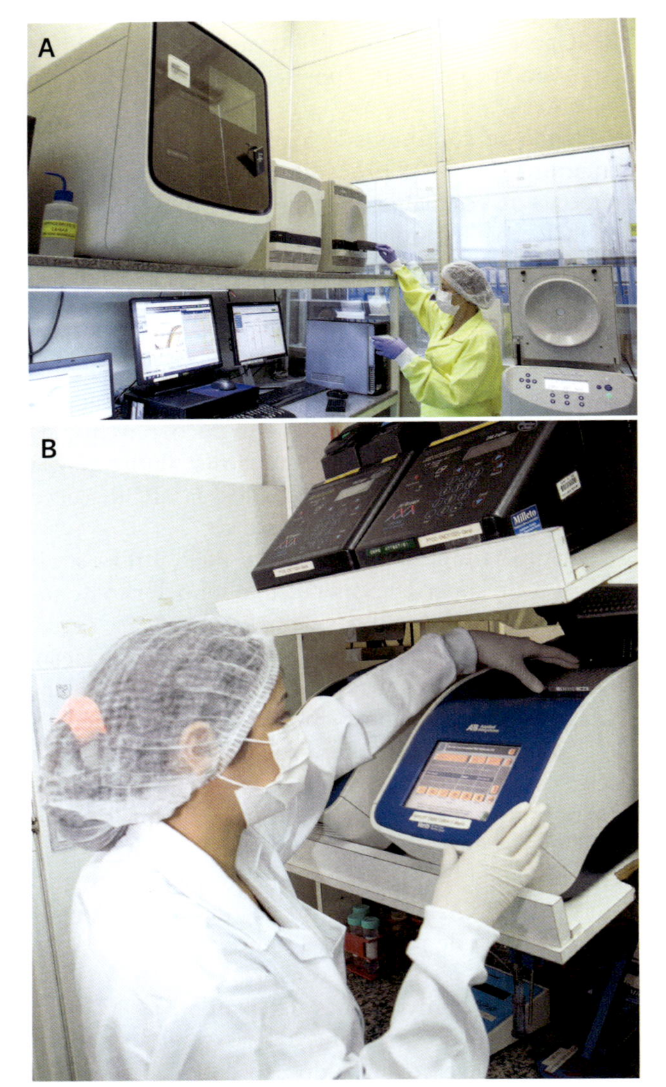

FIGURA 6 Sala de equipamentos de PCR quantitativa em tempo real (A) e PCR convencional (B). Identificação da sala e dos equipamentos, e uso de equipamento de proteção individual com as cores amarela e branca.

tência para a manutenção dos equipamentos de PCR, esse ambiente é, por vezes, um local onde não se tem uma temperatura ambiente agradável para o trabalho e aceitável para as máquinas. O controle da temperatura é, portanto, muito importante para que não ocorra sobrecarga das máquinas, tanto as de manutenção quanto as de execução das ciclagens, bem como para adequar o local em condições satisfatórias de trabalho.

Nesse ambiente, poderão ser mantidos equipamentos tanto para PCR convencional (para ensaio da PCR de ponto final), como para PCR em tempo real (ensaios da qPCR). Essa sala deverá conter, também, uma centrífuga de placas e, quando possível, um refrigerador –20°C pequeno, onde poderão ser armazenados os calibradores das máquinas, bem como algum armazenamento temporário de placa de corrida. A sala deverá ter espaço suficiente para a colocação de equipamentos da PCR convencional, da qPCR, *nobreaks* e centrífuga de placas, além dos computadores necessários para execução dos programas da PCR em tempo real.

Uma das tecnologias mais utilizadas em laboratórios de biologia molecular é a PCR, que consiste na amplificação exponencial de uma sequência-alvo, duplicando o número de moléculas a cada ciclo de amplificação, sendo necessária a realização de 30 a 40 ciclos de aquecimento[19].

Para que ocorra o processo da PCR, são necessários três elementos principais: desnaturação do DNA por aquecimento, hibridização dos iniciadores oligonucleotídicos ou *primers* na sequência-alvo de cadeia simples, e a extensão da cadeia complementar pela enzima termoestável Taq DNA polimerase. A desnaturação ocorre à temperatura de 94 a 95°C. A temperatura de hibridização dos iniciadores deve ser 3 a 5°C abaixo da temperatura de *melting* (Tm, temperatura de dissociação dos iniciadores) do *primer* com menor Tm (temperatura de dissociação da forma hibridizada entre o iniciador e a sequência-alvo complementar). Para otimizar a temperatura de hibridização, recomenda-se utilizar temperaturas que variem de 2 a 10°C abaixo da Tm calculada para os dois iniciadores. A temperatura da fase de extensão pode variar entre 72 e 78°C[19].

Para a realização dos ciclos de temperatura requeridos em uma PCR, são necessários equipamentos que tenham condições de aquecimento e resfriamento contínuos. Os termocicladores são equipamentos desenvolvidos para alcançar temperaturas variando de 0 a 99°C em curto espaço de tempo, com tampa aquecida a 105°C, evitando-se a condensação de água na tampa do tubo e o consequente aumento de concentração da reação.

Os termocicladores são basicamente constituídos por um bloco de resistência elétrica que distribui uma temperatura por tempos programáveis de forma homogênea por uma placa, e em geral possuem a função gradiente, com diferentes temperaturas nas diferentes partes do bloco. Existem vários modelos e marcas de termocicladores, devendo ser adquiridos os que possuem a rampa de aquecimento mais estável possível.

Tanto a PCR convencional quanto a qPCR utilizam o mesmo princípio descrito anteriormente, porém na qPCR a quantidade de DNA é medida a cada ciclo da PCR por meio da fluorescência emitida pelos corantes ligados à fita. O sinal fluorescente é diretamente proporcional ao número de moléculas geradas de produto da PCR e os dados são obtidos na fase exponencial da reação. Os corantes utilizados incluem moléculas de corantes ligadas a iniciadores ou sondas, que hibridizam o produto durante a amplificação.

Para medir a alteração na fluorescência durante a reação, é necessário um instrumento que combine ciclos térmicos com capacidade de digitação da fluorescência do corante. O equipamento da qPCR gera uma curva de amplificação que representa a acumulação de produtos ao longo da reação; para isso, ele traça a fluorescência contra o número de ciclos. Atualmente são disponibilizados no mercado vários modelos de várias marcas de termocicladores para PCR em tempo real.

Sala da pós-PCR

A sala de pós-PCR (Figura 7) é o local onde se manuseiam amplicons, produtos da amplificação da PCR. Nela são realizadas as eletroforeses em gel, para separação, identificação e purificação de fragmentos de DNA. Esse ambiente deve possuir fontes e cubas para eletroforese, transiluminador para revelação e captura de imagem, micro-ondas (opcional para solubilização do gel de agarose), pia de cuba funda, entre outros equipamentos.

É um ambiente reservado basicamente à técnica de eletroforese porque, apesar de ser uma técnica bastante simples, de realização rápida e com capacidade de separação de fragmentos de DNA com bastante eficiência[19], utiliza produtos de amplificação para sua realização, o que pode acarretar contaminação de outras áreas, devendo ser limitada ao máximo a exposição dos produtos aqui manuseados em outros ambientes. Além disso, a técnica de eletroforese muitas vezes pode gerar resíduos nocivos à saúde, como é o caso da acrilamida não polimerizada ou polimerizada não completamente, bisacrilamida, sais de prata, formaldeído, hidróxido de sódio, ácido acético, entre outros. Alguns resíduos de corantes de detecção, como brometo de etídeo, GelRed® em dimetilsulfóxido (DMSO), SYBR Green e SYBR Gold ou os corantes de carregamento, como xileno cianol e azul de bromofenol, também são nela manuseados e requerem cuidados especiais quanto ao manejo e descarte.

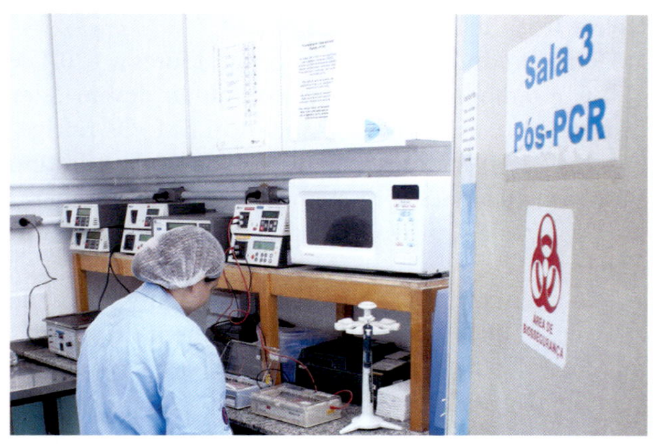

FIGURA 7 Sala de pós-PCR. Identificação da sala e dos equipamentos, e uso de equipamento de proteção individual com a cor azul-clara.

É indispensável a utilização de EPI adequados às condições de trabalho nessa sala e especial atenção aos resíduos gerados, bem como o cuidado com a contaminação de materiais e ambiente. Cabe lembrar que avental, máscaras e luvas, apesar de serem equipamentos de proteção, podem servir como veículos de contaminação, caso não sejam reservados aos ambientes adequados ou tenham sido retirados de forma incorreta.

No LBM, a eletroforese em gel de agarose e de acrilamida é utilizada rotineiramente para separar moléculas de ácidos nucleicos[19]. Embora a agarose – um polímero derivado de algas – não apresente riscos à saúde humana, a acrilamida não polimerizada é uma neurotoxina potente, absorvida imediatamente pela pele, podendo afetar o sistema nervoso central, periférico e o sistema reprodutor. Essa substância deve ser manuseada com cuidados especiais tanto na preparação quanto na pós-polimerização, pois, mesmo na forma polimerizada, pode conter quantidades pequenas de poliacrilamida não polimerizada. Dessa maneira, é necessário o uso de EPI, como luvas impermeáveis do tipo nitrila de espessura de 0,11 mm, avental, máscara facial[21] e de EPC, como a cabine de segurança química para o manuseio da acrilamida.

Ao armazenar a acrilamida, deve-se tomar cuidados especiais, pois ela é incompatível com agentes oxidantes fortes, bases fortes, agentes redutores fortes, ácidos fortes, catalisadores de polimerização e aceleradores, cobre, latão, bronze, ferro e alumínio.

Outra substância muito utilizada nessa sala é o brometo de etídio ($C_{21}H_{20}BrN_3$), derivado da fenantridina que se intercala entre os pares de bases de DNA, formando complexos que, ao serem expostos à radiação UV nos comprimentos de onda 302 nm e 366 nm, emitem fluorescência, possibilitando, assim, sua visualização[19]. Apesar de ser um composto fluorescente útil na área de biologia molecular, apresenta propriedades altamente mutagênicas e carcinogênicas, expondo os profissionais dessa área a riscos significativos. Estudos sugerem que o brometo de etídio possui potencial mutagênico aproximadamente cinco vezes maior que o benzo(a)pireno e dez vezes maior que o N-metil-N'-nitro-N-guanidina (NTG), substâncias mutagênicas utilizadas na área de genética[9]. Por esse motivo, tornou-se indispensável o uso de EPI e EPC apropriados para a o trabalho com essa substância.

O nitrato de prata ($AgNO_3$), utilizado para a coloração de géis de poliacrilamida, também é bastante utilizado nesse ambiente. Por ser um metal pesado, deve ser manuseado com cuidado, pois apresenta toxicidade aguda, sendo lesivo por inalação, ingestão ou por absorção pela pele, provocando queimaduras[5]. Também pode provocar descoloração da córnea. Por isso, devem-se utilizar todos os EPI adequados e recomendados para o manuseio dessa substância.

Um outro exemplo de substância nociva utilizada nessa sala é o SYBR Green, um composto químico, não simétrico, utilizado para a detecção de DNA em géis de agarose e acrilamida, cuja afinidade para DNA dupla fita é, aproximadamente, cem vezes maior que a do brometo de etídio[22].

Características próprias do SYBR Green, como propriedades fotofísicas favoráveis, estabilidade de temperatura, seletividade para DNA dupla fita e alta sensibilidade, faz com que esse composto tenha sido aplicado em uma grande variedade de técnicas moleculares. Graças a sua alta sensibilidade, tornou-se possível a detecção de quantidades bastante pequenas de DNA (20 pg) nos géis de agarose[19].

Entre os métodos que podem utilizar o SYBR Green, encontramos detecção de ácidos nucleicos, determinação de atividade de DNAse ou telomerase, citometria de fluxo e PCR em tempo real.

O complexo formado com DNA possui absorção máxima em 485 nm. Além da toxicidade apresentada pelo SYBR Green, foi sugerido que o potencial mutagênico da radiação UV seja aumentado de forma significativa por ele. O SYBR Green representa um desafio significativo, já que a utilização dessa técnica se baseia em sua ligação com DNA e na consequente exposição à radiação UV. Dessa forma, cabe a todo profissional lembrar que devem ser adotadas todas as medidas de segurança ao se manusear essa substância.

Além da exposição dos profissionais aos agentes químicos nesse ambiente, eles também estão sujeitos a riscos físicos, como choque elétrico, que pode ser definido como o efeito patofisiológico que resulta da passagem de uma corrente elétrica – a denominada corrente de choque – através do corpo de uma pessoa ou animal[1]. Esse tipo de risco é proveniente do uso de fontes de eletroforese, equipamentos de fotodocumentação de géis de agarose e acrilamida, aparelho de micro-ondas, agitadores, entre outros.

O profissional também está sujeito à radiação UV, que pode acarretar problemas de queimaduras e oftalmológicos. Cabe lembrar que a maior parte da radiação UV significativa se encontra na região situada entre 200 nm e 400 nm, e que os efeitos biológicos adversos ocorrem em todas as faixas dessa região. Para tanto, ao ser exposto à radiação, o profissional deve utilizar protetores faciais ou óculos específicos que protejam a região do rosto e dos olhos, além de outros tipos de EPI que protejam todas as partes do corpo expostas à radiação.

Existem muitas outras substâncias perigosas manuseadas na sala de pós-PCR, para as quais é necessário o conhecimento da ficha de segurança química das substâncias (FISPQ), bem como a prática das BPL e das normas de biossegurança.

ARMAZENAMENTO DE AMOSTRAS E REAGENTES QUÍMICOS

O armazenamento correto das amostras e dos reagentes utilizados no LBM é essencial para que seja mantida a integridade dos experimentos e para que se possa garantir a segurança dos profissionais que nele trabalham. Para tanto, cabe lembrar que toda amostra deve ser tratada como potencialmente infecciosa e que muitos dos reagentes pertencentes ao cotidiano do laboratório oferecem um leque de agressões à saúde humana[23]. Devem ser sempre levadas em consideração as recomendações específicas de armazenamento de cada tipo de amostra[24]. Em geral, essas recomendações dizem respeito a temperaturas e ao tempo de armazenamento, além do tipo de tubos e tampões em que essas amostras devem ser mantidas.

A identificação correta da amostra é de suma importância, pois protege a privacidade do paciente, além de auxiliar na organização do laboratório. Cada laboratório deve estabelecer normas em relação à identificação das amostras biológicas humanas de forma a manter a confidencialidade e privacidade dos indivíduos. No entanto, essa identificação deve conter, pelo menos, os seguintes itens: um número de identificação, data e hora da coleta e tipo de amostra (sangue, tecido, fezes, urina, entre outros).

Refrigeradores de 4 a 8°C, congeladores a –20°C e –70°C e tambores de nitrogênio líquido devem estar disponíveis para uso do pessoal do LBM. Os refrigeradores e congeladores a –20°C não devem ser do tipo *frost-free*, pois estes apresentam variações de temperatura que podem provocar degradação dos ácidos nucleicos.

No Quadro 2, são apresentados alguns tipos de amostras biológicas mais frequentemente utilizadas nos métodos moleculares e as condições em que devem ser armazenadas.

Em relação ao armazenamento dos reagentes químicos, é de extrema importância que se adotem medidas de organização, pois a desorganização é totalmente incompatível com as atividades exercidas no laborató-

QUADRO 2 Armazenamento de amostras biológicas no laboratório de biologia molecular

Tipo de amostra	Armazenamento
DNA	▪ Armazenado em tampão TE (Tris-EDTA). Temperatura ambiente por até 26 semanas. ▪ Temperaturas de 2 a 8ºC, até um ano (quando não há DNAses contaminantes). ▪ Temperaturas de –20ºC, até sete anos (amostras com baixa pureza devem ser sempre armazenadas nessas condições). ▪ Temperaturas de –70ºC, por anos.
RNA	▪ Armazenado como amostra precipitada em etanol, utilizando tubos previamente tratados com DEPC. ▪ Temperaturas abaixo de –70ºC, pois RNAses continuam degradando RNA em temperaturas de –20°C.
Sangue total	Sangue destinado à extração de DNA pode ser armazenado de 2 a 8ºC por 72 horas antes do procedimento.
Soro	Armazenado a –80ºC, por anos.
Plasma	Estável por até 5 dias de 2 a 8ºC ou por anos a –80ºC.
Tecido humano	Amostras destinadas à extração de RNA devem passar por congelamento rápido em nitrogênio líquido. Podem ser armazenadas em RNALater ou temperaturas de -80ºC a –150ºC por anos
Células periféricas mononucleares	Criopreservação: temperaturas muito baixas como a do nitrogênio líquido (–196ºC).
Urina	▪ Deve ser evitado armazenamento em temperaturas ambiente, pois pode ocorrer degradação dos ácidos nucleicos por pH baixo e concentrações elevadas de ureia. ▪ Após processamento, a amostra deve ser armazenada de 2 a 8°C ou na temperatura de -80ºC por anos.
Fezes	Temperaturas de 2 a 8ºC.
Sêmen	Temperaturas de 2 a 8ºC até que seja feita a extração de DNA.
Escarro	▪ Amostras não testadas imediatamente devem ser refrigeradas de 2 a 8ºC. ▪ Armazenamento por pelo menos um ano em temperaturas de –70ºC ou mais baixas.

Fonte: Clinical and Laboratory Standards Institute/NCCLS, 2005[25].

rio. Uma medida que exemplifica essa organização é a atenção devida à informação dada sobre cada reagente pelo próprio fabricante. Essa informação deve contemplar: identificação, prazo de validade e instruções específicas sobre armazenamento.

No que se refere às alíquotas de reagentes, estas devem ser retiradas da embalagem original, transferidas para recipientes adequados, devidamente rotulados, datados e armazenados observando-se o prazo de validade e as condições de temperatura indicados pelo fabricante.

Substâncias que apresentam alto nível de periculosidade não devem ser armazenadas em locais altos em relação ao piso, evitando assim acidentes de trabalho. Ao estocar os produtos químicos, deve ser respeitada a composição de cada um, pois pode motivar problemas de incompatibilidade, combustão ou explosão, colocando em risco o profissional, o espaço físico e o meio ambiente. Além disso, não se deve estocar reagentes em grandes quantidades no laboratório, pois o lugar não dispõe de estrutura física para esse tipo de armazenamento.

TRATAMENTO E DESCARTE DE RESÍDUOS BIOLÓGICOS E QUÍMICOS

No LBM, são gerados vários tipos de resíduos, podendo ser biológicos (grupo A), químicos (grupo B), radioativos (grupo C), comuns (grupo D) e perfurocortantes (grupo E). Com isso, há necessidade de se conhecer os resíduos gerados em cada laboratório, especificamente diante da linha de pesquisa adotada, para que possa ser empregado o melhor método para o gerenciamento desses resíduos. A Agência Nacional de Vigilância Sanitária (ANVISA) funciona como órgão regulatório para es-tabelecimento de normas sobre a geração e manejo dos resíduos de serviços de saúde, incluindo a área de ensino e pesquisa com o objetivo de preservar a saúde e o meio ambiente, garantindo a sua sustentabilidade[15].

Ter uma sala separada apenas para o gerenciamento de resíduos provindos do LBM é o indicado para assegurar um correto manejo desses resíduos, bem como um armazenamento temporário adequado até a destinação final. Nessa sala, é necessário haver equipamentos como: cabines de segurança química, balanças, vidrarias para processamentos de reagentes passíveis de recuperação ou minimização do potencial de risco, bancadas resistentes a produtos químicos, equipamento de esterilização tipo autoclave e local apropriado para armazenamento temporário dos resíduos.

No LBM, a maioria dos resíduos gerados está inserida nos grupos A, B e E. Podem ser: resíduos líquidos ou sólidos contendo sangue e derivados, culturas e meios de cultura; resíduos químicos provenientes do processamento de material biológico, como ácidos, bases, metais pesados, substâncias de elevada periculosidade (acrilamida, bis acrilamida, Temed, DMSO, brometo de etídeo, SYBR Gold, SYBR Green, dudecilsulfato de sódio (SDS), nitrato de prata, tiocianato ou cloridrato de guanidina, fenol, entre muitos outros), oleosos e solventes, clorados ou não; objetos capazes de cortar ou perfurar, como agulhas, vidrarias quebradas, objetos com protuberância rígida e aguda, entre outros.

Alguns exemplos de tratamento são: esterilização, filtração, neutralização e recuperação. A seguir, são descritas algumas substâncias que poderiam ser tratadas, caso se tenha um local apropriado, com equipamentos adequados para o tratamento de resíduos.

Brometo de etídeo

Substância altamente perigosa, como já descrito no item relativo à sala da pós-PCR. Tanto o contato com a pele quanto a inalação desse produto devem ser evitados. A fim de se tentar minimizar o potencial de risco dessa substância, foram desenvolvidas técnicas de descontaminação e descarte específicas para esse composto. Uma das técnicas mais utilizadas na pesquisa é o tratamento com hipoclorito de sódio, que consiste na conversão do brometo de etídio em 2-carboxibenzofenona[26]. No entanto, esse método apresenta desvantagens importantes, pois, após a inativação, 20% do produto ainda apresenta mutagenicidade. Uma alternativa simples, porém de alto custo, é a incineração, na qual soluções contendo brometo de etídio são destruídas em temperaturas acima de 1.600°C. Podem ser empregados outros métodos químicos para a destruição do brometo, como inativação por permanganato de potássio, ácido clorídrico, ácido hipofosforoso e nitrato de sódio, ou pela absorção por carvão ativado ou resinas específicas. Cabe lembrar que a toxicidade de um composto depende das concentrações utilizadas e do tempo de exposição a ele. Soluções de brometo de etídio para géis de agarose e acrilamida são consideradas tóxicas em concentrações superiores a 4,72 mg/L/1h[27].

Nitrato de prata

O descarte da prata não deve ser feito na rede de esgoto, pois pode provocar danos extensos a organismos aquáticos, por ser altamente bioacumulável. Sendo assim, a prata deve passar por uma etapa prévia de redução ao seu estado metálico, adicionando um volume de solução de formaldeído a 0,28% e NaOH a 3% para cada volume de solução de $AgNO_3$ a 0,17%. Depois de precipitado, deve-se filtrar e incinerar o resíduo sólido.

Acrilamida ou bisacrilamida

Os resíduos sólidos contendo estes produtos devem ser acondicionados em embalagens de materiais compatíveis com a substância, de forma a evitar reação química entre os componentes do resíduo e da embalagem, que deverá ser impermeável (deve-se ocupar, no máximo, 2/3 do recipiente), devidamente identificados e armazenados temporariamente nesta sala, pelo tempo máximo de um mês, até a destinação final[15].

Os resíduos líquidos devem ser acondicionados em recipientes de material compatível com o líquido armazenado, resistentes, rígidos e estanques, com tampa rosqueada e vedante[15], ocupando no máximo 2/3 do recipiente, bem identificados e armazenados temporariamente até o descarte final. O mesmo procedimento poderá ser feito no caso de resíduos contendo fenol ou tiocianato de guanidina. Os resíduos dessas substâncias devem ser encaminhados para incineração (destinação final).

Procurar métodos alternativos com o objetivo de substituir substâncias perigosas ou mesmo diminuir seu uso, minimizando os resíduos gerados durante os trabalhos executados, deve ser uma constante preocupação do profissional desta área. Deve-se ter atenção especial a todo resíduo proveniente do LBM, bem como planejar os trabalhos considerando a quantidade e o volume das substâncias a serem utilizadas, para que não sejam gerados resíduos perigosos desnecessariamente.

CONSIDERAÇÕES FINAIS

Esperamos, modestamente, que este capítulo possa contribuir e ser útil na orientação de questões referentes à biossegurança inerente às atividades realizadas em laboratórios de biologia molecular. Com isso, acreditamos que a execução do trabalho possa ser realizada de forma mais adequada e cuidadosa, garantindo a segurança dos trabalhadores e do meio ambiente, além da qualidade dos resultados obtidos.

REFERÊNCIAS BIBLIOGRÁFICAS

1. World Health Organization. Laboratory Biosafety Manual (LBM). Disponível em: https://www.who.int/news/item/14-01-2021-who-publishes-latest-manual-on-biosafety-in-laboratories. Acesso em: 15 junho de 2024.
2. Brasil. Ministério da Saúde (MS). Portaria n. 485, de 11 de novembro de 2005. Aprova a Norma Regulamentadora n. 32 (Segurança e Saúde no Trabalho em Estabelecimentos de Saúde). Brasília: MS; 2005.
3. Brasil. Agência Nacional de Vigilância Sanitária (Anvisa). Manuais de microbiologia clínica. Brasília: Anvisa; 2022.
4. Brasil. Agência Nacional de Vigilância Sanitária (Anvisa). Guia de qualidade para sistemas de purificação de água para uso farmacêutico.
5. Rutala WA, Weber DJ, Control CFD. Guideline for disinfection and sterilization in healthcare facilities, 2008. Centers for Disease Control (U.S.), 2008 - Update: May 2019. Disponível em: https://stacks.cdc.gov/view/cdc/134910/cdc_134910_DS1.pdf. Acesso em: 15 junho. 2024.
6. Gefrides LA, Powell MC, Donley MA, Kahn R. UV irradiation and autoclave treatment for elimination of contaminating DNA from laboratory consumables. Forensic Sci Int Genet. 2010;4(2):89-94.
7. Wu Y, Wu J, Zhang Z, Cheng C. DNA decontamination methods for internal quality management in clinical PCR laboratories. J Clin Lab Anal. 2018;32(3):e22290.
8. Albertini R, Colucci ME, Coluccia A, Mohieldin Mahgoub Ibrahim M, Zoni R, et al. An overview on the use of ultraviolet radiation to disinfect air and surfaces. Acta Biomed. 2023;94(S3):e2023165.
9. Linquist V, Stoddart CA, McCune JM. UV irradiation of polystyrene pipets releases PCR inhibitors. Biotechniques. 1998;24(1):50-2.
10. Brasil. Agência Nacional de Vigilância Sanitária (Anvisa). RDC n. 55, de 14 de novembro de 2012. Dispõe sobre os detergentes enzimáticos de uso restrito em estabelecimentos de assistência à saúde com indicação para limpeza de dispositivos médicos e dá outras providências. Brasília: Diário Oficial da União, Seção 1, 2012.
11. Longo MC, Berninger MS, Hartley JL. Use of uracil DNA glycosylase to control carry-over contamination in polymerase chain reactions. Gene. 1990;93(1):125-8.
12. Brasil. Ministério da Saúde. Secretaria de Ciência, Tecnologia e Insumos Estratégicos. Diretrizes gerais para o trabalho em contenção com agentes biológicos. Brasília: Esplanada dos Ministérios; 2006.
13. Brasil. Agência Nacional de Vigilância Sanitária (Anvisa). Manual de microbiologia clínica para o controle de infecção relacionada à assistência à saúde. 2010. Disponível em: https://www.gov.br/anvisa/pt-br/centraisdeconteudo/publicacoes/servicosdesaude/manuais/manuais-de-microbiologia-clinica. Acesso em: junho de 2024
14. Cascardo E, Goenaga S, Fossa S, Bottale A, Levis S, Riera L. Development and validation of waste decontamination cycle in a biosafety level 3 laboratory. Appl Biosaf. 2020;25(4):225-231.
15. Brasil. Agência Nacional de Vigilância Sanitária (Anvisa). Gerenciamento dos resíduos de serviços de saúde. Brasília: Anvisa; 2018. Disponível em: http://vigilancia.saude.mg.gov.br/index.php/download/rdc-no-222-2018-boas-praticas-de-gerenciamento-dos-residuos-de-servicos-de-saude/
16. Nilsson M, De Maeyer H, Allen M. Evaluation of different cleaning strategies for removal of contaminating DNA molecules. Genes (Basel). 2022;13(1):162.
17. Chheda U, Pradeepan S, Esposito E, Strezsak S, Fernandez-Delgado O, Kranz J. Factors affecting stability of RNA - temperature, length, concentration, pH, and buffering species. J Pharm Sci. 2024;113(2):377-85.
18. Ortega-Pinazo J, Pacheco-Rodríguez MJ, Serrano-Castro PJ, Martínez B, Pinto-Medel MJ, Gómez-Zumaquero JM, et al Comparing RNA extraction methods to face the variations in RNA quality using two human biological matrices. Mol Biol Rep. 2023;50(11):9263-71.
19. Green MR, Sambrook J. Molecular cloning: a laboratory manual. 4th Edition. New York CSHL Press; 2012. Disponível em: < https://molecularcloning.com/index.php?prt=22 >. Acesso em: 15 junho de 2024
20. Bustin SA. Improving the quality of quantitative polymerase chain reaction experiments: 15 years of MIQE. Mol Aspects Med. 2024;96:101249.
21. Merck Group. Ficha de Informações de Segurança de Produtos Químicos - FISPQ. 2004. Disponível em: <http://cloud.cnpgc.embrapa.br/wp-content/igu/fispq/laboratorios/Acrilamida.pdf>. Acesso em: 27 abr. 2016.
22. Ioannou AK, Alexiadou DK, Kouidou SA, Voulgaropoulos AN, Girousi ST. Electroanalytical study of SYBR Green I and ethidium bromide intercalation in methylated and unmethylated amplicons. Anal Chim Acta. 2010;657(2):163-8.
23. Fatemi F, Dehdashti A, Jannati M. Implementation of Chemical Health, Safety, and Environmental Risk As-sessment in Laboratories: A Case-Series Study. Front Public Health. 2022;10:898826.
24. Hojat A, Wei B, Olson MG, Mao Q, Yong WH. Procurement and Storage of Surgical Biospecimens. Methods Mol Biol. 2019;1897:65-76.
25. Rainen L. Collection, transport, preparation, and storage of speciments for molecular methods; approved guideline. Clinical & Laboratory Standards Institute; 2005. p.51.
26. Armour MA. Hazardous laboratory chemicals disposal guide. 2. ed. Boca Raton: Lewis; 1995. p.698.
27. ScienceLab. Material safety data sheet – ethidium bromide solution. 2007. Disponível em: <https://fscimage.fishersci.com/msds/45442.htm>. Acesso em: 04 maio 2016.

23

Biossegurança em nanotecnologia

Vladi Olga Consiglieri de Matta
Ana Paula dos Santos Cardoso
Gabriel Lima Barros de Araujo

INTRODUÇÃO

Nanopartículas são uma classe de materiais com dimensões entre 1 e 100 nm, apresentando propriedades físicas, químicas e biológicas singulares que as diferenciam de seus equivalentes volumosos ou moléculas pequenas[1,2]. No entanto, o termo também pode abranger partículas um pouco maiores, chegando a cerca de 200 nanômetros, bem como uma variedade de estruturas como nanotubos, nanoesferas e nanocápsulas. Por sua vez, a nanotecnologia envolve a incorporação dessas estruturas nanoestruturadas como componentes de materiais ou sistemas existentes, visando obter materiais novos e mais eficientes, ou com funcionalidades inovadoras.

Recentemente, a nanotecnologia tem tido um crescimento sem precedentes devido à sua vasta gama de aplicações[3]. Sua crescente popularidade pode ser atribuída às suas propriedades excepcionais que as tornam distintas de qualquer outro material. Isso tem possibilitado a expansão de sua aplicação no campo da biomedicina, incluindo entrega de medicamentos, nutracêuticos, diagnósticos/imagens, produção de materiais biocompatíveis e muito mais[4,5]. Além disso, devido às suas características materiais únicas, as nanopartículas são amplamente utilizadas em uma variedade de aplicações e produtos no setor industrial, como têxtil, aeroespacial, automotivo, ambiental, processos catalíticos, conversão e armazenamento de energia, tecnologias de exibição de imagens, bem como cosméticos, dispositivos médicos, terapêutica e diagnósticos[6-8].

Podemos citar alguns exemplos, como as nanopartículas de óxido de titânio, as quais são excelentes absorvedoras de energia UV, sendo utilizadas como componentes em revestimentos e cosméticos. As nanopartículas de óxido de zinco são amplamente empregadas como diluentes em polímeros e absorvedores de luz UV, e quando incorporadas em revestimentos, tecidos ou plásticos, exibem efeitos antibacterianos e antifúngicos. Já as nanopartículas de cádmio têm aplicação como semicondutores em estruturas metalocristalinas[9]. Outros exemplos incluem nanopartículas de materiais magnéticos para motores elétricos e geradores, nanomateriais altamente condutores de energia elétrica utilizados como componentes para baterias e monitores, e partículas para revestimento de fibras de tecidos à prova de manchas, tintas autolimpantes, entre diversas outras aplicações[10].

No Brasil, os estudos e discussões sobre nanotecnologia tiveram início em 2000. O Programa Nacional de Nanotecnologia foi lançado em 2005, seguido pela implementação da Política de Desenvolvimento Produtivo (PDP) em 2008. Em 2019, a Portaria 3.459 instituiu a Iniciativa Brasileira de Nanotecnologia como o principal programa estratégico para promover a nanotecnologia no país[11]. Contudo, tanto as agências regulatórias quanto a comunidade científica ainda possuem diversas perguntas sobre os potenciais riscos desses materiais para a saúde e o meio ambiente[12-14].

Na área de saúde, por exemplo, as nanopartículas demonstram uma correlação significativa entre área de superfície e volume, facilitando a encapsulação eficiente de fármacos e propiciando o desenvolvimento de novos medicamentos. No entanto, é crucial reconhecer que sua introdução em um organismo vivo pode aumentar a probabilidade de interações imprevistas com diversas biomoléculas[15]. Outras propriedades que suscitam preocupações entre os pesquisadores ao utilizar nanopartículas como sistemas de liberação de fármacos incluem o tamanho das partículas (facilitando a estrega específica a vários órgãos), carga superficial (aumentando

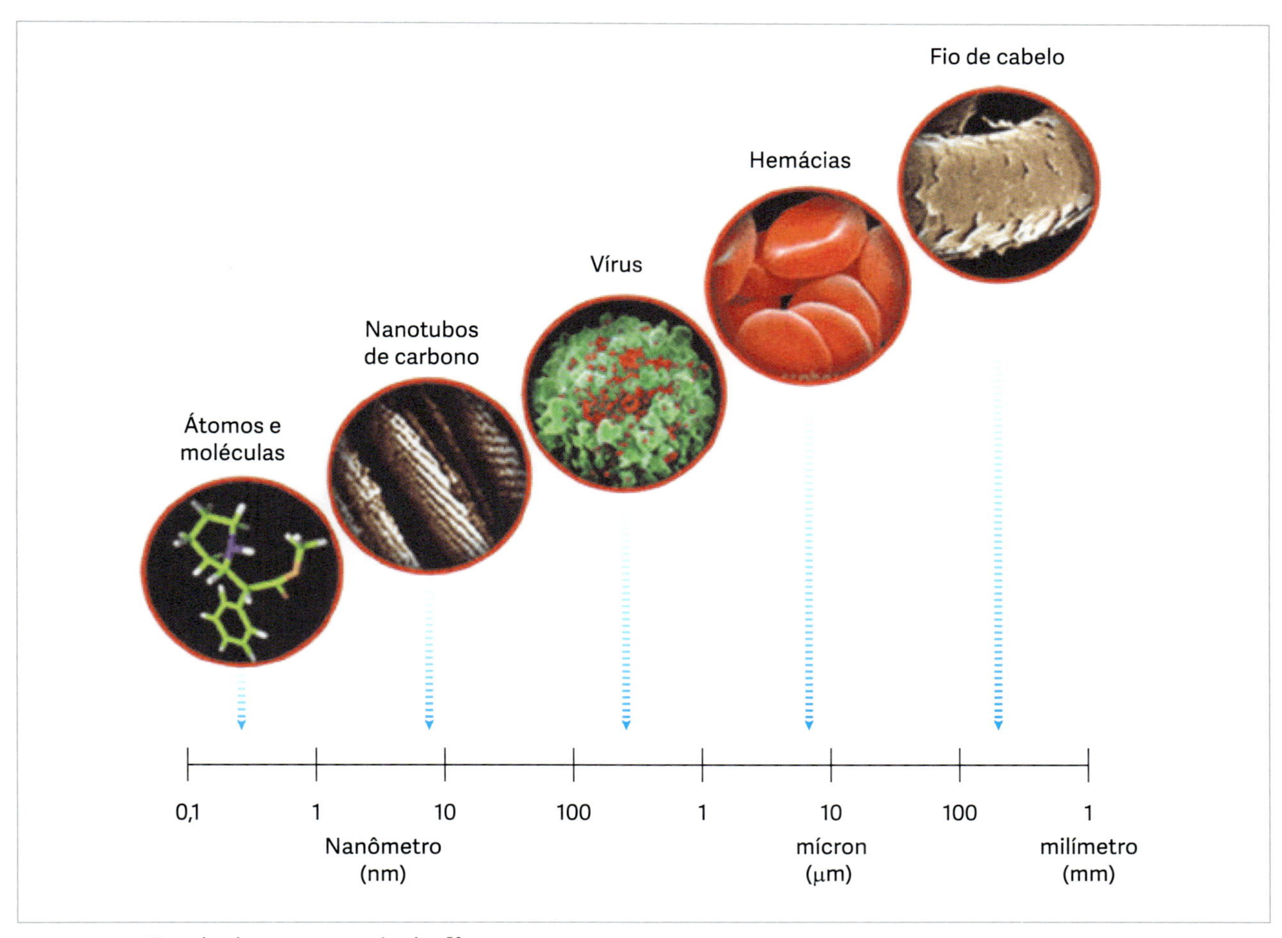

FIGURA 1 Escala das nanopartículas[56].

as chances de interações não específicas), solubilidade, revestimento superficial, entre outras[15]. Embora estejamos cientes principalmente dos consideráveis benefícios e potencialidades que as nanopartículas oferecem, há informações limitadas sobre toxicidade, interações não específicas com proteínas, translocação para órgãos-alvo secundários, entre outros aspectos[10].

Neste capítulo, exploramos os principais obstáculos da toxicologia relacionados aos sistemas nanoestruturados de maneira geral, com foco especial na escala de tamanho dessas partículas. Também analisamos o progresso alcançado na identificação dos efeitos adversos para a saúde e o meio ambiente, considerando o diminuto tamanho desses materiais.

DEFINIÇÕES

De acordo com a Academia Europeia Graue Reihe, a nanotecnologia consiste no uso de sistemas funcionais que se baseiam em subunidades com propriedades específicas, as quais dependem do tamanho reduzido individual ou do tamanho de seus sistemas. Enquanto isso, a nanociência, definida pela Academia Real de Engenharia, abrange o estudo e a manipulação de fenômenos em escalas atômicas, moleculares e macromoleculares, em que as propriedades são significativamente diferentes das encontradas em escalas maiores. A nanotecnologia, por sua vez, engloba o planejamento, a caracterização, a produção e a aplicação de estruturas, dispositivos e sistemas, controlando sua forma e tamanho em escala nanométrica.

Os produtos nanotecnológicos podem ser categorizados em três segmentos principais: materiais, ferramentas e dispositivos. No segmento de materiais, incluem-se componentes com dimensões entre 1 e 100 nanômetros, como nanopartículas, nanofibras, nanotubos, materiais compostos e superfícies nanoestruturadas. As nanoferramentas abrangem técnicas e instrumentos para a síntese de nanomateriais, manipulação de átomos e caracterização de materiais e dispositivos em escala nanométrica. Por fim, os dispositivos englobam áreas como microeletrônica e biotecnologia, com destaque para a produção de dispositivos que simulam sistemas biológicos, como motores celulares[16].

HISTÓRICO

Nanomateriais existem na natureza muito antes mesmo de o conceito ser formalizado. No entanto, a história da ciência da nanotecnologia e dos nanomateriais é relativamente recente.

Nosso planeta é uma fonte significativa de nanomateriais. Processos naturais, como vulcões, incêndios florestais, tempestades de areia e nevoeiros salinos, produzem nanomateriais. Plantas, insetos e até mesmo seres humanos contêm inúmeras nanoestruturas. Por exemplo, as folhas da flor de lótus apresentam propriedades autolimpantes e repelentes à água, atribuídas às suas nanoestruturas que consistem em recortes superficiais e uma camada cerosa composta por nanoescamas. Essas características estruturais reduzem a adesão de gotas de água à superfície da folha e facilitam a formação de esferas que rolam facilmente, carregando consigo partículas de sujeira. Nossos ossos também são compostos por minerais com nanoestruturas. Até mesmo o DNA, o bloco de construção mais fundamental de nossas vidas é um nanomaterial[17].

Por mais de 4.000 anos, as pessoas têm utilizado nanomateriais sem compreender devidamente a ciência envolvida detrás deles. Por exemplo, minerais de argila contêm nanomateriais naturais e têm sido empregados na construção, medicina e arte há milênios. Análises científicas recentes revelaram que a tinta capilar à base de chumbo usada no antigo Egito continha nanocristais sintetizados de sulfureto de chumbo. Diversos artefatos históricos devem sua beleza a nanomateriais. Por exemplo, o cálice de Licurgo, uma taça de vidro romana datada do século IV, contém nanopartículas de ouro e prata que mudam de cor conforme a incidência da luz. Além disso, os vitrais encontrados em muitas igrejas medievais também exibem cores brilhantes devido aos nanomateriais presentes no vidro[17].

Em 1959, o físico Richard Feynman estabeleceu as bases científicas para a revolução dos nanomateriais. Ele sugeriu a possibilidade de manipular a matéria no nível dos átomos individuais e lançou dois desafios para o mundo: o primeiro consistia em construir um motor elétrico minúsculo, funcional, com apenas 1/64 polegadas cúbicas de tamanho (equivalente a 0,04 cm), enquanto o segundo era reduzir uma página de livro a uma escala de 1/25.000 (equivalente a 0,0001 cm), o suficiente para caber toda a Enciclopédia Britânica na cabeça de um alfinete. Foram necessários 26 anos para superar ambos os desafios, mas essa experiência de pensamento inspirou o desenvolvimento de uma nova área científica[17].

Contudo, o conceito inicial do termo nanotecnologia foi apresentado em 1974 por Taniguchi durante os procedimentos da Conferência Internacional em Engenharia de Produção, organizada pela Sociedade Japonesa de Engenharia de Precisão, em Tóquio. No entanto, o desenvolvimento substancial dessa área ocorreu com os progressos nas ciências dos materiais e o aprimoramento de técnicas analíticas, como a difração de raios X e a microscopia de transmissão eletrônica. Essas técnicas possibilitaram a compreensão da estrutura dos materiais em escala atômica e, principalmente, de como essas estruturas afetam a funcionalidade dos materiais. Com os avanços tecnológicos, houve um grande interesse na manipulação dessas estruturas. Assim, na área das ciências dos materiais, iniciaram-se investigações sobre pequenas alterações estruturais, em nível atômico ou molecular, que poderiam modificar o desempenho e as propriedades das partículas em macroescala[14].

O auge do entusiasmo com os materiais nanoestruturados se deu com a síntese dos nanotubos de carbono[18] e a demonstração da manipulação de um só átomo com o emprego da microscopia de varredura usando sonda mecânica (*scanning probe microscopy*)[19].

No final dos anos 1990, os governos das nações desenvolvidas começaram a promover estudos na área de nanotecnologia, reconhecendo o potencial dos materiais nanoestruturados. Nos Estados Unidos, foi estabelecida a U. S. National Nanotechnology Initiative (NNI), que liderou os esforços de pesquisa nacional e internacional

FIGURA 2 Exemplos de aplicação de nanopartículas. Da esquerda para a direita: efeito lótus com nanoestruturas superficiais cobertas de cera epicuticular responsáveis pela super-hidrofobicidade da superfície foliar[49], tinta capilar à base de chumbo usada no antigo Egito[50] e cálice de Licurgo: cálice fica verde quando iluminado pela frente e vermelho quando iluminado por trás devido a nanopartículas de ouro e prata[51].

Fonte: The Trustees of the British Museum/Art Resource, NY/Divulgação.

em ciência e engenharia de nanoescala, impulsionando a geração e utilização de novos conhecimentos nesse campo[14].

Até a década de 1990, estudos em epidemiologia ambiental indicavam a relação entre a exposição a aerossóis e os índices aumentados de mortalidade e morbidade. Evidências surgiram de que partículas ambientais menores que 2,5 mm poderiam ter efeitos deletérios à saúde em decorrência de seu tamanho reduzido[14]. Dois artigos científicos publicados em 1990 no *Journal of Aerosol Science*, por Oberdörster et al. e Ferin et al., levantaram questionamentos sobre a resposta pulmonar tóxica a partículas nanométricas de TiO_2 e Al_2O_3, demonstrando que essas partículas causavam respostas inflamatórias exacerbadas em pulmões de ratos em comparação com partículas de escala normal dos mesmos materiais. Esses estudos destacaram a importância do tamanho de partícula e do desempenho dinâmico na toxicidade dos nanomateriais.[14,20-22].

Em estudos posteriores, Oberdörster et al.[23] e Maynard e Kuempel demonstraram que a resposta inflamatória nos pulmões de ratos seguia uma função dose-resposta linear quando considerada a área superficial das partículas como parâmetro de dose. Entretanto, para materiais mais quimicamente ativos, como quartzo cristalino, os efeitos tóxicos das nanopartículas não eram previsíveis e podiam gerar efeitos biológicos não reconhecidos[23-25].

Nos anos 2000, o interesse e a aplicação das nanopartículas aumentaram, assim como as preocupações com as implicações ambientais e de saúde, especialmente as ocupacionais. Várias entidades expressaram preocupações sobre a exposição a produtos nanoestruturados e a possibilidade de apresentarem comportamento biológico não convencional. O termo "nanotoxicologia" foi formalizado para descrever os efeitos adversos dos nanomateriais à saúde humana, animal e ao meio ambiente, e a revista *Nanotoxicology* foi lançada para consolidar essa nova área de conhecimento.

Os investimentos federais em pesquisa e desenvolvimento para proteção ambiental e práticas seguras na nanotecnologia cresceram significativamente entre 2005 e 2011, impulsionando o aumento das pesquisas e publicações sobre o impacto da nanotecnologia. Especialistas enfatizaram a importância de definir claramente a nanoescala e reconhecer que os efeitos tóxicos dos nanomateriais podem ser imprevistos, inusitados ou desconhecidos, não sendo exclusivamente determinados pelas propriedades químicas do material.

Em 2006, a Administração de Alimentos e Medicamentos dos Estados Unidos (FDA, do inglês Food and Drug Administration) estabeleceu a FDA Nanotechnology Task Force para desenvolver abordagens regulatórias que promovam produtos inovadores, seguros e eficazes que usem nanotecnologia. Além disso, ela tem o objetivo de identificar lacunas de conhecimento na pesquisa em nanotecnologia, colaborar com outras agências e oferecer treinamento em segurança e toxicologia para os revisores e auditores da FDA.

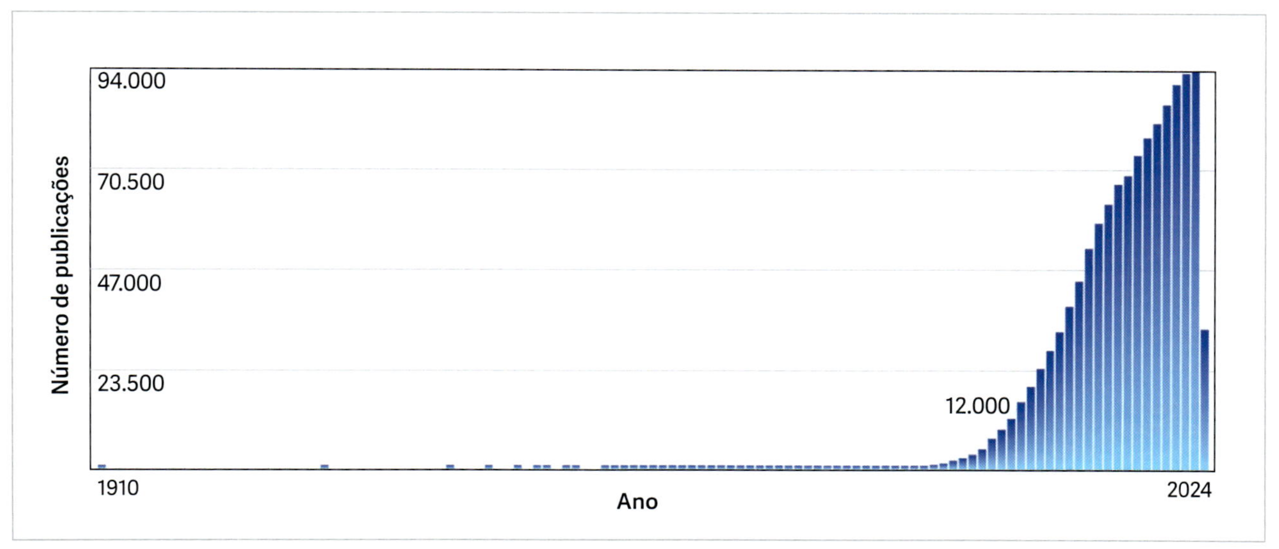

FIGURA 3 Evolução do número de publicações sobre nanopartículas na plataforma SciFinder de 1910-2024, pesquisando pela palavra-chave "*nanoparticle*", tendo um total de 1.199.282 resultados. Ultrapassou o valor de 10.000 publicações por ano a partir de 2004 e atingindo 94.000 publicações em 2023.

PRINCIPAIS TIPOS DE NANOPARTÍCULAS E SEUS EFEITOS BIOLÓGICOS E AMBIENTAIS

As nanopartículas definem grande extrato de materiais com diferentes propriedades físicas, químicas e toxicológicas. Portanto, não constituem um grupo homogêneo e são geralmente definidas pelo tipo de núcleo que pode ser orgânico, como os fulerenos (derivados de carbono), nanotubos de carbono (de camada simples ou múltipla) ou inorgânicos, que podem ser divididos em óxidos metálicos (de ferro, zinco, titânio, cério etc.), metais (principalmente ouro e prata) e pontos quânticos (*quantum dots*), como selenito de cádmio (Figura 4). Há outras classificações na literatura para referência a grupos específicos de nanomateriais, como nanocristais, e para designar diferentes morfologias, por exemplo, esferas, pirâmides e cubos. Algumas nanopartículas podem ter suas superfícies manipuladas com a finalidade de introduzir funcionalidades específicas para novas aplicações. Assim, com aditivos na superfície, como revestimentos, tensoativos ou cossolventes, há modificação em sua composição química e abre-se um vasto número de possibilidades para materiais com propriedades diferentes e, portanto, inúmeras interações com organismos e ambiente[18].

FULERENOS

Os fulerenos são moléculas com 60 a 80 átomos de carbono (C_{60}, C_{70}, C_{76} e C_{80}), de estrutura molecular esférica na qual os átomos de carbono estão posicionados nos vértices de uma estrutura icosaédrica. Há mais de 20 anos essas estruturas são estudadas quanto a possíveis aplicações na área biológica; entretanto, um grave problema é a baixa solubilidade. Com o objetivo de melhorá-la, várias tentativas foram realizadas, como o encapsulamento com polímeros solúveis ou moléculas hospedeiras e modificações químicas com a introdução de grupos hidrofílicos. Dunsch e Yang[26] sugeriram que a incorporação dos furelenos a grupos como aminoácidos, peptídeos ou anticorpos poderia resultar em novas aplicações desses materiais no campo da medicina.

Gelderman et al.[27] demonstraram que os derivados de fulerenos, como o fulerenol C60 $(OH)_{24}$, têm efeitos pró-inflamatórios e pró-apoptóticos em culturas de células endoteliais de veias umbilicais humanas. Os fulerenos não modificados são conhecidos por sua alta insolubilidade em água, sendo necessário misturá-los a cossolventes para originar agregados desses materiais, com tamanho em torno de 100 nm. Os relatos indicam que esses agregados foram capazes de causar toxicidade em bactérias, peixes e invertebrados. No entanto, os mecanismos exatos dessa toxicidade ainda não são totalmente compreendidos, e pode estar relacionada à presença de impurezas. Indeglia et al. identificaram e avaliaram os efeitos toxicológicos dos fulerenos em quatro modelos de organismos, incluindo bactérias e organismos aquáticos, concluindo que os efeitos toxicológicos foram devidos às impurezas presentes. Por outro lado, Prylutska et al. descreveram que o fulereno C60 puro, na faixa de concentração de 3,6 a 144 μg/mL, demonstrou baixa toxicidade em células renais embrionárias humanas (HEK293), com um valor de IC50 de 383,4 μg/mL. Portanto, embora alguns estudos sugiram baixa toxicidade do fulereno e derivados em certos contextos, ainda há uma necessidade premente de mais pesquisas para entender completamente, sobretudo em relação à presença de impurezas de síntese e seu impacto em diferentes sistemas biológicos. Essa compreensão mais abrangente é crucial para avaliar adequadamente os riscos associados ao uso e exposição a esses materiais e para informar medidas de segurança e regulamentações apropriadas.

NANOTUBOS DE CARBONO

Há dois tipos principais de nanotubos: os de camada simples e aqueles com multicamadas. O primeiro apresenta aspecto cilíndrico de cerca de 1 nm de diâmetro e apenas uma camada de átomos de carbono. O segundo tipo é muito semelhante ao anterior, mas tem duas ou mais lamelas concêntricas de carbono, de comprimento e diâmetro variáveis. Ambos exibem importantes propriedades mecânicas, térmicas, fotoquímicas e elétricas,

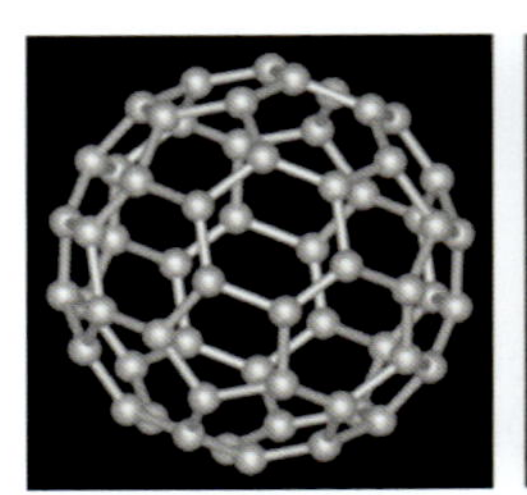
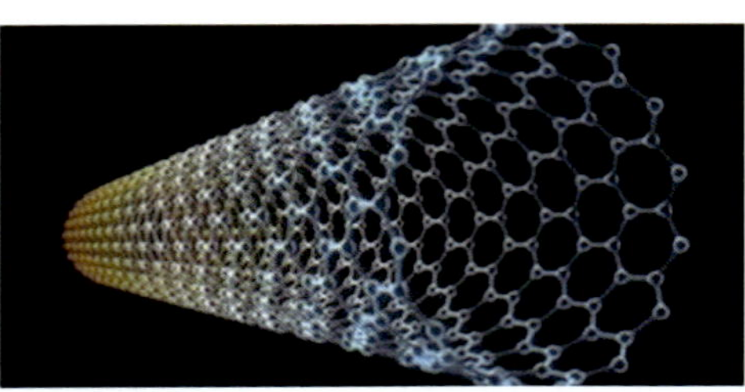
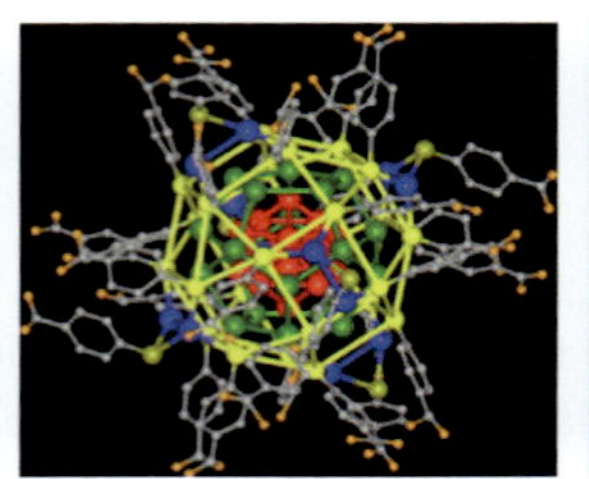
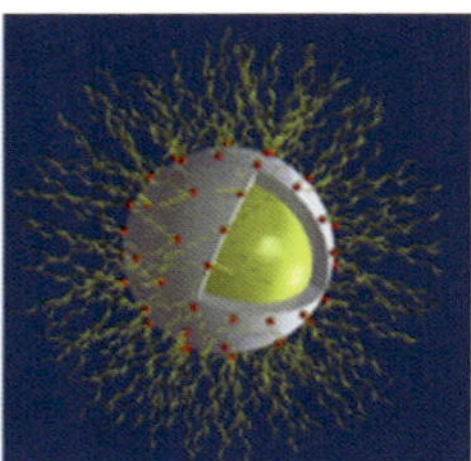

FIGURA 4 Tipos de nanopartículas. Da esquerda para a direita: exemplo de nanopartícula de fulereno[57], nanotubo de carbono de camada simples[57], nanopartícula de prata[52] e anatomia de um ponto quântico (QD)[53].

o que evidencia o interesse industrial por tais estruturas. São materiais robustos e rígidos, mas flexíveis, e encontram aplicação na construção de espaçonaves, músculos artificiais, veículos aquáticos e terrestres, por exemplo. São ótimos condutores de eletricidade (duas vezes mais que o cobre) e, portanto, também são usados em baterias recarregáveis e semicondutores[18,28]. Na área da saúde, têm potencial para aplicação nos dispositivos para coleta, processamento e armazenamento de derivados de sangue para transfusão, biossensores para diagnósticos (dispositivos carreadores de enzimas, células ou anticorpos para detecção de determinada substância) e sistemas de liberação de fármacos[29]. Yang et al.[30] estudaram os efeitos farmacológicos e toxicológicos de nanotubos de camada simples como carreadores de acetilcolina no tratamento por via oral da doença de Alzheimer. Em doses controladas, verificaram que as nanopartículas liberaram de forma eficiente e moderadamente segura o fármaco no cérebro de ratos, atingindo os lisossomos (organelas-alvo). Entretanto, em altas doses, além dos lisossomos, as mitocôndrias passaram a ser o alvo, havendo produção de espécies reativas de oxigênio intraorganela, o que resultou no colapso das membranas mitocondriais e, portanto, em alta toxicidade celular. Assim, é crucial considerar os potenciais efeitos adversos de uso a longo prazo e aspectos toxicológicos dos nanotubos de carbono antes de sua aplicação em diversas áreas biomédicas.

No ambiente aquático, há relatos de injúria oxidativa em trutas arco-íris (*Oncorhynchus mykiss*) expostas aos nanotubos, atuando como agente tóxico respiratório[18]. Filipova et al. relatam que nanotubos carboxilados inteferiram nos resultados de viabilidade celular em modelos de células endoteliais humanas. No organismo humano, atuam como fibras (asbestos) e pouco se conhece sobre as possíveis vias de exposição[31]. Prakash e Devasena reforçam que a toxicidade dos nanotubos de carbono (CNTs) varia de acordo com várias características, como seu tamanho, relação entre comprimento e diâmetro, área de superfície, pureza, concentração e dose[32]. Os CNTs e possíveis contaminantes associados são conhecidos por desencadear estresse oxidativo, inflamação, morte celular programada (apoptose), inflamação pulmonar, formação de tecido cicatricial (fibrose) e formação de granulomas nos pulmões. Os autores ainda destacam que com o aumento da produção de CNTs, aumenta-se também a probabilidade de exposição humana a essas substâncias. A maior parte das pesquisas sobre a toxicidade dos CNTs se concentra nos efeitos pulmonares após a administração direta nos pulmões, com poucos estudos abordando a toxicidade por outras vias de exposição.

NANOPARTÍCULAS DE METAIS

Os sistemas metálicos são temas de pesquisas para desenvolvimento de novos agentes terapêuticos e tecnologias para sensores diagnósticos. Os mais estudados são a prata e o ouro. A prata apresenta atividades antibacterianas que são exacerbadas quando o metal se apresenta na forma de nanopartículas, em função da elevada superfície de contato. As nanopartículas de prata têm aplicação cosmética e medicinal. São usadas como constituintes de resinas dentárias e no revestimento de equipamentos médicos, como cateteres e sistemas de infusão. O ouro tem propriedades interessantes, como estabilidade, ser inerte e possuir propriedades ópticas, magnéticas e eletrônicas. Embora ambos os metais tenham toxicidade inerente, a produção de nanopartículas pode aumentar essa propriedade com o incremento da superfície de contato do metal ou diminuir a toxicidade com o uso de revestimentos[18].

Uma aplicação recente muito importante dos sistemas metálicos foi a impregnação em fibras têxteis de nanopartículas de prata (AgNP), no combate à pandemia de covid-19 e outras doenças infecciosas. Pereira et al.[33] relatam em um trabalho de revisão uma ampla gama de aplicações para tecidos impregnados com AgNPs, destacando sua capacidade antimicrobiana, que parece estar relacionada ao tamanho e forma das nanopartículas. Os autores destacam que embora a maioria dos nanomateriais seja classificada como GRAS (geralmente reconhecidos como seguros), ainda existem lacunas na compreensão da biodisponibilidade e toxicocinética desses materiais, bem como na regulamentação relacionada ao seu uso. Em outra aplicação interessante, Seth et al.[34] descreve que nanopartículas de prata recobertas por albumina sérica bovina atuaram como potente agente contra a tuberculose e foram mais estáveis e biocompatíveis que outras nanopartículas não revestidas ou com outros revestimentos, como PVP, por exemplo.

A toxicidade das nanopartículas metálicas é atribuída a múltiplos mecanismos, incluindo estresse oxidativo mediado pela geração de espécies reativas de oxigênio (ROS), disfunção mitocondrial e danos ao DNA. Estudos recentes correlacionam a toxicidade dessas nanopartículas com as consequências da geração de ROS. A geração excessiva de ROS e o subsequente estresse oxidativo são apontados como a causa fundamental da toxicidade das nanopartículas metálicas. Em condições fisiológicas normais, ROS desempenham papéis essenciais na regulação de diversos aspectos celulares, porém o desequilíbrio redox resultante da produção elevada de ROS ou diminuição de antioxidantes pode levar a danos macromoleculares, citotoxicidade e morte celular[35].

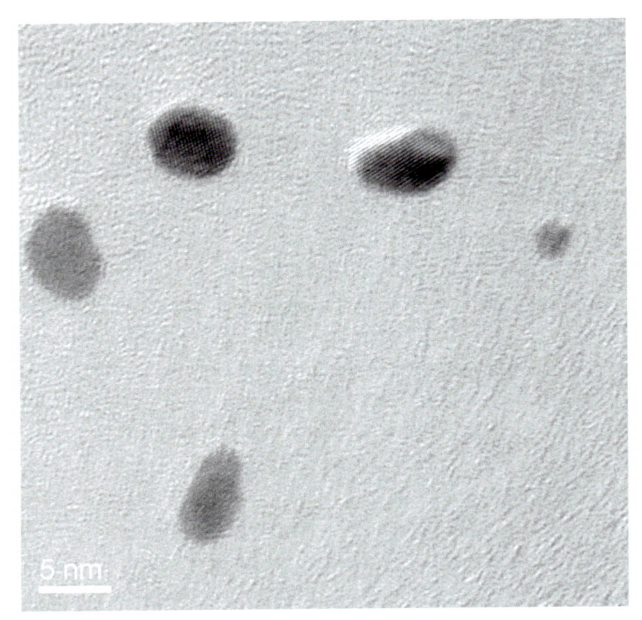

FIGURA 5 Micrografia de nanopartículas de ouro obtida por microscopia eletrônica de transmissão.

Fonte: Cortesia do Prof. Titular Koiti Araki, Instituto de Química da Universidade de São Paulo (USP).

Uma classe particular são as nanopartículas de óxidos metálicos, muito empregados nas indústrias de alimentos, materiais e química. Os óxidos de ferro, zinco, titânio, alumínio e silício são amplamente usados há muito tempo nesses segmentos e, há alguns anos, começaram a ser introduzidos na forma de nanopartículas, por exemplo, em cosméticos e protetores solares (TiO_2, Fe_2O_3 e ZnO), dentifrícios (SiO_2), em catálise (TiO_2) e como aditivo em combustíveis (CeO_2).

O emprego comercial das nanopartículas de óxido de ferro inclui aplicações biológicas e pigmentos industriais. Entretanto, para tornar essas partículas mais solúveis, foram usados revestimentos constituídos de w-dicarboxi-poli(etilenoglicol), o que permitiu a nova aplicação como agente de imagem para ressonância magnética no diagnóstico do câncer. Apesar de sua alta utilização, é pouco provável que esses materiais originem problemas ambientais significativos; ao contrário, compostos de ferro estimulam o crescimento de algas marinhas, as quais, por sua vez, consomem CO_2 atmosférico[18].

O óxido de zinco é um semicondutor com propriedades luminescentes que funciona como bloqueador de radiações UV-A e UV-B, o que lhe confere grande aplicação na indústria cosmética e farmacêutica. Como protetor solar, é considerado grande contaminante ambiental de águas em função do uso humano. Nanopartículas de ZnO parecem não apresentar elevada toxicidade e parecem ser biosseguras e biocompatíveis. O mesmo não pode ser afirmado para os compostos solúveis que contêm esse óxido metálico, cuja toxicidade ao fitoplâncton marinho parece ser diretamente proporcional à solubilidade[36]. As partículas inorgânicas de TiO_2, SiO_2 e ZnO têm efeito bactericida e a presença de luz parece incrementar essa toxicidade[37]. Além disso, como recomendação geral, a toxicidade de íons livres metálicos precisa ser considerada para todas as nanopartículas inorgânicas[18].

Outro óxido muito utilizado é o de titânio (TIO_2), amplamente reconhecido como um excelente semicondutor e é frequentemente utilizado em protetores solares, geralmente em combinação com o ZnO, devido às suas propriedades fotoativas e como pigmento de revestimentos. Embora as nanopartículas de óxido de titânio (TiO_2-NPs) sejam amplamente empregadas em uma variedade de produtos, incluindo alimentos, produtos farmacêuticos, cosméticos e protetores solares, há preocupações sobre sua potencial toxicidade. Devido ao seu pequeno tamanho, essas nanopartículas têm a capacidade de penetrar facilmente nas células, podendo induzir efeitos tóxicos, como danos ao DNA e estresse oxidativo. No entanto, há opiniões e estudos conflitantes na literatura que destacam a necessidade de uma avaliação mais abrangente dos riscos à saúde associados às TiO_2-NPs. Alguns estudos sugerem que ao invés da proibição, os benefícios devem ser considerados, uma vez que essas nanopartículas podem, por exemplo, ajudar a prevenir o câncer, protegendo a pele contra a radiação UV. Diversos autores destacam a importância de mais estudos para avaliar completamente os efeitos das TiO2-NPs na saúde, levando em consideração diferentes vias de exposição, modelos experimentais e estudos de longo prazo[38].

NANOPARTÍCULAS FARMACÊUTICAS

Apesar da aplicação na área da medicina das nanopartículas inorgânicas citadas, existe uma classe de NPs baseada em compostos orgânicos biodegradáveis e biocompatíveis já amplamente utilizadas em diversas terapias, as chamadas nanopartículas farmacêuticas. Essas podem ser classificadas em diversos tipos, dependendo de sua composição, tamanho e aplicação. Entre os tipos mais comuns estão as nanopartículas lipídicas, que consistem em lipídios ou fosfolipídios e são frequentemente utilizadas para encapsular fármacos hidrofóbicos, proporcionando uma melhor solubilidade e biodisponibilidade. As nanopartículas poliméricas, por sua vez, são compostas por polímeros biocompatíveis e oferecem uma plataforma versátil para a entrega controlada de fármacos, podendo ser modificadas para liberar o fármaco de forma sustentada ou direcionada. Além disso, os nanocristais são outra categoria importante, caracterizados por partículas cristalinas de IFA com dimensões nanométricas, que oferecem vantagens como alta estabilidade e solubilidade, sendo utilizados principalmente para melhorar a biodisponibilidade de fármacos pouco solúveis. É importante ressaltar que, embora essas NPs ofereçam benefícios significativos para a entrega de fármacos, é essencial considerar os aspectos toxicológicos, como sua biodistribuição e potencial de toxicidade, para garantir a segurança e eficácia desses sistemas de liberação de fármacos. Atualmente há diversos medicamentos no mercado que contêm nanopartículas farmacêuticas (dentro do contexto aqui apresentado), cujos aspectos de toxicidade foram avaliados e aprovados por agências regulatórias em diversos países.

ASPECTOS REGULATÓRIOS, TOXICOLÓGICOS E DE BIOSSEGURANCA DOS MATERIAIS NANOPARTICULADOS

O desenvolvimento rápido nas últimas duas décadas da aplicação de nanomateriais em diversas áreas levanta grandes preocupações sobre a segurança e traz a necessidade de uma regulamentação aprimorada da chamada "nanotoxidade". Há muitos desafios, como a falta de métodos harmonizados de caracterização de NP e avaliação de riscos, a ausência de definições universalmente aceitas e a importância crítica do desenho experimental padronizado e da comunicação de dados para o treinamento de modelos computacionais preditivos. Falta ainda compreender e prevenir os riscos associados ao uso e/ou exposição a materiais nanoparticulados, cujos efeitos tóxicos podem ser causados por mecanismos ainda pouco compreendidos ou que não são explicados pela toxicologia tradicional, com base no conceito de dose-resposta.

Desde 2005, o Comitê Científico da Comissão Europeia em Riscos Emergentes e Recentemente Identificados à Saúde (European Comission Scientific Committee on Emerging and Newly Identified Health Risks – SCENIHR) publica relatórios e revisões a respeito dos impactos de nanopartículas na saúde. As principais dúvidas do SCENIHR são se os métodos existentes são apropriados para elucidar os riscos associados aos materiais nanoparticulados ou como os métodos atuais poderiam ser adaptados para tal e, ainda, quais seriam as principais informações necessárias para conhecer os riscos relacionados a esses materiais. Desde a sua criação, o SCENIHR enfoca os estudos com materiais nanoparticulados que fisicamente são capazes de entrar no organismo humano via inalação, ingestão e absorção dérmica e identificou três principais parâmetros de toxicidade: tamanho, formato e composição química da partícula[39]. Além disso, explorou como essas características potencialmente afetam a biodisponibilidade e as biointerações e como influenciam na exposição e na dose. Mecanismos específicos de conhecida toxicidade incluem lesão do tecido epitelial, inflamação, estresse oxidativo e alergia. Uma das conclusões é que os dados disponíveis são insuficientes para identificar e generalizar regras para nortear a toxicologia e a ecotoxicologia de nanoparticulados. Além disso, outros aspectos são importantes na previsão e prevenção dos riscos: entendimento dos mecanismos e da cinética de liberação do nanomaterial; informações sobre a extrapolação de dados toxicológicos de material não nanoparticulado para os nanomateriais; quantificação dos intervalos da possível exposição; geração de dados toxicocinéticos relacionados às vias de entrada no organismo e orientação e prevenção da saúde dos operadores.

Outra iniciativa, a Força-Tarefa de Nanotecnologia (Nanotechnology Task Force, NTF), lançada pela FDA em 2006, também elaborou relatórios e guias orientação, enfatizando a abordagem regulatória adaptativa da agência para os nanomateriais. Isso inclui um documento lançado em abril de 2022 sobre produtos farmacêuticos que contêm nanomateriais. Nesses documentos verifica-se que a FDA não emite julgamentos definitivos sobre a segurança ou periculosidade da nanotecnologia. Sua abordagem regulatória é adaptativa e flexível, levando em consideração as características específicas e os efeitos dos nanomateriais no contexto biológico em que são utilizados, além de se concentrar nas interações desses materiais com os sistemas biológicos[40].

Ainda, diretrizes técnicas para pesquisa de avaliação de segurança não clínica de medicamentos baseados em nanotecnologia foram emitidas pelo Centro de Avaliação de Medicamentos (CDE) da Administração Nacional de Produtos Médicos da China em 2021, enfatizando a importância da seleção apropriada do sistema de teste e de métodos abrangentes de teste de toxicidade para esses produtos. Apesar dos esforços de agências reguladoras como a FDA dos Estados Unidos e o CDE da China para desenvolver orientações adequadas para o uso mais seguro de NPs, ainda não existem diretrizes uniformes e estritas em todo o mundo para testes de toxicidade de NP. No entanto, espera-se que os avanços na pesquisa de nanotoxicidade facilitem o estabelecimento de um regime regulatório padronizado e eficaz que aproveite o potencial da nanotecnologia enquanto minimiza os danos aos seres humanos[40-42].

No Brasil, várias iniciativas refletem a preocupação com a nanotecnologia, incluindo a criação, em 2014, de um Comitê Interno de Nanotecnologia pela Anvisa (referência), bem como projetos de lei (PL), como o PL 6.741 de 11 de novembro de 2013, que estabelece a Política Nacional de Nanotecnologia, regulamentando a pesquisa, produção, destino de resíduos e uso da

QUADRO 1 Comparação entre características, parâmetros biocinéticos e efeitos de nanopartículas e macropartículas inaladas

	Parâmetros	Nanopartículas (< 100 nm)	Partículas maiores (> 500 nm)
Características gerais	Número de partículas/superfície por volume	Alto	Baixo
	Aglomeração no ar e em líquidos	Provável	Menos provável
	Deposição no trato respiratório	Difusão ao longo do trato respiratório	Sedimentação, impactação e interceptação ao longo do trato respiratório
Translocação para órgãos-alvo secundários	Depuração	Sim	Em geral, não
	Mucociliaridade	Provavelmente sim	Eficiente
	Macrófagos alveolares	Poucos	Eficiente
	Circulação sanguínea	Sim	Sob sobrecarga
	Circulação linfática	Sim	Sob sobrecarga
	Captação pelas células	Sim (difusão, endocitose)	Células fagocíticas primárias
	Mitocôndria	Sim	Não
	Núcleo	Sim (< 40 nm)	Não
Efeitos diretos*	Em órgãos secundários	Sim	Não
	No sítio de entrada (trato respiratório)	Sim	Sim
	Inflamação	Sim	Sim
	Estresse oxidativo	Sim	Sim
	Genotoxicidade primária	Alguma	Não
	Carcinogenicidade	Sim	Sim

* Em decorrência da natureza química e que demonstraram dose-dependência.
Fonte: adaptado de Oberdörster[43].

nanotecnologia no país, entre outras medidas. Um abrangente estudo de revisão realizado por Tober et al. (2020) destaca as bases regulatórias e projetos de lei (PL) para avaliação da segurança de medicamentos baseados em nanotecnologia e lista outras iniciativas via PL no Brasil.

Um estudo de revisão amplamente referenciado, conduzido por Oberdörster, abordou os efeitos biológicos e/ou toxicológicos associados à exposição e à manipulação de nanopartículas, especialmente através da via respiratória. O autor identificou 22 aspectos potencialmente relevantes na influência dos efeitos biológicos relacionados ao tamanho das partículas, contribuindo para o desenvolvimento de uma abordagem diferenciada na toxicologia entre partículas nanométricas e de tamanho convencional. No entanto, reconheceu-se a necessidade de considerar a transição difusa entre partículas de diferentes tamanhos e comportamentos toxicológicos. A partir desse estudo, emergiram três aspectos cruciais para a avaliação toxicológica de materiais nanoparticulados: dose, propriedades físico-químicas e biocinética[14,43].

DOSE DAS NANOPARTÍCULAS

Quando falamos de nanomateriais ainda é muito vago o conceito de dose tóxica, visto que diversas vezes acaba não dependendo somente da quantidade de massa absorvida, mas também do tamanho e número de partículas existentes na amostra em que se teve contato. Por exemplo, 1 mg de partículas carbonáceas esféricas com 10 mm de diâmetro conteria 10^{13} partículas, enquanto a mesma massa de partículas com 10 nm de diâmetro teria 10^{22} partículas[12,35].

Outro parâmetro importante a ser levado em consideração é a área superficial, pois para partículas esféricas com uma massa específica, a área superficial varia inversamente ao diâmetro das partículas. Portanto, enquanto 1 mg de partículas esféricas de carvão com 10 mm de diâmetro tem uma superfície de aproximadamente 270 m^2, a mesma massa de partículas com 10 nm de diâmetro possui uma superfície de 270.000 m^2.[12,35]

Dito isso, a área superficial tem sido indicada como uma medida relevante para avaliar os efeitos tóxicos causados por partículas pequenas e insolúveis inaladas. No entanto, de acordo com Oberdöster[36], a área superficial não pode ser considerada como uma regra geral aplicável a uma ampla variedade de materiais e vias de exposição. Mesmo em relação a materiais bem estudados, como o TiO_2, não está estabelecido que esse parâmetro isoladamente seja um indicador confiável da resposta biológica à exposição. A Tabela 1 ilustra a relação entre diâmetro, número de partículas e área superficial.

PROPRIEDADES FÍSICO-QUÍMICAS DAS NANOPARTÍCULAS

A forma física e a composição química dos materiais desencadeiam respostas toxicológicas que podem estar relacionadas a diversos parâmetros físico-químicos. Esses parâmetros são influenciados por alterações dinâmicas nos materiais ao longo do tempo ou entre lotes. O grande desafio reside em compreender e estabelecer relações entre as propriedades físico-químicas, as interações biológicas e os riscos associados às nanopartículas[14,43].

Os cientistas estão trabalhando para identificar e correlacionar as características físico-químicas relevantes na avaliação dos riscos associados a materiais nanoparticulados. No Quadro 2 são delineadas as propriedades físico-químicas de importância toxicológica, as quais podem variar dependendo do método de preparação e armazenamento das partículas, assim como sua via de introdução em outros sistemas e no organismo.

A formação de agregados e aglomerados apresenta desafios específicos em estudos toxicológicos. Quando as partículas se unem para formar aglomerados (ligações fracas) ou agregados (ligações fortes), isso altera significativamente o tamanho, a dinâmica e as propriedades dos sistemas resultantes. No caso do ar, as mudanças no tamanho das partículas devido à aglomeração afetam o transporte, a deposição, a translocação do material inalado dentro do trato respiratório e sua eliminação do organismo. De maneira semelhante, a aglomeração e a agregação em líquidos afetam como o material é transportado, distribuído e interage com o ambiente e o organismo[43].

A estrutura cristalina das nanopartículas também pode influenciar sua toxicidade. Foi observado que o polimorfo anatase do dióxido de titânio tem uma maior capacidade de gerar espécies reativas de oxigênio (ERO) em comparação com a forma rutilo do mesmo material. Além disso, foi identificada uma relação direta entre o tamanho das partículas e a capacidade de geração de ERO. No entanto, em materiais com tamanhos muito pequenos, como os nanométricos, a estrutura da superfície pode mudar significativamente, tornando incerto se essa diferença de comportamento químico é devido a variações na superfície ou no tamanho das partículas. Os pesquisadores especulam que a densidade de defeitos na superfície das partículas pode ser outro parâmetro físico-químico de potencial interesse para compreender a toxicidade dos nanomateriais[23].

BIOCINÉTICA DAS NANOPARTÍCULAS

O trajeto dos nanomateriais no organismo, incluindo transporte, deposição, transformação e depuração, está

TABELA 1 Diâmetro, número e área superficial de partículas na atmosfera para partículas com densidade de 10 pg cm^{-3}

Diâmetro (nm)	Número de partículas (N cm^{-3})	Área superficial (μm^2 cm^{-3})
5	153.000.000	12.000
20	2.400.000	3.016
250	1.200	240
5.000	0,15	12

Fonte: adaptada de Oberdörster[43].

QUADRO 2 Propriedades físico-químicas de nanopartículas de importância toxicológica

Propriedades gerais	Propriedades de superfície
Tamanho médio e distribuição do tamanho	Área superficial – porosidade
Forma	Carga
Aglomeração/agregação	Reatividade
Solubilidade: aquosa, lipídica e nos líquidos biológicos	Características químicas: revestimentos, contaminantes
–	Defeitos

Fonte: adaptado de Oberdörster[43].

estreitamente ligado à sua estrutura física e composição química. Entender a biocinética desses materiais é crucial para determinar as doses que atingem órgãos secundários e é fundamental para projetar e interpretar estudos *in vitro*.

Pesquisas sobre inalação de nanopartículas de irídio, com diâmetro variando entre 15 e 80 nm, revelaram a migração dessas partículas para órgãos fora dos pulmões. Além disso, evidenciaram a capacidade das nanopartículas de ultrapassar a barreira hematoencefálica, interagindo com células nervosas do sistema nervoso central, e de atravessar a placenta, levantando preocupações sobre possíveis efeitos teratogênicos[23].

Xie et al.[44] investigaram a farmacocinética de partículas de TiO_2, com aproximadamente 20 nm de diâmetro, em ratos e camundongos, após administração intravenosa de doses de 10 mg/kg de peso. As partículas foram principalmente retidas no fígado e no baço, permanecendo por mais de trinta dias devido à fagocitose por macrófagos. A excreção ocorreu principalmente por via renal.

PRINCIPAIS MÉTODOS PARA O ESTUDO DOS ASPECTOS TOXICOLÓGICOS MAIS RELEVANTES DAS NANOPARTÍCULAS

Os parâmetros mais frequentemente investigados nos estudos toxicológicos de nanomateriais abrangem a distribuição do tamanho das partículas, área superficial e sua reatividade (química e carga), forma, composição química, pureza, estado de agregação, estrutura cristalina e porosidade[45].

As características de tamanho, forma e agregação são predominantemente analisadas por meio de microscopia eletrônica, com a microscopia eletrônica de transmissão (MET) oferecendo a melhor resolução, de 0,5 a 3 nm, em comparação com a microscopia eletrônica de varredura (MEV), que tem uma resolução de cerca de 5 nm. Ambas as técnicas são limitadas a amostras sólidas e fornecem medidas em apenas duas dimensões. Para obter informações em três dimensões, a microscopia de varredura por sonda (MVS) pode ser aplicada, oferecendo imagens da superfície dos nanomateriais. No entanto, nem todos os laboratórios de pesquisa em nanomateriais têm acesso a essa técnica. A composição química é geralmente investigada por meio de técnicas espectroscópicas, como espectrometria de plasma indutivamente acoplado (ICP), difração de raios X, ressonância magnética nuclear, espectrofotometria UV-visível e espectrofluorimetria[46,47].

A ICP é comumente empregada para obter detalhes mais precisos da composição química, enquanto a difração de raios X fornece *insights* sobre a estrutura atômica da superfície, incluindo cristalinidade e carga. A espectroscopia de raios X fotônicos analisa a química superficial, fornecendo detalhes sobre revestimentos, carga, composição química e características superficiais. Nanomateriais também podem ser avaliados no ambiente em tempo real por meio de analisadores de tamanho e contadores de partículas. Esses equipamentos permitem a classificação de aerossóis com base no tamanho, número e mobilidade das partículas. Dependendo do tipo de amostrador utilizado, também podem ser obtidas informações sobre propriedades aerodinâmicas, como o estado de agregação em diferentes meios[45].

Atualmente, não existem métodos ou técnicas padronizadas, nem regulamentação específica para avaliar os riscos biológicos e ambientais associados aos nanomateriais. Por exemplo, não há um padrão estabelecido para avaliar o grau de agregação das nanopartículas, e os métodos para determiná-lo variam. No entanto, a agregação é uma característica crucial que pode ter um grande impacto na saúde humana e no meio ambiente. Portanto, prever o grau de risco de um determinado material usando as técnicas e métodos disponíveis atualmente é bastante desafiador[45].

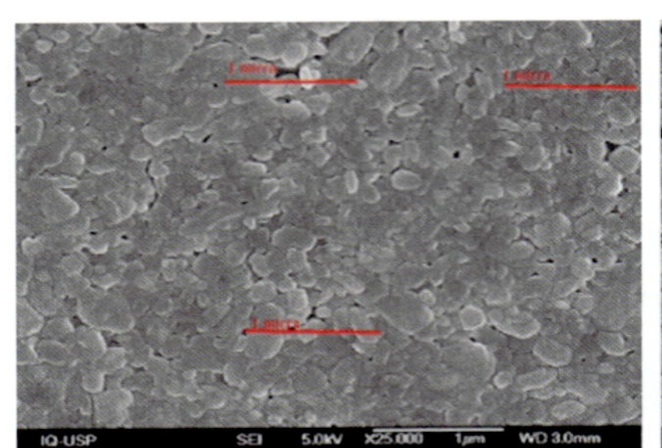

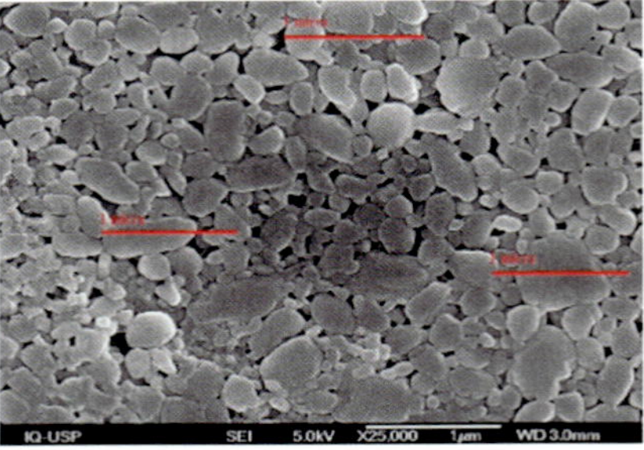

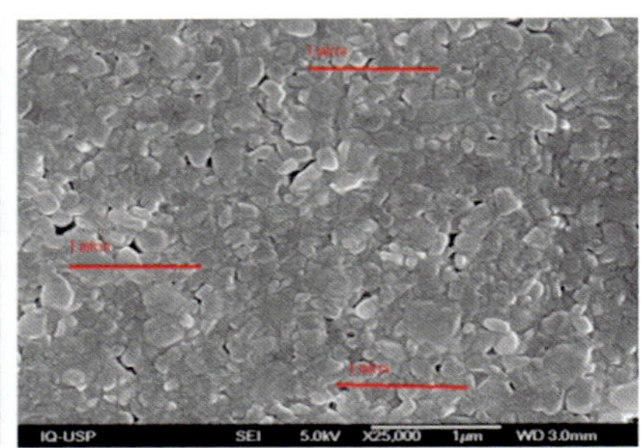

FIGURA 6 Imagens do nanocristal de flubendazol estabilizado com polissorbato 80, poloxamer 188 e TPGS, respectivamente. Em todas as imagens, é possível visualizar partículas menores que 1 μm empregando a microscopia eletrônica de varredura (MEV).

Fonte: Debora de Souza Gonçalves.

Os estudos toxicológicos in vivo convencionais não são diretamente aplicáveis às nanopartículas, o que apresenta novos desafios analíticos no desenvolvimento de métodos que empregam modelos animais. É difícil prever os efeitos da interação desses materiais com os sistemas biológicos. Após a administração, as nanopartículas tendem a se acumular em áreas específicas dos organismos vivos, sendo influenciadas pelo tamanho, forma, funcionalidade da nanopartícula, modelo animal, dose administrada, entre outros fatores. Portanto, é necessário padronizar novos ensaios toxicológicos para obter resultados precisos. Nos últimos anos, houve avanços notáveis nos estudos de nanotoxicologia *in silico*, integrando tecnologia da informação e modelos computacionais à biologia molecular para prever a toxicidade dos nanomateriais. Um exemplo é a simulação molecular dinâmica, que investiga a interação entre nanopartículas catiônicas e aniônicas de ouro com bicamadas eletronegativas e neutras. As partículas catiônicas demonstraram maior toxicidade, possivelmente devido à sua capacidade de atravessar a membrana celular, perturbando o controle da entrada e saída de íons e macromoléculas[48].

O avanço da toxicologia *in silico* tem o potencial de impulsionar o desenvolvimento de ensaios altamente eficazes para triagem toxicológica de nanomateriais, bem como de modelos estatísticos computacionais de relação quantitativa entre estrutura e atividade (QSAR), auxiliando na previsão da atividade biológica de nanopartículas[48].

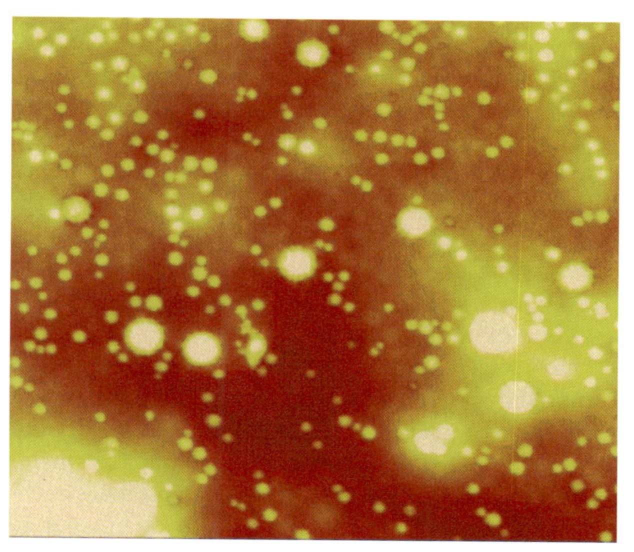

FIGURA 7 Nanopartículas de poli (n-butil cianoacrilato), contendo aciclovir. Fotomicrografia obtida por meio de microscopia de força atômica.

Fonte: Guilherme Diniz Tavares.

EQUIPAMENTO DE PROTEÇÃO INDIVIDUAL PARA NANOMATERIAIS

A nanotecnologia está em crescimento acelerado, em descobertas, invenções, financiamento de P&D e mercados. Produtos com nanomateriais estão agora disponíveis em várias indústrias e espera-se que o número de produtos baseados em nanotecnologia dobre a cada três anos[54]. No entanto, esse crescimento traz preocupações sobre a exposição dos trabalhadores a nanomateriais e os possíveis efeitos na saúde, levando a apelos por precaução e melhores práticas de segurança ocupacional. O uso de Equipamento de Proteção Individual é recomendado, embora o conhecimento e os testes relacionados a EPI para nanomateriais ainda sejam limitados.

A proteção respiratória contra nanopartículas é essencial devido à exposição predominante por inalação. Os respiradores devem atender a padrões rigorosos de teste, embora existam preocupações com a representatividade desses testes em relação às condições reais de uso. A seleção adequada de respiradores é crucial, considerando fatores como propriedades do contaminante, toxicidade e condições de uso. Os *setups* de teste para avaliar a eficiência de filtros e respiradores geralmente incluem um sistema de geração de aerossol, câmara de teste, sistema de contagem de partículas e medidor de fluxo. Vários fatores, como o MPPS (do inglês, *most penetrating particle size*, tamanho de partícula de maior penetração). taxa de fluxo e padrão de partículas, influenciam a eficiência de filtração. As características das nanopartículas, como carga, forma e distribuição de tamanho, também afetam a penetração através dos filtros. Condições ambientais, como umidade, e o acúmulo de partículas no filtro ao longo do tempo também podem influenciar a eficácia. Vazamentos na interface com a pele também podem reduzir a proteção oferecida pelo respirador. Portanto, a seleção de proteção respiratória para nanopartículas requer cautela, e o uso de máscaras contra poeira na presença de nanopartículas deve ser evitado devido à alta penetração observada.

A fim de evitar absorção por via dérmica, os equipamentos de proteção individual (EPI), como luvas e jalecos, são essenciais, mas ainda não há métodos padronizados para testar sua eficácia contra nanopartículas. Pesquisadores desenvolveram métodos próprios, incluindo exposição a nanoaerossóis e testes de deformação mecânica. EPI enfrentam estresses estáticos e dinâmicos que podem aumentar a penetração de nanomateriais. Além dos aerossóis, a exposição dérmica inclui pós e soluções coloidais, que podem penetrar nos materiais dos equipamentos de proteção[55].

Vários tipos de materiais foram testados com nanoaerossóis secos de grafite, platina e TiO_2, revelando diferentes padrões de penetração. Os materiais não tecidos mostraram melhor desempenho em alguns casos, mas os resultados variaram. Testes com nanopartículas de TiO_2 em pó demonstraram que a penetração pode ocorrer após deformações repetidas. Em soluções coloidais, observou-se penetração mais rápida em certos materiais, indicando a necessidade de precaução. Os estudos ressaltam a necessidade de avaliação cuidadosa da eficácia dos EPI contra nanopartículas para garantir a segurança dos trabalhadores[55].

Em suma, recomendam o uso de roupas de proteção comumente encontradas em laboratórios de química e respiradores de alta eficiência, escolhidos de acordo com as melhores práticas de higiene industrial. Isso inclui macacões sintéticos de mangas compridas, luvas resistentes a produtos químicos, sapatos fechados, óculos de proteção e respiradores de pressão positiva. É enfatizado que máscaras contra poeira não são adequadas para proteção respiratória contra nanopartículas. As roupas devem ser trocadas regularmente e procedimentos adequados de manuseio e descarte devem ser seguidos para evitar a exposição secundária.

CONSIDERAÇÕES FINAIS

Em decorrência do maior potencial de deslocamento das nanopartículas no organismo em comparação com partículas maiores, os pesquisadores estão alertando para as possíveis interações com fluidos biológicos, células e tecidos. Além disso, no local-alvo, esses materiais têm o potencial de desencadear mediadores que podem ativar respostas inflamatórias e imunológicas. Devido ao seu potencial invasivo, podem afetar as funções cardíacas e cerebrais; portanto, é recomendável mapear essas vias para cada novo material.

Os pesquisadores, em conjunto com instituições internacionais e órgãos reguladores, estão ativamente envolvidos no desenvolvimento de ferramentas para avaliar os potenciais riscos das nanopartículas para os indivíduos. Contudo, devido à variedade de incertezas e lacunas de conhecimento relacionadas aos aspectos novos desse processo de avaliação, ainda não é possível realizar uma análise completa. Enquanto as preocupações quanto à segurança das nanopartículas estão sendo abordadas, é fundamental estabelecer um sistema de vigilância para a saúde e o meio ambiente, visando funcionar como uma rede de proteção e um sistema de alerta inicial[13].

Entre os desafios enfrentados, há uma escassez de dados quantitativos sobre a exposição e os perigos associados a muitas nanopartículas, tanto para humanos quanto para espécies ambientais. Muitas preocupações de natureza metodológica foram levantadas, incluindo a incerteza na caracterização das nanopartículas com o uso de métodos desenvolvidos e padronizados para avaliação de produtos químicos. Isso abrange desde a preparação das amostras para estudos de toxicidade até a caracterização das nanopartículas por meio de técnicas ainda em desenvolvimento, bem como a dosimetria, entre outros aspectos. Além disso, existem dificuldades na detecção e quantificação de nanopartículas em matrizes mais complexas.

REFERÊNCIAS BIBLIOGRÁFICAS

1. Br. Stand. Inst. 2007. Terminology for nanomaterials. Publicly Availab. Specif., Br. Stand. Inst., London
2. Li N, Georas S, Alexis N, Fritz P, Xia T, et al. A work group report on ultrafine particles (American Academy of Allergy, Asthma & Immunology): why ambient ultrafine and engineered nanoparticles should receive special attention for possible adverse health outcomes in human subjects. J Allergy Clin Immunol. 2016;138(2):386-96.
3. Khana I, Saeed K, Khan I. Nanoparticles: properties, applications and toxicities. Arab J Chem. 2019;908-93.
4. Mehta RV. Synthesis of magnetic nanoparticles and their dispersions with special reference to applications in biomedicine and biotechnology. Mater Sci Eng C. 2017;79:901-16.
5. Nuzhat Z, Raihanatul A, Devesh T, Kabir MT, et al. Nanoparticles and its biomedical applications in health and diseases: special focus on drug delivery. Environ Sci Pollut Res. 2019;27:19151-68.
6. Santos AC, Morais F, Simões A, Pereira I, Sequeira JAD, et al. Nanotechnology for the development of new cosmetic formulations. Expert Opin. Drug Deliv. 2019;16(4):313-30.
7. Hajba L, Guttman A. The use of magnetic nanoparticles in cancer theranostics: toward handheld diagnostic devices. Biotechnol Adv. 2016;34(4):354-61.
8. Liu Y, Bhattarai P, Dai Z, Chen X. Photothermal therapy and photoacoustic imaging via nanotheranostics in fighting cancer. Chem Soc Rev. 2019;48(7):2053-108.
9. Pujalté I, Passagne I, Brouillaud B, Tréguer M, Durand E, Ohayon-Courtès C, et al. Cytotoxicity and oxidative stress induced by different metallic nanoparticles on human kidney cells. Part Fibre Toxicol. 2011;8:1-16.
10. Borm PJA, Robbins D, Haubold S, Kuhlbusch T, Donaldson K, Schins R, et al. The potential risks of nanomaterials: a review carried out for ECETOC. Part Fibre Toxicol. 2006;3(11):1-35
11. Qual o impacto da nanotecnologia para as pequenas empresas – Sebrae. https://sebrae.com.br/sites/PortalSebrae/artigos/qual-o-impacto-da-nanotecnologia-para-as-pequenas-empresas,9f3b76f9d44a4810VgnVCM100000d701210aRCRD. Acesso em: 1 maio 2024.
12. Roco MC. National nanotechnology investment in the FY 2011 budget. AAAS Report on U.S. R&D in FY 2011 Washington, D.C. http://www.nist.gov/tpo/upload/NNI-Budget.pdf. Acesso em: 12 fev. 2016.
13. Grieger KD, Baun A, Owen R. Redefining risk research priorities for nanomaterials. J Nanopart Res. 2010;12:383-92.

14. Maynard AD, Warheit DB, Philbert MA. The new toxicology of sophisticated materials: nanotoxicology and beyond. Toxicol Sci. 2011;120(S1):S109-29.
15. Sharma S, Parveen R, Chatterji BP. Toxicology of nanoparticles in drug delivery. Curr Pathobiol Rep. 2021, 1-12.14.
16. Faria M, Björnmalm M, Thurecht KJ, Kent SJ, Parton RG, et al. Minimum information reporting in bio–nano experimental literature. Nat Nanotechnol. 2018;13:777-85.
17. História dos nanomateriais e das nanotecnologias – European Observatory for Nanomaterials. https://euon.echa.europa.eu/pt/history-of-nanomaterials-and-nanotechnology. Acesso em: 1 maio 2024.
18. Ju-nam Y, Lead JR. Manufactured nanoparticles: an overview of their chemistry, interactions and potential environmental implications. Sci Total Environ. 2008;400:396-414.
19. Ijima S. Helical microtubules of graphitic carbon. Nature. 1991;354:56-8.
20. Donaldson K, Stone V, Tran CL, Kreyling W, Borm PJA. Nanotoxicology. Occup Environ Med. 2004;61:727-8.
21. Oberdörster G, Ferin J, Finkelstein G, Wade P, Corson N. Increased pulmonary toxicity of ultrafine particles. Lung lavage studies. J Aerosol Sci. 1990;21:384-7.
22. Ferin J, Oberdörster G, Penney DP, Soderholm SC, Gelein R, Piper HC. Increased pulmonary toxicity of ultrafine particles? I. Particle clearance, translocation, morphology. J Aerosol Sci. 1990;21:381-4.
23. Oberdörster G, Finkelstein JN, Johnston C, Gelein R, Cox C, Baggs R, et al. Acute pulmonary effects of ultrafine particles in rats and mice. Res Rep Health Eff Inst. 2000;(96):5-74; disc. 75-86.
24. Maynard AD, Kuempel ED. Airborne nanostructured particles and occupational health. J Nanopart Res. 2005;7:587-614.
25. Maynard D, Coull BA, Gryparis A, Schwartz J. Mortality risk associated with short-term exposure to traffic particles and sulfates. Environ Health Perspect. 2007;115(5):751-5.
26. Dunsch L, Shangfeng S. Metal nitride cluster fullerenes: their current state and future prospects. Small. 2007;3(8):1298-320.
27. Gelderman MP, Simakova O, Clogston JD, Patri AK, Siddiqui FS, Vostal AC, et al. Adverse effects of fullerenes on endothelial cells: Fullerenol C60(OH)24 induced tissue factor and ICAM-1 membrane expression and apoptosis in vitro. Int J Nanomedicine. 2008;3(1):59-68.
28. Braun T, Schubert A, Zsindely S. Nanoscience and nanotechnology on the balance. Scientometrics. 1997;38(2):321-5.
29. Simak J. Investigation of potential toxic effects of engineered nanoparticles and biologic microparticles in blood and their biomarker applications. Food and Drug Administration U.S. Department of Health and Human Services. Science and Research – Biologic Research Projects. Disponível em: http://www.fda.gov/BiologicsBloodVaccines/ScienceResearch/BiologicsResearchAreas/ucm127045.htm. Acesso em: 12 dez. 2015.
30. Yang Z, Zhang Y, Yang Y, Sun L, Han D, Li H, et al. Pharmacological and toxicological target organelles and safe use of single-walled carbon nanotubes as drug carriers in treating Alzheimer disease. Nanomedicine. 2010;6:427-41.
31. Filipova, Marcela, et al. An effective "three-in-one" screening assay for testing drug and nanoparticle toxicity in human endothelial cells. PLoS One. 2018;13(10): e0206557.
32. Prakash FA, Devasena T. Toxicity of carbon nanotubes: s review. Toxicol Ind Health. 2018;34(3):200-10.
33. Pereira RA, et al. "O uso de fibras têxteis impregnadas com nanopartículas de prata para enfretamento de doenças infeciosas, seus riscos à saúde e a sua regulação sanitária." Research, Society and Development. 2022;11(6):e7311628704-e7311628704.
34. Seth D, Choudhury SR, Pradhan S, Gupta S, Palit D, Das S, et al. Nature-inspired novel drug design paradigm using nanosilver: efficacy on multi-drug-resistant clinical isolates of tuberculosis. Curr Microbiol. 2011;62:715-26.
35. Zhang N, Guiya X, Zhenjie L. Toxicity of metal-based nanoparticles: challenges in the nano era. Front Bioengineering Biotechnol. 2022;10:1001572.
36. Miao AJ, Zhang XY, Luo Z, Chen CS, Chin WC, Santschi PH, et al. Zinc oxide-engineered nanoparticles: dissolution and toxicity to marine phytoplankton. Environ Toxicol Chem. 2010;29(12):2814-22.
37. Nowack B, Bucheli TD. Occurrence, behavior and effects of nanoparticles in the environment. Environ Pollut. 2007;150:5-22.
38. Grande F, Tucci T. Titanium dioxide nanoparticles: a risk for human health?. Mini Rev Med Chemistry. 2016;16(9):762-769.
39. Scientific Committee on Emerging and Newly Identified Health Risks (SCENIHR). Scientific basis for the definition of the term "nanomaterial". Brussels: European Commission – European Commission. DG for Health & Consumers; 2010. Disponível em: http://ec.europa.eu/health/scientific_committees/emerging/docs/scenihr_o_030.pdf.
40. Zhang N, Guiya X, Zhenjie L. Toxicity of metal-based nanoparticles: vhallenges in the nano era. Front Bioengineering Biotechnol. 2002;10:1001572.
41. NMPA CDE Announcement on Issuing the Technical Guidance for Quality Control Study of Nano Drugs (interim), Technical Guidance for Non-Clinical Pharmacokinetic Study of Nano Drugs (interim), and Technical Guidance for Non--Clinical Safety Evaluation Study 2. Zhang N, Xiong G, Liu Z. Toxicity of metal-based nanoparticles: challenges in the nano era. Front Bioengineering Biotechnol. 2022;10:1001572.
42. Maynard AD, Warheit DB, Philbert MA. The new toxicology of sophisticated materials: nanotoxicology and beyond. Toxicological sciences. 2011;120(suppl1):S109-S129.
43. Oberdörster G. Safety assessment for nanotechnology and nanomedicine: Concepts of nanotoxicology. J Intern Med. 2010;267:89-105.
44. Xie G, Wanga C, Suna J, Zhongb G. Tissue distribution and excretion of intravenously administered titanium dioxide nanoparticles. Toxicol Lett. 2011;205(1):55-61.
45. Gwinn MR, Tran L. Risk management of nanomaterials. Wiley Interdiscip Rev Nanomed Nanotechnol. 2010;2(2):130-7.
46. Neves BRA, Vilela JMC, Andrade MS. Microscopia de varredura por sonda mecânica: uma introdução. Cerâmica. 1998;44(290):212-9.
47. Maynard AD. Nanotechnology: the next big thing, or much ado about nothing? Ann Occup Hyg. 2007;51:1-12.

48. Azhdarzadeh M, Saei AA, Sharifi S, Hajipour MJ, Alkilany AM, Sharifzadeh M, et al. Nanotoxicology: advances and pitfalls in research methodology. Nanomedicine (Lond.). 2015;10(18):2931-52.
49. Agarwal S, Gogoi M, Talukdar S, Bora P, Kumar Basumatary T, Nirjanta Devi N. Green synthesis of silver nanoplates using the special category of plant leaves showing the lotus effect. RSC Advances. 2020;10(60):36686-36694.
50. Repica!: A Maquiagem de chumbo dos Antigos Egipcios Combatia Infecções. Repica! https://andreahairdresser.blogspot.com/2010/01/maquiagem-de-chumbo-do-antigo-egito.html. Acesso em: 1 maio 2024.
51. G1 – Taça de 1.600 anos que muda de cor já usava princípios de nanotecnologia – notícias em Ciência e Saúde. https://g1.globo.com/ciencia-e-saude/noticia/2013/08/taca-de-1600-anos-que-muda-de-cor-ja-usava-principios-de-nanotecnologia.html. Acesso em: 9 maio 2024.
52. Nanopartículas de plata más estables ganan a las de oro. Agencia SINC. https://www.agenciasinc.es/Visual/Fotografias/Nanoparticulas-de-plata-mas-estables-ga nan-a-las-de-oro. Acesso em: 1 maio 2024.
53. SciELO – Brazil. Os nanomateriais e a descoberta de novos mundos na bancada do químico. https://www.scielo.br/j/qn/a/P8tgywDnt7nS6tGyHdQ3BCF/. Acesso em: 1 maio 2024.
54. Roco MC, Mirkin CA, Hersam MC. Nanotechnology research directions for societal needs in 2020-retrospective and outlook. Springer; 2010 [Science Policy Reports].
55. Dolez PI. Chapter 3.6 – Progress in personal protective equipment for nanomaterials. In: Dolez PI. Nanoengineering. Amsterdam: Elsevier; 2015. p. 607-635.
56. Felipe D. Química e tecnologia: efeito lotus (efeito autolimpante). https://tecquimicablog.blogspot.com/2014/05/efeito-lotus-efeito-autolimpante.html. Acesso em: 9 maio 2024.
57. Física e Química: Nanotubos de carbono. Física e Química. https://fqsoneira.blogspot.com/2018/01/nanotubos-de-carbono.html. Acesso em: 9 maio 2024.

24

Laboratórios de biossegurança: níveis 1 e 2

Cesar Augusto Roque-Borda
Joás Lucas da Silva
Fernando Rogério Pavan

INTRODUÇÃO

Os microrganismos são classificados em quatro grupos de risco biológico, de acordo com os seguintes critérios: patogenicidade, virulência, modo de transmissão, existência ou não de terapêutica eficaz e disseminação no meio ambiente. Nesse sentido, para contenção desses microrganismos, existem quatro diferentes níveis de biossegurança laboratorial. Neste capítulo, serão abordadas as especificações e características dos laboratórios de biossegurança níveis 1 e 2.

NÍVEIS DE BIOSSEGURANÇA LABORATORIAL

A designação dos níveis de biossegurança é baseada nas características de desenho laboratorial, construção, disposições laboratoriais, equipamentos, práticas e procedimentos operacionais necessários para o trabalho com os agentes de diferentes grupos de risco. No Quadro 1, são relacionados os grupos de risco biológico, os níveis de biossegurança e as principais características e procedimentos laboratoriais. Na Figura 1, é apresentado um esquema com a progressão dos níveis de biossegurança laboratorial. Quanto maior o nível de biossegurança exigido, maior é o risco biológico do microrganismo e mais cuidados são necessários durante os procedimentos laboratoriais[1,2].

LABORATÓRIO DE BIOSSEGURANÇA NÍVEL 1

Laboratórios em que são manuseados microrganismos com baixa ou nenhuma capacidade de provocar danos ao indivíduo e à comunidade são classificados como laboratórios de biossegurança nível 1 (NB-1)[3]. Como exemplos de laboratórios da categoria NB-1 estão os laboratórios didáticos em instituições de ensino e laboratórios de pesquisa. No Quadro 2, são listados exemplos de microrganismos que podem ser manuseados em laboratórios NB-1.

Acesso ao laboratório NB-1

Embora com baixo risco de contaminação, o acesso de pessoas deve ser controlado, visto que os profissionais devem receber treinamento técnico para a execução dos procedimentos laboratoriais. Além disso, é proibida a entrada de crianças e animais nesse ambiente, recomendando-se o uso de placas de acesso restrito.

Capacitação para o trabalho no laboratório NB-1

O supervisor responsável pelo laboratório NB-1 deve se certificar dos potenciais riscos no ambiente de trabalho e, então, fornecer treinamento específico de acordo com as atividades laboratoriais[3].

- Risco de inalação de aerossóis ao utilizarem alça para semear microrganismos em placas de meio sólido, ao abrir placas de cultura e ao manusear amostras hematológicas.
- Risco de ingestão ao manusear amostras, esfregaços e culturas.
- Risco de contaminação ao manusear objetos perfurocortantes.
- Risco de contaminação por mordidas e arranhões de animais.
- Risco ao manusear amostras biológicas potencialmente contaminadas.
- Descontaminação e descarte de material de risco biológico.

QUADRO 1 Relação dos grupos de risco biológico, níveis de biossegurança, práticas e equipamentos

Grupo de risco	Nível de biossegurança	Tipo de laboratório	Práticas laboratoriais	Equipamentos de proteção coletiva
1	Básico (NB-1)	Ensino básico e pesquisa	Boas práticas laboratoriais	Bancada de trabalho aberta
2	Básico (NB-2)	Serviços primários de saúde, serviços de diagnóstico e pesquisa	Boas práticas laboratoriais acrescidas de vestimentas de proteção e sinalização de risco	Bancada de trabalho aberta acrescida de CSB classe II para evitar potenciais aerossóis
3	Contenção (NB-3)	Diagnósticos especializados e pesquisa	Idem NB-2 acrescido de vestimentas especiais e controle de acesso, fluxo de ar direcional	CSB classe II B2 e autoclave de porta dupla
4	Contenção máxima (NB-4)	Manuseio de patógenos de alto risco	Idem NB-3 acrescido de contenção do ar e vestimentas especiais	Idem ao grupo 3 com CSB classe III

CSB: cabine de segurança biológica; NB: nível de biossegurança.

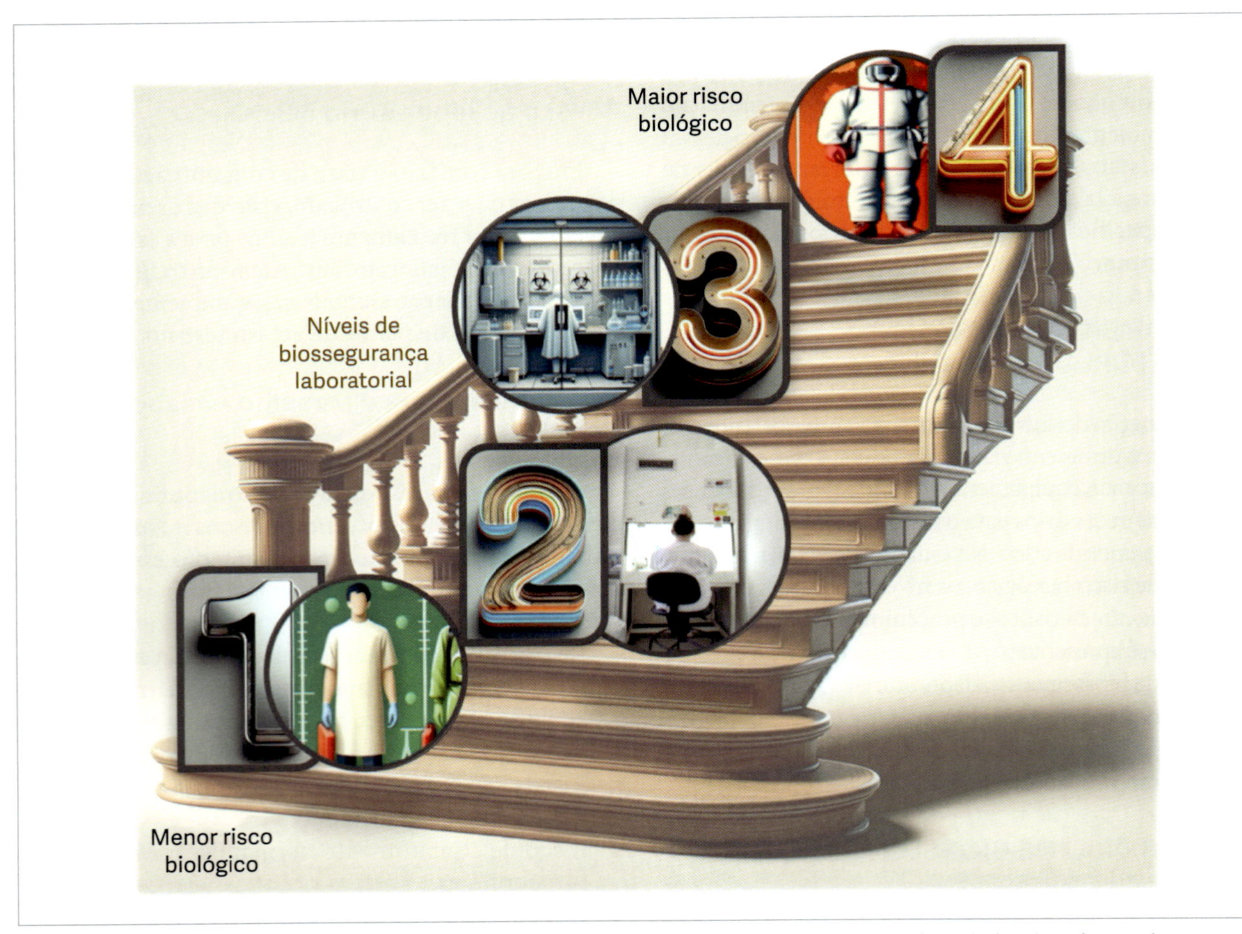

FIGURA 1 Níveis de biossegurança laboratorial. A complexidade estrutural e de exigências de equipamentos de proteção individual (EPI) e equipamentos de proteção coletiva (EPC) aumenta de acordo com os grupos de risco. Para melhor compreensão: os laboratórios com nível de biossegurança superior deverão conter todos os requisitos dos níveis de biossegurança inferior com as respectivas adequações.

Fonte: Figura gerada por IA através de DALL·E de OpenAI e desenhada com imagens próprias dos autores.

QUADRO 2 Exemplos de microrganismos manipuláveis em laboratórios NB-1

Bactérias	Fungos	Vírus	Protozoários
Lactobacillus sp.	*Saccharomyces cerevisiae*	Vírus da hepatite infecciosa canina (CAV-1)	*Naegleria gruberi*
Bacillus subtilis	*Saccharomyces boulardii*		*Entamoeba coli*
Escherichia coli	*Penicillium notatum*		*Endolimax nana*
Stretomyces griseus não patogênica	*Pichia pastoris*		*Hyimenolepis diminuta*
Bacillus cereus			*Meloidogyne* sp.

Equipamentos de proteção para trabalho no NB-1

Para o trabalho no laboratório NB-1, é recomendado o uso de equipamentos de proteção individual (EPI), como jalecos; óculos para a realização de procedimentos que geram gotículas e aerossóis; protetor facial específico para procedimentos que utilizem radiação ultravioleta; luvas de procedimento para o manuseio de materiais que ofereçam risco de toxicidade ou contaminação. Não é permitido o uso de EPI fora do ambiente laboratorial, como em salas de estudo, bibliotecas e cantinas, para evitar a dispersão de microrganismos em locais públicos. Em geral, não são requeridos equipamentos de proteção coletiva (EPC), como cabines de segurança biológica (CSB). Entretanto, o laboratório NB-1 deve possuir equipamentos de segurança do tipo lava-olhos e chuveiro, que devem estar localizados em área próxima e de fácil acesso para os casos de acidentes[1].

Em âmbito federal, na Consolidação das Leis do Trabalho (CLT), um capítulo foi destinado à regulamentação da segurança e medicina do trabalho e trata sobre a obrigatoriedade do uso de EPI, que devem ser fornecidos gratuitamente pelo empregador a todos os trabalhadores e estar devidamente certificados pelo Ministério do Trabalho e Previdência Social. Além disso, todos os trabalhadores devem ser orientados quanto ao uso correto desses equipamentos para a garantia de sua segurança no ambiente de trabalho.

Infraestrutura do NB-1

O laboratório NB-1 deve possuir um mapa de classificação de risco. O laboratório NB-1 não precisa estar isolado dos ambientes comuns e o trabalho pode ser executado em bancadas abertas (Figura 2), respeitando-se as boas práticas laboratoriais (BPL). Deve existir espaço suficiente entre as bancadas e os móveis, facilitando a limpeza e a circulação de pessoas de forma segura[4,5].

Recomenda-se que as bancadas sejam impermeáveis e resistentes a calor, ácidos, bases, solventes orgânicos

FIGURA 2 Bancada de trabalho aberta de laboratório NB-1.

Fonte: Laboratório de Pesquisa em Tuberculose, FCFAr – UNESP.

e outros produtos químicos. Além disso, não devem apresentar rugosidades e precisam ser de fácil higienização. No laboratório NB-1, é imprescindível ter uma pia para higienização das mãos, antes e depois de qualquer procedimento laboratorial. A fonte de água deve ser segura e deve haver um tratamento do esgoto efluente do laboratório. Próximo à pia, deve haver um guia com o procedimento correto para a higienização das mãos. Os pisos, paredes e teto devem ser impermeáveis, fáceis de limpar e apresentar resistência aos produtos de limpeza normalmente utilizados. O piso deve ser antiderrapante. A iluminação deve ser adequada às atividades realizadas.

Armários são necessários para a organização e o armazenamento dos materiais permanentes e de consumo. Devem estar alocados de maneira apropriada, e alguns devem estar próximos às bancadas para fácil acesso aos materiais que serão rapidamente utilizados, enquanto outros devem apenas servir para o armazenamento de materiais para uso em longo prazo, como um estoque, e assim devem possuir espaço suficiente para que não ocorra o acúmulo de itens sobre bancadas. Recomenda-se que todos sejam identificados sobre seu conteúdo, em especial quando contiverem produtos perigosos, como solventes tóxicos e/ou voláteis.

Limpeza e desinfecção do NB-1

Além da limpeza, que consiste em remover sujidades das superfícies, recomenda-se a desinfecção para redução da carga microbiana de bancadas, pisos, estufas e pias, por exemplo.

A limpeza e a desinfecção devem ser feitas sempre que for necessário, antes e após o manuseio de material biológico, e regularmente em um plano de desinfecção periódica, com o intuito de prevenir a contaminação dos materiais e do operador. Os agentes químicos desinfetantes mais utilizados são o álcool 70% e o hipoclorito de sódio 2%[2-6].

LABORATÓRIO DE BIOSSEGURANÇA NÍVEL 2

O risco à comunidade do trabalho em NB-2 é baixo em decorrência do baixo risco de propagação; para o indivíduo é considerado moderado com existência de tratamento e/ou profilaxia. No Quadro 3, são apresentados exemplos de microrganismos manuseados em laboratórios NB-2, as doenças que causam e seus tratamentos.

Acesso ao laboratório NB-2

No laboratório NB-2, o acesso de pessoas deve ser mais restritivo e controlado que o do NB-1. O responsável pelo laboratório NB-2 é quem autoriza o acesso de pessoas ao ambiente laboratorial, pois, nesse nível, os microrganismos oferecem risco moderado ao operador[4].

QUADRO 3 Exemplos de microrganismos manuseados em laboratórios NB-2

Microrganismo	Doença	Tratamento
Bactérias		
Actinobacillus actinomycetemcomitans[7]	Gengivite e periodontite	Tetraciclina, doxiciclina ou minociclina e procedimentos periodontais mecânicos
Actinomadura madurae[8]	Actinomicetoma	Cotrimoxazol, amicacina, rifampicina, dapsona
Aeromonas hydrophila[9]	Gastroenterite	Hidratação e reposição de eletrólitos e uso de antimicrobianos em casos de septicemia
Arcanobacterium hamolyticum[10]	Faringoamidalite e sinusite	Penicilina, gentamicina ou cloranfenicol
Bacillus cereus (cepas diarreiogênicas e enterotoxigênicas)[11]	Diarreia e intoxicação alimentar	Tratamento dos sintomas e reposição hidroeletrolítica em casos mais graves
Borrelia burgdorferi[12]	Doença de Lyme	Doxiciclina, ceftriaxona, amoxicilina, eritromicina
Campylobacter coli[13]	Diarreia	Antibióticos apenas em casos graves
Chlamydia trachomatis[14]	Uretrite, cervicite, conjuntivite e tracoma	Azitromicina, clindamicina, doxiciclina, rifampicina, sulfametoxazol, eritromicina
Clostridium tetani[15]	Tétano	Metronidazol e benzodiazepínicos para controle da contração e como relaxante muscular
Helicobacter pylori[16]	Infecções gástricas, úlceras gastrointestinais	Inibidores de bomba de prótons + claritromicina e amoxicilina ou furasolidona e claritromicina

(continua)

QUADRO 3 Exemplos de microrganismos manuseados em laboratórios NB-2 (*continuação*)

Microrganismo	Doença	Tratamento
Klebsiella pneumoniae[17]	Infecções oportunistas graves de origem hospitalar	Carbapenens (imipenem, meropenem)
Legionella pneumophila[18]	Legionelose	Amoxicilina
Leptospira interrogans[19]	Leptospirose	A partir dos sintomas apresentados são realizadas medidas de controle
Mycobacterium asiaticum, M. avium, M. bovis cepa BCG vacinal, *M. chelonae, M. fortuitum, M. kansasii, M. leprae, M. malmoense, M. marinum, M. paratuberculosis, M. scrofulaceum, M. simiae, M. szulgai, M. xenopi*[20]	Infecções pulmonares, linfonodais, de pele e tecidos moles, ossos e articulações	Claritromicina + etambutol ou aminoglicosídeos para casos de resistência; isoniazida, rifampicina e etambutol; quinolonas, sulfonamidas
Mycoplasma pneumoniae[21]	Infecções respiratórias e pneumonia	Macrolídeos
Neisseria gonorrhoeae[22]	Gonorreia	Ceftriaxona, cefixima, ciprofloxacina ou ofloxacina
Neisseria meningitidis[23]	Meningite	Ceftriaxona
Pasteurella multocida[24]	Infecções de pele e tecidos no local da inoculação (através de mordida)	Amoxicilina + ácido clavulânico e pomada de fibrinolisina, sulfato de gentamicina e desoxirribonuclease para uso tópico
Plesiomonas shigelloides[25]	Intoxicações alimentares	Reposição hidroeletrolítica e antibioticoterapia somente em casos graves
Rhodococcus equi[26]	Oportunista; pneumonia	Sulfametoxazol-trimetoprim
Salmonella spp.[27]	Salmonelose (diarreia); febre tifoide	Reposição hidroeletrolítica; cloranfenicol
Shigella boydii, S. flexneri, S. sonnei, Shigella spp. exceto *Shigella dysen- teriae* tipo 1 classificada como de risco 3[28]	Shiguelose (diarreia, dores abdominais e cólicas)	Reposição hidroeletrolítica e antibioticoterapia somente em casos graves
Treponema pallidum[22]	Sífilis	Penicilina
Fungos		
Aspergillus flavus[29]	Produção de aflatoxinas e aspergilose	Anfotericina B, itraconazol, voriconazol, posaconazol e caspofungina
Blastomyces dermatitidis[30]	Blastomicose	Anfotericina B e itraconazol
Candida albicans, C. glabrata[22]	Candidíase oral e genital	Antifúngicos azólicos, poliênicos e equinocandinas
Fonsecaea pedrosoi[31]	Cromoblastomicose	Terbenafina, itraconazol
Hortaea werneckii[32]	Tinea nigra	Antifúngicos imidazólicos
Scopulariopsis brevicaulis[33]	Onicomicose e lesões de pele	Anfotericina B, terbinafina e antifúngicos azólicos
Vírus		
Vírus da hepatite E[34]	Hepatite E	Não há tratamento medicamentoso, mas recomenda-se abstenção de bebidas alcoólicas, repouso e limitado consumo de gorduras. Internação apenas em casos graves e gestantes.
HIV[22]	Síndrome da imunodeficiência adquirida (Aids)	Terapia antirretroviral de alta eficiência (HAART)

(continua)

QUADRO 3 Exemplos de microrganismos manuseados em laboratórios NB-2 (*continuação*)

Microrganismo	Doença	Tratamento
Papilomavírus (HPV)[22]	Verrugas genitais e câncer	Vacinação. Não há tratamento específico para o vírus.
Rubivírus[35]	Rubéola	Não há tratamento específico, mas a prevenção deve ser feita pela vacinação. No Brasil, a vacina contra rubéola é a tríplice viral (rubéola, sarampo e caxumba).
Protozoários		
Balantidium coli[36]	Balantidíase	Oxitetraciclina e metronidazol
Entamoeba histolytica[36]	Amebíase	Teclosan, etofamida, metronidazol, tinidazol, secnidazol
Leishmania amazonensis, L. brasilien- sis, L. chagasi, L. donovani, L. major, L. peruvania[36]	Leishmaniose tegumentar e leishmaniose visceral	Antimoniais (antimoniato de meglumina e estibogluconato de sódio), anfotericina B e pentamidinas
Plasmodium falciparum, P. malariae, P. ovale, P. vivax[36]	Malária	Cloroquina, amodiaquina, primaquina, mefloquina
Toxoplasma gondii[36]	Toxoplasmose	Pirimetamina, sulfadiadina, espiramicina, clindamicina
Trypanosoma brucei[36]	Doença do sono	Suramin, isotionato de pentamidina e melarsoprol
Trypanosoma cruzi[36]	Doença de Chagas	Nifurtimox e benznidazol
Helmintos		
Ancylostoma duodenalis[36]	Ancilostomíase	Pamoato de pirantel, mebendazol e albendazol
Angiostrongylus costaricensis[36]	Angiostrongilose abdominal	Cirurgia quando necessário; não há tratamento medicamentoso recomendado
Ascaris lumbricoides[36]	Ascaridíase	Piperazina, tetramisol, pamoato de pirantel, mebendazol
Echinococcus granulosus[36]	Equinococose e hidatidose	Cirurgia e albendazol
Enterobius vermicularis[36]	Enterobíase	Mebendazol, albendazol e pamoato de pirvínio
Fasciola hepatica[36]	Fasciolíase	Triclabendazol, bitionol, emetina
Hymenolepis nana[36]	Himinolepíase	Praziquantel e niclosamida
Necator americanus[36]	Ancilostomíase	Pamoato de pirantel, mebendazol e albendazol
Schistosoma mansoni[36]	Esquistossomose	Oxamniquina e praziquantel
Strongyloides stercoralis, S. fueller-borni[36]	Estrongiloidíase	Tiabendazol, cambendazol, iodeto de ditiazanina
Taenia saginata, T. solium[36]	Teníase	Niclosamida, praziquantel e mebendazol
Taenia solium[36]	Cisticercose	Praziquantel e albendazol
Toxocara canis[36]	Toxocaríase (síndrome da larva migrans visceral)	Dietilcarbamazina e tiobendazol
Wuchereria bancrofti[36]	Filariose	Suramina, dietilcarbamazina, invermectina e mebendazol

Capacitação para trabalho no laboratório NB-2

Antes de executar atividades no laboratório NB-2, o operador deve ter recebido treinamento antes de proceder a qualquer tipo de experimento. O treinamento deve ser periódico e levar em consideração os potenciais riscos existentes no manuseio laboratorial. O supervisor é o responsável pela capacitação técnica e de práticas de segurança.

Equipamentos de proteção para trabalho no NB-2

EPI, como jaleco e luvas de procedimento, como descrito no laboratório NB-1, são de uso obrigatório no laboratório NB-2. Óculos e protetor facial devem ser utilizados quando necessário, pois todo manuseio de microrganismos deve ser realizado dentro de uma CSB, que é considerada um EPC[2].

Infraestrutura do laboratório NB-2

- Requisitos básicos: as normativas aplicadas aos laboratórios NB-1 também são exigidas nos NB-2. No entanto, devido ao manuseio de microrganismos de maior virulência, requisitos adicionais de infraestrutura são necessários para assegurar a proteção dos operadores e do ambiente.
- Principais diferenças estruturais: nos laboratórios de biossegurança nível 2, é essencial a presença de uma cabine de segurança biológica (CSB). Esta instalação é crucial para evitar a contaminação por aerossóis, protegendo tanto os operadores quanto o ambiente ao redor.
- Manuseio de materiais não infecciosos: atividades como a preparação de meios de cultura e o manuseio de substâncias químicas podem ser realizadas em bancadas convencionais, assim como ocorre nos laboratórios NB-1, desde que não envolvam diretamente agentes infecciosos[37].
- Construção e design do laboratório: os materiais utilizados na construção do laboratório, incluindo bancadas e outras superfícies, devem atender a rigorosas normas de facilidade de limpeza e resistência a agentes corrosivos. A presença de janelas não é recomendada; contudo, se existirem, devem ser equipadas com telas protetoras para impedir a entrada de insetos e a acumulação de sujeira.
- Controle de acesso e mapeamento de riscos: é fundamental que um mapa de riscos atualizado esteja visível na entrada do laboratório, elaborado pela Comissão Interna de Prevenção de Acidentes (CIPA), detalhando os perigos associados aos agentes manipulados seguindo-se a legislação vigente, incluindo organismos geneticamente modificados[38]. Este procedimento é essencial para reduzir a ocorrência de acidentes e promover uma cultura de segurança laboratorial eficaz. O mapa deve apresentar o grau de risco por meio de círculos de diferentes tamanhos e cores, conforme o Quadro 4[39].
- Sinalização e segurança de acesso: As portas dos laboratórios devem exibir placas informativas com detalhes sobre os patógenos presentes, o nível de biossegurança, o pesquisador responsável e um contato de emergência (Figura 3). Além disso, essas portas devem ser equipadas com sistemas de fechamento automático para manter o acesso ao laboratório sempre seguro.

QUADRO 4 Tipos de risco ambiental: cores e risco relacionado

Risco	Cor	Exemplos
Químico	Vermelho	Poeira, vapores, gases e outros
Físico	Verde	Ruído, frio, calor, umidade e outros
Biológico	Marrom	Vírus, bactérias, fungos, parasitas e outros
Ergonômico	Amarelo	Jornadas prolongadas, treinamento inadequado, desconforto ou monotonia e outros
Acidente	Azul	Iluminação deficiente, incêndio, equipamento inadequado ou defeituoso e outros

Cabine de segurança biológica

- Especificações técnicas: A cabine do tipo fluxo vertical classe II, obrigatória nestes ambientes, utiliza filtros HEPA para capturar eficientemente partículas e microrganismos. O design da cabine permite tanto a recirculação do ar interno quanto a introdução de ar externo filtrado, mantendo uma pressão positiva para evitar a fuga de materiais contaminantes.

FIGURA 3 Modelo de placa de aviso de risco biológico[5].

- Circulação e filtração do ar: O sistema garante uma circulação de ar otimizada, desde a captura de aerossóis até a minimização da exposição do operador a riscos biológicos. O ar contaminado é forçado através de filtros HEPA antes de ser recirculado ou expelido, assegurando que os patógenos sejam eficazmente confinados e neutralizados dentro da cabine (Figura 4).

Limpeza e desinfecção no laboratório NB-2

Dentro dos laboratórios classificados como nível de biossegurança 2, os procedimentos de descontaminação das superfícies operacionais seguem as diretrizes aplicadas aos laboratórios NB-1, utilizando compostos como hipoclorito de sódio a 2% e solução alcoólica a 70%. A existência de uma cabine de segurança biológica (CSB) nestes laboratórios implica protocolos de limpeza adicionais e mais rigorosos devido ao manuseio direto de agentes biológicos.

Para uma efetiva descontaminação, a CSB incorpora sistemas de radiação ultravioleta (UV). Esta radiação, mais eficaz entre 230 e 270 nm e com um pico de atividade germicida aos 253,7 nm, atua provocando a formação de dímeros de timina nos ácidos nucleicos, bloqueando assim a replicação e transcrição genética, e resultando na inativação dos microrganismos. Antes de qualquer procedimento dentro da CSB, é crucial que a lâmpada UV seja ativada durante pelo menos 15 minutos. Este procedimento deve ser repetido ao concluir as atividades e ao final do dia para garantir a esterilização completa do ambiente.

Deve-se enfatizar que a exposição à radiação UV é prejudicial aos seres humanos, podendo induzir lesões cutâneas e efeitos mutagênicos devido à sua capacidade de alterar o DNA celular. Portanto, é essencial que os operadores evitem a exposição durante o funcionamento da lâmpada UV para proteger sua saúde. Este protocolo detalhado visa assegurar tanto a segurança dos operadores quanto a eficácia na eliminação de contaminações microbiológicas nos laboratórios NB-2.

TRATAMENTO QUÍMICO E FÍSICO DE RESÍDUOS

Tratamento químico de resíduos biológicos

Na gestão de resíduos biológicos originados de ambientes classificados como nível de biossegurança 1 (NB-1) e nível de biossegurança 2 (NB-2), é crucial que a eliminação desses materiais ocorra somente após uma rigorosa descontaminação. Esta prática está alinhada com

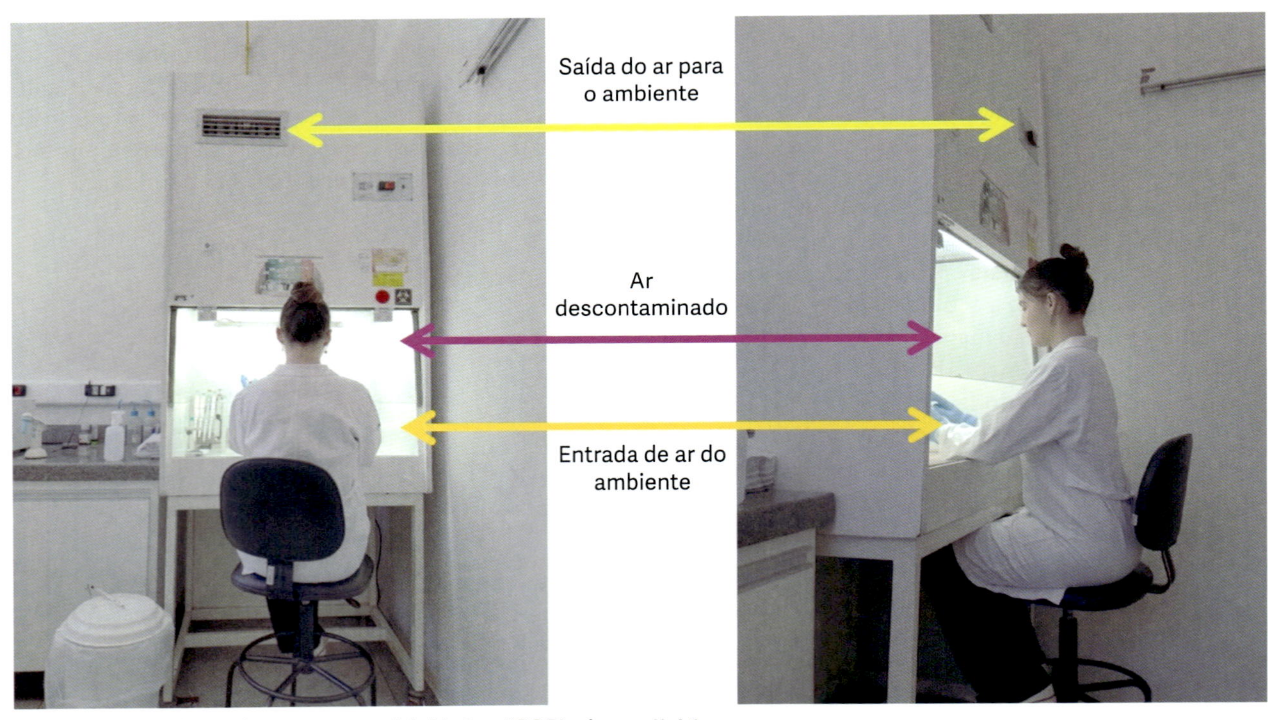

FIGURA 4 Cabine de segurança biológica (CSB) classe II A1.

Fonte: Laboratório de Pesquisa em Tuberculose, Departamento de Ciências Biológicas, Faculdade de Ciências Farmacêuticas – Araraquara (FCFAr-UNESP).

os procedimentos operacionais padrão (POP) do laboratório, detalhados no capítulo de manuais operacionais. Entre as estratégias químicas adotadas para a descontaminação desses resíduos, destacam-se o uso de soluções de hipoclorito de sódio a 2%, que promove a degradação de material orgânico por meio da cloração; glutaraldeído a 20%, que atua fixando estruturas biológicas através de uma reação de alquilação; peróxido de hidrogênio, que desestabiliza componentes celulares através de oxidação radical; e sais de amônio quaternário, que desorganizam membranas celulares pela ação tensoativa. Esses compostos químicos são escolhidos baseando-se em critérios de eficácia contra tipos específicos de contaminação, adequação ao tipo de resíduo gerado e conformidade com as normas de segurança dos níveis de biossegurança envolvidos. A aplicação desses agentes deve ser meticulosamente controlada para garantir a eliminação efetiva de contaminantes biológicos, protegendo tanto o ambiente laboratorial quanto a comunidade mais ampla contra riscos associados a patógenos. A adesão estrita a esses protocolos de descontaminação é vital não apenas para a segurança ocupacional, mas também para minimizar impactos ambientais adversos, assegurando a integridade dos ecossistemas naturais e a saúde pública.

Tratamento físico de resíduos biológicos

A esterilização por autoclavação é essencial para o tratamento de resíduos biológicos em laboratórios, utilizando pressão e calor úmido. Este método depende criticamente de quatro fatores: saturação do vapor, pressão adequada, temperatura elevada e tempo de exposição adequado. O vapor deve ser completamente saturado dentro da câmara da autoclave, assegurando que a pressão interna possa ser suficiente para alcançar as temperaturas necessárias para uma descontaminação eficaz, levando à coagulação de proteínas e enzimas e à desestabilização das membranas celulares dos microrganismos.

Para verificar a eficácia da autoclavação, são empregados métodos de monitoramento biológico, químico e físico. Utiliza-se frequentemente o *Geobacillus stearothermophilus* como microrganismo de referência nos testes biológicos devido à sua resistência térmica. Indicadores químicos, como os tubos de Browne que mudam de cor sob condições específicas de temperatura e tempo, e fitas indicadoras que alteram a cor após a esterilização, proporcionam confirmações visuais da eficácia do processo. O controle físico é realizado por meio de termopares e gravações de temperatura, monitorando as variações ao longo do procedimento para assegurar a esterilização uniforme.

Erros comuns que comprometem a esterilização incluem sobrecarga da autoclave, que obstrui a distribuição uniforme do vapor, e a falha em eliminar completamente o ar da câmara, permitindo a sobrevivência de microrganismos. A rigorosa adesão aos parâmetros de operação, como temperatura, tempo e pressão, é crucial para a eficácia do processo. O treinamento adequado dos operadores é fundamental, particularmente em unidades não automatizadas, para garantir a segurança operacional e a efetiva eliminação dos riscos associados aos resíduos biológicos.

ACONDICIONAMENTO E DESCARTE DE RESÍDUOS

O descarte de resíduos é responsabilidade do laboratório ou da instituição de pesquisa ou ensino. Os resíduos são classificados de acordo com a RDC n. 222 de 2018 da Anvisa, como apresentado no Quadro 5[2-40]. Para os resíduos que apresentam risco biológico, ou seja, que são infectantes, com exceção dos materiais perfurocortantes, o descarte deve ser realizado em sacos de lixo branco, marcados com o símbolo de material infectante e indicando a capacidade máxima de cada saco. Desta maneira, os resíduos infectantes, tais como os hospitalares e os de laboratórios de diagnóstico, pesquisa e ensino, são facilmente identificados, evidenciando o risco que representam. Estes são geralmente destinados à incineração.

Todos os materiais perfurocortantes e infectantes do grupo E, tais como agulhas, lâminas de vidro e seringas, devem ser descartados em caixas coletoras especiais, resistentes à perfuração, que também identificam o risco que representam. Recomenda-se, em geral, a utilização de recipientes de lixo branco para o descarte de amostras com risco biológico, e todas essas amostras devem ser inativadas previamente, por exemplo, por meio de autoclave. Quando o descarte de resíduos líquidos for realizado em grande escala, deve-se proceder ao tratamento de efluentes.

CONSIDERAÇÕES FINAIS

Com base nas informações descritas neste capítulo, é possível adquirir o conhecimento básico necessário para o desenvolvimento de trabalhos em laboratórios de níveis de biossegurança 1 e 2. As precauções mencionadas são essenciais para a manutenção da saúde do indivíduo e do meio ambiente, além de serem cruciais para garantir a confiabilidade dos resultados obtidos em análises realizadas em ambientes devidamente equipados e seguros.

QUADRO 5 Classificação dos tipos de resíduo e seus respectivos símbolos

Grupo	Tipos de resíduo	Símbolo
Grupo A	Resíduos com agentes biológicos que podem apresentar risco de infecção devem ser descartados em sacos de lixo brancos	
Grupo B	Resíduos químicos que podem apresentar risco à saúde pública ou ao meio ambiente	
Grupo C	Resíduos radioativos	
Grupo D	Resíduos que não apresentam risco biológico, químico ou radioativo*	
Grupo E	Materiais perfurocortantes ou escarificantes	

*Os resíduos do grupo D, destinados à reciclagem ou à reutilização, são identificados com símbolos e cores do tipo de material reciclável. Os resíduos não recicláveis são acondicionados em recipientes de cor cinza ou preta[40].

REFERÊNCIAS BIBLIOGRÁFICAS

1. Brasil. Ministério da Saúde. Secretaria de Ciência, Tecnologia e Insumos Estratégicos. Diretrizes gerais para o trabalho em contenção com agentes biológicos/Ministério da Saúde. Secretaria de Ciência, Tecnologia e Insumos Estratégicos. 3. ed. Brasília: Ministério da Saúde; 2010.
2. Brasil. Agência Nacional de Vigilância Sanitária (Anvisa). Manual de microbiologia clínica para o controle de infecção relacionada à assistência à saúde. Disponível em: http://portal.anvisa.gov.br/wps/wcm/connect/4f7d47004e257011b060b-3c09d49251b/M%C3%B3dulo+1+%E2%80%93+Biossegurancan%C3%A7a+e+manuten%C3%A7%C3%A3o+de+equipamentos+em+laborat%C3%B3 rio+de+microbiologia+cl%-C3%ADnicapdf?MOD=AJPE RES. Acesso em: 28 abr. 2024.
3. Brasil. Ministério da Saúde. Secretaria de Ciência, Tecnologia e Insumos Estratégicos. Departamento do Complexo Industrial e Inovação em Saúde. Classificação de risco dos agentes biológicos/Ministério da Saúde, Secretaria de Ciência, Tecnologia e Insumos Estratégicos, Departamento do Complexo Industrial e Inovação em Saúde. 2. ed. Brasília: Editora do Ministério da Saúde; 2010.
4. Centers for Disease Control and Prevention (CDC). Biosafety in microbiological and biomedical laboratories. 6th ed.; 2020.
5. Fundação Nacional de Saúde (Funasa). Biossegurança em laboratórios biomédicos e de microbiologia. Vigilância epidemiológica. Brasília: Ministério da Saúde; 2001.
6. Rutala WA, Weber DJ; Centers for Disease Control and Prevention (CDC). Healthcare Infection Control Practices Advisory Committee (HICPAC). Guideline for disinfection and sterilization in health care facilities. 2019. 163p.
7. Natarajan PM, Al Bayati SAAF, Surdilovic D. Transmission of Actinobacillus actinomycetemcomitans & Porphyromonas gingivalis in periodontal diseases. Ind J Public Health Res Develop. 2020;11(1):777-81.
8. Siddig EE, Nyuykonge B, Ahmed MT, Hassan R, Saad ESA, Mhmoud NAet al. Human actinomycetoma caused by Actinomadura mexicana in Sudan: the first report. Transactions of The Royal Society of Tropical Medicine and Hygiene. 2021;115(4):406-410.
9. Centro de Vigilância Epidemiológica (CVE). Informe – NET DTA. Manual das doenças transmitidas por alimentos: Aeromonas hydrophyla e outras spp. São Paulo: Secretaria de Estado da Saúde de São Paulo. Divisão de Doenças de Transmissão Hídrica e Alimentar; 2003.
10. Thomas T, Gachinmath S, Kumari P. Arcanobacterium haemolyticum: a case series. Tropical Doctor. 2022;52(4):563-566.
11. Jessberger N, Dietrich R, Granum PE, Märtlbauer E. The Bacillus cereus food infection as multifactorial process. Toxins. 2020;12(11):701.

12. Santos M, Haddad Jr V, Ribeiro-Rodrigues R, Talhari S. Borreliose de Lyme. An Bras Dermatol. 2010;85(6):930-8.
13. Feistel JC, Rezende CSM, Oliveira JJ, Oliveira AP, Moreira NM. Mecanismos de patogenicidade de Campylobacter spp. isoladas em alimentos. Enciclopédia Biosfera. 2013;9(17):1861.
14. Stelzner K, Vollmuth N, Rudel T. Intracellular lifestyle of Chlamydia trachomatis and host-pathogen interactions. Nature Reviews Microbiology. 2023;21(7):448-462.
15. Lisboa T, Ho YL, Henriques Filho GT, Brauner JS, Valiatti JLS, Verdeal JC, et al. Diretrizes para o manejo do tétano acidental em pacientes adultos. Rev Bras Ter Intensiva. 2011;23(4):394-409.
16. Ailloud F, Estibariz I, Suerbaum, S. Evolved to vary: genome and epigenome variation in the human pathogen Helicobacter pylori. FEMS Microbiology Rev. 2021;45(1):fuaa042.
17. da Costa de Souza G, Roque-Borda CA, Pavan FR. Beta-lactam resistance and the effectiveness of antimicrobial peptides against KPC-producing bacteria. Drug Development Research. 2022;83(7):1534-54.
18. Bonifaz A, Tirado-Sánchez A, Vazquez-Gonzalez D, Araiza J, Hernández-Castro R. Actinomycetoma by Actinomadura madurae: clinical characteristics and treatment of 47 cases. Ind Dermatol Online J. 2021;12(2):285-289.
19. Greiner M, Anagnostopoulos A, Pohl D, Zbinden R, Zbinden A. A rare case of severe gastroenteritis caused by Aeromonas hydrophila after colectomy in a patient with anti-Hu syndrome: a case report. BMC Infectious Diseases. 2021;21:1-6.
20. Chang N, Lennard K, Rao A, Elliott M, Dharan N, Wong J. Polymicrobial arcanobacterium haemolyticum intracerebral abscess: a case report and review of the literature. IDCases. 2024;36:e01960.
21. Jiang Z, Li S, Zhu C, Zhou R, Leung PH. Mycoplasma pneumoniae infections: pathogenesis and vaccine development. Pathogens. 2021;10(2):119.
22. Green LR, Cole J, Parg, EFD, Shaw JG. Neisseria gonorrhoeae physiology and pathogenesis. Adv Microbial Physiology. 2022;80:35-83.
23. Caugant DA, Brynildsrud OB. Neisseria meningitidis: using genomics to understand diversity, evolution and pathogenesis. Nature Rev Microbiol. 2020;18(2):84-96.
24. Mostaan S, Ghasemzadeh A, Sardari S, Shokrgozar MA, Brujeni GN, Abolhassani M, Karam MRA. Pasteurella multocida vaccine candidates: a systematic review. Avicenna J Med Biotechnol. 2020;12(3):140.
25. Chen H, Zhao Y, Chen K, Wei Y, Luo H, Li Y, Luo D. Isolation, identification, and investigation of pathogenic bacteria from common carp (Cyprinus carpio) naturally infected with Plesiomonas shigelloides. Front Immunol. 2022;13:872896.
26. Bordin AI, Huber L, Sanz MG, Cohen ND. Rhodococcus equi foal pneumonia: update on epidemiology, immunity, treatment and prevention. Equine Vet J. 2022;54(3):481-94.
27. Sykes JE, McDonough PL. Salmonellosis. In Greene's infectious diseases of the dog and cat. WB Saunders; 2021. p. 750-8.
28. Shad AA, Shad WA. Shigella sonnei: virulence and antibiotic resistance. Archives of microbiology. 2021;203(1):45-58.
29. Hatmaker EA, Rangel-Grimaldo M, Raja HA, Pourhadi H, Knowles SL, Fuller K, Rokas A. Genomic and phenotypic trait variation of the opportunistic human pathogen Aspergillus flavus and its close relatives. Microbiology Spectrum. 2022;10(6): e03069-22.
30. Murray PR, Rosenthal KS, Pfaller MA. Medical microbiology. 9. ed. Elsevier; 2020.
31. Calvo E, Pastor FJ, Mayayo E, Hernández P, Guarro J. Antifungal therapy in an athymic murine model of chromoblastomycosis by Fonsecaea pedrosoi. Antimicrob Agents Chemother. 2011;55(8):3709-13.
32. Nogueira NQ, Nahn-Júnior EP. Tinea nigra na cidade de Campos dos Goytacazes, Rio de Janeiro. Rev Cient Faculdade de Medicina de Campos. 2012;7(2):20-4.
33. Salmon A, Debourgogne A, Vasbien M, Clément L, Collomb J, Plénat F, et al. Disseminated Scopulariopsis brevicaulis infection in an allogeneic stem cell recipient: case report and review of the literature. Clin Microbiol Infect Dis. 2010;16(5):508-12.
34. Brasil. Departamento de DST, Aids e Hepatites Virais. Hepatite E. Disponível em: https://www.gov.br/saude/pt-br/centrais-de-conteudo/publicacoes/svsa/atencao-basica/cadernos-de-atencao-basica_-hiv-aids_hepatites_ist.pdf/view. Acesso em: 28 abr. 2024.
35. Das PK, Kielian M. Molecular and structural insights into the life cycle of rubella virus. Journal of virology. 2021;95(10):10-1128.
36. Rodriguez R, Mora J, Solano-Barquero A, Graeff-Teixeira C, Rojas A. A practical guide for the diagnosis of abdominal angiostrongyliasis caused by the nematode Angiostrongylus costaricensis. Parasites & Vectors. 2023;16(1):155.
37. Mourya DT, Sapkal G, Yadav PD, Belani SKM, Shete A, Gupta N. Biorisk assessment for infrastructure & biosafety requirements for the laboratories providing coronavirus SARS-CoV-2/(COVID-19) diagnosis. Indian Journal of Medical Research. 2020;151(2-3):172-176.
38. Brasil. Ministério da Ciência, Tecnologia e Inovação. Instrução Normativa CTNBio n. 7, de 6 de junho de 1997. Dispõe sobre as normas para o trabalho em contenção com organismos geneticamente modificados–OGMs. Disponível em: https://ctnbio.mctic.gov.br/processo-de-ogm. Acesso em: 21 jun. 2024.
39. Sangioni LA, Pereira DIB, Vogel FSF, Botton SA. Princípios de biossegurança aplicados aos laboratórios de ensino universitário de microbiologia e parasitologia. Cienc Rural. 2013;43(1):91-9.
40. Kumar V, Saikumar G, Jana C, Kumar P, Kumar SBDV. Biomedical waste management for risk pathogens. 2023.

25

Laboratório de biossegurança nível 3 para pesquisa bacteriológica

Joás Lucas da Silva
Cristina Moreno Fajardo
Eduardo Pinheiro Amaral
Fernando Rogério Pavan

INTRODUÇÃO

Laboratórios com nível de biossegurança 3 (NB-3) são destinados ao manejo de agentes de risco biológico da classe 3, os quais apresentam risco moderado para a comunidade e alto para o indivíduo. Embora existam tratamentos e medidas de controle disponíveis, esses agentes podem causar doenças graves e fatais após transmissão por via respiratória. Agentes biológicos classificados como de risco 2, quando em altas concentrações e volumes, também devem ser manuseados em laboratórios NB-3[1,2]. No Brasil, o agente etiológico da tuberculose, *Mycobacterium tuberculosis*[3], é um clássico exemplo de agente de risco biológico 3. Entretanto, outros agentes, como o fungo *Histoplasma capsulatum*, são de elevada importância para o Brasil[4].

O Brasil dispõe de uma rede nacional de laboratórios NB-3 associados ao Sistema Único de Saúde (SUS). Implantado a partir de 2004, esse conjunto de laboratórios tem como objetivo atender às demandas de pesquisa e diagnóstico de doenças causadas por agentes que pertencem à classe de risco biológico 3. Esses laboratórios, localizados em diferentes regiões do Brasil, com alta capacidade tecnológica, têm contribuído para o desenvolvimento científico e tecnológico.

Neste capítulo, abordamos a importância da estruturação de laboratórios que proporcionem segurança aos profissionais que manipulam agentes biológicos de classe de risco 3, assim como o constante aperfeiçoamento profissional e o manejo de resíduos infectantes.

O LABORATÓRIO DE BIOSSEGURANÇA NÍVEL 3

Laboratórios NB-3 devem funcionar como um ambiente independente e inacessível ao trânsito de pessoas e profissionais não qualificados para trabalhar nesses ambientes de contenção. Portanto, é necessária a instalação de barreiras físicas entre o ambiente externo e o laboratório. Como exemplo, tais barreiras podem ser formadas por corredores exclusivos ou laboratórios NB-2, sempre seguidos de antessalas com portas duplas providas de fechamento automático e travamento interno. As antessalas servem como barreiras físicas e ambientes para a troca de vestimentas e banho, antes da entrada ou saída do laboratório NB-3[5].

Objetos difíceis de serem higienizados, que favorecem o acúmulo de resíduos e o crescimento de microrganismos, devem ser evitados. Logo, superfícies de laboratórios NB-3 como paredes, pisos e bancadas, devem ser lisos, de bordas arredondadas e resistentes a produtos corrosivos (p. ex., reagentes e produtos de limpeza). Sistemas elétricos, iluminação e qualquer entrada de condutores em paredes ou pisos devem ser selados. Tomadas devem possuir janelas autorretráteis para prevenir o acúmulo de poeira, facilitar a limpeza e garantir o isolamento ambiental. Superfícies de bancadas devem ser impermeáveis e nunca estar com excesso de equipamentos ou outros materiais que dificultem a higienização e manutenção. O ambiente deve ser projetado de maneira a permitir ampla circulação dos profissionais durante o exercício de suas atividades laboratoriais[5,6].

No caso de o laboratório possuir áreas envidraçadas ou janelas, estas devem ser hermeticamente fechadas, lacradas e resistentes a quebra; exceto laboratórios de nível de biossegurança animal 3 (NBA-3), que não devem possuir janelas[2].

O isolamento do ambiente requer a incorporação de sistemas de áudio e vídeo, a fim de facilitar o contato com o ambiente externo. Além de prover comunicação com o ambiente externo, esses sistemas auxiliam na supervisão e no aperfeiçoamento dos procedimentos de biossegurança. Laboratórios NB-3 ou de contenção apresentam sistema de insuflamento e exaustão de ar independente, controlado de maneira que o fluxo se mantenha unidirecional, ou seja, da área menos contaminada para a mais contaminada, e apresentando pressão negativa em relação ao NB-2 ou antessalas e com capacidade de aproximadamente dez renovações do ar ambiente por hora[1,2,6].

Uma vez dentro do ambiente de contenção, o ar deve ser expulso apenas pelo sistema de exaustão devidamente filtrado em filtros de alta eficiência: HEPA (do inglês *high efficiency particulate arrestance*) ou ULPA (do inglês *ultra low particulate air filter*). A entrada de ar no ambiente também pode ser passada em pré-filtros, seguida por filtragem em filtros do tipo HEPA. Dessa forma, preserva-se um ambiente interno limpo e livre de microrganismos contaminantes.

O sistema central de ar-condicionado, de dedicação exclusiva, deve ser dimensionado para suprir temperatura, vazão e umidade do ar. Todo sistema de controle de ar deve ser monitorado constantemente, testado e certificado semestralmente[2] por profissional especializado. Atualmente, estão disponíveis sistemas automáticos de insuflamento, exaustão, controle de temperatura, umidade e pressão, com alarmes sonoros e visuais que permitem detecção rápida de falhas no sistema. Todo profissional habilitado a utilizar o laboratório NB-3 deve ser capaz de identificar possíveis danos ou falhas no sistema, devendo estar em alerta durante todo o trabalho realizado, bem como durante os procedimentos de entrada e saída do laboratório[5].

Caixas tipo *bagin/bagout* comportam o elemento filtrante de maneira que, no momento da substituição, os filtros sejam removidos embalados, prontos para o descarte. Dessa forma, é reduzido o risco de contaminação com o material contaminado presente no filtro. Os espaços de biocontenção devem ser selados e resistentes a processos de descontaminação gasosa, os quais garantem esterilização ou desinfecção de locais de difícil acesso, como frestas de armários, dutos de ar e esgoto, e qualquer região de difícil acesso a outros métodos de descontaminação[6]. O dióxido de cloro e o peróxido de hidrogênio são os principais gases atualmente utilizados em descontaminação de ambientes[7,8].

São altamente tóxicos e devem ser utilizados exclusivamente por profissionais devidamente treinados[2].

O trabalho em laboratórios NB-3 produz resíduos de alto risco para a saúde humana e o meio ambiente. Portanto, o correto manejo desses resíduos deve ser planejado e realizado por técnicos capacitados, do momento da geração ao destino final[9,10].

É importante a instalação de autoclave dupla-porta no interior do laboratório, de maneira que todo material contaminado a ser descartado ou reutilizado seja esterilizado por calor úmido a 121°C, 1 atm de pressão, por 1 hora antes da saída do laboratório.

Planejamento financeiro de longo prazo deve ser considerado e aplicado na manutenção regular dos equipamentos e instalações que compõem um laboratório NB-3 e no treinamento de pessoal. O registro de uso de equipamentos facilita significativamente as manutenções periódicas e reduz os riscos de reparos ou substituições de alto custo. Salientamos que, em laboratórios nos quais agentes biológicos de classe 3 são manipulados, a harmonia entre as barreiras de contenção primárias e secundárias, além de recursos humanos altamente qualificados, é crucial para a realização do trabalho com cuidado e biossegurança.

RECURSOS HUMANOS

Profissionais qualificados são fundamentais para a realização de trabalho com biossegurança. O supervisor do laboratório deve ser um profissional com destacada experiência teórica e prática em laboratórios, com profundo conhecimento nos diferentes níveis de biossegurança e alta capacidade de transmissão de conhecimento.

O trabalho em um laboratório NB-3 exige todos os procedimentos empregados no laboratório NB-2, somados a alguns procedimentos que serão descritos ao longo desta seção. Todos os funcionários que terão acesso à área de biossegurança nível 3 devem passar por treinamento teórico-prático, no qual serão ressaltadas as boas práticas laboratoriais, bem como as práticas exigidas para o trabalho em sala limpa e a qualidade do experimento. Durante a fase de treinamento, o profissional deverá ser avaliado de acordo com sua conduta de trabalho no laboratório NB-3, bem como no manejo de agentes patogênicos e potencialmente letais, devendo ser sistematicamente supervisionados por profissionais altamente capacitados e com significativa experiência no manejo desses agentes.

É função do responsável pelo laboratório promover programas regulares de treinamento[12,13] e atualização, considerando a variedade e os níveis de conhecimento dos profissionais com as necessidades e objetivos do laboratório.

Como exemplo, salientamos que, em centros de pesquisa universitários, especial atenção deve ser dirigida aos alunos de graduação, os quais não devem ser autorizados a utilizar laboratórios NB-3 sem antes terem adquirido domínio pleno, teórico e prático, sobre a biossegurança em laboratórios NB-1 e NB-2. Essa recomendação também deve ser considerada para mestrandos, doutorandos e pessoal técnico.

Apesar de rigorosos protocolos de biossegurança, há risco de exposição aos agentes infecciosos em decorrência de acidentes ou do não comprometimento com os protocolos de biossegurança. O responsável pelo laboratório deve, portanto, ater-se à vacinação da equipe[13] de funcionários, considerando o risco de exposição aos agentes infecciosos manipulados no laboratório, solicitando periodicamente exames clínicos e laboratoriais específicos para identificação dos agentes manipulados.

PROCEDIMENTOS DE UTILIZAÇÃO DO LABORATÓRIO NB-3

Como previamente exposto, o laboratório NB-3 destina-se ao trabalho com agentes infecciosos capazes de causar doenças potencialmente letais, de elevado risco individual e resultado da exposição por inalação.

Em decorrência dos riscos ao profissional, os laboratórios NB-3 possuem acesso restrito, sendo este permitido às pessoas que foram previamente treinadas e, portanto, aptas para o trabalho no ambiente laboratorial de nível 3. Na Figura 1, há um exemplo de laboratório NB-3, com a descrição das barreiras de segurança, bem como a ordem para o acesso em cada área do laboratório. A seguir, serão descritos os procedimentos operacionais padrão (POP) para o trabalho em ambiente de biossegurança de nível 3.

POP para entrada no laboratório NB-3

Antes de entrar no ambiente do laboratório NB-3, é aconselhável a verificação do funcionamento dos exaustores e insufladores, bem como se todo material a ser utilizado dentro do laboratório está disponível.

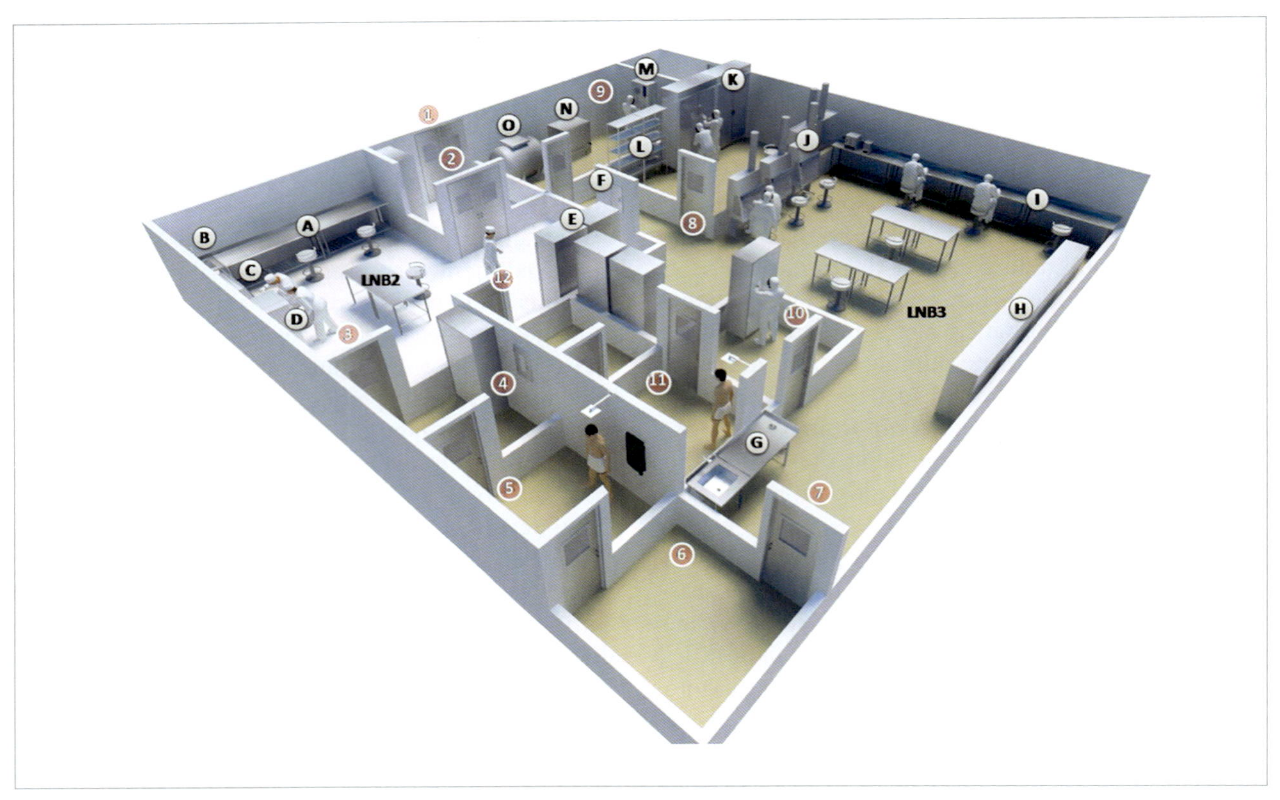

FIGURA 1 Esquema de laboratório de nível de biossegurança 3. 1 e 2: sistema de porta dupla com fechamento automático para entrada no laboratório NB-2; 3: entrada para antessala do laboratório NB-3; 4: janela de transferência de vestimenta pessoal; 5: local para banho; 6: sala para vestimentas especiais e outros EPI; 7: entrada do laboratório NB-3; 8: laboratório para experimentação animal; 9: sala de esterilização de materiais; 10: sala para retirada da vestimenta especial; 11: banho; 12: sala para vestimenta pessoal. A: bancadas; B: pia; C: cabine de segurança biológica classe II; D: autoclave para esterilização de materiais NB-2; E: geladeira e congelador –20°C; F: janela de transferência; G: pia; H: armários; I: bancadas; J: cabines de segurança biológica classe II B2 ou similar; K: estante ventilada para gaiolas; L: estante; M: autoclave de porta dupla do NB-3; N: incinerador; O: sistema de tratamento de esgoto. Equipamentos de pressão negativa e dutos de ar não representados nesta figura. Desenho: Jonatas Lucas da Silva.

O operador deve retirar toda a vestimenta e acessórios, deixando todos os pertences pessoais em local previamente determinado para troca de roupas (Figura 1, itens 3 e 4). Os protocolos para entrada do NB-3 devem estar disponíveis nessa barreira de passagem.

Laboratórios NB-3 possuem área de banho para entrada e saída do laboratório (Figura 1, itens 5 e 11), necessária para a biossegurança e a higienização do operador. Uma vez higienizado, o operador deverá passar pela etapa de colocação dos equipamentos de proteção individual (EPI) (Figura 1, item 6), na ordem proposta a seguir:

- Vestir o macacão de segurança impermeável.
- Calçar as botas.
- Colocar touca e máscara facial N95 ou N100.
- Vestir um avental impermeável por cima do macacão de segurança.
- Calçar o primeiro par de luvas de látex ou nitrílica (que funcionará como segunda pele).
- Fixar as luvas ao avental com fita adesiva.
- Calçar os propés.
- Colocar os óculos de segurança.
- Colocar o capuz de proteção.

Somente após certificar-se de que todos os EPI foram devidamente colocados, o operador poderá entrar no laboratório NB-3. Uma vez dentro do laboratório, é necessário calçar um segundo par de luvas, que funcionará como terceira pele.

Há laboratórios NB-3 que utilizam um traje especial (tipo Tyvek® suits), contendo um capacete do tipo PAPR (do inglês, *powered air purifying respirator*) conectado a um respirador, que é responsável pela purificação do ar injetado na vestimenta especial. Esse EPI dispensa o uso de máscara N95 e reduz o estresse do profissional. Entretanto, esses respiradores limitam o tempo de permanência dentro do laboratório NB-3, que é determinado pela capacidade de armazenamento de carga da bateria.

POP para o trabalho no laboratório NB-3

Este tópico abordará os procedimentos que devem ser adotados para o trabalho dentro na unidade NB-3.

- Ligar a cabine de segurança biológica (CSB) classe II B2 e deixar a lâmpada UV ligada por 20 minutos antes de iniciar os procedimentos de limpeza[14].
- Antes do trabalho, é necessária a limpeza rigorosa e total da CSB classe II B2, com a ação de um agente químico (álcool 70%), aplicando-o em toda superfície interna da cabine, e ação mecânica (esfregar gaze ou papel embebidos), com movimentos contínuos, horizontais e descendentes.
- Após a limpeza da CSB, os equipamentos e materiais devem ser limpos minuciosamente com gaze embebida em álcool 70%.
- Todo objeto a ser inserido na CSB deverá ser limpo antes em toda sua área externa com álcool 70%, e novamente antes de sua retirada do interior da CSB.
- A CSB deve ser forrada com papel absorvente para delimitar a área de trabalho. Pode ser utilizada uma bandeja de alumínio ou aço inoxidável para essa finalidade.
- Uma vez contaminado, o recipiente utilizado para delimitar a área de trabalho deve ser acondicionado em saco de autoclave, identificado e levado para descontaminação.
- É aconselhável utilizar um recipiente resistente a autoclavação contendo uma solução de hipoclorito de sódio 4%[5,6] (preenchendo 20% da capacidade interna do recipiente) dentro da CSB para descarte de líquidos. Ao atingir 75% de sua capacidade, o recipiente deve ser fechado e descontaminado por calor úmido, em autoclave, no próprio laboratório NB-3[5,6].
- Utilizar um saco de autoclave dentro da CSB para descarte dos resíduos gerados durante os procedimentos experimentais.
- As luvas de procedimento utilizadas dentro da CSB devem ser retiradas pelo avesso; cada uma deve ser retirada sem encostar na segunda luva, e descartadas dentro do recipiente apropriado situado no interior da cabine, antes da retirada das mãos. Calçar um novo par de luvas apenas na parte externa da CSB.
- Evitar o uso de formas agressivas de homogeneização das amostras, como a utilização de agitador de tubos tipo *vortex*. Caso seja escolhida a forma de homogeneização drástica das amostras, é requerido um tempo de descanso para que o tubo contendo a amostra seja aberto. Esse tempo é necessário para decantação das partículas de aerossol formadas dentro do tubo.
- Abrir todas as amostras biológicas presentes no laboratório NB-3 exclusivamente dentro da CSB.
- Uso de centrífugas: o processo de centrifugação é um potencial gerador de aerossóis. Todas as amostras contaminadas e que necessitam de centrifugação devem ser acondicionadas dentro da cabine de segurança em caçapas do rotor com tampa rosqueada para proteção contra aerossol. Esse procedimento protege o operador e o ambiente laboratorial de possíveis acidentes, visto que as amostras são mantidas sob duas camadas de proteção. Após a centrifugação, as caçapas devem ser levadas para a cabine de segurança e somente abertas em seu interior.

- Uso de sonicadores: esse procedimento também é um potencial gerador de aerossóis. Os sonicadores de haste devem ser operados dentro das cabines de segurança, sendo a área cercada por papel umedecido com hipoclorito de sódio 4% (evitando o contato do hipoclorito com o equipamento). É aconselhável o uso de sonicadores de banho, visto que, com esse método de sonicação, a amostra se mantém acondicionada em tubos devidamente vedados, evitando, assim, a exposição ao aerossol. Após a sonicação, as amostras devem ser mantidas em descanso por 5 a 10 minutos para precipitação das partículas dos aerossóis.
- Após o término do trabalho, limpar toda a área externa dos materiais e equipamentos a serem retirados da cabine de segurança com a aplicação de álcool 70%. Deixá-los próximos à abertura da cabine para posterior recolhimento.
- Para a retirada dos resíduos biológicos (líquidos ou sólidos) de dentro da CSB, eles devem ser colocados em sacos fechados fortemente com o auxílio de fita adesiva e acondicionados em outro saco de autoclave. A seguir, o saco deve ser borrifado com o álcool 70%, e deixado próximo à abertura da cabine, para posterior recolhimento.
- Retirar o saco de resíduos e autoclavar por calor úmido a 121°C e pressão de 1 atm por 1 hora.
- Os resíduos sólidos gerados no ambiente do NB-3 também devem ser acondicionados em sacos de autoclave e levados para descontaminação por calor úmido a 121°C e pressão de 1 atm por 1 hora.
- Ligar a lâmpada UV da CSB por 20 minutos.

POP para saída do laboratório NB-3

Para a saída do laboratório NB-3, o operador deve verificar se o laboratório está organizado. Esse ponto é fundamental para o seu bom funcionamento e biossegurança, além de seguir as normas de boas práticas de laboratório.

A seguir, são descritos os procedimentos que devem ser adotados para a saída do laboratório NB-3.

- O operador deverá sair do laboratório pela antecâmara do NB-3 (Figura 1, item 10). Nessa área, deverá retirar o macacão de segurança pelo avesso e os demais EPI, nesta ordem: capuz, óculos, touca, máscara e luvas, e acondicioná-los em sacos plásticos autoclaváveis. O último operador a deixar o ambiente deverá encaminhar todos os EPI utilizados para esterilização por autoclavação (Figura 1, item M).
- O operador deverá seguir para a área de banho, onde passará por descontaminação com o uso de solução antisséptica e água.
- Após o banho, o usuário deverá vestir a roupa pessoal e sair do complexo de salas do laboratório NB-3 (Figura 1, item 12).
- Registrar devidamente a entrada e saída do laboratório NB-3, especificando data de entrada, horário de entrada e saída, nome completo, procedimento realizado e quantidade de resíduo (sacos de lixo) gerado.
- Informar imediatamente ao chefe do laboratório ou do departamento e encaminhar o boletim de ocorrência ao Comitê Interno de Biossegurança (CIBio) quaisquer incidentes ocorridos dentro da área de experimentação NB-3.

DESCARTE DOS RESÍDUOS

Descarte dos resíduos biológicos líquidos e sólidos

Todo material e/ou resíduos gerados dentro do laboratório NB-3 deve ser descontaminado por calor úmido em autoclave de barreira para posterior descarte, de acordo com a RDC n. 306/2004 da Agência Nacional de Vigilância Sanitária (ANVISA)[15]. Alguns cuidados que devem ser tomados para garantir a eficácia da descontaminação em autoclave por vapor úmido estão descritos no Quadro 1.

Após o processo de descontaminação do material, os sacos que contêm os resíduos devem ser devidamente identificados (informando-se data da descontaminação, tipo de material, usuário e laboratório) e posteriormente descartados como resíduos de serviços de saúde[9].

Descarte de perfurocortantes

Agulhas, alça bacteriológica de metal, vidro quebrado, materiais cirúrgicos, entre outros artigos perfurocortantes, devem ser descartados em recipiente rígido e resistente, identificado com símbolo de material infectante e perfurante, e posteriormente descontaminados por autoclavação a 121°C, pressão de 1 atm por 1 hora. Uma vez descontaminado, o recipiente com os materiais perfurocortantes deve ser vedado e descartado como resíduo de serviços de saúde.

QUADRO 1 Parâmetros para garantir a eficácia da descontaminação por vapor úmido

Parâmetro	Procedimento
Qualidade do recipiente	Com base na NBR 9.191/2000 da ABNT, o saco plástico deve ser constituído de material resistente à temperatura e impermeável
Volume do recipiente	Respeitar os limites de capacidade do saco plástico (peso e volume). Não se deve extrapolar 75% da área interna com resíduos.
Carga da autoclave	Não utilizar a capacidade interna total da autoclave. A carga não deve ultrapassar 70% do espaço interno do equipamento.
Controle da descontaminação	De acordo com o manual da ANVISA, o controle da esterilização pode ser feito por meio do uso de indicadores químicos, como fita de autoclave (fita adesiva contendo tinta termoquímica) e indicadores biológicos (ampolas contendo *Bacillus stearothermophilus*)[7,8,11]

SAÍDA DE AMOSTRAS EXPERIMENTAIS OU EQUIPAMENTOS DO NB-3

Amostras experimentais devem ser filtradas em filtro de 0,22 µm, em caso de líquidos, e/ou fixados com paraformaldeído 4% por 1 hora para amostras celulares. Órgãos infectados devem ser fixados com solução de paraformaldeído a 10% tamponado por 24 horas.

Todo material ou equipamento utilizado dentro do laboratório NB-3 que não puder ser descontaminado por calor úmido deverá passar por ciclos de descontaminação química (com uso de hipoclorito 4% e posterior uso de álcool 70%) e ação mecânica. Posteriormente, deve ser retirado pela janela de transferência (Figura 1, item F), após ser exposto à radiação UV por 20 minutos. Os equipamentos que não puderem ser descontaminados com hipoclorito 4% devem ser desinfetados com álcool 70%.

CONSIDERAÇÕES FINAIS

Como descrito neste capítulo, procedimentos que garantem a segurança para o operador e para o ambiente devem estar sempre em pauta em discussões científicas, e devem ser colocados em prática. O trabalho adequado exige cuidados que devem partir, primariamente, da conscientização do operador consigo e com os outros que trabalham no ambiente NB-3, bem como do administrador/coordenador do laboratório. É de suma importância a realização anual de cursos de reciclagem para os usuários do laboratório de biossegurança, reforçando-se que a proteção deve estar sempre em primeiro lugar. Além disso, é fundamental para um bom trabalho que a manutenção dos equipamentos e instalações do laboratório NB-3 seja feita de forma regular e preventiva. Uma vez que os pontos abordados neste capítulo sejam executados categoricamente, os usuários e o ambiente estarão protegidos de quaisquer eventualidades.

REFERÊNCIAS BIBLIOGRÁFICAS

1. Brasil. Agência Nacional de Vigilância Sanitária (ANVISA). Manual de microbiologia clínica para o controle de infecção relacionada à assistência à saúde. Módulo 1: biossegurança e manutenção de equipamentos em laboratório de microbiologia clínica. Brasília: ANVISA; 2013. Disponível em: https://www.gov.br/anvisa/pt-br/centraisdeconteudo/publicacoes/servicosdesaude/manuais/manuais-de-microbiologia-clinica. Acesso em: 1 jun. 2024.
2. Brasil. Ministério da Saúde. Secretaria de Vigilância em Saúde. Departamento de Vigilância das Doenças Transmissíveis. Biocontenção: o gerenciamento do risco em ambientes de alta contenção biológica NB-3 e NBA-3. Brasília: Editora do Ministério da Saúde; 2015. 134p.
3. Tavares RBV, Berra TZ, Alves YM, et al. Unsuccessful tuberculosis treatment outcomes across Brazil`s geographical landscape before and during the COVID-19 pandemic: are we truly advancing toward the sustainable development/end TB global. Infect Dis Poverty. 2024;13(17).
4. Carreto-Binaghi LE, Damasceno LS, Pitangui NS, Fusco-Almeida AM, Mendes-Giannini MJ, Zancopé-Oliveira RM, et al. Could Histoplasma capsulatum be related to healthcare-associated infections? Biomed Res Int. 2015;2015:982429.
5. Centers for Disease Control and Prevention (CDC). National Center for Infectious Diseases. Standard Operating Procedures for BSL-3 Laboratory., Atlanta, Georgia, comunicação pessoal, 01/2000.
6. U.S. Department of Health and Human Services Public Health Service. Centers for Disease Control and Prevention. National Institutes of Health. Biosafety in Microbiological and Biomedical Laboratories. HHS. 6. ed. 2020. 604p. Disponível em: http://www.cdc.gov/ biosafety/publications/bmbl5/BMBL.pdf. Acesso em: 20 abr. 2024.
7. Lowe JJ, Gibbs SG, Iwen PC, Smith PW, Hewlett AL. Decontamination of a hospital room using gaseous chlorine dioxide: Bacilllus anthracis, Francisella tularensis, and Yersinia pestis. J Occup Environ Hyg. 2013;10(10):533-9.
8. Horn K, Otter JA. Hydrogen peroxide vapor room disinfection and hand hygiene improvements reduce Clostridium difficile infection, methicillin-resistant, Staphylococcus aureus, vancomycin-resistant enterococci, and extended-spectrum β-lactamase. Am J Infect Control. 2015;43:1354-6.
9. Brasil. Ministério da Saúde. Diretrizes gerais para o trabalho em contenção com agentes biológicos. 3. ed. Brasília: Ministério da Saúde, 2010. (Série A. Normas e Manuais Técnicos).

Disponível em: http://www.portal.anvisa.gov.br. Acesso em: 14 mar. 2024.

10. World Health Organization (WHO). Tuberculosis laboratory biosafety manual. 2012. 60p. Disponível em: http://apps.who.int/iris/bitstream/10665/77949/1/9789241504638_eng.pdf>. Acesso em: 15 mar. 2024.
11. Brasil. Agência Nacional de Vigilância Sanitária (ANVISA). Manual do usuário: autoclave. Disponível em: http:// www.anvisa.gov.br. Acesso em: 22 abr. 2024.
12. Sengooba W, Gelderbloem SJ, Mboowa G, Wajja A, Namaganda C, Musoke P, et al. Feasibility of stablishing a biosafety level 3 tuberculosis culture laboratory of acceptable quality standards in a resource-limited setting: and experience from Uganda. Health Res Policy Syst. 2015;13(4).
13. World Health Organization (WHO). Laboratory biosafety manual. 3. ed. Geneva: WHO; 2004. Disponível em:https://www.who.int/publications/i/item/9241546506. Acesso em: 5 maio 2024.
14. Sambol AR, Iwen PC. Biological monitoring of ultraviolet germicidal irradiation in a biosafety level 3 laboratory. Applied Biosafety. 2006;11(2):81-7.
15. Brasil. Agência Nacional de Vigilância Sanitária (ANVISA). Resolução da Diretoria Colegiada (RDC) n. 306, de 7 de dezembro de 2004. Disponível em: https://bvsms.saude.gov.br/bvs/saudelegis/anvisa/2004/res0306_07_12_2004.html>. Acesso em: 16 abr. 2024.

26

Trabalho em contenção de microrganismos geneticamente modificados

Gisele Medeiros Bastos

INTRODUÇÃO

A década de 1970 foi marcada por uma revolução na biologia experimental, pelo desenvolvimento de métodos como a tecnologia do DNA recombinante ou de engenharia genética, baseando-se essencialmente no processo de clonagem gênica. A aplicação dessas tecnologias deu origem à biotecnologia moderna, na qual genes são expressos em diferentes tipos de hospedeiros para a produção de proteínas e de outros compostos necessários à medicina e aos processos industriais. O uso da expressão biossegurança é decorrente do avanço da biotecnologia, que, em seu sentido mais amplo, compreende, entre outras coisas, o manuseio de organismos, visando à obtenção de processos e produtos de interesses diversos. A preocupação com a saúde humana e ambiental em exposição a esses produtos e serviços da engenharia genética é decorrente de seu poder de modificar ou reprogramar os seres vivos[1,2].

De acordo com a Lei de Biossegurança (n. 11.105, de 24 de março de 2005), todo pesquisador que desejar trabalhar com organismos geneticamente modificados (OGM) deverá receber autorização, previamente ao início do trabalho, da Comissão Interna de Biossegurança (CIBio) e/ou da Comissão Técnica Nacional de Biossegurança (CTNBio), por meio da emissão do Certificado de Qualidade em Biossegurança (CQB). Uma vez de posse do CQB, o pesquisador principal deve assegurar-se de que todas as pessoas envolvidas no trabalho com OGM sejam conscientizadas dos riscos envolvidos e que sejam devidamente treinadas para o cumprimento das normas de biossegurança. Portanto, todas as atividades e projetos que utilizem OGM e seus derivados devem ser realizados em regime de contenção, planejados e executados conforme o disposto nas legislações vigentes, reunidos nas Resoluções Normativas da CTNBio, com base na Lei de Biossegurança supracitada, de modo a evitar acidentes ou liberação acidental para o ambiente[3,4].

O art. 16 da Lei de Biossegurança estabelece que órgãos e entidades de registro e fiscalização do Ministério da Saúde são responsáveis por fiscalizar as atividades de pesquisa de OGM relacionadas à saúde humana. Entretanto, somente em meados de 2013, a Agência Nacional de Vigilância Sanitária (ANVISA), em uma ação conjunta com a CTNBio, iniciou as atividades de fiscalização de instituições detentoras de CQB ativo, com foco em biossegurança e nas exigências legais relacionadas à pesquisa de OGM. A inspeção não avalia e/ou questiona a pesquisa em si, mas é direcionada para a análise de documentação/registros e infraestrutura compatíveis com o CQB, e necessários para a manipulação de quaisquer produtos que envolvam riscos e que são obtidos por engenharia genética, incluindo os microrganismos geneticamente modificados (MGM). Com base nisso e no disposto nas resoluções e instruções normativas da CTNBio, este capítulo fornece de forma simples e resumida as principais orientações regulamentadoras para a manipulação e o descarte de MGM, que atendam aos requisitos exigidos para a realização de um trabalho em contenção, garantindo a segurança do pesquisador e do ambiente.

CONCEITO E APLICAÇÃO DE MGM

Microrganismo geneticamente modificado (MGM) é o microrganismo cujo material genético (DNA/RNA) tenha sido modificado por qualquer técnica de engenharia genética, ao passo que derivado de MGM é o produto obtido, que não possui capacidade autônoma de replicação ou que não contém forma viável de MGM[5].

A aplicação do uso de MGM é bastante ampla, indo desde estudos de localização, estrutura, expressão e função de genes, protocolos de inativação de fatores de virulência de microrganismos, entre outros, até a produção de medicamentos recombinantes, como insulina recombinante (Figura 1), hormônio de crescimento humano, fator VIII e vacinas[1].

CLASSIFICAÇÃO DE RISCO DE MGM

A CTNBio, por meio da Resolução Normativa n. 18 (RN 18), definiu risco como a probabilidade de ocorrência de efeito adverso ao ambiente ou à saúde humana, animal ou vegetal, cientificamente fundamentada, decorrente de processos ou situações envolvendo OGM e seus derivados[6].

Ainda, segundo a RN 2, os OGM são classificados em quatro classes de risco, adotando-se como critérios: o potencial patogênico dos organismos doador e receptor; a(s) sequência(s) nucleotídica(s) transferida(s), a expressão desta(s) no organismo receptor, o potencial patogênico da(s) proteína(s) codificada(s) pelo(s) gene(s) do organismo doador, quando conhecido, o OGM resultante e seus efeitos adversos à saúde humana e animal, aos vegetais e ao meio ambiente[6].

Para a classificação de risco do MGM, são adotados os mesmos critérios de classes de risco de OGM, e para a determinação da patogenicidade do organismo receptor são utilizados os critérios da classificação de risco dos agentes biológicos do Ministério da Saúde[7]. Dessa forma, o MGM é dividido em quatro classes de risco, descritas no Quadro 1.

As atividades e os projetos que envolvem MGM e seus derivados devem ser precedidos de uma análise

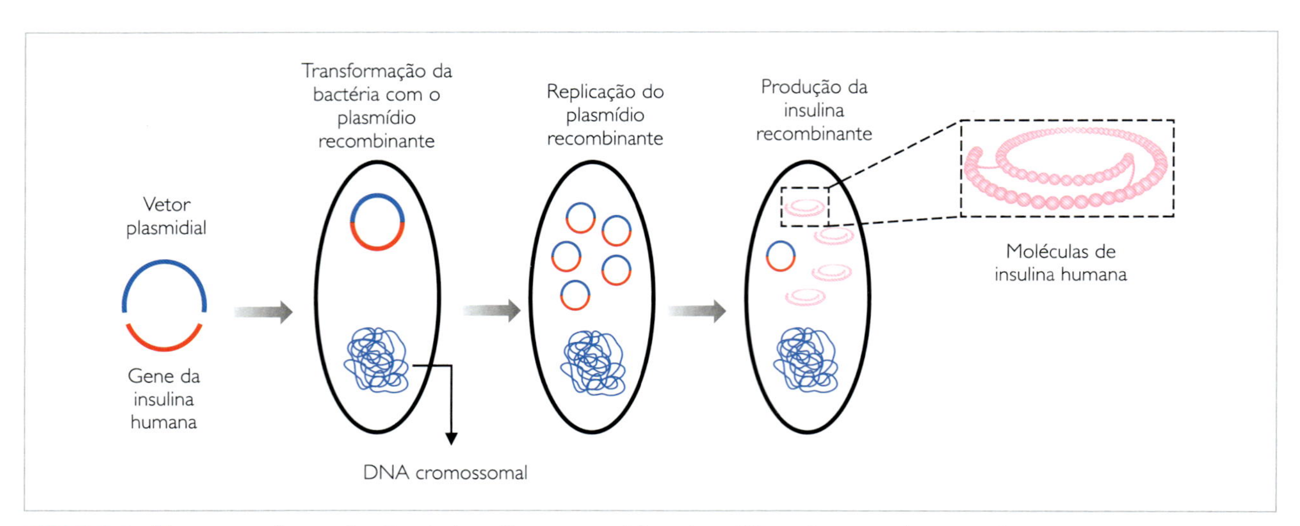

FIGURA 1 Esquema de produção de insulina recombinante utilizando um microrganismo geneticamente modificado.

QUADRO 1 Classificação de risco dos microrganismos geneticamente modificados (MGM)

Classe	Nível de risco	Descrição
MGM-1	Baixo risco individual e baixo risco para a comunidade	Contém sequências de DNA/RNA de organismos doador e receptor que não causem agravos à saúde humana e animal e efeitos adversos aos vegetais e ao meio ambiente
MGM-2	Risco individual moderado e risco limitado para a comunidade	Contém sequências de DNA/RNA de organismo doador ou receptor, com moderado risco de agravo à saúde humana e animal, que tenha baixo risco de disseminação e de causar efeitos adversos aos vegetais e ao meio ambiente
MGM-3	Elevado risco individual e risco limitado para a comunidade	Contém sequências de DNA/RNA de organismo doador ou receptor, com alto risco de agravo à saúde humana e animal, mas geralmente existem medidas de tratamento e de prevenção. Baixo ou moderado risco de disseminação e de causar efeitos adversos aos vegetais e ao meio ambiente.
MGM-4	Alto risco individual e alto risco para a comunidade	Contém sequências de DNA/RNA de organismo doador ou receptor com alto risco de agravo à saúde humana e animal, que tenha elevado risco de disseminação e de causar efeitos adversos aos vegetais e ao meio ambiente

detalhada e criteriosa de todas as condições experimentais, devendo-se utilizar o nível de biossegurança adequado à classe de risco do MGM manipulado. Para cada uma das quatro classes de risco devem ser atendidos os requisitos de segurança descritos na RN 18 da CTNBio[6]. No Quadro 2, estão indicados os agentes etiológicos de doenças humanas e animais classificados pelo nível de risco biológico[7].

NÍVEIS DE BIOSSEGURANÇA E PROCEDIMENTOS PARA O TRABALHO EM CONTENÇÃO DE MGM

De acordo com a RN 18 da CTNBio, existem quatro níveis de biossegurança (NB): NB-1, NB-2, NB-3 e NB-4, crescentes no maior grau de contenção e complexidade do nível de proteção. O nível de biossegurança de um experimento será determinado segundo o microrganismo de maior classe de risco[6].

Todas as atividades com MGM em contenção devem ser planejadas e executadas de acordo com o disposto na RN 18. No entanto, para cada laboratório deve ser preparado um manual de biossegurança e um plano de contingência, de acordo com as especificidades das atividades realizadas, e todo o pessoal deve ser orientado sobre os possíveis riscos e para a necessidade de seguir as especificações de cada rotina de trabalho, procedimentos de biossegurança e práticas estabelecidas no manual. A seguir, serão descritos alguns dos principais procedimentos exigidos pela CNTBio para trabalho em contenção de MGM.

Antes do trabalho com MGM

Acesso ao laboratório

O acesso ao laboratório onde ocorre a manipulação de MGM deve ser limitado ou restrito em todos os níveis de biossegurança, sempre controlado pelo pesquisador responsável, e a lista com o nome do pessoal autorizado deve estar na posse do presidente da CIBio. Porém, quanto maior a classe de risco do MGM, maior o nível de exigências para o acesso, para garantir a segurança do trabalhador e do ambiente. Devem ser exigidos requisitos especiais para a entrada de pessoal no laboratório, como vacinação e treinamento em biossegurança, periódico e sistemático, para o trabalho em cada um dos quatro níveis. Todas essas exigências devem ser devidamente registradas[6].

Na porta de entrada de todo laboratório, deve ser colocado um aviso com sinalização da classe de risco, identificação do nível de biossegurança, MGM manipulado e nome do pesquisador principal, assim como seu endereço completo e outras possibilidades para sua localização ou de outra pessoa responsável (Figura 2). No aviso, também devem estar assinalados todos os requisitos necessários para a entrada no laboratório, como os equipamentos de proteção individual (EPI) que devem ser utilizados (Figura 2)[6].

FIGURA 2 Porta de entrada de um laboratório NB-2 com identificação do MGM, classe de risco, nível de biossegurança, EPI necessários, restrição de acesso e informações do pesquisador principal e/ou de outra pessoa responsável.

QUADRO 2 Classificação de agentes etiológicos humanos e animais com base no risco apresentado

1. Classe de risco 1
A classe de risco 1 é representada por agentes biológicos não incluídos nas classes de risco 2, 3 e 4, e para os quais, até o momento, a capacidade de causar doença no homem não foi reconhecida. A ausência de um determinado agente biológico nas classes de risco 2, 3 e 4 não implica sua inclusão automática na classe de risco 1. Para isso, deverá ser conduzida uma avaliação de risco, com base em critérios como: natureza do agente biológico, virulência, modo de transmissão, estabilidade, concentração e volume, origem do agente potencialmente patogênico, disponibilidade de medidas profiláticas e tratamentos eficazes, dose infectante, manipulação e eliminação do agente biológico.

(continua)

QUADRO 2 Classificação de agentes etiológicos humanos e animais com base no risco apresentado *(continuação)*

2. Classe de risco 2

2.1. Bactérias, incluindo clamídias e rickettsias

- *Abiotrophia defectiva, Abiotrophia* spp.
- *Achromobacter xylosoxidans* [nomenclatura anterior: *Alcaligenes xylosoxidans*], *Achromobacter* spp.
- *Acinetobacter baumannii, A. calcoaceticus, A. haemolyticus, A. junni, A. lwoffii, A. pittii, Acinetobacter* spp.
- *Actinobacillus capsulatus, A. equuli subs. equuli* [nomenclatura anterior: *A. equuli*], *A. equuli subs. haemolyticus* [nomenclatura anterior: *A. suis*], *A. hominis, A. lignieresii, A. pleuropneumoniae* [nomenclatura anterior: *Haemophilus pleuropneumoniae*], *A. rossii, A. seminis, A. ureae, Actinobacillus* spp.
- *Actinobaculum schaalii*
- *Actinomadura madurae, A. mexicana, A. pelletieri*
- *Actinomyces bovis, A. europaeus, A. gerencseriae, A. graevenitzii, A. hordeovulneris, A. hyovaginalis, A. israelii, A. neuii, A. viscosus, A. turicensis, A. meyeri, A. naeslundii, A. odontolyticus, A. radingae, A. suis, Actinomyces* spp.
- *Aerococcus christensenii, A. sanguinicola, A. suis, A. urinae, A. urinaeequi, A. urinaehominis, A. viridans, Aerococcus* ssp.
- *Aeromonas bestiarum, A. caviae, A. hydrophila, A. jandaei, A. punctata, A. salmonicida, A. sobria, A. schubertii, A. veronii, Aeromonas* spp.
- *Aggregatibacter actinomycetemcomitans, A. aphrophilus, A. segnis, Aggregatibacter* spp.
- *Amycolata autotrophica*
- *Arcanobacterium haemolyticum, A. pyogenes, Arcanobacterium* spp.
- *Atopobium vaginae, A. rimae, A. parvulum*
- *Austwickia chelonae* [nomenclatura anterior: *Dermatophilus chelonae*]
- *Bacillus cereus* (produtora de toxina emética (cereulide), da enterotoxina BL (HBL) e da enterotoxina não hemolítica (NHE), e da citotxina K (CytK), *B. coagulans, B. mycoides* [sinônimo heterotípico: *B. weihenstephanensis*], *B. pseudomycoides, B. thurigiensis* (linhagens enterotóxicas; linhagens não enterotóxicas de *B. thurigiensis* são consideradas de classe 1)
- *Bacteroides bivia, B. brevis, B. buccalis, B. caccae, B. capillosus, B. coagulans, B. coprocola, B. denticola, B. eggerthii, B. endodontalis, B. fragilis, B. gingivalis, B. helcogenes, B. levii, B. macacae, B. massiliensis, B. multacida, B. nodosus, B. nordii, B. ovatus, B. plebeius, B. pneumosintes, B. pyogenes, B. ruminicola, B. salyersiae, B. splanichnicus, B. stercoris, B. tectus, B. thetaiotaomicron, B. uniformis, B. vulgate, Bacteroides* spp.
- *Bartonella alsatica, B. clarridgeiae, B. doshiae, B. elizabethae, B. grahamii, B. henselae, B. quintana, B. talpae, B. taylorii, B. vinsonii, B. weisii, Bartonella* spp. Excetua-se *B. bacilliformis*, classificada como de risco 3. Para experimentos de *B. bacilliformis* com insetos, utilizar insetários de nível de biossegurança 3.
- *Bergeyella cardium, B. zoohelcum, Bergeyella* spp.
- *Bifidobacterium dentium, Bifidobacterium* spp.
- *Bordetella avium, B. bronchiseptica, B. hinzii, B. holmesii, B. parapertussis, B. pertussis, B. trematum, Bordetella* spp.
- *Borrelia afzelii, B. burgdorferi, B. duttoni, B. garinii, B. mazzottii, B. recurrentis, Borrelia* spp.
- *Brachyspira pilosicoli, B. aalborg, Brachyspira* spp.
- *Branhamella catarrhalis*
- *Brevibacillus brevis, Brevibacillus* spp.
- *Burkholderia caryophylli, B. cepacia, B. contaminans, B. multivorans, B. vietnamiensis, Burkholderia* spp. Excetuam-se *Burkholderia mallei* e *Burkholderia pseudomallei*, que são classificadas como de risco 3.
- *Campylobacter coli, C. fetus, C. jejuni, C. lari, C. septicum, C. upsaliensis, C. sputorum, C. ureolyticus* [nomenclatura anterior: *Bacteroides ureolyticus*], *Campylobacter* spp.
- *Capnocytophaga canimorsus, C. cynodegmi, C. gingivalis, C. granulosa, C. haemolytica, C. leadbetteri, C. ochracea, C. sputigena, Capnocytophaga* spp.
- *Cardiobacterium hominis, C. valvarum*
- *Chlamydia muridarum, C. pneumoniae, C. suis, C. trachomati*
- *Chlamydophila abortus, C. caviae, C. felis, C. pecorum, C. pneumoniae, Chlamydophila* spp. Excetua-se *C. psittaci*, classificada como de risco 3.
- *Chromobacterium violaceum*
- *Citrobacter amalonaticus, C. braakii, C. farmeri, C. freundii, C. koseri, C. sedlakii, C. werkmanii, C. youngae, Citrobacter* spp.
- *Clostridioides difficile* [nomenclatura anterior: *Clostridium diffcile*], *C. mangenotti* [nomenclatura anterior: *Clostridium mangenotti*]
- *Clostridium baratii, C. bifermentans, C. chauvoei, C. haemolyticum, C. equi, C. histolyticum, C. novyi, C. perfringens, C. septicum, C. sordelli, C. sporogenes, C. subterminale, C. tetani, Clostridium* spp. Excetua-se *C. botulinum*, classificada como de risco 3.

(continua)

QUADRO 2 **Classificação de agentes etiológicos humanos e animais com base no risco apresentado *(continuação)***

2.1. Bactérias, incluindo clamídias e rickettsias

- *Comamonas kerstersii, Comamonas* spp.
- *Corynebacterium bovis, C. diphtheriae, C. equi, C. haemolyticum, C. matruchotii, C. minutissimum, C. pseudodiphtheria, C. pseudotuberculosis, C. pyogenes, C. renale, C. ulcerans, C. xerosis, Corynebacterium* spp.
- *Cronobacter condimenti, C. dublinensis, C. helveticus [nomenclatura anterior: Enterobacter helveticus], C. malonaticus, C. muytjensii, C. sakasakii, C. turicensis, C. universalis, Cronobacter* spp.
- *Dermatophilus chelonae, D. congolensis*
- *Edwardsiella ictulari, E. tarda, Edwardsiella* spp. Todos os procedimentos com *E. tarda* que possam produzir aerossóis ou envolver altas concentrações ou grandes volumes devem ser realizados em uma cabine de segurança biológica de classe II. O uso de agulhas, de seringas e de outros objetos pontiagudos deve ser estritamente limitado. Precauções adicionais devem ser consideradas com trabalho envolvendo animais. Em atividades em larga escala, o agente *E. tarda* é classificado como de risco 3.
- *Ehrlichia chaffeensis, E. ewingii, E. sennetsu, Ehrlichia* spp.
- *Eikenella corrodens*
- *Elizabethkingia meningoseptica*
- *Empedobacter brevis*
- *Enterobacter asburiae, E. cloacae, E. hormaechei, Enterobacter* spp.
- *Enterococcus avium, E. faecalis, E. faecium, E. gallinarum, E. hirae, Enterococcus* spp.
- *Erysipelothrix rhusiopathiae*
- *Escherichia coli extraintestinal* (ExPEC): *Escherichia coli* uropatogênica (UPEC), *Escherichia coli* que causa meningite neonatal (MNEC) e cepas diarreiogênicas (DEC): *Escherichia coli* enteropatogênica (EPEC), *Escherichia coli* enterotoxigênica (ETEC), *Escherichia coli* enteroinvasora (EIEC), *Escherichia coli* enteroagregativa (EAggEC), *Escherichia coli* de aderência difusa (DAEC), com exceção de *Escherichia coli*, produtora de toxina Shiga-*Like* (STEC), grupo em que estão incluídas aquelas que podem determinar o quadro de síndrome hemolítica urêmica e colite hemorrágica, como a *Escherichia coli* enterohemorrágica (EHEC), classificada como de risco 3.
- *Fluoribacter bozemaniae* [nomenclatura anterior: *Legionella bozemaniae*], *F. dumoffii* [nomenclatura anterior: *Legionella dumoffii*]
- *Fusobacterium canifelinum, F. gonidiaformans, F. mortiferum, F. naviforme, F. necrogenes, F. necrophorum, F. nucleatum, F. russii, F. ulcerans, F. varium, Fusobacterium* ssp.
- *Gemella asaccharolytica, G. bergeri, G. haemolysins, G. morbillorum, G. sanguinis, Gemella* spp.
- *Geobacillus* spp.
- *Grimontia hollisae*
- *Haemophilus ducreyi, H. influenzae, H. paracuniculus, H. parainfluenzae, Haemophilus* spp.
- *Helicobacter bilis, H. mustelae* [nomenclatura anterior: *Campylobacter mustelae, Campylobacter pylori* subsp. *Mustelae*], *H. pylori, Helicobacter* spp.
- *Kingella denitrificans, K. kingae, K. oralis, Kingella* spp.
- *Klebsiella aerogenes* [nomenclatura anterior: *Enterobacter aerogenes*] *Klebsiella granolomatis* [nomenclatura anterior: *Calymmatobacterium granulomatis*], *K. mobilis* [sinônimo de *Enterobacter aerogenes*], *K. oxytoca, K. ozaenae, K. pneumoniae, K. quasipneumoniae, K. rhinoscleromati, K. variicola, Klebsiella* spp.
- *Kluyvera ascorbata, K. intermedia* [nomenclatura anterior: *Enterobacter intermedius*]
- *Legionella pneumophila, Legionella* spp.
- *Leptospira biflexa, L. borgpetersenii, L. inadai, L. interrogans* (todos os sorotipos), *L. kirschneri, L. noguchii, L. santarosai, Leptospira* spp.
- *Listeria innocua, L. ivanovii, L. monocytogenes, Listeria* spp.
- *Moraxella atlantae, M. catarrhalis, M. equi, M. lacunata, M. osloensis, M. saccharolytica, Moraxella* spp.
- *Morganella morganii, Morganella* spp.
- *Mycobacterium asiaticum, M. avium, M. bovis* (BCG - cepas vacinais), *M. celatum, M. chelonae, M. fortuitum, M. intracellulare, M. kansasii, M. leprae, M. malmoense, M. marinum, M. paratuberculosis, M. scrofulaceum, M. simiae, M. szulgai, M. ulcerans, M. xenopi, Mycobacterium spp.* Excetuam-se *M. africanum, M. bovis, M. canetii, M. microti, M. tuberculosis e M. ulcerans, que são categorizados na* classe de risco 3.
- *Mycoplasma bovigenitalium, M. bovis, M. californicum, M. caviae, M. genitalium, M. hominis, M. meleagridis, M. penetrans, M. pneumoniae, Mycoplasma* spp.
- *Myroides odoratus, M. odoratimimus*
- *Neisseria gonorrhoeae, N. meningitidis, Neisseria spp.*
- *Nocardia asteroides, N. brasiliensis, N. farcinica, N. nova, N. otitidiscaviarum, N. transvalensis, Nocardia* spp.
- *Nocardiopsis dassonvillei*

(continua)

QUADRO 2 Classificação de agentes etiológicos humanos e animais com base no risco apresentado *(continuação)*

2.1. Bactérias, incluindo clamídias e rickettsias	▪ *Paenibacillus alvei, P. amyloliticus, P. macerans, Paenibacillus* spp. ▪ *Pantoea agglomerans, Pantoea* spp. ▪ *Parabacteroides distasonis* [nomenclatura anterior: *Bacteroides distasonis*] ▪ *Pasteurella canis, P. dagmatis, P. haemolytica, P. multocida* (exceto *Pasteurella multocida* tipo B amostra *buffalo* e outras cepas virulentas classificadas como de risco 3), *P. stomatis, Pasteurella* spp. ▪ *Peptostreptococcus anaerobius, Peptostreptococcus* spp. ▪ *Photobacterium damsela, Photobacterium* spp. ▪ *Plesiomonas shigelloides* ▪ *Pluralibacter gergoviae* [nomenclatura anterior: *Enterobacter gergoviae*] ▪ *Porphyromonas* spp. ▪ *Prevotella buccae* [nomenclatura anterior: *Bacteroides buccae*], *P. corporis* [nomenclatura anterior: *Bacteroides corporis*], *P. disiens* [nomenclatura anterior: *Bacteroides disiens*], *P. intermedia* [nomenclatura anterior: *Bacteroides intermedius*], *P. loescheii* [nomenclatura anterior: *Bacteroides loescheii*], *P. melaninogenica* [nomenclatura anterior: *Bacteroides melaninogenicus, Bacteroides melaninogenicus* subsp. *Melaninogenicus*], *P. oris* [nomenclatura anterior: *Bacteroides oris*], *Prevotella* spp. ▪ *Proteus hauseri, P. mirabilis, P. penneri, P. vulgaris, Proteus* spp. ▪ *Providencia alcalifaciens, P. rettgeri, P. rustigiannii, P. stuartii, Providencia* spp. ▪ *Pseudomonas aeruginosa, P. luteola, P. mendocina, P. otitidis, Pseudomonas* spp. ▪ *Raoutella planticola, R. ornithinolytica* [nomenclatura anterior: *Klebsiella ornithinolytica*] ▪ *Ralstonia picketti, R. solanacearum* [nomenclatura anterior: *Burkholderia solanacearum, Pseudomonas solanacearum*] ▪ *Rhodococcus equi* ▪ *Salmonella arizonae, S. cholerasuis, S. enterica* subsp. *enterica* (todos os sorovares) como *Salmonella enterica* subsp. *enterica sor. Enteritidis, Salmonella enterica* subsp. *enterica sor. Typhimurium, Salmonella enterica* subsp. *enterica sor. Paratyphi A e B, Salmonella enterica* subsp. *enterica Gallinarum, Salmonella enterica* subsp. *enterica sor. Pullorum, Salmonella* spp. (exceto *Salmonella enterica* subsp. *enterica sor. Typhi* classificada como de risco 3), *S. enteritidis, S. meleagridis, S. paratyphi* (tipos A, B e C) ▪ *Salimicrobius halophilus* ▪ *Salinivibrio costicola* ▪ *Selenomonas sputigena, Selenomonas* spp. ▪ *Serpulina* spp. ▪ *Serratia entomophila, S. ficaria, S. fonticola, S. glossinae, S. grimesii, S. liquefaciens, S. marcescens, S. nematodiphila, S. odorifera, S. plymuthica, S. proteamaculans, S. rubidaea, S. ureilytica, Serratia* spp. ▪ *Shigella boydii, S. flexneri, S. sonnei* (exceto *Shigella dysenteriae* tipo 1, classificada como de risco 3) ▪ *Sphaerophorus necrophorus* ▪ *Sphingomonas paucimobilis* [nomenclatura anterior: *Pseudomonas paucimobilis*] ▪ *Sporolactobacillus laevolactilis* ▪ *Sporosarcina ureae, S. pasteurii, Sporosarcina* spp. ▪ *Staphylococcus aureus, S. capitis, S. caprae, S. cohnii, S. epidermidis, S. filis, S. haemolyticus, S. hominis, S. hyicus, S. saprophyticus, S. xylosus, S. warneri, Staphylococcus* spp. ▪ *Stenotrophomonas maltophilia* [nomenclatura anterior: *Xantomonas maltophilia*] ▪ *Streptobacillus moniliformis* ▪ *Streptococcus agalactiae, S. anginosus, S. constelattus, S. dysgalactiae, S. intermedius, S. mutans, S. oralis, S. pneumoniae, S. pyogenes, S. sanguinis, S. sobrinis, somaliensis, S. suis, Streptococcus* spp. ▪ *Tissierella praeacutus* [nomenclatura anterior: *Bacteroides praeacutus*] ▪ *Treponema carateum, T. pallidum endemicu, T. lecithinolyticum, T. maltophilum, T. pallidum pallidum, T. pallidum pertenue, T. vincentii, Treponema* spp. ▪ *Ureaplasma urealyticum, Ureaplasma* spp. ▪ *Ureibacillus thermosphaericus* ▪ *Vibrio alginolyticus, V. cholerae* (01 e 0139), *Vibrio cholerae* não O1, *V. fluvialis, V. mimicus, V. parahaemolyticus, V. vulnificus, Vibrio* spp. ▪ *Virgibacillus pantothenticus* ▪ *Stenotrophomonas maltophilia* [nomenclatura anterior: *Xhantaomonas maltophilia*] ▪ *Yersinia enterocolitica, Y. frederiksenii, Y. intermedia, Y. kristensenii, Y. pseudotuberculosis, Yersinia* spp. (exceto *Y. pestis*, classificada como de risco 3)
2.2. Fungos	▪ *Acaulium acremonium* [*nomenclatura anterior: Scopulariopsis acremonium*] ▪ *Acremonium alabmensis, A. astrogriseum, A. blochi, A. kiliense, A. potronii, A. recifei, A. roseogriseum, A. strictum* ▪ *Aphanoascus fulvescens* ▪ *Apophysomyces elegans*

(continua)

QUADRO 2 Classificação de agentes etiológicos humanos e animais com base no risco apresentado *(continuação)*

2.2. Fungos

- Arthrographis alba, A. kalrae (teleomorfo: *Pithoascus langeronii*), *A. lignicola, A. pinicola*
- *Aspergillus alliaceus* (teleomorfo: *Petromyces alliaceus*), *A. amstelodami* (sinônimo de *A. vitis*) (teleomorfo: *Eurotium amstelodami*), *A. candidus, A. flavus (teleomorfo: Petromyces flavus), A. fumigatus* (teleomorfo: *Neosartorya fumigata*), *A. glaucus (teleomorfo: Eurotium herbariorum), A. nidulans* (teleomorfo: *Emericella nidulans*), *A. niger, A. nomius, (sinônimo de Aspergillus flavus var. oryzae), A. parasiticus, A. thermomutatus* (teleomorfo: *Neosartorya pseudofischeri*), *A. terreus, A. ustus, A. versicolor.* Manipulações de fungos do gênero *Aspergillus* spp. devem ser realizadas em cabine de segurança biológica de classe II para evitar contaminação laboratorial.
- *Basidiobolus haptosporus, B. ranarum* (sinônimos de *B. haptosporus e B. meristosporus*)
- *Bipolaris spp.* (teleomorfo: *Cochliobolus spp.)*
- *Blastomyces dermatitidis* (teleomorfo: *Ajellomyces dermatididis), B. gilchristii*
- *Botryomyces caespitosus*
- *Candida albicans, C. auris, C. dubliniensis; C. famata* (teleomorfo: *Debaryomyces hansenii*), *C. glabrata* (complexo) [*C. glabrata (sensu stricto), Candida nivariensis e Candida bracarensis], C. guilliermondii* (sinônimo de *Blastodendrion arztii*) (teleomorfo: *Pichia guilliermondii,* sinônimo de *Meyerozyma guilliermondii*), *C. haemulonii* (complexo) [*Candida haemulonii (sensu stricto), Candida haemulonii var. vulnera* e *Candida duobushaemulonii*], *C. krusei* (sinônimo de *Candida acidothermophilum)* (teleomorfo: *Pichia kudriavzevii* sinônimo de *Issatchenkia orientalis*), *C. lusitaniae* (teleomorfo: *Clavispora lusitaniae*), *C. metapsilosis, C. orthopsilosis, C. parapsilosis (sensu stricto), C. pelliculosa (sinônimo de Candida beverwijkiae*) (teleomorfo: *Wickerhamomyces anomalus*), *C. tropicalis. Candida auris* deve ser manipulada em cabine de segurança biológica de classe II para evitar a contaminação laboratorial e por apresentar resistência a múltiplos antifúngicos.
- *Cladophialophora arxii, C. bantiana, C. boppii, C. carrionii, C. devriesii, C. emmonsii, C. modesta.* Manipulações laboratoriais de *C. bantiana* e *C. devriesii* devem ser realizadas em cabine de segurança biológica de classe II. Há restrição para manipulação da fase micelial esporulada (conídios) de *C. bantiana* e *C. devriesii* – recomenda-se aumentar o nível de contenção (nível de biossegurança 3) e o uso de equipamentos de proteção individual compatíveis com esse nível de contenção. Atividades com altas concentrações e/ou com grande volume de *C. bantiana* são classificadas como de risco 3.
- *Cladosporium anthropophilum, C. halotolerans*
- *Conidiobolus coronatus, C. incongruus*
- *Cryptococcus gatti* (teleomorfo: *Filobasidiella bacillispora*), *C. neoformans* (incluindo *Var. neoformans e Var. grubii*) (teleomorfo: *Filobasidiella neoformans*). Manipulações de *Cryptococcus gatti* e de *Cryptococcus neoformans* devem ser realizadas em cabine de segurança biológica de classe II para evitar contaminação laboratorial.
- *Cunninghamella bertholletiae*
- *Cutaneotrichosporon jirovecii, C. arboriformis*
- *Cystobasidium minutum* [nomenclatura anterior: *Rhodotorula minuta]*
- *Emmonsia crescens* (teleomorfo: *Ajellomyces crescens*), *E. parva*
- *Epidermophyton floccosum*
- *Exserohilum rostratum, Exserohilum* spp.
- *Exophiala dermatitidis, E. jeanselmei, E. psychrophila, E. spinifera*
- *Fonsecaea monophora, F. nubica, F. pedrosoi*
- *Fusarium falciforme* (agrupado no complexo de espécies *F. solani) F. oxysporum, F. solani* (teleomorfo: *Nectria haematococca*, sinônimo de *Haematonectria haematococca*), *F. verticillioides* (teleomorfo: *Gibberella moniliformis).* Manipulações de fungos do gênero *Fusarium* spp. devem ser realizadas em cabine de segurança biológica de classe II para evitar contaminação laboratorial.
- *Geotrichum candidum* (teleomorfo: *Galactomyces geotrichum*), *G. capitatum* (teleomorfo: *Dipodascus capitatum*)
- *Gymnoascus dankaliensis*
- *Hortaea werneckii*
- *Lacazia loboi*
- *Lichtheimia corymbifera*
- *Lomentospora prolificans* [nomenclatura anterior: *Scedosporium prolificans*]
- *Madurella grisea, M. mycetomatis*
- *Malassezia capri, M. cuniculi, M. dermatis, M. equina, M. furfur, M. globosa, M. japonica, M. nana, M. obtusa, M. pachydermatis, M. restricta, M. slooffiae, M. sympodialis, M. yamatoensis*
- *Microascus paisii*
- *Microsporum audouinii, M. canis* (teleomorfo: *Arthroderma otae*), *M. equinum* [nomenclatura anterior: *M. distortum*], *M. ferrugineum, M. fulvum* (teleomorfo: *Arthroderma fulvum*), *M. gallinae, M. gypseum* (teleomorfos: *Arthroderma gypseum e Arthroderma incurvatum*), *M. nanum* (teleomorfo: *Arthroderma obtusum*)

(continua)

QUADRO 2 Classificação de agentes etiológicos humanos e animais com base no risco apresentado *(continuação)*

2.2. Fungos	▪ *Mucor circinelloides, M. hiemalis, M. indicus, M. ramosissimus* ▪ *Neofusicoccum mangiferae* ▪ *Neoscytalidium dimidiatum* [nomenclatura anterior: *Scytalidium hyalinum*] *N. hyalinum* (sinônimo de *Neoscytalidium dimidiatum*) (teleomorfo: *Nattrassia mangiferae*, sinônimo de *Neofusicoccum mangiferae*), *N. novaehollandiae, N. orchidacearum* ▪ *Neotestudina rosatii* ▪ *Ochroconis humicola* ▪ *Paecilomyces variotii* ▪ *Paracoccidioides brasiliensis (P. americana, P. restrepiensis, P. venezuelensis), P. lutzii* ▪ *Pithoascus langeronii* (teleomorfo: *Eremomyces langeronii*). Restrição para manipulação da fase micelial esporulada (conídios) de *P. lutzii* - recomenda-se aumentar o nível de contenção (nível de biossegurança 3) e o uso de equipamentos de proteção individual compatíveis com esse nível de contenção. ▪ *Phaeoacremonium parasiticum* ▪ *Phialemonium curvatum, P. obovatum* ▪ *Phialophora americana* (teleomorfo: *Capronia semiimmersa), P. europaea, P. verrucosa* ▪ *Phoma cruris-hominis, P. dennisii var. dennisii* ▪ *Pleurostomophora richardsiae* ▪ *Pneumocystis carinii, P. jirovecii* ▪ *Pseudallescheria boydii* [nomenclatura anterior: *Allescheria boydii, Petriellidium boydii*] ▪ *Purpureocillium lilacinum* ▪ *Pyrenochaeta romeroi* (sinônimo de *Medicopsis romeroi*), *P. unguis-hominis* ▪ *Rhinocladiella aquaspersa, R. atrovirens* ▪ *Rhinosporidium seeberi* ▪ *Rhizomucor pusillus, R. variabilis* ▪ *Rhizopus azygosporus, R. microsporus, R. oryzae, R. schipperae, R. stolonifer* ▪ *Rhodotorula dairensis, R. glutini, R. mucilaginosa, R. toruloides* ▪ *Saksenaea vasiformis* ▪ *Sarocladium kiliense, S. strictum* ▪ *Saprochaete clavata* ▪ *Scedosporium apiospermum, S. aurantiacum, S. boydii, S. dehoogii, S. desertorum, S. minutisporum* ▪ *Schizophyllum commune* ▪ *Scopulariopsis asperula, S. brevicaulis, S. koningii* (sinônimo de *Scopulariopsis brevicaulis)* ▪ *Sporothrix brasiliensis, S. chilensis, S. globosa, S. luriei, S. mexicana* (complexo), *S. pallida* [nomenclatura anterior: *Sporothrix albicans*], *S. schenckii* (complexo) (*sensu stricto*) ▪ *Stachybotrys chartarum* ▪ *Stagonosporopsis oculi-hominis* ▪ *alaromyces marneffei*. Manipulações do fungo *Talaromyces marneffei* devem ser realizadas em cabine de segurança biológica de classe II para evitar contaminação laboratorial. ▪ *Trichophyton ajelloi* (teleomorfo: *Arthroderma uncinatum*), *T. benhamiae, T. bullosum, T. concentricum* (teleomorfo: *Arthroderma sp.*), *T. equinum, T. erinacei, T. eriotrephon, T. granulosum* (sinônimo de *Trichophyton mentagrophytes*), *T. gypseum* (sinônimo de *Microsporum gypseum*), *T. interdigitale* (teleomorfo: *Arthroderma sp.*), *T. mentagrophytes* (teleomorfo: *Arthroderma benhamiae, A. vanbreuseghemii*), *T. niveum* (sinônimo de *Trichophyton radians, Trichophyton denticulatum*), *T. pedis* (sinônimo de *Trichophyton rubrum*), *T. persicolor, T. proliferans* (sinônimo de *Trichophyton erinacei*), *T. quinckeanum, T. radiolatum, T. rubrum* (teleomorfo: *Arthroderma sp.*), *T. schoenleinii* (teleomorfo: *Arthroderma sp.*), *T. simii* (teleomorfo: *Arthroderma simii*), *T. tonsurans* (teleomorfo: *Arthroderma sp.*), *T. verrucosum* (teleomorfo: *Arthroderma* sp.), *T. violaceum* (sinônimos de *T. soudanense e T. yaoundei*) (teleomorfo: *Arthroderma* sp.) ▪ *Trichosporon asahii, T. asteroides, T. coremiiforme, T. cutaneum, T. dermatis, T. dohaense, T. domesticum,T. faecale, T. inkin, T. japonicum, T. lactis, T. montevideense, T. mucoides, T. ovoides* ▪ *Verruconis gallopava*
2.3. Parasitos – helmintos	▪ *Acanthocheilonema dracunculoides* [nomenclatura anterior: *Dipetalonema dracunculoides*] ▪ *Acanthoparyphium tyosenense* ▪ *Adenocephalus pacificus* [nomenclatura anterior: *Diphyllobothrium pacificum*] ▪ *Alaria* spp. ▪ *Ancylostoma braziliense, A. caninum, A. ceylanicum, A. duodenale* ▪ *Angiostrongylus cantonensis, A. costaricensis* ▪ *Anisakis simplex, Anisakis spp.*

(continua)

QUADRO 2 Classificação de agentes etiológicos humanos e animais com base no risco apresentado *(continuação)*

2.3. Parasitos – helmintos	▪ *Appophalus donicus* ▪ *Artyfechinostomum oraoni* ▪ *Ascaris lumbricoides, A. suum* ▪ *Ascocotyle (Phagicola) longa* [nomenclatura anterior: *Phagicola longa*], *Ascocotyle* spp. ▪ *Baylisascaris procyoni* ▪ *Brachylaima cribbi* ▪ *Brugia malayi, B. pahangi, B. timori* ▪ *Bunostomum phlebotomum* ▪ *Capillaria aerophila, C. hepatica, C. philippinensis, Capillaria spp.* ▪ *Cathaemacia cabrerai* ▪ *Centrocestus armatus, C. caninum, C. cuspidatus, C. formosanus, C. kurokawai, C. longus* ▪ *Clonorchis sinensis* ▪ *Contracaecum osculatum, Contracaecum* spp. ▪ *Corynosoma spp.* ▪ *Cotylurus japonicus* ▪ *Cryptocotyle lingua* ▪ *Dicrocoelium dendriticum, D. osculatum* ▪ *Dioctophyma renale* ▪ *Diphyllobothrium alascence, D. cameroni, D. cordatum, D. dalliae, D. dendriticum, D. ditremum, D. hians, D. klebanovski, D. lanceolatum, D. latum, D. nihonkaiense, D. orcini, D. scoticum, D. ursi, D. yonagoense* (sinônimo de *D. stemmacephalum)* ▪ *Diplogonoporus balaenopterae* ▪ *Dipylidium caninum* ▪ *Dirofilaria immitis, D. repens, D. tenuis* ▪ *Dracunculus medinensis* ▪ *Echinocasmus fujianensis, E. japonicus, E. liliputanus, E. perfoliatus* ▪ *Echinococcus granulosus (cisto hidático-larva), E. multilocularis (cisto hidático alveolar), E. oligarthus, E. vogeli (hidátide policística)* ▪ *Echinostoma angustitestis, E. cinetorchis, E. echinatum, E. hortense, E. revolutum, Echinostoma* spp. ▪ *Enterobius vermicularis* ▪ *Episthmium caninum* ▪ *Fasciola gigantica, F. hepatica* ▪ *Fasciolopsis buski* ▪ *Fibricola cratera, F. seolensis [Nomenclatura anterior: Neodiplostomum seolensis]* ▪ *Fischoederius elongatus* ▪ *Gastrodiscoides hominis* ▪ *Gnathostoma binucleatum, G. doloresi, G. hispidum, G. malaysiae, G. nipponicum, G. spinigerum* ▪ *Gongylonema pulchrum* ▪ *Gymnophaloides seoi* ▪ *Haplorchis pleurolophocerca, H. pumilio, H. taichui, H. vanissimus, H. yokogawai* ▪ *Heterophyes dispar, H. heterophyes, H. nocens* ▪ *Heterophyopsis continua* ▪ *Himastla* spp. ▪ *Hymenolepis diminuta, H. nana* ▪ *Lagochilascaris minor* ▪ *Loa loa* ▪ *Macracanthorhynchus hirudinaceus* ▪ *Mansonella ozzardi, M. perstans* [nomeclatura anterior: *Dipetalonema perstans*], *M. streptocerca* ▪ *Metagonimus minutus, M. miyatai, M. takahashii, M. yokogawai* ▪ *Metorchis conjunctus* ▪ *Moniliformis moniliformis* ▪ *Nanophyetus salminicola* ▪ *Necator americanus* ▪ *Onchocerca volvulus* ▪ *Opisthorchis noverca, O. tenuicollis* [nomenclatura anterior: *O. felineus*], *O. viverrini* ▪ *Paragonimus africanus, P. kellicotti, P. skrjabini, P. uterobilateralis, P. westermani* ▪ *Phaneropsolus bonnie, P. spinicirrus* ▪ *Plagiorchis harinasutai, P. javensis, P. murinus, P. philippinensis* ▪ *Procerovum calderoni, P. varium* ▪ *Prosthodendrium molenkampi*

(continua)

QUADRO 2 Classificação de agentes etiológicos humanos e animais com base no risco apresentado *(continuação)*

2.3. Parasitos – helmintos	▪ *Pseudoterranova decipiens* ▪ *Pygidiopsis summa, Pygidiopsis* spp. ▪ *Schistosoma haematobium, S. intercalatum, S. japonicum, S. malayensis, S. mansoni, S. mekongi* ▪ *Spelotrema brevicaeca* ▪ *Spirometra erinacei, S. mansoni, S. mansonoides, S. ranarum* ▪ *Stellantchasmus falcatus* ▪ *Stictodora fuscata, S. lari* ▪ *Strongyloides füllerborni, S. stercoralis, Strongyloides* spp. ▪ *Taenia brauni* (larva *Coenurus brauni), T. crassiceps (Cysticercus longicollis), T. hydatigena (cisticerco), T. multiceps (Coenurus cerebralis), T. saginata (Cysticercus bovis), T. serialis (Coenurus serialis), T. solium (Cysticercus cellulosae, C. racemosus), T. taeniformis (estrobilocerco)* ▪ *Toxocara canis, T. cati* ▪ *Trichinella nativa, T. nelsoni, T. pseudospiralis, T. spiralis* ▪ *Trichostrongylus orientalis, Trichostrongylus* spp. ▪ *Trichuris trichiura* ▪ *Uncinaria stenocephala* ▪ *Watsonius watsonius* ▪ *Wuchereria bancrofti*
2.4. Parasitos – protozoários	▪ *Acanthamoeba castellani, Acanthamoeba* spp. ▪ *Babesia divergens, B. microti* ▪ *Balantidium coli* ▪ *Cryptosporidium hominis, Cryptosporidium* spp. ▪ *Dientamoeba fragilis* ▪ *Entamoeba histolytica* ▪ *Enterocytozoon bieneusi* ▪ *Giardia lamblia* ▪ *Isospera belli* ▪ *Leishmania amazonensis, L. brasiliensis, L. chagasi, L. donovani, L. guyanensis, L. lainsoni, L. lindenbergi, L. major, L. naiffi, L. panamensis, L. peruvania, L. shawi - incluindo outras espécies infectivas para mamíferos* ▪ *Naegleria fowleri* ▪ *Plasmodium cynomolgi, P. falciparum, P. knowlesi, P. malariae, P. ovale, P. simium, P. vivax* ▪ *Sarcocystis hominis, Sarcocystis* spp. ▪ *Toxoplasma gondii* ▪ *Tricomonas vaginalis* ▪ *Trypanosoma brucei brucei* ▪ *Trypanosoma brucei gambiense* ▪ *Trypanosoma brucei rhodesiense* ▪ *Trypanosoma cruzi.* Recomenda-se tratar cepas resistentes à quimioterapia de *T. cruzi* ou manipulações por procedimentos que gerem aerossóis ou em grandes volumes em instalações e condições de nível de biossegurança 3, não permitindo que pessoas suscetíveis, como, por exemplo, grávidas ou em uso de imunossupressores, dentre outras situações, trabalhem com esse agente biológico).
2.5. Vírus e príons	▪ Família *Adenoviridae* - Gênero *Mastadenovirus - Mastadenovirus* humano A a G ▪ Família *Anelloviridae:* ▪ Gênero *Alphatorquevirus - Torque teno virus 1 a 29* ▪ Gênero *Betatorquevirus - Torque teno mini virus 1 a 12* ▪ Gênero *Gammatorquevirus - Torque teno midi virus 1 a 15* ▪ Família *Arenaviridae* - gênero *Mammarenavirus - Coriomeningite Linfocitica mammarenavirus* (para linhagens não neurotrópicas; também conhecido como vírus da coriomenigite linfocitária - LCMV, essa classificação se estende à linhagem *Dandenong virus*), *Cupixi mammarenavirus, Ippy mammarenavirus, Latino mammarenavirus, Mobala mammarenavirus, Mopeia mammarenavirus, Paraguayan mammarenavirus* (antigo *Parana*), *Serra do Navio mammarenavirus* (antigo *Amapari*), *Tacaribe mammarenavirus, Tamiami mammarenavirus.* Em atividades com altas cargas virais e/ou em grande volume, o agente *Coriomeningite Linfocitica mammarenavirus* é classificado como de risco 3. Excetuam-se *Cali mammarenavirus* (anteriormente conhecido como *Pichindé mammarenavirus*), *Coriomeningite*

(continua)

QUADRO 2 Classificação de agentes etiológicos humanos e animais com base no risco apresentado *(continuação)*

2.5. Vírus e príons	▪ *Linfocitica mammarenavirus* (linhagens neurotrópicas), *Flexal mammarenavirus, Tacaribe mammarenavirus, Wenzhou mammarenaviru, Whitewater arroyo mammarenavirus* (estende-se às linhagens *Big Brushy Tank virus; Catarina virus; Skinner Tank virus; Tonto Creek virus*), classificados como de risco 3. Para os seguintes vírus: *Coriomeningite Linfocitica mammarenavirus* (linhagens neurotrópicas), *Cali mammarenavirus, Flexal mammarenavirus, Tacaribe mammarenavirus e Wenzhou mammarenavirus*, é possível realizar a manipulação em laboratório de nível de biossegurança 2 para fins diagnóstico baseados em técnicas com baixa produção de aerossóis, respeitando-se o uso de equipamentos de proteção respiratória individual e coletivos apropriados. Excetuam-se, também, *Argentinean mammarenavirus (mammarevírus argentino, anteriormente conhecido como Junin mammarenavirus), Brazilian mammarenavirus (mammarenavirus brasileiro*, anteriormente conhecido como *Sabia mammarenavirus), Chapare mammarenavirus, Guanarito mammarenavirus, Lassa mammarenavirus, Lujo mammarenavirus, Machupo mammarenavirus*, que são classificados como de risco 4. Cepas vacinais do vírus *Argentinean mammarenavirus* podem ser trabalhadas em instalações de bível de biossegurança 3. É possível realizar a manipulação de *Brazilian mammarenavirus* em laboratório de nível de biossegurança 3 para fins diagnóstico baseados em técnicas com baixa produção de aerossóis, respeitando-se o uso de equipamentos de proteção respiratória individual e coletivos apropriados. ▪ Família *Astroviridae - Gênero Mamastrovirus - Mamastrovirus 1 a 19* ▪ Família *Bornaviridae - com exceção do Mammalian 1 orthobornavirus* (conhecido como vírus da doença de Borna 1 - *Borna disease virus 1*) e do *Mammalian 2 orthobornavirus* (conhecido como bornavírus de esquilos - *variegated squirrel bornavirus*), que são classificados como de risco 3. ▪ Família *Caliciviridae:* ▪ Gênero *Norovirus - Norwalk virus* ▪ Gênero *Sapovirus - Sapporo virus* ▪ Família *Circoviridae - Gênero Cyclovirus - Human associated cyclovirus 1 a 12* ▪ Família *Coronaviridae:* ▪ Subfamília *Orthocoronavirinae* ▪ Gênero *Alphacoronavirus - coronavirus humano 229E; coronavirus humano NL63*, com exceção do coronavírus relacionado a morcegos NL63 (cepa BtKYNL63-9b), que é de classe de risco 3. ▪ Gênero *Betacoronavirus - coronavirus humano HKU1; coronavirus humano OC43* - com exceção de MERSCoV (coronavírus relacionado à síndrome respiratória do Oriente Médio), SARS-CoV e SARS-CoV-2 (coronavírus relacionados à síndrome respiratória aguda grave), que possuem classificação de risco 3. Para SARS-CoV e SARS-CoV-2: atividades que envolvam testes diagnósticos e clínicos - de hematologia, sorologia, fixação de tecidos, análise molecular, extração de ácido nucleico, exame patológico, processamento de amostras fixadas ou inativadas, estudos de microscopia eletrônica, inativação de amostras e atividades de menor risco - podem ser realizadas em laboratório de nível de biossegurança 2, desde que estas sejam realizadas em uma cabine de segurança biológica de classe II para a manipulação de amostras potencialmente infectadas, com o uso de equipamentos de proteção Individual adequados aos profissionais. Atividades de cultivo, de isolamento e de propagação viral devem ser realizadas em laboratório de nível de biossegurança 3. ▪ Família *Flaviviridae:* ▪ Gênero *Flavivirus - Bussuquara virus, Cacipacore virus, Dengue virus* (vírus da dengue sorotipos 1, 2, 3 e 4), *Iguape virus, Japanese encephalitis virus* (linhagem SA14-14-2), *Kunjin virus, Langat virus, St. Louis Encephalitis virus* (vírus da encefalite de St. Louis), *Usutu virus, West Nile virus* (vírus do Oeste do Nilo), *Yellow fever virus* (vírus da febre amarela, incluindo a cepa vacinal 17DD), *Zika virus*. Para manipulação do vírus da febre amarela selvagem com técnicas que gerem um grande volume de material infeccioso e aerossóis, recomenda-se que medidas de segurança adicionais sejam incorporadas ao trabalho. Em atividades com altas cargas virais e/ou em grande volume, o vírus da febre amarela selvagem é classificado como de risco 3. Excetuam-se *Absettarov virus, Central European Tick-borne encephalitis virus, Hanzalova virus, Hypr virus, Ilheus virus, Japanese encephalitis virus, Kumlinge virus, Louping ill virus* (cepas britânica, irlandesa e espanhola), *Murray Valley encephalitis virus, Powassan virus, Rocio virus, Sal Vieja virus, San Perlita virus, Siberian Tick-borne encephalitis virus, Spondweni virus, Tick-borne encephalitis virus, Wesselsbron virus*, que são classificados como de risco 3. É possível realizar a manipulação de *Ilheus virus, Japanese encephalitis virus* e *Rocio virus* em laboratório de nível de biossegurança 2 para fins diagnóstico baseados em técnicas com baixa produção de aerossóis, respeitando-se o uso de equipamentos de proteção respiratória individual e coletivos apropriados. Excetuam-se, também, *Alkhumra hemorrhagic fever virus, Kyasanur forest disease virus, Omsk hemorrhagic fever virus, Russian spring-summer encephalitis virus*, que são classificados como de risco 4.

(continua)

QUADRO 2 Classificação de agentes etiológicos humanos e animais com base no risco apresentado *(continuação)*

2.5. Vírus e príons

- Gênero *Hepacivirus* - *Hepacivirus C* (vírus da hepatite C)
- Gênero *Pegivirus* - *Pegivirus G* (antigo vírus da hepatite G)
- Família *Genomoviridae:*
- Gênero *Gemycircularvirus* - *Sewage derived gemycircularvirus 1 a 5*
- Gênero *Gemygorvirus* - *Sewage derived gemygorvirus 1*
- Gênero *Gemykibivirus* - *Human associated gemykibivirus 1 a 5, Sewage derived gemykibivirus 1 a 2*
- Gênero *Gemyvongvirus* - *Human associated gemyvongvirus 1*
- Família *Hantaviridae* - Subfamília *Mammantavirinae* - Gênero *Orthohantavirus* - *Khabarovsk orthohantavirus, Prospect hill orthohantavirus, Thailand orthohantavirus, Thottapalayam orthohantavirus, Tula orthohantavirus.* Manipulações de *Tula orthohantavirus* com altas cargas virais devem ser conduzidas em laboratórios de nível de biossegurança 3. Excetuam-se *Andes orthohantavirus* (incluindo os genótipos brasileiros *Araraquara, Juquitiba, Castelo dos sonhos*), *Bayou orthohantavirus, Black Creek Canal orthohantavirus, Caño Delgadito orthohantavirus, Choclo orthohantavirus, Dobrava- Belgrade orthohantavirus* (incluindo *Kurkino virus, Saaremaa virus* e *Sochi virus*), *El Moro Canyon orthohantavirus, Hantaan orthohantavirus, Laguna Negra orthohantavirus* (incluindo os genótipos brasileiros *Rio Mamoré* e *Anajatuba*), *Luxi orthohantavirus, Puumala orthohantavirus, Seoul orthohantavirus* (inclui *Gou virus*), *Sin nombre orthohantavirus* (incluindo *Nova York virus*), que são classificados como de risco 3. É possível realizar a manipulação de *Laguna Negra orthohantavirus* (incluindo os genótipos brasileiros *Rio Mamoré e Anajatuba*), *Seoul orthohantavirus* (inclui *Gou virus*) e *Sin nombre orthohantavirus* em laboratório de nível de biossegurança 2 para fins diagnóstico baseados em técnicas com baixa produção de aerossóis, respeitando-se o uso de equipamentos de proteção respiratória individual e coletivos apropriados.
- Família *Hepadnaviridae* - Gênero *Orthohepadnavirus* - *Hepatitis B virus* (vírus da hepatite B)
- Família *Hepeviridae* - Gênero *Orthohepevirus* - *Orthohepevirus A* (vírus da hepatite E), *Orthohepevirus C (rat hepatitis E virus, ferret hepatitis E virus)*
- Família *Herpesviridae:*
- Subfamília *Alphaherpesvirinae*
- Gênero *Simplexvirus* - *Human alphaherpesvirus 1* (conhecido como vírus do herpes simples tipo 1), *Human alphaherpesvirus 2* (conhecido como vírus do herpes simples tipo 2), com exceção de *Macacine alphaherpesvirus 1 (simiae alphaherpesvirus 1,* conhecido como *herpesvírus B*), classificado como de risco 3.
- Gênero *Varicellovirus* - *Human alphaherpesvirus 3 (alphaherpesvirus humano 3,* conhecido como vírus varicela-zóster, incluindo cepa vacinal)
- Subfamília *Betaherpesvirinae*
- Gênero *Cytomegalovirus* - *Human betaherpesvirus 5 (betaherpesvirus humano 5,* conhecido como citomegalovírus)
- Gênero *Roseolavirus* - *Human betaherpesvirus 6A (betaherpesvirus humano 6A,* conhecido como herpesvírus humano 6A), *Human betaherpesvirus 6B (betaherpesvirus humano 6B,* conhecido como herpesvírus humano 6B), *Human betaherpesvirus 7 (betaherpesvirus humano 7,* também conhecido como herpesvírus humano 7)
- Subfamília *Gammaherpesvirinae*
- Gênero *Lymphocryptovirus* - *Human gammaherpesvirus 4 (gammaherpesvirus huamano 4,* conhecido como vírus Epstein-Barr)
- Gênero *Rhadinovirus* - *Human gammaherpesvirus 8 (gammaherpesvírus huamano 8,* conhecido como herpes vírus associado ao sarcoma de Kaposi)
- Família *Matonaviridae* - Gênero *Rubivirus* - *Rubella virus* (vírus da rubéola, incluindo cepa vacinal)
- Família *Nairoviridae* - Gênero *Orthonairovirus* - *Hazara orthonairovirus, Thiafora orthonairovirus,* com exceção do *Dugbe orthonairovirus* e do *Nairobi sheep disease orthonairovirus,* que são classificados como de risco 3, e do *Crimean-Congo hemorrhagic fever orthonairovirus,* que é classificado como de risco 4.
- Família *Orthomyxoviridae:*
- Gênero *Alphainfluenzavirus* - *Influenza A virus,* incluindo os subtipos H1N1, H2N2, H3N2, linhagem A/goose/Guangdong/1/96; os procedimentos com os vírus citados deverão ser conduzidos em cabines de segurança biológica de classe II; as manipulações com H2N2 e A/goose/Guangdong/1/96 poderão ser realizadas em laboratórios NB2, utilizando-se respiradores NB3, com exceção dos subtipos H1N1 (cepa 1918) e H2N2 (cepa 1957-1968), dos subtipos H5, H7 e H9 relacionados à influenza aviária, altamente patogênicos e com potencial risco pandêmico, e do subtipo H3 que se apresente significativamente diferente das linhagens humanas circulantes, que são classificados como de risco 3.
- Gênero *Betainfluenzavirus* - *Influenza B virus*
- Gênero *Gammainfluenzavirus* - *Influenza C virus*

(continua)

QUADRO 2 Classificação de agentes etiológicos humanos e animais com base no risco apresentado *(continuação)*

2.5. Vírus e príons	▪ Gênero *Thogotovirus* - *Dhori thogotovirus* e *Thogoto thogotovirus* ▪ Família *Papillomaviridae:* ▪ Subfamília *Firstpapillomavirinae* ▪ Gênero *Alphapapillomavirus* - *Alphapapillomavirus 1 a 9, 11 e 13; Alphapapillomavirus 10* (somente papilomavírus humanos) e *Alphapapillomavirus 14* (somente papilomavírus humanos) ▪ Gênero *Betapapillomavirus* - *Betapapillomavirus 1* (somente papilomavírus humanos) e Betapapillomavirus 2 a 5 ▪ Gênero *Gammapapillomavirus* - *Gammapapillomavirus 1 a 27* ▪ Gênero *Mupapillomavirus* - *Mupapillomavirus 1 a 3* ▪ Gênero *Nupapillomavirus* - *Nupapillomavirus 1* ▪ Família *Paramyxoviridae:* ▪ Subfamília *Avulavirinae* - Gênero *Orthoavulavirus* - *Avian orthoavulavirus 1* (antigo vírus da doença de Newcastle) ▪ Subfamília *Orthoparamyxovirinae* ▪ Gênero *Morbillivirus* - *Measles morbillivirus* (vírus do sarampo, incluindo cepa vacinal) ▪ Gênero *Respirovirus* - *Human respirovirus 1* (vírus parainfluenza 1 humano) e *Human respirovirus 3* (vírus parainfluenza 3 humano) ▪ Subfamília *Rubulavirinae* - Gênero *Orthorubulavirus* - *Human orthorubulavirus 2* (vírus parainfluenza 2 humano), *Human orthorubulavirus 4* (vírus parainfluenza 4 humano) e *Mumps orthorubulavirus* (vírus da caxumba, incluindo cepa vacinal). Excetuam-se os vírus *Hendra henipavirus* e *Nipah henipavirus,* que são classificados como de risco 4. ▪ Família *Parvoviridae:* ▪ Subfamília *Parvovirinae:* ▪ Gênero *Bocaparvovirus* - *Primate bocaparvovirus 1* (bocavírus humano 1) e *Primate bocaparvovirus 2* (bocavírus humano 2c) ▪ Gênero *Erythroparvovirus* - *Primate erythroparvovirus 1* (parvovírus humano B-19) ▪ Família *Peribunyaviridae* - *Gênero Orthobunyavirus* - *Akabane orthobunyavirus, Bunyamwera orthobunyavirus, Cache Valley orthobunyavirus* (vírus Cache Valley), *California encephalitis orthobunyavirus, Caraparu orthobunyavirus* (vírus Carapurú, vírus Itaya, vírus Apeu, vírus Ossa), *Guaroa orthobunyavirus, Jamestown Canyon orthobunyavirus* (vírus Jamestown Canyon), *Madrid orthobunyavirus, Marituba orthobunyavirus* (vírus Marituba, vírus Nepuyo, vírus Murutucú, vírus Restan), *Oriboca orthobunyavirus* (vírus Oriboca, vírus Itaquí), *Oropouche orthobunyavirus* (vírus Oropouche, vírus Iquitos), *Schmallenberg orthobunyavirus, Simbu orthobunyavirus, Tahyna orthobunyavirus, Wyeomyia orthobunyavirus* (vírus Wyeomyia). Excetuam-se *Germiston orthobunyavirus, La Crosse orthobunyavirus, Ngari orthobunyavirus* e *Snowshoe hare orthobunyavirus,* que são classificados como de risco 3. ▪ Família *Phenuiviridae:* ▪ Gênero *Phlebovirus* - *Naples phlebovirus, Punta Toro phlebovirus, Rift Valley phlebovirus* (cepa vacinal MP-12), *Sicilian phlebovirus, Toscana phlebovirus* - com exceção de *Rift Valley fever phlebovirus,* que é classificado como de risco 3. ▪ *Gênero Bandavirus - Bhanja bandavirus - com exceção de Dabie bandavirus (severe fever with thrombocytopenia syndrome virus)* e *Heartland bandavirus* (vírus Heartland), que são classificados como de risco 3. ▪ Família *Picobirnaviridae* - Gênero *Picobirnavirus* - *Human picobirnavirus* ▪ Família *Picornaviridae:* ▪ Gênero *Cardiovirus* - *Cardiovirus A (Mengo encephalomyocarditis virus)* ▪ Gênero *Enterovirus* - *Enterovirus A a L* (para cepas vacinais - VPDV), *Rhinovirus A a C.* Excetuam-se *Enterovirus A a L* (incluindo sorotipos 1, 2 e 3 selvagens de *Enterovirus C* - poliovírus), que são classificados como de risco 3. Os *Enterovirus A a L* (poliovírus) devem ser contidos em instalações laboratoriais de nível de biossegurança 3. ▪ Gênero *Hepatovirus* - *Hepatitis A virus* (vírus da hepatite A) ▪ Gênero *Parechovirus* - *Parechovirus A* ▪ Família *Pneumoviridae:* ▪ Gênero *Metapneumovirus* - *Human metapneumovirus* ▪ Gênero *Orthopneumovirus* - *Human orthopneumovirus* (vírus sincicial respiratório humano) ▪ Família *Polyomaviridae:* ▪ Gênero *Alphapolyomavirus* - *Human polyomavirus 5, Human polyomavirus 8, Human polyomavirus 9, Human polyomavirus 13, Human polyomavirus 14* ▪ Gênero *Betapolyomavirus* - *Human polyomavirus 1 a 4, Macaca mulatta polyomavirus 1 (Simian virus 40 - SV40)*

(continua)

QUADRO 2 Classificação de agentes etiológicos humanos e animais com base no risco apresentado *(continuação)*

2.5. Vírus e príons	▪ Gênero *Deltapolyomavirus* - *Human polyomavirus 6, Human polyomavirus 7, Human polyomavirus 10, Human polyomavirus 11* ▪ Família *Poxviridae:* ▪ Subfamília *Chordopoxvirinae* ▪ Gênero *Molluscipoxvirus* - *Molluscum contagiosum virus* ▪ Gênero *Orthopoxvirus* - *Cowpox virus, Vaccinia virus (inclui vírus Buffalopox)* ▪ Gênero *Parapoxvirus* - *Orf virus, Pseudocowpox virus* ▪ Gênero *Yatapoxvirus* - *Tanapox, Yaba monkey tumor vírus* ▪ Excetuam-se *Camelpox virus* e *Monkeypox virus* (varíola do macaco), classificados como de risco 3. É possível realizar a manipulação de *Camelpox virus* em laboratório de nível de biossegurança 2 para fins diagnóstico baseados em técnicas com baixa produção de aerossóis, respeitando-se o uso de equipamentos de proteção respiratória individual e coletivos apropriados. Excetua-se, também, *Variola virus* (vírus da varíola), classificado como de risco 4. ▪ Família *Reoviridae:* ▪ Subfamília *Sedoreovirinae* - Gênero *Rotavirus* - *Rotavirus A a J* (incluindo cepa vacinal) ▪ Subfamília *Spinareovirinae* ▪ Gênero *Coltivirus* - *Colorado tick fever coltivirus* ▪ Gênero *Orthoreovirus* - *Mammalian orthoreovirus* ▪ Excetua-se *Banna virus*, classificado como de risco 3. ▪ Família *Rhabdoviridae:* ▪ Gênero *Lyssavirus* - *Rabies lyssavirus* (para amostras vacinais SPBN GASGAS e SAD B19 do vírus da raiva). ▪ Excetuam-se *Australian bat lyssavirus, Duvenhage lyssavirus, European bat 1 lyssavirus, European bat 2 lyssavirus, Mokola lyssavirus* e *Rabies lyssavirus* (vírus da raiva selvagem), categorizados como de risco 3. É possível realizar a manipulação de *Rabies lyssavirus* em laboratório de nível de biossegurança 2 para fins diagnóstico baseados em técnicas com baixa produção de aerossóis, respeitando-se o uso de equipamentos de proteção respiratória individual e coletivos apropriados. ▪ Gênero *Vesiculovirus* - *Chandipura vesiculovirus, Isfahan vesiculovirus, Indiana vesiculovirus* e *New Jersey vesiculovirus*, com exceção do *Piry vesiculovirus*, classificado como de risco 3. ▪ Família *Retroviridae:* ▪ Gêneros *Deltaretrovirus* e *Lentivirus* - classificados como de risco 2 apenas para sorologia; para as demais operações de manejo em laboratório, esses vírus são classificados como de risco 3. ▪ Gênero *Gammaretrovirus* - *Murine leukemia virus* ▪ Família *Tobaniviridae* - Gênero *Torovirus* - *Bovine torovirus (subespécie Brenda), Equine torovirus (subespécie Berne), Porcine torovirus* ▪ Família *Togaviridae - Gênero Alphavirus - Aura virus, Barmah Forest virus, Bebaru virus, Chikungunya virus, Middelburg virus, Semliki Forest virus, Venezuelan equine encephalitis virus (linhagens vacinais TC- 83 e V3526), Mayaro virus, O'nyong-nyong virus, Ross River virus, Sindbis virus.* Manipulação de chikungunya virus com técnicas que gerem um grande volume de material infeccioso e aerossóis deverá ser realizada em laboratórios de Nível de Biossegurança 3. Excetuam-se *Cabassou virus, Eastern equine encephalitis virus* (vírus da encefalite equina do leste), *Everglades virus, Getah virus, Madariaga virus, Mucambo virus, Ndumu virus, Pixuna virus, Rio Negro virus, Sagiyama virus, Tonate virus, Venezuelan equine encephalitis virus* (vírus da encefalite equina venezuelana) *e Western equine encephalitis vírus* (vírus da encefalite equina do oeste), classificados como de risco 3. Em atividades com altas cargas virais e/ou em grande volume, os agentes *Middelburg virus* e *Semliki Forest virus* são classificados como de risco 3. É possível realizar a manipulação de *Madariaga virus, Mucambo virus, Pixuna virus, Rio Negro virus, Tonate virus, Venezuelan equine encephalitis virus* (vírus da encefalite equina venezuelana) e *Western equine encephalitis virus* em laboratório de nível de biossegurança 2 para fins diagnóstico baseados em técnicas com baixa produção de aerossóis, respeitando-se o uso de equipamentos de proteção respiratória individual e coletivos apropriados. ▪ Família *Tristromaviridae* - Gênero *Deltavirus* - *Hepatitis delta virus* (vírus da hepatite D) ▪ Príons - Agentes não convencionais associados às encefalopatias espongiformes transmissíveis (EET) em animais - *scrapie* e agentes relacionados ao *scrapie*, agente *scrapie* atípico, agente da doença de fraqueza crônica *(chronic wasting disease - CWS).*
3. Classe de risco 3	
3.1. Bactérias, incluindo clamídias e rickettsias	▪ *Bacillus anthracis* ▪ *Bartonella bacilliformis* ▪ *Brucella melitensis biovar Abortus, B. melitensis biovar Canis, B. melitensis biovar Suis, Brucella* spp. ▪ *Burkholderia mallei* (poderá ser manipulado em laboratório NB-2); *B. pseudomallei* ▪ *Chlamydophila psittaci*

(continua)

QUADRO 2 Classificação de agentes etiológicos humanos e animais com base no risco apresentado *(continuação)*

3.1. Bactérias, incluindo clamídias e rickettsias	▪ *Clostridium botulinum* ▪ *Coxiella burnetii* ▪ *Escherichia coli* produtoras de toxina Shiga-*Like* (STEC), grupo no qual estão incluídas aquelas que podem determinar o quadro de síndrome hemolítica urêmica (SHU) e colite hemorrágica, como a *Escherichia coli* enterohemorrágica (EHEC), como, por exemplo, *E. coli O157:H7.* ▪ *Francisella tularensis* (tipos A e B) ▪ *Mycobacterium africanum, M. bovis* (exceto as cepas vacinais BCG, que são classe de risco 2), *M. canetti, M. microti, M. tuberculosis, M. ulcerans* ▪ *Orientia tsutsugamushi* ▪ *Pasteurella multocida* (tipo B amostra buffalo e outras cepas virulentas) ▪ *Rickettsia akari, R. australis, R. canadensis, R. conorii, R. montanensis, R. prowazekii, R. rickettsii, R. sibirica, R. tsutsugamushi, R. typhi* ▪ *Salmonella enterica subsp. enterica sor. Typhi* ▪ *Shigella dysenteriae* (tipo 1) ▪ *Yersinia pestis*
3.2. Fungos	▪ *Coccidioides immitis, C. posadasii.* Em caso de manipulação de formas parasitárias teciduais (esférula para espécies de *Coccidioides posadasii*), como, por exemplo, no manejo de amostras clínicas suspeitas, em procedimentos que não geram aerossóis, o risco potencial é reduzido e, portanto, poderá ser manipulado em laboratório de nível de biossegurança 2, com o acréscimo de equipamentos de proteção individual. ▪ *Emergomyces africanus, E. canadensis, E. europaeus, E. orientalis, E. pasteurianus* [nomenclatura anterior: *E. pasteuriana*] ▪ *Histoplasma capsulatum variedade capsulatum, H. capsulatum variedade duboisii, H. farciminosum* (patógeno em animais). Em caso de manipulação de formas parasitárias teciduais (fase leveduriforme para *H. capsulatum*), como, por exemplo, no manejo de amostras clínicas suspeitas, em procedimentos que não geram aerossóis, o risco potencial é reduzido e, portanto, poderá ser manipulado em laboratório de nível de biossegurança 2, com o acréscimo de equipamentos de proteção individual. ▪ *Rhinocladiella mackenziei* [nomenclatura anterior: *Ramichloridium mackenziei*]
3.3. Vírus e príons	▪ Família *Arenaviridae* - Gênero *Mammarenavirus* - *Cali mammarenavirus* (anteriormente conhecido como *Pichindé mammarenavirus*), *Coriomeningite Linfocitica mammarenavirus* (linhagens neurotrópicas), *Flexal mammarenavirus, Tacaribe mammarenavirus, Wenzhou mammarenavirus, Whitewater Arroyo mammarenavirus* (estende-se às linhagens *Big Brushy Tank virus; Catarina virus; Skinner Tank virus; Tonto Creek virus*). É possível realizar a manipulação de *Cali mammarenavirus, Flexal mammarenavirus, Tacaribe mammarenavirus* e *Wenzhou mammarenavirus* em laboratório de nível de biossegurança 2 para fins diagnóstico baseados em técnicas com baixa produção de aerossóis, respeitando-se o uso de equipamentos de proteção respiratória individual e coletivos apropriados. ▪ Família *Bornaviridae* - Gênero *Orthobornavirus* - *Mammalian 1 orthobornavirus* (conhecido como vírus da doença de Borna 1 - *Borna disease virus 1*) e *Mammalian 2 orthobornavirus* (conhecido como bornavírus de esquilos - *variegated squirrel bornavirus*) ▪ Família *Coronaviridae:* ▪ Subfamília *Orthocoronavirinae:* ▪ Gênero *Alphacoronavirus* - coronavírus relacionado a morcegos NL63 (cepa BtKYNL63-9b) ▪ Gênero *Betacoronavirus* - *MERS-CoV* (coronavírus relacionado à síndrome respiratória do Oriente Médio), SARS-CoV e SARS-CoV-2 (coronavírus relacionados à síndrome respiratória aguda grave). Para SARS-CoV e SARS-CoV-2: atividades que envolvam testes diagnósticos e clínicos - de hematologia, sorologia, fixação de tecidos, análise molecular, extração de ácido nucleico, exame patológico, processamento de amostras fixadas ou inativadas, estudos de microscopia eletrônica, inativação de amostras e atividades de menor risco - podem ser realizadas em laboratório de nível de biossegurança 2, desde que sejam realizadas em uma cabine de segurança biológica de classe II para a manipulação de amostras potencialmente infectadas, com o uso de equipamentos de proteção individual adequados aos profissionais. Atividades de cultivo, de isolamento e de propagação viral devem ser realizadas em laboratório de nível de biossegurança 3. ▪ Família *Flaviviridae* - Gênero *Flavivirus* - *Absettarov virus, Central European Tick-borne encephalitis virus, Hanzalova virus, Hypr virus, Ilheus virus, Japanese encephalitis virus, Kumlinge virus, Louping ill vírus* (cepas britânica, irlandesa e espanhola), *Murray Valley encephalitis virus, Powassan virus, Rocio virus, Sal Vieja virus, San Perlita virus, Siberian Tick-borne encephalitis virus, Spondweni virus, Tick-borne encephalitis virus, Wesselsbron virus.* É possível realizar a manipulação de *Ilheus virus, Japanese encephalitis virus* e *Rocio virus* em laboratório de nível de biossegurança 2 para fins diagnóstico baseados em técnicas com baixa produção de aerossóis, respeitando-se o uso de equipamentos de proteção respiratória individual e coletivos apropriados.

(continua)

QUADRO 2 Classificação de agentes etiológicos humanos e animais com base no risco apresentado *(continuação)*

3.3. Vírus e príons	▪ Família *Hantaviridae* - Subfamília *Mammantavirinae* - Gênero *Orthohantavirus* - *Andes orthohantavirus* (incluindo os genótipos brasileiros Araraquara, Juquitiba, Castelo dos sonhos), *Bayou orthohantavirus, Black Creek Canal orthohantavirus, Caño Delgadito orthohantavirus, Choclo orthohantavirus, Dobrava-Belgrade orthohantavirus* (incluindo *Kurkino virus, Saaremaa virus* e *Sochi virus*), *El Moro Canyon orthohantavirus, Hantaan orthohantavirus, Laguna Negra orthohantavirus* (incluindo os genótipos brasileiros Rio Mamoré e Anajatuba), *Luxi orthohantavirus, Seoul orthohantavirus* (inclui *Gou virus*), *Sin nombre orthohantavirus* (incluindo *Nova York virus*). É possível realizar a manipulação de *Andes orthohantavirus (incluindo os genótipos brasileiros Araraquara, Juquitiba, Castelo dos sonhos), Laguna Negra orthohantavirus* (incluindo os genótipos brasileiros Rio Mamoré e Anajatuba), *Seoul orthohantavirus* (incluindo *Gou virus*) e *Sin nombre orthohantavirus* (incluindo *Nova York virus*) em laboratório de nível de biossegurança 2 para fins diagnóstico baseados em técnicas com baixa produção de aerossóis, respeitando-se o uso de equipamentos de proteção respiratória individual e coletivos apropriados. ▪ Família *Herpesviridae* - Gênero *Simplexvirus* - *Macacine alphaherpesvirus 1 (simiae alphaherpesvírus 1,* conhecido como herpesvírus B) ▪ Família *Nairoviridae* - Gênero *Orthonairovirus* - *Dugbe orthonairovirus, Nairobi sheep disease orthonairovirus* ▪ *Família Orthomyxoviridae* - Gênero *Alphainfluenzavirus* - *Influenza A virus* [subtipos H1N1 (cepa 1918) e H2N2 (cepa 1957-1968), subtipos H5, H7 e H9 relacionados à influenza aviária, altamente patogênicos e com potencial risco pandêmico, e subtipo H3 que se apresente significativamente diferente das linhagens humanas circulantes] ▪ Família *Peribunyaviridae* - Gênero *Orthobunyavirus* - *Germiston orthobunyavirus, La Crosse orthobunyavirus, Ngari orthobunyavirus, Snowshoe hare orthobunyavirus* ▪ Família *Phenuiviridae:* ▪ Gênero *Phlebovirus* - *Rift Valley fever phlebovirus* ▪ Gênero *Bandavirus* - *Dabie bandavirus (severe fever with thrombocytopenia syndrome virus), Heartland bandavirus (vírus Heartland)* ▪ Família *Picornaviridae* - Gênero *Enterovirus* - *Poliovirus* (cepas selvagens 1, 2 e 3) ▪ Família *Poxviridae* - Gênero *Orthopoxvirus* - *Camelpox virus, Monkeypox virus* (varíola do macaco). É possível realizar a manipulação de *Camelpox virus* em laboratório de nível de biossegurança 2 para fins diagnóstico baseados em técnicas com baixa produção de aerossóis, respeitando-se o uso de equipamentos de proteção respiratória individual e coletivos apropriados. ▪ Família *Reoviridae* - Gênero *Seadornavirus* - *Banna virus* ▪ Família *Rhabdoviridae:* ▪ Gênero *Vesiculovirus* - *Piry vesiculovirus* ▪ Gênero *Lyssavirus* - *Australian bat lyssavirus, Duvenhage lyssavirus, European bat 1 lyssavirus, European bat 2 lyssavirus, Mokola lyssavirus, Rabies lyssavirus* (vírus da raiva). É possível realizar a manipulação de *Rabies lyssavirus* em laboratório de nível de biossegurança 2 para fins diagnóstico baseados em técnicas com baixa produção de aerossóis, respeitando-se o uso de equipamentos de proteção respiratória individual e coletivos apropriados. ▪ Família *Retroviridae:* ▪ Subfamília *Orthoretrovirinae* ▪ Gênero *Deltaretrovirus* - *Primate T-lymphotropic virus 1* (vírus linfotrópico da célula T humana 1 – HTLV-1), *Primate T-lymphotropic virus 2* (vírus linfotrópico da célula T humana 2 – HTLV-2) ▪ Gênero *Lentivirus* - *Human immunodeficiency virus 1* (vírus da imunodeficiência humana 1 - HIV-1), *Human immunodeficiency virus 2* (vírus da imunodeficiência humana 2 – HIV-2), *Simian immnudeficiency virus* (vírus da imunodeficiência de símios – SIV) ▪ Família *Togaviridae* - Gênero *Alphavirus* - *Cabassou virus, Eastern equine encephalitis virus* (vírus da encefalite equina do leste), *Everglades virus, Getah virus, Madariaga virus, Mucambo virus, Ndumu virus, Pixuna virus, Rio Negro virus, Sagiyama virus, Tonate virus, Venezuelan equine encephalitis virus* (vírus da encefalite equina venezuelana), *Western equine encephalitis virus* (vírus da encefalite equina do oeste). É possível realizar a manipulação de *Madariaga virus, Mucambo virus, Pixuna virus, Rio Negro virus, Tonate virus, Venezuelan equine encephalitis virus* (vírus da encefalite equina venezuelana) e *Western equine encephalitis virus* em laboratório de nível de biossegurança 2 para fins diagnóstico baseados em técnicas com baixa produção de aerossóis, respeitando-se o uso de equipamentos de proteção respiratória individual e coletivos apropriados. ▪ Príons - Agentes não convencionais associados às encefalopatias espongiformes transmissíveis (EET). ▪ EET humanas (Formas esporádicas de EET humanas: agente da doença de Creutzfeldt-Jakob esporádica, agente da insônia fatal esporádica, agentes prionopáticos resistentes às formas variáveis de proteases; formas genéticas (hereditárias) de EETs humanas: agente da doença de Creutzfeldt-Jakob familiar, agente da insônia familiar fatal, agente da síndrome de Gerstmann-Straussler-Scheinker; formas adquiridas de TSEs humanas: agente variante da doença de Creutzfeldt-Jakob, agente da doença de Creutzfeldt-Jakob iatrogênica e agente de kuru).

(continua)

QUADRO 2 Classificação de agentes etiológicos humanos e animais com base no risco apresentado *(continuação)*

3.3. Vírus e príons	▪ EET de animais - agente da encefalopatia espongiforme bovina (EEB) e todas as linhagens relacionadas ou derivadas, como o agente EBB tipo H e tipo L, agente da encefalopatia espongiforme felina (EEF), agente transmissível da encefalopatia mink. ▪ Linhagens laboratoriais de EET - linhagens de agentes de doenças humanas propagadas em qualquer espécie; qualquer linhagem propagada em primatas ou camundongos expressando príons PrPSc ou em camundongos codificando para mutações humanas hereditárias em PrP (do inglês *glycophosphatidylinositol-anchored glycoprotein).*
4. Classe de risco 4	
4.1. Vírus	▪ Família *Arenaviridae* - Gênero *Mammarenavirus* - *Argentinean mammarenavirus* (mammarevírus argentino, anteriormente conhecido como *Junin mammarenavirus* - cepas vacinais podem ser trabalhadas em nível de biossegurança 3), *Brazilian mammarenavirus* (mammarenavírus brasileiro, anteriormente conhecido como *Sabia mammarenavirus*), *Chapare mammarenavirus, Guanarito mammarenavirus, Lassa mammarenavirus, Lujo mammarenavirus, Machupo mammarenavirus.* É possível realizar a manipulação de *Brazilian mammarenavirus* em laboratório de nível de biossegurança 3 para fins diagnóstico baseados em técnicas com baixa produção de aerossóis, respeitando-se o uso de equipamentos de proteção respiratória individual e coletivos apropriados. ▪ Família *Filoviridae:* ▪ Gênero *Ebolavirus* - *Bundibugyo ebolavirus, Reston ebolavirus, Sudan ebolavirus, Tai Forest ebolavirus, Zaire ebolavirus* ▪ Gênero *Marburgvirus* - *Marburg marburgvirus* (também se aplica à linhagem *Ravn virus*) ▪ Família *Flaviviridae* - Gênero *Flavivirus* - *Alkhumra hemorrhagic fever virus, Kyasanur forest disease virus, Omsk hemorrhagic fever virus, Russian spring-summer encephalitis virus* ▪ Família *Nairoviridae* - Gênero *Orthonairovirus* - *Crimean-Congo hemorrhagic fever orthonairovirus* ▪ Família *Paramyxoviridae* - Gênero *Henipavirus* - *Hendra henipavirus, Nipah henipavirus* ▪ Família *Poxviridae* - Gênero *Orthopoxvirus* - *Variola virus* (vírus da varíola).

No caso do NB-3 e do NB-4, o laboratório deverá estar localizado em área claramente demarcada, isolada do edifício e em prédio separado, respectivamente. É exigido um sistema de dupla porta como requisito básico para entrada no laboratório a partir de corredores de acesso ou para outras áreas contíguas, com sala para troca de roupas, chuveiros, bloqueio de ar e outros dispositivos, para acesso em duas etapas[6].

Por questão de segurança, para trabalhos com organismos MGM-3 e MGM-4, o acesso ao laboratório deve ser bloqueado por portas hermeticamente fechadas e possuir fechamento automático, e a entrada e a saída de pessoal do laboratório devem ocorrer somente após uso de chuveiro e troca de roupa[6].

Equipamentos de proteção individual

Para o trabalho com MGM, devem ser usados uniformes completos específicos para cada nível de biossegurança, sendo proibido o uso fora do laboratório. Esses EPI incluem jalecos, gorros, máscaras, luvas e propés usados em laboratórios NB-1 e NB-2 (Figura 3A) e vestimenta completa para laboratório NB-3 (Figura 3B). Para o trabalho em laboratório NB-4, a roupa usual deve ser trocada por vestimenta protetora completa e descartável do tipo escafandro e respiradores[6].

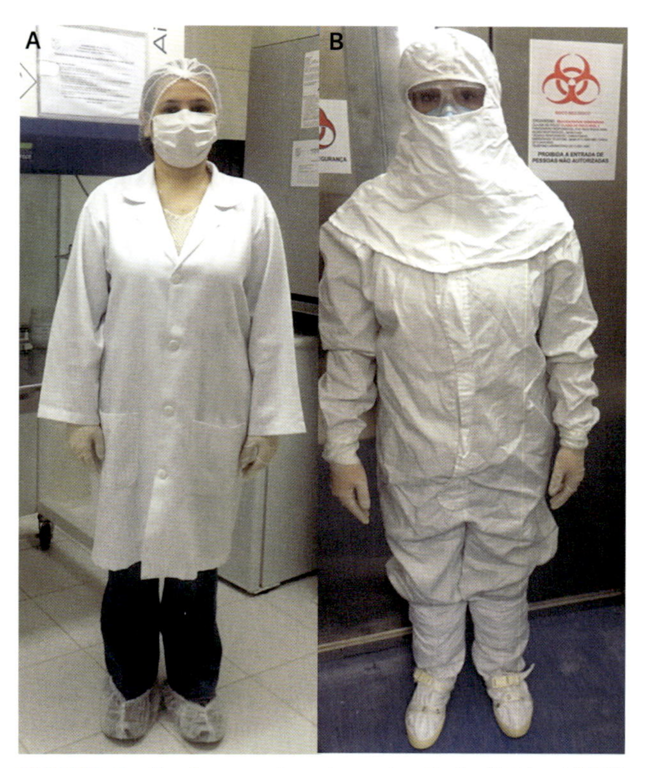

FIGURA 3 Equipamentos de proteção individual (EPI) utilizados para o trabalho com MGM, em laboratórios NB-2 (A) e NB-3 (B).

Instalações

Todo laboratório deve ser desenhado de modo a permitir fácil limpeza e descontaminação, desde as superfícies das bancadas até as paredes internas, pisos e tetos. Os espaços entre as bancadas, cabines e equipamentos também devem a permitir acesso fácil para limpeza[6].

Em NB-3 e NB-4, toda a superfície deve ser selada e sem reentrâncias, para facilitar limpeza e descontaminação, e as janelas do laboratório devem ser fechadas ou lacradas. Paredes, tetos e pisos do laboratório devem ser construídos com sistema de vedação interna, para permitir maior eficiência da fumigação, e evitar o acesso de animais e insetos[6].

O sistema de ventilação (no ar insuflado e na exaustão) e os sistemas de esgoto dos laboratórios, especialmente NB-3 e NB-4, devem estar acoplados a filtros de ar de alta eficiência (HEPA, do inglês *high efficiency particulate air*). Laboratórios NB-3 e NB-4 devem ter um sistema de ar independente, com ventilação unidirecional, em que o fluxo de ar penetra no laboratório pela área de entrada, assegurando um diferencial de pressão que não permita a saída do agente de risco. Portanto, não deve existir exaustão do ar para outras áreas do prédio, e o ar não deve ser recirculado, devendo passar por filtro HEPA antes de ser eliminado para o exterior do laboratório. Deve haver verificação e registro constantes do fluxo de ar no laboratório, e em alguns casos, o sistema de ar deve estar acoplado a manômetros, com sistema de alarme que acuse qualquer alteração sofrida no nível de pressão exigido para as diferentes salas[6].

Durante o trabalho com MGM

Equipamentos de contenção exigidos

As cabines de segurança biológica (CSB) são equipamentos de proteção coletiva (EPC) e devem ser usadas sempre que sejam realizados procedimentos com elevado potencial de criação de aerossóis, como centrifugação, trituração, homogeneização, agitação vigorosa, ruptura por ultrassom, abertura de recipientes contendo material cuja pressão interna possa ser diferente da pressão ambiental, inoculação intranasal em animais e em cultura de tecidos infectados[6].

Dependendo da classe de risco do MGM, devem ser utilizadas CSB classe I, II ou III. Devem ser usadas em associação com roupas de proteção pessoal e deverão estar acopladas a filtros HEPA. O ar liberado pelas CSB classes I e II pode ser eliminado para dentro ou fora do ambiente do laboratório, desde que no sistema de exaustão estejam acoplados filtros HEPA. A exaustão de ar das CSB classe III deve ser realizada sem recirculação, usando-se sistema de dupla filtragem com filtros HEPA em série, por sistema de exaustão do laboratório[6]. Todas as CSB devem ser certificadas e validadas.

Registro de uso de equipamentos e procedimento operacional padrão

Todos os equipamentos utilizados nos laboratórios com manipulação de MGM devem conter um livro de registro de uso, manutenções preventivas e corretivas, e calibrações/verificações. Além disso, no próprio equipamento deve conter um selo que identifique quando foi realizada a última manutenção preventiva e quando será realizada a próxima, especialmente das CBS, estufas e fluxo de ar do laboratório. Da mesma forma, deve existir o registro de temperatura de geladeiras e congeladores, e de tempo de uso de lâmpada UV das CSB e das salas. O laboratório deve ter procedimento operacional padrão (POP) sobre o uso dos equipamentos, procedimentos experimentais realizados, EPI e EPC utilizados, manuseio seguro de MGM e descarte dos resíduos gerados[6].

Na Figura 4, é ilustrada uma CBS e uma estufa bacteriológica para manuseio de MGM, com procedimentos de uso (tipo POP) afixados, assim como símbolo de risco, modelo e número de série dos equipamentos, controle e registro da última e da próxima manutenção, e o contato da empresa responsável.

Práticas laboratoriais seguras e equipamentos de segurança

Como todo laboratório, existem regras que devem ser obrigatórias, como o uso de dispositivo mecânico para pipetagem, proibição de comer, beber, fumar e aplicar cosméticos nas áreas de trabalho e a existência de lava-olhos acessível num prazo de 10 segundos a partir do local onde os produtos químicos são manipulados; e de um programa rotineiro de controle de insetos e roedores[6,8]. Mais detalhes sobre práticas seguras e equipamentos de segurança podem ser consultados nos Capítulos 2, 3 e 4.

Após o trabalho com MGM

Descontaminação

Antes, durante e após o trabalho, deve ser realizada a descontaminação das superfícies e de todo material ou equipamento que tiver entrado em contato com o MGM, bem como deve ser realizado o descarte correto de resíduos gerados (líquido ou sólido)[6].

Uma autoclave deve estar disponível no interior ou próximo a laboratórios NB-1 e NB-2 (Figura 5A), de modo a permitir a descontaminação de todo material

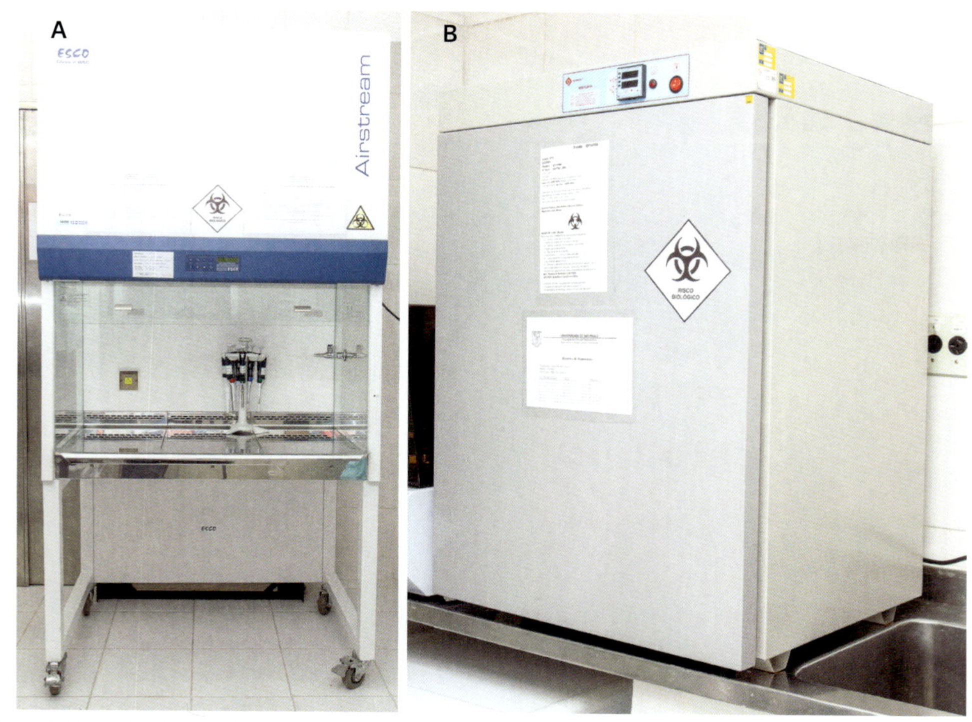

FIGURA 4 Identificação de equipamentos como cabine de segurança biológica (A) e estufa bacteriológica (B).

previamente ao seu descarte. Quando não for possível ter a autoclave no interior do laboratório, esta deve ficar o mais próximo possível, e todo o processo de descontaminação deve seguir as instruções dispostas na RN 18. Em laboratórios NB-3 (Figura 5B) e NB-4, a descontaminação de material deve ser realizada por meio do sistema de autoclave de dupla porta com controle automático, para permitir a retirada de material pelo lado oposto.

Materiais e equipamentos que não possam ser descontaminados na autoclave devem passar por tanque de imersão com desinfetante ou câmara de fumigação. As autoclaves devem ter certificado de qualificação e o processo de esterilização deve ser validado. Os líquidos liberados de chuveiros ou de sanitários devem ser descontaminados com produtos químicos ou pelo calor. Todas as linhas de vácuo devem estar protegidas com filtro HEPA e coletores com líquido desinfetante. O sistema de drenagem do solo deve conter depósito com desinfetante químico eficaz para o agente em questão, conectado diretamente a um sistema coletor de descontaminação de líquidos. O líquido efluente, antes de ser liberado do laboratório, deve ser descontaminado com tratamento por calor[6].

Até o momento não existe uma RDC de biossegurança sobre o descarte de resíduos contendo MGM; portanto, as fases de segregação, acondicionamento, identificação e destinação final dos resíduos contendo MGM devem seguir as resoluções normativas e orientações da legislação federal, como a RDC n. 222/2018 (ANVISA) e a Resolução Conama n. 358/05, de acordo com o disposto nos arts. 6º e 27º da Lei de Biossegurança. Essas etapas devem ser realizadas de acordo com a classificação de risco dos MGM e com a característica do resíduo gerado (resíduos líquidos, sólidos, perfurocortantes, entre outros)[3,9-11].

Inicialmente, os resíduos gerados devem ser acondicionados em recipientes adequados e devidamente identificados com o nome do pesquisador responsável e a data de geração do resíduo11. O tratamento inicial dos resíduos que contêm MGM (exceto para MGM-1) deve ser realizado, obrigatoriamente, dentro da unidade geradora do resíduo, e o principal sistema de tratamento utilizado é a esterilização por calor úmido. Todas as etapas de manejo, desde o registro do controle de uso de autoclave, até os documentos das empresas contratadas para a realização da disposição final, devem estar contempladas no Plano de Gerenciamento de Resíduos de Serviços de Saúde (PGRSS) de cada instituição. Esse plano serve para garantir que os resíduos não sejam descartados sem tratamento prévio, garantindo proteção à saúde pública e ao meio ambiente[9-11]. Todas as etapas devem estar registradas em um POP de fácil acesso para todos os trabalhadores.

FIGURA 5 Exemplos de autoclave para descontaminação de material que contém MGM em laboratórios NB-2 (A) e NB-3 (B).

Antes de sair do laboratório

Sempre que MGM são manipulados, deve-se lavar as mãos antes de deixar o laboratório. Para isso, próximo à porta de saída de cada laboratório deve haver pelo menos uma pia e, se possível, a torneira deve ter um sistema automático de acionamento ou sistema de pedais. Quando o trabalho ocorre em laboratórios NB-3 e NB-4, todo o pessoal deve tomar banho ao deixar essas áreas.

Antes de sair do laboratório para áreas externas, todos os EPI devem ser descontaminados para que depois sejam encaminhados à lavanderia ou para descarte. Em NB-3 e NB-4, antes de sair do laboratório para a área de banho, a roupa protetora deve ser deixada em área específica para descontaminação antes do descarte. O local para o pessoal vestir as roupas específicas deve ter pressão positiva e sistema de suporte de vida[6].

OCORRÊNCIA DE ACIDENTES E LIBERAÇÃO ACIDENTAL DE MGM

Todas as atividades e projetos com MGM e seus derivados em contenção devem ser planejados e executados de acordo com as resoluções normativas da CTNBio, de modo a evitar acidente ou liberação acidental[11]. Porém, quando ocorrem derramamentos ou acidentes que resultem em exposição de MGM, estes devem ser imediatamente notificados à CIBio e à CTNBio, anexando-se relatório das ações corretivas já tomadas e os nomes das pessoas e autoridades que tenham sido notificadas, com providências de avaliação médica, vigilância e tratamento, sendo mantido registro dos acidentes e das providências adotadas[6].

Para todo laboratório, seja qual for o nível de biossegurança, deve ser organizado um sistema de notificação de acidentes, exposição e absenteísmo do pessoal do laboratório, bem como um sistema de vigilância médica. Para trabalhos em laboratório NB-4, deve-se prever uma unidade de quarentena, isolamento e cuidados médicos para o pessoal suspeito de contaminação[6].

TRANSPORTE DE MGM

A permissão para transporte depende da classificação do MGM e de seu destino. Para sua emissão, tanto a entidade remetente quanto aquela de destino, localizadas em território nacional, devem possuir o CQB. O pesquisador principal deverá notificar, anteriormente à remessa do material, as CIBio, tanto de sua instituição quanto da instituição de destino. Para algumas classes de risco, a CIBio submeterá a solicitação de autorização para o transporte à CTNBio[12].

O MGM deverá ser transportado contido em embalagens firmemente fechadas ou vedadas, para prevenir escape. Devem ser utilizados sempre dois recipientes, ambos claramente identificados: um interno (tubo de ensaio, placa de Petri, envelope com sementes), o qual conterá o MGM a ser transportado, dentro de um segundo recipiente que ofereça resistência durante o transporte. A CIBio deverá ser informada sobre o conteúdo, o volume, o local e as condições de embalagem e a transportador deverá ser informado sobre os cuidados no transporte e os procedimentos de emergência no caso de escape ou acidente[12].

Para todos os casos, as embalagens devem ser cla- ramente identificada com o símbolo universal de "Risco Biológico" e, quando pertinente, com o símbolo universal de "frágil", com a seguinte mensagem: "O acesso a este conteúdo é restrito a equipe técnica devidamente capacitada". A embalagem externa deverá conter nome, endereço completo e telefone, tanto do destinatário quanto do remetente[12].

CONSIDERAÇÕES FINAIS

Todo trabalho que envolve manipulação de microrganismos exige o cumprimento das normas de biossegurança. Entretanto, a exposição a produtos resultantes da engenharia genética, como os MGM, gera uma preocupação adicional e exige atenção especial, uma vez que alguns deles possuem a capacidade de modificar ou reprogramar outros seres vivos. Este capítulo apresentou de forma sucinta as principais exigências para um trabalho em contenção de MGM como produto final do processo de engenharia genética, enfatizando as exigências da fiscalização realizada pela Anvisa e CTNBio aos laboratórios de pesquisa, com base na Lei Federal n. 11.105, especialmente nos arts. 27 e 29. Para informações mais detalhadas sobre os procedimentos dos diferentes níveis de biossegurança, devem ser consultados os Capítulos "Laboratórios de biossegurança níveis 1 e 2" e "Laboratório de biossegurança nível 3 para pesquisa bacteriológica", assim como a RN 18 e demais resoluções normativas da CTNBio citadas ao longo deste capítulo.

REFERÊNCIAS BIBLIOGRÁFICAS

1. Brown TA. Gene cloning and DNA analysis: an introduction. 8.ed. Hoboken: Wiley-Blackwell; 2021.
2. Hirata MH, Hirata RDC, Mancini Filho J. Manual de biossegurança, 3.ed. Barueri: Manole; 2017.
3. Brasil. Lei n. 11.105, de 24 de março de 2005. Lei de Biossegurança. Brasília: Diário Oficial da União; 2005.
4. Brasil. Decreto n. 5.591, de 22 de novembro de 2005. Regulamenta dispositivos da Lei n. 11.105, de 24 de março de 2005, que regulamenta os incisos II, IV e V do §1º do art. 225 da Constituição, e dá outras providências. Brasília: Diário Oficial da União. 2005. Disponível em: < Decreto n. 5591 (planalto.gov.br) >. Acesso em: 09 jun. 2024.
5. Comissão Técnica Nacional de Biossegurança (CTNBio). Resolução Normativa n. 7. Dispõe sobre as normas para a liberação planejada no meio ambiente de microrganismos e animais geneticamente modificados (MGM e AnGM) de classe de risco I e seus derivados. Brasília: Diário Oficial da União; 2009.
6. Comissão Técnica Nacional de Biossegurança (CTNBio). Resolução Normativa n. 18. Republica a Resolução Normativa n. 2, de 27 de novembro de 2006, que dispõe sobre a classificação de riscos de organismos geneticamente modificados (OGM) e os níveis de biossegurança a serem aplicados nas atividades e projetos com OGM e seus derivados em contenção. Brasília: Diário Oficial da União; 2018.
7. Brasil. Ministério da Saúde. Portaria n. 3.398, de 07 de dezembro de 2021. Aprova a Classificação de Risco dos Agentes Biológicos elaborada em 2021, pela Comissão de Biossegurança em Saúde (CBS), do Ministério da Saúde.
8. Associação Brasileira de Normas Técnicas. NBR 16291: Chuveiros e lava-olhos de emergência. Requisitos gerais. Rio de Janeiro: ABNT; 2014.
9. Brasil. Agência Nacional de Vigilância Sanitária (Anvisa). Resolução RDC n. 222, de 28 de março de 2018. Dispõe sobre os requisitos de Boas Práticas de Gerenciamento dos Resíduos de Serviços de Saúde.
10. Conselho Nacional do Meio Ambiente (Conama). Resolução n. 358, de 29 de abril de 2005. Dispõe sobre o tratamento e a disposição final dos resíduos dos serviços de saúde e dá outras providências. Brasília: Diário Oficial da União; 2005.
11. Fundação Hemocentro de Ribeirão Preto. Comissão Interna de Biossegurança. Orientações para manuseio, processamento e descarte de organismos geneticamente modificados (OGM)/Comissão Interna de Biossegurança. Ribeirão Preto: Fundação Hemocentro de Ribeirão Preto; 2015.
12. Comissão Técnica Nacional de Biossegurança (CTNBio). Resolução Normativa. n. 26. Dispõe sobre as normas de transporte de Organismos Geneticamente Modificados – OGM e seus derivados. Brasília: Diário Oficial da União. 2020.

27

Biossegurança em métodos alternativos ao uso de animais de experimentação

Silvia Cardoso Tratnik
Paula Comune Pennacchi
Silvya Stuchi Maria-Engler

INTRODUÇÃO

A utilização de espécies animais como modelos de observação e predição de fenômenos vem sendo descrita desde o início dos estudos fisiológicos. Há relatos de seu uso desde a Grécia antiga em experimentos médicos e estudos de anatomia[1]. No início do século XX, a expansão da indústria química sintética levou ao surgimento de muitas e novas possibilidades de medicamentos e produtos, incluindo maior pureza e concentração dos medicamentos, o que aumentava sua eficácia, mas também sua toxicidade em relação aos produtos naturais[2]. Nesse cenário, as plataformas de testes ainda eram ineficazes e ocorreram diversos acidentes de ordem toxicológica até que houvesse mais preocupação com as regulações legais de medicamentos e produtos, antes de sua comercialização, gerando assim maior investimento nos testes em animais e, inclusive, em humanos. No entanto, durante a Segunda Guerra Mundial, o emprego de seres humanos em testes de drogas pelos nazistas despertou a necessidade de normatização dos testes de segurança. Em 1947, foi criado o Código de Nuremberg, que buscava normatizar a experimentação para avaliação de segurança de drogas em humanos. Dez diretrizes foram propostas, a terceira determina que "o experimento deve ser baseado em resultados da experimentação animal e no conhecimento da evolução da doença ou outros problemas em estudo, e os resultados conhecidos previamente devem justificar a experimentação". Dessa forma, determinou-se que os testes deveriam se iniciar em animais menores e evoluir gradativamente para animais de maior porte até aqueles que geneticamente se aproximassem mais dos seres humanos, como os primatas não humanos[2]. Assim, a preocupação com a segurança dos medicamentos ou produtos químicos levou a uma utilização indiscriminada de animais em testes muitas vezes repetitivos, desnecessários e cruéis, sem qualquer preocupação ética.

Iniciou-se então um debate sobre como animais eram usados na ciência e, em 1954, a Universities Federation for Animal Welfare (UFAW) patrocinou pesquisas para desenvolvimento de práticas humanizadas de experimentação. William Russell e Rex Burch se integraram ao programa e passaram a estudar os princípios éticos das técnicas laboratoriais, seus estudos foram publicados no livro *The principles of humane experimental technique* (1959)[3], no qual foi citado o conceito dos "3Rs": redução, refinamento e substituição (do inglês *reduction, refinement and replacement*). O trabalho de Russell e Burch consistiu em nova abordagem para o desenvolvimento de pesquisa, com a finalidade de substituir parcial ou totalmente o uso de animais, melhorar a qualidade experimental e minimizar o número de requeridos, dando início ao desenvolvimento de métodos alternativos à experimentação animal[4]. Desde sua implementação, o conceito dos 3Rs se tornaram diretrizes fundamentais na condução de pesquisa, na implementação de controle e garantia da qualidade, na execução de avaliações clínicas e ambientais e na elaboração de leis pertinentes ao redor do mundo. O conceito dos 3Rs está descrito a seguir:

- Redução: diminuir a quantidade de animais experimentais para um número em que se obtenham dados suficientes para validar uma resposta e maximizar a informação obtida por animal.
- Refinamento: proporcionar qualidade de vida aos animais de experimentação, minimizar a dor e o estresse dos animais, com melhorias nos procedi-

mentos e direcionar as metodologias para a investigação dos desfechos dos estudos de maior relevância em humanos.
- Substituição: desenvolver metodologias que substituam, de forma parcial ou total, seres dotados de consciência e capazes de sentir dor, por métodos alternativos, sempre que possível.

Uma questão de grande importância neste tema é a capacidade preditiva do modelo animal quando os dados são extrapolados para seres humanos. Segundo Blackburn[5], o termo "modelo" pode ser definido como uma "representação de um sistema por outro, usualmente mais familiar, cujo funcionamento se supõe ser análogo ao do primeiro", ou seja, mesmo o modelo mais próximo ao humano tem a oferecer apenas uma previsão aproximada do resultado. De acordo com Hau[6], "um modelo animal é um objeto animado de imitação da imagem humana (ou de outra espécie), utilizado na investigação de fenômenos biológicos e patobiológicos". Neste caso, ele deveria mimetizar ou predizer adequadamente a resposta humana. Porém, diversos indícios de baixa predição foram descritos, por exemplo, a variabilidade intra e interespécies. Este fato, somado aos aspectos éticos envolvidos na experimentação animal, torna interessante a busca pela substituição por métodos alternativos.

REGULAMENTAÇÃO E CENTROS DE VALIDAÇÃO DE MÉTODOS ALTERNATIVOS

Nos últimos 25 anos, foram criados centros de validação dos métodos alternativos em diversas regiões do mundo (Figura 1). Na Europa, a partir de 2009, testes *in vivo* para insumos e produtos finais cosméticos foram totalmente proibidos e, em 2013, foram proibidas a comercialização e a importação dos produtos que os utilizam, o que forçou o rápido desenvolvimento dos testes alternativos, como previsto na sétima emenda da Diretriz de Cosméticos, com isso, a substituiçao animal para testes de segurança de cosméticos e insumos, p. ex., foi satisfatoriamente implementada[7].

Em áreas como a farmacologia, a substituição ainda representa um desafio a ser vencido. Atualmente, existem diversos métodos alternativos à experimentação animal bem estabelecidos e de grande valor preditivo, como: as culturas celulares organotípicas; as ômicas, em especial a proteômica e a metabolômica e seu correspondente em toxicologia, a toximetabolômica, que tornam possível mapear quais proteínas e metabólitos são expressos diante de um desafio (p. ex., um toxicante) com base no uso de quantidades pequenas de células e tecidos humanos; os modelos de tecido em chips e as avaliações por relações estrutura-atividade quantitativas (QSAR, do inglês *quantitative structure activity relationships*).

Ao redor do mundo, diversos programas, em geral iniciativas mistas entre governo e indústria, estão em vigor, com o intuito de desenvolver, validar e popularizar métodos alternativos, descritos a seguir.

- *Safety Evaluation Ultimately Replacing Animal Testing* (SEURAT-1, Europa): colaboração entre academia, instituições de pesquisa e indústrias, é composta por cinco projetos interligados que contemplam áreas de estudo de métodos alternativos, como ensaios com células-tronco, sistemas microfluídicos com células hepáticas, detecção de biomarcadores, modelos *in silico* para avaliação de segurança de cosméticos e avaliação de efeitos da exposição crônica a substâncias. Utiliza modelos computacionais, culturas organotípicas e análises integradas de dados[8].
- *Registration, Evaluation, Authorisation and Restriction of Chemicals* (REACH, Europa): implantado em 2007, o REACH (em português: registro, avaliação, autorização e restrição de químicos) tornou mandatória a avaliação de riscos de substâncias químicas ou misturas pelas empresas que os produzem ou importam, em quantidade igual

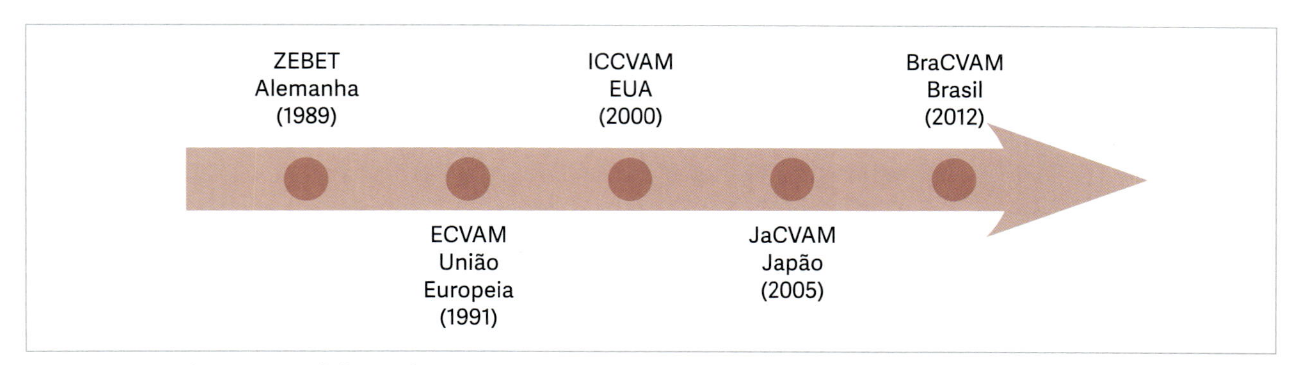

FIGURA 1 Linha temporal de implantação de centros de validação de métodos alternativos no mundo.

ou superior a uma tonelada anual. As empresas são encorajadas a utilizar métodos alternativos e a dividir informações, para evitar repetição de testes[9].

- *Toxicology in the 21st Century* (Tox21, Estados Unidos): parte do programa CompTox, da Environmental Protection Agency (EPA), trata-se de uma colaboração entre diversas agências federais americanas. Seu foco é o uso de ferramentas robóticas e de triagem de alto desempenho para análise toxicológica de mais de 10 mil substâncias, com ordem de prioridade. Também desenvolve e valida métodos para a caracterização de rotas de toxicidade, além de construir uma base de dados que ficará disponível aos pesquisadores[10].
- *Toxicity ForeCaster* (ToxCast, Estados Unidos): também parte do CompTox, utiliza ferramentas de triagem de alto desempenho para expor células vivas ou proteínas isoladas a substâncias químicas e avalia as alterações indicativas de efeitos tóxicos ou adversos à saúde. Pretende priorizar a avaliação de disruptores endócrinos[11].

A implementação de métodos alternativos ao uso de animais representa um progresso da ciência, pois demanda melhor entendimento das patologias e patogenias e dos efeitos metabólicos gerados pela exposição a um agente. Dessa forma, proporciona resultados mais confiáveis e robustos, além de impulsionar o desenvolvimento de novos métodos de detecção. O desenvolvimento, a validação e a aceitação de métodos alternativos constituem um desafio atual, já que dependem de debates sobre a predição dos modelos, tanto tradicionais quanto alternativos, implantados ou em fase de desenvolvimento, de forma a promover confiança e aceitação de sua validade na indústria e entre os consumidores.

Em sistemas biológicos, espera-se que a predição de um modelo experimental indique a capacidade do método de fornecer respostas a um estímulo similares às de experimentos com seres humanos[12]. A predição de um modelo experimental alternativo pode ser avaliada utilizando-se uma "tabela de contingência" (Quadro 1) para calcular sensibilidade, especificidade e valor preditivo positivo e negativo, comparando-se os resultados com os do método em humanos ou de um teste padrão de referência estabelecido.

A sensibilidade de um teste é a probabilidade (p) entre 0 e 1 de um resultado positivo ser realmente positivo – logo, VP/(VP + FN). A especificidade é a probabilidade (0 a 1) de um resultado negativo ser realmente negativo – ou VN/(FP + VN). O valor preditivo positivo é a proporção de resultados positivos verdadeiros dentre todos os resultados positivos (TP/TP + FP) e, de forma similar, o valor preditivo negativo é a proporção de resultados negativos verdadeiros dentre todos os negativos (TN/TN + FN). Na grande maioria das áreas, admite-se um valor crítico de p menor ou igual a 0,05, ou seja, assume-se como margem de segurança 5% de chances de erro.

É importante avaliar a predição dos modelos experimentais, pois, quando são testados produtos de venda livre, como cosméticos (que muitas vezes têm absorção sistêmica), efeitos adversos graves podem advir do uso de uma substância erroneamente classificada como não tóxica liberada para comercialização. Porém, na prática, os modelos animais considerados padrão de referência em geral apresentam baixos índices de predição.

Além das diferenças fisiológicas entre espécies, as cobaias utilizadas são geralmente jovens, sem comorbidades e nascidas e criadas em ambiente controlado, não tendo sido expostas às mesmas condições ambientais que os seres humanos[13]. Em outros casos, muitas vezes, são as diferenças interespécies que tornam os testes *in vivo* pouco confiáveis, como o teste de Draize, ainda considerado referência para a avaliação do potencial de corrosão e irritação dérmica e ocular. Apesar de sua ampla aceitação, houve casos de classificação incorreta de substâncias químicas baseadas nesse teste. A razão para essas discrepâncias parece ocorrer pela maior reatividade da pele do coelho, tornando-o um modelo não ideal para a predição de respostas humanas[14]. Em testes de irritação/corrosão ocular, as diferenças anatômicas e fisiológicas entre as espécies novamente indicam que o teste de Draize não prediz corretamente os efeitos em humanos, porque os olhos do coelho são mais sensíveis a danos por substâncias químicas e a arquitetura fisiológica de seus olhos difere da dos olhos humanos[15], uma vez que possuem epitélio cerca de dez vezes mais permeável a substâncias hidrofílicas que os olhos humanos, além de possuírem membrana de Bowman seis

QUADRO 1 Parâmetros da análise de predição de um método alternativo

Método alternativo	**Método em humanos ou no teste padrão ouro**	
	Resultados positivos	**Resultados negativos**
Resultados positivos	Verdadeiro-positivo (VP)	Falso-positivo (FP)
Resultados negativos	Falso-negativo (FN)	Verdadeiro-negativo (VN)

vezes mais fina e córnea de aproximadamente 0,37 mm de espessura, contra 0,51 mm em humanos[16]. Essas características somadas superestimam o dano.

Outro teste *in vivo* consagrado é o Teste da Toxicidade Aguda, desenvolvido em 1927 por J. W. Trevan, que também cunhou o termo DL_{50} (dose letal 50: a quantidade da substância capaz de matar pelo menos 50% dos indivíduos de uma população estudada), pelo qual o teste é conhecido. Em um primeiro momento, o teste foi desenvolvido para testar a toxicidade de produtos naturais e toxinas, tendo sido posteriormente adotado para a avaliação de substâncias químicas sintéticas, como fármacos, pesticidas e insumos[17]. Eram utilizados pelo menos trinta por teste e, já em 1943, foram publicadas análises que demonstravam que valores semelhantes de DL_{50} eram obtidos para 80% das substâncias testadas reduzindo-se o número de animais a seis[18].

Experimentos em animais muitas vezes não conseguem ser replicados se testados em ensaios clínicos com humanos, como descrito em uma revisão sistemática que avaliou 76 estudos feitos com animais, todos com alto índice de citações[19]. Essa revisão indicou que apenas 28 dos trabalhos (aproximadamente um terço) tiveram resultados concordantes com os ensaios clínicos randomizados). Outra revisão sistemática demonstrou a baixa concordância entre resultados de testes em animais e testes em humanos[20].

VALIDAÇÃO DE MÉTODOS ALTERNATIVOS AO USO DE ANIMAIS

Os métodos alternativos podem ser classificados como válidos ou validados. Para que um método alternativo possa ser adotado oficialmente, ele precisa passar por estudos colaborativos internacionais (validação) e ser publicado em compêndios oficiais (aceitação regulatória)[21]. O processo de validação garante que os métodos alternativos desenvolvidos por cientistas na academia ou na indústria sejam cientificamente válidos e, portanto, eventualmente aceitos pelas autoridades regulatórias para fins de classificação, rotulagem, aprovação ou testes de segurança de produtos. Para atingir a validação, um método deve provar sua confiabilidade e relevância[22].

Originado de uma parceria entre o Instituto Nacional de Controle de Qualidade em Saúde (INCQS/FIOCRUZ) e a Agência Nacional de Vigilância Sanitária (ANVISA), o Centro Brasileiro de Validação de Métodos Alternativos (BraCVAM) é o primeiro do

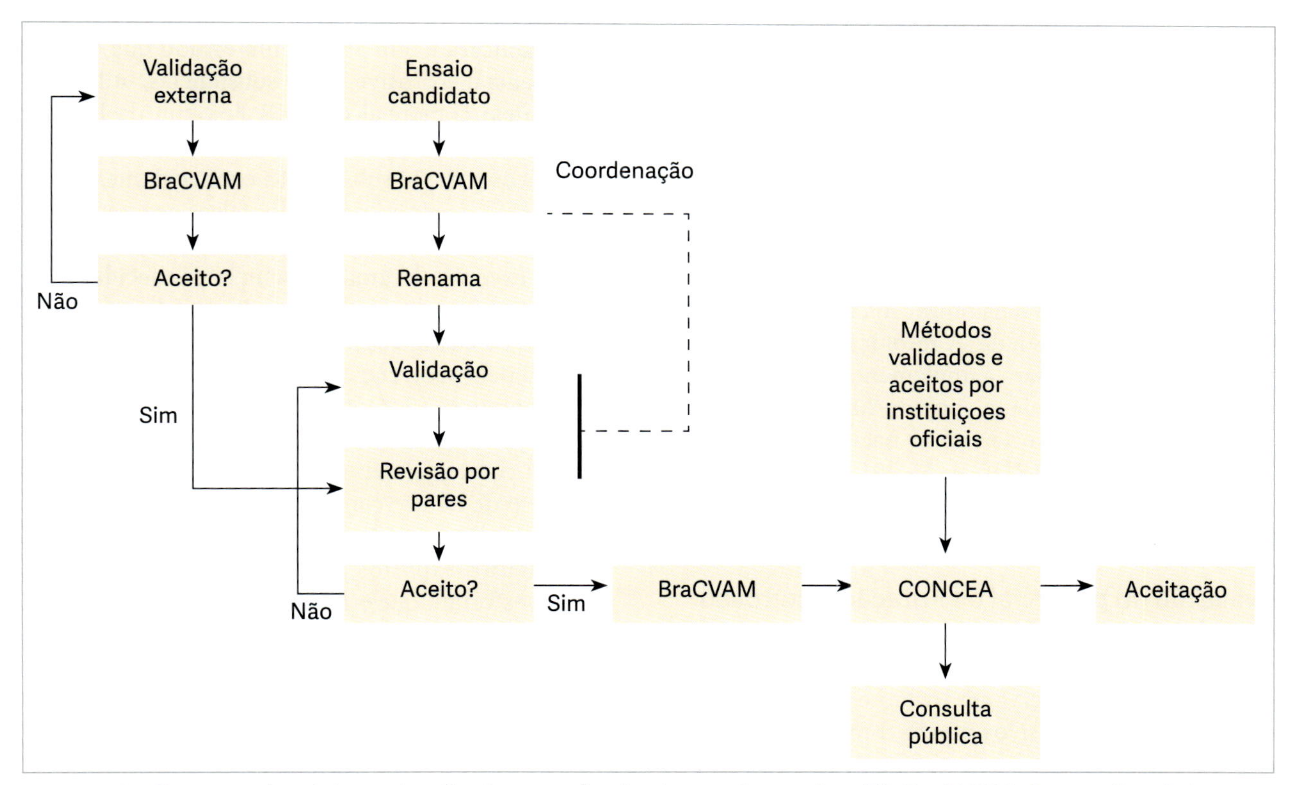

FIGURA 2 Processo legal de aceitação de um método alternativo no Brasil[23]. BraCVAM: Centro Brasileiro para Validação de Métodos Alternativos; CONCEA: Conselho Nacional de Controle de Experimentação Animal; Renama: Rede Nacional de Métodos Alternativos ao uso de animais.

tipo na América Latina, sendo responsável por validar e coordenar estudos sobre métodos alternativos, atuando em conjunto com a Rede Nacional de Métodos Alternativos (RENAMA) e o Conselho Nacional de Controle de Experimentação Animal (CONCEA) (Figura 2).

No Estado de São Paulo, em 2014, foi aprovada a Lei n. 15.316/2014, que trata do banimento total de testes com animais para cosméticos em âmbito estadual, de maneira semelhante ao ocorrido na Europa em 2013. É interessante ressaltar que essa proibição se aplica apenas aos testes de produtos acabados, ao contrário do ocorrido na União Europeia, onde o banimento vale também para os insumos.

Métodos alternativos validados

Os métodos alternativos validados apresentam relevância e confiabilidade estabelecidas para um propósito particular de acordo com critérios determinados pelos órgaos oficiais. Já os métodos considerados válidos não passaram necessariamente pelo processo completo de validação, mas têm número suficiente de dados que comprovam sua relevância e confiabilidade[21]. Uma tabela de métodos alternativos aceitos e validados, na qual são descritas análises finais possíveis, métodos, tipo de teste e bases regulatórias, foi publicada por Tagliati e colaboradores[2].

Em 2014, o CONCEA publicou a resolução normativa n. 18/2014 que reconheceu o uso de 17 métodos alternativos ao uso de animais em atividades de pesquisa no Brasil, previamente validados e aceitos pela Organização para a Cooperação e Desenvolvimento Econômico (OCDE). Esses métodos abrangem testes que avaliam irritação/corrosão cutânea e ocular, absorção cutânea, potencial de sensibilização cutânea, toxicidade aguda e genotoxicidade. A resolução estabelece um prazo de cinco anos para a implementação dos testes, e após esse prazo (ou seja, no ano de 2019), seu uso será obrigatório em todo o território nacional. Em agosto de 2015, a ANVISA (RDC n. 35/2015) aprovou os 17 métodos previamente reconhecidos pelo CONCEA, que serão descritos a seguir.

Avaliação do potencial de irritação e corrosão da pele

A estratégia atual proposta pela OCDE prevê a classificação das substâncias em irritantes/não irritantes e corrosivos/não corrosivos à pele com base em métodos alternativos, como testes físico-químicos (pH e capacidade tamponante), relações estrutura-atividade (REA) e testes *in vitro*, sendo permitido o uso de animais apenas para reavaliar resultados negativos. A aplicação dessa estratégia, independentemente da escolha do modelo entre os testes *in vitro* disponíveis, resistência elétrica transcutânea (RET) ou epiderme humana reconstruída (EHR), resulta em confiabilidade suficiente para classificar uma substância[24].

- Método OCDE TG 430 – corrosão dérmica *in vitro* (teste de resistência elétrica transcutânea – RET). Este método apresenta como análise final a redução na resistência elétrica de uma membrana composta de discos de pele de rato, indicativa de perda da função de barreira. Indicado para a classificação de substâncias entre corrosivas e não corrosivas, porém sem subcategorização de potência. Pode ser utilizado para a classificação de sólidos, líquidos e emulsões[14]. Em avaliação realizada por Worth et al.[24] testou-se a corrosividade de 60 substâncias pelo método RET e deste total, 34 foram consideradas substâncias como corrosivas, sendo 9 falsos positivos (92,6% de sensibilidade) e 26 substâncias classificadas como não corrosivas, sendo 2 falsos negativos (72,7% de especificidade), indicando alto grau de confiança para compostos considerados positivos para corrosão à pele.
- Método OCDE TG 431/439 – teste de corrosão/irritação dérmica *in vitro* (teste de epiderme humana reconstituída – EHR). Worth e colaboradores publicaram, em 1998[24], um estudo que avaliou o potencial corrosivo de 60 substâncias, utilizando o modelo comercial de EHR EpiSkin, da L'Oréal. Os pesquisadores encontraram 6 resultados falsos positivos para 29 substâncias conhecidamente não corrosivas à pele e 4 resultados falsos negativos para 31 substâncias conhecidamente corrosivas à pele. Com exceção de uma substância conhecidamente corrosiva que apresentou resultado falso negativo, a falha de classificação para outras três substâncias se deu pela ocorrência de reação entre a substância e o corante MTT. Outro estudo mais recente comparou resultados de dois modelos de EHR disponíveis comercialmente (EpiSkin e EpiDerm) e do modelo de Draize com resultados obtidos com humanos (utilizando o método do *patch* dérmico em voluntários expostos por 4 horas), e os resultados demonstraram que o modelo animal superestimou o potencial de irritação das substâncias, pois, das 16 classificadas como irritantes no coelho, apenas 5 causaram irritação significativa em humanos. A concordância do teste de Draize com o humano foi de apenas 56%, enquanto dos modelos de EHR foi de 76% (EpiDerm) e 70% (EpiSkin)[25]. Estes resultados confirmam a supersensibilidade da pele do coelho, fazendo dele um modelo inadequado para

comparação com o homem. Mostraram também que os modelos de epiderme reconstituída, por serem originados da espécie humana, apresentam melhor caráter preditivo.

- Método OCDE TG 435 – teste de barreira de membrana *in vitro*. Estudos de validação da membrana Corrositex®, citados pelo ECVAM[26] e pelo ICCVAM27 mostraram resultados de exatidão na capacidade de prever corrosividade cutânea da ordem de 79%, sensibilidade de 85% e especificidade de 70%, em um banco de dados de 163 substâncias e misturas[27].

Avaliação do potencial de irritação e corrosão ocular

- Método OCDE TG 437 – teste de permeabilidade e opacidade de córnea bovina. Entre os métodos alternativos atualmente validados para avaliação de toxicidade ocular no Brasil, este método apresenta ótima capacidade de detecção de substâncias corrosivas e altamente irritantes, porém sua sensibilidade é baixa na detecção de agentes moderados a fracos e não irritantes[28], geralmente, em razão da qualidade do opacitômetro empregado (luz branca policromática – OP-KIT), que avalia com precisão o centro da córnea, mas subestima manchas que podem existir na periferia. Um estudo que substituiu o OP-KIT, instável e de difícil calibração, por um protótipo de opacitômetro de transmissão de luz a *laser* (PLLBO), capaz de avaliar a córnea como um todo, demonstrou maior capacidade de diferenciação entre substâncias pouco irritantes[29].
- Método OCDE TG 438 – teste de olho isolado de galinha (OIG). O teste OIG foi avaliado pela Association Internationale de La Savonnerie, de La Détergence et dês Produits d'Entretien (AISE), utilizando produtos de limpeza de diferentes pHs, tendo como desfecho adicional a classificação histopatológica. Foi demonstrado que apresenta baixas taxas (6%, 2 em 34) de falsos positivos e boa concordância (77%, 39 em 48), quando utilizado para avaliar químicos que induzem a danos oculares graves (pH menor que 2 ou superior a 11,5) e alto valor preditivo quando utilizado para identificar químicos que não requerem classificação[30]. Quanto a produtos cujo pH esteja entre 2 e 11,5, a concordância com os testes *in vivo* foi de 73% (22/30) e a especificidade, de 100%. No entanto, a maioria das formulações apontadas como de baixo poder corrosivo ($2 < pH < 11,5$) pelo teste OIG foi classificada como corrosiva no teste *in vivo* (categoria 1 do Sistema Global Harmonizado, adotado pela UE em 2008), baseado na persistência de efeitos tissulares após 21 dias[31].
- Método OCDE TG 460 – teste de permeação de fluoresceína (TPF). Detecta substâncias pouco ou moderadamente corrosivas[32]. Dentre os quatro processos de irritação ocular, a saber, lise de membrana, coagulação, saponificação e reatividade química, o TPF foi capaz de prever as duas últimas. O teste também se mostrou capaz de medir a reversibilidade, os efeitos retardados e a recuperação, uma característica única deste teste *in vitro*. Porém, o TPF não é adequado para avaliar substâncias viscosas ou positivamente carregadas, pois elas tendem a aderir à superfície da membrana e dificultar a remoção[33].

Avaliação do potencial de fototoxicidade

- Método OCDE TG 432 – teste de fototoxicidade *in vitro* 3T3 NRU (3T3 NRU). O teste 3T3 NRU avalia a fototoxicidade de compostos diante da radiação UVA. Durante sua pré-validação, este foi o único teste *in vitro* capaz de identificar corretamente todos os 20 compostos (11 fototóxicos, 9 não fototóxicos). Posteriormente, em seu estudo de validação, 30 substâncias foram testadas em 11 laboratórios diferentes, em um ensaio cego; os resultados foram reproduzíveis, e a correlação *in vitro-in vivo* foi adequada[34]. Apesar da alta sensibilidade deste método, sua especificidade é baixa, com altos índices de falsos positivos, indicando a necessidade de testes complementares, como o teste da epiderme humana reconstruída (que também faz parte da lista de métodos reconhecidos no Brasil pelo CONCEA). Também foi detectada sua inadequação para testar substâncias pouco solúveis[35].

Avaliação da absorção cutânea

A rota de exposição dérmica é a mais comum em exposição ocupacional a pesticidas e substâncias químicas, além de ser a via de aplicação de cosméticos.

- Método OCDE TG 428 – absorção cutânea por método *in vitro*. Este método tem como princípio a aplicação da substância a ser testada na superfície de uma amostra de pele *ex vivo*, que pode ser obtida de cadáveres animais ou humanos, separando-se dois compartimentos de uma célula de difusão. A substância permanece sobre a pele por um período, e o fluido receptor na parte inferior é analisado quanto à presença da substância ou de metabólitos. Segundo o guia da OCDE, este teste, assim como seu correspondente *in vivo*, apresenta grande variabilidade de resultados em virtude da variabilidade bioquímica e estrutural entre espécies, entre indivíduos e entre o sítio anatômico do qual foi extraída a amostra de pele. Sabe-se, por exemplo, que a pele do prepúcio ou da testa é mais fina se comparada com a pele do braço ou da perna. Se possível, é importante padronizar o local do qual será retirada a amostra, de forma a se correlacionar com o local em que é esperada a exposição. Outra limitação desse teste é que ele tende a superestimar o grau de absorção. Sabendo disso também, é importante avaliar resultados de toxicidade oral e inalatória. Desta forma, indica-se a realização de etapas preliminares de análise da substância, para uma estimativa mais preditiva da absorção cutânea, com o uso de QSAR, determinação do coeficiente de permeabilidade (Kp) e outros modelos matemáticos[36].

Avaliação do potencial de sensibilização cutânea

Por sua complexidade, é improvável que apenas um ensaio seja capaz de predizer o potencial de sensibilização cutânea. Portanto, recomenda-se uma estratégia integrada de testes alternativos, em que a combinação de dois ou mais testes aumentaria a preditividade, eliminando a necessidade do uso de animais[37]. No Brasil, foi aprovado o método *in vivo*: ensaio do linfonodo local (ELL), que utiliza um corante radioativo e suas versões não radioativas, e tem como base o teste ELISA (do inglês *enzyme-linked immunosorbent assay*) ou ensaio de imunoabsorção enzimática. O ELL é uma técnica que reduz e refina o uso de animais – no caso, camundongos.

- Método OCDE TG 429 – sensibilização cutânea (ensaio do linfonodo local – ELL). Este método usa a incorporação de H3-timidina pelo DNA de linfonodo de camundongo após contato com uma substância aplicada topicamente, como forma de medir o potencial de sensibilização cutânea. Além de propiciar redução no número e refinamento na conduta em relação aos animais, também propicia medição quantitativa, dados de dose-resposta e permite predizer a potência da sensibilização[38]. Porém, este teste é incapaz de estabeleça a diferença entre irritação e sensibilização, o que sugere evidências de superestimação do potencial de sensibilização de algumas classes de substâncias, como surfactantes e similares de ácidos graxos[39], levando a um alto número de falsos positivos.
- Método OCDE TG 442A e 442B – versões não radioativas do ELL. Foram desenvolvidas e validadas duas modificações do ELL que utilizam análises finais não radioativas. São eles o ELL-DA (442A) e o ELL-BrdU-ELISA (442B). A não necessidade do uso de um marcador radioativo elimina o potencial de exposição ocupacional radioativa ao manipulador e problemas com descarte de resíduos. Ambos apresentam grau de predição semelhante ao do ELL radioativo, porém não conseguem predizer o grau de potência de sensibilização, visto que os limiares de detecção destes testes são mais baixos e ainda não foram estabelecidos. Uma desvantagem adicional do método ELL-DA diz respeito à sua inadequação para avaliar substâncias que afetem os níveis de ATP[38].

Avaliação de toxicidade aguda

Em 2002, o teste de DL_{50} convencional foi retirado das diretrizes da OCDE, tornando obrigatório o uso de métodos alternativos. Os três métodos alternativos aprovados para uso no Brasil, apesar de utilizarem animais vivos, apresentam significativo refinamento da técnica e redução do número de animais.

- Método OCDE TG 420 – toxicidade aguda oral, procedimento de doses fixas (PDF). Proposto em 1984 pela British Toxicology Society, o PDF foi adotado pela OCDE em 1992, e revisado em 2002. O teste se baseia em sinais óbvios de toxicidade, observados após um número fixo de doses, aplicáveis para classificação no sistema europeu de toxicidade aguda oral. Um estudo que comparou o método *up and down* e o PDF com o teste convencional de DL_{50} mostrou consistência na classificação obtida desses dois métodos em comparação com os resultados do teste convencional. Adicionalmente, ao contrário do método *up and down*, não se presta a estimar a DL_{50} da substância[40]. Em seu estudo de validação, o método foi testado em comparação ao teste convencional, e sua concordância na classificação de 20 substâncias comerciais foi de 80,2%, e classificou em nível mais tóxico que o teste convencional 3,5% e em nível menos tóxico, 16,3%[41].
- Método OCDE TG 423 – toxicidade aguda oral, classe tóxica aguda. Este método segue procedimentos em etapas, com o uso de doses/concentrações fixas iniciais, três animais por etapa e máximo de seis animais por dose/concentração. O número de animais mortos ou moribundos é o que determina se mais testes são necessários ou não[42], reduzindo o número total de animais necessários em comparação com o teste tradicional de DL_{50}, que utilizava no mínimo trinta animais.
- Método OCDE TG 425 – toxicidade aguda oral, procedimento *up and down*. O método faz uso de doses sequenciadas e métodos computacionais du-

rante as fases de execução e cálculo de resultados, com o objetivo final de determinar a dose letal média de uma substância. O método avalia a exposição do animal a uma determinada dose da substância; se esta causar a morte, a próxima dose será menor e, se não forem observados efeitos, a próxima dose será maior, e assim sucessivamente, até se chegar a um valor de DL_{50} por aproximação. Tal estratégia aumenta a eficiência do método. Os protocolos que utilizam cinco animais em doseamentos sequenciados ou fixos apresentam preditividade levemente inferior aos que utilizam dez animais, e o número médio de animais usados por teste varia entre três e cinco. Recomenda-se ter uma estimativa dos valores de dose-limite inferior e superior antes do início do teste. Outra limitação é a impossibilidade de se determinar a inclinação da curva de DL_{50}[43].

- Método OCDE TG 129 – estimativa de dose inicial para teste de toxicidade aguda oral sistêmica. Estimar a dose inicial em testes de toxicidade aguda por métodos *in vitro* é uma estratégia de redução do número de animais e provê melhor direção sobre quais doses testar. Simulações mostraram que tal estratégia pode diminuir o número de animais de 25 a 40%. O teste validado utiliza fibroblastos murinos (linhagem celular 3T3) e queratinócitos humanos normais, e a toxicidade é avaliada por meio da captação do corante vital Neutral Red[44].

Avaliação de genotoxicidade

Pela natureza diversa dos mecanismos envolvidos na genotoxicidade, sabe-se que não existe um teste único capaz de detectar todas as classes e exemplos de substâncias genotóxicas. Dessa forma, as diretrizes internacionais de avaliação do potencial genotóxico de substâncias químicas recomendam uma bateria de testes de mutagenicidade para detectar mutações em nível de gene, cromossomo ou genoma[45].

Método OCDE TG 487: teste do micronúcleo em células de mamífero *in vitro* (MCM). O MCM *in vitro* é capaz de detectar clastogenicidade ("quebra" de cromossomos) e aneugenicidade (aberração em número de cromossomos)[46]. Um estudo avaliou quatro testes-padrão *in vitro*, utilizando como comparação valores obtidos em roedores. Os valores encontrados de sensibilidade e especificidade para o teste MCM foram, respectivamente: 78,7 e 30,8%. Além disso, o teste Ames teve a sensibilidade aumentada de 58,8 para 85,3% ao ser combinado com o teste MCM, porém com perda de especificidade[47]. Os baixos valores de especificidade indicam que a probabilidade de falsos positivos é grande, e a solução seria investir em testes *in vivo* para melhor classificar os resultados positivos ou simplesmente descartar tais substâncias e, assim, perder ingredientes possivelmente seguros[45].

No Quadro 2, são apresentadas as informações sobre os testes alternativos aceitos em 2015 pela ANVISA, suas diretrizes da OCDE e o impacto na redução do uso de animais (3Rs).

Os dados encontrados na avaliação da predição dos 17 métodos alternativos aprovados no Brasil atualmente mostram que apenas o método para teste de fototoxicidade *in vitro* 3T3 NRU apresenta valor de sensibilidade maior que 95%. A maioria dos outros métodos apresenta valores de sensibilidade entre 70 e 90%, o que é aceitável para análises de sistemas biológicos. Um problema frequentemente encontrado é a alta taxa de resultados falsos positivos. Porém, do ponto de vista da toxicologia regulatória, falsos positivos são melhores que falsos negativos. No caso do teste de genotoxicidade, o único método aprovado avalia apenas um dos aspectos que compõem o conceito de genotoxicidade. Existem atualmente outros oito métodos aprovados, que poderiam compor uma estratégia em etapas, aumentando assim a robustez do resultado.

Um modelo de equivalente epidérmico, que pode ser compatível com os equivalentes validados pelas diretrizes 431 e 439 da OCDE, foi recentemente desenvolvido pelo Laboratório de Citopatologia da Faculdade de Ciências Farmacêuticas da Universidade de São Paulo (FCF/USP)[48-50]. Os equivalentes de epiderme são reconstruídos utilizando células de pele humana obtidas de doadores, submetidos a cirurgias plásticas reparadoras. Essas células são cultivadas em um modelo tridimensional de cultura organotípica (pele reconstruída) (Figura 3)[51]. Ao contrário dos modelos em monocamada, o modelo tridimensional mimetiza adequadamente a arquitetura fisiológica da pele, trazendo importantes implicações na área de testes toxicológicos[48]. Atualmente, este modelo nacional está em fase de validação e, uma vez validado, poderá sanar a necessidade do mercado brasileiro, dependente da importação de materiais sujeitos às burocracias alfandegárias[50].

BOAS PRÁTICAS DE LABORATÓRIO

As boas práticas de laboratório (BPL) constituem um sistema de qualidade aplicável a estudos não clínicos realizados em laboratório ou em campo, abrangendo estudos de produtos químicos, biológicos ou biotecnológicos, como produtos farmacêuticos, veterinários, agrotóxicos, cosméticos, saneantes, aditivos de alimentos e rações e produtos químicos industriais[2]. No Brasil, o Instituto Nacional de Metrologia, qualidade e Tecnologia (INMETRO), por meio da Coordenação Geral de Acreditação (CGCRE), vem, desde 1995, reconhecendo a conformidade aos princípios de BPL dos laboratórios no país.

Apesar de, em geral, o risco da manipulação de culturas celulares estabelecidas em laboratório ser considerado baixo, ao se trabalhar com culturas celulares obtidas de doadores humanos, outros primatas e mamíferos em geral, esse risco pode aumentar significantemente. Um risco ao manipular células primárias, tecidos e fluidos corporais, humanos ou de outros mamíferos, é a possibilidade da infecção por patógenos transmissíveis por via sanguínea. Existem, por exemplo, relatos de infecção do manipulador durante experimentos utilizando células primárias obtidas de rim de macaco *rhesus*[52].

A Occupational Safety and Health Administration (OSHA) desenvolveu uma lista-padrão de patógenos que devem ser rastreados em todos os procedimentos

QUADRO 2 Métodos convencionais e testes alternativos recomendados pela OCDE e impacto 3Rs

Modelo	Tipo de teste	Diretriz da OCDE	Última revisão	3Rs
Corrosão e irritação cutânea				
Convencional	*In vivo*	Teste 404 – irritação/ corrosão aguda da pele (teste de Draize)	Julho de 2015	Até três animais
Alternativos	*Ex vivo*	Teste 430 – resistência elétrica transcutânea (corrosão)	Julho de 2015	Redução (a pele total de um animal pode testar até cinco químicos) Refinamento (o animal está morto)
	In vitro	Teste 431 – epiderme humana reconstituída (corrosão)	Julho de 2015	Substituição (na UE), redução (nos EUA), substâncias identificadas como corrosivas não serão testadas em animais
	In vitro	Teste 435 – barreira de membrana in vitro (corrosão)	Julho de 2015	Substituição (para teste de ácidos e bases), redução (substâncias identificadas como corrosivas não serão testadas em animais)
	In vitro	Teste 439 – epiderme humana reconstituída (irritação)	Julho de 2015	Substituição, redução (parte de uma estratégia de vários testes que diminui o número de animais)
Corrosão e irritação ocular				
Convencional	*In vivo*	Teste 405 – corrosão e irritação ocular (teste de Draize)	Outubro de 2012	Até três animais
Alternativos	*Ex vivo*	Teste 437 – teste de permeabilidade e opacidade da córnea bovina	Julho de 2013	Redução (substâncias identificadas como irritantes/ corrosivas não serão testadas em animais)
	Ex vivo	Teste 438 – olho isolado de galinha	Julho de 2013	Redução (substâncias identificadas como irritantes/ corrosivas não serão testadas em animais)
	In vitro	Teste 460 – permeação de fluoresceína	Outubro de 2012	Redução (substâncias identificadas como irritantes/ corrosivas não serão testadas em animais)
Fototoxicidade				
Convencional	*In vivo*	Ensaio clínico de fototoxicidade	1999 (FDA) 2010 (COLIPA/ JCIA/CTFA_SA)*	Máximo de 25**

(continua)

QUADRO 2 Métodos convencionais e testes alternativos recomendados pela OCDE e impacto 3Rs (continuação)

Modelo	Tipo de teste	Diretriz da OCDE	Última revisão	3 Rs
Alternativo	*In vitro*	Teste 432 – fototoxicidade in vitro 3T3 NRU	Abril de 2004	Substituição
Absorção cutânea				
Convencional	*In vivo*	Teste 427 – Absorção cutânea: método in vivo	Abril de 2004	12 ou mais
Alternativo	*Ex vivo*	Teste 428 – Absorção cutânea: método in vitro	Maio de 2012	Substituição (quando é utilizada a pele humana), refinamento/ redução (quando é utilizada a pele de animais humanamente eutanasiados)
Potencial de sensibilização cutânea				
Convencional	*In vivo*	Teste 406 – teste da maximização com porquinho-da-índia; teste de Buehler	Julho de 1992	Pelo menos 30 (recomendação)
Alternativos	*In vivo*	Teste 429 – sensibilização cutânea: ensaio do linfonodo local	Julho de 2010	Redução (20+ animais) refinamento
	In vivo	Teste 442A – versão não radioativa do ensaio do linfonodo local	Julho de 2010	Redução (20+ animais) (testes negativos não irão para o teste completo ELL , diminuindo o número de animais), refinamento
	In vivo	Teste 442B – ensaio do linfonodo local – BrdU ELISA	Julho de 2010	Redução (20+ animais) (testes negativos não irão para o teste completo ELL, diminuindo o número de animais), refinamento
Toxicidade aguda				
Convencional	*In vivo*	Teste 401 – toxicidade aguda oral (DL50)	Retirado das diretrizes em 2002	25+
Alternativos	*In vivo*	Teste 420 – método da dose fixa	Fevereiro de 2002	Redução (5-9 animais), refinamento (morte não é mais um desfecho)
	In vivo	Teste 423 – classe tóxica aguda	Fevereiro de 2002	Redução (5-9 animais)
	In vivo	Teste 425 – procedimento up and down	Outubro de 2008	Redução (5-9 animais)
	In vitro	OCDE TG 129 – estimativa de dose inicial para teste de toxicidade aguda oral sistêmica	Julho de 2010	Redução (substitui o uso de animais para determinação de dose inicial)
Genotoxicidade				
Convencional		Não há teste específico		
Alternativo	*In vitro*	Teste 487 – micronúcleo em célula de mamífero	Maio de 2012	Redução (parte de uma estratégia de vários testes que diminui o número de animais)

Fonte: adaptada de Tagliani et al., 2014[2]. *Segundo a RDC n. 30/2012 da Anvisa. **Tanto para a metodologia adotada pelo FDA como pela Colipa.

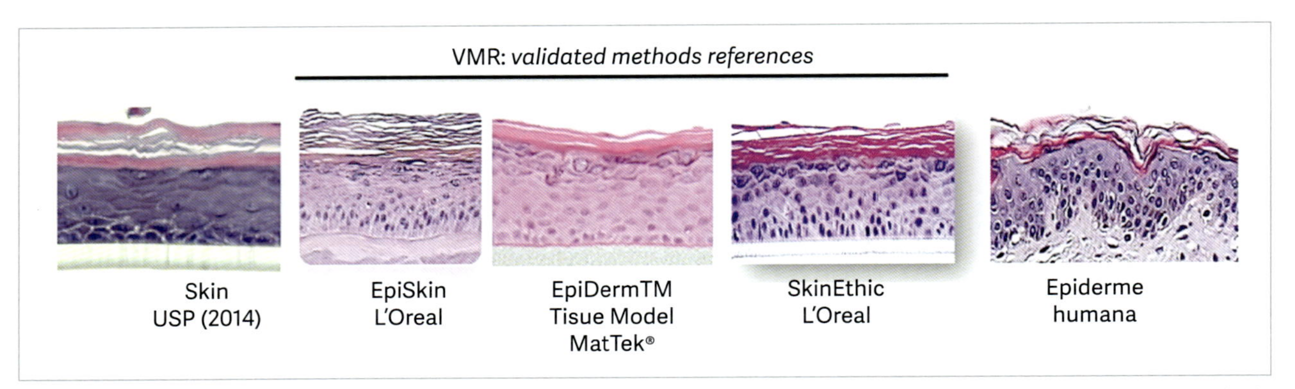

FIGURA 3 Comparação entre o modelo desenvolvido na Faculdade de Ciências Farmacêuticas da Universidade de São Paulo (FCF-USP) com os métodos validados[51].

de laboratório que envolvam sangue humano, tecidos, fluidos corporais e células primárias[53]. Procedimentos de manipulação também foram padronizados e publicados como forma de reduzir as contaminações das culturas celulares por microrganismos[54,55].

Potenciais perigos laboratoriais associados às culturas de células humanas incluem os patógenos transmissíveis pelo sangue contaminado, como: vírus da hepatite B (HBV) e C (HCV), vírus da imunodeficiência humana (HIV), vírus T-linfotrópico humano (HTLV), vírus Epstein-Barr (EBV), vírus do papiloma humano (HPV) e citomegalovírus (CMV), bem como *Mycobacterium tuberculosis*, que pode estar presente no tecido pulmonar. Outras células e tecidos de primatas também podem representar riscos aos manipuladores[56].

Além das culturas primárias, células imortalizadas contendo agentes virais, como vírus vacuolante símio 40 (SV-40), EBV, adenovírus ou HPV, podem representar perigos potenciais aos manipuladores. Células tumorais humanas também representam perigos no caso de possível autoinoculação[57], como reportado por Gugel e Sanders[58]. Sendo assim, recomenda-se que os pesquisadores sempre considerem células autólogas ou tecidos não humanos ou primatas, sangue, tecidos linfoide e neural como potencialmente perigosos[52].

Cada instituição deve adotar condutas de controle do risco baseadas na origem das células e/ou dos tecidos manipulados, considerando a espécie da qual a célula ou o tipo tecidual foram obtidos e se a fonte do isolamento é recente ou já bem estabelecida e caracterizada. Células humanas e de outros primatas devem ser manipuladas conforme as práticas de manipulação e contenção descritas no nível de biossegurança 2 (NB-2), e todo o material deve ser descontaminado por autoclavação antes de ser descartado[54,56,59,60]. As recomendações do NB-2 para equipamentos de proteção individual, incluindo o uso de jaleco, luvas e óculos de proteção, devem ser rigorosamente seguidas. Todo o pessoal que trabalha com células e tecidos humanos deve ser treinado por algum programa de prevenção de medicina do trabalho específico para manuseio de patógenos e deve obedecer às políticas e diretrizes estabelecidas pelo plano de controle de exposição da instituição[53]. Os pesquisadores ainda devem realizar exames de sangue periódicos e serem imunizados contra hepatite B, além de contar com o apoio de profissionais de saúde caso ocorra qualquer incidente de exposição.

CONSIDERAÇÕES FINAIS

O abandono de métodos *in vivo* para testes de toxicidade é uma tendência mundial que vem crescendo desde o fim dos anos 1980, especialmente nas regiões mais desenvolvidas. Antes da adoção de um método alternativo à utilização animal, este deve ser validado e aceito pelas principais agências reguladoras. Para ser validado, o método deverá ser submetido a testes que atestem sua robustez e reprodutibilidade, entre outros parâmetros. Com essa tendência crescente da utilização de modelos cada vez mais espécie-específicos, muitas vezes considerando o uso de cultura de células humanas ou de outros mamíferos, deve-se investir na implementação de práticas que garantam a segurança do manipulador, bem como a confiabilidade dos resultados. Sendo assim, o desenvolvimento dos métodos alternativos à experimentação animal para avaliação de eficácia e segurança de compostos é uma realidade mundial, em fase de implementação e, em um futuro próximo, possibilitará a geração de resultados fidedignos de forma mais ética e segura.

REFERÊNCIAS BIBLIOGRÁFICAS

1. Hajar R. Animal testing and medicine. Heart Views. 2011;12(1):42.
2. Tagliati CA, Granjeiro JM, Balottin LB, Santos ER. Toxicologia in vitro – métodos alternativos ao uso de animais. In: Oga S, Camargo MMA, Batistuzzo JAO. Fundamentos de toxicologia. 4. ed. São Paulo: Atheneu; 2014. p.45-57.
3. Russell WMS, Burch RL, Hume CW. The principles of humane experimental technique. Londres: Methuen; 1959.
4. Daneshian M, Leist M, Hartung T. The center for alternatives to animal testing–Europe (CAAT-EU): a transatlantic bridge for the paradigm shift in toxicology. ALTEX. 2010;27(1):63-9.
5. Blackburn S. Dicionário Oxford de filosofia. Tradução de Desidério Murcho et al. Rio de Janeiro: Jorge Zahar; 1997.
6. Hau J. Animal models. In: Hau J, van Hoosier GK Jr, editors Handbook of laboratory animal science animal models. Volume II. 2. ed. Boca Raton: CRC Press; 2003. p.2-8.
7. União Europeia. Directive 2003/15/EEC. Amending Council Amending Council Directive 76/768/EEC on the approximation of the law of Directive 76/768/EEC on the approximation of the law of the Member States relating to cosmetic products. Bruxelas; 2003.
8. Safety Evaluation Ultimately Replacing Animal Testing (SEURAT-1). Disponível em: <http://www.seurat-1.eu/>. Acesso em: 05 set. 2015.
9. European Chemicals Agency. The use of alternatives to testing on animals for the REACH Regulation. Disponível em: <http://echa.europa.eu/documents/10162/13639/alternatives_test_animals_2011_en.pdf>. Acesso em: 05 set. 2015.
10. Environmental Protection Agency (EPA). Toxicology testing in the 21st century (Tox21). Disponível em: <http://www.epa.gov/comptox/Tox21/>. Acesso em: 05 set. 2015.
11. Environmental Protection Agency (EPA). Toxicity forecast. Disponível em: <http://www.epa.gov/chemical-research/toxicity-forecasting>. Acesso em: 05 set. 2015.
12. Shanks N, Greek R, Greek J. Are animal models predictive for humans? Philos Ethics Humanit Med. 2009;4:2.
13. Hackam DG. Translating animal research into clinical benefit. BMJ. 2007;334(7586):163-4.
14. Macfarlane M. A tiered approach to the use of alternatives to animal testing for the safety assessment of cosmetics: skin irritation. Regul Toxicol Pharmacol. 2009;54(2):188-96.
15. Wilhelmus KR. The Draize eye test. Surv Ophthalmol. 2001;45(6):493-515.
16. Kaufman SR. Problems with the Draize test. Perspectives on animal testing. Disponível em: <http://www.curedisease.net/reports/Perspectives/vol_1_1989/Problems%20with%20the%20Draize.html>. Acesso em: 05 maio 2016.
17. Schlede E, Genschow E, Spielmann H, Stropp G, Kayser D. Oral acute toxic class method: a successful alternative to the oral LD50 test. Regul Toxicol Pharmacology. 2005;42(1):15-23.
18. Deichmann WB, LeBlanc TJ. Determination of the approximate lethal dose with about six animals. J Indust Hyg Toxicol. 1943;25:415-7.
19. Hackam DG, Redelmeier DA. Translation of research evidence from animals to humans. JAMA. 2006;296:1731-2.
20. Perel P, Roberts I, Sena E, Wheble P, Briscoe C. Comparison of treatment effects between animal experiments and clinical trials: systematic review. BMJ. 2007;334:197.
21. Pauwels M, Rogiers V. Considerations in the safety assessment of cosmetics. Business Briefing: Global Cosmetics Manufacturing. 2004;16-7.
22. Kandárová H, Letasiová S. Alternative methods in toxicology: pre-validated and validated methods. Interdiscipl Toxicol. 2011;4(3):107-13.
23. Granjeiro JM. National Council for Animal Experimentation and Alternative Methods: how and when? Disponível em: <http://www.fapesp.br/9310>. Acesso em: 02 set. 2015.
24. Worth AP, Fentem JH, Balls M, Botham PA, Curren RD, Earl LK, et al. An evaluation of the proposed OECD Testing Strategy for skin corrosion. Altern Lab Anim. 1998;26(5):709-20.
25. Jírová D, Basketter D, Liebsch M, Bendová H, Kejlová K, Marriott M, et al. Comparison of human skin irritation patch test data with in vitro skin irritation assays and animal data. Contact Dermatitis. 2010;62(2):109-16.
26. Fentem JH, Archer GE, Balls M, Botham PA, Curren RD, Earl LK. The ECVAM international validation study on in vitro tests for skin corrosivity. 2. Results and evaluation by the Management Team. Toxicol In Vitro. 1998;12(4):483-524.
27. Scala R, Chen J, Derelanko MJ, Fentem J, Green S, Harbell J, et al. Corrositex®: an in vitro test method for assessing dermal corrosivity potential of chemicals, National Toxicology Program. NIH Publication. 1999;99:4495.
28. Verstraelen S. Improvement of the Bovine Corneal Opacity and Permeability (BCOP) assay as an in vitro alternative to the Draize rabbit eye irritation test. Toxicol In Vitro. 2013;27(4):1298-311.
29. Van Goethem F, Hansen E, Sysmans M, De Smedt A, Vanparys P, Van Gompel J. Development of a new opacitometer for the bovine corneal opacity and permeability (BCOP) assay. Toxicol In Vitro. 2010;24(6):1854-61.
30. Schutte K, Prinsen MK, McNamee PM, Roggeband R. The isolated chicken eye test as a suitable in vitro method for determining the eye irritation potential of household cleaning products. Regul Toxicol Pharmacol. 2009;54:272-81.
31. Cazelle E. Suitability of histopathology as an additional endpoint to the Isolated Chicken Eye Test for classification of non-extreme pH detergent and cleaning products. Toxicol In Vitro. 2014;28(4):657-66.
32. Tchao R. Trans-epithelial permeability of fluorescein in vitro as an assay to determine eye irritants. In: Goldberg AM, editor. Alternative methods in toxicology. Volume 6. New York: Mary Ann Liebert; 1988. p.271-83.
33. Gartlon J, Clothier R. Fluorescein leakage assay background review document as an alternative method for eye irritation testing. Disponível em: < https://eurl-ecvam.jrc.ec.europa.eu/validation-regulatory-acceptance/docs-eye-irritation/doc-05_FL_BRD_Report_Jan08%20cleaned.pdf >. Acesso em: 05 maio 2016.
34. Liebsch M, Spielmann H. Currently available in vitro methods used in the regulatory toxicology. Toxicol Lett. 2002;127(1):127-34.
35. Ceridono M. The 3T3 neutral red uptake phototoxicity test: practical experience and implications for phototoxicity testing–The report of an ECVAM–EFPIA workshop. Regul Toxicol Pharmacol. 2012;63(3):480-8.

36. Organização para a Cooperação e Desenvolvimento Econômico (OCDE). Guidance notes on dermal absorption. OECD Environmental Health and Safety Publications Series on Testing and Assessment n. 156. Paris: OECD Publishing; 2011.
37. Bauch C. Putting the parts together: combining in vitro methods to test for skin sensitizing potentials. Regul Toxicol Pharmacol. 2012;63(3):489-504.
38. Anderson SE, Siegel PD, Meade BJ. The LLNA: a brief review of recent advances and limitations. J Allergy (Cairo). 2011;2011:424203.
39. Strauss V, Kolle SN, Honarvar N, Dammann M, Groeters S, Faulhammer F, et al. Immunophenotyping does not improve predictivity of the local lymph node assay in mice. J Appl Toxicol. 2015;35(4):434-45.
40. Lipnick RL, Cotruvo JA, Hill RN, Bruce RD, Stitzel KA, Walker AP, et al. Comparison of conventional LD50, toxicity the up-and-down, and fixed-dose acute procedures. Food Chem Toxicol. 1995;3(3):223-31.
41. Van Den Heuvel MJ. The international validation of a fixed--dose procedure as an alternative to the classical LD 50 test. Food Chem Toxicol. 1990;8(7):469-82.
42. Diener W, Schlede E. Acute toxic class methods: alternatives to LD/LC50 tests. ALTEX. 1998;6(3):129-34.
43. Rispin A, Farrar D, Margosches E, Gupta K, Stitzel K, Carr G, et al. Alternative methods for the median lethal dose (LD(50)) test: The up-and-down procedure for acute oral toxicity. ILAR J. 2002;43(4):233-43.
44. Organização para a Cooperação e Desenvolvimento Econômico (OCDE). Test n. 129: Guidance Document on Using Cytotoxicity Tests to Estimate Starting Doses for Acute Oral Systematic Toxicity Tests. Section 4. Paris: OECD Publishing; 2010.
45. Pfuhler S, Kirst A, Aardema M, Banduhn N, Goebel C, Araki D, et al. A tiered approach to the use of alternatives to animal testing for the safety assessment of cosmetics: genotoxicity. A COLIPA analysis. Regul Toxicol Pharmacol. 2010;57(2):315-24.
46. Organização para a Cooperação e Desenvolvimento Econômico (OCDE). Test n. 487: In Vitro Mammalian Cell Micronucleus Test, OECD Guidelines for the Testing of Chemicals, Section 4. Paris: OECD Publishing; 2014.
47. Kirkland D, Aardema M, Henderson L, Müller L. Evaluation of the ability of a battery of three in vitro genotoxicity tests to discriminate rodent carcinogens and non-carcinogens: I. Sensitivity, specificity and relative predictivity. Mutat Res. 2005;584(1):1-256.
48. Brohem CA, Massaro RR, Tiago M, Marinho CE, Jasiulionis MG, de Almeida RL, et al. Artificial skin in perspective: concepts and applications. Pigment Cell Melanoma Res. 2011;24(1):35-50.
49. Brohem CA, Massaro RR, Tiago M, Marinho CE, Jasiulionis MG, de Almeida RL, et al. Proteasome inhibition and ROS generation by 4-nerolidylcatechol induces melanoma cell death. Pigment Cell Melanoma Res. 2012;25(3):354-69.
50. Ereno D. Pele recriada: modelo artificial testa eficácia de novos compostos para fármacos e cosméticos. Revista Pesquisa Fapesp. Disponível em: <http://revistapesquisa.fapesp.br/wp-content/uploads/2009/12/064-067-166.pdf >. Acesso em: 12 ago. 2015.
51. Pedrosa T. Desenvolvimento de epiderme humana reconstruída (rhe) como plataforma de testes in vitro para irritação, sensibilização, dermatite atópica e fotoimunossupressão. Tese de Doutorado a ser defendida em dezembro de 2016. São Paulo: Faculdade de Ciências Farmacêuticas, Universidade de São Paulo, 2017.
52. [Tese de Doutorado em fase de conclusão]. São Paulo: Faculdade de Ciências Farmacêuticas, Universidade de São Paulo; 2015.
53. Doblhoff-Dier O, Stacey G. Cell lines: applications and biosafety. In: Fleming D, Hunt D, editors. Biological safety: principles and practices. ASM Press; 2000. p.221-39.
54. Occupational Safety & Health Administration (OSHA) Occupational exposure to bloodborne pathogens. Final Rule. Standard interpretations: applicability of 1910.1030 to established human cell lines, 29 C.F.R. Sect. 1910.1030. 1991.
55. McGarrity GJ, Coriell LL. Procedures to reduce contamination of cell cultures. In Vitro. 1971;6:257-65.
56. McGarrity GJ. Spread and control of mycoplasmal infection of cell culture. In Vitro. 1976;12:643-8.
57. Caputo JL. Biosafety procedures in cell culture. J Tissue Cult Meth. 1988;11:233-7.
58. Weiss RA. Why cell biologists should be aware of genetically transmitted viruses. Natl Cancer Inst Monogr. 1978:48:183-9.
59. Gugel EA, Sanders ME. Needle-stick transmission of human colonic adenocarcinoma (letter). N Engl J Med. 1986;315:1487.
60. Barkley WE. Safety considerations in the cell culture laboratory. Methods Enzymol. 1979;58:36-43.
61. Grizzle WE, Polt S. Guidelines to avoid personnel contamination by infective agents in research laboratories that use human tissues. J Tissue Cult Meth. 1988;11:191-9.

28

Biossegurança na era genômica

Helena Strelow Thurow
Jéssica Bassani Borges
Raíssa de Fátima Pimentel Melo Finamor e Silva

INTRODUÇÃO

Gregor Mendel, Friedrich Miescher, Phoebus Levene, James Watson, Francis Crick, Maurice Wilkings, Rosalind Franklin e Frederick Sanger. Estes nomes, com tantos outros cientistas do passado, construíram o conhecimento da biologia molecular ao fazerem descobertas importantes, como as primeiras propostas sobre a hereditariedade, a nucleína, os componentes do DNA e do RNA e os primeiros métodos de sequenciamento de ácidos nucleicos. Este conhecimento serviu de base para o desenvolvimento, na atualidade, de uma nova geração de tecnologias de sequenciamento.

A tecnologia de sequenciamento de ácidos nucleicos, desde a primeira geração até a mais recente, trouxe desenvolvimento e progresso não somente para os estudos em biologia molecular, mas também em áreas como biotecnologia, farmácia, medicina e outras. No sequenciamento, são utilizados vários reagentes químicos no processamento de amostras biológicas, que devem ser manuseados de forma cuidadosa, obedecendo às características específicas de cada um. Da mesma forma, é preciso atenção no manuseio das amostras a serem sequenciadas, mantendo sua preservação, bem como a integridade do pesquisador. Assim, o conhecimento e a avaliação dos riscos químicos e biológicos durante todo o processo de sequenciamento dos ácidos nucleicos são essenciais para o sucesso dos resultados a serem obtidos.

Neste capítulo, serão abordadas as principais descobertas históricas relacionadas aos ácidos nucleicos, chegando até as mais modernas tecnologias de sequenciamento e os acontecimentos que ocorreram no decorrer da história e que culminaram com a importância da biossegurança na ciência atual. A seguir, serão apresentados os principais riscos do processamento das amostras e da realização do sequenciamento, bem como os cuidados que o pesquisador deve ter consigo mesmo e com reagentes e amostras biológicas durante todo o processo.

DE MENDEL AO SEQUENCIAMENTO DE ÁCIDOS NUCLEICOS

Ao lembrar a história da genômica, é imprescindível lembrar também a história da genética. Mas, por serem áreas amplamente estudadas, há uma importante diferença entre seus conceitos. A Organização Mundial da Saúde estabeleceu que a genética é o estudo da hereditariedade e a genômica é definida como o estudo dos genes, suas funções e técnicas relacionadas[1]. Com o avanço da ciência ao longo do tempo, foi identificada a necessidade de proteção do pesquisador e de seu estudo. Assim, o termo "biossegurança" surgiu abrangendo, de acordo com a definição disponível no glossário deste livro, o "conjunto de ações voltadas para a prevenção, a minimização, o controle ou a eliminação de riscos inerentes às atividades de pesquisa, produção, ensino, desenvolvimento tecnológico e prestação de serviços, riscos que podem comprometer a saúde do homem, dos animais, do meio ambiente ou a qualidade dos trabalhos desenvolvidos". Há uma forte inter-relação entre a genética e a genômica e é indispensável que a biossegurança também acompanhe ambas as áreas, garantindo a qualidade das pesquisas e a segurança dos pesquisadores. Assim, no estudo da história entrelaçada da genética e da genômica, são lembrados também alguns pontos marcantes referentes à biossegurança.

A questão conceitual da genética de que a hereditariedade é transmitida foi proposta no experimento com ervilhas de Gregor Mendel, publicado em 1865. Poucos anos depois, em 1869, um suíço chamado Friedrich Miescher, analisando a composição dos leucócitos com base no pus obtido de feridos na Guerra da Crimeia, identificou uma substância com propriedades inesperadas, rica em fósforo e derivada do núcleo, razão pela qual, em 1871, ele a chamou de *nuclein* (ou nucleína, nome posteriormente modificado para *nucleic acid* ou ácido nucleico e hoje conhecido como DNA). Após sua morte por tuberculose em 1895, o trabalho de Miescher foi continuado por colegas como Albrecht Kossel e Richard Altmann. O bioquímico Kossel identificou que o núcleo celular continha uma parte de natureza proteica e a outra parte conhecida por nucleína, a partir da qual ele obteve as bases nitrogenadas: adenina, guanina, citosina, timina e, mais tarde, uracila. Kossel ganhou o prêmio Nobel na área de fisiologia ou medicina no ano de 1910 em reconhecimento por seu trabalho na química de proteínas e ácidos nucleicos[2]. No mesmo período, Walther Flemming descrevia as primeiras ideias sobre mitose, cromatina e filamentos nucleares, sendo estes denominados cromossomos logo a seguir, por Heinrich Wilhelm Waldeyer[3]. Poucos anos depois, em 1889, o patologista Altmann conseguiu isolar o DNA e, acreditando se tratar de um novo componente da nucleína similar a um ácido, o denominou *Nucleïnsäure* (*nucleic acid* ou ácido nucleico)[2].

A palavra genética foi introduzida na língua inglesa nos anos 1830. Posteriormente, Mendel recebeu um prêmio pelas suas contribuições à "biologia genética". No entanto, somente em 1905, William Bateson cunhou a palavra genética (do grego *genno*, γεννω, "dar à luz ou fazer nascer"), com o significado que conhecemos hoje[4]. Em 1909, surgiam os termos "gene", "genótipo" e "fenótipo", usados pela primeira vez por Wilhelm Johannsen[5]. Naquele período, Phoebus Levene identificou os açúcares presentes no ácido nucleico como ribose no ácido ribonucleico (RNA) e desoxirribose no ácido desoxirribonucleico (DNA), reconheceu que os nucleotídeos são as partes que compõem os ácidos nucleicos, assim como que os nucleotídeos são ligados uns aos outros por ligações fosfodiéster e propôs que o DNA era um polinucleotídeo com ligações C_5-C_3 entre os nucleotídeos[6].

Hermann Steudel e Phoebus Levene propuseram a primeira teoria sobre a estrutura do DNA, o qual era composto por unidades idênticas de tetranucleotídeos (contendo uma das quatro bases em cada um)[2]. Em 1938, William Astbury e Florence Bell produziram um dos primeiros modelos hipotéticos da estrutura do DNA por meio de imagens de raios X[7]. Alguns anos depois, em 1941, Beadle e Tatum, em um experimento que induzia a mutações em *Neurospora*, observaram que em uma das cepas mutantes estabelecidas a capacidade de síntese de vitamina B_6 havia sido perdida ou diminuída, sendo isto diferenciado por um único gene. Assim neste estudo surgiu a ideia de que um gene seria responsável por uma enzima[8]. Em 1944, Oswald Avery, Colin Macleod e Maclyn McCarty propuseram que o ácido nucleico do tipo desoxirribose (DNA), não as proteínas, era responsável pela transformação genética de tipos específicos de *Pneumococcus*. Com este trabalho foi sugerido pela primeira vez que o DNA era o portador da informação genética[9]. Na época, os estudos do austríaco Erwin Chargaff derrubaram a primeira teoria sobre a estrutura do DNA e propuseram que, no DNA, a quantidade de adenina é igual à de timina e a quantidade de guanina é igual à de citosina. Esta teoria, conhecida até hoje como a regra de Chargaff, foi importante posteriormente na definição da estrutura do DNA[10].

Em 1951, Friederich Sanger avançou no conhecimento científico ao determinar a primeira sequência de aminoácidos da cadeia B da molécula de insulina. Por seu trabalho na estrutura de proteínas, especialmente a insulina, Sanger ganhou o prêmio Nobel em Química em 1958. No final de 1952, Linus Pauling e Robert Corey propuseram a estrutura do DNA baseada em um modelo cilíndrico contendo três cadeias enroladas umas sobre as outras[11]. Este modelo foi considerado insatisfatório e, no ano seguinte, a revista *Nature* publicou sequencialmente os artigos de Watson e Crick, Maurice Wilkins e Rosalind Franklin sobre a estrutura do DNA. Watson e Crick, com o auxílio da regra de Chargaff e as descobertas de Maurice Wilkins e Rosalind Franklin, descreveram que o DNA era uma estrutura com dupla hélice enrolada em torno do mesmo eixo e voltada para o lado direito, com as hélices em direções opostas[12]. No mesmo volume da revista *Nature*, foi publicado o trabalho de Maurice Wilkins, que, por imagens de difração de raios X, demonstrou evidências de que o DNA tinha uma forma helicoidal e existia nesta forma em sistemas biológicos[13]. O artigo seguinte, de Rosalind Franklin, mostrou, também por imagens de raio X, o formato helicoidal do DNA e que, nesta molécula, os grupos fosfato estavam dispostos no lado externo da estrutura[14]. Rosalind Franklin, que estava estudando o DNA nas formas A e B, foi a responsável pela produção da famosa "fotografia 51", que mostrava o DNA em sua forma B e foi essencial para a descrição da estrutura do DNA. No ano de 1962, James Watson, Francis Crick e Maurice Wilkins ganharam o prêmio Nobel em Fisiologia ou Medicina pelo descobrimento da estrutura molecular dos ácidos nucleicos e sua importância na transmissão da informação genética. Rosalind Franklin faleceu alguns anos antes, no ano de 1958, com 37 anos de idade, por câncer de ovário. Talvez sua exposição à radiação possa ter contribuído de alguma forma para a evolução da doença[15]. Anos antes, Marie Curie faleceu por anemia aplástica em 1934, com 66 anos, provavelmente também relacionada à sua exposição excessiva à radiação. Marie Curie foi uma das ganhadoras do prêmio Nobel de Física em 1903 pelo trabalho com a radioatividade e ganhadora do Nobel em Química em 1911, pelo seu trabalho com os elementos químicos rádio e polônio[16].

Em 1956, Joe Hin Tjio e Albert Levan descobriram o número de cromossomos do ser humano: 46[17]. Em 1958, Francis Crick propôs a Hipótese da Sequência, que afirma que a especificidade do ácido nucleico está na sequência de seus pares de bases e que esta é o código para a sequência de aminoácidos de uma proteína. No mesmo estudo, o Dogma Central de Crick estabelece que a informação é passada a partir de ácido nucleico para ácido nucleico ou de ácido nucleico para proteína, sem possibilidade de ocorrer o contrário[18]. Nessa época, Arthur Kornberg descobriu a DNA polimerase I e demonstrou sua capacidade de replicação do DNA. Estes feitos lhe conferiram o prêmio Nobel em Fisiologia ou Medicina em 1959[19]. Em 1961, dois trabalhos importantes foram publicados: Brenner, Jacob e Meselson descreveram o RNA mensageiro e sua função na síntese proteica, e Francis Crick, L. Barnett, Sydney Brenner e R. J. Watts-Tobin publicaram que três bases correspondem a um aminoácido, propondo o código genético. O código genético completo foi anunciado por Crick em 1966[20-22]. Em 1978, Werner Arber, Daniel Nathans e Hamilton Smith ganharam o prêmio Nobel em Fisiologia ou Medicina pelos seus trabalhos publicados no início da década de 1970 descrevendo o descobrimento das enzimas de restrição e suas aplicações. Na década de 1970, também houve a descrição da transcriptase reversa, por Baltimore e Temin[23,24], o descobrimento do primeiro oncogene[25] e a formação das primeiras empresas de biotecnologia.

Ao mesmo tempo que Richard J. Roberts e Phillip A. Sharp[26,27] descobriram a presença dos íntrons entre os éxons, os primeiros métodos de sequenciamento foram descritos. Wu e Taylor realizaram o primeiro sequenciamento completo dos nucleotídeos das extremidades coesivas do DNA do bacteriófago λ, contendo 12 bases[28]. No ano seguinte, Wu e colaboradores sugeriram a utilização de oligonucleotídeos iniciadores (*primers*) para o sequenciamento de DNA[29].

Em 1975, Sanger e Coulson descreveram um método de sequenciamento (também conhecido como *plus and minus*) baseado na síntese do DNA utilizando DNA polimerase, um iniciador e deoxinucleotídeos trifosfatados (dNTPs), sendo um marcado com fósforo ^{32}P. O produto desta reação foi dividido em oito alíquotas e utilizado outro iniciador para uma segunda reação da DNA polimerase. Nesta reação, a síntese era terminada de uma maneira específica fornecendo três dos quatro dNTPs (*minus*) ou somente um dos quatro dNTPs (*plus*). A eletroforese dos produtos das oito reações era realizada em gel de poliacrilamida e ureia como desnaturante e posteriormente o gel era colocado em contato com raios X. Após a revelação, a sequência podia ser lida pela diferença de tamanho dos produtos gerados (bandas no gel)[30]. Este método foi utilizado para a determinação da sequência completa do DNA do bacteriófago Φ X174, com 5.375 nucleotídeos[31].

Em 1975, também foram desenvolvidos outros métodos de sequenciamento por Maxam e Gilbert e, posteriormente, Sanger. O método de Maxam e Gilbert era similar ao método de Sanger e Coulson; no entanto, após a marcação de uma das extremidades do DNA fita dupla com fósforo ^{32}P, ocorria a fragmentação do DNA por reações químicas: clivagem de purinas; clivagem de pirimidinas; clivagem preferencialmente de adenina; clivagem de citosinas. Este método produzia fragmentos de tamanhos diferentes para cada posição da sequência. No final do mesmo ano, Sanger descreveu um novo método denominado *chain-terminating inhibitors* (terminadores de cadeia, método dideoxi ou ainda método de Sanger). Neste método, foram utilizados nucleotídeos terminadores de cadeia, dideoxinucleotídeos (ddNTPs), que são análogos aos dNTPs, mas não possuem o grupamento hidroxila na posição 3, causando interrupção da síntese do DNA ao ser incorporado. Neste método, cada reação de sequenciamento era realizada na presença de todos os dNTPS (sendo um deles marcado com fósforo ^{32}P) e um dos ddNTPs. Os produtos de sequenciamento contendo cada um dos ddNTPs eram separados por eletroforese em gel de poliacrilamida, em condições desnaturantes, e, após a autorradiografia, a sequência era lida pelo tamanho dos produtos dideoxi[30]. Walter Gilbert e Frederick Sanger ganharam o prêmio Nobel em Química em 1980 por seus trabalhos de desenvolvimento de métodos para sequenciamento de bases dos ácidos nucleicos.

Em meados de 1983, Kary Mullis desenvolveu o método da reação em cadeia da polimerase (*polymerase chain reaction* – PCR), a qual consistia em amplificar uma região do DNA, determinada por iniciadores, de forma exponencial. Os autores descreveram o método em 1985 na revista *Science*, em 1987 receberam a patente e, em 1993, Kary Mullis ganhou o prêmio Nobel em Química pela sua descoberta[32]. Esta técnica revolucionou os métodos de sequenciamento, que são utilizados até hoje.

Os primeiros sequenciadores automáticos de DNA começaram a ser desenvolvidos em 1986 por Leroy Hood, em colaboração com a Applied Biosystems (ABI). O primeiro método automatizado de sequenciamento utilizava o método de Sanger, mas cada ddNTP podia ser marcado com um tipo de fluoróforo diferente. Desta forma, os produtos das quatro reações de sequenciamento dideoxi poderiam ser analisados ao mesmo tempo por eletroforese em gel de poliacrilamida. À medida que os produtos de DNA migravam no gel, passavam pelo *laser* que ativava os fluoróforos, os quais emitiam uma fluorescência que era detectada pelo sequenciador e sua intensidade era gravada em um computador[30].

O surgimento de sequenciadores automáticos de DNA possibilitou o aprimoramento desta tecnologia, a ampliação do sequenciamento de DNA de diferentes espécies, a determinação de sequências mais complexas e a ampla expansão na publicação de artigos científicos. A era genômica foi marcada pelo sequenciamento do genoma de várias espécies no mundo inteiro, sendo um dos principais deles o do genoma humano. Este genoma revolucionou as tecnologias de sequenciamento, as metodologias de análise e as possibilidades de aplicação da informação gerada. Até hoje o método de Sanger é considerado padrão de referência no sequenciamento de DNA.

NOVAS GERAÇÕES DE SEQUENCIAMENTO (NGS)

Embora a primeira geração de sequenciadores tenha sido aprimorada ao longo dos anos, ela continuava sendo uma tecnologia com algumas limitações – o tamanho pequeno de fragmento de DNA que podia ser sequenciado, o período de tempo longo e o alto custo –, que resultavam em baixa capacidade de sequenciamento. Assim, buscando superar estas limitações, a partir de 2005, surgiram as novas gerações de sequenciadores de alto rendimento, sendo o Sistema 454 (Roche), o Solexa (Illumina), o SOLiD (Applied Biosystems) e o Ion Torrent (Thermo Fisher Scientific) os mais utilizados[33,34].

O sequenciador 454 (Roche) foi o primeiro sequenciador de segunda geração lançado no mercado em 2005. No sequenciamento por esta tecnologia, obtêm-se fragmentos de DNA ligados a adaptadores específicos (biblioteca de DNA), os fragmentos são desnaturados em fita simples, marcados e capturados em esferas, seguindo então para a amplificação por PCR em sistema de emulsão. O sequenciamento ocorre utilizando a tecnologia de pirossequenciamento, que se baseia na detecção do pirofosfato liberado durante a incorporação dos nucleotídeos[34].

O sequenciador SOLiD (*sequencing by oligo ligation detection*), descrito primeiramente em 2005 e adquirido pela Applied Biosystems em 2006, também utiliza a biblioteca de DNA e a captura dos fragmentos utilizando esferas e a amplificação por PCR em sistema de emulsão; entretanto, a DNA ligase é utilizada para sequenciar os fragmentos amplificados. No sequenciamento, um iniciador se hibridiza aos adaptadores nas esferas e pequenos oligonucleotídeos marcados com fluoróforos são adicionados na célula de fluxo. Quando a sequência da sonda corresponde à sequência da fita-molde, os oligonucleotídeos marcados (sondas) são ligados no iniciador. Após a ligação, os oligonucleotídeos que não foram incorporados são lavados e uma câmera CCD captura a fluorescência específica dos dois primeiros nucleotídeos da sonda. Após a captura das imagens, a sonda é removida e novos oligonucleotídeos marcados são adicionados na célula de fluxo de forma consecutiva para a continuidade do sequenciamento[35].

O sequenciador Solexa, lançado em 2006 pela Genome Analyzer e adquirido em 2007 pela Illumina, adota o sequenciamento por síntese. A biblioteca de DNA é ligada a adaptadores, em uma célula de fluxo (*flowcell*), e os fragmentos de DNA ligados são desnaturados em fita simples. A amplificação dos fragmentos de DNA ocorre em ponte (*bridge amplification*) para formar os agrupamentos que contêm os fragmentos de DNA amplificados. Após a geração dos agrupamentos, estes produtos são linearizados em fita simples e um iniciador hibridiza a sequência universal que flanqueia a região a ser sequenciada. Cada ciclo de sequenciamento consiste na extensão de uma única base por uma DNA polimerase modificada e uma mistura de quatro nucleotídeos modificados, cada um contendo um marcador fluorescente e um grupamento hidroxila que pode ser clivado em sua posição 3′-terminal (ddATP, ddGTP, ddCTP, ddTTP). Após a extensão de uma base e aquisição de imagens nos quatro canais, a clivagem do grupamento hidroxila e do marcador fluorescente determina o próximo ciclo[34,36].

Em 2010, entrou no mercado a plataforma Ion Torrent (adquirido pela Thermo Fisher Scientific), a qual utiliza tecnologia de semicondutor. Neste sistema, um próton (H^+) é liberado cada vez que um nucleotídeo é incorporado na cadeia pela DNA polimerase. A liberação deste próton altera o pH. Esta alteração de pH é detectada e o *chip* semicondutor reconhece as bases adicionadas. Se duas bases são adicionadas, a voltagem é dupla. A possibilidade de o Ion Torrent não utilizar luz, câmeras ou *scanner* permite que seja uma plataforma de menor tamanho e com baixo custo. Essas características tornaram o Ion Torrent um sistema de sequenciamento mais popular[34,37].

A segunda geração de sequenciadores revolucionou a maneira de sequenciar ácidos nucleicos e, desde seu surgimento, as plataformas de segunda geração continuaram a se aperfeiçoar e modernizar. Mesmo assim, a terceira geração de sequenciadores surgiu com duas características inovadoras principais: a amplificação por PCR não é necessária antes do sequenciamento (em razão de sua capacidade de sequenciar uma molécula única de DNA) e o sinal é capturado em tempo real durante a adição dos nucleotídeos. Por estas características, tais tecnologias apresentam as vantagens de aumentar o rendimento dos sequenciamentos e o tamanho dos fragmentos sequenciados, diminuindo o tempo e o custo. As plataformas de terceira geração mais utilizadas são a PacBio (Pacific Biosciences) e a Nanopore (Oxford Nanopore Technologies)[33,34].

TECNOLOGIAS DE SEQUENCIAMENTO E A BIOSSEGURANÇA

Nas décadas de 1940 e 1950, alguns estudos já apresentavam avaliações sobre o risco de infecções em laboratórios. A partir de então, a preocupação com o risco presente em atividades laboratoriais cresceu e na década de 1970 foram propostas as primeiras classificações de risco e realizadas as primeiras conferências (como a Conferência de Asilomar) para a discussão do assunto e a elaboração de diretrizes relacionadas a experimentos em laboratórios. No Brasil, a primeira lei de biossegurança foi a Lei n. 8.974/95, posteriormente revogada pela Lei n. 11.105/2005. Para mais detalhes, ver Capítulo "Memórias de biossegurança e bioproteção: de Asilomar à biologia sintética".

Apesar da grande evolução tecnológica, o risco intrínseco da execução de procedimentos de sequenciamento de DNA sempre está presente, incluindo aqueles que podem causar algum dano à saúde. Alguns dos cientistas responsáveis pelas descobertas atuais sofreram pela falta de conhecimento dos riscos a que estavam expostos durante o desenvolvimento de seus trabalhos. Desde a década de 1970, intensificou-se a preocupação com a segurança ocupacional em laboratórios; no entanto, acidentes continuam acontecendo, muitas vezes pela falta de cuidado do próprio pesquisador. Um exemplo histórico ocorreu em 1986, quando um acidente contaminou uma região quilométrica com uma quantidade letal de material radioativo em razão do descumprimento de regras de segurança para realização de testes com um reator na usina nuclear de Chernobyl[38].

As tecnologias de sequenciamento de ácidos nucleicos também podem expor o pesquisador/analista a riscos ocupacionais. O conhecimento desses riscos é imprescindível para se garantir segurança pessoal e ambiental e se obter resultados experimentais mais confiáveis.

Nos métodos de extração, análise, amplificação e sequenciamento de ácidos nucleicos, são utilizados reagentes e amostras biológicas que podem causar risco químico e biológico aos pesquisadores. Os principais métodos utilizados no manuseio de ácidos nucleicos e os riscos potenciais são descritos a seguir.

Extração de ácidos nucleicos

Os métodos de extração de ácidos nucleicos têm por objetivo isolar e purificar tanto DNA como RNA provenientes de amostras biológicas diversas, como sangue periférico, fluidos corporais, tecido, medula, cultura de células, microrganismos, entre outros. Esses métodos incluem as seguintes etapas gerais: lise celular e solubilização do ácido nucleico; remoção de proteínas contaminantes e macromoléculas; isolamento do ácido nucleico[39].

Os protocolos de extração podem ser automatizados ou manuais, utilizando ou não reagentes do próprio laboratório. Os produtos comerciais facilitam o processo por conterem todos os reagentes necessários em um único produto e terem protocolos mais simplificados. Além disso, apresentam maiores reprodutibilidade e confiabilidade por passarem por rigoroso controle de qualidade. O uso de extratores automatizados (Figura 1) reduz a variabilidade de resultados e o tempo e aumenta a capacidade de extração, em comparação com o processo manual.

É importante ressaltar que, durante o protocolo de extração, principalmente nas primeiras etapas, o operador está em contato direto com amostras biológicas. Nestas amostras, podem estar presentes agentes de risco biológicos, e esta informação nem sempre é de conhecimento do manipulador. Por isso, é de suma importância a utilização de equipamentos de proteção individual (EPI) adequados, incluindo luvas resistentes, de baixa permeabilidade e boa flexibilidade, como as cirúrgicas, aventais impermeáveis de manga longa com punhos, óculos de segurança e máscaras para evitar contato com aerossóis provenientes da manipulação da amostra. Quando se conhece o risco biológico ao qual se está exposto, é importante atentar-se a EPI específicos para cada agente biológico.

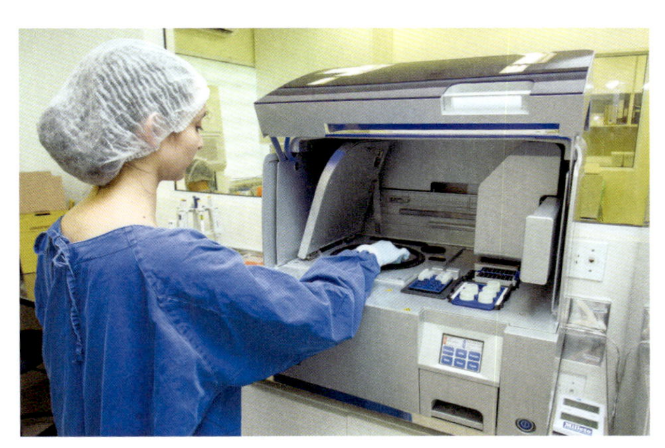

FIGURA 1 Extrator automático de DNA.

Para evitar contaminação de amostras biológicas ou reagentes de extração de ácidos nucleicos, é necessária a descontaminação do ambiente de trabalho antes e após cada procedimento realizado, como descrito no Capítulo 21, "Biossegurança em laboratórios de biologia molecular". Em caso de contato direto do indivíduo com a amostra biológica, ele deve informar ao seu responsável imediatamente e ser encaminhado a um local especializado, se possível com uma amostra do contaminante, para que sejam realizados testes para doenças transmissíveis em ambos.

Os reagentes utilizados no processo de extração também oferecem risco ao operador. No Quadro 1, são apresentados os principais reagentes utilizados na extração de ácidos nucleicos, os riscos químicos associados e os EPI utilizados em seu manuseio.

QUADRO 1 Descrição dos principais reagentes químicos utilizados nos métodos de extração de ácidos nucleicos

Nome	Utilização[40]	Incompatibilidade
2-Mercaptoetanol	Componente de soluções de desnaturação	Agentes oxidantes, metais, ácidos e bases
Acetato de amônio	Precipitação	Nitratos, ácidos fortes e hidróxidos alcalinos fortes
Acetato de sódio/acetato de potássio	Lise celular/ neutralização	NC
Ácido acético glacial	Neutralização	Ácidos ou bases fortes, materiais oxidantes, nitrato de amônia, 2-aminoetanol e trifluoreto de cloro
Álcool etílico	Precipitação	Oxidantes fortes, como peróxidos, cloratos, ácido crômico, ácido nítrico, ácido perclórico, cloreto de acetila, hipoclorito de cálcio, nitrato de prata, nitrato de mercúrio, peróxido de hidrogênio, pentafluoreto de bromo
Citrato de sódio	Componente de soluções de desnaturação	Agentes oxidantes
Clorofórmio	Separador de fases	Metais alcalinos, metais em forma de pó, flúor e alcolatos
Fenol	Separador de fases	Aldeídos, nitratos e nitritos
Formamida	Solvente ionizante	Bases, oxidantes, peróxido de hidrogênio, iodo, piridina e óxidos de enxofre
Hidrocloreto de guanidina	Lise celular	Agentes oxidantes fortes, ácidos fortes e ácido fluorídrico
Isopropanol	Precipitação	Metais alcalinos, alumínio oxidante de ácido sulfúrico
Proteinase K	Degradação proteica	Agentes oxidantes fortes
SDS	Soluções de lise	NC
Tiocianato de amônio	Separador de fases	Agentes oxidantes fortes, ácidos fortes e nitrato de chumbo
Tiocianato de guanidina	Separador de fases	Ácidos fortes, oxidantes fortes e cianetos
Tris	Tampão	Reagentes oxidantes e bases

Diagrama de Hommel: riscos à saúde, riscos de incêndio e reatividade, respectivamente. Informações retiradas da ficha de segurança dos fabricantes dos reagentes. EPI: equipamentos de proteção individual; GHS: sistema globalmente harmonizado de classificação e rotulagem de produtos químicos; NC: não consta.
* O nível de segurança exigido poderá variar, dependendo do volume de reagente utilizado.

A extração envolve a utilização de equipamentos como homogeneizadores de amostras biológicas, centrífugas, agitadores automáticos, banhos com água ou a seco e extratores automatizados. Esses equipamentos podem expor o operador a riscos físicos e de acidentes. De modo geral, o cuidado com a eletricidade é importante em todos esses equipamentos. No caso dos homogeneizadores, o manuseio deve ser cuidadoso para evitar acidentes relacionados à sua rotação, como cortes na pele. As centrífugas (Figura 2) são equipamentos que envolvem alta rotação e geração de ruídos. Portanto, é importante atentar-se para a verificação do encaixe adequado dos rotores, a utilização de tampas que impeçam o deslocamento dos tubos e a liberação de aerossóis, o manejo dos tubos somente após a parada completa da centrífuga e a manutenção adequada do equipamento,

EPI*	Classificação de acordo com o GHS	Diagrama de Hommel
Luvas de borracha butílica (contato total) ou natural látex/cloropreno (contato com salpicos), óculos e máscara para vapores ou cabine de segurança química	Irritante para olhos e pele. Perigoso se inalado. Inflamável. Toxicidade aguda oral, inalatória e dérmica. Tóxico para o fígado e o coração. A exposição intensa pode levar ao óbito	3/2/1
Luvas de borracha de nitrilo, óculos e máscara semifacial	Irritante para olhos e pele. Perigoso se inalado	2/1/0
Luvas de borracha de nitrilo, óculos e máscara contra pós	Irritante para olhos e pele. Perigoso se inalado	2/1/0
Luvas de borracha butílica, óculos e máscara para vapores químicos ou cabine de segurança química	Irritante para olhos e pele. Perigoso se inalado. Corrosivo	3/2/0
Luvas, óculos e máscara semifacial para vapores ou cabine de segurança química	Irritante para olhos e pele. Perigoso se inalado. Inflamável	2/3/0
Luvas de borracha de nitrilo, óculos e máscara semifacial	Irritante para olhos e pele. Perigoso se inalado	1/0/0
Luvas de borracha butílica, óculos e máscara para solventes orgânicos ou cabine de segurança química	Irritante para olhos e pele. Perigoso se inalado. Tóxico	2/0/0
Luvas de borracha de nitrilo, óculos e máscara semifacial ou cabine de segurança química	Irritante para olhos e pele. Perigoso se inalado. Corrosivo, tóxico	3/2/0
Luvas de borracha de nitrilo, óculos e máscara para vapores ou cabine de segurança química	Irritante para olhos e pele. Perigoso se inalado. Carcionogênico. Toxicidade reprodutiva	2/1/0
Luvas de borracha de nitrilo, óculos e máscara semifacial	Toxicidade aguda oral e inalatória. Irritante para olhos e pele	2/1/0
Luvas de borracha butílica, óculos e máscara para vapores ou cabine de segurança química	Irritante para olhos e pele. Inflamável	1/3/0
Luvas de borracha de nitrilo, óculos e máscara semifacial	Irritante para olhos e pele. Toxicidade para o sistema respiratório	NC
Luvas de borracha de nitrilo, óculos e máscara para pós	Sólidos inflamáveis, toxicidade aguda oral e inalatória, irritação cutânea, lesões oculares graves, toxicidade para o sistema respiratório	1/0/0
Luvas de borracha de nitrilo, óculos e máscara semifacial	Irritante para olhos e pele. Perigoso se inalado. Tóxico	2/0/0
Luvas de borracha de nitrilo, óculos e máscara semifacial	Irritante para olhos e pele. Perigoso se inalado	2/1/0
Luvas de borracha de nitrilo, óculos e máscara para pós	Não é uma substância perigosa	1/1/0

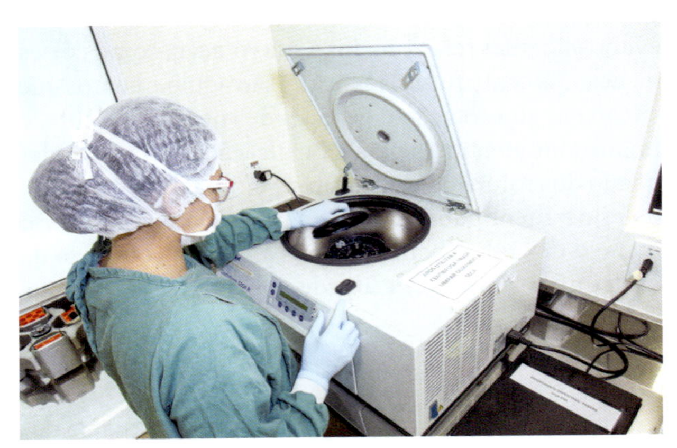

FIGURA 2 Centrífuga e fechamento do rotor com tampa para prevenir a exposição a aerossóis.

como calibração, para evitar danos e ruídos exacerbados. Os agitadores automáticos expõem o operador principalmente a vibrações. O banho com água ou a seco é normalmente utilizado com temperaturas elevadas, sendo, portanto, necessária a utilização de luvas adequadas, evitando risco de queimaduras. As partes internas dos extratores automáticos não funcionam se a porta estiver aberta, para evitar maiores riscos de ferimentos. No entanto, estes extratores possuem partes com encaixes que podem causar acidentes graves se não forem operados com cuidado.

Quantificação de ácidos nucleicos

Os ácidos nucleicos podem ser quantificados por métodos espectrofotométricos, fluorimétricos e eletroforéticos. A espectrofotometria por UV é a mais utilizada para quantificação de ácidos nucleicos, por ser mais simples e econômica; entretanto, a presença de contaminantes que absorvem na região do UV pode afetar o resultado. Na fluorimetria, são utilizados ligantes (intercalantes) de ácidos nucleicos, que emitem fluorescência, cuja intensidade é proporcional ao teor de ácido nucleico presente na amostra. É mais específico que o método de espectrofotometria por UV. O sistema eletroforético possibilita quantificar um fragmento de acido nucleico com tamanho específico em uma mistura e a quantificação pode ser feita por densitometria no visível ou UV.

Nos procedimentos de quantificação que utilizam a radiação UV (risco físico), são essenciais o emprego de óculos de segurança com proteção UV e a utilização adequada dos equipamentos, atentando-se para a barreira física que impeça a exposição do indivíduo à radiação. Pode haver risco de acidente durante o procedimento de eletroforese, pois ele envolve a condução de eletricidade.

No Quadro 2, são descritos os riscos químicos associados com os procedimentos de eletroforese e fluorimetria. Com a finalidade de reduzir a exposição aos agentes químicos, foram desenvolvidos novos tipos de intercalantes de ácidos nucleicos, como o GelRed e o GelGreen, que têm baixa citotoxicidade ou mutagenicidade em concentrações superiores às de trabalho, pois são impenetráveis em luvas de látex e na membrana celular de células vivas e sua metabolização gera compostos que não interagem com o DNA. O Tris, componente principal de tampões de eletroforese, está citado no Quadro 1. Na espectrofotometria de UV não são utilizados reagentes químicos.

QUADRO 2 Descrição dos principais reagentes químicos utilizados na quantificação de ácidos nucleicos

Nome	Utilização	Incompatibilidade	EPI*	Classificação de acordo com o GHS	Diagrama de Hommel
Brometo de etídio	Corante de ácidos nucleicos	Oxidantes fortes	Luvas de borracha de nitrilo, óculos e máscara semifacial	Toxicidade oral e inalatória aguda e mutagenicidade	1/1/0
SYBR Green	Corante de ácidos nucleicos	NC	Luvas	Não é uma substância perigosa	NC
DMSO	Diluente	Óxido de carbono e enxofre, cloretos ácidos, haletos de fósforo, ácidos fortes, oxidantes fortes e redutores fortes	Luvas de borracha de nitrilo, óculos e máscara para vapores orgânicos ou cabine de segurança química	Líquidos inflamáveis	1/2/0

Diagrama de Hommel: riscos à saúde, riscos de incêndio e reatividade, respectivamente. Informações retiradas da ficha de segurança dos fabricantes dos reagentes. EPI: equipamentos de proteção individual; GHS: sistema globalmente harmonizado de classificação e rotulagem de produtos químicos; NC: não consta.
* O nível de segurança exigido poderá variar, dependendo do volume de reagente utilizado.

Amplificação de ácidos nucleicos pela PCR

A PCR consiste em uma tecnologia com a finalidade de multiplicar o número de cópias de uma sequência específica de ácido nucleico[41]. É composta de três etapas principais: desnaturação do DNA por aquecimento; hibridização dos iniciadores/*primers* à sequência-alvo; e extensão dos iniciadores por uma DNA polimerase termoestável[40]. Estas três etapas são realizadas em um termociclador, equipamento que possui um termobloco capaz de ser resfriado e aquecido em cada ciclo da PCR (Figura 3). As temperaturas podem variar entre 4 e 95°C.

Com o passar dos anos, a tecnologia foi sendo aprimorada e adaptada às necessidades dos estudos. Atualmente, uma das variações mais utilizadas é a PCR em tempo real (*Real-Time PCR*), que consiste na PCR com a inclusão de fluoróforos em equipamentos capazes de detectar diferenças de fluorescência durante a reação, permitindo o acompanhamento da amplificação e sua quantificação quando necessário[42].

A PCR tem diversas aplicabilidades, como: detecção e quantificação de patógenos; teste de identificação humana (p. ex., testes de determinação de paternidade); determinação de sexo; detecção de mutações e polimorfismos genéticos; estudos de genética evolutiva; quantificação da expressão gênica; etapas preliminares de muitas tecnologias, como clonagem e sequenciamento.

Em razão da variação de temperatura do termociclador, durante seu manuseio, deve-se ter atenção à temperatura em que o equipamento se encontra, evitando queimaduras. Além disso, podem ocorrer contaminações entre amostras, reagentes, equipamentos e até do próprio operador e seu ambiente de trabalho, ocasionadas pelas amostras de DNA ou pelos produtos da PCR. Estes tipos de contaminações podem comprometer a credibilidade dos resultados do estudo. Para evitá-las, podem ser indicadas algumas medidas simples, como: separação das áreas de preparação de reagentes, preparação da amostra, amplificação e detecção; presença dos equipamentos necessários em cada área de trabalho; limpeza das áreas com hipoclorito de sódio e etanol; esterilização dos materiais; descontaminação dos ambientes pré-PCR com luz UV[43]. Estas ações são detalhadas no Capítulo 21.

A PCR pode ser realizada com muitas amostras de DNA em uma mesma reação. Por esse motivo, assim como nas demais tecnologias, é importante manter uma postura adequada durante a pipetagem e, quando possível, utilizar pipetas eletrônicas ou multicanais, diminuindo também a repetição excessiva de movimentos e evitando riscos ergonômicos.

Alguns dos reagentes clássicos utilizados na PCR, como cloreto de magnésio, oligonucleotídeos e dNTP, em sua maioria, não apresentam riscos à saúde. No entanto, apresentações comerciais podem conter outros reagentes que apresentam riscos químicos e estão listados no Quadro 3. O reagente químico Tris é citado no Quadro 1, e os reagentes DMSO e SYBR são mencionados no Quadro 2.

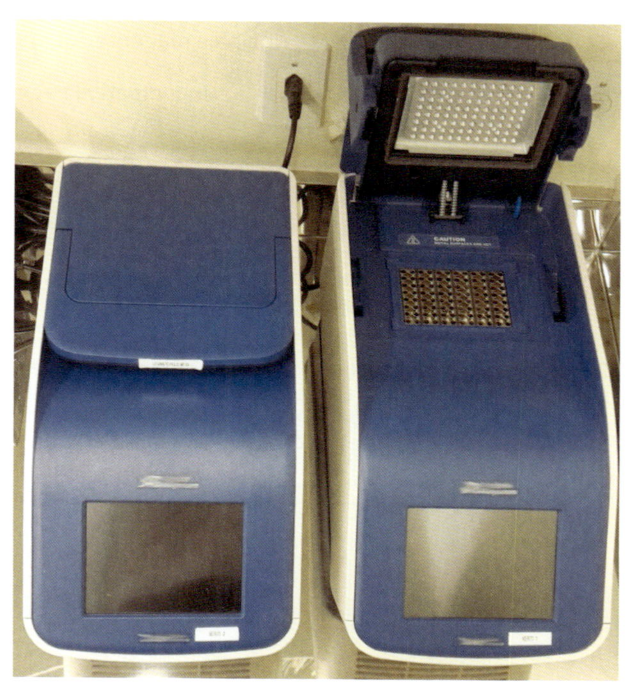

FIGURA 3 Termociclador utilizado para amplificação de ácidos nucleicos pela PCR.

Sequenciamento de ácidos nucleicos

As tecnologias de sequenciamento de ácidos nucleicos se aperfeiçoaram muito nos últimos anos, conforme a descrição no início deste capítulo. Atualmente, diferentes métodos são utilizados em sequenciamento de genomas, ressequenciamento de regiões-alvo, sequenciamento *de novo*, sequenciamento de RNA e microRNA, análise de metilação e outros. Mesmo assim, os riscos biológicos, físicos, químicos, ergonômicos e de acidentes continuam presentes.

Para o preparo das amostras de ácido nucleico durante a construção das bibliotecas de sequenciamento, são utilizados constantemente agitadores automáticos, centrífugas e termociclador, cujos riscos foram abordados nas tecnologias de extração de ácidos nucleicos e de PCR. Os ácidos nucleicos extraídos de amostras biológicas são a matéria-prima do sequenciamento e devem ser manipuladas com os cuidados necessários para garantir a segurança do trabalho e a fidelidade dos resultados obtidos.

QUADRO 3 Descrição dos principais reagentes químicos utilizados na PCR

Nome	Utilização	Incompatibilidade	EPI*	Classificação GHS	Diagrama de Hommel
Azida sódica	Conservante encontrado em apresentações comerciais	Metais	Luvas, óculos e máscara semifacial	Tóxico	3/1/3
DTT	Tampão	NC	Luvas e óculos	Irritante para olhos e pele	2/0/0
Sorbitol	Umectante encontrado em apresentações comerciais	NC	Luvas, óculos e máscara semifacial	Irritante para olhos, pele. Perigoso se inalado	2/1/0

Diagrama de Hommel: riscos à saúde, riscos de incêndio e reatividade, respectivamente. Informações retiradas da ficha de segurança dos fabricantes dos reagentes. EPI: equipamentos de proteção individual; GHS: sistema globalmente harmonizado de classificação e rotulagem de produtos químicos; NC: não consta.
* O nível de segurança exigido poderá variar, dependendo do volume de reagente utilizado.

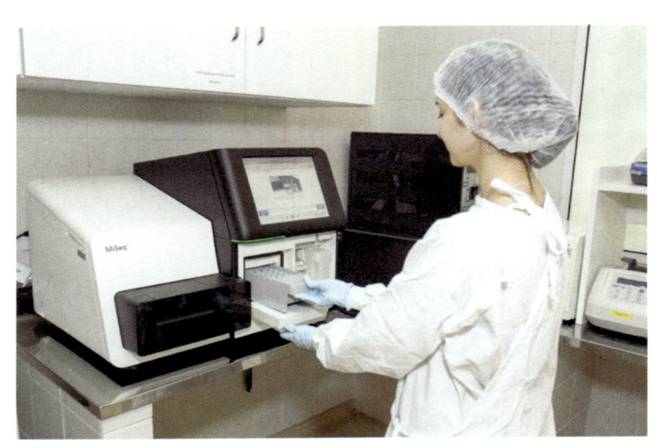

FIGURA 4 Manuseio de sequenciador de alto rendimento.

FIGURA 5 Área de análise de dados *in silico* e exposição aos riscos ergonômicos.

Os sequenciadores de alto rendimento (Figura 4) têm a capacidade de gerar grande quantidade de dados em curto período de tempo. O desafio dessas tecnologias está na grande quantidade de dados que exige a utilização de computadores de alta capacidade de processamento, *softwares* específicos e muito potencial humano.

O alto tempo despendido com análises bioinformáticas faz com que o profissional permaneça por tempo prolongado sentado em frente à tela de um computador, expondo-o a riscos ergonômicos como: ritmo de trabalho excessivo e prolongado, postura inadequada, monotonia e repetitividade de movimentos (Figura 5). Um ambiente de trabalho com bancadas, mesas e cadeiras em alturas adequadas e ajustáveis é indispensável para diminuir os danos causados por essas atividades. Além disso, cabe ao manipulador realizar pausas, alongamentos e exercícios sempre que possível, ajudando assim a diminuir a fadiga dos músculos, nervos e tendões exigidos nessas atividades.

Em relação aos riscos químicos, a maioria das tecnologias de sequenciamento utiliza reagentes químicos em apresentações comerciais. Os reagentes utilizados e citados nos quadros anteriores são 2-mercaptoetanol, etanol, formamida, hidrocloreto de guanidina, acetato de sódio e Tris (Quadro 1); brometo de etídio (Quadro 2); ácido clorídrico e hidróxido de sódio; DMSO (Quadro 2); azida de sódio e DTT (Quadro 3). Os demais reagentes empregados no sequenciamento estão descritos no Quadro 4.

CONSIDERAÇÕES FINAIS

Os avanços da genômica e da biossegurança nas últimas décadas e principalmente nos últimos anos vêm auxiliando na expansão dos estudos em áreas como medicina, farmácia, biologia e outras. Com certeza, as tecnologias avançarão ainda mais ao longo dos próximos anos. Essa evolução, apesar de necessária, será acompanhada pelo surgimento de agentes biológicos, reagentes químicos, equipamentos e maior carga de trabalho que poderão ser riscos ocupacionais importantes.

É imprescindível que a evolução tecnológica seja acompanhada do uso de equipamentos de proteção adequados para que a pesquisa científica avance, buscando seus melhores resultados com ética e responsabilidade, lembrando sempre que a integridade do pesquisador deve ser prioridade.

QUADRO 4 Descrição dos principais reagentes químicos utilizados no sequenciamento de ácidos nucleicos

Nome	Utilização	Incompatibilidade	EPI*	Classificação segundo o GHS	Diagrama de Hommel
2-aminoetanol	Componente de apresentações comerciais de sequenciamento de DNA	Ácidos fortes, agentes oxidantes, ferro, cobre, latão (liga de cobre e zinco) e borracha	Luvas de látex ou borracha nitrílica, óculos de segurança, proteção respiratória para formação de vapores/aerossóis, vestimenta de tecido protetor antiestático retardador de chama	Líquido combustível. Provoca queimaduras na pele e lesões oculares graves. Nocivo por ingestão. Nocivo em contacto com a pele. Nocivo por inalação. Perigoso para os organismos aquáticos	3/2/0
Ácido clorídrico	Acidificante de tampão	Metais, bases fortes, agentes oxidantes, carbonetos, sulfuretos e hipoclorito	Luvas de borracha de nitrilo, óculos e máscara de vapores inorgânicos	Corrosivo, lesões oculares graves e toxicidade para o sistema respiratório	3/0/0
Acrilamida	Componente de gel de eletroforese	Ácidos oxidantes, ferro e sais de ferro, cobre, latão, iniciadores de radicais livres	Luvas de borracha de nitrilo, óculos e máscara para vapores ou para partículas do tipo N100	Irritante para olhos e pele. Perigoso se inalado. Toxicidade aguda oral, inalatória e dérmica. Tóxico para o sistema nervoso periférico. Mutagenicidade em células germinativas. Carcinogênico. Toxicidade reprodutiva. A exposição intensa pode levar ao óbito	3/2/2
Bissulfito	Conversão de citosinas não metiladas em uracilas	Oxidantes, tiamina, álcool e bases fortes	Luvas, óculos e máscara semifacial	Irritante para olhos e pele. Perigoso se inalado. Corrosivo	3/0/0
DL-DTT	Componente de apresentações comerciais de transcrição de cDNA	Agentes oxidantes, agentes redutores e bases	Luvas, óculos e máscara semifacial	Irritante para olhos e pele. Perigoso se inalado	2/1/0
Hidróxido de sódio	Soluções de transferência e desnaturação	Ácidos orgânicos e compostos halogenados	Luvas, óculos e máscara para vapores químicos	Corrosivo, lesões oculares graves	3/1/0

(continua)

QUADRO 4 Descrição dos principais reagentes químicos utilizados no sequenciamento de ácidos nucleicos (*continuação*)

Nome	Utilização	Incompatibilidade	EPI*	Classificação segundo o GHS	Diagrama de Hommel
Hidróxido de potássio	Componente de apresentações comerciais de sequenciamento de DNA	Metais, metais alcalinos terrosos, compostos de amônio. Pode reagir violentamente com ácidos aldeídos e muitos outros produtos orgânicos	Luvas de borracha nitrílica, óculos de segurança, máscara em caso de formação de pó (recomenda-se o uso de respirador com filtro específico quando em altas concentrações no ambiente), avental, roupa e calçados impermeáveis	Pode ser corrosivo para os metais. Nocivo se ingerido. Provoca queimadura severa à pele e dano aos olhos	3/0/1
Hipoclorito de sódio	Componente de apresentações comerciais de sequenciamento de DNA	Concreto, metais, e substâncias oxidantes e redutoras	Luvas impermeáveis de borracha ou PVC, óculos de segurança, máscara facial inteira ou semifacial com filtro contra gases ácidos, máscara facial inteira com linha de ar ou conjunto autônomo de ar respirável, avental em PVC ou em borracha, roupa antiácido (PVC ou outro material equivalente) e botas em borracha ou em PVC	Corrosivo para os metais. Toxicidade aguda - oral. Corrosivo/irritação à pele. Lesões oculares graves/irritação ocular. Sensibilização respiratória. Perigo ao ambiente aquático	2/0/1
Imidazol	Componente de apresentações comerciais de sequenciamento de DNA	Agentes oxidantes fortes, ácidos, cloretos de ácidos e anidridos de ácidos	Luvas de borracha de nitrilo, óculos de segurança, máscaras de proteção contra pós, vestimenta de proteção para produtos químicos	Nocivo por ingestão. Provoca queimaduras na pele e lesões oculares graves. Pode afetar a fertilidade ou o nascituro	3/1/0
TRITON X-100	Componente de apresentações comerciais de sequenciamento de DNA	Agentes oxidantes fortes, ácidos fortes, agentes redutores fortes	Luvas de proteção de borracha butílica, óculos de segurança, máscara semifacial para vapores químicos – filtro A-(P2) e roupas de proteção adequadas	Nocivo se ingerido. Provoca irritação à pele. Provoca lesões oculares graves. Muito tóxico para os organismos aquáticos, com efeitos prolongados	2/1/1

Diagrama de Hommel: riscos à saúde, riscos de incêndio e reatividade, respectivamente. Informações retiradas da ficha de segurança dos fabricantes dos reagentes. EPI: equipamentos de proteção individual; GHS: sistema globalmente harmonizado de classificação e rotulagem de produtos químicos; NC: não consta. * O nível de segurança exigido poderá variar, dependendo do volume de reagente utilizado.

REFERÊNCIAS BIBLIOGRÁFICAS

1. World Health Organization (WHO). Human Genetics programme. WHO definitions of genetics and genomics. Disponível em: <http://www.who.int/genomics/geneticsVSgenomics/en/>. Acesso em: 19 out. 2015.
2. Dahm R. Discovering DNA: Friedrich Miescher and the early years of nucleic acid research. Hum Genet. 2008;122(6):565-81.
3. Paweletz N. Walther Flemming: pioneer of mitosis research. Nat Rev Mol Cell Biol. 2001;2(1):72-5.
4. Dunwell JM. 100 years on: a century of genetics. Nat Rev Genet. 2007;8(3):231-5.
5. Roll-Hansen N. The holist tradition in twentieth century genetics. Wilhelm Johannsen's genotype concept. J Physiol. 2014;592(Pt 11):2431-8.
6. Hunter GK. Phoebus levene and the tetranucleotide structure of nucleic acids. Ambix. 1999;46(2):73-103.
7. Ferry G. Of DNA and broken dreams. Nature. 2014;510:32-3.
8. Beadle GW, Tatum EL. Genetic control of biochemical reactions in neurospora. Proc Natl Acad Sci USA. 1941;27(11):499-506.
9. Avery OT, Macleod CM, McCarty M. Studies on the chemical nature of the substance inducing transformation of pneumococcal types: induction of transformation by a desoxyribonucleic acid fraction isolated from pneumococcus type III. J Exp Med. 1944;79(2):137-58.
10. Portin P. The birth and development of the DNA theory of inheritance: sixty years since the discovery of the structure of DNA. J Genet. 2014;93(1):293-302.
11. Pauling L, Corey RB. A proposed structure for the nucleic acids. Proc Natl Acad Sci USA. 1952;39:84-97.
12. Watson JD, Crick FH. Molecular structure of nucleic acids; a structure for deoxyribose nucleic acid. Nature. 1953;171(4356):737-8.
13. Wilkins MH, Stokes AR, Wilson HR. Molecular structure of deoxypentose nucleic acids. Nature. 1953;171(4356):738-40.
14. Franklin RE, Gosling RG. Molecular configuration in sodium thymonucleate. Nature. 1953;171(4356):740-1.
15. Rosalind Franklin University of Medicine and Science [homepage na internet]. Rosalind Franklin. Disponível em: <http://www.rosalindfranklin.edu/RosalindFranklin.aspx>. Acesso em: 13 nov. 2015.
16. Greer EM, Tolmachova M. Marie Curie: pioneering discoveries and humanitarianism. Helv Chi Acta. 2011;94:1893-907.
17. Tjio JH, Levan A. The chromosome number of man. Hereditas. 2010;42:1-6.
18. Crick FH. On protein synthesis. Symp Soc Exp Biol. 1958; 12:138-63.
19. Friedberg EC. The eureka enzyme: the discovery of DNA polymerase. Nat Rev Mol Cell Biol. 2006;7(2):143-7.
20. Brenner S, Jacob F, Meselson M. An unstable intermediate carrying information from genes to ribosomes for protein synthesis. Nature. 1961;190:576-81.
21. Crick FH, Barnett L, Brenner S, Watts-Tobin RJ. General nature of the genetic code for proteins. Nature. 1961;192:1227-32.
22. Crick FH. The genetic code: yesterday, today, and tomorrow. Cold Spring Harb Symp Quant Biol. 1966;31:1-9.
23. Baltimore D. Viral-RNA dependent DNA polymerase. Nature 1970;226:1209-11.
24. Temin HM, Mizutani S. RNA-dependent DNA polymerase in virions of Rous sarcoma virus. Nature. 1970;226(5252):1211-3.
25. Duesberg PH, Vogt PK. Differences between the ribonucleic acids of transforming and nontransforming avian tumor viruses. Proc Natl Acad Sci USA. 1970;67(4):1673-80.
26. Chow LT, Gelinas RE, Broker TR, Roberts RJ. An amazing sequence arrangement at the 5' ends of adenovirus 2 messenger RNA. Cell. 1977;12(1):1-8.
27. Berget SM, Moore C, Sharp PA. Spliced segments at the 5' terminus of adenovirus 2 late mRNA. Proc Natl Acad Sci USA. 1977;74(8):3171-5.
28. Wu R, Taylor E. Nucleotide sequence analysis of DNA. II. Complete nucleotide sequence of the cohesive ends of bacteriophage lambda DNA. J Mol Biol. 1971;57(3):491-511.
29. Padmanabhan R, Wu R. Nucleotide sequence analysis of DNA. IX. Use of oligonucleotides of defined sequence as primers in DNA sequence analysis. Biochem Biophys Res Commun. 1972;48(5):1295-302.
30. Hutchison CA 3rd. DNA sequencing: bench to bedside and beyond. Nucleic Acids Res. 2007;35(18):6227-37.
31. Sanger F, Air GM, Barrell BG, Brown NL, Coulson AR, Fiddes CA, et al. Nucleotide sequence of bacteriophage phi X174 DNA. Nature. 1977;265(5596):687-95.
32. Bartlett JMS, Stirling D. A short history of the polymerase chain reaction. In: Bartlett JMS, Stirling D, editores. PCR protocols. (Methods in Molecular Biology, v. 226). 2. ed. Totowa: Humana Press; 2003. p.3-6.
33. Schadt EE, Turner S, Kasarskis A. A window into third-generation sequencing. Hum Mol Genet. 2010;19(R2):R227-40.
34. Liu L, Li Y, Li S, Hu N, He Y, Pong R, et al. Comparison of next-generation sequencing systems. J Biomed Biotechnol. 2012;2012:251364.
35. Shendure JA, Porreca GJ, Church GM, Gardner AF, Hendrickson CL, Kieleczawa J, et al. Overview of DNA sequencing strategies. Curr Protoc Mol Biol. 2011;capítulo 7, unidade 7.1.
36. Shendure J, Ji H. Next-generation DNA sequencing. Nat Biotechnol. 2008;26(10):1135-45.
37. Hodkinson BP, Grice EA. Next-generation sequencing: a review of technologies and tools for wound microbiome research. Adv Wound Care (New Rochelle). 2015;4(1):50-8.
38. Instituto de Radioproteção e Dosimetria (IRD). O que ocasionou o acidente de Chernobyl. Disponível em: <http://www.ird.gov.br/>. Acesso em: 13 nov. 2015.
39. Hirata MH, Hirata RDC, Hirata TDC, Wang HT-L, Silva JL, Germano JF. Métodos de biologia molecular aplicados à cardiologia. In: Souza AGMR (editora), Hirata MH (coordenador). Biologia molecular. São Paulo: Atheneu; 2013. p.106-67.
40. Sambrook J, Russel DW. Molecular cloning: a laboratory manual. 3. ed. New York: Cold Spring Harbor Laboratory Press; 2001.
41. Mullis KB. The unusual origin of the polymerase chain reaction. Sci Am. 1990;262(4):56-61,64-5.
42. Kubista M, Andrade JM, Bengtsson M, Forootan A, Jonák J, Lind K, et al. The real-time polymerase chain reaction. Mol Aspects Med. 2006;27(2-3):95-125.
43. Aslanzadeh J. Preventing PCR amplification carryover contamination in a clinical laboratory. Ann Clin Lab Sci. 2004;34(4):389-96.

29

Biossegurança na atuação da enfermagem

Kazuko Uchikawa Graziano
Caroline Lopes Ciofi-Silva
Alda Graciele Claudio dos Santos Almeida

INTRODUÇÃO

O cuidado consiste na essência da profissão de enfermagem e pertence a duas esferas distintas: uma objetiva, que se refere ao desenvolvimento de técnicas e procedimentos, e outra subjetiva, que se baseia em sensibilidade, criatividade e intuição para cuidar de outro ser. A forma, o jeito de cuidar, o "fazer com", a cooperação, a disponibilidade, a participação, o amor, a interação, a cientificidade, a autenticidade, o envolvimento, o vínculo compartilhado, a espontaneidade, o respeito, a presença, a empatia, o comprometimento, a compreensão, a confiança mútua, o estabelecimento de limites, a valorização das potencialidades, a visão do outro como único, a percepção da existência do outro, o toque delicado, o respeito ao silêncio, a receptividade, a observação, a comunicação, o calor humano e o sorriso são os elementos essenciais que fazem a diferença no cuidado[1].

Adicionalmente, a enfermagem, na pessoa do profissional enfermeiro, faz a gestão desse cuidado humanizado e das dinâmicas que envolvem o cuidar, administrando como gestora do ambiente onde o cuidado acontece. Como não poderia deixar de lado, a pesquisa, o ensino e o envolvimento com as tecnologias também fazem parte da responsabilidade profissional do enfermeiro. O processo de trabalho em saúde envolve a aplicação de tecnologias que, segundo a concepção de Merhy[2], são classificadas em:

- Leves: relações construídas entre trabalhador e usuário.
- Leves-duras: saberes estruturados das diversas disciplinas.
- Duras: equipamentos e materiais utilizados nas intervenções.

No contexto das práticas da enfermagem, o domínio dos pressupostos teóricos e práticos da biossegurança é fundamental, entendida no sentido amplo como

> [...] o conjunto de ações voltadas para a prevenção, minimização ou eliminação de riscos inerentes às atividades de prestação de serviços, pesquisa, produção, ensino, desenvolvimento tecnológico – riscos que podem comprometer a saúde global do homem, dos animais, do meio ambiente ou a qualidade dos trabalhos desenvolvidos[3].

O presente capítulo se propõe a discorrer sobre biossegurança envolvendo as práticas de enfermagem direcionadas tanto para o sujeito que é cuidado – o paciente – quanto para o profissional que executa a ação do cuidar – a equipe de enfermagem.

BIOSSEGURANÇA NAS PRÁTICAS DE ENFERMAGEM DIRECIONADAS AO PACIENTE

Embora se reconheça o reducionismo, a abordagem da biossegurança nesse momento será direcionada mais especificamente aos riscos biológicos, sem negar os riscos relacionados à esfera psicossocial.

As práticas de saúde acontecem em vários cenários, extra e intra-hospitalares. Indubitavelmente, a biossegurança do paciente está mais ameaçada no intra-hospitalar; no entanto, neste ambiente, as diretrizes para sua biossegurança estão bem mais estruturadas por meio de protocolos estabelecidos pelas Comissões e Serviços de Controle de Infecção Hospitalar (SCIH) e Serviços de Gestão da Qualidade.

Admitindo a premissa de que a convivência do homem com a vida microbiana seja inevitável, faz-se imprescindível definir quando e onde sua presença se caracteriza como um risco para o paciente. No contexto geral, o foco é evitar que microrganismos exógenos, potencialmente patogênicos, sejam carreados até o paciente em um tamanho de inóculo que vença as resistências locais e sistêmicas do hospedeiro, na compreensão de que se trata de um processo interativo[4].

Três abordagens são essenciais na biossegurança relacionada a riscos biológicos nas práticas de enfermagem direcionadas ao paciente: higiene das mãos, descontaminação de dispositivos utilizados na assistência e técnica asséptica e antissepsia no preparo de pele e mucosa antecedendo os procedimentos invasivos.

Higiene das mãos

A higiene das mãos (HM) dos profissionais que prestam cuidados aos pacientes e das mãos do próprio paciente e de seus visitantes é considerada a medida mais eficiente para evitar que microrganismos exógenos, potencialmente patogênicos, sejam carreados até a porta de entrada do paciente, evitando a disseminação deles em todos os contextos de cuidados em saúde[5]. Atualmente, preconiza-se o uso de produto alcoólico – álcool 70% (p/v) como preferencial em relação à lavagem com água e sabão, pois apresenta maior eficácia germicida, maior rapidez na ação, menor ressecamento da pele – uma vez que as formulações atualmente disponíveis adicionam emolientes e até cicatrizantes de pele – e acessibilidade facilitada. A HM deve ser praticada em cinco momentos:

1. Antes de tocar o paciente.
2. Antes de realizar procedimentos assépticos.
3. Após o risco de exposição das mãos a sangue e outros líquidos corporais.
4. Após tocar o paciente.
5. Após tocar o ambiente em torno do paciente[6].

Frequentemente, durante a prática dos cuidados diretos ao mesmo paciente, há necessidade de adotar a HM em dois ou mais desses momentos preconizados; por exemplo, as mãos devem ser higienizadas se o profissional de saúde necessita checar o gotejamento do soro após desprezar urina do paciente na mesma situação de atendimento (Figura 1).

A dúvida quanto à ineficácia da HM com álcool 70% (p/v), quando da presença de matéria orgânica, foi refutada por uma pesquisa sobre HM com três formulações alcoólicas, na qual havia sangue nas mãos como matéria orgânica. Nessas condições, o álcool demonstrou redução microbiana do microrganismo-teste, *Serratia marcescens,* pelo menos de 99,9 até 99,99999% (redução de 3 a 7 logaritmos)[7].

A despeito da grande dificuldade de adesão da HM nos cinco momentos do cuidado direto, o racional teórico demonstra que é o meio mais efetivo para interromper o ciclo de transmissão de microrganismos exógenos do ambiente até a porta de entrada do hospedeiro vulnerável, motivo pelo qual a luta pela adesão deve ser constante e incansável.

Luvas de procedimento, entendidas como luvas limpas não necessariamente esterilizadas, são importantes

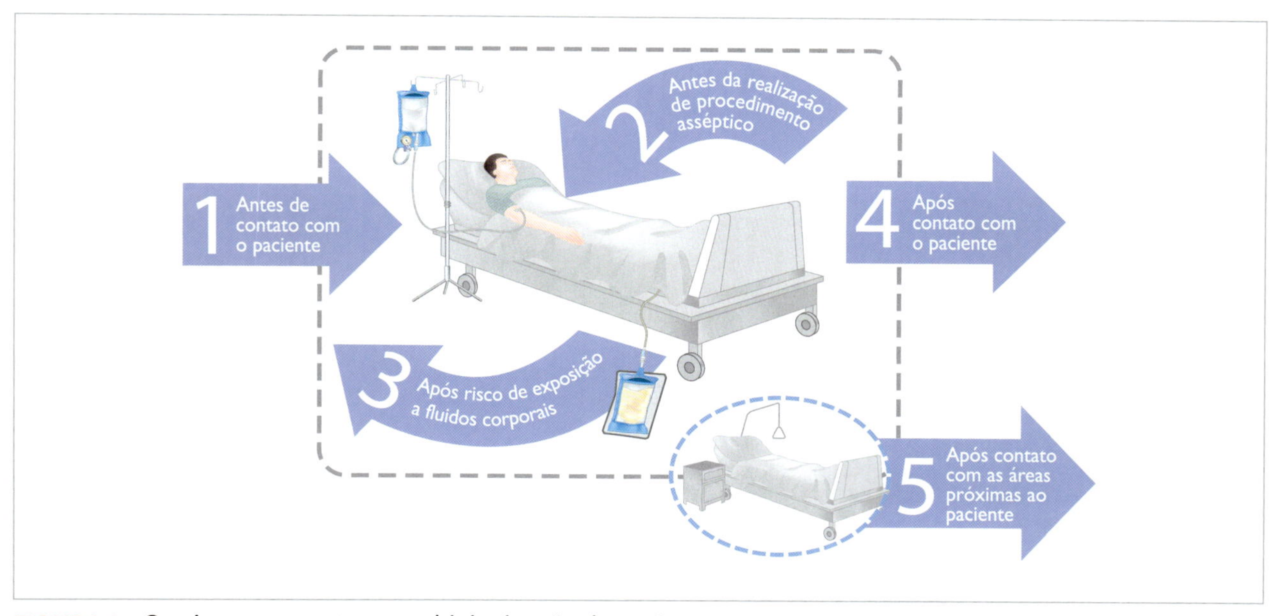

FIGURA 1 Os cinco momentos para higienização das mãos.
Fonte: Organização Mundial de Saúde[6].

equipamentos de proteção individual (EPI) utilizados pelos profissionais da saúde, mas que também protegem o paciente. No entanto, se a troca das luvas não ocorrer após os cinco momentos de cuidado direto indicados pela Organização Mundial da Saúde (OMS) para HM, esse EPI pode configurar-se como séria ameaça à biossegurança do paciente.

Descontaminação de dispositivos utilizados na assistência

Assim como as mãos dos profissionais que prestam assistência direta, os diversos dispositivos utilizados na prestação dos cuidados – atualmente denominados produtos para a saúde (PPS)[8] – podem disseminar microrganismos potencialmente causadores de infecção cruzada se não houver a devida descontaminação entre os pacientes ou no próprio paciente entre um uso e outro. Quando o atendimento à saúde acontece no contexto hospitalar, o procedimento operacional padrão (POP) de todo material reutilizável é definido pelo responsável técnico do serviço especializado, denominado centro de material e esterilização (CME). O atendimento no contexto extra-hospitalar exige do enfermeiro responsável a definição de locais certificados para o processamento do material; quando esse for de responsabilidade da equipe de enfermagem; por exemplo, nos serviços de *home care*, o enfermeiro responsável deve definir e validar os POP.

Os PPS (materiais e equipamentos) são classificados, segundo Spaulding[8], em críticos, semicríticos e não críticos, de acordo com o seu potencial de contaminação. Ilustrações de alguns PPS estão apresentadas na Figura 2.

Materiais críticos são aqueles que entram em contato com tecidos do corpo humano não colonizados por microrganismos (portanto, estéreis), cujo requisito necessário para seu processamento é a esterilização após limpeza cuidadosa. Como exemplo mais ilustrativo, tem-se o instrumental cirúrgico esterilizado por meio da autoclavação. Já os materiais críticos termossensíveis terão de ser submetidos à esterilização por meio do gás óxido de etileno, vapor a baixa temperatura e formaldeído ou vapor de peróxido de hidrogênio[9]. Esses materiais devem ser processados sob a responsabilidade do CME dos serviços de saúde ou por empresas de processamento terceirizadas, seguindo as diretrizes de boas práticas ditadas pela Resolução da Diretoria Colegiada (RDC) Anvisa n. 15/2012, da Anvisa[10].

Materiais semicríticos, em quantidade bem numerosa no contexto da assistência à saúde, são aqueles que entram em contato com mucosas íntegras colonizadas, direta ou indiretamente, e exigem, minimamente, a desinfecção de nível intermediário, sempre após rigorosa limpeza. São exemplos os materiais de inaloterapia e de assistência ventilatória. Estes devem ser preferencialmente desinfetados por método automatizado em termodesinfetadoras. Já os endoscópios flexíveis, também um exemplo de PPS semicrítico, devem ser estritamente desinfetados com formulações químicas germicidas de alto nível (esporocida, micobactericida, fungicida, virucida e bactericida vegetativo) – glutaraldeído, ortoftaldeído, ácido peracético e peróxido de hidrogênio que atendam à RDC n. 35/2010, da Anvisa[11], seguindo rigorosamente as instruções de uso do fabricante.

Materiais não críticos são aqueles que não entram em contato direto com o paciente ou, quando o fazem, é somente com a pele íntegra. Eles exigem, como processamento mínimo, a limpeza entre um uso e outro, entendendo-se por limpeza a remoção total da sujidade[10]. Não há evidências de aquisição de infecções no adulto

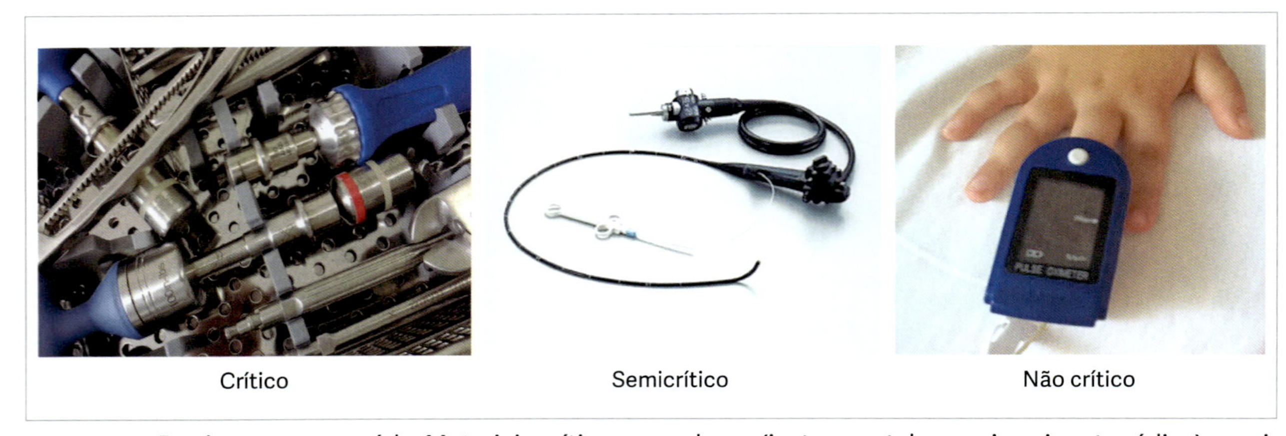

FIGURA 2 Produtos para a saúde. Materiais críticos complexos (instrumental para cirurgia ortopédica), semicrítico (endoscópio digestivo) e não crítico (oxímetro de pulso).

Fonte: acervo dos autores.

– portador de matriz córnea impermeável a microrganismos – através da pele íntegra; no entanto, nota-se, na prática, uma tendência dos SCIH recomendarem desinfecção de nível intermediário (micobactericida, fungicida, virucida e bactericida vegetativo) ou de baixo nível (virucida e bactericida vegetativo) consecutiva à limpeza com desinfetantes químicos, na qual se inclui álcool 70% (p/v) e hipoclorito de sódio na concentração de 0,5 a 1%. Como exemplo dessa categoria de materiais podem-se citar comadre, papagaio, termômetro axilar, manguito do esfigmomanômetro, sensor do oxímetro de pulso, garrotes para punção venosa de uso coletivo, dentre muitos.

A limpeza é o passo fundamental no processamento dos PPS. Ela é a primeira e a mais importante etapa para a eficácia dos procedimentos consecutivos, tanto de desinfecção como de esterilização dos PPS.

Técnica asséptica e antissepsia no preparo de pele e mucosa prévios aos procedimentos invasivos

A técnica asséptica pode ser entendida como um conjunto de medidas comportamentais dos profissionais de saúde visando à prevenção de contaminação cruzada entre o limpo e o sujo, o não esterilizado e o esterilizado, incluindo a realização da antissepsia de pele e mucosa para que, no momento da quebra da integridade dessas estruturas, não ocorra a contaminação dos PPS pela microbiota da pele do próprio paciente com a consequente introdução deles em estruturas estéreis do corpo[12].

Na atuação da enfermagem, os procedimentos considerados invasivos críticos, como administração de medicamentos via parenteral e sondagem vesical, entre outros, requerem cumprimento rigoroso da técnica asséptica. Em outros procedimentos, como a administração de dieta gastroenteral, há que se seguir a técnica limpa, pois se trata de um procedimento menos crítico do ponto de vista da biossegurança. Em outros procedimentos não críticos, como verificação dos sinais vitais, atendimento às necessidades de higiene e conforto no leito e troca das roupas de cama, os princípios de boas práticas de controle de infecção estão definidos e devem ser seguidos, como as já citadas: HM e descontaminação segura de todos os PPS entre um paciente e outro, mesmo aqueles não críticos. A enfermagem não deve achar natural não fazer nada com o esfigmomanômetro entre um uso e outro. Há riscos reais de transmissão de microrganismos multirresistentes por contato que podem colonizar o novo paciente.

Entre vários procedimentos executados pela enfermagem junto a pacientes, indubitavelmente, a administração de soluções e medicamentos via parenteral é uma das mais críticas quanto ao risco ao paciente e que exige atenção redobrada. As infecções relacionadas aos cateteres venosos podem ocorrer pela migração de microrganismos da pele para as estruturas estéreis; contaminação do cateter ou *hub*; raramente, a infusão de fluidos contaminados; e menos comumente, via corrente sanguínea[13], sendo as três primeiras situações evitáveis por meio de práticas seguras. Todos os princípios técnicos de assepsia devem ser adotados para evitar essa contaminação.

Para o preparo da pele, realiza-se a antissepsia, que consiste em procedimento capaz de ação letal ou inibitória da reprodução microbiana, de baixa causticidade e hipoalergênico, destinado à aplicação em pele e mucosa íntegras. O antisséptico, com o processo de limpeza, remove a microbiota transitória e diminui significativamente a microbiota residente, além de evitar ou retardar a multiplicação microbiana[14].

A aplicação de antissépticos está indicada prioritariamente para pele e mucosa íntegras antes de procedimentos invasivos no paciente e não para tratamento de feridas. *A priori*, contraindica-se a aplicação de antissépticos em feridas por sua citotoxicidade também para células em granulação da ferida do paciente. Dentro do ritual de paramentação cirúrgica no centro cirúrgico, o uso de antisséptico em mãos e antebraços da equipe é mandatória. Outra indicação de uso dos antissépticos é para HM em situações especiais, como surtos infecciosos, ou em unidades críticas, como neonatologia e lactário.

O antisséptico degermante é o que tem o princípio ativo (antisséptico) associado a um detergente, cuja ação prioritária é limpar o local com ação antisséptica complementar. O antisséptico tópico tem veículo aquoso (formulação) e é utilizado para aplicação em mucosas, por exemplo, antes da sondagem vesical. O tipo tintura tem veículo alcoólico e tem aplicação em pele íntegra, por exemplo, antes da passagem de cateter venoso central de inserção periférica. Os princípios ativos antissépticos mais utilizados no Brasil são a polivinilpirrolidona iodo 1% (PVPI-I), o gluconato de clorexidina e o álcool etílico 70% p/v. Cada formulação tem vantagens e desvantagens, assim como contraindicações e cuidados a serem observados em sua escolha e utilização[15].

Assim como há graduações no risco de infecções dependendo das vias de acesso ao corpo humano, também é reconhecida a diferença do risco de infecção na administração de medicações parenterais conforme o tipo de invasão dos dispositivos no corpo humano. Por exemplo, a antissepsia da pele antecedendo uma punção venosa para a finalidade de administração de um medicamento intravenoso (IV) ou para a instalação de um soro em um paciente pode ser realizada por meio da fricção local com álcool 70% p/v por 30". Já a antissepsia da pele para inserção de um cateter venoso central de inserção periférica, procedimento executado pelo enfermeiro, requer uma antissepsia mais rigorosa do local da punção, lavando inicialmente com degermante antisséptico seguido da aplicação de um antisséptico em tintura, preferencialmente à base de gluconato de clorexidina 2,0%[13]. Este rigor no preparo da pele está justificado pelo risco da ocorrência de infecção de corrente sanguínea relacionada a cateter. Adicionalmente, recomenda-se a utilização de campo cirúrgico fenestrado e avental esterilizados, além de gorro, máscara e óculos de proteção na instalação de cateter venoso central de inserção periférica. Neste tipo de procedimento, a resistência da luva esterilizada protegendo a integridade é de especial importância para minimizar, ao máximo, a ocorrência de microfuros não perceptíveis durante a passagem do cateter. Há indicação da degermação cirúrgica prévia das mãos e dos antebraços antes de calçar as luvas esterilizadas. Atualmente, há evidências científicas de que a degermação cirúrgica pode ser substituída pela utilização de preparações especiais, já disponíveis no mercado nacional, com equivalência comprovada à ação de degermação cirúrgica tradicional realizada em lavabos[16].

Para evitar a contaminação do cateter ou *hub*, deve-se aderir a técnica asséptica durante a inserção e manipulação do cateter venoso, além de realizar a desinfecção do *hub* no momento da administração de medicamentos. Sobre a contaminação do líquido a ser injetado no paciente, desde o momento do preparo até sua administração, destacam-se as práticas apresentadas no Quadro 1.

Quanto à biossegurança no preparo e na administração de medicações não injetáveis, considerando que o sistema digestório é resistente à invasão de microrganismos exógenos carreados pelos medicamentos em indivíduos imunologicamente competentes, essa via de administração requer técnica limpa para seu preparo e administração. Em outras palavras, exige-se, por exemplo, uso de recipientes e artefatos limpos para a maceração de medicamentos administrados por sonda, sem necessidade de submetê-los à desinfecção e muito menos à esterilização; o mesmo vale para recipientes que transportem os medicamentos sólidos ou líquidos orais acrescidos do cuidado de manuseio com mãos limpas, tanto do profissional da saúde quanto do paciente que poderá manusear o medicamento[21].

Os PPS utilizados para a administração de medicamentos de absorção por via respiratória – por exemplo, os broncodilatadores – não são de uso único, o que exige descontaminação segura de um uso a outro por meio de desinfecção após limpeza. Este procedimento é definido como "... o processo de destruição de microrganismos na forma vegetativa, presentes em superfícies inertes, mediante a aplicação de agentes químicos e físicos"[8], já discutido no tópico anterior.

QUADRO 1 Práticas recomendadas para evitar a contaminação do líquido a ser infundido no paciente

Etapas	Práticas
Preparo	Desinfetar com álcool 70% p/v por 30" (e aguardar secagem) os locais de penetração das agulhas nos dispositivos de infusão venosa e nos diafragmas de vedação de frascos multidoses[13].
	Utilizar dispositivos estéreis para perfurar o diafragma de vedação dos frascos multidoses, evitando tocar nos dispositivos antes da penetração[13].
	Não manter agulhas perfuradas no diafragma, para evitar contaminação pelo ar ambiente[17].
	Desprezar o frasco multidoses se houver suspeita de comprometimento da esterilidade[13].
	Respeitar o prazo de validade dos frascos multidoses, estabelecidos conforme orientações do fabricante e protocolo institucional[17].
Administração	Não utilizar frascos de soluções ou sistemas de infusão por via IV e respectivos acessórios para mais de um paciente[17].
Após uso	Se recomendado pelo fabricante, refrigerar os frascos multidoses após abertos[17].
	Frascos de medicamentos multidoses, como heparina e insulina, contêm, em sua formulação, produtos químicos preservativos com a finalidade de manter a esterilidade do produto durante as reutilizações seguindo a recomendação do fabricante[18-20]. Entretanto, os conservantes não são capazes de evitar o crescimento de todos os tipos de microrganismos[20]. Nunca se deve juntar sobras de frascos multidoses para compor ou suplementar uma dose[17].
	Os frascos de uso único são livres de conservantes e podem representar risco se forem perfurados várias vezes[13].

BIOSSEGURANÇA NAS PRÁTICAS DE ENFERMAGEM DIRECIONADAS AO PROFISSIONAL

A abordagem da biossegurança direcionada ao profissional de enfermagem será didaticamente dividida entre as relacionadas aos riscos biológicos e as relacionadas aos riscos físicos, mecânicos, químicos, fisiológicos e psíquicos (Quadro 2).

QUADRO 2 Exemplos de riscos de acordo com sua natureza

Riscos biológicos	Riscos físicos	Riscos mecânicos	Riscos químicos	Riscos fisiológicos	Riscos psíquicos
Bactérias, vírus, fungos, protozoários, presentes nos fluidos corpóreos ou no ambiente	Ruídos, temperaturas extremas, vibração, radiação, pressão anormal, umidade (em setores como CME e imagenologia)	Mobiliários e equipamentos inadequados e sem manutenção, piso escorregadio, iluminação inadequada, posturas antiergonômicas na assistência ao paciente	Desinfetantes e detergentes (para os trabalhadores de CME), medicamentos, gases anestésicos (para os atuantes em salas operatórias), poeira	Sobrecarga de atividades, jornada dupla ou tripla de trabalho, jornada de trabalho longa, cobranças de superiores	Contato com sofrimento e morte, condições inapropriadas de trabalho, insatisfação salarial, assédio moral

CME: centro de material e esterilização. Fonte: adaptada da NR n. 09/2014[22].

Biossegurança relativa aos riscos biológicos

Os riscos ocupacionais e a exposição a fluidos corporais, principalmente a sangue, os acidentes e as precauções de segurança constituem um importante problema de saúde pública[23]. As estatísticas mostram que um hospital é um dos lugares mais perigosos para se trabalhar, visto que a taxa de lesões e doenças relacionadas ao trabalho é quase o dobro da taxa para a indústria privada, incluindo construção civil e manufaturas, que tradicionalmente são pensadas como lugares relativamente mais perigosos. Em 2011, os hospitais dos Estados Unidos registraram 253.700 lesões e doenças relacionadas ao trabalho, o que representa uma taxa de 6,8 lesões e doenças para cada 100 empregados em tempo integral[24].

Trabalhadores de enfermagem em hospitais enfrentam riscos exclusivos, incomuns em outros locais, em particular: a necessidade de elevar, reposicionar e transferir os pacientes com dificuldade de locomoção e a proximidade com pacientes potencialmente infectados com doenças contagiosas e perfurocortantes contaminados com patógenos, entre outros. Além disso, a cultura única dos cuidados de saúde contribui para o desafio da biossegurança, visto que os profissionais de enfermagem sentem o dever ético de "não fazer mal" aos pacientes e muitas vezes se sentem compelidos a colocar a segurança do paciente acima de tudo. Nessa perspectiva, alguns colocam sua própria segurança e saúde em risco, ao não utilizarem proteção adequada[24].

Agentes biológicos, como bactérias, vírus, fungos e protozoários, podem penetrar no organismo humano por meio das vias respiratória, cutânea e digestória; entretanto, para causar infecção, dependem de fatores como número suficiente e virulência dos microrganismos e da suscetibilidade do hospedeiro. A transmissão ocupacional desses agentes microbianos geralmente ocorre por meio de fluidos. São considerados fluidos biológicos de risco: sangue e líquido orgânico contendo sangue; líquidos orgânicos potencialmente infectantes, como sêmen, secreção vaginal, liquor e líquidos sinovial, peritoneal, pericárdico e amniótico. E são considerados líquidos biológicos sem risco de transmissão ocupacional do vírus da imunodeficiência humana (HIV): suor, lágrimas, fezes, urina e saliva[25].

A transmissão de patógenos, a exemplo dos vírus da hepatite B (HBV), da hepatite C (HBC) e do HIV, de pacientes para os profissionais de enfermagem é um risco ocupacional importante. O risco de transmissão sanguínea de agentes patogênicos após exposição ocupacional depende de uma variedade de fatores que incluem: fatores de origem do paciente, como o título de vírus no sangue e fluido corporal do paciente; o tipo de lesão e a quantidade de sangue/fluido corporal transferido para o profissional de saúde durante a exposição; e o estado imunológico do profissional[26].

O maior risco de transmissão desses patógenos é pela exposição percutânea ao sangue infectado. Entretanto, tem sido relatada a transmissão de HBV, HCV e HIV depois de exposição ao sangue em membrana mucosa ou pele com solução de continuidade. O risco de transmissão desses agentes patogênicos pela exposição mucocutânea é considerado menor que o risco associado com uma exposição percutânea. Estima-se que 385 mil acidentes percutâneos (p. ex., punctura de agulha, cortes, perfurações e outros danos com objetos cortantes) ocorram em hospitais norte-americanos a cada ano[26].

A prevenção dos riscos ocupacionais por transmissão de patógenos requer uma abordagem diversificada para reduzir o contato com sangue e ferimentos, incluindo: melhores controles de engenharia, a exemplo dos PPS mais seguros; as práticas de trabalho, como alterações técnicas para reduzir a manipulação de objetos cortantes e a utilização de EPI como precauções de barreira.

Outras estratégias para prevenir infecção incluem a vacinação contra HBV e a profilaxia pós-exposição a HIV e HBV. Os serviços de saúde não são obrigados a recolher dados para os riscos que envolvem a pele íntegra ou a exposição a fluidos corporais que não implicam risco de transmissão de patógenos transmitidos pelo sangue (p. ex., fezes, secreções nasais, saliva, escarro, suor, lágrimas, urina e vômito), a menos que estejam visivelmente contaminados com sangue[26].

A maior ocorrência de acidentes de trabalho, principalmente com materiais biológicos, é evidenciada entre os profissionais de enfermagem. Eles representam um grupo particularmente vulnerável a riscos biológicos pela característica específica de suas atividades de trabalho na prestação da assistência direta e contínua aos pacientes. Entre as principais recomendações para a prevenção de acidentes, destacam-se: máxima atenção enquanto o procedimento estiver sendo executado; não utilizar o dedo como tampão para hemostasia; não reencapar agulhas, a não ser que o reencape seja feito utilizando apenas uma das mãos; colocar os materiais perfurocortantes em recipientes adequados para seu descarte e utilização de EPI[23].

Diante do número de casos de acidentes de trabalho com exposição a material biológico, o Ministério da Saúde, por meio da Portaria n. 1.271, de 06 de junho de 2014[27], incluiu esta categoria de acidentes na lista nacional de notificação compulsória de doenças, agravos e eventos de saúde pública nos serviços de saúde públicos e privados em todo o território nacional.

Biossegurança relativa aos riscos físicos

De acordo com o Programa de Prevenção de Riscos Ambientais, estabelecido pela Norma Regulamentadora (NR) n. 9, de 08 de junho de 1978[22], atualizada em 2014, do Ministério do Trabalho e Emprego, as diversas formas de energia a que os trabalhadores podem estar expostos são consideradas agentes físicos, como ruídos, temperaturas extremas, vibrações, pressões anormais, radiações ionizantes e não ionizantes e o ultrassom, presentes em setores nos quais os profissionais de enfermagem atuam.

Poucos são os estudos que abordam a exposição aos riscos físicos pelos profissionais de enfermagem. Um deles identificou o reconhecimento deficiente do agente físico como possível causador de agravos pela equipe de enfermagem, composta por enfermeiros, técnicos e auxiliares de enfermagem, o que dificulta ainda mais sua prevenção[28].

Recomendam-se, para a redução dos riscos físicos no ambiente de trabalho, iluminação adequada e ajustada à faixa etária, redução dos ruídos e proteção contra eles por meio de EPI, controle e proteção adequada na exposição a radiações e climatização artificial que promova o conforto térmico e de umidade para os profissionais de saúde, evitando extremos de temperatura.

Biossegurança relativa aos riscos mecânicos

Os danos dos riscos mecânicos ficam evidentes no corpo dos trabalhadores de enfermagem, principalmente naqueles que atuam há mais tempo. Diariamente, os trabalhadores de enfermagem são requisitados, durante seus turnos de trabalho, a realizar atividades como movimentação e transporte de pacientes e transporte de materiais e aparelhos, e ainda se deparam com mobiliários inadequados e más condições de instalação e manutenção de equipamentos (como camas, macas e cadeiras de rodas). Essas atividades exigem esforço físico, e frequentemente os profissionais adotam posturas antiergonômicas, levando a doenças ocupacionais[29]. Existem ainda riscos de acidentes em decorrência da disposição dos móveis, pisos molhados e escorregadios, iluminação inadequada etc.

Os distúrbios osteomusculares relacionados ao trabalho (DORT) são afecções ocasionadas por esforços repetitivos, que acometem principalmente os membros superiores, a região escapular em torno do ombro e a região cervical e podem causar incapacidades laborais temporárias ou permanentes. Sua etiologia é multifatorial e decorre da utilização excessiva do aparelho musculoesquelético e da falta de tempo para sua recuperação. Entre os fatores de risco para os DORT, destacam-se: postos de trabalho (que exigem que o trabalhador adote posturas inadequadas); posturas extremas e que modificam a geometria musculoesquelética; excessiva carga mecânica exigida sobre os tecidos musculoesqueléticos (como força, invariabilidade da tarefa, duração da carga, exigência cognitiva que gera tensão muscular generalizada) e falta de pausa para descanso no trabalho[30]. O tratamento desses distúrbios é difícil, de alto custo e prolongado, o que justifica a importância do posicionamento ativo dos gestores dos serviços de saúde, implementando medidas de prevenção, além de vigilância e intervenção nos casos detectados.

A adoção de práticas preventivas, além de promover a melhora da saúde do trabalhador, proporciona aumento da produtividade e redução de custos, pela redução do absenteísmo. Após revisão integrativa de literatura[31], foram identificadas as estratégias de intervenções para os DORT, conforme apresentado no Quadro 3.

Biossegurança relativa aos riscos químicos

Os agentes químicos são substâncias, compostos ou produtos que podem penetrar no organismo pela via respiratória, nas formas de poeira, fumo, névoas,

QUADRO 3 Estratégias de intervenção para prevenir DORT

Melhora nas condições de trabalho (como no posto de enfermagem); mobiliários adequados e equipamentos ergonomicamente idealizados.
Promoção e incentivo das ações de autocuidado dos trabalhadores, além de estratégias de enfrentamento dos DORT.
Incentivo à realização de exercícios físicos (na própria instituição ou fora da jornada de trabalho) e grupos de apoio institucionais que proporcionem a verbalização de dificuldades enfrentadas.
Realização de treinamentos específicos.
Melhora da organização da distribuição das tarefas de trabalho, evitando repetição de tarefas (como lavagem de PPS e para diagnóstico).
Evitar longas jornadas de trabalho.
Envolvimento de supervisores e trabalhadores nas propostas de promoção à saúde.
Adoção e adesão a novas tecnologias que facilitem as atividades laborais, como dispositivos de mobilização do paciente.

neblinas, gases ou vapores, ou que, pela natureza da atividade de exposição, podem ter contato ou serem absorvidos pelo organismo através da pele ou por ingestão. Esta definição para os agentes químicos é concebida pela NR n. 9/1978[22], atualizada em 2014, do Ministério do Trabalho e Emprego, que estabelece o Programa de Prevenção de Riscos Ambientais (PPRA).

Embora exista uma variedade de produtos químicos presentes nos ambientes de atuação dos profissionais de enfermagem, a exemplo das luvas de látex, gases anestésicos, álcool e outros desinfetantes químicos, detergentes, entre outros, a identificação dos riscos foi basicamente atribuída ao contato com medicamentos e desinfetantes, no estudo conduzido por Sulzbacher e Fontana[28].

A relação entre adoecimento e exposição a produtos químicos foi verificada em estudo de coorte realizado com profissionais de enfermagem, baseado nos dados do inquérito europeu. Neste estudo, identificaram-se riscos relativos elevados para o desenvolvimento de asma entre profissionais de enfermagem que atuam no processamento de PPS utilizando produtos como amônia e derivados clorados. O uso de luva de látex com pó também foi associado ao aparecimento de asma nesses profissionais[32].

A utilização de EPI é essencial na prevenção dos riscos químicos, principalmente no processo de manipulação de produtos químicos, como desinfetantes, detergentes, medicações (especialmente os quimioterápicos) e outros. A NR n. 32/2005[33], que dispõe sobre a segurança e saúde no trabalho em serviços de saúde quanto aos riscos químicos, faz as seguintes recomendações:

- Deve ser mantida a rotulagem do fabricante na embalagem original dos produtos químicos utilizados em serviços de saúde.
- Todo produto químico manipulado ou fracionado deve ser identificado, de forma legível, por etiqueta com o nome do produto, composição química, sua concentração, data de envase e de validade e nome do responsável pela manipulação ou fracionamento.
- É vedado o procedimento de reutilização das embalagens. No PPRA dos serviços de saúde, deve constar inventário de todos os produtos químicos, inclusive intermediários e resíduos, com indicação dos que impliquem riscos à segurança e à saúde do trabalhador.

Ainda de acordo com a NR n. 32/2005[33], os produtos químicos, inclusive intermediários e resíduos que impliquem riscos à segurança e à saúde do trabalhador, devem ter uma ficha descritiva que precisa ter uma cópia mantida nos locais em que o produto é utilizado e conter, no mínimo, as seguintes informações:

- As características e as formas de utilização do produto.
- Os riscos à segurança e à saúde do trabalhador e ao meio ambiente, considerando as formas de utilização.
- As medidas de proteção coletiva, individual e o controle médico da saúde dos trabalhadores.
- As condições e o local de estocagem.
- Os procedimentos em situações de emergência.

Biossegurança relativa aos riscos fisiológicos

A exposição a esse tipo de risco divide-se entre mecânica e psíquica. Reconhecidamente, o trabalho de enfermagem é considerado desgastante do ponto de vista físico e psíquico em razão de fatores como exposição a riscos mecânicos, como relatado anteriormente, associados a esforços físicos e visuais (permanência por tempo prolongado de pé, manipulação de peso excessivo); sobrecarga de atividades, ou seja, demandas maiores que as que o trabalhador pode suportar; jornadas prolongadas de trabalho, duplicidade ou triplicidade de jornada, associação entre trabalho e busca por formação educacional; realização de horas extras; necessidade de constante atualização em razão da competitividade no mercado de trabalho; cobrança e responsabilidade por alto desempenho no trabalho, já que, durante a assistência ao paciente, um erro pode ter consequências irreversíveis[29].

A duplicidade ou triplicidade de empregos vem sendo relatada como fator de risco de estresse entre os trabalhadores de enfermagem. Esse fato foi historicamente estabelecido, fortemente associado à baixa remuneração, fazendo com que os profissionais busquem novas fontes de renda. Ao possuir dois ou três vínculos de trabalho, o trabalhador de enfermagem dispõe de menos tempo livre para a convivência familiar, autocuidado, aperfeiçoamento técnico e acesso aos meios de lazer e cultura[34]. Observa-se o movimento reivindicatório entre a classe por regulamentação legislativa que garanta a redução da jornada de trabalho. No entanto, essa redução não deve ser uma ação isolada, pois não garante a resolução do problema de acúmulo de vínculos de trabalho.

A manutenção do equilíbrio entre vida pessoal e ocupacional também é um aspecto que interfere no desempenho das atividades, pois, exercendo a duplicidade de emprego ou não, os trabalhadores necessitam conciliar as responsabilidades domiciliares com as ocupacionais. Na enfermagem, principalmente considerando o contexto hospitalar, essa demanda é influenciada pelos turnos de trabalho (noturnos e nos fins de semana), que podem afetar as atividades sociais. Cabe aos gestores e aos responsáveis pelas equipes valorizar as necessidades pessoais dos trabalhadores de sua equipe e auxiliar no desenvolvimento de habilidades de enfrentamento do estresse.

Biossegurança relativa aos riscos psíquicos

O profissional de enfermagem vivencia, em seu cotidiano de trabalho, experiências que interferem em sua vida particular, social e na qualidade de seu desempenho laboral. São dificuldades como: inadequações na estrutura física; falta de materiais ou existência de equipamentos que não atendem às necessidades ergonômicas; precariedade de contingente de recursos humanos, levando à sobrecarga de trabalho; contato direto com o sofrimento e a morte; falta de apoio e distanciamento dos supervisores. Tais problemas, somados à insatisfação salarial, podem provocar desgastes físicos e psíquicos[35].

A amplitude do conceito de biossegurança está atrelada às variadas dimensões de vulnerabilidades dos seres humanos. Essa complexidade implica abordagens interdisciplinares para resolução dos problemas, relacionados diretamente ao trabalho ou às suas consequências. O desgaste emocional entre os trabalhadores de enfermagem é notório. O convívio com a dor e a morte, o contato com sofrimento, angústia e dificuldades dos pacientes e familiares, associados à necessidade de lidar com situações imprevisíveis, como agravamento do quadro dos pacientes, estão muito presentes. Os riscos psíquicos são mais evidentes em setores críticos de pacientes com doenças agudas, como unidade de terapia intensiva e urgência/emergência, além da pediatria. Esse desgaste emocional é manifestado das mais variadas formas, como síndrome do pânico, sintomas depressivos, estresse, ansiedade e agressividade. No entanto, percebe-se que os danos à saúde do trabalhador, decorrentes de riscos psíquicos, ficam diluídos entre as preocupações com a assistência ao paciente, problemas do processo de trabalho e da própria instituição de saúde, seja de ordem estrutural, seja política[29]. Prioriza-se o cumprimento das tarefas em detrimento do custo emocional do trabalhador responsável por elas.

O sofrimento psíquico entre os trabalhadores de enfermagem está presente, independentemente de sua classe social. Os profissionais de nível médio (auxiliares e técnicos de enfermagem) lidam com problemas decorrentes dos múltiplos comandos de suas atividades no cotidiano laboral, pouco prestígio social e baixa remuneração, além dos problemas de ordem pessoal. Já os profissionais de nível superior, que, além da assistência direta ao paciente, ocupam cargos de supervisão e chefia, manifestam sintomas de ansiedade oriundos de sentimentos de autocobrança. Os gestores das equipes e das instituições de assistência e pesquisa devem reconhecer os riscos psíquicos em seu contexto de trabalho, aproximar-se dessa realidade e reivindicar medidas administrativas que visem a melhoria das condições de trabalho[29].

Atualmente, discutem-se os aspectos emocionais e psicológicos decorrentes de acidentes, doenças ocupacionais, licenças e outras questões associadas à organização, ao processo e às condições de trabalho. Entende-se que a assistência ao trabalhador de saúde não se restringe às condutas de quimioprofilaxia, após acidente com perfurocortante e exposição a material biológico, por exemplo. As repercussões emocionais e psíquicas na vida de um trabalhador que sofreu um acidente de trabalho não são apenas imediatas, mas podem perdurar por meses após o fato. Relatos como: medo das reações de parceiros, familiares e colegas de trabalho; sentimento de culpa pelo acidente; raiva dos serviços e do sistema de saúde; preocupações com os efeitos adversos dos medicamentos prescritos para quimioprofilaxia; ansiedade, depressão e medo da morte ou doença são comuns nas vítimas de acidentes ocupacionais. O estímulo é para a criação de um ambiente de cuidado integral ao trabalhador[36].

Na mídia e em processos trabalhistas, observam-se cada vez mais denúncias de assédio ou violência moral. Trata-se de exposição do trabalhador a situações humilhantes que se repetem ao longo de um longo período de tempo, envolvendo superior e subordinado, que constroem uma relação hierárquica autoritária e vertical, trabalhadores do mesmo nível hierárquico ou de um superior por um subordinado. Esse tipo de violência pode se configurar tanto com o objetivo de forçar o trabalhador a pedir demissão, como por imposição de metas abusivas ou de realização de horas extras, atitudes de constrangimento visando ao aumento da produtividade ou negativa de folgas. Deve-se aceitar que há certa banalização desse conceito e os trabalhadores não devem confundir assédio moral com situações comuns e isoladas no cotidiano de trabalho, como cobranças ou descontentamento em relação ao supervisor. Para ser configurado como assédio moral, o ato violento deve ser repetido ao longo do tempo. O medo do desemprego pode fazer com que os trabalhadores não assumam nenhuma atitude de defesa e permaneçam no cargo, mesmo sofrendo assédio moral. Os danos psíquicos decorrentes de assédio moral são manifestados mais frequentemente na forma de distúrbios mentais. Medidas eficazes de enfrentamento devem ser associadas à implementação de política institucional contra esse tipo de violência[37,38].

SENSIBILIZAÇÃO DA EQUIPE PARA ADESÃO ÀS PRÁTICAS DE BIOSSEGURANÇA

Salvo exceções em algumas realidades brasileiras, a indisponibilidade de EPI nos serviços de saúde ou laboratórios não é a principal causa para sua não utilização. Os trabalhadores de enfermagem, apesar de verbalizarem o conhecimento sobre a necessidade e a obrigatoriedade do uso de EPI, e da sensação de se sentirem protegidos, relatam também sentimentos negativos, como incômodo, desconforto, calor, limitação de movimentos, entre outros. Um dos exemplos é a resistência ao uso de luvas durante uma punção venosa, pela diminuição da sensibilidade. Muitas vezes, esse EPI só é valorizado quando há o conhecimento prévio de que o paciente é portador de doenças infecciosas de transmissão sanguínea[39,40].

Para trabalhadores do CME, principalmente durante a lavagem de PPS realizada na área da limpeza, o risco de acidentes de trabalho e doenças ocupacionais é maior que nos outros setores do ambiente. Os trabalhadores devem usar aventais impermeáveis, luvas grossas de borracha, gorro, óculos, máscara e sapatos fechados ou botas de borracha de cano longo (Figura 3), o que agrava o surgimento de sentimentos negativos, contribuindo para que esse seja um setor indesejado para atuação dos trabalhadores de enfermagem[39].

A adesão e o uso correto dos EPI respiratórios, de forma geral, são frágeis. Acredita-se que uma das razões seja a percepção deficiente do risco real de transmissão de

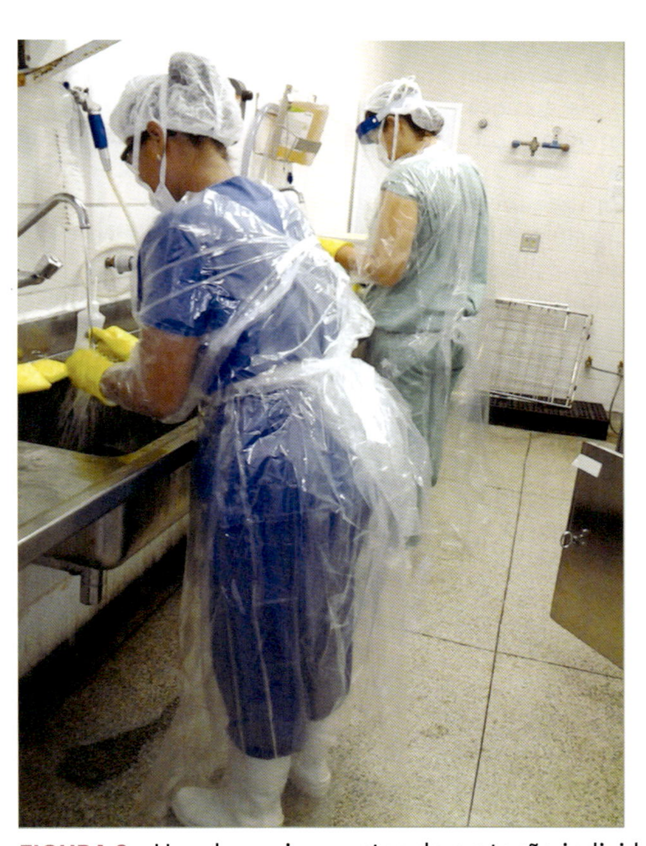

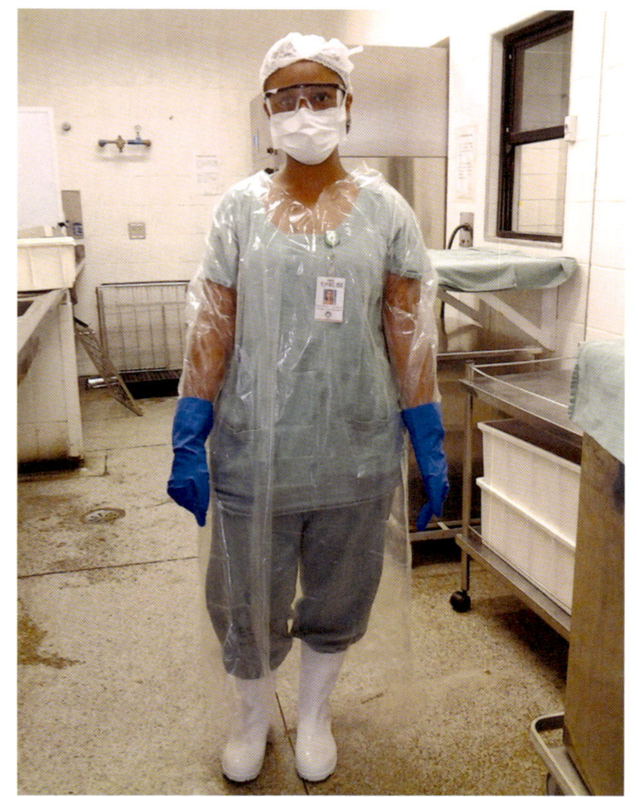

FIGURA 3 Uso de equipamentos de proteção individual (EPI) por trabalhadores do centro de material e esterilização (CME). Fonte: imagens gentilmente cedidas pela equipe do Centro de Material e Esterilização do Hospital Estadual Sumaré.

doenças respiratórias, pois, diferentemente do material biológico, o contaminante não é visível a olho nu. Além disso, pouco se discute sobre a efetividade dos equipamentos e há incertezas nas recomendações, como pôde ser observado durante o surto de influenza, quando ora se recomendava o uso de máscara N95 (máscara que possui a capacidade de filtrar partículas < 3 μm, utilizada para a prevenção de doenças transmitidas por aerossóis), ora outras máscaras comuns (utilizadas para a prevenção de doenças transmitidas por gotículas > 5 μm). Indisponibilidade (principalmente da máscara N95, por ser de custo mais elevado); relato de desconforto, mais frequente nas ocasiões que requerem o uso por período prolongado; interferência na realização de atividades; dificuldade para a comunicação, em virtude da diminuição de acuidade visual, auditiva e vocal; umidade excessiva, calor e mau odor são outras dificuldades relatadas relacionadas ao uso de EPI respiratórios[41].

Com base nesses dados, defende-se que a adesão ao uso correto de EPI entre os trabalhadores de enfermagem, seja na assistência direta ao paciente, seja nos serviços de apoio ou na atuação em pesquisas laboratoriais, não deve ser concebida unicamente como uma obrigatoriedade segundo as normas regulamentadoras vigentes. Estratégias para sensibilizar os trabalhadores, não só da enfermagem (p. ex., de higiene e limpeza, e serviços de manutenção), podem ser planejadas e implementadas pelos gestores das instituições de saúde[41]. Algumas estratégias estão listadas no Quadro 4.

QUADRO 4 Estratégias para sensibilização dos trabalhadores para adesão aos equipamentos de proteção individual (EPI)

Implementar cultura e política institucional de biossegurança.
Comunicar, de forma compreensível, as políticas e recomendações.
Realizar treinamentos específicos, com metodologias inovadoras.
Registrar e utilizar, no planejamento dos treinamentos, indicadores de doenças ocupacionais e acidentes de trabalho.
Realizar estudos de efetividade e testes de novas tecnologias.
Possibilitar a participação ativa dos trabalhadores, permitindo sugestões e críticas.

A criação e a adoção de uma política institucional de biossegurança implicam melhora da qualidade do trabalho, seja na assistência à saúde, seja em laboratórios, em virtude da compreensão de que os trabalhadores estão atuando em um ambiente seguro para si próprios e para os pacientes. O trabalhador, ao perceber e compreender que, no local onde atua, há preocupação institucional com a biossegurança, articulação entre gestores e subordinados, ações interdisciplinares e investimentos em melhoras nas condições de instalações de risco, pode estar mais propício a cumprir as recomendações de biossegurança[42].

A andragogia é uma ciência que busca subsídios para as estratégias de aprendizado de adultos. O adulto é um aluno diferenciado, que já vivenciou experiências, bem como adquiriu conhecimentos ao longo de sua vida, o que pode influenciar positiva ou negativamente o seu interesse por novos aprendizados. Por isso, acredita-se que treinamentos em instituições de saúde devem incorporar novas ferramentas tecnológicas que possibilitem e incentivem o "trabalhador-aluno" a exercer um papel mais ativo no processo de educação permanente. Ferramentas digitais, como ambiente virtual de aprendizagem, tele-enfermagem, *web-podcasting* e grupos virtuais de discussão, promovem intercâmbio de experiências e conhecimentos entre trabalhadores intra e interinstitucionais, facilitam o acesso a conteúdos disponibilizados e proporcionam dinamismo de ofertas de treinamentos[43].

Acredita-se que, para treinamentos específicos, uma técnica interessante é a simulação realística. Na área da saúde, é frequentemente utilizada para treinamentos de atendimento em situações clínicas, porém também pode ser incorporada para treinamentos de práticas de biossegurança em enfermagem, como na contenção de contaminação de ambiente com material biológico ou em medidas para evitar acidentes com perfurocortantes. Realizada no ambiente real de atuação dos trabalhadores, em ambiente simulado ou virtual, permite a imersão em uma realidade na qual aspectos substanciais do local de trabalho são replicados. Possibilita integrar o ensino teórico ao prático e o aprendizado sem o risco de condutas errôneas; identificar as fragilidades da estrutura física e/ou desempenho do trabalhador, bem como desenvolver habilidades cognitivas. Somada a todos esses aspectos, a devolutiva (*feedback*) da simulação realística contribui para maximizar o aprendizado, pois as situações podem ser gravadas com recursos audiovisuais e avaliadas posteriormente[44].

CONSIDERAÇÕES FINAIS

Manter a saúde, entendida segundo a OMS como "o completo estado de bem-estar físico, mental e social, e não simplesmente a ausência de enfermidade" no trabalho, no qual o profissional passa a maior parte do tempo de sua vida, é um desafio que não pode ser considerado utopia. Saber onde se quer chegar é o primeiro passo, e saber como caminhar desviando das ameaças constantes no trabalho é o segredo para se caminhar com saúde. Este capítulo buscou subsidiar o caminhar na profissão enfermagem com saúde, estendendo a abordagem também para a biossegurança nas práticas de enfermagem direcionadas ao paciente dentro do mais ético e lógico princípio ditado por Hipócrates, pai da medicina: primeiro, não façamos o mal.

REFERÊNCIAS BIBLIOGRÁFICAS

1. Figueiredo NMA de, Machado WCA, Porto IS. Dama de negro X dama de branco: o cuidado na fronteira vida/morte. Rev Enferm UERJ. 1995;3(2):139-49.
2. Merhy EE. Saúde: a cartografia do trabalho vivo. São Paulo: Hucitec; 2002.
3. Teixeira P, Valle S. Biossegurança: uma abordagem multidisciplinar. In: Oda LM, Rocha SS, Teixeira P, editores. Aids como doença ocupacional. Rio de Janeiro: Fiocruz; 1996. p.239-56.
4. Fernandes AT, Ribeiro-Filho N. Desequilíbrio ecológico na interação do homem com sua microbiota. In: Fernandes AT, editor. Infecção hospitalar e suas interfaces na área da saúde. São Paulo: Atheneu; 2000. p.163-214.
5. Kawagoe JY, Graziano KU. Higienização das mãos – introdução de conceitos atuais. In: Martin LGR, Segre CA, organizadoras. Manual básico de acessos vasculares. v. 1. São Paulo: Atheneu; 2010. p.67-73.
6. World Health Organization (WHO). WHO guidelines on hand hygiene in health care. Geneva: WHO; 2009. 263p.
7. Kawagoe JY, Graziano KU, Martino MDV, Siqueira I, Correa L. Bacterial reduction of alcohol-based liquid and gel products on hands soiled with blood. Am J Infect Control. 2011;39(9):785-7.
8. Spaulding EH. Chemical disinfection of medical and surgical materials. In: Lawrence CA, Block SS, editores. Disinfection, sterilization and preservation. Philadelphia: Lea & Febiger; 1968. p.517-31.
9. Graziano KU, Silva A, Psaltikidis EM. Enfermagem em centro de material e esterilização. Barueri: Manole; 2011.
10. Brasil. Ministério da Saúde. Agência Nacional de Vigilância Sanitária (Anvisa). RDC n. 15, de 15 de março de 2012. Dispõe sobre requisitos de boas práticas para o processamento de produtos para saúde. Brasília: Anvisa; 2012.
11. Brasil. Ministério da Saúde. Agência Nacional de Vigilância Sanitária (Anvisa). RDC n. 35, de 16 de agosto de 2010. Dispõe sobre o regulamento técnico para produtos com ação antimicrobiana utilizados em artigos críticos e semicríticos. Brasília: Anvisa; 2010.
12. Graziano KU, Silva A, Bianchi ERF. Limpeza, desinfecção, esterilização e anti-sepsia. In: Fernandes AT, editor. Infecção hospitalar e suas interfaces na área da saúde. São Paulo: Atheneu; 2000. p.266-308.
13. O'Grady NP, Alexander M, Burns LA, Dellinger EP, Garland J, Heard SO, et al. Guidelines for the prevention of intravascular catheter-related infections – Centers for Disease Control and Prevention. Am J Infect Control. 2011;39(4):S1-34.
14. Graziano KU. Anti-sepsia: degermação e preparo pré-operatório da pele. In: Lacerda RA, organizadora. Buscando compreender a infecção hospitalar no paciente cirúrgico. São Paulo: Atheneu; 1992. p.52-9.
15. Cardoso SR, Pereira LS, Souza ACS, Tipple AFV, Pereira MS, Junqueira ALN. Anti-sepsia para administração de medicamentos por via endovenosa e intramuscular. Rev Eletr Enf. [Internet] 2006;8(1):75-82. Disponível em: <http://www.fen.ufg.br/revista/revista8_1/original_10.htm>. Acesso em: 11 fev. 2016.
16. Goncalves KJ, Graziano KU, Kawagoe JY. A systematic review of surgical hand antisepsis utilizing an alcohol preparation compared to traditional products. Rev Esc Enferm USP. 2012;46(6):1484-93.
17. Dolan SA, Felizardo G, Barnes S, Cox TR, Patrick M, Ward KS, et al. APIC position paper: safe injection, infusion, and medication vial practices in health care. Am J Infect Control. 2010;38(3):167-72.
18. Mattner F, Gastmeier P. Bacterial contamination of multiple-dose vials: a prevalence study. Am J Infect Control. 2004;32(1):12-6.
19. Schaefer MK, Shehab N, Perz JF. Calling it 'multidose' doesn't make it so: inappropriate sharing and contamination of parenteral medication vials. Am J Infect Control. 2010;38(7):580-1.
20. Paparella S. Safe injection practices: keeping safety in and the "bugs" out. J Emerg Nurs. 2011;37(6):564-6.
21. Cassiani SHB. Administração de medicamentos por via oral. In: Cassiani SHB. Administração de medicamentos. São Paulo: EPU; 2000. p.37-42.
22. Brasil. Ministério do Trabalho e Emprego. Portaria GM n. 3.214, de 08 de junho de 1978. Atualizada pela Portaria MTE n. 1.471, de 24 de setembro de 2014. Aprova a Norma Regulamentadora n. 9 – Programa de Prevenção de Riscos Ambientais. Brasília: Ministério do Trabalho e Emprego; 2014. Disponível em: <http://www.mte.gov.br/images/Documentos/SST/NR/NR-09atualizada2014III.pdf>. Acesso em: 10 fev. 2016.
23. Khalil SS, Khalil ORK, Lopes-Júnior LC, Cabral DB, Bomfim Ede O, Landucci LF, et al. Occupational exposure to bloodborne pathogens in a specialized care service in Brazil. Am J Infect Control. 2015;43:e39-341.
24. Occupational Safety and Health Administration (Osha). Caring for our caregivers. Facts about hospital worker safety. Osha; 2013.
25. Marziale MHP, Rocha FLR, Robazzi MLCC, Cenzi CM, Santos HEC, Trovó MEM. Organizational influence on the occurrence of work accidents involving exposure to biological material. Rev Latino-Am Enfermagem. 2013;21(Spec):199-206.
26. Centers for Disease Control and Prevention (CDC). Blood/body fluid exposure option. Atlanta: CDC; 2013.
27. Brasil. Ministério da Saúde. Portaria n. 1.271, de 06 de junho de 2014. Define a Lista Nacional de Notificação Compulsória de doenças, agravos e eventos de saúde pública nos serviços de saúde públicos e privados em todo o território nacional, nos termos do anexo, e dá outras providências. Brasília: Ministério da Saúde; 2014.
28. Sulzbacher E, Fontana RT. Concepções da equipe de enfermagem sobre a exposição a riscos físicos e químicos no ambiente hospitalar. Rev Bras Enferm. 2013;66(1):25-30.
29. Secco IAO, Robazzi MLCC, Souza FEA, Shimizu DS. Cargas psíquicas de trabalho e desgaste dos trabalhadores de enfermagem de hospital de ensino do Paraná, Brasil. SMAD – Revista Eletrônica de Saúde Mental Álcool e Drogas. 2010;6(1):1-17.

30. Brasil. Ministério da Saúde. Lesões por esforços repetitivos (LER). Distúrbios osteomusculares relacionados ao trabalho (DORT). Dor relacionada ao trabalho. Protocolos de atenção integral à saúde do trabalhador de complexidade diferenciada. Brasília: Ministério da Saúde; 2006.
31. Lelis CM, Battaus MRB, Freitas FCT, Rocha FLR, Marziale MHP, Robazzi MLCC. Distúrbios osteomusculares relacionados ao trabalho em profissionais de enfermagem: revisão integrativa da literatura. Acta Paul Enferm. 2012;25(3):477-82.
32. Mirabelli MC, Zock JP, Plana E, Antó JA, Benke G, Blanc PD, et al. Occupational risk factors for asthma among nurses and related healthcare professionals in na international study. Occup Environ Med. 2007;64:474-9.
33. Brasil. Ministério do Trabalho e Emprego. Portaria n. 485, de 11 de novembro de 2005. Aprova a Norma Regulamentadora n. 32 – Segurança e saúde no trabalho em estabelecimentos de saúde. Disponível em: <http://www.mte.gov.br/legislacao/normas_regulamentadoras/nr_32.pdf>. Acesso em: 17 dez. 2015.
34. Lima MB, Silva LMS, Almeida FCM, Torres RAM, Dourado HHM. Agentes estressores em trabalhadores de enfermagem com dupla ou mais. R Pesq Cuid Fundam Online. 2013;5(1):3259-66.
35. Karino ME, Felli VEA, Sarquis LMM, Santana LL, Silva SR, Teixeira RC. Cargas de trabalho e desgastes dos trabalhadores de enfermagem de um hospital-escola. Cienc Cuid Saúde. 2015;14(2):1011-8.
36. Brandão-Junior PS. Dimensões subjetivas da biossegurança nas unidades de saúde. Bol Pneumol Sanit. 2001;9(2):57-63.
37. Fontes KB, Santana RG, Pelloso SM, Carvalho MDB. Fatores associados ao assédio moral no ambiente laboral do enfermeiro. Rev Latino-Am Enfermagem. 2013;21(3):758-64.
38. Scanfone L, Teodósio ASS. Assédio moral nas organizações: novas roupagens para uma antiga temática? E & G. 2004;4(7):71-80.
39. Ribeiro RP, Vianna LAC. Uso dos equipamentos de proteção individual entre trabalhadores das centrais de material e esterilização. Cienc Cuid Saúde. 2012;11(suplem.):199-203.
40. Secco IAO, Robazzi MLCC, Souza FEA, Shimizu DS. Cargas de trabalho de materialidade externa na equipe de enfermagem de hospital de ensino do Paraná, Brasil. Cienc Enferm. 2011;7(3):69-81.
41. Gosh ME. B95: a new respirator for health care personnel. Am J Infect Control. 2013;41(12):1224-30.
42. Brasil. Ministério da Saúde. Biossegurança em saúde: prioridades e estratégias de ação/Ministério da Saúde, Organização Pan-Americana da Saúde. Brasília: Ministério da Saúde; 2010.
43. Salvador PTCO, Martins CCF, Alves KYA, Pereira MS, Santos VEP, Tourinho FSV. Tecnologia no ensino de enfermagem. Rev Baiana de Enfermagem. 2015;29(1):33-41.
44. Gaba DM. The future vision of simulation in healthcare. Simul Healthc. 2007;2(2):126-35.

30

Biossegurança na atuação da fisioterapia

Iracema Ioco Kikuchi Umeda
Luiz Fernando de Oliveira Moderno

INTRODUÇÃO

O fisioterapeuta deve respeitar os princípios bioéticos de autonomia, beneficência e não maleficência do paciente[1]. Deve buscar manter a integridade física do paciente e, antes de tudo, não causar dano a ele.

Muitas das precauções que visam à proteção do paciente e do fisioterapeuta são medidas universais, sendo as mais citadas: uso de equipamentos de proteção individual (EPI), como luvas, óculos de proteção, máscaras, avental ou roupa privativa nas unidades de terapia intensiva (Figura 1), lavagem das mãos e cuidado pessoal (asseio, unhas curtas, cabelos presos e restrição do uso de acessórios e adornos).

O fisioterapeuta com atuação hospitalar sempre deve atuar de acordo com as recomendações da Comissão de Controle de Infecção Hospitalar (CCIH) e com o tipo de paciente/situação clínica, como: doenças infectocontagiosas, pacientes com imunossupressão e pacientes em isolamento. Técnicas adequadas relacionadas ao uso de EPI e à precaução de contato já foram detalhadas no Capítulo "Elementos fundamentais na escolha de equipamentos de proteção individual e coletiva".

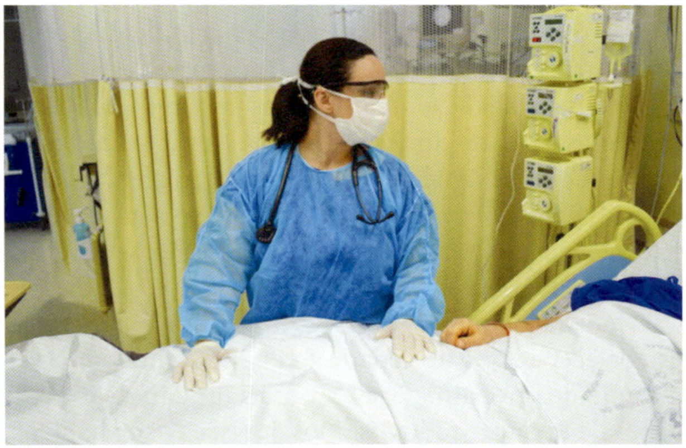

FIGURA 1 Equipamentos de proteção individual (EPI) em unidade de terapia intensiva.

As equipes de fisioterapia também atendem pacientes que se encontram internados em unidades de isolamento. O isolamento de pessoas doentes é uma das formas mais antigas de prevenir transmissão de doenças. Na verdade, ele pode ser usado tanto para proteger a própria pessoa isolada quanto para evitar a transmissão de microrganismos para outras pessoas, evitando, inclusive, a transmissão do patógeno de um paciente para outro.

Existe uma série de cuidados e precauções que devem ser seguidos, sendo mais frequente a sua divisão em quatro tipos:

- Isolamento/precaução padrão.
- Isolamento/precaução de contato.
- Isolamento/precaução respiratório por gotícula.
- Isolamento/precaução respiratório por aerossol.

A equipe de fisioterapia, com a equipe multidisciplinar, deve receber treinamento periódico e se adequar às rotinas assistenciais e de controle de infecção hospitalar preestabelecidas pelas coordenações de serviços. Um exemplo é o protocolo de prevenção de pneumonia associada à ventilação mecânica (PAV), que inclui o monitoramento da cabeceira elevada (30 a 45°), teste de respiração espontânea, aspiração de secreção subglótica, uso de umidificadores passivos ou filtros trocadores de calor e umidade, estratégia protetora de ventilação mecânica, mobilização precoce, dentre outras medidas[2].

Nos procedimentos operacionais padrão (POP), as rotinas de cada setor devem ser facilmente identificadas, assegurando que mesmo um profissional recém-admitido possa realizar as atividades propostas com segurança e qualidade. Nos procedimentos de equipes multiprofissionais (p. ex., aspiração da cânula endotraqueal, higienização das mãos), são necessárias as interfaces com os profissionais envolvidos para a elaboração de um POP único em comum. Por outro lado, a adesão e o comprometimento de todos os profissionais envolvidos na assistência são essenciais nesse processo e se faz necessário um maior envolvimento dos gestores e dirigentes da instituição.

NORMAS REGULAMENTADORAS

O conhecimento das normas e das diretrizes que versam sobre a atuação segura nas diversas áreas de trabalho é de fundamental importância. Em geral, a área hospitalar, até por aparentemente oferecer mais riscos, é a que dispõe de legislação mais específica para os trabalhadores da área.

A Norma Regulamentadora n. 32 (NR 32), editada pelo Ministério do Trabalho e Emprego em 2005, trata sobre segurança e saúde no trabalho em serviços de saúde, estabelecendo as diretrizes básicas para a implementação de medidas de proteção visando à segurança e à saúde dos trabalhadores desses serviços, bem como daqueles que exercem atividades de promoção e assistência à saúde em geral. Trata-se de uma norma que apresenta disposições sobre riscos biológicos, químicos e de radiações ionizantes, entre outros. É importante ressaltar que a referida norma abrange todos os trabalhadores do setor de saúde, independentemente do tipo de vínculo com a instituição, seja pelas normas da Consolidação das Leis do Trabalho (CLT), seja por serviço autônomo ou qualquer outra forma de vínculo. A NR 32 se aplica a serviços de saúde com qualquer edificação destinada à prestação de assistência à saúde da população e todas as ações de promoção, recuperação, assistência, pesquisa e ensino em saúde em qualquer nível de complexidade[3].

A NR 32 também abrange a obrigatoriedade da vacinação do profissional de saúde (vacinas contra tétano, hepatite e outras), indicada no Programa de Controle Médico de Saúde Ocupacional (PCMSO), previsto na Norma Regulamentadora n. 7 (NR 7), com reforços pertinentes, conforme recomendação do Ministério da Saúde, devidamente registrada em prontuário funcional com comprovante para o trabalhador. Determina ainda a obrigatoriedade de vestuário e vestiários, refeitórios, resíduos, capacitação contínua e permanente na área específica de atuação, entre outras não menos importantes.

A NR 9 é a Norma Regulamentadora que estabelece diretrizes para a Segurança do Trabalho nas áreas física, química e biológica. Aplica-se a todas as empresas que empregam profissionais, sendo, portanto, obrigatória e crucial para operações produtivas e seguras. Seu objetivo é preservar a saúde e a integridade física dos trabalhadores, antecipando, reconhecendo, avaliando e controlando riscos ocupacionais.

Em janeiro de 2022, o texto da NR 9, juntamente com outras Normas Regulamentadoras, foi atualizado. A NR 9 é composta por um conjunto de instruções determinadas pelo Ministério do Trabalho e Previdência e, desde 1978, busca garantir que os ambientes de trabalho estejam em condições ideais, sem comprometer a saúde ou segurança dos trabalhadores. Hoje, a NR 9 é conhecida como Avaliação e Controle das Exposições Ocupacionais a Agentes Físicos, Químicos e Biológicos[4], uma definição oficializada após algumas mudanças em seu texto.

As principais mudanças da NR 9 envolvem a inclusão do Gerenciamento de Riscos Ocupacionais (GRO) e do Programa de Gerenciamento de Riscos (PGR) na NR 1 – a norma que se refere a todas as outras normas regulamentadoras. Isso significa que os requisitos de gerenciamento de riscos que antes existiam na NR 9 foram transferidos para a NR 1. Atualmente, a NR 9 contém apenas os requisitos específicos para avaliação e controle de exposições ocupacionais a riscos químicos, físicos e biológicos.

Anteriormente, a NR 9 estava associada ao Programa de Prevenção de Riscos Ambientais (PPRA). No entanto, o PPRA foi extinto, dando lugar ao PGR, que abrange todos os riscos ocupacionais e as metodologias aplicáveis às avaliações técnicas. O objetivo do PGR é prevenir e erradicar acidentes de trabalho de maneira mais eficaz, protegendo a saúde e o bem-estar dos trabalhadores. Ao contrário do PPRA, que se restringia ao ambiente de trabalho, o PGR considera todos os riscos, incluindo a saúde mental dos colaboradores.

Com a atualização da NR 9 referindo-se ao PGR, surgiu a dúvida se o GRO substituiria o Programa de Gerenciamento de Riscos. A resposta é não. O GRO foi incorporado ao PGR, que agora faz parte da NR 1.

A nova NR 7[5] surge em um cenário de crescente preocupação com a integridade física e mental dos profissionais, estabelecendo diretrizes para o PCMSO nas empresas. Este documento visa preservar a saúde dos colaboradores diante dos riscos ocupacionais avaliados pelo PGR. As alterações na NR têm como objetivo alinhar as exigências ao propósito central da norma, sem perder de vista a relação entre PCMSO e PGR.

Na versão anterior da NR 7, o objetivo era apenas estabelecer a obrigatoriedade do PCMSO para preservar a saúde dos trabalhadores. Com as mudanças, o PGR agora deve conter todos os tipos de riscos ocupacionais, e o PCMSO precisa preservar a saúde dos colaboradores diante desses riscos. Isso fortalece o vínculo entre os dois documentos, conectando a medicina e a segurança do trabalho nas organizações.

Um PGR bem elaborado tende a resultar em um PCMSO satisfatório, e vice-versa. Outra mudança na NR 7 foi a substituição do exame de Mudança de Função pelo exame de Mudança de Risco Ocupacional, considerado mais adequado, pois ao mudar de cargo, o trabalhador nem sempre muda de riscos.

A NR 7 também trouxe alterações no relatório anual do PCMSO, que foi substituído pelo relatório analítico, considerado mais abrangente. Este documento deve ser elaborado anualmente pelo médico responsável pelo PCMSO, considerando a data do último relatório. O objetivo principal do relatório analítico é gerar informações a partir de dados estatísticos para auxiliar o médico do trabalho na tomada de decisões.

O Perfil Profissiográfico Profissional (PPP) constitui-se em um documento do histórico laboral do trabalhador, que reúne, entre outras informações, dados administrativos, registros ambientais e resultados de monitoração biológica durante todo o período em que ele exerceu atividades na respectiva empresa. Sua elaboração tornou-se obrigatória a partir de 01/01/2004, data fixada pela Instrução Normativa INSS/DC Nº 99. O PPP tem por objetivo primordial fornecer informações para o trabalhador quanto às condições ambientais de trabalho, principalmente no requerimento de aposentadoria especial[6]. As finalidades do PPP estão descritas no Quadro 1.

A atualização do PPP deve ser feita sempre que houver alteração que implique mudança das informações contidas nas suas seções ou pelo menos uma vez ao ano, se suas informações permanecerem inalteradas.

QUADRO 1 Finalidades do perfil profissiográfico previdenciário[6]

Comprovar as condições para habilitação de benefícios e serviços previdenciários.
Fornecer ao trabalhador meios de prova produzidos pelo empregador perante a Previdência Social, a outros órgãos públicos e aos sindicatos, de forma a garantir todo direito decorrente da relação de trabalho, seja ele individual, difuso ou coletivo.
Fornecer à empresa meios de prova produzidos em tempo real, de modo a organizar e a individualizar as informações contidas em seus diversos setores ao longo dos anos, possibilitando que a empresa evite ações judiciais indevidas relativas a seus trabalhadores.
Possibilitar aos administradores públicos e privados acesso a bases de informações fidedignas, como fonte primária de informação estatística, para desenvolvimento de vigilância sanitária e epidemiológica, bem como definição de políticas em saúde coletiva.

A emissão do PPP de forma eletrônica tornou-se obrigatória para os períodos trabalhados a partir de 01/01/2023.

PREVENÇÃO DE ACIDENTES DE TRABALHO

Acidente de trabalho é o que ocorre pelo exercício do trabalho a serviço de empresa ou de empregador doméstico ou pelo exercício do trabalho dos segurados previsto no inciso VII do art. 11 da Lei nº 8.213, de 24 de julho de 1991, com redação dada pela Lei Complementar nº 150, de 2015, provocando lesão corporal ou perturbação funcional que cause a morte, a perda ou a redução, permanente ou temporária, da capacidade para o trabalho[7].

A Comissão Interna de Prevenção de Acidentes (CIPA) visa à prevenção de acidentes e doenças decorrentes do trabalho, de modo a tornar o trabalho permanentemente compatível com a preservação da vida e a promoção da saúde do trabalhador. A CIPA é regulamentada pela CLT, pela NR 5 e deve ser composta de representantes da organização e dos empregados, de acordo com o dimensionamento previsto na própria NR 5, ressalvadas as alterações disciplinadas em atos normativos para setores econômicos específicos[8].

Os representantes da organização, titulares e suplentes serão por ela designados. Os representantes dos empregados, titulares e suplentes serão eleitos em escrutínio secreto, do qual participam, independentemente de filiação sindical, exclusivamente os empregados interessados. O mandato dos membros eleitos da CIPA terá a duração de um ano, sendo permitida uma reeleição. É vedada a dispensa arbitrária ou sem justa causa do empregado eleito para cargo de direção de CIPA desde o registro de sua candidatura até um ano após o final de seu mandato. No Quadro 2, são indicadas as atribuições da CIPA definidas pela NR 5.

Uma das atribuições da CIPA é requisitar cópia da Comunicação de Acidente de Trabalho (CAT), que é um documento emitido para reconhecer tanto um acidente de trabalho ou de trajeto como uma doença ocupacional.

A empresa é obrigada a informar à Previdência Social todos os acidentes de trabalho ocorridos com seus empregados, mesmo que não haja afastamento das atividades, até o primeiro dia útil seguinte ao da ocorrência.

Se a empresa não fizer o registro da CAT, o próprio trabalhador, o dependente, a entidade sindical, o médico ou a autoridade pública (magistrados, membros do Ministério Público e dos serviços jurídicos da União e dos estados ou do Distrito Federal e comandantes de unidades do Exército, da Marinha, da Aeronáutica,

QUADRO 2 Atribuições da Comissão Interna de Prevenção de Acidentes (CIPA) (adaptado)[8]

Identificar os riscos do processo de trabalho e elaborar o mapa de riscos, com a participação do maior número de trabalhadores, com assessoria do SESMT, onde houver.
Elaborar plano de trabalho que possibilite a ação preventiva na solução de problemas de segurança e saúde no trabalho.
Participar da implementação e do controle da qualidade das medidas de prevenção necessárias, bem como da avaliação das prioridades de ação nos locais de trabalho.
Realizar, periodicamente, verificações nos ambientes e condições de trabalho, visando à identificação de situações que venham a trazer riscos para a segurança e a saúde dos trabalhadores.
Realizar, a cada reunião, avaliação do cumprimento das metas fixadas em seu plano de trabalho e discutir as situações de risco que foram identificadas.
Divulgar aos trabalhadores informações relativas à segurança e à saúde no trabalho.
Participar, com o SESMT, onde houver, das discussões promovidas pelo empregador, para avaliar os impactos de alterações no ambiente e processo de trabalho relacionados à segurança e à saúde dos trabalhadores.
Requerer ao SESMT, quando houver, ou ao empregador, a paralisação de máquina ou setor no qual considere haver risco grave e iminente à segurança e à saúde dos trabalhadores.
Colaborar com o desenvolvimento e a implementação do PCMSO e PPRA e de outros programas relacionados à segurança e à saúde no trabalho.
Divulgar e promover o cumprimento das normas regulamentadoras, bem como cláusulas de acordos e convenções coletivas de trabalho, relativas à segurança e à saúde no trabalho.
Participar, em conjunto com o SESMT, onde houver, ou com o empregador, da análise das causas das doenças e acidentes de trabalho e propor medidas de solução dos problemas identificados.
Requisitar ao empregador e analisar as informações sobre questões que tenham interferido na segurança e na saúde dos trabalhadores.
Requisitar à empresa as cópias das CAT emitidas.
Promover, anualmente, em conjunto com o SESMT, onde houver, a SIPAT.
Participar, anualmente, em conjunto com a empresa, de campanhas de prevenção da aids.

CAT: Comunicações de Acidente de Trabalho; PCMSO: Programa de Controle Médico de Saúde Ocupacional; PPRA: Programa de Prevenção de Riscos Ambientais; SESMT: Serviço Especializado em Engenharia de Segurança e em Medicina do Trabalho; SIPAT: Semana Interna de Prevenção de Acidentes do Trabalho.

do Corpo de Bombeiros e da Polícia Militar) poderão efetivar a qualquer tempo o registro desse instrumento junto à Previdência Social, o que não exclui a possibilidade da aplicação da multa à empresa.

Na página do INSS é possível fazer o registro da CAT de forma *on-line*, desde que sejam preenchidos todos os campos obrigatórios. Também é possível gerar o formulário da CAT em branco para, em último caso, ser preenchido manualmente. Uma via desse documento deve ser destinada também ao empregado ou dependente, ao Sindicato dos Trabalhadores e à empresa.

RESOLUÇÃO DA DIRETORIA COLEGIADA Nº 7

Cabe ainda destacar a iniciativa da Agência Nacional de Vigilância Sanitária (Anvisa) na edição, em 2010, da Resolução da Diretoria Colegiada (RDC) n. 7, que tem o objetivo de estabelecer padrões mínimos para o funcionamento de unidade de terapia intensiva (UTI), visando à redução de riscos aos pacientes, aos visitantes, aos profissionais e ao meio ambiente[9].

Dentre as exigências, em relação à equipe multiprofissional e aos recursos humanos, torna-se obrigatório haver um responsável técnico médico, um fisioterapeuta e um enfermeiro coordenadores de suas respectivas equipes, sendo necessário que todos tenham especialização em terapia intensiva e podendo ser coordenadores de no máximo duas UTI.

As equipes multiprofissionais devem ser formadas por, no mínimo, um médico diarista a cada dez leitos, um enfermeiro a cada oito leitos, um fisioterapeuta a cada dez leitos e um técnico de enfermagem a cada dois leitos. Além disso, a equipe deve participar de um programa de educação continuada. Também passam a ser obrigatórios o monitoramento de indicadores de saúde e o gerenciamento de riscos inerentes às atividades praticadas nas UTI.

RISCOS ASSOCIADOS À ATUAÇÃO FISIOTERÁPICA

Risco é a chance de lesão, dano ou perda. A avaliação de risco é uma ação ou uma série de ações tomadas para reconhecer, identificar e mensurar o risco ou a probabilidade de que algo aconteça em decorrência do perigo. A avaliação de risco visa à proteção do trabalhador.

Dos tipos de riscos descritos no Capítulo "O laboratório de ensino e pesquisa e seus riscos", alguns são mais frequentes na atuação do profissional fisioterapeuta. O conhecimento desses riscos e suas devidas precauções garantem a segurança necessária aos pacientes e ao serviço.

Risco físico

Em ambientes específicos, como as UTI, observam-se temperatura relativamente baixa, iluminação e ruídos contínuos de equipamentos de assistência e monitoração cardiocirculatória e/ou respiratória, que podem provocar agravos à saúde do trabalhador. Alguns equipamentos de fisioterapia mais comumente utilizados em clínicas oferecem risco físico e requerem atenção ao seu cuidado e manuseio (Quadro 3).

Risco químico

É o risco gerado pelo contato com substâncias químicas e está relacionado com a capacidade de a substância penetrar no organismo. As vias de contato são a dérmica, a digestória e a respiratória. Como exemplo, citam-se os cuidados no manuseio do óxido nítrico inalatório para pacientes com hipertensão pulmonar e a adequada forma de armazenamento dos torpedos de oxigênio (local bem ventilado, seco, temperatura ambiente, que não pode passar de 60°C, e protegido contra choques).

QUADRO 3 Cuidados no manuseio de equipamentos de fisioterapia

Equipamento	Cuidados
Ultrassom	Utilização de material condutor (como gel ou água). Atenção à proteção do cabeçote quando o aparelho não estiver em uso, pois é muito frágil. Pacientes com prótese: não aplicar no local, pelo perigo de acúmulo de ondas eletromagnéticas.
Aparelhos de infravermelho	Orienta-se um teste prévio ao uso, pois esses aparelhos, assim como os outros, têm durabilidade limitada. Deve-se expor apenas o local a ser tratado, protegendo todas as demais áreas.
Micro-ondas	Os pacientes não devem utilizar acessórios de metal. As macas devem ser de madeira, para evitar a condução das ondas para regiões desnecessárias e/ou indesejadas.
Laserterapia	O uso de óculos de proteção é obrigatório, tanto para os pacientes como para os fisioterapeutas.
Aparelhos de alta e baixa frequência	Não devem ser usados juntos, pois podem provocar queimadura.

Risco biológico

Como a fisioterapia respiratória tem se tornado uma atividade essencial nos ambientes hospitalares, os fisioterapeutas também estão mais propensos a esse tipo de risco. A adoção das medidas de precaução de contato é a principal medida no controle desse risco.

O uso de sistema fechado de aspiração da secreção endotraqueal e do filtro umidificador, além da periodicidade nas trocas dos acessórios de ventilador mecânico, são exemplos de cuidados a serem tomados.

Risco ergonômico

É o risco causado por esforços intensos, tarefas extenuantes e repetitivas, causando danos físicos ou emocionais. A lesão por esforço repetitivo (LER) e os distúrbios osteomusculares relacionados ao trabalho (DORT) são exemplos de riscos ergonômicos.

O Ministério da Saúde publicou protocolos de atenção integral à saúde do trabalhador[10], nos quais destaca a necessidade de anamnese ocupacional, além da física, na abordagem de profissionais acometidos por LER/DORT. Nessa avaliação, considera fundamental que as situações de sobrecarga do sistema musculoesquelético sejam identificadas. O relato do colaborador costuma ser rico em detalhes, propiciando a caracterização das condições de trabalho em boa parte dos casos. Os protocolos chamam atenção para as atividades que envolvam movimentos repetitivos, posturas inadequadas, exigência de força muscular, jornadas prolongadas, ritmo intenso de trabalho, ambiente estressante de cobranças de metas e falta de reconhecimento profissional. Destacam também a importância do papel dos fisioterapeutas no tratamento dos acometidos por LER/DORT.

A obediência à jornada de trabalho (120 horas mensais, 30 horas semanais, pisos salariais, adicional de insalubridade, entre outros) em concordância com a convenção coletiva de trabalho[11] também pode contribuir para que o trabalhador tenha um ambiente com menos riscos.

Risco de acidentes

Qualquer irregularidade que favoreça a ocorrência de danos à saúde dos profissionais deve ser evitada e/ou minimizada. São considerados agentes de acidentes todas as condições de construção, instalação e funcionamento do ambiente físico, tanto hospitalar como ambulatorial (clínicas, consultórios), assim como todos os materiais e equipamentos, adjuvantes das terapias.

Para tanto, o dimensionamento físico, a estrutura e o funcionamento dos estabelecimentos de saúde (hospitais, ambulatórios, clínicas e consultórios) devem estar de acordo com as normas exigidas pela Anvisa[12].

GERENCIAMENTO DE RISCO

O gerenciamento de risco é essencial para minimizar a ocorrência de eventos adversos e deve ser um processo contínuo no controle da qualidade de serviços. Fazem parte a identificação do risco, a avaliação e a análise do risco e um plano de ação corretiva, bem como uma análise crítica na condução desse risco. No Quadro 4, podem ser verificadas as etapas de gerenciamento de risco, podendo ser adaptadas ao cotidiano da fisioterapia.

QUADRO 4 Etapas de gerenciamento de risco

Etapas	Itens a serem observados
Identificação do risco	Relacionado ao paciente ou ao profissional? Qual foi o risco ou evento indesejado?
Avaliação e análise do risco	Análise da probabilidade de ocorrer (baixa, média, alta, muito alta). Análise da gravidade (leve, média, grave, catastrófica). Análise da probabilidade da gravidade (tolerável, moderada, substancial, intolerável). Análise do tipo de risco (adquirido, inerente). Possíveis consequências.
Tratamento	Plano de ação (ação corretiva, ação imediata caso o evento ocorra). Ação preventiva (ação para eliminação do risco).
Monitoramento	Forma (relatórios, planos de ação, reuniões, indicadores, auditoria). Periodicidade (diário, semanal, quinzenal, mensal, semestral, anual).

Ressalta-se que a adequada limpeza, desinfecção, esterilização, armazenamento e manutenção preventiva dos materiais e equipamentos utilizados permite aos profissionais um ambiente seguro e de tranquilidade. Ao contrário, a reparação corretiva poderá proporcionar estresse e gerar gastos extras desnecessários.

No Capítulo " Ações de biossegurança no contexto da gestão da qualidade", são destacados os cinco sensos do Programa Ambiental 5S: senso de utilização; senso de classificação; senso de ordenação/sistematização; senso de saúde/limpeza; e senso de autodisciplina/ética. Estes sensos são baseados na educação, no treinamento e na prática em grupo. Esta forma organizada pode auxiliar no funcionamento seguro e harmônico do serviço de fisioterapia.

As vistorias periódicas certificando o pleno funcionamento dos materiais e equipamentos fisioterápicos são medidas preventivas simples que também podem evitar o estresse desnecessário, principalmente em momentos de urgência, como em uma parada cardiorrespiratória.

A pronta comunicação aos seus superiores, encarregados ou chefia sobre qualquer mau funcionamento de algum material/equipamento deve fazer parte da rotina dos profissionais que estão na assistência. Por outro lado, o fluxo de encaminhamento para reparação de materiais também não pode ser moroso, assim como o monitoramento do retorno dos equipamentos.

O fisioterapeuta deve receber treinamento periódico para manuseio adequado desses equipamentos. A educação continuada é uma forma de garantir profissionais mais qualificados, satisfeitos e comprometidos com o serviço.

Muitas instituições hospitalares já podem contar com um setor de engenharia clínica ou bioengenharia, que, com a equipe de fisioterapia, podem assegurar uma rotina harmoniosa na manutenção, calibração, reparação e armazenamento desses materiais, inclusive na aquisição deles em processos de licitação junto ao setor de compras.

INDICADORES DE QUALIDADE EM SERVIÇOS DE SAÚDE

Indicador é uma medida quantitativa que serve como um guia para monitorar e avaliar a qualidade dos cuidados providos aos pacientes e as atividades relacionadas aos serviços assistenciais. Podem mensurar atividades ligadas à estrutura, aos processos e aos resultados. Um indicador pode ser uma taxa ou coeficiente, um índice, um número absoluto ou um fato (como um evento adverso)[13].

Os indicadores, além de serem utilizados nos programas de qualidade, são importantes na condução de outros processos, como acreditação hospitalar, seis sigma e certificações pela ISO 9000[13].

Pela RDC n. 7 da Anvisa[9], o desempenho da UTI deverá ser avaliado por meio de indicadores, incluindo-se variáveis como a mortalidade esperada e observada, o tempo de permanência, a taxa de reinternação em 24 horas, as taxas de pneumonia associada à ventilação mecânica, corrente sanguínea e do trato urinário.

Pustiglione et al.[14] propuseram alguns indicadores na gestão dos acidentes de trabalho e de doenças relacionadas ao trabalho em serviços de saúde que podem ser adaptados pela equipe de fisioterapia, como apresentado no Quadro 5.

QUADRO 5 Indicadores relacionados a acidentes de trabalho (adaptado)[14]

Indicador	Cálculo
Percentual de acidentes de trabalho	(Número de casos novos de acidentes de trabalho)/(número médio mensal de vínculos) x 100
Acidentes de trabalho por exposição acidental a agente biológico, físico ou químico	(Número de casos novos de acidentes de trabalho por exposição acidental a agente biológico, físico ou químico)/(número médio mensal de vínculos) x 100
Acidentes de trabalho por meio de material perfurocortante	(Número de casos novos de acidentes de trabalho por exposição acidental a agente biológico por intermédio de material perfurocortante)/(número médio mensal de vínculos) x 100
Acidentes de trabalho por meio de respingo	(Número de casos novos de acidentes de trabalho por exposição acidental a agente biológico por intermédio de respingo)/(número médio mensal de vínculos) x 100
Percentual de acidentes de trajeto	(Número de casos novos de acidentes de trajeto)/(número médio mensal de vínculos) x 100
Percentual de doenças profissionais	(Número de casos novos de doenças profissionais)/(número médio mensal de vínculos) x 100
Percentual de doenças do trabalho	(Número de casos novos de doenças do trabalho)/(número médio mensal de vínculos) x 100
Exposição ambiental a estresse físico	(Número de casos novos de exposição ambiental a estresse físico)/(número médio mensal de vínculos) x 100
Exposição ambiental a estresse mental	(Número de casos novos de exposição ambiental a estresse mental)/(número médio mensal de vínculos) x 100

CONSIDERAÇÕES FINAIS

Biossegurança implica qualidade de atuação profissional e é essencial o envolvimento de toda a equipe, que deve estar motivada, treinada e comprometida, com uma gerência participativa. Fazem parte desse processo a educação continuada dos profissionais, a disseminação de conhecimento/informações e a delegação de competências. Ainda nesse contexto, destaca-se o gerenciamento de risco, por meio de identificação, avaliação e monitoramento periódico de eventos adversos/indicadores.

A padronização de condutas fisioterapêuticas, baseadas em consensos nacionais e internacionais, e cientificamente fundamentadas, proporciona sistematização no atendimento e continuidade nos objetivos e tratamentos propostos.

A adoção de medidas que garantam maior segurança aos pacientes e aos serviços deve ser estimulada, como reuniões multiprofissionais setoriais, reuniões da CCIH e da comissão de prontuários.

A comunicação entre as equipes assistenciais, as chefias e o grupo de qualidade é primordial, e a direção/superintendência deve ser o pilar nessa hierarquia para a gestão da qualidade total.

REFERÊNCIAS BIBLIOGRÁFICAS

1. Conselho Federal de Fisioterapia e Terapia Ocupacional. Resolução n. 424, de 08 de julho de 2013. Disponível em: https://www.coffito.gov.br/nsite/?p=3187. Acesso em: 13 maio 2024.
2. Gov.br. Agência Nacional de Vigilância Sanitária – Anvisa. Medidas de prevenção de infecção relacionada à assistência à saúde. 2017. Disponível em: https://www.gov.br/anvisa/pt-br/centraisdeconteudo/publicacoes/servicosdesaude/publicacoes/caderno-4-medidas-de-prevencao-de-infeccao-relacionada-a-assistencia-a-saude.pdf/view. Acesso em: 13 maio 2024.
3. Gov.br. Ministério do Trabalho e Emprego. NR 32 – Segurança e saúde no trabalho em serviços de saúde. Disponível em: https://www.gov.br/trabalho-e-emprego/pt-br/acesso-a-informacao/participacao-social/conselhos-e-orgaos-colegiados/comissao-tripartite-partitaria-permanente/arquivos/normas-regulamentadoras/nr-32-atualizada-2022-2.pdf. Acesso em: 13 maio 2024.
4. Ministério do Trabalho e Emprego. NR 9. Avaliação e Controle das Exposições Ocupacionais a Agentes Físicos, Químicos e Biológicos. Disponível em: https://www.gov.br/trabalho-e-emprego/pt-br/acesso-a-informacao/participacao-social/conselhos-e-orgaos-colegiados/comissao-tripartite-partitaria-permanente/normas-regulamentadora/normas-regulamentadoras-vigentes/norma-regulamentadora-no-9-nr-9. Acesso em: 18 jun. 2024.
5. Ministério do Trabalho e Emprego. NR 7 – Programa de Controle Médico e Saúde Ocupacional. Disponível em: https://www.gov.br/trabalho-e-emprego/pt-br/acesso-a-informacao/participacao-social/conselhos-e-orgaos-colegiados/comissao-tripartite-partitaria-permanente/normas-regulamentadora/normas-regulamentadoras-vigentes/nr-07-atualizada-2022.pdf. Acesso em: 19 jun. 2024.
6. Gov.br. Instrução Normativa PRES/INSS n. 128, de 28 de março de 2022. Disponível em: https://www.in.gov.br/en/web/dou/-/instrucao-normativa-pres/inss-n-128-de-28-de-marco-de-2022-389275446. Acesso em: 19 jun. 2024.
7. Presidência da República. Lei Complementar n. 150, de 1º de junho de 2015. Disponível em: https://www.planalto.gov.br/ccivil_03/leis/lcp/lcp150.htm. Acesso em: 18 jun. 2024.
8. Ministério do Trabalho e Emprego. NR 5 – Comissão Interna de Prevenção de Acidentes. Disponível em: https://www.gov.br/trabalho-e-emprego/pt-br/acesso-a-informacao/participacao-social/conselhos-e-orgaos-colegiados/comissao-tripartite-partitaria-permanente/arquivos/normas-regulamentadoras/nr-05-atualizada-2022.pdf. Acesso em: 18 jun. 2024.

9. Ministério da Saúde. Agência Nacional de Vigilância Sanitária. Resolução da Diretoria Colegiada n. 7, de 24 de fevereiro de 2010. Disponível em: https://www.gov.br/saude/pt-br/composicao/saes/dahu/atencao-domiciliar/publicacoes/rdc-7.pdf. Acesso em: 21 maio 2024.
10. Ministério da Saúde. Lesões por Esforços Repetitivos (LER). Distúrbios Osteomusculares Relacionados ao Trabalho (DORT). Dor relacionada ao trabalho. Protocolos de atenção integral à saúde do trabalhador de complexidade diferenciada. 2006. Disponível em: http://bvsms.saude.gov.br/bvs/publicacoes/protocolo_ler_dort.pdf. Acesso em: 21 maio 2024.
11. Sindicato dos Fisioterapeutas e Terapeutas Ocupacionais no Estado de São Paulo (Sinfito-SP). Disponível em: http://www.sinfitosp.org.br. Acesso em: 21 maio 2024.
12. Brasil. Agência Nacional de Vigilância Sanitária (ANVISA). Projetos de estabelecimentos assistenciais de saúde. Resolução RDC n. 50, de 21 de fevereiro de 2002. Regulamento Técnico para Planejamento, Programação, Elaboração e Avaliação de Projetos Físicos de Estabelecimentos Assistenciais de Saúde. Disponível em: http://bvsms.saude.gov.br/bvs/saudelegis/anvisa/2002/anexo/anexo_prt0050_21_02_2002.pdf. Acesso em: 21 maio 2024.
13. Bittar OJNV. Indicadores de qualidade e quantidade em saúde. Rev Adm Saúde. 2001;3(12):21-8.
14. Pustiglione M, Sá EC, Osaki MM, Cerchiaro LC. Acidentes de trabalho em serviços de saúde: conceito, categorização e indicadores para gestão da segurança e da saúde do trabalhador. Rev Adm Saúde. 2014;16(62):23-32.

31

Biossegurança em laboratório de genética forense

Hemerson Bertassoni Alves

INTRODUÇÃO

O Laboratório de Genética Molecular Forense (LGMF) é uma unidade operacional, pertencente aos Órgãos de Perícia Oficial de Natureza Criminal, compondo unidades nas Polícias Científicas Estaduais, no Distrito Federal e na União. O LGMF trata da realização de perícias criminais envolvendo a identificação humana por meio do ácido nucleico DNA (ácido desoxirribonucleico). Caracteriza-se como uma das atividades mais requisitadas pelo Judiciário, Ministério Público e autoridades policiais, no âmbito da produção da prova pericial.

Sendo um laboratório de perícias criminais, manipula diversas amostras biológicas, que são coletadas no próprio laboratório ou encaminhadas por peritos de local ou médicos legistas. Amostras como sangue, sêmen, células da mucosa bucal, restos mortais, ossos e tecidos humanos são exemplos de tipos amostrais processados pelo laboratório, demandando, assim, um cuidado extremo com a biossegurança e a gestão ambiental dos resíduos produzidos pelo serviço.

Operacionalmente, o LGMF se assemelha muito com um laboratório de análises clínicas, no tocante às categorias: Tipos de risco, Gerenciamento de riscos, Grau de risco individual e Níveis de biossegurança.

Na categoria Tipos de risco, o LGMF possui os riscos físicos, riscos biológicos, riscos químicos e riscos ergonômicos. Consideram-se agentes de riscos físicos as diversas formas de energia, originadas dos equipamentos, do manuseio do operador ou do ambiente em que se encontra no laboratório, tendo como exemplos: ruídos, vibrações, pressões anormais, temperaturas extremas, radiações ionizantes, equipamentos que geram calor etc. Denotam-se agentes de riscos biológicos, aqueles que abrangem amostras provenientes de seres vivos como plantas, bactérias, fungos, e seres humanos – sangue, urina, sêmen, restos mortais, material anatômico, ossos e tecidos, entre outras. Estabelecem-se agentes de Riscos Químicos os produtos que possam penetrar no organismo pela via respiratória, nas formas de poeiras, gases ou vapores, ou que, pela natureza da atividade de exposição, possam ter contato ou ser absorvidos pelo organismo através da pele ou por ingestão, exemplificando: soluções de fenol, clorofórmio, álcoois, luminol, DTT (dietiltritol), brometo de etídio, poliacrilamida, nitrogênio líquido, tampões e soluções desinfectantes. Consideram-se riscos ergonômicos qualquer fator que possa interferir nas características psicofisiológicas do trabalhador causando desconforto ou afetando sua saúde, como a distância em relação à altura dos balcões, cadeiras, prateleiras, gaveteiros, capelas, circulação e obstrução de áreas de trabalho, assim como as formas de pipetagem, pesagem e transferências de volumes[1-3].

Na categoria Gerenciamento de riscos os laboratórios de genética forense seguem o fluxograma de gerenciamento que se caracteriza desde a identificação, mapeamento e processo do risco, passando pela avaliação, estabelecimento de medidas preventivas e a implantação de um plano de biossegurança, com fulcro na minimização e na prevenção dos riscos. Portanto, utiliza-se os mapas de risco como uma expressão gráfica de distribuição de riscos, envolvidos em um processo de trabalho, realizado em todos os pontos de serviço[1].

Na categoria Grau de risco individual, que mede a probabilidade de o agente infeccioso causar doenças nas pessoas e com potencial de transmissão, com a existência ou não de medidas de controle e terapêutica, o LGMF é classificado como um grau de risco individual pertencente ao grupo 2. Neste grupo considera-se: o risco individual é moderado; o risco para a comunidade é baixo; a possibilidade de causar doença é baixa; a possibilidade de tratamento existe; a possibilidade de prevenção existe e o risco de propagação de infecção é limitado[1].

A Comissão Técnica Nacional de Biossegurança (CTNBio) é responsável pelas atribuições relativas ao estabelecimento de normas, análise de risco, definição dos níveis de biossegurança e classificação de organismos geneticamente modificados (OGM). Na categoria de Níveis de biossegurança, por se tratar de um risco individual pertencente ao grupo 2, o Laboratório de Genética Forense é classificado como um laboratório de nível 2 NB-2.

BOAS PRÁTICAS DE LABORATÓRIO

As Boas Práticas de Laboratório (BPL) são um conjunto de ações com o objetivo de proporcionar a diminuição dos riscos do ambiente laboratorial. Constituem-se por atividades organizacionais do ambiente de trabalho e por procedimentos básicos como a utilização de equipamentos de proteção individual (EPI: jaleco, luvas, máscara e touca) e equipamentos de proteção coletivos (EPC: chuveiro de emergência, cabine de segurança biológica, extintor de incêndio), limpeza e higienização do ambiente laboratorial[4,5].

No âmbito do LGMF, as BPL incluem:

- Higienização e limpeza adequada do ambiente.
- Os produtos químicos tóxicos devem estar devidamente identificados e armazenados.
- Utilizar armários próprios para guardar objetos pessoais.
- O ambiente laboratorial deve ser bem iluminado.
- Identificar as tomadas quanto à voltagem.
- O laboratório deve fornecer quantidades suficientes de EPI e EPC.
- Usar corretamente os equipamentos.
- Manter protocolo de rotina acessível em caso de acidentes.
- Nunca pipetar com a boca, usar pipetadores automáticos, manuais ou peras de borracha.
- Não pipetar os reagentes diretamente do frasco original. Separar um volume para um recipiente menor para, a partir dele, realizar a pipetagem. Nunca retornar sobras de reagente aliquotado para o recipiente original.
- Não comer, beber, preparar alimentos ou utilizar cosméticos no laboratório.
- Evitar levar as mãos à boca, ao nariz, ao cabelo, aos olhos e aos ouvidos no laboratório.
- Lavar as mãos antes e após os experimentos ou após a manipulação de agentes químicos e material biológico, mesmo que tenham sido usadas luvas de proteção, bem como antes de deixar o laboratório.
- Utilizar jaleco apenas dentro do laboratório.
- Manter as unhas curtas e limpas.
- Sempre usar luvas ao adentrar às áreas técnicas do laboratório.
- Computadores de equipamentos das áreas técnicas devem ser manuseados com luvas.
- Qualquer pessoa com ferimento recente, com lesão na pele ou com ferida aberta, deve proteger a lesão ou avaliar a necessidade de abster-se de trabalhar com tecidos e ossos humanos.
- Não atender celular quando estiver dentro do laboratório. Se necessário seu uso, fazê-lo sem luvas e fora das áreas técnicas.
- Saber onde ficam os EPC e como utilizá-los.
- Utilizar cabine de segurança biológica sempre que manipular materiais que precisem de proteção contra contaminação.
- Manter a organização na bancada.
- Utilizar paramentação adequada conforme a sala.
- Descontaminar toda a bancada e equipamento antes e após suas atividades, de acordo com "POP. GER.015 – Descontaminação de bancadas, pisos e superfícies fixas" ou outro documento de suporte relacionado.
- Descontaminar por desinfecção química e autoclavação todo o material com contaminação biológica que deva ser reaproveitado, como vidrarias, partes de equipamentos de laboratório (quando aplicável) e outros materiais.
- As cabines de segurança biológica não devem ser usadas em experimentos que envolvam produtos tóxicos ou compostos carcinogênicos. Nestes casos utilizar capelas químicas.
- O descarte de materiais contaminados deve seguir o "POP.GER.005 – Descarte de resíduos".
- Cuidados especiais a serem tomados com materiais pontiagudos e escarificantes, tal como bisturis. Usá-los somente quando forem absolutamente imprescindíveis e descartá-los em caixa de material perfurocortante.
- Verificação periódica do funcionamento dos chuveiros lava-olhos ("FOR.054 – Verificação de chuveiros e lava olhos").
- Servidores ou estagiários recém-admitidos no LGMF, antes de iniciar as atividades, devem receber informações e treinamento adequados em técnicas e conduta geral da rotina do laboratório.

SEGURANÇA NO MANUSEIO DE REAGENTES

Todos os reagentes químicos utilizados no laboratório oferecem um grau de risco ao operador; para tanto, deve-se conhecer os perigos oferecidos por estes produtos para se ter um nível adequado de biossegurança.

Para a identificação dos perigos específicos a cada reagente utilizado no LGMF e primeiros socorros de produtos químicos deve ser consultada a lista de Fichas FISPQ e diagrama de Hommel, disponível nos arquivos do Laboratório. Atualmente, a 7ª revisão da NBR 14725, publicada em 03/07/2023, atribui uma nova designação a FISPG, denominada FDS (Ficha de Dados de Segurança), com informações detalhadas sobre medidas de segurança, composição química e primeiros socorros. Com 7 seções e 17 anexos, inclui telefone de emergência e informações sobre explosivos dessensibilizados[5].

Procedimentos de atendimento em casos de acidentes com materiais biológicos/químicos

Os procedimentos de atendimento em caso de acidentes com materiais biológicos são classificados em duas categorias: o atendimento imediato e a comunicação do acidente.

Atendimento imediato

Em caso de acidente com materiais químicos ou biológicos, a vítima deverá se deslocar para o pronto atendimento do sistema de saúde conveniado com o laboratório, ou se dirigir à emergência hospitalar mais próxima.

Em caso de acidentes com produtos químicos, poderão ser utilizados, imediatamente, os chuveiros e os lava-olhos mais próximos para a lavagem. Na sequência, avaliar a necessidade de deslocamento para o atendimento médico[5].

Comunicação do acidente

Após a execução dos procedimentos de emergência, deverá ser preenchido um formulário de registro de acidentes, sendo este então encaminhado a um representante das gerências ou o Coordenador do Laboratório, os quais deverão avaliar a necessidade de abertura de não conformidade – procedimento para não conformidades e ações corretivas) e demais providências a serem adotadas[5].

Para comunicação oficial de caso de acidentes de trabalho devem ser seguidos os procedimentos constantes no manual de recursos humanos da instituição policial à qual pertence.

Classificação e identificação de produtos perigosos no LGMF

O preparo de soluções e reagentes no LGMF, bem como a liberação para uso, é uma rotina constante do serviço, o que denota bastante cuidado com a manipulação destes agentes, aplicando normas de biossegurança que garantam a preservação da saúde do prestador de serviço. Segue abaixo uma lista de reagentes e soluções que o LGMF da Polícia Científica do Paraná produz e que são comumente utilizados nas rotinas dele:

O Laboratório de Genética Forense da Polícia Científica do Paraná utiliza o diagrama de Hommel (diamante do perigo ou diamante de risco), mundialmente conhecido pelo código NFPA 704. É uma simbologia empregada pela National Fire Protection Association (Associação Nacional para Proteção contra Incêndios), dos Estados Unidos da América. Nela, são utilizados quadrados que expressam tipos de risco em graus que variam de 0 a 4, cada qual especificado por uma determinada cor (branco, azul, amarelo e vermelho), que representam, respectivamente, riscos específicos, riscos à saúde, reatividade e inflamabilidade[4].

TABELA 1 Lista de reagentes e soluções

Ajuste de PH	Ácido clorídrico (HCl)
	Hidróxido de sódio (NaOH)
Preparo de tampões	Água ultrapura
	Cloreto de sódio (NaCl) 5M
	Dodecil sulfato de sódio (SDS) 20%
	EDTA dissódico 0,5m pH 8,0
	TRIS 1M pH 8,0
Exames preliminares	Cloreto de sódio (NaCl) 0,9%
	Soro fisiológico
	Cristais de Teichmann
	Kit para luminol
Extração de DNA	DTT 1M-dithiothreitol
	Proteinase K 20 mg/mL
	Tampão de LTE – ph 8,0 – tampão de mancha – ph 8,0
Usos diversos	Etanol 70%
	Hipoclorito de sódio 1,0%

Fonte: POP REA 001, 2023[4].

A Figura 2 mostra a forma como o operador do LGMF se apropria das informações dos Reagentes a produzir para atentar aos procedimentos de biossegurança que envolvem EPI e EPC.

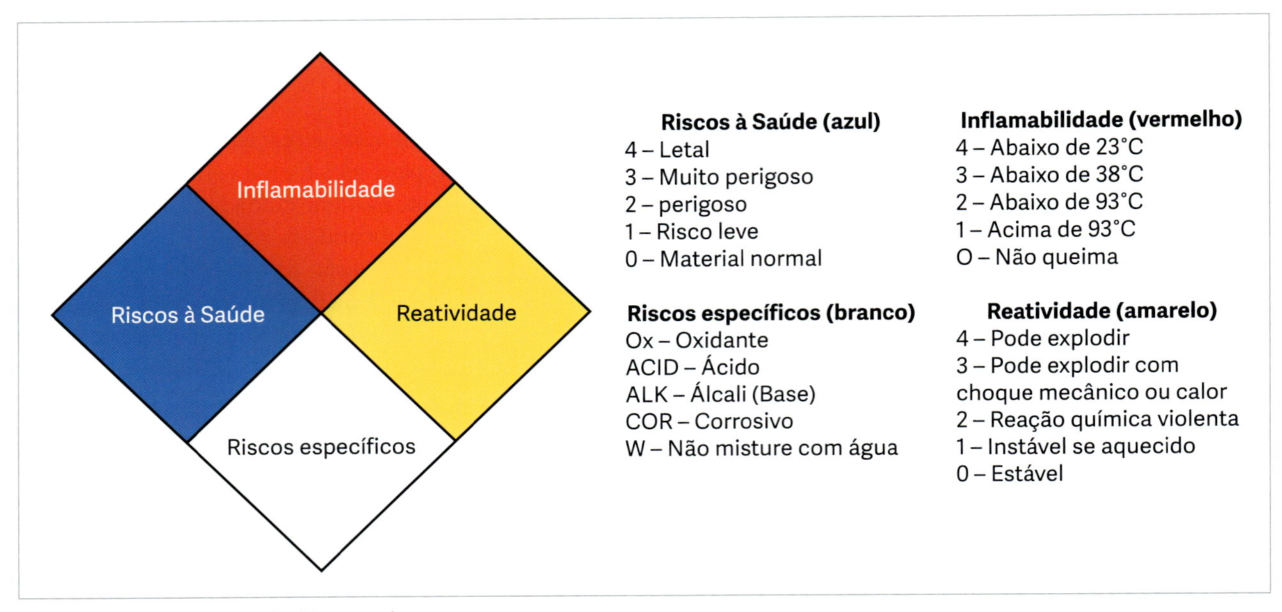

FIGURA 1 Diagrama de Hommel.
Fonte: POP REA 001, 2023[4].

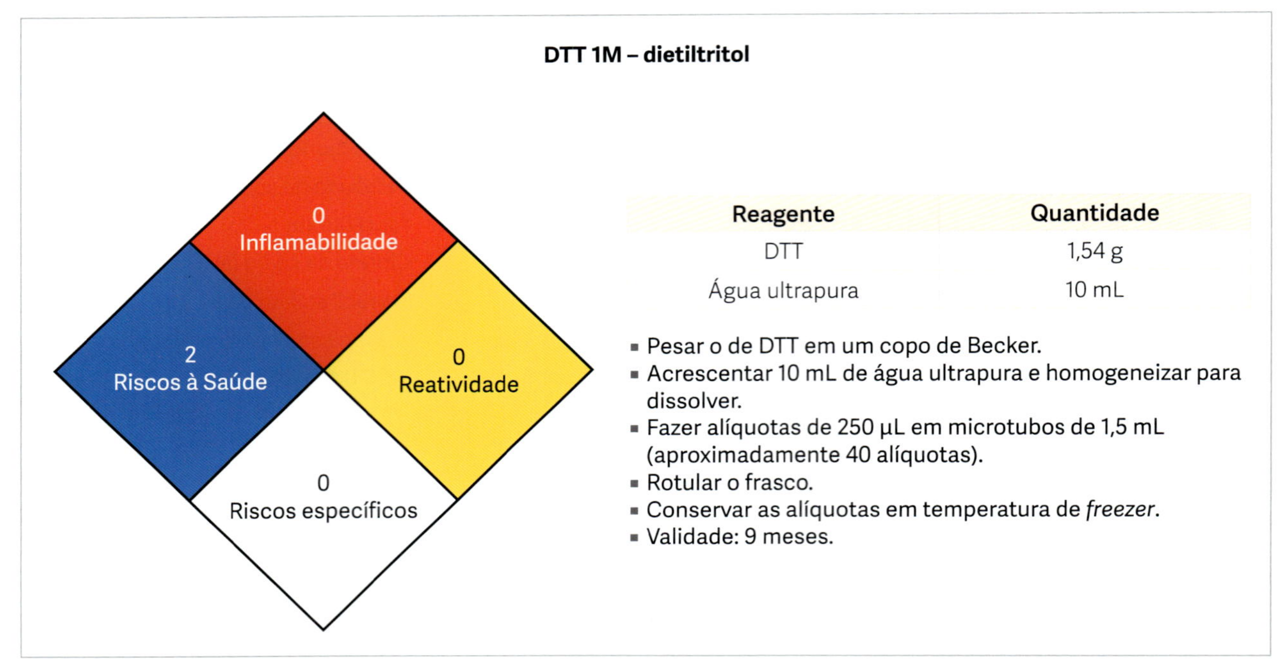

Reagente	Quantidade
DTT	1,54 g
Água ultrapura	10 mL

- Pesar o de DTT em um copo de Becker.
- Acrescentar 10 mL de água ultrapura e homogeneizar para dissolver.
- Fazer alíquotas de 250 µL em microtubos de 1,5 mL (aproximadamente 40 alíquotas).
- Rotular o frasco.
- Conservar as alíquotas em temperatura de *freezer*.
- Validade: 9 meses.

FIGURA 2 Informações sobre os riscos do reagente.
Fonte: POP REA 001, 2023[4].

DESCARTE DE RESÍDUOS

Os resíduos de serviços de saúde (RSS) representam um problema para os administradores institucionais e para as comunidades interna e externa. Sólidos, semissólidos ou líquidos, os RSS devem ser descartados por um processo adequado e seguindo as legislações de biossegurança. Dada sua própria natureza, a atividade dos laboratórios de genética forense gera resíduos que demandam cuidado. Esses resíduos representam potencial de risco por serem constituídos por: materiais biológicos capazes de causar infecções; produtos químicos perigosos; perfurocortantes contaminados[1,3].

Classificação geral

Os resíduos gerados pelo laboratório são classificados, de uma forma geral, em quatro categorias, seguindo a classificação contida na Resolução Anvisa RDC 222 de 21/03/2018 da Agência Nacional de Vigilância Sanitária[6], conforme se observa na Figura 3.

Manejo dos resíduos gerados pelo LGMF

Resíduos do grupo A – potencialmente infectantes

TABELA 2 Resíduos do grupo A – potencialmente infectantes em geral

Resíduos gerados	Luvas, algodão e gaze Panos de limpeza Máscara, touca e guarda-pó Membranas filtrantes Papéis contaminados com material orgânico Ponteiras e tubos eppendorff usados na extração e diluições de DNA Material orgânico (restos de amostras ósseas ou biológicas)	
Forma de acondicionamento para descarte	Saco plástico branco leitoso com símbolo de substância infectante de fundo branco, desenho e contornos pretos e a inscrição "infectante". Acondicionado em lixeiras plásticas de canto arredondado, providas de tampa acionada por pedal. Após coleta interna, são armazenados em contentor de plástico azul (localizado no exterior do IML), dotado de tampa articulada ao próprio corpo, dreno e identificado como infectantes.	
Coleta interna	Realizada, no mínimo, uma vez ao dia por profissionais da empresa terceirizada para os serviços de limpeza e higienização. Como EPI, utilizam avental impermeável, luvas e máscara.	
Coleta externa	Frequência diária, matinal.	Nome da empresa executora: BIOACESSO
Tratamento externo	Tecnologia utilizada: Micro-ondas	Nome da empresa executora: BIOACESSO
Disposição final	Aterro Industrial – Vala Classe II.	

Fonte: POP GER 005, 2022[7].

Grupo A – Potencialmente infectantes
Resíduo com a possível presença de agentes biológicos, que podem apresentar riscos de infecção ao homem e ao meio ambiente.

Grupo B – Resíduos químico-resíduos
Resíduos que contêm substâncias químicas com o potencial de riscos a saúde pública ou ao meio ambiente.

Grupo D – Resíduos comuns recicláveis e não recicláveis
Resíduos com características domiciliares que não apresentam riscos biológicos, radiológicos e químicos a saúde humana e ao meio ambiente.

Grupo E – Perfurocortantes
Materiais perfurocortantes ou escarificantes como lâminas e agulhas.

FIGURA 3 Classificação geral da Agência Nacional de Vigilância Sanitária (ANVISA) dos resíduos gerados no Laboratório de Genética Molecular Forense (LGMF).
Fonte: POP GER 005, 2022[7].

Resíduos do grupo A – infectantes de rápida putrefação

TABELA 3 Resíduos do grupo A – Infectantes de rápida putrefação

Resíduos gerados	Tecidos orgânicos, vísceras, ossos, peças anatômicas e sobras de amostras de laboratório contendo sangue livre.
Descrição dos procedimentos	Segregados junto aos demais resíduos infectantes. Acondicionados em saco plástico branco leitoso com símbolo de substância infectante de fundo branco, desenho e contornos pretos e a inscrição "infectante". Acondicionados em lixeiras plásticas de canto arredondado, algumas providas de tampa acionada por pedal. Após coleta interna, são armazenados em contentor de plástico azul (localizado no exterior do IML), dotado de tampa articulada ao próprio corpo, dreno e identificado como infectantes. Coleta externa realizada em até 24 horas, pela empresa BIOACESSO, cuja tecnologia de tratamento é a incineração.

Fonte: POP GER 005, 2022[7].

Resíduos do grupo B – químicos

TABELA 4 Resíduos do grupo B – químicos

Resíduos gerados	Membranas filtrantes utilizadas em processo de fenolização Tubos eppendorff contendo resíduos de Fenol clorofórmio (clorofane) Tubos eppendorff contendo resíduos de Xilol Produtos carcinogênicos e mutagênicos Produtos tóxicos, corrosivos, inflamáveis e reativos
Forma de acondicionamento para descarte	Acondicionados em frasco de vidro âmbar (embalagem original) ou em bombonas plásticas, respeitando suas propriedades de reatividade.
Coleta interna	Não há rotina diária de coleta para esse grupo de resíduos. São coletados internamente de acordo com a necessidade e a capacidade dos recipientes de acondicionamento.
Coleta externa	Os resíduos do grupo B são coletados mensalmente.
Tratamento externo	Encapsulamento conforme natureza química.
Disposição final	Encapsulamento conforme natureza química.

Fonte: POP GER 005, 2022[7].

Resíduos do grupo D comum não reciclável

TABELA 5 Resíduos do grupo D – comum não reciclável

Resíduos gerados	Restos de alimentos Embalagens sujas com alimentos Papel toalha, guardanapos, lenços de papel Papel toalha utilizada para secar as mãos Fita crepe, papel carbono e papel de etiquetas	
Forma de acondicionamento para descarte	Saco plástico preto, acondicionado em lixeiras plásticas ou lixeiras de madeira, sem tampa. Após a coleta em cada setor, são armazenados em container metálico verde, com tampa articulada ao próprio corpo, localizado próximo à rua para coleta externa.	
Coleta interna	Realizada uma vez ao dia por profissionais da empresa terceirizada Liderança para os serviços de limpeza e higienização. As coletas ocorrem durante o dia laboral. Como EPI, utilizam avental impermeável e luvas.	
Coleta externa	Os resíduos do grupo D estão acumulados em depósito e não há coleta externa definida.	
Tratamento externo	Frequência: Diariamente	Nome da empresa executora: BIOACESSO
Disposição final	Aterro municipal.	

Fonte: POP GER 005, 2022[7].

Resíduos do grupo D – comum reciclável

TABELA 6 Resíduos do grupo D – comum reciclável

Resíduos gerados	Papel e papelão Plásticos Resíduos de atividade administrativa
Forma de Acondicionamento para descarte	Não há segregação seletiva. Acondicionados junto aos resíduos não recicláveis, em saco plástico preto sem identificação, contidos em lixeiras plásticas ou lixeiras de madeira, sem tampa. Após a coleta em cada setor, são armazenados em container metálico verde, com tampa, localizado na entrada no IML próximo a rua para coleta externa.
Coleta interna	Realizada uma vez ao dia por profissionais da empresa terceirizada para os serviços de limpeza e higienização. As coletas ocorrem durante o dia laboral. Como EPI, utilizam avental impermeável e luvas.

(continua)

TABELA 6 Resíduos do grupo D – comum reciclável (*continuação*)

Coleta externa	Os resíduos do grupo B estão acumulados em depósito e não há coleta externa definida.	
Tratamento externo	Frequência: Diariamente	Nome da empresa executora: BIOACESSO
Disposição final	Aterro municipal.	

Fonte: POP GER 005, 2022[7].

Resíduos do grupo E – perfurocortante

TABELA 7 Resíduos do grupo E – perfurocortante

Resíduos gerados	Agulhas Vidros quebrados contaminados Ampolas de vidros ou plásticos Escarificantes e perfurocortantes como lâminas e agulhas Bisturi Lanceta	
Forma de Acondicionamento para descarte	Caixa de papelão amarelo, rígido, resistente à punctura, ruptura e vazamento, com tampa, identificada com o símbolo de substância infectante em preto e a inscrição "infectante", e com instruções para sua montagem e manuseio corretos. Após a coleta em cada setor, são armazenados no mesmo local dos resíduos do grupo A.	
Coleta interna	Realizada de acordo com a necessidade e a capacidade dos recipientes de acondicionamento. Como EPI, utilizam avental impermeável e luvas.	
Coleta externa	Frequência: duas vezes por semana	Nome da empresa executora: BIOACESSO
Tratamento externo	Tecnologia utilizada: microondas	Nome da empresa executora: BIOACESSO
Disposição final	Aterro industrial – Vala Classe II.	

Fonte: POP GER 005, 2022[7].

CONCLUSÃO

Os procedimentos de biossegurança e descarte de materiais são cruciais para o bom funcionamento do Laboratório de Genética Forense, bem como para proteção e prevenção de acidentes laborais, além de proteger o meio ambiente.

No tocante ao descarte de materiais os laboratórios forenses não fazem tratamento interno dos resíduos e terceirizam a coleta externa, para disposição final em aterro industrial por intermédio de uma empresa especializada para este destino.

Em se tratando de gerenciamento de resíduos em serviços de saúde, no caso em tela, serviços de segurança pública que geram riscos à saúde, toda instituição deve ter seu Programa de Gerenciamento de Resíduos em Serviços de Saúde (PGRSS). O PGRSS constitui-se de procedimentos de gestão, planejados e implementados a partir de bases científicas e técnicas, normativas e legais, com o objetivo de minimizar a produção de resíduos e proporcionar aos resíduos gerados um encaminhamento seguro, eficiente, visando à proteção dos trabalhadores, à preservação da saúde pública, dos recursos naturais e do meio ambiente, merecendo especial atenção a exigência de capacitação continuada da equipe envolvida com o manejo do resíduo. O PGRSS está contido nas Diretrizes do M.S. registradas na Resolução da Diretoria Colegiada (RDC) no 222, de 28 de março de 2018, da Agência Nacional de Vigilância Sanitária (ANVISA)[6].

REFERÊNCIAS BIBLIOGRÁFICAS

1. Hinrichsen SL. Biossegurança e controle de infecções: risco sanitário hospitalar, 4th ed. Rio de Janeiro: Guanabara Koogan; 2023.
2. SESMT – Universidade Federal do Maranhão. Biossegurança em laboratórios, 2010.
3. Dias R. Gestão ambiental: responsabilidade social e sustentabilidade. 3.ed. São Paulo: Grupo GEN; 2024.
4. Becker CMS. Procedimento operacional padrão POP REA 001 – Revisão 04 do Laboratório de Genética Molecular Forense da Polícia Científica do Paraná; 2023. V4.
5. Becker CMS. Procedimento operacional padrão POP DS033 do Laboratório de Genética Molecular Forense da Polícia Científica do Paraná; 2022. V1.
6. Agência Nacional de Vigilância Sanitária (ANVISA). RDC n. 222, de 28 de março de 2018. Regulamentação e controle sanitário em serviços de saúde. Brasília: Diário Oficial da União, n. 61, Seção 1, p. 228.
7. Becker CMS. Procedimento Operacional Padrão POP GER 005 Revisão 04 do Laboratório de Genética Molecular Forense da Polícia Científica do Paraná; 2022. V4.
8. Barsano PR, Barbosa RP. Gestão Ambiental. São Paulo: SRV; 2017.
9. Ministério da Educação. Guia de Boas Práticas Laboratoriais em Genética Humana. Universidade Federal de Alfenas. UNIFAL-MG – maio/2017.
10. NBR 14725, 7ª revisão publicada em 03/07/2023. E-book disponível em https://www.embtec.com.br/_files/view.php/load/pasta/42/64b96cd03d1df.pdf. Acesso em: 10 jun. 2023.
11. Normas ABNT: NBR 7500, NBR 9190, NBR 9191, NBR 13853.
12. Instituto Médico Legal de Curitiba. Plano de Gerenciamento de Resíduos de Serviços de Saúde; 2022. Documento interno da Instituição.
13. Resolução Conama n. 358, de 29 de abril de 2005. Brasília: Diário Oficial da União; 2005, n. 84, Seção 1, p. 63-65.

32

Biossegurança em laboratório de síntese orgânica

Beatriz S. Cugnasca
Felipe Wodtke
Alcindo A. Dos Santos

INTRODUÇÃO

A biossegurança em laboratórios é o conjunto de medidas, ações e condutas essenciais a serem executadas com o intuito de prevenir, minimizar e eliminar possíveis riscos que são inerentes ou estão associados às atividades laboratoriais visando proteger a saúde do profissional e dos animais, ao meio ambiente e à comunidade ao seu redor, além de diminuir os riscos de contaminação de amostras e reagentes e garantir a qualidade das atividades rotineiras e de pesquisa desenvolvidas.[1] A síntese orgânica é a área da química que trata da construção molecular empregando diferentes reagentes e reações de maneira consecutiva até que estruturas moleculares mais complexas, a partir de reagentes mais simples, possam ser obtidas. Em decorrência da própria natureza das atividades, que envolvem manipulações de compostos químicos de várias naturezas, com alto grau de diversidade, os laboratórios de síntese orgânica, intrinsecamente, oferecem risco aos profissionais dedicados a esta área. Muitos destes reagentes são de alta periculosidade, pois podem ser corrosivos, voláteis, pirofóricos, explosivos, ácidos ou básicos, inflamáveis, mutagênicos (cancerígenos) ou tóxicos. Dessa forma, é necessário que os profissionais de um laboratório de síntese orgânica reconheçam a existência dos perigos existentes em tais ambientes e que realizem o mapeamento de riscos (como mais bem explicado no Capítulo 2) e que tenham conhecimento dos cuidados gerais e específicos necessários para executarem as boas práticas laboratoriais, a fim de que suas atividades possam ser realizadas com segurança. Além disso, muitos equipamentos e acessórios destinados à realização de procedimentos gerais e específicos, tais como bombas de (alto) vácuo, materiais perfurocortantes, destilações, fusões, extrações com solventes orgânicos, centrífugas, sistemas de secagem de solventes etéreos, tais como tetraidrofurano (THF) com sódio elementar, entre outros, podem oferecer riscos ao operador e exigem treinamento e cuidados especiais, típicos de um laboratório de síntese orgânica. Sendo assim, treinamentos periódicos com profissionais especializados são de extrema importância.

Neste capítulo, serão abordados aspectos de segurança em laboratório de síntese orgânica, incluindo a organização laboratorial, e das atividades que lá serão realizadas, utilizando equipamentos de proteção individual (EPI) e equipamentos de proteção coletiva (EPC), incluindo armazenamento, manuseio, tratamento e descarte de solventes e reagentes, com responsabilidade e perícia para evitar condições inseguras ou acidentes. Também serão apresentadas informações e exemplos reais sobre atividades, técnicas e operação de equipamentos comuns com exemplos de acidentes mais frequentes em laboratórios e maneiras de evitá-los.

ORGANIZAÇÃO ESTRUTURAL E OPERACIONAL DE LABORATÓRIOS DE SÍNTESE ORGÂNICA

De modo geral, o treinamento dos operadores e a organização do ambiente de trabalho são os quesitos fundamentais para garantir a segurança em laboratório, incluindo os de síntese orgânica. Esses requisitos devem ser garantidos para quaisquer procedimentos e cuidados com o manuseio e transporte de reagentes, equipamentos e vidrarias, manutenção da higiene, limpeza e desinfecção do laboratório, correto descarte, destinação e/ou tratamento dos resíduos químicos, utilização de EPI e EPC, sinalização adequada, registro das atividades realizadas, além de registro e comunicação de condições inseguras e de acidentes efetivos.

Em laboratórios de síntese orgânica são realizados diversos procedimentos, incluindo reações químicas e operações comuns que necessitam de condições especiais e que são dependentes da ação direta do profissional. Como exemplos encontram-se reações químicas empregando baixas ou altas pressões e temperaturas, reações empregando gases como hidrogênio, gás carbônico, oxigênio, ozônio, amônia, acetileno e argônio ou nitrogênio, geração de espécies reativas altamente instáveis, como carbocátions, carbânions, carbenos, organometálicos, peróxidos e ozonídeos, utilização de seringas, agulhas e cânulas, purificação de reagentes através de destilação (sob pressão atmosférica ou sob pressão reduzida) ou recristalização (com grandes variações de temperaturas e solventes orgânicos), extrações líquido-líquido, sublimações, manipulação de reagentes pirofóricos, organometálicos, hidretos metálicos, reações sob condições anidras, manipulação de gases e de compostos voláteis, tratamento e secagem de solventes, tais como éter etílico e tetraidrofurano, purificações por colunas cromatográficas preparativas, com grandes volumes de solventes orgânicos.

De forma geral, idealmente, laboratórios de síntese orgânica devem ser equipados com capelas de exaustão para gases e voláteis em geral, contendo anteparo protetor do tipo guilhotina, armário apropriado para armazenamento de reagentes, armários corta-fogo para itens voláteis e inflamáveis, extintor de incêndio de todas as classes, incluindo de classe D (para pirofóricos tais como sódio, magnésio, bário, cálcio, potássio, alumínio, titânio, zircônio e zinco, exceto lítio), estufas para secagem de vidrarias, mufla, evaporador rotatório, chapas de aquecimento, linhas de gases, dessecadores, centrífugas, bombas de vácuo e de alto vácuo, *glove box*, câmaras de lâmpadas de UV etc.

A depender das características intrínsecas das atividades tipicamente desenvolvidas no laboratório de síntese orgânica, ele deve ser equipado mais apropriadamente para aquela atividade de maneira que ofereça proteção máxima ao ambiente e profissionais que nele trabalham. A segregação de ambientes e espaços, por categoria de atividades, contribui grandemente com a segurança na sua execução. Todas as atividades, desde as mais simples e rotineiras, bem como as de maior grau de complexidade e periculosidade, devem ser desenvolvidas cumprindo todas as normas de segurança e atenção, sem exceção. Equipamentos analíticos devem ficar em ambiente separado daquele destinado à realização de reações e procedimentos que envolvam solventes e reagentes, por várias razões, sendo algumas delas relacionadas a organização, segurança e preservação dos próprios equipamentos, por estarem em ambiente livre de vapores corrosivos. Operações e manipulações que envolvam reagentes e compostos voláteis e solventes devem ser executadas em capelas de exaustão. Estas capelas devem conter filtros apropriados para os tipos de voláteis que serão emitidos ou, ainda, sistemas de lavagem dos gases e vapores que serão removidos do ambiente.

A seguir, trataremos das principais fontes de riscos de acidentes em laboratórios de síntese orgânica, com menção às boas práticas para evitá-los e, quando pertinente, como agir nas situações de maior risco. Desta maneira, neste capítulo abordaremos os riscos inerentemente associados às características físico-químicas e reatividades dos compostos químicos manipulados (estando entre eles reagentes inflamáveis, pirofóricos, explosivos, corrosivos e tóxicos), às condições experimentais que podem oferecer maiores riscos de desencadear acidentes (como variações de temperatura e pressão) e um compilado de riscos relacionados às práticas experimentais de diferentes naturezas (como reações, preparações, extrações, purificações e outros procedimentos ordinários) comumente realizadas em laboratórios de síntese orgânica. Vale ressaltar que, por vezes, várias situações de alto risco aqui tratadas estão presentes em um único experimento ou em experimentos concomitantes ou associados.

PERIGOS ASSOCIADOS À MANIPULAÇÃO DE COMPOSTOS QUÍMICOS INFLAMÁVEIS, PIROFÓRICOS, EXPLOSIVOS, CORROSIVOS E TÓXICOS

Manipulações envolvendo inflamáveis

Dos acidentes em ambientes químicos, o de maior recorrência e dificuldade de contenção é o incêndio, e este pode ser provocado por diferentes fatores. A grande maioria dos compostos orgânicos são potencialmente inflamáveis sob determinadas condições, sendo os líquidos e voláteis os mais suscetíveis a tal reação. Raras são as reações químicas e processos de purificação de produtos gerados dessas reações que não fazem uso de solventes orgânicos. Com exceção de apenas alguns, os solventes orgânicos são voláteis e inflamáveis, correspondendo às principais fontes de acidentes por incêndios, podendo provocar acidentes de dimensões bastante graves. Muitas das operações realizadas em laboratórios de síntese orgânica dependem decisivamente de solventes orgânicos para serem realizadas, desde uma simples preparação de amostra para análise até execução de derivatizações, preparações, reações químicas, purificações e extrações. Seja qual for a atividade a ser desenvolvida, que necessite de solvente orgânico inflamável, ela deve ser planejada levando em consideração fatores como características físico-químicas do solvente e de outros compostos químicos, suas compatibilidades, quantidades a serem manipuladas, ambiente de manipulação, exposição do profissional, exaustão e temperatura do ambiente e chances de acumulação, bem como possibilidade de fontes de ignição. É imperioso que todas as manipulações envolvendo voláteis, de modo geral, sejam realizadas em capelas de exaustão (calibradas regularmente e certificadas) e que elas sejam providas de sistemas de tratamento (filtração, adsorção ou lavagem) dos vapores emanados. Deve-se também assegurar-se de que no compartimento de manipulação da capela não haja fontes de ignição ou de calor intenso, que possam provocar incêndios. Considerando que laboratórios de síntese orgânica sempre contenham diferentes fontes de acidentes que podem ser combinadas, todas as atividades a serem desenvolvidas devem considerar cuidados que os contemplem.

As principais causas de incêndio envolvendo compostos inflamáveis em laboratório de síntese orgânica são derramamento de solvente voláteis e acumulação de vapores decorrente de saturação do ambiente por manipulação em local quente, fechado e sem exaustão. Sob tais condições, vapores de voláteis podem se acumular no ambiente e, a depender da densidade, tendem a se concentrar nas partes mais baixas. Calor intenso, fontes de ignição como centelhas (de equipamentos elétricos) ou até mesmo atrito, podem provocar incêndio e explosões em tais condições. Labaredas de fogo instantâneas e isoladas podem ser formadas e, nestes casos, pode haver incêndios de menores ou maiores proporções e consequências.

Por este motivo é essencial que nunca se despreze a chance de haver um acidente e, até mesmo, em condições aparentemente seguras, quaisquer derramamentos ou percepção de volatilização de solventes devem ser evitadas e, se percebidas, deve-se interromper o procedimento para conter o vazamento e remover com segurança o solvente que vazou. Em geral, isso pode ser resolvido ou evitado por definitivo ao se trabalhar em uma capela de exaustão, com porta tipo guilhotina, baixada na altura apropriada. Se ainda assim houver algum acidente, que envolva chamas, dentro da capela, elas serão mais facilmente contidas. Por este motivo, também deve-se evitar que o frasco de solvente – ou outro(s) reagente(s) volátil(eis) – permaneçam abertos, mesmo dentro da capela. Ainda mais grave é permitir escoamentos pelas bordas dos recipientes que podem servir de trilha de condução da chama até a "boca do recipiente" ou seu interior. Em casos assim, deve-se conter a chama, imediatamente com uma manta de contenção de incêndio, empregando as técnicas de seu uso e especificações, para afastar o comburente (oxigênio) ou, ainda, um extintor de incêndio, de classe apropriada para o tipo de chama. Pelo mesmo motivo, todos os recipientes devem permanecer sistematicamente fechados. Em caso de as medidas descritas não terem sido suficientes e, independentemente delas, extintores de incêndio de "classe" apropriada devem estar sempre à mão e dentro de seus prazos de validade.

Por tais razões, os ambientes de manipulação de voláteis em laboratórios, incluindo as capelas de exaustão, não podem, em hipótese alguma, servir de reservatórios ou ambientes de estocagem de reagentes e solventes. Não invariavelmente, os armários nas partes inferiores das capelas são empregados como armários de estocagem de reagentes químicos em laboratórios de modo geral. Apesar de muito comum, isso não deve ser feito em laboratórios de síntese orgânicas, pois as capelas são os locais de escolha para manipulações de risco, que podem, por exemplo, levar a acumulação de vapores de solventes e, em caso de incêndio, ser uma fonte de explosão.

Manipulações envolvendo pirofóricos

Agentes pirofóricos são substâncias que têm a capacidade de inflamar espontaneamente quando expostas ao ar ou a algum outro agente. Essas substâncias são altamente reativas e podem entrar em combustão em condições normais de temperatura e pressão, quando em contato com oxigênio ou água. Alguns compostos metálicos, ligas e certos metais em suas formas puras (elementares) têm esta propriedade. Exemplos comuns e rotineiramente utilizados em laboratórios de síntese orgânica são alguns metais em suas formas elementares, tais como lítio, sódio, potássio, magnésio, cálcio e algumas de suas ligas e amálgamas, assim como alguns de seus hidretos, e reagentes organometálicos (organolítio: RLi, Grignard: RMgX, organo-zinco: R_2Zn, organo-alumínio: R_3Al), para mencionar alguns exemplos.

De modo geral, a manipulação de reagentes pirofóricos exige muito cuidado e atenção, pois qualquer exposição deles à umidade e/ou ao oxigênio do ar pode levar à sua ignição. Suas manipulações devem ser realizadas em ambiente apropriado tal como capela de exaustão ou *glove-box*, em recipientes secos e protegidos do ar atmosférico (atmosferas inertes) e, para tanto, as técnicas correspondentes devem ser realizadas. Estes procedimentos requerem a utilização de linhas de gás inerte montadas da maneira mais profissional e segura possível e devem compreender sistemas de secagem do gás (Figura 1A) e válvulas ou fluxômetros (Figura 1A) para ajustes precisos de vazão. Como se pode observar na Figura 1C, a linha de gás deve ter válvula de escape com um frasco borbulhador, semipreenchido com óleo de silicone para que a pressão de gás sob manipulação

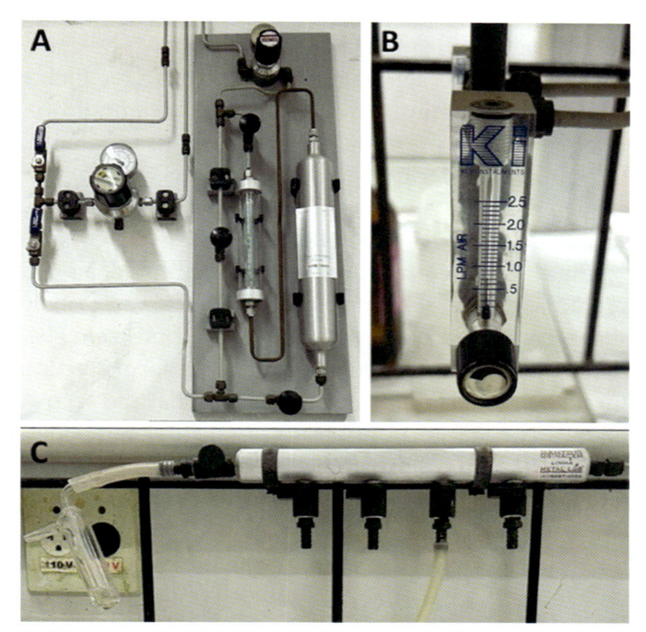

FIGURA 1 A: Sistema de filtração de linha de gás N_2. B: Medidor de fluxo de gás. C: Linha de gás N_2 em bancada de laboratório de síntese orgânica.

nunca seja alta ao ponto de provocar aumentos preocupantes de pressão no sistema. Ao mesmo tempo, o óleo de silicone presente no frasco borbulhador impede a entrada de ar atmosférico (úmido e rico em O_2), no sistema.

É importante ressaltar que, por vários motivos, não se deve utilizar cilindros de gases, dentro dos laboratórios em que as reações ou manipulações serão feitas. Os cilindros ou reservatórios de gases devem ser acondicionados em edificação externa ao laboratório, com ventilação e outros requisitos estruturais que garantam a segurança do ambiente, laboratório e profissionais.* A condução dos gases para o interior do laboratório em que será usado deve ser feita por tubulações metálicas apropriadas, com reguladores, manômetros e válvulas cujas especificações sejam adequadas para o gás em questão. Em hipótese alguma, adaptações ou improvisações são admitidas, pois podem ser fontes de acidentes, já que estes gases, em geral estão acondicionados sob altas pressões.

Os pontos críticos na manipulação de reagentes pirofóricos são suas exposições ao ar, nos processos de abertura dos recipientes para pesagens, medidas de volume, transferências ou amostragens. Nestes casos, deve-se preparar o experimento contemplando estas etapas, cuidadosamente. Em caso de sólidos, a condição ideal seria realizar as manipulações em *glove box*. Dentro do ambiente de atmosfera apropriada os reagentes podem ser manipulados (pesados, transferidos para balões ou outros recipientes) livremente e com segurança. Não se pode dizer que *glove box*** seja um equipamento muito comum em laboratórios de síntese orgânica, mas, assim mesmo, manipulações como pesagem de sólidos sensíveis ao ar e umidade (p. ex., hidretos tais como NaH, CaH_2 ou $LiAlH_4$) são necessárias o tempo todo. Muitas vezes, tais procedimentos podem ser realizados, rapidamente, com certa segurança, pois alguns destes reagentes, apesar de pirofóricos, têm reatividade moderada e admitem pequenas exposições ao ar atmosférico. Após concluída a pesagem no recipiente em que a reação ou operação será realizada, seguida da troca da atmosfera por gás inerte, costumam ser garantidas a segurança e eficiência. Contudo, isso é altamente dependente da umidade do ar no momento do procedimento. Por exemplo, um dos autores (A. A. Dos Santos) do capítulo já presenciou situações em que a pesagem de NaH (pó em sua forma pura) foi impossível, pois se inflamava ao fazer a amostragem com a espátula, no processo de pesagem. Em situações assim, na ausência de uma *glove box*, pode-se utilizar um saco plástico transparente, grande o suficiente para que comporte o frasco do reagente, espátula, balão e septo. Fecha-se o saco, que tem acoplada uma mangueira para fazer ciclos de vácuo e pressão positiva de gás inerte. Depois, valendo-se da flexibilidade do plástico, manipular os acessórios contidos dentro do saco plástico para transferir certa quantidade do sólido sensível, para o recipiente em que se deseja fazer a reação, fechá-lo com septo e depois medir a massa do conjunto (recipiente + sólido + septo) e descontar da massa do conjunto inicial, sem o reagente. Quando o sólido sensível tiver que ser adicionado em um passo da reação que seja posterior a outros eventos, pode-se utilizar funis de adição de sólidos ou, ainda, acessório de vidro (balão de pescoço curvo, com junta macho) como o mostrado na Figura 2. Para este caso, a medida da massa do sólido deve ser executada de forma segura, de alguma das maneiras comentadas anteriormente. Quando a adição do sólido for necessária, durante a reação, basta girar o recipiente encaixado ao balão, pela junta esmerilhada de tal ma-

* Os cilindros de gases devem ficar depositados em ambientes adequados, ventilados, fora do prédio principal, afixados presos, na posição apropriada e acoplados aos manômetros primários em que se pode regular a vazão do gás para entrada até o ambiente interno, que deve conter outros manômetros ou válvulas secundárias de regulagem para que o ajuste de pressão de trabalho possa ser mais bem controlado. Todas estas instalações devem ser realizadas por profissionais credenciados e devem ser regularmente inspecionadas para evitar vazamentos, sobrecarga ou contaminações.

** *Glove box* de boa funcionalidade e versatilidade são relativamente caras e não estão disponíveis em mercado nacional.

neira que o sólido escoe para dentro do balão reacional, devido ao seu formato e inclinação. Isso permite uma adição de maneira bastante eficiente e sem grandes contratempos (Figura 2).

É rotineiro fazer experimentos que envolvam metais em seus estados elementares, como sódio, lítio e potássio (este último em casos mais específicos) e, para cada caso, formas de armazenamento apropriadas garantem suas estabilidades. Por exemplo, comumente, o sódio é comercializado imerso em um solvente orgânico hidrofóbico de alto ponto de ebulição, como o querosene. O lítio é comercializado em fios ou pó, imerso em óleo mineral. Hidretos metálicos, como hidreto de sódio, podem ser comercializados em suas formas puras, mas aconselha-se adquiri-los em suspensões em óleo mineral (60% em massa, p. ex.) que o tornam muito mais estável e de fácil manipulação ao ar, com bastante segurança. Deve-se atentar também para a compatibilidade desses reagentes com o gás inerte de manipulação. Por exemplo, lítio elementar não deve ser exposto à atmosfera de N_2, pois são reativos entre si, formando nitreto de lítio ($3Li + ½N_2 \rightarrow Li_3N$), mesmo à temperatura ambiente.

Em qualquer um desses casos, as manipulações podem até ser realizadas ao ar, com os devidos cuidados. Por exemplo, no caso de sódio, que é rotineiramente empregado em sistemas de secagem de alguns solventes, pode-se empregar um recipiente grande (uma placa de Petri ou mesmo outro recipiente cerâmico ou de vidro) para manipulação contendo o solvente no qual é estocado (p. ex., querosene) para que os pedaços do metal permaneçam umedecidos deste solvente, permitindo que a divisão dele em pedaços de tamanhos menores possa ser realizada em segurança. Procedimentos de pesagem segura podem ser feitos empregando-se um recipiente contendo o mesmo solvente de armazenamento (p. ex., querosene), previamente tarado em uma balança. Depois de transferidos para o recipiente seco em que se fará seu uso, procede-se lavagem com o solvente seco da reação que se pretende fazer, caso o querosene residual seja inconveniente para a manipulação (ou reação pretendida). O mesmo pode ser feito no caso de suspensão de hidreto de sódio em pó, suspenso em óleo mineral (60%). Após medida de massa, de forma segura, mesmo ao ar, procede-se lavagens com hexano seco já no balão de reação, por sucessivas adições e remoções, via seringa, sob atmosfera inerte, até que o óleo mineral tenha sido removido, dissolvido no solvente de lavagem (3 a 4 repetições são suficientes). O potássio, diferentemente dos outros metais, mesmo quando submerso em óleo mineral, necessita que a atmosfera no interior do frasco seja inerte para evitar a formação de superóxido quando exposto ao oxigênio do interior do recipiente. Sabe-se que o superóxido de potássio é um composto altamente explosivo e, portanto, sua formação deve ser evitada ao máximo.[2]

Certos tipos de reações, em que são geradas espécies transientes altamente reativas (p. ex., carbânions de lítio ou magnésio), exigem a utilização de solventes polares apróticos, rigorosamente isentos de água e entre estes solventes, éter etílico e tetraidrofurano (THF) são os mais empregados, em laboratórios de síntese orgânica. Para que possam ser utilizados para esta finalidade, devem ser adquiridos anidros e suas manipulações sempre devem ser realizadas sob atmosfera também anidra. Para isso, os

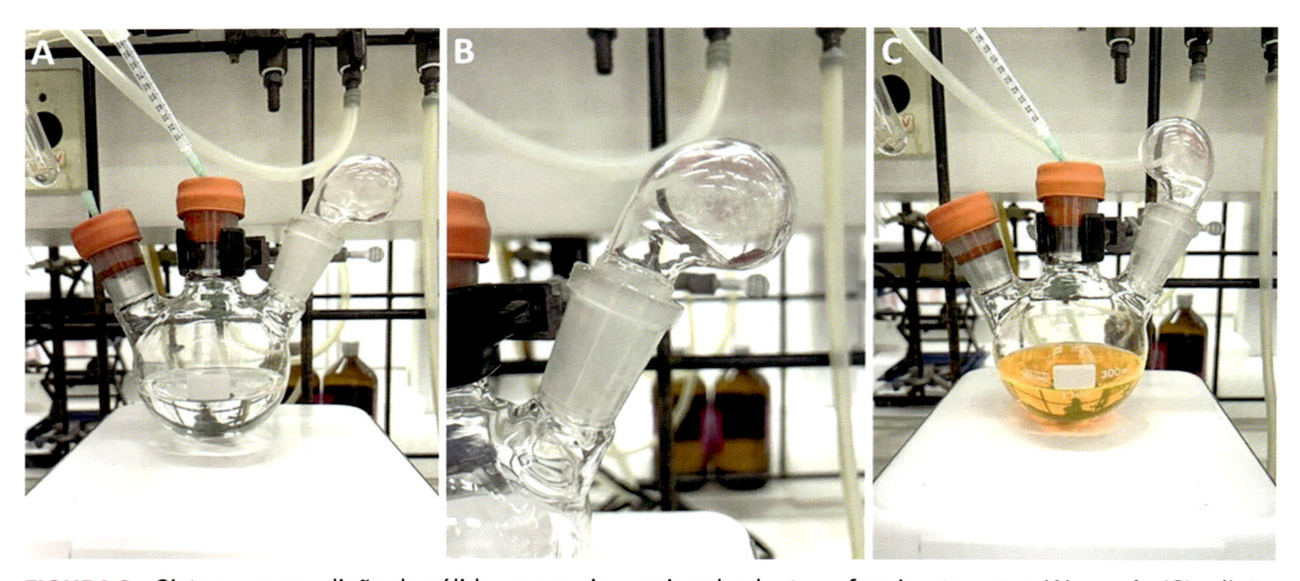

FIGURA 2 Sistema para adição de sólidos em meio reacional sob atmosfera inerte antes (A) e após (C) adição do sólido. B: Sólido contido dentro do tubo de adição de sólidos antes da reação.

procedimentos de coletas e transferências dos volumes necessários devem ser realizados com seringas ou cânulas (rigorosamente secos), com compensação dos volumes com gases (nitrogênio ou argônio) inertes também, rigorosamente secos. Apesar de estarem disponíveis comercialmente nas formas anidras, com o tempo estes solventes absorvem umidade por serem higroscópicos e se tornam inapropriados para as reações químicas, em meios anidros. Grande parte dos laboratórios de síntese orgânica costumam manter um sistema de secagem permanente em que se emprega o solvente (éter etílico ou tetraidrofurano) em um sistema de refluxo, na presença de sódio elementar e benzofenona, que serve como um indicador de eficiência de secagem, pela formação de solução de cor azul intensa quando seco, sob atmosfera inerte de nitrogênio (ou argônio, Figura 3B). Um aparato desenhado para esta finalidade permite que o solvente seja mantido constantemente seco e pronto para o uso. Nele, o THF é aquecido ao refluxo em um sistema vertical partindo de um balão de fundo redondo sobre uma manta de aquecimento. O sistema também possui um coletor e um sistema que permite alívio de pressão na porção superior (Figura 3A). Um dedo frio (condensador) garante a condensação do solvente e seu retorno para o balão. Entre o condensador e o balão há uma torneira que permite coleta do solvente, em um compartimento reservatório para seu uso. A combinação de calor, volatilidade/inflamabilidade do solvente e alta reatividade do sódio elementar, além da necessidade de pressão positiva de gás inerte para evitar entrada de ar atmosférico no sistema, faz desse aparato uma fonte constante de atenção e recorrentes acidentes de maiores ou menores proporções. O sistema de secagem de THF é um exemplo de atividade que merece destaque, uma vez que já foi e continua sendo o principal motivo de vários acidentes ocorridos, no Brasil e exterior, em laboratórios de síntese orgânica de ambientes acadêmicos.

FIGURA 3 Sistema de purificação e secagem de tetraidrofurano (THF) utilizando sódio metálico, na presença de benzofenona.

Um outro tipo de reação que merece destaque do ponto de vista de segurança em laboratório são as reações de hidrogenação. Muitos acidentes envolvendo estas reações já aconteceram, ocasionando incêndios e explosões. A preocupação com a segurança em realizar este tipo de reação se deve à utilização de catalisadores pirofóricos, solventes inflamáveis, intermediários instáveis, elevadas pressões, por vezes altas temperaturas e hidrogênio. O uso de hidrogênio em qualquer circunstância suscita atenção e cuidados adicionais, pois na presença de oxigênio e fonte de ignição pode provocar explosões e destruição. Idealmente, antes de expor o catalizador à atmosfera de H_2, deve-se remover todo o oxigênio (ar atmosférico) do sistema, empregando um gás inerte para evitar que, durante a ativação do catalizador com H_2, possa ocorrer ignição provocada pelo contato do agente pirofórico (catalizador mais H_2) e oxigênio. Deve-se sempre evitar a presença de chamas e de oxidantes próximos dos sistemas de hidrogenação.[3] Quando aquecimento e/ou altas pressões forem requeridos, isolamento do sistema e utilização de anteparos resistentes devem ser empregados.

Em um caso vivenciado por um dos autores deste capítulo (A. A. Dos Santos), em uma reação de hidrogenação, durante o processo de ativação do paládio sobre carbono (Pd/C), na presença de metanol, sob atmosfera de hidrogênio (H_2), houve uma queda do balão que continha os reagentes; e o Pd, altamente reativo, exposto ao ar (naturalmente rico em oxigênio), inflamou-se, provocando labaredas de fogo que foram contidas rapidamente devido às pequenas proporções do incêndio. Como a mistura envolvia um solvente altamente inflamável (metanol), não fossem as providências tomadas imediatamente para conter as chamas, acidente de muito maiores proporções poderia ter acontecido. Embora sem maiores consequências, queimaduras superficiais nas mãos foram sofridas.

As manipulações envolvendo os reagentes líquidos ou em solução podem ser realizadas com seringas e agulhas ou ainda cânulas, sob atmosfera inerte, empregando linhas de gás como da Figura 1. Todas as vidrarias, agulhas, cânulas, tampas de vidro esmerilhado, septos de borrachas, devem, naturalmente, estar inescrupulosamente secos e a compensação de volume do recipiente do qual se coletou a alíquota deve ser preenchida com o gás inerte apropriado, por intermédio de uma agulha que conecta a linha de gás inerte com o frasco do qual se faz a coleta do reagente.* Em procedimentos de coleta de solução, solvente ou reagente, por intermédio de uma seringa com agulha, após coletar a quantidade do líquido com a seringa, deve-se remover a ponta da agulha do seio do líquido, e coletar um pequeno volume da atmosfera inerte para que esta funcione como um selo que impedirá contato entre oxigênio e umidade do ar, quando a agulha for removida do frasco para ser levada até o recipiente que receberá o líquido. Detalhes pequenos como este garantem a segurança do procedimento, assim como máximo desempenho do procedimento, uma vez que impede ao máximo o contato entre o líquido sensível e o ar atmosférico e umidade. Em caso de reagentes pirofóricos, se este cuidado não é tomado, observa-se formação de combustão na ponta da agulha. Com estes procedimentos se realizam manipulações de reagentes pirofóricos líquidos ou em solução, tais como organolítio, Grignard, organozinco, soluções de hidretos, com máxima segurança. Depois da realização do procedimento de coleta e adição do reagente, deve-se realizar lavagem do conjunto seringa-agulha em um solvente inerte tal como hexano, depois acetato de etila e, então, água em abundância.

Certos reagentes pirofóricos líquidos tais como organozinco (Me_2Zn ou Et_2Zn), trimetil-alumínio (Me_3Al) e DIBAL-H, em suas formas puras, são bastante reativos em contato com o ar atmosférico. Quando possível, é mais seguro manipulá-los e efetuar reações com suas soluções em solventes orgânicos apropriados. Isso facilita bastante os procedimentos e minimiza riscos de acidentes. Um dos autores deste capítulo (A.A. Dos Santos) já desenvolveu rotinas de reação com estes reagentes (Et_2Zn, DIBAL-H e Me_3Al); e apesar de todos os procedimentos com linhas de gás inerte, nos processos de amostragem em seringas com agulhas, observava formação de chamas na ponta da agulha, decorrente da reação do reagente com oxigênio do ar. Nestes casos, um procedimento eficiente consiste em embeber um algodão com hexano seco, com o qual se envolve a ponta da agulha, tão logo esta seja removida do septo de borracha que fecha o recipiente do qual se coletou o volume do reagente pirofórico. Isso cria uma barreira hidrofóbica e impede o contato do reagente pirofórico com o oxigênio do ar. A transferência do conteúdo da seringa se completa com a perfuração do septo de borracha do recipiente para o qual o reagente deve ser transferido, pela ponta da agulha envolta no algodão umedecido com hexano seco. Nestes casos, após completada a transferência, deve-se assegurar de expelir da seringa e agulha, todo o volume do reagente para dentro do recipiente em que foi feita a sua adição. Concluído o procedimento, lavagem do conjunto seringa e agulha deve ser feita por seguidas coletas e esvaziamentos com hexano. Só então a seringa e agulha podem ser desacopladas e lavadas com grandes volumes de água. Depois de um tempo, a solução resultante da lavagem com hexano adquire um aspecto esbranquiçado, que é o resultado da hidrólise que aconteceu espontaneamente, pela exposição da solução diluída ao ar atmosférico, úmido. Por uma questão de segurança adicional, recomenda-se antes do descarte desta mistura, que se adicione, lentamente, gota a gota, acetato de etila, seguido de metanol e então poucas gotas de água. Após tal procedimento, pode-se descartar a mistura com total segurança.

Em casos em que acidentes (incêndios) aconteçam com esses reagentes, deve-se estar prevenido, com a forma de contenção mais apropriada para cada caso. Caixas de areia, mantas de contenção e extintores de incêndio apropriados devem sempre estar posicionados em locais de fácil acesso. Deve-se empregar a forma de contenção compatível com o reagente sob manipulação e naturalmente extintores de água jamais devem ser usados nestes casos. Extintores de gás carbônico (CO_2), no caso de reagentes organolítio, também não estão entre as melhores opções, pois estes reagentes podem reagir com CO_2 e grandes quantidades de calor podem ser desprendidas. Nestes casos, o aconselhável é o uso de extintores para agentes pirofóricos (classe D). Quando os organometálicos estão em solução (THF, tolueno, diclorometano ou hexano), embora suas reatividades sejam diminuídas, a inflamabilidade do solvente** agrega periculosidade, pois a ignição pode ser desencadeada pelo contato do reagente com oxigênio ou água e a alimentação da chama, pelo solvente inflamável. A contenção de incêndio em reagentes pirofóricos sólidos é muito difícil de ser feita após seu início. Nestes casos, recomenda-se cobrir a massa de sólido sob combustão com areia (seca). Se esta primeira providência não controlar o processo, deve-se acionar uma brigada de incêndio experiente e em caso de falta dessa, o corpo de bombeiros para a remoção segura do material para ambiente aberto, com destruição premeditada sob controle.

Exemplos

Incêndio com explosão envolvendo hidreto de lítio e alumínio (sólido) em um laboratório de síntese orgânica do IQ-USP, em 2007: um aluno de iniciação científica

* Em caso de lítio, não se deve utilizar atmosfera de nitrogênio, pois o mesmo reage com lítio. Nestes casos, prefere-se argônio.

** Exceto no caso de diclorometano que não é inflamável.

acondicionou o reagente ($LiAlH_4$), dentro de uma cápsula de porcelana, em um dessecador, e aplicou alto vácuo nele. Isso não teria sido problema se não tivesse quebrado o vácuo ao ar atmosférico. Felizmente, o aluno abriu o mecanismo de entrada de ar do dessecador e saiu do ambiente, pois à medida em que o ar entrou no recipiente sob vácuo, a ignição entre o reagente e oxigênio iniciou um processo de queima sem chama que evoluiu muito rapidamente, levando a uma explosão que projetou a tampa do dessecador para o teto do laboratório. Devido à quantidade do reagente que ainda restou na cápsula, a queima manteve-se, apesar de tentativas de extinção com grandes quantidades de pó químico. Neste caso, o controle do processo de evolução da reação só foi possível com preenchimento do dessecador com areia seca que isolou o reagente do oxigênio do ar e interrompeu a manutenção e propagação da queima. Cuidadosamente, o dessecador foi colocado em uma caixa de madeira, por membros da brigada de incêndio que a levou para um local externo ao prédio (pátio amplo). Após evacuação da área, com total segurança, empregando uma mangueira de hidrante de recalque, um grande jato de água foi dirigido sobre o recipiente com areia, a uma distância bastante segura (~10 m), destruindo completamente o que restava do reagente ativo, com uma explosão de dimensões importantes, mas sem qualquer dano físico ou material.

Incêndio de pequenas proporções envolvendo pedaços pequenos de sódio elementar, durante limpeza de balão de secagem de THF, em um laboratório de síntese orgânica do IQ-USP: após processo de inativação de restos de sódio ativo, empregado na secagem de THF, uma técnica de laboratório jogou na pia o conteúdo do balão no qual já havia sido adicionado acetato de etila, seguido de etanol, utilizados para reagir com raspas de sódio. O contato de pequenos fragmentos de sódio com água desencadeou ignição que evoluiu para labaredas de fogo, numa explosão isolada, devido aos vapores de acetato de etila presentes na mistura. Neste caso, a técnica sofreu queimaduras superficiais que não foram mais graves que perda de alguns fios de cabelo e de parte das sobrancelhas.

Explosão e incêndio envolvendo sódio elementar em sistemas de tratamento de solventes em laboratório de síntese orgânica do Departamento de Química da UFSCar em 05/2022, deixou 4 pessoas feridas.

Em 2023, autores chineses publicaram uma compilação de acidentes em laboratórios de química, muitos deles envolvendo atividades típicas de laboratórios de síntese orgânica. Apenas a título de exemplo do que tratamos neste capítulo, a seguir apresentaremos alguns casos.

Em outubro de 2020, durante uma reação que envolvia um brometo aromático e butil-lítio em um laboratório na China, um estudante de doutorado realizou uma série de procedimentos técnicos, incluindo ambiente anidro e remoção do oxigênio do balão reacional. Iniciou o experimento pela dissolução de bromopentafluorobenzeno em hexano a –78°C, seguida da adição de solução de *n*-BuLi. De acordo com os relatos, após uma hora de reação à mesma temperatura, o estudante removeu o balão do banho gelo, o agitou manualmente e voltou a colocá-lo sob refrigeração. Logo em seguida, o frasco explodiu inesperadamente enquanto o aluno o examinava de perto, iluminando-o com uma lanterna. Atribuíram a explosão à vigorosa reação entre *n*-BuLi e bromopentafluorobenzeno, provavelmente potencializada pelo aumento repentino de temperatura ao retirar o balão do banho de gelo para a agitação manual. O estudante ferido recebeu tratamento hospitalar para queimaduras oculares leves e ferimentos faciais.[4]

Um mês depois, também na China, outro estudante de doutorado se acidentou, ao realizar reação de redução de trimetilsililmetil azida. De acordo com o que foi reportado, o aluno preparou uma suspensão de hidreto de alumínio em éter etílico, a –50°C e depois a transferiu para uma capela para aquecimento gradual. Em seguida, adicionou trimetilsililmetil azida, gota a gota, sob agitação, o que resultou em reação violenta com explosão. O estudante de pós-graduação teria sofrido queimaduras pelas chamas espalhadas, mas teria contido o incêndio com um extintor apropriado. Em seguida, foi hospitalizado para tratamento. Além das queimaduras superficiais, o aluno não sofreu maiores danos físicos.[4]

Um acidente fatal envolvendo reagente pirofórico ocorreu na Universidade da Califórnia em 2008. A assistente de pesquisa Sheri Sangji realizou um procedimento inadequado com *terc*-butil-lítio, resultando em um incêndio de proporções severas. Ela foi levada ao hospital logo após o acidente, mas veio a falecer 18 dias depois.[5,6] Estes relatos evidenciam o nível de periculosidade de atividades rotineiras de um laboratório de síntese orgânica, com consequências trágicas.

Manipulações envolvendo reagentes explosivos

Peróxidos, incluindo peróxido de hidrogênio, atuam como potentes agentes oxidantes que podem reagir com variedade de compostos orgânicos. Suas reatividades intrínsecas podem ser bastante elevadas e, em alguns casos, de forma explosiva. Isso requer que suas manipulações e armazenamentos sejam realizadas com cautela e observando condições de segurança específicas. O conteúdo de energia liberado nas reações que os envolvem pode ser muito grande e isso deve ser realizado sob condições controladas para evitar explosões e, consequentemente, acidentes. O controle cuidadoso de temperatura de estocagem e de trabalho, assim como as reações em que são empregados, inativação e descarte seguro de resíduos também são aspectos essenciais a serem considerados. Deve-se observar cuidado muito grande também com os recipientes e equipamentos utilizados em suas estocagens e manipulações, pois resíduos de reagentes, especialmente de certos óxidos, podem catalisar suas decomposições em explosões.

Quando o peróxido com o qual se pretende trabalhar é conhecido e sua manipulação é intencional, todo o procedimento já é realizado com todos os cuidados apropriados (consultada a literatura e fichas técnicas). Contudo, sob certas condições experimentais, peróxidos orgânicos podem ser formados espontaneamente e mesmo sob baixas concentrações podem oferecer riscos potencialmente importantes, mesmo sem o conhecimento dos profissionais que executam procedimentos que os envolvam. Um exemplo típico de formação de peróxidos orgânicos é em éteres (como éter etílico e THF), rotineiramente empregados em laboratórios de síntese orgânica, como já comentamos anteriormente. Devido a este conhecimento, os procedimentos de tratamentos desses solventes já preveem a possibilidade de presença de peróxidos, com testes qualitativos (de coloração) com recomendação de tratamentos de suas eliminações por reações de redução, de forma segura. Quando estão presentes nestes solventes e não forem eliminados por tratamento, podem provocar acidentes durante processos de utilização, purificação e destilação, tão rotineiros nos trabalhos do dia a dia de laboratórios de síntese orgânica, envolvendo estes solventes.

O peróxido derivado do solvente pode sofrer autoignição ao ser aquecido, e por estar imerso em solvente inflamável, pode ocasionar graves acidentes como explosões e incêndios de larga escala. Para evitar isto, o recomendado é realizar um teste com indicador (solução de iodeto de potássio 15%). A reação entre peróxidos, em geral, com KI gera I_2, com desenvolvimento de coloração acastanhada. Aquecimento do solvente em que se detectou peróxido, com $FeSO_4$ aquoso em meio básico destrói, de forma segura, peróxidos presentes. Depois deste procedimento, separa-se as fases, seca-se e destila-se com segurança.

Peróxidos orgânicos podem ser formados também de maneira não intencional, sob certas condições reacionais. Por exemplo, reagentes organometálicos podem ser reativos o suficiente com O_2, levando ao intermediário organo-peróxi-alcolato (ROO^-), que pode se decompor com explosão ou, ainda, levar ao correspondente hidroperóxido que também pode ser explosivo.

Em um caso vivenciado em um laboratório de síntese orgânica do Departamento de Química da UFPR, por volta de 1996, durante uma reação envolvendo borbulhamento de O_2 (seco), em solução que continha *n*-BuLi (que não foi completamente consumido para formar um ânion, por reação com uma 2-oxazolina) em THF a –78°C, ocorreu uma explosão bastante violenta, consideradas as condições de reação (volume reacional de aproximadamente 5 mL e baixa temperatura). Na explosão houve formação de chamas que se espalharam devido ao banho de acetona (altamente inflamável) e gelo seco usado para manter o meio reacional à baixa temperatura (–78°C). Estilhaços de vidro do balão feriram o aluno de iniciação científica que estava executando o experimento, sem consequências maiores por estar usando EPI apropriadamente, mas, ainda assim, com cortes profundos no rosto. Contudo, as chamas da explosão requereram maior atenção e ação imediata de outros alunos presentes, pois se espalharam pela prateleira de madeira da bancada, que se molhou com a acetona do banho que foi projetada com a explosão. O incêndio pôde ser contido com extintor de incêndio, sem consequências desastrosas.

Outras classes de reagentes explosivos[7] também podem estar associadas a atividades específicas de um laboratório de síntese orgânica. Azidas (ou azotetos) podem ser manipuladas com relativa segurança, mas exigem atenção, especialmente por possibilidade de sofrerem reação catalisada que pode liberar grande quantidade de energia em uma explosão, ou ainda por atrito. Em qualquer destes casos, deve-se observar as recomendações de manipulação para executar atividades com segurança.

Manipulações envolvendo reagentes corrosivos

Muitos compostos químicos são potencialmente corrosivos, *per se* ou podem dar origem a compostos corrosivos após terem reagido com algum outro agente. Exemplos típicos são ácidos e bases fortes e alguns óxidos, que por hidrólise podem dar origem a ácidos ou bases. Além dessas classes, outros reagentes também podem apresentar esta propriedade. Ao manipular substâncias corrosivas, como ácidos e bases concentrados, alguns cuidados devem ser tomados para evitar queimaduras graves na pele e tecidos biológicos do operador, assim como danos corrosivos a equipamentos e acessórios de laboratório. Estes agentes devem sempre ser manipulados utilizando-se EPI apropriados, que incluem óculos de segurança e luvas. Por corresponderem a reagentes muito comuns em laboratórios de química em geral, seus usos e cuidados são bastante disseminados; contudo, continuam sendo as maiores fontes de acidentes, de menores ou maiores gravidades. Dentre estes, os ácidos sulfúrico (H_2SO_4), fosfórico (H_3PO_4), nítrico (HNO_3), clorídrico

(HCl), bromídrico (HBr), iodídrico (HI), perclórico ($HClO_4$) (e outros) são muito corrosivos e potencialmente perigosos. Suas reações com outros agentes, incluindo simples diluições em água, podem desprender grandes quantidades de calor, o que também pode ser fonte de acidentes graves. Por serem muito higroscópicos, quando concentrados, podem ser altamente desidratantes, ocasionando queimaduras severas, quando em contato com pele ou outro tecido biológico. Por este motivo, em caso de contato com pele ou outro tecido, deve-se executar remoção imediata do excesso, remover cuidadosamente avental ou roupa que tomou contato com o ácido e lavar com água em grande abundância para que sua diluição e remoção seja mais rápida que a queimadura que possa ocasionar no local de contato. Os mesmos cuidados devem ser considerados para manipulações e procedimentos envolvendo óxidos que por hidrólise possam dar origem ao ácido correspondente. Isso também se aplica às bases fortes como às dos metais alcalinos e até mesmo alcalinos terrosos ou óxidos que possam gerar as bases correspondentes, por suas hidrólises.

Manipulações envolvendo reagentes tóxicos ou venenosos

Todo procedimento em laboratórios químicos deve ser executado com atenção e cuidados para evitar contatos diretos com agentes químicos de quaisquer naturezas e quando houver, imediata limpeza deve ser feita, tomando os cuidados pertinentes a cada caso. Apesar desta recomendação geral, alguns reagentes requerem muito maior atenção que outros, como já destacamos nos relatos anteriores. Porém aqueles que têm ação tóxica ou venenosa, aguda, em caso de terem que ser utilizados ou ainda estarem presentes em algum procedimento, merecem atenção redobrada. Nestes casos, em hipótese alguma o procedimento deve ser realizado se o operador não tem plena certeza de que sabe tudo o que está relacionado às condições experimentais que envolvem o tal agente. Não deve também seguir com o experimento, caso as condições experimentais não sejam as ideais, com possibilidade de algo sair de controle. Quando o reagente é sólido ou líquido de altos pontos de fulgor e ebulição, o controle é maior e as técnicas de operação podem ser mais facilmente dominadas. Se envolver gases tóxicos, venenosos ou suas formações, todos os EPI, equipamentos, vidrarias e acessórios devem estar absolutamente confiáveis para que nenhum vazamento e contato possam acontecer. Um dos reagentes de maior toxicidade e popularidade é o cianeto, e muitos relatos de envenenamento fatal com este reagente são conhecidos. Todo laboratório e profissionais que o frequentam que têm alguma atividade envolvendo os cianetos devem ter protocolos de operação e antídotos (hidroxocobalamina, nitrito de amila, nitrito de sódio, tiossulfato de sódio, 4-dimetilaminofenol ou ededato de dicobalto) para o caso de ingestão ou outra forma de contato, sendo que a hidroxocobalamina é considerada como antidoto de 1ª linha. A forma de administração também deve ser dominada e, em hipótese alguma, o operador deve estar só no laboratório, assim como deve deixar todos os presentes, cientes das operações que realizará e das atitudes que devem tomar em caso de necessidades. Reagentes sufocantes ou asfixiantes, mesmo que de menor toxicidade, também devem ser tratados com todo o cuidado aqui descrito, pois podem provocar acidentes graves. Exemplos comuns são ácidos voláteis como os halogenídricos, que são gasosos, sufocantes, asfixiantes e corrosivos quando em contato com a mucosa (boca, narinas e olhos). Amônia (NH_3) também pode ser rotineiramente utilizada em laboratórios de síntese orgânica em vários tipos de operação. Um exemplo clássico é a sua utilização como solvente e fonte do reagente, amideto de lítio ($LiNH_2$), em reações de alquilação de alquinos terminais. O procedimento envolve a condensação de NH_3 por um dedo frio refrigerado com gelo seco (ou nitrogênio líquido). A amônia liquefeita é então submetida à reação com lítio elementar, para formar a base $LiNH_2$, dissolvida em amônia na forma líquida. Por tudo o que já foi tratado neste capítulo, percebe-se que a operação envolve vários pontos de atenção e possíveis fontes de acidentes, pela natureza intrínseca das condições de reação. Somado a isso está o fato de que amônia é altamente sufocante e vazamentos podem provocar acidentes por asfixia do(s) trabalhador(es) do ambiente em que a operação está sendo executada. Nestes casos, deve-se, necessariamente, ter equipamentos, EPI e protocolos de procedimento rigorosamente confiáveis e testados antes de iniciar os procedimentos. As montagens devem ser realizadas em capelas de exaustão eficientes e devidamente equipadas com sistema de lavagem ou filtragem de gases para amônia.

PERIGOS ASSOCIADOS A CONDIÇÕES EXPERIMENTAIS EXTREMAS DE TEMPERATURA E PRESSÃO

Após conhecimento dos principais riscos associados às características físico-químicas de reagentes comumente utilizados em laboratórios de síntese orgânica, é necessário entender os perigos associados às práticas laboratoriais que utilizam variação de temperatura e de pressão.

Em um laboratório de síntese orgânica, diversos tipos de reações químicas são realizados e demandam procedimentos e técnicas muito particulares. Algumas delas necessitam de condições específicas como atmosfera gasosa que pode ser de O_2, N_2, Ar, H_2, acetileno, amônica, ácidos halogenídricos ou outro gás, seja para garantir uma condição inerte, de estabilização de alguma espécie reacional ou ainda para servir como reagente da reação. Além disso, aquecimento, resfriamento, pressão reduzida ou elevada, entre outras podem ser necessárias e até mesmo combinações dessas condições podem ser requeridas em sequências de procedimentos de uma reação. Dessa forma, diferentes equipamentos, materiais e técnicas deverão ser empregadas de acordo com a atividade a ser realizada. De modo geral, a maioria das reações orgânicas é realizada em balões de vidro (de fundo redondo, mas não necessariamente) ou frascos de reação apropriados posicionados sobre um agitador magnético.

Ao iniciar o procedimento de montagem dos equipamentos e acessórios, deve-se prever todas as condições que a reação exigirá para que se possa executar todas as etapas com toda a segurança e eficiência exigidas. Por exemplo, se no curso da reação, em uma etapa será necessário aquecimento, o dispositivo de aquecimento já deverá estar previsto com todos os acessórios necessários (fonte de aquecimento, condensador, termômetro etc.). Se além de aquecimento a reação tiver que ser processada sob atmosfera de gás inerte, conexão com linha de gás, devidamente instalada e conectada ao fornecimento do gás (N_2, ar ou outro gás apropriado), deverá estar disponível; se em outro momento vácuo for necessário, também sua previsão deverá ter sido contemplada. Isso tudo faz parte do planejamento completo das condições de reação necessárias e deve ser previsto para que todo o experimento possa ser executado com eficiência e segurança. Grandes fontes de acidentes decorrem de adaptações ou improvisações que foram realizadas por falta de planejamento adequado.

Aquecimento e refrigeração

Em muitos casos, o mesmo equipamento responsável pelo aquecimento poderá prover também o mecanismo de agitação. Barras magnéticas* ou agitadores mecânicos são utilizados para garantir homogeneização/mistura dos mais variados tipos de soluções ou misturas, incluindo líquidos miscíveis (ou imiscíveis), suspensão de sólidos em líquidos ou incorporação de gases em líquidos ou ainda combinações destes. Em caso de reações sob aquecimento, a agitação também contribui com a homogeneização mais eficiente do sistema, além de evitar ebulição tumultuosa. Até mesmo procedimentos simples como esses são importantes para a boa execução da reação e garantia de segurança do executor, pois se feitos indevidamente podem provocar superaquecimentos, acompanhados de transbordamento, aumentos repentinos de pressão ou projeções do conteúdo do meio reacional. Avisos informativos devem ser afixados em local visível, para que quaisquer frequentadores do ambiente possam saber que tipo de procedimento está em curso, na ausência do executor do experimento. Necessariamente, equipamentos ou vidrarias aquecidas devem estar posicionadas em local seguro da bancada de trabalho, adequadamente afixados para evitar quedas ou que sejam tocados desavisadamente. Ao se realizar manipulações de vidrarias ou outros corpos aquecidos, deve-se tomar cuidado para evitar derramamento de líquidos e sempre executar as manipulações com dispositivos de proteção, além de luvas termorresistentes, destinadas para a finalidade específica. Adaptações ou utilização de acessórios ou dispositivos em procedimentos diferentes daqueles para os quais foram concebidos podem ser fontes frequentes de acidentes e estas práticas não devem ser realizadas em laboratórios de um modo geral, incluindo os de síntese orgânica. Atenção redobrada deve ser dada aos casos em que aquecimentos a altas temperaturas (> 150°C) serão necessários; e, nestes casos, deve-se procurar fazer os procedimentos protegido por anteparo apropriado.** Extintores de incêndio de classe apropriada para o conteúdo dos recipientes sob aquecimento deverão estar em local apropriado para o caso de eventual início de incêndio.***

Ao contrário do caso anterior, algumas reações químicas podem exigir refrigeração. Uma das formas mais comuns de fazer refrigerações de meios reacionais, em laboratórios de síntese orgânica, é por banhos de imersão, empregando gelo e água. Quando condições de temperaturas mais baixas são necessárias, pode-se utilizar gelo seco em combinação com diferentes solventes,**** levando a temperaturas bastante menores que 0°C.[8]

Baixas temperaturas também podem ser atingidas por uso de *probes* de imersão (ou "dedos frios") que são

* Este arranjo é muito comum para grande parte das reações realizadas em solução, em que um bastão agitador magnético, revestido por teflon, disposto dentro do balão reacional, será movido por giro concêntrico, com ajuste de velocidade.

** O mesmo vale para sistemas sob alto vácuo.

*** Extintores de incêndio de classes especificas devem, necessariamente, estar disponíveis em laboratórios de síntese orgânica.

**** Diferentes temperaturas fixas podem ser atingidas, nestes casos. Por exemplo, gelo seco e acetona: −78°C, gelo seco e acetonitrila: −42°C. Para uma lista mais ampla, consulte Gordon e Ford, 1972[8]. O manuseio de gelo seco deve ser feito com luvas apropriadas ou pinças para evitar acidentes por congelamento muito rápido do tecido, o que provoca "queimaduras por refrigeração".

utilizados para refrigerar um fluido apropriado (p. ex., acetona ou etanol, pois seus pontos de fusão são inferiores a mínimas temperaturas atingidas nestes casos). Estes dispositivos são comerciais e permitem controle preciso de temperatura, garantindo manutenção de banhos refrigerantes por longos tempos de duração. Nos casos de banhos refrigerantes também se deve tomar bastante cuidado, pois os solventes empregados como fluidos de refrigeração são voláteis e podem se acumular no ambiente e com isso saturar a atmosfera com vapores destes solventes e, consequentemente, levar a explosões ou incêndios. Além disso, acidentes decorrentes de contato direto com o fluido refrigerado a temperaturas tão baixas podem provocar queimaduras por desnaturação; contudo, esses acontecimentos são mais raros por exigirem tempos relativamente longos de contato e isso só ocorreria de forma involuntária.

Equipamentos para aquecimentos em laboratório como estufas e muflas são bastante utilizados. Uma mufla opera em temperaturas bastante altas (> 500°C) e geralmente possui um controle de temperatura mais sofisticado e preciso. Este equipamento é utilizado principalmente para processos como calcinação, secagem e ativação de adsorventes ou catalisadores, no caso de rotinas de laboratórios de síntese orgânica. Tanto as estufas quanto as muflas atingem altas temperaturas durante o funcionamento, podendo causar graves lesões se durante o manuseio não forem seguidos procedimentos básicos como utilização de luvas apropriadas, pinças ou tenazes, bem como protetores faciais, em caso de exposições frequentes e de maior duração, quando o equipamento estiver aquecido. Além disso, há o risco de incêndio ou explosões em caso de materiais inflamáveis quando expostos a temperaturas elevadas de maneira repentina. O aconselhável é que se programe rampas de aquecimento para que os processos de aquecimento sejam lentos o suficiente para evitar acidentes dessa natureza.

Se o material tiver que ser retirado da estufa ou mufla ainda quente, deve-se observar, em função da sua composição/natureza, qual é a superfície adequada para repousá-lo. Telas de amianto foram muito utilizadas para esta finalidade, mas estes materiais estão banidos, devido à sua toxicidade. Nestas necessidades, pode-se utilizar materiais cerâmicos refratários que minimizam bastante choques térmicos e propagação de calor.

Uma prática que deve ser empregada regularmente é a utilização de avisos de atenção, em que se informa de maneira clara a que corresponde o material ou procedimento que está sob execução. No caso de corpos quentes, tais como vidrarias, equipamentos, fluidos, acessórios, estes avisos também devem ser posicionados de maneira bastante visível para evitar acidentes a outros usuários do laboratório.

Pressão reduzida ou positiva com ou sem aquecimento/refrigeração

Certos procedimentos ou condições reacionais podem exigir variações de pressão (positiva ou negativa), que podem estar associadas também a variações de temperatura. Por exemplo, um procedimento de destilação à pressão reduzida exigirá aquecimento e diminuição de pressão com uma bomba de vácuo (ou equivalente). O planejamento do experimento deve prever a seleção de toda a vidraria que possa ser submetida a aquecimento e vácuo. As conexões (juntas) das vidrarias devem ser virtualmente perfeitas para que se consiga atingir o vácuo esperado/desejado. Estas juntas são padronizadas para que se atinja máxima eficiência de vedação; além disso é uma prática comum empregar uma pequena película de graxa de silicone na interface das juntas de conexão para que a vedação seja ainda mais eficiente.* Com estes cuidados, pressões reduzidas (vácuos) bastante baixas podem ser atingidas (p. ex., 10^{-3}-10^{-4} mmHg). Nestes casos, exige-se também grande atenção, pois sob tais condições um acidente (implosão) pode provocar danos e/ou ferimentos muito graves. Outro motivo para procurar garantir vedações eficientes em sistemas que serão submetidos a vácuo é o fato de que se o conteúdo do sistema for sensível a O_2 ou umidade (do ar), más vedações podem ocasionar constante entrada de ar atmosférico, que pode ser danoso ao material contido no interior do recipiente. Em caso de uma destilação a vácuo, de material oxidável, por exemplo, a combinação de calor e passagem constante de ar atmosférico pode provocar decomposição forçada ou, ainda pior, carbonização ou ainda explosão.

Um acidente vivenciado por um dos autores (A. A. Dos Santos) provavelmente se originou de um caso como este. No processo de purificação, por destilação a vácuo de um derivado propargílico (tetraidro-2-(-2-propiniloxi)-2*H*-pirano, p. ex.: 63-65 °C, 9 mmHg)** (Figura 4) empregado como material de partida em uma rota sintética, uma explosão sem danos físicos foi observada. Concluiu-se que a vidraria não estava devidamente vedada e, sob vácuo e aquecimento, grande quantidade de O_2, passou continuamente pela amostra.

---

* Este procedimento deve ser executado tomando cuidado para não permitir que o conteúdo do balão entre em contato com a graxa de silicone, solubilizando-a e contaminando a solução. Para evitar isso, costuma-se aplicar apenas uma pequena quantidade da graxa, na parte superior de uma das juntas, que após encaixe na outra, com giros leves, acaba por formar uma película de união entre as peças. Este procedimento também ajuda a evitar que as juntas se prendam uma a outra, o que costuma provocar inconvenientes (ou acidentes) na desmontagem do sistema.

** Manual de Produtos Químicos da Aldrich, 2009-2010, p. 2482.

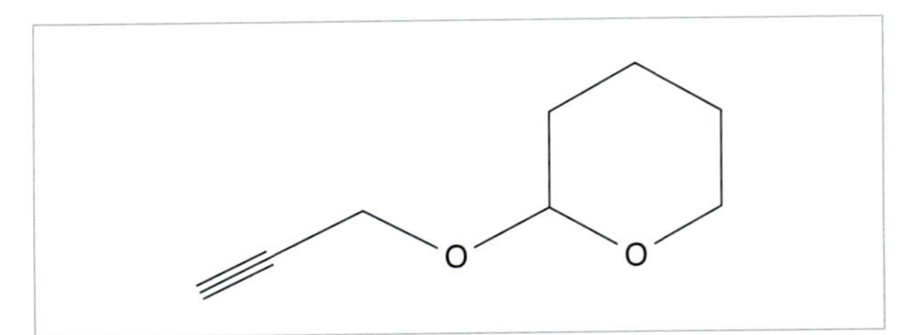

FIGURA 4 Tetraidro-2-(2-propiniloxi)-2*H*-pirano.

Isso provocou contínuo escurecimento do material. O operador observou repentina formação de fumos escuros no interior do recipiente, que antecedeu uma explosão que projetou a rolha esmerilhada que fechava a parte superior do sistema de destilação. O material que restou no balão, ao ser analisado, não apresentava mais quantidades significativas do produto a ser purificado, mas sim uma mistura semicarbonizada.

Evidentemente houve um processo de oxidação acelerado por aquecimento.

A realização de reações ou outros procedimentos sob altas pressões também são práticas rotineiras em laboratórios de síntese orgânica e, para tanto, equipamentos específicos devem ser utilizados para garantir eficiência e segurança. Dentre as reações mais comuns sob tais condições, estão as de hidrogenação ou oxidação, em que os próprios gases podem ser empregados, ou um reagente que os forneça *in situ*. Em ambos os casos, são comuns processos catalisados por compostos de metais de transição. Sob tais condições podem ser geradas espécies de altas reatividades e o controle da condição experimental é de fundamental importância para que o processo possa ser executado com segurança. Preparação de alguns sais de fosfônio, importantes reagentes em reações de Wittig, podem requerer altas temperaturas e pressões para que a fosfina e o haleto orgânico possam reagir. Para esta finalidade, é prática comum químicos sintéticos adicionarem uma mistura dos reagentes em frascos de vidro, confinados em ampolas metálicas de paredes espessas, que podem ser hermeticamente fechadas por tampas com rosca. Assim, a mistura pode ser levada a estufas ou outra fonte de calor para que a reação seja executada, por longos tempos, a altas pressão e temperatura, com segurança.

Bombas de vácuo estão entre os equipamentos mais comuns em laboratórios de síntese orgânica. Estes equipamentos permitem realizar tarefas em pressões reduzidas, facilitando a evaporação de substâncias voláteis, incluindo a destilação, concentração de soluções em rotaevaporadores e a secagem de amostras, bem como de produtos sintetizados. Sob vácuos maiores, um dos principais riscos é a implosão de recipientes de vidro, e para evitar isso, é importante utilizar vidrarias resistentes ao vácuo e inspecioná-las regularmente quanto a danos ou defeitos. Além disso, é fundamental usar EPI, como óculos de segurança e luvas, anteparos de proteção, ou portas tipo guilhotinas ao operar sistemas sob pressão reduzida para proteção contra eventuais acidentes. Sistemas de proteção para o bom funcionamento das bombas de vácuo também devem ser usados, como dedos frios ou *traps*, imersos em banhos criogênicos (nitrogênio líquido) para condensação de vapores que poderiam ser levados ao interior da bomba. Isso aumenta o tempo de vida e a eficiência do equipamento e evita acidentes de outra natureza.

RISCOS RELACIONADOS ÀS PRÁTICAS EXPERIMENTAIS DIVERSAS

Extração líquido-líquido

Para finalização das reações químicas, muitas vezes, uma etapa de extração líquido-líquido é realizada consistindo em uma pré-purificação. É bastante comum executar este procedimento pelo particionamento dos compostos presentes na solução, entre duas (ou mais – raramente) fases, sendo uma orgânica e outra aquosa. Este é um dos procedimentos mais rotineiros de um laboratório de síntese orgânica, mas pode ser fonte frequente de acidentes, desde mais inocentes até graves. Para que o procedimento seja eficiente, a técnica requer que a mistura bifásica seja agitada de forma enérgica para que os componentes de fato sejam particionados entre as fases orgânica e aquosa, que são imiscíveis, e isso pode provocar aumento de pressão interna. Vazamentos, rompimentos, projeções ou até mesmo explosões podem acontecer nestes momentos. A depender da natureza do conteúdo e forma como o conteúdo seja extravasado, se atingir o operador ou profissional circundante, acidentes graves podem ocorrer. Por estes motivos, deve-se sempre verificar antes do uso se o funil não apresenta rachaduras e se a torneira e tampa estão fazendo contenção de líquidos de forma apropriada.*

Como em qualquer outro caso, há técnicas apropriadas de manipulação para que o procedimento seja conduzido de maneira segura para o operador e colegas de trabalho que possam estar próximos. Os cuidados fundamentais referem-se à previa verificação de vazamentos, manipular o funil com ambas as mãos de tal maneira que a tampa seja contida, durante o processo de agitação, pelo dedo polegar de uma das mãos que também apoia o restante do funil. A outra mão completa o apoio e, ao final de cada sequência de agitação, com a ponta do funil voltada

* O teste mais simples e eficiente para estes casos é adicionar pequeno volume do solvente orgânico que será usado na extração, dentro do funil, e observar se há vazamentos pela torneira ou tampa, depois de fechado.

para cima, alivia-se a pressão gerada pela agitação pela abertura da torneira. Após fechá-la, nova sequência de agitação pode ser feita, da mesma forma como descrito anteriormente. Ao final do processo, repousa-se o funil aberto (destampado) em argola, adequadamente posicionada em um suporte universal (Figura 5). Extrações envolvendo a manipulação de solventes orgânicos com baixos pontos de ebulição devem ser realizadas, necessariamente, dentro de capelas de exaustão, pois no processo de aliviamento de pressão grandes quantidade de vapores são expelidas do funil. A escolha do solvente da extração deve levar em consideração fatores como imiscibilidade em água, densidade, coeficiente de distribuição e particionamento do soluto, seletividade e recuperabilidade. Em decorrência de agitações intensas, emulsões podem ser formadas e podem ser desfeitas pela adição de pequenas quantidades de salmora (*salting out*).

Tratamentos de solventes e reagentes

Em um laboratório de síntese orgânica, especialmente nos de pesquisa, é prática comum o tratamento de solventes e reagentes, antes de empregá-los nos procedimentos de preparações e reações. Com isso, muitas técnicas, tais como destilações (simples, fracionadas, sob pressão reduzida, tratadas anteriormente neste capítulo), recristalizações, secagens (tanto de líquidos quanto de sólidos), purificações cromatográficas, sublimações, são frequentes e rotineiras. Em algumas dessas técnicas, inerentemente, há riscos de acidentes associados. As que envolvem utilização de aquecimento a altas temperaturas, pressões reduzidas extremas e/ou utilização de alguns agentes secantes (ácidos fortes concentrados ou bases e hidretos), assim como certos solventes, podem ser as mais passíveis de levar a condições inseguras ou acidentes. Para evitar esses acidentes, deve-se acima de tudo avaliar com atenção todas as etapas que envolverão a operação, consultar a literatura especializada para tomar ciência das recomendações para aquela operação específica e, em seguida, planejar os procedimentos a serem realizados, como seria feito para qualquer outra atividade de maior complexidade, como uma reação química, por exemplo. A adoção de rotinas de procedimentos e consulta à literatura deve ser uma prática rotineira, em qualquer atividade em laboratórios de química em geral, e de síntese orgânica, em especial.

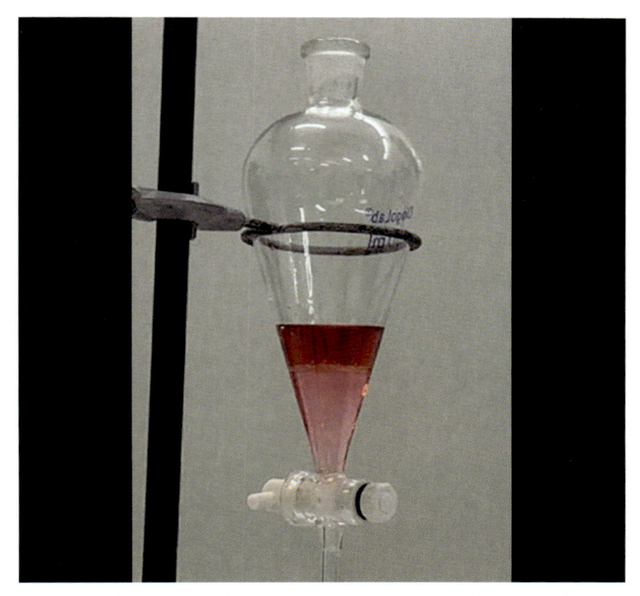

FIGURA 5 Funil de separação com visível distinção entre as fases superior (laranja) e inferior (rosa).

No caso de tratamento de solventes e reagentes, antes de seus usos em reações de preparações ou síntese, recomenda-se seguir procedimentos experimentais já testados e comprovados para aquele reagente ou solvente, específico. Uma compilação bastante completa, especialmente para reagentes e solventes orgânicos, e um bom número de inorgânicos, está apresentada no "*Purification of Laboratory Chemicals*".[9] Em 2022 foi publicada uma edição dedicada a compostos inorgânicos, bioquímicos, catalisadores, compostos fisiologicamente ativos e nanomateriais.[10]

Armazenamento de reagentes

O laboratório de síntese orgânica, por sua própria natureza e periculosidade, não deve servir de depósito de solventes, reagentes e torpedos de gases, como já destacamos. A depender da atividade em execução, quantidades programadas de reagentes e solventes podem ser mantidas para seus usos nos procedimentos sob desenvolvimento e isso requer suas segregações por classe e em locais apropriados (armários ou geladeiras, para esta finalidade). Com este racional, poderão ser mantidas nos laboratórios pequenas quantidades destas classes de compostos e a seguir os relacionaremos por classes, com os respectivos cuidados exigidos.

Solventes orgânicos

Acetona, éter etílico, tetraidrofurano, metanol, etanol, tolueno, dimetilformamida (DMF), dimetilsulfóxido (DMSO), acetato de etila, hexano, diclorometano, clorofórmio, entre outros, são amplamente utilizados em laboratórios de síntese orgânica. Esses solventes devem ser armazenados em áreas designadas, longe de fontes de ignição, pois são altamente inflamáveis (com exceção de clorofórmio e diclorometano). Se possível, os frascos destes compostos devem ser armazenados em armários corta-fogo (conectados a exaustão para evitar acúmulos de vapores), para que em casos de incêndio estes solventes não contribuam com a sua propagação ou até mesmo causem explosões.

Ácidos e bases orgânicos

Ácidos orgânicos (p. ex., ácido acético, ácido trifluoracético, ácido *p*-toluenosulfônico etc.) e bases orgânicas (aminas variadas, tais como piridina, trietilamina, di-isopropilamina, pirrolidina etc.) devem ser armazenadas separadamente e longe de reagentes oxidantes, água e pirofóricos de modo geral.

Agentes oxidantes

Reagentes que são oxidantes, como peróxidos, incluindo orgânicos, hipoclorito, certos óxidos, superóxidos, permanganato de potássio e cromatos, devem ser armazenados separadamente em recipientes adequados e protegidos de umidade ou outros voláteis. Se empregados em tratamento de algum reagente ou solvente, deve-se observar as recomendações da literatura e evitar tempos de exposição longos.

Reagentes tóxicos

Compostos orgânicos tóxicos, como cianetos, compostos de arsênio e outros que podem dar origem a vapores tóxicos ou sufocantes devem ser armazenados em áreas específicas designadas para materiais tóxicos, longe de outros reagentes e segregados entre eles, se for o caso.

O laboratório deve comportar apenas a quantidade mínima de reagentes e solventes, para garantir a organização do ambiente e sua segurança, e assim evitar a mistura e contato inadequado de diferentes classes de substâncias. Compostos preparados/sintetizados, independentemente de suas quantidades, que ficam armazenados nos próprios laboratórios, em armários ou geladeiras (mais frequentemente), devem também ser acondicionados em suas formas puras, em recipientes de vidro (salvo casos que reajam com vidro) lacrados. Estes recipientes devem ser rotulados com o nome da substância e outros dados fundamentais, conhecidos, especialmente em caso de requererem algum cuidado ou atenção especial, como estabilidade/reatividade e toxicidade. Em laboratórios de síntese orgânica, dedicados à pesquisa, a situação descrita acima é muito comum e é também comum haver um grande número de novos compostos, muitos deles inéditos e, portanto, de propriedades ainda sob investigação. Isso demanda cuidados adicionais, pois podem ser potencialmente perigosos, corrosivos, explosivos e/ou tóxicos/venenosos.

Se necessário manter no laboratório substâncias pirofóricas, estas devem ser armazenadas em recipientes hermeticamente fechados (dessecador dedicado) sob atmosfera inerte, longe do calor e da umidade. O seu local de estoque jamais deve estar próximo de pias ou locais com água canalizada, pois, mesmo em casos de pequenos vazamentos, acidentes de grandes proporções podem ocorrer.

Substâncias voláteis ou termossensíveis devem ser armazenadas em refrigeradores apropriados para esta finalidade e estes devem ser inspecionados constantemente para verificar a vedação e integridade dos recipientes para evitar vazamentos ou contaminações cruzadas.

Perfurocortantes

Materiais perfurocortantes, como agulhas e pipetas de vidro, são utilizados em laboratórios de síntese orgânica para transferir soluções, solventes e reagentes líquidos entre recipientes, separar fases líquidas, amostrar alíquotas de reações em andamento e preparar amostras para análise instrumental, proporcionando maior precisão e segurança durante os processos. O manuseio de perfurocortantes apresenta riscos potenciais, como ferimentos por corte ou perfuração, e a consequente exposição ou inoculação não intencional de substâncias químicas. Para mitigar esses riscos, é essencial adotar técnicas seguras de manuseio e descartes (vide Capítulo 5).

Cuidados com materiais e vidrarias quebrados/avariados

É importante sempre ter controle de temperatura com auxílio de termômetros, tanto nos aquecimentos quanto resfriamentos. Sempre manusear termômetros de mercúrio cuidadosamente para evitar quebras. Em caso de quebra e liberação de mercúrio, retirar as pessoas do local do acidente e evitar a dispersão de vapores de mercúrio. Posteriormente, utilizando EPI completo, incluindo luvas, máscara respiratória própria para mercúrio e outros materiais, realizar a limpeza do ambiente, recolhendo todo o mercúrio e materiais contaminados do local e armazenando-os em um recipiente fechado rotulado para posterior descarte apropriado. Além disso, a superfície contaminada deverá ser limpa com hipoclorito de sódio. Os EPI deverão posteriormente ser descontaminados ou descartados. Após período de limpeza, deixar o ambiente ventilar por no mínimo 24 horas.[11,12]

Manuseio de vidrarias e outros acessórios danificados ou quebrados

O transporte de recipientes contendo reagentes químicos e solventes deve sempre ser realizado com máxima atenção. Dentro do laboratório, locomoções de pequenos trajetos podem ser realizadas, portando o recipiente/frasco com reagentes ou solventes, se forem de ergonomia apropriada para serem transportados sem auxílio de recipiente de transporte. Em qualquer situação, deve-se sempre observar para que choques ou esbarrões com obstáculos imóveis ou pessoas não ocorram.

O manuseio de vidrarias quebradas está entre as principais causas de ferimentos em laboratórios de química no geral. Para evitar este tipo de acidente, é importante que o operador sempre verifique a integridade das vidrarias e outros acessórios com que trabalha, antes de utilizá-los e, em caso de rachaduras, trincas ou quebras, separá-las para descarte específico ou para reparação especializada. Além disso, as vidrarias devem ser manuseadas com muito cuidado para evitar quebraduras, principalmente aquelas contendo reagentes ou solventes em seu interior. A capacidade volumétrica dos recipientes deve ser sempre considerada e não ultrapassar 90% nominal. Atividades como cortes de peças de vidro (tubos ou outros), assim como abertura de ampolas de vidro, devem ser feitas com acessórios adequados para corte de vidro, devidamente paramentado com óculos de segurança, avental e proteção adequada para as mãos. Isso também deve ser feito apenas em vidrarias limpas. Na eventualidade de haver cortes, procurar conter o sangramento com tecido limpo e procurar imediatamente o serviço de pronto socorro mais próximo. Observar e informar a equipe médica em caso de a vidraria com a qual se acidentou estar suja ou contaminada.

Algumas vidrarias são utilizadas em sistemas com pressão reduzida para uso em processos de destilação sob pressão reduzida, remoção de solventes no rotoevaporador ou remoção de traços de solvente em bombas de alto vácuo. Dessa forma, o risco de ocorrer implosões e espalhamento de estilhaços de vidro durante estas operações existe e pode ser substancialmente minimizado pela constante inspeção de todos os acessórios e vidrarias que serão submetidas a tais condições. Alto vácuo não deve ser aplicado em vidrarias com fundos chatos ou ângulos agudos. Para esta finalidade apenas frascos arredondados, tais como balões e equipamentos cilíndricos, de parede espessa são apropriados.

O descarte de recipientes usados não quebrados e todas as vidrarias quebradas deve ser realizado em local específico.

Devido ao frequente uso de juntas esmerilhadas para conexão de partes de equipamentos de vidro, fechamento de recipientes e balões, é comum que ocorra travamento que prende uma peça à outra. Estes eventos podem ser muito inconvenientes e a separação das peças pode exigir certo esforço. Devido à fragilidade inerente do vidro, este procedimento deve ser realizado com bastante cautela, pois também pode ser causa muito frequente de quebras de vidrarias. Técnicas eficientes de separação podem compreender movimentos de torção em sentido contrário entre as peças, ao redor da junta esmerilhada, ao mesmo tempo que se puxa as peças no sentido contrário uma da outra (180°). Aquecimentos suaves (usar água quente ou pistola de aquecimento), especialmente dirigido sobre a junta externa (fêmea), pode ser eficiente também, por provocar expansão diferencial entre as partes. Se o conjunto permitir acomodação em banho de ultrassom, também pode ser uma solução bastante eficiente. Por último e menos recomendado, mas que pode levar a separação das peças com êxito, recomenda-se utilizar uma peça de madeira para imprimir golpes suaves sobre a junta fêmea, ao mesmo tempo que se puxa uma peça em sentido contrário da outra. Esta técnica deve ser de última escolha e se tiver que ser executada deve ser reservada a um profissional mais experiente, e independentemente de quem a executa deve considerar todos os cuidados e proteção para evitar quebraduras e acidentes.

Manipulação de gelo seco e nitrogênio líquido

Gelo seco em laboratórios de síntese orgânica é muito utilizado para vários propósitos, desde a simples refrigeração de algum fluido para uma reação à baixa temperatura até refrigeração de um *trap* para proteção de sistemas de vácuo, por condensação de vapores voláteis. Como já mencionamos, misturas de gelo seco e solventes orgânicos podem produzir temperatura de até –78°C (p. ex., acetona). Nitrogênio líquido também é frequentemente usado para rotinas de criogenia como a descrita para proteção de sistemas de vácuo de vapores voláteis. Para estas operações, frascos de Dewar (Figura 6B – recipientes com excelente isolamento térmico) são preenchidos parcialmente com o banho refrigerante (gelo seco e acetona ou nitrogênio líquido). Em seguida, o corpo do frasco *trap* (usado para a condensação de voláteis) deve ser submerso no banho criogênico. Todo este procedimento deve ser realizado lentamente, pois a submersão do *trap*, à temperatura ambiente, provocará ebulição violenta do meio refrigerado e isso pode provocar extravasamento do banho criogênico para fora do Dewar.

Nestas operações, luvas de isolamento térmico devem ser usadas, assim como óculos de segurança e aventais. Estes procedimentos são frequentemente empregados em destilações de solventes em rotoevaporadores, secagem (remoção de umidade ou resíduos de solventes orgânicos) de amostras sob vácuo, destilações à pressão reduzida e ainda aplicação de vácuo em dessecadores para armazenamento de amostras e consistem, portanto, de atividade de rotina.

Centrífuga

Centrífugas podem ser utilizadas em laboratórios de síntese orgânica para ajudar em processos de sepa-

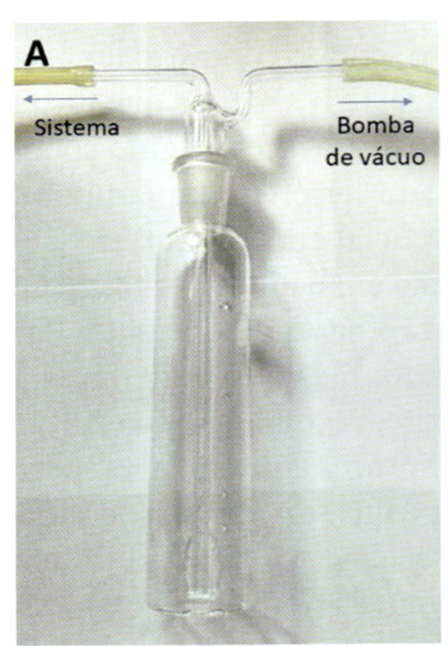

FIGURA 6 A: Vidraria trap. B: Frasco de Dewar contendo o trap submerso em gelo seco e acetona posicionado entre o sistema e a bomba de vácuo.

rações e isolamentos. Em decorrência da sua natureza de operação, cuidados relacionados ao desequilíbrio de massas dos tubos levados para centrifugação e eventuais rompimento de tubos ou frascos no seu interior devem ser observados. Se isso acontecer, deve-se tomar cuidado com o extravasamento do líquido no seu interior para evitar contaminações e contato com o operador. As centrifugas que operam em altas rotações dispõem de mecanismos de segurança que protegem operadores de acidentes por ação mecânica do rotor, impedindo abertura enquanto há movimento.

Fornos de micro-ondas

Fornos de micro-ondas customizados são empregados para realização de reações e outras manipulações como preparações de amostras, em laboratórios químicos. Observa-se grandes vantagens em sua utilização como fonte de energia, em alguns casos, com maiores eficiências e rendimentos reacionais e menores tempos. Alguns permitem executar procedimentos em vaso aberto e outros, sob pressão. Por esses motivos, cuidados pertinentes devem ser tomados, pois podem atingir temperatura e pressões bastante altas e tudo o que comentamos sobre cuidados envolvendo tais condições é válido para estes casos também.

Revelação em cromatografia em camada delgada

A cromatografia em camada delgada (CCD) é uma técnica versátil e muito utilizada na rotina de laboratórios de síntese orgânica. Pode-se dizer que é a técnica analítica qualitativa mais rotineira desses laboratórios, especialmente se estão dedicados a atividades de pesquisa. Através desta técnica, pode-se avaliar a pureza de amostras de compostos orgânicos (comerciais ou sintéticos) e acompanhar o desenvolvimento de uma reação química. Tanto o desenvolvimento cromatográfico da CCD, que envolve o uso de solventes orgânicos variados, em uma câmara de eluição, quanto alguns dos métodos de revelação das placas cromatográficas, que permite visualizar a composição da amostra, podem oferecer riscos de acidentes e por este motivo trouxemos este assunto neste capítulo. Estas manipulações devem ser realizadas em capelas de exaustão, pois preveem o uso de solventes orgânicos (voláteis e inflamáveis) e todos os cuidados já destacados aplicam-se para esta técnica também. Além disso, alguns dos métodos de revelação podem envolver reagentes ou misturas corrosivas. Dentre os reveladores clássicos de CCD, a solução ácida de vanilina 1% é certamente uma das mais empregadas. A solução é composta de uma mistura de etanol, vanilina e ácido sulfúrico concentrado. Para efetivar a revelação, a CCD, após desenvolvimento (eluição) cromatográfico, deve ter sua superfície "molhada" por esta mistura e, então, aquecida à temperatura relativamente altas (~> 90ºC) para que a revelação aconteça. A combinação de solução fortemente ácida com aquecimento suscita grande atenção para evitar contaminações e acidentes. Procedimento seguro implica realizar todas as operações em capela de exaustão, incluindo o desenvolvimento cromatográfico, na câmara de eluição, secagem da placa para remoção do solvente que ficou aderido no adsorvente (sílica, alumina ou outro), contato da fase estacionária com a solução ácida (é comum mergulhar a placa na solução), seguido de escoamento de excesso da solução ácida e então aquecimento. Estas etapas podem implicar a formação de vapores nocivos que não devem ser inalados.

Purificações cromatográficas por colunas preparativas

Poucos são os exemplos de compostos orgânicos produzidos em laboratórios de síntese orgânica que não carecem de purificações cromatográficas. A técnica é muito eficiente e pode ser aplicada a quantidades de amostra bastante variáveis (de alguns miligramas a algumas dezenas gramas). Para tanto se utiliza uma fase estacionária (sílica ou alumina são as mais comuns) em uma coluna de vidro, cilíndrica através da qual se passa (elui) uma solução composta de solvente orgânico de polaridade apropriada. Frações da solução eluída são coletadas em frascos (em geral, tubos de ensaio) que depois são analisados para verificar em quais estão diluídos os compostos de interesse. Neste procedimento, quantidades bastante grandes de solventes orgânicos, proporcionalmente à quantidade de amostra, são utilizadas. Isso traz duas fontes de atenção, sendo uma delas a exposição do operador aos vapores de solvente e a outra a saturação do ambiente com estes vapores, podendo levar aos acidentes que já salientamos. Por conta dessas questões este procedimento deve ser realizado em capelas de exaustão para evitar acúmulos de solventes e exposições do operador. Além disso, a coluna pode ser realizada com suave pressão (coluna *flash*) para que a eficiência e velocidade sejam superiores. Isso também deve ser realizado com cuidado, pois pode ser fonte de acidente em caso de não ser executado com cautela.

EQUIPAMENTOS DE PROTEÇÃO INDIVIDUAL

No contexto do laboratório de síntese orgânica, a segurança e a eficácia são fundamentais para o desenvolvimento bem-sucedido das pesquisas. O uso adequado de equipamentos de proteção individual (EPI) e coletiva (EPC) é essencial para proteger os profissionais dos riscos associados à manipulação de substâncias químicas e materiais perigosos que fazem parte do dia a dia do químico sintético. Os EPI mínimos em destaque para os laboratórios de síntese são o jaleco de algodão, óculos de proteção e luvas de borracha nitrílica. Estes itens devem ser usados concomitantemente com os EPC como capela de exaustão, chuveiro de emergência com lava-olhos e equipamentos de proteção contra incêndios (classes A, B, C e D). Todas essas informações estão apresentadas de maneira mais detalhada no Capítulo 3 deste livro.

As luvas fazem parte do EPI do profissional de um laboratório de síntese orgânica, sendo seu uso recomendável ou obrigatório na maioria das situações. Existem diversos tipos de luvas disponíveis no mercado, apresentando diversas opções de tamanhos, material e pigmentação. A eficiência de uma luva pode ser mensurada a partir de alguns fatores, tais como permeação, degradação e tempo de resistência[13]. Não são recomendadas luvas em que os reagentes químicos são facilmente permeáveis, permitindo contato com a pele. Em geral, as luvas apropriadas para produtos químicos são fabricadas de materiais como borracha ou látex natural, neoprene, borracha butílica, polietileno, policloreto de vinila (PVC), mucambo e borracha nitrílica. É aconselhável consultar antes a recomendação de luva para cada classe de produtos químicos (como previamente exemplificado no Capítulo 3) e a escolha deve ser feita de acordo com o material, espessura e resistência à permeação. Deve-se levar em consideração a natureza dos produtos químicos utilizados nas atividades, frequência e duração do tempo de contato com determinado reagente ou solvente. As luvas devem ser trocadas regularmente para evitar contaminação por permeação e exposição prolongada. Ao remover a luva, deve-se sempre observar para não tocar suas partes contaminadas. Não se deve reaproveitá-las ou usá-las fora do laboratório para evitar contaminações de ambientes externos. Embora pareça óbvio, o nível de intimidade com a rotina do laboratório pode levar o operador a tocar face, cabelos e roupas com as luvas contaminadas. A atenção em laboratórios tem que ser constante para evitar acidentes e contaminações.

É importante ter consciência de que nenhuma luva é capaz de proteger a todos os tipos de reagentes e solventes e que mesmo ao usar luva as boas práticas laboratoriais devem continuar presentes na execução das atividades. Deve-se lembrar que o uso de luvas para manipulações de agentes químicos é incompatível com fogo e, portanto, não se deve trabalhar próximo ao fogo utilizando-as.

MÁSCARAS DE CONTENÇÃO DE GASES E CONTENÇÃO DE SÓLIDOS

Ao lidar com vapores tóxicos, é crucial entender as nuances entre os vapores orgânicos e inorgânicos, uma vez que os riscos associados variam significativamente. Os vapores orgânicos, como solventes e hidrocarbonetos, exigem filtros específicos, geralmente baseados em carvão ativado, capazes de adsorver essas substâncias. Já os vapores inorgânicos, provenientes de substâncias não carbônicas como ácidos e amônia, requerem filtros diferentes, frequentemente baseados em agentes químicos específicos para neutralização. A escolha da máscara respiratória deve levar em consideração essas diferenças, garantindo que os filtros sejam compatíveis com os vapores presentes no ambiente de trabalho. Além disso, a correta utilização das máscaras é fundamental para garantir a eficácia da proteção respiratória. As máscaras devem ser ajustadas adequadamente ao rosto do usuário, criando um vácuo que impeça a entrada de vapores pelo contorno da máscara. É importante também que não haja obstruções entre o rosto e a máscara, como barbas ou cabelos longos, que possam comprometer o selo facial. Ademais, é essencial seguir as orientações do fabricante quanto à periodicidade da troca dos filtros, que pode variar de acordo com o tipo de substância e a concentração dos vapores no ambiente de trabalho. Idealmente, os filtros devem ser substituídos regularmente para garantir a manutenção da eficácia da proteção respiratória. Portanto, ao utilizar máscaras contra vapores tóxicos, é imprescindível atentar-se não apenas à escolha adequada do equipamento, mas também à sua correta utilização e manutenção. Normalmente, para trabalhar com vapores nocivos são escolhidas as máscaras que permitem manutenção (troca de filtros, nos níveis P1, P2 e P3), e já para o trabalho com partículas finas e sólidos suspensos, se pode escolher as máscaras descartáveis (nos níveis PFF1, PFF2 e PFF3).

Ao realizar manipulação de sólidos finos (como sílica, e outros adsorventes) deve-se utilizar máscaras específicas de contenção de sólidos para evitar inalação. Este tipo de máscara é descartável, e usado apenas uma vez. Suas capacidades filtrantes variam de acordo com a sua aplicação, sendo a P1/PFF1 para poeiras e partículas suspensas atóxicas, e a P2/PFF2 é aplicável para partículas muito finas, ou fumos e aerossóis gerados termicamente e/ou agente biológicos. Já a P3/PFF3 possui até 99,9% de capacidade filtrante, para materiais particulados altamente tóxicos (limite de tolerância < 0,05 mg/m^3 e/ou toxicidade desconhecida).

CONSIDERAÇÕES FINAIS

Diferentemente de laboratórios químicos de outras áreas, como analítica, muito comuns em empresas de portes variados, os de síntese orgânica são muito mais comuns em ambientes acadêmicos, centros de pesquisa e em empresas que tenham unidade de pesquisa relacionados a síntese de novas moléculas. Inerentemente, os laboratórios de síntese orgânica são laboratórios de pesquisa, dedicados à síntese de novas classes de compostos, ou de classes conhecidas, empregando estratégias, metodologias, catalisadores ou processos novos e com isso o nível de exposição ao novo e diverso é constante. Como salientamos em vários trechos deste capítulo, como em qualquer outro laboratório de química, o de síntese orgânica exige atenção, adoção de cuidados, procedimentos e rotinas para evitar acidentes e garantir a segurança dos profissionais que nele trabalham. Contudo, a grande diversidade de reagentes, práticas e situações do cotidiano destes laboratórios faz deles ambientes de alta periculosidade, exigindo de todos os que o frequentam atenção constante e treinamento.

Devido à própria natureza da atividade de pesquisa, nos ambientes acadêmicos, os conhecimentos e treinamentos são transferidos do mais experiente ao menos, pela demonstração em um processo bastante intuitivo e contínuo. A adoção das técnicas apropriadas é dependente deste aprendizado por transmissão, sendo muito importante conhecimentos sólidos e cientificamente fundamentados para que a cultura não se torne a mera repetição de um procedimento sem conhecimento dos seus verdadeiros motivos. A adoção de práticas e rotinas é fundamental para a garantia da qualidade e da segurança; contudo, a mesma rotina pode levar a um nível de normalização e banalização da atividade, que por consequência podem fazer que o profissional deixe de tomar certos cuidados necessários, aumentando chances de acidentes. Como descrevemos em algumas situações, o nível de atenção e cuidados em laboratórios de síntese orgânica tem que ser constante. Até mesmo atividades aparentemente muito simples e executadas rotineiramente podem ser fontes de acidentes graves, levando a contaminações, envenenamentos, inalações involuntárias, cortes, incêndios e explosões, que podem, em alguns casos, ser fatais. A atenção, cuidado e respeito pelo laboratório de síntese orgânica são os maiores aliados na manutenção da segurança do químico orgânico sintético.

REFERÊNCIAS BIBLIOGRÁFICAS

1. Teixeira P, Valle S, orgs. Biossegurança: uma abordagem multidisciplinar [online]. 2. ed. rev. e enl. Rio de Janeiro: FIOCRUZ, 2010.
2. DeLaHunt JS, Lindeman TG. Review of the safety of potassium and potassium oxides, including deactivation by introduction into water. J Chem Health Saf. 2007;14(2):21-32.
3. Chandra T, Zebrowski JP. Hazards associated with laboratory scale hydrogenations. J Chem Health Saf. 2016;23(4):16-25.
4. Yang Q-Z, Deng X-L, Yang S-Y. Laboratory explosion accidents: case analysis and preventive measures. ACS Chemical Health and Safety. 2023;30:72-82.
5. Website Los Angeles Times. UCLA Chemistry Professor Avoids Prison Time in Fatal Lab Fire Case. 20 June 2014, www.latimes.com/local/lanow/la-me-ln-ucla-professor-avoids-prison-fatal-lab-fire-20140620-story.html. Acesso em: 13 maio 2024.
6. A decade after a fatal lab safety disaster, what have we learned? www.science.org/content/article/decade-after-fatal-lab-safety-disaster-what-have-we-learned. Acesso em: 13 maio 2024.
7. Arcuri ASA. Substâncias peroxidáveis. São Paulo: FUNDACENTRO; 1999. 57 p.
8. Gordon AJ, Ford RA. The chemist's companion: a handbook of practical data, techniques, and references, 1. ed. Nova York: Wiley; 1972.
9. Armarego WLF, Chai CLL. Purification of laboratory chemicals, 5. ed. Oxônia: Butterworth-Heinemann; 2003.
10. Armarego WLF. Purification of laboratory chemicals. Part 2 Inorganic chemicals, catalysts, biochemicals, physiologically active chemicals, nanomaterials. 9. ed. Oxônia: Butterworth-Heinemann; 2022.
11. World Health Organization (WHO). Module 20 – Management and storage of mercury waste. Disponível em: https://www.who.int/docs/default-source/wash-documents/wash-in-hcf/training-modules-in-health-care-waste-management/module-20---management-and-storage-of-mercury-waste.pdf. Acesso em: 18 maio 2024.
12. Pruss A, Giroult E, Rushbrook P (eds.). Safe management of wastes from health-care activities. Geneva: World Health Organization; 1999.
13. Banaee S, Hee SSQ. Glove permeation of chemicals: The state of the art of current practice, Part 1: Basics and the permeation standards. J Occup Environ Hyg. 2019;16(12):827-39.

33

Introdução aos primeiros socorros

Fabiana Nogueira Momberg
Renata Vicente Soares

Este capítulo descreve o Suporte Básico de Vida (SBV) para pacientes adultos que sofrem uma parada cardiorrespiratória (PCR) no ambiente extra-hospitalar.

A parada cardíaca súbita ainda é uma das principais causas de morte na Europa e nos Estados Unidos[1,2]. A incidência global de parada cardíaca fora do hospital é de 46.000 casos por ano[1]. Os dados na literatura sobre a incidência de parada cardiorrespiratória (PCR) no Brasil são escassos[3]. Melhorar a sobrevida da parada cardíaca é altamente dependente da qualidade do atendimento prestado nos primeiros minutos de sua ocorrência[4].

Uma PCR acontece quando o coração desenvolve um ritmo anormal e não consegue bombear sangue para o cérebro, pulmões e outros órgãos. Setenta por cento das PCR extra-hospitalares ocorrem em casa. Em torno da metade é não presenciada. Somente 10% dos pacientes adultos com PCR não traumática tratados por um serviço médico de emergência sobrevivem após a alta hospitalar.

O reconhecimento precoce da PCR e início da ressuscitação cardiopulmonar (RCP) de alta qualidade são fundamentais para sobrevida da vítima, melhorar os desfechos do paciente e salvar mais vidas.

O Suporte Básico de Vida (SBV) é um protocolo de atendimento no qual se estabelece como reconhecer e realizar as manobras de ressuscitação cardiopulmonar (RCP). Essas manobras têm como objetivo manter a vítima de parada cardiorrespiratória (PCR) viva até a chegada de uma unidade de transporte especializada.

Este capítulo tem como finalidade contribuir para a divulgação do conhecimento acerca dos fundamentos do atendimento inicial às vítimas de PCR, aumentando as chances de sobrevida e redução de danos. A cadeia de ações descritas a seguir está baseada nas Diretrizes Internacionais da American Heart Association (AHA) e nas Diretrizes Nacionais da Sociedade Brasileira de Cardiologia.

CADEIA DE SOBREVIVÊNCIA

O SBV é um protocolo que segue uma sequência lógica e fundamentada em condutas que visam à reversibilidade do processo que desencadeou o evento. Sendo assim, recomenda-se que o socorrista deve se atentar a pontos essenciais para o sucesso do atendimento, como: reconhecimento precoce da PCR, início imediato da ressuscitação cardiopulmonar atentando-se para a qualidade manobras e uso do desfibrilador externo automático assim que disponível[4].

Com o intuito de facilitar a memorização da sequência de ações que devem ser realizadas, a AHA traz o conceito de cadeia de sobrevivência no atendimento à PCR no ambiente extra-hospitalar. O termo cadeia de sobrevivência é uma metáfora útil para o sistema de atendimento de emergências cardiovasculares[5,6].

As cadeias de sobrevivência são formadas por elos e esses elos estão conectados. Cada elo representa um passo durante a tentativa de ressuscitação, que é essencial para um resultado positivo. Se um dos elos quebrar, a probabilidade de um bom resultado diminui. Esses elos são mutuamente dependentes e representam os passos mais importantes no controle de uma PCR. São eles:

- Reconhecimento imediato da PCR e acionamento do serviço de emergência.
- RCP precoce com ênfase nas compressões torácicas.
- Rápida desfibrilação com DEA (desfibrilador externo automático)/DAE (desfibrilador automático externo).

- Suporte avançado de vida eficaz (incluindo rápida estabilização e transporte para cuidados pós-PCR).
- Cuidados pós – PCR multidisciplinares.

SEQUÊNCIA DO SUPORTE BÁSICO DE VIDA (SBV) EM ADULTOS PARA PROFISSIONAIS DE SAÚDE

O atendimento em SBV segue a ordem do CAB ou CABD, que se trata de um mnemônico[8] para descrever os passos simplificados do atendimento do SBV, onde:

- **C**: corresponde a **C**hecar responsividade, **C**hamar por ajuda, **C**hecar o pulso e a respiração da vítima, Iniciar **C**ompressões (30 compressões);
- **A**: abertura das vias aéreas;
- **B**: boa ventilação (2 ventilações);
- **D**: desfibrilação, neste caso, com o desfibrilador externo automático (DEA).

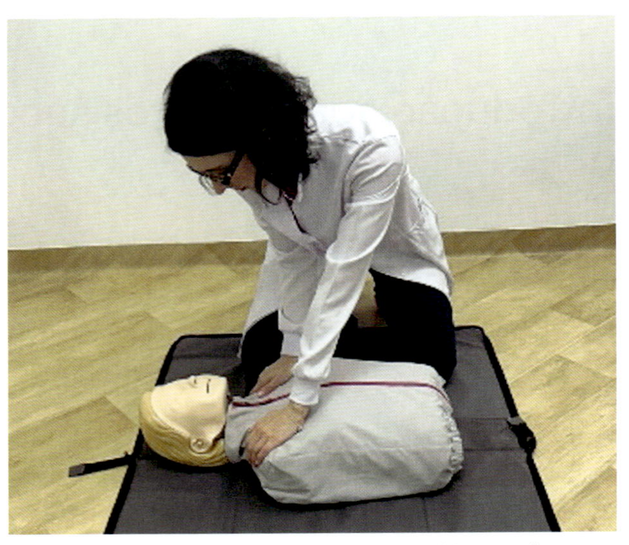

FIGURA 1 Estímulo tátil tocando a vítima pelos ombros.

Algoritmo de PCR em adultos

O algoritmo da PCR em adultos para profissionais de saúde consiste nas seguintes etapas[5,6,8]:

- Checar a segurança
- Avaliação e ação
- Após o pedido de ajuda verificar pulso e respiração
- Sem respiração ou apenas *gasping* e sem pulso – iniciar RCP de alta qualidade
- Quando o desfibrilador externo automático (DEA/DAE) chega – verificar o ritmo
- Aplicar o choque se for recomendado.

1. Checar a segurança

O primeiro passo é avaliar a segurança do local. O local deve estar seguro para o socorrista e para a vítima, a fim de evitar uma próxima vítima.

Caso o local não seja seguro (p. ex., um prédio com risco de desmoronamento, uma via de trânsito), deve-se tornar o local seguro ou remover a vítima para outro espaço. Se o local estiver seguro, pode-se prosseguir com o atendimento[5,6].

2. Avaliação e ação

A avaliação da responsividade da vítima consiste em checar a consciência. Deve-se chamar a vítima (em voz alta) e realizar estímulo tátil tocando-a pelos ombros e perguntar em voz alta: Você está bem? (Figura 1). Se a vítima responder, apresente-se, ofereça ajuda. Caso não responda, o próximo passo é chamar por ajuda.

- A vítima não responde: peça por ajuda para alguém próximo. Se estiver sozinho você pode acionar o serviço de emergência por telefone celular (se apropriado); deve-se dar prioridade ao contato com o serviço local de emergência (p. ex., Sistema de Atendimento Móvel de Urgência – SAMU 192). Obtenha um desfibrilador externo automático DEA/DAE e equipamentos de emergência (ou peça para alguém trazê-lo).
- Se não estiver sozinho: deve-se pedir para uma pessoa ligar para o serviço local de emergência e conseguir um DEA, enquanto continua o atendimento à vítima. O pedido de ajuda é direcionado. É importante designar pessoas para que sejam responsáveis em realizar essas funções. Se um DEA estiver disponível no local, pode-se utilizá-lo[5,6].

3. Após o pedido de ajuda, verificar pulso e respiração

Verificar se não há respiração ou se há somente *gasping* ou respiração agônica (pode soar como um suspiro, ronco ou gemido, não é uma respiração normal) e checar o pulso.

Localização do pulso carotídeo:

- Localize a traqueia da vítima (no lado mais próximo de você) usando dois ou três dedos.
- Deslize 2 ou 3 dedos até o sulco entre a traqueia e os músculos ao lado do pescoço, ponto em que você pode sentir o pulso carotídeo (Figura 2).
- Tente sentir o pulso por no mínimo 5, mas não mais de 10 segundos.

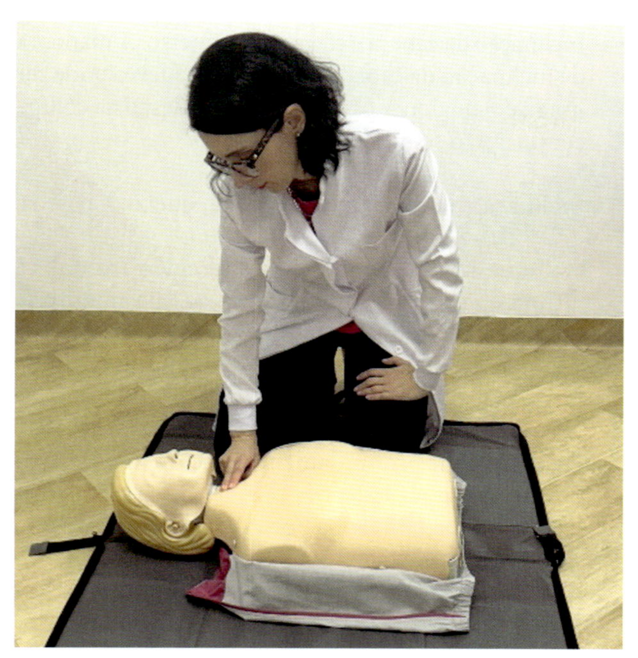

FIGURA 2 Deslize 2 ou 3 dedos até o sulco entre a traqueia e os músculos ao lado do pescoço, ponto em que você pode sentir o pulso carotídeo.

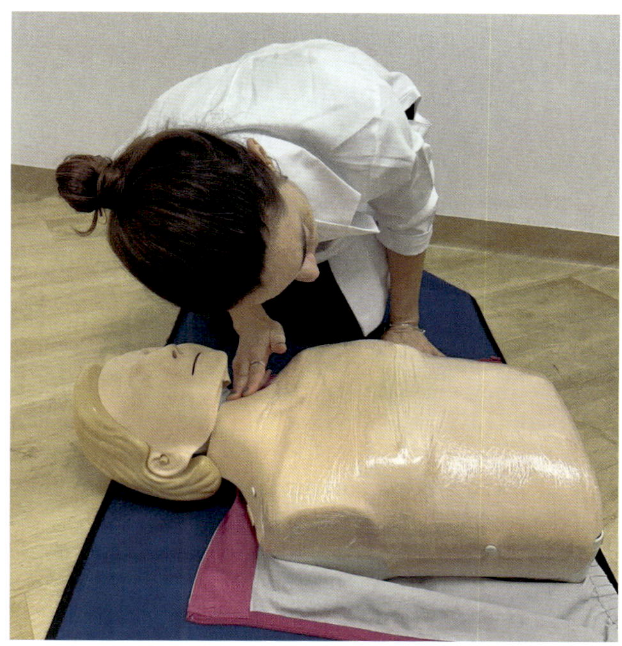

FIGURA 3 Olhar o movimento do tórax, além de ouvir os sons de respiração e sentir o fluxo de ar na bochecha da vítima.

É possível sentir o pulso em 10 segundos. Concomitantemente, observa-se também respiração da vítima por cerca de 5 a 10 segundos. Aproxime seu rosto próximo à vítima, de forma que você possa ao mesmo tempo observar se o tórax se eleva, ouvir e sentir o fluxo de ar na sua bochecha (Figura 3).

- Respiração normal, com pulso: monitore até a chegada do serviço médico de emergência.
- Sem respiração normal, com pulso: administre ventilações de resgate.
  - Uma respiração a cada 5 a 6 segundos, ou cerca de 10 a 12 respirações por minuto.
  - Ative o serviço médico de emergência (caso isso ainda não tenha sido feito) após 2 minutos.
  - Continue as ventilações de resgate; verifique o pulso a cada 2 minutos. Na ausência de pulso inicie a RCP (vá para o item 4)[5,6].

4. Sem respiração ou apenas *gasping* e sem pulso

RCP: Inicie ciclos de 30 compressões e 2 ventilações. Use o DEA/DAE assim que ele estiver disponível.

Se a vítima não estiver respirando ou estiver apenas com *gasping* e não tiver pulso inicie imediatamente a RCP de alta qualidade com compressões torácicas. Tire ou levante a roupa que cobre o tórax da vítima para que você possa colocar a mão no local correto para administrar compressões. Isso permitirá também a colocação das pás do desfibrilador externo automático (DEA/DAE) quando o equipamento chegar. Use o DEA/DAE assim que ele estiver disponível e siga as instruções.

Toda vez que você interrompe as compressões torácicas, o fluxo sanguíneo para o coração e o cérebro diminui significativamente. Assim que você reinicia as compressões, são necessárias várias compressões para que o fluxo sanguíneo para o coração e o cérebro aumente e volte aos níveis anteriores à interrupção.

Compressões de alta qualidade

Ao administrar compressões torácicas de alta qualidade, é importante:

- Comprimir a uma velocidade de 100 a 120 compressões por minuto.
- Comprimir de 5 a 6 cm de profundidade o tórax para adultos.
- Permitir o retorno completo do tórax (reexpansão) após cada compressão.
- Minimizar as interrupções nas compressões (menor que 10 segundos).

É importante a vítima estar em uma superfície firme como o chão ou uma prancha. A superfície firme permite que a compressão do tórax e do coração crie fluxo sanguíneo.

Técnica de compressão torácica

- Posicione-se ao lado da vítima.
- Procure colocar a vítima de barriga para cima em uma superfície rígida e plana. Se a vítima estiver de barriga para baixo, vire-a com cuidado para cima. Se você suspeitar de que a vítima tem alguma lesão na cabeça ou no pescoço, tente manter a cabeça, o pescoço e o tronco alinhados ao virar a vítima para cima.
- Posicione suas mãos e o corpo para administrar compressões torácicas.
- Coloque a base de uma das suas mãos no centro do tórax da vítima, na metade inferior do esterno da vítima.
- Coloque a base da outra mão sobre a primeira mão (Figura 4).
- Alinhe os braços e posicione os ombros diretamente sobre as mãos (Figura 5).
- Administre as compressões a uma velocidade de 100 a 120 compressões por minuto.
- A cada compressão pressione pelo menos 5 cm e não mais que 6 cm (isso requer esforço); a cada compressão procure pressionar diretamente sobre o esterno da vítima.

Após realizar a técnica correta de 30 compressões faça 2 ventilações.

Ventilação em adultos

Abertura da via aérea

Para que as ventilações de resgate sejam eficazes é necessário realizar a abertura das vias aéreas, que podem ser:

- Inclinação da cabeça e elevação do queixo. A manobra de inclinação da cabeça/elevação do queixo pode ser usada em qualquer paciente em que a lesão na coluna cervical não seja uma preocupação.

Inclinação da cabeça e elevação do queixo – passos:

- Coloque uma das mãos sobre a região frontal da vítima e empurre com a palma da sua mão para inclinar a cabeça para trás.
- Coloque os dedos da outra mão na parte óssea da mandíbula, próximo ao queixo.
- Erga a mandíbula para que o queixo vá para a frente. Não pressione profundamente o tecido mole abaixo do queixo porque isso pode bloquear a via aérea e não fechar completamente a boca da vítima (Figura 6).

Anteriorização da mandíbula:

- Anteriorização da mandíbula (usada em casos de suspeita de lesão da coluna e do pescoço). Coloque uma mão em cada lado da cabeça da vítima. Você pode descansar os cotovelos sobre a superfície em que a vítima está deitada.
- Disponha os dedos das duas mãos sob as angulações da mandíbula da vítima, deslocando o queixo para a frente.
- Se os lábios se fecharem, empurre o lábio inferior com o polegar para abri-los[5,6].

Dispositivo bolsa-válvula-máscara

O dispositivo bolsa-válvula-máscara é usado para fornecer ventilação com pressão positiva para uma

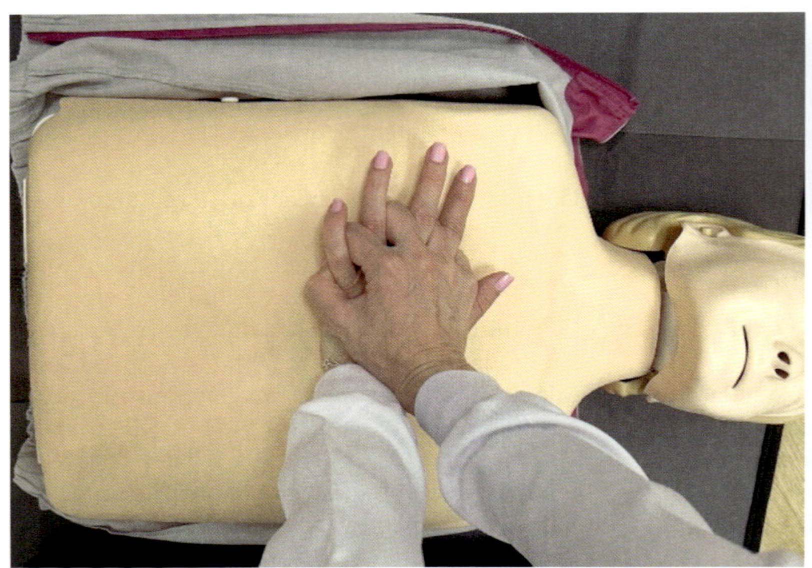

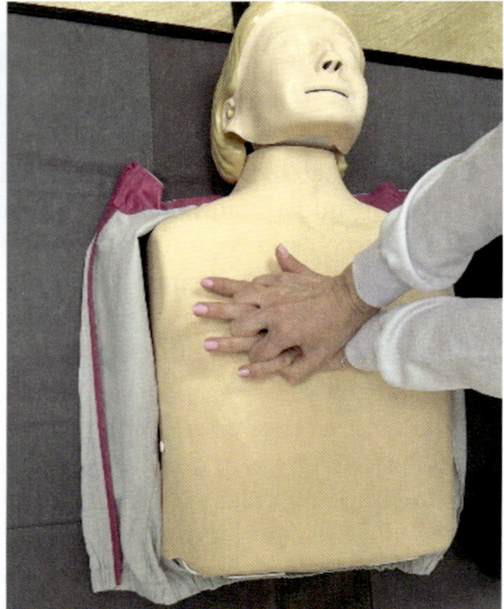

FIGURA 4 Técnica de compressão torácica. Coloque a base da outra mão sobre a primeira mão.

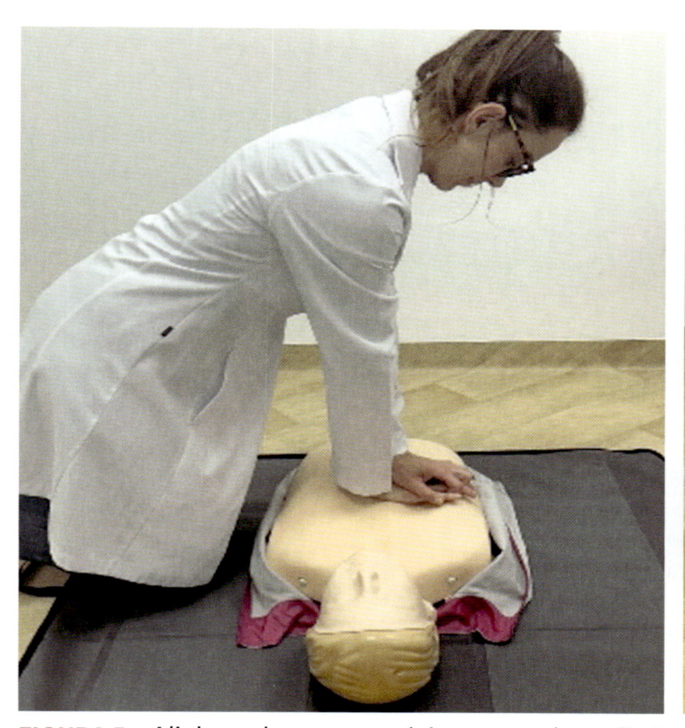

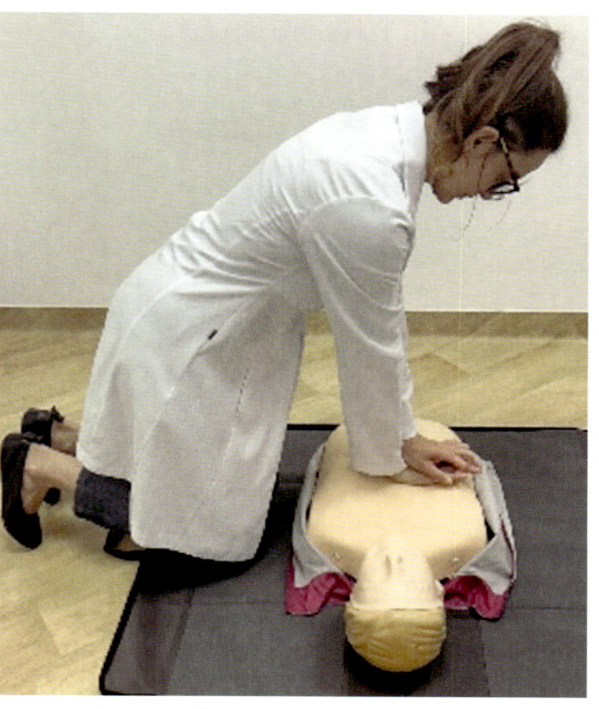

FIGURA 5 Alinhe os braços e posicione os ombros diretamente sobre as mãos.

vítima que não está respirando ou cuja respiração não está normal. Ele é composto por uma bolsa unida a uma máscara facial (Figura 7).

A máscara deve se estender da ponte nasal até um pouco acima da borda inferior do queixo (deve cobrir o nariz e a boca), mas não pressionar os olhos. Se a vedação não for hermética, a ventilação não será eficaz.

A ventilação com bolsa-máscara, durante a RCP, é mais eficaz quando dois socorristas a realizam juntos. Um socorrista abre a via aérea e sela a máscara contra a face da vítima enquanto o outro comprime a bolsa.

É necessário ter prática para ter proficiência na técnica de ventilação com bolsa-válvula-máscara.

A técnica de ventilação com bolsa-válvula-máscara com um socorrista:

- Posicione-se imediatamente acima da cabeça da vítima.
- Coloque a máscara na face da vítima, usando a ponte do nariz como referência para a posição correta.
- Use a técnica do C-E a fim de prender a máscara enquanto eleva a mandíbula para manter a via aérea aberta.
- Realize a manobra de inclinação da cabeça.
- Coloque a máscara na face com a parte mais estreita na ponte do nariz.

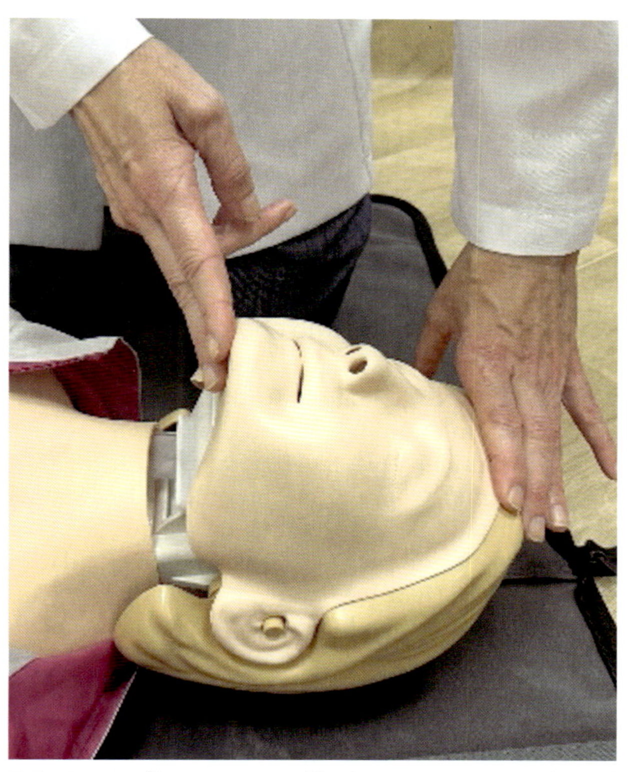

FIGURA 6 Erguer a mandíbula para que o queixo vá para a frente.

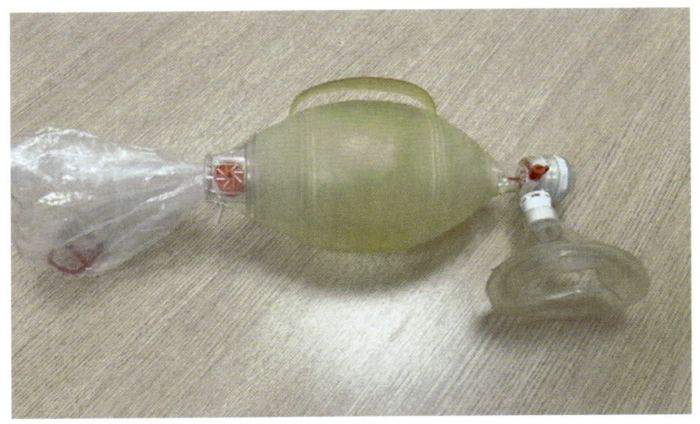

FIGURA 7 Dispositivo bolsa-válvula-máscara.

- Use o polegar e o dedo indicador para fazer um C no lado da máscara, pressionando as bordas da máscara sobre o rosto.
- Use os dedos restantes para erguer os ângulos da mandíbula (três dedos formam um E), abrir a via aérea e pressione a face contra a máscara (Figura 8).
- Comprima a bolsa para administrar ventilações (1 segundo cada) e ao mesmo tempo, observe se o tórax se eleva. Administre cada ventilação durante 1 segundo, quer você use ou não oxigênio suplementar.

Se houver mais de um socorrista, o primeiro administra as compressões e o segundo administra as ventilações.

5. Quando o desfibrilador externo automático (DEA/DAE) chega!

6. Verifique o ritmo. Ritmo chocável?

- Sim, chocável. Aplique um choque. Reinicie a RCP imediatamente por cerca de 2 minutos (até ser instruído pelo DEA/DAE para verificar o ritmo novamente). Continue até que o pessoal do Suporte Avançado de Vida assuma ou até que a vítima comece a se ou caso tenha retorno da circulação espontânea (RCE).
- Não, não chocável: Reinicie a RCP imediatamente por cerca de 2 minutos (até ser instruído pelo DEA/DAE para verificar o ritmo novamente). Continue até que a vítima comece a se movimentar ou caso tenha retorno da circulação espontânea (RCE)*.

FIGURA 8 Usar os dedos restantes para erguer os ângulos da mandíbula (três dedos formam um E), abrir a via aérea e pressione a face contra a máscara.

DESFIBRILAÇÃO

O desfibrilador externo automático (DEA) é um dispositivo leve, portátil e computadorizado que pode identificar um ritmo cardíaco anormal, que precisa de choque. O DEA pode fornecer um choque capaz de interromper o ritmo anormal e permitir que o coração retorne ao ritmo normal. Os DEAs são simples de operar.

* RCE: retorno de circulação espontânea é quando a vítima volta a apresentar pulso palpável. A vítima pode voltar a ter pulso, mas continuar inconsciente.

Permitem que leigos e profissionais da saúde tentem realizar a desfibrilação com segurança.

O DEA identifica ritmos cardíacos anormais como tratáveis ou não tratáveis. Os ritmos tratáveis são tratados com desfibrilação. Desfibrilação é o termo médico utilizado para interromper ou parar um ritmo cardíaco anormal usando choques elétricos controlados.

O choque para o ritmo anormal reinicia o sistema elétrico do coração, para que um ritmo cardíaco normal (organizado) possa ser retomado.

Desfibrilação precoce

A desfibrilação precoce aumenta as chances de sobrevivência em caso de uma PCR causada por um ritmo cardíaco anormal ou irregular ou por uma arritmia. As arritmias ocorrem quando os impulsos elétricos que fazem o coração bater tornam-se muito rápidos, muito lentos ou irregulares. Duas arritmias potencialmente fatais tratáveis que provocam parada cardiorrespiratória (PCR) são: taquicardia ventricular sem pulso (TVSP) e fibrilação ventricular (FV).

- TVSP: quando as cavidades inferiores do coração (ventrículos) começam a contrair em um ritmo muito rápido, desenvolve-se uma rápida frequência cardíaca conhecida como taquicardia ventricular. Em casos extremamente graves, os ventrículos bombeiam de forma tão rápida e ineficaz que não é possível detectar nenhum pulso (isto é, "sem pulso" em TVSP). Os tecidos e órgãos do corpo, especialmente o coração e o cérebro, deixam de receber oxigênio.
- Fibrilação ventricular: nesse ritmo de PCR, a atividade elétrica do coração se torna caótica. Os músculos cardíacos tremem de maneira rápida e dessincronizada e o coração não bombeia sangue.

A desfibrilação precoce, a RCP de alta qualidade e todos os componentes da cadeia de sobrevivência são necessários para melhorar a probabilidade de sobrevivência em casos de TVSP e FV.

Passos universais de operação de um DEA/DAE

Quando o DEA chegar, coloque-o ao lado da vítima, próximo ao socorrista que irá operá-lo. Isso permite que o segundo socorrista realize a RCP no lado oposto da vítima, sem interferir na operação do DEA. Certifique-se de que as pás do DEA sejam colocadas diretamente sobre a pele e não sobre a roupa, adesivos de medicamentos ou dispositivos implantados.

- Comece abrindo o estojo de transporte (Figura 9).
- Ligue o DEA/DAE. Alguns dispositivos são ligados automaticamente quando você abre a tampa ou o estojo.
- Siga as instruções do DEA/DAE para se orientar sobre os passos subsequentes.
- Remova o papel adesivo protetor das pás do DEA.
- Aplique as pás adesivas do DEA no tórax desnudo da vítima. Siga as ilustrações de posicionamento nas pás. Escolha pás para adultos (não pás pediátricas ou um sistema pediátrico) para vítimas de 8 anos de idade ou acima (Figura 10).
- Ligue os cabos de conexão do DEA ao dispositivo (alguns cabos do DEA já vêm conectados no dispositivo).
- Isole a vítima e permita que o DEA analise o ritmo.
- Quando o DEA instruir, afaste-se da vítima durante a análise e verifique se ninguém está tocando a vítima, nem mesmo o socorrista responsável por administrar as compressões.
- Alguns DEA o instruirão a pressionar um botão para que o aparelho comece a analisar o ritmo cardíaco, outros farão isso automaticamente. O DEA pode levar alguns segundos para analisar.
- Ele o instruirá se um choque for necessário.
- Se o DEA recomendar um choque, dará a instrução para afastar-se da vítima e, em seguida, aplicar um choque.
- Afaste-se da vítima antes de aplicar o choque, confirmando se ninguém está tocando a vítima.
- Anuncie em voz alta uma mensagem para que todos afastem-se da vítima, como, por exemplo, "afastem-se todos".
- Examine com atenção para que ninguém esteja em contato com a vítima.
- Pressione o botão SHOCK (choque).
- O choque produzirá uma contração repentina dos músculos da vítima.
- Se o DEA informar que o choque não é necessário ou depois da aplicação de um choque, reinicie imediatamente a RCP, começando com as compressões torácicas.

Após 5 ciclos de 30 compressões e 2 ventilações ou 2 minutos de RCP de alta qualidade, o DEA reavaliará o ritmo e o instruirá. Continue até que os profissionais de suporte avançado de vida assumam ou a vítima comece a respirar, mover-se ou reagir de outra forma.

Lembre-se de observar se a vítima tem pelos no tórax antes de posicionar as pás. Em seguida, se necessário, use a lâmina do *kit* do DEA para retirar os pelos da área em que aplicará as pás. Se não tiver uma lâmina, mas tiver um segundo conjunto de pás, use o primeiro conjunto

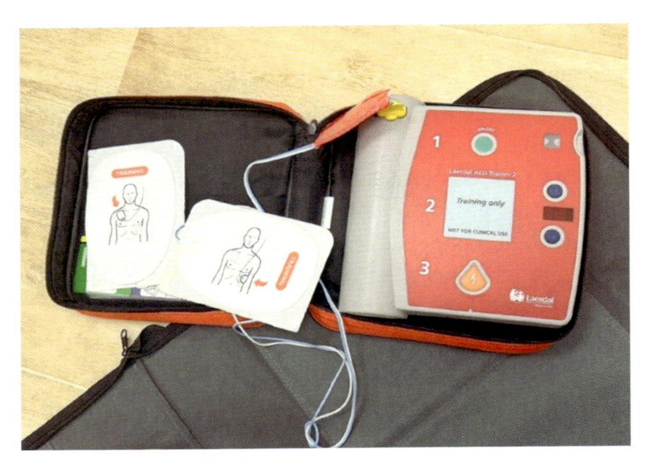

FIGURA 9 Estojo de transporte.

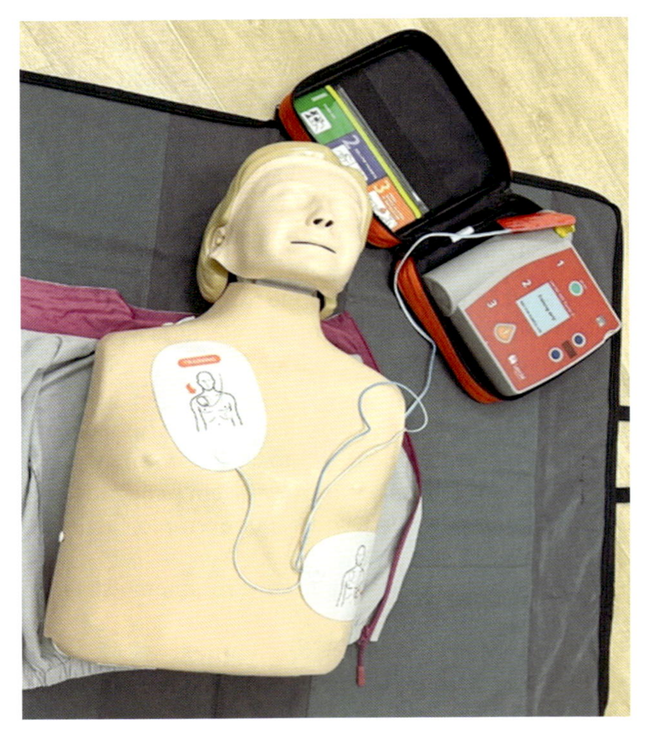

FIGURA 10 Pás.

para remover os pelos. Posicione o primeiro par de pás, pressione bem para que possam aderir o máximo possível e puxe rapidamente. Em seguida, posicione um novo par de pás.

Presença de água ou líquidos

Água e líquido normalmente conduzem eletricidade. Não use o DEA na presença de água. Se a vítima estiver na água, retire-a da água e a leve para um local seco. Se houver água ou suor sobre o tórax, enxugue-o antes de colocar as pás do DEA. Se a vítima estiver sobre a neve ou uma pequena poça, você poderá usar o DEA depois que secar rapidamente o tórax. Desfibriladores e marca-passos implantados: vítimas com alto risco de PCR súbita podem ter desfibriladores ou marca-passos implantados que administram choques de forma automática diretamente no coração. Se você posicionar uma pá do DEA diretamente sobre um desfibrilador/marca-passo, esses dispositivos poderão interferir na aplicação do choque. Esses dispositivos são fáceis de identificar, pois criam uma protuberância rígida embaixo da pele que, com frequência, está no lado esquerdo superior do tórax, mas também pode ser encontrada no lado direito superior do tórax ou no abdome. A protuberância varia do tamanho de uma moeda à metade do tamanho de um baralho de cartas.

Ao identificar um desfibrilador/marca-passo implantado

- Se possível, evite colocar a pá do DEA diretamente sobre o dispositivo implantado.
- Siga os passos normais de operação do DEA.
- Adesivos de medicação transdérmica – não aplique as pás do DEA diretamente sobre adesivos de medicação. O adesivo pode interferir na transferência de energia da pá do DEA para o coração. Isso também pode causar pequenas queimaduras na pele. Exemplos de adesivos de medicação: nitroglicerina, nicotina, analgésicos e adesivos de terapia de reposição hormonal. Se não postergar a aplicação do choque, remova o adesivo e limpe a área antes de posicionar as pás do DEA. Para evitar a transferência de medicação do adesivo para você, use luvas de proteção ou outro tipo de barreira ao remover o adesivo. Lembre-se de evitar atrasos, o máximo possível.

Mulheres grávidas

O DEA deve ser usado em mulheres grávidas em PCR, da mesma forma que em qualquer outra vítima de PCR. O choque com o DEA não prejudicará o bebê. Sem tratamento que salvará a vida da mãe, o bebê provavelmente não sobreviverá. Se a mulher for reanimada, coloque-a sobre o lado esquerdo. Isso ajudará a melhorar o fluxo sanguíneo para o coração dela e, portanto, para o bebê.

Roupas e joias

Retire rapidamente qualquer roupa volumosa. Se for difícil remover a roupa da vítima, ainda é possível realizar as compressões com a roupa. Se um DEA estiver disponível, remova toda a roupa do tórax, pois as pás não devem ser colocadas sobre a roupa. Não é necessário remover as joias da vítima, se não houver perigo de entrarem em contato com as pás do DEA[5,6].

Ataque cardíaco

As doenças cardíacas são as principais causas de morte de homens e mulheres nos Estados Unidos há décadas. A cada 3 segundos, uma pessoa tem um ataque cardíaco ao redor do mundo.

O infarto agudo do miocárdio (IAM) é a principal causa de morte no Brasil e no mundo. Em 2017, segundo o DATASUS, 7,06% (92.657 pacientes) do total de óbitos foram causados por IAM. O IAM representou 10,2% das internações no Sistema Único de Saúde (SUS), sendo mais prevalente em pacientes com idade superior a 50 anos, em que representou 25% das internações[7].

Um ataque cardíaco ocorre quando se forma uma obstrução ou há um espasmo grave em um vaso sanguíneo que restringe o fluxo sanguíneo e o oxigênio para o músculo cardíaco. Normalmente, durante um ataque cardíaco, o coração continua bombeando sangue. Quanto mais tempo a pessoa que está tendo o ataque cardíaco ficar sem tratamento para restaurar o fluxo sanguíneo, maior a possibilidade de lesão no músculo cardíaco. Ocasionalmente, o músculo cardíaco lesado desencadeia um ritmo anormal que pode provocar uma PCR súbita.

Sinais de um ataque cardíaco

Sinais de um ataque cardíaco podem ocorrer de forma súbita e serem intensos. Ainda assim, muitos ataques cardíacos começam lentamente, com dor leve ou desconforto. O serviço médico de emergência deve ser acionado se alguém estiver tendo sinais de ataque cardíaco.

- Desconforto torácico: a maioria dos ataques cardíacos envolve desconforto no centro do tórax, que perdura por vários minutos e geralmente não desaparece com descanso. O desconforto pode desaparecer com descanso e depois retornar. A sensação é de pressão, aperto, náusea ou dor.
- Desconforto em outras áreas do tórax: os sintomas podem incluir dor ou desconforto no braço esquerdo (comum), mas pode ocorrer nos dois braços, na parte superior das costas, no pescoço, mandíbula ou estômago.
- Falta de ar: isso pode ocorrer com ou sem desconforto torácico.
- Outros sinais: suor frio, náusea, vômito ou sensação de desfalecimento são outros sinais. Os sinais típicos de ataque cardíaco são baseados na experiência de homens brancos de meia-idade. Mulheres, idosos e pessoas com diabetes têm maior probabilidade de apresentar sinais menos típicos de ataque cardíaco, como: falta de ar, fraqueza fadiga incomum, suor frio e tontura. As mulheres que relatam desconforto torácico podem descrevê-lo como pressão, sensação dolorida ou aperto, em vez de dor. Outros sinais menos típicos são: queimação no estômago, indigestão, sensação de desconforto nas costas, mandíbula, pescoço ou ombro e náusea ou vômito.

As pessoas com problemas para se comunicar podem não conseguir descrever os sinais de um ataque cardíaco.

Ataque cardíaco e PCR súbita

As pessoas normalmente usam os termos ataque cardíaco e parada cardiorrespiratória (PCR) como se fossem sinônimos, mas eles não significam a mesma coisa. Um ataque cardíaco é um problema de fluxo sanguíneo. Ocorre devido a uma obstrução ou espasmo em um vaso sanguíneo que restringe gravemente ou bloqueia o fluxo de sangue e de oxigênio para o músculo cardíaco. A PCR súbita é normalmente um problema de ritmo. Ela ocorre quando o coração desenvolve um ritmo anormal. Esse ritmo anormal faz o coração tremular e, então, ele não consegue mais bombear sangue para o cérebro, os pulmões e outros órgãos. Em questão de segundos, a vítima em PCR fica inconsciente e para de respirar ou apresenta apenas *gasping*. A morte ocorre em minutos quando a vítima não recebe tratamento imediato. O ataque cardíaco acontece com mais frequência que a PCR.

Embora a maioria dos ataques cardíacos não causem PCR, eles são uma causa frequente. Outras doenças que afetam o ritmo cardíaco também podem levar a PCR.

O reconhecimento precoce, a intervenção e o transporte rápido de alguém com suspeita de ataque cardíaco é vital. O acesso rápido a um sistema de serviço médico de emergência geralmente é atrasado, pois a vítima e as pessoas presentes no local não reconhecem os sinais de ataque cardíaco. O tratamento para salvar vidas pode ser realizado por profissionais médicos de emergência, no caminho para o hospital, poupando minutos preciosos e o músculo cardíaco. Ao suspeitar que alguém esteja tendo um ataque cardíaco, aja rapidamente e acione imediatamente o sistema médico de emergência.

Não hesite, mesmo se a pessoa não quiser admitir o desconforto.

Ações para ajudar uma vítima de ataque cardíaco

O ataque cardíaco é uma emergência em que o tempo é vital. Cada minuto faz diferença.

Se achar que alguém teve um ataque cardíaco, faça o seguinte:

- Coloque a vítima sentada e permaneça calmo.
- Acione o sistema médico de emergência ou peça a alguém para fazê-lo.
- Pegue o *kit* de primeiros socorros e o DEA, se disponível.
- Estimule os adultos alertas que apresentarem dor no peito a mastigar e engolir uma aspirina, a menos que sejam alérgicos a aspirina ou algum profissional da saúde os tenha alertado para não tomar aspirina.
- Se a vítima ficar inconsciente e não estiver respirando normalmente, ou tiver *gasping*, inicie RCP[5,6].

Sistemas de tratamento

O tratamento eficaz para ataque cardíaco requer um sistema de tratamento bem coordenado e rápido. "O tempo preserva o miocárdio". Cada minuto faz diferença. Quanto mais uma vítima de ataque cardíaco esperar por tratamento, mais dano haverá ao músculo cardíaco. Intervenções rápidas por profissionais da saúde no hospital, para abrir o vaso sanguíneo coronário obstruído, podem determinar o tamanho do dano ao músculo cardíaco. Uma intervenção comum é tratamento não cirúrgico no laboratório de cateterização cardíaca. A administração de medicação intravenosa é outra intervenção. As ações dos profissionais da saúde durante as primeiras horas de um ataque cardíaco determinam quanto o paciente irá se beneficiar com o tratamento. A meta é reduzir o tempo do início dos sintomas até a resolução da obstrução.

Etapas do sistema de tratamento extra-hospitalar para ataque cardíaco

- Reconhecer e chamar ajuda rapidamente: quanto mais rápido o primeiro socorrista ou a família reconhecer os sinais de alerta de ataque cardíaco, mais rápido o tratamento poderá começar. O sistema médico de emergência deverá ser acionado imediatamente para triagem e transporte. Os familiares não devem dirigir e levar a vítima com suspeita de ataque cardíaco para o hospital. As vítimas não devem dirigir e ir sozinhas para o hospital. Os socorristas de emergência podem realizar algumas intervenções na cena ou durante o transporte, reduzindo, assim, o atraso até o tratamento definitivo no hospital.
- Avaliação precoce do sistema médico de emergência e eletrocardiograma (ECG) de 12 derivações: o ECG de 12 derivações é fundamental para a triagem de pacientes com desconforto torácico. Quando os profissionais do serviço médico de emergência executam um ECG de 12 derivações e transmitem os resultados para o hospital que vai receber a vítima, o tempo até o tratamento é reduzido. O ECG pode ser realizado no local ou durante o transporte.
- Identificação precoce do ataque cardíaco: assim que os profissionais confirmarem o ataque cardíaco, eles se comunicam com os profissionais de saúde do suporte avançado e transportam o paciente para o hospital mais adequado.
- Notificação precoce: os profissionais do serviço médico de emergência notificam o hospital que receberá a vítima, assim que possível, de um paciente com ataque cardíaco a caminho. A equipe do laboratório de cateterização é acionada antes da chegada do paciente. O acionamento do laboratório de cateterizarão acelera o tempo até o diagnóstico e a intervenção precoce.

Equipamento de proteção individual (EPI)

É o equipamento usado para ajudar a proteger o socorrista contra riscos de saúde ou segurança. O EPI varia de acordo com a situação e o protocolo. E pode incluir uma combinação de itens, como: luvas de procedimentos, proteção ocular, cobertura completa do corpo, calçados de segurança[5,6].

Acidente vascular encefálico (AVE)

A cada 3 segundos, alguém tem um AVE ao redor do mundo. Anualmente, cerca de 11,9 milhões de pessoas têm um AVE. O AVE é uma causa importante de deficiência, a longo prazo é a quinta causa de morte.

Os AVE ocorrem quando o sangue não chega a uma parte do cérebro. Isso pode acontecer se uma artéria do cérebro estiver obstruída (AVE isquêmico) ou um vaso sanguíneo se romper (AVE hemorrágico). As células cerebrais começam a morrer depois de minutos sem oxigênio. O tratamento nas primeiras horas depois de um AVE pode reduzir o dano cerebral e melhorar a recuperação.

Conceitos fundamentais

O tempo significa menos dano ao cérebro.

O AVE é uma emergência em que o tempo é vital. Cada minuto em que o tratamento é atrasado, mais tecido cerebral morrerá. As prioridades são: o reconhecimento precoce, tempo limitado no local e transporte para hospital equipado.

Sinais de alerta do AVE

Use o método F.A.S.T. para reconhecer e se lembrar dos sinais de alerta de AVE rapidamente. F.A.S.T. significa reconhecer um AVE rapidamente:

- *Face drooping* (face paralisada): um dos lados da face paralisa ou fica dormente? Peça à pessoa que sorria.

- *Arm weakness* (fraqueza no braço): O braço fica fraco ou dormente? Peça à pessoa que erga os dois braços. Um dos braços cai?
- *Speech difficulty* (dificuldade de falar): a fala fica arrastada? A vítima não consegue falar ou tem a fala difícil de entender? Peça à pessoa que repita uma frase simples, como "O céu é azul". A frase é repetida corretamente?
- *Time to phone the local emergency number* (hora de ligar para o número de emergência local): se a pessoa mostrar algum desses sintomas, mesmo se os sintomas desaparecerem, ligue para o sistema médico de emergência local e leve a vítima imediatamente para o hospital.

Outros sinais de alerta de AVE

Esteja alerta para outros sinais comuns de AVE:

- Dificuldade súbita para caminhar, tontura, perda do equilíbrio ou da coordenação.
- Dificuldade súbita para enxergar com um ou dois olhos.
- Dor de cabeça intensa e súbita, sem causa conhecida.
- Formigamento repentino do rosto, do braço ou da perna.
- Fraqueza repentina em alguma parte do corpo.
- Confusão súbita ou dificuldade de compreensão.

Ações para ajudar uma vítima de AVE

O AVE é uma emergência em que o tempo é vital. Avalie rapidamente se a vítima apresenta sinais de AVE:

- Acione o sistema médico de emergência ou peça a alguém para fazê-lo.
- Descubra a hora em que os sinais de AVE apareceram pela primeira vez.
- Fique com a vítima até que alguém com treinamento mais avançado assuma.
- Se a vítima ficar inconsciente e não respirar normalmente ou apresentar *gasping*, inicie RCP.

Sistemas de tratamento

O tratamento eficaz para AVE requer um sistema de tratamento bem coordenado e rápido. Atraso em qualquer uma das etapas limita as opções de tratamento. Quanto mais um paciente de AVE esperar por tratamento, mais tecido cerebral morrerá. Medicamentos para dissolver um coágulo em caso de AVE isquêmico devem ser administrados em até aproximadamente 3 horas depois do início dos sinais. Os profissionais devem saber o último momento conhecido em que a vítima estava bem. Esse é o ponto em que se sabe que o paciente estava bem pela última vez, sem sinais de AVE.

Estas são as etapas dos sistemas de tratamento extra-hospitalar para AVE:

- Reconhecimento: quanto mais rapidamente os socorristas ou a família reconhecerem os sinais de alerta de AVE, mais rápido poderá ser o início do tratamento. Os pacientes que não chegam ao serviço de emergência em um período de 3 horas, desde o início dos sintomas, podem não ser elegíveis para certos tipos de terapia.
- Envio do serviço médico de emergência: alguém deve ligar para o número de emergência local (p. ex., Sistema de Atendimento Móvel de Urgência – SAMU 192) para que chegue o mais rápido possível. Os familiares não devem transportar, eles mesmos, a vítima de AVE para o hospital.
- Identificação, manejo e transporte pelo serviço médico de emergência: o serviço médico de emergência determinará se o paciente está demonstrando sinais de AVE e obterá histórico médico importante. Eles começarão o manejo e o transporte para o próximo nível de atendimento. O serviço médico de emergência ligará com antecedência para o hospital, para alertar os profissionais de que um possível paciente com AVE chegará em breve.
- Triagem: o paciente passará por uma triagem e será transportado para o centro de AVE ou hospital mais próximo disponível que fornece tratamento de emergência para AVE.
- Avaliação e manejo: depois de o paciente chegar no serviço de emergência a avaliação e o manejo deverão ser imediatos.
- Decisões de tratamento: os profissionais com conhecimento em AVE determinarão o tratamento adequado.
- Tratamento: o tratamento padrão ouro para AVC isquêmico é a administração intravenosa de alteplase. Para ter eficácia, o alteplase deve ser administrado em até cerca de 3 horas depois do início dos primeiros sinais e sintomas. Uma outra opção é a trombectomia, um procedimento invasivo que remove o coágulo de dentro do vaso sanguíneo[5,6].

ENGASGO

Aqui abordaremos como reconhecer o engasgo e compreender a técnica de desobstrução de via aérea por corpo estranho, as manobras são as mesmas para adultos e crianças acima de 1 ano.

O reconhecimento precoce de obstrução de via aérea por corpo estranho é fundamental para a obtenção de um resultado positivo. É importante distinguir essa emergência de desmaio, AVE, convulsão, overdose ou outras condições que podem causar desconforto respiratório súbito, mas que exigem tratamento distinto.

Corpos estranhos podem desencadear uma série de sinais, desde a obstrução parcial da via aérea a uma obstrução completa.

Obstrução parcial de via aérea

Boa troca de ar, capaz de tossir de maneira forçada, pode sibilar entre as tosses. Desde que continue havendo uma boa troca de ar, estimule a vítima a continuar tossindo. Não interfira nas próprias tentativas de desobstrução da vítima. Fique com a vítima e monitore a condição.

Se uma obstrução parcial da via aérea continuar ou evoluir para uma obstrução completa da via aérea, acione o serviço médico de emergência.

Se obstrução completa da via aérea:

- Sinal universal de engasgo, com as mãos segurando o pescoço ou com o polegar e os demais dedos na garganta.
- Impossibilidade de falar ou chorar.
- Troca de ar deficiente ou ausente.
- Tosse fraca e ineficaz ou incapaz de tossir.
- Ruídos agudos durante a inspiração ou absoluta ausência de ruído.
- Maior dificuldade respiratória.
- Possível cianose (lábios e pele azuis).
- Se a vítima for adulta ou criança, pergunte se ela está engasgada. Se a vítima acenar com "sim"e não conseguir falar, há obstrução completa da via aérea.

Tome medidas imediatamente para desobstrução

Se a obstrução completa da via aérea continuar e a vítima parar de responder, inicie RCP.

Se você não estiver sozinho, peça a alguém que acione o serviço médico de emergência. Se estiver sozinho e precisar sair para acionar o sistema médico de emergência, execute RCP por aproximadamente 2 minutos antes de sair para buscar ajuda.

Desobstrução de via aérea em adulto ou criança consciente

Compressões abdominais

Use compressões abdominais para desobstrução da via aérea em adulto ou criança ainda consciente. Não use compressões abdominais para desobstruir a via aérea em bebês.

Administre cada compressão com a intenção de desobstruir. Pode ser necessário repetir a compressão várias vezes para desobstruir as vias aéreas.

Compressões abdominais com a vítima em pé ou sentada

Siga estas etapas para realizar compressões abdominais em um adulto ou criança consciente em pé ou sentado:

- Fique de pé ou de joelhos por trás da vítima e coloque os braços em torno da cintura dela. Cerre uma das mãos.
- Coloque o lado do polegar da mão cerrada contra o abdome da vítima, na linha média, ligeiramente acima do umbigo e bem abaixo do esterno.
- Agarre a mão cerrada com a outra mão e pressione a mão cerrada contra o abdome da vítima, com uma compressão rápida e forte para cima.
- Repita as compressões até que o objeto seja expelido da via aérea ou a vítima tome-se irresponsiva.
- Aplique cada nova compressão com um movimento distinto e separado para aliviar a obstrução (Figura 11).

Desobstrução de vias aéreas em vítimas grávidas e obesas

Se a vítima estiver grávida ou for obesa, aplique compressões torácicas, em vez de compressões abdominais.

Desobstrução das vias aéreas em adulto ou criança que não responde

O estado clínico de uma vítima de engasgo pode piorar e ela pode deixar de responder. Se souber que uma obstrução de via aérea por corpo estranho está causando o estado clínico da vítima.

Para aliviar o engasgo em adulto ou criança que não responde, siga estas etapas:

- Grite por socorro. Se houver mais alguém disponível, peça a essa pessoa que acione o serviço médico de emergência.
- Coloque a vítima delicadamente no chão, se você perceber que ela está ficando inconsciente.
- Inicie a RCP começando pelas compressões torácicas. Não verifique o pulso. Toda vez que você abrir a via aérea para administrar ventilações, abra bem a boca da vítima. Procure o objeto.
- Se conseguir ver um objeto que pareça ser removido facilmente, remova-o com seus dedos.
- Se você não enxergar nenhum objeto, continue a RCP.

Após cerca de 5 ciclos ou 2 minutos de RCP, acione o sistema médico de emergência, caso isso ainda não tenha sido feito.

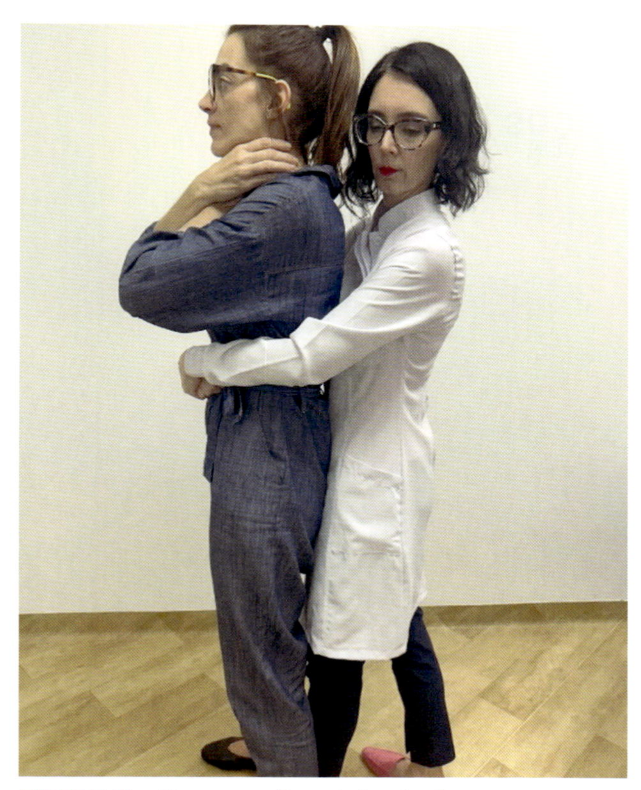

FIGURA 11 Compressões abdominais.

Se uma vítima de engasgo já estiver inconsciente quando você chegar, provavelmente não será possível saber se há uma obstrução de via aérea por corpo estranho. Nessa situação, acione o sistema médico de emergência e inicie RCP de alta qualidade.

Administração de ventilações eficazes quando há obstrução da via aérea

Quando uma vítima de engasgo perde a consciência, os músculos da garganta podem relaxar. Isso poderia converter uma obstrução completa da via aérea em uma obstrução parcial. Além disso, como a força que as compressões torácicas podem gerar é, no mínimo, equivalente à das compressões abdominais, elas podem ajudar a expelir o objeto. Se você administrar 30 compressões e em seguida remover o objeto visível na boca, pode permitir a administração de ventilações eficazes.

Ações após a desobstrução das vias aéreas

Você saberá que removeu com sucesso um corpo estranho da via aérea em uma vítima inconsciente se tiver visto e removido um corpo estranho da boca da pessoa e ela começar a respirar. No entanto, nem sempre é necessário remover o corpo estranho para aliviar, com sucesso, a obstrução. Se puder sentir movimento de ar e ver elevação do tórax, quando administrar ventilações, a via aérea não está mais obstruída.

Depois de desobstruir a via aérea de uma vítima que não responde, trate-a normalmente como trataria qualquer vítima inconsciente. Verifique se a vítima responde, verifique respiração e pulso, confirme se o serviço médico de emergência foi acionado e administre RCP de alta qualidade ou ventilação de resgate, de acordo com a necessidade.

Estimule uma vítima consciente a procurar atendimento médico imediatamente. Um profissional de saúde deverá avaliar a vítima com relação a possíveis complicações abdominais[5,6].

REFERÊNCIAS BIBLIOGRÁFICAS

1. Holmberg MJ, Ross CE, Fitzmaurice GM, Chan PS, Duval-Arnould J, Grossestreuer AV, et al.; American Heart Association's Get with the Guidelines – Resuscitation Investigators. Annual incidence of adult and pediatric in-hospital cardiac arrest in the United States. Circ Cardiovasc Qual Outcomes. 2019;12:e005580.
2. Luc G, Baert V, Escutnaire J, Genin M, Vilhelm C, Di Pompéo C, et al. Epidemiology of out-of-hospital cardiac arrest: a French national incidence and mid-term survival rate study, Anaesth Crit Care Pain Med. 2019;38(2):131-5.
3. Panchal AR, Bartos JA, Cabañas JG, Donnino MW, Drennan IR, Hirsch KG, et al.; on behalf of the Adult Basic and Advanced Life Support Writing Group, Part 3: Adult Basic and Advanced Life Support: 2020 American Heart Association guidelines for cardiopulmonary resuscitation and emergency cardiovascular care. Circulation. 2020;142(suppl 2):S366-S468.
4. Cheng A, Magid DJ, Auerbach M, Bhanji F, Bigham BL, Blewer AL, et al., Part 6: Resuscitation Education Science 2020 American Heart Association guidelines for cardiopulmonary resuscitation and emergency cardiovascular care. Circulation. 2020;142(suppl 2):S551-S579.
5. Laerdal. Suporte básico de vida. [s.l.]: Laerdal Medical; 2020 [citado em 20 de maio de 2024]. Disponível em: https://ebooks.heart.org/.
6. Laerdal. Suporte avançado de vida cardiovascular. [s.l.]: Laerdal Medical; 2021. Disponível em: https://ebooks.heart.org/. [citado em 18 de maio de 2024]
7. Nicolau JC, et al. Diretrizes da Sociedade Brasileira de Cardiologia sobre Angina Instável e Infarto Agudo do Miocárdio sem Supradesnível do Segmento ST – 2021. São Paulo: Sociedade Brasileira de Cardiologia; 2021.
8. Bernoche C, Timerman S, Polastri TF, Giannetti NS, Siqueira AW da S, Piscopo A, et al. Atualização da Diretriz de Ressuscitação Cardiopulmonar e Cuidados Cardiovasculares de Emergência da Sociedade Brasileira de Cardiologia – 2019. Arq Bras Cardiol. 2019;113(3):449-663.

34

A segurança do paciente nos serviços de saúde

Flávia Cortez Colósimo
Gilmara Silveira da Silva

Pode parecer estranho que o exercício da assistência à saúde, cuja finalidade primária é promover ou melhorar a saúde dos indivíduos, muitas vezes resulte em dano à pessoa assistida. Dados sobre incidentes ocorridos em serviços de saúde foram relatados, durante as últimas décadas até os dias atuais, muitos deles com consequências graves ou fatais. Esses relatos deflagaram uma mobilização global e levaram profissionais, instituições e entidades de saúde a discutirem amplamente a problemática da segurança do paciente.

CONCEITOS E HISTÓRICO DE SEGURANÇA EM SAÚDE

A segurança do paciente foi inicialmente definida pela Organização Mundial de Saúde (OMS) como a redução a um mínimo aceitável dos danos desnecessários, decorrentes da assistência de saúde[1].

Ao longo de quase duas décadas posteriores a essa definição, foi observado o quanto a problemática da segurança do cuidado ultrapassa ações individuais dos profissionais de saúde e abrange aspectos da estrutura da instituição e da própria sociedade em que está inserido aquele profissional. Assim, o conceito de segurança do paciente foi redefinido e, em uma perspectiva mais abrangente, passou a ser considerada como o conjunto de atividades organizacionais que cria culturas, processos, procedimentos, comportamentos, tecnologias e ambiente no cuidado em saúde que, consistente e sustentavelmente, diminuem riscos e a ocorrência de danos evitáveis para o paciente, tornando o erro menos provável, além de reduzirem o impacto quando este ocorre[2].

Outros conceitos importantes estabelecidos pela OMS e fundamentais para a compreensão adequada do tema são apresentados no Quadro 1.

QUADRO 1 Conceitos-chave em Segurança do Paciente, segundo a Organização Mundial de Saúde

Dano	Comprometimento da estrutura ou função do corpo e/ou qualquer efeito dele oriundo, incluindo-se doenças, lesão, sofrimento, morte, incapacidade ou disfunção, podendo, assim, ser físico, social ou psicológico.
Risco	Probabilidade de um incidente ocorrer.
Incidente	Evento ou circunstância que poderia ter resultado, ou resultou, em dano desnecessário ao paciente.
Near miss	Incidente que não atingiu o paciente.
Incidente sem lesão	Incidente que atingiu o paciente, mas não causou dano.
Evento adverso	Incidente que resulta em dano ao paciente.

Fonte: Documento de referência do Programa Nacional de Saúde do Paciente (Brasil, 2014)[3].

A preocupação com a segurança do cuidado à saúde é antiga. Hipócrates, considerado o pai da Medicina, já em 400 a.C., postulava *Prime no nocere*, isto é, *primeiramente não causar dano*. Posteriormente, Florence Nightingale, fundadora da enfermagem moderna, serviu como enfermeira na guerra da Crimeia e tornou-se conhecida por implementar um sistema de separação dos pacientes de guerra que evitava contaminações cruzadas, reduzindo o risco de infecção. Outras personalidades do campo da Ciência e Medicina também se destacaram por iniciativas voltadas para o desenvolvimento e oferta de um cuidado mais seguro e de maior qualidade, como Semelweis, que preconizava a higienização das mãos como forma de evitar a infecção, e Avedis Donabedian, que ampliou para o campo da saúde os conceitos de qualidade[3].

Não obstante, em 2000, o Institute of Medicine dos Estados Unidos, publicou o relatório *To err is human*, que se tornou um marco por apresentar dados alarmantes dos serviços de saúde que mostraram que o número de óbitos decorrentes de erros durante hospitalizações no país foi maior do que aqueles decorrentes de doenças como HIV, câncer de mama e acidentes[4]. A segurança do paciente despontou, então, como um problema público global e tornou-se alvo de esforços mundiais com o intuito de promover um cuidado mais seguro.

Neste contexto, a Organização Mundial de Saúde (OMS) criou, em 2004, a Aliança Mundial de Saúde (World Alliance for Patient Safety), com o objetivo de discutir e coordenar ações para a prevenção dos eventos adversos e recomendar aos países maior atenção ao tema segurança do paciente. A Aliança também foi responsável por desenvolver uma taxonomia internacional, denominada Classificação Internacional para Segurança do Paciente (*ICPS – International Classification for Patient Safety*), com o objetivo de definir e harmonizar os conceitos construídos sobre segurança do paciente aceitos internacionalmente[1].

Em 2006, em parceria com a Joint Commision International (JCI), instituição de acreditação norte-americana, a OMS lançou as Metas Internacionais de Segurança do Paciente, que se tornaram conhecidas mundialmente como diretrizes para o enfrentamento de situações específicas e fontes potencialmente perigosas de agravos à saúde e serão detalhadas mais a frente neste capítulo[5].

SEGURANÇA DO PACIENTE NO CENÁRIO NACIONAL

No Brasil, desde a década de 1930, despontavam ações focadas em iniciativas de classificação e categorização de hospitais e outros serviços de saúde, inspiradas pelo Programa de Padronização Hospitalar do Colégio Americano de Cirurgiões (ACS), criado em 1924.

Em meados de 1970, o Ministério da Saúde passou a desenvolver o tema Qualidade e Avaliação Hospitalar, iniciando a publicação de Normas e Portarias a fim de regulamentar esta atividade. A OMS salientava o papel estratégico das acreditações dos serviços para o desenvolvimento da qualidade na América Latina[6]. Mas somente a partir dos anos 2000, em consonância com as iniciativas internacionais acerca da segurança do paciente, ações mais diretamente relacionadas à segurança foram lideradas pela Agência Nacional de Vigilância Sanitária (ANVISA), que incorporou ao seu escopo de atuação as ações previstas na Aliança Mundial para Segurança do Paciente.

Em 2013 foi instituído pela Portaria n. 519 do Ministério da Saúde o Programa Nacional de Segurança do Paciente, com o objetivo de contribuir para a qualificação do cuidado em saúde em todos os estabelecimentos de saúde do território nacional, por meio da implantação de protocolos, vigilância, monitoramento e construção de indicadores voltados à segurança do paciente[7]. A Portaria especifica os seguintes objetivos do programa[7]:

- Promover e apoiar a implementação de iniciativas voltadas à segurança do paciente em diferentes áreas da atenção, organização e gestão de serviços de saúde, por meio da implantação da gestão de risco e de Núcleos de Segurança do Paciente nos estabelecimentos de saúde.
- Envolver os pacientes e familiares nas ações de segurança do paciente.
- Ampliar o acesso da sociedade às informações relativas à segurança do paciente.
- Produzir, sistematizar e difundir conhecimentos sobre segurança do paciente.
- Fomentar a inclusão do tema segurança do paciente no ensino técnico e de graduação e pós-graduação na área da saúde.

No mesmo ano uma normativa da ANVISA (RDC ANVISA n. 36/2013) tornou obrigatória a notificação de eventos adversos e dispôs sobre a implantação Núcleos de Saúde do Paciente e a elaboração do Plano de Segurança do Paciente pelas instituições de saúde[8].

Diversos outros programas ou iniciativas governamentais foram implementados antes ou após o Programa Nacional de Segurança do Paciente e contribuem direta ou indiretamente com seus objetivos. Neste ínterim podemos destacar: Programa Hospitais Sentinelas, da ANVISA; o Programa Nacional de Avaliação de Serviços de Saúde (PNASS); o Projeto de Formação e Melhoria da Qualidade da Rede de Atenção à Saúde (QualiSUS-Rede); a Política Nacional de Humanização (PNH); o processo de certificação dos Hospitais de Ensino, sob a coordenação do Ministério da Saúde e do Ministério da Educação, a Política Nacional de Segurança e Saúde no Trabalho; a Política Nacional de Atenção Hospitalar (PNHOSP); e o Programa de Apoio ao Desenvolvimento Institucional do SUS[3].

Cabe ressaltar o surgimento de institutos e fundações não governamentais dedicados ao estudo e que promovem recomendações sobre o tema da segurança. Exemplo é a Rede Brasileira de Enfermagem e Segurança do Paciente (REBRAENSP), constituída formalmente em maio de 2008 e vinculada á Rede Internacional de Segurança do Paciente, que atua desde 2005. A REBRAENSP auxiliou na implantação do Programa Nacional de Segurança do Paciente, teve e continua tendo importante papel na divulgação de material, disseminação e sedimentação da cultura de segurança nas instituições[9].

Outro destaque no cenário nacional é o Instituto para Práticas Seguras no Uso de Medicamentos (ISPM Brasil), organização sem fins lucrativos, criada em 2009 para promover a segurança do paciente, especialmente relacionada ao uso de medicamentos. Possui sede em Belo Horizonte/MG e é filiada ao Institute for Safe Medication Pratice dos Estados Unidos[10].

A SEGURANÇA DO PACIENTE NO CONTEXTO DA QUALIDADE EM SAÚDE

Qualidade do cuidado é definida como o "grau com que os serviços de saúde, voltados para cuidar de pacientes individuais ou de populações, aumentam a chance de produzir os resultados desejados e são consistentes com o conhecimento profissional atual"[11].

Qualidade em saúde e segurança do paciente são temas indissociáveis, uma vez que a segurança é uma das dimensões da qualidade em saúde. As dimensões da qualidade em saúde, segundo o Institute of Medicine (IOM), são apresentadas no Quadro 2[12].

QUADRO 2 Componentes da Qualidade em Saúde

Dimensão	Significado
Segurança	Evitar lesões e danos nos pacientes, decorrentes do cuidado que tem como objetivo ajudá-los.
Efetividade	Cuidado baseado no conhecimento científico para todos que dele possam se beneficiar, evitando seu uso por aqueles que provavelmente não se beneficiarão (evita subutilização e sobreutilização, respectivamente).
Cuidado centrado no paciente	Cuidado respeitoso e responsivo às preferências, necessidades e valores individuais dos pacientes, e que assegura que os valores do paciente orientem todas as decisões clínicas. Respeito às necessidades de informação de cada paciente.
Oportunidade	Redução do tempo de espera e de atrasos potencialmente danosos tanto para quem recebe como para quem presta o cuidado.
Eficiência	Cuidado sem desperdício, incluindo aquele associado ao uso de equipamentos, suprimentos, ideias e energia.
Equidade	Qualidade do cuidado que não varia em decorrência de características pessoais, como gênero, etnia, localização geográfica e condição socioeconômica.

Fonte: Documento de referência para o Programa Nacional de Saúde. 2014.

Atualmente, os conceitos de melhoria contínua, cultura de qualidade e acreditação são difundidos em muitas instituições de saúde. Os primórdios dos programas de qualidade na área da saúde remontam aos anos de 1918 com a publicação pelo Colégio Americano de Cirurgiões das primeiras diretrizes sobre padrões de qualidade a serem seguidos pelos hospitais norte-americanos. As diretrizes se desenvolveram em programas que, por sua vez, culminaram no conceito de acreditação, isto é, modelo em que uma instituição independente avalia um serviço de saúde e atesta se este está em conformidade com os padrões previamente estabelecidos[13].

Devido à grande demanda por avaliações hospitalares, o Colégio Americano de Cirurgiões, em 1951, uniu-se com outras associações médicas norte-americanas formando a Joint Comission of Accreditation of Hospitals (JCAH). Posteriormente, passou a conferir acreditação para instituições fora dos Estados Unidos, tornando-se uma instituição de acreditação internacional. Em 1958, o Canadá, através da instituição Accreditation Canada também desenvolveu um programa de acreditação que atualmente também realiza acreditação internacional. É importante notar que assim como a busca pela qualidade e segurança ultrapassou as fronteiras dos hospitais e hoje é uma prática de serviços extra-hospitalares, também a Joint Comission expandiu sua avaliação abrangendo instituições de longa permanência, reabilitação, psiquiatria, cuidados paliativos e ambulatoriais, passando a ser nomeada Joint Comission on Accreditation of Health Organizations (JCAHO)[13].

Os programas de acreditação hospitalar desempenham relevante papel na implementação de estratégias para segurança do paciente ao incluir em suas métricas rigorosos padrões relacionados à segurança. Ressalta-se a importante contribuição da Joint Comission no início dos anos 2000 ao somar sua experiência em padronização e avaliação de qualidade em saúde aos esforços da OMS/Aliança Mundial para Segurança do Paciente para a elaboração de metas para melhoria da segurança do cuidado.

AS METAS INTERNACIONAIS DE SEGURANÇA

Diante dos dados alarmantes sobre eventos adversos em saúde que vieram à tona após a publicação dos dados mencionada no início deste capítulo, a OMS, em parceria com a Joint Comission International elencou, em 2006, seis principais tópicos de atenção para implementação de ações preventivas, que foram mundialmente difundidos como Metas Internacionais de Segurança do Paciente. As metas estabelecidas então são[14]:

- Identificação correta do paciente.
- Melhoria de comunicação entre profissionais de saúde.
- Melhoria da segurança dos medicamentos de alta vigilância.
- Garantia de cirurgia segura.
- Redução do risco de infecção.
- Redução do risco de queda.

O Quadro 3 apresenta as Seis Metas Internacionais de Segurança (IPSG) e seus critérios de avaliação utilizados no contexto da acreditação dos serviços de saúde segundo padrões da JCI, descritos na 7ª edição do seu Manual de Acreditação, em vigor desde 1 de janeiro de 2021. O texto do manual é traduzido para diversos idiomas, porém as siglas são utilizadas na língua inglesa. Desde 2011, a implementação dessas metas tornou-se uma exigência para todas as organizações acreditadas pela JCI[14].

Nas Figuras 1 a 8 são apresentados exemplos de cuidados, ferramentas ou procedimentos usados em serviços de saúde para garantir a segurança dos pacientes considerando as metas internacionais de segurança.

Tanto o Programa Nacional de Segurança do Paciente no Brasil como o Plano de Ação Global da OMS enfatizam a importância e recomendam o desenvolvimento de pesquisas em segurança do paciente. No contexto das Metas Internacionais de Segurança estudos têm demonstrado a eficácia de estratégias, tradicionais ou inovadoras, na melhoria de cada uma das metas. Dentre algumas estratégias utilizadas, podemos citar: uso de pulseiras ou de sistemas informatizados para identificação do paciente, uso de dispositivos ou ferramentas para maior controle de medicamentos de alta vigilância, técnicas de comunicação efetiva, listas de verificação ou *check-lists* padronizados para cirurgia segura, uso dos *bundles* ou "pacotes" de ações para prevenção de infecções, uso de sensores para gerenciamento do risco de quedas[15-30].

QUADRO 3 Metas Internacionais de Segurança (IPSG), segundo critérios de acreditação pela Joint Comission International

Metas	Padrões exigidos	Propósitos das metas	Elementos de mensuração e avaliação exigidos
1. Identificar pacientes corretamente	Desenvolver e implementar processos para: IPSG.1 – Melhorar a precisão na identificação dos pacientes.	**IPSG.1:** ▪ Identificar de forma confiável o indivíduo como a pessoa para quem o serviço ou tratamento se destina. ▪ Combinar o serviço ou tratamento com esse indivíduo.	**IPSG.1:** Verificar: ▪ Se existe a utilização de, pelo menos, dois identificadores de pacientes, que não incluem o uso do número do quarto ou localização do paciente no hospital. Atualmente, recomenda-se o uso de três identificadores: nome do paciente, data de nascimento do paciente e nome de sua mãe. ▪ Se os pacientes são identificados antes de executar procedimentos de diagnóstico, receber tratamentos e executar outros procedimentos. ▪ Se o hospital garante a identificação correta dos pacientes em circunstâncias especiais, como em caso de paciente comatoso ou recém-nascido que não recebe o nome imediatamente.

(continua)

QUADRO 3 Metas Internacionais de Segurança (IPSG), segundo critérios de acreditação pela Joint Comission International (*continuação*)

Metas	Padrões exigidos	Propósitos das metas	Elementos de mensuração e avaliação exigidos
2. Melhorar a comunicação eficaz	Desenvolver e implementar processos para: **IPSG.2:** Melhorar a eficácia da comunicação verbal e/ou telefônica entre os prestadores de cuidado. **IPSG.2.1:** Relatar resultados críticos de exames diagnósticos. **IPSG.2.2:** Ter a comunicação de transição de cuidados (*handover commuication*).	**IPSG.2 ao IPSG 2.2:** Ter um sistema de comunicação eficaz, oportuna, precisa, completa, inequívoca e compreendida pelo receptor reduz erros e resulta em uma melhor segurança do paciente. **Práticas seguras para uma comunicação eficaz incluem:** ▪ Limitar a comunicação verbal de prescrição ou medicamentos a situações urgentes em que a comunicação imediata escrita ou eletrônica não seja viável. ▪ Elaborar diretrizes para solicitação e recebimento de resultados de exames em base emergencial. Podem ser identificadas alternativas admissíveis para quando o processo de ler de volta (*read-back*) pode ser possível, como no centro cirúrgico e em situações emergentes como pronto-socorro e unidade de terapia intensiva. ▪ Utilizar conteúdo padronizado e crítico para comunicação entre paciente, família e profissionais, através de métodos, formulários ou ferramentas padronizadas para facilitar transições consistentes e completas do cuidado do paciente.	**IPSG.2:** Verificar se as ordens verbais e telefônicas são documentadas e lidas pelo receptor e confirmadas pelo indivíduo que dá a ordem, o emissor. **IPSG.2.1:** Verificar se o hospital desenvolve um processo formal de notificação, utilizado em todos o hospital, que identifica que os resultados críticos dos exames diagnósticos são relatados e documentados no prontuário pelos profissionais de saúde. **IPSG.2.2:** Verificar se: ▪ O conteúdo crítico padronizado é comunicado entre os profissionais de saúde durante a transição do cuidado do paciente, através do uso de formulários, ferramentas ou métodos padronizados que suportam um processo de transição consistente e completo. ▪ Os dados de eventos adversos resultantes das comunicações de transcrição são rastreados e usados para identificar maneiras pelas quais as transições podem ser feitas e melhorias são implementadas.
3. Melhorar a segurança de medicamentos de alta vigilância	Desenvolver e implementar processos para: **IPSG.3:** Melhorar a segurança de medicamentos de alta vigilância. **IPSG.3.1:** Melhorar a segurança de medicamentos com aparência/grafia ou sons semelhantes (*look--likesound-like*). **IPSG.3.1:** Gerenciar o uso seguro de eletrólitos concentrados.	**IPSG.3, IPSG 3.1 e IPSG.3.2:** ▪ Ter uma lista de medicamentos de alta vigilância atualizada, conhecida pelo corpo clínico e acompanhada por estratégias de redução de riscos bem desenvolvidas, que diminuam os erros e minimizem os danos. Essas estratégias precisam ser aplicáveis em vários cenários e sustentáveis ao longo do tempo. ▪ Instituir estratégias de gestão de riscos para minimizar eventos adversos com medicamentos com aparências/grafias ou sons semelhantes e aumentar a segurança do paciente.	**IPSG.3 e 3.1:** Verificar se hospital identifica por escrito sua lista de medicamentos de alta vigilância e de aparências/grafias e sons semelhantes, desenvolve e implementa um processo uniforme em todo o hospital, de redução de risco e dano, e revisa anualmente e, conforme necessário, essas listas. **IPSG.3.2:** Verificar se: ▪ Apenas indivíduos qualificados e treinados têm acesso a eletrólitos concentrados, que são claramente rotulados com avisos apropriados e segregados de outros medicamentos. ▪ O hospital armazena apenas frascos de eletrólitos concentrados fora da farmácia em situações identificadas no propósito. ▪ Os protocolos padrão são seguidos para terapia de reposição de eletrólitos adultos, pediátricos e/ou neonatais para tratar hipocalemia, hiponatremia e hipofosfatemia.

(*continua*)

QUADRO 3 Metas Internacionais de Segurança (IPSG), segundo critérios de acreditação pela Joint Comission International (*continuação*)

Metas	Padrões exigidos	Propósitos das metas	Elementos de mensuração e avaliação exigidos
4. Garantir uma cirurgia segura	Desenvolver e implementar processos para: **IPSG.4:** Verificação pré-operatória (*Sign in*) e para a marcação do sítio do procedimento cirúrgico invasivo. **IPSG.4.1:** O *time-out*, que é realizado imediatamente antes do início do procedimento cirúrgico/invasivo e para a conferência de saída (*Sign out*) que é realizada após o procedimento.	**IPSG.4 e IPSG4.1:** Seguir o Protocolo Universal da The Joint Commission que se baseia em estratégias para alcançar o objetivo de sempre identificar o paciente correto, procedimento certo e local correto. Os elementos essenciais desse protocolo são: ▪ O processo de verificação pré-operatória (*Sign in*) – implementar e documentar, através do uso de *checklist* ou outro mecanismo, antes do procedimento cirúrgico/invasivo, que o consentimento informado é adequado ao procedimento, que o paciente correto, o procedimento correto e o local correto sejam verificados e que todos os documentos necessários, produtos sanguíneos, equipamentos médicos e dispositivos médicos implantáveis estão à mão, corretos e funcionais. ▪ Marcação do local cirúrgico. ▪ O intervalo que é realizado imediatamente antes do início do procedimento (*time out*). ▪ O processo de verificação pós-operatória (*Sign out*) deve ser feito na área onde o procedimento foi realizado, antes da saída do paciente.	**IPSG.4:** Verificar se o hospital: ▪ Implementa e documenta o processo de verificação *Sign in*. ▪ Utiliza uma marca instantaneamente reconhecível e inequívoca para identificar o local cirúrgico/invasivo que é consistente em todo o hospital. ▪ Realiza o processo de marcação do local cirúrgico/invasivo; essa atividade é feita pela pessoa que realiza o procedimento e envolve o paciente no processo de marcação. **IPSG.4.1:** Verificar se: ▪ A equipe completa participa ativamente de um processo de *time-out* na área em que o procedimento cirúrgico/invasivo será realizado, imediatamente antes do início do procedimento, e documenta todas as etapas, inclusive data e hora de início e término desse processo. ▪ Se é realizado um processo de verificação pós-operatória (*Sign out*). ▪ Quando são realizados procedimentos cirúrgicos/invasivos, incluindo procedimentos médicos e odontológicos, feitos em ambientes diferentes do centro cirúrgico, o hospital utiliza processos uniformes para garantir uma cirurgia segura.

(*continua*)

QUADRO 3 Metas Internacionais de Segurança (IPSG), segundo critérios de acreditação pela Joint Comission International (*continuação*)

Metas	Padrões exigidos	Propósitos das metas	Elementos de mensuração e avaliação exigidos
5. Reduzir os riscos de infecções associadas aos cuidados em saúde	Desenvolver e implementar processos para: **IPSG.5:** Diretrizes de higiene das mãos baseadas em evidências, visando à redução do risco de infecções associadas aos cuidados de saúde. **IPSG.5.1:** Os líderes identificarem processos assistenciais que precisam ser melhorados e adotarem intervenções baseadas em evidências para melhorar os resultados dos pacientes e reduzir o risco de infecções associadas aos cuidados de saúde.	Propósitos de IPSG.5 e IPSG.5.1 ▪ O hospital deve adotar e implementar as diretrizes atuais de higiene das mãos, baseadas em evidências. Essas orientações devem ser postadas em áreas apropriadas, e todos os profissionais educados em procedimentos adequados de lavagem e desinfecção das mãos. Sabão, desinfetantes e toalhas ou outros meios de secagem devem estar localizados nas áreas onde são necessários procedimentos de lavagem e desinfecção das mãos. ▪ Visando ao aprimoramento do trabalho em equipe e da comunicação em equipes multidisciplinares, a fim de melhorar o cuidado clínico prestado aos pacientes, é recomendada a utilização de "pacotes" (*bundles*) de cuidados. O impacto dessa prática tem sido a redução dos riscos de infecção.	**IPSG.5:** Verificar se o hospital: ▪ Adota as diretrizes atuais de higiene das mãos, baseadas em evidências. ▪ Implementa um programa de higiene das mãos em todo o hospital. ▪ Preconiza os procedimentos de lavagem e desinfecção das mãos em todos os lugares, de acordo com as diretrizes de higiene das mãos. **IPSG.5.1:** ▪ Líderes do hospital identificam áreas prioritárias para a melhoria de infecções do hospital. ▪ Os líderes identificam e implementam intervenções baseadas em evidências, como pacotes (*bundles*), para todos os pacientes aplicáveis. ▪ Intervenções baseadas em evidências, como os pacotes (*bundles*), utilizadas para reduzir o risco de infecções associadas aos cuidados de saúde são avaliadas pelos profissionais de saúde para conformidade e melhoria dos desfechos clínicos.
6. Reduzir o risco de danos ao paciente resultantes de quedas	Desenvolver e implementar processos para reduzir o risco de danos decorrentes de quedas para a população de pacientes: **IPSG.6:** Internados. **IPSG.6.1:** De serviços externos.	**IPSG.6 e IPSG.6.1:** ▪ Os hospitais têm a responsabilidade de identificar os tipos de pacientes dentro de sua população que podem estar em alto risco de quedas, tomar as medidas para reduzir esses riscos e para diminuir o risco da lesão, caso ocorra uma queda. ▪ Tanto os pacientes internados quanto os que utilizam os serviços externos devem ser avaliados para risco de queda, utilizando ferramentas de identificação e métodos adequados de avaliação e gerenciamento desses riscos. ▪ Pacientes que foram inicialmente avaliados como de baixo risco para quedas podem se tornar de alto risco, a qualquer momento. Diante disso, são necessárias reavaliações.	**IPSG.6:** Em relação aos pacientes internados, verificar se o hospital implementa um processo de avaliação e reavaliação do risco de queda, através da utilização de ferramentas e métodos adequados. Essas medidas e/ou intervenções para reduzir o risco de queda são implementadas e documentadas. **IPSG.6.1:** Em relação aos pacientes de serviços externos, verificar se o hospital implementa um processo de triagem que identifica se sua condição, diagnóstico, situação ou local podem colocá-los em risco de queda, através da utilização de ferramentas e métodos de avaliação adequados. Quando o risco é identificado, medidas e/ou intervenções são implementadas para reduzir o risco e todo esse processo é documentado.

Fonte: elaborada pelas autoras com base em Joint Commission International, 2021[14].

FIGURA 1 Identificação do paciente: 1 – pulseira de identificação geral contendo código de barras; 2 – pulseira para alertar risco de queda.

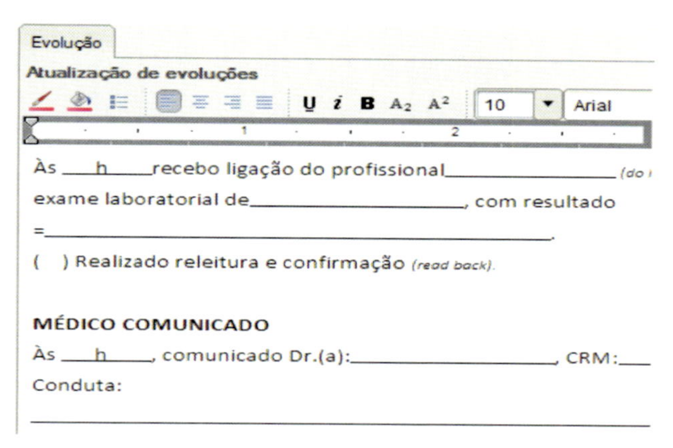

FIGURA 3 Comunicação assertiva: anotação em prontuário do paciente de comunicação de resultado crítico de exame.

FIGURA 2 Comunicação assertiva: quadro em unidade hospitalar contendo sinalização de riscos por cores facilitando a comunicação assertiva.

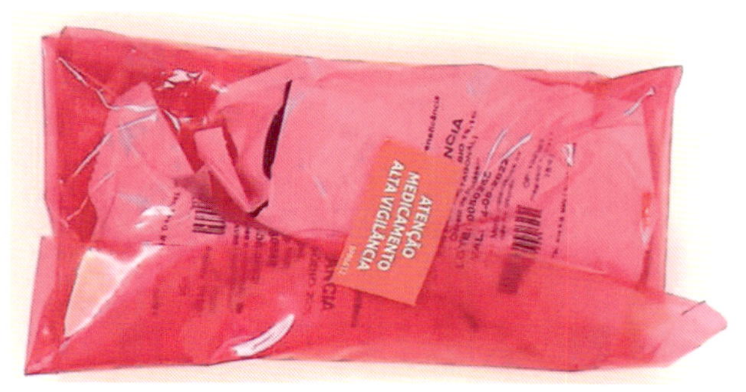

FIGURA 4 Segurança no uso de medicação de alta vigilância: entrega de medicamento em unidade de internação hospitalar com sinalização para alto risco.

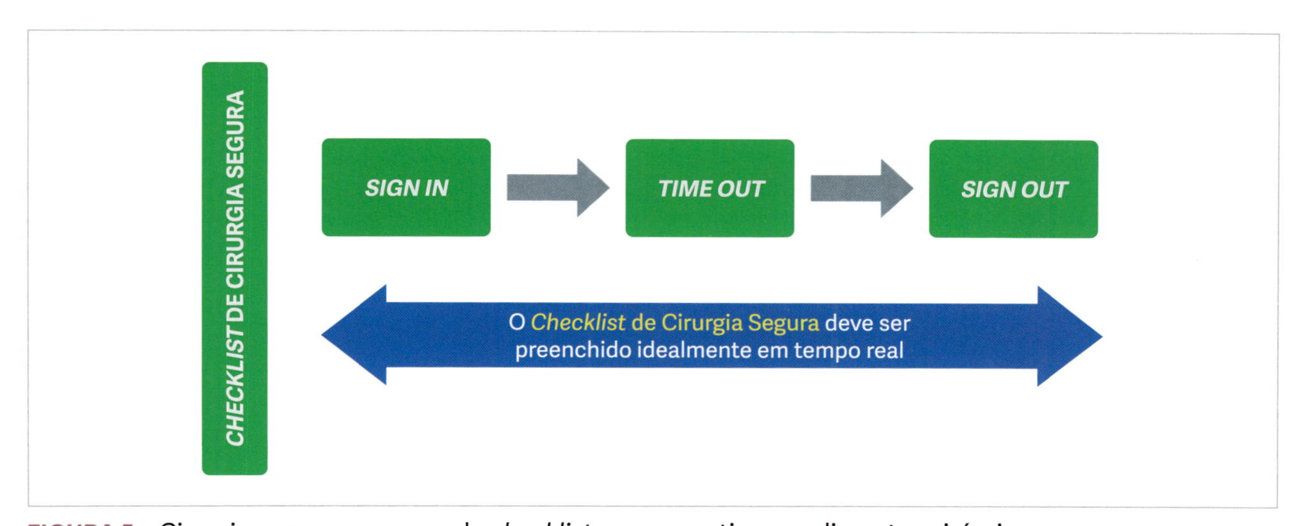

FIGURA 5 Cirurgia segura: processo de *checklist* para garantir procedimentos cirúrgicos seguros.

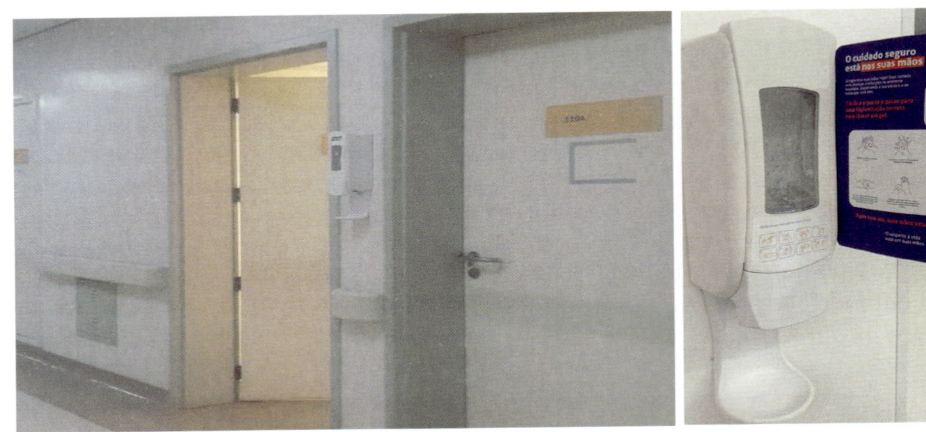

FIGURA 6 Redução no risco de infecção associada à assistência de saúde: dispenser de álcool gel nas entradas dos quartos e nos postos de enfermagem de estabelecimento hospitalar.

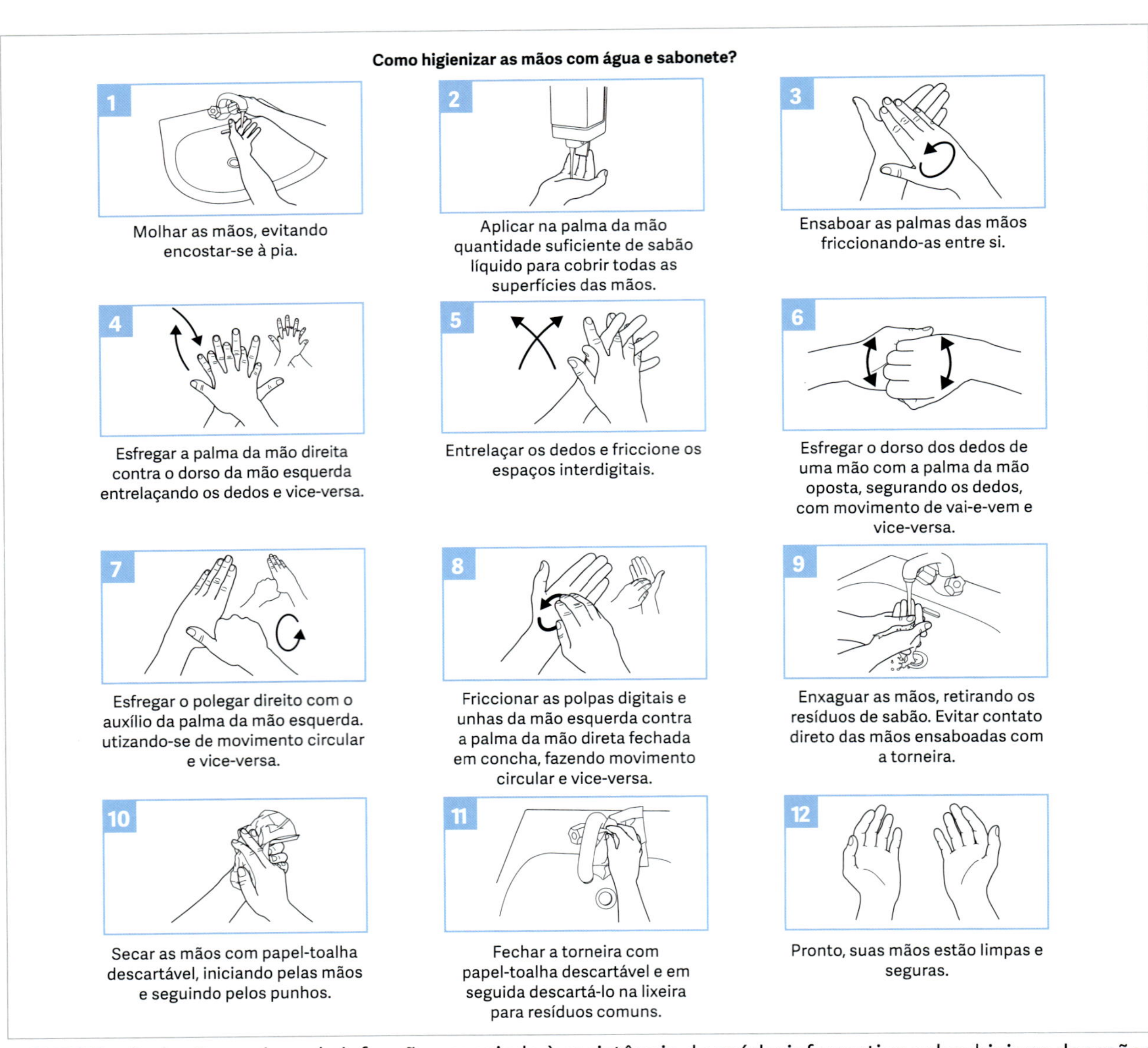

FIGURA 7 Redução no risco de infecção associada à assistência de saúde: informativo sobre higiene das mãos afixado ao lado de pia em posto de enfermagem.

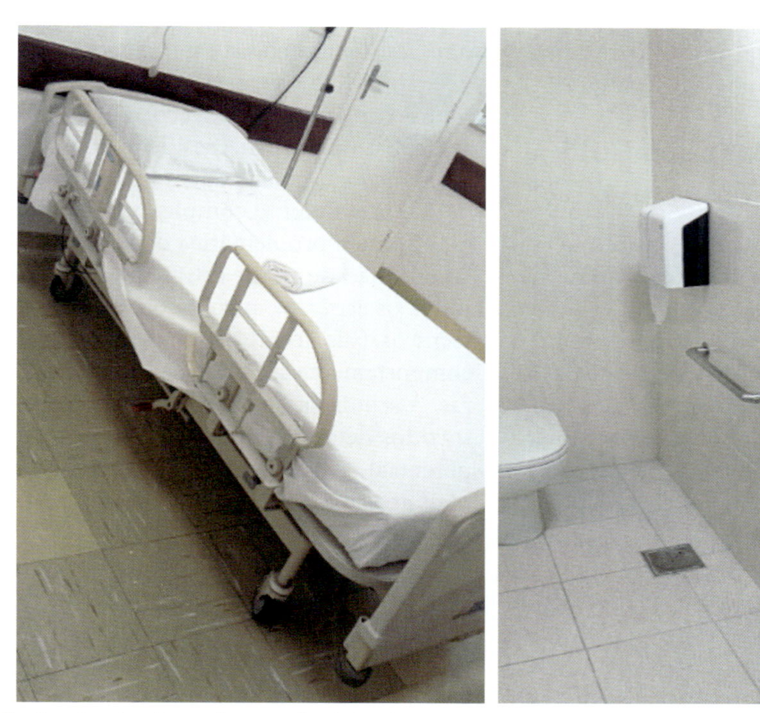

FIGURA 8 Redução do risco de queda: leito hospitalar com grade de segurança e banheiro hospitalar com barras de apoio.

DESAFIOS NO CUIDADO AO PACIENTE

Não obstante todo avanço evidenciado na implementação de estratégias que objetivam a garantia da qualidade e segurança do paciente, ainda são grandes os desafios enfrentados por profissionais e instituições.

Em maio de 2024, a OMS lançou a público a primeira edição do *Global Patient Safety Report*. O documento apresentou conclusões sobre a implementação da segurança do paciente no mundo, alinhado com o Plano de Ação Global em Segurança do Paciente 2021-2030. Entre outros destaques, o relatório mostrou que, ainda hoje, um em cada dez pacientes sofre danos em ambiente de cuidados médicos, metade dos quais poderiam ser evitáveis, causando milhões de mortes e custos econômicos elevados; os danos afetam em maior proporção população de países de baixa e média renda e vulneráveis, como idosos, crianças e minorias éticas; um em cada 20 pacientes sofre danos evitáveis com medicamentos; número maior de danos é registrado em ambiente de cuidados especializados como terapia intensiva e centro cirúrgico; estima-se que 7% dos pacientes sofrem dano na atenção primária[31].

No Brasil, dez anos após a publicação do Programa Nacional de Segurança do Paciente ainda se observava um número de Núcleos de Segurança inferior ao esperado, além de poucas evidências da atuação e impacto das atividades desses núcleos[32].

Dentre os principais desafios que envolvem o tema, podemos citar o desenvolvimento da cultura de segurança, a infraestrutura e recursos dos sistemas de saúde, a complexidade crescente do cuidado e a participação do paciente.

Cultura de segurança

No âmbito da saúde, a cultura de segurança foi definida pela Agency for Healthcare Research and Quality (AHRQ) como o produto de valores, atitudes, percepções, competências e padrões de comportamento de grupos e de indivíduos. Isto determina o compromisso, estilo e proficiência no manejo dos riscos em saúde de uma organização[33]. Neste ponto é importante desmistificar o caráter infalível dos profissionais de saúde, reconhecendo que são pessoas sujeitas a erros, além de estimular o debate e investigação dos eventos adversos, substituindo a postura punitiva pela postura educativa dos profissionais. É importante enxergar o profissional que causou um evento adverso como uma segunda vítima e desenvolver um programa de acolhimento dele, com aconselhamento psicológico, treinamento e acompanhamento para o retorno segura às atividades.

Para avaliar a cultura de segurança de um serviço, o Institute of Medicine desenvolveu um questionário, posteriormente traduzido e adaptado para uso no Brasil[34]. Alguns estudos ainda têm mostrado que a percepção da cultura de segurança em muitas instituições ainda é avaliada por seus profissionais como frágil e punitiva[35-36].

Infraestrutura e recursos dos sistemas de saúde

Vencer os problemas estruturais que comprometem a segurança do paciente é um desafio antigo e ainda não superado. O inadequado dimensionamento da equipe assistencial, sobretudo de enfermagem, é apontado como barreira para a implementação das estratégias de segurança do paciente. Também são apontadas a falta de apoio da alta gestão e a falta de conscientização dos profissionais que atuam diretamente na assistência[37].

A participação do paciente

O programa da OMS Pacientes pela Segurança dos Pacientes (Patients for Safe Patients) coloca os pacientes como parceiros dos profissionais de saúde, conferindo-lhes conhecimento e autonomia para assumir um papel ativo em sua própria segurança[31]. Embora o engajamento do paciente seja amplamente preconizado nos programas de segurança do paciente, muitos pacientes ainda não adquirem conhecimento sobre sua doença, tratamento e assistência e não assumem papel ativo em sua segurança. Muitas vezes as barreiras são impostas pelo próprio profissional, que pode reagir mal quando, por exemplo, o paciente indaga sobre uma medicação administrada ou solicita uma segunda opinião.

A participação do paciente infantil também tem sido discutida. Uma tendência no cuidado centrado no paciente é a educação infantil na segurança em saúde. O ambiente de cuidado infantil é complexo, tendo sido demonstrado que até um terço das crianças hospitalizadas foram afetadas por eventos adversos. A educação infantil ensina a criança a exercer seus direitos em saúde, assumindo de forma leve e automática o protagonismo do seu cuidado. Perspectivamente, uma criança consciente de sua própria segurança crescerá e se tornará um adulto também consciente[38].

A complexidade crescente do cuidado de saúde

A assistência em saúde tem atingido complexidade cada vez maior. A introdução de métodos terapêuticos e diagnósticos, uso de equipamentos e tecnologias sofisticados, entrada de novas categorias profissionais na cadeia do cuidado e a velocidade da informação, trazendo mudanças o tempo todo, conferem uma complexidade inédita aos serviços de saúde que afetam diretamente o profissional responsável pelo cuidado. É natural que uma assistência mais complexa resulte em maior chance de erros. Muitas vezes, os profissionais não são preparados para as abruptas e recorrentes mudanças. Outras se deparam com a necessidade de tomada de decisão rápida para as quais podem não estar seguros.

Neste ambiente complexo é imperativo um novo olhar para a problemática da segurança. É necessário lançar mão de novas estratégias que levem em conta todos os aspectos envolvidos no cuidado, quer sejam técnicos, psicológicos, sociais, emocionais, espirituais e comportamentais. Estratégias multifacetadas e inovadoras. A seguir, serão abordados recursos, algumas vezes trazidos de outras áreas do conhecimento, que têm o potencial de auxiliar a tomada de decisão, tornando-a mais assertiva.

Enfrentamento/*coping*

Ao praticar um erro que resulta em dano ao paciente, o profissional se torna a segunda vítima do cenário e é afetado por consequências que podem ser físicas, psicológicas, emocionais ou comportamentais e podem limitar-se ao local de trabalho, afetar o dia a dia do profissional ou levá-lo a abandonar a profissão[39]. Diante disso, estratégias pessoais e organizacionais podem ser usadas para lidar com esse fenômeno. Ao usar estratégias de enfrentamento adequadas, os profissionais se sentem acolhidos e as organizações de saúde aprendem com os eventos adversos. Isso favorece a construção de uma cultura de segurança nas organizações[40].

A teoria de recuperação em situações de erro

O Modelo ReSET de recuperação clínica (*ReSET Model of Clinician Recovery*), apresentado na Figura 9, é um modelo psicossocial testável de recuperação clínica após um profissional de saúde cometer um erro médico. Fornece uma base para estruturar e avaliar intervenções multimodais, visando diminuir o sofrimento dos profissionais e promover uma recuperação adaptativa. Estas intervenções podem ser incorporadas em todos os serviços e sistemas de saúde [41].

A teoria do sistema dual

A teoria explica como as pessoas avaliam as informações às quais são expostas e como elas reagem diante dos dados. De acordo com o conceito, existem duas formas principais de se comportar. A primeira (sistema 1) é marcada pela impulsividade na tomada de decisão (rapidez na decisão, ação sem reflexão e influência das emoções). A segunda (sistema 2) prevê uma tomada de decisão mais elaborada e embasada, com um aspecto cognitivo mais forte (deliberação sobre as opções disponíveis, avaliação de dados além da experiência pessoal e maior lentidão para tomar a decisão). Esse

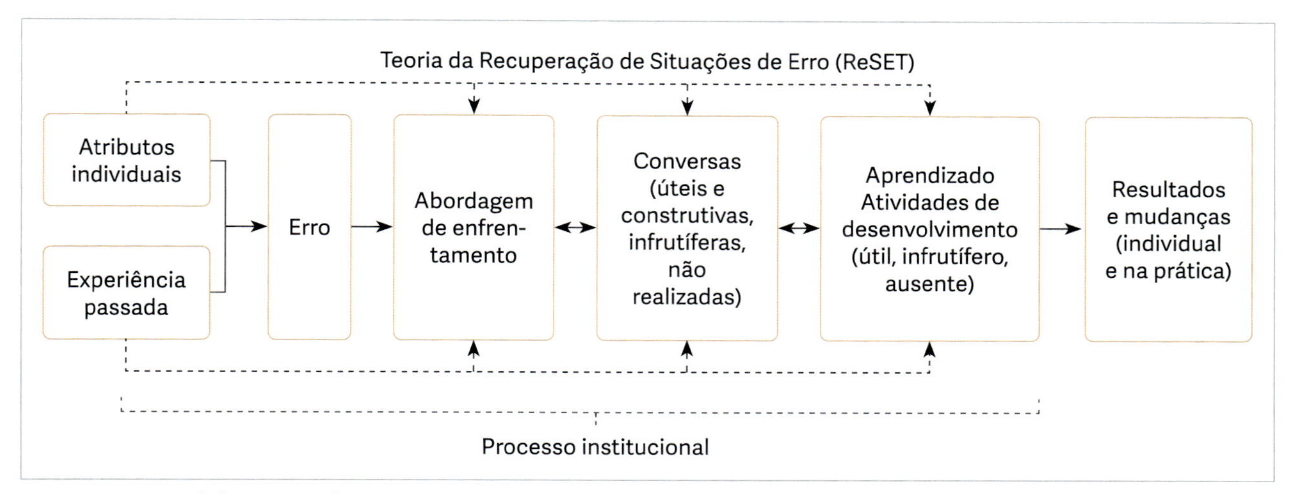

FIGURA 9 Modelo ReSET de Recuperação Clínica (*ReSET Model of Clinician Recovery*).
Fonte: Elaborada pelas autoras, tendo como base o *ReSET Model of Clinician Recovery* de Harrison et al., 2022[41].

processo duplo de comportamento é o resultado de raciocínio proposicional e inconsciente, impulsionado pela resposta de um indivíduo a sinais internos (como heurística, atitude e afeto), sinais físicos (estímulos ambientais sociais e físicos), bem como fatores reguladores (como o hábito) que fazem a mediação entre eles[42]. Essa ferramenta de autoconhecimento deve ser capaz de ajudar os profissionais de saúde a tomarem decisões mais ajustadas e com melhor potencial de resultados, auxiliando na resolução de casos complexos, de alto nível de estresse ou de falta de tempo.

A teoria do "nudge", um empurrão para a escolha certa"

Trata-se de uma teoria originada na economia comportamental, atualmente aplicada no contexto da saúde. Os autores consideram os atalhos de pensamento usados na tomada de decisões e sugerem que pequenas mudanças no ambiente têm maior probabilidade de fazer que os indivíduos tomem melhores decisões. Também conhecida como a arquitetura da escolha, consiste em intervenções com o objetivo de influenciar o comportamento das pessoas, com embasamento científico. "*Nudging*" é definido como "qualquer tentativa de influenciar o julgamento, escolha ou comportamento das pessoas de uma forma previsível[43]. Um "*nudge*", termo da língua inglesa que, em tradução livre, significa "empurrão", é um conceito também conhecido como "Teoria do Incentivo". Pode ser aplicado em diversos segmentos, dentre eles a área de saúde. Podem ser lembretes, cartazes ou qualquer outra forma utilizada para nortear a prática e a tomada de decisão. A utilização de "*nudges*" para a segurança do paciente pode proporcionar modelos de possíveis processos, orientados por uma diretriz. Pode trabalhar o sensorial e o emocional do seu público-alvo. O sensorial pode ser através de elementos, do layout de uma apresentação, dos objetos em um ambiente etc. O estímulo emocional, por sua vez, começa pela compreensão da necessidade/problema do cliente.

Estudo randomizado avaliou o uso de um "empurrãozinho/*nudge*" comportamental baseado no princípio do compromisso público no incentivo ao uso criterioso de antibióticos para infecções respiratórias agudas (IRAs). A intervenção consistiu na exposição de cartas de compromisso em tamanho de pôster nas salas de exame durante 12 semanas. Estas cartas, com fotografias e assinaturas de médicos, declaravam o seu compromisso em evitar a prescrição inadequada de antibióticos para IRAs. Concluiu-se que a intervenção diminuiu a prescrição inadequada de antibióticos[44].

Outro estudo investigou se estímulos comportamentais, exibidos em cartazes, poderiam aumentar o uso de higienizadores de mãos à base de álcool e mostrou que esse "*nudge*" pode fornecer uma medida fácil e barata para aumentar a aderência a essa prática. Confirmou-se como uma forma de promover a higiene das mãos e diminuir a incidência de infecções. Ao aplicar estímulos para mudar o comportamento, é importante identificar o estímulo certo para o público certo [45].

Os "*nudges*" podem ser utilizados tanto para nortear a tomada de decisão do profissional de saúde quanto para engajar o paciente no protagonismo do seu cuidado.

Utilizados isoladamente ou em conjunto, direcionados aos pacientes ou aos profissionais, os recursos descritos podem impactar favoravelmente a segurança do paciente.

CONSIDERAÇÕES FINAIS

Aprender com o passado e melhorar o futuro

A segurança do paciente é um pilar fundamental para a qualidade dos cuidados de saúde. Ao longo deste capítulo, exploramos marcos históricos, desafios complexos e tendências emergentes que moldam o panorama da segurança do paciente. O caminho à frente exige um esforço colaborativo de todas as partes interessadas – profissionais de saúde, administradores, formuladores de políticas e pacientes. Somente por meio de um compromisso compartilhado e de ações coordenadas poderemos alcançar o objetivo de um sistema de saúde verdadeiramente seguro e eficiente. A segurança do paciente não é um destino, mas uma jornada contínua de melhoria e adaptação, impulsionada pela inovação e pela dedicação incansável à excelência no cuidado.

REFERÊNCIAS BIBLIOGRÁFICAS

1. World Health Organization (WHO). Conceptual framework for the international classification for patient safety: technical report. version 1.1: final technical report January 2009. Geneva: WHO; 2009. Disponível em: https://iris.who.int/bitstream/handle/10665/70882/WHO_IER_PSP_2010.2_eng.%20pdf?sequence=1&isAllowed=y. Acesso em: 1 jun. 2024.
2. World Health Organization (WHO). Plano de ação global para a segurança do paciente 2021-2030: Em busca da eliminação dos danos evitáveis nos cuidados de saúde. Genebra: Organização Mundial da Saúde; 2021. Disponível em: https://www.gov.br/anvisa/pt-br/centraisdeconteudo/publicacoes/servicosdesaude/publicacoes/plano-de-acao-global-para-a-seguranca-do-paciente-2021-2030-traduzido-para-portugues. Acesso em: 1 jun. 2024.
3. Brasil. Ministério da Saúde. Documento de referência para o Programa Nacional de Segurança do Paciente [Internet]. Brasília, 40 p. Disponívelem:https://bvsms.saude.gov.br/bvs/publicacoes/documento_referencia_programa_nacional_seguranca.pdf.Acessoem:15maio2024.
4. Kohn LT, Corrigan JM, Donaldson, MS, editors. To err is human: building a safer health care system. Washington (DC): National Academies Press (US); 2000.
5. The Joint Comission. Patient Safety. 2003. Disponível em: http://www.jointcomission.org/PatientSafety/NationalPatientSafetyGoals/03_npsgs.htm.
6. Novaes HM, Paganini JM. Desenvolvimento e fortalecimento dos sistemas locais de saúde na transformação dos sistemas nacionais de saúde: padrões e indicadores de qualidade para hospitais (Brasil). Washington (DC): Organização Panamericana de Saúde; 1994. (OPAS/HSS/ 94.05).
7. Brasil. Ministério da Saúde. Portaria nº 529, de 1º de abril de 2013. Institui o Programa Nacional de Segurança do Paciente (PNSP). Diário Oficial da União. Brasília, p. 43, 2 abr. 2013. Disponível em: https://bvsms.saude.gov.br/bvs/saudelegis/gm/2013/prt0529_01_04_2013.html. Acesso em: 1 jun. 2024.
8. Brasil. Ministério da Saúde. Resolução, RDC n. 36, de 25 de julho de 2013. Institui ações para a segurança do paciente em serviços de saúde e dá outras providências. Disponível em: https://bvsms.saude.gov.br/bvs/saudelegis/anvisa/2013/rdc0036_25_07_2013.html. Acesso em: 1 jun. 2024.
9. Caldana et al. Brazilian network for nursing and patient safety: challenges and perspectives. Texto & Contexto – Enfermagem. 2015:24(3):906-11.
10. Instituto para Prática Segura em Medicamentos. [Internet]. Disponível em: https://www.ismp-brasil.org/site/quem-somos/. |cesso em: 1 jun. 2024.
11. Chassin MR, Galvin RW, and the National Roundtable on Health Care Quality. The urgent need to improve health care quality: Institute of Medicine National Roundtable on Health Care Quality. JAMA. 1998;280(11):1000-5.
12. Corrigan JM, Kohn LT, Donaldson MS, Maguire SK, Pike KC. Crossing the quality chasm: a new health system for the 21st century. Washington, DC: National Academy Press; 2001.
13. Tomasich F. The history of quality and safety of the surgical patient: from the initial standards to the present day. Rev. Col. Bras. Cir. 47 .2020.
14. Joint Commission International. Padrões de acreditação da Joint Commission International para hospitais: incluindo padrões para hospitais, centros médicos e acadêmicos. International Patient Safety Goals (IPSG), 7.ed. Oak Brook: Joint Commission International; 2021.
15. Wu LF, Zhuang GH, Hu QL, et al. Using information technology to optimize the identification process for outpatients having blood drawn and improve patient satisfaction. BMC Med Inform Decis Mak. 2022;22(1):61.
16. D'Acunto JI, Khoury M, Parodi G, Estrada G. Detección de fallas en las pulseras identificatorias de pacientes internados. Medicina (B Aires). 2021;81(4):597-601.
17. Nitro M, Romano R, Marletta G, et al. The safety of care focused on patient identity: an observational study. Acta Biomed. 2021;92(S2):e2021038.
18. Ciapponi A, Fernandez Nievas SE, Seijo M, et al. Reducing medication errors for adults in hospital settings. Cochrane Database Syst Rev. 2021;11(11):CD009985.
19. Chair SY, Chien WT, Kendall S, Zang Y, Liu T, Choi KC. Effects of telephone consultation on safety, service use, patient satisfaction, and workload: systematic review and meta-analysis of randomized trials. Telemed J E Health. 2024;30(2):364-80.
20. Ambe PC, Sommer B, Zirngibl H. Verwechselungseingriffe in der Chirurgie: Inzidenz, Risikofaktoren und Prävention [Wrong site surgery: Incidence, risk factors and prevention]. Chirurg. 2015;86(11):1034-40.
21. Pikkel D, Sharabi-Nov A, Pikkel J. The importance of side marking in preventing surgical site errors. Int J Risk Saf Med. 2014;26(3):133-8.
22. Yoong W, Sekar H, Nauta M, Yoong H, Lopes T. Developing the 'checking' discipline. Postgrad Med J. 2021;97(1154):825-30.
23. LoPresti MA, Du RY, Yoshor D. Time-Out and Its Role in Neurosurgery. Neurosurgery. 2021;89(2):266-74.
24. MacLeod C, Braun L, Caruso BA, et al. Recommendations for hand hygiene in community settings: a scoping review of current international guidelines. BMJ Open. 2023;13(6):e068887.
25. de Melo LSW, de Abreu MVM, de Oliveira Santos BR, et al. Partnership among hospitals to reduce healthcare associated

infections: a quasi-experimental study in Brazilian ICUs [published correction appears in BMC Infect Dis. 2022;22(1):898. BMC Infect Dis. 2021;21(1):212.

26. Montero-Odasso M, van der Velde N, Martin FC, et al. World guidelines for falls prevention and management for older adults: a global initiative [published correction appears in Age Ageing. 2023;52(9):] [published correction appears in Age Ageing. 2023;52(10):]. Age Ageing. 2022;51(9):afac205.
27. Schoberer D, Breimaier HE, Zuschnegg J, Findling T, Schaffer S, Archan T. Fall prevention in hospitals and nursing homes: Clinical practice guideline. Worldviews Evid Based Nurs. 2022;19(2):86-93.
28. Lopez AT, Fisher J, Samie FH. Fall risk assessment and injury prevention in the Mohs surgery clinic: a review of the literature and recommendations for improving patient safety. Dermatol Online J. 2019;25(8):13030/qt19h4m2kg.
29. Jewell VD, Capistran K, Flecky K, Qi Y, Fellman S. Prediction of falls in acute care using The Morse Fall Risk Scale. Occup Ther Health Care. 2020;34(4):307-19.
30. Ferreira RN, Ribeiro NF, Santos CP. Fall risk assessment using wearable sensors: a narrative review. Sensors (Basel). 2022;22(3):984.
31. World Health Organization. Global patient safety report. 2024. Disponível em: https://iris.who.int/bitstream/handle/10665/376928/9789240095458-eng.pdf?sequence=1&isAllowed=y. Acesso em: 3 maio 2024.
32. Gabriel CS. Dez anos do Programa Nacional de Segurança do Paciente: avanços, barreiras e protagonismo da enfermagem. Rev Gaúcha Enferm. 2023;44:e20230194.
33. Nieva VF, Sorra J. Safety culture assessment: A tool for improving patient safety in healthcare organizations. Qual Saf Health Care; 2003;12(2):17-23.
34. Reis CT, Laguardia J, Martins M. Adaptação Transcultural da versão brasileira do Hospital Survey on Patient Safety Culture: etapa inicial. Cad Saúde Pública. 2012;28(11):2199-210.
35. Toledo SA, Batista J, Santos A, Borges F, Moraes SR, Lenhani BE. Cultura punitiva percebida por profissionais de saúde atuantes em unidades de terapia intensiva: revisão integrativa. Saúde Coletiva. 2021;11(68):7631-7.
36. Campos LP, Assis YI, Carneiro-Oliveira MM, Picanço CM, Souza AC, Souza AS, et al. Cultura de segurança: percepção dos enfermeiros de Unidades de Terapia Intensiva. Acta Paul Enferm. 2023;36:eAPE008532.
37. Reis GAX, Oliveira JLC, Ferreira AMD, Vituri DW, Marcon SS, Matsuda LM. Dificuldades para implantar estratégias de segurança do paciente: perspectivas de enfermeiros gestores. Rev Gaúcha Enferm. 2019;40: SPE.
38. Mueller BU, Neuspiel DR, Fisher ERS; Council on Quality Improvement and Patient Safety, Committee on Hospital Care. Principles of pediatric patient safety: reducing harm due to medical care. Pediatrics. 2019;143(2):e20183649.
39. Seys D, Wu AW, Van Gerven E, et al. Health care professionals as second victims after adverse events: a systematic review. Eval Health Prof. 2013;36(2):135-62.
40. Kappes M, Romero-García M, Delgado-Hito P. Coping strategies in health care providers as second victims: A systematic review. Int Nurs Rev. 2021;68(4):471-81.
41. Harrison R, Johnson J, McMullan RD, et al. Toward constructive change after making a medical error: recovery from situations of error theory as a psychosocial model for clinician recovery. J Patient Saf. 2022;18(6):587-604.
42. Houlihan S. Dual-process models of health-related behaviour and cognition: a review of theory. Public Health. 2018;156:52-9.
43. Hansen, Pelle Guldborg (março de 2016). The definition of nudge and libertarian paternalism: does the hand fit the glove?. Eur J Risk Regulation. 7(1):155-74.
44. Meeker D, Knight TK, Friedberg MW, et al. Nudging guideline-concordant antibiotic prescribing: a randomized clinical trial. JAMA Intern Med. 2014;174(3):425-31.
45. Caris MG, Labuschagne HA, Dekker M, Kramer MHH, van Agtmael MA, Vandenbroucke-Grauls CMJE. Nudging to improve hand hygiene. J Hosp Infect. 2018;98(4):352-8.

35

Privacidade e proteção dos dados pessoais em pesquisas clínicas

Bianca Milena Verboski
Amanda Beatriz Cezario

INTRODUÇÃO

As pesquisas clínicas são imprescindíveis para garantir a eficácia e segurança dos novos tratamentos médicos, porém, quando realizadas em seres humanos, devem atender a preceitos éticos considerando a Resolução do CNS n. 466[1] publicada em 2012, que destaca a privacidade e integridade das informações dos participantes de pesquisa. Com o advento da Lei Geral de Proteção de Dados Pessoais, n. 13.709 de agosto de 2018[2], o tratamento de dados pessoais é regulamentado, de forma a atribuir maior responsabilidade àqueles que fazem o tratamento de dados pessoais, incluindo para fins de pesquisa clínica.

Neste contexto, devem ser adotadas estratégias e observados os dizeres da legislação em todo o processamento de dados pessoais, desde a concepção do protocolo de pesquisa até o momento em que os dados serão armazenados, arquivados e eliminados, para evitar a quebra da confidencialidade, integridade e disponibilidade das informações, considerando, em todo momento, os impactos éticos e legais ao realizar o tratamento de dados pessoais.

VISÃO HISTÓRICA

A pesquisa clínica é fundamental para o conhecimento das doenças, desenvolvimento de alternativas de tratamento e evolução da medicina. Os estudos clínicos que envolvem seres humanos existem há muitos anos; contudo, questões relacionadas à natureza ética e à proteção dos indivíduos participantes de pesquisa não eram consideradas preocupações, até que o conhecimento sobre os experimentos nazistas realizados durante a 2ª Guerra Mundial evidenciassem que a adoção de preceitos éticos para realização de pesquisa se fazia necessária considerando principalmente a proteção dos participantes de pesquisa[3,4].

Por outro lado, quando falamos de privacidade, o seu conceito se iniciou defendendo o direito de "não ser perturbado" pelo estado. O primeiro acontecimento sobre o tema foi registrado em 1890, quando dois advogados dos Estados Unidos, Samuel D. Warren e Louis Brandeis, escreveram o artigo "O direito à privacidade", argumentando "o direito de ser deixado em paz", usando esta frase como definir a privacidade[3]. No entanto, por volta de 1948, o assunto retorna de forma relevante, promovendo-o a uma proteção contra a Europa no pós-guerra, com o objetivo de salvaguardar a vida familiar e pessoal de um indivíduo, conforme consagrado na Convenção Europeia de Direitos Humanos[5].

No que se refere à, especificamente, "proteção dos dados pessoais", há registros de que a preocupação em proteger tais informações surgiu nos Estados Unidos, nos anos 1960; porém, a primeira lei oficialmente registrada sobre o tema foi criada em Hessen, na Alemanha, na década de 1970. Durante este período, o avanço da computação e da indústria nos países mais desenvolvidos impulsionou o estado alemão a criar normas para regular a privacidade no país, o que fez, pela primeira vez, que o conceito de proteção de dados fosse introduzido no cenário jurídico da Alemanha. Ainda que o conceito tenha sido desenvolvido desde o início da década de 1970, a legislação só foi finalizada e implementada em 1978. Neste mesmo ano, países como França, Noruega, Suécia e Áustria também criaram suas próprias leis sobre como as informações de seus cidadãos poderiam ser utilizadas e compartilhadas[6,7].

Até que, em 1981, uma convenção elaborada pelos países membros do Conselho da Europa, à época, ajudou a unificar e desenvolver melhor as normas para o tratamento automatizado de dados pessoais[8].

A partir dessa visão histórica, conseguimos entender que os temas são amplamente relevantes para a sociedade há muito tempo, de forma a ser inquestionável a sua importância.

Atualmente, entrando no contexto brasileiro, existem leis e regulamentações sobre os temas, de forma a garantir que as pesquisas clínicas ocorram de modo a observar a privacidade, a proteção dos dados pessoais, a ética e a integridade dos titulares e dos dados pessoais que são envolvidos, e é sobre isso que vamos discorrer neste capítulo.

ARCABOUÇO NORMATIVO DO CONSELHO NACIONAL DA SAÚDE DO BRASIL

A Comissão Nacional de Ética em Pesquisa (CONEP) sob orientação do Conselho Nacional de Saúde (CNS) tem entre suas atribuições elaborar e atualizar as diretrizes e normas para a proteção dos participantes de pesquisas clínicas e coordenar o Sistema CEP/CONEP[9-11]. A partir disso a Resolução do CNS n. 466, publicada em 2012[1], é definida como a principal diretriz para regulamentar as pesquisas que envolvem seres humanos, com foco em assegurar a ética na realização e condução dessas pesquisas e a proteção de dados pessoais dos participantes. Esta resolução, além de tratar dos aspectos éticos da pesquisa envolvendo seres humanos, também dispõe sobre a concessão de consentimento livre e esclarecido pelos participantes das pesquisas, da privacidade e confidencialidade dos dados coletados, e determina a necessidade de aprovação de projetos de pesquisa por Comitês de Ética em Pesquisa (CEPs) antes do início da realização das pesquisas, com vistas a garantir o cumprimento das normas e regulamentos[11].

A Resolução do CNS n. 466 de 2012[1], em conjunto com as Resoluções do CNS de n. 370 de 2007[12], n. 441 de 2011[13], n. 466 de 2012[1], n. 510 de 2016[14], n. 563 de 2017[15], n. 580 de 2018[16], n. 674 de 2022[17] e a Resolução n. 738 de 2024[18], formam o arcabouço normativo abrangente que garante a ética e a proteção dos participantes em todas as pesquisas que envolvem seres humanos no Brasil.

Ao aprofundar nas resoluções, normas, cartas circulares, publicadas pelo CNS é possível identificar que todas tratam de diversas temáticas em comum, como ética na pesquisa, consentimento informado, proteção e privacidade dos dados, direitos dos participantes, utilização de material biológico para fins de pesquisa, funcionamento dos comitês de ética em pesquisa, transparência e divulgação dos resultados e revisão ética contínua em todo o curso da pesquisa, até a sua finalização[10].

Para contribuir com uma visão holística do que tratam cada uma das resoluções do CNS, elencaremos o foco de cada uma delas:

- A Resolução do CNS de n. 370 de 2007 é que dispõe sobre o registro e renovação do registro e credenciamento dos CEPs, condições mínimas de funcionamento, requisitos e critérios a serem observados pelos seus membros[12].
- A Resolução do CNS de n. 441, de 2011, é direcionada para pesquisas com novos produtos, substâncias ou dispositivos. Inclui a proteção de dados pessoais como boa prática clínica; contudo, sem maior ênfase, pois o seu foco são conceitos técnicos relacionados à necessidade de coleta, utilização, análise e armazenamento de material biológico humano com a finalidade de pesquisa. A resolução reforça a necessidade do Termo de Consentimento Livre e Esclarecido, tema este que será estudado com maior ênfase a frente, neste capítulo[13].
- A Resolução do CNS de n. 466 de 2012 é uma das principais referências quando se trata de pesquisas envolvendo seres humanos, a qual estabelece com maior detalhamento os princípios éticos fundamentais para a proteção dos participantes de pesquisa, considerando, *a priori*, o progresso da ciência e da tecnologia[1].

Essa resolução, que atualiza e aprova as diretrizes e normas regulamentadoras para pesquisas que envolvem seres humanos, reforça que em qualquer área de conhecimento as pesquisas devem prever procedimentos que assegurem a confidencialidade e a privacidade, a proteção dos dados pessoais, das imagens e a não estigmatização dos participantes da pesquisa, garantindo a não utilização das informações em prejuízo das pessoas e/ou das comunidades, inclusive em termos de autoestima, de prestígio e/ou de aspectos econômico-financeiros.

Para aplicação do Termo de Consentimento Livre e Esclarecido (TCLE), os responsáveis pelas pesquisas devem buscar o momento, a condição e o local mais adequados para que o esclarecimento seja efetuado, considerando, sobretudo, as peculiaridades do convidado a participar da pesquisa e sua privacidade.

O pesquisador deve garantir a manutenção do sigilo e da privacidade dos participantes da pesquisa durante todas as fases da pesquisa, e isso deve constar no TCLE, de forma a conceder a devida transparência e coleta do consentimento de forma livre e esclarecida, sem que o participante tenha alguma dúvida ou insegurança sobre o teor da pesquisa que consentirá em ser realizada com os seus dados pessoais, informações e/ou material biológico.

Há casos em que a obtenção do consentimento do participante pode ser inviável, em decorrência de uma condição específica de sua saúde, ou situações em que esta obtenção pode significar riscos substanciais à privacidade e à confidencialidade dos dados pessoais do participante ou aos vínculos de confiança entre pesquisador e participante; para estas condições que inviabilizam a devida aplicação do TCLE, o pesquisador tem a responsabilidade de solicitar, de forma justificada, ao CEP/CONEP para apreciação, a dispensa do TCLE para aquela pesquisa em específico, sem prejuízo do posterior processo de esclarecimento ao participante[9,11].

O pesquisador tem como uma de suas responsabilidades principais a garantia de manutenção do sigilo e da privacidade dos participantes das pesquisas que está conduzindo, durante todas as suas fases, e isso deve constar no TCLE, quando este for devidamente aplicado e não tiver sido alvo de dispensa pelo CEP[11].

Os dados pessoais, informações e material biológico devem ser utilizados para os fins exclusivos e indicados no protocolo da pesquisa, o que também deve constar no TCLE. Destaca-se a responsabilidade de o pesquisador principal manter a guarda dos dados da pesquisa por 5 anos, assim como o CEP deve guardar o protocolo e relatórios recebidos pelo mesmo período e em ambos os casos, após o término da pesquisa[9].

- A Resolução do CNS de n. 510 de 2016 é complementar à Resolução do CNS de n. 466 de 2012, e seu conteúdo é direcionado às áreas de Ciências Sociais e Humanas, considerando suas sensibilidade e particularidade nas suas concepções e práticas de pesquisa, na medida em que nelas prevalece uma acepção pluralista de ciência da qual decorre a adoção de múltiplas perspectivas teórico-metodológicas, bem como lidam com atribuições de significado, práticas e representações, sem intervenção direta no corpo humano, com natureza e grau de risco específico[1,14].
- A Resolução do CNS de n. 563 de 2017 trata da necessidade de definir diretrizes e ações no âmbito das pesquisas envolvendo pessoas com doenças ultrarraras no país, contemplando as particularidades desta população que apresentam baixa incidência, mas que necessitam normatizar e garantir o fornecimento de tratamento pós-estudo aos participantes de pesquisa por tempo determinado, além da abordagem sobre medicamento experimental, que pode curar, retardar a progressão da doença e atenuar os efeitos da doença ultrarrara, sobretudo em crianças, o que tem sido uma reinvindicação dos pacientes com doenças ultrarraras[15].
- A Resolução do CNS de n. 580, de 2018, foi sancionada para validar o item XIII.4 da Resolução n. 466 de 2012, a qual institui particularidades nas análises éticas das pesquisas de interesse estratégico para o Sistema Único de Saúde (SUS), como: não interferir na atividade profissional do trabalhador da saúde; o participante de pesquisa deve saber diferenciar a ação de atenção à saúde e procedimento de pesquisa; o orçamento da pesquisa não deve onerar o SUS, além de manter o processo de tratamento de dados pessoais instituído pela Resolução n. 466 de 2012[1,16].
- A Resolução do CNS de n. 674, de 2022, dispõe sobre a tipificação da pesquisa e a tramitação dos protocolos de pesquisa no Sistema CEP/CONEP, com esclarecimento no que se refere ao delineamento do estudo; procedimento da pesquisa com seres humanos, tipificação da pesquisa; fatores de modulação da pesquisa; tramitação dos protocolos no Sistema CEP/CONEP; prazos de tramitação dos protocolos; e pesquisas que são dispensadas de registro na plataforma Brasil[17].
- A Resolução do CNS de n. 738 de 2024 trata da normatização do uso de bancos de dados com finalidade de pesquisa científica envolvendo seres humanos, reconhecendo a importância da proteção dos direitos fundamentais dos participantes de pesquisas; estabelece procedimentos para a constituição e utilização de bancos de dados no âmbito da pesquisa[18].

É extremamente notável que todas as resoluções supracitadas de alguma forma tratam a confidencialidade, privacidade e proteção dos dados pessoais dos participantes de pesquisas clínicas como princípios que embasam a realização das pesquisas clinicas e, somado a isso, temos o fenômeno da Lei Geral de Proteção de Dados Pessoais, Lei de n. 13.709 de agosto de 2018[2], que fortalece ainda mais a necessidade de respeito à privacidade e a proteção dos dados pessoais, com disposições e necessidades específicas sobre responsabilidade no que tange ao tratamento de dados pessoais por entes públicos e privados.

LEI GERAL DE PROTEÇÃO DE DADOS PESSOAIS E PESQUISAS CLÍNICAS

A Lei Geral de Proteção de Dados Pessoais (LGPD) (Lei de n. 13.709 de agosto de 2018) tem sua aplicação ampla e extensiva definida por qualquer operação de tratamento realizada por pessoa natural ou por pessoa jurídica de direito público ou privado, independentemente do meio, do país de sua sede ou do país onde estejam localizados os dados, desde que: a operação de tratamento seja realizada no território nacional; a atividade de tratamento tenha por objetivo a oferta ou o fornecimento de bens ou serviços ou o tratamento de dados de indivíduos localizados no território nacional; os dados pessoais objeto do tratamento tenham sido coletados no território nacional. Ou seja, entram nessa aplicação todo e qualquer tratamento de dados pessoais, sendo indiscutível a necessidade da sua observação também no âmbito de pesquisas clínicas com seres humanos[2].

Com isso, a LGPD tem como seu objetivo principal proteger direitos essenciais da dignidade humana, sendo a privacidade e a proteção dos dados pessoais, garantindo a autonomia individual e a livre manifestação da vontade dos indivíduos, o que implica dar ao titular dos dados pessoais o controle sobre suas informações. Para isso, a LGPD trouxe como seus fundamentos o seguinte:

- Respeito à privacidade – o direito que tem o indivíduo de manter indevassados seus dados pessoais e informações que lhe digam respeito.
- Autodeterminação informativa – o direito do indivíduo em ter o controle das suas informações, e ser devidamente informados sobre como os seus dados pessoais serão tratados e para qual finalidade serão usados.
- Liberdade de expressão, informação, comunicação e opinião – este direito compreende a liberdade de opinião e a liberdade de receber ou de transmitir informações ou ideias sem que possa haver ingerência de quaisquer autoridades públicas ou até mesmo privada, e sem considerações de fronteiras.
- Inviolabilidade da intimidade, honra e imagem – estabelece que nenhum indivíduo deve ser exposto sobre informações e dados pessoais que lhe digam respeito de forma a prejudicar sua honra e imagem.
- Desenvolvimento econômico, tecnológico e inovação – a LGPD não visa a impedir o desenvolvimento tecnológico brasileiro. Pelo contrário, traz proteção ao titular e explicita regras para o uso dos dados pessoais nesse cenário, pois tal utilização se torna imprescindível para o avanço econômico, tecnológico e de inovação, principalmente no que se refere ao âmbito da saúde, considerando as pesquisas clínicas com seres humanos.
- Livre iniciativa, concorrência e defesa do consumidor.
- Os direitos humanos, o livre desenvolvimento da personalidade, a dignidade e o exercício da cidadania pelas pessoas naturais.

Os fundamentos acima são somados aos princípios da LGPD, enquanto os fundamentos são os norteadores da legislação, a base que sustenta todas as diretrizes e limites da aplicação legal, os princípios são os preceitos que definem as regras pelas quais uma sociedade civilizada deve se orientar[2].

Com isso, a LGPD define como seus princípios, em toda e qualquer atividade de tratamento de dados pessoais, a boa-fé dos envolvidos, e:

- Finalidade: realização do tratamento para propósitos legítimos, específicos, explícitos e informados ao titular, sem possibilidade de tratamento posterior de forma incompatível com essas finalidades.
- Adequação: compatibilidade do tratamento com as finalidades informadas ao titular, de acordo com o contexto do tratamento.
- Necessidade: limitação do tratamento ao mínimo necessário para a realização de suas finalidades, com abrangência dos dados pertinentes, proporcionais e não excessivos em relação às finalidades do tratamento de dados.
- Livre acesso: garantia, aos titulares, de consulta facilitada e gratuita sobre a forma e a duração do tratamento, bem como sobre a integralidade de seus dados pessoais.
- Qualidade dos dados: garantia, aos titulares, de exatidão, clareza, relevância e atualização dos dados, de acordo com a necessidade e para o cumprimento da finalidade de seu tratamento.
- Transparência: garantia, aos titulares, de informações claras, precisas e facilmente acessíveis sobre a realização do tratamento e os respectivos agentes de tratamento, observados os segredos comercial e industrial.
- Segurança: utilização de medidas técnicas e administrativas aptas a proteger os dados pessoais de acessos não autorizados e de situações acidentais ou ilícitas de destruição, perda, alteração, comunicação ou difusão.
- Prevenção: adoção de medidas para prevenir a ocorrência de danos em virtude do tratamento de dados pessoais.
- Não discriminação: impossibilidade de realização do tratamento para fins discriminatórios ilícitos ou abusivos.
- Responsabilização e prestação de contas: demonstração, pelo agente, da adoção de medidas eficazes e capazes de comprovar a observância e o cumprimento das normas de proteção de dados pessoais e, inclusive, da eficácia dessas medidas.

Observando a LGPD no cenário de pesquisas clínicas com seres humanos, estamos diante de maiores deveres e obrigações no que tange à proteção dos dados pessoais por aqueles que realizam tais pesquisas e estejam envolvidos de forma direta, ou indireta, com o tratamento dos dados pessoais, pois, além dos preceitos legais, há a criação de um órgão específico para fiscalizar e regulamentar os entes que tratam dados pessoais que, consequentemente, levam para si o dever de protegê-los, sendo este órgão a Autoridade Nacional de Proteção de Dados Pessoais incumbida de tal fiscalização e garantia do cumprimento no que se refere à privacidade e à proteção dos dados pessoais por aqueles que realizam tal tratamento.

Quando falamos de tratamento de dados pessoais, frisa-se que é tudo que é feito com o dado pessoal, ou seja, a visualização, coleta, produção, recepção, classificação, utilização, acesso, reprodução, transmissão, distribuição, processamento, arquivamento, armazenamento, eliminação, avaliação ou controle da informação, modificação, comunicação, transferência, difusão ou extração.

A LGPD confere em torno de dez bases legais, que são as hipóteses legítimas que autorizam o tratamento dos dados pessoais por entes públicos ou privados, isso significa que cada operação, atividade e processo que trate os dados pessoais com uma finalidade, deve estar dentro de uma dessas hipóteses legais, que estão previstas nos artigos 7º e 11 da LGPD, o artigo 7º direciona as bases legais para dados pessoais comuns, enquanto o artigo 11 direciona as bases legais para os dados pessoais sensíveis.

A saber, dados pessoais comuns, para a LGPD, são as informações relacionadas a pessoa natural identificada ou identificável, identificada são informações que levam ao conhecimento direto do titular, como o seu nome, números de documentos de identidade, telefone, e-mail, endereço, entre outros; Enquanto que os dados pessoais sensíveis são específicos, sendo aquele sobre origem racial ou étnica, convicção religiosa, opinião política, filiação a sindicato ou a organização de caráter religioso, filosófico ou político, dado referente à saúde ou à vida sexual, dado genético ou biométrico, quando vinculado a uma pessoa natural.

No que se refere à bases legais direcionadas à estudos e pesquisas com seres humanos, podemos considerar unânime a aplicação do artigo 11, pois os dados de saúde que norteiam essas pesquisas são considerados dados sensíveis para a LGPD[2]. Com isso, são duas as bases legais principais nesse contexto, são elas:

- Quando o titular ou seu responsável legal consentir, de forma específica e destacada, para finalidades específicas.
- Realização de estudos por órgão de pesquisa, garantida, sempre que possível, a anonimização dos dados pessoais sensíveis.

A vinculação de uma base legal a uma operação de tratamento com dados pessoais é unitária, ou seja, é uma ou outra, não são as duas cumulativamente. Nessa toada, cabe-se analisar o vínculo das pesquisas clínicas com a necessidade do TCLE, que entraria na esfera da base legal; enquanto aquelas que possuem dispensa do TCLE, formalizada pelo CEP/CONEP, entrariam na esfera da base legal II[9,11].

A aplicação do consentimento, considerando a LGPD, Resolução CNS n. 466/2012 e a 510/2016, contempla requisitos específicos que devem obrigatoriamente ser observados. O consentimento deve ser livre, de forma a não ser condicionado ao devido andamento do seu cuidado e tratamento de saúde; esclarecido a ponto de não gerar dúvidas ou equívocos de entendimento por parte do titular, participante da pesquisa clínica, fazendo que ele tenha plena ciência de que está sendo solicitada a sua autorização; expresso, ou seja, por escrito ou por outro meio que demonstre e evidencie a manifestação de vontade do titular de maneira formalizada; e destacado, ou seja, quando esse consentimento vier em documentos maiores, com abordagens detalhadas de outros assuntos, a parte em que o titular consentirá com o tratamento dos seus dados pessoais e o objetivo e finalidade desse tratamento deve ser destacada das demais[1,2,14].

Além disso, a LGPD determina que da mesma forma que o consentimento foi concedido pelo titular, deve haver meios gratuitos e facilitados para que ele questione ou até mesmo revogue o seu consentimento, a qualquer momento, mediante manifestação expressa do titular, ratificados os tratamentos realizados sob amparo do consentimento anteriormente manifestado, enquanto não houver requerimento de eliminação. Sob o aspecto ético pode-se verificar que a Resolução CNS n. 466/12 e na Carta Circular n. 1/2021-CONEP/SECNS/MS trata do direto garantido do participante de pesquisa em retirar seu consentimento, em qualquer fase da pesquisa, sem penalização. Reforçando os aspectos convergentes entre a legislação e a resolução[1,2,20].

De outro modo, quando entramos no aspecto da base legal de "Realização de estudos por órgão de pesquisa, garantida, sempre que possível, a anonimização dos dados pessoais sensíveis", devemos destacar, inicialmente, que órgão de pesquisa tem conceito definido na LGPD, sendo "órgão ou entidade da administração pública direta ou indireta ou pessoa jurídica de direito privado sem fins lucrativos legalmente constituída sob as leis brasileiras, com sede e foro no país, que inclua em sua missão institucional ou em seu objetivo social ou estatutário a pesquisa básica ou aplicada de caráter histórico, científico, tecnológico ou estatístico". Isso faz que a incidência dessa base legal seja ainda mais direcionada, pois se a pesquisa clínica não estiver sendo realizada por representantes que estão atuando em nome do órgão de pesquisa, essa base legal já não poderá ser acionada[2]. Além disso, a afirmação de ser aplicada a anonimização dos dados pessoais sensíveis, sempre que possível, deixa clara a necessidade de os dados clínicos, alvos do estudo, não estarem associados aos seus titulares, isso implica dizer que as informações do estudo não podem, e não devem, quando possível, identificar quem é o seu titular. Quando a anonimização não for possível, por motivos específicos do estudo, prioriza-se a pseudonimização, que é quando os dados clínicos do estudo estão associados a um código, e esse código identifica o titular, mas em outra base de dados, em que somente pessoas específicas e autorizadas conseguirão associar aquele código a um indivíduo. Isso significa que de uma forma ou de outra os estudos clínicos devem priorizar a anonimização, como regra; e a pseudonimização, de forma secundária[2].

Do ponto de vista ético, a Resolução do CNS n. 466/12 e a n. 510/16 definem que, para realização de pesquisas envolvendo seres humanos, procedimentos que assegurem a confidencialidade e privacidade devem ser previstos, além de ser um direito do participante ter a sua privacidade respeitada e ter garantida a confidencialidade das suas informações pessoais. Nas pesquisas com consulta ao acervo de instituições os mesmos procedimentos de sigilo, privacidade e confidencialidade devem ser adotados[1,14].

A LGPD também é clara ao enfatizar a adoção de medidas técnicas aptas a tornarem segura a operação com os dados pessoais, incluindo a necessidade da anonimização nos estudos realizados pelas entidades enquadradas no conceito de órgão de pesquisa, como já vimos. No âmbito ético podemos verificar que na Carta Circular n. 1/2021-CONEP/SECNS/MS o pesquisador é responsável pela escolha dos procedimentos de armazenamento de dados adotados para assegurar o sigilo e a confidencialidade dos participantes de pesquisa[2,20].

Além disso, frisa-se que os órgãos de pesquisa poderão ter acesso a bases de dados pessoais, que serão tratados exclusivamente dentro do órgão e estritamente para a finalidade de realização de estudos e pesquisas e mantidos em ambiente controlado e seguro, conforme práticas de segurança previstas em regulamento específico e que incluam, sempre que possível, a anonimização ou pseudonimização dos dados, bem como considerem os devidos padrões éticos relacionados a estudos e pesquisas.

PRIVACIDADE E PROTEÇÃO DE DADOS DESDE A CONCEPÇÃO E POR PADRÃO EM PESQUISAS CLÍNICAS

Quando falamos de privacidade e proteção de dados, fica evidente que esses direitos precisam ser observados desde o início, isto é, desde a concepção de toda e qualquer atividade que tenha tratamento de dados pessoais, e não seria diferente para pesquisas clínicas com seres humanos, em qualquer que seja a sua esfera de atuação. Para garantir essa privacidade e proteção desde a concepção dessas atividades, a LGPD[2] traz dois conceitos difundidos internacionalmente, que são o *Privacy by Design* e *Privacy by Default*[21], que significam a garantia da privacidade desde a concepção, e por padrão, em todo e qualquer tratamento de dados pessoais.

Adentrando no *Privacy by Design*, que pode ser traduzido para o português como "privacidade desde a concepção", o conceito surgiu em 1990, criado pela Dra. Ann Cavoukian, Comissária de Informação e Privacidade de Ontário, no Canadá, mas foi em 2010 que ganhou força ao ser aceito pela comunidade científica, a partir da *Resolution on Privacy by Design*[22]. É possível perceber que o seu objetivo é fazer que as organizações tenham mais consciência sobre o uso de dados, sobretudo no que diz respeito a dados pessoais. Esse preceito vai ao encontro do que propõe legislações como o *General Data Protection Regulation* (GDPR)[23] na União Europeia e a LGPD (Lei Geral de Proteção de Dados) no seu artigo 46[2].

Os princípios do *Privacy by Design*[21] são:

- As entidades que tratam dados pessoais devem adotar abordagem proativa e não reativa, isto é, prever os problemas com a privacidade e evitá-los antes de acontecer.
- Os sistemas, serviços e produtos devem proteger os dados pessoais de titulares, como regra e em todo o processamento dos dados pessoais.
- O escopo do projeto deve ser incorporado às medidas adotadas para a proteção de dados de titulares.
- As entidades que tratam dados pessoais não devem coletar mais do que o necessário.
- Deve ser adotada segurança de ponta a ponta.
- As práticas das entidades que tratam dados pessoais devem ser dotadas de visibilidade e transparência com o titular; e
- Deve ser respeitada, sobretudo, a privacidade do indivíduo.

Para as pesquisas clínicas com seres humanos, o *Privacy by Design*[21] é de suma importância, principalmente pelo teor dos dados pessoais que são tratados, sendo de extrema sensibilidade, pois referem-se a saúde, genética, biologia e outros aspectos especiais do indivíduo.

Nesse cenário, é possível afirmar que as organizações que realizam pesquisas clínicas com seres humanos devem avaliar, em cada processo a ser seguido com a finalidade de estruturar um estudo clínico, os seguintes pontos:

- Anonimização e pseudonimização dos dados pessoais no âmbito das instituições hospitalares, farmacêuticas, e qualquer outra que entre no escopo da pesquisa clínica com seres humanos.
- Contrato com cláusulas de privacidade, confidencialidade e responsabilidades claras e objetivas com os pesquisadores, coordenadores e parceiros da pesquisa que façam parte do estudo e possam, direta ou indiretamente, identificar os titulares (participantes de pesquisa), além de ter acesso aos representantes da instituição, para que observem todas as disposições da LGPD[2], listadas em documento bilateral, com responsabilidade objetiva, em casos de causar danos ou eventos suspeitos aos titulares, realizar uso de dados para finalidade secundária ou adversa da principal, não respeitar os prazos de comunicação, não colaborar em casos de auditoria, investigação ou monitoramento a respeito da conformidade com a lei, dentre vários outros aspectos legais e preventivos para o tratamento dos dados pessoais de todos os envolvidos.
- Utilização apenas de dados corporativos dos envolvidos na pesquisa, representando a instituição pesquisadora, como colaboradores, profissionais liberais e prestadores que assumem o papel de investigadores, coordenadores, participantes ou outro essencial para o andamento do estudo, incluindo, claramente, os médicos contratados pela instituição, de forma a garantir segurança no tratamento e minimizar danos em casos de eventos suspeitos ou incidentais sobre os dados pessoais, que, quando são corporativos, tornam a investigação do evento danoso mais viável e assertiva em seu controle e monitoramento.
- Aplicação de avaliação dos terceiros novos a virem a ser contratados e fazer parte da pesquisa clínica, para garantir que em seu ambiente são adotadas as melhores práticas de proteção de dados e que eles estão em conformidade com a LGPD. Por meio dessa avaliação, é mais tangível mensurar se o terceiro respeita e se adequa constantemente aos dizeres da Lei Geral de Proteção de Dados e boas práticas globais no tema, visto que ainda existe a possibilidade de haver atuação internacional e a LGPD precisará ser observada e aplicada também neste contexto, conforme sua aplicabilidade ampla descrita no texto legal[2].
- Controle de acesso às ferramentas, sistemas e plataformas envolvidas no estudo, para armazenar e processar os dados pessoais. Considera-se que deve ser obrigatória a segregação de perfil para permitir acesso apenas às informações necessárias aos titulares essenciais no estudo, sem que possam ver além do que devem dentro do seu escopo de atuação. Sendo assim, geralmente, os acessos devem ser segregados em profissionais administrativos, e profissionais da área de saúde, ficando o acesso aos dados pessoais sensíveis identificáveis ou identificados apenas aos profissionais da saúde necessários (o ideal é somente o acesso aos profissionais participantes da respectiva pesquisa).
- Rastreabilidade e trilhas de auditoria também devem ocorrer em todo ambiente eletrônico usado para processar os dados pessoais que são alvos de pesquisas clínicas, em todos os tratamentos que ocorrerem com os dados, a fim de identificar quem acessou o quê e quando, com registro das ações de criação, leitura, atualização e deleção de dados pessoais; dessa forma, é possível identificar agentes maliciosos, ataques invasivos, compartilhamento e acesso indevido, e demais incidentes.
- Análise técnica de requisitos de segurança da informação e testes de invasão também devem ser aplicadas no uso de qualquer tecnologia que seja utilizada para o tratamento dos dados pessoais, com configuração de alertas de invasão, *firewalls, data lost prevention – DLP* (prevenção de perda de dados) e outras medidas de segurança da informação técnica e organizativa que previnam e minimizem os impactos de incidentes e violações direcionadas aos dados pessoais[24,25].
- Documentos que conferem o consentimento e a devida transparência no estudo: como vimos neste capítulo, a depender da pesquisa, o Comitê de Ética em Pesquisa obriga ou dispensa o consentimento dos titulares para participarem do estudo. Em caso de consentimento, garantimos o dever de a área técnica que estiver executando a pesquisa observar todos os critérios do consentimento, sendo ele inequívoco, expresso, livre e informado, com possibilidade de revogação de forma simples e gratuita como foi para consentir. E, nos casos em que há a dispensa, deve haver aviso de privacidade dando a devida transparência no estudo, sobre como os dados serão ou foram tratados, a depender dos casos excepcionais de participantes de pesquisas (devidamente analisados pelo CEP/CONEP[9,11]), por qual tempo e de que forma, dentre outros aspectos já redigidos em documentos específicos e direcionados à garantia da privacidade e à proteção dos dados pessoais nas pesquisas clínicas.

CONSIDERAÇÕES FINAIS

Especificamente em processos de pesquisas e estudos clínicos com seres humanos, cuja demanda é urgente e relativamente alta, para que a avaliação se torne mais ágil e garanta o andamento das pesquisas no devido tempo, é importante considerar a adoção dessas medidas de segurança e proteção de dados como padrão, com os pontos necessários a serem observados em todo e qualquer andamento de pesquisa clínica, conforme já elencado. Em casos específicos, que demandam, principalmente, tecnologias novas, ou compartilhamento internacional de dados identificáveis, ou seja, quando a anonimização ou pseudonimização não pode ser aplicada, a avaliação precisará ter uma análise mais específica e criteriosa, tudo isso oriundo do *Privacy by Design* e do *Privacy by Default*[21] – privacidade desde a concepção e por padrão nas pesquisas clínicas com seres humanos.

REFERÊNCIAS BIBLIOGRÁFICAS

1. Conselho Nacional de Saúde. Resolução n. 466, de 12 de dezembro de 2012.
2. Brasil. Lei n. 13.709, de 14 de agosto de 2018. Dispõe sobre a proteção de dados pessoais e altera a Lei n. 12.965, de 23 de abril de 2014 (Marco Civil da Internet).
3. Salgado AV. Clinical trials: history and actuality. Gazeta Médica. 2016;3(3):132-3.
4. Emanuel EJ, Wendler D, Grady C. What makes clinical research ethical? JAMA. 2000;283(20):2701-11.
5. Warren SD, Brandeis LD. Right to privacy. Harvard Law Review. 1890;IV(5).
6. Doneda D. Da privacidade à proteção de dados pessoais. Rio de Janeiro: Renovar, 2006.
7. Organização dos Estados Americanos. Convenção Europeia de Direitos Humanos. Disponível em: https://www.oas.org/es/cidh/expresion/showarticle.asp?artID=536&lID=4. Acesso em: 3 jun. 2024.
8. Conselho da Europa. Convention pour la protection des personnes à l'égard du traitement automatisé des données à caractère personnel. Disponível em: https://rm.coe.int/1680078b39. Acesso em: 3 jun. 2024.
9. Comissão Nacional de Ética em Pesquisa. Conselho Nacional de Saúde. Disponível em: https://conselho.saude.gov.br/comissoes-cns/conep. Acesso em: 3 jun. 2024.
10. Conselho Nacional de Saúde. Ministério da Saúde. Disponível em: https://conselho.saude.gov.br/apresentacao-cns. Acesso em: 3 jun. 2024.
11. Comissão de Ética em Pesquisa. Conselho Nacional de Saúde. Disponível em: https://conselho.saude.gov.br/comissoes-cns/conep. Acesso em: 3 jun. 2024.
12. Conselho Nacional de Saúde. Resolução n. 370, de 8 de março de 2007.
13. Conselho Nacional de Saúde. Resolução n. 441, de 12 de maio de 2011.
14. Conselho Nacional de Saúde. Resolução n. 510, de 07 de abril de 2016.
15. Conselho Nacional de Saúde. Resolução n. 563, de 10 de novembro de 2017.
16. Conselho Nacional de Saúde. Resolução n. 580, de 22 de março de 2018.
17. Conselho Nacional de Saúde. Resolução n. 674, de 06 de maio de 2022.
18. Conselho Nacional de Saúde. Resolução n. 738, de 01 de fevereiro de 2024.
19. Autoridade Nacional de Proteção de Dados. Disponível em: https://www.gov.br/anpd/pt-br. Acesso em: 3 jun. 2024.
20. Comissão Nacional de Ética em Pesquisa. Carta Circular n. 1/2021-CONEP/SECNS/MS. Brasília, 3 de março de 2021.
21. Centro de Estudos Sociedade e Tecnologia da USP. Privacy by Design e Privacy by Default. Boletim. 2021;6(6).
22. International Conference of Data Protection and Privacy Commissioners. Resolution on Privacy by Design. 32nd ed. Jerusalem, Israel; 2010.
23. Regulation (EU) 2016/679 of the European Parliament and of the Council of 27 April 2016 on the protection of natural persons with regard to the processing of personal data and on the free movement of such data, and repealing Directive 95/46/EC (General Data Protection Regulation). Disponível em: https://gdpr-info.eu/. Acesso em: 3 jun. 2024.
24. Microsoft. Princípios de segurança – Bem Arquitetado. Disponível em: https://learn.microsoft.com/pt-br/azure/well-architected/security/principles. Acesso em: 3 jun. 2024.
25. Microsoft. O que é prevenção contra perda de dados (DLP)? Disponível em: https://www.microsoft.com/pt-br/security/business/security-101/what-is-data-loss-prevention-dlp. Acesso em: 3 jun. 2024.

36

Biossegurança no *home office*

Glaucio Monteiro Ferreira
Thiago Dominguez Crespo Hirata
Paula Paccielli Freire
Mario Hiroyuki Hirata

INTRODUÇÃO

Na Segurança e Saúde do Trabalho (SST), a biossegurança é crucial para prevenir acidentes. Ela inclui medidas para eliminar ou reduzir riscos em ambientes perigosos ou nocivos. Essas medidas protegem os trabalhadores de danos psicológicos, ergonômicos, físicos, químicos e biológicos. A biossegurança deve ser assumida como uma necessidade pessoal, e para isso são necessários treinamento contínuo, avaliação constante dos riscos, uso adequado de equipamentos de trabalho de forma correta, uso de equipamento de proteção coletiva e individual, quando necessário, e procedimentos operacionais padrão revisados e atualizados constantemente, sendo supervisionada e estabelecida uma equipe de segurança de trabalho com profissionais qualificados e atualizados. Além disso, promover uma cultura de segurança é vital para que todos entendam e apliquem as medidas de biossegurança, como um benefício e não como uma obrigação. Neste capítulo discutiremos o trabalho em casa, cujo cuidado é extremamente importante devido à característica atual de muitas atividades profissionais, que apresenta muitas vantagens, mas se discute também a ocorrência de outras desvantagens, como o isolamento, a geração de falta de contato social, e em casos mais extremos o desenvolvimento de problemas psicológicos, metabólicos e o mais importante: o ergonômico, por inadequação dos equipamentos de trabalho, como uso de cadeiras sem apoio de braço (principalmente o uso de computadores portáteis [*notebook* e *tablets*]) sem acessórios que minimizam estes problemas, e computadores com monitores em posição inadequada ou de tamanho que não condiciona posição adequada do operador.

HOME OFFICE NO BRASIL

O conceito de *home office* surgiu nos anos 1970 durante a crise do petróleo, com o objetivo de amenizar problemas de trânsito. Esse modelo só se tornou viável graças ao avanço das tecnologias e à competição empresarial em escala global[1]. Na década de 1990, o *home office* ganhou força, especialmente em países desenvolvidos que já contavam com ferramentas tecnológicas avançadas. Esta nova abordagem permitiu que as organizações se aproximassem de seus clientes, superando barreiras de distância com o uso de tecnologias de informação e comunicação[2]. No Brasil, o teletrabalho foi oficializado pelo artigo 6º da Lei n. 12.551 de 2011. Segundo esse artigo da CLT, o local onde o serviço é prestado é irrelevante para caracterizar o vínculo empregatício, não havendo distinção entre trabalho realizado remotamente e presencialmente[3].

A reforma trabalhista de 2017 reconheceu o teletrabalho como um vínculo empregatício legítimo, caracterizado por atividades realizadas predominantemente fora das dependências do empregador, utilizando tecnologias de informação e comunicação. Esta modalidade de trabalho deve ser expressamente mencionada no contrato individual de trabalho. Além disso, comparecer ao local de trabalho do empregador ocasionalmente não descaracteriza o regime de teletrabalho, conforme os artigos 75B e 75C da Lei n. 13.467/2017[3]. O regime de *home office* é flexível, permitindo transições entre o trabalho remoto e presencial. A reforma trabalhista também inclui um parágrafo único, introduzido em 2011, que equipara os meios telemáticos e informatizados de comando, controle e supervisão aos meios pessoais e diretos de supervisão, para fins de subordinação jurídica. A Lei n.

13.467/2017, parte da Reforma Trabalhista, adicionou um novo capítulo à CLT, definindo teletrabalho como a prestação de serviços predominantemente fora das dependências do empregador, usando tecnologias de informação e comunicação que, por sua natureza, não constituem trabalho externo. Em resposta à pandemia de covid-19, a Medida Provisória 927, editada em 22 de março de 2020, permitiu a transição do trabalho presencial para o teletrabalho sem necessidade de acordo individual ou coletivo, e dispensou o registro dessa alteração no contrato de trabalho[2]. Embora a Medida Provisória tenha expirado em julho de 2020, os acordos feitos nesse período permanecem válidos. Novos acordos devem seguir as disposições da CLT. Em dezembro de 2020, o Tribunal Superior do Trabalho (TST) publicou material atualizado esclarecendo conceitos e diferenças entre teletrabalho, trabalho remoto e *home office*, com orientações sobre direitos, vantagens, desvantagens, dicas de saúde, ergonomia e tecnologia. Este material está disponível no site do TST e oferece um panorama do teletrabalho no Brasil em 2020 (Tribunal Superior do Trabalho, 2020).

HOME OFFICE NAS EMPRESAS

Segundo Ardigo et al.[4], no cenário atual de gestão de pessoas, as atividades desenvolvidas passaram de operacionais e reguladas para ações corporativas. Isso revela que as organizações estão em constante mudança, exigindo que a gestão de negócios e processos seja frequentemente revisada e adaptada às novas realidades. As empresas devem adotar novas diretrizes e estratégias conforme as demandas do mercado. Do Santos et al.[5] afirmam que o *home office* pode ser visto como uma forma de flexibilização em três dimensões: local, horário de trabalho e meios de comunicação. A primeira dimensão é o local onde o trabalho é realizado; a segunda é a flexibilidade no horário de trabalho ou no tempo dedicado às tarefas; e a terceira envolve os meios de comunicação, como e-mails, internet, redes sociais e telefones, que permitem a circulação de dados e informações. O teletrabalho também integra pessoas com deficiências ou necessidades especiais no mercado de trabalho, proporcionando-lhes qualidade de vida ao eliminar a necessidade de deslocamento nas grandes cidades[5]. Isso cumpre a lei de cotas nas organizações. Teletrabalho é toda forma de trabalho realizada à distância, fora das instalações físicas das empresas, com o auxílio das Tecnologias da Informação e Comunicação (TIC).

Souza et al.[6] destacam que a tecnologia está transformando o local de trabalho tradicional. O crescente uso do teletrabalho exige uma reavaliação das políticas públicas, incentivando essa modalidade de emprego. Nesse cenário, empresas modernas não dependem mais de espaço físico e tempo específicos para realizar suas atividades, podendo operar de qualquer lugar e a qualquer momento. As organizações bem-sucedidas são aquelas que oferecem um ambiente de trabalho acolhedor e agradável, com autonomia e liberdade para os funcionários escolherem como realizar suas tarefas. Assim, o *home office* se mostra uma alternativa eficaz para empresas que desejam reduzir custos operacionais, especialmente em tempos de crise de saúde, como durante a pandemia. Trabalhar em casa reduz o tempo de deslocamento e evita aglomerações no ambiente de trabalho[6].

IMPLANTAÇÃO DO *HOME OFFICE* NA PANDEMIA CAUSADA PELA COVID-19

Durante a crise atual, a falta de acesso às novas tecnologias prejudicou muitas pessoas. Como a filósofa política Hanna Arendt afirma em *Origens do Totalitarismo*[7], o fundamento dos direitos humanos é o direito a ter direitos. Isso é evidente, pois aqueles sem acesso à tecnologia não puderam continuar seus trabalhos eficazmente. A revolução tecnológica atual, necessária para o *home office*, beneficiou apenas algumas classes, deixando muitos em desvantagem[8]. As empresas têm reagido, embora em menor número que o esperado. Segundo uma pesquisa do *site* de empregos Indeed®, reportada pelo G1, 36% dos profissionais receberam treinamento e ferramentas digitais, e 34% receberam equipamentos necessários para o trabalho remoto.

O filósofo Zygmunt Baumann, em *Modernidade líquida*[9], disse que novas tecnologias poderiam atrapalhar relações sociais, mas a crise atual mostrou que elas são essenciais para continuar o trabalho em *home office* e evitar perdas maiores. A reação diante das crises, não as crises em si, é o que transforma o mundo[10]. Segundo Tortumlu[11], a preocupação com condições de trabalho adequadas não é nova. Karl Marx, em *O Capital*, discutiu a desproporção entre o trabalho e a remuneração da classe trabalhadora. O *home office* pode aumentar esse desequilíbrio, com funcionários recebendo mais trabalho sem aumento salarial e perdendo benefícios como vale-transporte e alimentação. O *home office* oferece horários flexíveis, uso de tecnologias, comunicação à distância e mais agilidade, eliminando o trânsito até o trabalho e proporcionando um ambiente mais confortável. No entanto, é importante considerar os possíveis prejuízos dessa nova relação de trabalho. No Brasil, assim como em outras partes do mundo, o *home office* está se tornando uma tendência. Empresas que criam ambientes favoráveis para seus trabalhadores veem um aumento na produtividade[11]. Durante a pandemia de covid-19, muitos trabalhadores melhoraram seu desempenho ao trabalhar de casa, com melhor qualidade de vida e ambiente[12]. Uma pesquisa da consultoria Robert Half, citada pelo G1, mostra que empresas que não oferecem trabalho remoto, ao menos parcialmente, podem perder a preferência de seus funcionários, especialmente das mulheres.

PREJUÍZOS DE UM AMBIENTE DE TRABALHO NÃO ADEQUADO

Um ambiente de trabalho não adequado pode acarretar uma série de prejuízos, tanto para os indivíduos quanto para as organizações. Primeiramente, problemas de saúde física e mental podem surgir devido a posturas inadequadas, mobiliário desconfortável e condições ambientais deficientes. Isso pode resultar em dores nas costas, lesões por esforço repetitivo (LER), problemas de visão, estresse e ansiedade. Além disso, a diminuição da produtividade é uma consequência direta de um ambiente desconfortável. Distrações, fadiga e falta de concentração podem afetar negativamente a qualidade do trabalho realizado. O aumento do absenteísmo é outro impacto negativo, já que funcionários que enfrentam problemas de saúde relacionados ao trabalho tendem a faltar mais, prejudicando prazos e metas. Também é importante considerar o aumento do risco de acidentes, pois condições de trabalho inadequadas podem levar a incidentes e lesões no local de trabalho. A baixa moral dos funcionários é uma consequência adicional, uma vez que um ambiente desconfortável pode levar a desmotivação, desengajamento e insatisfação no trabalho. Por fim, a reputação da empresa também pode ser afetada negativamente, tanto entre os funcionários quanto entre clientes e parceiros de negócios, o que pode ter impactos de longo prazo. Portanto, é essencial investir na criação de um ambiente de trabalho adequado, seguro e saudável para garantir o bem-estar dos funcionários e o sucesso sustentável da organização.

O que a empresa que mantém colaboradores em *home office* deve ser preocupar é em garantir a segurança do trabalho, que é um conceito que envolve a proteção dos trabalhadores de uma empresa; portanto, necessita-se da identificação dos principais riscos no seu ambiente de trabalho. Então, cria-se uma política específica para eliminá-los e minimizá-los. Com orientação adequada realizada por profissionais qualificados, evitam-se acidentes e adoecimentos por razões laborais. É exatamente essa a função da ergonomia, ciência que estuda as condições do trabalho. Ambiente confortável e postura correta são itens importantes para manter a produtividade, qualidade de trabalho e principalmente garantir o bem-estar de quem desenvolve atividades laborais.

Vale lembrar que os trabalhadores passarão o dia em cadeiras não ergonômicas ou trabalhando com postura inadequada, o que certamente podem apresentar doenças ergonômicas, como escoliose, hiperlordose, cifose e, em casos mais graves, até hérnia de disco. Pode surgir estresse, e a sobrecarga do dia a dia também gera doenças ocupacionais, assim como o movimento repetitivo da digitação pode desencadear a LER ou DORT posteriormente e também o trabalho simultâneo das obrigações familiares, e às vezes com presença de pessoas que dependam do trabalhador. Neste caso é adequado implementar uma estratégia personalizada.

Apesar de muitas vantagens, a segurança do trabalho em *home office* é mais complexa e essencial. Sabe-se que muitas empresas tiveram problemas devido a essa falta de planejamento estratégico e segurança. A equipe tem que estar preparada para situações adversas, evitando adoecimentos e acidentes gerados pelo trabalho, garantindo que a empresa cumpre com as suas obrigações legais com os colaboradores e principalmente com os seus clientes.

Algumas sugestões que podem evitar problemas no ambiente de trabalho em *home office*:

- Uso de equipamentos adequados e ergonômicos de trabalho pelos colaboradores, como mesas e cadeiras.
- Mantenha computadores de qualidade com monitores adequados, e a rede de alta velocidade, com intervalos para refeições e sugestão de ginástica laboral.
- Comunicação com a equipe identificando os principais problemas de saúde e segurança do trabalho de forma personalizada.
- Ter comunicação eficiente, mesmo com a distância física.
- Treinamento de uso de EPI e EPC e oferecimento deles com qualidade, sempre que necessário.
- Constante treinamento em segurança do trabalho com interação de toda equipe, mesmo que a distância.

Estas pequenas medidas podem garantir a saúde e segurança dos colaboradores e os manterem satisfeitos, mostrando a preocupação da empresa.

Sugestões para que haja melhor rendimento do seu trabalho em *home office* dependem também de suas iniciativas. Veja algumas delas:

- Escolha um local adequado: opte por um espaço tranquilo e dedicado exclusivamente ao trabalho, se possível. Isso ajuda a separar as atividades profissionais das pessoais e a manter o foco.
- Mantenha uma postura correta: use uma cadeira confortável que ofereça bom suporte para as costas e dos braços. Mantenha os pés apoiados no chão ou

em um suporte adequado. Mantenha uma postura neutra, com a coluna ereta e os ombros relaxados.

- Ajuste a altura da mesa e da cadeira: a altura da sua cadeira deve permitir que seus braços fiquem paralelos ao chão enquanto você digita, e seus olhos devem estar nivelados com o topo do monitor.
- Use um suporte para o monitor: posicione o monitor na altura dos olhos para evitar tensão no pescoço. Se não tiver um suporte, empilhe livros ou use outros materiais para ajustar a altura.
- Evite o brilho excessivo: posicione o monitor de forma a evitar reflexos de luz diretamente na tela. Se necessário, use cortinas ou persianas para reduzir a luminosidade.
- Faça pausas regulares: levante-se, estique-se e movimente-se a cada hora. Isso ajuda a prevenir dores musculares e a manter a circulação sanguínea.
- Organize os cabos: mantenha os cabos organizados e fora do caminho para evitar tropeços e quedas. Use organizadores de cabos ou fita adesiva para prendê-los à mesa.
- Iluminação adequada: certifique-se de que o ambiente de trabalho tenha iluminação adequada para evitar cansaço visual. Uma boa combinação de luz natural e artificial é ideal.
- Descanso para os olhos: faça pausas regulares para descansar os olhos. Olhe para longe do monitor e pisque várias vezes para evitar o ressecamento dos olhos.
- Mantenha o espaço limpo e organizado: um ambiente de trabalho limpo e organizado contribui para uma atmosfera mais agradável e produtiva.
- Sugestão ao gerente do trabalho em *home office*:
- Definir objetivos claros: o trabalho em casa deve ser estabelecido e esperado dele em relação a meta de entregas. Com objetivos específicos e mensuráveis, a atuação se torna mais organizada e assertiva.
- Resultado claro: o líder da equipe deve ter foco maior no resultado e menor no controle. O gerente estabelece um cronograma de entregas de acordo com os colaboradores prevendo as demandas; assim, todos são cientes do que devem entregar a cada dia.
- Liderar com base na confiança: evitar a geração de ansiedade no colaborador. Realizar reuniões programadas com o intuito de conferir se o colaborador se mantém no posto de trabalho. A liderança com confiança, delegando responsabilidades, é o mais indicado.
- Fazer reuniões constantes: o gerente deve agendar datas e horários para conversas exclusivas com seus colaboradores. O intervalo dos encontros não deve ser maior que 36 horas. Dando mais segurança para o colaborador, o gestor recebe retorno da experiência que está sendo conduzida.
- Transparência é fundamental: o uso do trabalho em *home office* veio acompanhado de muitas incertezas. Portanto, o gerente deve agir com transparência e informar a equipe sobre as novas estratégias da empresa e sobre as diretrizes adotadas no momento. A comunicação deve ser realizada com todos ao mesmo tempo, para evitar o sentimento de exclusão por parte de algum colaborador.

COMO SOLICITAR *HOME OFFICE*

As regras de biossegurança foram implementadas após algum período da necessidade gerada. Alguns trabalhadores retornam na atividade presencial ou alternam as atividades, dependendo de:

Analise a viabilidade

Avaliar com cuidado a viabilidade é fundamental. O trabalhador deve analisar se conta com espaço adequado, além de equipamentos e rede de boa qualidade/velocidade.

- Apresentar a ideia a seu gestor: depois de analisar a viabilidade, o colaborador deve apresentar o pedido gestor. Nessa hora, a avaliação realizada anteriormente deve ser mostrada ao superior imediato ou ao gerente.
- Listar benefícios de forma transparente: mostrar a análise e listar os benefícios trazidos com o *home office*, como a economia de tempo e de dinheiro. Destaque a qualidade de vida que tem relação direta com a produtividade.
- Sugira ser uma experiência: ao solicitar o trabalho em *home office*, o colaborador pode determinar um tempo para ser o período de teste. Facilitando o gestor a determinar confiança no pedido realizado.

Etapa 1: ajuste da cadeira

- Quadril: posicionar os quadris o mais para trás possível na cadeira, mantendo o bumbum mais arrebitado, de forma que você se sente nos ossinhos do bumbum e não na sua coluna. Esta é uma das partes mais importantes para uma postura saudável. Temos a tendência de enrolar o quadril para trás, e buscar essa posição do quadril projetado à frente, ou bumbum empinado, evita várias lesões.
- Altura da cadeira: seu quadril deve estar na mesma altura ou acima da linha dos joelhos. Se necessário,

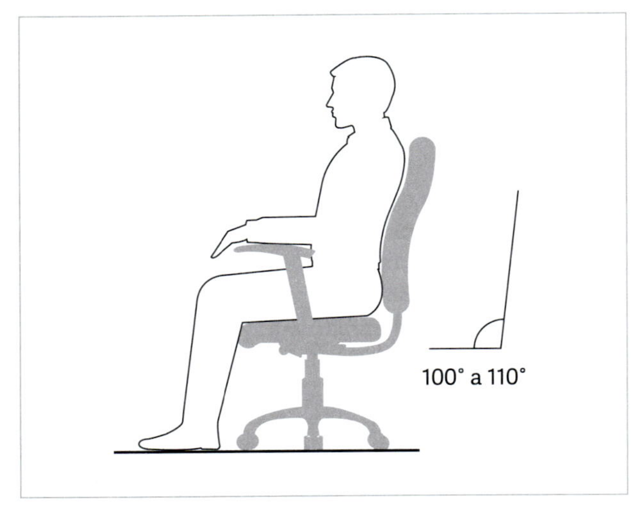

FIGURA 1 Posição da cadeira.

uso um apoio para os pés no chão. A relação pés apoiados no chão e quadris é de extrema importância para nossa postura.

- Ajustar a altura do assento para que os pés fiquem apoiados no chão e os joelhos estejam alinhados ou ligeiramente abaixo dos quadris. O ideal é o joelho estar a 90° do quadril.
- Inclinar o encosto para trás em um ângulo de 100°-110°. Certifique-se de que as costas, tanto a parte superior quanto a inferior, estejam bem apoiadas. Se necessário, utilize almofadas infláveis ou travesseiros pequenos para um suporte adicional. Caso sua cadeira possua um mecanismo de encosto ativo, utilize-o para realizar mudanças de posição frequentes. Uma postura ereta não significa uma postura reta. É importante manter as curvas naturais da coluna.
- Ajustar os apoios de braço de modo que os ombros permaneçam relaxados. Procurar uma posição em que possa apoiar os cotovelos e usar este apoio para deixar o peso dos ombros "caírem" nos braços, evitando assim que os ombros se elevem. Se os apoios de braço estiverem atrapalhando, é recomendado removê-los.

Etapa 2: teclado

Uma bandeja de teclado articulada pode oferecer o posicionamento ideal para os dispositivos de entrada. No entanto, é importante que ela acomode o mouse, proporcione espaço para as pernas e tenha um mecanismo ajustável de altura e inclinação, sem afastá-lo demais de outros materiais de trabalho, como o telefone.

- Aproxime-se do teclado.
- Posicione-o diretamente à frente do seu corpo.

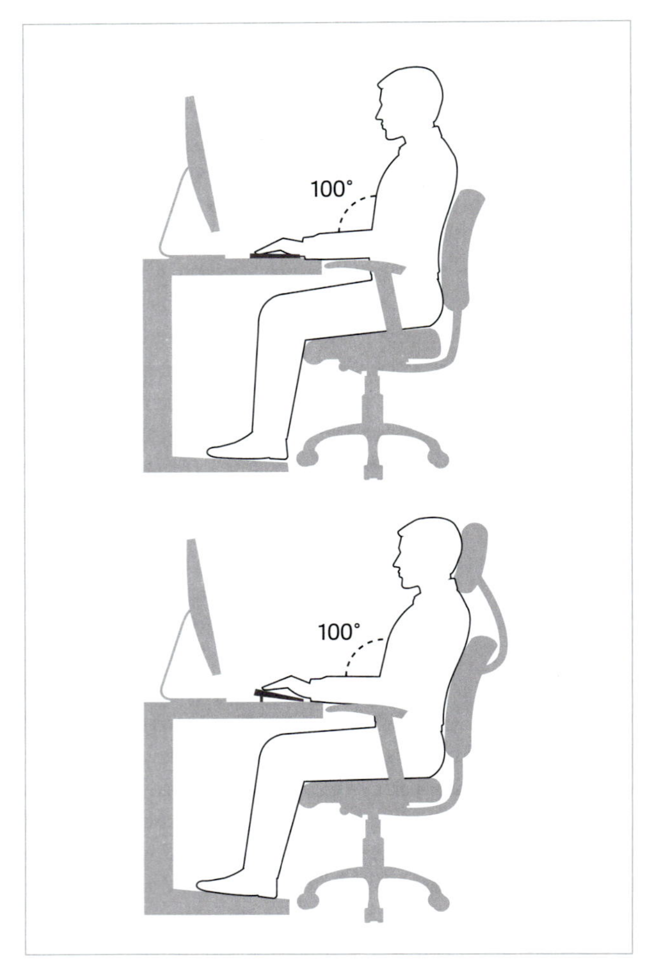

FIGURA 2 Posição do teclado.

- Identifique qual seção do teclado você utiliza com mais frequência e ajuste-o para que essa seção fique centralizada em relação ao seu corpo.
- Ajuste a altura do teclado de modo que seus ombros fiquem relaxados, os cotovelos ligeiramente abertos (100° a 110°) e os pulsos e mãos fiquem retos.

A inclinação do teclado depende da sua posição sentada. Utilize o mecanismo da bandeja do teclado ou os pés do teclado para ajustar a inclinação. Se você estiver sentado ereto, tente inclinar o teclado para longe de si em um ângulo negativo. Se estiver reclinado, uma leve inclinação positiva ajudará a manter a posição dos pulsos reta.

O apoio de palma pode auxiliar na manutenção de posturas neutras e na cobertura de superfícies duras. No entanto, o apoio de palma deve ser utilizado apenas para descansar as palmas das mãos entre as teclas digitadas. Evite apoiar-se excessivamente no apoio de palma enquanto digita e evite suportes de palma demasiadamente largos ou mais altos que a barra de espaço do teclado.

Posicione o mouse o mais próximo possível do teclado. Colocá-lo em uma superfície levemente inclinada ou em uma ponte de mouse sobre o teclado numérico pode facilitar o acesso.

Se não tiver uma bandeja de teclado totalmente ajustável, talvez seja necessário ajustar a altura da estação de trabalho, da cadeira ou utilizar uma almofada de assento para obter conforto. Lembre-se de utilizar um apoio para os pés se os seus ficarem pendurados.

Etapa 3: monitor, documentos e telefone

- O posicionamento incorreto da tela e dos documentos de origem pode resultar em posturas inadequadas. Ajuste o monitor e os documentos de origem para que seu pescoço fique em uma posição neutra e relaxada.
- Centralize o monitor diretamente à sua frente, acima do teclado.
- Posicione o terço superior do monitor ao nível dos olhos sentados. (Se você usar óculos bifocais, abaixe o monitor para um nível de leitura confortável.)
- Sente-se a pelo menos um braço de distância da tela e ajuste a distância de acordo com sua visão.
- Reduza o brilho posicionando cuidadosamente a tela.
- Coloque a tela em ângulo reto com as janelas.
- Ajuste cortinas ou persianas conforme necessário.
- Ajuste o ângulo vertical da tela e os controles da tela para minimizar o brilho das luzes do teto.
- Outras técnicas para reduzir o brilho são filtros de brilho de vidro óptico, filtros de luz ou luzes de trabalho secundárias.
- Posicione os documentos originais diretamente à sua frente, entre o monitor e o teclado, usando um suporte de cópia em linha. Se não houver espaço suficiente, coloque os documentos de origem em um suporte de documentos posicionado adjacente ao monitor.
- Coloque seu telefone ao seu alcance. Suportes ou braços para telefone podem ajudar.
- Use um fone de ouvido ou viva-voz para eliminar o uso do fone.

FIGURA 3 Posicionamento das ferramentas de trabalho.

Etapa 3: pausas

Uma lesão por esforços repetitivos (LER) é uma lesão que ocorre durante um período de tempo durante o qual expomos repetidamente nosso corpo a pequenas tensões, sem ter tempo suficiente para descansar e se recuperar. Essas lesões podem causar desconforto, fraqueza muscular e danos nos nervos, o que pode limitar suas habilidades, reduzir sua produtividade e impactar negativamente sua vida de diversas maneiras. Fazer pausas regulares permite que seu corpo descanse e se recupere.

Depois de configurar corretamente a estação de trabalho do seu computador, use bons hábitos de trabalho. Não importa quão perfeito seja o ambiente, posturas estáticas prolongadas inibirão a circulação sanguínea e prejudicarão seu corpo.

Faça pequenos intervalos de alongamento de 1 a 2 minutos a cada 20 a 30 minutos. Após cada hora de trabalho, faça uma pausa ou mude de tarefa por pelo menos 5 a 10 minutos. Sempre tente se afastar do computador durante a hora do almoço.

Evite a fadiga ocular descansando e reorientando os olhos periodicamente. Desvie o olhar do monitor e concentre-se em algo distante por pelo menos 20 segundos.

Descanse os olhos cobrindo-os com as palmas das mãos por 10 a 15 segundos.

Use a postura correta ao trabalhar. Continue se movendo tanto quanto possível.

A IMPORTÂNCIA DA GINÁSTICA LABORAL NO *HOME OFFICE*

A ginástica laboral é uma prática de exercícios físicos realizada no ambiente de trabalho, geralmente de forma breve e com o objetivo de melhorar a saúde e o bem-estar dos funcionários. Ela é projetada para prevenir lesões relacionadas ao trabalho e melhorar a produtividade, adaptando-se às condições e às necessidades específicas dos trabalhadores e do ambiente laboral.

Acredita-se ser de extrema importância determinar horários fixos e manter uma rotina disciplinada para a prática regular destes movimentos e exercícios.

Vamos explorar mais sobre suas características, benefícios e tipos:

Características da ginástica laboral

Duração e frequência: As sessões de ginástica laboral são tipicamente curtas, durando entre 10 e 15 minutos e são realizadas regularmente, muitas vezes diariamente ou algumas vezes por semana.

- Local: Os exercícios são realizados no próprio local de trabalho, o que facilita a participação de todos os empregados. Com a pandemia, existe ainda a possibilidade de oferecer exercícios de forma on-line.
- Tipo de exercícios: Inclui alongamentos, exercícios de fortalecimento, relaxamento muscular e técnicas de respiração.

Benefícios da ginástica laboral

- Prevenção de lesões: Ajuda a reduzir o risco de problemas musculoesqueléticos, que são comuns em pessoas que permanecem em uma mesma posição por longos períodos.
- Redução do estresse e da fadiga: Os exercícios podem ajudar a aliviar o estresse e a fadiga mental e física, promovendo uma sensação de bem-estar.
- Melhoria da postura: Ensina técnicas para melhorar a postura tanto no ambiente de trabalho quanto em outras atividades diárias.
- Aumento da produtividade: Funcionários mais saudáveis e menos estressados tendem a ser mais produtivos e engajados com o trabalho.
- Promoção da saúde: a prática regular desses exercícios contribui para a promoção da saúde geral dos empregados, reduzindo o número de licenças médicas e absenteísmo.

Tipos de ginástica laboral

- Preparatória: Realizada no início do expediente ou antes de começar um turno, tem como objetivo "aquecer" os músculos e preparar o corpo para o trabalho, aumentando o fluxo sanguíneo e a temperatura corporal.
- Compensatória: praticada durante o expediente, principalmente em pausas, para compensar e relaxar o corpo das tensões geradas pelo trabalho repetitivo e pela permanência prolongada em uma mesma posição.
- Relaxamento: Feita no final do expediente, tem como foco relaxar e aliviar as tensões acumuladas durante o dia de trabalho.

CONCLUSÃO

A implementação da ginástica laboral em um ambiente de trabalho deve ser feita com o acompanhamento de profissionais de educação física ou fisioterapeutas, que podem adaptar os exercícios às necessidades específicas dos trabalhadores e dos tipos de trabalho realizados, maximizando assim os benefícios dessa prática.

Para que se obtenham resultados práticos é necessário que a ginástica seja feita com constância e repetição, até que se torne um hábito na vida dos colaboradores.

REFERÊNCIAS BIBLIOGRÁFICAS

1. Rocha CTM. da; Amador FS. O teletrabalho: conceituação e questões para análise. Cad. EBAPEBR. 2018;16152-162.
2. Rymaniak J, Davidavičienė V, Lis K. The basics of home office (Re)institutionalisation from the Perspective of Experiences from the COVID-19 Era. Sustainability. 2024;16:3606.
3. Base Legislação da Presidência da República – Lei n. 12.551 de 15 de dezembro de 2011.
4. Ardigo RAZ, Buffon SP, Cunha CJC. de A., Silva SM da. Liderança e home office no contexto da covid-19: uma revisão integrativa da literatura. Perspect Contemp. 2024;19.
5. Santos NQ, dos et al. Prevalência de cervicalgia em professoras universitárias em home office em tempos de pandemia da COVID-19. Atas Ciênc. Saúde. 2024.

6. Souza GE de AV, Silva VR da, Silva LP da, Baptista JA de A. Estudo e análise da ergonomia no ambiente home office. Rev Encontro Gest. E Tecnol. 2024;1:103-20.
7. Adverse H. Hannah Arendt e as origens do totalitarismo. Sapere Aude. 2022;13:389-400.
8. Rodrigues EF, Lemos MF. Repercussions of home office on the mental health of teleworkers: integrative review: Repercussões do home office na saúde mental de teletrabalhadores: revisão integrativa. Concilium. 2024;24:144-65.
9. Modernidade líquida: o que é, implicações, Bauman. Mundo Educação. Disponível em: https://mundoeducacao.uol.com.br/sociologia/modernidade-liquida.htm.
10. Brüggen A, Feichter C, Haesebrouck K. Home office: evidence on location and selection effects of telecommuting. J Manag Account Res. 2024;1-19.
11. Tortumlu M, Uzunbacak HH. Home, office or hybrid? Which is the ideal working model for software developers? J Mehmet Akif Ersoy Univ Econ Adm Sci Fac. 2004;11:884-903.
12. Castro L de M, Nunes TS, Ribeiro JS de AN, Silva WL, Camilo AMF. Motivação e home office: Encontro Int Gest Desenvolv E Inov. EIGEDIN. 2024;7.
13. https://ergonomics.ucla.edu/office-ergonomics/4-steps-set-your-workstation
14. https://www.ehs.pitt.edu/workplace/ergonomics/workstation

37

Gestão de biossegurança: aplicação na pós-graduação durante a pandemia da covid-19

Elaine Midori Ishiko
Mônica Nunes da Silva

INTRODUÇÃO

A Organização Mundial da Saúde declarou, em 11 de março de 2020, a existência de pandemia causada por um novo coronavírus (SARS-CoV-2). A covid-19 atingiu grandes proporções geográficas, modificando a vida em âmbito global, causando incontáveis mortes no mundo. Diante disso, a Reitoria da Universidade de São Paulo criou a Portaria n. 173, em 11 de março de 2020, com o Comitê Permanente USP Covid-19, cujo propósito é monitorar continuamente a disseminação do vírus entre alunos de graduação e pós-graduação, pesquisadores, docentes e servidores técnicos e administrativos da Universidade, em todos os campi da universidade. O comitê também é responsável por atualizar regularmente as recomendações da autoridade sanitária para garantir a segurança e o bem-estar da comunidade universitária.

Diante da grave crise provocada pelo avanço da pandemia no país, a Universidade de São Paulo adotou medidas necessárias para proteger sua comunidade. Com base nas orientações das autoridades sanitárias, a USP assegurou a continuidade das atividades didáticas e administrativas em todas as suas Unidades de Ensino e Pesquisa.

A gestão de biossegurança na pós-graduação, durante a pandemia de covid-19, envolveu a implementação de medidas rigorosas para proteger a saúde e a segurança de alunos, professores e servidores não docentes. Isso incluiu protocolos para distanciamento social, uso de equipamentos de proteção individual (EPI), adaptação de atividades acadêmicas para modalidades remotas, além de ajustes nos cronogramas e processos de avaliação. Essas medidas visaram assegurar um ambiente acadêmico seguro e eficiente diante dos desafios impostos pela pandemia.

A biossegurança tornou-se crucial para minimizar a transmissão do vírus SARS-CoV-2. Além dos profissionais da saúde, os servidores administrativos também adotaram novas medidas de biossegurança eficazes. Na Universidade de São Paulo, a pandemia exigiu mudanças abruptas nos procedimentos, alterando as rotinas das atividades acadêmicas na Pós-graduação. As principais medidas incluíram a suspensão das atividades presenciais, a realização de disciplinas de forma remota e a implementação de novas rotinas administrativas no período da pandemia:

ADMINISTRAÇÃO DA CCP DO PROGRAMA DE PÓS-GRADUAÇÃO

- Canal de comunicação para a comunidade – via e-mail (servidor em teletrabalho);
- Reuniões da Comissão Coordenadora: via Google Meet;
- Exames de Qualificação e Defesas de Mestrado e Doutorado: via Google Meet (apresentação remota).

Ao retornar aos trabalhos, todos os alunos, docentes e servidores não docentes da Universidade de São Paulo foram obrigados a apresentar comprovação de vacinação completa contra a covid-19. Isso incluiu a demonstração de todas as doses recebidas, que foram registradas no Sistema da USP – Controle para Vacinação Covid-19[A]. Essa medida foi implementada para garantir um ambiente seguro e proteger a comunidade universitária contra o vírus.

A https://uspdigital.usp.br/janus/componente/uspValidacaoAfastSimplifCovid.jsf

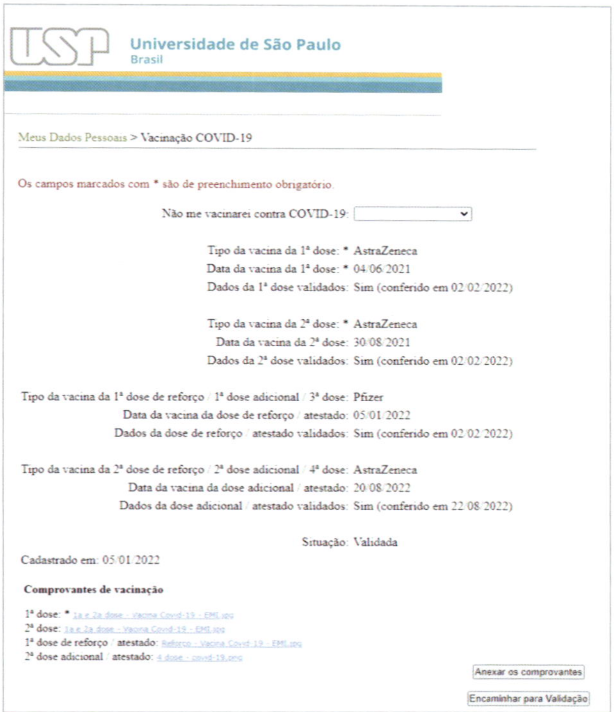

USP Universidade de São Paulo
Brasil

Meus Dados Pessoais > Vacinação COVID-19

Os campos marcados com * são de preenchimento obrigatório.

Não me vacinarei contra COVID-19:

Tipo da vacina da 1ª dose: * AstraZeneca
Data da vacina da 1ª dose: * 04/06/2021
Dados da 1ª dose validados: Sim (conferido em 02/02/2022)

Tipo da vacina da 2ª dose: * AstraZeneca
Data da vacina da 2ª dose: 30/08/2021
Dados da 2ª dose validados: Sim (conferido em 02/02/2022)

Tipo da vacina da 1ª dose de reforço / 1ª dose adicional / 3ª dose: Pfizer
Data da vacina da dose de reforço / atestado: 05/01/2022
Dados da dose de reforço / atestado validados: Sim (conferido em 02/02/2022)

Tipo da vacina da 2ª dose de reforço / 2ª dose adicional / 4ª dose: AstraZeneca
Data da vacina da dose adicional / atestado: 20/08/2022
Dados da dose adicional / atestado validados: Sim (conferido em 22/08/2022)

Situação: Validada

Cadastrado em: 05/01/2022

Comprovantes de vacinação

1ª dose: * 1a e 2a dose - Vacina Covid-19 - EML.jpg
2ª dose: 1a e 2a dose - Vacina Covid-19 - EML.jpg
1ª dose de reforço / atestado: Reforço - Vacina Covid-19 - EML.jpg
2ª dose adicional / atestado: 4 dose - covid-19.png

Anexar os comprovantes

Encaminhar para Validação

FIGURA 1 Comprovação de vacinação.
Fonte: Sistema Janus. Controle de Vacinas, 2024.

PRÓ-REITORIA DE PÓS-GRADUAÇÃO/USP

A Pró-Reitoria de Pós-graduação da Universidade de São Paulo implementou uma série de resoluções e circulares para adaptar suas políticas diante dos desafios impostos pela pandemia de covid-19. Entre as principais medidas estão a instituição de suplementação emergencial de bolsas de estudos por prorrogação de prazos relacionados a licenças-maternidade, paternidade e adoção (Resoluções 8.020/2020 e 8.028/2020), autorização excepcional para prorrogação de prazos na pós-graduação e aumento do limite de orientandos devido à pandemia (Resolução 8.082/2021), e a delegação de competências para disciplinas não presenciais e formalização de convênios (Resoluções 8.108/2021 e 8.125/2021). Além disso, as circulares emitidas pela CoPGr têm orientado sobre adaptações nas defesas de dissertações e teses, realização de disciplinas remotas e ajustes nos prazos acadêmicos, garantindo a continuidade e segurança das atividades acadêmicas diante dos impactos da covid-19. Essas medidas refletem um esforço contínuo para garantir a flexibilidade e eficácia dos programas de pós-graduação em tempos de mudanças e desafios.

Resoluções CoPGr

- 8.020/2020[A] – institui a suplementação emergencial de bolsas de estudos em caso de prorrogação do prazo de vigência em decorrência de licença-maternidade, paternidade e adoção.
- 8.028/2020[B] – regulamenta o credenciamento e recredenciamento de docentes em razão de licença-maternidade e adoção.
- 8.082/2021[C] – estabelece autorização excepcional e temporária, decorrente da pandemia da covid-19 (novo coronavírus SARS-CoV-2), para prorrogação de prazos na Pós-graduação e para aumento do limite de orientandos.
- 8.108/2021[D] – dispõe sobre delegação de competências à CPG sobre disciplinas não presencial.
- 8.125/2021[E] – dispõe sobre subdelegação de competência às unidades para a formalização de convênios.

Resoluções do Conselho Universitário (Co)

- 8119/2021[F] – que disciplina a concessão de estágios na USP e os realizados por seus alunos em instituições externas.

Circulares CoPGr

- 08/2020[G] – covid-19 – defesas de dissertações e teses por videoconferência.
- 10/2020[H] – covid-19 – disciplinas oferecidas na modalidade não presencial.
- 11/2020[I] – covid-19 – orientação para defesa e exame de qualificação.

A https://leginf.usp.br/?resolucao=resolucao-no-8020-de-24-de-setembro-de-2020
B https://leginf.usp.br/?resolucao=resolucao-copgr-no-8028-de-07-de-outubro-de-2020
C https://leginf.usp.br/?resolucao=resolucao-copgr-no-8082-de-05-de-maio-de-2021
D https://www.prpg.usp.br/attachments/article/6404/Resolucao_CoPGr_8108_050721.pdf
E https://www.prpg.usp.br/attachments/article/752/Resolucao_CoPGr_8125_300821.pdf
F https://leginf.usp.br/?resolucao=resolucao-no-8119-de-26-de-agosto-de-2021
G https://www.prpg.usp.br/attachments/article/24/CircCoPGr-082020COVID19DefesasVideoconferencia.pdf
H https://www.prpg.usp.br/attachments/article/24/Circ%20CoPGr%2010%202020%20Covid%2019%20Disciplinas.pdf
I https://www.prpg.usp.br/attachments/article/24/CircCoPGr112020%20EQ%20e%20Defesas.pdf

- 12/2020[A] – covid-19 – orientação sobre banca.
- 13/2020[B] – covid-19 – suspensão dos editais PrInt USP.
- 14/2020[C] – covid-19 – sobre prazos.
- 18/2020[D] – covid-19 – acesso remoto.
- 24/2020[E] – covid-19 – acesso remoto – terceira etapa.
- 36/2020[F] – covid-19 – sobre prazos – até julho/2020.
- 44/2020[G] – covid-19 – recomposição dos prazos dos alunos de pós-graduação frente à pandemia por covid-19.
- 45/2020[H] – covid-19 – disciplinas.
- 47/2020[I] – covid-19 – sobre prazos – agosto/2020.
- 51/2020[J] – revogação dos editais PrInt.
- 54/2020[K] – covid-19 – sobre prazos – setembro/2020.
- 58/2020[L] – covid-19 – sobre prazos – dezembro/2020.
- 59/2020[M] – covid-19 – formulário de atividades não presenciais.
- 62/2020[N] – covid-19 – 12 meses.
- 72/2020[O] – divulgação da Resolução 8020 e Resolução 8028.
- 96/2020[P] – critérios para credenciamento de disciplinas não presenciais.
- 97/2020[Q] – recomendações para equidade nas comissões julgadoras de dissertações e teses.
- 01/2021[R] – procedimentos para admissão dos candidatos aprovados no processo seletivo – pandemia covid-19.
- 10/2021[S] – formulário para preenchimento referente a Circular CoPGr 62/2020
- 14/2021[T] – critérios de avaliação nas disciplinas da pós-graduação.
- 25/2021[U] – distribuição de modens para os alunos de pós-graduação.
- 28/2021[V] – covid-19 – perguntas e respostas referentes à Resolução CoPGr 8082/2021.
- 35/2021[W] – pedidos defesas no exterior.

Fonte: https://www.prpg.usp.br/pt-br/atividades.

Bolsas de estudos

Durante a pandemia de covid-19, as principais agências de fomento à pesquisa no Brasil adotaram medidas para mitigar os impactos nas bolsas de estudos.

A Coordenação de Aperfeiçoamento de Pessoal de Nível Superior – CAPES[X] ampliou o prazo máximo para prorrogação excepcional de bolsas de mestrado e doutorado de três para seis meses através da Portaria n. 121, 19 de agosto de 2020.

O Conselho Nacional de Desenvolvimento Científico e Tecnológico – CNPq[Y] também permitiu a prorrogação das bolsas por até três meses, visando contornar as limitações impostas pelas medidas de combate à pandemia, conforme o Informe n. 4.

A Fundação de Amparo à Pesquisa do Estado de São Paulo – FAPESP[Z] estendeu o período de vigência

A https://www.prpg.usp.br/attachments/article/6408/CircularCoPGr1220_Covid19Bancas.pdf
B https://www.prpg.usp.br/attachments/article/24/CircCoPGr132020_SuspensaoEditaisPrint.pdf
C https://www.prpg.usp.br/attachments/article/24/CircCoPGr14CaNPRAZOSCOVID19.pdf
D https://www.prpg.usp.br/attachments/article/24/CircularCoPGr1820_AcessoRemoto_Discentes.pdf
E https://www.prpg.usp.br/attachments/article/24/CircularCoPGr24-20AcessoRemoto_kit.pdf
F https://www.prpg.usp.br/attachments/article/6404/CircCoPGr36PRAZOSCOVID19julho2020.pdf
G https://www.prpg.usp.br/attachments/article/6404/CircCoPGr44PrazosGerais_COVID-19.pdf
H https://www.prpg.usp.br/attachments/article/24/Circular_CoPGr_45_2020_Disciplinas.pdf
I https://www.prpg.usp.br/attachments/article/6404/CircCoPGr47Prazos_COVID19_agosto.pdf
J https://www.prpg.usp.br/attachments/article/24/CircularCoPGr_512020_revogacaoeditiasprint.pdf
K https://www.prpg.usp.br/attachments/article/6404/CircCoPGr54_CaN_prazos_setembro.pdf
L https://www.prpg.usp.br/attachments/article/24/Circular_CoPGr_58_COVID-19_prazodezembro2020.pdf
M https://www.prpg.usp.br/attachments/article/24/Circular_CoPGr_59_COVID-19_formulario.pdf
N https://www.prpg.usp.br/attachments/article/24/Circular_CoPGr_62_COVID-19_12meses.pdf
O https://www.prpg.usp.br/attachments/article/6404/Circular_CoPGr_72_divulgacao_resolucoes_8020_8028.pdf
P https://www.prpg.usp.br/attachments/article/6404/Circular_CoPGr_96_2020_Criterios_credenciamento_disciplinas_nao_presencial.pdf
Q https://www.prpg.usp.br/attachments/article/6404/Circular_CoPGr_97_2020_Equidade.pdf
R https://www.prpg.usp.br/attachments/article/6404/Circular_CoPGr_01_2021_Admissao_Pandemia.pdf
S https://www.prpg.usp.br/attachments/article/6404/Circular_CoPGr_10_2021_Formulario_Circular_62.pdf
T https://www.prpg.usp.br/attachments/article/6404/Circular_CoPGr_14_2021_Criterios_Avaliacao.pdf
U https://www.prpg.usp.br/attachments/article/24/Circular_CoPGr_25_2021_Distribuicao_Modens.pdf
V https://www.prpg.usp.br/attachments/article/6404/Circular_CoPGr_28_2021_COVID19_prorrogacaodeprazo.pdf
W https://www.prpg.usp.br/attachments/article/24/Circular_CoPGr35_2021_Defesa_Exterior.pdf
X https://pesquisa.in.gov.br/imprensa/jsp/visualiza/index.jsp?data=20/08/2020&jornal=515&pagina=59)
Y https://portal.if.usp.br/imprensa/pt-br/node/2549
Z https://fapesp.br/15368/comunicado-no-15-da-fapesp-sobre-a-covid-19#:~:text=Conforme%20

das bolsas concedidas até 31 de dezembro de 2021 em até três meses, mediante solicitação fundamentada dos bolsistas, conforme o Comunicado n. 11. Essas iniciativas visam garantir a continuidade das pesquisas afetadas pela crise sanitária, proporcionando suporte necessário aos estudantes e pesquisadores durante este período desafiador.

CONSIDERAÇÕES FINAIS

Considerando os desafios enfrentados durante a pandemia, é fundamental reconhecer e valorizar o comprometimento dos estudantes, docentes e servidores não docentes (toda a comunidade) da Universidade de São Paulo com a segurança nos laboratórios e práticas de biossegurança. A adaptação às novas rotinas acadêmicas foi árdua, porém os pós-graduandos demonstraram resiliência ao concluir seus cursos com sucesso e qualidade.

As medidas de biossegurança implementadas, juntamente com as recomendações gerais e melhorias na infraestrutura, desempenharam um papel importante para assegurar um retorno seguro às atividades acadêmicas presenciais.

A criação do manual *Como enfrentar a covid-19 em nosso dia a dia*[A], pela Faculdade de Ciências Farmacêuticas da Universidade de São Paulo, é um exemplo do comprometimento institucional em estar preparado e equipado para garantir a continuidade das operações acadêmicas com segurança e eficiência, mesmo diante de desafios imprevistos.

Para o futuro, os aprendizados adquiridos durante esta crise sanitária servirão como guia precioso, proporcionando um plano robusto para enfrentar eventuais pandemias.

Comunicado%20n%C2%BA%2011%20da,crit%C3%A9rios%20definidos%20no%20pr%C3%B3prio%20Comunicado

A http://uspmulheres.usp.br/wp-content/uploads/sites/145/2016/05/Manual.pdf

REFERÊNCIAS BIBLIOGRÁFICAS

1. CAPES – Fundação Coordenação de Aperfeiçoamento de Pessoal de Nível Superior. Desenvolvida pelo Ministério da Educação. Capes faz nova prorrogação de bolsa no País. Disponível em: https://www.gov.br/capes/pt-br/assuntos/noticias/capes-faz-nova-prorrogacao-de-bolsas-no-pais. Acesso em: 15 jul. 2024.
2. CNPQ – Conselho Nacional de Desenvolvimento Científico e Tecnológico. Desenvolvida pelo Ministério da Ciência, Tecnologia e Inovações. Comunicado: prorrogação de bolsas de mestrado, doutorado e pós-doutorado. Disponível em: https://www.gov.br/cnpq/pt-br/assuntos/noticias/destaque-em-cti/comunicado-prorrogacao-de-bolsas-de-mestrado-doutorado-e-pos-doutorado. Acesso em: 15 jul. 2024.
3. FAPESP – Fundação de Amparo à Pesquisa do Estado de São Paulo. Comunicado n. 11 da FAPESP sobre o Covid-19. Disponível em: https://fapesp.br/14938/comunicado-no-11-da-fapesp-sobre-a-covid-19. Acesso em: 15 jul. 2024.
4. Faculdade de Ciências Farmacêuticas. FCF USP, 2024. Disponível em: http://uspmulheres.usp.br/wp-content/uploads/sites/145/2016/05/Manual.pdf. Acesso em: 15 jul. 2024.
5. Universidade de São Paulo. JANUS – Sistema Administrativo da Pós-graduação. Controle de Vacina. Disponível em: https://uspdigital.usp.br/janus/vacinacao/listaControleVacinaCovid.jsf. Acesso em 12 jul. 2024.
6. Universidade de São Paulo. PRPG – Pró-Reitoria de Pós-graduação. Atividades da PRPG durante a pandemia da Covid-19. Disponivel em: https://www.prpg.usp.br/pt-br/atividades. Acesso em: 12 jul. 2024.

Glossário

ABNT NBR ISO 14001(2004): norma voltada à gestão ambiental, envolvendo atividades, produtos e serviços.

ABNT NBR ISO 9001(2008): norma voltada à gestão e garantia da qualidade de produtos e serviços.

Ação corretiva: ação implementada para eliminar as causas de uma não conformidade, de um defeito ou de outra situação indesejável existente, a fim de prevenir sua repetição.

Ação preventiva: ação implementada para eliminar as causas de uma possível não conformidade, defeito ou outra situação indesejável, a fim de prevenir sua ocorrência.

Ácido desoxirribonucleico: material genético que contém informações determinantes dos caracteres hereditários transmissíveis à descendência.

Acondicionamento: ato de embalar os resíduos de serviços de saúde, em recipiente, para protegê-los de risco e facilitar o seu transporte.

Aerossol: sistema de partículas dispersadas em um gás, fumaça ou névoa.

Agente: substância ou entidade que causa uma reação ou resposta.

Agente corrosivo: agente que causa destruição visível no sítio de contato.

Agente etiológico: agente causador de uma doença.

Agente infeccioso: agente que pode invadir os tecidos do corpo e multiplicar-se, causando infecção.

Amostra: uma pequena parte que representa um todo ou um lote.

Amostra analítica: amostra preparada no laboratório da qual são retiradas porções analíticas.

Amostragem: procedimento normatizado de tomada de amostras.

Análise de perigos e pontos críticos de controle: sistema que identifica perigos químicos, biológicos ou físicos e determina medidas preventivas necessárias de monitoração do controle de qualidade.

Antisséptico: germicida químico formulado para ser usado na pele ou tecido.

Apassivação de resíduo: diminuição ou eliminação da periculosidade do material ou da possibilidade de ocorrência de reações perigosas.

Armazenamento: procedimentos para conservação adequada e segura de produtos e de insumos.

Armazenamento externo de resíduos: guarda temporária adequada, no aguardo da coleta externa.

Armazenamento interno de resíduos: guarda temporária dos recipientes, em instalações apropriadas, localizadas na própria unidade geradora, de onde devem ser encaminhados, através da coleta interna II, para o armazenamento externo.

Atividade de um material radioativo: número de transições radioativas que ocorrem numa amostra por unidade de tempo.

Atividade específica: evento mensurável por unidade de massa, por unidade de tempo.

Atuação responsável: melhoria continua das condições de segurança, proteção à saúde e ao meio ambiente em relação às atividades que envolvem as substâncias químicas perigosas.

Biodiversidade: o mesmo que diversidade biológica.

Biorreatores: são equipamentos nos quais ocorrem reações químicas catalisadas por biocatalisadores que podem ser enzimas ou células vivas (microbianas, animais ou vegetais). São, também, denominados de "reatores bioquímicos" ou "reatores biológicos" e podem operar a alta pressão, apesar de, em geral, trabalharem a baixas pressões, pois as únicas fontes de entrada de energia são, em geral, as dos agitadores e aeradores.

Biossegurança: conjunto de ações voltadas para a prevenção, a minimização, o controle ou a eliminação de riscos inerentes às atividades de pesquisa, produção, ensino, desenvolvimento tecnológico e prestação de serviços, riscos que podem comprometer a saúde do homem, dos animais, do meio ambiente ou a qualidade dos trabalhos desenvolvidos. Assegura o avanço tecnológico e protege a saúde humana e o meio ambiente.

Biosseguridade: estabelecimento de um nível de segurança de seres vivos por intermédio da diminuição do risco de ocorrência de enfermidades em uma determinada população pelo uso deliberado de um agente biológico.

Biotecnologia: conjunto de conhecimentos, técnicas e métodos, de base científica ou prática, que permite a utilização de seres vivos como parte integrante e ativa do processo de produção industrial de bens e serviços.

Boas práticas de fabricação: princípios gerais que abrangem etapas que vão da matéria-prima ao produto final, e ainda o envolvimento com os consumidores finais.

Boas práticas de laboratório: normas de conduta e de procedimentos que regem os trabalhos de laboratórios, de modo a garantir a segurança individual e coletiva, bem como a reprodutibilidade da metodologia e dos resultados obtidos.

Carcinogênico: característica de substâncias capazes de induzir um câncer, seja estimulando a proliferação celular excessiva, a evasão de morte celular e/ou dando características tumorais para células saudáveis.

Certificado: declaração escrita por um organismo certificador de que um produto, serviço ou laboratório clínico satisfaz certas especificações ou requisitos.

Centrifugação: é uma operação unitária que emprega energia sobre uma elevada concentração de microrganismos a fim de separá-los de urna solução com densidade diferente.

Coleta externa: operação de remoção e transporte de recipientes do abrigo de resíduo, através do veículo coletor, para o tratamento e/ou destino final.

Coleta interna I: operação de transferência dos recipientes do local de geração para a sala de resíduo.

Coleta interna II: operação de transferência dos resíduos da sala de resíduos para o abrigo de resíduos ou diretamente para tratamento.

Concentração bactericida mínima: concentração mais baixa de um agente antimicrobiano que mata 99,99% de células bacterianas expostas ao agente após um determinado tempo no teste de sensibilidade de diluição em caldo.

Concentração da atividade de um material radioativo: a atividade do radionuclídio contido no volume do material.

Concentração inibitória mínima: concentração mais baixa de um agente antimicrobiano, que previne o crescimento visível de um microrganismo em um teste de sensibilidade de diluição em caldo ou ágar.

Concentração letal mínima: concentração mais baixa de um agente antimicrobiano, que mata uma proporção definida de células bacterianas ou de fungos expostos ao agente após um determinado tempo fixo em um teste de sensibilidade de diluição em caldo.

Contaminante: microrganismo, material químico ou outro tipo de material, que torna alguma coisa impura por contato ou mistura.

Contêiner: equipamento fechado, de capacidade superior a 100 L, empregado no armazenamento de recipientes.

Contenção primária: consiste na provisão de barreiras físicas imediatas à liberação de compostos de risco que devem ser previstas no projeto de implantação do processo biotecnológico e cuja principal função é prevenir a liberação do conteúdo dos equipamentos e utensílios do processo.

Contenção secundária: é instalada para auxiliar no caso de falhas na contenção primária. Ela proporciona algum tipo de retenção física e, muitas vezes, é considerada uma otimização da contenção primária.

Contenção terciária: esse tipo de contenção descreve o uso de instalações que visam prevenir a contaminação do ambiente externo ao laboratório ou à área de produção.

Cromatografia líquida de alta resolução: método de exame para realizar separações cromatográficas de compostos orgânicos nos quais o eluente, ou transportador, é um líquido sob pressão.

Descontaminação: procedimento que elimina ou reduz agentes tóxicos ou microbianos a um nível seguro com respeito à transmissão de infecção ou outras doenças adversas.

Desinfecção: destruição de agentes infectantes na forma vegetativa situados fora do organismo, mediante a aplicação direta de meios físicos ou químicos.

Desinfetante: agente com o propósito de destruir ou inativar irreversivelmente todos os microrganismos, mas não necessariamente seus esporos, em superfícies inanimadas, como as superfícies de trabalho.

Desinfetante hospitalar: agente com eficácia demonstrada contra *Staphylococcus aureus*, *Salmonella choleraesuis* e *Pseudomonas aeruginosa*.

Detecção: determinação de um ou mais parâmetros biológicos, químicos ou físicos de um material, produto ou preparado, que são relevantes para a sua utilização.

Detector: dispositivo ou substância que indica a presença de um fenômeno, sem necessariamente fornecer um valor de uma grandeza associada.

Diluente: material utilizado para diminuir a concentração de um analito em uma determinada amostra.

Diluição: processo de acrescentar um material, geralmente um líquido ou gás, a outro material ou substância com o propósito de diminuir a sua concentração.

Diluição em série: a diluição progressiva de um material ou substância em proporções predeterminadas.

Disposição final: fase do manejo externo do resíduo que implica na deposição correta do resíduo no meio ambiente sem oferecer riscos aos entes naturais ou à saúde pública. Pode ser um aterro sanitário, uma vala séptica ou uma vala num aterro químico.

Diversidade biológica: variabilidade de organismos vivos de todas as origens, compreendendo, entre outros, os ecossistemas terrestres, marinhos e demais ecossistemas aquáticos, e os complexos ecológicos de que fazem parte; abrange também a variabilidade dentro de espécies, entre espécies e de ecossistemas.

DNA recombinante: qualquer tipo de manipulação de DNA fora das células vivas, mediante a modificação de segmentos de DNA natural ou sintético que possam multiplicar-se em uma célula viva, ou ainda, as moléculas de DNA resultantes dessa multiplicação. Consideram-se, ainda, os segmentos de DNA sintéticos equivalentes aos de DNA natural.

Diretriz: orientação para direcionamento de atividades, comportamentos e procedimentos gerais, visando alcançar objetivos.

Endêmico: exclusivo de determinada região ou área geográfica.

Engenharia genética: atividade de manipulação de moléculas de DNA recombinante.

Enzimas: são proteínas especializadas na catalisação de reações metabólicas.

Estabelecimento gerador de resíduo: instituição que, em razão de suas atividades, produz resíduos de serviços de saúde.

Esterilidade: completa ausência de microrganismos vivos.

Esterilização: destruição ou eliminação total de todos os microrganismo na forma vegetativa ou esporulada.

Esterilizador: agente, processo ou aparelho capaz de destruir todos os microrganismos.

Estrutura organizacional: responsabilidades, vinculações hierárquicas e relacionamentos, configurados segundo um modelo através do qual uma organização executa suas funções.

Ferramentas da qualidade: procedimentos úteis na manutenção e melhoria contínua da qualidade de produtos e serviços.

Filtração: é o processo de remoção física de materiais suspensos de um determinado volume de líquido ou gás, por pressionamento através de um material poroso (membrana filtrante) que retém a fração sólida e permite a passagem do fluido.

Flebotomia: punção de uma veia ou artéria para coletar sangue para propósitos terapêuticos ou diagnósticos.

Ficha de informações sobre a segurança do material: documento informacional descrevendo os perigos apresentados por um agente químico e que deve ser fornecido pelo fabricante.

Gene: unidade física e funcional da hereditariedade, que transmite a informação genética de uma geração para outra.

Genotóxico: característica de substâncias capazes de alterar o material genético de organismos expostos às mesmas, danificando a informação genética ou pela mutação de pares de bases nitrogenadas ou alterando a estrutura da dupla hélice do DNA.

Geração de resíduo: transformação de material utilizável em resíduo.

Germicida: termo geral que indica um agente que mata microrganismos patogênicos em superfícies inanimadas.

HACCP: *Hazard Analysis Critical Control Point*, isto é, Análise de Perigos e Pontos Críticos de Controle. Sistema que identifica perigos químicos, biológicos ou físicos e determina medidas preventivas necessárias de controle.

Laboratório clínico: instalação destinada à realização de análises clínicas, com a finalidade de fornecer informações para o diagnóstico, a prevenção ou o tratamento de qualquer doença ou deficiência de seres humanos, ou para a avaliação da saúde dos mesmos.

Laboratório de ensino: laboratório que é utilizado para fins didáticos ou de treinamento.

Laboratório de pesquisa: instalação destinada à realização de pesquisas biológicas, químicas, físicas, biofísicas, patológicas e outras.

Laboratório institucional: laboratório que está subordinado administrativamente a uma instituição pública ou privada.

Limite de confiança: número ou par de números que definem um intervalo de confiança.

Limite de detecção: capacidade de identificar a presença de um analito em determinadas condições ou de determinar quantitativamente a sua quantidade dentro de limites definidos de precisão.

Limite de quantificação: a menor quantidade do analito em uma amostra que pode ser quantitativamente determinada com precisão aceitável conhecida e exatidão aceitável definida, sob condições experimentais conhecidas.

Limite de tolerância: limites especificados para erro permitido.

Limpeza e desinfecção simultânea: processo de remoção de sujidade e desinfecção, mediante uso de formulações associadas de um detergente com uma substância desinfetante.

Material biológico infeccioso: material que se sabe conter microrganismos viáveis ou outros agentes transmissíveis (exemplo: príons), conhecidos ou suspeitos de causar doenças no homem.

Material genético: todo material de origem vegetal, animal, microbiana ou outra, que contenha unidades funcionais de hereditariedade.

Material reciclável: qualquer material que, após receber tratamento ou beneficiamento, possa ser reutilizado para obtenção de novos produtos.

Método de solução de problemas: visa manter e melhorar a qualidade e tem como base o PDCA, que significa Planejamento (*Plan*), Execução (*Do*), Verificação (*Check*) e Ação (*Action*).

Microrganismo: organismo que é pequeno demais para ser visto a olho nu, tais como bactérias, vírus, fungos, protozoários e algas.

MOPP: abreviação que significa regime de quimioterapia combinada com ou sem radiação para tratamento do linfoma de Hodgkin.

Oligodrâmnio: indicativo de um volume de líquido amniótico abaixo do esperado para a idade gestacional, implicando complicações gestacionais e também para o feto.

Operações unitárias: são operações necessárias para a condução de determinada reação ou transformação química, em escala industrial.

Organismo: toda entidade biológica capaz de reproduzir e/ou de transferir material genético, incluindo vírus, príons e outras classes que venham a ser conhecidas.

Organismo geneticamente modificado: organismo cujo material genético tenha sido modificado por qualquer técnica de engenharia genética.

OSHA: sigla para Occupational Safety and Health Administration, órgão que garante saúde e segurança das condições de trabalho nos Estados Unidos.

Padrão: material de medida, instrumento de medição, material de referência ou sistema de medição destinado a definir, conservar ou reproduzir uma unidade ou mais valores de uma grandeza para servir como referência.

Pequeno gerador de resíduo: estabelecimento cuja produção semanal de resíduos de serviços de saúde não excede a 700 L e cuja produção diária não excede a 150 L.

Perfurocortantes: materiais resultantes dos serviços de saúde, capazes de ferir quem os manipula, oferecendo riscos de contaminações.

Plano de ação: planejamento de atividades e meios com vistas à implementação de uma estratégia ou a obtenção de um objetivo específico.

Processo analítico: conjunto de operações, descrito especificamente, usado na realização de exames de acordo com determinado método.

Produção de produtos biotecnológicos: conjunto de etapas de um processo biotecnológico que engloba a fermentação e as etapas anteriores a ela, com preparo de meio de cultivo, conservação e ativação do microrganismo, preparo do inóculo, esterilização de equipamentos de ar.

Programa 5S: é considerado como base para implantação da Qualidade Total, além de outros programas. Tem seu nome vinculado a cinco palavras japonesas iniciadas por S — *seiri*, *seiton*, *seisou*, *seiketsu* e *shitsuke*, interpretadas como sensos.

Purificação de produtos biotecnológicos: conjunto de etapas de um processo biotecnológico que engloba os processos de recuperação e purificação de bioprodutos, como centrifugação, rompimento celular, extração líquido-líquido, filtração, processos cromatográficos e acabamento final do bioproduto.

Qualidade: totalidade das características de uma entidade que pesam sobre a sua capacidade de satisfazer as necessidades declaradas e implícitas.

Qualidade total: expressa-se por princípios que proporcionam a uma organização a sobrevivência num ambiente altamente competitivo.

Radiomarcação: processo de incorporar um radionuclídeo ou covalentemente ligá-lo a uma molécula.

Radionuclídeo: nuclídeo que é radioativo.

Reagente: substância empregada para produzir uma reação bioquímica, química, citoquímica, imunoquímica, histológica, imunológica ou similar, ou para converter uma substância em outra.

Recepção: conjunto de procedimentos necessários para garantir que os produtos, materiais e amostras recebidos tenham e mantenham as especificações originais.

Recipiente: objeto capaz de acondicionar resíduos sólidos e líquidos, tais como: saco plástico, galão e caixa.

Recipiente rígido: invólucro resistente e estanque, empregado no acondicionamento de resíduo perfurante e cortante.

Recursos biológicos: compreende recursos genéticos, organismos (ou partes desses), populações ou qualquer outro componente biótico de ecossistemas, de real ou potencial utilidade ou valor para a humanidade.

Recursos genéticos: material genético de valor real ou potencial.

Resíduo comum: resíduo de serviço de saúde que não apresenta risco adicional à saúde pública.

Resíduo: qualquer material para o qual não há mais uso futuro. Pode resultar de produtos ou materiais biológicos e químicos ou de atividades institucionais ou domésticas (exemplo: lixo)

Resíduo classe I: resíduos classificados como perigosos pela norma 10004 da ABNT, por apresentarem riscos à saúde pública e ao meio ambiente.

Resíduo classe II: resíduo composto por materiais classificados como perigosos, porém em concentrações (ou outra condição qualquer) que o coloque abaixo do limite de periculosidade estabelecido.

Resíduo do serviço de saúde: resíduos resultantes das atividades exercidas dentro de estabelecimentos dos serviços de saúde e que oferecem riscos de contaminações radioativas, químicas ou biológicas.

Resíduo especial: resíduo de serviço de saúde do tipo farmacêutico, químico perigoso e radioativo.

Resíduo farmacêutico: produto medicamentoso no todo ou em parte com prazo de validade vencido, contaminando, interditado ou não utilizado total ou parcialmente.

Resíduo biológico: resíduo que contém ou pode conter patógenos de virulência e quantidade suficientes, de modo que a exposição ao resíduo por um hospedeiro susceptível possa resultar em uma doença.

Resíduo infectante: resíduo de serviço de saúde que, por suas características de maior virulência, infectividade e concentração de patógenos, apresenta risco potencial adicional à saúde pública.

Resíduo químico perigoso: resíduo químico que, de acordo com os parâmetros da NBR 10004, possa provocar danos à saúde ou ao meio ambiente.

Resíduo radioativo: substância radioativa a níveis acima dos limites de segurança (mais do que 0,05 mCi).

Rejeito radioativo: material radioativo ou contaminado com radionuclídeos, proveniente de laboratório de pesquisa, de ensino, de serviços de medicina nuclear e de radioterapia (Resolução CNEN-NE 6.05).

Resolução: menor diferença entre indicações de um dispositivo mostrador que pode ser significantemente percebida.

Rótulo: identificação impressa, litografada, pintada, gravada a fogo, a pressão ou decalque, aplicada diretamente sobre recipientes, envoltórios ou qualquer outro protetor de embalagem interna ou externa, não podendo ser removida ou alterada facilmente com o uso do produto, durante o transporte ou armazenamento do mesmo.

Sala de resíduos: elemento destinado ao armazenamento interno.

Segregação: operação de separação dos resíduos no momento da geração, de acordo com a classificação adotada pela NBR 12808.

Segurança: estado no qual o risco de danos pessoais está limitado a um nível aceitável.

Segurança básica: proteção contra riscos físicos diretos, quando aparelhos laboratoriais são adequadamente usados sob condições normais ou razoavelmente previsíveis, relacionadas, como por exemplo, à força mecânica, biocompatibilidade e esterilidade.

Série ISO 14000: normas internacionais voltadas à gestão ambiental. A ISO 14004 determina as diretrizes gerais, enquanto a ISO 14001 fornece a especificação e as diretrizes para uso.

Série ISO 9000: normas internacionais que compreendem modelos para garantia da qualidade. Compõe-se das normas ISO 9000, 9001, 9002, 9003 e 9004.

Serviços de saúde: estabelecimento destinado à prestação de assistência sanitária à população.

Sistema fechado (CTDS): mecanismos para administração de injetáveis construídos de forma a impedir a exposição a medicamentos perigosos, regulando o fluxo de vasão do líquido pós-punção.

Solução analítica: solução preparada por dissolução, com reação ou não, de uma porção analítica de um gás, líquido ou sólido.

Substância infecciosa: substância que contém um microrganismo viável ou suas toxinas, ou um ácido nucleico viral que reconhecidamente pode causar doenças.

Teratogênico: característica daquilo que gera más formações fetais ao entrar em contato com indivíduos em período gestacional, já que interferem no processo de desenvolvimento do embrião ou feto.

Toxina: substância nociva ou venenosa produzida por um organismo, e caracterizada por peso molecular alto e antigenicidade em certos animais.

Unidade geradora: conjunto de elementos funcionalmente agrupados, onde são gerados, acondicionados e armazenados os resíduos de serviços de saúde.

Vala séptica: vala escavada no solo obedecendo critérios técnicos específicos que a torne adequada para receber resíduos dos serviços de saúde. Local para disposição final dos resíduos classe A.

Validação: comprovação, através do fornecimento de evidência objetiva, de que os requisitos para uma aplicação ou uso específicos pretendidos foram atendidos.

Veículo coletor: veículo utilizado para a coleta externa e o transporte de resíduos de serviços de saúde.

Venipuntura: punção de uma veia para propósitos terapêuticos ou cirúrgicos, ou para coletar espécimes de sangue para análise.

Índice remissivo

M

N

T

U

V

X

Z